Studienbücher Chemie

Reihe herausgegeben von

Jürgen Heck, Hamburg, Deutschland

Burkhard König, Regensburg, Deutschland

Die „Studienbücher Chemie" sollen in Form einzelner Bausteine grundlegende und weiterführende Themen aus allen Gebieten der Chemie abdecken. Sie streben dabei nicht unbedingt die Breite eines umfassenden Lehrbuchs oder einer umfangreichen Monographie an, sondern sollen Studierende der Chemie – durch ihren Praxisbezug aber auch bereits im Berufsleben stehende Chemiker – kompakt und dennoch kompetent in aktuelle Gebiete der Chemie einführen. Die Bücher sind zum Gebrauch neben der Vorlesung, aber auch anstelle von Vorlesungen geeignet. Die Reihe richtet sich auch an Studierende anderer Naturwissenschaften, die an einer exemplarischen Darstellung der Chemie interessiert sind.

Weitere Bände in der Reihe http://www.springer.com/series/12700

Über den Autor

Georg Job studierte Chemie an der Universität Hamburg und promovierte dort 1968 bei A. Knappwost. Von 1970 bis 2001 war er Dozent am Institut für Physikalische Chemie der Universität Hamburg. Zwei Gastdozenturen führten ihn an das Institut für Didaktik der Physik der Universität Karlsruhe (1979–80) und an die Tongji-Universität in Shanghai (1983).

Schon früh war ihm die Vereinfachung und Vereinheitlichung der Wärmelehre ein großes Anliegen. Dies mündete schließlich in die Veröffentlichung des Buches „Neudarstellung der Wärmelehre" im Jahre 1972. Im Folgenden wurde das neue Lehrkonzept von G. Job konsequent weiterentwickelt und in seiner Anwendung erweitert, so dass es letztendlich große Teile der physikalischen Chemie umfasste. Es wurde von ihm in zahlreichen Artikeln und Vorträgen auf nationalen und internationalen Tagungen vorgestellt. In Zusammenarbeit mit R. Rüffler entstand schließlich das Lehrbuch „Physikalische Chemie – Eine Einführung nach neuem Konzept mit zahlreichen Experimenten", das auch ins Englische übersetzt wurde. Ergänzend wurde das vorliegende Arbeitsbuch mit zahlreichen Übungsaufgaben und den zugehörigen ausführlichen Lösungen verfasst.

Regina Rüffler studierte Chemie an der Universität des Saarlandes und promovierte dort 1991 bei U. Gonser. Von 1989 bis 2002 war sie Dozentin am Institut für Physikalische Chemie der Universität Hamburg, unterbrochen von einem zweijährigen Aufenthalt als Gastwissenschaftlerin an der Universität des Saarlandes. Während ihrer Dozentur betreute sie zahlreiche Lehrveranstaltungen im Grund- und Hauptstudium wie Vorlesungen, Praktika und Übungen.

Ihre Begeisterung für die Lehre ließ sie 2002 in die Eduard-Job-Stiftung eintreten. Neben der Abfassung des Lehr- sowie des Arbeitsbuches „Physikalische Chemie" in Zusammenarbeit mit G. Job erstellt sie Versuchsbeschreibungen zu den über hundert in das Lehrbuch integrierten Demonstrationsexperimenten und produziert zugehörige Videos, für die sie mehrfach Preise gewonnen hat (https://job-stiftung.de/index. php?versuche-1). Auch wurde das neue Lehrkonzept in all seinen Facetten von ihr auf zahlreichen Konferenzen im In- und Ausland vorgestellt und seit 2012 an der Universität Hamburg in der Experimentalvorlesung „Thermodynamik" für Studierende der Holzwirtschaft umgesetzt.

Georg Job · Regina Rüffler

Physikalische Chemie

Eine Einführung nach neuem Konzept mit zahlreichen Experimenten

2. Auflage

 Springer Spektrum

Georg Job
Job-Stiftung
Hamburg, Deutschland

Regina Rüffler
Job-Stiftung
Universität Hamburg
Hamburg, Deutschland

ISSN 2627-2970   ISSN 2627-2989   (electronic)
Studienbücher Chemie
ISBN 978-3-658-32935-8   ISBN 978-3-658-32936-5   (eBook)
https://doi.org/10.1007/978-3-658-32936-5

Die Deutsche Nationalbibliothek verzeichnet diese Publikation in der Deutschen Nationalbibliografie; detaillierte bibliografische Daten sind im Internet über http://dnb.d-nb.de abrufbar.

Planung: Désirée Claus
Springer Spektrum ist ein Imprint der eingetragenen Gesellschaft Springer Fachmedien Wiesbaden GmbH und ist ein Teil von Springer Nature.
Die Anschrift der Gesellschaft ist: Abraham-Lincoln-Str. 46, 65189 Wiesbaden, Germany

Vorwort zur zweiten Auflage

Die sehr positive Aufnahme, die unser Lehrbuch „Physikalische Chemie – Eine Einführung nach neuem Konzept mit zahlreichen Experimenten" gefunden hat, bestärkte uns darin, das der ersten Auflage zugrundeliegende didaktische Konzept beizubehalten. Der komplette Text wurde jedoch überarbeitet und, falls erforderlich, Korrekturen und Ergänzungen vorgenommen, um den Inhalt noch verständlicher zu gestalten. Um die Übersicht zu erleichtern, wurden den einzelnen Kapiteln kurze Einführungen vorangestellt.

Größere Änderungen betreffen im Kapitel 21 einen neuen Abschnitt über „Leitfähigkeitsmessung und ihre Anwendung" und im Kapitel 23 einen neuen Abschnitt über „Zellspannungsmessung und ihre Anwendung". Neu hinzugekommen ist das Kapitel 24 „Salzwirkung", das sich mit der interionischen Wechselwirkung und ihrer Beschreibung mittels der DEBYE-HÜCKEL-Theorie befasst sowie das Kapitel 25 „Thermodynamische Funktionen", das eine Brücke schlägt zu den wichtigsten zusätzlich in der traditionellen Thermodynamik verwendeten Begriffen wie innere Energie, Enthalpie, Helmholtz-Energie und Gibbs-Energie.

Auch im Zeitalter von Youtube und Smartphone haben Demonstrationsexperimente nichts von ihrer Faszination eingebüßt, da sie die ihnen zugrundeliegenden abstrakten Sachverhalte sinnlich erfassbar machen. Dieser positive Effekt konnte immer wieder durch Umfragen zu der auf der Grundlage des Lehrbuchs gehaltenen Experimentalvorlesung bestätigt werden. Um die Darstellung der Versuche noch prägnanter zu gestalten, wurden im Text nun Abbildung und zugehörige Kurzbeschreibung zusammengefasst. Außerdem wurden neun Experimente neu aufgenommen, sodass nun weit über hundert Eingang in das Buch gefunden haben. Detaillierte Beschreibungen zu einer Vielzahl der Schauversuche (einschließlich Sicherheitshinweisen und Entsorgungsvorschlägen) können auf der Homepage der Job-Stiftung (unter www.job-stiftung.de/Lehrmaterialien) abgerufen werden; diese Sammlung wird laufend erweitert. Zusätzlich wurden zu einem Teil der Versuche Videos produziert, die zum einen Einsatz in Vorlesungen und Präsentationen finden können, zum anderen aber auch Studierenden und anderen Interessierten die Möglichkeit eröffnen, sich die Versuche nochmals zu vergegenwärtigen. Auch die Videos werden auf der Stiftungshomepage zur Verfügung gestellt.

In Ergänzung zum Lehrbuch wurde 2019 das „Arbeitsbuch Physikalische Chemie" (ISBN 978-3-658-25109-3) im Springer-Verlag veröffentlicht. Die rund zweihundert Übungsaufgaben mit den zugehörigen detaillierten Lösungsvorschlägen bieten die ausgezeichnete Möglichkeit, den erarbeiteten Lehrbuchstoff durch Auseinandersetzung mit einer konkreten Problemstellung einzuüben und so das Verständnis zu vertiefen.

Beim Vorstand der Job-Stiftung möchten wir uns herzlich für die stete Unterstützung und die große Geduld bedanken. Unser ganz besonderer Dank gilt jedoch Eduard J. Job†, der die Job-Stiftung 2001 gründete, und seinem Bruder Norbert Job, der seit 2017 die Finanzierung der Stiftung übernommen hat. Den Mitarbeiterinnen und Mitarbeitern des Springer-Verlags sind wir für die stets gute Zusammenarbeit sehr dankbar. Nicht zuletzt möchten wir Prof. Friedrich Herrmann und Prof. Günter Jakob Lauth für die kritische Durchsicht der ersten Auflage des Lehrbuchs und die zahlreichen wertvollen Hinweise und Anregungen danken sowie zahlreichen Leserinnen und Lesern für ihre Diskussionsbeiträge und Anmerkungen zu Korrekturen.

Hamburg, im November 2020   Georg Job, Regina Rüffler

Vorwort zur ersten Auflage

Erfahrungsgemäß bereiten zwei grundlegende thermodynamische Größen besondere Verständnisschwierigkeiten: die Entropie und das chemische Potenzial – die Entropie S als Partnergröße zur Temperatur T und das chemische Potenzial μ als Partnergröße zur Stoffmenge n. Während das Größenpaar S und T für alle Arten von Wärmeeffekten zuständig ist, regelt das Paar μ und n das stoffliche Geschehen, alles was mit der Umsetzung, Verteilung und Umwandlung von Stoffen zu tun hat. Es zeigt sich, dass beide Größen durchaus auf der Grundlage unserer Alltagsvorstellungen definiert werden können.

Als ein auch für den Studienanfänger leicht nachvollziehbarer Einstieg in die physikalische Chemie wird daher in diesem Buch eine vollständige phänomenologische Charakterisierung der zentralen Größen, neben der Energie hier insbesondere S und μ, etwa in der Art eines Steckbriefes gewählt. Ergänzend wird ein direktes Messverfahren angegeben, eine Vorgehensweise wie sie bei den Basisgrößen Länge, Zeit und Masse seit langem üblich ist.

Allein schon mit einer dieser zentralen Größen, dem chemischen Potenzial, befindet man sich bereits mitten im Herzen der Stoffdynamik. Von hier aus stehen die Zugänge zu einer Vielzahl von Anwendungsgebieten des täglichen Lebens bis hin zur Quantenstatistik offen. Viele traditionell genutzte Größen wie Enthalpie H, Freie Enthalpie G und Aktivität a werden bei dieser Herangehensweise nicht mehr benötigt. Damit vereinfacht sich die Berechnung des Verhaltens der Stoffe erheblich und wird zugleich anschaulich nachvollziehbar.

Schlüsselstellung des chemischen Potenzials μ

Da in diesem Buch der Zugang zur Stoffdynamik direkt über das chemische Potenzial gewählt wird, beschränkt sich die Nutzung der Größe Entropie auf die Beschreibung der Wärmeeffekte. Für diesen Bereich behält die Entropie ihre grundlegende Bedeutung und wird dementsprechend ausführlich behandelt.

Das Buch vermittelt die Grundzüge der Stoffdynamik in drei Teilen

- Grundbegriffe und chemische Gleichgewichte (Statik)
- zeitlicher Ablauf von Stoffumbildungen (Kinetik)
- Mitwirkung elektrischer Felder (Elektrochemie)

und gibt damit gleichzeitig einen Überblick über wichtige Teilgebiete der physikalischen Chemie. Dabei wird konsequent an Beispiele aus dem Alltag und vor allem an eine Vielzahl ausgewählter Demonstrationsexperimente angeknüpft, da gerade die physikalische Chemie oft als sehr abstrakt und wenig alltagstauglich empfunden wird.

Der Adressatenkreis sind Studienanfänger mit Chemie im Haupt- und Nebenfach. Wir haben uns bemüht, sowohl in der Auswahl als auch in der Darstellung des Lehrstoffes diese Zielgruppe stets im Auge zu behalten. Für die meisten Abschnitte genügt mathematisches Grundwissen. Um die Strenge der Herleitungen zu wahren, wird bei darüber hinaus gehenden Anforderungen dem Leser entsprechende Hilfestellung gegeben (gekennzeichnet durch einen grauen Balken am Rand). Das Buch liefert auch das Rüstzeug für einführende Praktika der physikalischen Chemie.

Übungsaufgaben mit den zugehörigen Lösungen werden im Internet über die OnlinePLUS-Funktion auf der Verlagswebseite www.viewegteubner.de zur Verfügung gestellt. Detaillierte Beschreibungen zu einer Auswahl an Demonstrationsexperimenten (z. T. mit Videos) können unter www.job-stiftung.de/Lehrmaterialien abgerufen werden; diese Sammlung wird laufend ergänzt. Auch weiterführende Informationen zu den Themenbereichen Quantenstatistik, statistische Behandlung der Entropie und Zusammenhang mit den üblichen Größen der Thermodynamik, die den Rahmen dieser Ausgabe sprengen würden, sind ebenfalls auf der Webseite der Job-Stiftung zu finden.

Unser besonderer Dank gilt Eduard J. Job[†], dem Gründer der Job-Stiftung, der stets mit großem Engagement die Ziele der Stiftung verfolgt und damit insbesondere auch die Abfassung dieses Buches unterstützt hat. Geprägt durch eigene Erfahrungen mit den Schwierigkeiten des Faches – während seines Studiums, aber auch während der sich anschließenden beruflichen Tätigkeit als Unternehmer im Bereich des Brandschutzes –, war es sein spezielles Anliegen, durch eine vereinfachte Darstellung der Thermodynamik einen schnelleren Lernerfolg und damit erhöhten Nutzungsgrad zu erzielen.

Beim Vorstand der Job-Stiftung möchten wir uns herzlich für die stete Unterstützung und die große Geduld bedanken. Dem Vieweg+Teubner-Verlag, insbesondere Herrn Sandten und Frau Hoffmann, sind wir für die gute Zusammenarbeit sehr dankbar.

Über Diskussionsbeiträge sowie Anmerkungen zu Korrekturen würden wir uns sehr freuen.

Hamburg, im Juni 2010   Georg Job, Regina Rüffler

Inhaltsverzeichnis

1	**Einführung und erste Grundbegriffe**	**1**
1.1	Stoffdynamik	1
1.2	Stoffe und Grundstoffe	3
1.3	Messung und Metrisierung	7
1.4	Stoffmenge	12
1.5	Gemisch, Gemenge und Zusammensetzungsmaße	15
1.6	Zustand	17
1.7	Stoffumbildung	23

2	**Energie**	**28**
2.1	Zur Energie auf indirektem Wege	28
2.2	Direkte Metrisierung der Energie	29
2.3	Energieerhaltung	34
2.4	Energie einer gespannten Schraubenzugfeder	35
2.5	Druck	37
2.6	Energie eines bewegten Körpers	40
2.7	Impuls	40
2.8	Energie eines gehobenen Körpers	42

3	**Entropie und Temperatur**	**44**
3.1	Vorüberlegung	44
3.2	Makroskopische Eigenschaften der Entropie	45
3.3	Molekularkinetische Deutung der Entropie	48
3.4	Entropieerhaltung und –erzeugung	50
3.5	Wirkungen zunehmender Entropie	53
3.6	Entropieübertragung	56
3.7	Direkte Metrisierung der Entropie	59
3.8	Temperatur	62
3.9	Anwendungsbeispiele zur Entropie	64
3.10	Temperatur als „thermische Spannung"	71
3.11	Energie zur Erzeugung und zur Zufuhr von Entropie	72
3.12	Energie kalorimetrisch bestimmt	76
3.13	Wärmepumpen und Wärmemotoren	78
3.14	Entropieerzeugung in einem Entropiestrom	82

4   Chemisches Potenzial   **86**

4.1   Vorüberlegung   86
4.2   Grundmerkmale des chemischen Potenzials   88
4.3   Wettstreit der Stoffe   90
4.4   Bezugszustand und Werte des chemischen Potenzials   92
4.5   Vorzeichen des chemischen Potenzials   97
4.6   Anwendung in der Chemie und Begriff des Antriebs   99
4.7   Direkte Messung von Antrieben   108
4.8   Indirekte Metrisierung des chemischen Potenzials   113

5   Einfluss von Temperatur und Druck auf Stoffumbildungen   **118**

5.1   Einführung   118
5.2   Temperaturabhängigkeit von chemischem Potenzial und Antrieb   118
5.3   Druckabhängigkeit von chemischem Potenzial und Antrieb   128
5.4   Gleichzeitige Temperatur- und Druckabhängigkeit   133
5.5   Verhalten von Gasen unter Druck   135

6   Gehaltsabhängigkeit des chemischen Potenzials   **140**

6.1   Der Begriff der Massenwirkung   140
6.2   Konzentrationsabhängigkeit des chemischen Potenzials   141
6.3   Konzentrationsabhängigkeit des Antriebs   145
6.4   Das Massenwirkungsgesetz   151
6.5   Spezielle Fassungen der Massenwirkungsgleichung   155
6.6   Anwendungen des Massenwirkungsgesetzes   157
6.7   Potenzialdiagramme gelöster Stoffe   166

7   Konsequenzen der Massenwirkung: Säure-Base-Reaktionen   **170**

7.1   Einführung   170
7.2   Der Säure-Base-Begriff nach BRØNSTED und LOWRY   171
7.3   Das Protonenpotenzial   172
7.4   Pegelgleichung und Protonierungsgleichung   181
7.5   Säure-Base-Titrationen   186
7.6   Puffer   189
7.7   Säure-Base-Indikatoren   194

8   Begleiterscheinungen stofflicher Vorgänge   197

8.1   Vorüberlegung   197
8.2   Raumanspruch   198
8.3   Umsatzbedingte Volumenänderungen   204
8.4   Entropieanspruch   205
8.5   Umsatzbedingte Entropieänderungen   209
8.6   Energieumsätze bei Stoffumbildungen   211
8.7   Wärmeeffekte   214
8.8   Kalorimetrische Antriebsmessung   221

9   Querbeziehungen   225

9.1   Hauptgleichung   225
9.2   Mechanisch-thermische Querbeziehungen   230
9.3   Querbeziehungen für chemische Größen   233
9.4   Weitere Anwendungen im mechanisch-thermischen Bereich   241

10   Dünne Gase aus molekularkinetischer Sicht   245

10.1 Einführung   245
10.2 Allgemeines Gasgesetz   245
10.3 Molekularkinetische Deutung des allgemeinen Gasgesetzes   249
10.4 Anregungsgleichung und Geschwindigkeitsverteilung   256
10.5 Barometrische Höhenformel und BOLTZMANN-Verteilung   264

11   Übergang zu dichteren Stoffen   266

11.1 Die VAN DER WAALS-Gleichung   266
11.2 Kondensation   270
11.3 Die kritische Temperatur   272
11.4 Die Siededruckkurve (Dampfdruckkurve)   274
11.5 Das vollständige Zustandsdiagramm   278

12   Stoffausbreitung   283

12.1 Vorüberlegung   283
12.2 Diffusion   285
12.3 Mittelbare Massenwirkung   287
12.4 Osmose   290
12.5 Dampfdruckerniedrigung   296
12.6 Gefrierpunktserniedrigung und Siedepunktserhöhung   298
12.7 Kolligative Eigenschaften und Bestimmung molarer Massen   300

13   Gemische und Gemenge   **303**

13.1   Einführung   303
13.2   Chemisches Potenzial in Gemischen   305
13.3   Zusatzpotenzial   310
13.4   Chemisches Potenzial von Gemischen und Gemengen   311
13.5   Mischungsvorgänge   315
13.6   Weitere Phasenreaktionen   320

14   Zweistoffsysteme   **322**

14.1   Zweistoffzustandsdiagramme   322
14.2   Zustandsdiagramme flüssig-flüssig (Mischungsdiagramme)   323
14.3   Zustandsdiagramme fest-flüssig (Schmelzdiagramme)   326
14.4   Zustandsdiagramme flüssig-gasig (Dampfdruck- bzw. Siedediagramme)   333

15   Grenzflächenerscheinungen   **344**

15.1   Oberflächenspannung und Oberflächenenergie   344
15.2   Oberflächeneffekte   348
15.3   Adsorption an Flüssigkeitsoberflächen   352
15.4   Adsorption an Feststoffoberflächen   354
15.5   Anwendung der Adsorption   360

16   Grundzüge der Kinetik   **361**

16.1   Einführung   361
16.2   Umsatzgeschwindigkeit einer chemischen Reaktion   364
16.3   Geschwindigkeitsdichte   366
16.4   Messung der Geschwindigkeitsdichte   368
16.5   Geschwindigkeitsgesetze einstufiger Reaktionen   372

17   Zusammengesetzte Reaktionen   **383**

17.1   Einführung   383
17.2   Gegenläufige Reaktionen   383
17.3   Parallelreaktionen   387
17.4   Folgereaktionen   389

18   Theorie der Reaktionsgeschwindigkeit   **395**

18.1   Temperaturabhängigkeit der Reaktionsgeschwindigkeit   395
18.2   Stoßtheorie   398
18.3   Theorie des Übergangszustandes   401
18.4   Molekulare Deutung des Übergangszustandes   405

19   Katalyse   **409**

19.1   Einführung   409
19.2   Wirkungsweise eines Katalysators   411
19.3   Enzymkinetik   414
19.4   Heterogene Katalyse   420

20   Transporterscheinungen   **424**

20.1   Diffusionskontrollierte Reaktionen   424
20.2   Geschwindigkeit der Stoffausbreitung   425
20.3   Fließfähigkeit   432
20.4   Entropieleitung   437
20.5   Vergleichender Überblick   440

21   Elektrolytlösungen   **444**

21.1   Elektrolytische Dissoziation   444
21.2   Elektrisches Potenzial   448
21.3   Ionenwanderung   449
21.4   Leitfähigkeit von Elektrolytlösungen   454
21.5   Konzentrationsabhängigkeit der Leitfähigkeit   457
21.6   Überführungszahlen   462
21.7   Leitfähigkeitsmessung und ihre Anwendung   467

22   Elektrodenreaktionen und Galvanispannungen   **471**

22.1   Galvanispannung und elektrochemisches Potenzial   471
22.2   Elektronenpotenzial in Metallen und Kontaktspannung   473
22.3   Galvanispannung zwischen Metall und Lösung   476
22.4   Redoxreaktionen   480
22.5   Galvanispannung von Halbzellen   483
22.6   Galvanispannung an Flüssigkeitsgrenzflächen   489
22.7   Galvanispannung an Membranen   491

23   Redoxpotenziale und galvanische Zellen   495

23.1   Messung von Redoxpotenzialen   495
23.2   Zellspannung   504
23.3   Technisch wichtige galvanische Elemente   510
23.4   Zellspannungsmessung und ihre Anwendung   515

24   Salzwirkung   518

24.1   Einführung   518
24.2   Doppelschichten an Elektrodenoberflächen   520
24.3   Theorie der interionischen Wechselwirkung   523
24.4   Anwendung   527

25   Thermodynamische Funktionen   534

25.1   Einführung   534
25.2   Wärmefunktionen   535
25.3   Freie Energie   545
25.4   Partielle molare Größen   552
25.5   Aktivitäten   555

Anhang   563

A1   Mathematische Grundlagen   563
A2   Tabelle der chemischen Potenziale   576

Sachverzeichnis   591

Liste verwendeter Symbole

Aufgeführt sind die wichtigeren der benutzten Symbole. Die in Klammern angefügte Zahl verweist auf die Seite, auf der die Größe oder der Begriff, wenn nötig, genauer beschrieben wird. Vorgesetzte Sonderzeichen (|, Δ, Δ_R, Δ_{sl}, ...) wurden bei der alphabetischen Einordnung übergangen.

Griechische Zeichen in alphabetischer Folge:

Aα Bβ Γγ Δδ Eε Zζ Hη Θθϑ Iι Kκ Λλ Mμ Nν Ξξ Oo Ππ Pρ Σσς Tτ Yυ Φφ Xχ Ψψ Ωω.

steil gesetzt:

A, B, C, ...	Stoff A, B, C, ...
|A, |B, ...	gelöst in A, in B, ... (307)
Ad	Säure (171)
a, |a	amorph (19) (auch tief- oder hochgestellt)
Bs	Base (171)
c, |c	kristallin (19) (auch tief- oder hochgestellt)
d, |d	gelöst (dissolutus) (19) (auch tief- oder hochgestellt)
E	Enzym (415)
e, e^-	Elektron(en) (6, 473) (auch tiefgestellt)
e	eutektisch (330) (tief- oder hochgestellt)
F	Fremdstoff (288)
g, |g	gasig (18) (auch tief- oder hochgestellt)
G	Gemisch (homogen) (311)
J	Ionenart, unspezifiziert (476)
K	Katalysator (411)
L	Lösemittel (89), Lösungsphase (477)
l, |l	flüssig (liquidus) (18) (auch tief- oder hochgestellt)
Me	Metall, unspezifiziert (476)
m, |m	metallisch (elektronenleitend) (477) (auch tief- oder hochgestellt)
Ox	Oxidationsmittel (480)
P	Produkte, unspezifiziert (411)
Rd	Reduktionsmittel (480)
p	Proton(en) (170) (auch tiefgestellt)
S	Substrat (415)
s, |s	fest (solidus) (18) (auch tief- oder hochgestellt)
w, |w	in wässriger Lösung (19) (auch tief- oder hochgestellt)

|α, |β, |γ, ...	bezeichnet verschiedene Modifikationen eines Stoffes (19)
Γ	Gemenge (heterogen) (313)

$\square$, $\boxed{\text{B}}$	Adsorptionsplatz („chemisch") leer, besetzt (355)
$\square$, $\boxed{B}$	Adsorptionsplatz („physikalisch") leer, besetzt (355)
‡	Übergangskomplex (401) (auch tief- oder hochgestellt)

schräg gesetzt:

A	Fläche, Querschnitt
A	HELMHOLTZ-Energie (nur ausnahmsweise benutzt) (548)
$\mathcal{A}$	(chemischer) Antrieb, Affinität (99)
$\mathcal{A}^{\ominus}$	Normwert des Antriebs (101)
$\overset{\circ}{\mathcal{A}}$	Grundglied (Grundwert) des Antriebs (146)
$\overset{\smile}{\mathcal{A}}$	Massenwirkungsglied des Antriebs (146)
a	Beschleunigung (29)
a	Kastenlänge (251)
a	(erste) VAN DER WAALS-Konstante (269)
a	Temperaturleitfähigkeit (439)
a, a_B	Aktivität (des Stoffes B) (nur ausnahmsweise benutzt) (556)
B	Stoffkapazität (166)
B_p	Pufferkapazität (190)
$\mathcal{B}$, $\mathcal{B}_i$	Stoff allgemein (mit Index i) (24)
b, b_B	Molalität (des Stoffes B) (16)
b	(zweite) VAN DER WAALS-Konstante (269)
$\mathcal{b}$	(Stoff-) Kapazitätsdichte (166)
$\mathcal{b}_p$	Pufferkapazitätsdichte (191)
C	elektrische Kapazität (69)
C, C_p	Wärmekapazität (globale, isobare) (229)
C_m	molare (isobare) Wärmekapazität (229)
$\mathcal{C}$, $\mathcal{C}_p$	Entropiekapazität (globale, isobare) (69)
$\mathcal{C}_m$	molare (isobare) Entropiekapazität (69)
$\mathcal{C}_V$	Entropiekapazität (globale), isochore (71)
c	Lichtgeschwindigkeit (13)
c, c_B, c_i	(Stoffmengen-) Konzentration (des Stoffes B bzw. i) (16)
c_ι	ionische Konzentration (519)
c_r	relative Konzentration $c/c^{\ominus}$ (143)
c, c_W	spezifische (isobare) Wärmekapazität (229, 439)
c_ξ	Umsatzdichte (149)
$c^{\ominus}$	Normwert der Konzentration (96)
$c^{\dagger}$	willkürliche Bezugskonzentration (375)
$\mathcal{c}$	spezifische (isobare) Entropiekapazität (70, 439)
D	Federhärte (36)
D, D_B	Diffusionskoeffizient (des Stoffes B) (428)
d	Dicke, Durchmesser
E, $\vec{E}$	elektrische Feldstärke (448)
E	Energie (nur ausnahmsweise benutzt) (29, 33)
E	Elektroden-, Redoxpotenzial (498)

ΔE	Urspannung, Gleichgewichtszellspannung (507)
e_0	Elementarladung, Ladungsquant (14)
F	Kraft, Impulsstrom (29, 42)
$\mathcal{F}$	FARADAY-Konstante (450)
f, f_B	Fugazität (des Stoffes B) (nur ausnahmsweise benutzt) (562)
G	Gewicht (im umgangssprachlichen Sinn) (9)
G, G_Q	(elektrischer) Leitwert (441, 455)
G	GIBBS-Energie (nur ausnahmsweise benutzt) (549)
$\mathcal{G}$	beliebige Größe (14)
g	Fallbeschleunigung
g_i	Gehaltszahl des i-ten Grundstoffes (4)
$\mathcal{g}$	Quantenzahl (14)
H	Enthalpie (nur ausnahmsweise benutzt) (542)
h	Höhe
h	PLANCK-Konstante, Wirkungsquant (402)
I	(elektrische) Stromstärke (441, 454)
J	Stromstärke (einer mengenartigen Größe) (441)
J_B	Strom, Fluss eines Stoffes B (428)
J_p	Impulsstrom (253)
J_S	Entropiestrom (438)
j	Stromdichte (einer mengenartigen Größe) (441)
j_B	Stromdichte, Flussdichte eines Stoffes B (428)
j_p	Impulsstromdichte (253)
j_S	Entropiestromdichte (438)
K	herkömmliche Gleichgewichtskonstante (152, 158)
$\overset{\circ}{K}$	numerische Gleichgewichtskonstante, Gleichgewichtszahl (153, 160)
K_M	MICHAELIS-Konstante (416)
k	Geschwindigkeitskoeffizient (373)
$k_{+1}, k_{-1}, \ldots$	Geschwindigkeitskoeffizient der Hin- bzw. Rückreaktion (Nr. 1 usw.) (384)
k_B	BOLTZMANN-Konstante (251)
k_∞	Frequenzfaktor (396)
l	Länge
M	molare Masse (15)
m	Masse
N	Teilchenzahl (14)
N_A	AVOGADRO-Konstante (14)
n	Stoffmenge (14)
n_p	Protonenmenge (in einem Protonenspeicher) (183)
P	Leistung, Energiestrom
p	Druck (37)
p	Wahrscheinlichkeit (261)
p	sterischer Faktor (400)
p_B	Binnendruck (268)
p_r	relativer Druck $p/p^{\ominus}$ (156)
p_σ	Kapillardruck (348)

$p^{\ominus}$	Normwert des Drucks (66)
p	Impuls (40)
Q	(elektrische) Ladung (14)
Q	Wärme (nur ausnahmsweise benutzt) (73, 535)
q	Anteil der Teilchen-Zusammenstöße mit einer Mindestenergie w_{min} (399)
R	allgemeine Gaskonstante (136, 248)
R, R_Q	(elektrischer) Widerstand (441, 455)
$\mathcal{R}, \mathcal{R}', \mathcal{R}''$	Umbildung allgemein (Umsetzung, Umwandlung, Umverteilung) (27)
$r, r_{AB}, \ldots$	Radius, Abstand vom Mittelpunkt, Abstand zweier Teilchen A und B
r	Geschwindigkeitsdichte (366)
r_0	Anfangsgeschwindigkeitsdichte (417)
$r_{+1}, r_{-1}, \ldots$	Geschwindigkeitsdichte der Hin- bzw. Rückreaktion (Nr. 1 usw.) (384)
r_{ads}, r_{des}	Adsorptions-, Desorptionsgeschwindigkeit (366)
S	Entropie (44)
$\Delta_{lg}S$	(molare) Verdampfungsentropie (69, 277)
$\Delta_R S$	(molare) Reaktionsentropie (209)
$\Delta_{sl}S$	(molare) Schmelzentropie (69, 280)
$\Delta_{\rightarrow}S$	(molare) Umbildungsentropie (210)
S_a	ausgetauschte Entropie (konvektiv und/oder konduktiv) (59)
S_e	erzeugte Entropie (59)
S_k	konvektiv (zusammen mit einem Stoff) ausgetauschte Entropie (59)
ΔS_{ℓ}	latente Entropie (77, 217)
S_m	Entropieanspruch, molare Entropie (66, 205)
$S_{\ddot{u}}$	übertragene Entropie (78)
S_{λ}	konduktiv (durch Leitung) ausgetauschte Entropie (59)
s	Länge eines Weges
T	(thermodynamische, absolute) Temperatur (62)
$T^{\ominus}$	Normwert der Temperatur (66)
$\mathcal{T}, \mathcal{T}_B$	Umsatzdauer, Beobachtungsdauer (363)
$t, \Delta t$	Zeit, Dauer
$t_{1/2}$	Halbwertszeit (377)
t, t_i, t_+, t_-	Überführungszahl (der Teilchenart i, der Kationen, der Anionen) (463)
$U, U_{1 \rightarrow 2}$	(elektrische) Spannung (von Ort 1 nach Ort 2) (441, 449)
U	innere Energie (nur ausnahmsweise benutzt) (537)
U_{Diff}	Diffusions(galvani)spannung (489)
U_{Mem}	Membranspannung (492)
u, u_i	elektrische Beweglichkeit (der Teilchenart i) (450)
V	Volumen
$\Delta_R V$	(molares) Reaktionsvolumen (204)
$\Delta_{sl}V$	(molares) Schmelzvolumen (280)
$\Delta_{\rightarrow}V$	(molares) Umbildungsvolumen (205)
V_m	Raumanspruch, molares Volumen (198)
V_{Ko}	Kovolumen (268)
$v, \vec{v}$	Geschwindigkeit (Betrag, Vektor)
v_x, v_y, v_z	Geschwindigkeit, Komponenten in x-, y-, z-Richtung (255)

W	Arbeit (nur ausnahmsweise benutzt) (28, 536)
W	Energie (33)
W_A	molare (ARRHENIUSsche) Aktivierungsenergie (396)
W_A, $W_{\to A}$	Energieaufwand für eine Ober- oder Grenzflächenänderung (345)
W_a	beim Entropieaustausch mitübertragene Energie (73)
W_B, W_i, ...	kurz für $W_{\to n_B}$, $W_{\to n_i}$, ... (312)
W_f	freie Energie (nur ausnahmsweise benutzt) (545)
W_{kin}	kinetische Energie (43)
W_n	Nutzenergie (81, 216)
W_n, $W_{\to n}$	Energieaufwand für eine Mengenänderung eines Stoffes (113)
W_{pot}	potenzielle Energie (43)
W_S, $W_{\to S}$	Energieaufwand für eine Entropieänderung (75)
$W_{\ddot{u}}$	Energieaufwand zur Übertragung (einer Entropie-, Stoffportion, ...) (78, 212)
W_V, $W_{\to V}$	Energieaufwand für eine Volumenänderung („Volumenarbeit") (75)
W_v	verheizte Energie (72)
W_ξ, $W_{\to \xi}$	Energieaufwand für eine Umsatzänderung („Reaktionsarbeit") (213)
w, w_B, w_i	Massenanteil (des Stoffes B bzw. i) (16)
w	Energie eines Teilchens (251, 258)
x, x_B, x_i	(Stoff-) Mengenanteil (des Stoffes B bzw. i) (15)
x, y, z	Ortskoordinaten
Z	Zellkonstante (468)
Z_{AB}	Stoßhäufigkeit zwischen A- und B-Teilchen (398)
z, z_i, z_+, z_-	Ladungszahl (der Teilchenart i, Kationen, Anionen) (14, 446)

α, α_B, α_i	Temperaturkoeffizient des chemischen Potenzials (des Stoffes B bzw. i) (120)
α, α_ξ	Dissoziationsgrad, Umsatzgrad (458, 149)
α	Temperaturkoeffizient des Antriebs (einer Stoffumbildung) (120)
β, β_B, β_i	Massenkonzentration (des Stoffes B bzw. i) (16)
β, β_B, β_i	Druckkoeffizient des chemischen Potenzials (des Stoffes B bzw. i) (129)
β_r	relativer Spannungskoeffizient (243)
β	Druckkoeffizient des Antriebs (einer Stoffumbildung) (129)
γ	Konzentrationskoeffizient des chemischen Potenzials (141)
γ	(Volumen-) Ausdehnungskoeffizient (230)
γ	Aktivitätskoeffizient (nur ausnahmsweise benutzt) (555)
$\gamma_{p,B}$	Fugazitätskoeffizient (nur ausnahmsweise benutzt) (562)
γ	universelles Quant (14)
ε, ε_r	(relative) Permittivität (522)
ε_0	elektrische Feldkonstante (522)
η	Wirkungsgrad (78)
η	(dynamische) Zähigkeit, Viskosität (434)
Θ	Füllgrad (Protonierungsgrad usw.), Bedeckungsgrad (181, 356)
θ	Randwinkel (348)
ϑ	Celsius-Temperatur (64)
κ	Dimensionsfaktor (152, 158)
Λ, Λ_i	molare Leitfähigkeit (der Teilchenart i) (456)

Λ^0	Grenzleitfähigkeit (456)
λ	Wärmeleitfähigkeit (438)
$\lambda, \lambda_1, \lambda_2, \ldots$	Wellenlänge, Wellenlänge der Grund- und Oberwellen (431)
λ, λ_B	chemische Aktivität (des Stoffes B) (nur ausnahmsweise benutzt) (556)
λ_D	Abschirmlänge (DEBYE-Länge) (523)
μ, μ_B, μ_i	chemisches Potenzial (des Stoffes B bzw. i) (89)
μ_d	Dekapotenzial (Kürzel für $RT\ln 10$) (144)
$\mu_e, \mu_e(\text{Rd/Ox})$	Elektronenpotenzial, eines Redoxpaares Rd/Ox (473, 481)
$\mu_p, \mu_p(\text{Ad/Bs})$	Protonenpotenzial, eines Säure-Base-Paares Ad/Bs (173)
$\mu^{\ominus}$	Normwert des chemischen Potenzials (94, 143)
$\overset{\circ}{\mu}$	Grundglied (Grundwert) des chemischen Potenzials eines gelösten Stoffes (143)
$\Delta_{\ddagger}\overset{\circ}{\mu}$	Aktivierungsschwelle (403)
$\overset{\circ}{\mu}_c, \overset{\circ}{\mu}_p, \overset{\circ}{\mu}_x, \ldots$	Grundglied des chem. Potenzials in der c-, p-, x-, ... Skale (307)
$\overset{\bullet}{\mu}$	chemisches Potenzial eines Stoffes in reinem Zustand (288)
$\breve{\mu}$	Massenwirkungsglied (Ballungsglied) des chemischen Potenzials (143)
$\overset{+}{\mu}$	Zusatzglied des chemischen Potenzials, Zusatzpotenzial (310)
$\overset{+}{\mu}_l$	ionisches Zusatzpotenzial (520)
$\tilde{\mu}, \tilde{\mu}_i$	elektrochemisches Potenzial (des Stoffes i) (472)
$\nu, \nu_B, \nu_i, \ldots$	Umsatzzahl, stöchiometrische Zahl (des Stoffes B bzw. i, ...) (24)
ν_l	ionische Umsatzzahl (526)
ν	kinematische Zähigkeit (434)
ξ	Stand einer Umbildung (Umsetzung, Umwandlung, Umverteilung) (25)
ρ, ρ_B, ρ_i	(Massen-) Dichte (des Stoffes B bzw. i) (8)
ρ, ρ_Q	spezifischer (elektrischer) Widerstand (441, 456)
$\rho(x)$	Raumladungsdichte (522)
$\sigma, \sigma_{g,l}, \ldots$	Oberflächen-, Grenzflächenspannung (345, 348)
σ, σ_Q	elektrische Leitfähigkeit (441, 456)
σ_B	„Stoffleitfähigkeit" (für den Stoff B) (428)
σ_S	„Entropieleitfähigkeit" (438)
τ	Elementarstoffmenge, Stoffmengenquant (14)
$\tau_1, \tau_2, \ldots$	Abklingzeit der Grund- und Oberwellen (431)
$\tau_{\ddagger}$	Lebensdauer des Übergangskomplexes (402)
Φ	Fugazitätskoeffizient (nur ausnahmsweise benutzt) (562)
φ	elektrisches Potenzial (83, 448)
φ	Fluidität (441)
χ	Kompressibilität (241)
ψ	Schwerepotenzial (83)
ω	Umsatzgeschwindigkeit (364)
ω, ω_B	(mechanische) Beweglichkeit (des Stoffes B) (425)

Tiefzeichen

ads	die Adsorption betreffend (356)
d→d, dd	Übergang eines gelösten Stoffes von einer Phase in eine andere (165)

des	die Desorption betreffend (356)
Gl	im Gleichgewicht (152)
g→d, gd	Übergang vom Gaszustand in den gelösten (164)
ges	gesamt
k	kritisch (272)
l→g, lg	Übergang vom flüssigen in den Gaszustand (Sieden) (69, 205)
ℓ	latent (77, 218)
M	einen Mischungsvorgang betreffend (315)
m	molar
n	nutzbar (79, 216)
osm	osmotisch (292)
R	eine Reaktion (Umsetzung) betreffend (204)
r	relativ (143)
s→d, sd	Übergang vom festen in den gelösten Zustand (160, 205)
s→g, sg	Übergang vom festen in den Gaszustand (Sublimation) (125)
s→l, sl	Übergang vom festen in den flüssigen Zustand (Schmelzen) (68, 205)

α→β, αβ	Übergang einer Modifikation α eines Feststoffes in eine Modifikation β (132)

→	eine Umbildung allgemein betreffend (205)
□	einen Adsorptionsvorgang betreffend (356)
∅	auf verschwindenden Gehalt extrapolierter Wert (auch hochgestellt) (310)
+, −	Kationen, Anionen betreffend (457) (auch hochgestellt)

Hochzeichen

$\ominus$	Normwert (66, 96)
•	Größenwert für einen Stoff im reinen Zustand (296, 299)
▲	kennzeichnet ein Gemisch oder Gemenge mittlerer Zusammensetzung, den „Stützpunkt" bei der Anwendung des „Hebelgesetzes" (313)
*, **, …	kennzeichnet verschiedene Stoffe, Phasen, Bereiche (z. B. die Umgebung (215))
*	kennzeichnet Überführungsgrößen (439)
', ", ''', …	kennzeichnet verschiedene Stoffe, Phasen, Bereiche

Überzeichen

→	Vektor
−	Mittelwert
•	Ableitung nach der Zeit
∘	Grundglied, Grundwert (143)
•	Grundwert einer Größe für einen Stoff im reinen Zustand (288)
×	massenwirkungsbedingte Größe (141)
+	Zusatzglied, Zusatzwert (310)
*	Restglied, Restwert (Rest ohne Grundglied) (557)

Allgemeine Normwerte (in Auswahl)

$b^{\ominus}$	$= 1 \, \text{mol kg}^{-1}$	Normwert der Molalität
$c^{\ominus}$	$= 1000 \, \text{mol m}^{-3}$	Normwert der Konzentration
$p^{\ominus}$	$= 100\,000 \, \text{Pa}$	Normwert des Drucks
$T^{\ominus}$	$= 298{,}15 \, \text{K}$	Normwert der Temperatur
$w^{\ominus}$	$= 1$	Normwert des Massenanteils
$x^{\ominus}$	$= 1$	Normwert des Stoffmengenanteils

Physikalische Konstanten (in Auswahl)

c	$= 2{,}998 \cdot 10^{8} \, \text{m s}^{-1}$	Lichtgeschwindigkeit im Vakuum
e_0	$= 1{,}6022 \cdot 10^{-19} \, \text{C}$	Elementarladung, Ladungsquant
$\mathcal{F}$	$= 96\,485 \, \text{C mol}^{-1}$	FARADAY-Konstante
g_n	$= 9{,}806 \, \text{m s}^{-2}$	Normal-Fallbeschleunigung
h	$= 6{,}626 \cdot 10^{-34} \, \text{J s}$	PLANCKsches Wirkungsquant
k_B	$= 1{,}3807 \cdot 10^{-23} \, \text{J K}^{-1}$	BOLTZMANN-Konstante
N_A	$= 6{,}022 \cdot 10^{23} \, \text{mol}^{-1}$	AVOGADRO-Konstante
R	$= 8{,}314 \, \text{G K}^{-1}$	allgemeine Gaskonstante
T_0	$= 273{,}15 \, \text{K}$	Nullpunkt der Celsius-Skale
ε_0	$= 8{,}854 \cdot 10^{-12} \, \text{A s V}^{-1} \text{m}^{-1}$	elektrische Feldkonstante
τ	$= 1{,}6605 \cdot 10^{-24} \, \text{mol}$	Elementarstoffmenge, Stoffmengenquant

1 Einführung und erste Grundbegriffe

Als Einstieg wird zunächst kurz das Gebiet der *Stoffdynamik* vorgestellt. Dieses Gebiet beschäftigt sich im weitesten Sinne mit stofflichen Umbildungen und den ihnen zugrunde liegenden physikochemischen Prinzipien. Folglich müssen zunächst einige wichtige Grundbegriffe besprochen werden, die zur Beschreibung solcher Umbildungsprozesse erforderlich sind wie Stoff, Gehaltsformel und Stoffmenge, aber auch Gemisch, Gemenge und die zugehörigen Zusammensetzungsmaße. In diesem Zusammenhang ist ebenfalls der Begriff des *Zustandes* eines stofflichen Systems von großer Bedeutung. Daher werden wir lernen, wie dieser Zustand sowohl qualitativ durch die verschiedenen Aggregatzustände als auch quantitativ durch Zustandsgrößen beschrieben werden kann. Im letzten Abschnitt des Kapitels wird der Begriff der Stoffumbildung genauer betrachtet, der als Oberbegriff für Vorgänge dient, die man differenzierter als Umsetzung (Reaktion), Phasenumwandlung und (räumliche) Umverteilung von Stoffen zu bezeichnen pflegt. Generell beschreibbar ist eine Umbildung durch eine Umsatzformel, wobei der zeitliche Ablauf eines solchen Prozesses durch den Reaktionsstand ξ ausgedrückt werden kann. Ergänzend werfen wir aber auch einen Blick auf das grundlegende Problem der Messung einer Größe und der Metrisierung eines Begriffes.

1.1 Stoffdynamik

Einführung. Unter der Bezeichnung *Dynamik*, die sich von dem griechischen Wort „dynamis" für „Kraft" ableitet, versteht man in der Physik die Lehre von den Kräften und den durch sie hervorgerufenen Veränderungen. In der Mechanik bezeichnet das Wort insbesondere die Lehre von den Bewegungen der Körper und ihren Ursachen. Von dort aus ist der Name sinngemäß auch auf andere Bereiche ausgedehnt worden, was sich in Begriffsbildungen wie *Hydrodynamik*, *Thermodynamik* oder *Elektrodynamik* widerspiegelt. Unter *Stoffdynamik* soll hier ganz allgemein die Lehre von den stofflichen Umbildungen und den sie treibenden „Kräften" verstanden werden. Gleichgewichtszustände (Statik, auch als „chemische Thermodynamik" bezeichnet) werden ebenso behandelt wie der zeitliche Ablauf stofflicher Veränderungen (Kinetik) oder der Einfluss elektrischer Felder (Elektrochemie).

Was dieses Gebiet für Chemiker und Physiker wertvoll macht, aber auch für Biologen, Geologen, Ingenieure, Mediziner usw., ist die Vielfalt seiner Anwendungen. So erlaubt es die Stoffdynamik, grundsätzlich vorauszuberechnen,

- ob eine ins Auge gefasste chemische Umsetzung freiwillig überhaupt möglich ist,
- welche Ausbeuten hierbei zu erwarten sind,
- welchen Einfluss Temperatur, Druck, eingesetzte Mengen auf den Reaktionsablauf haben,
- wie stark sich das Reaktionsgemisch erwärmt oder abkühlt, ausdehnt oder zusammenzieht,
- wie viel Energie ein chemischer Prozess benötigt oder umgekehrt zu liefern vermag und vieles mehr.

Solche Kenntnisse sind sehr wichtig für die Entwicklung und Optimierung chemischer Verfahren, die Gewinnung neuer Werk- und Wirkstoffe unter rationellem Einsatz der Energieträ-

© Springer Fachmedien Wiesbaden GmbH, ein Teil von Springer Nature 2021
G. Job und R. Rüffler, *Physikalische Chemie*, Studienbücher Chemie,
https://doi.org/10.1007/978-3-658-32936-5_1

ger und Vermeidung von Schadstoffen usw. usf. Sie spielen damit eine bedeutende Rolle für viele Gebiete der Stoffwirtschaft, vor allem für die chemische Verfahrenstechnik, die Biotechnologie, die Werkstoffkunde und den Umweltschutz. Aber auch um zu verstehen, wie sich Stoffe in unserem häuslichen Umfeld verhalten – beim Kochen, Waschen, Putzen usw. –, sind diese Kenntnisse hilfreich.

Obwohl wir uns hauptsächlich mit chemischen Umsetzungen befassen werden, ist die Stoffdynamik keineswegs darauf beschränkt. Die zu besprechenden Begriffe, Größen und Sätze sind im Prinzip auf alle Vorgänge anwendbar, bei denen Stoffe oder „Teilchensorten" (Ionen, Elektronen, Assoziate, Fehlstellen und andere) ausgetauscht, transportiert, umgewandelt oder umgesetzt werden. Mit ihrer Hilfe lassen sich, sofern die nötigen Daten verfügbar sind, so verschiedenartige Aufgaben behandeln wie die Berechnung der

- Energielieferung einer Wassermühle,
- Schmelz- und Siedetemperatur einer Substanz,
- Löslichkeit eines Stoffs in irgendeinem Lösemittel,
- Gestalt von Zustandsdiagrammen,
- Fehlstellenhäufigkeit in einem Kristall,
- Kontaktspannungen zwischen verschiedenen elektrischen Leitern

und vieles andere mehr. Auch bei der Erörterung von Diffusions- oder Adsorptionsvorgängen, des Stoffwechsels und Stofftransports in lebenden Zellen, der Materieumwandlung im Sterninnern und in Kernreaktoren kann die Stoffdynamik nützliche Dienste leisten. Sie ist damit eine sehr allgemeine, umfassende und vielseitige Theorie, deren begriffliches Gerüst eine weit über die eigentliche Chemie hinausreichende Bedeutung besitzt.

Betrachtungsebenen. Man kann sich nun die Frage nach der Ursache und den Bedingungen für das Entstehen bestimmter Stoffe und deren Umbildungen ineinander auf verschiedene Weise stellen und auf verschiedenen Ebenen erörtern:

1. *phänomenologisch*, indem man das makroskopische Geschehen unmittelbar betrachtet, das heißt direkt die Vorgänge, die man bei der Laborarbeit im Becherglas oder Reaktionskolben, Bombenrohr oder Spektrometer ablaufen sieht und in die man durch Schütteln, Heizen, Zutropfen, Abgießen, Filtrieren usw. lenkend eingreift;

2. *molekularkinetisch*, indem man die reagierenden Stoffe als mehr oder minder geordnete Verbände von Atomen auffasst und die Atome als kleine, einander anziehende Teilchen, die sich regellos bewegen und sich stets in der Richtung umzugruppieren versuchen, in der ein statistisch wahrscheinlicherer Zustand entsteht;

3. *bindungstheoretisch*, indem man die Regeln und Gesetze, nach denen die verschiedenen Atomarten zu einem Molekül-, Flüssigkeits- oder Kristallverband in mehr oder minder festen Zahlenverhältnissen, Abständen und Winkeln zusammentreten, in den Vordergrund rückt sowie die Kräfte und Energien untersucht, mit denen die Atome in diesen Verbänden zusammengehalten werden.

Alle drei Betrachtungsweisen sind in der Chemie gleichermaßen bedeutsam und ergänzen sich wechselseitig, ja, sie sind fast untrennbar miteinander verwoben. Auf der dritten Ebene operiert man beispielsweise, wenn man die Strukturformel eines herzustellenden Stoffes niederschreibt, auf der zweiten, wenn man sich anhand plausibler Reaktionsmechanismen einen

Syntheseweg überlegt, und auf der ersten, wenn man die umzusetzenden Stoffe am Labortisch zusammengibt. Ein möglichst ungehinderter Wechsel von der einen auf die andere Betrachtungsebene ist daher eine wichtige Voraussetzung für eine ökonomische Arbeitsweise. Unser Ziel ist daher weniger die säuberliche Herausarbeitung der genannten Einzelaspekte, als vielmehr eine ganzheitliche Darstellung, in der die unter den verschiedenen Blickwinkeln gewonnenen Einsichten zu einem harmonischen Gesamtbild zusammengefügt sind. Einzelne interessierende Aspekte lassen sich dann umgekehrt leicht wiederum aus diesem Gesamtbild ableiten.

Die phänomenologische Ebene bildet dabei gleichsam die „Außenhaut" der Theorie, in der das Formelgefüge mit den in der Natur erkennbaren Erscheinungen verknüpft wird. Der erste Schritt zu einer solchen Verknüpfung ist, die zur Beschreibung dieser Erscheinungen nötigen und geeigneten Begriffe bereitzustellen, mit deren Hilfe die zugehörigen Erfahrungstatsachen erstmals formuliert, geordnet und zusammengefasst werden können. Diese Begriffe tauchen zwangsläufig auch in jeder vertiefenden Theorie auf. Die phänomenologische Ebene stellt damit den natürlichen Einstieg in ein zu untersuchendes Gebiet dar.

Sowohl in den nächsten Abschnitten als auch im folgenden Kapitel sollen nun wichtige Grundbegriffe wie Stoff, Stoffmenge, Zusammensetzungsmaße sowie Energie besprochen werden, die oft aber bereits schon aus dem Schulunterricht bekannt sind. Daher ist auch ein problemloser Einstieg direkt mit Kapitel 3 („Entropie") oder gleich mit Kapitel 4 („Chemisches Potenzial") möglich. Mit dem Begriff des chemischen Potenzials befindet man sich bereits mitten im Herzen der Stoffdynamik. Von hier aus stehen die Zugänge zu einer Vielzahl von Anwendungsgebieten offen. Die Kapitel 1 und 2 können dann im Sinne eines Nachschlagewerks für die Grundbegriffe genutzt werden.

1.2 Stoffe und Grundstoffe

Grundlegende Begriffe. Unter *Stoffen* verstehen wir Materiearten und deren tatsächliche oder gedachte Komponenten. Schlicht gesagt nennen wir Stoff das, woraus wir uns die greifbaren Dinge unserer Umwelt aufgebaut denken, das formlose, raumerfüllende Etwas, das übrigbleibt, wenn wir von der Gestalt der Dinge absehen. Stoffe gibt es tausenderlei, und wir geben ihnen Namen wie Eisen, Messing, Ton, Gummi, Seife, Milch, um sie einzeln oder als Mitglied einer Klasse zu kennzeichnen. Von Materie schlechthin sprechen wir, wenn es uns auf die Art des Stoffes nicht ankommt.

Manche Dinge erscheinen uns stofflich durch und durch einheitlich, etwa ein Trinkglas oder das Wasser darin. Sind die makroskopischen Eigenschaften eines Stoffes wie Dichte, Brechungsindex usw. in allen Bereichen gleich, so nennt man ihn *homogen*. Weitere Beispiele für homogene Stoffe sind Wein, Luft, Edelstahl usw. Daneben gibt es andere Stoffe, die deutlich in ungleichartige Bereiche zerfallen, die *heterogen* aufgebaut sind, wie man sagt. Man denke nur an ein Holzbrett oder einen Betonblock. Wir neigen einerseits dazu, auch diese Materialien als eigene Stoffe aufzufassen. Andererseits empfinden wir keinen Widerspruch darin, sich dieselben Materialien als aus mehreren Stoffen zusammengesetzt vorzustellen. Das tun wir sogar dann, wenn sie, wie gesüßter Tee oder verdünnter Wein, völlig gleichförmig aussehen. Diese Ambivalenz in der Beschreibung ist ein auffälliges Merkmal unseres Stoffbegriffes, in der sich eine bemerkenswerte Eigenschaft der Stoffwelt widerspiegelt.

Die gedankliche Zerlegung eines Stücks Materie in gewisse stoffliche Bestandteile lässt sich nämlich grundsätzlich auch auf diese Bestandteile selbst anwenden, sodass man dementsprechend Unterbestandteile erhält, die wir selbst wieder als Stoffe bezeichnen können. Das Spiel lässt sich auf verschiedenen Stufen und in verschiedener Weise wiederholen.

Genauer geht es um folgende Eigenschaft, die wir für spätere Überlegungen benötigen: Auf jeder Stufe sind gewisse Stoffe als *Grundstoffe* A, B, C, ... wählbar, aus denen man sich alle übrigen zu dieser Stufe gehörenden Stoffe aufgebaut denken kann, während keiner der Grundstoffe durch andere seinesgleichen darstellbar sein soll. Die Grundstoffe bilden damit gleichsam die Koordinatenachsen eines stofflichen Bezugssystems, vergleichbar den Achsen des vertrauteren räumlichen Koordinatensystems. Wie man den Ort eines Punktes im Raum durch drei Koordinatenwerte in einem räumlichen Bezugssystem beschreibt, so kann man einen Stoff durch seine Koordinaten in einem stofflichen Bezugssystem charakterisieren. Die Werte, die die Koordinaten eines Stoffes haben, werden dabei durch die Mengen oder auch Anteile gegeben, mit denen die einzelnen Bestandteile in ihm vertreten sind.

Gehaltsformel. Jedem Stoff lässt sich damit auf der jeweiligen Stufe eine *Gehaltsformel*

$$A_\alpha B_\beta C_\gamma ...$$

zuordnen, die seine Zusammensetzung aus den Grundstoffen angibt. Die an die Grundstoffsymbole A, B, C, ... angefügten *Gehaltszahlen* $g_i = \alpha, \beta, \gamma, ...$ drücken das Mengenverhältnis aus,

$$\alpha : \beta : \gamma : ... = n_A : n_B : n_C : ...,$$

mit dem jeder der Grundstoffe am Aufbau beteiligt ist und entsprechen damit Koordinatenwerten im gewählten stofflichen Bezugssystem. Dabei lassen wir zunächst noch offen, wie die Menge n eines Stoffes in einer gegebenen Substanzprobe bestimmt ist. Die Gehaltszahlen dürfen formal auch negativ sein, obwohl man sich im Allgemeinen bemüht, die Grundstoffe so zu wählen, dass dies nicht vorkommt.

Betrachten wir ein konkretes Beispiel. Gefragt, woraus ein Pflasterstein besteht, würde ein Geologe etwa einen Granit oder einen Basalt oder irgendein anderes Gestein nennen. Die Stoffe seiner Welt sind die *Gesteine*. Die Grundstoffe sind für ihn die *Minerale*. Aus ihnen wird die weit größere Vielfalt der Gesteine gebildet, je nach Art, Anteil und Kornausbildung der einzelnen Minerale ein anderes. Schauen wir uns als Beispiel einen Querschliff durch einen typischen Granit an (Versuch 1.1).

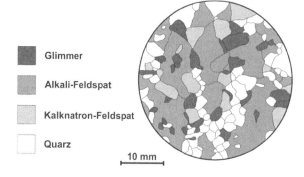

Glimmer

Alkali-Feldspat

Kalknatron-Feldspat

Quarz

10 mm

Versuch 1.1 *Querschliff durch Granit*: Besonders gut bei Vergrößerung sind verschiedene Minerale zu erkennen: dunkler Glimmer, bräunlich-roter Alkali-Feldspat, fahlbeiger Kalknatron-Feldspat und durchscheinend farbloser Quarz. (Die Farben der Minerale können jedoch infolge winziger Beimengungen stark variieren.)

Als Beispiel einer „petrographischen Gehaltsformel" (unter Petrographie versteht man die beschreibende Wissenschaft von den Gesteinen) mag die des abgebildeten Granits dienen:

$$[Bi_{0,15}AlkF_{0,15}Plag_{0,4}Q_{0,3}].$$

Hier bedeuten die Zahlen den Volumenanteil der „geologischen Grundstoffe": Bi = *Bi*otit (Magnesiaglimmer), AlkF = *Alk*ali-*F*eldspat, Plag = *Plag*ioklas (Kalknatron-Feldspat), Q = *Q*uarz.

Aus der Sicht des Mineralogen wiederum sind die einzelnen Gesteinsbestandteile, also die Grundstoffe des Geologen, ihrerseits zusammengesetzt. So ist für den Mineralogen der in unserem Beispiel auftretende Kalknatron-Feldspat, einer der Hauptbestandteile der Granite und Basalte, ein Mischkristall mit wechselnden Anteilen der beiden mineralischen Bestandteile Kalkfeldspat und Natronfeldspat und diese wiederum sind auf einer nächst tieferen Stufe die Vereinigung verschiedener „Erden". In unserem Fall sind es „Kiesel-, Ton-, Kalk- und Natronerde" (chemisch SiO_2, Al_2O_3, CaO, Na_2O).

Was wir an den Mineralen erörtert haben, ließe sich auch an Harzen oder Ölen, an Wein oder Schnaps diskutieren. Auch diese Stoffe sehen wir als aus einfacheren Bestandteilen zusammengesetzt an, in die sie sich zerlegen und aus denen sie sich durch *Mischen* rückbilden lassen. Die Grundstoffe derartiger Gemische sind das, was der Chemiker einen „reinen" Stoff oder eine *chemische Substanz* nennt. Als „Gehaltsformel" eines Gemisches sei die eines Schnapses genannt: $[Ethanol_{0,2}Wasser_{0,8}]$. Hier sind als relative Mengen nicht, wie es im Spirituosenhandel geschieht, die Volumenverhältnisse angegeben, sondern, wie in der Chemie üblich, die Verhältnisse der physikalischen Größe *Menge (Stoffmenge)*, die wir in Abschnitt 1.4 näher kennenlernen werden.

Wie wir nun einerseits auf einer höheren Komplexitätsstufe aus den homogenen Gemischen (ausführlicher in Abschnitt 1.5 dargestellt) als Grundstoffen den Gesteinen entsprechende heterogene Gemenge herstellen können, zum Beispiel Tünche aus Kreidemehl und Leimlösung oder Eischnee aus Luft und Eiklar, so können wir umgekehrt die chemischen Substanzen mit entsprechend energischen Mitteln in Grundstoffe einer niedrigeren Stufe zerlegen oder daraus bilden. Für den Chemiker sind dies die mehr als 100 chemischen Elemente: Wasserstoff H, Helium He, ..., Kohlenstoff C, Stickstoff N, Sauerstoff O usw. Eine wichtige Besonderheit ist, dass das Mengenverhältnis der Elemente in den Gehaltsformeln der Einzelstoffe nicht stetig veränderlich, sondern ganzzahlig gequantelt ist, eine Eigenschaft, die als „Gesetz der multiplen Proportionen" bekannt ist. Durch passende Wahl des Mengenmaßes lässt sich erreichen, dass die Gehaltszahlen selbst ganzzahlig werden, etwa

$$H_2O = H_2O_1 \qquad \text{oder} \qquad CaCO_3 = Ca_1C_1O_3$$

in den Formeln für Wasser oder (kohlensauren) Kalk. Dieser Befund war seinerzeit einer der wichtigsten Gründe dafür, sich die Materie nicht stetig, sondern gequantelt vorzustellen, und zwar meist vereinfachend mechanistisch aus kleinen, beweglichen, geometrischen Gebilden, den Atomen, die sich zunächst zu kleineren Gruppen, den Molekülen, und darüber hinaus zu weitläufigen Netz- und Gitterwerken zusammenzuschließen vermögen und so die Materie aufbauen.

Auf dieser Ebene entspricht die Gehaltsformel im häufigen einfachsten Fall der sogenannten *Verhältnisformel* [aufgrund einer Empfehlung der International Union of Pure and Applied

Chemistry (IUPAC) auch *empirische Formel* genannt]. Um jedoch eine Substanz eindeutig zu identifizieren, kann es notwendig sein, die tatsächliche Anzahl an Atomen jedes Elements in einem Molekül anzugeben, d. h., die Gehaltsformel kann auch ein (ganzzahliges) Vielfaches der Verhältnisformel sein. So können die Gehaltsformeln von Formaldehyd, Essigsäure und Glucose folgendermaßen angegeben werden: CH_2O, $C_2H_4O_2$ [= $(CH_2O)_2$] und $C_6H_{12}O_6$ [= $(CH_2O)_6$]. [Man spricht in diesem Fall auch von einer *Summenformel* (im Unterschied zur Verhältnisformel).]

Die Angabe von Art und Anteil der Bestandteile reicht aber oft noch nicht aus, um den jeweiligen Stoff vollständig zu kennzeichnen, sodass weitere Merkmale herangezogen werden müssen. In der Chemie kann das die räumliche Verknüpfung der Grundstoffatome sein. In chemischen Formeln wird diese „Struktur" häufig durch Bindestriche, Klammern, usw. oder auch nur eine bestimmte Gruppierung der Elementsymbole angedeutet. Ein Beispiel ist das Stoffpaar Ammoniumcyanat und Harnstoff (Kohlensäurediamid) (Abb. 1.1). Beide Stoffe haben dieselbe Gehaltsformel, nämlich CH_4ON_2, während ihre Strukturformeln sich unterscheiden. Man spricht in diesem Fall von *Strukturisomerie*.

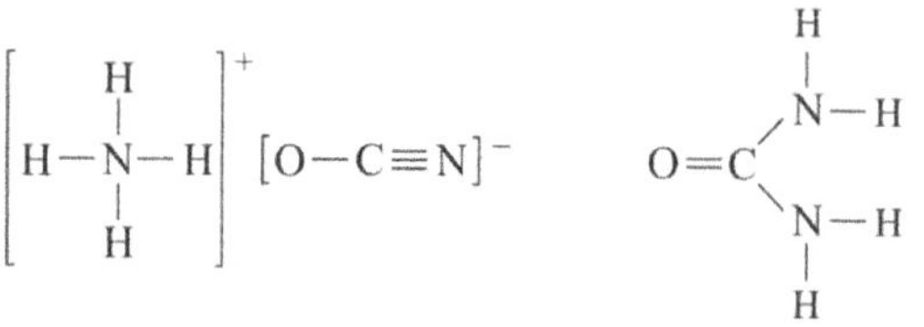

Abb. 1.1 Strukturformeln von Ammoniumcyanat (links) und Harnstoff (rechts) als Beispiel zweier verschiedener Stoffe gleicher Zusammensetzung (oben: ausführliche „Valenzstrichformel", unten: Kurzform)

Im Allgemeinen erwarten wir, dass ein Stoff sich „rein darstellen" und z. B. in Flaschen abfüllen lässt. Es gibt jedoch durchaus Substanzen, die sich auf diese Weise gar nicht fassen lassen, in ihrem sonstigen chemischen und physikalischen Verhalten aber ganz dem gleichen, was man üblicherweise Stoff nennt. Hierzu gehört z. B. die eigentliche Kohlensäure H_2CO_3, die in wässrigen Kohlendioxid-Lösungen in Spuren entsteht. Die Kohlensäure ist beständig genug, um neben dem tausendfachen Überschuss an CO_2 nachgewiesen werden zu können, sie ist aber zu kurzlebig, als dass man sie rein darstellen könnte.

Einbezug von Ionen. Viele chemische Substanzen gelten als aus Stoffen einer etwas niedrigeren Stufe aufgebaut, den sogenannten *Ionen*. So das Kochsalz NaCl oder der (kohlensaure) Kalk $CaCO_3$, die man, um die ionische Struktur zu verdeutlichen, auch als

$$[Na]^+[Cl]^- \qquad \text{und} \qquad [Ca]^{2+}[CO_3]^{2-}$$

formuliert. Die eckigen Klammern werden bei den einfach gebauten Ionen gewöhnlich weggelassen, was wir hier, wo ungleichrangige Stoffe nebeneinander vorkommen, der Deutlichkeit halber nicht tun wollen. Auch die Metalle ließen sich hier einreihen, etwa Silber und Zink,

$$[Ag]^+[e]^- \qquad \text{und} \qquad [Zn]^{2+}[e]^-_2 \, ,$$

in denen Elektronen e den negativen Partner bilden. Die einzelnen Ionensorten einschließlich der Elektronen verhalten sich nun in Gemischen, seien es kristalline Phasen, Lösungen oder Plasmen, tatsächlich weitgehend wie selbstständige Stoffe, sodass es sich empfiehlt, sie auch als solche zu behandeln, obwohl sie sich rein nur vorübergehend und nur in unwägbaren

Mengen konzentrieren lassen. Ihre Ladung treibt sie unweigerlich auseinander. Die elektromagnetische Wechselwirkung erzwingt Elektroneutralität aller Materiebereiche und lässt ladungsmäßig nur geringste Überschüsse der positiven gegenüber den negativen Ionen oder umgekehrt zu, lässt aber sonst alle Freiheiten offen, die auch ungeladene Stoffe haben.

In den Formeln der Metalle tauchte ein Stoff auf, dessen Zusammensetzung sich nicht mittels der chemischen Elemente ausdrücken lässt: die erwähnten *Elektronen*. Man ist also gezwungen, einen neuen Grundstoff einzuführen. Als nächstliegend bieten sich hierfür die Elektronen selbst an. Negativen Ionen wie Chlorid- oder Phosphationen wären folgerichtig die Gehaltsformeln

$$[Cl]^- = Cl_1e_1 \qquad \text{und} \qquad [PO_4]^{3-} = PO_4e_3$$

zuzuweisen, positiven Ionen, etwa Natrium- oder Uranylionen, denen Elektronen fehlen, entsprechend Formeln, in denen auch negative Gehaltszahlen vorkommen:

$$[Na]^+ = Na_1e_{-1} \qquad \text{und} \qquad [UO_2]^{2+} = UO_2e_{-2}.$$

Den Begriff des Grundstoffs und des stofflichen Koordinatensystems benötigt man, um Ordnung in die große Vielfalt der Stoffe zu bringen. Nur mit Hilfe von Gehaltsformeln ist eine quantitative Beschreibung der Stoffumbildungsprozesse möglich.

1.3 Messung und Metrisierung

Bevor wir uns der ersten wichtigen Größe, der Stoffmenge, zuwenden, wollen wir uns noch kurz mit dem grundlegenden Problem der Messung einer Größe und der Metrisierung eines Begriffes beschäftigen.

Messung. Messen heißt, den Wert einer Größe zu bestimmen. Die Länge eines Tisches, die Höhe eines Berges, der Durchmesser der Erdbahn, der Atomabstand in einem Kristallgitter werden nach ganz unterschiedlichen Verfahren ermittelt. Länge, Breite, Dicke, Umfang sind verschiedene Namen für Größen, die wir alle als gleichartig ansehen und der *Größenart* Länge zurechnen. Die Länge wird schon in der Umgangssprache als *metrischer* Begriff gebraucht, d. h. als ein Begriff, der ein beobachtbares Merkmal quantifiziert. Die *Werte* werden als ganze oder gebrochene Vielfache einer passend gewählten Einheit angegeben. Der deutsch-baltische Chemiker Friedrich Wilhelm OSTWALD, der als einer der Begründer der physikalischen Chemie gilt, stellte bereits 1908 fest: „[Es ist] äußerst leicht, die Extensitätsfaktoren [Strecken, Flächen, Volumen, Stoffmengen, Gewichte, Elektrizitätsmengen, …] zu messen. Man wählt irgendein Stück von ihnen als Einheit und fügt so viele Einheiten zusammen, bis ihre Gesamtheit dem zu messenden Wert gleich ist. Ist die Einheit ein zu grobes Maß, so bildet man entsprechend kleinere Einheiten, am einfachsten solche, die 1/10, 1/100 usw. der ursprünglichen Einheit betragen." Bei den von OSTWALD genannten Verfahren handelt es sich um *direkte* Messverfahren. Doch was bedeutet das? Kehren wir nochmals zu unserem Beispiel Länge zurück: Es ist seit jeher üblich, die Länge eines Weges *direkt* etwa dadurch zu messen, dass man die Schritte zählt, die notwendig sind, um den Weg abzuschreiten (Abb. 1.2).

„Willkürliche Einheit" im Sinne OSTWALDs ist hier ein *Schritt*. Man erhält das Ergebnis in SI-Einheiten, wenn man als Schrittweite gerade 1 Meter wählt [SI steht für das international eingeführte metrische Einheitensystem (von frz. Système International d´Unités)].

Abb. 1.2 Weglänge direkt gemessen durch Zählen der Schritte

Oft wird der Wert einer Größe aber auch *indirekt* ermittelt, d. h. durch Berechnung aus anderen gemessenen Größen. So wurden in der Geodäsie, der Wissenschaft von der Ausmessung und Abbildung der Erdoberfläche, bislang bis auf wenige Ausnahmen alle Längen und Höhen durch Berechnung aus gemessenen Winkeln bestimmt (Abb. 1.3). Der deutsche Mathematiker und Geodät Carl Friedrich GAUSS hat bei der Vermessung des Königreichs Hannover in der ersten Hälfte des 19. Jahrhunderts nach diesem Verfahren unter anderem die Fehlerrechnung und die nichteuklidische Geometrie entwickelt.

Abb. 1.3 Abstands- und Höhenbestimmung in unwegsamem Gelände indirekt durch Winkelmessung

Generell sind für den Gebrauch im Handwerk, im Ingenieurwesen und in den Naturwissenschaften genaue Vereinbarungen nötig, wie man die entsprechende Größe zu handhaben, was als Einheit zu benutzen und wie die Zuordnung der Zahlen zu geschehen hat. Das Verfahren, das einem Begriff eine meist gleichnamige Größe zuordnet und damit diese Größe überhaupt erst konstruiert, nennt man *Metrisierung*, während die Ermittlung der Werte dieser Größe im Einzelfall *Messung* genannt wird.

Die meisten physikalischen Größen werden durch *indirekte Metrisierung* gebildet oder, wie man auch sagt, als *abgeleitete Größen* erklärt, das heißt durch eine Vorschrift, wie sie aus schon bekannten, früher definierten Größen zu berechnen sind. So wird die Dichte (genauer gesagt die Massendichte) ρ eines homogenen Körpers als Quotient aus Masse m und Volumen V definiert, $\rho = m/V$, und die Geschwindigkeit v eines gleichförmig und geradlinig bewegten Körpers als Quotient aus durchlaufener Strecke s und dafür benötigter Zeit t, $v = s/t$.

Ein ganz anderes Verfahren, Größen zu definieren, ist die *direkte Metrisierung* eines Begriffes oder einer Eigenschaft, indem der zunächst nur qualitativ erfasste und verstandene Begriff durch Vereinbarung einer geeigneten Messvorschrift quantifiziert wird. Üblich ist bzw. war die Vorgehensweise bei Größen, die man als Grundbegriffe betrachtet, wie Länge, Dauer,

Masse usw., von denen man dann andere Größen ableitet wie Fläche, Volumen, Geschwindigkeit usw., aber sie ist keineswegs auf diese Größen beschränkt.

Direkte Metrisierung des Begriffes Gewicht. Als einfaches Beispiel für die direkte Metrisierung eines Begriffes kann die Einführung eines Maßes für das dienen, was man umgangssprachlich *Gewicht* nennt. Wenn wir im Alltag von einem kleinen oder großen (positiven) Gewicht G eines Gegenstandes sprechen, so drücken wir damit aus, wie stark der Gegenstand bestrebt ist, nach unten zu sinken. Es sind im Wesentlichen drei Vereinbarungen, die wir treffen müssen, um ein Maß für das Gewicht festzulegen:

a) *Vorzeichen.* Das Gewicht eines Dinges, das – losgelassen – abwärts sinkt, betrachten wir als positiv, $G > 0$. Einem Ballon, der aufwärts strebt, haben wir folgerichtig ein negatives Gewicht zuzuschreiben, $G < 0$, einem Stück Holz, das im Wasser untergetaucht aufwärts treibt, ebenfalls. Ein Ding, das schwebt, erhält das Gewicht null, $G = 0$.

b) *Summe.* Wenn wir zwei Dinge mit den Gewichten G_1 und G_2 zusammenfassen, sodass sie nur gemeinsam steigen oder sinken können (beispielsweise, indem wir sie in dieselbe Waagschale legen), dann gehen wir davon aus, dass sich die Gewichte addieren: $G_{\text{ges}} = G_1 + G_2$.

c) *Einheit.* Um die Gewichtseinheit γ zu verkörpern, eignet sich irgendein Ding, von dem wir erwarten, dass sein Gewicht (unter entsprechenden Vorsichtsmaßnahmen) unveränderlich ist. So könnten wir beispielsweise das „Urkilogramm" in Paris auswählen, also jenen Platin-Iridium-Klotz, der bis 2019 auch die Masseneinheit 1 kg verkörperte.

Das Gewicht G in dem Sinne, wie wir den Begriff hier benutzen, ist keine feste Eigenschaft eines Gegenstandes, sondern hängt vom Umfeld ab, indem sich der Gegenstand befindet. Ein auffälliges Beispiel ist ein Holzklotz (H), der im Wasser (W) aufschwimmt, $G(\text{H}|\text{W}) < 0$, dagegen in Luft (L) abwärts strebt, $G(\text{H}|\text{L}) > 0$. In einem ersten Schritt wollen wir jedoch das Umfeld als unveränderlich und damit G als konstant betrachten. In einem zweiten Schritt könnte dann untersucht werden, was sich verändert, wenn man auch derartige Einflüsse berücksichtigen will.

Diese wenigen, oben nur grob skizzierten Vereinbarungen über
a) Vorzeichen,
b) Summe,
c) Einheit
genügen, um den Begriff *Gewicht*, wie er in der Umgangssprache verwendet wird, *direkt zu metrisieren*, das heißt ihm ohne Rückgriff auf andere Größen ein Maß G zuzuordnen. Das Gewicht G eines Dinges *messen* heißt, festzustellen, wievielmal schwerer das Ding ist als dasjenige, das die Gewichtseinheit γ verkörpert, *direkt messen* heißt, dass der Wert durch direkten Vergleich mit der Einheit ermittelt wird und nicht durch Berechnung aus anderen Messgrößen. Abbildung 1.4 zeigt, wie das geschehen kann – auch ohne Hilfe einer Waage. Man wählt zunächst einen Gegenstand, der in einem gewissen Umfeld (etwa in Luft bei einer bestimmten Temperatur und einem bestimmten Druck) die Gewichtseinheit γ verkörpern soll (Abb. 1.4 a). Dann sucht man zu dem zu vermessenden Gegenstand mit dem unbekannten Gewicht G zunächst Dinge mit dem Gewicht $-G$, mit Helium gefüllte Ballone etwa, die den Gegenstand gerade in der Schwebe halten können (Abb. 1.4 b). Mit Hilfe eines der Ballone lassen sich dann leicht weitere Gegenstände mit dem Gewicht $+G$ finden, also solche, die dieser Ballon gerade zu tragen vermag (Abb. 1.4 c). Entsprechend vervielfältigt man die Ge-

wichtseinheit $+\gamma$ bzw. $-\gamma$. Um nun das Gewicht G eines Gegenstandes, eines Sackes etwa, zu messen, brauchen wir nur so viele die negative Gewichtseinheit verkörpernde Dinge, das heißt „Ballone" mit dem Gewicht $-\gamma$, daran zu binden, bis der Sack schwebt. Sind dazu n Exemplare nötig, dann ist $G = n \cdot \gamma$. Die Anzahl der negativen Einheitsgewichte wird dabei durch ein negatives n ausgedrückt. Um ein Gewicht G genauer, sagen wir auf den m-ten Teil der Einheit, zu ermitteln, braucht man nur m Dinge mit demselben Gewicht G mit entsprechend vielen, je nach dem Vorzeichen von G positiven oder negativen Einheitsgewichten zusammenzubinden (Abb. 1.4 d). Wenn das Gebilde schwebt, hat es laut Vereinbarung das Gesamtgewicht 0:

$$G_{\text{ges}} = m \cdot G + n \cdot \gamma = 0 \qquad \text{oder} \qquad G = (-n/m) \cdot \gamma \, .$$

Da man jede reelle Zahl durch einen Quotienten zweier ganzer Zahlen beliebig genau annähern kann, lassen sich Gewichte nach diesem Verfahren ohne besondere Geräte grundsätzlich mit jeder gewünschten Genauigkeit messen. Der Messvorgang lässt sich vereinfachen, wenn ein passend gestaffelter Gewichtssatz verfügbar ist. Auf Gewichtsstücke mit negativem Gewicht kann man verzichten, wenn eine gleicharmige Waage zur Hand ist, weil man ein Ding nur auf die linke Seite der Waage zu legen braucht, damit es auf der rechten mit negativem Gewicht eingeht. Aber all das sind technische Feinheiten, wichtig für die Praxis, aber unwichtig für das grundsätzliche Verständnis.

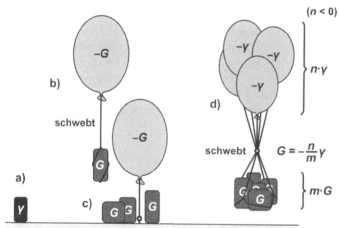

Abb. 1.4 Direkte Messung von Gewichten

Indirekte Metrisierung des Begriffes Gewicht. Neben direkten sind auch indirekte Verfahren der Metrisierung möglich, etwa über die Energie W (mit dem Begriff der Energie und seiner Metrisierung werden wir uns in Kapitel 2 noch ausführlicher beschäftigen), die man braucht, um einen Gegenstand entgegen seinem Gewicht um ein Stück h anzuheben (Abb. 1.5).

Sowohl die z. B. an einer Winde aufgewandte Energie W, um einen Klotz vom Boden auf die Höhe h zu befördern, als auch h sind messbare Größen. Je größer das Gewicht, desto größer der Energieaufwand W, sodass man über W auf das Gewicht eines Dinges schließen kann. Da W der Hubhöhe h proportional ist, jedenfalls solange h klein bleibt, eignet sich zwar nicht W selbst, aber der Quotient $G = W/h$ als Maß für das Gewicht. Mit der Einheit Joule (J) für die

Energie und Meter (m) für die Höhe erhält man $\mathrm{J\,m^{-1}}$ als Gewichtseinheit. Die oben erwähnte, durch einen Gegenstand verkörperte Gewichtseinheit γ ist selbst auf diese Weise messbar, sodass die alte Skale an die neue angeschlossen werden kann.

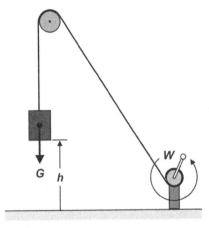

Abb. 1.5 Indirekte Bestimmung des Gewichtes G über die Energie W und die Hubhöhe h

Für große Hubhöhen h, gemessen etwa gegenüber dem Erdboden, sind W und h nicht mehr einander proportional. Wegen der nachlassenden Anziehung durch die Erde und der zunehmenden Schleuderwirkung durch deren Drehung nimmt das Gewicht – die Neigung, zu Boden zu sinken – in großen Höhen ab. Indem man $G = \Delta W/\Delta h$ setzt, wobei ΔW den Mehraufwand an Energie bedeutet, wenn die Hubhöhe um ein kleines Stück Δh zunimmt, kann man die Definition der Größe G auch auf diesen Fall ausdehnen. Dabei wird mit dem Zeichen Δ die Differenz Endwert minus Anfangswert einer Größe bezeichnet, also z. B. $\Delta W = W_2 - W_1$. Um nun schon in der Formel anzudeuten, dass die Differenzen ΔW und Δh klein gedacht sind, ersetzt man das Differenzzeichen Δ durch das Differenzialzeichen d und schreibt

$$G = \frac{dW}{dh} \qquad \text{oder ausführlicher} \qquad G(h) = \frac{dW(h)}{dh}.$$

Auch wenn das mathematisch nicht ganz einwandfrei ist, so können und wollen wir uns Differenziale der Einfachheit halber immer als sehr kleine Differenzen denken. Für alle oder fast alle Anwendungen, die wir vorhaben, reicht diese Vorstellung aus. Ja, sie bildet darüber hinaus ein wirksames (heuristisches) Mittel, um für ein physikalisches Problem einen mathematischen Ansatz zu finden. Näher wird der Umgang mit Differenzialen im Anhang A1.2 beschrieben.

Man beachte, dass im linken Ausdruck oben W und G in der Rolle der Veränderlichen y und y' auftreten, im rechten dagegen in der Rolle der Funktionszeichen f bzw. f'. (Die Notation ' für die Ableitung geht auf den italienischen Mathematiker Joseph-Louis LAGRANGE zurück.) In beiden Fällen denselben Buchstaben zu verwenden, ist an sich begrifflich nicht korrekt, hat sich jedoch eingebürgert und sollte bei einiger Aufmerksamkeit keine ernsten Fehler verursachen.

Um ein Ding zu heben, müssen wir es in Bewegung setzen. Auch dies kostet Energie, und zwar umso mehr, je größer die erreichte Geschwindigkeit v ist. W hängt also nicht nur von h, sondern auch von v ab, was man durch die Schreibweise $W(h, v)$ ausdrückt. Um auch in diesem Fall ein Maß für das Gewicht einführen zu können, müssen wir die obige Definition erweitern:

$$G = \frac{\partial W(h,v)}{\partial h}.$$

Der Ersatz der geraden Differenzialzeichen d durch die runden ∂ bedeutet, dass bei der Bildung der Ableitung nur die im Nenner stehende Größe (hier h) als veränderlich zu behandeln ist, während die übrigen als Argument vorkommenden (hier nur v) konstant zu halten sind (sogenannte *partielle Ableitung*; näheres findet sich in Anhang A1.2). Konstantes v und damit d$v = 0$ heißt, dass der Energiezuwachs dW nur der Höhenverschiebung um dh und nicht einer Änderung der Geschwindigkeit v zu verdanken ist.

In der (physikalischen) Chemie bevorzugt man eine andere Schreibweise, bei der die abhängige Veränderliche im Zähler steht (hier W), während die unabhängigen Veränderlichen im Nenner und Index (hier h und v) erscheinen, wobei die konstant zu haltende als Index an den in Klammern gesetzten Ausdruck für die Ableitung angefügt wird:

$$G = \left(\frac{\partial W}{\partial h} \right)_v.$$

Wir können noch einen Schritt weiter gehen, und uns vorstellen, dass der untersuchte Gegenstand wie ein zylindrischer Gummipfropfen in seiner Länge l oder seinem Querschnitt A verändert werden kann. Auch dies kostet Energie, sodass die gesamte aufgewandte Energie jetzt von vier Variablen abhängt, h, v, l, A. Um die jetzt möglichen zusätzlichen Beiträge durch eine Änderung von l und/oder A auszuschließen, müssen neben v auch l und A konstant gehalten werden, was sich wie folgt ausdrücken lässt:

$$G = \left(\frac{\partial W}{\partial h} \right)_{v,l,A}.$$

Wir sehen, dass die Definition des Gewichtes G über die Energie immer komplizierter wird, je allgemeiner man den Begriff zu fassen versucht. Daher werden wir im Folgenden wichtige Größen wie die Energie (Kapitel 2), die Entropie (Kapitel 3) und das chemische Potenzial (Kapitel 4) über eine direkte Metrisierung einführen.

Doch wenden wir uns zunächst dem grundlegenden Begriff der Stoffmenge zu.

1.4 Stoffmenge

Da verschiedene Maße für die Stoffmenge gebräuchlich sind, wollen wir uns zunächst überlegen, welche Eigenschaften wir von der gesuchten Größe erwarten.

Es scheint vernünftig zu sein, zu fordern, dass sich die Menge eines Stoffes innerhalb eines gegebenen Raumbereiches nur dadurch ändern kann, dass von diesem Stoff Teile nach außen abgegeben oder von dort aufgenommen oder aber durch chemische Umsetzung verbraucht oder gebildet werden. Allein durch Verlagern, Erwärmen, Verdichten, Aufteilen, Abtrennen von Begleitsubstanzen usw. soll sich die Menge nicht verändern. Wenn wir an diesen Eigenschaften festhalten, dann scheiden gewisse Mengenmaße von vornherein aus, so das Volumen, das im Alltagsleben gern benutzt wird – man spricht etwa von einem Festmeter Holz, einem Liter Wasser, einem Kubikmeter Gas usw. –, aber strenggenommen auch die Masse m, die wegen der EINSTEINschen Beziehung ($W = m \cdot c^2$; W: Energieinhalt, c: Lichtgeschwindigkeit) auch dann anwächst, wenn einem Stoffbereich lediglich Energie zugeführt wird. Da die Abweichungen jedoch bei den gewöhnlichen Zustandsänderungen weit unterhalb der üblichen Messgenauigkeit liegen, hat sich dieses Maß in Wissenschaft und Wirtschaft trotzdem weitgehend eingebürgert. Aber so ganz befriedigt es nicht, wenn man bedenkt, dass die Masse von 1 cm^3 Wasser beim Erwärmen um 1 Grad zwar nur um $5 \cdot 10^{-14}$ g wächst, dass dieser Zuwachs aber immerhin der Masse von rund einer Milliarde Wassermolekeln entspricht.

Die Annahme, dass zwei Mengen desselben Stoffes einander gleich sind, wenn sie unter denselben äußeren Bedingungen wie Gestalt des Bereiches, Temperatur, Druck, Feldstärken usw. den gleichen Raum beanspruchen oder gleich schwer sind, ist einleuchtend. Um eine irgendwo vorhandene Stoffmenge zu messen, würde es genügen, den Stoff unter einheitlichen Bedingungen in lauter gleiche Gefäße abzufüllen oder in gleiche Stücke zu zerlegen und die Teile zu zählen (Abb. 1.6). Diese *direkte* Messung von Stoffmengen durch Aufteilung in Einheitsportionen und deren Auszählung ist seit vorgeschichtlicher Zeit in Gebrauch und auch heute noch in Haushalt, Handel und Gewerbe üblich, wobei die Einheitsportionen – meist durch Füllen und Leeren eines definierten Hohlraumes, aber auch auf andere Weise – von Hand (1 Prise Salz, 2 Teelöffel Zucker, 3 Bund Radieschen, 10 Schaufeln Sand) oder von selbsttätigen Messgeräten (zu finden in jedem Haushalt als Wasser- und Gaszähler) gebildet und gezählt werden.

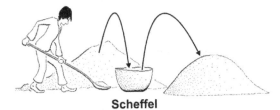

Scheffel

Abb. 1.6 Direkte Messung von Stoffmengen durch Aufteilung einer Stoffportion in Einheitsportionen und deren Auszählung (z. B. früher „Ausscheffeln" des geernteten Getreides)

Es gibt nun wegen der atomistischen Struktur der Materie eine natürliche Stückelung, die Atome oder besser die durch die chemische Formel eines Stoffes beschriebenen, sich stets wiederholenden Atomgruppen. Es liegt daher nahe, diese „Teilchen" als Einheit festzusetzen. Die Stoffmenge entspräche dann einer Stückzahl wie z. B. 24 Äpfel oder 120 Autos. Problematisch ist allerdings, dass in makroskopischen Systemen sehr hohe Teilchenzahlen auftreten. So enthalten bereits 10 g Wasser ungefähr 10^{23} Teilchen (Stück). Man benötigt also eine geeignetere Zähleinheit, vergleichbar dem Dutzend (12 Stück) [oder dem historischen Schock (60 Stück)] aus dem Alltag [24 Stück (Äpfel) entsprechen dann 2 Dutzend.]. Das in der Chemie übliche Mengenmaß *Mol* (abgeleitet vom lateinischen Wort „moles" für „gewaltiger Haufen") wird dabei folgendermaßen festgelegt:

„1 mol ist eine Stoffportion, die aus $6{,}022 \cdot 10^{23}$ Teilchen (Stück) besteht."

bzw. genauer gesagt durch die Forderung:

„1 mol ist eine Stoffportion aus so vielen Teilchen wie Atome in genau 12 g des reinen Kohlenstoffisotops ^{12}C enthalten sind."

Man nennt $N_A = 6{,}022 \cdot 10^{23}$ mol^{-1} auch *AVOGADRO-Konstante*, benannt nach dem italienischen Physiker und Chemiker Amedeo AVOGADRO. Da man in einer gegebenen Probe die Atome oder Atomgruppen tatsächlich unmittelbar oder auf Umwegen zählen kann, ist die nach dieser Vorschrift definierte *Stoffmenge n* grundsätzlich eine messbare Größe.

Den Sachverhalt kann man auch anders ausdrücken: Statt zu sagen, ein Stoff bestehe aus abzählbaren Teilchen, kann man auch sagen, es gebe für ihn eine kleinstmögliche Stoffportion, eine *Elementar(stoff)menge τ*. Für diese Elementarmenge gilt:

$$\tau = \frac{1}{N_A} = \frac{1}{6{,}022 \cdot 10^{23}\ \text{mol}^{-1}} = 1{,}6605 \cdot 10^{-24}\ \text{mol} . \tag{1.1}$$

Die Stoffmenge ergibt sich dann zu

$$n = N \cdot \tau , \tag{1.2}$$

wobei N die Teilchenzahl der betrachteten Stoffportion darstellt. Größen $\mathcal{G}$ mit reellen, aber diskret liegenden und daher abzählbaren scharfen Werten, nennt man *gequantelt* und eine Zahl, die die Werte nummeriert, *Quantenzahl g*. Sind die Werte nicht nur diskret, sondern auch äquidistant, heißt die Größe ganzzahlig gequantelt. Im einfachsten Fall sind dann die Werte ganze Vielfache g eines universellen Quants γ:

$$\mathcal{G} = g \cdot \gamma . \tag{1.3}$$

Wir greifen im Fall der Variablen $\mathcal{G}$, die für verschiedene physikalische Größen steht, auf einen anderen Zeichensatz zurück, um Verwechslungen – wie z. B. mit dem Gewicht G – vorzubeugen. Gleiches gilt für die Verwendung von g (statt g) und γ (statt γ).

Die Stoffmenge n ist demnach ganzzahlig gequantelt mit N als Quantenzahl und τ als zugehörigem Stoffmengenquant. Dies ist vergleichbar mit der vertrauteren ganzzahligen Quantelung der auf einem Stoffteilchen, einem Ion, sitzenden (elektrischen) Ladung Q,

$$Q = z \cdot e_0 , \tag{1.4}$$

mit der Ladungszahl z in der Rolle der Quantenzahl und der Elementarladung e_0 in der des Ladungsquants ($e_0 = 1{,}6022 \cdot 10^{-19}$ C).

Der Zusammenhang zwischen der Stoffmenge n und der Masse m wird durch die *molare Masse M* hergestellt, eine Größe, die dem Quotienten aus der Masse einer Substanzprobe und der in der Probe enthaltenen Stoffmenge entspricht:

$$M = \frac{m}{n} \qquad \text{(SI-Einheit: kg mol}^{-1}\text{)} . \tag{1.5}$$

Mit Hilfe der molaren Masse kann auch die einer einfachen Messung zugängliche Masse in die Stoffmenge umgerechnet werden:

$$n = \frac{m}{M} . \tag{1.6}$$

1.5 Gemisch, Gemenge und Zusammensetzungsmaße

Der Begriff Gemisch, der im Abschnitt 1.2 bereits erwähnt wurde, soll nun etwas näher beleuchtet und dem Begriff Gemenge gegenübergestellt werden. Leider gibt es in diesem Fall keinen einheitlichen Sprachgebrauch, sodass wir kurz erklären wollen, wie *wir* die Begriffe handhaben werden. Als Oberbegriff dient bei uns *Mischung*. Ein *Gemisch* ist eine homogen aufgebaute Mischung (molekulardispers mit Körnung < 1 nm), in der alle Bestandteile A, B, C, ... gleichberechtigt sind. Es kann sich dabei um ein Gasgemisch, ein flüssiges Gemisch oder auch um ein festes Gemisch handeln. Ist eine der Komponenten in einem Gemisch im Überschuss vorhanden, so sprechen wir von einer *Lösung*. Der Hauptbestandteil A wird dann *Lösemittel* genannt, die Nebenbestandteile B, C, ... hingegen *gelöste Stoffe*. Ein *Gemenge* ist hingegen heterogen aufgebaut (grobdispers mit Körnung > 100 nm). Einen Spezialfall stellen die mikroheterogenen *Kolloide* dar (Körnung 1 ... 100 nm). Jedoch lässt sich nicht alles, was es an Erscheinungsarten von Stoffen gibt, in dieses Schema einordnen.

Einen homogenen Bereich, also einen Bereich, der in allen seinen Teilen gleichartig ist, bezeichnet man als *Phase*. Man unterscheidet dabei reine Phasen, die aus einem einzigen Stoff, und *Mischphasen*, die aus mehreren Bestandteilen bestehen. Gemische sind damit stets einphasig. Beispiele für solche einphasigen stofflichen Systeme bilden Luft als Gasgemisch, Schnaps als flüssiges Gemisch und Edelstahl als festes Gemisch. Gemenge sind hingegen mehrphasig, wobei die Gesamtheit aller gleichartigen homogenen Teilbereiche eine Phase darstellt. Beispiele zweiphasiger Gemenge sind Aerosole (Rauch, Nebel), Suspensionen und Emulsionen, bestimmte Metalllegierungen wie Baustahl und Lötzinn (Pb-Sn) und viele mehr. Ein sehr ästhetisches Beispiel für ein Zweiphasensystem stellt die sogenannte Lavalampe mit einer Wachs-Wasser-Füllung dar (Versuch 1.2). Der in Versuch 1.1 vorgestellte Granit setzt sich hingegen im Wesentlichen aus vier Phasen zusammen.

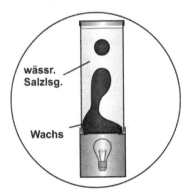

wässr. Salzlsg.

Wachs

Versuch 1.2 *Lavalampe*: Nach dem Anschalten der Lampe steigt das erwärmte Wachs langsam auf und sinkt beim Abkühlen in den oberen Teilen wieder zu Boden, was zu einer fortwährenden Bewegung der beiden Phasen führt.

Zur Charakterisierung von Gemischen werden in der Regel nicht die Stoffmengen aller Komponenten angegeben, sondern der *Gehalt* an ausgewählten Bestandteilen. Dieser qualitative Oberbegriff ist quantifizierbar durch verschiedene Zusammensetzungsmaße, von denen wir einige im Folgenden kennenlernen werden.

Der (*Stoff-*)*Mengenanteil* x einer Komponente B entspricht dem Quotienten aus der Stoffmenge n_B und der Summe der Mengen aller im Gemisch vorhandenen Stoffe n_{ges}:

$$x_B = \frac{n_B}{n_{ges}} \qquad \text{(SI-Einheit: 1 oder mol mol}^{-1}\text{).} \tag{1.7}$$

Der Mengenanteil ist eine Verhältnisgröße und liegt im Wertebereich $0 \leq x \leq 1$. Da die Summe aller Mengenanteile stets 1 ergeben muss, benötigt man z. B. zur vollständigen Charakterisierung eines binären Gemisches (Gemisch aus zwei Komponenten A und B) nur *einen* Mengenanteil. Der zweite ergibt sich zwangsläufig gemäß $x_A = 1 - x_B$.

Ersetzt man die Stoffmengen durch die Massen, ergibt sich mit dem *Massenanteil w* ein weiteres Zusammensetzungsmaß:

$$w_B = \frac{m_B}{m_{ges}} \qquad \text{(SI-Einheit: 1 oder kg kg}^{-1}\text{).} \tag{1.8}$$

Die Zusammensetzung von Lösungen wird oft durch eine Konzentration angegeben. So ergibt sich die *(Stoff-)Mengenkonzentration c* (früher auch *Molarität* genannt) eines gelösten Stoffes B aus dem Quotienten von Stoffmenge n_B und Lösungsvolumen V:

$$c_B = \frac{n_B}{V} \qquad \text{(SI-Einheit: mol m}^{-3}\text{).} \tag{1.9}$$

Statt der SI-Einheit wird jedoch häufig noch die Einheit mol L^{-1} (= kmol m^{-3}) (abgekürzt M) benutzt. Wenn von der Konzentration schlechthin die Rede ist, dann ist in der Chemie in der Regel die Größe c gemeint.

Manchmal wird stattdessen die *Massenkonzentration β* verwendet, die sich analog aus dem Quotienten von Stoffmasse m_B und Lösungsvolumen V berechnen lässt:

$$\beta_B = \frac{m_B}{V} \qquad \text{(SI-Einheit: kg m}^{-3}\text{).} \tag{1.10}$$

Der Nachteil dieser beiden experimentell leicht zugänglichen Konzentrationsmaße besteht in ihrer Temperatur- und Druckabhängigkeit, die auf die entsprechenden Änderungen des Gesamtvolumens zurückzuführen ist. Dieser Nachteil wird vermieden, wenn man stattdessen auf die Masse des Lösemittels bezieht. So entspricht die *Molalität b* dem Quotienten aus der Stoffmenge n_B des gelösten Stoffes B und der Masse m_A des Lösemittels A:

$$b_B = \frac{n_B}{m_A} \qquad \text{(SI-Einheit: mol kg}^{-1}\text{).} \tag{1.11}$$

In Tabelle 1.1 sind die Umrechnungsbeziehungen verschiedener Zusammensetzungsmaße mit Hilfe der molaren Massen M von gelöstem Stoff B und Lösemittel A sowie der Dichte ρ der Lösung zusammengetragen.

Für stark verdünnte Lösungen, in denen die Dichte der Lösung ungefähr der des Lösemittels entspricht ($\rho \approx \rho_A$) und $x_A \approx 1$ gilt ($n_A \gg n_B$), vereinfacht sich die Umrechnung zu

$$x_B \approx \frac{n_B}{n_A} = b_B M_A \approx c_B \frac{M_A}{\rho_A} = c_B V_A \,.$$

$x_B =$	x_B	$\dfrac{M_A c_B}{\rho - c_B(M_B - M_A)}$	$\dfrac{M_A b_B}{1 + M_A b_B}$
$c_B =$	$\dfrac{\rho x_B}{M_A + x_B(M_B - M_A)}$	c_B	$\dfrac{\rho b_B}{1 + b_B M_B}$
$b_B =$	$\dfrac{x_B}{M_A(1 - x_B)}$	$\dfrac{c_B}{\rho - M_B c_B}$	b_B

Tab. 1.1 Umrechnungsbeziehungen der gebräuchlichsten Zusammensetzungsmaße für binäre Mischphasen

1.6 Zustand

System und Umgebung. Gegenstand unserer Betrachtung sind stoffliche *Systeme*, meist ein gedachter, stark vereinfachter, oft idealisierter Ausschnitt unserer natürlichen Umwelt. Ein Gummiball, ein Holzklotz, ein Regentropfen, die Luft in einem Zimmer, eine Lösung in einem Reagenzglas, eine Seifenblase, ein Lichtstrahl, ein Eiweißmolekül sind Beispiele für Systeme, die uns interessieren. Wir gehen davon aus, dass ein System in verschiedenen Zuständen vorkommen kann, wobei wir unter *Zustand* seine augenblickliche, durch makroskopische Eigenschaften bestimmte Beschaffenheit verstehen wollen. Die Zustände können sich nun qualitativ durch Charakteristika wie Aggregatzustand, Kristallstruktur, …, aber auch quantitativ durch die Werte passend gewählter Größen (wie Druck, Temperatur, Stoffmenge, …) unterscheiden lassen.

Umgebung nennen wir kurz alles das, was sich außerhalb unseres Systems befindet. Wenn das System *abgeschlossen*, das heißt von der Umgebung völlig getrennt ist, können wir das Geschehen dort ignorieren. Diese Bedingung ist jedoch kaum je erfüllt, sodass wir uns doch ein paar Gedanken über die Verhältnisse dort machen müssen. Wenn man sich Druck oder Temperatur im System gegeben denkt, dann stellt man sich gewisse Einrichtungen in der Umgebung vor, die das ermöglichen. Zur Standardausstattung gehört fast immer ein Zylinder mit beweglichem Kolben, um den Druck vorgeben zu können, und ein „Wärmereservoir" fester Temperatur, mit dem das System über wärmeleitende Wände verbunden ist.

Zustandsart. Ein erstes grobes Unterscheidungsmerkmal für die Art eines Zustandes sind die drei klassischen *Aggregatzustände*: *fest*, *flüssig* und *gasig* (die Bezeichnung *gasförmig* scheint unpassend, wenn man bedenkt, dass der Begriff Stoff oder allgemeiner Materie umgekehrt durch Abstraktion von der *Form* der Dinge gewonnen wird). Makroskopisch gesehen gilt dabei in einem geschlossenen Gefäß:

- *Feststoffe* sind raumfest und scherfest, d. h., sie behalten sowohl ihr Volumen als auch ihre Form unabhängig von der Gestalt des Gefäßes bei.

- *Flüssigkeiten* sind raumfest und fließfähig, d. h., sie behalten zwar ihr Volumen bei, ihre Form ist jedoch unbeständig und passt sich den Gefäßwänden an.

- *Gase* sind hingegen raumfüllend und fließfähig, d. h., sie erfüllen den ganzen verfügbaren Raum.

Angaben über den Aggregatzustand eines Stoffes kann man z. B. an seine Formel anfügen, wobei man einen senkrechten Strich und die Abkürzungen s für fest (lat. solidus), l für flüssig (lat. liquidus) und g für gasig verwendet. Eis würde entsprechend durch $H_2O|s$, flüssiges Wasser durch $H_2O|l$ und Wasserdampf durch $H_2O|g$ charakterisiert. Wir bevorzugen diese Schreibweise gegenüber dem sonst meist benutzten Setzen in Klammern, um eine unübersichtliche Häufung von Klammern zu vermeiden, wenn die Formeln der Stoffe im Argument einer Größe auftreten [wie z. B. bei der Massendichte $\rho(H_2O|l)$ statt $\rho(H_2O(l))$].

Einen tieferen Einblick in das Wesen der Aggregatzustände erhält man, wenn man die phänomenologische Ebene verlässt und sich der molekularkinetischen Ebene zuwendet (Abb. 1.7). Mit Hilfe des Teilchenmodells gelingt es, einen Zusammenhang zwischen den makroskopischen Eigenschaften der Materie und dem Verhalten der Teilchen – Atome, Ionen oder Moleküle – herzustellen.

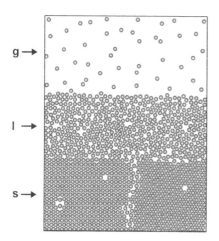

Abb. 1.7 Veranschaulichung der drei Aggregatzustände fest (s), flüssig (l) und gasig (g) aus molekularkinetischer Sicht. In einem Feststoff kann die strenge Ordnung z. B. durch einzelne Fehlstellen gestört sein oder durch eine Korngrenze (Störungszone, in der verschieden ausgerichtete Bereiche mit ansonsten gleicher Kristallstruktur aneinander stoßen).

- Aus atomistischem Blickwinkel sind die Teilchen in Feststoffen aufgrund starker wechselseitiger Anziehung dicht und recht wohlgeordnet gepackt. Sie besitzen nur einen geringen Bewegungsspielraum, d. h. bleiben im Wesentlichen an einem festen Platz, schwingen jedoch etwas um diesen herum.

- In Flüssigkeiten sind die Teilchen immer noch recht dicht, aber schlecht geordnet gepackt. Die Bewegung der Teilchen ist so stark, dass die Wechselwirkungskräfte nicht mehr ausreichen, um sie auf ihrem Platz zu halten; sie bleiben jedoch weiterhin in Kontakt, können allerdings aneinander vorbeigleiten.

- In Gasen schließlich sind die Teilchen nur noch sehr locker und ungeordnet gepackt. Durch ihre ständige schnelle und ungeordnete Bewegung sind sie abgesehen von wenigen Stößen meist weit voneinander entfernt. In Zimmerluft beträgt der Abstand zu den nächsten Nachbarn im Mittel etwa das Zehnfache des Teilchendurchmessers.

Aus einem etwas anderen Blickwinkel kann man auch eine vergleichbare Einteilung in *kristallin*, *amorph* und *gasig* vornehmen.

- Als *kristallin* bezeichnet man einen formstabilen Stoff, dessen Bausteine eine Fernordnung, d. h. eine regelmäßige, sich über lange Abstände (bis in die Ferne) wiederholende

Anordnung in allen drei Raumrichtungen, aufweisen. Gekennzeichnet wird diese Zustandsart allgemein durch |c (lat. crystallinus). Verschiedene Kristallstrukturen, die auf bindungstheoretischer Ebene auftreten können und durch eine unterschiedliche Packung der gleichen Bausteine entstehen, werden durch griechische Buchstaben oder auch die entsprechenden Mineralnamen unterschieden. So kann z. B. Eisen ein kubisch-raumzentriertes Kristallgitter (Fe|α) oder auch ein kubisch-flächenzentriertes (Fe|γ) aufweisen (Abb. 1.8), Kohlenstoff in der hexagonalen Graphit- (C|Graphit) oder der kubischen Diamant-Struktur (C|Diamant) vorliegen. Man spricht auch von unterschiedlichen *Modifikationen* eines Stoffes.

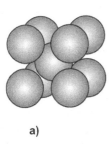
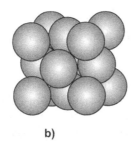

a) b)

Abb. 1.8 a) Kubisch-raumzentriertes und b) kubisch-flächenzentriertes Kristallgitter [In beiden Fällen besetzen acht Kugeln die Ecken der kubischen (würfelförmigen) Elementarzelle. Im Fall a) sitzt jedoch eine weitere Kugel in der Würfelmitte, während sich im Fall b) zusätzlich zu den Eckkugeln im Zentrum der Seitenflächen sechs weitere Kugeln befinden.]

- In einem *amorphen* Stoff tritt nur mehr eine Nahordnung der Bausteine auf. Makroskopisch gesehen kann er fest oder flüssig sein. Die Kennzeichnung erfolgt durch |a. Ein typischer amorpher Feststoff ist Glas, aber auch Zuckerwatte zählt hierzu.

- Gasig wird analog zur klassischen Betrachtungsweise definiert.

In Gemischen kann ein Stoff auch noch in gelöster Form auftreten, charakterisiert durch |d (lat. dissolutus). Da Wasser mit Abstand das am häufigsten eingesetzte Lösemittel darstellt, verwenden wir mit |w für in Wasser gelöste Stoffe eine eigene Kennzeichnung.

Zustandsgrößen. Neben der besprochenen qualitativen Beschreibung des Zustandes eines Systems kann er auch quantitativ durch geeignet gewählte physikalische Größen erfasst werden. Man nennt eine solche Größe, mit der man den Zustand eines betrachteten Systems beschreibt oder die durch den augenblicklichen Zustand des Systems bestimmt ist, eine *Zustandsgröße*. Dieselbe Art von Größe kann je nach Umständen Zustandsgröße sein oder auch nicht. In einem belüfteten Zimmer etwa ist die von der Zeit t abhängige Luftmenge n darin eine Zustandsgröße, aber nicht die Zuluftmenge, n_{Zu}, die über die Lüftung hineinkommt, oder die Abluftmenge, n_{Ab}, die über Fenster- und Türritzen entweicht:

$$\Delta n = n_{Zu} - n_{Ab} \qquad \text{oder ausführlicher} \qquad \Delta n(t) = n_{Zu}(t) - n_{Ab}(t).$$

Ähnlich ist das Wasservolumen V in einer Badewanne eine Zustandsgröße, aber nicht das Volumen an Wasser, das über Auslaufhahn (V_A) oder Brausekopf (V_B) hinein- und durch Überschwappen ($V_\ddot{U}$) hinausgelangt (Abb. 1.9):

$$V = V_A + V_B - V_\ddot{U} \tag{1.12}$$

Die Höhe h des Wasserspiegels in der Wanne ist, um ein etwas komplexeres Beispiel zu nennen, ebenfalls eine Zustandsgröße. h hängt nicht nur vom Wasservolumen V darin ab, sondern auch davon, welches Volumen V_v der Mensch darin im Stehen, Sitzen oder Liegen verdrängt,

$h = h(V, V_{\mathrm{v}})$. Wenn die Wanne, waagerecht geschnitten, einen konstanten Querschnitt A hätte, dann könnten wir diese Funktion leicht angeben:

$$h = (V + V_{\mathrm{v}})/A \qquad \text{„Zustandsgleichung".} \tag{1.13}$$

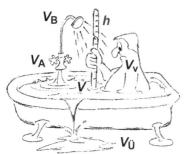

Abb. 1.9 Wasservolumen V und Höhe h des Wasserspiegels in einer Badewanne als Beispiele für Zustandsgrößen

Im Gegensatz zur Gleichung (1.12) verknüpft Gleichung (1.13) lauter Zustandsgrößen, das heißt Größen, deren Werte allein durch den augenblicklichen Zustand des Systems bestimmt sind, unabhängig vom Wege, auf dem dieser Zustand erreicht wurde. Der Vorteil einer solchen Beziehung ist, dass man daraus Schlüsse ziehen kann, ohne die Details zu kennen, die zu diesem Zustand geführt haben. Eine Gleichung dieser Art nennt man „Zustandsgleichung" und Funktionen wie $h = h(V, V_{\mathrm{v}})$ auch „Zustandsfunktionen". Wenn auch jede dieser Größen Werte annehmen kann, die sich mit der Zeit ändern, so sind die „Zustandsgleichungen", die diese Größen verknüpfen, zeitlos. Dagegen ist die Aufteilung von V auf die drei Beiträge V_{A}, V_{B} und $V_{\ddot{\mathrm{U}}}$, wie in Gleichung (1.12) dargestellt, abhängig von der „Prozessführung", das heißt von der Art und Weise, wie die Wanne gefüllt wurde. Man nennt Größen wie diese *„Prozessgrößen"*, wenn man ihre, verglichen mit den Zustandsgrößen, andersartige Rolle betonen möchte.

Was für das Wasservolumen in der Wanne gilt, trifft auch für die Energie in einem System zu, wenn mehrere Wege für ihre Zu- oder Abfuhr offen stehen. Die überschüssige Energie, die im heißen Kochwasser oder in einer geladenen Autobatterie steckt, ist eine Zustandsgröße, aber die Energie, die uns das Elektrizitätswerk jährlich in Rechnung stellt oder die unser Herd verbraucht, wenn wir unser Essen zubereiten, ist es nicht. Wir kommen in späteren Kapiteln noch ausführlicher darauf zurück.

Verschiedene Schreibweisen. Da Zustandsgrößen mathematisch leichter zu handhaben sind, versucht man alle Rechnungen möglichst über diese Größen abzuwickeln und auch gesuchte Werte, gefundene Ergebnisse und benötigte Kenngrößen durch sie auszudrücken. Das gilt insbesondere dann, wenn man es mit einer abstrakt konstruierten Größe zu tun hat, für die wir keine oder nur eine unzulängliche anschauliche Vorstellung haben. Das Merkmal, Zustandsgröße zu sein, ist dann ein wichtiges Orientierungsmittel, das einem weiterhelfen kann. Wir wollen uns die Vorgehensweise an einem Beispiel ansehen, das wir parallel dazu anschaulich nachvollziehen können.

Man kann einen kleinen Zuwachs dV_{A} des aus dem Hahn zufließenden Wasservolumens als Zuwachs dV des Wasservolumens in der Wanne ausdrücken, wenn man verlangt, dass währenddessen der Zulauf über die Brause und Verluste durch Überschwappen des Wassers zu vermeiden sind, real oder auch nur gedanklich. Wir wollen diesen Zuwachs durch das Symbol

$(dV)_{\text{B,Ü}}$ ausdrücken. Wenn man entsprechend mit V_B und $V_\text{Ü}$ verfährt, erhält man eine Gleichung, in der V in allen Gliedern dieselbe Größe bedeutet, das Wasservolumen in der Wanne:

$$dV = (dV)_{\text{B,Ü}} + (dV)_{\text{A,Ü}} - (dV)_{\text{A,B}} .$$

Im Falle von "Prozessgrößen" verwendet man statt d manchmal das Symbol δ oder đ und schreibt beispielsweise δV_A bzw. $đV_\text{A}$; wir wollen im Folgenden aber darauf verzichten.

Die Volumenänderungen auf der rechten Seite, bezogen auf die Zeit, beschreiben die Stärke der der Wanne zu- oder von ihr abfließenden Wasserströme J, und zwar aus dem Auslaufhahn, J_A, dem Brausekopf, J_B, und infolge des Überschwappens, $J_\text{Ü}$:

$$\frac{dV}{dt} = \left(\frac{dV}{dt}\right)_{\text{B,Ü}} + \left(\frac{dV}{dt}\right)_{\text{A,Ü}} - \left(\frac{dV}{dt}\right)_{\text{A,B}} .$$

Wenn man dV/dt mit $\dot{V}$ abkürzt, erhält man dieselbe Gleichung in kompakterer und zugleich, wie wir hoffen, auch leichter verständlicher Form:

$$\dot{V} = J_\text{A} + J_\text{B} - J_\text{Ü} \qquad \text{„Kontinuitätsgleichung".}$$

In Worten: „Die Zuwachsrate der Wassermenge in der Wanne ist gleich der Summe der zu- (und ab)fließenden Wasserströme". Das ist ein sehr einfaches Anwendungsbeispiel einer Gleichung, die in vielerlei Spielarten in verschiedenen Bereichen der Physik vorkommt.

Wichtig für uns ist hier jedoch ein anderer Gesichtspunkt. In Abschnitt 1.3 waren uns schon einmal ähnliche Ausdrücke begegnet, in denen statt der geraden d etwas anders geschriebene runde ∂ auftraten. Zwar könnten wir auf die runden ∂ ganz verzichten und immer gerade d setzen, ohne dass dadurch eine Formel falsch wird, aber umgekehrt geht es nicht. Bei einem Ausdruck der Art $(\partial y / \partial u)_{v,w}$ wird immer unterstellt, dass die Größe im Zähler als Funktion der Größen im Nenner und im Index geschrieben werden kann, $y = f(u, v, w)$. Der Index v, w bedeutet dabei, dass nur u als unabhängige Veränderliche auftritt, während v und w als konstante Parameter behandelt werden. Um dies zu verdeutlichen, wollen wir diese Größen im Argument der Funktion durchkreuzen: $y = f(u, \cancel{v}, \cancel{w})$, nur hier einmal, nicht allgemein. Die Ableitung kann man nun wie gewohnt nach den Regeln der Schulmathematik berechnen (vgl. auch Anhang A1.2). Wir könnten also schreiben, wenn wir die Ableitungsfunktion wie sonst auch mit einem ' bezeichnen, $y' = f'(u, \cancel{v}, \cancel{w})$ und damit:

$$\left(\frac{dy}{du}\right)_{v,w} = \left(\frac{\partial y}{\partial u}\right)_{v,w} = f'(u, \cancel{v}, \cancel{w}) .$$

Für die Ableitung nach den anderen Veränderlichen gilt ganz entsprechend:

$$\left(\frac{dy}{dv}\right)_{u,w} = \left(\frac{\partial y}{\partial v}\right)_{u,w} = f'(\cancel{u}, v, \cancel{w}) \qquad \text{und so weiter.}$$

Bei den Ausdrücken weiter oben bezeichnen die Indizes A, B und Ü anders als u, v, w keine Größen. Aber darauf kommt es auch nicht an. Entscheidend ist, dass in beiden Fällen ausgedrückt wird, dass der Beitrag zum Zuwachs der Zählergröße allein durch Änderung der Nennergröße bewirkt wirkt, während alle übrigen Einflüsse auszuschalten sind.

Gekoppelte Änderungen. Die Badewanne kann uns auch behilflich sein, einen anderen Aspekt zu verstehen, mit dem wir uns später noch eingehend befassen müssen. In diesem Beispiel ging es um die Besonderheiten, die sich ergeben, wenn ein System dasselbe Etwas (gemessen durch dieselbe Größe, das Wasservolumen) über mehrere Pfade gleichzeitig mit seiner Umgebung austauschen kann. Wir denken uns jetzt den badenden Menschen durch einen dehnbaren Gummisack ersetzt (Abb. 1.10). Das Wasservolumen V in der Wanne ist von dem im Sack, V^*, getrennt, sodass die Höhe des Wasserspiegels in Wanne und Sack, h und h^*, verschieden sein kann. Alle vier Größen, V, h, V^*, h^* sind hier Zustandsgrößen, und alle sind sie „geometrisch", könnten wir sagen, und erscheinen uns daher vergleichsweise einfach.

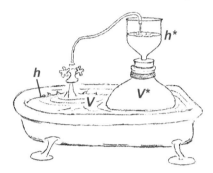

Abb. 1.10 Beispiel für die wechselseitige Kopplung zwischen Größen unterschiedlicher Art

Trotz dieser Trennung beeinflussen sich beide Bereiche, sodass ein Anstieg des Wasserspiegels auf der einen Seite einen Anstieg auf der anderen Seite nach sich zieht und umgekehrt. Diese Art der wechselseitigen Kopplung zwischen Größen verschiedenster Art, mechanisch, thermisch, chemisch, elektrisch usw. ist ein zentrales Thema der Thermo- und Stoffdynamik. Wir werden uns erst in Kapitel 9 näher damit befassen, wenn wir das dazu nötige Hintergrundwissen erworben haben.

Extensiv, intensiv, mengenartig. Bei den Systemen in der Stoffdynamik steht der Stoffbegriff im Vordergrund. Im einfachsten Fall geht es um einen Bereich, der *homogen* ist, das heißt, der in allen seinen Teilen gleichartig ist und bei dem es auf Gestalt und Größe nicht ankommt. Ein solch gestaltloser Bereich verkörpert das, was wir einen Stoff nennen, sei er rein oder aus verschiedenen Bestandteilen gemischt. Eine Reihe der Größen, mit denen man den Zustand eines solchen Bereiches zu beschreiben pflegt, wie Masse, Volumen, Stoffmenge, Energie, Entropie usw. addieren sich, wenn man zwei gleichartige Bereiche zu einem zusammenfasst, andere wie Massendichte, Druck, Temperatur, Konzentration, Brechzahl usw. ändern sich dabei nicht. Die ersteren nennt man *extensive* Parameter, die letzteren *intensive*. Die einen beschreiben ein *globales*, dem Bereich als Ganzes zugeordnetes Merkmal, die anderen eine *lokale*, einer einzelnen Stelle zugehörige Eigenschaft. Sinngemäß überträgt man die Begriffe auch auf stoffliche Systeme, die im Großen nicht mehr homogen sind, aber für die das wenigstens im Kleinen – im Nahbereich gleichsam – annähernd zutrifft.

Nicht immer ist die Einteilung eindeutig. Betrachten wir etwa die Oberfläche A der Flüssigkeitströpfchen in einem Nebel. Wenn wir zwei Ausschnitte aus dem Nebel zusammenfassen, dann addieren sich die Flächen, sodass A hier als extensive Größe auftritt. Fassen wir dagegen zwei kugelige Nebeltröpfchen zu einem zusammen, dann verhält sich A nicht additiv.

Mengenartig nennt man extensive Größen G, die man sich als ein im Raum verteiltes „Etwas" vorstellen kann. Dazu gehört die Masse m, die Menge n_B eines Stoffes B, die elektrische Ladung Q, aber auch Energie, Impuls und Entropie, die oft nur als recht abstrakte Begriffe eingeführt werden. Wir kommen später noch ausführlicher darauf zurück (Kapitel 2 und 3). Die Verteilung braucht nicht gleichmäßig zu sein und die Dichte $\rho_{\mathcal{G}}$ (= $\mathcal{G}/V$ bzw. $\mathrm{d}\mathcal{G}/\mathrm{d}V$, wenn man nur kleine Ausschnitte $\mathrm{d}V$ betrachtet), mit der das „Etwas" vorliegt, kann sich räumlich und zeitlich ändern, indem es verbraucht oder erzeugt oder auch nur umverteilt wird. Eine Größe, die dieses Verhalten ausgeprägt zeigt, ist die Menge n_B eines Stoffes B, der reagiert und diffundiert. Wenn $\mathcal{G}$ eine sogenannte Erhaltungsgröße ist wie z. B. die Energie, kann das gedachte „Etwas" weder entstehen noch vergehen, sondern nur im Innern verschoben oder mit der Umgebung ausgetauscht werden. Wenn das „Etwas" an einer Stelle verschwindet, muss es in der Nachbarschaft wieder auftauchen, kann von dort weiter an die nächsten Nachbarn gegeben werden usw. usf., ein Vorgang, den man als Strömen auffassen kann.

Um die Sprechweise zu vereinfachen, könnte man auch das Volumen V als „mengenartige" Größe zulassen. V stellte dann gleichsam eine *uneigentliche* Größe dieser Art dar mit etwas entarteten, aber einfachen Eigenschaften: eine Erhaltungsgröße mit einer Dichte, die konstant 1 wäre.

1.7 Stoffumbildung

Stoffumbildung und Umsatzformel. In Abschnitt 1.2 hatten wir gesehen, dass die Vielfalt der Stoffe als Kombination relativ weniger Stoffe, der Grundstoffe, begriffen werden kann, wobei deren Mengenverhältnis durch eine Gehaltsformel quantitativ erfasst wird. In der Chemie treten, wie besprochen, die chemischen Elemente in der Rolle der Grundstoffe auf und gegebenenfalls die Elektronen e, wenn man auch Ionengesamtheiten als „geladene" Stoffe in die Betrachtung einbezieht. Die so charakterisierten Stoffe können sich nun auf verschiedene Weise umbilden.

Der Begriff *Umbildung* dient uns hier und im Folgenden als Oberbegriff für Vorgänge, die man sonst differenzierter als *Umsetzung (Reaktion)*, *Umwandlung* (Wechsel des Aggregatzustandes etc.), (räumliche) *Umverteilung* von Stoffen zu bezeichnen pflegt, einfach deshalb, weil sich alle diese Vorgänge nach demselben Muster beschreiben lassen. So kann eine stoffliche Umbildung, sei sie chemischer oder physikalischer Art, durch eine *Umsatzformel* (auch *Reaktionsformel* oder *Reaktionsgleichung* genannt) wiedergegeben werden. Dabei stehen die Gehaltsformeln der Ausgangsstoffe (auch Reaktanten oder Edukte genannt) üblicherweise links vom Reaktionspfeil, die der Endstoffe (oder Produkte) hingegen rechts. Den Ausdruck „Reaktionsgleichung" wollen wir vermeiden, da es sich um keine Gleichung im eigentlichen Sinne handelt. Der Name rührt daher, dass sich bei einer Umbildung die Mengen der chemischen Elemente – seien sie frei oder gebunden – beim Übergang von den Ausgangs- zu den Endstoffen nicht ändern. Die Anzahl der Elementsymbole muss daher für jedes Element auf der linken und rechten Seite gleich sein.

Ein einfaches Beispiel für eine Umsetzung ist die Synthese von Ammoniak aus Stickstoff und Wasserstoff. An einem solchen Vorgang sind meist verschiedene Stoffe B_i ($i = 1, 2, 3, \ldots$) beteiligt, denen man eine Nummer zuordnen kann, Stickstoff N_2 etwa die Nr. 1, Wasserstoff H_2 die Nr. 2 und Ammoniak NH_3 die Nr. 3. Das kann einfach durch Setzen der Nummern über die Stoffe in der Umsatzformel geschehen:

$$\overset{1}{N_2} + \overset{2}{3\,H_2} \to \overset{3}{2\,NH_3}\,,$$

aber auch schlicht durch die Reihenfolge, in der sie in der Formel, einer Tabelle oder irgendeiner Aufzählung genannt werden, etwa:

$$\mathcal{B}_1 = N_2, \quad \mathcal{B}_2 = H_2, \quad \mathcal{B}_3 = NH_3, \quad \mathcal{B}_4 = CO_2, \dots.$$

Man beachte, dass der Index am $\mathcal{B}$ eine willkürliche Nummer bedeutet, während in den Formeln dahinter definierte Gehaltszahlen stehen. Auch im Fall der Variablen $\mathcal{B}$ greifen wir auf
einen anderen Zeichensatz zurück, um Verwechslungen vorzubeugen, weil wir sowohl B als
auch B für andere Zwecke benötigen.

Um Fallunterscheidungen zu vermeiden, ist es vorteilhafter, Ausgangs- und Endstoffe alle auf
eine Seite zu schreiben, für unser obiges Beispiel etwa wie folgt:

$$0 \to -1\,N_2 - 3\,H_2 + 2\,NH_3$$

bzw. allgemein für verschiedene Stoffe A, B, C, … aus der Menge $\mathbb{S}$ aller denkbaren Stoffe

$$0 \to v_A A + v_B B + v_C C + \dots \qquad \{A, B, C, \dots\} \subset \mathbb{S}.$$

Links erscheint symbolisch eine „0", die hier nicht die Zahl 0 darstellt, sondern einen Stoff
repräsentiert mit einer Gehaltsformel, in der alle Gehaltszahlen verschwinden. Wenn man sich
die Stoffe nummeriert denkt, wie oben erörtert, kann man den Ausdruck noch kürzer mit Hilfe
des Summenzeichens $\sum$ schreiben:

$$0 \to \sum_{i=1}^{n} v_i \mathcal{B}_i \,.$$

Da bei den Stoffumbildungen in der Chemie die chemischen Elemente, wie gesagt, erhalten
bleiben, das heißt ihre gesamte Menge, seien sie frei oder gebunden, sich nicht ändert, sind
die *Umsatzzahlen* v_i (auch *stöchiometrische Zahlen* genannt) vor den Gehaltsformeln so zu
wählen, dass die Anzahl der Elementsymbole auf jeder Seite die gleiche ist. Das gilt auch für
die Elektronen, wenn sie gleichsam als weiterer Grundstoff in den Umsatzformeln auftauchen, an denen Ionen beteiligt sind, offen mit eigenem Symbol e oder versteckt in den hoch-
gestellten Ladungszahlen. Die etwas ungewohnte Schreibweise mit der „0" auf der linken
Seite hat den Vorteil, dass die Umsatzzahlen mit dem richtigen Vorzeichen als Faktor vor der
Formel des Stoffes erscheinen. v_i ist für Ausgangsstoffe negativ, für Endstoffe hingegen positiv, beispielsweise $v_{N_2} = -1$, $v_{H_2} = -3$, $v_{NH_3} = +2$, $v_{CO_2} = 0$, … . Wenn der Index selbst
wieder tiefgestellte Zeichen enthält, greift man besser auf die Stoffnummern $v_1 = -1$, $v_2 = -3$
usw. zurück oder benutzt die Argumentschreibweise: $v(N_2) = -1$, $v(H_2) = -3$ usf. Prinzipiell
müsste man, wie in den obigen Formeln angedeutet, über alle Grundstoffe, d. h. die chemischen Elemente und zusätzlich die Elektronen, sowie ihre Kombinationen summieren, doch
ist für die überwältigende Mehrzahl der Stoffe $v_i = 0$ und der entsprechende Stoff im betrachteten Zusammenhang mithin vernachlässigbar. So wäre im Falle der Ammoniaksynthese
$v(CO_2) = 0$, aber auch $v(Fe)$, $v(NaCl)$ etc.

Will man jedoch die gewohnte Darstellung der Umsatzformel beibehalten, bei der die Ausgangsstoffe links des Reaktionspfeils stehen, wählt man die folgende Schreibweise:

$$|v_B| B + |v_{B'}| B' + \ldots \rightarrow v_D D + v_{D'} D' + \ldots$$

mit den Ausgangsstoffen B, B', ... und den Endstoffen D, D', ... Da die Umsatzzahlen der Ausgangsstoffe, wie erwähnt, negativ sind, tauchen sie in der Umsatzformel als Beträge auf, gekennzeichnet durch zwei senkrechte Striche.

Stöchiometrische Grundgleichung und Reaktionsstand. Mit dem Reaktionsablauf ändern sich die Mengen der beteiligten Stoffe und es liegt nahe, diese Mengenänderungen als Maß für das Fortschreiten des Vorgangs zu benutzen. Nun werden nicht alle Stoffe in demselben Mengenverhältnis verbraucht oder gebildet. Bei der Ammoniak-Synthese wird, wie ein Blick auf die Umsatzformel lehrt, dreimal so viel Wasserstoff umgesetzt wie Stickstoff. Die Änderungen der Mengen sind also den Umsatzzahlen proportional. Um zu einer Größe zu gelangen, die von der Art eines Stoffes B unabhängig ist, teilt man daher die beobachteten Änderungen Δn_B durch die zugehörige Umsatzzahl v_B:

$$\xi = \frac{\Delta n_B}{v_B} = \frac{n_B - n_{B,0}}{v_B} \qquad \text{„stöchiometrische Grundgleichung“.} \qquad (1.14)$$

n_B ist die augenblickliche Menge des Stoffes, $n_{B,0}$ seine Menge zu Beginn. Man beachte, dass für einen Ausgangsstoff sowohl Δn_B als auch v_B negativ sind, sodass der Quotient – wie bei einem Endstoff – positiv ist. Es versteht sich von selbst, dass man das reagierende Stoffsystem in geeigneter Weise gegen seine Umgebung abgrenzen, d. h. einen Stoffaustausch verhindern und Nebenreaktionen unterbinden muss, damit die umgesetzten Stoffmengen eindeutig feststellbar sind.

Für verschiedene Stoffe A, B, C, ... gilt somit:

$$\xi = \frac{\Delta n_A}{v_A} = \frac{\Delta n_B}{v_B} = \frac{\Delta n_C}{v_C} = \ldots \quad \text{oder auch} \quad |\xi| = \frac{|\Delta n_A|}{|v_A|} = \frac{|\Delta n_B|}{|v_B|} = \frac{|\Delta n_C|}{|v_C|} = \ldots . \qquad (1.15)$$

Zur Beschreibung des Reaktionsablaufs genügt also die Angabe einer einzigen Größe, der zeitabhängigen Größe ξ. Wir wollen sie kurz den *Stand* der Reaktion nennen oder ausführlicher den *Reaktionsstand* oder *Umsatzstand*. Der ξ-Wert gibt beispielsweise im Falle der Ammoniak-Synthese an, welchen Stand die Bildung des Ammoniaks nach einer gewissen Zeit erreicht hat. Er wird in derselben Einheit wie die Stoffmenge, üblicherweise also in mol angegeben. Dabei bedeutet $\xi = 1$ mol im Falle unseres Beispiels: Seit Beginn des Vorgangs sind 1 mol Stickstoff und 3 mol Wasserstoff verbraucht und auf der anderen Seite 2 mol Ammoniak gebildet worden. Bei demselben Wert von ξ, also demselben Stand der Reaktion, können also die Mengenänderungen Δn sowohl im Betrag als auch im Vorzeichen ganz verschieden sein. Es ist jedoch zu beachten, dass die ξ-Werte nur in Bezug auf eine bestimmte Umsatzformel sinnvoll sind. Wenn man dieselbe Umsetzung durch eine andere Formel beschreibt, etwa die Ammoniaksynthese durch

$$\tfrac{1}{2} N_2 + \tfrac{3}{2} H_2 \rightarrow NH_3,$$

dann ändern die ξ-Werte ihre Bedeutung. So ist bei gleichen umgesetzten Stoffmengen in jedem Augenblick der Reaktionsstand ξ jetzt nur mehr halb so groß. Man muss also stets die Umsatzformel angeben, auf die man sich bezieht. Andere für ξ vorkommende Bezeichnungen sind *Reaktionslaufzahl*, *Reaktionskoordinate*, *Umsatzvariable*. Alle diese Namen haben jedoch den Mangel, dass sie das Merkmal, das die Größe ξ beschreibt, nur unzulänglich bezeichnen. Den gebräuchlichsten dieser Namen, Reaktionslaufzahl, sollte man überdies deswegen vermeiden, weil ξ keine Größe von der Art einer Zahl ist.

Da die üblichen stöchiometrischen Berechnungen unmittelbar oder mittelbar über Gleichung (1.15) abgewickelt werden, nennen wir sie und ihre Stammgleichung (1.14) die *stöchiometrische Grundgleichung*. Sie gestattet es, aus der Mengenänderung eines Stoffes A auf die Mengenänderung eines anderen Stoffes C zu schließen, etwa aus dem Verbrauch einer Säure bei der Titration, Δn_S, auf die vorgelegte Menge an Base, Δn_B, oder aus der erhaltenen Menge eines Niederschlags, Δn_N, auf die Menge eines aus der Ausgangslösung gefällten Stoffes, Δn_F, wobei die v-Werte hier aus der Formel für die Neutralisations- bzw. Fällungsreaktion zu entnehmen sind. Da es meist nur auf die Δn-Beträge ankommt und nicht auf deren Vorzeichen, benutzt man häufig die einfachere Variante (1.15 rechts), bei der man sich um keinerlei Vorzeichen zu kümmern braucht.

Oft sind es nicht unmittelbar die Stoffmengen n, die bekannt oder interessant sind, sondern ein vorgelegtes oder verbrauchtes Volumen ΔV an Reagenzlösung, die Konzentration c einer Probe oder Maßlösung oder die Massezunahme Δm eines Filtertiegels, in dem ein Niederschlag aufgefangen wurde, und so weiter. Dann sind die Δn-Werte durch die vorgegebenen, gemessenen oder gesuchten Größen auszudrücken, beispielsweise $\Delta n_S = c_S \cdot \Delta V$ für die verbrauchte Säure S oder $\Delta n_N = \Delta m / M_N$ für den gewogenen Niederschlag, wobei M_N die molare Masse des Stoffes N bedeutet, aus dem der Niederschlag besteht.

Das Vorgehen soll kurz an einem Beispiel verdeutlicht werden. Bei der Titration von 25 mL Schwefelsäure werden 20,35 mL Natronlauge der Konzentration $0,1\ \text{mol}\,\text{L}^{-1}$ verbraucht. Gesucht ist die Konzentration der Säure. Die anzuwendende Umsatzformel lautet

$$H_2SO_4 + 2\,NaOH \rightarrow Na_2SO_4 + 2\,H_2O$$

und die Grundgleichung (1.15), wenn S für die Schwefelsäure und L für die Natronlauge steht,

$$\frac{|c_S \cdot \Delta V_S|}{|v_S|} = \frac{|c_L \cdot \Delta V_L|}{|v_L|} \qquad \text{oder} \qquad c_S = c_L \cdot \left| \frac{\Delta V_L \cdot v_S}{\Delta V_S \cdot v_L} \right|.$$

Man erhält, wenn man die Größenwerte einsetzt, für die gesuchte Konzentration der Schwefelsäure:

$$c_S = (0,1 \cdot 10^3\ \text{mol}\,\text{m}^{-3}) \frac{(20,35 \cdot 10^{-6}\ \text{m}^3) \cdot 1}{(25 \cdot 10^{-6}\ \text{m}^3) \cdot 2} = 0,041 \cdot 10^3\ \text{mol}\,\text{m}^{-3} = 0,41\ \text{kmol}\,\text{m}^{-3}.$$

Umsatz. Die stöchiometrische Grundgleichung können wir noch etwas umformen. So gilt für einen beliebigen Stoff i:

$$n_i = n_{i,0} + v_i \xi \ . \tag{1.16}$$

Diese Gleichung können wir grundsätzlich für jeden Stoff hinschreiben, auch wenn er nicht an der betrachteten Umsetzung beteiligt ist, denn für solche Stoffe ist, wie vereinbart, einfach $v_i = 0$. Insofern ist diese Gleichung allgemeiner als unsere Ausgangsgleichung (1.14), für die das im Nenner stehende $v_i \neq 0$ sein muss.

Eine Änderung des Standes einer beliebigen Reaktion $\mathcal{R}$, $\Delta\xi$, bezeichnen wir als *Umsatz* der Reaktion $\mathcal{R}$ oder als Umsatz *gemäß* der Reaktion $\mathcal{R}$. Jeder Umsatz führt zu Mengenänderungen der beteiligten Stoffe, die deren Umsatzzahlen proportional sind:

$$\Delta n_i = v_i \cdot \Delta\xi \,. \tag{1.17}$$

Stand und *Umsatz* einer Reaktion stehen begrifflich in demselben Verhältnis zueinander wie *Ort* und *Verrückung* eines Massenpunktes.

Man kann Gleichung (1.17) leicht so erweitern, dass sie auch anwendbar bleibt, wenn mehrere Umsetzungen $\mathcal{R}$, $\mathcal{R}'$, $\mathcal{R}''$, ... zugleich ablaufen, jede von ihnen beschrieben durch eine eigene Größe ξ, ξ', ξ'', ... usw.:

$$\Delta n_i \; = \; v_i \cdot \Delta\xi + v_i' \cdot \Delta\xi' + v_i'' \cdot \Delta\xi'' + \dots \qquad \text{für alle Stoffe } i. \tag{1.18}$$

Nicht nur chemische Reaktionen lassen sich auf diese Weise beschreiben, sondern auch ein bloßer Austausch etwa eines Stoffes B mit der Umgebung,

$$\text{B|außen} \rightarrow \text{B|innen} \qquad \text{oder} \qquad 0 \rightarrow -1\,\text{B|außen} + 1\,\text{B|innen} \,,$$

sodass wir ganz allgemein eine Gleichung der Art von (1.18) zur Berechnung der Mengenänderungen heranziehen können.

2 Energie

Die Energie ist eine Größe, die nicht nur in verschiedensten Bereichen der Naturwissenschaften, Technik und Wirtschaft eine beherrschende Rolle spielt, sondern sie ist auch in unserem alltäglichen Leben allgegenwärtig. Wir kaufen sie zum Beispiel in großen Mengen und zahlen dafür mit jeder Rechnung, die für Strom, Gas, Heizöl ins Haus gelangt. Aber wir werden auch immer wieder mit der Frage konfrontiert, was wir tun können, um Energie einzusparen, damit der Bedarf daran auch in der Zukunft gedeckt ist. Zu Beginn des Kapitels wird kurz die herkömmliche Herangehensweise an den Begriff der Energie auf indirektem Wege vorgestellt. Ein weitaus einfacherer Einstieg geht von einer Charakterisierung der Größe über ihre wichtigsten und leicht erkennbaren Eigenschaften aus, so wie sie uns im Alltag begegnen. Diese phänomenologische Charakterisierung wird durch ein direktes Messverfahren ergänzt, eine Vorgehensweise wie sie bei verschiedenen Basisgrößen wie Länge, Zeit, Masse üblich war bzw. ist. Anschließend werden der *Energieerhaltungssatz* und verschiedene Erscheinungsformen der Energie wie die einer gespannten Schraubenzugfeder, eines Körpers in Bewegung etc. diskutiert. Über das Konzept der Energie werden weitere wichtige Größen wie *Druck* und *Impuls* eingeführt.

2.1 Zur Energie auf indirektem Wege

Die Energie ist eine Größe, die nicht nur in verschiedensten Bereichen der Naturwissenschaften, Technik und Wirtschaft eine beherrschende Rolle spielt, sondern sie ist auch aus unserer Alltagswelt nicht mehr wegzudenken. Wir kaufen sie in großen Mengen und zahlen dafür mit jeder Rechnung, die für Strom, Gas, Heizöl ins Haus gelangt. Auf jeder Lebensmittelpackung finden sich Angaben zum Energiegehalt des Gutes darin. Fast täglich werden wir mit der Frage konfrontiert, was wir zur Energieeinsparung tun können, um den Bedarf daran jetzt und in Zukunft decken zu können.

Im Gegensatz dazu steht die komplizierte Art, wie diese Größe definiert und erklärt wird, zunächst als ein spezieller Begriff der Mechanik, der dann allmählich erweitert und verallgemeinert wird. Die Größe Energie wird fast immer *indirekt* über die mechanische Arbeit eingeführt. Die Beziehung „Arbeit = Kraft · Weg" bildet gleichsam das Eingangstor. Sie besagt, dass man viel Arbeit *verrichten* muss, wenn man mit großer Kraft etwa gegen einen starken Widerstand einen langen Weg zurücklegen will (etwa wie ein Radfahrer bei starkem Gegenwind oder wie beim Abschleppen eines Wagens (Abb. 2.1) z. B. auf sandiger Bahn).

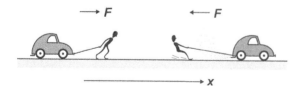

Abb. 2.1 Zusammenspiel von Kraft und Weg bei der Verrichtung von Arbeit, hier aus Sicht eines beteiligten Menschen, der links ein Fahrzeug in x-Richtung abschleppt, während er rechts selbst in x-Richtung fortgeschleift wird

© Springer Fachmedien Wiesbaden GmbH, ein Teil von Springer Nature 2021
G. Job und R. Rüffler, *Physikalische Chemie*, Studienbücher Chemie,
https://doi.org/10.1007/978-3-658-32936-5_2

In der Abbildung wird das Zusammenspiel von Kraft und Weg bei der Verrichtung von Arbeit aus Sicht des beteiligten Menschen dargestellt. Die Komponente der von ihm ausgeübten Kraft in x-Richtung ist links positiv, $F_x = F$, und rechts negativ, $F_x = -F$. Entsprechend ist die von ihm verrichtete Arbeit $W = F_x \cdot \Delta x$ links positiv, rechts negativ. Aus Sicht des Fahrzeugs bekommen alle Kräfte und Arbeiten das entgegengesetzte Vorzeichen.

Die Einheit für die Arbeit, das *Joule* (J), benannt nach dem britischen Bierbrauer und Privatgelehrten James Prescott JOULE, der im 19. Jahrhundert in Manchester lebte, entspricht folgerichtig dem Produkt aus Kraft- und Längeneinheit, $\text{N m} = \text{kg m}^2 \text{ s}^{-2}$.

Der Weg zum Begriff der Arbeit führt über mehrere Stufen (Abb. 2.2). Die Größe Kraft wird ebenfalls *indirekt* definiert (Kraft = Masse · Beschleunigung). Dasselbe gilt für die Beschleunigung (= Geschwindigkeitszuwachs / Zeitspanne) und ebenso die Geschwindigkeit (= zurückgelegte Wegstrecke / Zeitbedarf dafür). Die mechanische Arbeit stellt nur eine Form der Energiezufuhr dar, neben der auch andere Formen vorkommen. Als wichtigste von ihnen gilt die *Wärme*. Der Name Energie stellt den Überbegriff für diese verschiedenen Formen dar. Für diese neue Größe ist ein eigenes Formelzeichen, meist E, gebräuchlich; die Einheit ist wiederum Joule. Daneben existieren für die zahlreichen Spielarten eigene Namen und Formelzeichen: Neben Arbeit W und Wärme Q etwa innere Energie U, Enthalpie H, Gibbs-Energie G, Exergie B usw.

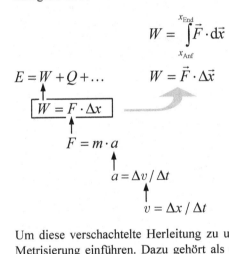

$$W = \int_{x_{\text{Anf}}}^{x_{\text{End}}} \vec{F} \cdot \mathrm{d}\vec{x}$$

$$W = \vec{F} \cdot \Delta \vec{x}$$

Abb. 2.2 Üblicher indirekter Weg zur Energie über mehrere Stufen (hier vereinfacht dargestellt). Die Formeln rechts oben präzisieren die eingerahmte Gleichung auf Stufe 4.

E Energie, W Arbeit, Q Wärme, F Kraft, m Masse, a Beschleunigung, v Geschwindigkeit, t Zeit, x Ortskoordinate

[Genau genommen sind Kraft, Beschleunigung, Geschwindigkeit und Weg Vektorgrößen, d. h. physikalische Größen, die einen Betrag *und* eine Richtung haben (gekennzeichnet durch einen Pfeil über dem Formelzeichen). Betrachtet man jedoch nur eine Richtung, z. B. die x-Richtung, genügt auch die Angabe des Betrages.]

Um diese verschachtelte Herleitung zu umgehen, wollen wir die Energie über eine direkte Metrisierung einführen. Dazu gehört als erster Schritt, dass wir versuchen, den Begriff anhand typischer, leicht beobachtbarer Eigenschaften zu charakterisieren. Es zeigt sich, dass man auf diese Weise auf die ganze Vielfalt energetischer Größen verzichten kann und im Grunde eine einzige ausreicht, um alles Nötige, d. h. hier insbesondere alle Vorgänge, mit denen sich die physikalische Chemie befasst, damit beschreiben zu können.

2.2 Direkte Metrisierung der Energie

Grundgedanke. Fast alles, was wir tun, ist mit *Mühe* und *Anstrengung* verbunden. Das fällt uns besonders auf, wenn die Mühe so groß ist, dass wir ins Keuchen und Schwitzen geraten. Daher denken wir uns alle benutzen Geräte und Dinge so groß und schwer, dass wir die Folgen wirklich spüren. Wir wollen uns einige solcher *anstrengenden* Tätigkeiten ansehen, die wir eigenhändig, und zwar entweder *ohne* Hilfsmittel oder, wenn nötig, *mit* Winden, Hebel, Seilen, Rollen usw. bewerkstelligen können (Abb. 2.3). Die in der Abbildung gezeigten Tätigkeiten rechnen wir alle der Mechanik zu.

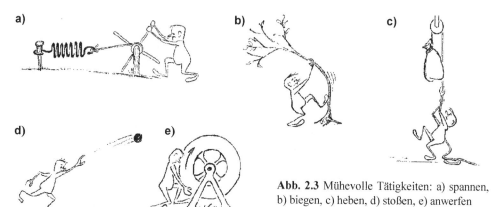

Abb. 2.3 Mühevolle Tätigkeiten: a) spannen, b) biegen, c) heben, d) stoßen, e) anwerfen

Wir könnten aber ohne weiteres auch thermische Vorgänge (etwa eine „Wärmepumpe"), elektrische Vorgänge (z. B. eine „Elektrisiermaschine"), chemische Vorgänge (etwa einen „Wasserzersetzungsapparat") einbeziehen (Abb. 2.4). Da uns aber Vorgänge dieser Art weniger vertraut sind und wir später noch ausführlicher darauf zurückkommen werden, wollen wir uns zunächst auf die mechanischen Vorgänge beschränken.

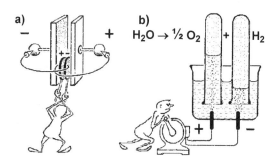

Abb. 2.4 a) Primitive „Elektrisiermaschine": Fortschreitende Aufladung eines Kondensators durch Ladungstrennung im bereits vorhandenen Feld und Übertragung der Ladungen auf die jeweils gegenüberliegende Platte
b) „Wasserzersetzungsapparat": Mühevolles Antreiben einer Reaktion entgegen der Richtung, in der sie von sich aus strebt, hier am Beispiel der Zerlegung des Wassers in seine Elemente

„Gespeicherte Mühe". Bemerkenswert ist nun, dass die Mühe, die wir für diese Tätigkeiten aufgewandt haben, nicht einfach verloren ist, sondern ihrerseits genutzt werden kann, um andere anstrengende Tätigkeiten zu verrichten. Wir könnten beispielsweise eine gedehnte Schraubenzugfeder, die sich zu verkürzen strebt, unmittelbar oder auf Umwegen nutzen, um einen Baum zu biegen, einen Sack zu heben, einen Stein zu schleudern usw. (Abb. 2.5).

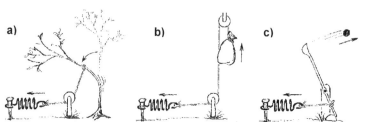

Abb. 2.5 Ausnutzen der zum Spannen der Feder aufgewandten Mühe etwa um a) einen Baum zu biegen, b) einen Sack zu heben, c) einen Stein zu schleudern

Wir könnten auch umgekehrt eine Feder dehnen mittels eines gebogenen Baumes, eines gehobenen Sackes, sogar eines geschleuderten Steines, wenn es gelingt, ihn richtig aufzufangen, usw. Mit passend gewählten Hilfsmitteln lässt sich letztlich jede Kombination verwirklichen. Wichtig ist hier, dass die hineingesteckte Mühe mit etwas Geschick genutzt werden kann, um andere anstrengende Tätigkeiten zu verrichten.

Die aufgewandte Mühe ist in den veränderten Dingen gleichsam *gespeichert*. Sie steckt in der gespannten Feder, können wir uns vorstellen, im gebogenen Baum, im gehobenen Sack, im fliegenden Stein usw. Sie kann dort herausgeholt werden, indem man die Veränderung rückgängig macht, und dazu genutzt werden, um andere Dinge zu verändern.

Verlorene Mühe. Nun kennen wir aus unserem Alltag schweißtreibende Tätigkeiten, bei denen alle Mühe scheinbar verloren geht (Abb. 2.6). Wir reiben angestrengt unsere Hände, sie werden warm, aber mit der Wärme unserer Hände allein können wir keinen Sack heben. Einen schweren Karren über sandigen Boden zu ziehen, ist mühevoll. Nicht nur wir geraten ins Schwitzen, auch der Sand wird warm, auch wenn wir davon nicht viel merken. Selbst wenn wir kein Stück vorankommen, etwa wenn wir nur versuchen, einen wütenden Hund festzuhalten oder uns vergeblich abmühen, einen fest verwurzelten Strauch aus der Erde zu zerren, strengt dies so an, dass uns heiß dabei wird. In all diesen Fällen lässt sich nichts von der Mühe, die es gekostet hat, wiedergewinnen, jedenfalls nicht unter den gegebenen Umständen, so scheint es.

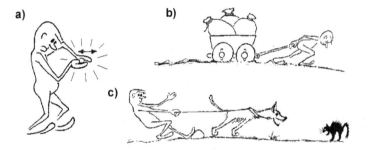

Abb. 2.6 Tätigkeiten, bei denen alle Mühe anscheinend verloren geht: a) reiben, b) schleppen, c) halten

Die aufgebrachte Mühe entzieht sich zwar einer Wiederverwendung, sie verschwindet aber nicht spurlos. *Wir* schwitzen, aber nicht nur wir sind erhitzt, sondern auch Dinge in unserer Umgebung: die geriebenen Handflächen, der aufgewühlte Sand, die quietschenden Radlager. Je mehr Mühe verschwendet wird, desto ausgeprägter ist die Erwärmung. Dies ist eine Spur, welche die verlorene Mühe hinterlässt, die sehr bezeichnend ist. Aber auch diese Spur verblasst allmählich, sodass es scheint, als verschwände die Mühe letztlich im Nichts.

Bei allem, was wir tun, müssen wir also damit rechnen, dass ein Teil unserer Mühe nicht ihr Ziel erreicht, nicht dem beabsichtigten Zweck dient, sondern für irgendwelche ungewollten Nebentätigkeiten verloren geht. So behindert fast immer Reibung unser Tun. Sie zu überwinden, kostet zusätzliche Mühe, ein Aufwand, den wir möglichst zu vermeiden trachten. Auch wir selber sind bei der Tätigkeit unserer Muskeln betroffen, indem dort – gleichsam durch Reibung – Wärme erzeugt wird, eine Nebentätigkeit, die wir hier nicht wollen, aber auch nicht vermeiden können.

Mühe messen. Es stellt sich nun die Frage: Kann man, losgelöst von unserem Empfinden, angeben, wie viel Mühe eine bestimmte Tätigkeit kostet – etwa eine Feder zu spannen, einen

Sack zu heben oder einen Kondensator zu laden? Wir erwarten von einem objektiven Maß, dass wir für die für dieselbe Tätigkeit aufgewandte Mühe immer den gleichen Wert erhalten, ganz gleich wer es tut, wann und wo. Wenn etwas in derselben Weise zwanzigmal wiederholt wird, dann bedeutet dies zusammengenommen, den zwanzigfachen Wert an Mühe.

Die benötigte Einheit ist (wie z. B. die Längeneinheit) im Prinzip willkürlich wählbar. Man könnte etwa irgendeine Schraubenzugfeder herausgreifen. Die Lage des Feder-Endes im entspannten Zustand erhält den Skalenwert 0 und in irgendeinem beliebigen, aber wohlbestimmten gespannten Zustand den Zahlenwert 1 (Abb. 2.7). Dann ist hierdurch eine „Menge" an Mühe definiert, die uns als private Einheit dienen kann. Natürlich können wir auch diese von vornherein passend zu den SI-Einheiten wählen. Man kann eine solche Feder leicht so gestalten, dass Anfangs- und Endzustand gut erkennbar sind – vergleichbar etwa einer Federwaage, deren Skale sich auf die zwei Werte 0 und 1 beschränkt (vgl. Abb. 2.7 a, untere Feder).

Mit der gedehnten Einheitsfeder können wir ein Schwungrad anwerfen. Die Feder kehrt in ihre Ruhelage zurück und das Schwungrad rotiert. Die in der Feder gespeicherte Mühe steckt jetzt im wirbelnden Rad. Von dort können wir sie wieder in die Feder zurückbefördern oder in eine andere Feder stecken, indem wir den Drehschwung des Rades nutzen, um die Feder zu spannen (Abb. 2.7 b). Das Spiel lässt sich im Prinzip beliebig wiederholen und variieren. Leider zehren jedoch Luft- und Lagerreibung die gespeicherte Mühe allmählich auf oder, besser gesagt, die Reibung zweigt ständig etwas davon für andere Zwecke ab.

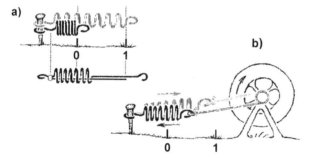

Abb. 2.7 a) Verkörperung der „Mühe-Einheit" durch eine Feder, die zwischen zwei Marken 0 und 1 gedehnt wird
b) Übertragung der Mühe z. B. auf ein Schwungrad (vorn, schwarz) und wieder zurück zur Feder (hinten, grau)

Könnten wir solche ungewollten Verluste unterbinden, wäre das Messen der für eine Tätigkeit aufzuwendenden Mühe ein leichtes Spiel. Wir wollen daher vorerst unterstellen, dass diese Verluste durch geeignete Maßnahmen vermeidbar sind. Gegen die Achsreibung helfen z. B. Kugellager, gegen Luftreibung Vakuum, gegen Leitungswiderstände dickere Drähte, gegen Bodenreibung Räder auf harter Bahn oder – noch besser – Luftkissen.

Eine andere Art von Fehler entsteht, wenn ein Teil der Mühe sozusagen im Speicher stecken bleibt. Das ist etwa bei den Federn in Abb. 2.5 und 2.5 b der Fall, mit denen der Baum gebogen oder der Sack gehoben werden soll. Der Vorgang stockt, wenn der Federzug am Seil soweit nachgelassen hat, dass er den Gegenzug von Baum und Sack nicht mehr zu überwinden vermag. Um die in eine Feder beim Spannen hineingesteckte Mühe möglichst vollständig nutzen zu können, sind daher Seil und Umlenkrollen allein nicht die richtigen Mittel, sondern man muss zu etwas komplizierteren Konstruktionen greifen. Doch wollen wir von all diesen technischen Feinheiten absehen und davon ausgehen, dass es prinzipiell möglich ist, die gespeicherte Mühe voll auszuschöpfen.

Mühe messen heißt prinzipiell nun einfach, zu zählen, in wie viele Einheitsportionen sie sich aufteilen lässt. Entweder man zählt bei einem gegebenen Vorrat, wie viele Einheitsfedern sich damit spannen lassen, oder umgekehrt, wie viele zuvor gespannte Einheitsfedern nötig sind, um eine gewünschte Veränderung herbeizuführen (vgl. Abb. 2.8).

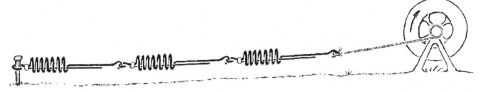

Abb. 2.8 Bildung von Vielfachen der „Mühe-Einheit" durch Aneinanderhängen von Einheitsfedern

Begriff der Energie. Die durch das oben beschriebene Verfahren eingeführte Größe nennen wir *Energie*. Natürlich gibt es, was die Reproduzierbarkeit und Genauigkeit anbelangt, weit bessere Möglichkeiten, die Energieeinheit (oder ein ganzes oder gebrochenes Vielfaches davon) zu verkörpern, als die besprochene Feder. Man denke etwa an die Energie eines Photons, das bei einem bestimmten Übergang eines Atoms von einem Zustand in einen anderen ausgesandt wird, etwa beim Übergang eines H-Atoms von einem 2p- in den 1s-Zustand. Auch das dünkt zunächst etwas sonderbar. Aber die Längeneinheit Meter z. B. wird inzwischen auch nicht mehr anhand des internationalen Meterprototyps, eines Stabes aus einer Platin-Iridium-Legierung, definiert. So wurde 1960 festgelegt: Ein Meter ist das 1.650.763,73-fache der Wellenlänge der von Atomen des Nuklids ^{86}Kr beim Übergang vom Zustand 5d^5 zum Zustand 2p^{10} ausgesandten, sich im Vakuum ausbreitenden Strahlung. Der Zahlenwert (1.650.763,73) wurde dabei so gewählt, dass das Ergebnis dem bis 1960 gültigen Meter innerhalb der damaligen Messgenauigkeit entsprach. (Inzwischen wurde jedoch das Meter zur weiteren Erhöhung der Genauigkeit auf der Basis der Sekunde und der Vakuumlichtgeschwindigkeit neu definiert.) Aber die Messgenauigkeit ist eigentlich nicht das Wesentliche, wenn es darum geht, die Bedeutung einer Größe wie hier der Energie erstmals zu erfassen.

Je nach Anwendungszweck sind für die Größe Energie verschiedene Formelzeichen in Gebrauch: E, W, U, Q, H, G, … . Wir verwenden allein das Formelzeichen W, weil wir E für die elektrische Feldstärke benötigen und weil außerdem kein triftiger Grund besteht, die in verschiedenen Speichern vorliegende oder auf verschiedene Weise beförderte Energie mit verschiedenen Symbolen und Namen zu belegen.

Wir haben die Größe W durch *direkte Metrisierung* des umgangssprachlichen Begriffes *Mühe* eingeführt. Doch auch wenn wir dabei an unsere Empfindung angeknüpft haben, so ist die Größe W letztendlich unabhängig von unserem subjektiven Gefühl. Das ist für die angestrebte objektive Beschreibung unerlässlich, weil dieselbe Tätigkeit dem einen anstrengender erscheint als dem anderen und uns anstrengender, wenn wir müde und abgekämpft sind, als wenn wir frisch und ausgeruht ans Werk gehen. Die Größe Energie präzisiert und quantifiziert also, was wir im Alltag *Mühe* nennen, ein Begriff, der sich auf eine Tätigkeit bezieht; sie bezeichnet aber auch den Vorrat davon, der in einem verformten, bewegten, gehobenen, aufgeladenen, … Gegenstand *gespeichert* ist und bei Bedarf abgerufen werden kann. Die Energie quantifiziert also auch die Fähigkeit, etwas zu tun, also das, was in der Umgangssprache etwas vage mit *Tatkraft* umschrieben werden könnte.

Wir sollten uns jedoch hüten, den Vergleich von Energie und Tatkraft allzu wörtlich zu nehmen. Auch mit Geld können wir in unserer Wirtschaftswelt umso mehr bewirken, je mehr wir davon haben, und doch haben wir keinen Anlass, den Münzen und Scheinen irgendeine Kraft zuzuschreiben. Fast alles, was wir tun, ist mit irgendwelchen Energieumsätzen verbunden. Wir können die Energie ebenso gut als eine Art *Preis* auffassen, der für eine Tätigkeit zu zahlen ist oder den man umgekehrt erzielen kann, ohne dass dabei irgendwelche Kräfte im Spiele sind. Kennt man die Preise für die einzelnen Tätigkeiten, dann kann man leicht entscheiden, welche Transaktionen möglich sind und welche nicht.

Es bleibt Geschmackssache, ob man die beobachtbaren Vorgänge *dynamisch* beschreiben will als Folge mit- und gegeneinander wirkender Kräfte oder lediglich *buchhalterisch* betrachtet als Ausgleich von Soll und Haben in einer Bilanz. Die erste Art der Beschreibung knüpft an unsere Alltagsvorstellungen an und nutzt unser Empfinden als Hilfe. Die zweite wird gestützt durch unsere vielfältigen Erfahrungen im Umgang mit baren und unbaren Geldwerten.

2.3 Energieerhaltung

Es war eine der bedeutsamsten Erkenntnisse der Physik des 19. Jahrhunderts, dass Energie – oder „Kraft", wie man damals sagte – niemals wirklich verloren geht, also im Nichts verschwindet. Dass man sie nicht mittels noch so kunstvoller Maschinen aus dem Nichts erzeugen kann, davon waren die meisten Gelehrten schon ein Jahrhundert früher überzeugt. In Abschnitt 2.2 hatten wir eine Reihe von Beispielen angesprochen, wo die aufgewandte Mühe anscheinend verloren geht. Der Verlust wird von einer mehr oder minder großen Wärmeentwicklung begleitet. Im sogenannten „Joule-Apparat" (Abb. 2.9) versetzte ein absinkendes Gewichtsstück ein Rührwerk in Rotation. Das in einem Kalorimeter befindliche kalte Wasser wurde durch die Schaufeln des Rührwerks erwärmt und die Temperaturerhöhung gemessen.

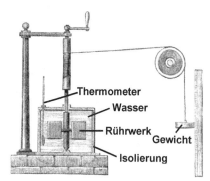

Abb. 2.9 Joule-Apparat zum Nachweis der Äquivalenz von Energie und Wärme [aus: Abbot J (1869) The New Theory of Heat. Harper's New Monthly Magazine 39: 322–329]

Wie groß die Wärmeentwicklung ist, kann man aber auch z. B. mit einem Eiskalorimeter (Abb. 3.20 b und Versuch 3.5) feststellen, also einfach über die Menge an Eis, die sich damit schmelzen lässt. Es zeigt sich, dass die gebildete Menge an Schmelzwasser der aufgewandten Energie proportional ist, unabhängig davon, aus welcher Quelle die Energie stammt und über welche Wege und Umwege sie ins Eis gelangt. Voraussetzung ist natürlich, dass nicht aus fremden Quellen etwas hinzukommt oder aber in irgendwelche Senken verschwindet – einem Leck in der Wärmedämmung zum Beispiel.

Man hatte schon damals daraus geschlossen, dass es auch eine bestimmte Menge Energie kostet, um einen Körper zu erwärmen, ob es gewollt geschieht oder ungewollt. Wenn man den Verbrauch dafür mitzählt, dann kann man sagen, dass der gesamte Vorrat an Energie unverändert bleibt. Sie kann von einem Speicher in einen anderen verlagert werden, aber ihre gesamte Menge bleibt gleich. Diese Erkenntnis wird „Satz von der Erhaltung der Energie" oder kurz *Energiesatz* genannt. Aus dem Energiesatz folgt, dass die aufgewandte Energie W – wie im Falle der Wasserverschiebung (Abb. 2.10) – unabhängig vom Wege und den benutzten Hilfsmitteln (z. B. Kelle, Pumpe) sein muss. Sonst könnte man nämlich, indem man Energie auf einem Wege hin- und auf einem anderen wieder „zurückbefördert", Energie aus dem Nichts erzeugen oder im Nichts verschwinden lassen im Widerspruch zum Energiesatz.

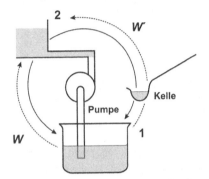

Abb. 2.10 Wegunabhängigkeit der aufgewandten Energie ($W = W'$)

Während wir bisher annehmen konnten, dass wir die für irgendeine Veränderung aufgewandte Energie wieder zurückerhalten können, wenn es gelingt, den Vorgang rückgängig zu machen, stehen wir hier vor der Schwierigkeit, dass viele mit Erwärmung verbundene Vorgänge sich nicht ohne weiteres umkehren lassen. So gesehen ist die Energie zwar nicht verschwunden, aber doch irgendwie unserem Zugriff entzogen. Dieser Umstand hat den Gelehrten damals viel Kopfzerbrechen bereitet und macht es heute noch. Mit diesem Thema werden wir uns im Kapitel 3 näher auseinandersetzen.

Bevor wir das tun, wollen wir noch einige einfache Fälle besprechen, wie man zu den Werten der Energie gelangt. Da sich viele der Größen, die man von der Energie ableiten kann, leichter messen lassen als diese selbst, wird sie meist indirekt über diese Größen berechnet.

2.4 Energie einer gespannten Schraubenzugfeder

Spannenergie. Eine gedehnte Schraubenzugfeder hat die Neigung, sich zusammenzuziehen, und zwar umso stärker, je weiter man sie dehnt, d. h. je weiter ihre Länge l den Wert l_0 im entspannten Zustand übertrifft. Die Feder um ein kleines Stück Δl zu verlängern, wird immer anstrengender, je weiter die Feder bereits vorgedehnt ist (Abb. 2.11). Genauer gesagt, die Energie ΔW, die man hierfür braucht, nimmt mit l zu, und zwar proportional zu $l - l_0$ (jedenfalls in gewissen Grenzen), sofern die Änderungen ΔW und Δl klein genug sind. Diese Bedingung können wir dadurch ausdrücken, dass wir die Differenzen durch Differenziale ersetzen:

$$\frac{\Delta W}{\Delta l} = D \cdot (l - l_0) \qquad \text{oder besser} \qquad \frac{\mathrm{d}W}{\mathrm{d}l} = D \cdot (l - l_0) \,. \tag{2.1}$$

In der graphischen Darstellung bedeutet dies, dass wir den Kurvenverlauf um die Stelle l herum mit so hoher Vergrößerung betrachten, dass von einer Krümmung praktisch nichts mehr zu erkennen ist, und anschließend die Steigung dieses sehr kleinen Kurvenstückes berechnen (siehe vergrößerten Ausschnitt in Abbildung 2.11). Ausführlicher wird das Verfahren im Anhang A1.2 beschrieben. Tragen wir nun verschiedene auf diese Weise gewonnene Werte für die Steigung gegen die zugehörigen l-Werte auf, so erhalten wir eine Gerade, wie es Gleichung (2.1) auch erwarten lässt.

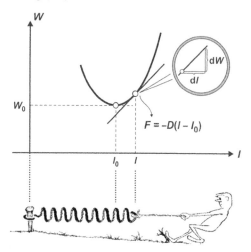

Abb. 2.11 Energie $W(l)$ einer Feder als Funktion ihrer Länge l. Der Graph gleicht in der Umgebung der Ruhelage l_0 einer Parabel. Die Kraft, mit der sich die Feder an der Stelle l einer Verlängerung widersetzt, entspricht der Steigung dW/dl des Graphen in diesem Punkt, verdeutlicht durch die eingezeichnete „Lupe".

Der Proportionalitätsfaktor D quantifiziert ein Merkmal, das man als *Federhärte* bezeichnen kann. So spricht man von einer *harten* Feder, wenn der Faktor D groß ist, und von einer *weichen*, wenn er klein ist.

HOOKEsches Gesetz. dW/dl ist ein Maß für die „Kraft", wie man zu sagen pflegt, mit der die Feder einer Verlängerung trotzt. Da wir W und l als messbare Größen betrachten, können wir uns die „Kraft", die wir wie üblich mit F bezeichnen wollen, als hierdurch definiert denken:

$$F = \frac{dW}{dl} \qquad \text{oder ausführlicher} \qquad F(l) = \frac{dW(l)}{dl}. \qquad (2.2)$$

Die zugehörige SI-Einheit ist $\mathrm{J\,m^{-1} = N}$ (Joule/Meter = Newton). Wenn wir F in Gleichung (2.1) einsetzen, erhalten wir die übliche Fassung eines altbekannten Gesetzes:

$$F(l) = D \cdot (l - l_0) \qquad \text{HOOKEsches Gesetz} \qquad (2.3)$$

(benannt nach dem englischen Universalgelehrten Robert HOOKE, der den Zusammenhang erstmals 1678 publizierte). $F(l)$ beschreibt demnach die Steigung des Graphen der Funktion $W(l)$ an der Stelle l. Um $W(l)$ zu ermitteln, brauchen wir also nur die zu $F(l)$ gehörige Stammfunktion zu suchen, das heißt hier die Funktion, die nach l abgeleitet $D \cdot (l - l_0)$ ergibt (ausführlicher wird der Begriff der Stammfunktion in Anhang A1.3 diskutiert). Das ist, wie man leicht sieht:

$$W(l) = \tfrac{1}{2} D \cdot (l - l_0)^2 + W_0. \qquad (2.4)$$

W_0 ist die Energie der Feder in der Ruhelage.

Wir haben zwar zunächst angenommen, dass D konstant und damit $F(l)$ eine lineare Funktion ist und ihr Graph, die *Kennlinie* der Feder, folglich eine Gerade, aber das ist keineswegs zwingend. In Gleichung (2.1) würde dann rechts eine andere Funktion als Ableitung dW/dl erscheinen, die aber ebenso messbar ist wie die zuvor. Die Federhärte D, die nach wie vor der Steigung des Graphen $F(l)$ entspricht, hängt dann ihrerseits von l ab. Die Ermittlung der Stammfunktion von $F(l)$ kann rechnerisch schwerer sein, aber das Verfahren bleibt dasselbe.

Kräftegleichgewicht. Denken wir uns nun zwei verschiedene Federn gegeneinander gespannt (Abb. 2.12). Dann kann die rechte Feder sich prinzipiell nur zusammenziehen, indem sie die linke dehnt. Solange sie bei einer Verkürzung um ein kleines Stück $-\Delta l'$ mehr Energie $-\Delta W'$ liefert, als die Gegenfeder beim Dehnen um ein gleichlanges Stück $\Delta l = -\Delta l'$ an Energie ΔW aufzehrt, kann der Vorgang ablaufen. Wenn sie weniger liefert, läuft der Vorgang in der Gegenrichtung. Er kommt zum Stillstand oder es herrscht *Kräftegleichgewicht*, wie man auch sagt, wenn sich die bei einer kleinen Verschiebung von der einen Feder gelieferte und die von der anderen verbrauchte Energie gerade ausgleichen:

$$\frac{\Delta W}{\Delta l} = \frac{\Delta W'}{\Delta l'} \qquad \text{oder besser} \qquad \frac{dW}{dl} = \frac{dW'}{dl'}, \qquad \text{das heißt} \qquad F = F'.$$

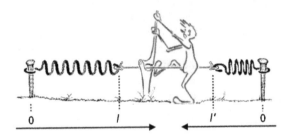

Abb. 2.12 Gleichgewicht zwischen zwei gegeneinander gespannten Federn. Wenn bei einer kleinen Verschiebung des verbindenden Seiles die eine Feder mehr Energie liefert als die andere verbraucht, kann eine Bremse für die Abfuhr der überschüssigen Energie sorgen. Eine ungewollte Schwingung lässt sich so leicht dämpfen.

Federn lassen sich daher bequem als Kraftmesser benutzen. Es genügt, eine Feder mit einer Skale auszurüsten, an der sich die Verlängerung $l - l_0$ leicht erkennen lässt, um daraus auf die Kraft schließen zu können, die etwa über ein Seil oder eine Stange von außen an ihr angreift. Wenn die Kennlinie der Feder linear ist, dann erhält man eine gleichteilige Skale, die der Einfachheit halber gleich in der Einheit Newton (N) beschriftet werden kann. Das altbekannte Verfahren sprechen wir hier nur an, weil sich auf ganz ähnliche Weise auch andere Größen messen lassen, etwa Drücke, Temperaturen und selbst chemische Potenziale.

2.5 Druck

Druck in der Hydraulik. Nach demselben Muster wie die Kraft F kann man auch den Druck p einführen. Wasser in einen Druckbehälter zu pressen, kostet Energie (Abb. 2.13). Der Behälter widersetzt sich einer Zunahme ΔV des Volumens V des darin enthaltenen Wassers, kann man argumentieren, was sich als „Gegendruck" äußert. Der Energieaufwand ΔW, bezogen auf den gleichen Volumenzuwachs ΔV, betrachten wir als Maß für diesen Druck p:

$$\frac{\Delta W}{\Delta V} = p \qquad \text{oder genauer} \qquad \frac{dW}{dV} = p. \tag{2.5}$$

(Genau genommen müssten wir beachten, dass das Wasser im Teich auch unter Druck steht, und zwar dem Druck p_{atm} der darüber stehenden Atmosphäre. Der Druck p in Gleichung (2.5) entspricht dann nicht dem tatsächlichen Druck $p_{abs(olut)}$, sondern dem Überdruck $p_{abs} - p_{atm}$, wobei es uns freisteht, p_{atm} als verschwindend klein zu betrachten.)

Abb. 2.13 Pumpen von Wasser in einen Behälter – hier eine Gummiblase – gegen den dort herrschenden Druck. Behälter dieser Art – meist ein geschlossenes Stahlgefäß mit einer Gummimembran im Innern – dienen in vielen Heizungsanlagen als Ausgleichsgefäße.

Der erörterte, recht einfache Fall gehört zur Hydraulik, wobei das Wasser als *nicht komprimierbar* betrachtet wird. Das Volumen tritt hier selbst in der Rolle einer mengenartigen Größe auf, gleichsam als Ersatz für die eigentlich gemeinte Menge an Wasser.

Druckgleichgewicht. Verbindet man zwei derartige Druckbehälter mit den Drücken p und p' und den Wasservolumen V und V' mit einem Schlauch, dann gleichen sich die Drücke bekanntlich aus, indem Wasser vom Behälter mit höherem Druck zu dem mit niedrigem fließt. Das lässt sich energetisch wie folgt begründen: Mit dem ein- und ausfließenden Wasser wird auch Energie befördert. Solange auf der einen Seite – das ist die mit dem höheren Druck – mit dem ausfließenden Wasser mehr Energie abgegeben als auf der anderen Seite verbraucht wird, läuft der Vorgang in der entsprechenden Richtung, sonst umgekehrt. Er kommt erst zum Stillstand, wenn sich Lieferung und Verbrauch gerade ausgleichen, $dW + dW' = 0$, oder indem man $dW = -dW'$ durch $dV = -dV'$ teilt, wenn also

$$\frac{dW}{dV} = \frac{dW'}{dV'}, \qquad \text{das heißt} \qquad p = p'$$

gilt und damit *Druckgleichgewicht* herrscht, wie man sagt.

Druck und Komprimierbarkeit. Die Größe Druck begegnet uns noch in einem anderen, komplexeren Zusammenhang, in dem die *Komprimierbarkeit* Gegenstand der Betrachtung ist. Einen elastischen Körper zusammenzudrücken, kostet Energie. Das Volumen V nimmt umso stärker ab, je stärker man presst. Der Aufwand dW, um eine kleine Volumenabnahme $-dV$ zu erzwingen, nimmt dabei zu, je stärker der Körper bereits verdichtet ist, oder genauer gesagt, der Quotient $dW/(-dV)$ wächst mit abnehmendem V, anfangs linear (proportional zu $V - V_0$), später immer steiler werdend. Der Körper widersetzt sich der Verdichtung, könnten wir sagen, und zwar zunehmend, was sich in dem wachsenden Gegendruck p äußert, den man beim Komprimieren zu spüren bekommt. Als Maß für diesen Druck bietet sich – ähnlich wie in der Hydraulik – der Quotient $p = dW/(-dV)$ an:

$$p = -\frac{dW}{dV}. \tag{2.6}$$

Die aufgewandte Energie dW kann man beim Entspannen zurückerhalten. Sie steckt gewissermaßen im Körper und kann bei Bedarf von dort wieder abgerufen werden. Allerdings kann man aus der Änderung der im Körper enthaltenen Energie W nicht ohne weiteres auf den zur Volumenänderung nötigen Anteil schließen, und nur der ist hier maßgeblich. Um das zu erreichen, muss man verlangen, dass alle übrigen Pfade, über die Energie ein- oder austreten kann, gesperrt sind. Wenn ein Energieaustausch ähnlich wie über V noch über Änderungen weiterer Größen $q, r, \dots$ möglich ist, $W(V, q, r, \dots)$, dann sind diese konstant zu halten:

$$p = -\left(\frac{\partial W}{\partial V}\right)_{q,r\dots}. \qquad (2.7)$$

Das Verfahren hatten wir schon bei der indirekten Metrisierung des Gewichtes in Abschnitt 1.3 kennengelernt. Noch fehlt uns jedoch an dieser Stelle eine entscheidende Größe, die Gegenstand des nächsten Kapitels sein wird, die Entropie.

Wenn wir auch auf ganz anderem Wege zum Druck p gelangen, so ist p doch identisch mit der üblicherweise als flächenbezogene Kraft eingeführten Größe, $p = F/A$. Die SI-Einheit des Druckes ist $\mathrm{J\,m^{-3}} = \mathrm{N\,m^{-2}} = \mathrm{Pa}$ (Joule/Meter^3 = Newton/Meter^2 = Pascal). Im Alltag, aber auch in Lehrbüchern begegnet man noch häufig der Einheit Bar (1 bar $\hat{=}$ 100 kPa). Der allseitige Druck p ist eine Größe, die nur einen der möglichen Spannungszustände von Körpern kennzeichnet, zwar einen besonders einfachen, aber auch besonders wichtigen. Es ist fast der einzige, mit dem wir uns befassen müssen.

Energie zur Volumenänderung. Umgekehrt kann aber auch aus Gleichung (2.6) auf die für eine Volumenänderung (bei konstantem Druck) erforderliche Energie geschlossen werden (unter den oben beschriebenen Voraussetzungen):

$$\mathrm{d}W = -p\,\mathrm{d}V \qquad \text{oder auch} \qquad \Delta W = -p\Delta V \qquad \text{für kleine } \Delta V. \qquad (2.8)$$

Der Energieaufwand zum Zusammenpressen eines elastischen Körpers (Abb. 2.14) ist dabei umso höher, je größer der Volumenverlust $-\mathrm{d}V$ ($\mathrm{d}V < 0$) ist. Als elastischer „Körper" kann z. B. auch ein Gas, das in einen Zylinder mit beweglichem Kolben eingeschlossen ist, aufgefasst werden.

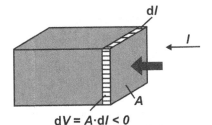

dl

l

A

dV = A·dl < 0

Abb. 2.14 Veranschaulichung der Zusammenhänge bei der Kompression eines elastischen Körpers

Es braucht noch nicht einmal tatsächlich ein Kolben vorhanden zu sein: Expandiert ein Gas, das sich im Zuge einer Umsetzung bildet (zum Beispiel bei der Reaktion von Calciumcarbonat mit Salzsäure, wobei Kohlendioxid entsteht), so können wir uns die Grenzfläche zwischen dem expandierenden Gas und der umgebender Luft als stellvertretend für den Kolben vorstellen; das entstehende Kohlendioxid „schiebt" die darüberstehende Luft gewissermaßen vor sich her ($\mathrm{d}V > 0$). Der äußere Druck p, der als konstant angenommen wird, entspricht hier dem Atmosphärendruck. Die berechnete Energie fällt jetzt negativ aus; in diesem Fall wird also keine Energie aufgewandt, sondern es wird im Gegenteil Energie gewonnen.

2.6 Energie eines bewegten Körpers

Man benötigt Energie, um einen Körper zu beschleunigen, ein Fahrzeug oder ein Geschoss etwa, und zwar umso mehr, bezogen auf denselben Geschwindigkeitszuwachs Δv, je schneller er sich bereits bewegt. Der Aufwand ΔW ist der Geschwindigkeit v (= zurückgelegte Wegstrecke Δx / Zeitbedarf Δt dafür) proportional:

$$\frac{\Delta W}{\Delta v} = m \cdot v \qquad \text{oder besser} \qquad \frac{\mathrm{d}W}{\mathrm{d}v} = m \cdot v \,. \tag{2.9}$$

Der Proportionalitätsfaktor m quantifiziert ein Merkmal, das man *Trägheit* oder *träge Masse* oder einfach *Masse* des Körpers nennt. Wir können m in all den Fällen, die uns interessieren, stets als unveränderlich betrachten. Wie W von v abhängt, ergibt sich sofort, indem wir die Stammfunktion $W(v)$ zu der in Gleichung (2.9) genannten Ableitung $\mathrm{d}W/\mathrm{d}v$ hinschreiben:

$$W(v) = \tfrac{1}{2} m v^2 + W_0 \,. \tag{2.10}$$

W_0 ist die Energie des Körpers, die er bereits im Ruhezustand hat, in dem $v = 0$ ist. Die zusätzlich in einem bewegten Körper steckende Energie $\tfrac{1}{2} m v^2$ bezeichnet man auch als *kinetische Energie*. Wenn sich der Körper gleichförmig fortbewegt, v also konstant ist, bleibt auch $W(v)$ ungeändert. Ist das nicht der Fall, dann hängt v und damit mittelbar auch W vom Ort x ab: $W(v(x))$. Die Kraft F, mit der der Körper sich einer Ortsveränderung „widersetzt", können wir unter Anwendung der Kettenregel (vgl. Anhang A1.2) leicht angeben:

$$F = \frac{\mathrm{d}W(v(x))}{\mathrm{d}x} = \frac{\mathrm{d}W(v)}{\mathrm{d}v} \cdot \frac{\mathrm{d}v(x)}{\mathrm{d}x} = mv \cdot \frac{a}{v} \qquad \text{oder} \qquad F = m \cdot a \,, \tag{2.11}$$

wobei $a = \mathrm{d}v/\mathrm{d}t$ die Beschleunigung bezeichnet. Dass $\mathrm{d}v(x)/\mathrm{d}x = a/v$ ergibt, sieht man, wenn man $v(x(t))$ nach t ableitet und die erhaltene Gleichung nach $\mathrm{d}v(x)/\mathrm{d}x$ auflöst:

$$a = \frac{\mathrm{d}v(x(t))}{\mathrm{d}t} = \frac{\mathrm{d}v(x)}{\mathrm{d}x} \cdot \frac{\mathrm{d}x(t)}{\mathrm{d}t} = \frac{\mathrm{d}v(x)}{\mathrm{d}x} \cdot v \,.$$

Dasselbe Ergebnis kann man auf kürzerem Wege mit Hilfe der für Differenziale geltenden Rechenregeln erhalten [Erweitern und Umkehren einer Ableitung, Abschnitt 9.4 (Umrechnung von Differenzialquotienten)]:

$$F = \frac{\mathrm{d}W}{\mathrm{d}x} = \frac{\mathrm{d}W}{\mathrm{d}v} \cdot \frac{\mathrm{d}v}{\mathrm{d}t} \cdot \frac{\mathrm{d}t}{\mathrm{d}x} = \frac{\mathrm{d}W}{\mathrm{d}v} \cdot \frac{\mathrm{d}v}{\mathrm{d}t} \Big/ \frac{\mathrm{d}x}{\mathrm{d}t} = mv \cdot a / v = m \cdot a \,.$$

Die Gleichung $F = m \cdot a$ wird gewöhnlich zur Einführung der Kraft F benutzt, über die dann zunächst die Arbeit und dann verallgemeinernd die Energie hergeleitet wird.

2.7 Impuls

Begriff des Impulses. Eine andere Lesart der Gleichung (2.9) ergibt sich, wenn man statt der Geschwindigkeit v den *Impuls* þ einführt. Wir benutzen für den Impuls als Formelzeichen den (aus dem Isländischen stammenden) dem p ähnlichen Kleinbuchstaben þ (Thorn) statt des sonst üblichen p, da wir den letzteren zur Bezeichnung des Druckes benötigen. In der modernen Physik, etwa in der Quantenmechanik oder Relativitätstheorie, spielt der Impuls eine entscheidende Rolle, sodass es angebracht ist, sich beizeiten mit dieser Größe vertraut zu machen. Für die Beschreibung der Wechselwirkung bewegter Körper etwa bei Stoßprozessen in der kinetischen Gastheorie (Kapitel 10) oder in der Kinetik chemischer Elementarreaktionen (Kapitel 18) ist der Begriff unentbehrlich. Dem Fachbegriff entsprechen in der Umgangssprache die Begriffe *Schwung* oder *Wucht*, an die man anknüpfen kann, um eine Vorstellung davon zu gewinnen, welches Merkmal durch die Größe p quantifiziert wird.

Der Impuls ist eine mengenartige Größe. Der Gesamtimpuls einer Schar bewegter Körper oder von Teilen desselben Körpers ist einfach die Summe der Impulse der Einzelteile. Er kann von einem bewegten Körper auf einen anderen übergehen oder übertragen werden, wobei die gesamte Menge unverändert bleibt. Wenn die Menge an einer Stelle abgenommen hat, muss sie an anderer Stelle entsprechend zugenommen haben. Wie die Übertragung im Einzelnen abläuft, ist belanglos. Das zu wissen, kann viel Detailarbeit ersparen. Im Alltag muss man den Blick für die Impulserhaltung erst schärfen. Wenn man ein Fahrzeug beim Anschieben in *Schwung* bringt oder wenn es beim Ausrollen seinen *Schwung* verliert, dann sieht man nicht ohne Weiteres, woher der Schwung kommt und wohin er geht (Abb. 2.15). So stammt der Impuls p, den ein Fahrzeug beim Anschieben gewinnt, aus der Erde, den es beim Ausrollen verliert, gelangt dorthin zurück. Die Erde ist so groß, dass man ihr nicht anmerkt, ob sie Impuls verliert oder gewinnt – so wie man einem Ozean nicht ansieht, ob man einen Eimer Wasser entnimmt oder zugießt.

Abb. 2.15 Impuls p beim Anschieben und Ausrollen eines Fahrzeugs

Der Impuls ist eine Vektorgröße, was die Handhabung nicht gerade erleichtert, aber der Umgang ist auch nicht schwieriger, als man es von anderen Vektorgrößen her kennt wie Geschwindigkeit, Beschleunigung, Kraft usw., eher sogar leichter wegen seines mengenartigen Charakters. Fürs Erste reicht es, wenn man nur Bewegungen in einer Richtung, etwa längs der x-Achse betrachtet. Der Impuls eines Körpers, der sich in Richtung wachsender x-Werte bewegt, zählt dabei positiv, der eines entgegengesetzt dazu bewegten negativ. Aber diese Sichtweise muss erst gelernt werden, weil man in der Umgangssprache meist nur von den Beträgen der Größen spricht. Wer sagt schon von einem auf der Straße entgegenkommenden Fahrzeug, dass es mit negativer Geschwindigkeit fährt?

Der Impuls, den ein bewegter Körper hat oder enthält, wächst, je größer seine Masse m und je größer seine Geschwindigkeit v ist, und zwar zu beiden proportional, $p \sim mv$. Man wählt die Impulseinheit so, dass der fehlende Faktor gerade 1 wird:

$$p = mv \qquad \text{SI-Einheit: } \mathrm{kg\, m\, s^{-1} = N\, s.} \tag{2.12}$$

Wenn man $v = p/m$ in $W(v)$ einsetzt und die Funktion $W(v(p))$ nach p ableitet, erhält man

$$\frac{\mathrm{d}W(v(p))}{\mathrm{d}p} = \frac{\mathrm{d}W(v)}{\mathrm{d}v} \cdot \frac{\mathrm{d}v(p)}{\mathrm{d}p} = mv \cdot \frac{1}{m} \qquad \text{oder} \qquad \frac{\mathrm{d}W}{\mathrm{d}p} = v\,. \tag{2.13}$$

Diese Gleichung stimmt mit Gleichung (2.9) überein, nur dass der Faktor m von der rechten auf die linke Seite in den Nenner verlegt und mit dv *zu* dp zusammengefasst worden ist. Sie kann nach einem ähnlichen Muster gedeutet werden, wie wir es oben bei der Erörterung der Kraft einer gedehnten Feder oder des Druckes in der Hydraulik gemacht haben: Ein bewegter Körper widersetzt sich der Erhöhung seines Impulses umso stärker, je schneller er sich bereits bewegt. Die Energie dW dafür, bezogen auf dieselbe Menge dp, wächst proportional zur vorhandenen Geschwindigkeit v. Hier erscheint v in einer Rolle, die der der Kraft oder des Drucks ähnelt.

„Kraftartig" und „lageartig". Größen, die in dieser Rolle auftreten, werden schon seit über hundert Jahren als *Intensitätsfaktoren*, *Intensitätsgrößen* oder auch kurz als *intensiv* bezeichnet. Leider deckt sich diese Bezeichnung nicht ganz mit der in Abschnitt 1.6 getroffenen Vereinbarung. Um Missverständnisse zu vermeiden, bleibt nichts anderes übrig als sich nach einem neuen Namen umzusehen. Wir können uns mit einer schon von dem deutschen Physiker Hermann von HELMHOLTZ stammenden Bezeichnung behelfen. Die erwähnten Größen nannte er, einem Vorbild Joseph Louis LAGRANGEs in der Mechanik folgend, „Kräfte", hier in einem verallgemeinerten Sinne gemeint. Daran angelehnt wollen wir diese Größen „kraftartig" nennen.

Zu jeder dieser Größen gehört ein ebenfalls seit langem *Extensitätsfaktor*, *Extensitätsgröße* oder kurz *extensiv* genanntes Gegenstück, das in Form eines Differenzials auftaucht. Zu F gehört x, zu p gehört V bzw. $-V$, zu v gehört p, um nur die bisher besprochenen Beispiele zu nennen. Zusammen beschreibt jedes Paar einen Pfad, über den Energie ausgetauscht wird:

$$dW = Fdx, \qquad dW = pdV, \qquad dW = vdp \qquad \text{usw.}$$
$$\text{z. B. Feder} \qquad \text{Hydraulik} \qquad \text{Bewegung}$$

Auch hier deckt sich die Bezeichnung nicht mit der früheren Vereinbarung, sodass man auch hier nach einem neuen Namen suchen sollte. Ausgehend vom Begriff der Lagekoordinate als Mittel zur Angabe von Ort und Ausrichtung eines oder mehrerer Körper im Raum, hatte HELMHOLTZ diesen Begriff auch auf analoge Größen außerhalb der Mechanik ausgedehnt (elektrische, chemische usw.). Es sind gerade die oben „Extensitätsfaktoren" genannten Größen. Als Gegenstück zu „*kraftartig*" würde die Bezeichnung „*lageartig*" passen, um die Rolle dieser Größen grob zu charakterisieren.

Zweites NEWTONsches Gesetz und Interpretation. Kommen wir noch einmal auf die Gleichung $F = m \cdot a$ zurück. Wenn wir den Ausdruck für den Impuls $p = mv$ nach der Zeit t ableiten, erhalten wir wegen $dv/dt = a$ die erwähnte Beziehung, die bereits der bedeutende englische Naturforscher Isaac NEWTON im 17. Jahrhundert an den Anfang seiner Mechanik gestellt hat (zweites NEWTONsches Gesetz):

$$\frac{dp}{dt} = ma = F \ .$$

Da p eine Erhaltungsgröße ist, kann ihre Menge im Körper nur zunehmen, wenn sie anderswo abnimmt oder, anders gesagt, von dorther zuströmt. So gesehen, beschreibt F hier den Zustrom an Impuls aus der Umgebung. Diese Vorstellung ist ungewohnt, kann aber sehr nützlich sein.

2.8 Energie eines gehobenen Körpers

Kehren wir noch einmal zu dem Körper zurück, der über eine Winde mit einem Seil hochgehievt wird (Abb. 1.5). Wir wollen im Folgenden vom Auftrieb absehen, indem wir uns das Umfeld luftleer denken. Wenn wir den Körper loslassen, dann fällt er, wie die Erfahrung zeigt, mit der konstanten Beschleunigung $a = -g$ abwärts (g *Fallbeschleunigung* mit der Normalfallbeschleunigung $g_n = 9{,}81 \, \mathrm{m\,s^{-2}}$), und zwar unabhängig davon wie groß oder schwer er ist und woraus er besteht. Nach einer Falldauer t hat er eine Geschwindigkeit $v = at = -gt$ erreicht und ist um das Stück $h_0 - h = \frac{1}{2} gt^2$ gefallen, wobei h die Höhe über dem Erdboden zur Zeit t und h_0 die Anfangshöhe bezeichnet. Die zur Beschleunigung des Körpers mit der Masse m von $0 \to v$ nötige Energie

$$W = \tfrac{1}{2} mv^2 = \tfrac{1}{2} m(-gt)^2 = mg(h_0 - h) \tag{2.14}$$

stammt aus dem Schwerefeld der Erde. Man pflegt jedoch die Energie W, die beim Fallen freigesetzt und hier zur Beschleunigung des Körpers genutzt wird, dem gehobenen Körper selbst zuzuordnen. Die im gehobenen Körper (bzw. im Schwerefeld) gespeicherte Energie wird als *potenziell*, W_{pot}, die in einem bewegten Körper steckende, wie erwähnt, als *kinetisch*, W_{kin}, bezeichnet, wobei während des Falles Energie aus dem einen Speicher in den anderen umgelagert wird. Die Summe beider Beiträge ist gemäß dem Energiesatz konstant, solange keine Energie anderweitig abgezweigt wird etwa beim Aufprall oder beim Fall in der Luft infolge der Luftreibung:

$$W_{kin} + W_{pot} = \tfrac{1}{2} mv^2 + mgh = \mathrm{const}. \tag{2.15}$$

Der Begriff *potenzielle* Energie wird gern auch auf ähnlich gelagerte Fälle übertragen. So sagt man, dass die potenzielle Energie W_{pot} eines geladenen Körpers um ΔW zunimmt, wenn er in einem statischen elektrischen Feld gegen die Feldkräfte unter Aufwendung der Energie ΔW verschoben wird. Auch die in einer gespannten, aber ruhenden Feder gespeicherte Energie (Abschnitt 2.4) nennt man potenziell, um sie gegebenenfalls von den Beiträgen zu unterscheiden, die von der Bewegung der Feder selbst oder anderer Teile herrühren.

3 Entropie und Temperatur

In der phänomenologischen Beschreibung (vergleichbar einer Art von "Steckbrief") erscheint die Entropie S als ein gewichtsloses, strömungsfähiges "Etwas", das in jedem Ding unserer Umwelt in größerer oder kleinerer Menge enthalten ist. Man kann es in einem Materiebereich verteilen, anhäufen, einschließen oder umgekehrt daraus herauspumpen, ausquetschen, an einen anderen Gegenstand abschieben usw. Bedeutsam ist, dass die Entropie bei allen Wärmeeffekten eine Rolle spielt und als deren eigentliche Ursache betrachtet werden kann. Ohne Entropie gäbe es kein warm und kalt und keine Temperatur. Die bemerkenswerteste Eigenschaft der Entropie ist jedoch, dass sie leicht erzeugt werden kann, wenn die erforderliche Energie vorhanden ist, man aber keine Mittel kennt, eine einmal entstandene Entropiemenge wieder zu zerstören. Durch all diese augenfälligen Wirkungen können wir Verbleib und Verhalten der Entropie recht gut beobachten. Dieses unmittelbare Verständnis der Größe S wird durch eine vereinfachte molekularkinetische Deutung vertieft.

In Ergänzung zum *ersten Hauptsatz der Thermodynamik*, einer Spielart des Energieerhaltungssatzes, wird der *zweite Hauptsatz* ohne Umweg über Energie und Temperatur formuliert. Umgekehrt kann dann die *thermodynamische* (oder auch absolute) *Temperatur* mittels Energie und Entropie eingeführt werden. Auch der *dritte Hauptsatz* ist leicht zugänglich. Unmittelbar im Anschluss an diese Einführung können bereits Wärmekraftmaschinen und Wärmepumpen diskutiert werden, ohne dass Kreisprozesse, Gasgesetze usw. herangezogen werden müssten. Abschließend wird die Entropieerzeugung als Konsequenz der Entropieleitung besprochen.

3.1 Vorüberlegung

Kernbegriffe der Wärmelehre sind *Entropie S* und *Temperatur T*. Während die Temperatur jedoch jedermann geläufig ist, gilt die Entropie als besonders schwierig, sozusagen als „schwarzes Schaf" unter den physikochemischen Begriffen. Schulbücher haben sie früher ganz vermieden, einführende Physikbücher haben sie oft nur erwähnt und selbst Fachleute umgehen sie recht gern.

Doch warum meidet man eigentlich die Entropie? Denn an sich ist sie etwas ganz Einfaches: recht genau das, was man sich im Alltag unter Wärme vorstellt (Abb. 3.1)!

Abb. 3.1 Entropie im Alltag: Sie ist, grob gesagt, das Etwas, was der Kaffee verliert, wenn er in der Tasse erkaltet, was man in einem Suppentopf anreichern muss, um das Kochgut zu erwärmen, was in der elektrischen Herdplatte, dem Mikrowellenherd, dem Ölofen erzeugt wird oder was im heißen Wasser befördert, über die Heizkörper verteilt und durch wärmedämmende Wände in der Wohnung und wollene Kleidung im Leib zusammengehalten wird.

© Springer Fachmedien Wiesbaden GmbH, ein Teil von Springer Nature 2021
G. Job und R. Rüffler, *Physikalische Chemie*, Studienbücher Chemie,
https://doi.org/10.1007/978-3-658-32936-5_3

Leider wurde früher der Name „Wärme" in der Wissenschaft an eine andere Größe vergeben und damit S einer natürlichen Deutung beraubt. So wurde die Entropie nur abstrakt einführbar, d. h. *indirekt* durch Integration eines aus Energie und Temperatur gebildeten Quotienten definiert, und damit begrifflich schwer zu handhaben. Sehr gebräuchlich ist auch die atomistische Deutung der Entropie als ein Maß für die Wahrscheinlichkeit des Zustandes eines Systems aus vielen Teilchen. Doch muss in der Chemie aus den atomistischen Vorstellungen auf das Handeln im Labor geschlossen werden, d. h., man muss die auf einer Ebene gewonnenen Einsichten auf die andere übertragen können – und das möglichst *direkt*. Wie das machbar ist, soll im Folgenden dargestellt werden.

Zur Illustration wollen wir die Entropie zunächst – ähnlich wie schon die Energie – anhand einiger typischer, leicht beobachtbarer Eigenschaften charakterisieren, ganz so, wie man eine gesuchte Person mit Hilfe einiger gut erkennbarer, für sie bezeichnender („phänomenologischer") Merkmale beschreibt (z. B. Körpergröße, Haarfarbe, Augenfarbe usw.). Das Bündel dieser Merkmale ist im Grunde das, was eine Person ausmacht, ihr Name nur ein Kürzel für dieses Bündel. Der Steckbrief einer gesuchten Person stellt ein Beispiel für ein solches, allerdings stark gekürztes Merkmalsbündel dar. Ziel ist also eine Art „Steckbrief" der Entropie zu entwerfen, der ausreicht, um sie als messbare physikalische Größe zu definieren. Diese Beschreibung werden wir anschließend untermauern und begründen, indem wir auf atomistische, nur in Gedanken konstruierte und der Thermodynamik als ursprünglich rein makroskopischer Theorie eigentlich fremde Vorstellungen zurückgreifen. Als zusätzliche Verständnisstütze sollten wir jedoch die Denkmöglichkeit „Entropie $\approx$ Alltagswärme" im Auge behalten. Nach der phänomenologischen Charakterisierung wollen wir erörtern, wie man für diesen Begriff ein Maß einführen kann, und zwar direkt, d. h. ohne Rückgriff auf andere Größen (direkte Metrisierung) (Abschnitt 3.7).

3.2 Makroskopische Eigenschaften der Entropie

Wirkungen der Entropie. Beginnen wir also mit den Merkmalen, die für unsere Alltagserfahrungen bedeutsam sind. Man kann sich die Entropie als ein gewichtsloses, strömungsfähiges Etwas vorstellen, das in jedem Ding unserer Umwelt in größerer oder kleinerer Menge enthalten ist. Im physikalischen Kalkül stellt sie wie Masse, Stoffmenge, Energie, Impuls, elektrische Ladung eine *mengenartige* Größe dar, das heißt, sie ist wie die anderen Größen ein Maß für die Menge von etwas, was man sich im Raum verteilt denken kann, wobei es nicht darauf ankommt, ob dieses Etwas materiell oder immateriell, ruhend oder strömend, unvergänglich oder veränderlich ist. Man kann sie in einem Materiebereich verteilen, anhäufen, einschließen oder umgekehrt daraus herauspumpen, ausquetschen, an einen anderen Gegenstand abschieben. Die Entropiedichte ist hoch, wenn viel Entropie auf engem Raum zusammengedrängt ist, und niedrig, wenn sie dünn verteilt ist.

Die Entropie verändert den Zustand eines Gegenstandes in auffälliger Weise. Wenn Materie, etwa ein Stück Wachs, ein Stein, ein Eisenklotz oder ein Holzkloben wenig Entropie enthält, empfindet man sie als kalt, enthält dasselbe Materiestück dagegen viel bzw. sehr viel Entropie, fühlt es sich warm oder sogar heiß an. Vergrößert man die Entropiemenge ständig, dann beginnt das Stück zu glühen, erst dunkelrot, dann leuchtend weiß, schmilzt anschließend und verdampft letztendlich wie etwa ein Eisenklotz oder es wandelt und zersetzt sich auf andere

Weise wie z. B. ein Holzkloben. Man kann die Entropie auch aus einem Gegenstand herausholen und in einen anderen hineinbringen; dann wird der erste Gegenstand kälter und der
andere wärmt sich auf. Kurz gesagt: Die Entropie ist bei allen Wärmeeffekten im Spiele und
kann als deren eigentliche Ursache betrachtet werden. Ohne Entropie gibt es kein warm und
kalt und keine Temperatur. Durch diese augenfälligen Wirkungen können wir auch ohne
Messgerät Verbleib und Verhalten der Entropie recht gut beobachten.

Ausbreitung. Die Entropie hat die Neigung, sich *auszubreiten*. In einem gleichförmigen
Körper verteilt sie sich von selbst mehr oder weniger schnell gleichmäßig über das ganze
Volumen, indem sie von Stellen mit hoher Entropiedichte, an denen der Körper besonders
heiß ist, in entropieärmere, kühlere Gebiete abströmt (Abb. 3.2).

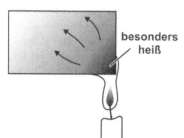

Abb. 3.2 Entropieausbreitung innerhalb eines gleichförmigen
Körper

Berühren sich zwei verschieden warme Körper, dann fließt Entropie von dem wärmeren auf
den kälteren Körper, bis beide gleich warm sind (Abb. 3.3).

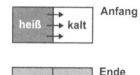

Abb. 3.3 Entropieleitung von einem Körper zu einem anderen

Es gibt Stoffe, die die Entropie gut leiten, wie Silber, Kupfer, Aluminium oder auch Diamant,
und andere, die die Entropie nur recht langsam hindurchlassen, wie etwa Holz, Schaumstoffe
oder Luft (Abb. 3.4).

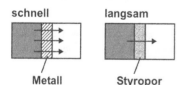

Abb. 3.4 Gute und schlechte Entropieleiter

Die unterschiedliche Befähigung verschiedener Materialien, Entropie zu leiten, wird eindrucksvoll durch das folgende Experiment demonstriert (Versuch 3.1). Eingesetzt werden
zwei gleich große quadratische schwarze Blöcke, von denen sich der eine bei Zimmertemperatur kalt (Block A), der andere jedoch warm anfühlt (Block B).

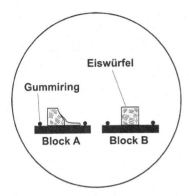

Versuch 3.1 *Eisschmelzen auf Blöcken*: Auf jeden Block wird ein Eiswürfel gelegt. Das Eis auf dem Block, der sich kälter anfühlte, schmilzt weitaus schneller.

Block A besteht aus Aluminium, Block B hingegen aus Styropor. Da Aluminium die Entropie gut leitet, überträgt es sie von der Tischplatte zum Eiswürfel, der daraufhin zu schmelzen beginnt. Aus dem gleichen Grund fühlt sich der Aluminiumblock zu Beginn kühler an, denn Entropie wird von der Hand weggeleitet.

Gute Entropieleiter benutzt man, um Entropie über kurze Distanzen zu übertragen. Um jedoch Entfernungen von Dezimetern und mehr zu überwinden – etwa um ein Zimmer oder eine Wohnung zu temperieren oder auch nur um einen Motor zu kühlen – ist das Leitvermögen zu gering, der *konduktive* Transport der Entropie, also durch Leitung allein, zu langsam. Vom Ofen im Keller oder Sonnenkollektor auf dem Dach wird die Entropie daher *konvektiv* durch zirkulierendes Wasser zum Heizkörper transportiert und von dort durch die umgewälzte Luft im Zimmer verteilt. Um die überschüssige Entropie aus einem Verbrennungsmotor zu entfernen, drückt man Wasser durch dessen Kühlkanäle oder bläst Luft über seine Kühlrippen. Wenn Entfernungen von Metern oder darüber zu überwinden sind wie in großtechnischen Anlagen oder gar von Kilometern wie in der Lufthülle oder den Meeren der Erde, dann ist die *Konvektion* die beherrschende Transportart.

Schlechte Entropieleiter dienen hingegen dazu, die Entropie einzudämmen. Wie ein besonders guter Dämmstoff wirkt das Vakuum. Durch Strahlung kann Entropie zwar auch materiefreie Schichten durchdringen, aber bei Zimmertemperatur und darunter nur recht langsam. In Thermosflaschen nutzt man die Eigenschaft zur Entropieeindämmung, um heiße Getränke vor Abkühlung oder kalte Getränke vor Erwärmung zu schützen. Die Verspiegelung dient dazu, die Entropieübertragung durch Strahlung möglichst zu unterdrücken.

Erzeugung und Erhaltung. Die Entropie lässt sich leicht *erzeugen*. So entsteht sie z. B. in großen Mengen in der Heizwicklung einer Herdplatte, in der Flamme eines Ölbrenners, auf den reibenden Oberflächen einer Scheibenbremse, bei der Lichtabsorption auf einem besonnten Dach, in den Muskeln eines Läufers, im Gehirn eines denkenden Menschen, ja praktisch überall, wo sich etwas in der Natur verändert (Abb. 3.5).

Die bemerkenswerteste Eigenschaft der Entropie ist jedoch, dass sie zwar praktisch bei allen Vorgängen in kleinerer oder größerer Menge entsteht, dass man aber keine Mittel kennt, eine einmal entstandene Entropiemenge wieder zu zerstören. Der gesamte Vorrat an Entropie kann also nur zunehmen, *niemals abnehmen*! Wenn bei einem Vorgang Entropie entstanden ist, dann kann er folglich nicht umgekehrt werden, also wie in einem zurückgespulten Film rückwärts laufen. Der Vorgang ist *unumkehrbar* oder *irreversibel*, wie man sagt. Das heißt jedoch nicht, dass sich der Ausgangszustand der beteiligten Körper nicht wieder einstellen lässt. Das kann auf Umwegen durchaus gelingen, aber nur unter der Bedingung, dass die entstandene Entropie irgendwohin abgeführt werden kann. Ist keine solche Deponie verfügbar oder nicht zugänglich, weil das System von entropiedichten (= wärmedichten oder adiabatischen) Wänden eingeschlossen ist, dann ist der Ausgangszustand in der Tat unerreichbar.

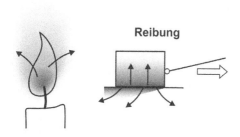

Abb. 3.5 Entropieerzeugung: Orte, an denen Entropie entstanden ist, machen sich meist durch erhöhte Temperatur bemerkbar.

Hauptsätze. Da es Energie kostet, Entropie zu erzeugen, diese aber nicht wieder verschwinden kann, hat es den Anschein, als ginge hier Energie verloren. So dachte man auch noch bis zur Mitte des 19. Jahrhunderts. Erst in der zweiten Hälfte setzte sich die Erkenntnis allmählich durch, dass die Energie auch unter diesen Umständen erhalten bleibt (vgl. Abschnitt 2.3). Diese Einsicht bildet seitdem unter dem Namen *1. Hauptsatz der Thermodynamik* einen der Grundpfeiler des ganzen Lehrgebäudes.

Die Aussage, dass Entropie erzeugt, aber nicht zerstört werden kann, ist der Inhalt des sogenannten *2. Hauptsatzes der Thermodynamik*, mit dem wir uns in Abschnitt 3.4 noch ausführlicher auseinandersetzen werden.

Fassen wir zusammen:

- *Energie* kann weder erschaffen noch vernichtet werden (1. Hauptsatz).
- *Entropie* kann zwar erzeugt, aber nicht zerstört werden (2. Hauptsatz).

3.3 Molekularkinetische Deutung der Entropie

Atomare Unordnung. Was ist das nun für ein Etwas, welches in der Materie strömt und diese, wenn es in größerer Menge darin enthalten ist, beim Berühren mit der Hand warm oder gar heiß erscheinen lässt? Seit mehr als zwei Jahrhunderten bemüht man sich, die Wärmeerscheinungen auf Bewegungen der Atome zurückzuführen und darauf aufbauend zu verstehen. Je wärmer ein Körper ist, desto heftiger und regelloser schwingen, kreiseln, wirbeln die Atome – so die Vorstellung –, desto größer ist die Unruhe und desto höher die *atomare Unordnung*.

Die Größe Entropie ist aus atomistischer Sicht ein Maß für

- die *Menge* der atomaren Unordnung in einem Körper
- und zwar bezüglich *Art, Lage und Bewegung* der Atome, genauer gesagt, hinsichtlich jedweden Merkmals, durch das sich Atomgesamtheiten voneinander unterscheiden können.

Hier stellen sich nun zwei Fragen:

- Was bedeutet Unordnung hinsichtlich Art, Lage und Bewegung?
- Was hat man sich unter Menge von Unordnung vorzustellen?

Zur Verdeutlichung der ersten Fragestellung denke man an eine Spielwiese im Stadtpark an einem heiteren Sonntag im Sommer: Tobende Kinder, Fußballspieler, Joggerinnen, aber auch Menschen, die sich ausruhen oder gar schlafen, mithin ein wildes Gewimmel rennender, sitzender, liegender Leute ohne Ordnung in ihrer Verteilung oder ihren Bewegungen (Abb. 3.6). Das Gegenstück hierzu ist eine Tanzgruppe einer Revue – oder eine Kolonne Soldaten im Gleichschritt. Hier sind Stellung, Bewegung und Kostümierung im ganzen Verband wohlgeordnet. Die Unordnung wächst, wenn die Bewegung regellos wird, sie wächst aber auch, wenn die Ausrichtung in Reih und Glied verloren geht oder die Art der Personen uneinheitlich wird. Alle drei, Regellosigkeit von Art, Stellung und Bewegung der Individuen, bestimmen die gesamte Unordnung.

Abb. 3.6 Beispiele aus dem Alltag für Personengruppen, die nach Art, Lage und Bewegung zunehmend ungeordnet sind

Gleiches gilt für die Welt der Atome (Abb. 3.7).

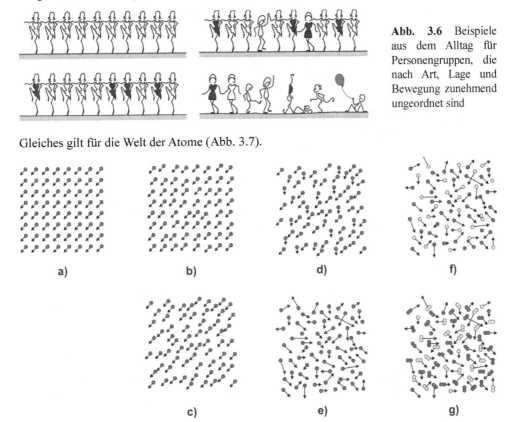

Abb. 3.7 Teilchenverband in Zuständen wachsender Entropie: a) Verband in jeder Hinsicht wohlgeordnet, b), c) Lagen zunehmend gestört, d), e) Bewegung zunehmend ungeordnet, f), g) Teilchen zunehmend verschieden (Art, Ausrichtung, Anregung, ...). Der Pfeil kennzeichnet Betrag und Richtung des Impulses (und nicht der Geschwindigkeit). (Diese Unterscheidung ist wichtig, wenn man die Entropie von Teilchen verschiedener Masse vergleichen will.)

Nicht nur die Unordnung in der Art und Verteilung der Atome, sondern auch die in ihrer Bewegung, die sich in einer mehr oder minder starken *Unruhe* äußert, liefert einen wichtigen Beitrag zur Entropie. So sind die Atome in einem heißen Gas vergleichbar mit einer tobenden Schulklasse auf dem Schulhof. Die Bewegung ist völlig frei und regellos und die Unruhe, d. h. die Unordnung hinsichtlich der Bewegung, damit groß. Die Atome in einem kühlen Kristall kann man hingegen mit einer müden Schulklasse im Reisebus vergleichen. Die Bewegung ist mehr oder minder an feste Plätze gebunden und die Unordnung und Unruhe damit klein.

Menge an Unordnung. Um eine Vorstellung davon zu gewinnen, was mit *Menge* an Unordnung gemeint ist, denke man sich eine häusliche Büchersammlung von vielleicht hundert Bänden, die ein Besucher durchstöbert und dabei völlig durcheinander gebracht hat. Das Ausmaß der Unordnung scheint groß, doch in wenigen Stunden ist der alte Zustand wiederhergestellt; d. h. trotz hoher Unordnungsdichte ist die Menge der Unordnung klein. Vergleichen wir damit den Zustand einer großen Universitätsbibliothek in dem Falle, dass nur jeder hundertste Band falsch eingeordnet ist. Auf den ersten Blick wäre von einer Unordnung kaum etwas zu sehen, und doch wäre das Ausmaß der Unordnung, gemessen etwa an der Mühe, die verstellten Bücher an ihre Plätze zurückzuschaffen, unvergleichlich größer. Die Dichte der Unordnung ist zwar gering, ihre gesamte Menge aber sehr groß.

3.4 Entropieerhaltung und -erzeugung

Die atomare Unordnung in einem warmen Gegenstand und damit seine Entropie hat nun bemerkenswerte und wohlbestimmte Eigenschaften, von denen wir schon einige erwähnt haben und mit denen wir uns im Folgenden ausführlicher befassen wollen.

Erhaltung. In einem thermisch isolierten, sich selbst überlassenen, ungestörten Körper bleibt die atomare Unordnung und Unruhe unvermindert und zeitlich unbegrenzt erhalten. Jeder Gegenstand *enthält* Entropie S, können wir sagen, deren Menge nicht abnehmen kann, wenn er entropiedicht (wärmedicht, adiabatisch) umhüllt ist (Abb. 3.8).

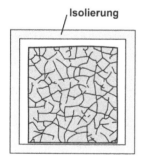

Abb. 3.8 Entropieerhaltung in einem thermisch isolierten System. Die Entropie wird durch die regellose Schraffur veranschaulicht. Die Menge an Druckerschwärze versinnbildlicht dabei die Entropiemenge, die Dichte der Schraffur die Entropiedichte. Betrachtet man Körper aus gleichem Material, so ist eine höhere Entropiedichte auch mit einer höheren Temperatur verbunden.

Die Unruhe äußert sich unter anderem in der mikroskopisch sichtbaren BROWNschen Bewegung (Versuch 3.2), sodass sie nicht nur als gedanklich konstruiert, sondern als direkt beobachtbar gelten kann.

Versuch 3.2 *BROWNsche Bewegung*: Es handelt sich um eine zittrige, regellose Wanderung winzigster, in einer Flüssigkeit aufgeschwemmter (z. B. Fetttröpfchen in Milch) oder in einem Gas aufgewirbelter Teilchen (z. B. Rauchteilchen in Luft). Man kann dieser Bewegung beliebig lange unter dem Mikroskop zusehen, ohne dass sie irgendwie nachlässt.

Ein Körper enthält je nach seinem Zustand mehr oder weniger Entropie. Nach Art, Größe und Zustand gleiche Körper enthalten gleiche Entropiemengen. Die Entropie eines zusammengesetzten Körpers ist die Summe der Entropien seiner Teile, was unmittelbar aus dem mengenartigen Charakter der Größe folgt. Zusammenfassend können wir auch sagen: Die Entropie in einem Körper ist eine *mengenartige* (oder auch *extensive*) Größe, die neben anderen Größen dessen Zustand bestimmt (Abb. 3.9).

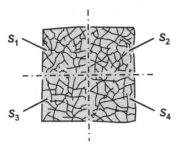

Abb. 3.9 Entropie als mengenartige Zustandsgröße (es gilt: $S_1 \approx S_2 \approx S_3 \approx S_4$ sowie $S_{ges} = S_1 + S_2 + S_3 + S_4$)

Wenn wir ein *entropiedicht* eingeschlossenes Stück Materie sehr vorsichtig verdichten, z. B. einen Eisenklotz mit Hilfe einer hydraulischen Presse oder ein Gas in einem Zylinder mit einem Kolben (sehr vorsichtig bedeutet in diesem Fall, dass der äußere Druck nur geringfügig größer als der Druck des Gases im Zylinder ist), dann nimmt die Unruhe im Innern zu, die Teilchenbewegung wird schneller. Das ist leicht zu verstehen: Ein Atom, das auf ein ihm entgegenkommendes Teilchen stößt, prallt – wie ein Tennisball vom Schläger getroffen – beschleunigt zurück. Während des Verdichtens spielt sich dieser Vorgang an unzähligen Stellen im Innern gleichzeitig ab, sodass die Unruhe überall gleichmäßig wächst. Entlasten wir das Stück Materie danach ganz allmählich, dann beruhigen sich die Atome wieder und es stellt sich der ursprüngliche Zustand wieder ein. Auch dies ist verständlich, da der Stoß auf ein zurückweichendes Teilchen den Rückprall mindert. So oft man auch Verdichtung und nachfolgende Entspannung wiederholt – behutsames Vorgehen vorausgesetzt –, immer findet man am Ende die anfängliche Unruhe wieder.

Die atomare Unordnung bleibt bei Vorgängen dieser Art *erhalten*. Zwar ist im verdichteten Zustand die Unruhe, wie beschrieben, stärker und die Bewegung folglich ungeordneter. Zugleich ist aber der Bewegungsspielraum der Atome eingeengt, sodass sie hinsichtlich ihrer Lage erzwungenermaßen besser geordnet sind als vorher. Daher ist es einleuchtend, wenn wir unterstellen, dass der Umfang der atomaren Unordnung beim *vorsichtigen* Zusammendrücken oder Dehnen nicht zu- und dann wieder abnimmt, sondern unverändert bleibt, und zwar auch in allen Zuständen dazwischen (Abb. 3.10). Das ist ein wichtiger Tatbestand, den wir explizit festhalten wollen: Die Entropie bleibt bei *umkehrbaren* oder *reversiblen* Vorgängen erhalten.

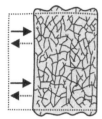

Abb. 3.10 Entropieerhaltung bei vorsichtigem Verdichten und Entspannen (reversibler Vorgang)

Erzeugung. Die Unordnung wächst jedoch in einem entropiedicht eingeschlossenen Körper, wenn man das atomare Gefüge nachhaltig stört. Das kann grob mechanisch geschehen durch den Schlag mit einem Hammer oder etwas sanfter, in dem man zwei Gegenstände gegeneinander reibt. Wenn der Gegenstand elektrisch leitend ist, kann man auch einen Ladungsstrom hindurchschicken, d. h. Elektronen, die man durch Anlegen einer Spannung beschleunigt hat, auf die Atome „prallen" lassen. Weitere Mittel sind der Stoß schneller Teilchen, die bei vielen chemischen oder kernchemischen Umsetzungen gebildet werden, die Bestrahlung mit Licht, die Behandlung mit Ultraschall und vieles andere mehr (Abb. 3.11). Die Entropie verteilt sich dabei mehr oder weniger schnell vom Ort der Entstehung über den ganzen Körper. Auch hierbei entsteht Entropie, wenn dies auch nicht so leicht erkennbar ist (siehe Abschnitt 3.14). Alle diese *entropieerzeugenden* Vorgänge sind *unumkehrbar* oder *irreversibel*. Wenn also Entropie auf diese Weise entstanden ist, dann werden wir sie nicht wieder los, es sei denn, es gelingt uns, sie in die Umgebung abzuschieben. Aber gerade das sollte ja die Wärmedämmung verhindern.

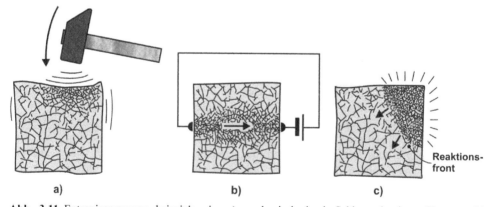

Abb. 3.11 Entropieerzeugung beispielsweise a) mechanisch durch Schlag mit einem Hammer, b) elektrisch durch Elektronenstoß, c) chemisch durch den Aufprall bei Reaktionen fortgeschnellter Atome

Entropie und Zeitpfeil. Halten wir fest: In einem entropiedicht umhüllten Körper kann die Entropie zwar zunehmen, aber nie abnehmen; allenfalls bleibt ihre Menge erhalten. Dies ist, wie gesagt, der Inhalt des *2. Hauptsatzes der Thermodynamik*. Wir können auch formulieren:

Die Entropie in einem thermisch isolierten System nimmt bei irreversiblen Vorgängen stets zu. Bei reversiblen Prozessen bleibt sie hingegen konstant. Formaler ausgedrückt:

$$\Delta S = S(t_2) - S(t_1) \overset{\text{irrev.}}{\underset{\text{rev.}}{\geq}} 0 \qquad \text{für } t_2 > t_1 \quad \text{in einem thermisch isolierten System.} \qquad (3.1)$$

Dabei bedeutet t die Zeit. Das gilt natürlich erst recht für ein sogenanntes *abgeschlossenes* System, bei dem jeder Kontakt mit der Außenwelt unterbunden ist, sei es durch Entropie-, Energie- oder Stoffaustausch.

Die Ungleichung (3.1) verknüpft offenbar einen Entropiezuwachs mit der Richtung der Zeit. Wenn $S(t_2) > S(t_1)$ ist, dann muss $t_2 > t_1$ sein, t_2 also eine spätere, t_1 dagegen eine frühere Zeit bezeichnen. Der 2. Hauptsatz bestimmt, so scheint es, was Zukunft und was Vergangenheit ist.

3.5 Wirkungen zunehmender Entropie

Wenn man die Entropie und damit die atomare Unordnung im Innern eines Materiestückes laufend erhöht, dann macht sich dies in bestimmten äußeren Wirkungen bemerkbar.

Hauptwirkung. Als Hauptwirkung wird das Materiestück *wärmer* (Abb. 3.12).

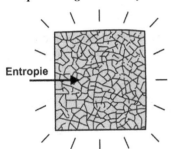

Entropie

Abb. 3.12 Erwärmung als Hauptfolge eines Entropiezuwachses

In der Praxis kann die Entropieerhöhung z. B. grob mechanisch durch kräftige Schläge mit einem Hammer erfolgen (Versuch 3.3).

Cu

Versuch 3.3 *Erhitzen von Metall durch Schmieden*: Ein Kupferklotz von einigen cm³ Größe wird nach 15 bis 20 kräftigen Schlägen mit einem schweren Hammer auf einem Amboss so heiß, dass es zischt, wenn man den Klotz in Wasser taucht. Ein kräftiger Geselle kann ein ähnlich großes Stück Eisen in wenigen Minuten auf diese Weise sogar bis zur Rotglut schmieden.

Man kann die Hauptwirkung auch folgendermaßen formulieren: Von sonst gleichen Gegenständen ist der entropiereichste der wärmste, ein entropieleerer absolut kalt (Abb. 3.13).

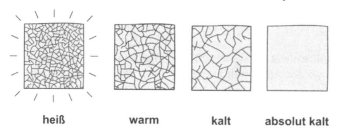

heiß   **warm**   **kalt**   **absolut kalt**

Abb. 3.13 Ansonsten gleiche Gegenstände mit unterschiedlichem Entropieinhalt

Die Entropie wandert, wie erwähnt, freiwillig stets von wärmeren zu kälteren Orten (Abb. 3.14). Denn wenn schnell bewegte Atome auf langsamere prallen, dann werden sie selbst verzögert, während sie ihre Stoßpartner beschleunigen. Die Unruhe und damit die gesamte Unordnung an den wärmeren Stellen des Körpers klingen folglich allmählich ab, während sie an den kälteren stetig zunehmen. In einem homogenen Körper läuft der Vorgang solange ab, bis die Unruhe überall den gleichen Pegel erreicht hat, der Körper mithin überall gleich warm ist. Man spricht dann auch von *thermischem Gleichgewicht*.

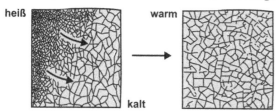

Abb. 3.14 Ausbreitung der Entropie in einem homogenen Körper

Nebenwirkungen. Ein Entropiezuwachs kann auch zahlreiche Nebeneffekte verursachen: Änderung des Volumens, der Gestalt, des Aggregatzustandes, der Magnetisierung usw. Schauen wir uns an, wie sich die fortlaufende Zunahme der Entropie auf einen Stoff in der Regel auswirkt:

a) Die Materie *dehnt* sich immer weiter aus (Abb. 3.15). Diese Eigenschaft scheint uns verständlich, da bewegte Atome umso mehr Platz beanspruchen, je stärker und regelloser ihre Bewegung ist. Man nennt diesen Vorgang *thermische Ausdehnung*.

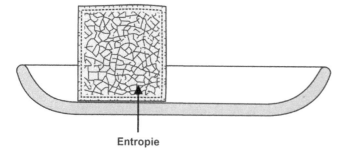

Entropie

Abb. 3.15 Ausdehnung durch Entropiezufuhr. Der Ausgangszustand wird durch die gestrichelten Linien angedeutet.

Experimentell kann Entropie z. B. dadurch zugeführt werden, dass ein Ladungsstrom durch die Materie geschickt wird (Versuch 3.4).

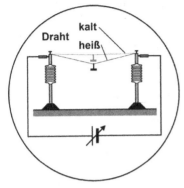

Versuch 3.4 *Ausdehnung eines stromdurchflossenen Drahtes*: Ein mit einem Gewicht gespannter Draht dehnt sich bei Stromfluss merklich aus, was durch die Absenkung des Gewichtes leicht beobachtet werden kann. Wird der Strom wieder abgeschaltet, so entweicht die Entropie aus dem Draht in die Luft und der Draht spannt sich wieder.

Ein weiteres interessantes Experiment zu diesem Themenbereich ist die sogenannte „bimetallische Schnappscheibe"(„jumping disc") (Versuch 3.5).

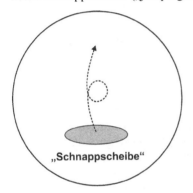

Versuch 3.5 *„Bimetallische Schnappscheibe"*: Die leicht gekrümmte Scheibe wird auf etwas über Körpertemperatur erwärmt, in die "umgekehrte" Richtung gebogen und danach auf den Tisch gelegt. Nach kurzer Zeit kehrt die Scheibe plötzlich in ihren Ausgangszustand zurück und springt dabei hoch in die Luft.

Die Scheibe besteht aus zwei Schichten unterschiedlicher Metalle (sogenanntes „Bimetall"). Erhöht man die Entropie in der Scheibe, so dehnen sich die beiden Metalle unterschiedlich stark aus und oberhalb einer Temperatur von ca. 310 K kann die Scheibe daher in der „umgekehrten" Position verbleiben. Kühlt sich die Scheibe ab, so klappt sie nach kurzer Zeit plötzlich in den Ausgangszustand zurück. Das gleiche Prinzip wird zum Beispiel auch in Temperaturschaltern genutzt, wie sie in Geräten wie Bügeleisen, Kaffeemaschinen etc. eingesetzt werden.

Ein Stoff, der sich bei Entropiezufuhr ausdehnt, wird umgekehrt beim Verdichten wärmer. Eiswasser ist eine der wenigen Ausnahmen, bei denen das Volumen mit wachsender Entropie abnimmt. Es wird daher noch kälter (< 0 °C), wenn man es presst.

b) Das Materiestück *schmilzt, verdampft* oder *zersetzt* sich (Abb. 3.16). Das tritt ein, wenn die Unordnung und damit die Bewegung einen Grad erreicht hat, bei dem die Atome nicht mehr durch die Bindungskräfte in einem Gitter oder Teilchenverband zusammengehalten werden können, sondern aus diesem auszubrechen beginnen. Eine auf diese Weise entstehende Schmelze aus zwar noch zusammenhaltenden, aber gegeneinander leicht verschiebbaren Atomen oder Atomgruppen ist weit ungeordneter als der Kristallverband vorher, in dem die

Atome weitgehend an feste Plätze gebunden waren. Die Schmelze ist folglich entropiereicher als der gleich warme Feststoff. Solange noch Feststoff vorhanden ist, sammelt sich die hinzukommende Entropie in der entstehenden Flüssigkeit, sodass der schmelzende Stoff nicht wärmer wird. In diesem Fall wird also die Hauptwirkung der Entropie nicht spürbar. Wechselt eine Stoffprobe an ihrem Schmelzpunkt vollständig vom festen in den flüssigen Zustand über, dann nimmt die Entropie im Innern um einen ganz bestimmten Betrag zu. Diese Eigenschaft können wir, wie wir noch sehen werden (Abschnitt 3.7), ausnutzen, um einen Entropiebetrag als Maßeinheit für Entropiemengen festzulegen.

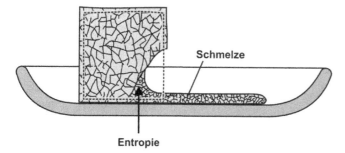

Abb. 3.16 Schmelzen als Beispiel für einen Wechsel der Zustandsart mit wachsender Entropie

Ganz analog nimmt am Siedepunkt der gebildete Dampf die zusätzliche Entropie auf, was verhindert, dass die siedende Flüssigkeit heißer wird.

3.6 Entropieübertragung

Entropieleitung. Entropie kann auch von einem Gegenstand auf einen anderen übertragen werden. Berühren sich zwei Körper mit unterschiedlich heftiger Atombewegung, dann nimmt die Unruhe in dem einen Körper durch Verzögerung der Atome ab, im anderen durch ihre Beschleunigung zu. Die Unordnung fließt gleichsam von dem einen Körper in den anderen. Auch dieser Vorgang läuft so lange ab, bis die Unruhe überall den gleichen Pegel erreicht hat, d. h. thermisches Gleichgewicht erreicht ist (Abb. 3.17).

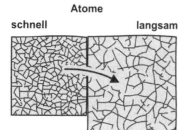

Abb. 3.17 Entropieleitung von einem wärmeren Körper, in dem sich die Atome schnell bewegen, auf einen kälteren, in dem die Atombewegung nur langsam ist

Wände durchdringt die Entropie umso leichter, je dünner sie sind, je größer ihre Fläche ist und je besser der Stoff, aus dem die Wand besteht, die Entropie leitet (Abb. 3.18). Der Zusammenhang ist nicht anders als bei einem elektrischen Ladungsstrom durch einen Draht (vgl. Abschnitt 20.4).

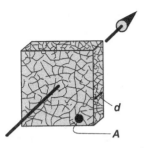

Abb. 3.18 Entropiestrom durch eine Wand. Der Widerstand, den die Wand dem Strom entgegensetzt, hängt von der Dicke d, der durchströmten Fläche A und der Leitfähigkeit des Materials ab.

Nullpunktsentropie. In absolut kalter Umgebung entweicht alle bewegliche Entropie, d. h., jegliche Bewegung der Atome kommt zum Stillstand. Dies ist der Inhalt des *3. Hauptsatzes der Thermodynamik.* Hier taucht jedoch das folgende Problem auf: Die in Gitterfehlern gefangene Entropie ist bei tiefen Temperaturen nahezu unbeweglich. Sie kann daher weder entweichen noch zur „Warmheit" eines Gegenstandes beitragen. Wer es versäumt, ein Gebäude oder einen Park, der nachts abgeschlossen wird, rechtzeitig zu verlassen, läuft Gefahr, eingesperrt zu werden. So kann die in den Gitterfehlern steckende Entropie auch nur entweichen, solange die Atombewegung noch stark genug ist, dass sich die Atome umlagern können. Beruhigt sich die Atombewegung in einer kalten Umgebung hingegen zu rasch, dann bleibt den Atomen keine Zeit, sich zu einem geordneten Gitterverband umzulagern, zu *kristallisieren*, wie man sagt, und der Gegenstand erstarrt in einem mehr oder weniger amorphen Zustand. Diese unbewegliche, auch in absolut kalter Umgebung nicht abgegebene Entropie heißt „Nullpunktsentropie". Wir müssen daher den 3. Hauptsatz wie folgt formulieren: Die Entropie jedes reinen (strenggenommen auch isotopenreinen), *ideal* kristallisierten Stoffes nimmt am absoluten Nullpunkt den Wert null an. Denn nur, wenn die Substanz ideal kristallisiert ist, liegt keinerlei räumliche Unordnung und damit auch keine verbliebene „Nullpunktsentropie" vor.

Gelenkter Entropieaustausch. Doch kehren wir zur Entropieübertragung zurück: Selbst, wenn die Atombewegung in der oben beschriebenen Weise überall ausgeglichen ist, kann man erreichen, dass Entropie von einem Gegenstand in einen anderen übertritt. Dazu braucht man nur einen der Körper zusammenzudrücken, um dort die Unruhe der Atome zu erhöhen, und der gewünschte Fließvorgang setzt ein. Je weiter man den Körper verdichtet, desto mehr Entropie „fließt aus" (ganz so, als ob man Wasser aus einem Schwamm ausdrückt). Entspannt man den Körper langsam wieder, dann beruhigen sich die Atome mehr und mehr und die Entropie beginnt allmählich wieder zurückzufließen (der „Entropieschwamm" „saugt sich voll") (Abb. 3.19).

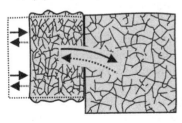

Abb. 3.19 Gelenkter Entropieaustausch zwischen zwei sich berührenden Körpern

Diese Vorgänge beim elastischen Verdichten und Dehnen lassen sich besonders gut bei leicht zusammendrückbaren Stoffen wie Gasen beobachten (Versuch 3.6). Flüssige und feste Körper verhalten sich ähnlich, nur sind die beobachteten Wirkungen kleiner.

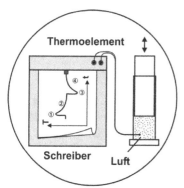

Versuch 3.6 *Verdichten und Entspannen von Luft*: Verdichtet man Luft in einem Plexiglaszylinder mit eingebautem Thermoelement mittels eines Kolbens, so werden die Atome beschleunigt und das Gas wird somit wärmer (Phase 1). Wartet man etwas, dann kühlt sich das Gas wieder auf die Ausgangstemperatur ab, da es gegen die Zylinderwände nicht isoliert ist (Phase 2). Die Expansion des Kolbens führt zu einer weiteren Abkühlung (Phase 3). Beim anschließenden Warten fließt jedoch wieder Entropie zu und das Gas wärmt sich auf (Phase 4). Je langsamer man dabei vorgeht, desto mehr verschwindet der Unterschied zwischen Hin- und Rückweg.

Freiwillig fließt die Entropie stets von einem Gegenstand mit höherem Unruhepegel zu einem solchen mit geringerem, wie wir gesehen haben. Aber man kann sie auch unschwer in umgekehrter Richtung befördern (Abb. 3.20). Dazu verwendet man am besten einen *Hilfskörper*, eine Art „Entropieschwamm", der sich leicht zusammendrücken und wieder entspannen lässt, zum Beispiel ein Gas in einer dehnbaren Hülle. Wenn man einen solchen Hilfskörper, der im Kontakt mit einem Gegenstand steht, ausdehnt, nimmt er Entropie aus diesem auf. Die aufgenommene Entropie kann man nun auf einen beliebigen anderen Gegenstand übertragen, indem man den Hilfskörper zusammendrückt, nachdem man ihn in Berührung mit diesem Gegenstand gebracht hat. Wenn man den Vorgang wiederholt, lassen sich beliebige Entropiemengen übertragen.

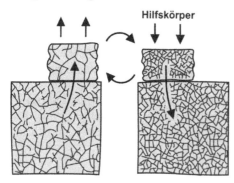

Abb. 3.20 Entropieübertragung mittels eines Hilfskörpers. Auf der linken Seite wird der Hilfskörper entspannt und nimmt dabei Entropie aus dem Gegenstand auf, auf der rechten Seite wird er zusammengedrückt und gibt dabei Entropie an einen anderen Gegenstand ab.

Entropieübertragung real. Jeder Kühlschrank pumpt auf diese Weise Entropie aus dem Kühlfach in die warme Zimmerluft (Abb. 3.21). Das niedrigsiedende Kühlmittel (in der Funktion des Hilfskörpers) zirkuliert dabei in einem geschlossenen Kreislauf. Der Entropieübergang erfolgt durch eine Rohrschlange aus einem gut leitenden Material wie Kupfer oder Aluminium, die sich im Innern des Kühlschranks befindet (Wärmetauscher). Bei älteren Modellen ist diese Rohrschlange noch gut zu sehen, bei modernen ist sie in die Wand des Gefrierfachs eingelassen. Die Flüssigkeit verdampft und nimmt dabei Entropie auf. Der Verdichter saugt das gasige Kühlmittel an und presst es zusammen, wobei es warm wird. Die Entropie wird über eine zweite Rohrschlange, die einen großen Teil der Rückseite des Kühlschrankes einnimmt, an die Luft abgegeben. (Dies kann man leicht daran feststellen, dass diese Rohrschlange warm ist, solange der Kühlschrank läuft.) Das Kühlmittel kondensiert dabei, wird also wieder flüssig. Über das Entspannungsventil wird die Flüssigkeit schließlich auf den Ursprungsdruck entspannt, wobei sie zum Teil verdampft und sich dadurch abkühlt. Der Kreislauf ist geschlossen.

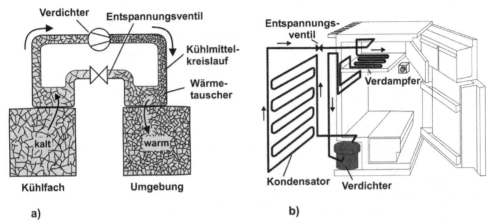

Abb. 3.21 a) Funktionsprinzip eines Kühlschranks und b) technische Realisierung (nach: Leitner E, Finck U, Fritsche F, www.leifiphysik.de)

Mit einigem Geschick und der nötigen Behutsamkeit während des Verdichtens und Entspannens, d. h. bei (nahezu) reversibler Prozessführung, lässt sich erreichen, dass die Entropie bei der Übertragung nicht nennenswert vermehrt wird, sodass sie auf diese Weise wie eine Art Substanz von einem Körper in einen anderen umgefüllt werden kann. Man könnte etwa die Entropie aus einem Stück Kreide herausholen und auf Eiswürfel übertragen. Dabei würde sich die Kreide abkühlen, während die Eiswürfel zu schmelzen anfingen.

Zusammenfassung. Zusammenfassend können wir festhalten: Der Entropieinhalt S eines Raumbereiches kann auf verschiedene Weisen zunehmen, etwa durch Erzeugung im Innern, $S_{e(rzeugt)}$ (vgl. Abschnitt 3.4), oder durch Austausch mit der Umgebung, $S_{a(usgetauscht)}$ (und zwar *konduktiv* durch „Leitung" in ruhender Materie, S_λ, oder *konvektiv*, mitgeführt in einem Materiestrom, $S_{k(onvektiv)}$):

$$\Delta S = S_e + S_a = S_e + S_\lambda + S_k \,. \tag{3.2}$$

3.7 Direkte Metrisierung der Entropie

Wahl einer Entropieeinheit. Die Übertragbarkeit der Entropie eröffnet eine gedanklich einfache Möglichkeit, die Menge, die davon in einem Körper enthalten ist, direkt zu messen. Eine Größe zu *messen*, heißt ja festzustellen, wievielmal größer sie ist als eine vorgegebene Einheit. Als Einheit können wir irgendeine Entropiemenge wählen, z. B. diejenige, die nötig ist, um eine bestimmte Masse an Wasser um 1 °C zu erwärmen (z. B. 14,5 → 15,5 °C), ein vorgegebenes Volumen an Ether zu verdampfen oder einen Eiswürfel zu schmelzen (Abb.

3.22). Damit diese Einheit genau bestimmt ist, muss man Maße und Zustände der zu benutzenden Körper genau vorschreiben. Wir hätten z. B. festzulegen, dass der zu schmelzende Eiswürfel 1 cm³ groß, blasenfrei und nicht unterkühlt sein soll und dass das entstehende Schmelzwasser nicht angewärmt werden darf. Statt 1 cm³ bietet es sich an, den etwas kleineren Wert 0,893 cm³ zu wählen, weil dies gerade die Entropiemenge ergibt, die der international vereinbarten Einheit entspricht. Diese Einheit wird auf eine besondere Weise festgelegt, auf die wir noch zurückkommen werden. Eine in einem Körper enthaltene Entropiemenge nennen wir z Einheiten groß, wenn sich damit z „Einheits"-Eiswürfel auftauen lassen. Diese Vorgehensweise ist vergleichbar mit dem „Ausscheffeln" von Getreide (Abschnitt 1.4) oder der Bestimmung einer Wassermenge durch Ausschöpfen mit einem Messgefäß.

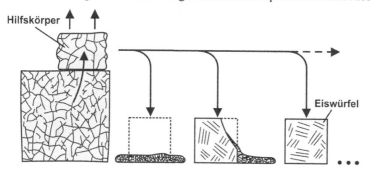

Abb. 3.22 Entropiemessung durch Auszählen der „Einheits"-Eiswürfel, die sich durch Übertragung der Entropie auf die Würfel schmelzen lassen

Eiskalorimeter. Statt Eiswürfel zu zählen, ist es einfacher, die beim Schmelzen des Eises entstandene Wassermenge als Maß zu verwenden. Dies lässt sich zum Bau eines einfachen „Entropiemessgerätes" nutzen. Das Schmelzwasser nimmt nämlich ein geringeres Volumen ein als das Eis. [Der Feststoff Eis besitzt untypischerweise eine geringere Dichte als das flüssige Wasser (Dichteanomalie des Wassers).] Dieser Volumenschwund wird zur Anzeige eingesetzt. So kann bei einer Flasche mit aufgesetzter Kapillare, die mit einem Eis-Wasser-Gemenge gefüllt ist (Eis-Wasser-Flasche) (Abb. 3.23 a), die Volumenänderung unmittelbar anhand der Absenkung des Wasserspiegels in der Kapillare verfolgt werden. Den ungewollten Austausch von Entropie kann man dabei durch eine gute Isolation verhindern, die ungewollte Erzeugung, indem man auf Umkehrbarkeit aller Prozessschritte achtet.

Dieses Prinzip nutzt auch das „BUNSENsche Eiskalorimeter" (Abb. 3.23 b) (benannt nach dem deutschen Chemiker Robert Wilhelm BUNSEN, der es entwickelte). Das Glasgefäß wird mit reinem Wasser gefüllt, das U-Rohr mit Quecksilber. Das Innenrohr wird unter den Gefrierpunkt des Wassers abgekühlt (z. B. durch Eingießen von Ether und Absaugen des Dampfes), sodass sich ein Eismantel bildet. Anschließend wird die zu vermessende Probe eingeführt. Infolge der Volumenverminderung durch das Schmelzen von einem Teil des Eismantels steigt der Quecksilberspiegel im Glasgefäß und der Quecksilberfaden in der Kapillare zieht sich zurück. Wenn dafür gesorgt wird, dass während der Messung keine Entropie entweicht, hinzukommt oder erzeugt wird, dann ist die Flüssigkeitsverschiebung in der Kapillare der Entropieänderung des Probekörpers bzw. einer Reaktionsmischung proportional und die Ableseskale kann direkt in der Entropieeinheit kalibriert werden.

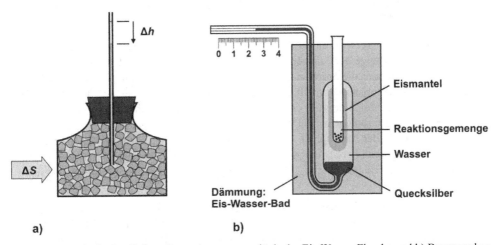

Abb. 3.23 a) Prinzip der direkten Entropiemessung mittels der Eis-Wasser-Flasche und b) BUNSENsches Eiskalorimeter

Alternativ kann auch das Volumen der entstandenen Wassermenge bestimmt werden, indem man sie in einem Messzylinder auffängt (Versuch 3.7). Dabei entsprechen 0,82 mL Schmelzwasser der Entropieeinheit.

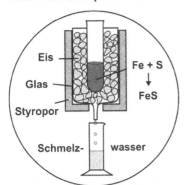

Versuch 3.7 *Messung der während einer Umsetzung abgegebenen Entropie*: Beispielsweise kann die bei der chemischen Reaktion von Eisen mit Schwefel zu Eisensulfid abgegebene Entropie mit Hilfe eines einfachen „Eiskalorimeters" gemessen werden. Dazu wird die Eisen-Schwefel-Mischung in einem Reagenzglas in das mit Eis gefüllte Kalorimetergefäß gestellt und anschließend gezündet. Das Gemenge reagiert unter dunkelrotem Leuchten und Entwicklung schwefelhaltiger Dämpfe. Ein Teil des Eises schmilzt; seine Temperatur bleibt (annähernd) konstant.

Rückkehr zur makroskopischen Sicht. Bemerkenswert dabei ist, dass wir zwar das ganze Verfahren anhand atomistischer Vorstellungen entwickelt haben, die auszuführenden Handlungen selbst aber vom Atomismus gar keinen Gebrauch machen. Tatsächlich werden nur makroskopische Körper bewegt – in Kontakt gebracht und getrennt, verdichtet und entspannt und am Ende werden Eiswürfel gezählt, alles Handhabungen, die man sinnvoll auch ausführen kann, wenn man von Atomen nichts weiß. Für ein gezieltes Vorgehen genügt die eingangs erwähnte Vorstellung (Abschnitt 3.2), dass alle Dinge ein bewegliches, erzeugbares, aber unzerstörbares Etwas enthalten, das einen Gegenstand in der Regel umso wärmer erscheinen lässt, je mehr er davon enthält. Was man sich sonst dabei denkt und wie man dieses Etwas nennt, ist für dessen Messung und Handhabung ohne großen Belang. Auf einen Vorschlag des deutschen Physikers Rudolf CLAUSIUS Mitte des 19. Jahrhunderts hin war dieses Etwas *Entropie* genannt und die Größe mit dem Formelzeichen *S* bezeichnet worden.

3.8 Temperatur

Rolle und Definition. Temperatur und Entropie hängen eng zusammen. Während die Entropie ein Maß für die Menge der in einem Körper vorhandenen atomaren Unordnung darstellt, beschreibt die Temperatur die *Stärke* der atomaren Unruhe, also die Heftigkeit der regellosen Atom*bewegung*. Die Temperatur stellt so etwas wie einen Unruhepegel dar, der niedrig ist, wenn die Atome und Moleküle sanft schwingen und rotieren, und höher, wenn die Atombewegung hektisch und turbulent wird. Die Temperatur in einem Körper ist somit vergleichbar mit der Windstärke in der Atmosphäre, wobei bei niedrigen Werten lediglich die Blätter wippen, während bei höheren bereits die Äste schwanken. Wie bei hohen Windstärken Äste knicken und sogar ganze Bäume brechen, werden bei hohen Temperaturen die Atome aus ihren Bindungen gerissen.

Doch wie können wir die Temperatur nun definieren? Dazu wollen wir von folgender Überlegung ausgehen: Je mehr Unordnung man in einem Körper schafft, d. h. je größer die Entropie ist, desto höher ist im Allgemeinen auch die Temperatur. Um z. B. Entropie zu erzeugen, also die Unordnung in einem Körper um den Betrag S_e zu vermehren, ist eine gewisse Energie W nötig. Das ist verständlich, wenn man bedenkt, dass man dazu z. B. Gasteilchen beschleunigen, Teilchenschwingungen anstoßen, Rotationen verstärken oder Bindungen zwischen Atomen aufbrechen muss. Die verbrauchte Energie W ist umso größer, je mehr Atome zu bewegen, je mehr Bindungen zu zerreißen sind, d. h.,

$$W \sim S_e .$$

Man muss aber auch umso mehr Energie aufwenden, je heißer der Körper bereits ist. Es soll versucht werden, das an einem Beispiel einsichtig zu machen. Denken wir uns einen Körper, der aus verschiedenen, teils locker, teils fest gebundenen Teilchen besteht. Man kann nun die atomare Unordnung vermehren, indem man die Teilchen zerstückelt und die Bruchstücke zerstreut. Wenn der Körper kalt und damit der Unruhepegel niedrig ist, die Teilchen sich also nur langsam bewegen, dann brechen bei irgendwelchen Zusammenstößen nur die schwächsten Bindungen, zu deren Spaltung nur wenig Energie nötig ist. Unter diesen Umständen kann man die Unordnung mit wenig Aufwand vergrößern, indem man durch eine gewisse Steigerung der Unruhe weitere schwache Bindungen zerreißt. Ist der Körper hingegen warm, herrscht also bereits eine starke Unruhe, dann sind alle schwachen Bindungen längst gebrochen. Will man jetzt die Unordnung weiter vergrößern, dann müssen nun die noch vorhandenen festen Bindungen getrennt werden, was viel Energie kostet.

Halten wir also fest: Die Vermehrung der Entropie in einem Körper erfordert auch umso mehr Energie, je höher der Unruhepegel ist, d. h. je heißer der Körper uns erscheint. Diesen Tatbestand kann man zu einer allgemeinen Definition der Temperatur ausnutzen, einer Definition, die *unabhängig* von jeder Thermometersubstanz (wie z. B. Quecksilber oder Alkohol) bleibt.

Man setzt diese Größe der aufzuwendenden Energie proportional und nennt sie die *thermodynamische Temperatur* (oder auch *absolute Temperatur*), bezeichnet mit dem Buchstaben T:

$$W \sim T .$$

Da der Aufwand ja auch wächst, je mehr Entropie man erzeugt, bezieht man die verbrauchte Energie auf die gebildete Entropiemenge. Man definiert:

$$T = \frac{W}{S_e}. \tag{3.3}$$

Den Zusammenhang verdeutlicht noch einmal Abbildung 3.24.

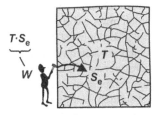

Abb. 3.24 Zusammenhang zwischen aufzuwendender Energie, erzeugter Entropie und thermodynamischer Temperatur

Weil die erzeugte Entropie die Temperatur des Körpers im Allgemeinen verändert, dürfen bei Anwendung der Definition nur geringe Mengen Entropie erzeugt werden, um die Störung vernachlässigen zu können. Den genauen Temperaturwert erhält man, wenn man zu verschwindend kleinen Entropiebeträgen übergeht:

$$T = \frac{dW}{dS_e}. \tag{3.4}$$

Der Energieerhaltungssatz bürgt übrigens dafür, dass der Aufwand W nicht davon abhängt, mit welchen Mitteln wir die Entropie vermehren, sodass T stets einen eindeutigen Wert hat.

Da sowohl Energie als auch Entropie messbare Größen sind, und zwar unabhängig von jeder atomistischen Vorstellung, lässt sich auch die Temperatur T berechnen. Der Nullpunkt der Temperaturskale ist also nicht willkürlich wählbar, die Temperatur ist absolut bestimmbar. Weil erfahrungsgemäß Entropie nur unter Verbrauch, nie unter Gewinn von Energie erzeugt wird, folgt aus $W > 0$ und $S_e > 0$, dass auch $T > 0$ sein muss. Es gibt demnach keine negativen Temperaturen. Als konkretes Beispiel wollen wir die Bestimmung der Schmelztemperatur des Eises heranziehen (Versuch 3.8).

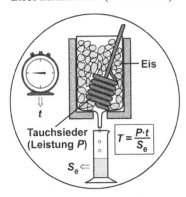

Versuch 3.8 *Absolutbestimmung der Schmelztemperatur von Eis*: Ein Tauchsieder stecke in einem Kalorimetergefäß mit Eisstücken. Schaltet man ihn ein, so entsteht in der Heizwicklung durch Elektronenstoß Entropie, die durch den Metallmantel an das Eis abgegeben wird. Das Eis schmilzt und am entstandenen Schmelzwasservolumen ist erkennbar, wie viel Entropie dem Eis zugeflossen ist. Die Energie, die zur Erzeugung der Entropie notwendig war, lässt sich aus der Leistungsangabe P für den Tauchsieder und der gestoppten Zeit t gemäß $W = P \cdot t$ bestimmen. Der Quotient aus gemessenem Energie- und Entropiewert liefert den Wert der Temperatur.

SI-Einheit. Im internationalen Einheitensystem wurde nicht die Entropieeinheit als Basiseinheit gewählt, sondern die Temperatureinheit, die man *Kelvin*, abgekürzt K, nennt. Das geschieht dadurch, dass man der Schmelztemperatur von reinem, luftfreiem Wasser, über dem sich in einem abgeschlossenen Gefäß keine Luft, sondern nur reiner Wasserdampf befindet, einfach einen Wert zuordnet, nämlich

$$T_0 = 273,1\underline{6} \text{ K} . \tag{3.5}$$

Man bezieht sich also auf den sogenannten Tripelpunkt des Wassers, bei dem alle drei Aggregatzustände koexistieren, da dann der Druck nicht berücksichtigt werden muss. [Wenn Wasser sich am Tripelpunkt befindet, liegt der Druck zwangsläufig fest (vgl. Abschnitt 11.5).] Der Zahlenwert wurde so krumm gewählt, damit der Temperaturunterschied zwischen normalem Gefrier- und Siedepunkt des Wassers wie in der Celsiusskale möglichst genau 100 Einheiten beträgt. Ein Kelvin ist damit der 273,16te Teil der thermodynamischen Temperatur des Tripelpunktes von Wasser. Der Nullpunkt der Kelvinskale liegt beim absoluten Nullpunkt, der durch die Entropieleere des Körpers gekennzeichnet ist. Will man den Zusammenhang zwischen thermodynamischer Temperatur T und Celsius-Temperatur ϑ herstellen, so ist zu beachten, dass sich der Nullpunkt der Celsius-Skale auf den Gefrierpunkt von Wasser bei *Normaldruck* bezieht. Dieser liegt gerade 0,01 K unterhalb der Temperatur des Tripelpunktes des Wassers, sodass gilt:

$$\frac{T}{\text{K}} = \frac{\vartheta}{°\text{C}} + 273,1\underline{5} . \tag{3.6}$$

Durch obige Vereinbarung [Gl. (3.5)] und unsere Definitionsgleichung für T wird mittelbar auch die Entropieeinheit festgelegt. Da die Einheit der Energie Joule (J) heißt, die Temperatureinheit Kelvin (K), ergibt sich für die Entropieeinheit 1 *Joule / Kelvin* (J K^{-1}). Das ist gerade die Entropiemenge, die 0,893 cm³ Eis bei der Temperatur T_0 schmilzt. Wegen der grundlegenden Rolle, die die Entropie in der Thermodynamik spielt, ist jedoch die Verwendung einer eigenen Einheit gerechtfertigt. Nach einem Vorschlag des britischen Physikers Hugh Longbourne CALLENDAR [Callendar HL (1910) The Caloric Theory of Heat and Carnot's Principle. Proc. Phys. Soc. (London) 23:153–189] wird sie zu Ehren Nicolas Léonard Sadi CARNOTs „*Carnot*" genannt, abgekürzt Ct = J K^{-1}. Der französische Physiker und Ingenieur CARNOT (1796 – 1832) hat mit seinen Arbeiten über Wärmekraftmaschinen wesentlich zur Entwicklung der Thermodynamik beigetragen.

3.9 Anwendungsbeispiele zur Entropie

Molare Entropie. Um einen Eindruck von den Werten der Entropie zu geben, betrachten wir einige Beispiele: Ein Stück Tafelkreide enthält etwa 8 Ct an Entropie. Bricht man es in der Mitte auseinander, dann enthält jede Hälfte etwa 4 Ct, da es sich bei der Entropie um eine mengenartige Größe handelt. (Beim Zerbrechen entsteht etwas Entropie, aber das ist so wenig, dass wir diese Menge nicht zu beachten brauchen.)

Ein Eisenwürfel von 1 cm³ enthält ebenfalls rund 4 Ct, obwohl das Stück deutlich kleiner ist; die *Entropiedichte* im Eisen ist also größer. Wird die Entropiemenge in einem solchen Würfel verdoppelt (Abb. 3.25), z. B. durch Hämmern oder Reiben oder durch Bestrahlen, dann beginnt das Eisen zu glühen. Verdreifacht man schließlich den Entropievorrat, dann fängt das Eisen an zu schmelzen.

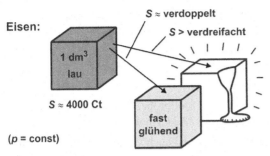

Abb. 3.25 Auswirkungen einer Erhöhung des Entropieinhalts am Beispiel eines Eisenwürfels von 1 dm³ Rauminhalt

In 1 L Zimmerluft sind etwa 8 Ct enthalten, so viel wie in einem Stück Kreide. Dass es so wenig ist, trotz des über 100mal größeren Volumens, liegt daran, dass die Luftprobe viel weniger Atome enthält als das Kreidestück mit seiner dichten Atompackung. Drückt man die Luft auf einen Bruchteil ihres Volumens zusammen, dann wird sie glühend heiß. Dieser Effekt wird im Druckluftfeuerzeug (auch Feuerpumpe genannt) ausgenutzt, um einen Zunder zum Glühen zu bringen (Versuch 3.9), aber auch in Dieselmotoren, um das Treibstoff-Luft-Gemisch zu zünden.

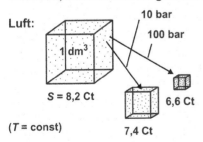

Versuch 3.9 *Druckluftfeuerzeug*: Drückt man den Kolben kräftig und schnell nach unten, so flammt der Zunder (z. B. ein Stück Nitrozellulosefolie oder ein mit einer leicht entzündlichen Flüssigkeit getränkter Wattebausch) auf.

Die Kompression muss schnell erfolgen, weil die Entropie aus dem erhitzten Gas sofort in die kalten Zylinderwände abfließt und sich das Gas so rasch wieder auf die Ausgangstemperatur abkühlt. Beim Zusammendrücken auf 1/10 des Ausgangsvolumens verliert 1 L Luft auf diese Weise knapp eine Entropieeinheit (Abb. 3.26). Wenn man das Gas auf 1/100 des Volumens verdichtet, kann man auf die gleiche Art eine weitere Entropieeinheit „herausdrücken".

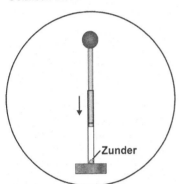

Abb. 3.26 Änderung des Entropieinhalts mit steigendem Druck am Beispiel von Luft (1 dm³). (Die Gasteilchen werden durch Punkte angedeutet.)

Chemiker pflegen Entropien auf die jeweilige Stoffmenge zu beziehen, also anzugeben, wie viel Entropie auf 1 mol des betrachteten Stoffes entfällt. Diese Größe wird *molare Entropie* genannt:

$$S_m \equiv \frac{S}{n} \qquad \textit{molare Entropie für reine Stoffe.} \tag{3.7}$$

S und n bezeichnen Entropie und Menge der betrachteten Stoffprobe. Stoffformel oder -name werden als Argument in Klammern gesetzt, z. B. $S_m(Fe) = 27,3\ \text{Ct}\,\text{mol}^{-1}$.

Die molare Entropie hängt aber noch von der Temperatur und auch vom Druck ab. Will man die Werte tabellieren, ist daher eine Zusatzvereinbarung erforderlich. Im Allgemeinen bezieht man sich auf die chemischen *Normbedingungen*, d. h. 298 K (genauer 298,15 K) und 100 kPa (das entspricht der Zimmertemperatur von 25 °C und normalem Luftdruck). Zur Kennzeichnung des Normwertes fügen wir das Symbol $\ominus$ an, also z. B.

$$S_m^{\ominus}(Fe) = 27,3\ \text{Ct}\,\text{mol}^{-1} \qquad \text{bei 298 K und 100 kPa.}$$

Einige Werte sind in Tabelle 3.1 zusammengefasst.

Stoff	Formel	$S_m^{\ominus}$ $\text{Ct}\,\text{mol}^{-1}$
Graphit	C|Graphit	5,7
Diamant	C|Diamant	2,4
Eisen	Fe|s	27,3
Blei	Pb|s	64,8
Wassereis	H_2O|s	44,8
Wasser	H_2O|l	70,0
Wasserdampf	H_2O|g	188,8

Tab. 3.1 Molare Entropien einiger reiner Stoffe unter Normbedingungen (298 K, 100 kPa). Der Wert für Wassereis wurde von tieferen Temperaturen auf 298 K extrapoliert.

Die molare Entropie hängt jedoch nicht nur von der Art des Stoffes ab, charakterisiert durch die Gehaltsformel, sondern auch von seinem Aggregatzustand, wie am Beispiel des Wassers leicht zu ersehen ist. Um eindeutige Angaben zu erhalten, sollte man daher die entsprechenden Zusätze |s, |l, |g, ... (vgl. Abschnitt 1.6) an die Formel anfügen, also z. B. H_2O|l für flüssiges Wasser schreiben. Um die Ausdrücke jedoch nicht zu überfrachten, vereinbaren wir, dass bei fehlenden Angaben immer der normalste Fall gemeint ist. Das Zeichen H_2O steht also in der Regel für die Flüssigkeit und nicht für Wasserdampf oder Wassereis. Die Entropie hängt auch von der Kristallstruktur ab. Die Modifikationen können dabei z. B. durch die entsprechenden Bezeichnungen wie Graphit, Diamant, ... charakterisiert werden.

Als Faustregel kann man sich merken, dass bei gleichem Druck, gleicher Temperatur und Atomzahl die Entropie eines Körpers umso größer ist, je *schwerer* die Atome und je *schwächer* die Bindungskräfte sind. Diamant, der aus lauter recht leichten und sehr fest in vier

Richtungen verketteten Atomen besteht, hat, bezogen auf die Stoffmenge, eine ungewöhnlich niedrige Entropie, während das weiche Blei mit seinen schweren, locker sitzenden Atomen recht entropiereich ist. Eisen, das in seinen Eigenschaften dazwischen liegt, hat auch eine mittelgroße molare Entropie. Wie die Entropie beim Übergang vom festen zum flüssigen und noch stärker beim Übergang vom flüssigen zum gasigen Zustand zunimmt, sehen wir in der Tabelle am Beispiel des Wassers.

Bestimmung absoluter Entropiewerte. Doch wie gelangt man eigentlich zu solchen Werten, wie sie in Tabelle 3.1 zusammengefasst sind? Um den Entropieinhalt einer Probe zu ermitteln, könnte man prinzipiell die Entropie aus der Probe mit einem Hilfskörper in die Eis-Wasser-Flasche umfüllen. Das erfordert aber, damit sich die Entropie während der Übertragung nicht vermehren kann, dass sämtliche Schritte, wie in Abschnitt 3.7 dargelegt, umkehrbar (reversibel) gestaltet sind. Diese Bedingung ist in der Praxis nur sehr schwer zu verwirklichen. Einfacher kann man das Ziel auf einem Umweg erreichen. Dazu muss zunächst möglichst alle vorhandene Entropie aus der Probe entfernt werden. In günstig gelagerten Fällen genügt es, die Probe in flüssiges Helium (4,2 K) zu tauchen. Nach dem Abfließen der Entropie in das tiefkalte Bad bleibt die Probe nahezu entropieleer zurück. Nur bei sehr genauen Messungen muss man die Probe weiter herunterkühlen, um die Restentropie noch zu vermindern. Die Entropie aus der ungeordneten Verteilung isotoper Atome kann man allerdings auf diesem Wege nicht entfernen. Dieser Betrag lässt sich aber auf andere Weise leicht ermitteln. Anschließend verpackt man die Probe entropiedicht und erzeugt jetzt die Entropie kontrolliert im Innern, etwa mit einer elektrischen Heizung (Abb. 3.27 a). Energieverbrauch W und Temperatur T werden laufend gemessen (Abb. 3.27 b), bis die Probe die gewünschte Endtemperatur erreicht hat. Die während einer kleinen Zeitspanne erzeugte Entropie ergibt sich durch Umstellung von Gleichung (3.3) als Quotient von Energieverbrauch und mittlerer Temperatur während dieser Zeit:

$$S_e = \frac{W}{T} . \tag{3.8}$$

Die gesamte am Ende in der Probe enthaltene Entropie erhält man, indem man alle auf diese Weise erzeugten Entropiebeträge über sämtliche Zeitspannen aufsummiert. Zur Abkürzung wird das Summenzeichen $\sum$ verwendet:

$$S_e = \sum_{i=1}^{n} \Delta S_{e,i} = \sum_{i=1}^{n} \frac{\Delta W_i}{T_i} . \tag{3.9}$$

Je kleiner die gewählten Zeitspannen sind, desto genauer wird auch das Ergebnis. Lässt man schließlich die Zeitintervalle gegen null gehen, so gehen die Summen in Integrale über (bestimmte Integration; vgl. Anhang A1.3):

$$S_e = \int_{Anf}^{End} dS_e = \int_{Anf}^{End} \frac{dW}{T} = \int_{0}^{t} \frac{P(t)dt}{T} . \tag{3.10}$$

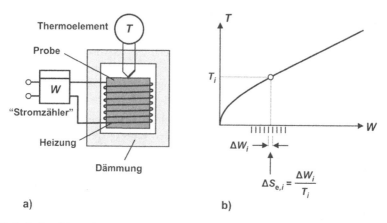

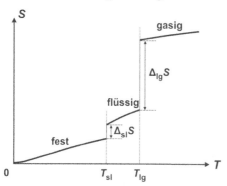

Abb. 3.27 Indirekte Entropiemessung durch Aufheizen einer bis nahe 0 K abgekühlten Probe. a) Messanordnung und b) zugehörige Messkurve

Wegen der Konvention $S = 0$ bei $T = 0$ für fehlerfrei kristallisierte Feststoffe (3. Hauptsatz) ist es möglich, nicht nur Differenzen, sondern auch absolute Werte der Entropien und damit auch der molaren Entropien anzugeben, und zwar nicht nur für die Stoffe in dem bei 0 K beständigen Zustand, sondern auch in den beim Erwärmen daraus gebildeten Zustandsarten (andere Modifikationen, Schmelze, Dampf). Die Messkurven $T = f(W)$ zeigen bei solchen Phasenübergängen waagerechte Stücke, d. h., es wird Energie verbraucht und damit Entropie erzeugt, ohne dass sich die Temperatur ändert. Tragen wir nun den resultierenden Entropieinhalt eines Stoffes gegen die zugehörige Temperatur (bei konstantem Druck) auf, so erhalten wir den in Abbildung 3.28 dargestellten Zusammenhang.

Abb. 3.28 Entropie eines reinen Stoffes als Funktion der Temperatur (ohne Modifikationswechsel)

Die Entropie des Feststoffs nimmt mit der Temperatur zu. Bei der *Schmelztemperatur* steigt sie sprunghaft an, denn beim Schmelzvorgang bricht die Ordnung des Feststoffs zusammen, und es bildet sich eine Flüssigkeit mit deutlich höherer Unordnung (siehe auch Abschnitt 3.5) (Schmelztemperatur und zugehöriger Druck werden zusammen als Schmelzpunkt bezeichnet). Allgemein wollen wir den Übergang vom festen (s) in den flüssigen Aggregatzustand (l) durch die Abkürzung s→l kennzeichnen, d. h. den Schmelzpunkt mit $T_{s→l}$ bezeichnen (den Gefrierpunkt entsprechend mit $T_{l→s}$). Da für reine Stoffe Schmelz- und Gefrierpunkt identisch sind, schreiben wir für beide abkürzend T_{sl}. Die Entropieänderung am Schmelzpunkt, bezogen auf 1 mol der Substanz, wird als (*molare*) *Schmelzentropie* $\Delta_{sl}S$ bezeichnet. Anschließend steigt die Entropie wieder stetig an bis zum *Siedepunkt*, sinngemäß gekennzeichnet durch T_{lg}, an dem wieder ein Sprung auftritt, genannt (*molare*) *Verdampfungsentropie* $\Delta_{lg}S$. Beim Verdampfen nimmt die Entropie weitaus stärker zu als beim Schmelzen, da beim Übergang von der Flüssigkeit zum Gas die Unordnung wesentlich stärker wächst als beim Übergang vom Feststoff zur Flüssigkeit. Mit der Schmelz- und der Verdampfungsentropie werden wir uns noch ausführlicher in Kapitel 11 beschäftigen.

Entropiekapazität. Kehren wir nochmals zum Entropieinhalt des Festkörpers zurück. Dieser wächst, wie wir gesehen haben, stets mit steigender Temperatur. Der Kurvenverlauf ist jedoch für verschiedene Stoffe unterschiedlich. Die Entropiezunahme bezogen auf die Temperaturänderung nennt man in Analogie zur elektrischen Kapazität C = Ladung Q / Spannung U (oder, wenn diese nicht konstant ist, $C = \Delta Q/\Delta U$) auch die *Entropiekapazität* $\mathcal{C}$:

$$\mathcal{C} = \frac{\Delta S}{\Delta T} \qquad \text{bzw. bei verschwindend kleinen Änderungen} \qquad \mathcal{C} = \frac{dS}{dT}. \tag{3.11}$$

Je steiler das Kurvenstück, d. h. je größer seine Steigung bei der betreffenden Temperatur ist, desto größer ist auch die Entropiekapazität. Da der Entropieinhalt eines Körpers im Allgemeinen nicht proportional zur Temperatur ist, ist die Entropiekapazität nicht nur stoff-, sondern auch mehr oder weniger stark temperaturabhängig. Den Druck denken wir uns konstant gehalten. Das ist wichtig, da ein Körper beim Verdichten Entropie verlieren kann – wie ein nasser Schwamm das aufgesogene Wasser. Statt $\mathcal{C} = dS/dT$ ist es daher korrekter, wenn wir

$$\mathcal{C} = \left(\frac{\partial S}{\partial T}\right)_p \qquad \text{oder noch ausführlicher} \qquad \mathcal{C} = \left(\frac{\partial S}{\partial T}\right)_{p,n} \tag{3.12}$$

schreiben. Da $\mathcal{C}$ der Stoffmenge n proportional ist, dividiert man durch n und erhält so die *molare Entropiekapazität* $\mathcal{C}_m$:

$$\mathcal{C}_m = \frac{\mathcal{C}}{n} = \frac{1}{n}\left(\frac{\partial S}{\partial T}\right)_{p,n}. \tag{3.13}$$

Einige Werte zeigt die folgende Tabelle (Tab. 3.2).

Stoff	Formel	$\mathcal{C}_m$ $Ct\,mol^{-1}\,K^{-1}$
Graphit	C|Graphit	0,029
Diamant	C|Diamant	0,020
Eisen	Fe|s	0,084
Blei	Pb|s	0,089
Wassereis	H_2O|s	0,139
Wasser	H_2O|l	0,253
Wasserdampf	H_2O|g	0,113

Tab. 3.2 Molare Entropiekapazitäten einiger reiner Stoffe bei 298 K und 100 kPa. Der Wert für Wassereis wurde von tieferen Temperaturen auf 298 K extrapoliert.

Statt der Entropiekapazitäten werden in Tabellenwerken gewöhnlich die entsprechenden *Wärmekapazitäten* $C_m = \mathcal{C}_m \cdot T$ angegeben. Mit den Gründen dafür werden wir uns in Kapitel 25 noch ausführlicher befassen.

In der Technik bezieht man die Entropiekapazität meistens auf die Masse und erhält so die *spezifische Entropiekapazität* c. Die spezifischen Entropiekapazitäten einiger weit verbreiteter Werkstoffe sind in Tabelle 3.3 zusammengefasst. (Da die Zusammensetzung der Stoffe stark variieren kann, handelt es sich bei den angegebenen Werten um Mittelwerte.)

Stoff	c
	$Ct\,kg^{-1}\,K^{-1}$
Fensterglas	3,1
Beton	3,7
Styropor	4,4
Holz (Kiefer)	5,1
Spanplatte	6,6
Holz (Eiche)	8,8

Tab. 3.3 Spezifische Entropiekapazitäten einiger Werkstoffe bei 298 K und 100 kPa

Die spezifische Entropiekapazität spielt eine große Rolle für das „Wärmespeichervermögen" eines Materials. Je höher dieser Wert ist, desto träger reagiert der betreffende Baustoff auf Temperaturänderungen, d. h. auf Aufheizung oder Abkühlung. Dies hat z. B. Auswirkungen auf die Energieeffizienz und das Raumklima, aber auch (als einer von vielen Faktoren) auf den Verlauf der Erwärmung von Materialien wie Holz im Brandfall.

Die Auswirkung der unterschiedlichen Entropiekapazität verschiedener Stoffe kann durch Versuch 3.10 illustriert werden.

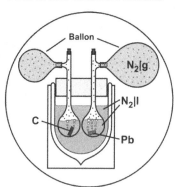

Versuch 3.10 *Verdampfung von flüssigem Stickstoff durch Graphit und Blei:* Wirft man Probekörper aus gleichen Stoffmengen unterschiedlicher Materialien, z. B. je 0,1 mol Graphit und Blei, in mit flüssigem Stickstoff ($N_2|l$) gefüllte Kölbchen, die in einem Dewargefäß gekühlt werden, so verdampft eine der jeweiligen Entropiekapazität entsprechende Menge an Stickstoff ($N_2|g$) und die Luftballons werden unterschiedlich stark aufgeblasen. Dabei entsteht nebenher noch eine erhebliche Menge an Entropie, sodass das Volumen der Ballone größer ausfällt als es der abgegebenen Entropie entspricht, jedoch bleibt das Ergebnis qualitativ richtig.

Die Entropiekapazität ist nicht nur – wie die Entropie – von Druck und Temperatur abhängig, sondern darüber hinaus auch von den Bedingungen, unter denen der Stoff aufgeheizt wird. So nimmt ein Stoff, ausgehend von demselben Zustand, mehr Entropie auf, wenn man ihn sich frei ausdehnen lässt, als wenn man ihn dabei behindert. Je nachdem, ob im Regelfall der Druck oder seltener das Volumen während der Temperaturerhöhung unverändert bleibt, findet man daher eine unterschiedliche Änderung des Entropieinhaltes und damit auch eine abweichende Entropiekapazität. Man kennzeichnet die beiden unterschiedlichen Koeffizienten, wenn nötig, durch Indizes: C_p bzw. C_V. Wenn der Index fehlt, ist stets C_p gemeint.

3.10 Temperatur als „thermische Spannung"

Das atomistische Bild der Entropie wurde in diesem Kapitel nur recht knapp und qualitativ entwickelt, was jedoch für ein erstes Kennenlernen ausreicht. Eine strenge Fassung des Entropiebegriffes auf dieser Grundlage wäre zeitraubend. Uns sollte der Rückgriff auf die Atomvorstellung nur als Orientierungshilfe dienen. Phänomenologisch bzw. makroskopisch sind alle beschriebenen Handlungen, die auszuführen sind, um die Größen zu berechnen, wohlbestimmt. Hier stellt sich nun die Frage, ob diese Handlungen nicht auch verstanden werden können, ohne dass atomistische Bilder bemüht werden müssen. Das ist, wie bereits in Abschnitt 3.7 angedeutet, in der Tat möglich.

Besonders einfach scheint eine schon im 18. Jahrhundert entwickelte Vorstellung zu sein, bei der die Temperatur als eine Art „Druck" oder „Spannung" gedacht wurde, die auf der Entropie lastet. Von Entropie sprach man damals allerdings noch nicht, sondern von einem die Körper erwärmenden Fluidum, das man sich meist konkret als eine Art gewichtslosen Stoff dachte, ähnlich etwa der elektrischen Ladung. Den Temperaturausgleich verschieden warmer Körper beschrieb man als Druckausgleich dieses „Wärmestoffes", indem dieser aus Gebieten hohen „Drucks" in solche mit niedrigem „Druck" abwandert. Übernehmen wir diese Vorstellung, dann leuchtet es unmittelbar ein, dass es Energie kosten muss, Entropie gegen diesen „Druck", diese „Spannung" in einem Körper zu erzeugen oder in diesen zu drücken (vergleichbar mit dem Füllen eines Reifens mit Luft gegen den innen herrschenden Druck p oder dem Aufladen eines Körpers gegen sein elektrisches Potenzial φ). Je höher dieser „Druck", d. h. je höher die Temperatur ist, desto größer ist die aufzuwendende Energie. Ebenso muss natürlich der Aufwand wachsen, je größer die erzeugte (S_e) oder zugeführte Entropiemenge (S_a) ist. Man erwartet einen Zusammenhang der folgenden Art:

$$W = T \cdot S_e \qquad \text{bzw.} \tag{3.14}$$

$$W = T \cdot S_a \, . \tag{3.15}$$

Die beiden Entropiemengen denken wir uns wieder sehr klein, d. h.

$$dW = T dS_e \qquad \text{oder auch} \tag{3.16}$$

$$dW = T dS_a \, , \tag{3.17}$$

damit sich die Temperatur im Körper durch den Entropiezuwachs nicht merklich ändert. Da wir uns mit den Energieumsätzen bei Zu- und Abfuhr von Stoffen erst später befassen, sehen wir in diesem Kapitel von einem konvektiven Entropieaustausch ab, $dS_k = 0$, sodass der gesamte Austausch durch „Leitung" erfolgt, $dS_a = dS_\lambda$.

Tatsächlich trifft die erste Gleichung zu, sie ergibt sich unmittelbar aus der Definitionsgleichung der Temperatur [Gl. (3.4)], wenn man diese nach dW auflöst. Die zweite Gleichung folgt leicht aus der ersten mit Hilfe des Energieerhaltungssatzes. Dieser Satz besagt ja, dass derselbe Effekt, ganz gleich wie er zustande kommt, stets dieselbe Energie erfordert. Ob man eine bestimmte Entropiemenge in einem Körper erzeugt oder sie ihm zuführt, hat auf den

Körper dieselbe Wirkung. Er dehnt sich auf dieselbe Weise aus, schmilzt, verdampft oder zersetzt sich. Folglich muss auch die hierfür aufzuwendende Energie dieselbe sein.

3.11 Energie zur Erzeugung und zur Zufuhr von Entropie

„Verheizte Energie". Trotz ihrer Ähnlichkeit beschreiben die beiden oben genannten Gleichungen, $dW = TdS_e$ und $dW = TdS_a$, zwei recht verschiedene Vorgänge. Da sich Entropie zwar vermehren, aber nicht zerstören lässt, kann ein Vorgang, bei dem Entropie entsteht, nur einseitig in einer Richtung ablaufen, niemals in der entgegengesetzten. Er ist, wie bereits erwähnt, *unumkehrbar* oder *irreversibel*. Die Energie, die man dafür verbraucht hat, lässt sich daher nicht – oder nur teilweise und nur auf Umwegen – wiedergewinnen. Man sagt daher, wenn Entropie erzeugt und damit Dinge aufgeheizt werden – auffällig wie in den Heizwicklungen eines Herdes oder nur unmerklich wie beim Rudern in einem See –, dass die dafür notwendige Energie *entwertet, vergeudet, verheizt* wird oder dass sie *verloren* geht. Die „verheizte" Energie findet sich in der regellosen Molekularbewegung wieder, in winzigsten Portionen statistisch auf die unzähligen schwingenden und rotierenden Atome oder Atomgruppen zerstreut. Im Hinblick auf diesen Sachverhalt spricht man statt von Entwertung, Vergeudung, Verlust usw. der Energie auch von *Energiezerstreuung* oder *Energiedissipation*. Es sind, wie wir sehen, für denselben Vorgang eine Fülle von Bezeichnungen üblich, je nachdem, welcher Aspekt dabei besonders betont werden soll. Die „verheizte" und damit nicht mehr ohne weiteres rückgewinnbare Energie, die in der ersten der beiden Gleichungen auftritt, wollen wir mit $W_{v(\text{erheizt})}$ abkürzen:

$$dW_v = TdS_e \tag{3.18}$$

oder über alle Teile aufsummiert

$$W_v = \int_{\text{Anf}}^{\text{End}} TdS_e \ . \tag{3.19}$$

Dass zur Entropieerzeugung Energie aufgewandt werden muss, heißt jedoch nicht, dass dies besonderer Anstrengungen oder Vorrichtungen bedarf. Im Gegenteil,

- gewisse Energieverluste sind bei keinem realen Vorgang vermeidbar,
- Entropie entsteht dauernd, überall und bereitwilligst.

Man denke nur an die Reibung. Es bedarf umgekehrt besonderer Sorgfalt und spezifischer Vorkehrungen, um dies zu verhindern – etwa Kugellager, Schmierstoffe usw. bei Fahrzeugen.

Die Energie zur Entropieerzeugung kann auch aus dem Bereich selbst stammen, aus einer inneren Quelle gleichsam. Ein verdichtetes Gas stellt eine Energiequelle dar, die man anzapfen kann. Das Gas kühlt sich beim Ausdehnen ab. Wenn man die abgezapfte Energie W nutzt, um Entropie S_e zu erzeugen, die man dann dem Gas zuführt (zusammen mit W), dann wird dieses wieder warm, im Idealfall so warm, wie es am Anfang war (Abb. 3.29). Es hat den Anschein, als sei Entropie entstanden, aber dafür keine Energie verbraucht worden. Der gesamte Energievorrat des Systems ist ja ebenso groß wie am Anfang. Dennoch können wir stets davon ausgehen, dass *immer*, wenn Entropie entsteht, dies zu Lasten von Energie geschieht, die wir mit mehr Geschick auch beliebig anders hätten nutzen können. Energie, über die wir *frei* verfügen können (frei heißt, dass der Zweck nicht vorbestimmt ist), wird gewöhnlich als *Nutzenergie* bezeichnet. Wenn von *Energiegewinnung* oder *-erzeugung* die Rede ist, dann ist stets diese Energie gemeint, und wenn man von *vergeudeter* oder *verlorener Energie* spricht, ebenso. Die gesamte Menge an Energie bleibt stets dieselbe, nur haben wir nichts davon, wenn wir nicht an ihre Quellen herankommen oder wenn sie in Senken verschwindet, die für uns unzugänglich sind.

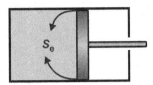

Abb. 3.29 Zylinder mit Kolben, der durch das eingeschlossene Gas herausgedrückt wird. Durch die Reibung an der Wand wird Entropie erzeugt, die von dort dem kälter werdenden Gas zufließt, sodass dieses wieder warm wird.

Energie und Entropieaustausch. Im Gegensatz hierzu beschreibt die zweite der beiden Gleichungen, $dW = TdS_a$, einen Vorgang, der sich grundsätzlich auch umkehren lässt. Mit dem Übergang der Entropiemenge S_a aus einem Körper in einen anderen bei der Temperatur T wird zugleich die Energie $W = T \cdot S_a$ mitübertragen, die wir mit W_a bezeichnen wollen, wenn es zur Unterscheidung von W_v nötig scheint. Mit der zurückfließenden Entropie kehrt auch die übertragene Energie in den Ausgangskörper zurück, der Prozess ist also *umkehrbar* oder *reversibel*. Der Vorgang entspricht dem, was man üblicherweise als *Zu-* oder *Abfuhr* von *Wärme* bezeichnet. Energie und Entropie werden dabei parallel ausgetauscht:

$$dW_a = TdS_a \tag{3.20}$$

oder über alle Teile aufsummiert

$$W_a = \int_{\text{Anf}}^{\text{End}} TdS_a . \tag{3.21}$$

Um uns über die Tragweite dieser Gleichung klar zu werden, wollen wir einen kurzen Seitenblick auf die Entwicklung des Begriffes der Wärme werfen. In der Anfangszeit der Wärmelehre gingen die Meinungen über die Natur der Wärme noch weit auseinander. Man hatte im 18. Jahrhundert mit der Vorstellung von einem gewichtslosen, wärmenden, zwischen den Körpern austauschbaren Etwas – einer Art „Wärmestoff", wie man dieses Etwas nannte – erste Erfolge in der qualitativen und quantitativen Beschreibung von Effekten wie Erwärmung und Abkühlung, Schmelzen und Gefrieren, Verdampfen und Kondensieren erzielt. Man nahm – dem Zeitgeist entsprechend – an, dass dieses Etwas wie ein chemisches Element weder erzeugt noch zerstört werden könne. Als sich im 19. Jahrhundert die Hinweise mehrten, dass dieses Etwas sich einerseits vermehren ließ und sogar unbegrenzt, man aber andererseits in der Energie etwas fand, das dem Wunschbild einer unerzeugbaren und unzerstörbaren Entität entsprach, kippte die Meinung. Als „Wärme" galt fortan eine durch regellose molekulare Stöße beförderte Energie, die auch makroskopisch starr erscheinende Wände durchdringen konnte. Es ist genau die oben mit W_a bezeichnete Energie, für die man meist Q schrieb und heute noch schreibt. Selbst als CLAUSIUS Mitte des 19. Jahrhunderts die Entropie S einführte – damals noch unter anderem Namen – ist weder ihm noch seinen Zeitgenossen aufgefallen, dass er damit nur die alte Größe rekonstruierte, allerdings mit der neuen Eigenschaft, dass sie nun erzeugbar sein sollte, aber nach wie vor unzerstörbar. Erst CALLENDAR hat 1911 auf diesen Umstand hingewiesen.

Zur Bestimmung der Entropieänderung ΔS eines Körpers – eines Eisenklotzes etwa – beim Erwärmen von einer Temperatur T_1 auf eine andere T_2 hatte CLAUSIUS eine Beziehung hergeleitet, zu der wir auf weitaus einfachere Weise gelangen. Wir können davon ausgehen, dass sowohl T als auch $Q = W_a$ messbar sind, T mit passend geeichten Thermometern und Q entsprechend kalorimetrisch. Die Entropie des Körpers kann zunehmen durch Erzeugung oder Zufuhr, $dS = dS_e + dS_a$ [vgl. Gl. (3.2)]. Wenn man fordert, dass die Zufuhr der Energie Q umkehrbar sein soll, angedeutet durch den Index rev, dann wird $dS_e = 0$ und damit

$$dS = \frac{dQ_{rev}}{T} \tag{3.22}$$

oder entsprechend aufsummiert

$$\Delta S = \int_{T_1}^{T_2} \frac{dQ_{rev}}{T} \quad \text{oder auch} \quad S = \int_0^T \frac{dQ_{rev}}{T} . \tag{3.23}$$

Auf diese Weise hatte CLAUSIUS vor anderthalb Jahrhunderten die Größe Entropie erstmals definiert.

Bei allen Wärmeeffekten ist, wie anfangs erwähnt, Entropie im Spiel. Sie ist neben der Temperatur die für diesen Themenbereich charakteristische Größe. Es ist nicht die Energie, die auf *allen* Bühnen der Physik und physikalischen Chemie mitspielt. Entropie- und Energieaustausch sind stets verknüpft, sodass eine saubere Trennung der Rollen nicht leicht ist. Aber die Vermischung ist verhängnisvoll. Wir werden den Namen *Wärme* daher für jede Art von Energie vermeiden, insbesondere für die Größe Q, die wir nicht mehr verwenden wollen. Der Name ist die Ursache schwer auszuräumender Missverständnisse, indem er dazu verführt, in dieser Energiegröße ein Maß für das zu erblicken, was man sich aufgrund der Alltagserfahrung unter Wärme vorstellt, was nur schlecht gelingt, und zugleich verhindert, dass die Größe S auf einfache Weise mit dem Alltagsgeschehen verknüpft werden kann.

Entropieerhaltender und entropieerzeugender Vorgang im Vergleich. Zur Veranschaulichung wollen wir noch einen entropieerhaltenden und einen entropieerzeugenden Vorgang anhand zweier einfacher Versuchsanordnungen gegenüberstellen. Damit ein ungewollter Entropieaustausch mit der Umgebung die Ergebnisse nicht verfälscht, muss man in beiden Fällen entweder die Probekörper gut isolieren oder schnell genug arbeiten. Beginnen wir mit dem *entropieerhaltenden* Prozess, dem Dehnen von Gummi (Versuch 3.11).

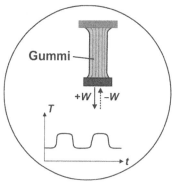

Versuch 3.11 *Temperaturverlauf beim Dehnen von Gummi:* Dehnt man ein Gummiband und entspannt es dann wieder, so wird es warm und dann wieder kalt, so oft man den Vorgang wiederholt. Die anfangs aufgewandte Energie erhält man beim Entspannen zurück. Der Temperaturverlauf $T(t)$ zeigt ein Rechteckprofil. Der Dehnungsvorgang ist umkehrbar. Entropie wird kaum erzeugt, denn das Band ist am Ende genauso kalt oder warm wie am Anfang.

In vereinfachter Form kann das Experiment auch im Alltag nachempfunden werden: Man hält ein gerade gezogenes Gummiband direkt oberhalb der Oberlippe an das Gesicht und zieht es nach einer kurzen Wartezeit zum Temperaturausgleich kräftig auseinander. Es wird spürbar warm. Man wartet kurz und lässt das Gummiband wieder zurückschnellen. Es wird kalt.

Das Biegen eines Eisenstabs (Versuch 3.12) ist hingegen ein Beispiel für einen *entropieerzeugenden* Prozess.

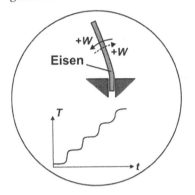

Versuch 3.12 *Temperaturverlauf beim Biegen von Eisen*: Das Rückbiegen des Eisenstabes (nach vorhergehendem Biegen) kostet erneut Energie und die Temperatur zeigt demgemäß einen treppenartig ansteigenden Verlauf. Dieser Biegevorgang ist nicht umkehrbar. Zwar ist das Eisen in seine Ausgangslage zurückgekehrt, aber es ist jetzt wärmer. In diesem Fall wird offenbar Entropie erzeugt und die aufgebrachte Energie für diesen Zweck verbraucht. Sie ist nicht rückgewinnbar.

Energieaustausch. Bei den Systemen, mit denen wir uns hauptsächlich befassen werden, verläuft der Energieaustausch nun aber meist nicht über einen einzigen Pfad, sondern über mehrere Pfade gleichzeitig, im einfachsten und zugleich wichtigsten Fall über Änderungen des Volumens V und der Entropie S. Den Zusammenhang zwischen Energie und Volumen hatten wir bereits im Abschnitt 2.5 kennengelernt. Wenn man nur winzige Änderungen dV und dS betrachtet, gilt demgemäß

$$dW = \underbrace{-p dV}_{dW_{\to V}} + \underbrace{T dS}_{dW_{\to S}} . \tag{3.24}$$

Gleichungen dieser Art, welche die Energiepfade eines Systems beschreiben, werden wir in Kapitel 9 noch eingehender besprechen. Hier nur so viel: Der Energiezuwachs dW setzt sich in unserem Beispiel aus einem Beitrag $dW_{\to V} = (dW)_S$ in V-Richtung, wenn also alle übrigen Parameter konstant gehalten werden (hier ist es nur S) und einem zweiten Beitrag $dW_{\to S} = (dW)_V$ in S-Richtung zusammen, das heißt bei konstantem V. In einem Graphen der Funktion $W(V, S)$ erscheint der negative Druck $-p$ als Steigung in V-Richtung und die Temperatur T als die in S-Richtung (Abb. 3.30). Vergegenwärtigen wir uns: Die Steigung m eines Berghanges etwa in Nordrichtung ist die Höhenzunahme Δh in dieser Richtung geteilt durch das waagerechte Stück Δs, um das man dabei nach Norden fortschreitet, $m = \Delta h/\Delta s$ oder genauer $m = dh/ds$ (vgl. auch Anhang A1.2). Entsprechend gilt hier:

$$-p = \frac{dW_{\to V}}{dV} = \left(\frac{\partial W}{\partial V}\right)_S \quad \text{und} \quad T = \frac{dW_{\to S}}{dS} = \left(\frac{\partial W}{\partial S}\right)_V . \tag{3.25}$$

Die Energiezunahme ΔW für längere Wege, etwa von einem Ort $P_1 = (V_1, S_1)$ in der (V, S)-Ebene bis zu einem zweiten $P_2 = (V_2, S_2)$, erhält man durch Aufsummieren über alle winzigen Teilstücke längs des Weges $\mathcal{W}$. Krumme Wege kann man sich durch eine Zickzackkurve aus achsenparallelen Teilstücken angenähert denken [in Abb. 3.30 in der (V, S)-Ebene gestrichelt gezeichnet]. Bei infinitesimal kleinen Kurvenstücken geht die Summe schließlich in ein Integral über. Für den Zuwachs $\Delta W = W(V_2, S_2) - W(V_1, S_1)$ erhalten wir:

$$\Delta W = \underbrace{-\int_W p\, \mathrm{d}V}_{W_{\to V}} + \underbrace{\int_W T\, \mathrm{d}S}_{W_{\to S}} . \tag{3.26}$$

$W_{\to V}$ ergibt sich als Summe über alle von rechts nach links laufenden Stücke des Zickzackweges und $W_{\to S}$ entsprechend, wenn man alle Beiträge längs der von vorn nach hinten verlaufenden Wegstücke zusammenzählt. Der Weg könnte etwa in Parameterform gegeben sein, indem man die Koordinaten aller durchlaufenen Punkte $[V(t), S(t)]$ als Funktion eines Parameters, etwa der Zeit t, angibt.

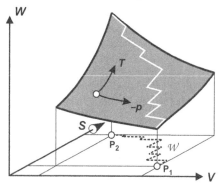

Abb. 3.30 Energie W in Abhängigkeit von Volumen V und Entropie S

In den Fällen, mit denen wir uns vornehmlich befassen, hängt ΔW nicht vom gewählten Weg ab, wohl aber die einzelnen Beiträge, der mechanische $W_{\to V}$ und der thermische $W_{\to S}$. Das erkennt man am einfachsten, wenn man die Wege von P_1 nach P_2 längs der Außenkante der grauen Flächen vergleicht, und zwar zum einen auf dem Weg links der Diagonalen und zum anderen rechts davon. Auf dem linken Weg ist der $W_{\to V}$ entsprechende Zuwachs gering und der $W_{\to S}$ entsprechende groß, während es auf dem rechten Weg gerade umgekehrt ist.

Wenn man weiß, dass ΔW unabhängig vom Wege ist, kann man viel Rechenarbeit sparen, wenn man zur ΔW-Bestimmung den Weg geschickt wählt. Auf die oben der Deutlichkeit halber im Index eingefügten Pfeile werden wir später in der Regel verzichten.

3.12 Energie kalorimetrisch bestimmt

Um eine Energiemenge zu messen, hatten wir in Abschnitt 2.2 ein Verfahren besprochen, dass dem ähnelt, was seit Urzeiten bis heute eingesetzt wird, um Längen, Stoffmengen usw. zu quantifizieren, die Aufteilung in Einheitsportionen und deren Auszählung. Für die Energie hatten wir als Einheitsportion die Menge gewählt, die zum Spannen einer „Einheitsfeder" nötig ist. Das Verfahren ist unschwer zu verstehen, nur leider ist es kaum praktikabel, da Verluste unvermeidlich sind. Die häufigste Ursache für Energieverluste sind Hemmungen durch Reibung und damit verbunden die ungewollte Erzeugung von Entropie.

Man kann nun versuchen, aus der Not eine Tugend zu machen und eine Energiemenge W, um sie zu messen, vollständig verheizen und bestimmen, wie viel Entropie $S_e = W/T$ sich damit bei einer gegebenen Temperatur T erzeugen lässt. Geräte, die solche Messungen erlauben, sind die „*Kalorimeter*"; Beispiele haben wir bereits kennengelernt (Abschnitt 3.7). Nur müssen wir jetzt aufpassen, dass uns nichts von der erzeugten Entropie verloren geht, aber auch nichts aus anderen Quellen hinzukommt. Gerade bei chemischen Veränderungen ist die Kalorimetrie oft der einzig gangbare Weg zur Energiemessung, weil sich die stets vorhandenen Hemmungen fast nur auf diese Weise überwinden lassen. Wir kommen später darauf zurück, doch beginnen wir zunächst mit einem mechanischen Beispiel.

Gesetzt den Fall, wir wollen ermitteln, wie viel Energie W nötig ist, um einen Gegenstand vom Erdboden um ein Stück h zu heben (Abb. 1.5). Statt W beim Hochwinden zu messen, könnten wir W beim Abseilen ermitteln, und zwar, in dem wir das Seil über eine gebremste Seiltrommel führen, die mit einem Kalorimeter verbunden ist. Das könnte ein Eiskalorimeter sein, wo aus der Menge an geschmolzenem Eis auf die in den Bremsbacken erzeugte Entropie S_e und damit auf die freigesetzte Energie $W = T \cdot S_e$ geschlossen werden kann. Auf die gleiche Weise könnte man theoretisch auch die Energie messen, die beim Entspannen einer Feder, beim Aufprall eines geschleuderten Steines, beim Ausströmen eines verdichteten Gases, beim Brennen einer Kerze frei wird.

Leider hat die Sache einen Haken: die latenten Wärmen oder, besser gesagt, die *latenten Entropien*. Wenn man auf einen Gegenstand einwirkt, ihn presst oder dehnt, elektrisiert oder magnetisiert oder ihn chemisch verändert, kann er warm oder kalt werden, selbst dann, wenn keine Entropie erzeugt wird. Wegen der Temperaturunterschiede beginnt Entropie in die Umgebung abzufließen oder von dorther zuzufließen, sodass sich der Entropieinhalt ändert. Der Vorgang läuft, bis wieder Temperaturgleichheit mit der Umgebung erreicht ist. Solche isothermen Entropieänderungen nennen wir „latente Entropien" ΔS_ℓ. Das Beiwort „latent" für kalorische Effekte dieser Art stammt aus dem 18. Jahrhundert. Im Abschnitt 8.7 werden wir uns etwas näher mit diesem Begriff befassen.

Bei der Messung von S_e stört natürlich jeder weitere Entropieeffekt. Aus der Mechanik sind wir gewohnt, über solche Effekte hinwegzusehen. Sie erscheinen dort völlig unbedeutend. Wir wollen uns an einem Beispiel klar machen, dass dieser Eindruck falsch ist. Wenn wir einen Stahldraht spannen, dann wird er kälter, beim Entspannen wieder wärmer. Die Temperaturänderung ΔT ist klein, sie beträgt nur $-0{,}5$ K, selbst wenn wir den Draht fast bis zum Zerreißen dehnen. Der Draht muss hierbei Entropie aufnehmen, um seine Temperatur zu halten. Wenn er sich wieder verkürzt, fließt die Entropie in die Umgebung zurück. Die latente Entropie ist bei diesem Schritt negativ, $\Delta S_\ell < 0$. Um den Draht zu spannen, muss Energie W aufgewandt werden. Wir könnten daran denken, W zu bestimmen, indem wir den gespannten Draht in einem Kalorimeter in den entspannten Zustand zurückschnellen lassen und die dabei erzeugte Entropie $S_e = W/T$ messen. Allerdings stört hier die latente Entropie, und zwar erheblich, weil ΔS_ℓ von ähnlicher Größenordnung ist wie S_e, ja bei kleiner Dehnung sogar zum beherrschenden Effekt wird. Im Kalorimeter erfassen wir beide Effekte gemeinsam, $S_e - \Delta S_\ell = S_e + |\Delta S_\ell|$. Das Verfahren ist also nur dann brauchbar, wenn wir neben dieser Summe auf irgendeine Weise die latente Entropie ermitteln können. Das ist bei diesem Beispiel leicht erreichbar, weil wir den Draht spannen und entspannen können auch ohne merklich Entropie zu erzeugen, sodass $S_e \approx 0$ wird und sich daher auch ΔS_l mit demselben Kalorimeter bestimmen lässt.

In der Mechanik werden Energien kaum jemals direkt gemessen, und schon gar nicht kalorimetrisch, sondern fast immer mittelbar aus gemessenen oder gedachten Kräften und Verschiebungen berechnet. Dieses Verfahren wird bevorzugt, weil es hier einfacher anwendbar ist und genauere Ergebnisse liefert. In der Chemie ist es anders. Dort ist man in hohem Maße auf die Kalorimetrie angewiesen, sodass der umgekehrte Eindruck entsteht: die kalorischen Effekte seien ein Wesenszug stofflicher Veränderungen, ohne die man Vorgänge dieser Art gar nicht sachgerecht beschreiben oder verstehen könne. Doch auch dieser Eindruck ist glücklicherweise falsch. Im Kapitel 8 kommen wir auf die kalorischen Effekte zurück.

3.13 Wärmepumpen und Wärmemotoren

Eine *Wärmepumpe*, wie sie etwa der in Abschnitt 3.6 beschriebene Kühlschrank darstellt, ist eine Vorrichtung, die Entropie aus einem Körper niedriger Temperatur T_1 in einen Körper höherer Temperatur T_2 befördert. Die dazu nötige Energie für die Übertragung einer Entropiemenge $S_{ü(bertragen)}$ ist leicht angebbar. Sie ist gleich der Energie $W_2 = T_2 \cdot S_ü$, die man benötigt, um die Entropie in den wärmeren Körper zu drücken, vermindert um die Energie $W_1 = T_1 \cdot S_ü$, die man gewinnt, wenn man die Entropie dem kälteren Körper entzieht (Abb. 3.31):

$$W_ü = (T_2 - T_1) \cdot S_ü \quad . \tag{3.27}$$

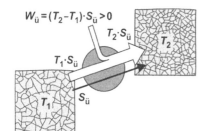

Abb. 3.31 Energie- und Entropie-Flussbild einer „idealen" Wärmepumpe (grauer Kreis)

Durch Reibung und ähnliche Vorgänge wird nebenher immer eine größere oder geringere Entropiemenge erzeugt, was einen zusätzlichen Energieaufwand erfordert. Der Gesamtaufwand W_{ges} ist also größer. Als *Wirkungsgrad* η der Apparatur bezeichnen wir den Quotienten

$$\eta = \frac{W_ü}{W_{ges}} \quad . \tag{3.28}$$

Eine *Wärmekraftmaschine* oder ein „Wärmemotor", wie man eine Maschine dieser Art in Anlehnung an den Sprachgebrauch in der Elektrizitätslehre auch nennen könnte, ist die Umkehrung einer Wärmepumpe. Es wird Energie gewonnen beim Übergang von Entropie aus einem wärmeren Körper mit der Temperatur T_1 in einen kälteren mit der Temperatur T_2 (Abb. 3.32). Die Energie lässt sich mit derselben Gleichung berechnen wie die zur Übertragung bei der Wärmepumpe, nur dass $W_ü$ jetzt negativ ausfällt, da $T_2 < T_1$ ist; das heißt, dass $W_ü$ keine aufzuwendende Energie darstellt, sondern eine gewonnene, eine sogenannte *Nutzenergie*.

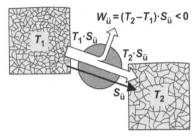

Abb. 3.32 Energie- und Entropie-Flussbild eines „idealen" Wärmemotors (Wärmekraftmaschine) (grauer Kreis)

Die folgende Abbildung zeigt den möglichen inneren Aufbau einer Wärmekraftmaschine in ausführlicherer Darstellung (Abb. 3.33 a) sowie das stark vereinfachte Schema eines Wärmekraftwerks (Abb. 3.33 b). Im Dampfkraftwerk wird die Energie $W_{\ddot{u}}$ genutzt ($= -W_n$), die bei der Übertragung der Entropie aus dem Dampfkessel in den Kühlturm gewinnbar ist, wobei die Entropie selbst erst unter dem Energieaufwand W_1 im Kessel erzeugt werden muss.

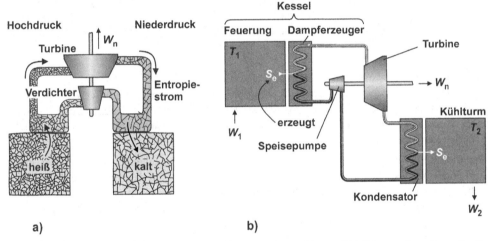

Abb. 3.33 a) Möglicher innerer Aufbau einer Wärmekraftmaschine und b) Schema eines Dampfkraftwerks

Ein anschauliches Beispiel für einen „Wärmemotor" stellt der Niedertemperatur-Stirlingmotor dar (Versuch 3.13).

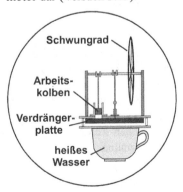

Versuch 3.13 *Niedertemperatur-Stirlingmotor*: Die Tasse wird mit heißem Wasser gefüllt und der Stirlingmotor aufgesetzt. Nach kurzer Wartezeit wird das Schwungrad angestoßen. Anschließend läuft der Motor, solange das Wasser in der Tasse ausreichend warm ist.

Der Stirlingmotor nutzt die Temperaturdifferenz zwischen Boden- und Deckplatte für den Antrieb. Die Verdrängung der Luft vom heißen in den kalten Bereich des Motors und umgekehrt mit Hilfe der Verdrängerplatte führt zu einer periodischen Kompression und Expansion des Gases, die wiederum eine periodische Bewegung des Arbeitskolbens zur Folge hat.

Ein sehr einfacher „Wärmemotor" ohne bewegliche Teile treibt das sogenannte „Knatterboot" an (Versuch 3.14).

Versuch 3.14 „*Knatterboot*": Der Verdampfer im Boot wird mit Wasser gefüllt. Anschließend wird die Kerze angezündet und unterhalb des Verdampfers eingesetzt. Nach kurzer Zeit fährt das Boot knatternd los.

Kocht das Wasser, so wird ein kurzer Dampfstoß erzeugt, der das Boot in Bewegung setzt (Phase 1). Nachdem der unter Überdruck stehende Heißdampf den Verdampfer verlassen hat, kondensiert ein Teil des Dampfes in den kühleren Bereichen der Rohre. Aufgrund des dadurch erzeugten Unterdruckes wird Wasser in die Rohre eingesaugt und erreicht schließlich auch den Verdampfer (Phase 2). Der Kreislauf kann erneut beginnen.

Wenn wir die Energie W_1 zur Erzeugung von Entropie S_e verbrauchen, dann wissen wir, dass dies eine Einbahnstraße ist, auf der es kein Zurück mehr gibt. Und dennoch brauchen wir W_1 nicht von vornherein als „verloren" abzubuchen. Entsteht S_e wie in unserem Beispiel bei der höheren Temperatur T_1, dann können wir W_1, wie wir gesehen haben, zumindest teilweise zurückgewinnen. Durch Nachschalten eines Wärmemotors, der die Entropie von der Temperatur T_1 auf eine niedrigere T_2 befördert, erhalten wir im Idealfall die Energie $W_{\text{ü}} = S_e \cdot (T_2 - T_1) < 0$ zurück, die hier als *abgegeben* negativ zählt. Da die Entropie S_e nicht zerstört werden kann, muss sie letztlich in irgendein Endlager abgeschoben werden. Wenn T_2 die Temperatur einer solchen Deponie ist, dann stellt $W_2 = S_e \cdot T_2$ den Energieaufwand für diese Abschiebung dar und damit gleichsam die „Gebühr" für die Nutzung der Deponie. Nur W_2 kann allenfalls als verloren gelten, nicht W_1.

Wäre uns irgendein Lager zugänglich mit einer Temperatur $T_2 \approx 0$, dann wäre $W_2 \approx 0$ und wir könnten W_1 praktisch vollständig zurückgewinnen. Die Energie wäre wieder für beliebige Zwecke nutzbar. Sie nimmt durch die zwischenzeitliche Zerstreuung auf viele Atome keinen bleibenden „Schaden", d. h., sie behält ihren Wert. Weder geht sie wirklich *verloren* noch wird sie wirklich *entwertet*. Wir wollen diese Ausdrücke daher möglichst vermeiden, um keine unerwünschten Assoziationen zu wecken. Der Begriff *verheizte Energie* trifft den Sachverhalt weitaus besser, weil damit zwei wichtige Aspekte zugleich angesprochen werden, einmal die Vergeudung nutzbarer Energie und zum anderen die begleitende Erwärmung.

Der Wirkungsgrad η, allgemein definiert als Verhältnis von abgeführter zu zugeführter Energie bei einer betrachteten energieübertragenden Vorrichtung, ergibt sich im Falle des „idealen" Wärmemotors (Wärmekraftmaschine) (mit einer Nutzenergie $W_n = -W_ü$) dementsprechend zu

$$\eta = \frac{W_n}{W_1}. \tag{3.29}$$

Nach dem gleichen Prinzip wie der Wärmemotor arbeitet auch eine Wassermühle, wobei Wasser von einem hohen zu einem tiefen Niveau strömt (Abb. 3.34). Der Entropie entspricht dabei die Masse m des Wassers, der Temperatur der Term $g \cdot h$. Ein weiteres Beispiel ist eine Turbine, wenn sie zwischen zwei Wasserbehälter verschiedenen hydrostatischen Druckes geschaltet wird. Auch in der Elektrodynamik kennen wir eine vergleichbare Maschine, die Energie liefert: den Elektromotor.

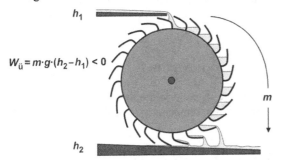

Abb. 3.34 Energiegewinnung mit Hilfe einer Wassermühle

Wir versuchen also, das Geschehen in der Natur so zu lenken, dass dabei Energie übrig bleibt, die *frei* verfügbar ist. Indem wir z. B. einen Bach über ein Mühlrad leiten, können wir nicht nur Getreide mahlen, sondern auch Wasser hoch pumpen oder einen Generator treiben. *Frei* heißt, dass, wie erwähnt, der Zweck nicht vorbestimmt ist. Wir wollen nur dann davon sprechen, dass Energie *freigesetzt* oder *entbunden* wird, wenn wir diese Freiheit in der Nutzung haben, zumindest die, sie zu verheizen.

Auch bei einem Wärmemotor, einer Wassermühle usw. wird nebenher durch Reibung und andere Vorgänge mehr oder minder viel Entropie erzeugt. Dies geht auf Kosten der Energie $W_ü$, sodass die tatsächlich nutzbare Energie und daher auch der Wirkungsgrad kleiner ausfällt als für den Idealfall berechnet.

Abschließend wollen wir uns noch zwei weitere Beispiele von Wärmemotoren im Experiment anschauen. Beginnen wir mit dem magnetischen Wärmemotor (Versuch 3.15).

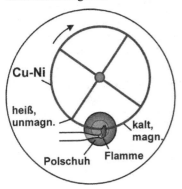

Versuch 3.15 *Magnetischer Wärmemotor*: Der aus einer CuNi-Legierung bestehende Radkranz verliert in dem durch die Flamme erhitzten Bereich seinen Ferromagnetismus aufgrund der niedrigen Curie-Temperatur der Legierung. (Unter der Curie-Temperatur versteht man diejenige Temperatur, bei deren Erreichen die ferromagnetischen Eigenschaften eines Stoffes verschwunden sind.) Hieraus resultiert eine Kraft, die das Rad nach Anschieben in Bewegung hält. Denn, da die linke heiße Seite des erhitzten Radkranzes schwächer „magnetisch" ist als die rechte kalte, wird der Radkranz im Bereich der Polschuhe von rechts nach links gezogen.

Eine Alternative stellt der Gummiband-Wärmemotor dar (Versuch 3.16).

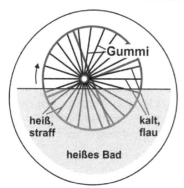

Versuch 3.16 *Gummiband-Wärmemotor*: Ein Rad, das anstelle von metallischen Speichen Gummibänder aufweist, wird an seiner Achse befestigt und die Gummibänder werden lokal erwärmt. Da der Zug der warmen Bänder stärker ist als der der kalten, resultiert eine Kraft, die das Rad in Drehung versetzt, und zwar im unteren Bereich von rechts nach links.

3.14 Entropieerzeugung in einem Entropiestrom

Wir betrachten das Strömen von Entropie durch eine leitende Verbindung, die wir „Leitstrecke" nennen wollen, von einem Körper mit der höheren Temperatur T_1 zu einem anderen mit der niedrigeren Temperatur T_2 (Abb. 3.35).

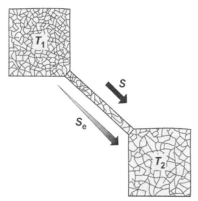

Abb. 3.35 Entropieerzeugung beim Strömen von Entropie in einem Temperaturgefälle

Praktisch können wir uns einen zu den Seiten hin isolierten Stab aus einem gut entropieleitenden Material vorstellen, der an einem Ende mit Hilfe eines Bunsenbrenners erhitzt, am anderen Ende hingegen durch Wasser gekühlt wird. Für die Überführung einer Entropiemenge S von T_1 nach T_2 ist die Energie $W = (T_2 - T_1) \cdot S$ nötig, die hier wegen $T_2 < T_1$ negativ ist und damit *frei* wird, und nicht etwa aufgebracht werden muss. Doch wo bleibt diese Energie? Da sie nicht genutzt wird, dissipiert sie unter Entropieerzeugung, sie wird verheizt, $W_v = -W$. Die in der Leitstrecke neu erzeugte Entropie muss ebenfalls im Temperaturgefälle strömen und gelangt so, sich ständig vermehrend, in den kälteren Körper mit der Temperatur T_2. Die Menge S_e, die letztlich dort ankommt, lässt sich aus der Energie W_v berechnen:

$$S_e = \frac{W_v}{T_2} \tag{3.30}$$

mit

$$W_v = -W = -(T_2 - T_1) \cdot S = (T_1 - T_2) \cdot S . \qquad (3.31)$$

Bei der Leitung durch ein Temperaturgefälle vermehrt sich demnach die Entropie, und zwar in gesetzmäßiger Weise. Das ist eine zwar überraschende, aber zwangsläufige Folge unserer Überlegungen. Die dem kälteren Körper zufließende Energie ergibt sich zu

$$T_2 \cdot (S + S_e) = T_2 \cdot S + T_2 \cdot \left[\frac{(T_1 - T_2) \cdot S}{T_2} \right] = S \cdot T_1 . \qquad (3.32)$$

Sie ist also genauso groß wie die vom heißeren abgegebene $S \cdot T_1$. Während sich die Entropiemenge bei der Leitung vermehrt, bleibt der Energiestrom konstant. W_v ist die in der Leitstrecke verheizte Energie. Wäre statt der Leitstrecke eine ideale Wärmekraftmaschine zwischengeschaltet, dann wäre dieser Energiebeitrag die Nutzenergie. Hier wird diese Energie nicht genutzt und daher unter Vermehrung der Entropie verbraucht.

Der Entropieleitung (Abb. 3.36 d) können wir die Elektrizitätsleitung gegenüberstellen (Abb. 3.36 a). Treibt man elektrische Ladung Q durch einen elektrischen Widerstand – vom hohen zum niedrigen elektrischen Potenzial φ –, so wird der Widerstand warm. Dies stellt ein einfaches Mittel dar, um Entropie zu erzeugen, wie wir z. B. beim Einsatz des Tauchsieders in Versuch 3.8 gesehen haben. Die freigesetzte und hier verheizte Energie W_v ergibt sich als Produkt aus einer durch die „Leitstrecke" durchgesetzten „Menge" – hier der elektrischen Ladung Q – und dem Abfall eines Potenzials, hier des elektrischen φ,

$$W_v = (\varphi_1 - \varphi_2) \cdot Q , \qquad (3.33)$$

die erzeugte Entropie aus dem Quotienten W_v/T_2, wenn T_2 die Temperatur der „Strecke" ist. In Analogie dazu können wir nun die eingangs gemachten Überlegungen so interpretieren, dass auch die Entropie selbst, durch einen „thermischen" Widerstand getrieben, Entropie erzeugt. Die Temperatur tritt hier in der Rolle eines „thermischen Potenzials" auf und S gleichsam in der einer „thermischen Ladung" [Gl. (3.31)]:

$$W_v = (T_1 - T_2) \cdot S .$$

Sehr anschaulich ist auch der Vergleich mit einem Wasserfall (Abb. 3.36 b), wobei sich die freigesetzte und verheizte Energie aus der durchgesetzten Wassermasse m und dem Höhenabfall ergibt, genauer gesagt, dem Abfall des Schwerepotenzials, für das wir $\psi = \psi_0 + g \cdot h$ ansetzen können, wobei h die Höhe über Normalnull bezeichnet,

$$W_v = (\psi_1 - \psi_2) \cdot m = m \cdot g \cdot (h_1 - h_2) . \qquad (3.34)$$

Die erzeugte Entropie lässt sich wieder aus dem Quotienten W_v/T_2 berechnen, wenn T_2 die Temperatur des abfließenden Wassers ist. Als letztes sei ein Beispiel aus der Hydraulik genannt, ein geöffneter Wasserhahn (Abb. 3.36 c), wobei der Druck p hier die Rolle eines Potenzials übernimmt:

$$W_v = (p_1 - p_2) \cdot V . \qquad (3.35)$$

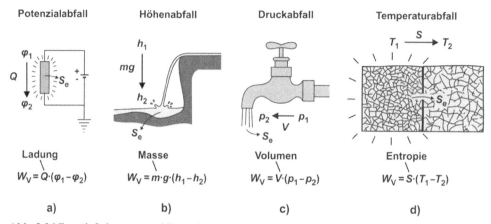

Abb. 3.36 Energiefreisetzung und Entropieerzeugung bei a) Potenzialabfall der Ladung, b) Höhenabfall der Masse, c) Druckabfall des Volumens und d) Temperaturabfall der Entropie

Gemeinsam ist all diesen Vorgängen, dass wir formal zwei Teilschritte unterscheiden können:
1) Freisetzen von Energie durch Abfall eines strömenden „Etwas" (beschrieben durch eine mengenartige Größe) von einem höheren zu einem tieferen Potenzial und
2) Verheizen der Energie, wobei Entropie erzeugt wird.

Im Falle der Entropieleitung (Abb. 3.36 d) wird dieser Zusammenhang verwischt, weil das strömende und das erzeugte „Etwas" von derselben Natur sind.

Man kann die Erzeugung von Entropie beim Hindurchpressen von Entropie durch einen Widerstand auch experimentell zeigen, etwa – hier nur als Gedankenversuch unter Zuhilfenahme einer Eis-Wasser-Flasche dargestellt – wie folgt (Abb. 3.37):

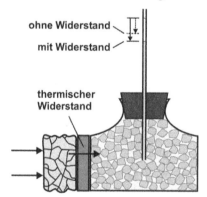

Abb. 3.37 Erzeugung von Entropie durch Entropieaustausch über einen Widerstand

- *Entropiefluss ohne Widerstand*: Drückt man den Hilfskörper zusammen, dann bleibt er kalt, weil die Entropie in die Eis-Wasser-Flasche ausweicht. Das Eis schmilzt, der Spiegel der Kapillare fällt.

- *Entropiefluss durch einen Widerstand*: Drückt man den Hilfskörper auf das gleiche Maß wie zuvor zusammen, dann wird er warm, weil die Entropie wegen des Widerstands nur langsam entweichen kann. Sie sickert allmählich in die Flasche hinüber, der Spiegel in der

Kapillare fällt, und zwar tiefer als zuvor! Obwohl der Hilfskörper in beiden Fällen dieselbe Entropiemenge abgegeben hat, zeigt die Flasche jetzt mehr Entropie an.

Abschließend wollen wir noch einen Blick auf ein konkretes Beispiel werfen, einen Tauchsieder mit einer Leistungsabgabe P von 700 W, der in Wasser eintaucht (Abb. 3.38). Der Heizdraht soll eine Temperatur T_1 von 1000 K haben. Folglich wird in einer Sekunde eine Entropiemenge S_e' von

$$S_e' = \frac{W}{T_1} = \frac{P \cdot \Delta t}{T_1} = \frac{700 \text{ J s}^{-1} \cdot 1 \text{ s}}{1000 \text{ K}} = 0,7 \text{ J K}^{-1} = 0,7 \text{ Ct}$$

im Draht erzeugt [siehe Gl. (3.8)]. Auf der Oberfläche hat der Tauchsieder jedoch dieselbe Temperatur wie das umgebende Wasser. Wir wollen annehmen, dass die Wassertemperatur $T_2 = 350$ K beträgt. Auf dem kurzen Weg, den die Entropie S (= S_e') vom Heizdraht zur Oberfläche des Tauchsieders nimmt, wird eine Entropiemenge S_e von

$$S_e = \frac{W_v}{T_2} = \frac{(T_1 - T_2) \cdot S}{T_2} = \frac{(1000 \text{ K} - 350 \text{ K}) \cdot 0,7 \text{ Ct}}{350 \text{ K}} = 1,3 \text{ Ct}$$

erzeugt [siehe Gln. (3.30) und (3.31)]. Daher fließt eine Entropiemenge von $S_{ges} = 2,0$ Ct pro Sekunde in das Wasser.

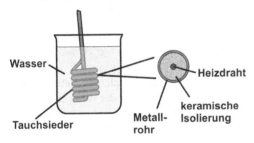

Abb. 3.38 Tauchsieder in Wasser. Vergrößerter Querschnitt (vereinfacht) auf der rechten Seite

4 Chemisches Potenzial

Das *chemische Potenzial* μ, ein Kernbegriff der Stoffdynamik, dient als Maß für das allgemeine Bestreben von Substanzen, sich gestaltlich wie auch stofflich zu verändern. Einige wenige Eigenschaften, die anhand von Beispielen aus dem Alltag diskutiert werden, reichen für eine vollständige phänomenologische Charakterisierung dieser neuen Größe aus. Nach der Wahl eines geeigneten Bezugsniveaus können bereits quantitative Werte für das chemische Potenzial angegeben werden (zunächst für Normbedingungen, d. h. 298 K und 100 kPa). Eine erste und bedeutsame Anwendung in der Chemie ist die Möglichkeit, vorauszusagen, ob eine ins Auge gefasste Stoffumbildung freiwillig ablaufen kann oder nicht, indem man die Summen der chemischen Potenziale im Ausgangs- und Endzustand vergleicht. Dies wird anhand zahlreicher Demonstrationsexperimente illustriert. Die quantitative Beschreibung kann vereinfacht werden, wenn man einen *chemischen Antrieb* $\mathcal{A}$ als Differenz der erwähnten Summen definiert. In diesem Zusammenhang bedeutet ein positiver Antrieb ($\mathcal{A} > 0$), dass die Umsetzung freiwillig in der Richtung auf die Endprodukte hin verläuft. Als letzter Punkt werden eine direkte und eine indirekte Messmethode für das chemische Potenzial vorgeschlagen.

4.1 Vorüberlegung

Alltagsbeispiele. Aus der Betrachtung seiner Umwelt schloss bereits der griechische Philosoph HERAKLIT im 5. Jahrh. v. Chr.: „Nichts hat Bestand – alles fließt (πάντα ρεῖ)". In der belebten Welt ist Werden und Vergehen wohlbekannt, aber auch in der unbelebten Natur verändern sich die uns umgebenden Dinge gestaltlich wie auch stofflich mehr oder weniger schnell. So sind uns aus dem Alltag eine ganze Reihe solcher Vorgänge geläufig (Versuch 4.1):

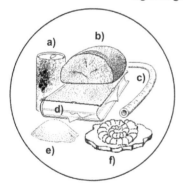

Versuch 4.1 *Wandel in der Welt der Stoffe*: a) Verrostete Blechdose, b) ausgetrocknetes Brot, c) versprödeter Gummischlauch, d) vergilbte und brüchig gewordene Buchseiten, e) Quarzsand aus verwittertem Granit, f) Gestein aus verfestigtem Schlamm

- Gegenstände aus Eisen rosten, wenn sie mit Luft und Wasser zusammenkommen,
- Brot trocknet beim Liegenlassen an Zimmerluft aus,
- Gummibänder und -schläuche verspröden,
- Papier vergilbt und wird brüchig,
- Butter oder Fette werden ranzig,
- Kupferdächer werden grün (Patina),
- selbst die so beständig wirkenden Gesteine verwittern,

© Springer Fachmedien Wiesbaden GmbH, ein Teil von Springer Nature 2021
G. Job und R. Rüffler, *Physikalische Chemie*, Studienbücher Chemie,
https://doi.org/10.1007/978-3-658-32936-5_4

- umgekehrt versteinert Schlamm oder auch Holz.

Diese Reihe ließe sich beliebig lange fortsetzen.

Man könnte äußere Einwirkungen als Ursache ansehen – z. B. würde Eisen nicht rosten, wenn man Sauerstoff fernhielte –, aber dies trifft nicht den Kern, denn auch von der Umgebung getrennte Stoffe ändern sich. Es altert

- Brot auch im Frischhaltebeutel,
- Konserven auch in geschlossener Dose,
- Chemikalien auch in versiegelter Flasche wie zum Beispiel die Acrylsäure (Propensäure) (Versuch 4.2).

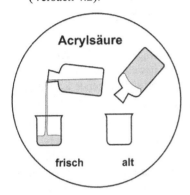

Versuch 4.2 *Altern von Acrylsäure*: Reine Acrylsäure, eine wasserhelle, stechend essigartig riechende Flüssigkeit, wandelt sich im Laufe der Zeit selbst in völlig dichten Gefäßen zu einem farb- und geruchlosen, starren Glas um.

Ursache für die Verfestigung ist die Polymerisation, d. h. der Zusammenschluss der kleinen Acrylsäuremoleküle zu langen Ketten:

$$...+ CH_2{=}CH \quad + CH_2{=}CH \quad + ... \rightarrow ...{-}CH_2{-}CH{-}CH_2{-}CH{-}... \ .$$
$$\qquad\quad | \qquad\qquad\quad | \qquad\qquad\qquad\quad | \qquad\quad |$$
$$\qquad\; COOH \qquad\quad COOH \qquad\qquad COOH \quad COOH$$

Neigung zur Umbildung. Die Modifizierung reiner Stoffe wie etwa auch das Verwittern von Soda und Glaubersalz an Zimmerluft (wobei sich die großen, farblosen Kristalle unter Wasserverlust mit einer weißen, pulvrigen Kruste überziehen),

$$Na_2CO_3 \cdot 10\,H_2O \;\rightarrow\; Na_2CO_3 \cdot 7\,H_2O + 3\,H_2O,$$
$$Na_2SO_4 \cdot 10\,H_2O \;\rightarrow\; Na_2SO_4 + 10\,H_2O,$$

der langsame Übergang des fast farblosen monoklinen β-Schwefels in den gelben rhombischen α-Schwefel oder des niedermolekularen weißen in den hochmolekularen roten Phosphor,

$$S|\beta \quad \rightarrow S|\alpha,$$
$$P|weiß \rightarrow P|rot,$$

alle diese Vorgänge belegen, dass nicht eine Wechselbeziehung zwischen Reaktionspartnern der Motor stofflicher Änderungen ist, sondern dass Stoffe von sich aus dazu neigen, sich umzubilden, d. h. dass offenbar jedem einzelnen Stoff ein „*Umbildungstrieb*" zuzuschreiben ist. Dieser Umbildungstrieb oder kurz „Umtrieb" ist sicher nicht für alle Stoffe gleich und auch auf kein bestimmtes Ziel hin ausgerichtet. Alle Stoffe sind mehr oder minder „umtriebig", könnte man sagen, und nutzen jede sich bietende Gelegenheit, diesem „Trieb" zu folgen und sich – zwar etwas salopp, aber einprägsam ausgedrückt – irgendwie zu „verkrümeln".

Die meisten der uns bekannten Stoffe überleben nur längere Zeit, weil viele der Umbildungs-vorgänge gehemmt sind, und nicht, weil ihnen die Neigung dazu fehlen würde.

Der erwähnte Übergang des weißen in den roten Phosphor ist also so zu verstehen, dass die weiße Zustandsart die stärkere Neigung besitzt, sich stofflich zu verändern, und dadurch die Bildung der roten Form gegen deren Neigung zur Umbildung erzwingt. Ähnlich haben wir uns vorzustellen, dass sich Eisensulfid bildet, weil die Ausgangsstoffe Eisen und Schwefel zusammen eine stärkere Umbildungstendenz besitzen als das Produkt FeS. Vergleicht man experimentell die Reaktion verschiedener Metallpulver mit Schwefel, etwa Magnesium, Zink, Eisen, Kupfer und Gold, wovon das erste Metall, Magnesium, mit Schwefel vermengt und gezündet, heftig explodiert und das letzte, Gold, überhaupt nicht reagiert,

$$Mg \text{——————} Zn \text{——————} Fe \text{——————} Cu \text{——————} Au \text{ !}$$
$$\text{explosiv} \quad \text{gleißend} \quad \text{glühend} \quad \text{glimmend} \quad \text{nichts,}$$

dann wird unmittelbar erkennbar, dass die angenommene Umbildungsneigung bei den einzelnen Metallsulfiden (verglichen mit den Elementen, aus denen sie bestehen) ganz unterschiedlich ausgeprägt ist. Nach der Heftigkeit der Reaktion geurteilt, ergibt sich folgende Reihung:

$$MgS < ZnS < FeS < CuS < \text{„AuS“.}$$

Magnesiumsulfid entsteht offenbar am leichtesten, hat also den schwächsten Umbildungs-trieb, während Goldsulfid den relativ stärksten haben müsste. Man kann zwar auf Umwegen verschiedene Verbindungen zwischen Gold und Schwefel erhalten, aber sie neigen alle zum Zerfall in die Elemente, sodass wir mit gutem Recht vermuten können, dass AuS deswegen nicht entsteht, weil seine Neigung zur Umbildung die von Au + S zusammen übertrifft.

Mit dem Umbildungstrieb und seiner quantitativen Erfassung durch das chemische Potenzial wollen wir uns nun näher befassen.

4.2 Grundmerkmale des chemischen Potenzials

„Steckbrief" des chemischen Potenzials.   Ehe wir versuchen, diesen für uns neuen Begriff zu quantifizieren, wollen wir uns einen ersten Überblick verschaffen, was mit diesem Begriff gemeint ist, wozu er gut ist und wie man ihn handhabt. Dazu stellen wir zunächst die wichtigsten Merkmale des chemischen Potenzials in einer Art „Steckbrief" mit Hilfe kurzer Merksätze zusammen, die wir anschließend genauer erläutern wollen.

- Die Neigung eines Stoffes
  - zu zerfallen oder sich mit irgendwelchen anderen Substanzen *umzusetzen*,
  - sich in irgendeine andere Zustandsart *umzuwandeln*,
  - sich im Raum irgendwie *umzuverteilen*,
  lässt sich durch ein und dieselbe Größe – sein chemisches Potenzial μ – ausdrücken.

- Die Stärke dieser Neigung, d. h. der Zahlenwert von μ, ist nicht unveränderlich, sondern
  - wird sowohl durch die *Art* des Stoffes bestimmt
  - als auch durch das *Umfeld*, in dem er sich befindet,
  aber *weder* durch die Art seiner Reaktionspartner *noch* der entstehenden Produkte.

- Eine *Umsetzung, Umwandlung, Umverteilung* usw. kann freiwillig nur eintreten, wenn die Neigung hierzu im Ausgangszustand stärker ausgeprägt ist als im Endzustand (Wettstreit der Stoffe).

Umbildungsneigung im Detail. Wir können davon ausgehen, dass jeder Stoff, nennen wir ihn B, eine mehr oder minder ausgeprägte Neigung zur *Umbildung* besitzt, das heißt eine Neigung, in seine elementaren oder andere stoffliche Bestandteile zu *zerfallen*, sich in irgendein Isomeres *umzulagern*, B → B*, oder sich mit irgendwelchen anderen Substanzen B′, B″, … *umzusetzen*,

$$B + B' + \dots \rightarrow \dots .$$

Aber auch weniger tiefgreifende *Umwandlungen* des Stoffes B, wie der Wechsel des Aggregatzustandes, der Kristallstruktur, des Assoziationsgrades usw., die wir wie folgt

$$B|\alpha \rightarrow B|\beta$$

symbolisieren können, werden durch dieselbe Neigung zur Umbildung vorangetrieben. Das gilt auch für das Bestreben eines Stoffes zur räumlichen *Umverteilung*, also seine Tendenz, an einen anderen Ort abzuwandern oder von einem Bereich in den Nachbarbereich überzutreten,

$$B|\text{Ort } 1 \rightarrow B|\text{Ort } 2.$$

Das *chemische Potenzial* μ ist ein Maß für die Stärke dieser Neigung. Wir schreiben μ_B oder $\mu(B)$, um das Potenzial des Stoffes B zu bezeichnen. Je größer der Zahlenwert von μ_B, desto „umtriebiger", aktiver, je kleiner der Wert, desto „schlaffer", passiver ist ein Stoff.

Einfluss von Art und Umfeld des Stoffes. Die Stärke des Umbildungstriebs und damit der Zahlenwert von μ_B hängt, wie oben erwähnt, einmal von der Art des Stoffes ab. Die Art eines Stoffes wird dabei durch seine chemische Zusammensetzung bestimmt, charakterisiert durch die Gehaltsformel, aber auch durch Aggregatzustand, Kristallstruktur usw. So weisen zum Beispiel flüssiges Wasser und Wasserdampf oder auch Graphit und Diamant unter ansonsten gleichen Bedingungen verschiedene chemische Potenziale auf, sind also als Stoffe unterschiedlicher Art aufzufassen. Die Stärke des Umbildungstriebes hängt darüber hinaus aber auch von dem *Umfeld* ab, in dem der Stoff sich befindet. Unter dem Umfeld verstehen wir dabei die Gesamtheit von Parametern wie Temperatur T, Druck p, Konzentration c, Art des Lösemittels L, Art und Mengenanteile der Mischungspartner usw., die nötig sind, um die Umgebung eindeutig zu kennzeichnen, in der B vorliegt. Um diese Abhängigkeiten auszudrücken, schreiben wir etwa

$$\mu_B(T, p, c, \dots, L, \dots) \quad \text{oder} \quad \mu(B, T, p, c, \dots, L, \dots).$$

Versuch 4.3 zeigt recht anschaulich, wie ein Stoff auf ein verändertes Umfeld reagiert wie etwa auf den Wechsel des Lösemittels L.

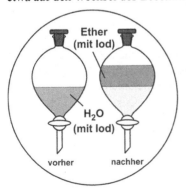

Versuch 4.3 *Iod in unterschiedlichem Umfeld*: Eine bräunliche Lösung von Iod in Wasser wird mit dem gleichen Volumen an Ether überschichtet und anschließend kräftig geschüttelt. Nach dem Absetzen erhält man eine klare Wasserschicht, während die darüberliegende leichtere Etherschicht braun gefärbt ist. Wegen der Eigenfärbung des gelösten Iods ist gut zu erkennen, wo es sich aufhält.

Iod bevorzugt offensichtlich als Umfeld Ether gegenüber Wasser. Der Umbildungstrieb und damit das chemische Potenzial des Iods ist (unter sonst gleichen Umständen) in Wasser höher als in Ether. Doch mit den Einflüssen des Umfeldes werden wir uns in den folgenden Kapiteln noch genauer auseinandersetzen.

Dass die Umbildungsneigung eines Stoffes *nicht* davon abhängt, mit welchem Partner er reagiert oder welche Produkte daraus entstehen, ist eine wichtige Eigenschaft. μ kennzeichnet ein Merkmal eines Stoffes allein und nicht einer Stoffkombination. Dadurch verringert sich die Anzahl der zu einer quantitativen Beschreibung von Umbildungsprozessen nötigen Daten dramatisch, weil die Anzahl möglicher Kombinationen außerordentlich viel größer ist als die Zahl der Stoffe selbst.

4.3 Wettstreit der Stoffe

Gewicht als Vorbild. Wenn ein Stoff verschwindet, dann entsteht daraus ein neuer Stoff oder auch mehrere neue oder der Stoff erscheint an einer anderen Stelle. Da die entstehenden Stoffe dieselbe Neigung zur Umbildung, zum „Verschwinden" besitzen, hängt die Richtung, in welcher ein bestimmter Vorgang letztlich abläuft, davon ab, auf welcher Seite diese Neigung stärker ausgeprägt ist. Ein solcher Vorgang gleicht einem Wettstreit zwischen dem oder den Stoffen auf der einen Seite des Reaktionspfeils und denjenigen auf der anderen.

Ein gern benutztes Bild für diesen Wettstreit ist das Verhalten von Dingen, die man auf die linke und rechte Schale einer gleicharmigen Waage (oder Wippe) legt (Abb. 4.1). Nach welcher Seite hin sich die Waage neigt, bestimmt allein die Summe der Gewichte G auf jeder Seite. Dabei sind auch negative Gewichte zugelassen, wenn es gelingt, die aufwärts strebenden Dinge (etwa Ballone) auf der Waage festzuhalten.

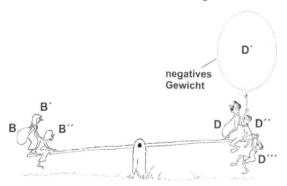

Abb. 4.1 Wippe als Vorbild für das Wechselspiel zwischen Ausgangsstoffen auf der einen und Endstoffen auf der anderen Seite bei einer stofflichen Umbildung, wobei die Gewichte der Gegenstände den chemischen Potenzialen der Stoffe entsprechen

Wir können das Verhalten auch in Formeln ausdrücken: Die linke Seite „gewinnt", d. h., die Dinge B, B′, … auf der linken Seite einer Waage oder Wippe setzen sich in ihrem Bestreben niederzusinken gegenüber den Dingen D, D′, … auf der rechten Seite durch, wenn

$$G(\text{B}) + G(\text{B}') + ... > G(\text{D}) + G(\text{D}') + ... \, .$$

Gleichgewicht herrscht, wenn links und rechts die Summe der Gewichte gerade gleich ist,

$$G(\text{B}) + G(\text{B}') + ... = G(\text{D}) + G(\text{D}') + ... \, .$$

Anwendung auf das chemische Potenzial. Was hier für Gewichte ausgesprochen wird, gilt ganz entsprechend auch für das Zusammenspiel der chemischen Potenziale bei einer Stoffumbildung, ganz gleich, ob es sich dabei um eine Reaktion zwischen mehreren Stoffen oder einen Übergang eines Stoffes in eine andere Zustandsart oder auch nur um einen Ortswechsel handelt. Nach welcher Seite ein solcher Vorgang strebt, etwa eine chemische Umsetzung

$$B + B' + ... \rightarrow D + D' + ... ,$$

bestimmt allein die Summe der chemischen Potenziale μ aller Stoffe auf jeder Seite. Die Stoffe auf der linken Seite, d. h. die Ausgangsstoffe, setzen sich in ihrem Bestreben abzureagieren durch, wenn

$$\mu(B) + \mu(B') + ... > \mu(D) + \mu(D') + ...$$

(vgl. z. B. Abb. 4.2); Gleichgewicht herrscht, wenn die Summe der „Umtriebe" der Stoffe auf beiden Seiten gleich groß ist und damit keine Richtung bevorzugt wird,

$$\mu(B) + \mu(B') + ... = \mu(D) + \mu(D') + ...$$

So brennt z. B. eine Kerze, weil die Ausgangsstoffe [hier Paraffin, Formel $\approx(CH_2)$, und Luftsauerstoff] zusammen ein höheres chemisches Potenzial haben als die Endstoffe (hier Kohlendioxid und Wasserdampf), d. h. es gilt:

$$3 \, \mu(O_2) + 2 \, \mu((CH_2)) > 2 \, \mu(CO_2) + 2 \, \mu(H_2O).$$

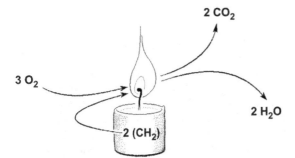

Abb. 4.2 Brennende Kerze als Beispiel einer freiwillig ablaufenden Umsetzung

Freiwilligkeit einer chemischen Reaktion. Jede ausführbare Reaktion stellt damit gleichsam eine „Waage" dar, die den Vergleich von Potenzialwerten oder ihren Summen zulässt. Allerdings scheitert ein solcher Vergleich vielfach an irgendwelchen Hemmungen, also gleichsam daran, dass die Waage „klemmt". Denn, wenn ein Potenzialgefälle von der linken Seite zur rechten Seite besteht, dann heißt das, dass der Vorgang prinzipiell freiwillig in diese Richtung ablaufen *kann*, aber noch nicht, dass er wirklich ablaufen *wird*. Das Vorliegen eines Potenzialgefälles ist damit eine notwendige, aber keine hinreichende Bedingung für die betrachtete Umbildung. Das muss uns nicht wundern. Ein Apfel am Baum strebt abwärts, aber er fällt nicht, solange er am Stiel hängt. Der Kaffee in einer Tasse fließt nicht auf den Tisch aus, obwohl die Neigung dazu vorhanden ist. Die porzellanene Wand der Tasse hindert ihn daran. Man muss nicht einmal ein Loch in die Tasse bohren, ein geknickter, als Saugheber wirkender Strohhalm reicht schon, die Barriere zu überwinden. Auch wenn man Kerzenwachs und Luftsauerstoff zusammenbringt, entsteht noch kein Brand. Docht und Kerzenflamme wirken wie ein Saugheber, der die Hemmungen überwinden hilft. Die Hemmungen sind ein wichtiger

Bestandteil unserer Lebewelt. Ohne diese würden wir in dem Meer von Sauerstoff, in dem wir leben, als Kohlendioxid, Wasser, Stickstoff und etwas Asche enden.

Dass eine Umbildung in die eine oder andere Richtung strebt, heißt noch nicht, dass die Gegenrichtung unmöglich ist, nur geschieht das nicht *freiwillig*. Sand rieselt von selbst nur abwärts, aber ein Maulwurf kann ihn aufwärts schaufeln und ein steifer Wüstenwind zu hohen Dünen auftürmen, nur eben geschieht das, wie gesagt, nicht freiwillig. Wasserstoff und Sauerstoff haben ein starkes Bestreben in Wasser überzugehen (sogenannte Knallgasreaktion). Der umgekehrte Vorgang läuft unter Zimmerbedingungen zwar nicht von selbst ab, aber er kann z. B. in einer Elektrolysezelle erzwungen werden. Die Voraussage stofflicher Umbildungen aufgrund der chemischen Potenziale setzt also immer voraus, dass keine Hemmungen den Vorgang verhindern und dass keine „fremden Kräfte" im Spiele sind. Was das genau heißt und worauf wir dabei achten müssen, werden wir nach und nach lernen.

Mit einer etwas „vermenschlichten" Sichtweise, die uns als Merkhilfe für das allgemeine Verhalten der Stoffe dienen soll, wollen wir den Abschnitt abschließen: „Umtriebigere", aktivere Stoffe gehen in „phlegmatischere", passivere Substanzen über, von „betriebsameren" Orten (mit starkem „Umtrieb") weichen Stoffe nach „geruhsameren" Plätzen (mit schwachem „Umtrieb") aus, kurz, die Materie strebt einem Zustand größter „Schlaffheit" zu.

4.4 Bezugszustand und Werte des chemischen Potenzials

Bezugsniveau. Was uns bisher fehlt, um zu konkreten Vorhersagen zu gelangen, sind die μ-Werte der betrachteten Stoffe. Wie der Temperatur, so kann man auch dem chemischen Potenzial einen absoluten Nullpunkt zuordnen. Im Prinzip könnte man also die Absolutwerte benutzen. Diese sind jedoch enorm groß. Um damit auch so winzige Potenzialunterschiede zu erfassen, wie sie bei chemischen und biologischen Reaktionen auftreten (das Verhältnis liegt in der Größenordnung von eins zu einer Milliarde!), müssten mindestens 11 Stellen mitgeführt werden. Das allein gäbe schon viel zu unhandliche Zahlen. Abgesehen davon aber sind die Absolutwerte gar nicht genau genug bekannt, um das überhaupt tun zu können.

Aber Bergeshöhen pflegt man ja auch nicht im Vergleich zum Erdmittelpunkt anzugeben, sondern zur Lage des mittleren Meeresspiegels (Abb. 4.3), Temperaturen im Alltag nicht gegenüber dem absoluten Nullpunkt, sondern als Celsius-Temperaturen gegenüber dem Gefrierpunkt des Wassers.

Ähnlich ist es zweckmäßig, für die Werte des chemischen Potenzials ein bequemes Bezugsniveau zu wählen, da man Differenzen von μ mit sehr viel größerer Genauigkeit als die Absolutwerte bestimmen kann. Da wir für unseren Zweck nur Potenzialwerte oder Summen davon zu vergleichen haben, kommt es zunächst auf die Einheit nicht an. Man könnte die μ-Werte in ganz unterschiedlichen Skalen ausdrücken, ähnlich wie wir es etwa von der Temperatur her kennen (Celsius, aber auch Kelvin, Fahrenheit, Réaumur usw.). Wir wollen für Wertangaben die SI-kohärente Einheit *Gibbs*, kurz G, benutzen, die wir aber erst später genauer definieren werden (vgl. Abschnitt 4.8). Die Namensgebung erfolgt gemäß einem Vorschlag des deutschen Chemikers und Professors für anorganische Chemie Egon WIBERG [Wiberg E (1972)

Die chemische Affinität, 2. Auflage. Walter de Gruyter, Berlin, New York, S 164] zu Ehren des US-amerikanischen Physikers Josiah Willard GIBBS (1839 – 1903), auf den der Begriff des chemischen Potenzials zurückgeht. Noch handlicher für die Zwecke der Chemie ist das Kilogibbs, abgekürzt kG, das 1000 Gibbs entspricht.

Abb. 4.3 Geographische Höhenangaben als Beispiel für die Wahl eines geeigneten Bezugsniveaus

Elemente als „Nullpegel". Als nächstes wollen wir uns der Frage nach der Wahl eines geeigneten Bezugsniveaus, gegen das die Potenzialdifferenzen gemessen werden können, zuwenden. Solange man die Stoffumbildungen auf chemische Reaktionen im weitesten Sinne beschränkt, Kernreaktionen also ausschließt, genügt es, sich auf die in der Chemie üblichen Grundstoffe, die Elemente, zu beziehen. Denn die Werte der chemischen Potenziale von Stoffen, die aus den Grundstoffen zusammengesetzt sind, stehen mit denen der Grundstoffe in Beziehung und sind unter Ausnutzung chemischer Reaktionen experimentell bestimmbar. Da ein Element auf chemischem Wege nicht in ein anderes umgewandelt werden kann, lassen sich die Werte der chemischen Potenziale der verschiedenen Elemente untereinander nicht in Beziehung setzen. Das bedeutet, dass das Bezugsniveau des chemischen Potenzials im Prinzip für jeden Grundstoff, d. h. jedes Element, gesondert festgelegt werden könnte. Da bei chemischen Reaktionen die Elemente erhalten bleiben, also stets die gleiche Anzahl von Elementsymbolen auf der linken und rechten Seite einer Umsatzformel auftritt, wirkt sich das auf die allein beobachtbaren und messbaren Potenzialdifferenzen nicht aus. Schauen wir uns dies zur Verdeutlichung am Beispiel der Synthese von Ammoniak aus Stickstoff und Wasserstoff genauer an:

$$N_2 + 3\,H_2 \quad \rightarrow 2\,NH_3$$

μ/kG:
0	$3 \cdot 0$	$2 \cdot (-16)$	$\Rightarrow [\mu(N_2) + 3\,\mu(H_2)] - 2\,\mu(NH_3) = +32$
0	$3 \cdot 2000$	$2 \cdot 2984$	$\Rightarrow [\mu(N_2) + 3\,\mu(H_2)] - 2\,\mu(NH_3) = +32$

In der Umsatzformel kommt N links und rechts zweimal, H hingegen sechsmal vor. Wenn man daher das chemische Potenzial eines Stoffes z. B. für jedes in einer Gehaltsformel vorkommende H um einen festen, aber willkürlichen Summanden erhöht, sagen wir um 1000 kG, wie in der dritten Zeile angegeben, dann kürzt sich dieser Summand bei der Berechnung der Differenz heraus und man erhält den gleichen Wert wie in der zweiten Zeile. Dasselbe gilt auch für Stickstoff. Das bedeutet aber, dass man das Bezugsniveau für jedes Element, wie erwähnt, frei wählen könnte, der Einfachheit halber werden jedoch die chemischen Potenziale aller Elemente gleich null gesetzt.

Nun hängt der Zustand eines Elements davon ab, welche Temperatur und welcher Druck herrscht, aber auch davon, ob etwa Wasserstoff in atomarer oder molekularer Form auftritt, Kohlenstoff als Graphit oder Diamant, Sauerstoff als O, O_2 oder O_3 usw. Als leicht zu reproduzierenden Bezugszustand wählen wir nun den Zustand, in dem das jeweilige Element in „reiner Form" und in seiner natürlichen Isotopenzusammensetzung unter chemischen *Normbedingungen* (d. h. 298 K und 100 kPa, wie in Kapitel 3 besprochen) in seiner dabei stabilsten Modifikation vorliegt. Eine Ausnahme macht der Phosphor, bei dem man als Bezugszustand die leichter zugängliche weiße (in manchen Tabellenwerken auch die rote) Modifikation statt der stabileren, aber schwer herzustellenden schwarzen bevorzugt. Die μ-Werte unter Normbedingungen werden generell mit $\mu^{\ominus}$ bezeichnet. Es gilt somit, wenn E ein beliebiges Element (in seiner stabilsten Modifikation) bedeutet:

$$\mu^{\ominus}(E) = 0 \quad . \tag{4.1}$$

Für Elemente E wie H, N, O, Cl usw., die unter Zimmerbedingungen gewöhnlich als zweiatomige Gase vorliegen, bedeutet 1 mol E unter Normbedingungen einfach $\frac{1}{2}$ mol E_2 und $\mu^{\ominus}(E)$ entsprechend $\frac{1}{2}\mu^{\ominus}(E_2)$.

Der Zustand der Materie, in dem die Stoffe in die Elemente in ihren Normzuständen zerlegt sind, bildet also gleichsam den „Nullpegel" für alle Potenzialangaben, wie der mittlere Meeresspiegel den Nullpegel für alle geographischen Höhenwerte bestimmt und wie der Gefrierpunkt des Wassers als Nullpegel für die Temperaturangaben in Celsius im Alltag dient.

Stoffe aller Art. Das chemische Potenzial μ eines beliebigen reinen Stoffes hängt natürlich selbst von Temperatur, Druck (und gegebenenfalls anderen Parametern) ab, $\mu(T, p, ...)$. In der Chemie ist es daher üblich, die Potenziale der Stoffe (bezogen auf die sie bildenden Grundstoffe, die Elemente) in Form von *Normwerten* $\mu^{\ominus}$, das heißt den Werten für 298 K und 100 kPa, zu tabellieren. In Tabelle 4.1 sind die Normwerte der Potenziale einiger gängiger Stoffe zusammengefasst.

Doch aufgepasst: Der Potenzialwert 0 z. B. für Eisen bedeutet nicht, dass Eisen keinen „Umbildungstrieb" hätte, sondern nur, dass wir diesen Potenzialwert als Nullpegel benutzen, gegenüber dem wir die Höhe der Potenziale anderer eisenhaltiger Stoffe angeben.

Die Auswahl der Stoffe soll zeigen, dass man nicht nur bei wohldefinierten Chemikalien von chemischen Potenzialen sprechen kann, sondern dass dies durchaus auch für aus dem Alltag bekannte Substanzen gilt. Marmor zum Beispiel verdankt seine bunten Farben bestimmten Verunreinigungen, die aber das Potenzial des Hauptbestandteils $CaCO_3$ nicht merklich ändern. Voraussetzung für die Angabe eines Potenzialwertes ist allerdings stets, dass man dem entsprechenden Stoff eine für alle Rechnungen verbindliche Gehaltsformel zuweisen kann, welche die Zusammensetzung aus den Elementen erkennen lässt. Daher darf diese Formel in einer solchen Tabelle nicht fehlen.

Die μ-Werte reiner Stoffe hängen aber auch vom Aggregatzustand, der Kristallstruktur usw. ab. So weisen zum Beispiel flüssiges Wasser und Wasserdampf, aber auch Diamant und Graphit unterschiedliche chemische Potenziale auf. Um eindeutige Angaben zu erhalten, wollen wir wiederum auf die entsprechenden Zusätze |s, |l, |g, ... (vgl. Abschnitt 1.6) zurückgreifen bzw. Modifikationen durch griechische Buchstaben |α, |β, ... oder auch die vollen Namen wie |Graphit, |Diamant, ... charakterisieren.

Stoff	Formel	$\mu^{\ominus}/\text{kG}$
Reine Stoffe		
Eisen	Fe|s	0
Graphit	C|Graphit	0
Diamant	C|Diamant	+3
Ammoniak	NH_3|g	−16
Wasser	H_2O|l	−237
Wasserdampf	H_2O|g	−229
Kochsalz	NaCl|s	−384
Quarz	SiO_2|s	−856
Marmor	$CaCO_3$|s	−1129
Rohrzucker	$C_{12}H_{22}O_{11}$|s	−1558
Paraffin	$\approx(CH_2)$|s	+4
Benzol	C_6H_6|l	+125
Acetylen (Ethin)	C_2H_2|g	+210
in Wasser		
Rohrzucker	$C_{12}H_{22}O_{11}$|w	−1565
Ammoniak	NH_3|w	−27
Wasserstoff(I)	H^+|w	0
Calcium(II)	Ca^{2+}|w	−554

Tab. 4.1 Chemische Potenziale einiger ausgewählter Stoffe unter Normbedingungen (298 K, 100 kPa, gelöste Stoffe bei 1 kmol m^{-3})

Da es uns hier nur um ein erstes Kennenlernen geht, betrachten wir die μ-Werte der Stoffe zunächst als gegeben, so wie wir auch in einer Tabelle nachschlagen würden, wenn uns z. B. die Massendichte oder die elektrische Leitfähigkeit eines Stoffes interessiert. Mit einigen Messverfahren werden wir uns abschließend in den Abschnitten 4.7 und 4.8 beschäftigen.

Gelöste Stoffe. Das Potenzial eines Stoffes B ändert sich, wenn man ihn in ein anderes Umfeld bringt, z. B. indem man ihn auflöst. Je nach Art des Lösemittels L ergeben sich andere Werte. Wir wollen diese Zustandsart allgemein durch den Zusatz |d (von „dissolutus") kennzeichnen (siehe Abschnitt 1.6), oder genauer |L, um – falls nötig – auch die Art des Lösemittels angeben zu können. Für den häufigsten Fall, Stoffe in wässriger Lösung, benutzen wir, wie erwähnt, das Kürzel |w. Es kommt aber nicht nur auf die Art des Lösemittels an, sondern auch auf den Gehalt an B. Bei einem gelösten Stoff muss daher neben T und p zusätzlich die Konzentration c festgelegt werden, für die der Tabellenwert gelten soll. Als üblicher Bezugswert gilt 1 kmol m^{-3} (= 1 mol L^{-1}). Mit den Besonderheiten, die bei der Festlegung dieser Normwerte (wie auch bei der von Gasen) auftreten, werden wir uns im Abschnitt 6.2 auseinandersetzen.

Wir können also zusammenfassen:

$\mu^{\ominus} = \mu(T^{\ominus}, p^{\ominus})$	bei reinen Stoffen	$T^{\ominus} = 298$ K
$\mu^{\ominus} \approx \mu(T^{\ominus}, p^{\ominus}, c^{\ominus})$	bei gelösten Stoffen	$p^{\ominus} = 100$ kPa
		$c^{\ominus} = 1$ kmol m^{-3}

$T^{\ominus}$, $p^{\ominus}$, $c^{\ominus}$ bezeichnen *Normtemperatur*, *Normdruck* und *Normkonzentration*.

Nullte Näherung. Solange die Temperatur nicht mehr als ±10 K und Druck und Konzentration nicht mehr als eine Zehnerpotenz von ihren Normwerten abweichen, bleiben die Potenzialänderungen bei niedermolekularen Substanzen meist in der Größenordnung von ±6 kG, sodass wir die μ-Werte in diesem groben Rahmen als konstant betrachten können. Vielfach reicht diese Genauigkeit durchaus, sodass wir uns in einem solchen Falle – gleichsam in nullter Näherung – mit den tabellierten $\mu^{\ominus}$-Werten begnügen können, ohne uns um Temperatur-, Druck- und Konzentrationsabhängigkeit der Potenziale zu kümmern. Diese Einflüsse werden wir erst in den nachfolgenden Kapiteln genauer behandeln.

Geladene Stoffe. Auch einer Gesamtheit von Ionen kann man wie einem Stoff ein chemisches Potenzial zuordnen. Wenn man Ionen einer Art in die Elemente zerlegt, dann bleibt neben den neutralen Elementen eine positive oder negative Menge n_{e} an Elektronen übrig, beispielsweise:

$$CO_3^{2-} \rightarrow C + \tfrac{3}{2} O_2 + 2 \, e^-.$$

Die Elektronen erscheinen hier als eine Art zusätzliches Element (vgl. Abschnitt 1.2), dem man wie allen Elementen in einem bestimmten Bezugszustand den Wert $\mu^{\ominus} = 0$ zuordnen könnte. Da allerdings Elektronen im freien Zustand in der Chemie keine Rolle spielen, nimmt man sich die Freiheit, den Wert für $\mu^{\ominus}(e^-)$ mittelbar so festzulegen, dass die am häufigsten auftauchende Ionenart, H$^+$, in wässriger Lösung (unter Normbedingungen) den $\mu^{\ominus}$-Wert null bekommt:

$$\mu^{\ominus}(\text{H}^+|\text{w}) = 0 \quad . \tag{4.2}$$

Das erscheint auf den ersten Blick überraschend, denn wir wissen, dass für das chemische Potenzial eines Elementes in seinem üblichen Bezugszustand $\mu^{\ominus} = 0$ gilt. Dies gilt auch für Wasserstoff, $\mu^{\ominus}(\text{H}_2|\text{g}) = 0$. Daher erwarten wir für die anderen Zustandsarten des Wasserstoffs auch andere Potenzialwerte. Doch betrachten wir das Stoffsystem Wasserstoffgas/Wasserstoffionen, das unter geeigneten Bedingungen Elektronen ohne große Hemmungen abzugeben vermag (das Zeichen := ist zu lesen als „definitionsgemäß gleich"):

$$\text{H}_2|\text{g} \rightleftarrows 2 \, \text{H}^+|\text{w} + 2 \, e^-$$

mit

$$\underbrace{\mu^{\ominus}(\text{H}_2|\text{g})}_{:= 0} = 2 \, \underbrace{\mu^{\ominus}(\text{H}^+|\text{w})}_{0} + 2 \, \underbrace{\mu^{\ominus}(e^-)}_{:=0} \, .$$

Wenn H$_2$ und H$^+$ im Normzustand vorliegen und sich die Reaktion im *Gleichgewicht* befindet, dann *soll* das chemische Potenzial der Elektronen $\mu^{\ominus}(e^-)$ den Wert null haben. [Ausführlicher werden wir uns mit dem Elektronenpotenzial $\mu(e^-)$, kurz auch μ_{e}, in Kapitel 22 beschäftigen]. Weil $\mu^{\ominus}(H_2|g)$ definitionsgemäß verschwindet, ergibt sich zwangsläufig, dass im Gleichgewicht auch $\mu^{\ominus}(H^+|w)$ den Wert null besitzt.

4.5 Vorzeichen des chemischen Potenzials

Stabil, metastabil und instabil. Wenn wir im Folgenden Werte der chemischen Potenziale benutzen, dann gelten sie für Zimmerbedingungen (298 K, 100 kPa) und bei gelösten Stoffen für Konzentrationen in der Größenordnung von $1 \, kmol \, m^{-3}$ ($= 1 \, mol \, L^{-1}$), wobei Wasser in der Regel das Lösemittel ist. Elemente in ihren gewöhnlichen, stabilen Zuständen bekommen vereinbarungsgemäß den Wert $\mu^{\ominus} = 0$ (siehe auch Tabelle 4.3 am Ende des Kapitels oder Tabelle A2 im Anhang). Das gilt etwa für molekularen Wasserstoff, $\mu^{\ominus}(H_2|g) = 0$, während atomarer Wasserstoff ein ziemlich hohes positives Potenzial besitzt, $\mu^{\ominus}(H|g) = +203 \, kG$, das heißt, dass seine Neigung, in H_2 überzugehen, sehr stark ausgeprägt ist.

Bei einem Blick in die Tabellen 4.3 und A2 fällt auf, dass die meisten Potenzialwerte *negativ* sind. Ein Stoff mit negativem Potenzial kann freiwillig aus den Elementen entstehen, weil er – anschaulich gesprochen – einen schwächeren Umbildungstrieb besitzt als die Elemente, aus denen er besteht. Das bedeutet aber, dass die Mehrzahl der Stoffe nicht zum Zerfall in die Elemente neigt, sondern im Gegenteil aus diesen zu entstehen bestrebt ist. Die meisten Stoffe, mit denen wir es zu tun haben, sind also gegenüber einem solchen Zerfall *stabil*.

Ist das Potenzial dagegen positiv, so wird der Stoff zum Zerfall in die Elemente neigen. Eine solche Substanz ist *instabil* und damit etwa präparativ gar nicht fassbar oder immerhin *metastabil*, d. h., der Zerfall ist zwar prinzipiell freiwillig möglich, jedoch liegt eine Hemmung vor. Wird diese Hemmung überwunden, z. B. durch lokale Energiezufuhr oder den Einsatz eines Katalysators, dann reagiert der Stoff häufig sehr heftig, besonders, wenn der Wert von μ sehr groß ist.

Anwendungsbeispiele. Man kann dieses Verhalten eindrucksvoll demonstrieren, z. B. an dem schöne orange Kristalle bildenden Tetraschwefeltetranitrid S_4N_4 ($\mu^{\ominus} \approx +500 \, kG$) (Versuch 4.4).

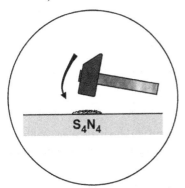

Versuch 4.4 *Zerfall des S_4N_4:* Schlägt man mit einem Hammer leicht auf eine kleine Menge an Tetraschwefeltetranitrid, so zerfällt es mit einem lebhaften Kanll (wie ein Zündplättchen).

Weitere Beispiele sind Schwermetallazide wie das als Initialzünder gebräuchliche Bleiazid $Pb(N_3)_2$ oder auch Silberazid AgN_3. Ebenfalls ausgeprägt zum Zerfall in die Elemente neigt das leicht herzustellende, schwarze Stickstofftriiodid NI_3 ($\mu^{\ominus} \approx +300 \, kG$) (Versuch 4.5).

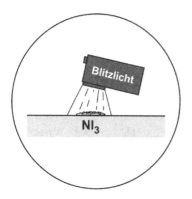

Versuch 4.5 *Zerfall des NI₃*: Stickstofftriiodid zerfällt in trockenem Zustand schon beim Berühren mit einer Feder oder durch einen Lichtblitz unter scharfem Knall. Das entstandene Iod kann leicht anhand der rötlich-violetten Wolke identifiziert werden.

Nicht immer bedeutet ein positives μ jedoch, dass der Stoff explosiv sein muss. Benzol ist beispielsweise trotz eines $\mu^{\ominus}$-Wertes von +125 kG recht beständig. Ein positiver μ-Wert ist, wie diskutiert, eine notwendige, aber keine hinreichende Bedingung für einen freiwilligen Zerfall der Substanz in die Elemente. Wir dürfen also aus der Möglichkeit einer Umbildung nicht ohne weiteres schließen, dass sie in einer bestimmten Zeitspanne ablaufen wird und betrage diese auch Jahre, Jahrtausende oder Jahrmillionen.

Wie sich die Höhe des chemischen Potenzials auf das Verhalten eines Stoffs auswirkt, kann man am besten beim Vergleich analoger Substanzen erkennen. Drei Beispiele seien herausgegriffen:

	$CO_2|g$	$NO_2|g$	$ClO_2|g$
$\mu^{\ominus}/kG$	−394	+52	+123

Das Gas CO_2 mit einem stark negativen $\mu^{\ominus}$-Wert ist beständig und entsteht freiwillig aus Kohlenstoff und Sauerstoff; Kohlenstoff ist also „brennbar". NO_2 mit positivem $\mu^{\ominus}$ entsteht dagegen nicht von selbst aus N_2 und O_2, ist aber doch so beständig, dass man es gefahrlos handhaben kann. ClO_2 schließlich mit seinem noch höheren chemischen Potenzial ist ausgesprochen explosiv.

Eine ähnliche Betrachtung kann man auch für feste Oxide anstellen:

	$Al_2O_3|s$	$Fe_2O_3|s$	$Au_2O_3|s$
$\mu^{\ominus}/kG$	−1582	−741	+78

Aluminium und Eisen vereinigen sich bekanntlich mit Sauerstoff zu ihren stabilen Oxiden, während das feste Au_2O_3 vorsichtig gehandhabt werden muss, damit es keinen Sauerstoff abspaltet.

Auch unter den Metallsulfiden gibt es eine Reihe ähnlich zusammengesetzter, die sich für einen Vergleich gut eignen:

	MgS|s	ZnS|s	FeS|s	CuS|s	„AuS"|s
$\mu^{\ominus}/kG$	−344	−199	−102	−53	> 0

Man sieht, dass die in Abschnitt 4.1 aus der Heftigkeit der Bildungsreaktion geschlossene Reihung tatsächlich mit den Werten der chemischen Potenziale parallel läuft. Aber Vorsicht: Natürlich kann ein so vages, von sehr verschiedenen Faktoren abhängiges Merkmal wie die Heftigkeit einer Reaktion nur unter ähnlichen Bedingungen als Indiz herangezogen werden.

4.6 Anwendung in der Chemie und Begriff des Antriebs

Begriff des Antriebs. Die wichtigste Anwendung des chemischen Potenzials μ liegt darin, dass es uns ermöglicht, vorauszusagen, ob eine Stoffumbildung freiwillig ablaufen kann oder nicht! Wie wir gesehen haben, ist eine chemische Reaktion

$$B + B' + ... \rightarrow D + D' + ...$$

möglich, wenn gilt:

$$\mu(B) + \mu(B') + ... > \mu(D) + \mu(D') + ...$$

Wenn wir uns dafür interessieren, ob ein für uns unbekannter Vorgang freiwillig ablaufen kann, genügt es also, die entsprechenden μ-Werte aus geeigneten Tabellenwerken herauszusuchen und die Summe der Potenziale auf der linken und der rechten Seite der Umsatzformel zu vergleichen. Von selbst laufen die Vorgänge nur „bergab", das heißt von links nach rechts, wenn die Summe der μ-Werte links größer ist als rechts.

Nach einer kleinen Umformung erhalten wir als Voraussetzung für den freiwilligen Ablauf eines Vorgangs die Bedingung

$$\mu(B) + \mu(B') + ... - \mu(D) - \mu(D') - ... > 0 .$$

Die Aufsummierung der Variablen kann mit Hilfe des Summenzeichens Σ abgekürzt werden. Wir fassen zusammen:

$$\text{Ausgangsstoffe} \rightarrow \text{Endstoffe freiwillig möglich, falls } \sum_{\text{Ausg}} \mu_i - \sum_{\text{End}} \mu_j > 0 .$$

Da es damit weniger auf die Werte der einzelnen Potenziale selbst ankommt, sondern vielmehr auf den Potenzialunterschied zwischen den Stoffen im Ausgangs- und Endzustand, bietet es sich an, diese Differenz als selbstständige Größe einzuführen:

$$\mathcal{A} = \sum_{\text{Ausg}} \mu_i - \sum_{\text{End}} \mu_j . \tag{4.3}$$

Wir wollen die Größe $\mathcal{A}$ den *chemischen Antrieb* des Vorgangs (der Umsetzung, Umwandlung, Umverteilung usw.) nennen oder kurz den *Antrieb*, wenn es klar ist, dass keine anderen Einflüsse mitwirken. Die Antriebseinheit ist, wie man der Definitionsgleichung unschwer entnehmen kann, ebenfalls „Gibbs".

Der Einfachheit halber hatten die Umsatzzahlen bisher den Absolutwert 1. Dadurch traten in den obigen Gleichungen nur Plus- und Minuszeichen auf. Im allgemeineren Fall

$$\left|v_{\mathrm{B}}\right|\mathrm{B}+\left|v_{\mathrm{B}'}\right|\mathrm{B}'+... \rightarrow v_{\mathrm{D}}\mathrm{D}+v_{\mathrm{D}'}\mathrm{D}'+...$$

erhalten wir

$$\mathcal{A} = \sum_{\mathrm{Ausg}} \left|v_i\right|\mu_i - \sum_{\mathrm{End}} v_j\mu_j \quad . \tag{4.4}$$

Im internationalen Schrifttum wird für die Größe $\mathcal{A}$ gewöhnlich der Name *Affinität* benutzt, dessen Ursprünge bis ins Altertum zurückreichen, ein Name, der leider nur sehr schlecht das Merkmal bezeichnet, welches die Größe beschreibt (siehe unten). Das von der IUPAC (International Union of Pure and Applied Chemistry) empfohlene Formelzeichen ist A. Zur Unterscheidung von anderen Größen mit demselben Formelzeichen (z. B. der Fläche) wird die Verwendung einer anderen Schriftart nahegelegt.

Auch der Name *chemische Spannung* für $\mathcal{A}$ wäre angebracht, wenn man bedenkt, dass die Größen elektrisches Potenzial φ und elektrische Spannung U,

$$U = \varphi_{\mathrm{Ausg}} - \varphi_{\mathrm{End}},$$

begrifflich und formal auf ganz ähnliche Weise zusammenhängen wie chemisches Potenzial und Antrieb. U beschreibt den (elektrischen) Antrieb für eine Ladungsverschiebung zwischen zwei Punkten, im einfachsten Fall vom Eingangspol bis zum Ausgangspol eines zweipoligen elektrischen Bauteils (Glühlampe, Widerstand, Diode usw.). Doch damit werden wir uns noch ausführlicher in Kapitel 21 auseinandersetzen.

Die Größe $\mathcal{A}$ hat unter dem Namen *Affinität* oder *Verwandtschaft* eine Jahrhunderte alte Vorgeschichte. Die erste Tabelle mit Werten dieser Größe wurde bereits 1786 von dem französischen Chemiker Louis-Bernard GUYTON DE MORVEAU aufgestellt, ein Jahrhundert, bevor der Begriff des chemischen Potenzials geschaffen worden ist. Man hatte damals allerdings noch ganz andere Vorstellungen über die Ursachen des stofflichen Wandels. Je „verwandter" zwei Stoffe sind, desto stärker der Antrieb, sich zu verbinden, war der Leitgedanke bei der Namensgebung. Ein Stoff A vermag einen anderen B aus einer Verbindung BD zu verdrängen, wenn er zu D eine größere Verwandtschaft oder Affinität zeigt als B zu D. Das tritt auch ein, wenn A bereits an einen Partner C locker gebunden ist, der dann frei wird für eine neue Partnerschaft: AC + BD → AD + BC. Der deutsche Dichter und Naturforscher Johann Wolfgang von GOETHE ließ sich dadurch zu seinem 1809 erschienenen Roman „Die Wahlverwandtschaften" anregen, in dem er diesen Gedanken auf menschliche Beziehungen übertrug.

Ein positiver Antrieb, $\mathcal{A} > 0$, treibt eine Umbildung voran, solange noch Ausgangsstoffe vorhanden sind, ein negativer, $\mathcal{A} < 0$, zurück entgegen der Richtung, die der Reaktionspfeil anzeigt. $\mathcal{A} = 0$ bedeutet Antriebslosigkeit und damit Stillstand; es herrscht Gleichgewicht. Betrachten wir hierzu einige Beispiele:

Zerfall eines Stoffes in die Elemente. Eine einfache Art von Reaktion haben wir ja bereits schon kennengelernt, nämlich den Zerfall einer Verbindung $A_\alpha B_\beta C_\gamma$ ... in die sie bildenden Elemente A, B, C, ... ,

$$A_\alpha B_\beta C_\gamma ... \rightarrow v_{\mathrm{A}}\mathrm{A} + v_{\mathrm{B}}\mathrm{B} + v_{\mathrm{C}}\mathrm{C} + ... ,$$

wobei v_{A} zahlenmäßig dem α, v_{B} dem β usw. entspricht. Für die Stärke der Zerfallsneigung – d. h. den „Zerfalls(an)trieb" – erhalten wir dann:

$$\mathcal{A} = \mu_{A_\alpha B_\beta C_\gamma \ldots} - [v_A \mu_A + v_B \mu_B + v_C \mu_C + \ldots].$$

Da wir die Potenziale der Elemente (in ihren stabilsten Modifikationen) unter Normbedingungen willkürlich null gesetzt haben, verschwindet der Ausdruck in der eckigen Klammer und der Antrieb der betrachteten Zerfallsreaktion entspricht dem chemischen Potenzial der Verbindung:

$$\mathcal{A} = \mu_{A_\alpha B_\beta C_\gamma \ldots} - \underbrace{[v_A \cdot \mu_A^\ominus + v_B \cdot \mu_B^\ominus + v_C \cdot \mu_C^\ominus + \ldots]}_{0} = \mu_{A_\alpha B_\beta C_\gamma \ldots}.$$

Diesen Sachverhalt hatten wir bereits vorgreifend in der Diskussion in Abschnitt 4.5 berücksichtigt. Betrachten wir als konkretes Beispiel den Zerfall von Ozon O_3. Dieses neigt zur Umwandlung in Disauerstoff O_2, wie sich leicht durch Vergleich der chemischen Potenziale ergibt:

$$O_3|g \rightarrow \tfrac{3}{2} O_2|g$$
$$\mu^\ominus / kG: \quad 163 \quad > \quad \tfrac{3}{2} \cdot 0 \qquad \Rightarrow \mathcal{A}^\ominus = +163 \text{ kG}.$$

$\mathcal{A}^\ominus$ ist dabei der Antrieb der Zerfallsreaktion unter Normbedingungen. Der Vorgang läuft allerdings so langsam ab, dass sich das Gas trotz seiner recht begrenzten Haltbarkeit technisch durchaus nutzen lässt, wenn man es nur schnell genug erzeugen und damit die Zerfallsverluste ausgleichen kann.

Auf eine Besonderheit, über die man leicht stolpert, sei hier noch hingewiesen. Als Antrieb für den Zerfall des Ozons ergeben sich unterschiedliche Werte, je nachdem, durch welche Formel man den Vorgang beschreibt:

$$\mathcal{A}^\ominus (2\,O_3 \rightarrow 3\,O_2) = +326 \text{ kG},$$
$$\mathcal{A}^\ominus (O_3 \rightarrow \tfrac{3}{2}\,O_2) = +163 \text{ kG}.$$

Wenn es zunächst auch nur auf das Vorzeichen von $\mathcal{A}$ ankommt und dieses in beiden Fällen gleich ist, so verwundert es doch, dass man anscheinend für denselben Vorgang verschiedene Antriebswerte erhält. Der erste Vorgang unterscheidet sich jedoch vom zweiten wie ein Gespann von zwei Pferden, Eseln oder Ochsen von einem Gespann mit nur einem dieser Tiere. Vom ersten Gespann erwarten wir selbstverständlich, dass es doppelt so zugkräftig ist wie das zweite. Für die Reaktionen gilt dasselbe. Wie bei den ξ-Werten (Abschnitt 1.7) ist es also wichtig, stets die Umsatzformel anzugeben, auf die man sich bezieht.

Umwandlungen. Einen einfachen Fall stellt auch die Umwandlung einer Substanz in eine andere dar:

$$B \rightarrow D \quad \text{freiwillig, falls} \quad \mu_B > \mu_D \quad \text{bzw.} \quad \mathcal{A} > 0.$$

Ein geeigneter Stoff ist das Quecksilber(II)-iodid HgI_2, das in einer scharlachroten und einer gelben Modifikation vorkommt mit etwas unterschiedlichen chemischen Potenzialen:

$$HgI_2|gelb \rightarrow HgI_2|rot$$
$$\mu^\ominus / kG: \quad -101{,}1 \quad > \quad -101{,}7 \qquad \Rightarrow \mathcal{A}^\ominus = +0{,}6 \text{ kG}.$$

Wegen der höheren (nicht so stark negativen) Umwandlungsneigung des gelben Quecksilberiodids müsste dieses in die rote Form übergehen. Das ist in der Tat der Fall, wie Versuch 4.6 veranschaulicht.

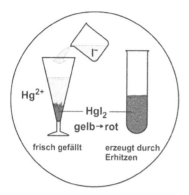

Versuch 4.6 *Modifikationsänderung des HgI₂*: Geht man von einem Löffel voll gelben HgI₂-Pulvers aus (herstellbar durch Erhitzen der roten Form im Ölbad oder Trockenschrank auf über 125 °C), dann wird die Probe im Lauf einer Stunde zunächst rotscheckig und später, indem die Flecken sich vergrößern und zusammenwachsen, einheitlich rot. In Sekunden läuft der Vorgang ab, wenn man das schwerlösliche HgI₂ durch I⁻-Zugabe aus einer Hg²⁺-Lösung ausfällt. Der Niederschlag ist im ersten Augenblick fahlgelb, wird dann aber sofort orangefarben und schließlich tiefrot.

Auch *Phasenumwandlungen* wie das Schmelzen und Verdampfen von Stoffen lassen sich nach demselben Muster behandeln. Wir können auch solche Vorgänge wie Reaktionen formulieren, beispielsweise das Schmelzen von Eis:

$$H_2O|s \quad \rightarrow \quad H_2O|l$$
$$\mu^{\ominus}/kG: \quad -236{,}6 \quad > \quad -237{,}1 \quad \Rightarrow \mathcal{A}^{\ominus} = +0{,}5 \text{ kG.}$$

Wir haben die Normwerte eingesetzt, die für eine Temperatur von 298 K oder 25 °C gelten, sodass wir einen positiven Antrieb erwarten, da Eis unter diesen Bedingungen schmilzt. Generell ist stets diejenige Zustandsart eines Stoffes stabil, die unter den vorliegenden Bedingungen das niedrigste chemische Potenzial aufweist.

So sollte sich auch Diamant in Graphit umwandeln, denn Diamant besitzt ein höheres chemisches Potenzial:

$$C|Diamant \quad \rightarrow \quad C|Graphit$$
$$\mu^{\ominus}/kG: \quad +2{,}9 \quad > \quad 0 \quad \Rightarrow \mathcal{A}^{\ominus} = +2{,}9 \text{ kG.}$$

Er tut es aber nicht, weil der Vorgang bei Zimmertemperatur viel zu stark gehemmt ist. Als Grund dafür kann man nennen, dass zur Neuverknüpfung der Kohlenstoffatome zum Graphitgitter die sehr festen Bindungen zwischen den Kohlenstoffatomen im Diamant aufgebrochen werden müssten, was bei Zimmertemperatur so gut wie ausgeschlossen ist. An dieser Stelle müssen wir uns noch einmal in Erinnerung rufen, dass ein positiver μ-Wert (bei Betrachtung des Zerfalls des Stoffes in die Elemente) oder allgemeiner ein positiver Antrieb lediglich bedeutet, dass die Umbildung das Bestreben hat, von selbst abzulaufen, nicht jedoch, dass der Vorgang auch wirklich abläuft. Während Änderungen der Aggregatzustände, gasig → flüssig → fest, wegen der hohen Beweglichkeit der einzelnen Teilchen in den beteiligten Gasen oder auch Flüssigkeiten weitgehend ungehemmt verlaufen und daher meist prompt eintreten, sobald das Potenzialgefälle dafür das nötige Vorzeichen hat, kann in Feststoffen ein instabiler Zustand „eingefroren" werden und Jahrtausende oder gar Jahrmillionen überdauern.

Stoffumsetzungen allgemein. Wenn mehrere Stoffe an einer Umsetzung beteiligt sind, ist die Entscheidung darüber, ob die Umbildung ablaufen kann oder nicht, kaum schwerer.

Als erstes Beispiel wollen wir die Reaktion von Marmor mit Salzsäure, einer wässrigen Lösung von Chlorwasserstoff, HCl, heranziehen (Versuch 4.7).

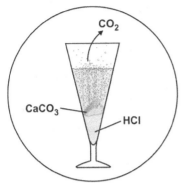

Versuch 4.7 *Auflösen von Marmor in Salzsäure*: Wirft man Marmorstücke in Salzsäure, so entwickelt sich schäumend Kohlendioxid.

Der Antrieb für diesen Vorgang muss also positiv sein. Das Ergebnis finden wir auch, wenn wir ihn aus den tabellierten Potenzialwerten berechnen. (Wir gehen von einer Konzentration der Salzsäure von $1\,kmol\,m^{-3}$ aus.) Dabei müssen wir berücksichtigen, dass HCl als starke Säure vollständig in Wasserstoff- und Chlorid-Ionen, H^+ und Cl^-, dissoziiert vorliegt. Für die Reaktion verantwortlich sind die H^+-Ionen, während die Cl^--Ionen mehr oder minder unbeteiligt sind:

$$CaCO_3|s + 2\,H^+|w \rightarrow Ca^{2+}|w + CO_2|g + H_2O|l$$

$\mu^{\ominus}/kG:$ $\underbrace{-1129 \quad\quad 2\cdot 0}_{-1129} \quad > \quad \underbrace{-554 \quad\quad -394 \quad\quad -237}_{-1185}$ $\Rightarrow \mathcal{A}^{\ominus} = +56\,kG.$

Ein weiteres Beispiel ist die Entwicklung von Chlorwasserstoffgas, wenn konzentrierte Schwefelsäure auf Kochsalz einwirkt:

$$NaCl|s + H_2SO_4|l \rightarrow HCl|g + NaHSO_4|s$$

$\mu^{\ominus}/kG:$ $\underbrace{-384 \quad\quad -690}_{-1074} \quad > \quad \underbrace{-95 \quad\quad -993}_{-1088}$ $\Rightarrow \mathcal{A}^{\ominus} = +14\,kG.$

Man pflegt das Ergebnis, dass sich Chlorwasserstoff aus Kochsalz mit konzentrierter Schwefelsäure gewinnen lässt, mangels besserer Kriterien mit einer der folgenden Regeln zu begründen: Eine schwerer flüchtige Säure verdrängt eine leichter flüchtige oder auch (wie beim Auflösen des Marmors in Salzsäure) eine stärkere Säure eine schwächere aus ihren Salzen. Diese Regeln sind zwar oft erfüllt, aber keineswegs zuverlässig. Versuch 4.8 zeigt ein Beispiel, das beiden Regeln widerspricht.

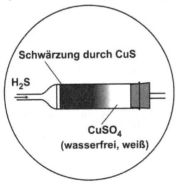

Versuch 4.8 *Schwärzung von CuSO₄ durch H₂S*: Leitet man Schwefelwasserstoffgas über wasserfreies weißes Kupfersulfat, so entsteht schwarzes Kupfersulfid, wodurch sich die Reaktion sehr gut verfolgen lässt.

$$CuSO_4|s + H_2S|g \rightarrow CuS|s + H_2SO_4|l$$

$\mu^\ominus/kG$: $\underbrace{-661 \qquad -33}_{-694} \qquad > \qquad \underbrace{-53 \qquad -690}_{-743} \qquad \Rightarrow \mathcal{A}^\ominus = +49\ kG.$

Hier verdrängt die schwache und flüchtige Säure Schwefelwasserstoff die starke und schwer-flüchtige Schwefelsäure aus einem ihrer Salze.

Auch Fällungen, d. h. die Bildung schwerlöslicher Niederschläge aus ihren ionischen Bestandteilen beim Zusammengießen zweier Lösungen, lassen sich gut vorhersagen, etwa

$$Pb^{2+}|w + 2\ I^-|w \rightarrow PbI_2|s$$

$\mu^\ominus/kG$: $\underbrace{-24 \qquad 2\cdot(-52)}_{-128} \qquad > \qquad \underbrace{-174}_{-174} \qquad \Rightarrow \mathcal{A}^\ominus = +46\ kG.$

Aus einer wässrigen Lösung, die Pb^{2+}- und I^--Ionen nebeneinander enthält, muss also Blei-iodid ausfallen. Nach demselben Muster lassen sich viele andere Fällungsreaktionen voraussagen. Mischt man Pb^{2+}-, Zn^{2+}- oder Ba^{2+}-haltige Lösungen mit solchen, die CO_3^{2-}-, S^{2-}- oder I^--Ionen enthalten, so ist nur in den in Tabelle 4.2 mit einem Pluszeichen markierten Fällen ein Niederschlag zu erwarten, wenn man wie in dem vorgeführten Beispiel des Bleiio-dids rechnet:

	CO_3^{2-}	S^{2-}	$2\ I^-$
Pb^{2+}	+	+	+
Zn^{2+}	+	+	−
Ba^{2+}	+	−	−

Tab. 4.2 Vorhersage von Fällungsreaktionen

Um die Rechnung zu ersparen, ist in Tabelle 4.3 neben dem chemischen Potenzial des mögli-chen Niederschlags auch das zusammengefasste Potenzial der ihn bildenden Ionen angeführt. Das vorausgesagte Ergebnis lässt sich leicht im Versuch bestätigen. Der Schauversuch 4.9 zeigt dies am Beispiel des S^{2-}. Die Reaktionen mit CO_3^{2-} oder I^- sind entsprechend durchzu-führen. Da gerade Ionenreaktionen in Lösungen kaum gehemmt sind und damit meist prompt und rasch ablaufen, eignen sie sich besonders gut zum Vergleich der Voraussagen mit experi-mentellen Befunden.

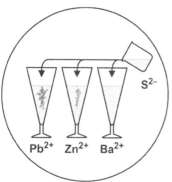

Versuch 4.9 *Fällung von Sulfiden*: Gibt man eine S^{2-}-Ionen enthaltenden Lösung zu je einer Pb^{2+}-, Zn^{2+}- oder Ba^{2+}-haltigen Lösung, so fällt nur in den beiden ersten Fällen ein Niederschlag aus.

Da eine Umsetzung stets in Richtung eines Potenzialgefälles läuft, könnte bei flüchtiger Betrachtung der Eindruck entstehen, als ob Stoffe mit positivem μ durch normale Reaktionen aus stabilen Stoffen, d. h. Stoffen mit negativem μ, gar nicht entstehen können. Die Bildung von Ethin (Acetylen), einem Gas mit hohem positivem Potenzial, aus Calciumcarbid und Wasser (Versuch 4.10), beides Stoffe mit negativem Potenzial, zeigt, dass dies nicht zutrifft.

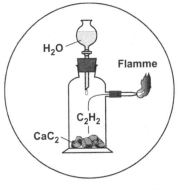

Versuch 4.10 *Karbidlampe*: Lässt man Wasser auf einige Calciumcarbidbrocken tropfen, so beobachtet man eine lebhafte Gasentwicklung. Das gebildete Ethin verbrennt mit stark rußender Flamme.

$$CaC_2|s \;+\; 2\,H_2O|l \;\rightarrow\; Ca(OH)_2|s \;+\; C_2H_2|g$$

$\mu^{\ominus}/kG:$ $\underbrace{-65 \qquad 2\cdot(-237)}_{-539} \qquad > \qquad \underbrace{-898 \qquad +210}_{-688} \qquad \Rightarrow \mathcal{A}^{\ominus} = +149\;kG.$

Das sehr niedrige chemische Potenzial des Calciumhydroxids auf der Produktseite sorgt dafür, dass der Antrieb insgesamt positiv wird, obwohl μ(Ethin) > 0 ist. Früher wurde das so gewonnene Gas wegen seiner hell leuchtenden Flamme zum Betrieb von Gruben-, aber auch von Fahrradlampen benutzt und auch heute noch wird es wegen seiner hohen Verbrennungstemperatur zum Schweißen eingesetzt.

Lösevorgänge. Auch die Auflösung von Stoffen in einem Lösemittel kann mit Hilfe des Potenzialbegriffs beschrieben werden. Ob sich ein Stoff in Wasser, Alkohol, Benzin usw. gut oder schlecht lösen lässt, ergibt sich aus der Differenz der chemischen Potenziale im reinen und gelösten Zustand. Hier soll zunächst nur ein erster Eindruck vom Löseverhalten der Stoffe vermittelt werden. Wie man Löslichkeiten berechnet oder abschätzt, das wird in Kapitel 6 besprochen.

Als Antrieb für die Auflösung von Rohrzucker in Wasser [genauer gesagt, in einer Lösung, die bereits 1 kmol m^{-3} an Zucker enthält (das sind rund 340 g im Liter!)] erhalten wir etwa:

$$C_{12}H_{22}O_{11}|s \;\rightarrow\; C_{12}H_{22}O_{11}|w$$

$\mu^{\ominus}/kG:$ $-1558 \qquad > \qquad -1565 \qquad \Rightarrow \mathcal{A}^{\ominus} = +7\;kG.$

$\mathcal{A}^{\ominus}$ > 0 heißt, dass sich der Zucker selbst in einer so konzentrierten Lösung noch auflöst. Zucker ist also leicht löslich, wie es uns auch die alltägliche Erfahrung lehrt (Versuch 4.11).

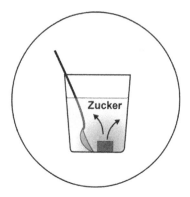

Versuch 4.11 *Auflösen eines Zuckerwürfels*: Der Vorgang macht sich durch das Zusammensinken des Zuckerwürfels in einem Glas voll Tee auffällig bemerkbar, auch wenn nicht gerührt wird.

Eindrucksvoller kann man den Vorgang gestalten, wenn man einen Turm von Zuckerwürfeln auf einem Teller aufstellt, in den man dann etwas (angefärbtes) Wasser eingießt, sodass der Turm in einem flachen Fußbad zu stehen kommt. Das Wasser beginnt sofort nach oben zu steigen und nach kurzer Zeit sinkt der Turm in sich zusammen.

Auch Kochsalz löst sich bekanntlich leicht in Wasser. Der Grund ist, dass das chemische Potenzial der Na^+- und Cl^--Ionen in wässriger Umgebung (selbst bei einer Konzentration von 1 kmol m^{-3}) zusammen deutlich niedriger ist als das des festen Salzes:

$$NaCl|s \rightarrow Na^+|w + Cl^-|w$$
$$\mu^\ominus/kG:\ \underbrace{-384}\qquad \underbrace{-262 \qquad -131}$$
$$-384 \quad > \quad -393 \qquad \Rightarrow \mathcal{A}^\ominus = +9 \text{ kG}.$$

Schauen wir uns hingegen das Löseverhalten von Iod an, so ergibt sich:

$$I_2|s \rightarrow I_2|w$$
$$\mu^\ominus/kG:\ 0 \quad < \quad +16 \qquad \Rightarrow \mathcal{A}^\ominus = -16 \text{ kG}.$$

Der Antrieb ist stark negativ, der Vorgang kann freiwillig nur rückwärts ablaufen. Aus einer Lösung der Konzentration 1 kmol m^{-3} würde festes Iod ausfallen. Das heißt aber nicht, das Iod in Wasser unlöslich ist. Bei steigender Verdünnung sinkt das Potenzial des Iods in Wasser, sodass der Antrieb bei hoher Verdünnung auch positiv werden kann. Doch mit diesen Zusammenhängen werden wir uns im Kapitel 6 beschäftigen.

Auch Gase lassen sich in ihrem Löseverhalten auf diese Weise leicht beschreiben. Als erstes Beispiel wollen wir Ammoniak als Gas und Wasser als Lösemittel wählen:

$$NH_3|g \rightarrow NH_3|w$$
$$\mu^\ominus/kG:\ -17 \quad > \quad -27 \qquad \Rightarrow \mathcal{A}^\ominus = +10 \text{ kG}.$$

Ammoniak ist folglich in Wasser sehr leicht löslich. Besonders eindrucksvoll lässt sich diese hervorragende Löslichkeit mit dem sogenannten Springbrunnenversuch (Versuch 4.12) zeigen.

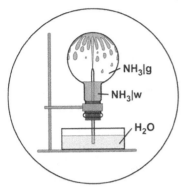

Versuch 4.12 *Ammoniak-Springbrunnen*: NH_3-Gas löst sich so begierig in Wasser, dass schon das Eindringen weniger Tropfen in den gasgefüllten Kolben genügt, um den Druck darin drastisch sinken zu lassen, sodass dann weiteres Wasser im kräftigen Strahl nachgesogen wird. Gibt man vor Versuchsbeginn einige Tropfen des Säure-Base-Indikators Phenolphthalein in das Wasser, so färbt sich die Lösung nach Eintritt in den Kolben rotviolett (näheres in Kapitel 7).

Anders als beim Ammoniakgas sieht die Situation im Falle des gasigen Kohlendioxids aus, das in Wasser viel schlechter löslich ist:

$$CO_2|g \;\rightarrow\; CO_2|w$$
$$\mu^{\ominus}/kG: \quad -394 \;\; > \;\; -386 \qquad \Rightarrow \mathcal{A}^{\ominus} = -8 \text{ kG}.$$

Es neigt daher dazu, aus einer wässrigen Lösung wieder auszuperlen (Versuch 4.13).

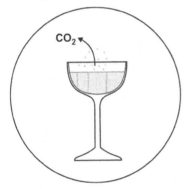

Versuch 4.13 *„Ausperlen" von Kohlendioxid*: Unter Überdruck in Sekt, Sprudel, Brause usw. befindliches Kohlendioxid sprudelt bei Druckentlastung wieder heraus.

Da sowohl Ammoniak als auch Kohlendioxid als Gase sehr voluminös sind, macht sich ihr Auftreten oder Verschwinden beim Lösen oder Entweichen deutlich bemerkbar.

Potenzialdiagramme. Anschaulicher noch als durch einen bloßen Zahlenvergleich wird die Beschreibung der Stoffumbildungen, wenn wir die $\mu^{\ominus}$-Werte in ein sogenanntes *Potenzialdiagramm* eintragen. Dabei wird der den Vorgang treibende Potenzialabfall besser erkennbar, wenn man die Potenzialwerte der Ausgangs- und Endstoffe jeweils summiert. Dies wollen wir uns einmal am Beispiel der Reaktion von Kupfersulfat mit Schwefelwasserstoff genauer anschauen (Abb. 4.4).

Bisher haben wir in gröbster (nullter) Näherung das chemische Potenzial als konstant betrachtet und die Abhängigkeit von Temperatur, Druck, Konzentration usw. vernachlässigt. In den nächsten Kapiteln werden wir uns eingehend mit diesen Einflüssen auseinandersetzen und die Folgen daraus für das Verhalten der Stoffe erörtern. Doch zuvor wollen wir uns mit der Frage befassen, wie man die Umbildungsneigung der Stoffe quantifizieren und ihr damit ein Maß zuordnen kann.

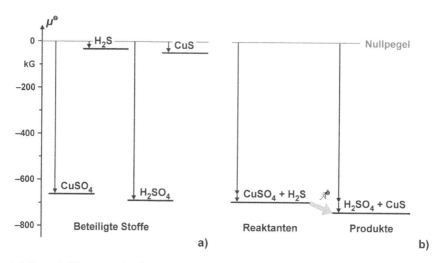

Abb. 4.4 Potenzialdiagramm für die Reaktion $CuSO_4 + H_2S \rightarrow H_2SO_4 + CuS$ unter Normbedingungen: a) Potenzialniveaus der beteiligten Stoffe und b) Summation der Potenzialwerte von Ausgangs- und Endstoffen

4.7 Direkte Messung von Antrieben

Antriebsmessung allgemein. Mit üblichen Methoden messbar sind nicht die absoluten chemischen Potenziale der Stoffe selbst, sondern nur die Differenzen zwischen den Summen der Potenziale der Ausgangsstoffe und denen der Endstoffe, also die Antriebe $\mathcal{A} = \sum\mu_{Ausg} - \sum\mu_{End}$ stofflicher Umbildungsprozesse. So gesehen, ist eigentlich $\mathcal{A}$ die ursprünglichere Größe, von der sich das chemische Potenzial μ ableitet. Auch im Fall des elektrischen Potenzials φ ist nicht φ selbst messbar, sondern – etwa in einer elektrischen Schaltung – nur die Spannung $U = \varphi_{Ausg} - \varphi_{End}$ zwischen zwei Punkten. Die Potenzialskalen sind dann, ausgehend von einem nach Gutdünken gewählten Nullpunkt, aus den gemessenen Differenzen zu konstruieren.

Wie viele andere Größen auch kann man Antriebe $\mathcal{A}$ direkt und indirekt bestimmen. Das direkte Verfahren hat den Vorteil, dass man dabei nicht auf die Kenntnis anderer physikalischer Größen angewiesen ist, sondern die Bedeutung der Größe $\mathcal{A}$ unmittelbar zu erfassen lernt. Ein Nachteil ist, dass man zunächst irgendeinen gut reproduzierbaren Vorgang wählen muss, der die Einheit $\mathcal{A}_I$ des Antriebs verkörpern soll. Verkörperte Einheiten der Länge und der Masse waren z. B. das in Paris hinterlegte, aus Platin bzw. einer Platinlegierung bestehende Urmeter und Urkilogramm. Die zunächst als Vielfache der Einheit $\mathcal{A}_I$ gemessenen Antriebswerte wären dann nachträglich auf die gesetzlichen Einheiten umzurechnen.

Erstrebenswert sind Angaben in einer SI-kohärenten Einheit, etwa G (Gibbs), wie wir sie bereits verwendet haben. Um sich nicht erst irgendwelche vorläufigen Werte merken zu müssen, kann man den Kunstgriff benutzen, dem Antrieb $\mathcal{A}$ des Vorgangs, der zur Verkörperung der Antriebseinheit $\mathcal{A}_I$ gedacht ist, nicht den Zahlenwert 1 zuzuordnen, sondern von vornherein eine Zahl zu wählen, die dem Zahlenwert in Gibbs möglichst nahe kommt. Die Temperatureinheit K (Kelvin) etwa ist nach diesem Muster festgelegt worden, wobei angestrebt wur-

de, dass die Temperaturspanne 1 K möglichst genau mit der älteren Einheit 1 °C übereinstimmt. 1 K wird durch eine Zelle verkörpert, in der reines Wasser, Wasserdampf und Eis
nebeneinander beständig sind, wobei der Temperatur einer solchen „Tripelpunktzelle" der
exakte Wert $T = 273{,}1\underline{6}$ K zugeschrieben wird (siehe auch Abschnitt 3.8).

Zelle zur Verkörperung eines festen Antriebswertes. Ein Beispiel für eine Zelle, die einen
festen Antriebswert repräsentiert wie Urmeter und Urkilogramm in Paris einen festen Längen-
bzw. Massenwert, ist in Abbildung 4.5 dargestellt. Genutzt wird hier die Erstarrung unterkühl-
ten Schwerwassers (Gefrierpunkt 276,97 K),

$$D_2O|l \rightarrow D_2O|s,$$

das durch Einbetten in ein luftfreies Leichtwasser-Eisbad auf 273,16 K temperiert wird. Die
Umwandlung läuft freiwillig ab, wenn man den D_2O-Dampf aus dem linken in das rechte
Gefäß übertreten lässt. In der SI-kohärenten Einheit Gibbs ausgedrückt, beträgt der Antrieb

$$\mathcal{A}_I = 84 \text{ G}.$$

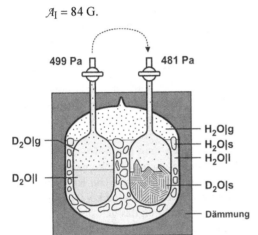

Abb. 4.5 Zelle zur Verkörperung eines festen
Antriebswertes

Metrisierung. Wie wir schon am Beispiel des Gewichtes erörtert haben (Abschnitt 1.3),
genügen zur Metrisierung im Wesentlichen drei Vereinbarungen, und zwar über

a) Vorzeichen,
b) Summe,
c) Einheit

der Größe $\mathcal{A}$, die als Maß für den Antrieb einer Stoffumbildung dienen soll. Über die Vereinbarung einer Einheit (Punkt c) haben wir gerade ausführlich gesprochen. Auch zum Vorzeichen (Punkt a) wurde schon in Abschnitt 4.6 einiges gesagt: Ein Vorgang, der freiwillig vorwärts läuft, bekommt einen positiven Antriebswert, $\mathcal{A} > 0$, ein solcher, der rückwärts strebt
entgegen der Richtung, die der Reaktionspfeil anzeigt, einen negativen Wert, $\mathcal{A} < 0$, und ein
Vorgang, der weder das eine noch das andere tut und sich damit im Gleichgewicht befindet,
den Wert $\mathcal{A} = 0$.

Wir müssen uns also nur noch Gedanken zur Summenbildung machen (Punkt b). Wenn zwei
oder mehr Umbildungen mit den Antrieben $\mathcal{A}$, $\mathcal{A}'$, $\mathcal{A}''$, ... so miteinander verkoppelt sind –
ganz gleich auf welche Weise – dass sie nur im Gleichtakt ablaufen können, dann vereinbaren

wir, dass der Antrieb $\mathcal{A}_{ges}$ des Gesamtvorgangs, der sich aus dem synchronen Ablauf der gekoppelten Teilvorgänge ergibt, die Summe der Antriebe dieser Teilvorgänge ist:

$$\mathcal{A}_{ges} = \mathcal{A} + \mathcal{A}' + \mathcal{A}'' + \dots .$$

Um eine solche Kopplung zweier oder mehrerer stofflicher Vorgänge zu erreichen, gibt es eine Reihe von Verfahren, von denen hier einige genannt seien:

a) *chemisch* über gemeinsame Zwischenstoffe,
     Sonderfall: *enzymatisch* über Enzym-Substrat-Komplexe,
b) *elektrisch* über Elektronen als Zwischenstoff,
c) *mechanisch* über Zylinder, Kolben, Getriebe usw.

Chemische Kopplung. Die Kopplung auf rein *chemischem* Wege ist weit verbreitet. Fast alle Umsetzungen bestehen aus derart gekoppelten Teilschritten. Ein strenger Gleichlauf und damit eine *enge* Kopplung wird erzwungen, wenn der gemeinsame Reaktionspartner, der *Zwischenstoff* Z, unter den gewählten Versuchsbedingungen nicht in merklicher Menge frei auftritt, d. h. sowie er entsteht, wird er durch die nächste Reaktion sofort wieder verbraucht:

$$A + B + \dots \rightarrow C + D + \dots + \boxed{Z}$$
$$\boxed{Z} + \dots + F + G \rightarrow H + I + \dots .$$

Die beiden Vorgänge können nur gemeinsam stattfinden oder sie müssen gemeinsam ruhen, d. h., sie werden durch den Stoff Z starr wie Zahnräder in einem Getriebe miteinander verkoppelt. Der kurzlebige Zwischenstoff tritt dabei meist nach außen hin gar nicht in Erscheinung, sodass man vielfach nur vermuten kann, um was für einen Stoff es sich dabei handelt. Das können recht exotisch anmutende Substanzen sein, denen man kaum den Status eines Stoffes zuerkennen mag. Ein einfaches Beispiel für eine Folge chemisch gekoppelter Umsetzungen, bei der alle Zwischenstoffe wohlbekannt sind, stellt die Fällung von Kalkstein aus Kalkwasser, einer wässrigen Calciumhydroxid-Lösung, durch eingeblasene kohlendioxidhaltige Atemluft dar. Dabei werden die ersten beiden Reaktionen durch das gelöste CO_2 gekoppelt, die nächsten durch HCO_3^- und die letzten beiden durch CO_3^{2-}.

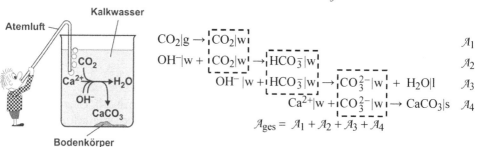

$$CO_2|g \rightarrow \boxed{CO_2|w} \qquad\qquad\qquad\qquad\qquad\qquad \mathcal{A}_1$$
$$OH^-|w + \boxed{CO_2|w} \rightarrow \boxed{HCO_3^-|w} \qquad\qquad\qquad \mathcal{A}_2$$
$$OH^-|w + \boxed{HCO_3^-|w} \rightarrow \boxed{CO_3^{2-}|w} + H_2O|l \quad \mathcal{A}_3$$
$$Ca^{2+}|w + \boxed{CO_3^{2-}|w} \rightarrow CaCO_3|s \quad \mathcal{A}_4$$
$$\mathcal{A}_{ges} = \mathcal{A}_1 + \mathcal{A}_2 + \mathcal{A}_3 + \mathcal{A}_4$$

Ein wichtiger Sonderfall der chemischen Kopplung ist die *enzymatische*. Dieses Verfahren ist bei biochemischen Reaktionen zu hoher Vollkommenheit entwickelt. Es ist das Mittel, mit dem die zahllosen Reaktionen, die in lebenden Zellen ablaufen, so zusammengeschaltet werden, dass der Abbau der Nahrungsstoffe alle übrigen Vorgänge antreibt. Die Reaktionen werden dabei verzahnt wie die Räder in einem Uhrwerk, sodass eine Umsetzung viele andere antreiben kann.

Leider können wir das Verfahren in chemischen Apparaturen nur schwer nachahmen, und die Laborchemie bietet somit nicht viel Spielraum für eine gezielte Verzahnung verschiedener Reaktionen. Die für die Messung des Antriebs erforderliche Kopplung einer Reaktion mit der gewählten Einheitsreaktion auf chemischem Wege ist zwar prinzipiell möglich, aber nur schwer zu verwirklichen.

Elektrische Kopplung. Weitaus flexibler ist die *elektrische* Kopplung, die sich reversibler galvanischer Zellen bedient. Theoretisch lässt sich jede Stoffumbildung in einer geeignet gestalteten galvanischen Zelle dazu nutzen, um elektrische Ladung durch die Zelle von einem Pol zum anderen zu befördern. Denn jede Umbildung lässt sich, da praktisch alle Stoffe Elektronen enthalten, in einen elektronenliefernden und einen elektronenverbrauchenden Teilvorgang aufspalten.

Greifen wir irgendeine Reaktion heraus:

$$B + C \rightarrow D + E.$$

Diese können wir gedanklich in zwei – auch räumlich voneinander getrennte – Teilvorgänge zerlegen, in denen der gemeinsame Reaktionspartner B^+ ein hinreichend bewegliches Ion sein soll. Damit die Elektronen nicht mit den B^+-Ionen mitwandern können, schalten wir eine nur für die Ionen durchlässige Wand dazwischen. Um die Elektronen auf der linken Seite der Wand ableiten und auf der rechten wieder zuleiten zu können, sehen wir auf beiden Seiten der Wand Netzelektroden vor, die den Durchgang von B^+ nicht behindern. Die beteiligten Stoffe stellen wir uns im einfachsten Fall im gelösten Zustand in einem geeigneten Trog vor, der durch die Wand in zwei Hälften geteilt wird (Abb. 4.6).

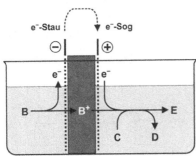

Abb. 4. 6 Kopplung zweier räumlich getrennter Reaktionen durch Elektronen als gemeinsamem Reaktionspartner

Damit der Stoff B von links nach rechts gelangen kann, muss er seine überzähligen Elektronen abstreifen,

$$B \rightarrow B^+ + e^- ,$$

die sich auf der linken Elektrode stauen, während sie auf der rechten verknappen, weil sie dort verbraucht werden:

$$e^- + B^+ + C \rightarrow D + E .$$

Zwischen den beiden Elektroden entsteht folglich eine elektrische Spannung. Die Versuchsanordnung stellt also nichts anderes als eine galvanische Zelle dar, in der die Gesamtreaktion nur fortschreiten kann, wenn man gleichzeitig Elektronen über einen äußeren Leiterkreis vom linken zum rechten Zellpol fließen lässt. Näheres zum Aufbau solcher Zellen wird im Kapitel 23 besprochen.

Im Idealfall sind Ladungstransport und chemischer Umsatz streng gekoppelt. Indem man zwei oder mehr solcher Zellen elektrisch in Reihe schaltet, werden die Reaktionen in den Zellen so gekoppelt, dass sie nur gemeinsam vorwärts oder rückwärts laufen können. Ihre Antriebe addieren sich. Dabei ist vorausgesetzt, dass die Reaktionen der Einfachheit halber so formuliert sind, dass die Umsatzzahl der Elektronen $v_e = 1$ wird. Wenn man die Pole einer Zelle in einer solchen Reihenschaltung vertauscht, dann geht der Antrieb der zugehörigen Zellreaktion mit negativem Vorzeichen ein – wie ein auf der Gegenseite einer Waage liegendes Gewicht.

Man kann Reaktionen darüber hinaus auch *mechanisch* koppeln, was allerdings gut nur in Gedankenversuchen gelingt und daher hier nicht weiter besprochen werden soll.

Direkte Messung des Antriebs. Der Antrieb $\mathcal{A}$ einer Stoffumbildung lässt sich nach demselben Muster messen, wie wir es bei den Gewichten erörtert haben. Hierzu braucht man nur m Exemplare der zu vermessenden Reaktion mit so vielen Exemplaren n der Einheitsreaktion (oder einer Reaktion mit bereits bekanntem Antrieb) gegensinnig zu koppeln, dass gerade Gleichgewicht herrscht, d. h., der Antrieb des Gesamtvorgangs verschwindet. Dann gilt:

$$\mathcal{A}_{ges} = m \cdot \mathcal{A} + n \cdot \mathcal{A}_I = 0 \qquad \text{bzw.} \qquad \mathcal{A} = -\left(\frac{n}{m}\right) \cdot \mathcal{A}_I . \tag{4.5}$$

Die Größe $\mathcal{A}$ ist nach diesem Verfahren im Prinzip mit jeder gewünschten Genauigkeit messbar. Das Verfahren können wir uns am Beispiel gegensinnig gekoppelter Fahrzeuge veranschaulichen (Abb. 4.7 a). Ganz entsprechend kann man z. B. m galvanische Zellen, die eine bestimmte zu vermessende Reaktion repräsentieren, mit n Zellen, denen eine zweite bekannte Reaktion zugrunde liegt, gegensinnig zusammenschalten, bis Gleichgewicht herrscht, erkennbar daran, dass kein Strom mehr im Leiterkreis fließt (Abb. 4.7 b). Die gegensinnige Kopplung wird, wie erwähnt, durch eine umgekehrte Polung, d. h. das Vertauschen von Plus- und Minuspol, erreicht.

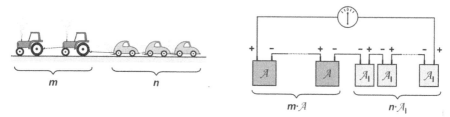

Abb. 4.7 Vergleich von a) den Zugkräften von Fahrzeugen mit b) der Antriebsmessung durch elektrische Kopplung von Reaktionen

Das Verfahren lässt sich noch erheblich vereinfachen. Man kann etwa ein hinreichend empfindliches, hochohmiges Galvanometer unmittelbar in der Einheit $\mathcal{A}_I$ eichen. Dazu braucht man das Gerät nur an die beiden offenen Enden verschiedener Zellenketten anzuschließen, die aus einer aufsteigenden Zahl der die Einheit $\mathcal{A}_I$ verkörpernden „Einheitszellen" bestehen. Man markiert nacheinander auf dem Skalenträger die Zeigerausschläge, die eine ein-, zwei-, drei-, ... -gliedrige Zellenkette verursacht, und erhält so eine für eine Messung unbekannter $\mathcal{A}$-Werte brauchbare Strichskale. Das Verfahren ähnelt der Eichung einer Federwaage mit Hilfe einer Anzahl von Einheitsgewichten oder auch der Kalibrierung der Ableseskale am Steigrohr des Eiskalorimeters direkt in der Entropieeinheit (Abschnitt 3.7).

Da das chemische Potenzial μ in der von uns gewählten Skale gerade den Antrieb $\mathcal{A}$ der Zerfallsreaktion einer Verbindung in die sie bildenden Elemente darstellt, kann es bei entsprechender Wahl der Reaktion in analoger Weise gemessen werden.

Neben den hier vorgestellten direkten Verfahren zur Bestimmung der Antriebswerte bzw. chemischen Potenziale gibt es zahlreiche anspruchsvollere und damit oft schwerer verständliche, aber universeller handhabbare *indirekte* Methoden, chemische (das Massenwirkungsgesetz nutzende) (Abschnitt 6.4), kalorimetrische (Abschnitt 8.8), elektrochemische (Abschnitt 23.2), spektroskopische, quantenstatistische usw., denen wir fast alle der heute verfügbaren Werte verdanken. So wie sich jede von der Temperatur T abhängige, relativ leicht messbare Eigenschaft eines physikalischen Gebildes – wie etwa seine Länge, sein Volumen, sein elektrischer Widerstand usw. – zur T-Messung ausnutzen lässt, so lässt sich letztendlich auch jede Eigenschaft, d. h. jede physikalische Größe, die vom chemischen Potenzial μ abhängt, ausnutzen, um auf den μ-Wert zu schließen.

4.8 Indirekte Metrisierung des chemischen Potenzials

Hypothetische Messanordnung. Um das Verständnis noch zu vertiefen, wollen wir uns ein Verfahren überlegen, mit dem sich – wenigstens im Prinzip – die μ-Werte der Stoffe ohne große Umwege ermitteln lassen, und zwar auf eine Weise, die der üblicherweise benutzten relativ nahe kommt. Abbildung 4.8 zeigt eine theoretisch denkbare Messanordnung, welche die Werte unmittelbar in der von uns benutzten Skale liefert. Das Verfahren ist indirekt, da die Energie $W_{\to n}$ gemessen wird, die man zur Bildung einer kleinen Menge n des Stoffes B braucht. Da fast alles, was wir tun, mit irgendwelchen Energieumsätzen verbunden ist, fällt es in der Praxis nicht ganz leicht, den Energiebeitrag $W_{\to n}$, der genau diesem Zweck dient, gegen die übrigen abzugrenzen, die den Vorgang nur begleiten.

Reine Elemente
in fest gewähltem Bezugs-
zustand (298 K, 100 kPa)

Reaktor
$W_{\to n}$

Stoff B
in frei gewähltem
Zustand (T, p, c, ...)

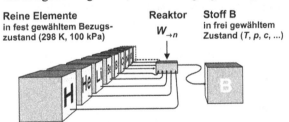

Abb. 4.8 Hypothetische Anordnung zur Messung chemischer Potenziale

Links im Bild befinden sich Behälter, in denen die Elemente in ihren normalen, bei 298 K und 100 kPa stabilen Zuständen vorliegen. Um einen Stoff B zu bilden, werden die Elemente in den nötigen Mengenverhältnissen einem kontinuierlich arbeitenden Reaktor zugeführt, in dem sie auf irgendeine Weise, die man nicht kennen muss, umgesetzt und in Gestalt des Stoffes B in einem gewünschten Zustand (fest oder flüssig, warm oder kalt, rein oder gelöst usw.) an einen Vorratsbehälter rechts ausgegeben werden. Man kann auch sagen, der Reaktor befördert den Stoff B von einem Zustand links, in dem er in seine elementaren Bestandteile zerlegt ist und das Potenzial 0 hat, in einen Zustand rechts mit dem Potenzial μ_B. Während die Materie links in einem Zustand vorliegt, der für alle zu bildenden Stoffe gleich ist, erscheint die Materie rechts in einer *spezifischen Gestalt* und einem *spezifischen Umfeld*, nämlich in Gestalt einer durch den Stoff B bestimmten Auswahl und Anordnung der atomaren Bestandteile und in einem durch Temperatur, Druck, Konzentration, Art der Mischungspartner usw. bestimmten Umfeld. Die Materie umzubilden, kostet Energie, und zwar in der Regel umso mehr, je komplexer und anspruchsvoller der Umbau ist. Die Materie „widersetzt" sich einer solchen Änderung, könnte man sagen, was sich in der mehr oder minder starken Neigung zur Rückkehr in den alten oder auch einen anderen Zustand äußert unter Freisetzung der aufgewandten Energie. Halten wir fest: Je stärker der „Trieb" zur Umbildung des Stoffes B ist, hier speziell sein Zerfallstrieb in die Elemente (im Normzustand),

- desto schwerer wird sich der Stoff entgegen seinem „Umtrieb" bilden lassen,
- desto größer wird der Energieaufwand $W_{\rightarrow n}$, um dies zu erzwingen.

Mathematische Formulierung. Da $W_{\rightarrow n}$ proportional zur gebildeten Stoffmenge n wächst, jedenfalls solange n klein bleibt, ist nicht $W_{\rightarrow n}$ selbst als Maß für die Stärke des Umbildungstriebs und damit des chemischen Potenzials μ zu verwenden, sondern $W_{\rightarrow n}$ geteilt durch n:

$$\mu = W_{\rightarrow n}/n \ . \tag{4.6}$$

Da zu erwarten ist, dass die Anreicherung des Stoffes B im Vorratsbehälter dort dessen Umfeld und damit auch sein Potenzial allmählich ändert, wird man verlangen, um die Störung hierdurch gering zu halten, dass die gebildete Menge n und damit auch der Energieeinsatz $W_{\rightarrow n}$ klein bleiben, was wir durch die Schreibweise dn und d$W_{\rightarrow n}$ symbolisieren können. μ selbst ergibt sich wieder als Quotient beider Größen:

$$\mu = \mathrm{d}W_{\rightarrow n}/\mathrm{d}n \ . \tag{4.7}$$

Selbstverständlich ist jeder zusätzliche Energieaufwand, bedingt durch irgendwelche Nebentätigkeiten (z. B. infolge Reibung, Entropieübertragung, Hebung, Beschleunigung, Bildung anderer Stoffe – etwa des Lösemittels oder eines Mischungspartner – usw.) zu vermeiden oder rechnerisch abzuziehen. Der Vorgang in Abbildung 4.8, das heißt die Überführung des Stoffes B von links nach rechts, kann auch freiwillig ablaufen; dann liefert er Energie, sodass $W_{\rightarrow n}$ und damit auch μ negativ wird, was außer den Vorzeichen einiger Werte nichts Wesentliches an unseren Überlegungen ändert.

Aus der Gleichung $\mu = \mathrm{d}W_{\rightarrow n}/\mathrm{d}n$ ergibt sich als Maßeinheit für das chemische Potenzial $\mathrm{J\,mol^{-1}}$. Wegen der Häufigkeit der Werte, mit denen man es laufend zu tun hat, ist jedoch eine eigene, der elektrischen Potenzial- und Spannungseinheit „Volt" analoge Einheit „Gibbs", kurz G, gerechtfertigt, die wir bereits kennengelernt haben:

1 Gibbs (G) = 1 $\mathrm{J\,mol^{-1}}$.

Die Energie, die in den links entnommenen Portionen der Elemente enthalten ist, steckt natürlich auch in dem daraus gebildeten Stoff B. Um diese Beiträge brauchen wir uns jedoch nicht zu kümmern, da sie sich bei der Berechnung des Antriebs einer Stoffumbildung, bei der die Elemente erhalten bleiben – das trifft in der Chemie immer zu – herauskürzen (vgl. Abschnitt 4.4). Nur der Mehrbeitrag d$W_{\rightarrow n}$, den wir mit $\mu \mathrm{d}n$ identifizieren können, ist wesentlich und dieser gelangt mit B auch in den Materiebereich rechts und erhöht damit dessen Energieinhalt W. Aus der Zunahme dW von W können wir auf den Wert von d$W_{\rightarrow n} = \mu \mathrm{d}n$ rückschließen, auch wenn wir von der Existenz des Reaktors gar nichts wüssten, ja selbst dann, wenn es ihn gar nicht gäbe.

GIBBSscher Ansatz. Der Energieinhalt W eines Bereiches kann sich jedoch – wie das Wasservolumen in einer Badewanne (vgl. Abschnitt 1.6) – auf verschiedene Weise ändern, etwa durch Vergrößerung oder Verkleinerung seines Volumens (vgl. Abschnitt 2.5), durch Zufuhr oder Erzeugung von Entropie (vgl. Abschnitt 3.11), durch Aufnahme anderer Stoffe B', B'', ... usw.:

$$\mathrm{d}W = \underbrace{- p\mathrm{d}V}_{\mathrm{d}W_{\to V}} + \underbrace{T\mathrm{d}S}_{\mathrm{d}W_{\to S}} + \underbrace{\mu\mathrm{d}n}_{\mathrm{d}W_{\to n}} + \underbrace{\mu'\mathrm{d}n'}_{\mathrm{d}W_{\to n'}} + \underbrace{\mu''\mathrm{d}n''}_{\mathrm{d}W_{\to n''}} + \dots .$$

Um eine Störung hierdurch auszuschließen, muss man fordern, dass V, S, n', n'', ... konstant zu halten sind, sodass $\mathrm{d}V$, $\mathrm{d}S$, $\mathrm{d}n'$, $\mathrm{d}n''$, ... $= 0$ werden und damit auch die zugehörigen Energiebeiträge verschwinden:

$$\mathrm{d}W = \underbrace{- p\mathrm{d}V}_{0} + \underbrace{T\mathrm{d}S}_{0} + \underbrace{\mu\mathrm{d}n}_{\mathrm{d}W_{\to n}} + \underbrace{\mu'\mathrm{d}n'}_{0} + \underbrace{\mu''\mathrm{d}n''}_{0} + \dots = (\mathrm{d}W)_{V,S,n',n''\dots} .$$

Wenn wir dies in die Gleichung $\mu = \mathrm{d}W_{\to n}/\mathrm{d}n$ einsetzen, erhalten wir:

$$\mu = \frac{(\mathrm{d}W)_{S,V,n',n'',\dots}}{\mathrm{d}n} = \left(\frac{\mathrm{d}W}{\mathrm{d}n}\right)_{V,S,n',n'',\dots} = \left(\frac{\partial W}{\partial n}\right)_{V,S,n',n''\dots} . \qquad (4.8)$$

Diese Gleichung zeigt bereits Ähnlichkeit mit dem GIBBSchen Ansatz. Als GIBBS 1876 die Größe μ einführte, die heute chemisches Potenzial heißt, waren seine Adressaten seine Fachkollegen. Wer jedoch den Umgang mit solchen Ausdrücken nicht gewohnt ist, auf den wirken Formeln dieser Art abschreckend. Rechnerisch bedeutet der Ausdruck in der Mitte, dass man sich W als Funktion von n vorzustellen hat, $W = f(n)$. Die Funktion kann man sich durch eine Berechnungsformel gegeben denken, in der W als abhängige und n als unabhängige Veränderliche auftritt, während V, S, n', n'', ... konstante Parameter darstellen.

Verglichen mit den aus der Schulmathematik bekannten Begriffen, etwa mit der Gleichung einer Parabel $y = ax^2 + bx + c$, entspricht W dem y, n dem x und V, S, n', n'', ... den Parametern a, b, c. Um μ zu berechnen, müssen wir die Funktion $W = f(n)$ nach n ableiten, nach demselben Muster, wie wir zur Berechnung der Steigung die Ableitung der Funktion $y = ax^2 + bx + c$ nach x bilden: $y' [= (\mathrm{d}y/\mathrm{d}x)] = 2ax + b$.

Der Ausdruck rechts mit den runden ∂ setzt dagegen voraus, dass W als Funktion *aller* im Nenner und Index stehender Veränderlicher gedacht ist, $W = g(V, S, n, n', n'', \dots)$. Da aber alle diese Größen – bis auf die eine, die im Nenner des Differenzialquotienten steht – bei der Bildung der Ableitung konstant gehalten werden, macht sich dieser Unterschied im Ergebnis nicht bemerkbar.

An dieser Stelle sei noch einmal an die Formel erinnert, die wir in Abschnitt 1.3 zur indirekten Bestimmung des Gewichtes G eines Gegenstandes über die Energie besprochen hatten:

$$G = \left(\frac{\partial W}{\partial h}\right)_{v} ,$$

wobei $\mathrm{d}W$ den Energieaufwand für den Hub des Gegenstandes um ein kleines Stück $\mathrm{d}h$ bezeichnet und der Index v bedeutet, dass die Geschwindigkeit dabei konstant zu halten ist. Wir hatten damals nicht erwogen, dass der Energieinhalt W des Gegenstandes auch variieren kann, indem sich der Entropieinhalt S (etwa durch Reibung) oder die Menge n eines der Stoffe, aus dem er besteht, verändert. Um auch dies auszuschließen, könnten wir schreiben, wobei wir zugleich die Geschwindigkeit v konsequenterweise durch den Impuls $p = mv$ ersetzen:

$$G = \left(\frac{\partial W}{\partial h} \right)_{p,S,n} .$$

In dieser Verpackung muss man den Eindruck gewinnen, das Gewicht G sei eine Größe, die man ohne höhere Mathematik und ohne Thermodynamik gar nicht begreifen und handhaben kann. Entsprechend geht es einem, wenn man sich das chemische Potential μ als partielle Ableitung spezieller Formen von Energie plausibel zu machen sucht. Deshalb haben wir der Einführung des chemischen Potenzials über eine phänomenologische Charakterisierung und direkte Metrisierung den Vorzug gegeben. Nun, in der Rückschau, nachdem man verstanden hat, was die Größe μ bedeutet und welche Eigenschaften sie hat, sollte auch die GIBBSsche Definition gut nachvollziehbar sein. Abschließend sollten wir uns jedoch noch einmal vergegenwärtigen, dass μ so wenig wie G eine Energie darstellt, sondern eher wie G einer „Kraft" entspricht, und zwar einer „Kraft" oder „kraftartigen" Größe im HELMHOLTZschen Sinne (vgl. Abschnitt 2.7).

Tab. 4.3 Chemisches Potenzial μ (sowie dessen Temperatur- und Druckkoeffizienten α und β, die wir im nächsten Kapitel kennenlernen werden) unter Normbedingungen (298 K, 100 kPa, gelöste Stoffe bei $1\ \text{kmol m}^{-3}$)

Stoff	$\mu^{\ominus}$ kG	α kG K^{-1}	β µG Pa^{-1}	Stoff	$\mu^{\ominus}$ kG	α kG K^{-1}	β µG Pa^{-1}
Fe|s	0	−0,027	7,1	HCl|g	−95		
NaCl|s	−384	−0,072		H$_2$SO$_4$|l	−690		
NaHSO$_4$|s	−993	−0,113		Na$_2$SO$_4$|s	−1270		
SiO$_2$|s	−856	−0,041		CuSO$_4$|s	−661		
CaCO$_3$|s	−1129	−0,093		CuS|s	−53		
C$_{12}$H$_{22}$O$_{11}$|s	−1558	−0,392		H$_2$S|g	−33		
C$_2$H$_2$|g	210	−0,201	24,8·10^3	CaC$_2$|s	−65		
Ca^{2+}|w	−554	0,053	−17,8	OH$^-$|w	−157		
Element	0	stabilste Form		Pb^{2+}	−24		
H$_2$|g	0			Zn^{2+}	−147		
H|g	203			Ba^{2+}	−561		
O$_2$|g	0			CO$_3^{2-}$	−528		
O$_3$|g	163			S^{2-}	86		
C|Graphit	0			I$^-$	−52		
C|Diamant	2,9					Stoffe	$\Sigma\mu$
NI$_3$|s	300			PbCO$_3$	−625	Pb^{2+} + CO$_3^{2-}$	−552
S$_4$N$_4$|s	500			ZnCO$_3$	−731	Zn^{2+} + CO$_3^{2-}$	−675
C$_6$H$_6$|l	125			BaCO$_3$	−1135	Ba^{2+} + CO$_3^{2-}$	−1089
CO$_2$|g	−394	−0,214	brennbar	PbS	−98	Pb^{2+} + S^{2-}	62
NO$_2$|g	52	−0,240	unbrennbar	ZnS	−199	Zn^{2+} + S^{2-}	−61
ClO$_2$|g	123	−0,257	unbrennbar	BaS	−456	Ba^{2+} + S^{2-}	−475
			Stamm-element	PbI$_2$	−174	Pb^{2+} + 2 I$^-$	−128
Al$_2$O$_3$|s	−1582	−0,051	oxidiert	ZnI$_2$	−209	Zn^{2+} + 2 I$^-$	−251
Fe$_2$O$_3$|s	−741	−0,087	rostet	BaI$_2$	−602	Ba^{2+} + 2 I$^-$	−665
Au$_2$O$_3$|s	78	−0,130	beständig	C$_{12}$H$_{22}$O$_{11}$|w	−1565		
MgS|s	−344	−0,050		Na$^+$|w	−262		
ZnS|s	−199	−0,059		Cl$^-$|w	−131		
FeS|s	−102	−0,060		I$_2$|s	0		
CuS|s	−53	−0,066		I$_2$|w	16		
AuS|s	>0			NH$_3$|g	−16		
HgI$_2$|rot	−101,7	−0,180		NH$_3$|w	−27		
HgI$_2$|gelb	−101,1	−0,186		CO$_2$|w	−386		
H$^+$|w	0			H$_2$O|s	−236,6	−0,045	19,7
				H$_2$O|l	−237,1	−0,070	18,1
				H$_2$O|g	−228,6	−0,189	24,8·10^3

5 Einfluss von Temperatur und Druck auf Stoffumbildungen

Das chemische Potenzial μ kann nur in erster Näherung als konstant angesehen werden. Häufig haben Temperatur und Druck einen entscheidenden Einfluss auf das chemische Potenzial und damit den Ablauf chemischer Vorgänge. Wasser gefriert in der Kälte und verdampft in der Hitze. Butan, der Brennstoff der Gasfeuerzeuge, verflüssigt sich, wenn man es zusammenpresst. Daher muss eine exaktere Beschreibung die Temperatur- und Druckabhängigkeit von μ berücksichtigen. Oft reicht zu diesem Zweck ein linearer Ansatz aus. Sind die Temperatur- und Druckkoeffizienten des chemischen Potenzials bekannt, so kann das Verhalten der Substanzen, wenn man sie erhitzt, zusammengepresst etc., leicht vorausgesagt werden. Die Schmelz-, Sublimationstemperaturen etc. sind einer Berechnung zugänglich, aber auch z.B. die Mindesttemperatur, die für eine bestimmte Umsetzung erforderlich ist. Nur der Druckkoeffizient von Gasen zeigt selbst eine starke Druckabhängigkeit; daher ist der lineare Ansatz nur in einem engen Druckbereich anwendbar. Soll ein weiter Druckbereich berücksichtigt werden, so muss der logarithmische Ansatz herangezogen werden.

5.1 Einführung

Die Tabellenwerte, mit denen wir bisher gerechnet haben, waren die sogenannten Normwerte, die sich auf 298 K und 100 kPa, also auf etwa Zimmertemperatur und Normaldruck beziehen; bei gelösten Stoffen trat die Normkonzentration $1 \, \text{kmol} \, \text{m}^{-3}$ hinzu. Entsprechend gelten die Aussagen über die Möglichkeit einer Umbildung bisher nur für diese Bedingungen.

Temperatur und Druck haben jedoch oft einen entscheidenden Einfluss auf das chemische Potenzial und damit den Ablauf chemischer Prozesse. Wasser gefriert in der Kälte und verdampft in der Hitze. Das Bratfett schmilzt in der Pfanne, der Pudding geliert beim Erkalten, Eis schmilzt unter den Kufen der Schlittschuhe und Butan, der Brennstoff der Gasfeuerzeuge, verflüssigt sich, wenn man es zusammenpresst. In der Kühle der Nacht bilden sich Nebel, welche die Morgensonne wieder auflöst. Das chemische Potenzial μ ist also nicht konstant, sondern abhängig von Temperatur, Druck und einer Reihe anderer Parameter.

5.2 Temperaturabhängigkeit von chemischem Potenzial und Antrieb

Einstieg. Schauen wir uns zum Einstieg in die Thematik als Beispiel für einen typischen Kurvenverlauf die Änderung des chemischen Potenzials von Kochsalz, $\mu(\text{NaCl})$, mit der Temperatur an (Abb. 5.1). [Ebenfalls eingezeichnet wurde die Tangente an die $\mu(T)$-Kurve im Punkt $(T^{\ominus}, \mu^{\ominus})$ mit der Steigung α.] Die Graphik zeigt zum Vergleich auch die Temperaturabhängigkeit des Antriebs für die Zersetzung von Kochsalz in die Elemente, $\mathcal{A}(\text{NaCl} \rightarrow \text{Na} + \frac{1}{2}\,\text{Cl}_2)$.

© Springer Fachmedien Wiesbaden GmbH, ein Teil von Springer Nature 2021
G. Job und R. Rüffler, *Physikalische Chemie*, Studienbücher Chemie,
https://doi.org/10.1007/978-3-658-32936-5_5

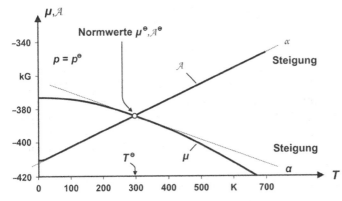

Abb. 5.1 Chemisches Potenzial des Kochsalzes und Antrieb für seine Zersetzung gemäß NaCl → Na + ½ Cl₂ in Abhängigkeit von der Temperatur (bei konstantem Druck $p^\ominus$)

Zunächst fällt ins Auge, dass das chemische Potenzial mit *steigender Temperatur* immer steiler werdend *abfällt*. Dieses Verhalten zeigen alle Stoffe – abgesehen von ganz wenigen Ausnahmen bei gelösten Stoffen (wie z. B. Ca²⁺|w). Das Bestreben eines Stoffes, sich umzubilden, nimmt also generell ab, wenn man ihn in eine wärmere Umgebung bringt.

Der aus den temperaturabhängigen Potenzialen berechnete Antrieb $\mathcal{A}(T)$ zeigt gegenüber der $\mu(T)$-Kurve einen deutlich geradlinigeren Verlauf (mit der Steigung α). Beide Kurven schneiden sich bei der Normtemperatur $T^\ominus$, da das chemische Potenzial einer Substanz unter Normbedingungen dem Zerfallsantrieb in die Elemente (hier Natrium und Chlor) entspricht.

Der Potenzialabfall mit steigender Temperatur scheint auf den ersten Blick im Widerspruch zu der Beobachtung zu stehen, dass Reaktionen bei höherer Temperatur offenbar viel leichter und schneller ablaufen als bei tieferer Temperatur. Dazu ist einmal zu bemerken, dass höhere Geschwindigkeit nicht notwendig einen stärkeren Antrieb bedeuten muss, sondern auch durch eine geringere oder gar verschwindende Hemmung verursacht sein kann, wie es bei chemischen Umsetzungen in der Tat oft der Fall ist. Die starke Abnahme der Hemmungen bei zunehmender Erwärmung verdeckt also die meist schwache Änderung des Antriebs $\mathcal{A}$. Zudem ist zu bedenken, dass $\mathcal{A}$ durch die Differenz der chemischen Potenziale zwischen Ausgangs- und Endstoffen bestimmt wird und *nicht* durch die absolute Höhe der Potenziale. Da aber sowohl die Potenziale der Ausgangs- wie die der Endstoffe beim Erwärmen sinken, muss der für den Reaktionsantrieb allein maßgebliche Potenzialunterschied keineswegs abnehmen, sondern er kann konstant bleiben oder sogar zunehmen, wie in unserem Beispiel.

Temperaturkoeffizient. Um den Abfall der Potenzialwerte mit steigender Temperatur zu beschreiben, können wir uns fürs Erste mit einem ganz einfachen Ansatz zufrieden geben. Wenn man zum Beispiel angeben will, wie sich die Länge l eines Stabes mit der Temperatur ändert, dann tut man das mit Hilfe eines Temperaturkoeffizienten, der angibt, um wie viel die Länge bei Erwärmung um 1 K zunimmt. Den Längenzuwachs bei einem Temperaturanstieg vom Ausgangswert T_0 zum Endwert T kann man durch eine lineare Gleichung beschreiben, solange $\Delta T = T - T_0$ nicht zu groß wird:

$$l = l_0 + \varepsilon \cdot (T - T_0) . \tag{5.1}$$

Dabei stellt l_0 den Anfangswert der Länge dar und ε den Temperaturkoeffizienten.

Um die Änderung des chemischen Potenzials beim Erwärmen zu kennzeichnen, gehen wir genauso vor:

$$\mu = \mu_0 + \alpha \cdot (T - T_0) \quad . \tag{5.2}$$

μ_0 charakterisiert hierbei den Anfangswert des chemischen Potenzials. Dieser stellt einen beliebigen Wert bei frei wählbarer Temperatur T_0, frei wählbarem Druck p_0 und Gehalt c_0 dar (im Gegensatz zu dem Normwert $\mu^{\ominus}$). Oft dienen jedoch Normwerte als Anfangswerte einer Rechnung, sodass in diesen Fällen $\mu_0 = \mu^{\ominus}$ sein kann, dies ist aber keineswegs zwingend. Der *Temperaturkoeffizient* α stellt die Steigung der $\mu(T)$-Kurve in unmittelbarer Nähe des Punktes (T_0, μ_0) dar (er gilt also streng nur bei der Bezugstemperatur T_0) und ist, wie wir gesehen haben, damit nahezu immer *negativ*.

Für die Temperaturabhängigkeit des Antriebs $\mathcal{A}$ einer Stoffumbildung

$$B + B' + ... \rightarrow D + D' + ...$$

erhalten wir ganz analog:

$$\mathcal{A} = \mathcal{A}_0 + \alpha \cdot (T - T_0) \quad . \tag{5.3}$$

Der Temperaturkoeffizient α des Antriebs lässt sich nach demselben, leicht zu behaltenden Muster berechnen wie der Antrieb selbst:

$$\alpha = \alpha(B) + \alpha(B') + ... - \alpha(D) - \alpha(D') - ...$$

(Zur Erinnerung: $\mathcal{A} = \mu(B) + \mu(B') + ... - \mu(D) - \mu(D') - ...$).

Im allgemeineren Fall

$$|v_B| B + |v_{B'}| B' + ... \rightarrow v_D D + v_{D'} D' + ...$$

gehen wir wieder ganz analog wie bei der Berechnung des Antriebs vor:

$$\alpha = \sum_{\text{Ausg}} |v_i| \alpha_i - \sum_{\text{End}} v_j \alpha_j \quad . \tag{5.4}$$

Der Fehler, bedingt durch den linearen Ansatz, bleibt bei niedermolekularen Stoffen für ΔT-Werte von ungefähr ± 100 K in der Größenordnung 1 kG, wenn wir etwa von Zimmerbedingungen ausgehen. Für grobe Abschätzungen eignet sich der Ansatz noch bis $\Delta T \approx 1000$ K und darüber, obwohl $\mu(T)$ stark progressiv mit wachsender Temperatur fällt. Diese bemerkenswerte und für die Anwendung wichtige Tatsache beruht auf dem Umstand, dass für das chemische Geschehen nicht die Potenziale selbst, sondern die Antriebe maßgeblich sind und sich bei der Differenzbildung $\mathcal{A} = \sum \mu_{\text{Ausg}} - \sum \mu_{\text{End}}$ die progressiven Beiträge der $\mu(T)$-Funktionen weitgehend wegheben.

Strebt man eine höhere Genauigkeit an, dann kann man leicht den Ansatz durch Hinzunahme weiterer Glieder verbessern:

$$\mu = \mu_0 + \alpha \cdot \Delta T + \alpha' \cdot (\Delta T)^2 + \alpha'' \cdot (\Delta T)^3 + ... \quad . \tag{5.5}$$

Natürlich sind auch ganz andere Ansätze denkbar – mit reziproken oder logarithmischen Gliedern beispielsweise. Jedoch wollen wir uns mit mathematischen Verfeinerungen dieser Art hier nicht weiter befassen, denn es ist erstaunlich, wie weit man mit dem linearen Ansatz bereits gelangt, und es ist unser Ziel, dies aufzuzeigen.

Tabelle 5.1 zeigt nun das chemische Potenzial $\mu^{\ominus}$ sowie dessen Temperaturkoeffizient α einer Reihe von Stoffen.

Stoff	Formel	$\dfrac{\mu^{\ominus}}{kG}$	$\dfrac{\alpha}{G\,K^{-1}}$
Eisen	Fe|s	0	−27,3
	Fe|l	5,3	−35,6
	Fe|g	368,3	−180,5
Graphit	C|Graphit	0	−5,7
Diamant	C|Diamant	2,9	−2,4
Iod	I_2|s	0	−116,1
	I_2|l	3,3	−150,4
	I_2|g	19,3	−260,7
	I_2|w	16,4	−137,2
Wasser	H_2O|s	−236,6	−44,8
	H_2O|l	−237,1	−70,0
	H_2O|g	−228,6	−188,8
Ammoniak	NH_3|l	−10,2	−103,9
	NH_3|g	−16,5	−192,5
	NH_3|w	−26,6	−111,3
Calcium(II)	Ca^{2+}|w	−553,6	+53,1

Tab. 5.1 Chemisches Potenzial μ sowie dessen Temperaturkoeffizient α einiger ausgewählter Stoffe unter Normbedingungen (298 K, 100 kPa, gelöste Stoffe bei $1\ kmol\,m^{-3}$)

Grundregeln. Neben der bereits erwähnten Grundregel, dass der Temperaturkoeffizient α (nahezu) immer negativ ist, fällt, wenn man die α-Werte beim Wechsel des Aggregatzustandes vergleicht, eine weitere Regel auf, die fast alle Stoffe befolgen: Der Temperaturkoeffizient α des chemischen Potenzials eines Stoffes B wird beim Übergang vom festen in den flüssigen und schließlich in den Gaszustand immer negativer, wobei der Sprung beim zweiten Übergang (angedeutet durch das Doppelzeichen $\ll$) erheblich größer ist als beim ersten. Für einen Stoff in wässriger Lösung ist α meist ähnlich groß wie im flüssigen Zustand. Die Werte streuen aber stärker, sodass wir $\alpha(B|w)$ nicht ohne weiteres unter die übrigen α-Werte einreihen können:

$$\alpha(B|g) \ll \alpha(B|l) < \alpha(B|s) < 0.$$

$$\longleftarrow \alpha(B|w) \longrightarrow$$

Zur Verdeutlichung wollen wir uns die Werte für Iod unter Normbedingungen, angegeben in $G\,K^{-1}$, aus Tabelle 5.1 herausgreifen:

$$-260{,}7 \ll -150{,}4 < -116{,}1 < 0.$$

$$-137{,}2$$

[Wie wir in Abschnitt 9.3 sehen werden, entspricht der Temperaturkoeffizient α der negativen molaren Entropie S_m, d. h., es gilt: $\alpha = -S_m$. Dieser kleine Vorgriff kann uns als Merkhilfe für die beiden erwähnten Regeln dienen: Einmal konnten wir in Kapitel 3 zeigen, dass die molare Entropie stets positiv ist, woraus sich zwanglos das negative Vorzeichen des Temperaturkoeffizienten ergibt. (Auf die erwähnten ganz wenigen Ausnahmen wird in Abschnitt 8.4 näher eingegangen.) Zum anderen ist die molare Entropie einer Flüssigkeit größer als die eines Festkörpers und die molare Entropie eines Gases wiederum sehr viel größer als die einer Flüssigkeit, was zu obiger Reihung führt (vgl. Abschnitt 3.9).]

Phasenumwandlung. Das chemische Potenzial von Gasen nimmt also mit wachsender Temperatur besonders rasch ab; ihr Umbildungsstreben lässt am stärksten nach, sodass der Gaszustand im Vergleich zu anderen Zustandsarten immer stabiler wird. Das heißt nichts anderes, als dass sich alle anderen Zustandsarten bei fortschreitendem Erhitzen letztlich in Gase umwandeln müssen, da diese bei hoher Temperatur die schwächste Umwandlungsneigung besitzen, also die stabilste Materieform darstellen.

Wir wollen dieses Verhalten am Beispiel des Wassers noch etwas genauer betrachten. Das chemische Potenzial von Eis, Wasser und Wasserdampf hat unter Normbedingungen folgende Werte:

	$H_2O|s$	$H_2O|l$	$H_2O|g$
$\mu^{\ominus}/kG$	$-236{,}6$	$-237{,}1$	$-228{,}6$

Daran sieht man, dass unter diesen Bedingungen Eis schmelzen und Wasserdampf kondensieren muss, da Wasser im flüssigen Zustand das niedrigste chemische Potenzial und damit die schwächste Umwandlungsneigung besitzt. Das ändert sich aber, sobald man die Temperatur weit genug erhöht oder erniedrigt. Um leichter rechnen zu können, betrachten wir eine Temperaturänderung von ± 100 K. Damit ergibt sich mit dem linearen Ansatz:

	$H_2O|s$	$H_2O|l$	$H_2O|g$
$\alpha/G\,K^{-1}$	-45	-70	-189
$\mu(398\ K)/kG$	-241	-244	-248
$\mu(198\ K)/kG$	-232	-230	-210

Wir sehen, dass bei 398 K (also 125 °C) $\mu(H_2O|g)$ den kleinsten Wert hat und daher Wasserdampf aus den anderen Zustandsarten entstehen muss, während sich bei 198 K (also -75 °C) umgekehrt Eis [$\mu(H_2O|s)$] bildet. Dieses Ergebnis wird in Abbildung 5.2 graphisch veranschaulicht.

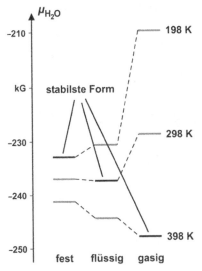

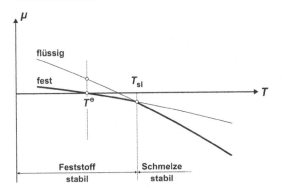

Abb. 5.2 Chemische Potenziale des Wassers in verschiedenen Zustandsarten bei 198 K, 298 K und 398 K

Umwandlungstemperatur. Der Schritt zur Berechnung der *Phasenumwandlungstemperaturen* liegt jetzt nahe: Wenn ein Stoff wie Blei bei Zimmertemperatur fest ist, dann deswegen, weil sein chemisches Potenzial im festen Zustand den niedrigsten Wert besitzt. Das Potenzial des flüssigen Bleis muss das des festen Bleis übertreffen, denn sonst wäre Blei bei Zimmertemperatur wie Quecksilber flüssig. Mit Abbildung 5.3 wird das Gesagte in einem Diagramm veranschaulicht:

Abb. 5.3 Temperaturabhängigkeit des chemischen Potenzials von fester und flüssiger Phase eines Stoffes (Das jeweils niedrigste chemische Potenzial ist hervorgehoben.)

$\mu(\text{Pb}|\text{s})$ ist bei Zimmertemperatur (und Normaldruck) als Potenzial eines Elementes gerade null, weil dieser Wert willkürlich als Nullpunkt der μ-Skale vereinbart worden ist; $\mu(\text{Pb}|\text{l})$ muss, wie gesagt, unter diesen Bedingungen darüberliegen. Beim Erwärmen sinken die chemischen Potenziale, und zwar im flüssigen Zustand schneller als im festen [gemäß der vorgestellten Reihung $\alpha(\text{B}|\text{l}) < \alpha(\text{B}|\text{s}) < 0$]. Daher müssen sich die Kurven irgendwo schneiden, sagen wir bei der Temperatur T_{sl}. Dieses T_{sl} ist die *Schmelztemperatur* des Bleis, denn unterhalb T_{sl} ist das feste Blei die stabilste Zustandsart, oberhalb T_{sl} dagegen das flüssige. Zur Kennzeichnung des jeweiligen Phasenübergangs werden die Kürzel für die Aggregatzustände als Indizes angefügt (siehe auch Erläuterung in Abschnitt 3.9).

Die Temperatur T_{sl} können wir berechnen. Dazu betrachten wir den Schmelzvorgang

$$Pb|s \rightarrow Pb|l.$$

T_{sl} ist gerade die Temperatur, bei der die chemischen Potenziale von fester und flüssiger Phase übereinstimmen,

$$\mu_s = \mu_l .\tag{5.6}$$

Die beiden Phasen befinden sich bei dieser Temperatur im Gleichgewicht miteinander. Die Temperaturabhängigkeit von μ drücken wir durch den linearen Ansatz aus:

$$\mu_{s,0} + \alpha_s \cdot (T_{sl} - T_0) = \mu_{l,0} + \alpha_l \cdot (T_{sl} - T_0) .$$

Daraus folgt über den Zwischenschritt

$$\mu_{s,0} - \mu_{l,0} = -(\alpha_s - \alpha_l) \cdot (T_{sl} - T_0)$$

schließlich

$$T_{sl} = T_0 - \frac{\mu_{s,0} - \mu_{l,0}}{\alpha_s - \alpha_l} = T_0 - \frac{\mathcal{A}_0}{\alpha} .\tag{5.7}$$

Noch etwas verkürzt wird die Herleitung, wenn man von der mit Gleichung (5.6) äquivalenten Forderung $\mathcal{A} = \mu_s - \mu_l = 0$ für das Vorliegen eines Gleichgewichtszustands ausgeht. Berücksichtigt man die Temperaturabhängigkeit des Antriebs [Gl. (5.3)], so gilt

$$\mathcal{A}_0 + \alpha \cdot (T_{sl} - T_0) = 0$$

und damit letztendlich wie oben

$$T_{sl} = T_0 - \frac{\mathcal{A}_0}{\alpha} .$$

Dieser mathematische Zusammenhang ist strenggenommen natürlich nicht völlig richtig, denn die Formel für die Temperaturabhängigkeit stellt nur eine Näherung dar, da die beiden Kurven keine Geraden, sondern leicht gekrümmt sind. Je kleiner aber $\Delta T \; (:= T_{sl} - T_0)$ ist, desto genauer ist der berechnete Wert. Während die Schmelztemperatur des Bleis tatsächlich bei 601 K liegt, berechnen wir aus den tabellierten Normwerten (Tab. A2.1 im Anhang)

$$T_{sl} = 298\,\text{K} - \frac{0 - 2220}{(-64,8) - (-71,7)} \frac{\text{G}}{\text{G K}^{-1}} = 620\,\text{K} .$$

Das Ergebnis ist damit für die doch recht grobe Näherung überraschend gut.

Wir wollen das obige $\mu(T)$-Diagramm noch etwas vervollständigen, indem wir zusätzlich das chemische Potenzial des Bleidampfes eintragen (Abb. 5.4). Bei Zimmertemperatur liegt das chemische Potenzial des Dampfes weit über dem der flüssigen Phase. $\mu(Pb|g)$ fällt aber, wie bei allen Gasen üblich, mit steigender Temperatur ziemlich steil ab. Bei irgendeiner Temperatur T_{lg} schneidet die Potenzialkurve des Bleidampfes die des flüssigen Bleis. Beim Überschreiten dieser Temperatur wandelt sich das geschmolzene Blei in Dampf um, weil der Dampf jetzt die stabilste Zustandsart darstellt. T_{lg} ist nichts anderes als die *Siedetemperatur* der Bleischmelze. Die Siedetemperatur können wir auf die gleiche Weise abschätzen wie die

Schmelztemperatur. Nur werden jetzt die Potenziale und deren Temperaturkoeffizienten für die flüssige und gasige Zustandsart eingesetzt.

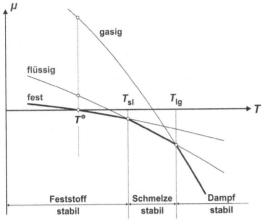

Abb. 5.4 Temperaturabhängigkeit der chemischen Potenziale eines Stoffes als Feststoff, Schmelze oder Dampf

Es gibt nun Stoffe, bei denen das chemische Potenzial des Dampfes im Vergleich zum Potenzial der Schmelze recht niedrig liegt. Dann kann die Potenzialkurve des Dampfes die des Feststoffs unterhalb der Schmelztemperatur schneiden, d. h., es gibt keine Temperatur (bei dem betrachteten Druck), bei der die flüssige Phase das niedrigste chemische Potenzial aufwiese und damit stabil wäre. Solche Stoffe schmelzen nicht beim Erwärmen, sondern gehen unmittelbar in den Dampfzustand über, sie *sublimieren*, wie man sagt (Abb. 5.5).

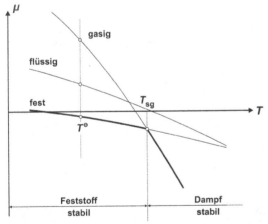

Abb. 5.5 Verläufe der chemischen Potenziale aller Phasen in Abhängigkeit von der Temperatur bei Vorliegen einer Sublimation

Ein ausgezeichnetes Beispiel für einen solchen Stoff ist gefrorenes Kohlendioxid, das wegen seiner Eigenschaft, zu verdampfen ohne zu schmelzen, als „Trockeneis" bekannt ist. Auch *Sublimationstemperaturen* T_{sg} sind auf die gleiche Weise wie Schmelz- bzw. Siedetemperaturen berechenbar.

Auf die beschriebene Weise lassen sich auch andere Umwandlungen behandeln. Ein schönes Demonstrationsobjekt ist das schon erwähnte Quecksilberiodid (vgl. Abschnitt 4.6):

	HgI_2|gelb	HgI_2|rot
$\mu^{\ominus}/kG$	−101,1	−101,7
$\alpha/G\,K^{-1}$	−186	−180

Das chemische Potenzial der gelben Modifikation fällt wegen $\alpha(HgI_2|\text{gelb}) < \alpha(HgI_2|\text{rot}) < 0$ beim Erwärmen schneller als das der roten, sodass oberhalb einer gewissen Temperatur $\mu(HgI_2|\text{gelb})$ unter $\mu(HgI_2|\text{rot})$ absinkt und damit die gelbe Form die beständigere Modifikation wird. Die Umwandlungstemperatur lässt sich auf die gleiche Weise wie die Schmelztemperatur des Bleis abschätzen − sie liegt bei rund 398 K (d. h. 125 °C) − und sehr gut experimentell prüfen (Versuch 5.1). Die Eigenschaft mancher Substanzen, beim Erwärmen die Farbe zu ändern, bezeichnet man auch als *Thermochromie*.

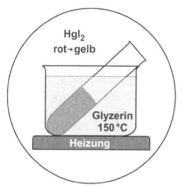

Versuch 5.1 *Thermochromie des HgI_2*: Ein rotes Quecksilberiodid enthaltendes Reagenzglas wird in einem Glyzerinbad langsam erhitzt. Bei rund 398 K beobachtet man die Umwandlung der roten in die gelbe Modifikation.

Reaktionstemperatur. Den Chemiker interessieren aber wohl am meisten „echte" chemische Reaktionen. Da sich Temperaturänderungen bei Gasen am stärksten auf deren Potenziale auswirken, sind sie es, die das Verhalten bei Umsetzungen prägen. Vorgänge, bei denen mehr Gas entsteht als verbraucht wird, die also *gasbildend* sind, werden daher wegen des stark negativen Temperaturkoeffizienten α von Gasen durch eine Temperatursteigerung begünstigt. Umgekehrt schwächt eine Temperaturerhöhung den Antrieb einer *gasbindenden* Umsetzung. Dies wollen wir uns am Beispiel der thermischen Zersetzung von Silberoxid anschauen:

$$2\,Ag_2O|s \;\rightarrow\; 4\,Ag|s \;+\; O_2|g$$

$\mu^{\ominus}/kG$:	$2 \cdot (-11,3)$	$4 \cdot 0$	0	$\Rightarrow \mathcal{A}^{\ominus} = -22,6\;kG$
$\alpha/G\,K^{-1}$:	$2 \cdot (-121)$	$4 \cdot (-43)$	-205	$\Rightarrow \alpha \;= +135\;G\,K^{-1}$

Der Zersetzungsvorgang läuft bei Zimmertemperatur wegen des negativen Antriebs nicht ab. Da hierbei jedoch formal ein Gas entsteht, erwarten wir, dass der Vorgang bei hinreichend hoher Temperatur einsetzt (Versuch 5.2). Konkret kann man die Mindesttemperatur T_Z für die Ag_2O-Zersetzung aus der Bedingung erhalten, dass die zusammengefassten chemischen Potenziale der Ausgangs- und Endstoffe gerade gleich sein müssen bzw. der Antrieb $\mathcal{A} = 0$ werden muss:

$$\mathcal{A} = \mathcal{A}_0 + \alpha \cdot (T_Z - T_0) = 0\,.$$

Damit erhalten wir für die Zersetzungstemperatur in Analogie zu Gleichung (5.7):

$$T_Z = T_0 - \frac{\mathcal{A}_0}{\alpha}$$

Ausgehend von den Anfangswerten $T_0 = T^{\ominus}$ (= 298 K) und $\mathcal{A}_0 = \mathcal{A}^{\ominus}$ ergibt sich durch Einsetzen der oben berechneten $\mathcal{A}^{\ominus}$- und α-Werte $T_Z \approx 465$ K (d. h. 192 °C).

Versuch 5.2 *Glühen von Silberoxid*: Erhitzt man schwarzbraunes Silberoxid mit einem Brenner, so ist die Entwicklung eines Gases am langsamen Aufblähen des Luftballons zu erkennen. Das Gas kann anschließend mit der Glimmspanprobe als Sauerstoff identifiziert werden. Im Reagenzglas bleibt weißlich glänzendes, metallisches Silber zurück.

Nach demselben Muster können wir z. B. ausrechnen, wie stark man ein kristallwasserhaltiges Präparat im Trockenschrank erhitzen muss, um es zu entwässern. Aber auch großtechnisch wichtige Prozesse wie die Verhüttung von Eisenerz im Hochofen (Abb. 5.6) sind der Betrachtung zugänglich.

Wenn wir von den technischen Details absehen, können wir den Hochofen als chemischen Reaktor auffassen, dem Eisenerz, Kohle und Sauerstoff zugeführt werden und den Gichtgas und Roheisen wieder verlassen. Der Vorgang mit minimalem Einsatz an Kohle [in der Umsatzformel vereinfachend mit Kohlenstoff C|s ($\approx$ Graphit) gleichgesetzt]

	$Fe_2O_3|s$ + 3 C|s		→ 2 Fe|s	+ 3 CO|g	
$\mu^{\ominus}$/kG:	–741,0	3·0	2·0	3·(–137,2)	$\Rightarrow \mathcal{A}^{\ominus} = -329{,}4$ kG
α/G K^{-1}:	–87	3·(–6)	2·(–27)	3·(–198)	$\Rightarrow \alpha = +543$ G K^{-1}

kann wegen seines negativen Antriebs unter Zimmerbedingungen nicht ablaufen. Da aber ein Gas entsteht, erwarten wir, dass die Umsetzung bei höheren Temperaturen möglich sein wird. Will man etwa wissen, ob die Temperatur von 700 K oben im Schacht des Hochofens zur Reaktion des Eisenoxids ausreicht, muss man den Antrieb gemäß $\mathcal{A} = \mathcal{A}_0 + \alpha \cdot (T - T_0)$ [Gl. (5.3)] näherungsweise auf diese Temperatur umrechnen. Mit einem Wert von –111 kG ist der Antrieb deutlich weniger negativ, d. h., der Potenzialunterschied zwischen Ausgangs- und Endstoffen ist geringer geworden, aber ablaufen kann die Reaktion noch immer nicht. Die Reaktionstemperatur, die mindestens erreicht werden muss, können wir wieder mit einer uns inzwischen gut bekannten vorkommenden Gleichung abschätzen [ganz äquivalent zu Gl. (5.7)]:

$$T_R = T_0 - \frac{\mathcal{A}_0}{\alpha} .$$

Wir erhalten so für T_R einen Wert von ca. 900 K. Um diese Temperatur zu erreichen, wird im Ofen zusätzlich Kohle verbrannt. Der Antrieb des gesamten Hochofenprozesses, ausgehend und endend für alle Stoffe bei Zimmertemperatur, wird durch den Mehrverbrauch an Kohlenstoff stark positiv:

$$Fe_2O_3|s + 7\,C|s + 2\,O_2|g \rightarrow 2\,Fe|s + 7\,CO|g$$

$\mu^\ominus/kG:$ $-741,0$ $7\cdot0$ $2\cdot0$ $2\cdot0$ $7\cdot(-137,2)$ $\Rightarrow \mathcal{A}^\ominus = +219,4\,kG$

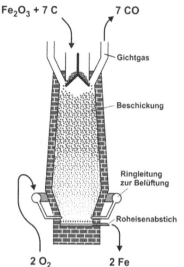

Abb. 5.6 Schematische Darstellung eines Hochofens zur Eisenverhüttung

Voraussetzung für alle diese Berechnungen ist natürlich, dass uns die nötigen Daten zur Verfügung stehen.

5.3 Druckabhängigkeit von chemischem Potenzial und Antrieb

Druckkoeffizient. Der Wert des chemischen Potenzials eines Stoffes hängt, wie anfangs erwähnt, nicht nur von der Temperatur, sondern auch vom Druck ab, und zwar *nimmt* das Potenzial im Allgemeinen *zu*, wenn der *Druck wächst* (Abb. 5.7).

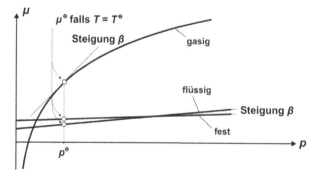

Abb. 5.7 Druckabhängigkeit der chemischen Potenziale eines Stoffes im festen, flüssigen und gasigen Zustand

In kleinen Druckbereichen kann man alle gezeichneten Kurven näherungsweise wieder als linear betrachten – vergleichbar der Beschreibung des Temperatureinflusses:

$$\mu = \mu_0 + \beta \cdot (p - p_0) \quad . \tag{5.8}$$

μ_0 ist dabei der Anfangswert des chemischen Potenzials für den Ausgangsdruck p_0. Der *Druckkoeffizient* β ist nahezu immer *positiv*.

Die Druckabhängigkeit des Antriebs $\mathcal{A}$ einer Umsetzung

$$B + B' + ... \rightarrow D + D' + ...$$

ergibt sich analog zu seiner Temperaturabhängigkeit zu

$$\mathcal{A} = \mathcal{A}_0 + \beta \cdot (p - p_0), \tag{5.9}$$

wobei für den Druckkoeffizienten β gilt:

$$\beta = \beta(B) + \beta(B') + ... - \beta(D) - \beta(D') - ... \, .$$

Im allgemeineren Fall

$$|v_B| B + |v_{B'}| B' + ... \rightarrow v_D D + v_{D'} D' + ...$$

erhält man entsprechend:

$$\beta = \sum_{\text{Ausg}} |v_i| \beta_i - \sum_{\text{End}} v_j \beta_j \quad . \tag{5.10}$$

Der lineare Ansatz ist anwendbar bei festen, flüssigen, aber auch gelösten Stoffen und für Antriebe entsprechender Umsetzungen bis $\Delta p \approx 10^5$ kPa (= 1000 bar), für orientierende Betrachtungen sogar bis 10^6 kPa (= 10000 bar). Für Gase und für die Antriebe von Umsetzungen, an denen Gase beteiligt sind, gilt als Richtwert, dass $\Delta p / p < 10$ % sein sollte, da sich die Steigung β der entsprechenden Kurve relativ stark mit dem Druck ändert (vgl. Abb. 5.7). Für größere Druckbereiche Δp muss daher ein anderer Ansatz gewählt werden, den wir noch kennenlernen werden (Abschnitt 5.5 und 6.5).

Grundregeln. Tabelle 5.2 zeigt die β-Werte einiger ausgewählter Substanzen. Für den Druckkoeffizienten β gilt eine ähnliche Regel wie für den Temperaturkoeffizienten α, die für qualitative Betrachtungen sehr nützlich ist:

$$0 < \beta(B|s) < \beta(B|l) <<<< \beta(B|g) \, .$$

$$\longleftarrow \quad \beta(B|w) \quad \longrightarrow$$

Als Beispiel wollen wir uns wieder die Werte für Iod, angegeben in der Einheit $\mu G \, Pa^{-1}$, herausgreifen:

$$0 < 51{,}5 < 60{,}3 <<<< 24{,}8 \cdot 10^3 \, .$$

$$\approx 50$$

Das ist jedoch nur eine Regel, von der es gelegentlich Ausnahmen gibt. So wird β für manche Ionen in wässriger Lösung negativ, und manchmal – so etwa beim Wasser – ist β im festen Zustand größer als im flüssigen, gerade anders, als es nach der angegebenen Regel sein sollte.

[Auch in diesem Fall existiert ein Zusammenhang mit einer molaren Größe, und zwar mit dem molaren Volumen V_m. Es gilt: $\beta = V_m$ (vgl. Abschnitt 9.3). Da alle molaren Volumen grundsätzlich positiv sind, weist auch der Druckkoeffizient stets ein positives Vorzeichen auf. (Auf die ganz wenigen Ausnahmen und ihre Ursache wird in Abschnitt 8.2 eingegangen.) Das molare Volumen eines Gases ist nun weitaus, d. h. in etwa um den Faktor 1000, größer als das von kondensierten Phasen (Flüssigkeiten und Feststoffe). Für die meisten Substanzen ist wiederum das molare Volumen der flüssigen Phase größer als das der festen, sodass sich insgesamt die obige Reihung ergibt.]

Stoff	Formel	$\mu^{\ominus}$	β
		kG	$\mu G\,Pa^{-1}$
Eisen	Fe$\vert$s	0	7,1
	Fe$\vert$g	368,3	$24{,}8 \cdot 10^3$
Graphit	C$\vert$Graphit	0	5,5
Diamant	C$\vert$Diamant	2,9	3,4
Stickstoff	$N_2\vert$g	0	$24{,}8 \cdot 10^3$
Iod	$I_2\vert$s	0	51,5
	$I_2\vert$l	3,3	60,3
	$I_2\vert$g	19,3	$24{,}8 \cdot 10^3$
	$I_2\vert$w	16,4	≈ 50
Wasser	$H_2O\vert$s	$-236{,}6$	19,8
	$H_2O\vert$l	$-237{,}1$	18,1
	$H_2O\vert$g	$-228{,}6$	$24{,}8 \cdot 10^3$
Ammoniak	$NH_3\vert$l	$-10{,}2$	28,3
	$NH_3\vert$g	$-16{,}5$	$24{,}8 \cdot 10^3$
	$NH_3\vert$w	$-26{,}6$	24,1
Calcium(II)	$Ca^{2+}\vert$w	$-553{,}6$	$-17{,}7$

Tab. 5.2 Chemisches Potenzial μ sowie dessen Druckkoeffizient β einiger ausgewählter Stoffe unter Normbedingungen (298 K, 100 kPa, gelöste Stoffe bei $1\,\mathrm{kmol\,m^{-3}}$)

Phasenumwandlung. Eine Druckerhöhung lässt also im Allgemeinen das chemische Potenzial wachsen, jedoch, wie gesagt, ist der Zuwachs in den einzelnen Aggregatzuständen unterschiedlich, im festen Zustand am geringsten, im gasigen am größten. Je höher der Druck ist, desto stabiler wird also in der Regel der feste Zustand gegenüber den anderen Zuständen und desto größer ist damit die Neigung der Stoffe, in den festen Zustand überzugehen. Umgekehrt führt eine Druckerniedrigung zur Bevorzugung des gasigen Zustandes.

Schauen wir uns nochmals das Verhalten des Wassers an, jetzt unter diesem neuen Gesichtspunkt. Die folgende Tabelle fasst die benötigten chemischen Potenziale und Druckkoeffizienten zusammen:

	$H_2O|s$	$H_2O|l$	$H_2O|g$
$\mu^{\ominus}/kG$:	−236,6	−237,1	−228,6
$\beta/10^{-6}\,G\,Pa^{-1}$	19,8	18,1	$24,8 \cdot 10^3$

So beobachtet man, dass lauwarmes Wasser bei Unterdruck siedet (Versuch 5.3). Zwar ist unter Zimmerbedingungen $\mu(H_2O|l) < \mu(H_2O|g)$, d. h., flüssiges Wasser ist die stabile Phase. Erniedrigt man aber den Druck hinreichend weit, indem man in einem geschlossenen Gefäß die überstehende Luft abpumpt, dann unterschreitet $\mu(H_2O|g)$ irgendwann $\mu(H_2O|l$, da β für den Gaszustand besonders groß ist, sich also eine Druckerniedrigung durch eine starke Verringerung des chemischen Potenzials bemerkbar macht. Das Wasser beginnt sich in Dampf umzuwandeln, es siedet schließlich.

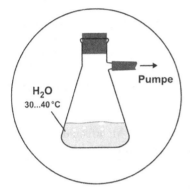

Versuch 5.3 *Sieden von lauwarmem Wasser bei Unterdruck*: Eine Saugflasche wird zu einem Drittel mit lauwarmem Wasser gefüllt, verschlossen und anschließend mit einer Wasserstrahlpumpe evakuiert. Das Wasser beginnt zu sieden.

Ein Unterdruck kann aber auch durch Abkühlung von Wasserdampf erzeugt werden, der sich zusammen mit heißem Wasser in einem geschlossenen Gefäß befindet (Versuch 5.4). Dabei kondensiert ein Teil des Dampfes, was zur Druckabnahme führt.

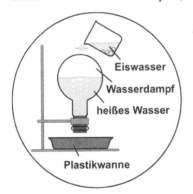

Versuch 5.4 *Sieden von heißem Wasser durch Kühlen*: Der mit heißem Wasser und Wasserdampf gefüllte Rundkolben wird mit Eiswasser übergossen. Auch in diesem Fall beginnt das Wasser zu sieden.

Umwandlungsdruck. Die Phasenumwandlung eines Stoffes unter Druck wollen wir anhand eines weiteren Beispiels näher unter die Lupe nehmen. Diamant ist eine Hochdruckmodifikation des Kohlenstoffs, die eigentlich bei normalem Druck überhaupt nicht vorkommen dürfte; ihre Umwandlung ist jedoch äußerst stark gehemmt (vgl. Abschnitt 4.6). Die stabile Modifikation des Kohlenstoffs, diejenige mit dem niedrigsten chemischen Potenzial, ist der Graphit, den wir als Hauptbestandteil der Bleistiftminen gut kennen. Graphit besitzt nun die Eigenschaft, dass sein chemisches Potenzial mit dem Druck stärker als das Potenzial von Diamant zunimmt, sodass $\mu(C|\text{Graphit})$ irgendwann $\mu(C|\text{Diamant})$ übertreffen sollte und damit die Bildung von Diamant möglich wird (Abb. 5.8).

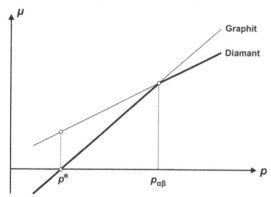

Abb. 5.8 Abhängigkeit der chemischen Potenziale von Graphit und Diamant vom Druck (Das jeweils niedrigere chemische Potenzial ist wieder hervorgehoben.)

$\mu(C|\text{Graphit})$ ist bei normalem Druck und Zimmertemperatur gerade null, weil dieser Wert willkürlich als Nullpunkt der μ-Skala festgelegt worden ist. Die $\mu(p)$-Kurve steigt für Graphit steiler an als für Diamant. Daher müssen sich die Kurven irgendwann schneiden, sagen wir beim Druck $p_{\alpha\beta}$, den wir Umwandlungsdruck nennen wollen. Der Index $\alpha\beta$ deutet an, dass die Umwandlung einer Modifikation α (hier Graphit) in eine andere Modifikation β (hier Diamant) betrachtet wird. Unterhalb $p_{\alpha\beta}$ ist Graphit stabiler, darüber Diamant.

Den Druck $p_{\alpha\beta}$ können wir berechnen, denn $p_{\alpha\beta}$ ist gerade der Druck, für den

$$\mu_\alpha = \mu_\beta \tag{5.11}$$

gilt. Die Druckabhängigkeit von μ drücken wir durch unseren linearen Ansatz aus:

$$\mu_{\alpha,0} + \beta_\alpha \cdot (p_{\alpha\beta} - p_0) = \mu_{\beta,0} + \beta_\beta \cdot (p_{\alpha\beta} - p_0).$$

Daraus folgt über den Zwischenschritt

$$\mu_{\alpha,0} - \mu_{\beta,0} = -(\beta_\alpha - \beta_\beta) \cdot (p_{\alpha\beta} - p_0)$$

schließlich

$$p_{\alpha\beta} = p_0 - \frac{\mu_{\alpha,0} - \mu_{\beta,0}}{\beta_\alpha - \beta_\beta} = p_0 - \frac{\mathcal{A}_0}{\beta} \ . \tag{5.12}$$

Der Ausdruck weist eine große formale Ähnlichkeit mit demjenigen zur Bestimmung einer Umbildungstemperatur auf, sei es bei einem Phasenübergang [Gl. (5.7)], einer Zersetzung oder anderen Vorgängen.

Einsetzen der tabellierten Werte liefert $p_{\alpha\beta} \approx 14 \cdot 10^5$ kPa (= 14 000 bar). Dieses Ergebnis kann natürlich nicht streng richtig sein, weil die linearen Abhängigkeiten ja nur grobe Näherungen darstellen. Es ist aber als Orientierungswert durchaus brauchbar.

5.4 Gleichzeitige Temperatur- und Druckabhängigkeit

Es steht nichts im Wege, unsere Überlegungen auf Umbildungen auszudehnen, bei denen Temperatur *und* Druck gleichzeitig verändert sind. Für das chemische Potenzial gilt dann:

$$\mu = \mu_0 + \alpha \cdot (T - T_0) + \beta \cdot (p - p_0) \quad . \tag{5.13}$$

Für den Antrieb erhält man entsprechend

$$\mathcal{A} = \mathcal{A}_0 + \alpha \cdot (T - T_0) + \beta \cdot (p - p_0) \quad . \tag{5.14}$$

Gefrierpunktserniedrigung des Wassers unter Druck. Aber auch die Abhängigkeit der Umwandlungstemperaturen vom Druck kann mit Hilfe dieser Gleichungen bestimmt werden. Hierzu ein bekanntes Beispiel, stellvertretend für unzählige andere. Eis schmilzt – jedenfalls, wenn es nicht zu kalt ist – bei hohen Drücken. Naturgemäß stimmt bei 273 K (0 °C) und Normdruck das chemische Potenzial von Eis mit dem von Eiswasser überein [$\mu(H_2O|s)$ = $\mu(H_2O|l)$]; wegen $\beta(H_2O|s) > \beta(H_2O|l)$ übersteigt jedoch $\mu(H_2O|s)$ mit wachsendem Druck $\mu(H_2O|l)$; das Eis beginnt zu schmelzen (Versuch 5.5).

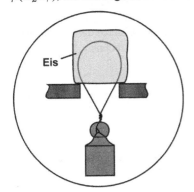

Versuch 5.5 *Schmelzen von Eis unter Druck* (*Regelation*): Eine Schlinge aus Stahldraht, an der ein Gewicht hängt, „schmilzt" sich langsam durch einen Eisblock, unterstützt von der guten Entropieleitfähigkeit des Stahldrahtes (siehe Abschnitt 20.4). Das unter dem hohen Druck unterhalb des Drahtes gebildete Wasser umfließt den Draht und gefriert oberhalb wieder, weil der Druck dort nachlässt. Obwohl der Draht den ganzen Eisblock durchwandert, bleibt der Block unversehrt.

Wasser zählt, wie erwähnt, zu den wenigen Ausnahmen, bei denen β im festen Zustand größer ist als im flüssigen. Auf diese besondere Eigenschaft führt man unter anderem die Fähigkeit der Gletscher zurück, wie ein zäher Teig mit einer Geschwindigkeit bis zu einigen Metern am Tag die Gebirgstäler hinabzufließen. An den Stellen, an denen der Druck besonders groß ist, schmilzt das Eis und wird dadurch nachgiebig, sodass es sich allmählich um Hindernisse herumschieben kann.

Dass ein Eisblock beim Zusammendrücken dennoch nicht als Ganzes schmilzt, liegt daran, dass er sich beim Schmelzen abkühlt. Denn die für den Phasenübergang fest → flüssig erforderliche Entropie wird hier nicht von außen zugeführt (vgl. Abschnitt 3.5), sondern dem Block entzogen, was mit einem Absinken der Temperatur verbunden ist. Wegen der negativen Temperaturkoeffizienten α steigen hierbei die chemischen Potenziale an, und zwar, weil $\alpha(H_2O|l) < \alpha(H_2O|s) < 0$ ist, beim Wasser stärker als beim Eis. Dadurch gleicht sich der durch Überdruck verursachte Potenzialunterschied wieder aus und der Schmelzvorgang kommt zum Stillstand. Es liegt wiederum ein Gleichgewicht zwischen fester und flüssiger Phase vor, jetzt allerdings bei einem neuen, niedrigeren Gefrierpunkt. Erst wenn man den Druck weiter erhöhte, würde das Eis weiter schmelzen, bis eine zusätzliche Abkühlung die Potenziale erneut nivelliert.

Doch schauen wir uns zur Verdeutlichung Abbildung 5.9 an. Wird der Druck erhöht, so nimmt sowohl das chemische Potenzial der festen Phase als auch das der flüssigen zu; jedoch ist dieser Anstieg im Falle des Wassers für den festen Zustand stärker ausgeprägt als für den flüssigen [wegen $0 < \beta(\text{B}|\text{l}) < \beta(\text{B}|\text{s})$]. Dadurch wird der Schnittpunkt der Kurven (T'_{sl}) nach links verschoben, d. h., der Gefrierpunkt wird um den Betrag ΔT_{sl} erniedrigt.

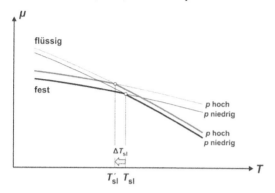

Abb. 5.9 Abhängigkeit des chemischen Potenzials eines Stoffes von der Temperatur im festen und flüssigen Zustand bei unterschiedlichen Drücken (für den Fall $0 < \beta_{\text{l}} < \beta_{\text{s}}$). Der Schnittpunkt der $\mu(T)$-Kurven beim jeweiligen Druck und damit der Gefrierpunkt verschiebt sich mit wachsendem Druck zu niedrigerer Temperatur (Gefrierpunktserniedrigung).

Die beschriebene Temperatursenkung des gepressten Eises, die nichts anderes darstellt als die Gefrierpunktserniedrigung des Wassers unter Druck, lässt sich leicht berechnen. Die Gleichgewichtsbedingung $\mu_{\text{s}} = \mu_{\text{l}}$ nimmt folgende Form an:

$$\mu_{\text{s},0} + \alpha_{\text{s}} \cdot (T - T_0) + \beta_{\text{s}} \cdot (p - p_0) = \mu_{\text{l},0} + \alpha_{\text{l}} \cdot (T - T_0) + \beta_{\text{l}} \cdot (p - p_0)$$

bzw. etwas verkürzt

$$\mu_{\text{s},0} + \alpha_{\text{s}} \cdot \Delta T + \beta_{\text{s}} \cdot \Delta p = \mu_{\text{l},0} + \alpha_{\text{l}} \cdot \Delta T + \beta_{\text{l}} \cdot \Delta p \ .$$

Wählen wir als Anfangswert den Gefrierpunkt des Wassers unter Normdruck ($T_0 = 273$ K), so sind $\mu_{\text{s},0}$ und $\mu_{\text{l},0}$ gleich und fallen heraus. Es verbleibt folgender Zusammenhang mit der Temperaturänderung ΔT als einziger unbekannter Größe:

$$\Delta T = -\frac{\beta_{\text{s}} - \beta_{\text{l}}}{\alpha_{\text{s}} - \alpha_{\text{l}}} \Delta p = -\frac{\beta}{\alpha} \Delta p \ . \tag{5.15}$$

Für $\Delta p = 10^4$ kPa (100 bar) z. B. ergibt sich mit den Zahlenwerten für Eis bzw. flüssiges Wasser aus den Tabellen 5.2 und 5.3 eine Gefrierpunktserniedrigung unter Druck von $\Delta T \approx$ $-0{,}67$ K. Es kann sich hier allerdings nur um eine Abschätzung handeln, da die erwähnten Werte für die Normtemperatur von 298 K gelten. Für eine genaue Berechnung müssten die α- und β-Werte bei 273 K eingesetzt werden.

Gefrier- und Siedepunktserhöhung unter Druck. Bei den meisten Stoffen steigt aber der Gefrierpunkt unter Druck, da $0 < \beta(\text{B}|\text{s}) < \beta(\text{B}|\text{l})$ gilt (vgl. Abb. 5.10). Aus den Potenzialverschiebungen ergibt sich ebenfalls, dass ein höherer Druck den Siedepunkt einer Substanz erhöht, ein niedrigerer ihn hingegen erniedrigt [wegen $0 < \beta(\text{B}|\text{l}) \lll \beta(\text{B}|\text{g})$]. Dies gilt auch für Wasser, wie wir aus den Versuchen 5.3 und 5.4 ersehen konnten. Die Änderung ΔT kann wieder nach obiger Formel abgeschätzt werden. Da β für die Verdampfung rund um den Faktor 10^4 größer ist als für den Schmelzvorgang, während sich die α-Werte nicht so drastisch unterscheiden, genügen schon kleine Druckänderungen, um den Siedepunkt merklich zu verschieben, während für eine vergleichbar große Verschiebung des Gefrierpunktes viel höhere Drücke erforderlich sind. So erhalten wir im Falle des Wassers bei einem Druckzuwachs um 10 kPa (0,1 bar) bereits eine Siedepunktsverschiebung um +2,0 K, während für eine vergleichbare Gefrierpunktsänderung ($\Delta T = -2{,}0$ K) eine Druckerhöhung um mehr als $3 \cdot 10^4$ kPa (300 bar) nötig ist.

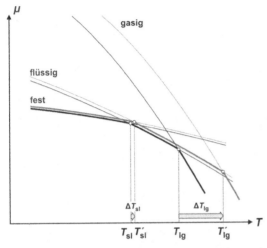

Abb. 5.10 Abhängigkeit des chemischen Potenzials eines Stoffes von der Temperatur im festen, flüssigen und gasigen Zustand jeweils bei niedrigem Druck (untere Kurven) und höherem Druck (obere Kurven) (für den Fall $0 < \beta_s < \beta_l \lll \beta_g$). Die Schnittpunkte der $\mu(T)$-Kurven und damit Gefrier- und Siedepunkt verschieben sich mit wachsendem Druck zu höherer Temperatur (Gefrierpunkts- und Siedepunktserhöhung).

Zum Abschluss werfen wir noch einen Blick auf unseren „Heimatplaneten", der ein schönes Beispiel dafür liefert, wie sich eine Druck- und Temperatursteigerung auf das chemische Potenzial und damit das Schmelzen und Erstarren von Stoffen auswirkt (Abb. 5.11).

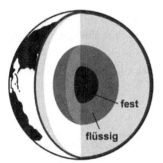

Abb. 5.11 Gegenspiel von Temperatur und Druck am Beispiel der Erde: Die zum Erdmittelpunkt hin steigende Temperatur (> 5000 K) lässt den eisernen Erdkern schmelzen, der bis auf $3{,}6 \cdot 10^8$ kPa steigende Druck lässt ihn – ganz im Innern – wieder erstarren. [Normschmelz- bzw. -siedetemperatur des Eisens (d. h. beim Normdruck von 100 kPa) liegen bei 1809 K bzw. 3340 K.]

5.5 Verhalten von Gasen unter Druck

Druckabhängigkeit des chemischen Potenzials von Gasen. Das chemische Potenzial von Gasen reagiert, wie bereits erwähnt, besonders empfindlich auf Druckänderungen. So ist der Druckkoeffizient β um Zehnerpotenzen größer als der von festen oder flüssigen Stoffen. Zugleich ist β selbst stark druckabhängig. Aus diesen Gründen ist der lineare Ansatz nur für den erwähnten sehr engen Druckbereich ($\Delta p/p < 10$ %) geeignet. Das ist für die meisten Anwendungen jedoch eine viel zu starke Einschränkung, sodass wir nach einem Ansatz suchen wollen, der einen viel weiteren Druckbereich überspannt. Beim Vergleich der Tabellenwerte fällt nun auf, dass β nicht nur einen sehr großen, sondern für alle Gase (unter Normbedingungen) denselben Wert hat. Offenbar ist der Druckkoeffizient β von Gasen im Idealfall eine *universelle* Größe. Er ist bei gleichem T und p für alle Gase in jedem Umfeld gleich, und zwar der absoluten Temperatur T direkt und dem Druck p des betrachteten Gases umgekehrt proportional. Wir wollen diese sehr bemerkenswerte Erfahrungstatsache in einer Gleichung festhalten:

$$\beta = \frac{RT}{p} \qquad \text{mit} \quad R = 8{,}314 \, \text{G K}^{-1}. \tag{5.16}$$

R ist eine Naturkonstante, die für alle Stoffe gleich ist. Man nennt sie die „*allgemeine Gaskonstante*", weil sie in einem für Gase geltenden Gesetz zuerst gefunden wurde (siehe Abschnitt 10.2). Obige Beziehung beruht auf der Erscheinung, die in der Chemie Massenwirkung genannt wird. Doch damit werden wir uns im nächsten Kapitel ausführlicher beschäftigen. (Eine Bemerkung am Rande: β entspricht hier dem molaren Volumen V_m eines sogenannten idealen Gases, wie wir in Abschnitt 10.2 sehen werden.)

Wenn wir nun $\beta = RT/p_0$ für den β-Wert an der Stelle p_0 in die Beziehung (5.8) einsetzen, erhalten wir folgende Gleichung:

$$\mu = \mu_0 + \frac{RT}{p_0} \cdot (p - p_0). \tag{5.17}$$

Der mathematisch Geübte erkennt sofort, dass sich hinter dieser Gleichung ein logarithmischer Zusammenhang zwischen μ und p verbirgt:

$$\mu = \mu_0 + RT \ln \frac{p}{p_0} \qquad . \tag{5.18}$$

Der Druckkoeffizient β von Gasen ist ja nichts anderes als die Ableitung $(d\mu/dp)$ der Funktion $\mu(p)$ nach p. Wenn wir die oben stehende logarithmische Funktion nach p ableiten, erhalten wir in der Tat Gleichung (5.16) zurück.

> Ausführliche Herleitung für mathematisch Interessierte: Wir können Gleichung (5.17) auch etwas umformen und erhalten:
>
> $$\mu - \mu_0 = \frac{RT}{p_0} \cdot (p - p_0) \qquad \text{bzw.} \qquad \Delta\mu = \frac{RT}{p_0} \cdot \Delta p \, .$$
>
> Berücksichtigt man nun, dass nur sehr kleine Änderungen auftreten sollen, so lautet die Beziehung (da wir jetzt p_0 mit p gleichsetzen können):
>
> $$d\mu = \frac{RT}{p} dp \, .$$
>
> Wenn wir die Änderung des chemischen Potenzials vom Anfangswert μ_0 auf den Endwert μ bei einer Druckänderung von p_0 nach p berechnen wollen, müssen wir beide Seiten integrieren. (Ausführlicher wird das Verfahren der Integration in Anhang A1.3 beschrieben.) Dabei wird uns das folgende elementare unbestimmte Integral gute Dienste leisten:
>
> $$\int \frac{1}{x} dx = \ln x + \text{Konstante} \, .$$
>
> Einsetzen der Integrationsgrenzen ergibt

$$\int_{\mu_0}^{\mu} d\mu = RT \int_{p_0}^{p} \frac{1}{p} \, dp$$

und schließlich

$$\mu - \mu_0 = RT \ln \frac{p}{p_0} \, .$$

Den logarithmischen Zusammenhang empfinden wir als ungewohnt und daher (unberechtigt) als kompliziert. Im Grunde ist der Zusammenhang ähnlich einfach wie ein linearer (vgl. Anhang A1.1). Der logarithmische Ansatz liefert nun (verglichen mit dem linearen Ansatz) in einem viel weiteren Druckbereich, der von null bis ca. 10^4 kPa (100 bar) reicht, akzeptable Näherungswerte. Genauer mit dem Gültigkeitsbereich auseinandersetzen werden wir uns in Abschnitt 6.5.

Butan als Beispiel. Schauen wir uns die Druckabhängigkeit des chemischen Potenzials eines Gases am Beispiel des Butans, des Brennstoffs der Gasfeuerzeuge, genauer an (Abb. 5.12). Die $\mu(p)$-Kurve des Butans im gasigen Zustand zeigt den erwarteten logarithmischen Zusammenhang [vgl. Gl. (5.18)].

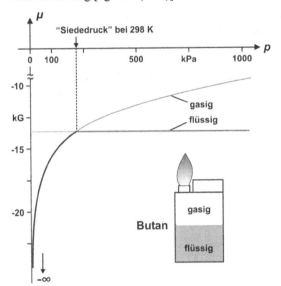

Abb. 5.12 Druckabhängigkeit des chemischen Potenzials von Butan im flüssigen und gasigen Zustand bei Zimmertemperatur (298 K)

Der Abbildung können wir weiterhin entnehmen, dass sich Butan bei Zimmertemperatur durch Zusammenpressen relativ leicht verflüssigen lässt. Der „Siededruck" p_{lg}, d. h. der Schnittpunkt der Potenzialkurven für flüssige und gasige Phase, liegt bei lediglich etwas über 200 kPa. Dieser Schnittpunkt kennzeichnet damit den Zustand, in dem sich Butan bei Zimmertemperatur in einem Feuerzeug befindet. Aus der Abbildung ergeben sich aber noch weitere wichtige Folgerungen: Die $\mu(p)$-Kurve für die Flüssigkeit erscheint als nahezu waagerechte Linie, der Anstieg ist also äußerst flach. In den meisten Fällen kann man daher das chemische Potenzial von kondensierten Phasen (Flüssigkeiten und auch Feststoffen) als druckunabhängig ansehen, wenn sie gemeinsam mit einem Gas vorliegen. Weiterhin wird deutlich, dass das chemische Potenzial eines Gases mit fallendem Druck immer weiter absinkt. Der μ-Wert strebt gegen sehr große negative, im Grenzfall sogar unendlich große negative Werte, wenn der Druck gegen null geht.

Zersetzungsdruck. Aus dem Letzteren ergeben sich bemerkenswerte Schlussfolgerungen. Zum Beispiel können wir schließen, dass Calciumcarbonat $CaCO_3$ nicht beständig sein kann, wenn der CO_2-Druck in der Umgebung auf null fällt. Dann besäße nämlich das chemische Potenzial des CO_2 den Wert $-\infty$ und die Reaktion

	$CaCO_3|s$	$\rightarrow$	$CaO|s$	$+$ $CO_2|g$	
$\mu^{\ominus}/kG$:	$-1128,8$		$-603,3$	$-394,4$	$\Rightarrow \mathcal{A}^{\ominus} = -131,1$ kG
$\alpha/G\,K^{-1}$:	-93		-38	-214	$\Rightarrow \alpha = +159\,G\,K^{-1}$,

die unter Normbedingungen nicht stattfinden kann, hätte nun einen positiven Antrieb, denn die Potenzialsumme links wäre höher als rechts. Durch den Zerfall entsteht jedoch CO_2, soarüberdass der CO_2-Druck in einem geschlossenen System zwangsläufig steigt. Der Vorgang läuft so lange ab, bis der CO_2-Druck einen Wert erreicht hat, bei dem die chemischen Potenziale zwischen linker und rechter Seite ausgeglichen sind. Man nennt diesen von selbst entstehenden CO_2-Druck den *Zersetzungsdruck* des Calciumcarbonats.

Der Zersetzungsdruck lässt sich leicht berechnen: Gleichgewicht herrscht, wenn die chemischen Potenziale in folgender Weise übereinstimmen:

$$\mu_{CaCO_3} = \mu_{CaO} + \mu_{CO_2} .$$

Die Druckabhängigkeit des chemischen Potenzials der festen Stoffe vernachlässigen wir, weil sie im Vergleich zu Gasen größenordnungsmäßig um drei Zehnerpotenzen geringer ist, und berücksichtigen nur die des CO_2, und zwar zunächst für $T = T_0$:

$$\mu_{CaCO_3,0} = \mu_{CaO,0} + \mu_{CO_2,0} + RT_0 \ln \frac{p}{p_0} .$$

Daraus folgt über die Zwischenstufen

$$\underbrace{\mu_{CaCO_3,0} - \mu_{CaO,0} - \mu_{CO_2,0}}_{\mathcal{A}_0} = RT_0 \ln \frac{p}{p_0}$$

sowie

$$\exp \frac{\mathcal{A}_0}{RT_0} = \exp \left(\ln \frac{p}{p_0} \right)$$

der folgende exponentielle Zusammenhang:

$$p = p_0 \exp \frac{\mathcal{A}_0}{RT_0} . \tag{5.19}$$

Um den Zersetzungsdruck für irgendeine, von der Anfangstemperatur T_0 verschiedene Temperatur T zu berechnen, braucht man nur den Antriebswert im Exponenten auf die neue Temperatur umzurechnen, wofür wie bisher der lineare Ansatz im Allgemeinen genügt,

$$p = p_0 \exp\frac{\mathcal{A}_0 + \alpha(T - T_0)}{RT} \,. \tag{5.20}$$

Mit Hilfe entsprechender Daten, hier der Normwerte und der zugehörigen Temperaturkoeffizienten, kann so die $p(T)$-Kurve ermittelt werden, die den Zersetzungsdruck des Calciumcarbonats in Abhängigkeit von der Temperatur angibt (Abb. 5.13):

$$p = 100 \text{ kPa} \cdot \exp\frac{(-1{,}311 \cdot 10^5) + 159 \cdot (T/K - 298)}{8{,}314 \cdot T/K} \,.$$

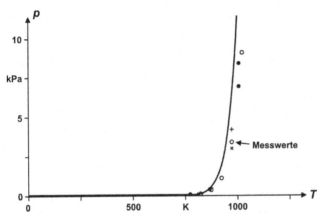

Abb. 5.13 Abhängigkeit des CO_2-Druckes von der Temperatur bei der Zersetzung von Calciumcarbonat (Vergleich der berechneten Kurve mit gemessenen Werten)

Aus der Abbildung wird ersichtlich, dass erst bei Temperaturen deutlich oberhalb 800 K ein merklicher Kohlendioxiddruck auftritt.

6 Gehaltsabhängigkeit des chemischen Potenzials

Das Konzept der Massenwirkung sowie seine Beziehung zur Gehaltsabhängigkeit des chemischen Potenzials (*Massenwirkungsgleichungen*) und zum chemischen Antrieb werden diskutiert. Eine wichtige Anwendung im Falle des Vorliegens eines Gleichgewichtes ist die Herleitung des „*Massenwirkungsgesetzes*". Aber wir besprechen auch einige weitere Auswirkungen wie die Löslichkeit von Feststoffen wie Salzen oder auch von Gasen in Flüssigkeiten, vorzugsweise in Wasser. Ersteres führt zum Begriff des *Löslichkeitsproduktes*, letzteres zum *HENRYschen Gesetz*. Mit Hilfe des HENRYschen Gesetzes können wir z. B. den Sauerstoffgehalt von Gewässern abschätzen, eine für biologische Prozesse wichtige Größe. Eine andere relevante Anwendung resultiert im *NERNSTschen Verteilungssatz*, der die Verteilung eines gelösten Stoffes zwischen zwei praktisch nicht mischbaren Flüssigkeiten beschreibt. Verteilungsgleichgewichte spielen bei der Trennung von Stoffgemischen mittels Extraktion und Verteilungschromatographie eine maßgebliche Rolle. Der letzte Abschnitt illustriert, wie das Konzept der Massenwirkung mit Hilfe von Potenzialdiagrammen visualisiert werden kann.

6.1 Der Begriff der Massenwirkung

Dass die eingesetzten Mengen der reagierenden Stoffe den Antrieb chemischer Umsetzungen entscheidend mitbestimmen können, ist schon eine alte Erfahrung. Als erster hob 1799 der französische Chemiker Claude-Louis BERTHOLLET diesen Einfluss hervor und erörterte ihn an vielen Beispielen. Im Gegensatz zu der damals vorherrschenden Auffassung betonte er, dass eine Reaktion nicht vollständig ablaufen muss, wenn ein Stoff B einen anderen C aus seiner Verbindung drängt,

$$B + CD \rightarrow C + BD \, ,$$

selbst wenn B in großem Überschuss vorliegt, sondern dass sich ein mengenabhängiges *Gleichgewicht* ausbilden kann: Je fester die Bindung von B an D einerseits und je größer die Menge an ungebundenem B im Reaktionsraum im Vergleich zum Stoff C andererseits, desto mehr BD sollte in einem solchen Falle auf Kosten von CD entstehen und umgekehrt.

Der Umbildungstrieb μ der Stoffe, können wir aufgrund dieses Befundes schließen, hängt offenbar nicht nur von ihrer Art ab, sondern auch von ihren Mengen n: Je größer die Menge – oder die dazu proportionale Masse – eines Stoffes im Reaktionsraum, desto höher, so erwarten wir, sollte sein Potenzial μ sein. Genauere Untersuchungen dieses als *Massenwirkung* bezeichneten Effektes zeigen, dass es hierbei nicht auf die Größe n selbst ankommt, sondern vielmehr auf n, bezogen auf das Volumen V, in dem ein Stoff verteilt ist, das heißt auf dessen

Konzentration $c = n/V$. Wenn etwa B oder C oder beide als reine Stoffe und damit bei festen Konzentrationen an der Umsetzung teilnehmen, dann haben deren Mengen n_B und n_C keinen Einfluss auf die Gleichgewichtslage und damit auf die entstehenden Mengen an BD und CD. Entscheidend ist hier offenbar nicht,

© Springer Fachmedien Wiesbaden GmbH, ein Teil von Springer Nature 2021
G. Job und R. Rüffler, *Physikalische Chemie*, Studienbücher Chemie,
https://doi.org/10.1007/978-3-658-32936-5_6

wie viel oder wie wenig von einem Stoff vorhanden ist, sondern wie dicht oder wie lose er im Raume verteilt ist; d. h. je geballter, konzentrierter der Einsatz, desto durchschlagender die Wirkung (siehe Cartoon). Anders ausgedrückt, für die Massenwirkung ist nicht die *Masse* eines Stoffes maßgeblich, sondern seine *„Massierung"* im Raum, nicht die *Menge*, sondern die *Konzentration*. Auf diese Tatsache haben insbesondere die beiden norwegischen Chemiker Cato Maximilian GULDBERG und Peter WAAGE im Jahre 1864 aufmerksam gemacht.

Das chemische Potenzial und damit auch der Umbildungstrieb von Stoffen steigt demnach, je stärker man sie konzentriert oder „massiert", wie man auch sagen könnte. Umgekehrt sinkt das chemische Potenzial, wenn die Konzentration eines Stoffes abnimmt. Dies wollen wir uns qualitativ an einem Beispiel aus dem Alltag verdeutlichen. Nach Lage der chemischen Potenziale muss reiner Wasserdampf unter Zimmerbedingungen kondensieren:

$$H_2O|g \quad \rightarrow \quad H_2O|l$$
$$\mu^{\ominus}/kG: \quad -228,6 \quad > \quad -237,1 \quad \Rightarrow \mathcal{A}^{\ominus} = +8,5 \text{ kG}.$$

Wird nun aber der Dampf mit Luft verdünnt, so sinkt der Wert seines Potenzials unterhalb desjenigen von flüssigem Wasser, sodass dieses in den Gaszustand übergehen kann. Es *verdunstet*, wie man sagt. Die Bedingung $\mu(H_2O|g) < \mu(H_2O|l)$ ist Voraussetzung dafür, dass nasse Wäsche, nasses Geschirr, nasse Straßen trocknen können (sofern keine anderen Ursachen wie direkte Sonneneinstrahlung mitwirken) (Abb. 6.1).

Abb. 6.1 Verdunstung von Wasser beim Trocknen von Wäsche im Garten aufgrund des Potenzialgefälles von flüssigen Wasser zu mit Luft verdünntem Wasserdampf

6.2 Konzentrationsabhängigkeit des chemischen Potenzials

Konzentrationskoeffizient. Den Einfluss der Konzentration c auf den Umbildungstrieb μ der Stoffe können wir grundsätzlich durch einen linearen Ansatz beschreiben wie den Einfluss von Temperatur T und Druck p im vorherigen Kapitel, wenn wir nur $\Delta c = c - c_0$ hinreichend klein wählen:

$$\mu = \mu_0 + \gamma \cdot (c - c_0) \qquad \text{für } \Delta c << c. \tag{6.1}$$

Nun ist die Massenwirkung ein Effekt, der durch andere, weniger wichtige, erst später zu besprechende Einflüsse (vgl. Abschnitt 13.3) überlagert wird, die alle zum *Konzentrationskoeffizienten* γ gewisse Beiträge liefern: $\gamma = \overset{\times}{\gamma} + \gamma' + \gamma'' + \dots$. Mit dem Kreuz × über dem Formelzeichen kennzeichnen wir hier und im Folgenden alle durch die Massenwirkung bedingten Größen, wenn dies zur Unterscheidung von gleichartigen Größen mit anderen Ursachen nötig ist. Die Massenwirkung tritt am deutlichsten bei kleinen Konzentrationen hervor, bei denen die anderen Einflüsse mehr und mehr zurücktreten und schließlich ganz vernachlässigbar werden, $\overset{x}{\gamma} \gg \gamma', \gamma'', \ldots$. Wenn man den Effekt möglichst ungestört untersuchen will, dann experimentiert man also am besten mit stark verdünnten Lösungen, $c \ll c^{\ominus}$ (= 1 kmol m^{-3}).

Während der Temperaturkoeffizient α und der Druckkoeffizient β (außer im Fall von Gasen) nicht nur von Stoff zu Stoff verschieden sind, sondern auch noch von der Art des Lösemittels, von Temperatur, Druck, Konzentrationen usw., kurz von der ganzen Beschaffenheit des *Umfeldes* abhängen, in dem sich der Stoff befindet, ist der durch die Massenwirkung bedingte Konzentrationskoeffizient $\overset{x}{\gamma}$ eine *universelle* Größe. Er ist bei gleichem T und c für alle Stoffe in jedem Umfeld gleich, und zwar der absoluten Temperatur T direkt und der Konzentration c des betrachteten Stoffes umgekehrt proportional, besitzt also die gleiche Grundstruktur wie der Druckkoeffizient β von Gasen:

$$\gamma = \overset{x}{\gamma} \equiv \frac{RT}{c} \qquad \text{für } c \ll c^{\ominus} \qquad \text{mit } R = 8{,}314 \text{ G K}^{-1}. \tag{6.2}$$

Da die Größe T im Zähler steht, können wir schließen, dass die Massenwirkung mit fallender Temperatur mehr und mehr an Bedeutung verliert und schließlich am absoluten Nullpunkt ganz verschwindet.

Massenwirkungsgleichungen. Wenn wir nun $\gamma = RT/c_0$ für den γ-Wert an der Stelle c_0 in Gleichung (6.1) einsetzen, erhalten wir die folgende Beziehung:

$$\mu = \mu_0 + \frac{RT}{c_0} \cdot (c - c_0) \qquad \text{für } \Delta c \ll c \ll c^{\ominus}. \tag{6.3}$$

Analog zur Betrachtung des Druckkoeffizienten β von Gasen (Abschnitt 5.5) ergibt sich daraus ein logarithmischer Zusammenhang zwischen μ und c:

$$\mu = \mu_0 + RT \ln \frac{c}{c_0} \qquad \text{für } c, c_0 \ll c^{\ominus} \quad \text{(Massenwirkungsgleichung 1)}. \tag{6.4}$$

Auf den Namen „Massenwirkungsgleichung" kommen wir später zurück.

Genaue Messungen zeigen, wie gesagt, dass die Beziehung (6.4) nicht streng erfüllt ist. Bei höheren Konzentrationen treten merkliche Abweichungen auf. Gehen wir umgekehrt zu immer niedrigeren Konzentrationen über, dann werden die Abweichungen immer geringer. Es handelt sich also bei dieser Gleichung, wenn man es genau nimmt, um ein sogenanntes „*Grenzgesetz*", das erst im Grenzübergang $c \to 0$ zu einer strengen Aussage wird. Deshalb haben wir die Bedingung kleiner Konzentrationen ($c, c_0 \ll c^{\ominus}$) der Gleichung hinzugefügt.

In der Praxis erweist sich die Beziehung (6.4) jedoch noch bis zu ziemlich hohen Konzentrationen als nützliche Näherung. Bei *neutralen Stoffen* bemerkt man eine Abweichung erst oberhalb von 100 mol m^{-3}, bei *Ionen* bereits oberhalb von 1 mol m^{-3}, aber diese Abweichungen sind immer noch so klein, dass man sie bei nicht zu hohen Forderungen an die Genauigkeit im Allgemeinen vernachlässigen kann. Merken wir uns also für den praktischen Gebrauch:

$$\mu \approx \mu_0 + RT \ln \frac{c}{c_0} \qquad \text{für } c < \begin{cases} 100 \text{ mol m}^{-3} & \text{bei neutralen Stoffen,} \\ 1 \text{ mol m}^{-3} & \text{bei Ionen.} \end{cases}$$

Doch gerade bei der *Normkonzentration* $c^{\ominus} = 1000 \, \text{mol m}^{-3}$ (= 1 mol L^{-1}), die als üblicher Bezugswert gilt, ist der logarithmische Zusammenhang bei keinem Stoff mehr genau erfüllt. Trotzdem wählt man diese Konzentration als üblichen Ausgangswert bei Potenzialberechnungen und schreibt:

$$\mu = \overset{\circ}{\mu} + RT \ln \frac{c}{c^{\ominus}} = \overset{\circ}{\mu} + RT \ln c_{\mathrm{r}} \qquad \text{für } c \ll c^{\ominus} \quad \text{(Massenwirkungsglg. 1′).} \qquad (6.5)$$

Grundwert. Dabei ist c_{r} (= $c/c^{\ominus}$) die *relative Konzentration*. Der gedachte *Grundwert* $\overset{\circ}{\mu}$ (bei der festliegenden Konzentration $c^{\ominus}$) ist so gewählt, dass die Gleichung bei niedrigen Werten der Konzentrationen richtige Ergebnisse liefert, d. h., man bestimmt die logarithmische Näherungskurve anhand der Messwerte für das chemische Potenzial bei geringen Konzentrationen und berechnet den Grundwert durch Einsetzen von $c^{\ominus} = 1 \, \text{kmol m}^{-3}$ in den gefundenen funktionalen Zusammenhang. Im Gegensatz zur Massenwirkungsgleichung 1 ist der Anfangswert von μ also nicht mehr real, sondern fiktiv. Der μ-Grundwert eines gelösten Stoffes B hängt jedoch noch von der Temperatur T und dem Druck p ab, $\overset{\circ}{\mu}_{\mathrm{B}}(T, p)$, nicht aber von c_{B}. Dies unterscheidet ihn vom uns bereits bekannten *Normwert* $\mu_{\mathrm{B}}^{\ominus} \equiv \overset{\circ}{\mu}_{\mathrm{B}}(T^{\ominus}, p^{\ominus})$. $\mu_{\mathrm{B}}^{\ominus}$ ist der Wert, der gewöhnlich tabelliert wird. Auch beim Normwert als speziellem Grundwert handelt es sich also *nicht* um den wahren, bei der Normkonzentration vorhandenen μ-Wert, sondern um einen meist davon nur wenig verschiedenen, gedachten Wert, der für die rechnerische Handhabung bequemer ist. Das Glied $RT \ln c_{\mathrm{r}} = \overset{\times}{\mu}$ wird auch als Massenwirkungsglied („Ballungsglied") bezeichnet.

Die besprochene Gleichung in der ersten oder zweiten Fassung beschreibt die Erscheinung der Massenwirkung, formal ausgedrückt als Eigenschaft des chemischen Potenzials. Wir wollen solchen Gleichungen, um sie leichter zitieren zu können, einen Namen geben, und zwar wollen wir alle Beziehungen dieser Art, von denen wir noch einige weitere kennenlernen werden, kurz „*Massenwirkungsgleichungen*" nennen. Das Umbildungsstreben eines Stoffes nimmt danach, wie erwartet, mit seiner Konzentration zu, aber nicht einfach linear, sondern logarithmisch (Abb. 6.2).

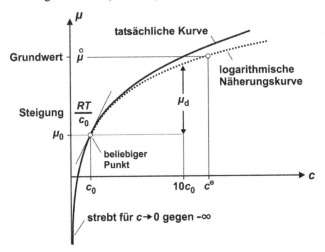

Abb. 6.2 Konzentrationsabhängigkeit des chemischen Potenzials eines gelösten Stoffes

Wir sehen, dass sich nach kleinen Gehalten hin die gemessene Kurve der gestrichelt einge-zeichneten logarithmischen anschmiegt, während für höhere Konzentrationen die Abwei-chungen voneinander beträchtlich werden. Die tatsächlichen Kurven können dort je nach Art des Stoffes und Lösemittels unterhalb oder oberhalb der logarithmischen Kurve verlaufen. Man beachte, dass der Grundwert $\overset{\circ}{\mu}$ des chemischen Potenzials des gelösten Stoffes nicht auf der gemessenen, sondern auf der logarithmischen Näherungskurve liegt!

Dekapotenzial. Der logarithmische Anfangsteil der $\mu(c)$-Kurve, der sich theoretisch bis nach $-\infty$ erstreckt, ist für alle Stoffe in jedem Umfeld gleichartig: Steigt die Konzentration um eine *Dekade* (Faktor 10), dann wächst das chemische Potenzial um stets denselben Betrag μ_d, das „*Dekapotenzial*" (das allerdings noch von der Temperatur T abhängt):

$$\mu \rightarrow \mu + \mu_d \quad \text{für} \quad c \rightarrow 10c, \quad \text{solange } c \ll c^{\ominus}.$$

Zur Berechnung des μ_d-Wertes bei Zimmertemperatur brauchen wir nur auf die erste unserer Massenwirkungsgleichungen [Gl. (6.4)] zurückzugreifen und $c = 10c_0$ einzusetzen:

$$\mu = \mu_0 + RT \underbrace{\ln \frac{10c_0}{c_0}}.$$

$$\mu_d = RT \ln 10 = 8{,}314 \, \text{G K}^{-1} \cdot 298 \, \text{K} \cdot \ln 10 = 5{,}705 \, \text{kG}.$$

Den Wert $\mu_d \approx 5{,}7$ kG oder ganz grob ≈ 6 kG sollte man sich merken, um den Einfluss einer Konzentrationsänderung eines Stoffes auf die Höhe seines Potenzials oder umgekehrt rasch abschätzen zu können.

Wir können zusammenfassen: Wenn die Konzentration c eines Stoffes auf das 10fache des Ausgangswertes steigt, dann nimmt sein chemisches Potenzial μ bei Zimmertemperatur um rund 6 kG zu, ganz gleich,

- um welchen Stoff es sich handelt,
- worin er gelöst ist und
- wie oft man den Schritt wiederholt (sofern die Konzentration hinreichend gering bleibt).

Anwendungsbeispiele. Um einen Eindruck von der tatsächlichen Größenordnung der Poten-zialwerte und ihren Abweichungen von den Messwerten zu vermitteln, wollen wir uns ein konkretes Beispiel anschauen. Wir wählen die $\mu(c)$-Kurve für Ethanol in Wasser (Abb. 6.3).

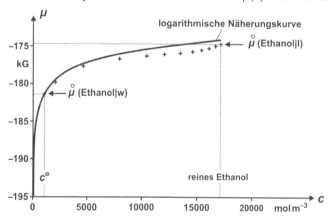

Abb. 6.3 Konzentrationsab-hängigkeit des chemischen Potenzials von Ethanol in Wasser bei 298 K

Eingezeichnet ist der Potenzialgrundwert des gelösten Ethanols, der nur um rund 0,1 kG oberhalb des tatsächlichen μ-Wertes bei der Normkonzentration liegt, und weiterhin der Potenzialgrundwert des reinen Ethanols. [Auf das Problem der Potenzialgrundwerte im Falle (nahezu) reiner Stoffe wird später eingegangen.]

Mit den neu gewonnenen Beziehungen wollen wir uns die Verdunstung von Wasser nochmals näher anschauen. Angenommen, reiner Wasserdampf wird mit Luft auf $\frac{1}{100}$ verdünnt, seine Konzentration also um zwei Zehnerpotenzen und damit sein Potenzial um $2 \cdot 5{,}7$ kG = 11,4 kG auf $-228{,}6 - 11{,}4$ kG = $-240{,}0$ kG gesenkt, dann liegt $\mu(H_2O|g)$ tatsächlich unterhalb des Wertes für das flüssige Wasser [$\mu(H_2O|l) = -237{,}1$ kG], sodass dieses in den Gaszustand übergehen kann; es verdunstet. Bei einem Gehalt von etwa $\frac{1}{30}$ ist die Luft bereits so feucht, dass sie kein Wasser mehr aufzunehmen vermag. Sie ist *gesättigt*, wie man sagt. Ein Gehalt von $\frac{1}{30}$ bedeutet rund $1\frac{1}{2}$ Zehnerpotenzen unterhalb der Konzentration des reinen Dampfes. Das Wasserdampfpotenzial liegt damit rund $1{,}5 \cdot 5{,}7$ kG = 8,6 kG unterhalb des Wertes für den reinen Dampf und damit mit $-237{,}2$ kG etwa auf demselben Niveau wie beim flüssigen Wasser, sodass der Antrieb für die Verdunstung verschwindet. Schon ein wenig höherer Gehalt führt zur Kondensation; das überschüssige Wasser schlägt sich als Tau nieder.

6.3 Konzentrationsabhängigkeit des Antriebs

Abhängigkeit des Antriebs von der Konzentration. Mit den inzwischen erworbenen Kenntnissen können wir leicht angeben, wie sich Konzentrationsverschiebungen auf den Reaktionsantrieb auswirken. Betrachten wir eine Umsetzung

$$B + B' + \ldots \rightarrow D + D' + \ldots$$

zwischen gelösten Stoffen, d. h. in homogener Lösung, so ergibt sich der Antrieb zu

$$\mathcal{A} = \left[\mu_B + \mu_{B'} + \ldots\right] - \left[\mu_D + \mu_{D'} + \ldots\right].$$

Falls alle Stoffe in kleinen Konzentrationen vorliegen, können wir für jeden von ihnen die Massenwirkungsgleichung anwenden:

$$\mathcal{A} = \left[\overset{\circ}{\mu}_B + RT \ln c_r(B) + \overset{\circ}{\mu}_{B'} + RT \ln c_r(B') + \ldots\right]$$

$$- \left[\overset{\circ}{\mu}_D + RT \ln c_r(D) + \overset{\circ}{\mu}_{D'} + RT \ln c_r(D') + \ldots\right].$$

Wir können nun die Glieder noch etwas sortieren

$$\mathcal{A} = \underbrace{\left[\overset{\circ}{\mu}_B + \overset{\circ}{\mu}_{B'} + \ldots - \overset{\circ}{\mu}_D - \overset{\circ}{\mu}_{D'} - \ldots\right]}_{\overset{\circ}{\mathcal{A}}}$$

$$+ RT \left[\ln c_r(B) + \ln c_r(B') + \ldots - \ln c_r(D) - \ln c_r(D') - \ldots\right].$$

Die logarithmischen Glieder lassen sich mit Hilfe der Rechenregeln $\ln x + \ln y = \ln(x \cdot y)$ und $\ln x - \ln y = \ln(x/y)$ [Gln. (A1.1) und (A1.2) im Anhang] wie folgt zusammenfassen:

$$\mathcal{A} = \overset{\circ}{\mathcal{A}} + RT \ln \frac{c_r(B) \cdot c_r(B') \cdot \ldots}{c_r(D) \cdot c_r(D') \cdot \ldots}. \tag{6.6}$$

Der Grundwert $\overset{\circ}{\mathcal{A}}$ des Antriebs gibt den hypothetischen Wert des Antriebs an, wenn sämtliche Reaktionspartner in der Normkonzentration $1\,\mathrm{kmol\,m^{-3}}$ vorliegen würden und (außer der Massenwirkung) alle sonstigen Einflüsse vernachlässigbar wären.

$$RT \ln \frac{c_r(\mathrm{B}) \cdot c_r(\mathrm{B'}) \cdot \ldots}{c_r(\mathrm{D}) \cdot c_r(\mathrm{D'}) \cdot \ldots} = \overset{\times}{\mathcal{A}} \quad \text{stellt hingegen das „Massenwirkungsglied" („Ballungsglied")}$$

dar. Es fasst die durch die Massenwirkung der einzelnen Stoffe bedingten Abweichungen vom Grundwert $\overset{\circ}{\mathcal{A}}$ zusammen.

Rohrzuckerspaltung als Beispiel. Den Einfluss von Konzentrationsverschiebungen auf den Antrieb wollen wir am Beispiel der Rohrzuckerspaltung

$$\mathrm{Sac|w} + \mathrm{H_2O|l} \rightarrow \mathrm{Glc|w} + \mathrm{Fru|w}$$

noch etwas näher erläutern. Sac steht als Abkürzung für Rohrzucker (Saccharose, $\mathrm{C_{12}H_{22}O_{11}}$), Glc und Fru für die strukturisomeren Monosaccharide Traubenzucker (Glucose, $\mathrm{C_6H_{12}O_6}$) und Fruchtzucker (Fructose, $\mathrm{C_6H_{12}O_6}$). Für den Antrieb $\mathcal{A}$ erhalten wir aus den chemischen Potenzialen unter Rückgriff auf die Massenwirkungsgleichungen:

$$\mathcal{A} = \mu(\mathrm{Sac}) + \mu(\mathrm{H_2O}) - \mu(\mathrm{Glc}) - \mu(\mathrm{Fru})$$

$$= \overset{\circ}{\mu}(\mathrm{Sac}) + RT \ln \frac{c(\mathrm{Sac})}{c^{\ominus}} + \overset{\circ}{\mu}(\mathrm{H_2O}) - \overset{\circ}{\mu}(\mathrm{Glc}) - RT \ln \frac{c(\mathrm{Glc})}{c^{\ominus}} - \overset{\circ}{\mu}(\mathrm{Fru}) - RT \ln \frac{c(\mathrm{Fru})}{c^{\ominus}}$$

$$= \underbrace{\overset{\circ}{\mu}(\mathrm{Sac}) + \overset{\circ}{\mu}(\mathrm{H_2O}) - \overset{\circ}{\mu}(\mathrm{Glc}) - \overset{\circ}{\mu}(\mathrm{Fru})}_{\overset{\circ}{\mathcal{A}}} + RT \ln \frac{c(\mathrm{Sac}) \cdot c^{\ominus}}{c(\mathrm{Glc}) \cdot c(\mathrm{Fru})}.$$

Für Wasser dürfen wir dabei die Massenwirkungsgleichung nicht anwenden, da der Wassergehalt weit außerhalb des Gültigkeitsbereichs der Formel liegt, $c(\mathrm{H_2O}) \approx 50\,\mathrm{kmol\,m^{-3}}$. Da die Potenzialkurven für große c-Werte sehr flach werden und sich der $c(\mathrm{H_2O})$-Wert in dünnen Lösungen nicht wesentlich von der Konzentration für reines Wasser unterscheidet, können, ja müssen wir ersatzweise statt des tatsächlichen $\mu(\mathrm{H_2O})$-Wertes den für reines Wasser benutzen. Den Potenzialwert für das reine Lösemittel, hier also Wasser, kennzeichnen wir wie die Grundpotenziale der gelösten Stoffe mit dem Überzeichen $^{\circ}$: $\overset{\circ}{\mu}(\mathrm{H_2O})$. Allgemein sind Lösemittel in dünnen Lösungen in guter Näherung als reine Stoffe behandelbar. Für den Antrieb der Rohrzuckerspaltung unter Normbedingungen erhalten wir dann

$$\begin{array}{ccccc} \mathrm{Sac|w} & + \mathrm{H_2O|l} & \rightarrow & \mathrm{Glc|w} + \mathrm{Fru|w} \\ \mu^{\ominus}/\mathrm{kG:} \quad -1565 & -237 & -917 & -916 & \Rightarrow \mathcal{A}^{\ominus} = +31\,\mathrm{kG.} \end{array}$$

Ein kurzes Wort nochmals zur Argument- und Indexschreibweise: $\mu(\mathrm{H_2O})$, $c(\mathrm{H_2O})$, ... und $\mu_{\mathrm{H_2O}}$, $c_{\mathrm{H_2O}}$, ... benutzen wir gleichberechtigt nebeneinander. Bei langen Stoffnamen oder Stoffformeln mit Indizes (wie $\mathrm{H_2O}$) oder bei einer Häufung von Indizes bevorzugt man meist die erste Schreibweise, sonst der Kürze halber die zweite.

Allgemeine Formulierung des Zusammenhanges. Die Verallgemeinerung auf Reaktionen, bei denen nicht alle Umsatzzahlen ν_i gerade $+1$ (für die Produkte) oder -1 (für die Reaktanten) betragen, ist unschwer möglich. Ausgehend von der Umsatzformel

$$|v_B| B + |v_{B'}| B' + \ldots \to v_D D + v_{D'} D' + \ldots .$$

erhält man für den Antrieb des Vorgangs dann nach demselben Muster wie bisher:

$$\mathcal{A} = \left[|v_B| \mu_B + |v_{B'}| \mu_{B'} + \ldots \right] - \left[v_D \mu_D + v_{D'} \mu_{D'} + \ldots \right].$$

Berücksichtigen wir wieder die Konzentrationsabhängigkeit der chemischen Potenziale für den Fall, dass alle Stoffe gelöst vorliegen, so ergibt sich

$$\mathcal{A} = \left[|v_B| \overset{\circ}{\mu}_B + |v_B| RT \ln c_r(B) + |v_{B'}| \overset{\circ}{\mu}_{B'} + |v_{B'}| RT \ln c_r(B') + \ldots \right]$$

$$- \left[v_D \overset{\circ}{\mu}_D + v_D RT \ln c_r(D) + v_{D'} \overset{\circ}{\mu}_{D'} + v_{D'} RT \ln c_r(D') + \ldots \right].$$

Auch können wir wieder umsortieren

$$\mathcal{A} = \left[|v_B| \overset{\circ}{\mu}_B + |v_{B'}| \overset{\circ}{\mu}_{B'} + \ldots - v_D \overset{\circ}{\mu}_D - v_{D'} \overset{\circ}{\mu}_{D'} - \ldots \right]$$

$$+ RT \left[|v_B| \ln c_r(B) + |v_{B'}| \ln c_r(B') + \ldots - v_D \ln c_r(D) - v_{D'} \ln c_r(D') - \ldots \right]$$

und gelangen schließlich zu

$$\mathcal{A} = \overset{\circ}{\mathcal{A}} + RT \ln \frac{c_r(B)^{|v_B|} \cdot c_r(B')^{|v_{B'}|} \cdot \ldots}{c_r(D)^{v_D} \cdot c_r(D')^{v_{D'}} \cdot \ldots}. \tag{6.7}$$

In diesem Fall wird zusätzlich noch die Logarithmenregel (A1.3) angewandt, wonach $\log(x^a) = a \cdot \log x$ gilt.

Doch schauen wir uns auch dies nochmals an einem konkreten Beispiel an. Wir wählen dazu die Reaktion von Fe^{3+}-Ionen mit I^--Ionen:

$$2\,Fe^{3+}|w + 2\,I^-|w \to 2\,Fe^{2+}|w + I_2|w .$$

Die Umsatzzahlen lauten $v(Fe^{3+}) = -2$, $v(I^-) = -2$, $v(Fe^{2+}) = +2$ und $v(I_2) = +1$, die Beträge im Falle der Ausgangsstoffe entsprechend jeweils 2. Einsetzen in Gleichung (6.7) ergibt:

$$\mathcal{A} = \overset{\circ}{\mathcal{A}} + RT \ln \frac{c_r(Fe^{3+})^2 \cdot c_r(I^-)^2}{c_r(Fe^{2+})^2 \cdot c_r(I_2)}. \tag{6.8}$$

Konzentrationsänderung während einer Umsetzung. Die Konzentrationen bleiben jedoch nicht konstant, sondern ändern sich im Verlauf einer Umsetzung. Liegen zu Beginn nur die Ausgangsstoffe vor, so sinkt ihre Konzentration zugunsten der Endstoffe immer weiter ab. Wir wollen dies zunächst anhand der einfachsten möglichen Reaktion, der Umwandlung eines Stoffes B in einen Stoff D, genauer erörtern:

$$B \to D .$$

Ein Beispiel ist die Umwandlung der α-D-Glucose in die isomere β-D-Glucose in wässriger Lösung. Es handelt sich dabei um Stereoisomere des Traubenzuckers, $C_6H_{12}O_6$, d. h., die Isomere unterscheiden sich nicht in der Struktur (im Gegensatz zu den in Abschnitt 1.2 beschriebenen Strukturisomeren), sondern lediglich in der räumlichen Anordnung der Atome. Im vorliegenden Fall differiert die Stellung der OH-Gruppe am ersten C-Atom (gekennzeichnet durch ein Sternchen). Diese OH-Gruppe wurde beim Ringschluss gebildet, wodurch das erste C-Atom nun vier unterschiedliche Gruppen trägt, d. h., durch die Ausbildung der zyklischen Struktur entstand ein weiteres Stereozentrum (auch Chiralitätszentrum genannt). α-D-Glucose und β-D-Glucose unterscheiden sich mithin nur in diesem neu gebildeten Stereozentrum.

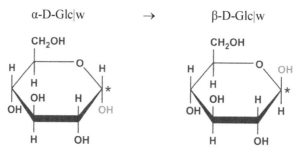

α-D-Glc|w → β-D-Glc|w

(Die Umwandlung erfolgt dabei über die offenkettige Aldehydform, doch ist deren Konzentration so gering, dass sie vernachlässigt werden kann.)

Der Antrieb der Umwandlung unter Normbedingungen ergibt sich zu

$$\frac{\alpha\text{-D-Glc}|w \rightarrow \beta\text{-D-Glc}|w}{\mu^{\ominus}/\text{kG:} \quad -914{,}54 \qquad -915{,}79} \qquad \Rightarrow \mathcal{A}^{\ominus} = +1{,}25 \text{ kG.}$$

Beide Substanzen sind optisch aktiv, d. h., beim Durchgang von linear polarisiertem Licht durch ihre Lösungen wird dessen Polarisationsebene gedreht. Reine α-D-Glucose weist einen spezifischen Drehwinkel von +112°, reine β-D-Glucose hingegen einen von +18,7° auf. Die Reaktion kann daher gut mit Hilfe eines Polarimeters anhand der Änderung des Drehwinkels der Lösung verfolgt werden. Löst man Kristalle reiner α-D-Glucose in Wasser, so fällt die spezifische Drehung allmählich vom Anfangswert +112° auf +52,7° ab.

Umsatzdichte und Umsatzgrad. Als Maß für das Fortschreiten einer Reaktion hatten wir in Abschnitt 1.7 den Reaktionsstand ξ kennengelernt. Mit zunehmendem ξ ändern sich die Mengen n_i und damit auch die Konzentrationen $c_i = n_i/V$ der beteiligten Stoffe, beginnend vom Anfangswert $n_{i,0}$ bzw. $c_{i,0}$:

$$n_i = n_{i,0} + \nu_i \xi \quad \text{und} \quad c_i = c_{i,0} + \nu_i \cdot \xi/V . \tag{6.9}$$

Mit den Konzentrationen c_i ändert sich zwangsläufig aber auch der Antrieb $\mathcal{A}$ der Reaktion. Geht man davon aus, dass zu Beginn der Ausgangsstoff B in der Konzentration c_0 vorliegt und noch kein Endstoff D vorhanden ist, so beträgt die Konzentration an D nach einer bestimmten Zeit ξ/V, diejenige an B hingegen $c_0 - \xi/V$. Für die Abhängigkeit des Antriebs vom Stand ξ erhält man entsprechend den folgenden Zusammenhang:

$$\mathcal{A} = \overset{\circ}{\mathcal{A}} + RT \ln \frac{(c_0 - \xi/V)/c^{\ominus}}{(\xi/V)/c^{\ominus}} = \overset{\circ}{\mathcal{A}} + RT \ln \frac{c_0 - \xi/V}{\xi/V} . \tag{6.10}$$

Wir wollen nun der Einfachheit halber den Reaktionsstand auf den höchsten Wert ξ_{max} beziehen, den ξ annehmen kann. Dieser ist erreicht, wenn einer der Ausgangsstoffe (hier gibt es nur einen) vollständig verbraucht ist, seine Konzentration also verschwindet. Das heißt in unserem Fall, dass der Zähler $c_0 - \xi/V = 0$ wird, woraus $c_0 = \xi_{max}/V$ folgt. Wenn man jetzt Zähler und Nenner des Bruchs im Argument des Logarithmus durch dieses c_0 teilt, so ergibt sich:

$$\mathcal{A} = \overset{\circ}{\mathcal{A}} + RT \ln \frac{1 - \xi/\xi_{max}}{\xi/\xi_{max}} . \tag{6.11}$$

Da wir die Quotienten ξ/V und ξ/ξ_{max} noch häufiger benötigen, lohnt es, dafür eigene Formelzeichen und eigene Namen zu verwenden:

$$c_\xi := \frac{\xi}{V} \quad \text{„Umsatzdichte“}, \qquad \alpha_\xi := \frac{\xi}{\xi_{max}} \quad \text{„Umsatzgrad“}. \tag{6.12}$$

Den Index ξ wollen wir der Deutlichkeit halber anfügen, um Verwechslungen mit der Stoffmengenkonzentration c_i und dem Temperaturkoeffizienten α_i des chemischen Potenzials vorzubeugen. Für den Antrieb erhalten wir dann entsprechend

$$\mathcal{A} = \overset{\circ}{\mathcal{A}} + RT \ln \frac{c_0 - c_\xi}{c_\xi} \quad \text{bzw.} \quad \mathcal{A} = \overset{\circ}{\mathcal{A}} + RT \ln \frac{1 - \alpha_\xi}{\alpha_\xi} . \tag{6.13}$$

Mit dem Normwert $\mathcal{A}^\ominus = 1{,}25$ kG für die Umwandlung der α-D-Glucose in die β-D-Glucose bei Zimmertemperatur erhält man für die Abhängigkeit des Antriebs vom Umsatzgrad α_ξ einen charakteristischen S-förmigen Kurvenverlauf (Abb. 6.4).

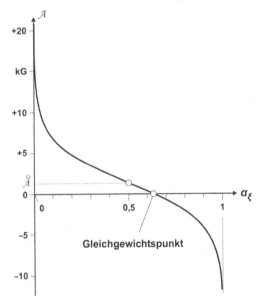

Abb. 6.4 Abhängigkeit des Antriebs $\mathcal{A}$ vom Umsatzgrad α_ξ für die Umwandlung von α-D-Glucose in β-D-Glucose in wässriger Lösung bei Zimmertemperatur

Bei Reaktionsbeginn, d. h. bei $\alpha_\xi = 0$, zeigt $\mathcal{A}$ einen Wert von $+\infty$. Im Verlauf der Reaktion nimmt $\mathcal{A}$ ab und erreicht schließlich bei einem von $\overset{\circ}{\mathcal{A}}$ abhängigen α_ξ-Wert den Wert null (Gleichgewichtspunkt). Nach vollständigem Verbrauch des Ausgangsstoffes, d. h. bei $\alpha_\xi = 1$, hat $\mathcal{A}$ schließlich einen Wert von $-\infty$.

Reaktion von Eisen(III)- mit Iodid-Ionen als komplexeres Beispiel. Für Umsetzungen mit einer komplexeren Stöchiometrie, wie z. B. die erwähnte Reaktion von Fe^{3+}-Ionen mit I^--

Ionen, wird der mathematische Zusammenhang recht kompliziert. Es empfiehlt sich daher, zur besseren Übersicht eine Art Tabelle aufzustellen, in der für jeden an der Umsetzung beteiligten Stoff eine Spalte vorgesehen ist (Tab. 6.1). In der ersten Zeile werden zunächst die Normwerte der chemischen Potenziale zusammengetragen, um daraus den Antrieb unter Normbedingungen berechnen zu können. Im Folgenden gehen wir davon aus, dass zu Beginn Fe^{3+} und I^- beide in der Konzentration c_0 vorliegen, während Fe^{2+} und I_2 noch ganz fehlen. Die Zahlenwerte der Anfangskonzentrationen der Reaktanten finden sich in der nächsten Zeile. Abschließend folgen die allgemeinen Ausdrücke für die Konzentrationen aller beteiligten Stoffe in einem beliebigen Augenblick, die anhand der Stöchiometrie der Reaktion formuliert werden können. c_ξ ist dabei die erwähnte Umsatzdichte:

	$2\,Fe^{3+}|w$	$+\ 2\,I^-|w$	$\rightarrow 2\,Fe^{2+}|w$	$+\ I_2|w$	
$\mu^\ominus/kG$:	$2\cdot(-4,7)$	$2\cdot(-51,6)$	$2\cdot(-78,9)$	$16,4$	$\Rightarrow \mathcal{A}^\ominus = +28,8\ kG$
$c_{i,0}/kmol\ m^{-3}$	$0,001$	$0,001$	0	0	
c_i	$c_0 - 2c_\xi$	$c_0 - 2c_\xi$	$2c_\xi$	c_ξ	

Tab. 6.1 Zusammenstellung der für eine konkrete Reaktion relevanten Daten

Setzen wir nun die Ausdrücke für die Konzentrationen c_i in Gleichung (6.8) ein, so erhalten wir für den Antrieb der betrachteten Reaktion:

$$\mathcal{A} = \overset{\circ}{\mathcal{A}} + RT \ln \frac{[(c_0 - 2c_\xi)/c^\ominus)]^2 \cdot [(c_0 - 2c_\xi)/c^\ominus]^2}{[(2c_\xi)/c^\ominus]^2 \cdot [c_\xi/c^\ominus]} = \overset{\circ}{\mathcal{A}} + RT \ln \frac{(c_0 - 2c_\xi)^4}{4c_\xi^3 \cdot c^\ominus}. \tag{6.14}$$

Die Umsatzdichte c_ξ erreicht ihren höchsten Wert, wenn $c_0 - 2c_\xi$ im Zähler null wird. Hier gilt also $c_0 = 2c_{\xi,max}$. Wenn wir noch beachten, dass $\alpha_\xi = c_\xi/c_{\xi,max}$ ($= \xi/\xi_{max}$) ist, können wir die obige Gleichung noch etwas gefälliger schreiben:

$$\mathcal{A} = \overset{\circ}{\mathcal{A}} + RT \ln \frac{2(1 - \alpha_\xi)^4 c_0}{\alpha_\xi^3 \cdot c^\ominus}. \tag{6.15}$$

Trotz der komplexeren Stöchiometrie der Reaktion und den damit komplizierteren Verhältnissen erhalten wir aber wiederum den typischen S-förmigen Kurvenverlauf (Abb. 6.5).

Schlussfolgerung. Erinnern wir uns an die Kriterien für eine Umsetzung, die wir in Kapitel 4 kennengelernt haben: Eine Reaktion läuft freiwillig ab, solange der Antrieb $\mathcal{A}$ positiv ist. Bei $\mathcal{A} = 0$ herrscht Gleichgewicht. Ein negativer Antrieb schließlich treibt die Umsetzung zurück entgegen der Richtung, die der Reaktionspfeil anzeigt.

Daraus ergeben sich wichtige Konsequenzen für den Reaktionsablauf:

- Jede homogene Reaktion beginnt freiwillig. (Wenn die Konzentrationen der Endprodukte zu Reaktionsbeginn gleich Null sind, gilt $\mathcal{A} = +\infty$.)

- Bei einem bestimmten Reaktionsstand kommt sie nach außen hin zum Stillstand. Es herrscht Gleichgewicht, sagt man.

- Das Gleichgewicht kann von beiden Seiten, d. h. sowohl von der Seite der Ausgangsstoffe als auch von der Seite der Reaktionsprodukte, erreicht werden.

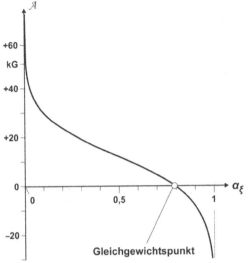

Abb. 6.5 Abhängigkeit des Antriebs $\mathcal{A}$ vom Umsatzgrad α_ξ für die Reaktion

$$2\,Fe^{3+} + 2\,I^- \rightarrow 2\,Fe^{2+} + I_2$$

in wässriger Lösung bei Zimmertemperatur (bei einer Ausgangskonzentration an Fe^{3+} und I^- von jeweils $0,001\ kmol\,m^{-3}$)

Im Gleichgewichtszustand verlaufen weder die Hin- noch die Rückreaktion freiwillig, d. h. makroskopisch gesehen findet keine Umsetzung mehr statt und die Zusammensetzung des Reaktionsgemisches bleibt konstant. Man stellt sich aber vor, dass Hin- und Rückreaktion auf mikroskopischer Ebene, d. h. zwischen den einzelnen Teilchen, weiterhin ablaufen, jedoch mit identischen Geschwindigkeiten, sodass sich die Umsätze in beiden Richtungen kompensieren. Man spricht traditionell auch von einem *dynamischen Gleichgewicht*, einer Gleichheit der hin- und rücktreibenden „Kräfte", obwohl man ein *kinetisches Gleichgewicht* meint, eine Gleichheit der Geschwindigkeiten von Hin- und Rückreaktion. Doch werden wir uns mit diesem Aspekt ausführlicher in Abschnitt 17.2 auseinandersetzen.

6.4 Das Massenwirkungsgesetz

Herleitung des Massenwirkungsgesetzes. Was man üblicherweise, einem Vorschlag von GULDBERG und WAAGE folgend, als *Massenwirkungsgesetz* bezeichnet, ist eine Folge der Überlagerung der Massenwirkung der einzelnen an einer Reaktion beteiligten Stoffe. Betrachten wir als Beispiel nochmals eine Umsetzung in homogener Lösung,

$$B + B' + ... \rightleftarrows D + D' + ...$$

Gleichgewicht herrscht, wenn kein Potenzialgefälle mehr besteht, wenn also der Antrieb $\mathcal{A}$ verschwindet, d. h., es gilt:

$$\mathcal{A} = \overset{\circ}{\mathcal{A}} + RT\ln\frac{c_r(B)\cdot c_r(B')\cdot...}{c_r(D)\cdot c_r(D')\cdot...} = 0 . \qquad (6.16)$$

Wenn wir nach $\overset{\circ}{\mathcal{A}}$ auflösen, folgt wegen $-\ln(x/y) = \ln(y/x)$

$$\overset{\circ}{\mathcal{A}} = -RT\ln\frac{c_r(B)\cdot c_r(B')\cdot...}{c_r(D)\cdot c_r(D')\cdot...} = RT\ln\frac{c_r(D)\cdot c_r(D')\cdot...}{c_r(B)\cdot c_r(B')\cdot...} .$$

Teilen durch RT und entlogarithmieren ergibt schließlich

$$\overset{\circ}{\mathcal{K}} = \left(\frac{c_{\mathrm{r}}(\mathrm{D}) \cdot c_{\mathrm{r}}(\mathrm{D'}) \cdot \ldots}{c_{\mathrm{r}}(\mathrm{B}) \cdot c_{\mathrm{r}}(\mathrm{B'}) \cdot \ldots} \right)_{\mathrm{Gl}} \tag{6.17}$$

mit

$$\overset{\circ}{\mathcal{K}} := \exp \frac{\overset{\circ}{\mathcal{A}}}{RT} \quad . \tag{6.18}$$

Gleichung (6.17) charakterisiert den Zusammenhang der Konzentrationen im *Gleichgewicht*, was durch den Index Gl angedeutet wird, und stellt eine Spielart des bekannten *Massenwirkungsgesetzes* für die betrachtete Reaktion dar. Die Größe $\overset{\circ}{\mathcal{K}}$ wird als *Gleichgewichtskonstante* der Reaktion bezeichnet, weil sie nicht mehr von den Konzentrationen der Stoffe abhängt. Präziser ist allerdings der Name *Gleichgewichtszahl*, da $\overset{\circ}{\mathcal{K}}$ erstens eine Zahl und zweitens nicht konstant, sondern noch abhängig von Temperatur, Druck, Lösemittel usw. ist. Das an sich überflüssige Überzeichen ° haben wir hinzugefügt, um zu betonen, dass $\overset{\circ}{\mathcal{K}}$ aus $\overset{\circ}{\mathcal{A}}$ (und nicht aus $\mathcal{A}$!) zu bilden ist.

Für die allgemeine Reaktion zwischen lauter gelösten Stoffen

$$|\nu_{\mathrm{B}}|\mathrm{B} + |\nu_{\mathrm{B'}}|\mathrm{B'} + \ldots \rightleftarrows \nu_{\mathrm{D}}\mathrm{D} + \nu_{\mathrm{D'}}\mathrm{D'} + \ldots$$

erhalten wir ganz entsprechend

$$\overset{\circ}{\mathcal{K}} = \left(\frac{c_{\mathrm{r}}(\mathrm{D})^{\nu_{\mathrm{D}}} \cdot c_{\mathrm{r}}(\mathrm{D'})^{\nu_{\mathrm{D'}}} \cdot \ldots}{c_{\mathrm{r}}(\mathrm{B})^{|\nu_{\mathrm{B}}|} \cdot c_{\mathrm{r}}(\mathrm{B'})^{|\nu_{\mathrm{B'}}|} \cdot \ldots} \right)_{\mathrm{Gl}} \quad . \tag{6.19}$$

Herkömmlich ersetzt man die relativen Konzentrationen c_{r} durch $c/c^{\ominus}$ und fasst die feste Bezugsgröße $c^{\ominus}$ mit der Gleichgewichtszahl $\overset{\circ}{\mathcal{K}}$ zu einer neuen Gleichgewichts-„konstanten" $\overset{\circ}{K}$ zusammen:

$$\overset{\circ}{K} = \kappa_c \overset{\circ}{\mathcal{K}} \quad , \quad \text{wobei} \quad \kappa_c = (c^{\ominus})^{\nu_c} \quad \text{mit} \quad \nu_c = \nu_{\mathrm{B}} + \nu_{\mathrm{B'}} + \ldots + \nu_{\mathrm{D}} + \nu_{\mathrm{D'}} + \ldots \; . \tag{6.20}$$

Dabei ist κ_c der sogenannte „*Dimensionsfaktor*" und ν_c die Summe der Umsatzzahlen der gelösten Stoffe, genauer gesagt, derjenigen Stoffe, bei denen die Gehaltsabhängigkeit des chemischen Potenzials mittels der Konzentration c beschrieben wird. Dieser Sachverhalt wird durch den Index c angedeutet. Trifft das für alle beteiligten Stoffe zu, dann pflegt man das durch die Schreibweise $\overset{\circ}{\mathcal{K}}_c$ und $\overset{\circ}{K}_c$ zu betonen. Während $\overset{\circ}{\mathcal{K}}$, wie erwähnt, immer eine Zahl ist, hat die herkömmliche Konstante $\overset{\circ}{K}$ die Einheit $(\mathrm{mol}\,\mathrm{m}^{-3})^{\nu_c}$. Nur wenn ν_c zufällig 0 ist, werden $\overset{\circ}{\mathcal{K}}$ und $\overset{\circ}{K}$ identisch. Für die Formulierung des Massenwirkungsgesetzes ist $\overset{\circ}{K}$ die bequemere Größe,

$$\overset{\circ}{K} = \overset{\circ}{K}_c = \left(\frac{c(\mathrm{D})^{\nu_{\mathrm{D}}} \cdot c(\mathrm{D'})^{\nu_{\mathrm{D'}}} \cdot \ldots}{c(\mathrm{B})^{|\nu_{\mathrm{B}}|} \cdot c(\mathrm{B'})^{|\nu_{\mathrm{B'}}|} \cdot \ldots} \right)_{\mathrm{Gl}} \quad , \tag{6.21}$$

während für allgemeine Betrachtungen $\overset{\circ}{\mathcal{K}}$ wegen der für alle Reaktionen einheitlichen Dimension vorzuziehen ist.

Säurekonstante der Essigsäure als Beispiel. Ein Beispiel mag das Gesagte erläutern. Wir wollen die *Säurekonstante* der Essigsäure (CH_3COOH), abgekürzt HAc (wobei Ac^- für das

Acetat-Ion CH_3COO^- steht), in wässriger Lösung mit Hilfe der Normwerte $\mu^\ominus$ aus Tabelle A2.1 im Anhang bestimmen, d. h. die Gleichgewichtskonstante für die *Dissoziation* der Essigsäure in Wasser

$$\underline{HAc|w \;\;\rightleftarrows\; H^+|w \;+\; Ac^-|w}$$

$\mu^\ominus/kG$: $\;\;-396{,}46 \qquad 0 \qquad\quad -369{,}31 \quad\Rightarrow\; \mathcal{A}_1^\ominus = -27{,}15 \text{ kG}$

bzw. im Sinne BRØNSTEDs die Gleichgewichtskonstante für die *Protonübertragung* von der Essigsäure auf das Wasser (ausführlicher wird der Vorgang im nächsten Kapitel besprochen)

$$\underline{HAc|w \;\;+\; H_2O|l \;\;\;\rightleftarrows\; H_3O^+|w \;+\; Ac^-|w}$$

$\mu^\ominus/kG$: $\;\;-396{,}46 \quad -237{,}14 \qquad -237{,}14 \quad -369{,}31 \;\Rightarrow\; \mathcal{A}_2^\ominus = -27{,}15 \text{ kG}.$

Für den Antrieb erhalten wir in beiden Fällen denselben Wert, sodass auch die daraus berechneten Gleichgewichtszahlen $\overset{\circ}{\mathcal{K}}{}_c^\ominus = \exp(\mathcal{A}^\ominus/RT) = 1{,}74\cdot 10^{-5}$ übereinstimmen. Da der Dimensionsfaktor $\kappa_c = (c^\ominus)^{\nu_c}$ ebenfalls in beiden Fällen gleich ist ($\nu_{c,1} = -1 + 1 + 1 = +1 = \nu_{c,2}$, weil das Lösemittel Wasser als reiner Stoff behandelt wird und daher in die Summe $\nu_{c,2}$ der Umsatzzahlen nicht eingeht), sind es auch die Gleichgewichtskonstanten $K_c^\ominus = 1{,}74\cdot 10^{-5} \text{ kmol m}^{-3}$. Das Massenwirkungsgesetz lautet in numerischer und herkömmlicher Schreibweise im ersten Fall

$$\overset{\circ}{\mathcal{K}}{}_{c,1} = \frac{c_r(H^+)\cdot c_r(Ac^-)}{c_r(HAc)} \qquad \text{und} \qquad \overset{\circ}{K}{}_{c,1} = \frac{c(H^+)\cdot c(Ac^-)}{c(HAc)} = \kappa_c\,\overset{\circ}{\mathcal{K}}{}_{c,1}\,.$$

Im zweiten Fall erhalten wir für das Massenwirkungsgesetz, wenn wir berücksichtigen, dass das Lösemittel Wasser als reiner Stoff behandelt werden muss:

$$\overset{\circ}{\mathcal{K}}{}_{c,2} = \frac{c_r(H_3O^+)\cdot c_r(Ac^-)}{c_r(HAc)} \qquad \text{und} \qquad \overset{\circ}{K}{}_{c,2} = \frac{c(H_3O^+)\cdot c(Ac^-)}{c(HAc)} = \kappa_c\,\overset{\circ}{\mathcal{K}}{}_{c,2}\,.$$

Hierbei ist zu beachten, dass $H^+|w$ und $H_3O^+|w$ nur zwei verschiedene Schreibweisen für dieselbe Teilchenart sind. Den doch recht umständlichen Index Gl wollen wir nicht mehr verwenden, solange aus dem Zusammenhang, wie im vorliegenden Beispiel, deutlich wird, dass es sich um die Gleichgewichtszusammensetzung handeln muss.

Der Gültigkeitsbereich des Massenwirkungsgesetzes ist derselbe wie bei den Massenwirkungsgleichungen (aus denen es ja abgeleitet wurde), d. h., je kleiner die Gehalte, desto strenger gilt das Gesetz. Bei höheren Gehalten ergeben sich Abweichungen durch molekulare oder ionische Wechselwirkungen zwischen den Teilchen (genauer wird auf diese Wechselwirkungen in den Abschnitten 11.1 und 24.1 eingegangen).

Zusammensetzung des Reaktionsgemisches im Gleichgewicht. Die Größenordnung der gemäß Gleichung (6.18) oder der dazu äquivalenten Beziehung

$$\boxed{\overset{\circ}{\mathcal{A}} = RT \ln \overset{\circ}{\mathcal{K}}} \tag{6.22}$$

eindeutig durch $\overset{\circ}{\mathcal{A}}$ festgelegten Gleichgewichtszahl ist ein gern benutztes Maß für den Ablauf einer Reaktion. Je stärker positiv $\overset{\circ}{\mathcal{A}}$ ist, umso größer ist $\overset{\circ}{\mathcal{K}}$ ($\overset{\circ}{\mathcal{K}} \gg 1$), das heißt, umso mehr dominieren die Endprodukte in der Gleichgewichtszusammensetzung, wobei wegen des logarithmischen Zusammenhanges bereits relativ kleine Änderungen in $\overset{\circ}{\mathcal{A}}$ zu beträchtlichen Verschiebungen der Lage des Gleichgewichts führen. Ist hingegen $\overset{\circ}{\mathcal{A}}$ stark negativ, so geht $\overset{\circ}{\mathcal{K}}$ gegen null ($\overset{\circ}{\mathcal{K}} \ll 1$) und in der Gleichgewichtszusammensetzung herrschen die Ausgangsstoffe vor. Zugleich bedeutet es, dass selbst bei negativem $\overset{\circ}{\mathcal{A}}$ immer noch ein, allerdings sehr geringer Anteil der Ausgangsstoffe zu den Endprodukten umgesetzt wird, denn $\overset{\circ}{\mathcal{K}}$ besitzt ja einen zwar kleinen, aber endlichen Wert. Für $\overset{\circ}{\mathcal{A}} \approx 0$ und folglich $\overset{\circ}{\mathcal{K}} \approx 1$ liegen im Gleichgewicht Ausgangsstoffe und Endprodukte in vergleichbaren Mengen vor. Man beachte jedoch, dass in allen drei diskutierten Fällen $\mathcal{A} = 0$ gilt, da stets ein Gleichgewicht vorliegen soll.

Mit Hilfe der Gleichgewichtszahl bzw. der herkömmlichen Gleichgewichtskonstanten kann man die Gleichgewichtszusammensetzung eines Gemisches, das sich durch freiwillige Umsetzung aus bestimmten Mengen der Ausgangsstoffe bildet, aber auch quantitativ angeben. Löst man z. B. reine α-D-Glucose in der Konzentration $c_0 = 0,1\ \text{kmol m}^{-3}$ in Wasser auf, so beobachtet man im Polarimeter eine kontinuierliche Änderung des Drehwinkels, bis schließlich ein zeitlich konstanter Wert erreicht ist. Dies ist auf die besprochene teilweise Umwandlung der α-D-Glucose in β-D-Glucose zurückzuführen. Mit der Umsatzdichte c_ξ, die in diesem Fall der Konzentration an β-D-Glucose entspricht, erhalten wir im Gleichgewicht

$$\overset{\circ}{K}_c = \kappa_c \cdot \exp\frac{\overset{\circ}{\mathcal{A}}}{RT} = \frac{c_\xi}{c_0 - c_\xi}.$$

Der Dimensionsfaktor κ_c ist hier gleich 1 wegen $v_c = -1 + 1 = 0$. Die Gleichgewichtskonstante bei Zimmertemperatur errechnet sich dann mit dem Normwert $\mathcal{A}^\ominus = 1,25\ \text{kG}$ (vgl. Abschnitt 6.3) zu

$$K_c^\ominus = \exp\frac{1,25 \cdot 10^3\ \text{G}}{8,314\ \text{G K}^{-1} \cdot 298\ \text{K}} = 1,66 .$$

Auflösen nach c_ξ ergibt:

$$c_\xi = \frac{K_c^\ominus \cdot c_0}{K_c^\ominus + 1} = \frac{1,66 \cdot 0,1\ \text{kmol m}^{-3}}{1,66 + 1} = 0,0623\ \text{kmol m}^{-3} .$$

Im Gleichgewichtszustand sind demnach 37,7 % aller gelösten Moleküle α-D-Glucose-Moleküle und 62,3 % sind β-D-Glucose-Moleküle.

Betrachten wir Reaktionen mit komplexerer Stöchiometrie, so werden die entsprechenden Ausdrücke recht kompliziert. Wollen wir z. B. die Gleichgewichtszusammensetzung im Fall der durch Tabelle 6.1 charakterisierten Reaktion

$$2\ \text{Fe}^{3+}|\text{w} + 2\ \text{I}^-|\text{w} \rightarrow 2\ \text{Fe}^{2+}|\text{w} + \text{I}_2|\text{w}$$

bestimmen, so erhalten wir

$$\overset{\circ}{K}_c = \kappa_c \cdot \exp\frac{\overset{\circ}{\mathcal{A}}}{RT} = \frac{4c_\xi^3}{(c_0 - 2c_\xi)^4}$$

mit dem Dimensionsfaktor $\kappa_c = (c^\ominus)^{-1} = 1\ \text{kmol}^{-1}\ \text{m}^3$ (wegen $v_c = -2 - 2 + 2 + 1 = -1$). Da der Wert von $\mathcal{A}^\ominus$ positiv und mit +29 kG relativ groß ist, gilt $K_c^\ominus \gg 1$, d. h., wir erwarten, dass die Endprodukte in der Gleichgewichtszusammensetzung dominieren. Für genauere Angaben müssten wir die obige Gleichung nach c_ξ auflösen, was auf die Bestimmung von

Nullstellen eines Polynoms höheren Grades hinausliefe. Daher empfiehlt sich ein numerisches Lösungsverfahren z. B. mit Hilfe geeigneter mathematischer Software oder auch ein graphisches Verfahren. So kann aus der Abbildung 6.5 ersehen werden, dass der Gleichgewichtspunkt bei $\alpha_\xi = c_\xi/c_{\xi,\max} \approx 0{,}79$ liegt. Da $c_0 = 2c_{\xi,\max}$ gilt, ergibt sich $2c_\xi \approx 0{,}79 \cdot c_0 = 0{,}79 \cdot 1 \, \mathrm{mol\,m^{-3}} = 0{,}79 \, \mathrm{mol\,m^{-3}}$. Im Gleichgewichtsgemisch liegen die beteiligten Stoffe also näherungsweise in folgenden Konzentrationen vor: $c(\mathrm{Fe^{3+}})\,(= c_0 - 2c_\xi) \approx 0{,}21 \, \mathrm{mol\,m^{-3}}$ und $c(\mathrm{I^-})\,(= c_0 - 2c_\xi) \approx 0{,}21 \, \mathrm{mol\,m^{-3}}$ für die Ausgangsstoffe sowie $c(\mathrm{Fe^{2+}})\,(= 2c_\xi) \approx 0{,}79 \, \mathrm{mol\,m^{-3}}$ und $c(\mathrm{I_2})\,(= c_\xi) \approx 0{,}39 \, \mathrm{mol\,m^{-3}}$ für die Endstoffe.

Bestimmung des chemischen Antriebs. Gleichung (6.22) kann umgekehrt aber auch genutzt werden, um den Grundantrieb $\overset{\circ}{\mathcal{A}}$ einer Reaktion experimentell zu bestimmen. Dazu genügt es, aus den im Gleichgewicht gemessenen Konzentrationen zunächst die Gleichgewichtszahl $\overset{\circ}{\mathcal{K}}$ und daraus anschließend $\overset{\circ}{\mathcal{A}}$ zu berechnen. Das Verfahren sieht auf den ersten Blick bestechend einfach aus. Allerdings kann die Reaktion so stark gehemmt sein, dass die bestimmten Gehalte nicht den Gleichgewichtswerten entsprechen. Dieses Hindernis ist jedoch durch den Zusatz eines Katalysators (vgl. Abschnitt 19.2) überwindbar. Solange die zugesetzte Menge klein ist, verändert ein solcher Zusatz die Gleichgewichtslage nicht, sodass wir die auf diesem Wege erhaltenen Werte grundsätzlich in Gleichung (6.19) einsetzen können. Kennt man den Grundwert des Antriebs, so kann mit Hilfe von Gleichung (6.7) der Antrieb für beliebige andere Gehalte berechnet werden, sofern sie nur im Gültigkeitsbereich der Massenwirkungsgleichungen liegen.

6.5 Spezielle Fassungen der Massenwirkungsgleichung

Die Massenwirkung haben wir bisher mit Funktionen beschrieben, in denen die Konzentrationen c oder genauer die Quotienten c/c_0 oder $c/c^\ominus$ als Argument auftraten. Statt c können wir auch beliebige andere Zusammensetzungsmaße einführen, sofern sie der Konzentration proportional sind. Das ist aber bei kleinen c-Werten praktisch immer erfüllt. Zwei dieser Maße wollen wir im Folgenden herausgreifen, weil sie in der Praxis von größerer Bedeutung sind.

Massenwirkungsgleichung für Gase. Wenn man den Druck auf ein Gas erhöht, nimmt die Konzentration der Gasteilchen zu, weil sie jetzt auf ein engeres Volumen zusammengedrängt sind. Wenn wir die Temperatur nicht ändern, wächst die Konzentration proportional mit dem Druck, $c \sim p$, oder, anders ausgedrückt,

$$\frac{c}{c_0} = \frac{p}{p_0} \, . \tag{6.23}$$

Wir können folglich in der Massenwirkungsgleichung für Gase das Konzentrationsverhältnis auch durch das Druckverhältnis ersetzen:

$$\mu = \mu_0 + RT \ln \frac{p}{p_0} \qquad \text{für } p, p_0 \ll 10p^\ominus \quad \text{(Massenwirkungsglg. 2)}. \tag{6.24}$$

Diese Gleichung ist mit hinreichender Genauigkeit noch bei Drücken von der Größenordnung 10^2 kPa (1 bar) anwendbar. Für Abschätzungen eignet sie sich auch noch bis hin zu 10^3 oder gar 10^4 kPa. Wir haben sie schon vorgreifend bei der Behandlung der Druckabhängigkeit des chemischen Potenzials von Gasen benutzt [vgl. Gl. (5.18)].

Wir können die Massenwirkungsgleichung 2 noch etwas verallgemeinern. Bei Gasmischungen, deren Komponenten nicht miteinander reagieren, stellt man sich vor, dass jede Komponente A, B, C, ... unabhängig von ihren Mischungspartnern einen *Partialdruck* oder *Teildruck* erzeugt. Dieser entspricht dem Druck, den die Gaskomponente hätte, wenn sie das verfügbare Volumen allein ausfüllen würde. Der Gesamtdruck p des Gasgemisches ist einfach gleich der Summe der Teildrücke aller vorhandenen Komponenten (*Gesetz von* DALTON):

$$p_{ges} = p_A + p_B + p_C + ... \qquad \text{(wie auch} \quad c_{ges} = c_A + c_B + c_C + ...\text{).}} \qquad (6.25)$$

Verdichtet man das Gas, dann nehmen die Konzentrationen aller Teilgase zu und damit auch die Teildrücke – ganz so, als ob die Gase getrennt vorlägen. Es gilt also die Formel $c \sim p$ auch dann, wenn p nicht den Gesamtdruck, sondern den Teildruck eines Gases bedeutet. Daher bleibt die Gleichung $c/c_0 = p/p_0$ und schließlich auch die Massenwirkungsgleichung richtig, wenn wir unter c die Teilkonzentration und unter p den Teildruck eines Gases in einem Gemisch verstehen.

Als Anfangswert für den Druck wählt man üblicherweise den *Normdruck* $p^{\ominus} = 100$ kPa, obwohl bei diesem Druck das chemische Potenzial μ schon etwas von dem Wert abweicht, den die Massenwirkungsgleichung liefert. Damit die Ergebnisse bei niedrigen Drücken richtig bleiben, darf man daher nicht den wahren μ-Wert beim Normdruck einsetzen, sondern muss einen davon etwas abweichenden, fiktiven Wert benutzen (ganz analog zur Vorgehensweise bei der Konzentration). Diesen für den Normdruck geltenden fiktiven Wert kann man aus Tabellen entnehmen und damit die Potenziale bei beliebigen, nicht zu hohen Drücken berechnen. Wir nennen diesen speziellen Wert wieder den *Grundwert* $\overset{\circ}{\mu}$, der wie bisher mit dem Überzeichen ° gekennzeichnet werden soll:

$$\mu = \overset{\circ}{\mu} + RT \ln \frac{p}{p^{\ominus}} = \overset{\circ}{\mu} + RT \ln p_r \qquad \text{für} \quad p \ll p^{\ominus} \quad \text{(Massenwirkungsglg. 2'),} \qquad (6.26)$$

wobei p_r der relative Druck ist. Im Gegensatz dazu sind in der Massenwirkungsgleichung 2 alle μ-Werte real.

Einbezug des Mengenanteils. Ein anderes viel benutztes Zusammensetzungsmaß ist der *Mengenanteil x*. Solange der Gehalt eines Stoffes in einer Lösung gering ist, sind Konzentration und Mengenanteil einander proportional: $c \sim x$ für kleine c. Dies bedeutet wiederum

$$\frac{c}{c_0} = \frac{x}{x_0} . \qquad (6.27)$$

Wir können daher in der Massenwirkungsgleichung das Konzentrationsverhältnis c/c_0 durch x/x_0 ersetzen:

$$\mu = \mu_0 + RT \ln \frac{x}{x_0} \qquad \text{für} \quad x, x_0 \ll 1 \quad \text{(Massenwirkungsgleichung 3).} \qquad (6.28)$$

6.6 Anwendungen des Massenwirkungsgesetzes

Störung des Gleichgewichts. Man kann nun ein bereits eingestelltes Gleichgewicht stören, indem man z. B. eine gewisse Menge eines der Ausgangsstoffe dem Reaktionsgemisch zufügt. Im Laufe der Zeit stellt sich dann wieder ein Gleichgewicht ein, wobei die neuen Gleichgewichtskonzentrationen von den ursprünglichen verschieden sind, insgesamt aber die Beziehung (6.19) bzw. (6.21) erfüllt bleibt.

Als Beispiel wollen wir das Gleichgewicht betrachten, das sich in wässriger Lösung zwischen Eisenhexaquokomplexkationen und Thiocyanatanionen auf der einen Seite und den blutroten Eisenthiocyanatkomplexen auf der anderen Seite einstellt und vereinfachend durch folgende Umsatzformel beschrieben werden kann:

$$[\text{Fe}(\text{H}_2\text{O})_6]^{3+}|\text{w} + 3\,\text{SCN}^-|\text{w} \rightleftarrows [\text{Fe}(\text{H}_2\text{O})_3(\text{SCN})_3]|\text{w} + 3\,\text{H}_2\text{O}|\text{l}\,.$$

Wenn man die blutrote Lösung mit Wasser verdünnt, sinkt die Konzentration und damit auch das chemische Potenzial der gelösten Stoffe, und zwar für alle Stoffe um dasselbe Stück. Wir deuten dies durch einen über die Formeln der Stoffe gesetzten Pfeil an:

$$\downarrow \qquad\qquad \downarrow\downarrow\downarrow \qquad\qquad \downarrow$$
$$[\text{Fe}(\text{H}_2\text{O})_6]^{3+}|\text{w} + 3\,\text{SCN}^-|\text{w} \rightleftarrows [\text{Fe}(\text{H}_2\text{O})_3(\text{SCN})_3]|\text{w} + 3\,\text{H}_2\text{O}|\text{l}\,.$$

Das Potenzial des Wassers bleibt dabei wegen seines großen Überschusses praktisch unverändert. War am Anfang die Summe der Potenziale auf beiden Seiten gleich, so ist das Gleichgewicht jetzt gestört, weil die Abnahme links viermal stärker ins Gewicht fällt als rechts. Der Komplex zerfällt, sein Potenzial sinkt, während das der Stoffe links ansteigt. Der Vorgang läuft (gut erkennbar am Verblassen der roten Farbe), bis das Gleichgewicht wiederhergestellt ist. Die nun braungelbe Farbe stammt vom Eisenhexaquokomplex. Aber auch dieses neue Gleichgewicht lässt sich wieder verschieben (Versuch 6.1).

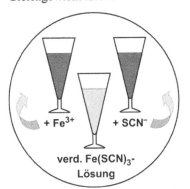

Versuch 6.1 *Eisen(III)-nitrat-Ammoniumthiocyanat-Gleichgewicht:* Versetzt man die sich im Gleichgewicht befindliche bernsteingelbe verdünnte Eisenthiocyanat-Lösung entweder mit Fe^{3+}- oder SCN^--Lösung, so färbt sich die Lösung in beiden Fällen rot.

Bei der Zugabe von zusätzlichen Eisen(III)-Ionen (1. Fall) nimmt deren Konzentration und damit auch Potenzial zu; der Vorgang kehrt sich um, sodass das Rot wieder kräftiger wird. Nach dem gleichen Prinzip verläuft auch die Reaktion bei der Zugabe von zusätzlichen Thiocyanatanionen (2. Fall). Beides lässt sich wieder gut durch über die Formeln gesetzte Pfeile veranschaulichen:

$\uparrow$ (1. Fall) $\uparrow\uparrow\uparrow$ (2. Fall)

$$[Fe(H_2O)_6]^{3+}|w + 3\,SCN^-|w \rightleftarrows [Fe(H_2O)_3(SCN)_3]|w + 3\,H_2O|l\,.$$

Nicht ganz vergessen sollte man aber, dass mit der Zugabe gelöster Stoffe stets auch Wasser hinzukommt, was zu einer Verdünnung führt. Die zugesetzte Lösung von Fe^{3+}- oder SCN^--Ionen darf also nicht zu dünn sein, um die gewünschte Wirkung zu erzielen.

Zum selben Ergebnis gelangt man, wenn auch etwas umständlicher, wenn man das Massenwirkungsgesetz wie üblich hinschreibt und beachtet, dass zur Wahrung des Gleichgewichtes Zähler und Nenner stets um denselben Faktor zu- oder abnehmen müssen (Das Lösemittel Wasser wird als reiner Stoff behandelt; daher taucht es in der Formel nicht auf.):

$$\overset{\circ}{\mathcal{K}} = \frac{c_r([Fe(H_2O)_3(SCN)_3])}{c_r([Fe(H_2O)_6]^{3+})\cdot c_r(SCN^-)^3}\,.$$

So sinkt z. B. bei Verdünnung mit Wasser die Konzentration des Komplexes, aber auch die der freien Ionen. Dadurch würde der Nenner weitaus stärker abnehmen als der Zähler. Damit der Quotient konstant gleich $\overset{\circ}{\mathcal{K}}$ bleibt, muss daher auch der Zähler entsprechend kleiner werden: das Gleichgewicht wird auf die Seite der Ausgangsstoffe verschoben.

Homogene Gasgleichgewichte. Für Gleichgewichte in einem Gasgemisch

$$|\nu_B|\,B + |\nu_{B'}|\,B' + ... \rightleftarrows \nu_D\,D + \nu_{D'}\,D' + ...$$

können wir ganz analog zu den homogenen Lösungsgleichgewichten die Gleichgewichtszahl herleiten, nur, dass wir diesmal statt auf die Massenwirkungsgleichung 1′ auf die Massenwirkungsgleichung 2′ [Gl. (6.26)] zurückgreifen. Um zu betonen, dass statt der Konzentration c jetzt der Teildruck p als Gehaltsmaß dient, schreibt man in der Regel $\overset{\circ}{\mathcal{K}}_p$:

$$\overset{\circ}{\mathcal{K}}_p = \frac{p_r(D)^{\nu_D}\cdot p_r(D')^{\nu_{D'}}\cdot ...}{p_r(B)^{|\nu_B|}\cdot p_r(B')^{|\nu_{B'}|}\cdot ...}\,. \qquad (6.29)$$

Zur Umrechnung in die herkömmliche Gleichgewichtskonstante $\overset{\circ}{K}_p$ muss wieder ein Dimensionsfaktor berücksichtigt werden:

$$\overset{\circ}{K}_p = \kappa_p\,\overset{\circ}{\mathcal{K}}_p \quad , \text{ wobei } \kappa_p = (p^\ominus)^{\nu_p} \text{ mit } \nu_p = \nu_B + \nu_{B'} + ... + \nu_D + \nu_{D'} + ... \,. \quad (6.30)$$

Betrachten wir als Beispiel die Ammoniaksynthese:

$$N_2|g + 3\,H_2|g \rightleftarrows 2\,NH_3|g$$

$\mu^\ominus/kG$: 0 $3\cdot0$ $2\cdot(-16,5)$ $\Rightarrow \mathcal{A}^\ominus = +33,0\ kG.$

Mit dem Normwert des Antriebs von 33,0 kG erhält man für die Gleichgewichtszahl bei Zimmertemperatur

$$\mathcal{K}_p^\ominus = \frac{p_r(NH_3)^2}{p_r(N_2)\cdot p_r(H_2)^3} = \exp\frac{\mathcal{A}^\ominus}{RT} = \exp\frac{33,0\cdot10^3\ G}{8,314\ G\,K^{-1}\cdot298\ K} = 6,1\cdot10^5\,.$$

Die herkömmliche Gleichgewichtskonstante ergibt sich wegen $\nu_p = -1 - 3 + 2 = -2$ zu

$$K_p^\ominus = \frac{p(\mathrm{NH_3})^2}{p(\mathrm{N_2}) \cdot p(\mathrm{H_2})^3} = \underbrace{(p^\ominus)^{\nu_p}}_{\kappa_p} \cdot \overset{\circ}{\mathcal{K}}_p = (100\,\mathrm{kPa})^{-2} \cdot (6{,}1 \cdot 10^5) = 61\,\mathrm{kPa}^{-2}.$$

Ganz allgemein können wir uns merken: Je nach Zusammensetzungsmaß und dessen Normwert ($c^\ominus = 1\,\mathrm{kmol\,m}^{-3}$, $p^\ominus = 100$ kPa, ...) erhält man für denselben Stoff verschiedene Potenzialgrundwerte $\overset{\circ}{\mu}_c$, $\overset{\circ}{\mu}_p$, ... und damit für dieselbe Umsetzung verschiedene Gleichgewichtszahlen $\overset{\circ}{\mathcal{K}}_c$, $\overset{\circ}{\mathcal{K}}_p$, ... , was durch die unterschiedlichen Indizes angedeutet wird. Im Regelfall benutzen wir jedoch bei gelösten Stoffen $\overset{\circ}{\mu}_c$ und bei Gasen $\overset{\circ}{\mu}_p$. Fehlt der Index, dann ist er gedanklich in diesem Sinne zu ergänzen.

Zersetzungsgleichgewichte. Bisher haben wir nur homogene Gleichgewichte betrachtet, das heißt chemische Reaktionen, bei denen alle beteiligten Substanzen in derselben Phase vorliegen. Als nächstes wollen wir uns *heterogenen Gleichgewichten* zuwenden, an denen Stoffe in unterschiedlichen Phasen beteiligt sind. Heterogene Gasreaktionen unter Beteiligung fester Phasen seien zunächst herausgegriffen.

Wir beginnen mit einem Vorgang, der auch technisch bedeutsam ist, dem Kalkbrennen. Bei der Zersetzung des Calciumcarbonats in einem *geschlossenen* Behälter gemäß

$$\mathrm{CaCO_3|s} \rightleftarrows \mathrm{CaO|s} + \mathrm{CO_2|g}$$

$\mu^\ominus/\mathrm{kG}$: $-1128{,}8$ $-603{,}3$ $-394{,}4$ $\Rightarrow \mathcal{A}^\ominus = -131{,}1\,\mathrm{kG}$

liegen zwei reine feste Phasen ($\mathrm{CaCO_3}$ und CaO) sowie eine Gasphase im Gleichgewicht vor. Für das Gas Kohlendioxid findet die Massenwirkungsgleichung 2′ Anwendung. Doch wie können wir reine Feststoffe (oder auch reine Flüssigkeiten) B berücksichtigen? Für diese Stoffe entfällt das Massenwirkungsglied $RT\ln c_\mathrm{r}(\mathrm{B})$, d. h., es gilt $\mu(\mathrm{B}) = \overset{\circ}{\mu}(\mathrm{B})$; der reine Feststoff erscheint also nicht im Massenwirkungsgesetz. In einer dünnen Lösung gilt dies, wie wir gesehen haben, auch für das Lösemittel, das in diesem Fall als reiner Stoff zu behandeln ist (vgl. Abschnitt 6.3). Für die Carbonatzersetzung ergibt sich die Gleichgewichtszahl bei Normtemperatur $\overset{\circ}{\mathcal{K}}_p(T^\ominus) = \mathcal{K}_p^\ominus$ daher zu

$$\overset{\circ}{\mathcal{K}}_p = p_\mathrm{r}(\mathrm{CO_2}) \quad \text{mit} \quad \mathcal{K}_p^\ominus = \exp(\mathcal{A}^\ominus/RT^\ominus) = 1{,}1 \cdot 10^{-23} \text{ bei 298 K.} \qquad (6.31)$$

Für die herkömmliche Gleichgewichtskonstante $\overset{\circ}{K}_p = \kappa_p \overset{\circ}{\mathcal{K}}_p$ mit $\kappa_p = (p^\ominus)^{\nu_p}$ erhält man wegen $\nu_p = 1$:

$$\overset{\circ}{K}_p = p(\mathrm{CO_2}) \quad \text{mit} \quad K_p^\ominus = p^\ominus \cdot \mathcal{K}_p^\ominus = 100\,\mathrm{kPa} \cdot (1{,}1 \cdot 10^{-23}) = 1{,}1 \cdot 10^{-21}\,\mathrm{kPa}. \quad (6.32)$$

Die Gleichgewichtskonstante ist identisch mit dem *Zersetzungsdruck*, d. h. dem Kohlendioxiddruck im Gleichgewicht; sie hängt also nicht von den Stoffmengen der festen Substanzen ab. Obwohl die reinen Feststoffe nicht im Ausdruck für die Gleichgewichtskonstante auftauchen, müssen sie aber dennoch vorhanden sein, damit das Gleichgewicht vorliegt. Der Zersetzungsdruck ist bei Zimmertemperatur äußerst gering, hängt jedoch (wie auch die Gleichgewichtskonstante) noch von der Temperatur ab (vgl. auch Abschnitt 5.5 und Abb. 5.13). Erst bei Temperaturen deutlich oberhalb 800 K tritt ein merklicher Kohlendioxiddruck auf.

Erhitzt man das Calciumcarbonat jedoch in einem *offenen* Ofen wie beim Kalkbrennen üblich, dann entweicht das Gas in die Umgebung, das Gleichgewicht wird nicht erreicht und das gesamte Carbonat zersetzt sich.

In gleicher Weise kann die Zersetzung kristalliner Hydrate usw. beschrieben werden.

Phasenumwandlungen. Die Vorgehensweise lässt sich aber auch auf Umwandlungen mit Wechsel des Aggregatzustandes anwenden. Ein Beispiel für eine derartige Phasenumwandlung mit Beteiligung eines Gases ist das Verdampfen von Wasser. Die Gleichgewichtszahl $\overset{\circ}{\mathcal{K}}_p$ für das Gleichgewicht zwischen flüssigem Wasser und Wasserdampf in einem geschlossenen Gefäß

$$\underline{H_2O|l \quad \rightleftarrows \quad H_2O|g}$$
$$\mu^{\ominus}/kG: \quad -237,1 \qquad -228,6 \qquad \Rightarrow \mathcal{A}^{\ominus} = -8,5 \ kG$$

ergibt sich zu

$$\overset{\circ}{\mathcal{K}}_p = p_r(H_2O|g) \qquad \text{mit} \qquad \mathcal{K}_{\cdot p}^{\ominus} = 3,24 \cdot 10^{-2} \ \text{bei 298 K.} \tag{6.33}$$

Das flüssige Wasser taucht als reine Flüssigkeit in Gleichung (6.33) nicht auf. Für die herkömmliche Gleichgewichtskonstante erhalten wir entsprechend

$$\overset{\circ}{K}_p = p(H_2O|g) = p_{lg}(H_2O) \ . \tag{6.34}$$

Die Gleichgewichtskonstante gibt also den (Sättigungs-)*Dampfdruck* des Wassers an, d. h. den Druck des Wasserdampfes im Gleichgewicht mit der Flüssigkeit bei der betrachteten Temperatur. Ausführlicher mit Phasenumwandlungen beschäftigen werden wir uns in Kapitel 11.

Löslichkeit von Feststoffen. Als nächstes wollen wir uns den heterogenen *Lösungsgleichgewichten* zuwenden. Ganz allgemein gilt, dass ein Stoff, wenn er von einer Flüssigkeit umspült wird, sich aufzulösen beginnt. Das in dem reinen Lösemittel äußerst niedrige Potenzial μ der betreffenden Substanz (für $c \rightarrow 0$ strebt $\mu \rightarrow -\infty$) steigt mit zunehmender Auflösung und damit Konzentration rasch an. Der Vorgang kommt zum Stillstand, wenn das Potenzial in der Lösung dem des Festkörpers die Waage hält, d. h. Gleichgewicht herrscht. Man spricht in diesem Fall auch von einer *gesättigten Lösung*, einer Lösung, die unter den gegebenen Bedingungen die höchstmögliche Menge an zu lösender Substanz enthält; die zugehörige Konzentration wird als *Sättigungskonzentration* bezeichnet.

Im Abschnitt 4.6 hatten wir als Beispiel für einen leicht löslichen Feststoff Rohrzucker, für einen schwer löslichen hingegen Iod kennengelernt. Die Grenzen, wann man einen Stoff als *leicht, mäßig, schwer* löslich bezeichnen will, sind Vereinbarungssache. Wenn man die Sättigungskonzentration als Kriterium wählt, dann bietet es sich an, runde Werte wie ... 10^1, 10^0, 10^{-1}, 10^{-2} ... $kmol \ m^{-3}$ als Grenzen für die Löslichkeitsbereiche zu verwenden, etwa nach folgendem Muster:

$$10^1 \qquad 10^0 \qquad 10^{-1} \qquad 10^{-2}$$

sehr leicht $|$ leicht $|$ mäßig $|$ schwer $|$ sehr schwer

Da die Antriebe $\mathcal{A} = \ldots +6, \pm 0, -6, -12 \ldots$ kG für den Lösevorgang, hier den Übergang vom festen in den gelösten Zustand, s→d,

$$B|s \rightleftarrows B|d$$

gerade die Werte ... $10^1, 10^0, 10^{-1}, 10^{-2} \ldots$ kmol m^{-3} für die Sättigungskonzentration c_{sd} liefern (es sei in diesem Zusammenhang an das Dekapotenzial erinnert), kann man auch anhand der $\mathcal{A}_{sd}$-Werte das Löseverhalten beurteilen. Rohrzucker mit einem $\mathcal{A}^{\ominus}$-Wert von +7 kG ist, wie erwartet sehr leicht löslich, Iod mit einem $\mathcal{A}^{\ominus}$-Wert von −16 kG hingegen sehr schwer.

Dissoziiert nun der Stoff beim Lösen wie beispielsweise ein Salz im Wasser,

$$AB|s \rightleftarrows A^+|w + B^-|w ,$$

dann müssen die Dissoziationsprodukte gemeinsam den „Umbildungstrieb" $\mu(AB)$ des Salzes AB auffangen:

$$\mu(AB) = \mu(A^+) + \mu(B^-) .$$

Das Massenwirkungsgesetz lautet, solange ein Bodenkörper von AB vorhanden ist:

$$\overset{\circ}{\mathcal{K}}_{sd} = c_r(A^+) \cdot c_r(B^-) , \tag{6.35}$$

wobei

$$\overset{\circ}{\mathcal{K}}_{sd} = \exp \frac{\overset{\circ}{\mathcal{A}}_{sd}}{RT} = \exp \frac{\overset{\circ}{\mu}(AB) - \overset{\circ}{\mu}(A^+) - \overset{\circ}{\mu}(B^-)}{RT} ,$$

da für einen reinen Feststoff das Massenwirkungsglied und damit in Gleichung (6.35) der Nenner entfällt. Unter gegebenen Bedingungen ist demnach das Produkt der relativen Konzentrationen der Ionen in einer gesättigten Lösung konstant. In der Chemie wird $\overset{\circ}{\mathcal{K}}_{sd}$ daher gewöhnlich als *Löslichkeitsprodukt* $\overset{\circ}{\mathcal{K}}_L$ bezeichnet. Zerfällt ein Stoff nicht nur in zwei, sondern in mehr Ionen, dann erscheinen im Massenwirkungsgesetz (6.35) auf der rechten Seite entsprechend viele Faktoren.

Wird nun der Gehalt eines der Ionen erhöht, z. B. $c(A^+)$, dann muss der des zweiten $c(B^-)$ entsprechend sinken, um das Gleichgewicht zu erhalten, d. h., es scheidet sich zwangsläufig der Stoff AB aus der Lösung aus. Wir betrachten als Beispiel eine gesättigte Kochsalzlösung, in der festes NaCl mit seinen Ionen in der Lösung im Gleichgewicht steht (Versuch 6.2),

$$\underline{NaCl|s \quad \rightleftarrows \quad Na^+|w \quad + \quad Cl^-|w}$$

$\mu^{\ominus}/kG$: −384,1   −261,9   −131,2 $\Rightarrow \mathcal{A}^{\ominus} = +9,0$ kG,

woraus sich die Gleichgewichtszahl $\mathcal{K}_{sd}^{\ominus}$ bei Zimmertemperatur zu 37,8 ergibt. Das heterogene Gleichgewicht lässt sich mit Hilfe des Löslichkeitsproduktes beschreiben:

$$\overset{\circ}{\mathcal{K}}_{sd} = c_r(Na^+) \cdot c_r(Cl^-) .$$

Für die Konzentration $c_{sd} = c(Na^+) = c(Cl^-) = c^{\ominus} \sqrt{\mathcal{K}_{sd}^{\ominus}}$ der bei 298 K gesättigten Lösung erhalten wir den Wert 6,1 kmol m^{-3}, was – besser als eigentlich zu erwarten – mit dem gemessenen Wert von 5,5 kmol m^{-3} übereinstimmt.

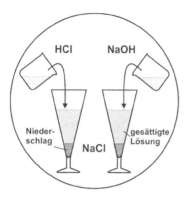

Versuch 6.2: *Löslichkeitsprodukt des Kochsalzes*: Sowohl bei Zugabe von Na^+-Ionen (in Form von konz. Natronlauge) als auch von Cl^--Ionen (in Form von konz. Salzsäure) zu der gesättigten Kochsalzlösung erfolgt eine NaCl-Fällung.

Der Zusatz von Verbindungen, die eine gemeinsame Ionenart mit dem betrachteten Salz aufweisen, beeinflusst also dessen Löslichkeit.

Während im Fall von leichtlöslichen Salzen aufgrund der starken Ion-Ion-Wechselwirkung in konzentrierteren Elektrolytlösungen nur recht grobe Angaben möglich sind, insbesondere dann, wenn mehrwertige Ionen beteiligt sind, können im Fall von schwerlöslichen Verbindungen durchaus auch quantitative Abschätzungen vorgenommen werden. Schauen wir uns dies am Beispiel des schwerlöslichen Blei(II)-iodids genauer an:

$$\underline{PbI_2|s \quad\rightleftarrows\quad Pb^{2+}|w + 2\ I^-|w}$$

$$\mu^{\ominus}/kG: \quad -173{,}6 \qquad -24{,}4 \quad 2\cdot(-51{,}6) \quad\Rightarrow\ \mathcal{A}^{\ominus} = -46{,}0\ kG,$$

woraus sich für Zimmertemperatur $\overset{\circ}{\mathcal{K}}{}_{sd}^{\ominus} = 8{,}6\cdot 10^{-9}$ ergibt. Das Massenwirkungsgesetz für das betrachtete Lösungsgleichgewicht lautet:

$$\overset{\circ}{\mathcal{K}}_{sd} = c_r(Pb^{2+})\cdot c_r(I^-)^2\ .$$

Aus dem Zahlenwert für das Löslichkeitsprodukt bei 298 K können wir nun die Sättigungskonzentration c_{sd} des Salzes bei dieser Temperatur berechnen. Im vorliegenden Beispiel ergibt sich aus der Umsatzformel, dass aus jedem PbI_2 ein Pb^{2+}-Ion, aber zwei I^--Ionen entstehen. Es gilt daher, anders als im Fall des Kochsalzes:

$$c(Pb^{2+}) = c_{sd} \qquad\text{und}\qquad c(I^-) = 2c_{sd}\ .$$

Einsetzen ergibt:

$$\overset{\circ}{\mathcal{K}}_{sd} = (c_{sd}/c^{\ominus})\cdot(2c_{sd}/c^{\ominus})^2 = 4c_{sd}{}^3/(c^{\ominus})^3\ .$$

Damit beträgt die Sättigungskonzentration bei 298 K

$$c_{sd} = \sqrt[3]{\overset{\circ}{\mathcal{K}}{}_{sd}^{\ominus}/4}\ c^{\ominus} = \sqrt[3]{(8{,}6\cdot 10^{-9})/4}\ kmol\,m^{-3} = 1{,}3\cdot 10^{-3}\ kmol\,m^{-3}\ .$$

Wir können nun auch den Effekt abschätzen, den die Zugabe eines der Ionen bewirkt. Fügt man zu der gesättigten Lösung von Bleiiodid so viel einer konzentrierten NaI-Lösung hinzu, dass die I^--Konzentration danach 0,1 kmol m^{-3} beträgt, so berechnet sich die Bleiionenkonzentration in Gegenwart zusätzlicher Iodid-Ionen zu:

$$c(\text{Pb}^{2+}) = \frac{\overset{\ominus}{\mathcal{K}_{\text{sd}}}}{[c(\text{I}^-)\,/\,c^\ominus]^2} c^\ominus = \frac{8{,}6 \cdot 10^{-9}}{0{,}01}\ \text{kmol}\,\text{m}^{-3} = 8{,}6 \cdot 10^{-7}\ \text{kmol}\,\text{m}^{-3}\,.$$

Der Bleigehalt wurde also, wie erwartet, durch den I⁻-Zusatz drastisch abgesenkt. Zuviel des Guten kann aber auch schaden, denn ein zu großer I⁻-Überschuss führt zur Bildung löslicher Komplexe, etwa: $\text{PbI}_2 + \text{I}^- \rightarrow \text{PbI}_3^-$. Dieser Effekt wäre mit unseren Mitteln ebenfalls berechenbar.

Die Löslichkeit bestimmter schwerlöslicher Verbindungen lässt sich aber auch auf andere Weise wie z. B. über den pH-Wert steuern. Das folgende Wechselspiel zwischen Fällungs- und Lösevorgang soll diesen Unterabschnitt beschließen: Bariumchlorid reagiert mit Kaliumdichromat zu schwerlöslichem gelben Bariumchromat (Versuch 6.3) gemäß der folgenden Umsatzformel:

$$2\,\text{Ba}^{2+}|\text{w} + \text{Cr}_2\text{O}_7^{2-}|\text{w} + \text{H}_2\text{O}|\text{l} \rightleftarrows 2\,\text{BaCrO}_4|\text{s} + 2\,\text{H}^+|\text{w}\,.$$

Genauer gesagt, nehmen die Konzentrationen der Ausgangsstoffe so lange ab, d. h., es fällt so lange Bariumchromat aus, bis das Gleichgewicht erreicht ist.

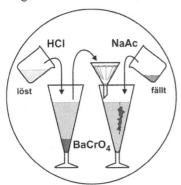

Versuch 6.3 *Fällung von Bariumchromat*: Versetzt man eine BaCl₂-Lösung mit einer K₂Cr₂O₇-Lösung, so entsteht ein gelber BaCrO₄-Niederschlag, der sich allmählich unten im Kelchglas absetzt. Zugabe von Salzsäure löst den Niederschlag wieder auf (im Bild links). Filtriert man stattdessen die Lösung und setzt dem klaren Filtrat festes Natriumacetat hinzu, dann fällt weiteres BaCrO₄ aus (im Bild rechts).

Der Niederschlag löst sich nach Zugabe von Salzsäure wieder auf, denn bei Säurezusatz wächst die Konzentration der H⁺-Ionen und damit deren chemisches Potenzial. Zur Wiederherstellung des Gleichgewichts muss also BaCrO₄ in Lösung gehen:

$$\uparrow\uparrow$$
$$2\,\text{Ba}^{2+}|\text{w} + \text{Cr}_2\text{O}_7^{2-}|\text{w} + \text{H}_2\text{O}|\text{l} \rightleftarrows 2\,\text{BaCrO}_4|\text{s} + 2\,\text{H}^+|\text{w}\,.$$

Fängt man hingegen die bei der Fällung freigesetzten H⁺-Ionen im Filtrat mittels Zugabe von festem Natriumacetat weg ($\text{Ac}^- + \text{H}^+ \rightarrow \text{HAc}$), so sinkt deren chemisches Potenzial; folglich muss weiteres BaCrO₄ ausfallen.

Zu dem gleichen Ergebnis gelangt man durch Betrachtung des Massenwirkungsgesetzes:

$$\overset{\circ}{\mathcal{K}} = \frac{c_\text{r}(\text{H}^+)^2}{c_\text{r}(\text{Ba}^{2+})^2 \cdot c_\text{r}(\text{Cr}_2\text{O}_7^{2-})}\,.$$

So wächst zum Beispiel bei H^+-Zusatz der Zähler, sodass auch der Nenner wachsen muss, damit der Quotient konstant gleich $\overset{\circ}{\mathcal{K}}$ bleibt. Die Konzentrationen $c_r(Ba^{2+})$ und $c_r(Cr_2O_7^{2-})$ können jedoch nur zunehmen, wenn $BaCrO_4$ in Lösung geht.

Löslichkeit von Gasen. Als nächstes wollen wir uns das Löseverhalten von Gasen anschauen. Bringt man ein Gas B mit einer Flüssigkeit (oder einem Feststoff) in Berührung, dann diffundiert dieses so lange hinein, $B|g \rightleftarrows B|d$, bis das chemische Potenzial des Gases im Innern ebenso hoch ist wie außen, $\mu(B|g) = \mu(B|d)$, sodass der Antrieb $\mathcal{A}_{g\rightarrow d} = \mu(B|g) - \mu(B|d)$ für den Diffusionsvorgang verschwindet. $\mu(B|d)$ wird dabei durch die Massenwirkungsgleichung 1′, $\mu(B|g)$ hingegen durch die Massenwirkungsgleichung 2′ beschrieben. Das Massenwirkungsgesetz mit der Gleichgewichtszahl $\overset{\circ}{\mathcal{K}}_{g\rightarrow d}$ oder kurz $\overset{\circ}{\mathcal{K}}_{gd}$ lautet in diesem Fall:

$$\overset{\circ}{\mathcal{K}}_{gd} = \frac{c_r(B|d)}{p_r(B|g)} \qquad \text{mit} \qquad \overset{\circ}{\mathcal{K}}_{gd} = \exp\frac{\overset{\circ}{\mathcal{A}}_{gd}}{RT} = \exp\frac{\overset{\circ}{\mu}(B|g) - \overset{\circ}{\mu}(B|d)}{RT}. \tag{6.36}$$

Man beachte, dass $\overset{\circ}{\mathcal{K}}$ hier weder $\overset{\circ}{\mathcal{K}}_c$ noch $\overset{\circ}{\mathcal{K}}_p$ entspricht, sondern sozusagen eine „gemischte" Größe $\overset{\circ}{\mathcal{K}}_{pc}$ darstellt. Wie die Massenwirkungsgleichungen selbst, gilt auch diese Beziehung nur, solange die Konzentration c in der Lösung und der Druck p außen gering sind. In herkömmlicher Schreibweise lautet das Gesetz:

$$\overset{\circ}{K}_{gd} = \frac{c(B|d)}{p(B|g)} \qquad \text{mit} \qquad \overset{\circ}{K}_{gd} = \overset{\circ}{\mathcal{K}}_{gd} \cdot \frac{c^\ominus}{p^\ominus}. \tag{6.37}$$

Die Löslichkeit eines Gases ist also bei konstanter Temperatur seinem Partialdruck über der Lösung proportional, $c(B) \sim p(B)$. Dieser Zusammenhang wurde bereits 1803 von dem englischen Chemiker William HENRY empirisch gefunden (*HENRYsches Gesetz*). Daher wird $\overset{\circ}{K}_{gd}$ auch als HENRY-Konstante $\overset{\circ}{K}_H$ bezeichnet.

Schauen wir uns als Beispiel die Berechnung der Löslichkeit von Sauerstoff in Wasser an, einer z. B. für biologische Prozesse in Gewässern wichtigen Größe:

$$\begin{array}{cc} & O_2|g \rightleftarrows O_2|w \\ \mu^\ominus/kG: & 0 \qquad\qquad +16{,}4 \end{array} \Rightarrow \mathcal{A}^\ominus = -16{,}4 \text{ kG}.$$

Mit dem Normwert des Antriebs von $-16{,}4$ kG ergibt sich die Gleichgewichtszahl bei Zimmertemperatur zu

$$\mathcal{K}_{gd}^\ominus = \frac{c_r(O_2|w)}{p_r(O_2|g)} \qquad \text{mit} \qquad \mathcal{K}_{gd}^\ominus = \exp\frac{-16400 \text{ G}}{8{,}314 \text{ G K}^{-1} \cdot 298 \text{ K}} = 1{,}3 \cdot 10^{-3},$$

die herkömmliche Gleichgewichtskonstante hingegen zu

$$K_{gd}^\ominus = \frac{c(O_2|w)}{p(O_2|g)} \qquad \text{mit} \qquad K_{gd}^\ominus = (1{,}3 \cdot 10^{-3}) \cdot \frac{1 \text{ kmol m}^{-3}}{100 \text{ kPa}} = 1{,}3 \cdot 10^{-5} \text{ mol m}^{-3} \text{ Pa}^{-1}.$$

Der Partialdruck von O_2 in Luft beträgt beispielsweise etwa 21 kPa (da Luft zu rund 21 % aus Sauerstoff besteht und der auf Meereshöhe herrschende Gesamtluftdruck bei rund 100 kPa liegt); für die O_2-Konzentration in luftgesättigtem Wasser bei 298 K erhalten wir damit

$$c(O_2|w) = K_{gd}^\ominus \cdot p(O_2|g) = (1{,}3 \cdot 10^{-5} \text{ mol m}^{-3} \text{ Pa}^{-1}) \cdot (21 \cdot 10^3 \text{ Pa}) = 0{,}27 \text{ mol m}^{-3}.$$

Verteilungsgleichgewichte. Theoretisch ähnlich zu behandelnde Verhältnisse liegen vor, wenn zu einem System aus zwei praktisch nicht mischbaren Flüssigkeiten wie Wasser/Ether ein dritter Stoff B, z. B. Iod, zugegeben wird, der in beiden flüssigen Phasen (' und '') löslich ist. Die Substanz B verteilt sich dann zwischen diesen Phasen, $B|d' \rightleftarrows B|d''$, bis ihr chemisches Potenzial in beiden gleich geworden ist. Für die Gleichgewichtszahl $\overset{\circ}{\mathcal{K}}_{d \to d}$ oder kurz $\overset{\circ}{\mathcal{K}}_{dd}$ erhalten wir dann:

$$\overset{\circ}{\mathcal{K}}_{dd} = \frac{c_r(B|d'')}{c_r(B|d')} \qquad \text{mit} \qquad \overset{\circ}{\mathcal{K}}_{dd} = \exp\frac{\overset{\circ}{\mathcal{A}}_{dd}}{RT} = \exp\frac{\overset{\circ}{\mu}(B|d') - \overset{\circ}{\mu}(B|d'')}{RT}. \tag{6.38}$$

Die herkömmliche Schreibweise lautet:

$$\overset{\circ}{K}_{dd} = \frac{c(B|d'')}{c(B|d')} \qquad \text{mit} \qquad \overset{\circ}{K}_{dd} = \overset{\circ}{\mathcal{K}}_{dd}. \tag{6.39}$$

Das Verhältnis der Gleichgewichtskonzentrationen (oder auch -stoffmengenanteile usw.) des gelösten Stoffes in zwei flüssigen Phasen ist für geringe Gehalte eine (temperaturabhängige) „Konstante" (*NERNSTscher Verteilungssatz*, benannt nach dem deutschen Physikochemiker und Nobelpreisträger Walther Herrmann NERNST). Die Konstante $\overset{\circ}{K}_{dd}$ wird auch als NERNSTscher Verteilungskoeffizient K_N bezeichnet.

Verteilungsgleichgewichte spielen bei der Trennung von Stoffgemischen mittels *Extraktion* eine maßgebliche Rolle. Hierauf basiert unter anderem das Laborverfahren des „Ausschüttelns" eines Stoffes aus seiner Lösung mit Hilfe eines weiteren Lösemittels, in dem er weitaus besser löslich ist. So kann Iod durch mehrmaliges Extrahieren mit Ether fast vollständig aus Wasser entfernt werden. Auf dem gleichen Prinzip beruht aber auch die *Verteilungschromatographie*. Als stationäre Phase fungiert ein Lösemittel in den Poren eines festen Trägermaterials (z. B. Papier, feinkörniges Kieselgel oder Aluminiumoxid). An diesem fließt ein zweites Lösemittel mit dem zu trennenden Stoffgemisch als mobile Phase vorbei; man spricht daher auch von Lauf- oder Fließmittel. Je besser nun eine Substanz in der stationären Phase löslich ist, desto länger wird sie sich darin aufhalten und desto stärker wird sich ihre Bewegung entlang dieser Phase verlangsamen. Es kommt damit zu einer Auftrennung des ursprünglich in einem Punkt aufgetragenen Stoffgemisches.

Einfluss der Temperatur. Die bisher betrachteten Gleichgewichtszahlen (und -konstanten) gelten nur für ganz bestimmte Bedingungen, meist die Normbedingungen (298 K und 100 kPa). Interessiert man sich nun für den $\overset{\circ}{\mathcal{K}}$-Wert bei einer beliebigen Temperatur, so ist neben dem RT-Glied auch die Temperaturabhängigkeit des Antriebs $\mathcal{A}$ zu berücksichtigen. Hier greifen wir auf den in Abschnitt 5.2 vorgestellten linearen Ansatz zurück,

$$\mathcal{A} = \mathcal{A}_0 + \alpha(T - T_0).$$

Einsetzen in Gleichung (6.18) ergibt für die Gleichgewichtszahl bei einer beliebigen Temperatur T:

$$\overset{\circ}{\mathcal{K}}(T) = \exp\frac{\overset{\circ}{\mathcal{A}} + \alpha(T - T_0)}{RT}. \tag{6.40}$$

Bei einer Temperaturerhöhung ($\Delta T > 0$) kann $\overset{\circ}{\mathcal{K}}(T)$, verglichen mit dem Ausgangswert $\overset{\circ}{\mathcal{K}}(T_0)$ je nach den reaktionstypischen Werten für $\overset{\circ}{\mathcal{A}}$ und α für manche Reaktionen zu-, für andere aber auch abnehmen. Im ersten Fall verschiebt sich die Gleichgewichtszusammensetzung zugunsten der Produkte, im zweiten Fall hingegen zugunsten der Ausgangsstoffe. Über die Wahl der Temperatur kann also die Gleichgewichtskonstante beeinflusst werden, eine Tatsache, die sowohl bei Reaktionen im großtechnischen Maßstab als auch bei umweltrelevanten Reaktionen von großer Bedeutung ist.

6.7 Potenzialdiagramme gelöster Stoffe

Da man Energie aufwenden muss, um Materie von einem Zustand mit niedrigem μ-Wert in einen solchen mit hohem μ-Wert zu überführen, beschreibt das Potenzial μ gewissermaßen ein energetisches Niveau, auf dem sich die Materie befindet. Stoffe mit hohem chemischen Potenzial bezeichnet man daher oft als *energiereich*, solche mit niedrigem Potenzial als *energiearm*. Diese Begriffe sind nicht absolut zu sehen, sondern immer nur in Bezug auf andere Stoffe, mit denen die betrachtete Substanz sinnvoll vergleichbar ist.

Wenn nun die Menge n eines gelösten Stoffes in einem bestimmten Volumen laufend erhöht wird, steigt auch das Potenzial μ des Stoffes an. Während zu Beginn sehr kleine Mengenänderungen Δn genügen, um einen bestimmten Potenzialanstieg $\Delta \mu$ zu bewirken, sind später immer größere Mengen dazu erforderlich. Solange die Konzentration nicht zu groß ist, gilt die Massenwirkungsgleichung, das heißt, dass die Konzentration oder, wenn das Volumen konstant bleibt, die Menge um stets denselben Faktor β erhöht werden muss, wenn μ um denselben Betrag $\Delta \mu$ zunehmen soll. n wächst also exponentiell mit dem chemischen Potenzial μ.

Bezogen auf denselben Potenzialzuwachs $\Delta \mu$ nimmt die Lösung also umso mehr des zu lösenden Stoffes auf, je mehr sie bereits davon enthält. Die Aufnahmefähigkeit oder „Kapazität" für diesen Stoff nimmt folglich mit der bereits vorliegenden Menge zu – anders, als man es vielleicht erwartet. Wir definieren die *Stoffkapazität B* durch folgende Gleichung:

$$B = \frac{dn}{d\mu} .$$

(6.41)

Bekanntestes Beispiel für die Größe B ist die sogenannte *Pufferkapazität*, das heißt die Kapazität B_p einer gegebenen Portion einer Lösung für Wasserstoffionen. Doch damit werden wir uns im Abschnitt 7.6 ausführlicher beschäftigen. Liegt ein gleichförmiger Bereich vor, so bezieht man B sinnvollerweise auf das Volumen:

$$\textit{b} = \frac{B}{V} .$$

(6.42)

b wollen wir im Unterschied zu B *Stoffkapazitätsdichte* oder kurz *Kapazitätsdichte* nennen.

Wird für ein begrenztes Lösungsvolumen V die Stoffkapazität B gegen das chemische Potenzial μ aufgetragen (Abb. 6.6 a), dann bedeutet die Fläche unter der $B(\mu)$-Kurve von $-\infty$ bis zum tatsächlich vorhandenen Potenzial μ die im Volumen enthaltene Menge n des Stoffes. Der Zusammenhang wird noch anschaulicher, wenn man die Achsen vertauscht. Jetzt erscheint die Kurve als zweidimensionaler Umriss eines „Gefäßes", das bis zum Niveau μ mit der Stoffmenge n gefüllt ist (Abb. 6.6 b). Trägt man schließlich $\sqrt{B/\pi}$ statt B auf, dann kann man sich die entstehende Kurve als Umriss eines rotationssymmetrischen Kelches denken (Abb. 6.6 c). Auch in diesem Fall ist n der Inhalt oder genauer gesagt der Rauminhalt des bis zum Niveau μ gefüllten Gefäßes. Diese Darstellung wollen wir im Folgenden bevorzugen, da sie neben einer besseren Anschaulichkeit den Vorteil hat, dass die sonst sehr breit ausladenden Kurven schmäler zusammengezogen werden und damit besser zu zeichnen sind.

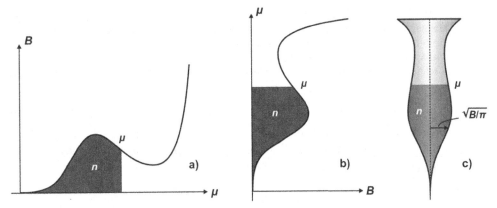

Abb. 6.6 a) Auftragung der Stoffkapazität B in Abhängigkeit vom chemischen Potenzial μ, b) Vertauschen der Achsen und c) Rotationskörper gleichen Inhalts

Ähnlich der Berechnung des Flächeninhaltes unter dem Schaubild einer Funktion $f(x)$ im Intervall $[a, b]$ (vgl. Anhang A1.2),

$$F = \int_a^b f(x)\mathrm{d}x ,$$

lässt sich auch das Volumen des Körpers berechnen, der durch Rotation der Fläche unter dem Schaubild um eine Achse, z. B. die x-Achse, entsteht:

$$V = \pi \int_a^b f(x)^2 \,\mathrm{d}x .$$

Ein solcher Körper wird auch *Rotationskörper* genannt.

Solange die Massenwirkungsgleichungen gelten, können wir n in Abhängigkeit von μ leicht angeben. Hierzu lösen wir die Gleichung $\mu = \overset{\circ}{\mu} + RT \ln(c/c^\ominus)$ mit $c = n/V$ nach n auf:

$$\frac{\mu - \overset{\circ}{\mu}}{RT} = \ln \frac{n}{Vc^\ominus} \quad \text{oder} \quad n = Vc^\ominus \cdot \exp \frac{\mu - \overset{\circ}{\mu}}{RT} . \tag{6.43}$$

Die Stoffkapazität B ergibt sich daraus durch Ableiten nach μ, wobei wir $Vc^\ominus$ und $\overset{\circ}{\mu}$ als konstant ansehen:

$$B = \frac{\mathrm{d}n}{\mathrm{d}\mu} = \frac{Vc^\ominus}{RT} \cdot \exp \frac{\mu - \overset{\circ}{\mu}}{RT} \quad \text{oder kurz} \quad \boxed{B = \frac{n}{RT}} . \tag{6.44}$$

Hier noch ein paar Hinweise zum Rechengang: Wenn man (wie in der Schulmathematik üblich) y statt n und x statt μ schreibt sowie die Konstanten mit a, b, c abkürzt, dann läuft die Aufgabe darauf hinaus, die Funktion $y = a \cdot \exp(bx + c)$ nach x abzuleiten mit $a = Vc^\ominus$, $b = 1/RT$ und $c = -\overset{\circ}{\mu}/RT$. In diesem Fall ist offenbar die Funktion $y = f(z) = a \cdot \exp z$ mit der Funktion

$z = g(x) = bx + c$ verschachtelt: $y = f(g(x))$. Solche Funktionen werden nach der *Kettenregel* [Regel (A1.13) im Anhang] abgeleitet:

$$y' = f'(z) \cdot g'(x) = (a \cdot \exp z) \cdot b = a \cdot b \cdot \exp(bx + c).$$

Dabei haben wir noch die Rechenregeln bemüht, dass die Exponentialfunktion mit ihrer Ableitung übereinstimmt [Regel (A.7)], ein konstanter Faktor beim Ableiten erhalten bleibt [Regel (A1.9)], ein konstanter Summand dagegen verschwindet. Setzen wir nun für die Variablen und Konstanten wieder die entsprechenden Größen bzw. Ausdrücke ein, so erhalten wir schließlich

$$B = \frac{Vc^{\ominus}}{RT} \cdot \exp\left(\frac{1}{RT}\mu - \frac{\overset{\circ}{\mu}}{RT}\right).$$

B hängt folglich wie n exponentiell von μ ab. Das Gefäß, mit dem wir uns den Kurvenverlauf veranschaulichen, hat in diesem Fall die Form eines nach oben offenen „Exponentialhornes".

Aus B lässt sich leicht die Stoffkapazitätsdichte b bestimmen, die wie B exponentiell von μ abhängt:

$$b = \frac{B}{V} = \frac{c^{\ominus}}{RT} \cdot \exp\frac{\mu - \overset{\circ}{\mu}}{RT} \qquad \text{oder kurz} \qquad b = \frac{c}{RT}. \tag{6.45}$$

Doch wollen wir uns die Vorgehensweise am konkreten Beispiel der Glucose näher anschauen. Im festen, reinen Zustand hat die Glucose einen Potenzialwert, der nicht der Massenwirkung unterliegt, und daher im Potenzialdiagramm als waagerechter Strich oder als waagerechte Kante erscheint (Abb. 6.7). Da die Glucose, wie erwähnt, in zwei Formen vorkommt, α und β, wären an sich zwei, allerdings eng beieinander liegende Potenzialniveaus zu zeichnen, der Einfachheit halber ist jedoch nur eines dargestellt.

Im gelösten Zustand haben wir je nach Konzentration oder Menge ein ganzes Band von Potenzialwerten. Statt des Bandes benutzen wir, um diese Abhängigkeit auszudrücken, die $B(\mu)$-Kurve, wie dies für den allgemeinen Fall (Abb. 6.6) beschrieben wurde, oder auch die gleich aussehende $b(\mu)$-Kurve. Der Halbmesser des rotationssymmetrisch gedachten Kelches entspricht dann $\sqrt{b/\pi}$ und damit der Inhalt bis zu einem gewählten Niveau der vorhandenen Glucosemenge, bezogen auf das Lösungsvolumen, d. h. der Gesamtkonzentration an Glucose. Bei kleinen Konzentrationen nimmt der Radius exponentiell mit wachsendem μ zu, während dies bei konzentrierten Lösungen nur noch annähernd zutrifft. Zwischen der α- und β-Form brauchen wir nicht zu unterscheiden, da sich ziemlich schnell ein Gleichgewicht zwischen den beiden Isomeren herausbildet. Der Potenzialgrundwert (bei einer Konzentration von $1000 \, \text{mol m}^{-3}$) gilt für dieses Gleichgewichtsgemisch. Der Kelch ist willkürlich bis zu diesem Potenzialniveau gefüllt gezeichnet. Wir werden auch bei anderen Stoffen in der Regel diesen Füllstand einzeichnen. Der Wert z. B. in einer lebenden Zelle liegt erheblich niedriger.

Würde man die Menge an gelöster Glucose immer weiter erhöhen und damit den Füllstand des Kelches bis auf das Niveau der festen Glucose anheben, dann würde die Glucose auszukristallisieren beginnen. Die Glucose läuft gleichsam über die gezeichnete Kante aus dem Kelch aus. Wäre umgekehrt feste Glucose als Bodenkörper in einer Glucoselösung anwesend, dann müsste sich dieser so lange auflösen, bis entweder alle Kristalle verschwunden sind oder bis das Potenzial in der Lösung auf das Niveau der eingezeichneten Kante angestiegen ist.

Die Glucoselösung ist in diesem Zustand gegenüber dem vorhandenen Bodenkörper *gesättigt*, wie man auch sagt.

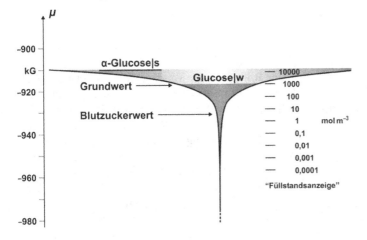

Abb. 6.7 Potenzialdiagramm der Glucose

7 Konsequenzen der Massenwirkung: Säure-Base-Reaktionen

Das Konzept der Massenwirkung kann auf jegliche Art einer Stoffumbildung angewandt werden. Für die Stoffdynamik spielt es keine Rolle, wie der Vorgang auf molekularer Ebene zustande kommt, ob durch Lösen und Knüpfen chemischer Bindungen, durch Umbau eines Kristallgitters, durch Einwanderung von Teilchen, durch Übertragung von Elektronen oder ganzen Atomgruppen von einer Teilchenart auf die andere oder sonst wie. In diesem Kapitel wollen wir uns auf ein wichtiges Beispiel für Stoffumbildungen, nämlich das der Säure-Base-Reaktionen konzentrieren, um zu zeigen, dass sich das chemische Potenzial auch zur Beschreibung recht spezialisierter und differenzierter Bereiche eignet. Säure-Base-Reaktionen sind ein zentrales Gebiet der Chemie und ihrer Anwendungen; zu ihrer quantitativen Beschreibung führen wir das *Protonenpotenzial* μ_p als Maß für die Säurestärke eines Säure-Base-Paares ein. *Pegelgleichung* und *Protonierungsgleichung* werden eingesetzt, um das Verhalten schwacher Säure-Base-Paare zu charakterisieren. Im Anschluss daran wird als wichtige Anwendung der Säure-Base-Gleichgewichte das analytische Verfahren der *Säure-Base-Titration* vorgestellt. Abschließend wird die Reaktionsweise von *Puffern* und *Indikatoren* erläutert. Puffer spielen auch eine bedeutende Rolle in lebenden Organismen, weil selbst kleine Veränderungen des Protonenpotenzials zum Beispiel im Blut über Krankheit oder sogar Tod entscheiden können.

7.1 Einführung

Die Vorgehensweise, die wir bisher kennengelernt haben, ist in gleicher Weise auf jede beliebige Umbildung anwendbar. Für die Stoffdynamik ist es unerheblich, wie wir uns vorstellen, dass der Vorgang auf molekularer Ebene zustande kommt, ob durch Lösen und Knüpfen chemischer Bindungen, durch Umbau eines Kristallgitters, durch Einwanderung von Teilchen, durch Übertragung von Elektronen oder ganzen Atomgruppen von einer Teilchenart auf die andere oder sonst wie. Wir wollen uns zunächst auf ein Beispiel konzentrieren, das der Säure-Base-Reaktionen, um zu zeigen, dass sich das chemische Potenzial auch zur Beschreibung recht spezialisierter und differenzierter Bereiche eignet.

Bevor wir jedoch tiefer in die Thematik einsteigen, wollen wir uns noch kurz mit der Problematik der Bezeichnung der Wasserstoffionen auseinandersetzen. Von Wasserstoff sind drei natürlich vorkommende Isotope bekannt, *Protium* ^1H, *Deuterium* ^2H und *Tritium* ^3H. Die zugehörigen positiv geladenen Ionen werden *Proton* (gekennzeichnet durch $^1H^+$ oder kurz p), *Deuteron* ($^2H^+$ oder d) und *Triton* ($^3H^+$ oder t) genannt. *Hydron* ist die (von der IUPAC 1988 empfohlene) Bezeichnung für Wasserstoffionen H^+ ungeachtet der Kernmasse, insbesondere aber aus dem natürlichen Isotopengemisch. Traditionell wird in der Säure-Base-Chemie jedoch der Ausdruck „Proton" anstelle „Hydron" benutzt. Da die Unterschiede geringfügig sind, denn mehr als 99,98 % der natürlich vorkommenden Hydronen H^+ sind Protonen p, folgen wir in diesem Kapitel dem herkömmlichen Sprachgebrauch.

© Springer Fachmedien Wiesbaden GmbH, ein Teil von Springer Nature 2021
G. Job und R. Rüffler, *Physikalische Chemie*, Studienbücher Chemie,
https://doi.org/10.1007/978-3-658-32936-5_7

7.2 Der Säure-Base-Begriff nach Brønsted und Lowry

Eine *Säure* (im Sinne Johannes Nicolaus Brønsteds und Thomas Lowrys, zweier Physiko-chemiker aus Dänemark und England, die 1923 unabhängig voneinander erstmals die dann nach ihnen benannte Säure-Base-Theorie veröffentlichten) ist eine Substanz oder allgemeiner eine Teilchenart, sei sie neutral oder ionisch, die zur Abspaltung von Protonen p (H^+-Ionen) neigt. Sie stellt also einen *Protonendon(at)or* dar, für den die Kürzel HA oder BH^+ gebräuch-lich sind,

$$HA \rightarrow A^- + H^+ \qquad \text{bzw.} \qquad BH^+ \rightarrow B + H^+.$$

Den nach der Abtrennung zurückbleibenden Rest nennt man die *zugehörige* (auch *korrespon-dierende* oder *konjugierte*) *Base*. Die mit A^- bzw. B abgekürzte Base fungiert als *Protonen-akzeptor*. Für manche Zwecke ist es bequemer, Symbole ohne Ladungszahlen zu verwenden. In diesem Fall kürzen wir die Säure mit Ad (von lat. acidum) und die Base mit Bs [von griech. βάσις (basis)] ab:

$$Ad \rightarrow Bs + \nu_p p.$$

Ad und Bs bilden ein *Säure-Base-Paar*, abgekürzt Ad/Bs. Unter ν_p versteht man die *Wertig-keit*. Ist $\nu_p = 1$, spricht man von einem einwertigen Säure-Base-Paar, ist hingegen $\nu_p > 1$, von einem mehrwertigen. Einfache Beispiele für einwertige Paare sind HCl/Cl^- und H_3O^+/H_2O:

$$HCl \rightarrow Cl^- + H^+, \qquad H_3O^+ \rightarrow H_2O + H^+.$$

Im ersten Fall neigt die neutrale Säure Chlorwasserstoff (HCl) dazu, ein Proton abzugeben; zurück bleibt die anionische Base Cl^-. Im zweiten Fall geschieht das Gleiche mit der kationi-schen Säure H_3O^+ unter Bildung der neutralen Base H_2O.

An Stelle der einfachen Stoffe Ad und Bs können auch mehrere Stoffe auftreten. Lassen wir zu, dass mit den Abkürzungen Ad und Bs auch Stoffkombinationen gemeint sein können, dann lautet der verallgemeinerte Vorgang:

$$\overbrace{Ad' + Ad'' + Ad''' + ...}^{Ad} \rightarrow \overbrace{Bs' + Bs'' + Bs''' + ...}^{Bs} + \nu_p p.$$

So tritt im folgenden Beispiel eine zusammengesetzte Säure auf:

$$CO_2 + H_2O \rightarrow HCO_3^- + H^+.$$

Ein Säure-Base-Paar Ad/Bs kann als ein stofflicher Speicher für Protonen aufgefasst werden, welcher

- im Zustand Ad ganz gefüllt (vollständig protoniert),
- im Zustand Bs ganz leer (vollständig deprotoniert) vorliegt.

Da jede noch so kleine Protonenabgabe die Base entstehen lässt, können wir von vornherein davon ausgehen, dass Säure und Base in größerer oder geringerer Menge stets nebeneinander vorliegen. Die abgetrennten Protonen treten gewöhnlich nicht frei auf, sondern werden in einer nachgeschalteten Reaktion sofort an andere als Base fungierende Teilchenarten, etwa H_2O, gebunden. So liegen in wässriger Lösung die Protonen in Form der Oxoniumionen H_3O^+ vor. Beim Zerfall einer Säure HA wie etwa HCl gemäß $HA \rightarrow A^- + H^+$ in Wasser werden die Protonen also in Wirklichkeit direkt von HA-Molekülen auf H_2O-Moleküle übertragen. Es stellt sich das folgende Gleichgewicht fast schlagartig (innerhalb 10^{-8} s) ein:

$$HA|w + H_2O|l \rightleftharpoons A^-|w + H_3O^+|w.$$

Entsprechend erfolgt bei der Reaktion einer Base B (etwa NH_3) mit Wasser der Übergang der Protonen von den H_2O-Molekülen auf die B-Moleküle:

$$B|w + H_2O|l \rightleftharpoons BH^+|w + OH^-|w.$$

In diesem Fall fungiert das Wasser als Säure.

Ein Beispiel für eine solche Säure-Base-Reaktion haben wir bereits kennengelernt, nämlich den Ammoniak-Springbrunnen (Versuch 4.12). Die Ausbildung eines basischen Milieus im Kolben gemäß

$$NH_3|w + H_2O|l \rightleftharpoons NH_4^+|w + OH^-|w$$

wird durch den Farbumschlag des zugesetzten Indikators Phenolphthalein von farblos nach rotviolett angezeigt. Doch werden wir uns mit Indikatoren und ihrer Wirkungsweise noch ausführlich in Abschnitt 7.7 beschäftigen.

7.3 Das Protonenpotenzial

Grundgedanke. Bei den Säure-Base-Reaktionen werden die Protonen offenbar nur von einer Base B auf eine andere B* übertragen:

$$BH^+ + B^* \rightleftharpoons B + B^*H^+.$$

Man spricht daher auch von *protonenübertragenden Reaktionen*. Die ältere, aber missverständliche Bezeichnung *protolytische Reaktionen* sollte möglichst vermieden werden. Entsprechend der allgemeinen Umsatzformel entsteht z. B. bei der Reaktion von Salzsäure- und Ammoniakdämpfen „Salmiaknebel", ein Rauch aus feinverteilten Ammoniumchloridkriställchen, $NH_4Cl|s$ (Versuch 7.1),

$$HCl|g + NH_3|g \rightarrow [NH_4^+][Cl^-]|s \,,$$

das heißt, die vorgestellten Definitionen gelten auch, wenn kein Lösemittel vorhanden ist.

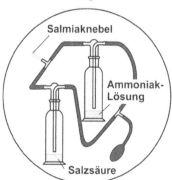

Versuch 7.1 *Bildung von „Salmiaknebel" aus Salzsäure- und Ammoniak-Dämpfen*: In eine der Waschflaschen wird konzentrierte Salzsäure, in die andere konzentrierte Ammoniaklösung gefüllt. Durch Drücken des Gummiballes werden beide Gase (HCl und NH_3) vereint und der entstehende „Salmiaknebel" tritt aus dem Röhrchen aus.

Da jedoch die weitaus meisten Säure-Base-Reaktionen in wässriger Lösung stattfinden, wird das zweite Säure-Base-Paar sehr häufig vom Lösemittel Wasser selbst gestellt (entweder durch das Paar H_3O^+/H_2O oder durch das Paar H_2O/OH^-). Trotzdem kann man den gebundenen, aber austauschfähigen Protonen ein chemisches Potenzial zuordnen, nämlich den Wert, der sich im Gleichgewicht der Reaktion Ad $\rightleftarrows$ Bs + ν_pp einstellt, wobei mit p Protonen aus irgendeiner äußeren Quelle bezeichnet werden. In diesem Fall gilt

$$\mu_{Ad} = \mu_{Bs} + \nu_p \mu_p$$

oder auch

$$\underbrace{\mu_p := \frac{1}{\nu_p}(\mu_{Ad} - \mu_{Bs})}_{\mu_p(\text{innen})} \qquad \text{Definition des Protonenpotenzials}. \qquad (7.1)$$

Protonen werden von außen in den "Speicher" Ad/Bs aufgenommen, wenn $\mu_p > \mu_p(\text{innen})$; umgekehrt werden Protonen aus dem „Speicher" nach außen abgegeben, wenn $\mu_p < \mu_p(\text{innen})$. Der Wert von $\mu_p(\text{innen})$ wird durch die chemischen Potenziale μ_{Ad} und μ_{Bs} eindeutig festgelegt, d. h., er stellt eine für das betreffende Säure-Base-Paar charakteristische Größe dar. Zur Kennzeichnung fügen wir den Namen des Paares als Argument oder Index an:

$$\mu_p(\text{innen}) := \mu_p(\text{Ad/Bs}) := \mu_{p,\,\text{Ad/Bs}}.$$

Das *Protonenpotenzial* $\mu_p(\text{Ad/Bs})$ ist ein Maß für die Neigung des Säure-Base-Paares Ad/Bs, Protonen an einen anderen Speicher abzugeben. Es ist damit ein Maß für das, was man herkömmlich als „Stärke der Säure Ad" bezeichnet oder aber, genauer gesagt, als *Säurestärke* des Paares, denn die Neigung zur Protonenabgabe wird in demselben Maße durch das chemische Potenzial der zugehörigen Base bestimmt wie durch das der Säure.

Um die Säurestärke verschiedener Ad/Bs-Paare vergleichen zu können, müssen die Bedingungen spezifiziert werden. Tabelle 7.1 zeigt einige Werte $\mu_p^\ominus$ (Ad/Bs) [= $\nu_p^{-1}(\mu_{Ad}^\ominus - \mu_{Bs}^\ominus)$] für *Normbedingungen*, d. h. 298 K, 100 kPa und Säure und Base in wässriger Lösung einer Konzentration von 1 kmol m^{-3}. Zur Bestimmung solcher Werte, z. B. des Wertes $\mu_p^\ominus$ (HAc/Ac$^-$) für das Paar Essigsäure/Acetat (Ac steht, wie erwähnt, als Kürzel für die Acetat-Gruppe CH_3COO), sucht man zunächst die chemischen Potenziale der Säure und der zugehöriger Base unter Normbedingungen aus Tabelle A2.1 im Anhang oder einer vergleichbaren heraus und bildet anschließend die Differenz ($\nu_p = 1$):

$$\mu_p^\ominus(\text{HAc/Ac}^-) = \tfrac{1}{1}\left[\mu^\ominus(\text{HAc}) - \mu^\ominus(\text{Ac}^-)\right] = (-396,5 \text{ kG}) - (-369,3 \text{ kG}) = -27,2 \text{ kG}.$$

Auch, wenn man die (fiktiven) Werte von Säure und Base in wässriger Lösung bei einer Konzentration von 1 kmol m^{-3} (vgl. Abschnitt 6.2) betrachtet, stellt man sich den Protonenaustausch mit dem Lösemittel Wasser doch vollständig gehemmt vor. Das bedeutet, die Essigsäure HAc soll in der betrachteten Lösung in der vorgegebenen Konzentration tatsächlich auch nur als Molekül, d. h. in nicht ionisierter Form vorliegen, das Acetation Ac$^-$ entsprechend nur als Ion.

Eine Ausnahme hinsichtlich der Normbedingungen bilden die Paare H_3O^+/H_2O und H_2O/OH^-, da das als Base bzw. Säure fungierende Wasser gleichzeitig das Lösemittel darstellt und daher wie eine reine Flüssigkeit behandelt wird (vgl. Abschnitt 6.3).

$Ad \rightleftarrows Bs + \nu_p p$			$\mu_p^{\ominus}/kG$
$HClO_4\|w$	$\rightleftarrows ClO_4^-\|w$	$+ H^+$	$+57$
$HCl\|w$	$\rightleftarrows Cl^-\|w$	$+ H^+$	$+34$
$H_2SO_4\|w$	$\rightleftarrows HSO_4^-\|w$	$+ H^+$	$+17$
$HNO_3\|w$	$\rightleftarrows NO_3^-\|w$	$+ H^+$	$+8$
$H_3O^+\|w$	$\rightleftarrows H_2O\|l$	$+ H^+$	0
$HSO_4^-\|w$	$\rightleftarrows SO_4^{2-}\|w$	$+ H^+$	-11
$H_2CO_3\|w$	$\rightleftarrows HCO_3^-\|w$	$+ H^+$	-21
$C_2H_4OHCOOH\|w$	$\rightleftarrows C_2H_4OHCOO^-\|w$	$+ H^+$	-22 *)
$CH_3COOH\|w$	$\rightleftarrows CH_3COO^-\|w$	$+ H^+$	-27 **)
$CO_2\|w + H_2O\|l$	$\rightleftarrows HCO_3^-\|w$	$+ H^+$	-36
$NH_4^+\|w$	$\rightleftarrows NH_3\|w$	$+ H^+$	-53
$HCO_3^-\|w$	$\rightleftarrows CO_3^{2-}\|w$	$+ H^+$	-59
$[Ca(H_2O)_6]^{2+}\|w$	$\rightleftarrows Ca(OH)_2\|s + 4H_2O\|l$	$+ 2H^+$	-65
$H_2O\|l$	$\rightleftarrows OH^-\|w$	$+ H^+$	-80
$NH_3\|w$	$\rightleftarrows NH_2^-\|w$	$+ H^+$	-130
$OH^-\|w$	$\rightleftarrows O^{2-}\|w$	$+ H^+$	-165
$H\|g$	$\rightleftarrows e^-\|g$	$+ H^+$	-231
$HCl\|g$	$\rightleftarrows Cl^-\|g$	$+ H^+$	-289
$HF\|g$	$\rightleftarrows F^-\|g$	$+ H^+$	-441

Tab. 7.1 Normwerte des Protonenpotenzials einiger Säure-Base-Paare (298 K, 100 kPa, 1 kmol m^{-3} in Lösung)
* Milchsäure/Lactat
** Essigsäure/Acetat

Da sich von jedem Stoff, dem Protonen „aufgedrückt" worden sind, erwarten lässt, dass er sie auch wieder abzugeben vermag, ist es folgerichtig, ihn in seiner protonierten Form als Säure und in seiner Ausgangsform als die zugehörige Base zu bezeichnen. In diesem Sinne ist das protonierte Wasser H_3O^+ als Säure mit seiner Base H_2O ebenso in unserer Tabelle vertreten wie die Säure H_2O mit ihrer Base OH^-. Gleiches gilt für das Hydrogensulfat-Anion HSO_4^- (protoniert H_2SO_4, deprotoniert SO_4^{2-}) und das Ammoniakmolekül NH_3 (protoniert NH_4^+, deprotoniert NH_2^-). Verbindungen, die sowohl als Säure als auch als Base fungieren können, bezeichnet man als *amphoter*.

Säure-Base-Paare mit positivem Normwert $\mu_p^{\ominus}$ (oder allgemeiner Grundwert $\overset{\circ}{\mu}_p$) gelten als *stark sauer* und solche mit $\mu_p^{\ominus} < -20$ kG als *schwach sauer*. Diese grobe Einteilung kann gemäß Tabelle 7.2 verfeinert werden. Es ist gängige Praxis, über starke oder schwache Säuren oder Basen anstelle von Säure-Base-Paaren zu sprechen, dies sollte aber möglichst vermieden werden. Denn die Säure- bzw. Basenstärke ist, wie gesagt, eine Eigenschaft des Paares als Ganzes und nicht nur eines Teiles davon.

Liegen zwei Säure-Base-Paare gemeinsam in einer Lösung vor, dann zwingt das „stärker saure" Paar dem „schwächer sauren" die Protonen auf. Da sich Säure-Base-Gleichgewichte fast schlagartig einstellen, bildet sich durch den Protonenaustausch stets ein einheitliches

Protonenpotenzial μ_p aus, auch wenn verschiedene Säuren und Basen zugleich anwesend sind:

$$\mu_p = \mu_p(Ad/Bs) = \mu_p(Ad^*/Bs^*) = \dots \qquad (\text{„Protonenpotenzialausgleich"}). \qquad (7.2)$$

Gleichung (7.2) drückt eine wichtige Tatsache aus: Das Protonenpotenzial μ_p stellt eine Eigenschaft eines stofflichen Systems dar mit einer universellen, Temperatur T und Druck p vergleichbaren Bedeutung.

Ad/Bs heißt		im Bereich für $\mu_p^{\ominus}/kG$
sehr stark sauer	⎫	$> +20$
stark sauer	⎬ sauer	$0 \dots +20$
mäßig sauer		$-20 \dots 0$
schwach sauer	⎭	$-40 \dots -20$
schwach basisch	⎫	$-60 \dots -40$
mäßig basisch	⎬ basisch	$-80 \dots -60$
stark basisch		$-100 \dots -80$
sehr stark basisch	⎭	< -100

Tab. 7.2 Klassifizierung von Säure-Base-Paaren in wässriger Lösung gemäß ihrer Säurestärke

Starke Säure-Base-Paare. Eine Säure eines stark sauren Paares wie Perchlor- oder Salzsäure verliert in wässriger Lösung ihre Protonen praktisch vollkommen an das Wasser (d. h. an das H_3O^+/H_2O-Paar), sie „dissoziiert" vollständig, wie man auch sagt, zum Beispiel

$$HClO_4|w + H_2O|l \quad \rightarrow \quad ClO_4^-|w + H_3O^+|w \qquad \text{oder auch}$$

$$HCl|w + H_2O|l \quad \rightarrow \quad Cl^-|w + H_3O^+|w.$$

In beiden Fällen ersetzt also die Säure aus dem schwächer sauren Paar (H_3O^+) die aus dem stärker sauren ($HClO_4$ bzw. HCl). Da die Deprotonierung der Säuren praktisch vollständig ist, liegt mit H_3O^+ in beiden Fällen die gleiche Säure in Lösung vor und damit das Paar H_3O^+/H_2O mit der höchsten in nicht zu konzentrierter wässriger Lösung möglichen Säurestärke. Das Protonenpotenzial μ_p sinkt dabei von recht hohen und unterschiedlichen positiven Werten (+57 bzw. +35 kG) auf den gleichen Wert von (ungefähr) null herab. Stark saure Paare können daher in wässriger Lösung ihre volle Potenz gar nicht entfalten. Man spricht auch vom nivellierenden Effekt des Lösemittels Wasser. Deswegen müssen die chemischen Potenziale der undissoziierten starken Säuren $\mu(Ad)$, die zur Bestimmung der individuellen Protonenpotenziale benötigt werden, in nichtwässrigen Lösungen gemessen und die Werte annäherungsweise auf das Lösemittel Wasser übertragen werden.

Will man das Protonenpotenzial eines stark sauren Paares $[\overset{\circ}{\mu}_p > \overset{\circ}{\mu}_p(H_3O^+/H_2O)]$ bei beliebiger Verdünnung ermitteln, so genügt es demgemäß, das Säure-Base-Paar H_3O^+/H_2O zu berücksichtigen:

$$\mu_p = \mu_p(H_3O^+/H_2O) = \frac{1}{1}\left[\mu(H_3O^+) - \mu(H_2O)\right].$$

Im Falle kleiner Konzentrationen können wir die Massenwirkungsgleichung anwenden. Das Wasser liegt als Lösemittel jedoch in so hohem Überschuss vor, dass sich seine Konzentration während der Reaktion praktisch nicht verändert. Es wird also, wie erwähnt, wie eine reine Flüssigkeit behandelt (vgl. Abschnitt 6.3):

$$\mu_p = \overset{\circ}{\mu}(H_3O^+) + RT \ln c_r (H_3O^+) - \overset{\circ}{\mu}(H_2O) = \left[\overset{\circ}{\mu}(H_3O^+) - \overset{\circ}{\mu}(H_2O) \right] + RT \ln c_r (H_3O^+).$$

Die Differenz in Klammern entspricht dem Grundwert des Protonenpotenzials des Paares H_3O^+/H_2O, d. h. es gilt

$$\mu_p = \overset{\circ}{\mu}_p (H_3O^+/H_2O) + RT \ln c_r (H_3O^+) \qquad . \tag{7.3}$$

Interessieren wir uns z. B. für das Protonenpotenzial einer Salzsäure der Konzentration $0{,}01 \text{ kmol m}^{-3}$, so entspricht die H_3O^+-Konzentration aufgrund der vollständigen Dissoziation der angegebenen HCl-Konzentration. Berücksichtigen wir weiterhin, dass bei 298 K (und 100 kPa) $\overset{\circ}{\mu}_p (H_3O^+/H_2O) = \mu_p^{\ominus}(H_3O^+/H_2O) = 0$ gilt (vgl. Tabelle 7.1), so erhalten wir bei 298 K (und 100 kPa)

$$\mu_p = 0 \text{ G} + 8{,}314 \text{ G K}^{-1} \cdot 298 \text{ K} \cdot \ln 0{,}01 = -11 \text{ kG}.$$

Das Protonenpotenzial ist also gegenüber dem Grundwert, der ja für eine Konzentration von 1 kmol m^{-3} in wässriger Lösung gilt, deutlich verringert.

Ein ähnliches Schicksal wie die Säuren aus stark sauren Paaren erleiden die Basen aus stark basischen Paaren $[\overset{\circ}{\mu}_p < \overset{\circ}{\mu}_p (H_2O/OH^-)]$ wie das Amidion NH_2^-, denen das Wasser (H_2O/OH^--Paar) wegen seines höheren $\overset{\circ}{\mu}_p$-Wertes die Protonen aufzwingt:

$$NH_2^- | w + H_2O | l \rightarrow NH_3 | w + OH^- | w.$$

Das Amidion stellt also einen starken Protonenakzeptor dar, der in Gegenwart eines Überschusses an Wasser praktisch vollständig protoniert vorliegt. Die Konzentration der dabei erzeugten Base OH^- bestimmt das Protonenpotenzial μ_p, wohingegen die Konzentration und daher auch das chemische Potenzial der zugehörigen Säure H_2O praktisch unverändert bleibt. In wässrigen Lösungen basischer Säure-Base-Paare kann μ_p daher nicht weit unter -80 kG fallen. Herkömmlich wird das beschriebene Verhalten mit der Aussage zusammengefasst, dass OH^- die stärkste in Wasser mögliche Base ist.

Die Bestimmung des Protonenpotenzials eines stark basischen Paares bei beliebiger Verdünnung folgt nun dem gleichen Muster wie im Falle eines verdünnten stark sauren Paares, nur dass jetzt das Paar H_2O/OH^- anstelle des Paares H_3O^+/H_2O berücksichtigt werden muss:

$$\mu_p = \mu_p(H_2O/OH^-) = \tfrac{1}{1}\left[\mu(H_2O) - \mu(OH^-) \right].$$

Unter Beachtung der Sonderstellung des Wassers als Lösemittel und der Massenwirkungsgleichung für OH^- erhält man

$$\mu_p = \overset{\circ}{\mu}(H_2O) - \left[\overset{\circ}{\mu}(OH^-) + RT \ln c_r (OH^-) \right]$$

und damit schließlich

$$\mu_p = \overset{\circ}{\mu}_p (H_2O/OH^-) - RT \ln c_r (OH^-) \qquad . \tag{7.4}$$

Ein stark basisches Paar mit einer Base der Konzentration $0,1\ \mathrm{kmol\ m^{-3}}$ besitzt in wässriger Lösung demnach bei 298 K (und 100 kPa) ein Protonenpotenzial von

$$\mu_\mathrm{p} = (-80 \cdot 10^3\ \mathrm{G}) - 8,314\ \mathrm{G\,K^{-1}} \cdot 298\ \mathrm{K} \cdot \ln 0,1 = -74\ \mathrm{kG}\ ,$$

das, verglichen mit dem Normwert von -80 kG, deutlich erhöht ist.

Ein wesentlich niedrigeres Protonenpotenzial als -80 kG lässt sich in normalen wässrigen Lösungen nicht erreichen, weil dadurch das Wasser durch Protonenverlust laufend zersetzt würde, ebenso wenig wie ein Potenzial erheblich oberhalb 0 kG, weil dies die H_2O-Molekeln durch H_3O^+-Bildung zerstört. In beiden Fällen würde das Wasser weitgehend verschwinden, sodass von einer wässrigen Lösung keine Rede mehr sein könnte. Verhältnisse dieser Art dürften in konzentrierten Lösungen der Mineralsäuren oder Alkalihydroxide herrschen.

Schwache Säure-Base-Paare. Säuren eines schwach sauren Paares wie Essigsäure HAc können hingegen in wässriger Lösung in ganz unterschiedlichem Ausmaß deprotoniert vorliegen. Ist das Säure-Base-Paar weitgehend deprotoniert, so ist der Protonenspeicher nahezu leer; ist es hingegen kaum deprotoniert, dann ist der Protonenspeicher fast vollständig gefüllt.

Will man das Protonenpotenzial einer „schwachen Säure", genauer gesagt der Säure eines schwach sauren Paares wie HAc/Ac^- (oder eines schwach basischen wie NH_4^+/NH_3) in wässriger Lösung berechnen, müssen wegen der unvollständigen Protonübertragung auf das Paar H_3O^+/H_2O beide Paare berücksichtigt werden, etwa im Fall der Essigsäure:

$$HAc|w + H_2O|l \rightleftarrows Ac^-|w + H_3O^+|w\ .$$

Da sich überall in der Lösung dasselbe Protonenpotenzial einstellt, gilt

$$\mu_\mathrm{p} = \mu_\mathrm{p}(\mathrm{Ad/Bs}) = \mu_\mathrm{p}(\mathrm{H_3O^+/H_2O})\ .$$

Das ist ein Spezialfall von Gleichung (7.2). Einsetzen der Massenwirkungsgleichung und Berücksichtigung der Sonderstellung des Wassers als Lösemittel ergibt

$$\overset{\circ}{\mu}_\mathrm{p}(\mathrm{Ad/Bs}) + RT \ln c_\mathrm{r}(\mathrm{Ad}) - RT \ln c_\mathrm{r}(\mathrm{Bs}) = \overset{\circ}{\mu}_\mathrm{p}(\mathrm{H_3O^+/H_2O}) + RT \ln c_\mathrm{r}(\mathrm{H_3O^+})\ . \quad (7.5)$$

Aus der Umsatzformel folgt nun unmittelbar, dass die Konzentration der durch den Protonenübergang gebildeten Base praktisch gleich der der gebildeten Oxoniumionen sein muss, $c_\mathrm{r}(\mathrm{Bs}) = c_\mathrm{r}(\mathrm{H_3O^+})$. Nehmen wir nun weiterhin an, dass die Säure des schwach sauren (oder schwach basischen) Paares nur zu einem sehr geringen Teil dissoziiert vorliegt, so kann der undissoziierte Anteil $c(\mathrm{Ad})$ in erster Näherung gleich der Anfangskonzentration c_0 gesetzt werden, $c_\mathrm{r}(\mathrm{Ad}) \approx c_{0,\mathrm{r}}$. Wenn wir beides in Gleichung (7.5) einsetzen und diese dann nach $RT \ln c_\mathrm{r}(\mathrm{H_3O^+})$ auflösen, so erhalten wir über den Zwischenschritt

$$\overset{\circ}{\mu}_\mathrm{p}(\mathrm{Ad/Bs}) + RT \ln c_{0,\mathrm{r}} - RT \ln c_\mathrm{r}(\mathrm{H_3O^+}) = \overset{\circ}{\mu}_\mathrm{p}(\mathrm{H_3O^+/H_2O}) + RT \ln c_\mathrm{r}(\mathrm{H_3O^+})\ .$$

die folgende Beziehung:

$$RT \ln c_\mathrm{r}(\mathrm{H_3O^+}) = \tfrac{1}{2} \cdot \left[\overset{\circ}{\mu}_\mathrm{p}(\mathrm{Ad/Bs}) - \overset{\circ}{\mu}_\mathrm{p}(\mathrm{H_3O^+/H_2O}) + RT \ln c_{0,\mathrm{r}} \right]\ .$$

Dies in Gleichung (7.3) eingesetzt, liefert uns eine Beziehung für das Protonenpotenzial:

$$\mu_\mathrm{p} = \tfrac{1}{2} \cdot \left[\overset{\circ}{\mu}_\mathrm{p}(\mathrm{Ad/Bs}) + \overset{\circ}{\mu}_\mathrm{p}(\mathrm{H_3O^+/H_2O}) + RT \ln c_{0,\mathrm{r}} \right] \quad . \quad (7.6)$$

Das Protonenpotenzial einer Essigsäure-Lösung der Konzentration $1\,\text{kmol}\,\text{m}^{-3}$ beträgt demnach bei 298 K (und 100 kPa):

$$\mu_p = \frac{1}{2} \cdot [(-27 \cdot 10^3\ \text{G}) + 0 + 8{,}314\ \text{G}\,\text{K}^{-1} \cdot 298\ \text{K} \cdot \ln 1] = -13{,}5\ \text{kG}\ .$$

Es liegt damit deutlich höher als der Normwert von $-27\,\text{kG}$ (vgl. Tabelle 7.1), was darauf zurückzuführen ist, dass die Acetat-Konzentration gegenüber der Konzentration an undissoziierter Essigsäure nahezu vernachlässigbar gering ist (der Normwert hingegen gilt für ein Konzentrationsverhältnis $c(\text{HAc}) : c(\text{Ac}^-) = 1{:}1$) (vgl. auch Abschnitt 7.4).

Das Protonenpotenzial einer „schwachen Base" (genauer gesagt der Base eines schwach sauren oder schwach basischen Paares) in wässriger Lösung lässt sich ganz analog herleiten. Es ergibt sich ein mit Gleichung (7.6) vergleichbarer Zusammenhang

$$\mu_p = \frac{1}{2} \cdot \left[\overset{\circ}{\mu}_p(\text{Ad/Bs}) + \overset{\circ}{\mu}_p(\text{H}_2\text{O/OH}^-) - RT \ln c_{0,\text{r}} \right]\ . \tag{7.7}$$

Eine Lösung von Ammoniak in Wasser mit der zugehörigen Umsatzformel

$$\text{NH}_3|\text{w} + \text{H}_2\text{O}|\text{l} \rightleftarrows \text{NH}_4^+|\text{w} + \text{OH}^-|\text{w}$$

zeigt beim Vorliegen einer Konzentration von $0{,}1\,\text{kmol}\,\text{m}^{-3}$ bei 298 K (und 100 kPa) demgemäß ein Protonenpotenzial von

$$\mu_p = \frac{1}{2} \cdot [(-53 \cdot 10^3\ \text{G}) + (-80 \cdot 10^3\ \text{G}) - 8{,}314\ \text{G}\,\text{K}^{-1} \cdot 298\ \text{K} \cdot \ln 0{,}1] = -64\ \text{kG}\ .$$

Säure-Base-Disproportionierung des Wassers. Zum Abschluss wollen wir uns noch mit der Säure-Base-Disproportionierung des Wassers beschäftigen. Es wurde bereits darauf hingewiesen, dass das amphotere Wasser sowohl als Säure als auch als Base fungieren kann. Selbst wenn keine weiteren Säuren und Basen anwesend sind, findet daher eine Protonenübertragung zwischen den Wassermolekülen statt, wobei Oxonium- und Hydroxidionen gebildet werden:

$$\underbrace{\text{H}_2\text{O}|\text{l}}_{\text{Bs}} + \underbrace{\text{H}_2\text{O}|\text{l}}_{\text{Ad*}} \rightleftarrows \underbrace{\text{H}_3\text{O}^+|\text{w}}_{\text{Ad}} + \underbrace{\text{OH}^-|\text{w}}_{\text{Bs*}}\ .$$

Das Protonenpotenzial des Säure-Base-Paares $\text{H}_3\text{O}^+/\text{H}_2\text{O}$ ergibt sich aus Gleichung (7.3), das des Paares $\text{H}_2\text{O/OH}^-$ aus Gleichung (7.4). Beide müssen in derselben Lösung gleich sein:

$$\mu_p = \overset{\circ}{\mu}_p(\text{H}_3\text{O}^+/\text{H}_2\text{O}) + RT \ln c_{\text{r}}(\text{H}_3\text{O}^+) = \overset{\circ}{\mu}_p(\text{H}_2\text{O/OH}^-) - RT \ln c_{\text{r}}(\text{OH}^-)\ .$$

Da reines Wasser elektrisch neutral ist, muss die H_3O^+- gerade gleich der OH^--Konzentration sein. Ersetzt man $c_{\text{r}}(\text{OH}^-)$ durch $c_{\text{r}}(\text{H}_3\text{O}^+)$ und löst die letzte Gleichung nach $c(\text{H}_3\text{O}^+) = c^\ominus \cdot c_{\text{r}}(\text{H}_3\text{O}^+)$ auf, so erhält man

$$c(\text{H}_3\text{O}^+) = c^\ominus \cdot \exp \frac{\overset{\circ}{\mu}_p(\text{H}_2\text{O/OH}^-) - \overset{\circ}{\mu}_p(\text{H}_3\text{O}^+/\text{H}_2\text{O})}{2RT}\ ;$$

Berücksichtigung der Normwerte bei 298 K (und 100 kPa) aus Tabelle 7.1 ergibt

$$c(\text{H}_3\text{O}^+) = 1\,\text{kmol}\,\text{m}^{-3} \cdot \exp \frac{(-80 \cdot 10^3\ \text{G}) - 0\ \text{G}}{2 \cdot 8{,}314\ \text{G}\,\text{K}^{-1} \cdot 298\ \text{K}} = 1{,}0 \cdot 10^{-7}\,\text{kmol}\,\text{m}^{-3}\ .$$

Setzt man nun diese Konzentration in Gleichung (7.3) ein, so erhält man das zugehörige Protonenpotenzial. Es beträgt −40 kG und wird als *Neutralwert* bezeichnet. Wässrige Lösungen mit einem Protonenpotenzial über −40 kG bezeichnet man als sauer, mit einem Protonenpotenzial unter −40 kG hingegen als basisch (alkalisch).

Zusammenhang mit anderen Aciditätsmaßen. Abschließend wollen wir noch aufzeigen, wie das Protonenpotenzial mit anderen gebräuchlichen Aciditätsmaßen zusammenhängt. So besteht eine enge Beziehung zwischen dem Normwert des Protonenpotenzials $\mu_p^\ominus$ (Ad/Bs) eines Säure-Base-Paares oder allgemeiner seinem Grundwert $\overset{\circ}{\mu}_p$ (Ad/Bs) und dem Säureexponenten oder pK-Wert. Wir betrachten dazu nochmals das Protonenübertragungsgleichgewicht am Beispiel von

$$HA|w + H_2O|l \rightleftarrows A^-|w + H_3O^+|w \;,$$

wobei HA einer Säure Ad und A$^-$ einer Base Bs entspricht. Gleichung (7.5) können wir nun umformen zu

$$\overset{\circ}{\mu}_p(\text{Ad/Bs}) - \overset{\circ}{\mu}_p(\text{H}_3\text{O}^+/\text{H}_2\text{O}) = RT \ln \frac{c_r(\text{Bs}) \cdot c_r(\text{H}_3\text{O}^+)}{c_r(\text{Ad})} \;. \tag{7.8}$$

Nun ist, wie erwähnt, das Protonenpotenzial $\overset{\circ}{\mu}_p(\text{H}_3\text{O}^+/\text{H}_2\text{O}) = 0$ (bei Normdruck), stellt also quasi den „Vergleichspegel" dar.

Die Gleichgewichts"konstanten" der Reaktion (vgl. Abschnitt 6.4),

$$\overset{\circ}{\mathcal{K}}_S(\text{Ad/Bs}) = \frac{c_r(\text{Bs}) \cdot c_r(\text{H}_3\text{O}^+)}{c_r(\text{Ad})} \quad \text{und} \quad \overset{\circ}{K}_S(\text{Ad/Bs}) = \frac{c(\text{Bs}) \cdot c(\text{H}_3\text{O}^+)}{c(\text{Ad})} \;,$$

bezeichnet man als *Säurekonstanten (Aciditätskonstanten)*. Das Hinzufügen von Ad/Bs als Argument hinter $\overset{\circ}{\mathcal{K}}_S$ bzw. $\overset{\circ}{K}_S$ trägt zur Verdeutlichung bei, ist aber nicht gebräuchlich. Wenn aus dem Zusammenhang klar ist, welches Paar gemeint ist oder es auf die Art des Paares nicht weiter ankommt, lassen wir das Argument Ad/Bs künftig weg. Da diese Konstante je nach der chemischen Struktur der Säuren und Basen über viele Größenordnungen variieren kann, ist es zweckmäßig, eine logarithmische Skala einzuführen. So wird meist der negative dekadische Logarithmus der Säurekonstante, der *Säureexponent* oder *pK$_S$-Wert* (auch einfach *pK-Wert*) angegeben:

$$pK_S = -\lg \overset{\circ}{\mathcal{K}}_S \;.$$

Hier ist stets die numerische Säurekonstante $\overset{\circ}{\mathcal{K}}_S$ einzusetzen und nicht die herkömmliche $\overset{\circ}{K}_S$, da das Argument des Logarithmus eine Zahl sein muss.

Rechnet man in Gleichung (7.8) den natürlichen in den dekadischen Logarithmus um gemäß der Beziehung $\ln x = \ln 10 \cdot \lg x$ [Gl. (A1.5) im Anhang],

$$\overset{\circ}{\mu}_p = RT \ln 10 \cdot \lg \overset{\circ}{\mathcal{K}}_S = -RT \ln 10 \cdot pK_S \;,$$

und kürzt anschließend den Term $RT\ln 10$ durch das Dekapotenzial μ_d ab (vgl. Abschnitt 6.2), so erhält man:

$$\overset{\circ}{\mu}_p = -\mu_d \cdot pK_S \quad . \tag{7.9}$$

Allgemein sind der Grundwert $\overset{\circ}{\mu}_p$ des Protonenpotenzials und der pK_S-Wert einander proportional, sodass die Reihung der Säuren nach ihrer Stärke dieselbe bleibt, unabhängig davon, welches der beiden Maße man verwendet.

Durch eine äußerlich ganz ähnliche Gleichung ist das Protonenpotenzial μ_p in der Lösung nach Protonenpotenzialausgleich mit dem sogenannten Wasserstoffexponenten oder *pH-Wert* verknüpft, der ein spezielles Aciditätsmaß darstellt, ausgedrückt durch das Paar H_3O^+/H_2O. Es sei noch einmal daran erinnert, dass in einer homogenen Lösung μ_p für alle anwesenden Säure-Base-Paare überall denselben Wert hat [Gl. (7.2)]. Welches Paar man daher zur μ_p-Messung heranzieht, ist unwesentlich. Der Begriff „pH-Wert" (von lat. „pondus hydrogenii", was so viel wie „Gewicht des Wasserstoffs" bedeutet) wurde 1909 von dem dänischen Chemiker Søren Peder Lauritz SØRENSEN eingeführt. Ursprünglich war er einfach als „Exponent der Zehnerpotenz" der „Wasserstoffionen-Konzentration in Wasser, angegeben in mol/L", $\{c(H^+|w)\}_{mol/L}$, definiert. Das Minuszeichen im Exponenten wurde dabei unterdrückt. Die geschweiften Klammern deuten an, dass es sich um den reinen Zahlenwert handelt. Lässt man die Ergänzung „|w" der Einfachheit halber weg, so erhält man

$$\{c(H^+)\}_{mol/L} = 10^{-pH} \qquad \text{bzw.} \qquad c(H^+)/c^\ominus = 10^{-pH} \ .$$

Der pH-Wert als negativer dekadischer Logarithmus der relativen Konzentration der (hydratisierten) Wasserstoffionen oder genauer der Oxoniumionen-Konzentration (H^+, $H^+|w$, H_3O^+, $H_3O^+|w$ sind hier nur verschiedene Bezeichnungen für dieselbe Art von Teilchen),

$$pH := -\lg\frac{c(H^+)}{c^\ominus} = -\lg c_r(H^+) \qquad \text{bzw.} \qquad pH := -\lg\frac{c(H_3O^+)}{c^\ominus} = -\lg c_r(H_3O^+) \ ,$$

stellt (wie der pK-Wert) einen besser handhabbaren Zahlenwert dar, da die Konzentrationen über viele Größenordnungen variieren können. Gewöhnlich wird der Zusatz $\{\}_{mol/L}$ oder $c^\ominus$ der Bequemlichkeit halber weggelassen, was leicht zu Fehlern führt, wenn man auch andere Konzentrationseinheiten verwendet, und deshalb unbedingt vermieden werden sollte.

Der SØRENSENschen Gleichung wollen wir das Protonenpotenzial μ_p aus Gleichung (7.3),

$$\mu_p = \overset{\circ}{\mu}_p(H_3O^+/H_2O) + RT\ln c_r(H_3O^+) \ ,$$

gegenüberstellen. $c_r(H_3O^+)$ ist dabei die (relative) Konzentration der Oxoniumionen, die sich nach Protonenausgleich eingestellt hat. Beachten wir wieder $\overset{\circ}{\mu}_p(H_3O^+/H_2O) = 0$ (bei Normdruck) und rechnen den natürlichen in den dekadischen Logarithmus um, so finden wir

$$\mu_p = RT\ln 10 \cdot \lg c_r(H_3O^+) = -RT\ln 10 \cdot pH$$

bzw. schließlich wegen $RT\ln 10 = \mu_d$ als einfaches, aber wichtiges Endergebnis:

$$\mu_p = -\mu_d \cdot pH \quad . \tag{7.10}$$

Diese Beziehung gilt, ausgehend von der SØRENSENschen Definition, zunächst nur für kleine Konzentrationen c. Man definiert jedoch den pH-Wert heutzutage so, dass diese Gleichung *immer* gilt. Abbildung 7.1 verdeutlicht den Zusammenhang zwischen Protonenpotenzial μ_p und pH-Wert in einer wässrigen Lösung bei 298 K.

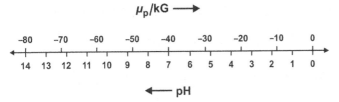

Abb. 7.1 Zusammenhang zwischen Protonenpotenzial μ_p und pH-Wert in einer wässrigen Lösung bei 298 K und 100 kPa

Der pH-Wert ist also nur eine Spielart des Protonenpotenzials – mit anderen Worten μ_p in einer speziellen Skalierung. Unterschiede im pH-Wert bedeuten also letztendlich Unterschiede im chemischen Potenzial und damit Unterschiede im Antrieb chemischer Reaktionen, an denen Protonen beteiligt sind.

Die stoffdynamische Beschreibungsweise mit dem Protonenpotenzial μ_p als Maß für die Stärke eines Säure-Base-Paares, die wir gerade kennengelernt haben, bietet gegenüber den herkömmlichen Aciditätsmaßen (pK- und pH-Wert) eine Reihe von Vorteilen, sodass wir im Folgenden nur mehr das Protonenpotenzial verwenden wollen:

- Säure-Base-Reaktionen lassen sich mit anderen Übertragungsreaktionen, insbesondere Redoxreaktionen, begrifflich einheitlich behandeln (vgl. Abschnitt 22.4);
- Stärke der Säure und Zahlenwert des Aciditätsmaßes gehen einander parallel (und sind nicht gegenläufig wie beim pK-Wert);
- das Protonenpotenzial kennzeichnet die Stärke eines Säure-Base-Paares auch hinsichtlich der Konzentrationsabhängigkeit (was der pK-Wert als Logarithmus einer Gleichgewichtskonstanten nicht vermag, sodass man hier auf ein anderes Maß, den pH-Wert, auszuweichen pflegt).

7.4 Pegelgleichung und Protonierungsgleichung

Einwertige Säure-Base-Paare. Das Ausmaß der Protonierung eines Säure-Base-Paares, kurz gesagt der „Füllgrad" des Protonenspeichers, kann durch den *Protonierungsgrad* Θ beschrieben werden, das heißt etwa im Fall eines einwertigen Paares durch den Anteil der Basenmoleküle, die protoniert wurden, bezogen auf die Gesamtkonzentration an Säure- und Basenmolekülen:

$$\Theta = \frac{c_\mathrm{Ad}}{c_\mathrm{Bs} + c_\mathrm{Ad}} . \tag{7.11}$$

Der Protonierungsgrad hängt vom Protonenpotenzial μ_p in der Lösung ab. Ausgehend von der Gleichgewichtsbedingung $\mu_\mathrm{p} = \frac{1}{1}[\mu_\mathrm{Ad} - \mu_\mathrm{Bs}]$, erhält man mit Hilfe der Massenwirkungsgleichung

$$\mu_\mathrm{p} = [\overset{\circ}{\mu}_\mathrm{Ad} + RT \ln(c_\mathrm{Ad}/c^\ominus)] - [\overset{\circ}{\mu}_\mathrm{Bs} + RT \ln(c_\mathrm{Bs}/c^\ominus)]$$

und schließlich nach Umformung eine der HENDERSON-HASSELBALCH-Gleichung [pH = pK_S + $\log(c_\mathrm{Bs}/c_\mathrm{Ad})$] entsprechende Beziehung,

$$\mu_p = \overset{\circ}{\mu}_p + RT \ln \frac{c_{Ad}}{c_{Bs}} \qquad (\text{„Pegelgleichung"}), \qquad (7.12)$$

in der μ_p den Wasserstoffexponenten oder pH-Wert, $\overset{\circ}{\mu}_p$ hingegen den Säureexponenten oder pK_S-Wert vertritt. Dies ist die sogenannte „Pegelgleichung". Der Name rührt daher, dass μ_p beschreibt, wie hoch der „Säurepegel" im Speicher Ad/Bs ist, d. h., wie stark sauer das Paar Ad/Bs reagiert.

Der Quotient c_{Ad}/c_{Bs} kann auch mit Hilfe des Protonierungsgrades Θ ausgedrückt werden:

$$\mu_p = \overset{\circ}{\mu}_p + RT \ln \frac{\Theta}{1-\Theta} \ . \qquad (7.13)$$

Aus Gleichung (7.11) folgt über

$$\Theta(c_{Bs} + c_{Ad}) = c_{Ad} \qquad \text{und} \qquad \Theta \cdot c_{Bs} = (1-\Theta) \cdot c_{Ad}$$

schließlich $c_{Ad}/c_{Bs} = \Theta/(1-\Theta)$.

$\overset{\circ}{\mu}_p$ stellt anschaulich das „Halbwertspotenzial" dar, also das Protonenpotenzial, das bei einem Protonierungsgrad $\Theta = \frac{1}{2}$ vorliegt, d. h. bei gleichen Konzentrationen an Säure und Base. Für $\mu_p > \overset{\circ}{\mu}_p$ liegt das Säure-Base-Paar vorwiegend protoniert, für $\mu_p < \overset{\circ}{\mu}_p$ hingegen vorwiegend deprotoniert vor.

Wenn wir die Beziehung (7.13) nach Θ auflösen, erhalten wir eine Gleichung, der wir in ähnlicher Gestalt noch wiederholt begegnen werden:

$$\Theta = \frac{1}{1 + \exp\dfrac{\overset{\circ}{\mu}_p - \mu_p}{RT}} \qquad (\text{„Protonierungsgleichung"}). \qquad (7.14)$$

Gleichung (7.13) nach $\Theta/(1-\Theta)$ aufgelöst ergibt zunächst:

$$\frac{\Theta}{1-\Theta} = \exp\frac{\mu_p - \overset{\circ}{\mu}_p}{RT} = a \ .$$

Mit a als vorübergehender Abkürzung erhalten wir über die Zwischenschritte

$$a^{-1} = \frac{1-\Theta}{\Theta} = \Theta^{-1} - 1 \qquad \text{und} \qquad \Theta = \frac{1}{1 + a^{-1}}$$

schließlich die Gleichung (7.14).

Anwendungsbeispiele. In Abbildung 7.2 ist der durch die Protonierungsgleichung (7.14) beschriebene Zusammenhang $\Theta = f(\mu_p)$ anhand zweier Beispiele graphisch dargestellt. Man erkennt, dass die Kurven verschiedener einwertiger Säure-Base-Paare dieselbe Gestalt besitzen. Sie sind lediglich entlang der μ_p-Achse gegeneinander verschoben.

Schauen wir uns unter diesem Aspekt nochmals diese Beispiele, die bereits in Abschnitt 7.3 vorgestellt wurden, genauer an. Für eine wässrige Essigsäure-Lösung der Konzentration 1 kmol m^{-3} hatten wir ein Protonenpotenzial von $-13{,}5$ kG ermittelt. Einsetzen in die Protonierungsgleichung ergibt mit dem Normwert $\mu_p^{\ominus}(\text{HAc/Ac}^-) = -27$ kG bei 298 K (und 100 kPa) einen Protonierungsgrad von

$$\Theta = \frac{1}{1+\exp\dfrac{(-27\cdot10^3\text{ G})-(-13,5\cdot10^3\text{ G})}{8,314\text{ G K}^{-1}\cdot298\text{ K}}} = 0,996 \,,$$

was bedeutet, dass 99,6 % der eingesetzten Säuremenge protoniert, d. h. in Form von Essigsäuremolekülen, vorliegen und nur 0,4 % deprotoniert als Acetat-Ionen. Unsere ursprüngliche Annahme, dass Säuren schwach saurer Säure-Base-Paare, gelöst in reinem Wasser, häufig nur zu einem sehr geringen Teil dissoziiert vorliegen, ist also gerechtfertigt. Gering heißt in diesem Zusammenhang, dass der dissoziierte Anteil kleiner als ungefähr 5 % ist. Da der Protonierungsgrad über μ_p auch von der Anfangskonzentration c_0 abhängt, muss die Gültigkeit der Vereinfachung von Fall zu Fall überprüft werden.

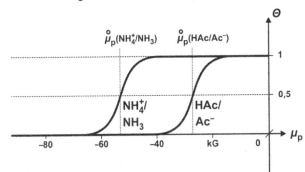

Abb. 7.2 Protonierungsgrad Θ der Säure-Base-Paare (HAc/Ac$^-$) und (NH_4^+ / NH_3) bei 298 K (und 100 kPa) in Abhängigkeit vom Protonenpotenzial μ_p

Ganz analog können wir im Fall der Ammoniak-Lösung mit einer Konzentration von 0,1 kmol m^{-3} vorgehen und erhalten einen Protonierungsgrad von 0,012, d. h., nur 1,2 % der Ammoniakmoleküle wurden protoniert.

„Füllstand" des Protonenspeichers. Kehren wir nochmals zu unserem Bild der Säure-Base-Paare als Protonenspeicher zurück, so können wir den Protonierungsgrad auch auffassen als Verhältnis der Protonenmenge n_p im Speicher zu der Protonenmenge $n_{p,max}$, die maximal gespeichert werden kann:

$$\Theta = \frac{n_p}{n_{p,max}} \,. \tag{7.15}$$

Setzen wir diesen Ausdruck in Gleichung (7.14) ein und lösen nach n_p auf, so erhalten wir eine Variante der Protonierungsgleichung:

$$n_p = \frac{n_{p,max}}{1+\exp\dfrac{\overset{\circ}{\mu}_p-\mu_p}{RT}} \,. \tag{7.16}$$

Die Protonierungsgleichung gibt also quasi den „Füllstand" im Protonenspeicher an. Die graphische Darstellung entspricht Abbildung 7.2, nur dass sich die Kurven statt an den Wert 1 an den Wert $n_{p,max}$ anschmiegen.

Sonderfall Wasser. Einen Spezialfall stellen wieder die Säure-Base-Paare dar, in denen das Lösemittel Wasser selbst als Reaktionspartner auftritt und die den Potenzialbereich der schwach und mäßig sauren bzw. basischen Paare zu den starken hin begrenzen. Für das Paar H_3O^+/H_2O entspricht die Pegelgleichung der Gleichung (7.3),

$$\mu_p = \overset{\circ}{\mu}_p\,(H_3O^+/H_2O) + RT \ln c_r(H_3O^+) ,$$

wobei $\overset{\circ}{\mu}_p\,(H_3O^+/H_2O) = 0$ ist (bei Normdruck).

Ersetzt man in dieser Gleichung die relative Konzentration durch folgenden Ausdruck,

$$c_r(H_3O^+) = \frac{c(H_3O^+)}{c^\ominus} = \frac{n(H_3O^+)}{V \cdot c^\ominus} = \frac{n_p}{V \cdot c^\ominus} ,$$

und löst nach n_p auf, so ergibt sich die zugehörige Protonierungsgleichung:

$$n_p = V \cdot c^\ominus \cdot \exp\left(-\frac{\overset{\circ}{\mu}_p(H_3O^+/H_2O) - \mu_p}{RT} \right) . \qquad (7.17)$$

Für das Paar H_2O/OH^- lautet die Pegelgleichung entsprechend Gleichung (7.4) [mit $\overset{\circ}{\mu}_p(H_2O/OH^-) = -80\ kG$]:

$$\mu_p = \overset{\circ}{\mu}_p(H_2O/OH^-) - RT \ln c_r(OH^-) .$$

Man kann nun die Deprotonierung des Wassers auch als Protonen-Unterschuss, d. h. durch negative n_p-Werte, beschreiben:

$$c_r(OH^-) = \frac{c(OH^-)}{c^\ominus} = \frac{n(OH^-)}{V \cdot c^\ominus} = \frac{-n_p}{V \cdot c^\ominus} .$$

Wir erhalten dann die Protonierungsgleichung, indem wir dieses Ergebnis in die Gleichung darüber einsetzen und nach n_p auflösen:

$$n_p = -V \cdot c^\ominus \cdot \exp\left(+\frac{\overset{\circ}{\mu}_p(H_2O/OH^-) - \mu_p}{RT} \right) . \qquad (7.18)$$

Liegen mehrere Säure-Base-Paare Ad/Bs, Ad*/Bs*, ... in einer Lösung vor, so addieren sich die Protonenmengen in den einzelnen Speichern zu einer Gesamtfüllmenge $n_{p,ges}$:

$$n_{p,ges} = n_p(Ad/Bs) + n_p(Ad^*/Bs^*) + ... \qquad (7.19)$$

Im Falle des Wassers müssen aufgrund seines amphoteren Charakters die Paare H_3O^+/H_2O und H_2O/OH^- berücksichtigt werden, d. h., wir erhalten für die Gesamtfüllmenge

$$n_{p,ges} = n_p(H_3O^+/H_2O) + n_p(H_2O/OH^-) .$$

Liegt reines Wasser vor, so wird die geringe aufgrund der Disproportionierung auftretende Protonenmenge durch den gleichfalls vorliegenden Protonenmangel gerade kompensiert, sodass die Gesamtfüllmenge null beträgt. Abbildung 7.3 zeigt die Summenkurve, die die beiden durch die Gleichungen (7.17) und (7.18) beschriebenen Kurvenäste zusammenfasst.

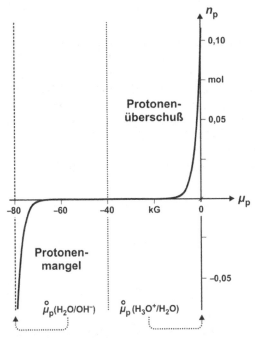

Abb. 7.3 Gesamtmenge $n_{p,ges}$ an Protonen im Speichermedium Wasser als Funktion des Protonenpotenzials μ_p in einem Volumen von 100 mL bei 298 K

Wie kann nun der „Füllstand" im Protonenspeicher in Abhängigkeit vom Protonenpotenzial im Fall eines in Wasser gelösten schwachen Säure-Base-Paares ermittelt werden? Hierbei addieren sich der Beitrag des betreffenden Paares und der Beitrag des Wassers zu einer Gesamtkurve (Abb. 7.4).

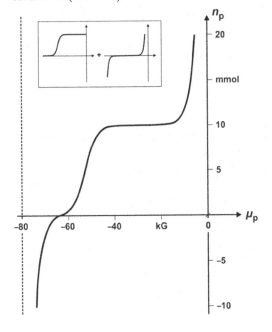

Abb. 7.4 „Füllstand" des Protonenspeichers in Abhängigkeit vom Protonenpotenzial für eine wässrige Lösung eines einwertigen Säure-Base-Paares am Beispiel NH_4^+/NH_3 (10 mmol in 100 mL Lösung) bei 298 K

7.5 Säure-Base-Titrationen

Führung und Messtechnik. Eine wichtige Anwendung der Säure-Base-Gleichgewichte ist das analytische Verfahren der *Titration*. Mit seiner Hilfe kann über den *Äquivalenzpunkt* die Zusammensetzung der Ausgangslösung ermittelt werden, aber auch der Grundwert $\overset{\circ}{\mu}_p$ (Ad/Bs) unterschiedlicher Säure-Base-Paare ist bestimmbar. Man geht dabei so vor, dass man zu der zu untersuchenden Lösung (*Titrand*) sukzessive eine Lösung genau bekannter Konzentration (*Titrator*) aus einer Bürette hinzufügt und jeweils den zugehörigen pH-Wert misst und daraus das Protonenpotenzial μ_p bestimmt (Versuch 7.2). Der Messwert kann auch elektronisch von einem Computer erfasst und direkt weiterverarbeitet werden. In einer Weiterentwicklung der Titration wird schließlich selbst die Zugabe der Titrationsflüssigkeit automatisch geregelt.

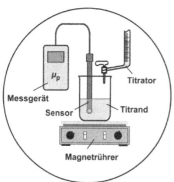

Versuch 7.2 *Säure-Base-Titration*: Titriert werden soll z. B. Natronlauge als Titrand mit Salzsäure als Titrator. Als Sensor für diese und andere wässrige Lösungen eignet sich die Glaselektrode, die wir im Abschnitt 22.7 noch näher kennenlernen werden.

Trägt man das Protonenpotenzial gegen das zugesetzte Volumen an Titrator oder eine andere von der Zugabe abhängige Größe wie die Protonenmenge auf, so erhält man eine sogenannte *Titrationskurve*.

Titration starkes Paar – starkes Paar. Betrachten wir zunächst die Titration der Base eines stark basischen Paares mit der Säure eines stark sauren Paares, z. B. konkret die Titration von 100 mL Natronlauge $[c(NaOH) = 0{,}1\ kmol\,m^{-3}]$ mit Salzsäure $[c(HCl) = 1\ kmol\,m^{-3}]$. Da Natriumhydroxid in wässriger Lösung praktisch vollständig dissoziiert vorliegt, wird das Verhalten des Titranden durch das Paar H_2O/OH^- festgelegt. Das Protonenpotenzial der Ausgangslösung (bei 298 K und 100 kPa) beträgt $-74\ kG$, wie bereits in Abschnitt 7.3 mittels Gleichung (7.4) allgemein für stark basische Paare mit einer Base dieser Konzentration berechnet. In der Salzsäurelösung wird das Protonenpotenzial hingegen durch das Paar H_3O^+/H_2O bestimmt. Pro mL zugegebener Titratorlösung wird nun der ursprüngliche Protonenunterschuss von $n_p = -0{,}1\ kmol\,m^{-3} \cdot (0{,}1 \cdot 10^{-3}\ m^3) = -0{,}01\ mol = -10\ mmol$ um 1 mmol abgebaut. Liegt der Titrator in einer weitaus höheren Konzentration vor als der Titrand, so kann die Wasserzunahme durch die zulaufende Maßlösung vernachlässigt werden. Bei der Titration von Basen stark basischer Paare mit Säuren stark saurer Paare (bzw. auch umgekehrt) sind generell lediglich die Paare H_2O/OH^- und H_3O^+/H_2O für das beobachtete Verhalten verantwortlich, unabhängig von der Art der eingesetzten starken Säure-Base-Paare (aufgrund des in Abschnitt 7.3 besprochenen nivellierenden Effektes des Wassers). Der Verlauf der Titration ergibt sich daher aus der Kurve für die Gesamtmenge an Protonen im Speichermedium Wasser bei einem vorgegebenen Volumen von 100 mL (Abb. 7.3) oder genauer gesagt aus einem durch die Versuchsbedingungen vorgegebenen Ausschnitt aus dieser Darstellung (Abb. 7.5 a). Zu Beginn der Titration liegt reine Natronlauge vor (schwarzer Punkt). Mit fortschreitender Zugabe an Salzsäure bewegt man sich in Pfeilrichtung entlang der Kurve. Trägt man das Protonenpotenzial in Abhängigkeit von der zugegebenen Protonenmenge auf, so erhält man die zugehörige Titrationskurve (Abb. 7.5 b).

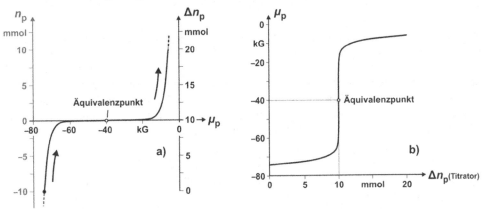

Abb. 7.5 a) Protonenmenge $n_{p,ges}$ in 100 mL Wasser als Funktion des Protonenpotenzials μ_p bei 298 K, ausgehend von einem Protonenmangel von -10 mmol (schwarzer Punkt) sowie b) zugehörige Titrationskurve

Mit fortschreitender Titratorzugabe ändert sich das Protonenpotenzial zunächst nur geringfügig. Nähert man sich jedoch dem Punkt, an dem zur Natronlauge eine stöchiometrisch äquivalente Menge an Salzsäure (hier 10 mmol) hinzugegeben wurde, so tritt ein drastischer Anstieg des Protonenpotenzials auf. Am *Äquivalenzpunkt* schließlich ist der Protonenunterschuss vollständig abgebaut, der Protonenspeicher H_2O/OH^- praktisch ganz gefüllt. Es liegt eine wässrige Lösung von Na^+- und Cl^--Ionen vor, die das Protonenpotenzial kaum beeinflussen, sodass es dem Neutralwert von -40 kG des reinen Wassers entspricht. Gibt man weiter Salzsäure zu der neutralisierten Lösung, so können die Protonen nicht mehr in den bereits vollständig gefüllten Protonenspeicher H_2O/OH^- aufgenommen werden und das Säure-Base-Paar H_3O^+/H_2O des Titratorsystems bestimmt fortan das Protonenpotenzial. Nach dem Äquivalenzpunkt steigt das Protonenpotenzial demgemäß zunächst weiterhin steil an, der Anstieg wird jedoch schnell zunehmend flacher.

Titration schwaches Paar – starkes Paar. Wenden wir uns nun der Titration der Base eines schwach basischen Paares mit der Säure eines stark sauren Paares zu am Beispiel der Titration von 100 mL Ammoniaklösung [$c(NH_3) = 0,1 \, kmol \, m^{-3}$] mit obiger Salzsäure-Maßlösung. Das Protonenpotenzial zu Beginn beträgt, wie bereits in Abschnitt 7.3 mit Hilfe von Gleichung (7.7) berechnet, -64 kG. Der geringe Protonenfüllstand von 1,2 % im Speicher NH_4^+/NH_3 wird dabei durch den Protonenunterschuss (bedingt durch die bei der Protonenübertragung gemäß $NH_3 + H_2O \rightleftarrows NH_4^+ + OH^-$ erzeugten OH^--Ionen) gerade kompensiert, sodass der Gesamtfüllstand im wässrigen System null beträgt. Bestimmend für den Kurvenverlauf bei der Titration ist jetzt der Zusammenhang aus Abbildung 7.4 oder genauer gesagt ein Ausschnitt daraus (Abb. 7.6 a). Mit fortschreitender Zugabe der Salzsäure bewegen wir uns wieder in der durch die Pfeile vorgegebenen Richtung entlang der Kurve. Zunächst wird

der Kurvenverlauf durch das Säure-Base-Paar NH_4^+/NH_3 und die zugehörige Protonierungsgleichung bestimmt, d. h., es wird zunächst dieser Protonenspeicher aufgefüllt. Auf halbem
Weg zum Äquivalenzpunkt, d. h. bei Zugabe der Hälfte der Protonenmenge, die das Paar
maximal zu speichern vermag, erreicht das Protonenpotenzial den Wert des Grundwertes von
$\overset{\circ}{\mu}_p(NH_4^+/NH_3) = -53$ kG. Der Anteil an Base (NH_3) und zugehöriger Säure (NH_4^+) ist jetzt
gleich groß, der Speicher also gerade halb voll. Vor diesem Punkt tritt das Paar hauptsächlich
in der deprotonierten Form auf, danach vorwiegend in der protonierten. Am Äquivalenzpunkt
schließlich wurden gerade so viele Protonen mit der Maßlösung zugefügt, dass der Protonenspeicher so gut wie vollständig gefüllt ist, d. h., praktisch die gesamte Base wurde protoniert
und damit bis auf Spuren vollständig in ihre korrespondierende Säure überführt. Es liegt nun
eine wässrige Lösung der Säure vor, die die gleiche Konzentration wie die ursprüngliche Base
aufweist und wir erwarten daher ein Protonenpotenzial, das deutlich über dem Neutralpunkt
liegt. Es kann gemäß Gleichung (7.6) berechnet werden (die ebenfalls anwesenden Cl^--Ionen
haben nahezu keinen Einfluss auf das Protonenpotenzial):

$$\mu_p = \tfrac{1}{2} \cdot (-53 \cdot 10^3 \text{ G}) + \tfrac{1}{2} \cdot 0 \text{ G} + \tfrac{1}{2} \cdot 8{,}314 \text{ G K}^{-1} \cdot 298 \text{ K} \cdot \ln 0{,}1 = -29 \text{ kG}.$$

Bei weiterer Säurezugabe wird der Kurvenverlauf nun maßgeblich von dem Säure-Base-Paar
H_3O^+/H_2O des Titratorsystems bestimmt.

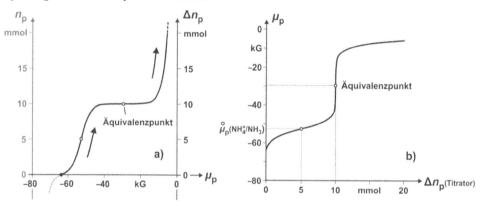

Abb. 7.6 a) „Füllstand" des Protonenspeichers in Abhängigkeit vom Protonenpotenzial für eine wässrige Lösung des Säure-Base-Paares NH_4^+/NH_3 (10 mmol in 100 mL Lösung) bei 298 K und b) zugehörige Titrationskurve einer Ammoniaklösung entsprechender Konzentration mit der Säure eines stark
sauren Paares

Abbildung 7.6 b zeigt die zugehörige Titrationskurve. Auffallend ist, dass sich nach einem
anfänglichen kleinen Anstieg das Protonenpotenzial bis kurz vor dem Äquivalenzpunkt nur
recht langsam ändert. Auf die große Bedeutung dieses Sachverhaltes werden wir im nächsten
Abschnitt eingehen. Auch wird nochmals deutlich, dass der Grundwert $\overset{\circ}{\mu}_p$ eines schwach
basischen Säure-Base-Paares direkt aus den Messdaten bestimmt werden kann, indem man
einfach den Potenzialwert auf halbem Weg zum Äquivalenzpunkt abliest. Der Äquivalenzpunkt selbst macht sich wieder wie im Fall der Titration mit ausschließlich starken Säure-
Base-Paaren durch eine sprunghafte Änderung des Protonenpotenzials bemerkbar, doch ist
diese jetzt weniger stark ausgeprägt.

Die Potenzialwertänderungen bei der Titration der Säure eines schwach sauren Paares (wie z. B. Essigsäure) mit der Base eines stark basischen Paares (wie z. B. Natronlauge) verlaufen im Prinzip ähnlich und können auf analoge Weise hergeleitet werden. Ausgangspunkt der Betrachtung ist wieder die Füllstandskurve für die wässrige Lösung eines Säure-Base-Paares, hier am Beispiel des Paares HAc/Ac⁻ (10 mmol in 100 mL Lösung). Zu Beginn ist die Essigsäure nahezu vollständig protoniert. Der geringe deprotonierte Anteil wird durch die entstandenen H^+-Ionen gerade ausgeglichen, sodass der Gesamtfüllstand 10 mmol beträgt (Abb. 7.7 a, schwarzer Punkt). Durch die Zugabe der Natronlauge wird der Protonenspeicher nun langsam entleert und man bewegt sich in Pfeilrichtung entlang der Kurve. Am Äquivalenzpunkt liegt mit der deprotonierten Form Ac⁻ die Lösung der Base des schwach sauren Paares vor und das zugehörige Protonenpotenzial zeigt einen Wert deutlich unter dem Neutralwert. Im Anschluss daran bestimmt das Paar H_2O/OH^- den Kurvenverlauf. Die zugehörige Titrationskurve wird in Abbildung 7.7 b gezeigt.

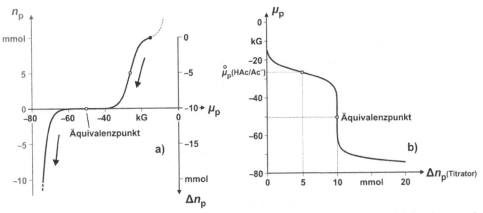

Abb. 7.7 a) „Füllstand" des Protonenspeichers in Abhängigkeit vom Protonenpotenzial für eine wässrige Lösung des Säure-Base-Paares HAc/Ac⁻ (10 mmol in 100 mL Lösung) bei 298 K und b) zugehörige Titrationskurve einer Essigsäurelösung entsprechender Konzentration mit der Base eines stark basischen Paares

Liegen Titrand und Titrator allerdings in vergleichbaren Konzentrationen vor, ist die eingangs gemachte Näherung nicht mehr zulässig und die Wasserzunahme im Verlauf der Titration kann nicht länger vernachlässigt werden. Die Titrationskurve muss dann Punkt für Punkt berechnet werden, indem man die sich bei jeder Titratorzugabe ändernden Konzentrationen in die obigen Beziehungen einsetzt, eine Vorgehensweise, die recht aufwändig ist. Da sich jedoch der prinzipielle Kurvenverlauf nicht wesentlich ändert, wollen wir es bei einem allgemeinen Verständnis unter den vorgestellten Einschränkungen belassen.

7.6 Puffer

Begriff. Liegt in einer Lösung ein schwaches Paar aus etwa gleichen, größeren Mengen an Säure und zugehöriger Base vor, dann bestimmt dieses Paar das Protonenpotenzial μ_p. Zugesetzte Säuren aus schwächer sauren Paaren können μ_p, wenn man von Verdünnungseffekten und ähnlichem absieht, sowieso nicht beeinflussen, während Säuren aus stärker sauren Paaren ihrer Protonen beraubt und damit unwirksam werden, solange sie im Unterschuss vorliegen. Entsprechendes gilt für einen Basenzusatz. Unser Säure-Base-Paar kann also kleine Störungen von außen auffangen, *abpuffern*, wie man sagt, ohne dass sich μ_p in der Lösung wesentlich ändert. Daher wird ein solches Lösungssystem, dessen μ_p unempfindlich gegenüber dem Zusatz geringer Mengen an Säuren oder Basen reagiert, als *Puffer* bezeichnet. Erst wenn man z. B. die Säure eines stärker sauren Paares im Überschuss zugibt, könnte die nun praktisch vollständig protonierte Base den Aufbau eines höheren Protonenpotenzials nicht mehr verhindern, sodass μ_p auf den dem stärkeren Säure-Base-Paar entsprechenden Wert hinaufklettert.

Pufferkapazität. Am besten lässt sich die Wirkungsweise eines Puffers jedoch in einem Potenzialdiagramm veranschaulichen. Ganz analog zur Stoffkapazität erhält man die *Pufferkapazität* B_p,

$$B_p = \frac{dn_p}{d\mu_p},$$

durch Ableitung der Protonierungsgleichung (7.16) nach dem Protonenpotenzial μ_p. Der entsprechende mathematische Zusammenhang

$$B_p = \frac{n_{p,\max}}{2RT \cdot \left(1 + \cosh \dfrac{\overset{\circ}{\mu}_p - \mu_p}{RT}\right)} \tag{7.20}$$

ist nicht kompliziert, aber ungewohnt Die Funktion cosh x ist der sogenannte *Hyperbelcosinus*, dessen Funktionswerte sich einfach als Mittelwerte von e^x und e^{-x} berechnen lassen: cosh $x = (e^x + e^{-x})/2$. Natürlich kann man auch den Ausdruck $(e^x + e^{-x})/2$ direkt in Gleichung (7.20) einsetzen, nur erscheint die Beziehung dann etwas weniger übersichtlich.

Wir wollen uns mit einer qualitativen Diskussion des Kurvenverlaufs (Abb. 7.8 a) begnügen. An der Stelle, an der die durch die Protonierungsgleichung (7.16) beschriebene Kurve einen Wendepunkt aufweist, d. h. an der Stelle, an der das Protonenpotenzial dem Grundwert $\overset{\circ}{\mu}_p$ des Säure-Base-Paares entspricht, besitzt die Funktion $B_p(n_p)$ ein Maximum. Noch deutlicher wird allerdings die Wirkungsweise des Puffers, wenn man wieder, wie in Abschnitt 6.7 beschrieben, die Achsen vertauscht, $\sqrt{B/\pi}$ bildet und die Kurve als Umriss eines rotationssymmetrischen Gefäßes deutet (Abb. 7.8 b). Im Gegensatz zum „Exponentialhorn", das wir bereits kennengelernt haben, ist das entstehende „Gefäß" nun recht bauchig mit der größten Ausdehnung im Bereich des Protonenpotenzials $\mu_p = \overset{\circ}{\mu}_p$ (Ad/Bs). Fügt man nun zu dem vom Säure-Base-Paar gebildeten „Speicher" Protonen hinzu, so ändert sich der „Pegel" und damit das Protonenpotenzial im Bereich des „bauchigen Gefäßes" nur noch wenig. Dabei ist die Pegeländerung umso geringfügiger, je näher man sich an der größten „Ausbauchung" befindet. Im halbgefüllten Zustand können dementsprechend größere Protonenmengen hinzugegeben werden, ohne dass sich das Protonenpotenzial merklich ändert; der „Protonenspeicher" besitzt hier die größte Pufferkapazität. Die Größe des „Protonenspeichers" wird dabei durch $n_{p,\max}$ festgelegt; je größer $n_{p,\max}$ ist, desto größer ist auch die Pufferkapazität. Größe und Form des „Gefäßes" sind jedoch bei gleichem $n_{p,\max}$ für alle Säure-Base-Paare identisch, nur die Lage des „Gefäßes" im Verhältnis zur μ_p-Achse verschiebt sich.

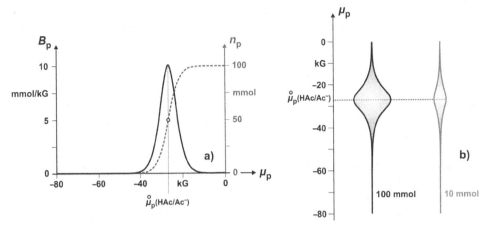

Abb. 7.8 a) Auftragung der gespeicherten Protonenmenge n_p (grau, gestrichelt) und der zugehörigen Pufferkapazität B_p (schwarz, durchgezogen) in Abhängigkeit vom Protonenpotenzial μ_p bei 298 K am Beispiel des Säure-Base-Paares HAc/Ac$^-$ (100 mmol) und b) Potenzialdiagramm des Puffers HAc/Ac$^-$ für verschiedene Mengen an Puffer, $n = n(HAc) + n(Ac^-)$

Ganz anders sieht es im Falle des Wassers aus (Abb. 7.9). Wasser besitzt im Bereich $\mu_p =$ $-20 \ldots -60$ kG nur eine sehr kleine Pufferkapazität B_p oder auch Pufferkapazitätsdichte $b_p = B_p/V$, sodass winzige zu- oder abgeführte Protonenmengen das Protonenpotenzial einer Wasserprobe stark verändern können. Geht man vom Neutralpunkt aus, ist die als H_3O^+ gebundene, aber auch die gemäß $H_2O \rightarrow OH^- + H^+$ „verlorene" Protonenmenge anfangs äußerst klein, wächst dann aber jeweils exponentiell. Der obere Füllstand markiert den Grundwert des Protonenpotenzials des Säure-Base-Paares H_3O^+/H_2O, der untere den entsprechenden Grundwert des Paares H_2O/OH^-.

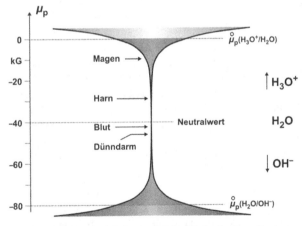

Abb. 7.9 Potenzialdiagramm für Protonen in Wasser (zur Veranschaulichung sind die Protonenpotenziale in einigen Körperflüssigkeiten eingetragen)

Das Protonenpotenzial μ_p wird in biologischen Systemen häufig auf bestimmte Werte eingeregelt: im menschlichen Blut recht genau auf $(-42{,}2 \pm 0{,}3)$ kG, im Magensaft auf rund -10 kG, im Harn auf rund -30 kG, im Dünndarm auf etwa -50 kG. Es müssen also Puffersysteme anwesend sein, die die mangelnde Pufferkapazität des Wassers ausgleichen. Anschaulich gesprochen werden die „Gefäße" aus Abb. 7.8 b und 7.9 miteinander verbunden (Abb. 7.10), mathematisch ausgedrückt bedeutet dies, dass sich die Pufferkapazitäten mehrerer Säure-Base-Paare in einer Lösung addieren:

$$B_{p,ges} = B_p(Ad/Bs) + B_p(Ad*/Bs*) + ...$$

Milchsäure-Lactat-Puffer als Beispiel. Durch Zusatz eines geeigneten Puffersystems kann also die mangelnde Kapazität des Wassers ausgeglichen werden, wobei man zweckmäßigerweise eine ungefähr äquimolare Mischung aus der Säure und ihrer korrespondierenden Base zugibt, weil dann B_p bzw. $б_p$ am größten ist. Abbildung 7.10 veranschaulicht die Verhältnisse am Beispiel des Systems Milchsäure HLac/Lactat Lac⁻ (Lac steht als Kürzel für die Gruppe CH_3-CHOH-COO). Der durch das Milchsäure/Lactat-Paar gebildete Protonenspeicher besitzt, wie diskutiert, im halbgefüllten Zustand die größte Kapazität, und zwar in einem Bereich des Protonenpotenzials, in dem die Pufferkapazitäts des Wassers verschwindend klein ist.

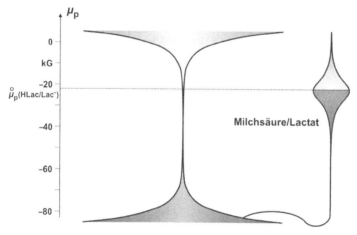

Abb. 7.10 Potenzialdiagramm für Protonen im Fall des Puffersystems Milchsäure/Lactat in wässriger Lösung (100 mL, 1 kmol m⁻³, 298 K)

Wenn das Lactat Lac⁻ zusammen mit seiner protonierten Form HLac, der Milchsäure, gegenüber anderen gelösten Paaren Ad/Bs, Ad*/Bs*, ... im hinreichenden Überschuss vorliegt, dann bestimmt dieses *Puffersystem*, wie erwähnt, den Wert des Protonenpotenzials. Die Basen werden soweit protoniert oder die Säuren deprotoniert, bis überall dasselbe Protonenpotenzial vorliegt, das ganz wesentlich durch die Pegelgleichung (7.12) des Puffersystems Milchsäure/Lactat bestimmt wird. Liegt das Lactat im halbprotonierten Zustand vor, ist also $c(Lac^-) = c(HLac)$, gilt dementsprechend:

$$\mu_p = \overset{\circ}{\mu}_p(HLAc/Lac^-) = -22 \text{ kG}.$$

Man kann daher eine Lösung bei einem bestimmten Protonenpotenzial puffern, indem man ein Säure/Base-Paar auswählt, dessen Grundwert in der Nähe des gewünschten Protonenpotenzials liegt. Der biologisch wichtigste Puffer dürfte das Kohlendioxid/Hydrogencarbonat-System mit einem Normwert von −36,4 kG sein: $CO_2|w + H_2O|l \rightleftarrows HCO_3^-|w + H^+|w$. Es ist der weitaus wichtigste Teil des Blutpuffers, der das Protonenpotenzial des Blutes recht genau auf Werte zwischen $-42{,}5$ und $-41{,}9$ kG (bei $37\,°C$) einstellt und die durch den Stoffwechsel verursachten Schwankungen ausgleicht. Diese Konstanz des Protonenpotenzials ist lebensnotwendig, denn bereits bei Werten über -38 kG oder unter -46 kG tritt der Tod ein.

Wegen des vorausgesetzten Überschusses und damit der großen Pufferkapazität führt der Protonengewinn oder -verlust im Puffer nur zu vergleichsweise geringen μ_p-Verschiebungen. Dies wollen wir uns am Beispiel des Milchsäure/Lactat-Systems noch etwas näher anschauen. Eine Pufferlösung, die sowohl Lactat Lac^- als auch Milchsäure HLac in einer Konzentration von jeweils $0{,}1\ kmol\,m^{-3}$ enthält, zeigt ein Protonenpotenzial μ_p von -22 kG. Gibt man nun zu 1 L dieser Lösung $1\ cm^3$ Salzsäure der Konzentration $1\ kmol\,m^{-3}$, so stellt sich ein neues Potenzial μ_p' ein. Die ursprünglich in 1 L vorhandene Menge von 0,1 mol Lactat wurde dabei durch die Zugabe von 0,001 mol HCl gemäß $Lac^- + H^+ \rightarrow HLac$ in etwa um diesen Betrag vermindert, während die Menge an Milchsäure um den gleichen Betrag angestiegen ist. Mittels der Pegelgleichung ergibt sich damit das neue Protonenpotenzial μ_p' zu:

$$\mu_p' = \overset{\circ}{\mu}_p(HLac/Lac^-) + RT \ln \frac{c(HLac)'}{c(Lac^-)'}, \quad \text{d.\,h.,}$$

$$\mu_p' = (-22 \cdot 10^3\ G) + 8{,}314\ G\,K^{-1} \cdot 298\ K \cdot \ln \frac{0{,}1 - 0{,}001}{0{,}1 + 0{,}001} = -21{,}95\ kG\ ;$$

das Protonenpotenzial hat sich also durch den Säurezusatz nur um 0,05 kG geändert.

Fügt man hingegen die gleiche Menge von $1\ cm^3$ der Salzsäure zu 1 L reinem Wasser hinzu, stellt sich gemäß Gleichung (7.3) ein Protonenpotenzial μ_p'' ein von

$$\mu_p'' = \overset{\circ}{\mu}_p(H_3O^+/H_2O) + RT \ln c_r(H_3O^+) \quad \text{und damit}$$

$$\mu_p'' = 0\ G + 8{,}314\ G\,K^{-1} \cdot 298\ K \cdot \ln 0{,}001 = -17\ kG\ .$$

Durch die Säurezugabe hat sich also das Protonenpotenzial gegenüber dem von reinem Wasser mit -40 kG um 23 kG verschoben (verglichen mit einer Änderung von nur 0,05 kG ! im Fall der Pufferlösung).

Rolle des Pufferbegriffes bei der Titration schwaches Paar – starkes Paar. Mit Hilfe des Pufferbegriffes und seiner Veranschaulichung in Potenzialdiagrammen können wir nun auch verstehen, warum sich bei der Titration der Base eines schwach basischen Paares, wie z.B. einer Ammoniaklösung, mit der Säure eines stark sauren Paares das Protonenpotenzial bis kurz vor dem Äquivalenzpunkt nur sehr langsam ändert (Abb. 7.11). Füllt man nämlich im Verlauf der Titration die „verbundenen Gefäße" langsam mit Protonen auf, so wird der Pegelstand und damit das Protonenpotenzial zunächst maßgeblich durch den „bauchigen" Protonenspeicher des Puffersystems NH_4^+/NH_3 bestimmt. Insbesondere im Bereich der „Ausbauchung" können größere Protonenmengen zugeführt werden, ohne dass sich der Pegel merklich ändert. Ist der Protonenspeicher jedoch vollständig aufgefüllt, so tritt bei einer weiteren Zugabe von Protonen eine drastische Änderung des Protonenpotenzials auf (Äquivalenzpunkt), die jedoch im „Trichterbereich" des „Exponentialhornes" schnell mehr und mehr abgeschwächt wird.

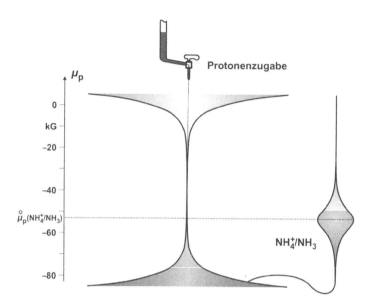

Abb. 7.11 Veranschaulichung der Titration der Base eines schwach basischen Paares mit der Säure eines stark sauren Paares anhand eines Potenzialdiagrammes

7.7 Säure-Base-Indikatoren

Von Interesse sind auch Säure-Base-Paare, in denen sich beide Komponenten stark in der Farbe unterscheiden. Normalerweise handelt es sich dabei um große, wasserlösliche organische Moleküle. Sie werden in geringen Zusätzen als *Indikatoren* eingesetzt. Allein in gleichen Mengen in Lösung erzeugt ein solches Paar eine gewisse Mischfarbe. Auch weist es ein bestimmtes Protonenpotenzial $\overset{\circ}{\mu}_p$ (HInd/Ind⁻) auf, das für das Indikatorsystem kennzeichnend ist. Indikatorsäuren (HInd) und -basen (Ind⁻) gehorchen ebenfalls der Pegelgleichung (7.12):

$$\mu_p = \overset{\circ}{\mu}_p(\text{HInd/Ind}^-) + RT \ln \frac{c(\text{HInd})}{c(\text{Ind}^-)} . \tag{7.21}$$

Erhöht man das Protonenpotenzial in der Lösung, indem man etwa die Säure eines stärker sauren Paares im Überschuss zusetzt, so verschwindet die Indikatorbase durch Protonierung und es bleibt nur noch die Farbe der Indikatorsäure sichtbar. Das Umgekehrte geschieht, wenn man das Protonenpotenzial erniedrigt: Jetzt wird die Säure beseitigt und es erscheint die reine Farbe der Base. Man kann also am Farbton der Lösung ablesen, ob μ_p größer, kleiner oder gleich $\overset{\circ}{\mu}_p$ (HInd/Ind⁻) ist. In Tabelle 7.2 sind die Normwerte $\mu_p^{\ominus}$ einiger gängiger Säure-Base-Indikatoren aufgeführt.

Ein schönes Beispiel für den Farbwechsel eines Indikators infolge Änderung des Protonenpotenzials liefert uns der folgende Versuch zur Säurewirkung von Mineralwasser (Versuch 7.3). Ursache für diese Säurewirkung ist eine bei Abkühlung und unter Druck ausreichende Menge an im Wasser gelöstem Kohlendioxid, das unter Bildung von Hydrogencarbonat genügend Protonen liefert, die dann mit Wasser Oxoniumionen bilden:

$$CO_2|g + H_2O|l \rightleftarrows CO_2|w \; ,$$

$$CO_2|w + 2\,H_2O|l \rightleftarrows H_3O^+|w + HCO_3^-|w \; .$$

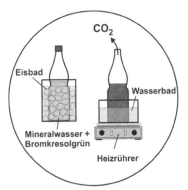

Versuch 7.3 *Säurewirkung von Mineralwasser*: Gibt man den Indikator Bromkresolgrün in eine Flasche mit stark gekühltem Mineralwasser, so zeigt die Lösung eine gelbe Farbe. Öffnet man die Flasche bei Zimmertemperatur oder erhitzt den Inhalt sogar, so entweicht ein großer Teil des Kohlendioxids und der Indikator schlägt über die Mischfarbe grün in ein intensives Blau um.

Indikator	$\mu_p^{\ominus}/kG$	Farbwechsel
Thymolblau	−10	rot – gelb
Bromphenolblau	−22	gelb – blau
Bromkresolgrün	−28	gelb – blau
Methylrot	−29	gelb – rot
Bromthymolblau	−41	gelb – blau
Phenolrot	−45	gelb – rot
Thymolblau	−51	gelb – blau
Phenolphthalein	−54	farblos – rosa
Alizaringelb	−64	gelb – rot

Tab. 7.3 Normwerte des Protonenpotenzials einiger Säure-Base-Indikatoren und zugehöriger Farbwechsel (Säurefarbe – Basenfarbe)

Den Farbwechsel der Indikatoren kann man auch zur Endpunktserkennung bei Säure-Base-Titrationen ausnutzen. Das ist möglich, weil das Protonenpotenzial z. B. während der Zugabe der Säure eines stark sauren Paares kräftig steigt, wie wir im vorletzten Abschnitt gesehen haben, und zwar dann, wenn eine vorgelegte Base gerade verbraucht ist. Der Indikator muss folglich so gewählt werden, dass der Grundwert seines Protonenpotenzial $\overset{\circ}{\mu}_p$ (HInd/Ind$^-$) zwischen denen der Säure-Base-Paare in der Vorlage und in der Maßlösung liegt, also möglichst dem Protonenpotenzial am Äquivalenzpunkt der Titration entspricht. So eignet sich der Indikator Methylrot für die Titration der Base eines schwach basischen Paares mit der Säure eines stark sauren Paares, nicht aber der Indikator Phenolrot (Abb. 7.12). Dieser kann jedoch bei der Titration der Base eines stark basischen Paares mit der Säure eines stark sauren Paares eingesetzt werden. In diesem Fall sind die Potenzialänderungen so drastisch, dass selbst mit Indikatoren mit stärker abweichenden $\overset{\circ}{\mu}_p$-Werten wie z. B. Phenolphthalein noch genaue Ergebnisse erzielt werden.

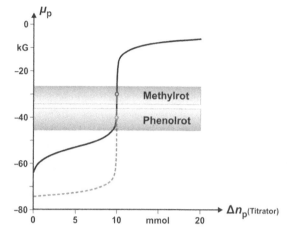

Abb. 7.12 Titrationskurven schwach basisches Paar – stark saures Paar (schwarz, durchgezogen) und stark basisches Paar – stark saures Paar (grau, gestrichelt) sowie Umschlagsbereiche zweier Indikatoren

Da Indikatoren selbst Säuren (HInd) oder Basen (Ind⁻) sind, verbrauchen sie ebenfalls Maß-lösung für ihren Farbumschlag. Damit der dadurch entstehende Fehler möglichst klein bleibt, werden sie nur in geringen Konzentrationen eingesetzt.

8 Begleiterscheinungen stofflicher Vorgänge

Stoffumbildungen wie chemische Reaktionen, Phasenumwandlungen oder die Ausbreitung im Raum werden oft von auffälligen Nebeneffekten begleitet: Es glimmt und blitzt, zischt und kracht, blubbert und raucht. Doch gerade diese Begleiterscheinungen machen den selbst für Laien besonderen Reiz der Chemie aus. Sie sind im Wesentlichen rückführbar auf Volumenänderungen, die heftige Ex- und Implosionen verursachen können, Entropieaustausch und -erzeugung, die verantwortlich für Glut- und Hitzeentwicklung sind, sowie Energieumsätze, die wir z. B. in Muskeln, Motoren und Batterien nutzen. Ziel dieses Kapitels ist es, diese Effekte qualitativ zu verstehen und quantitativ zu erfassen, um sie handhaben und sinnvoll einsetzen zu können. Zu diesem Zweck werden *partielle molare Eigenschaften* eingeführt wie das (partielle) molare Volumen oder die (partielle) molare Entropie eines Stoffes. Um die Volumen- und Entropieänderungen beschreiben zu können, die mit Stoffumbildungen einhergehen, benutzen wir Größen wie *molares Reaktionsvolumen* oder *molare Reaktionsentropie*. Die spezielle Rolle der Entropie macht eine weitere Differenzierung in latente, erzeugte und ausgetauschte Reaktionsentropie erforderlich. Wir lernen außerdem, in welcher Beziehung der chemische Antrieb einer Reaktion, der zugehörige Energieaustausch und schließlich die erzeugte Entropie zueinander stehen. Abschließend wird diese Beziehung dazu benutzt, um den chemischen Antrieb mit Hilfe eines Kalorimeters zu bestimmen.

8.1 Vorüberlegung

Zu den stofflichen Veränderungen, mit denen wir uns im Folgenden befassen, gehören so verschiedenartige Vorgänge wie

- Stoffaufnahme oder -abgabe,
- Ausbreitung oder Zusammenballung,
- Mischungs- oder Lösevorgänge,
- Phasenumwandlungen und chemische Umsetzungen.

Alle diese Vorgänge werden von zahlreichen Nebeneffekten begleitet, manchmal kaum wahrnehmbar, oft aber auch sehr auffällig: Es glimmt und blitzt, zischt und kracht, blubbert und raucht. Diese Begleiterscheinungen, denen die Chemie einen besonderen Reiz verdankt, sind im Wesentlichen rückführbar auf

- Volumenänderungen, die heftige Ex- und Implosionen verursachen können,
- Entropieaustausch und -erzeugung, u. a. verantwortlich für Glut- und Hitzeentwicklung,
- Energieumsätze, die wir z. B. in Muskeln, Motoren und Batterien nutzen.

Diese Effekte qualitativ zu verstehen und quantitativ zu beschreiben, um sie handhaben und sinnvoll einsetzen zu können, ist Ziel dieses Kapitels.

© Springer Fachmedien Wiesbaden GmbH, ein Teil von Springer Nature 2021
G. Job and R. Rüffler, *Physikalische Chemie*, Studienbücher Chemie,
https://doi.org/10.1007/978-3-658-32936-5_8

8.2 Raumanspruch

Reine Stoffe. Wir beginnen mit dem einfachsten Fall, den *Volumenänderungen* bei chemischen Umsetzungen. Jede Substanz beansprucht einen gewissen Raum, bedingt durch den Raumbedarf der Atome und der Lücken dazwischen. Das besetzte Volumen ist nun umso größer, je mehr von dem betreffenden Stoff vorhanden ist. Um den Raumbedarf verschiedener Stoffe vergleichen zu können (Versuch 8.1), bezieht man die Volumenangaben auf die Stoffmengen. Dieses sogenannte *molare Volumen* V_m dient dann als Maß für den Raumanspruch eines reinen Stoffes:

$$V_m = \frac{V}{n} \qquad \text{molares Volumen reiner Stoffe.}$$

Anstelle des Index m können auch Name oder Formel eines Stoffes stehen, also z. B. $V_{H_2O} = 18{,}07\ cm^3\ mol^{-1}$ oder auch $V(H_2O) = 18{,}07\ cm^3\ mol^{-1}$ für das molare Volumen von (flüssigem) Wasser.

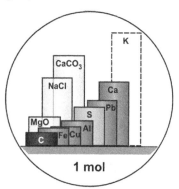

Versuch 8.1 *Raumanspruch verschiedener reiner Stoffe*: Um eine Vorstellung davon zu bekommen, wie unterschiedlich der Raumanspruch verschiedener reiner Substanzen sein kann, werden zylindrische Klötze, die jeweils die Stoffmenge von 1 mol umfassen, nebeneinander gestellt.

Der Raumanspruch eines Stoffes ist nun keineswegs konstant, sondern wird auch durch das Umfeld bestimmt. So sind Stoffe mehr oder minder kompressibel oder dehnen sich beim Erwärmen aus; das Volumen und damit auch das molare Volumen hängt sowohl vom Druck p als auch von der Temperatur T ab, wie Abbildung 8.1 exemplarisch für einen Feststoff und ein Gas zeigt.

V fällt allgemein mit wachsendem Druck anfangs steiler, später flacher werdend ab. Allerdings sind bei festen Stoffen Hunderte von MPa notwendig, um merkliche Volumenänderungen zu erreichen (Abb. 8.1 a), während z. B. bei Gasen hierfür nur weitaus geringere Drücke im Bereich von einigen zehn kPa erforderlich sind (Abb. 8.1 b). In T-Richtung steigt die $V(p, T)$-Fläche oft ungefähr geradlinig an, insbesondere für Gase ist V der Temperatur proportional. Der Volumenzuwachs von 0 K bis zum Schmelzpunkt beträgt bei vielen Metallen etwa 7 % (GRÜNEISENsche Regel). Nach tiefen Temperaturen läuft die Fläche mit waagerechter Tangente aus. Gase kondensieren allerdings, ehe der absolute Nullpunkt erreicht ist (siehe Abschnitt 11.2), sodass man in diesem Fall über den Verlauf von V nichts aussagen kann.

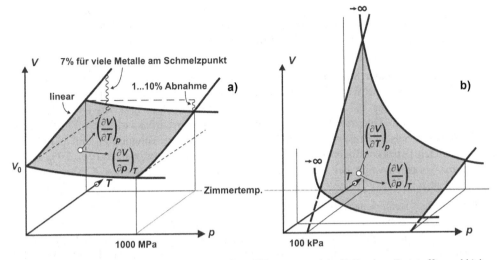

Abb. 8.1 Abhängigkeit des Volumens von Druck und Temperatur a) im Falle eines Feststoffes und b) im Falle eines Gases

Als Normwert gilt auch im Falle des molaren Volumens der Wert unter Zimmerbedingungen, d. h. bei 298 K und 100 kPa. Wie bisher fügen wir zur Kennzeichnung das Symbol $\ominus$ oben an das Formelzeichen an, also z. B.

$$V_m^{\ominus}(H_2O) = 18,07 \text{ cm}^3 \text{ mol}^{-1} \quad \text{bei 298 K und 100 kPa.}$$

Die Normwerte für einige reine Stoffe sind in Tabelle 8.1 zusammengefasst. Wie das Beispiel des Wassers zeigt, hängt auch das molare Volumen vom Aggregatzustand ab.

Stoff	Formel	$V_m^{\ominus}$ cm^3 mol^{-1}	$(\partial V_m/\partial T)_p^{\ominus}$ cm^3 mol^{-1} K^{-1}	$(\partial V_m/\partial p)_T^{\ominus}$ cm^3 mol^{-1} kbar^{-1}
Graphit	C|Graphit	5,5	0,00004	−0,017
Diamant	C|Diamant	3,4	0,00001	−0,001
Eisen	Fe|s	7,1	0,00025	−0,004
Blei	Pb|s	18,3	0,00161	−0,045
Wassereis	H$_2$O|s	19,7	[0,0010]	[−0,6]
Wasser	H$_2$O|l	18,1	0,0046	−0,836
Wasserdampf	H$_2$O|g	24,8·10^3	83,1	−25·10^7

Tab. 8.1 Molare Volumen einiger reiner Stoffe unter Normbedingungen (298 K, 100 kPa) sowie Temperatur- und Druckkoeffizienten (für die entsprechenden Bezugswerte). Der Wert für Wassereis wurde von 273 K linear auf 298 K hochgerechnet. Die Werte in eckigen Klammern gelten für 273 K.

Das geringste molare Volumen unter Normbedingungen zeigt der Diamant mit $3,4 \text{ cm}^3 \text{ mol}^{-1}$. Gewöhnlich liegen die Werte bei Feststoffen und Flüssigkeiten in der Größenordnung von $10 \text{ cm}^3 \text{ mol}^{-1}$. Gase hingegen weisen wesentlich größere molare Volumen auf, die alle knapp 25 L mol^{-1} betragen (warum das so ist, wird in Abschnitt 10.2 besprochen).

Ist das Volumen an einer Stelle p, T (z. B. unter Normbedingungen) bekannt, so kann man näherungsweise auch die Werte in der Nachbarschaft dieses Punktes berechnen, sofern man dort die Steigungen der Flächen in Richtung der p- und T-Achse, $(\partial V/\partial p)_T$ und $(\partial V/\partial T)_p$, kennt (vgl. Abb. 8.1). Der erste Koeffizient misst die Zusammendrückbarkeit des Stoffes, der zweite seine thermische Ausdehnung. So kann auch das molare Volumen V_m mit Hilfe des entsprechenden Druckkoeffizienten $(\partial V_m/\partial p)_T$ bzw. Temperaturkoeffizienten $(\partial V_m/\partial T)_p$ ganz analog zur Vorgehensweise beim chemischen Potenzial auf andere p- bzw. T-Werte umgerechnet werden.

Gelöste Stoffe. Bemerkenswert ist nun, dass der Raumanspruch eines Stoffes auch noch zusätzlich davon abhängt, in welcher Art von chemischer Umgebung er sich befindet. Ein Beispiel zur Verdeutlichung: Man rühre 1 mol reines Wasser, welches bekanntlich ein Volumen von rund 18 cm^3 einnimmt, in 1 m^3 konzentrierte Schwefelsäure ein und warte, bis sich die erwärmte Mischung auf die Ausgangstemperatur abgekühlt hat. Dann wird man feststellen, dass das Gesamtvolumen nur um $8,5 \text{ cm}^3$ zugenommen hat, und nicht, wie man erwarten sollte, um 18 cm^3. Offenbar beansprucht das Wasser, gelöst in Schwefelsäure, weniger Platz und das molare Volumen ist in diesem Umfeld kleiner:

$$V_m^{\ominus}(\text{H}_2\text{O in konz. H}_2\text{SO}_4) = 8,5 \text{ cm}^3 \text{ mol}^{-1}.$$

Verwendet man halbkonzentrierte Schwefelsäure, dann findet man $17,5 \text{ cm}^3 \text{ mol}^{-1}$. Einen ähnlichen, allerdings viel kleineren Volumenschwund um etwa 4% beobachtet man beim Mischen von gleichen Teilen Wasser und Ethanol (Versuch 8.2).

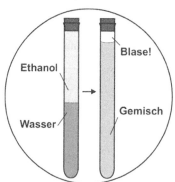

Versuch 8.2 *Volumenschwund beim Mischen von Wasser und Ethanol:* In ein Reagenzglas wird Wasser (zur Verdeutlichung angefärbt) gefüllt und mit Ethanol überschichtet. Nach dem Verschließen durch einen Gummistopfen wird umgeschüttelt. Man beobachtet einen deutlichen Volumenschwund.

Für manche Stoffe wird der Raumanspruch in gewissen Lösemitteln sogar *negativ*, das Volumen schrumpft, wenn man den Stoff auflöst. Ein Beispiel hierfür ist das Lösen von Natriumhydroxid in Wasser:

$$V_m^{\ominus}(\text{NaOH in H}_2\text{O}) = -6,8 \text{ cm}^3 \text{ mol}^{-1}.$$

Löst man 1 mol Natriumhydroxid als Plätzchen in 1 m^3 Wasser auf, dann zieht sich das Volumen der Lösung um 6,8 cm^3 zusammen, sofern man Temperatur und Druck dabei konstant hält (Versuch 8.3). Verursacht wird diese Kontraktion dadurch, dass die H_2O-Moleküle, die in reinem Wasser ziemlich locker gepackt sind, beim Einbau in die Hydrathüllen der Na^+- und OH^--Ionen dichter zusammengedrängt werden. [Eine Hydrathülle entsteht bei der Anlagerung von Wassermolekülen um gelöste Ionen aufgrund der elektrostatischen Kräfte zwischen den elektrisch geladenen Ionen und den Wasser-Dipolen (Ion-Dipol-Wechselwirkung). Ausführlicher wird die Thematik in Abschnitt 21.1 besprochen.]

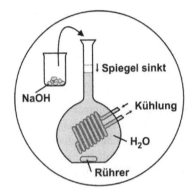

Versuch 8.3 *Negativer Raumanspruch des NaOH in Wasser*: Der Kolben wird bei laufendem Kühlwasser mit angefärbtem Wasser bis zur Markierung gefüllt. Anschließend werden so viele NaOH-Plätzchen wie möglich hinzugegeben. Nach dem Lösen und Temperieren ist der Wasserstand deutlich unter die Markierung gesunken.

Für einen reinen Stoff lässt sich das molare Volumen, wie wir gesehen haben, in einfacher Weise definieren und berechnen. Wie muss man aber vorgehen, wenn man den Raumanspruch eines Stoffes angeben will, der in irgendeiner materiellen Umgebung verteilt ist?

Lässt man eine kleine Menge eines Stoffes in einen Körper eindringen, sofern er den Stoff überhaupt aufzunehmen vermag, dann wird sich der Körper im Allgemeinen etwas ausdehnen (Abb. 8.2). Das Volumen wächst, weil der Stoff auch innerhalb des Körpers einen gewissen Raum beansprucht, die eingedrungenen Teilchen den Atomverband lockern. Beispielsweise lässt der Raumanspruch von Wasser, das in einen mehr oder weniger feuchten Holzklotz eindringt, das Holz weiter quellen. Als Maß für den Raumanspruch des hinzugefügten Stoffes gilt die beobachtete kleine Volumenänderung ΔV, bezogen auf die zusätzlich zugeführte kleine Stoffmenge Δn:

$$V_m \approx \frac{\Delta V}{\Delta n} \quad \text{für kleine } \Delta n. \tag{8.1}$$

Sie liegt beim gewählten Beispiel in der Größenordnung von etwa 15 cm^3 mol^{-1}.

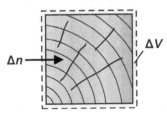

Abb. 8.2 Volumenzuwachs ΔV eines Holzblocks bei Zufuhr einer kleinen Menge Δn eines Stoffes (z. B. Wasser) (stark vereinfachte Darstellung; in Wirklichkeit ist die Änderung der Abmessungen bei Feuchteänderung aufgrund der Inhomogenität des Holzes richtungsabhängig)

Wenn man genau sein will, muss man den Zusatz Δn – zu der gegebenenfalls schon vorhandenen Menge n_0 des Stoffes – so klein wie möglich wählen, damit sich der Körper nicht durch die zusätzlich aufgenommene Menge zu stark verändert. So ist der Raumanspruch des Wassers in einem ganz trockenen Holzklotz anders als in einem schon feuchten. Den gedanklichen Übergang zu verschwindend geringen Stoffmengen drückt man wieder dadurch aus, dass man den Differenzenquotienten durch den Differenzialquotienten ersetzt. Selbstverständlich müssen bei der ganzen Prozedur im Inneren des Körpers Druck p, Temperatur T und natürlich auch die Mengen n', n'', ... aller übrigen Stoffe konstant gehalten werden, damit nicht infolge mechanischer Verdichtung, thermischer Ausdehnung oder durch Änderung der Zusammensetzung während der Stoffzugabe Fehler bei der Volumenmessung entstehen, kurz, das Umfeld muss unverändert bleiben. Dies drückt man aus, indem man die Formelzeichen dieser Größen als Index an den Differenzialquotienten anfügt (vgl. Anhang A1.2):

$$V_\mathrm{m} \equiv \left(\frac{\partial V}{\partial n} \right)_{p,T,n',n'',...} \qquad \textit{(partielles) molares Volumen eines gelösten Stoffes.} \quad (8.2)$$

Anschaulich gesprochen: Das molare Volumen eines Stoffes entspricht der Volumenänderung, die eintritt, wenn man 1 mol davon zu einer sehr großen Probe bestimmter Zusammensetzung gibt. Durch den großen Überschuss ist gewährleistet, dass sich die Zusammensetzung der Probe bei der Stoffzugabe, wie gefordert, praktisch nicht ändert. Das Verfahren bleibt auch brauchbar, wenn wir es nicht mit einem Gemisch, sondern nur mit einem einzigen Stoff zu tun haben. Auf das übliche Beiwort „partiell" können wir daher verzichten.

Als *Grundwert* $\overset{\circ}{V}_\mathrm{m}$ des molaren Volumens eines gelösten Stoffes bezeichnen wir den V_m-Wert bei unendlicher Verdünnung ($c \rightarrow 0$), also den Raumanspruch des Stoffes in dem praktisch reinen Lösemittel. Den Grundwert bei Normtemperatur und Normdruck nennen wir wieder *Normwert* $V_\mathrm{m}^\ominus = \overset{\circ}{V}_\mathrm{m}(T^\ominus, p^\ominus)$. Das molare Volumen des Wassers beispielsweise beträgt bei sehr hoher Verdünnung in Ethanol nicht $18{,}1 \ \mathrm{cm^3 \ mol^{-1}}$, sondern nur ca. $14 \ \mathrm{cm^3 \ mol^{-1}}$. Auch ist der Grundwert eines gelösten Stoffes von der Art des Lösemittels abhängig, was auf die unterschiedliche Packungsdichte der Moleküle zurückzuführen ist. So sinkt das molare Volumen des Wassers in konzentrierter Schwefelsäure auf nur noch ca. $9 \ \mathrm{cm^3 \ mol^{-1}}$, wie wir gesehen haben.

Das molare Volumen eines Stoffes kann zwischen den beiden Extremen, dem Reinzustand und dem gelösten Zustand bei unendlicher Verdünnung, je nach der Gesamtzusammensetzung des Gemisches ganz unterschiedliche Werte annehmen. Abbildung 8.3 zeigt beispielsweise die Abhängigkeit des molaren Volumens von Wasser vom Stoffmengenanteil an Ethanol in einem Ethanol-Wasser-Gemisch bei 298 K. Auch das molare Volumen des Ethanols hängt von der Zusammensetzung ab, wobei das Minimum der Ethanolkurve beim gleichen Stoffmengenanteil liegt wie das Maximum der Wasserkurve.

Sind in einem Gemisch aus den Stoffen A und B die molaren Volumen V_A und V_B (statt $V_\mathrm{m,A}$ bzw. $V_\mathrm{m,B}$ schreibt man kürzer V_A und V_B) bei der betreffenden Zusammensetzung bekannt, so ergibt sich der Rauminhalt einer Portion dieses Gemisches aus den Mengen und Raumansprüchen der Bestandteile:

$$V = n_\mathrm{A} \cdot V_\mathrm{A} + n_\mathrm{B} \cdot V_\mathrm{B} \ . \qquad (8.3)$$

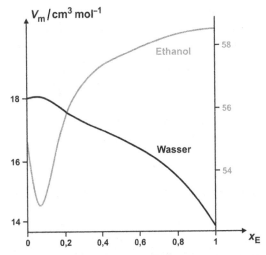

Abb. 8.3 Molare Volumen von Wasser und Ethanol in Ethanol-Wasser-Gemischen in Abhängigkeit vom Ethanolgehalt x_E bei 298 K [basierend auf den Daten aus Benson G C, Kiyohara O (1980) Thermodynamics of Aqueous Mixtures of Nonelectrolytes. I. Excess Volumes of Water – n-Alcohol Mixtures at Several Temperatures. J Solution Chem 9:791–803] [Man beachte die unterschiedlichen Skaleneinteilungen für Wasser (links) und Ethanol (rechts).]

Um diese Beziehung herzuleiten, betrachten wir den Volumenzuwachs dV, wenn wir einem Gemisch aus den Stoffen A und B eine kleine Menge dn_A und dn_B zusetzen, während Druck p und Temperatur T konstant gehalten werden:

$$dV = \underbrace{\left(\frac{\partial V}{\partial n_A}\right)_{p,T,n_B} dn_A}_{dV_{\to n_A}} + \underbrace{\left(\frac{\partial V}{\partial n_B}\right)_{p,T,n_A} dn_B}_{dV_{\to n_B}} = V_A dn_A + V_B dn_B .$$

Die Schreibweise mit dem Pfeil im Index haben wir hier gewählt, um deutlich zu machen, dass es sich um einen Zuwachs in einer bestimmten Richtung handelt; wie erwähnt (Abschnitt 3.11), ist die Schreibweise jedoch optional. Die Gleichung selbst sieht komplizierter aus, als sie es ist. Da p und T hier nicht verändert werden, könnten wir diese Größen auch weglassen, wodurch die Ausdrücke schon etwas einfacher wirken. Den Graphen der Funktion $V(n_A, n_B)$ können wir uns wieder als einen in n_A- und n_B-Richtung verschieden steil ansteigenden Berghang vorstellen (vgl. Anhang A1.2). Der erste Differenzialquotient bezeichnet die Steigung $m_{\to n_A}$ des Hanges in Richtung n_A (etwa als Ostrichtung vorstellbar) und der zweite die Steigung $m_{\to n_B}$ in Richtung n_B (etwa nordwärts). Das Produkt $m_{\to n_A} dn_A$ bedeutet einfach den Gewinn $dV_{\to n_A}$ an „Höhe" V, wenn man in Richtung n_A um ein kleines Stück dn_A voranschreitet. Das Entsprechende gilt, wenn man sich in Richtung n_B bewegt. Der Gesamtanstieg dV für eine Veränderung in beide Richtungen zugleich ist einfach die Summe beider Beiträge. Soviel zum Verständnis der obigen Gleichung.

Denken wir uns nun die Stoffe A und B immer im gleichen Mischungsverhältnis zugeführt, und zwar von Anfang an, wenn n_A und n_B noch beide null sind. Dann ändert sich während des ganzen Vorganges die Zusammensetzung des wachsenden Bereiches nicht und damit auch nicht der Raumanspruch V_A und V_B der beiden Stoffe. Der Beitrag jedes der Stoffe einzeln zum Gesamtvolumen V ist dann einfach das Produkt $V_A \cdot n_A$ bzw. $V_B \cdot n_B$ und V selbst die Summe davon.

Abschließend sei nochmals betont, dass das molare Volumen nicht etwa ein Maß für das Volumen ist, das die Molekeln selbst ausfüllen, sondern nur ein Maß dafür, welchen Platz sie für sich beanspruchen. Der kann sehr viel größer sein – ein Stoff beansprucht im Gaszustand unter Zimmerbedingungen etwa das Tausendfache an Volumen wie im kondensierten Zustand – aber auch viel kleiner, ja sogar negativ, indem er die Molekeln seiner Mischungspartner dazu veranlasst, näher zusammenzurücken, wie wir am Beispiel von NaOH in dünner wässriger Lösung gesehen haben. Natürlich muss auch das Salz in der Lösung ein positives Volumen besetzen, doch ist die Volumenkontraktion, die durch die Hydratation bewirkt wird, größer als das Eigenvolumen der zugegebenen Ionen, sodass das Volumen insgesamt abnimmt.

8.3 Umsatzbedingte Volumenänderungen

Die Volumenänderungen, die man bei einer chemischen Umsetzung beobachtet, sind im Wesentlichen die Folge verschiedener Raumansprüche von Ausgangs- und Endstoffen. Um den Effekt zu berechnen, betrachten wir eine Umsetzung zwischen reinen oder gelösten Stoffen,

$$B + B' + ... \rightarrow D + D' + ... \, ,$$

bei einem beliebigen Zwischenstand ξ der Reaktion. Es mögen also sowohl Ausgangs- wie Endstoffe in mehr oder minder großen Mengen rein oder gelöst gleichzeitig vorliegen. Druck und Temperatur denken wir uns während des ganzen Ablaufs konstant gehalten, um Zusatzeffekte durch die Kompressibilität und die thermische Ausdehnung der Stoffe zu vermeiden. Ebenso verlangen wir natürlich, dass keine andere Reaktion nebenher abläuft, d. h. ξ', ξ'', ... konstant sind. Dann ergibt sich bei einem *kleinen zusätzlichen* Umsatz $\Delta\xi$ wegen $\Delta n_B = \Delta n_{B'} = ... = -\Delta\xi$ bzw. $\Delta n_D = \Delta n_{D'} = ... = +\Delta\xi$ folgende Volumenänderung (statt $V_{m,B}$ für einen Stoff B schreibt man, wie erwähnt, kürzer V_B etc.):

$$\Delta V = V_D \cdot \Delta\xi + V_{D'} \cdot \Delta\xi + ... - V_B \cdot \Delta\xi - V_{B'} \cdot \Delta\xi - ... \, . \tag{8.4}$$

Jeder Endstoff beansprucht ein zusätzliches Volumen $V_m \cdot \Delta\xi$, während jeder Ausgangsstoff ein Volumen $V_m \cdot \Delta\xi$ freigibt. V_m ist der Raumanspruch des fraglichen Stoffes unter den beim Stand ξ herrschenden Bedingungen. Damit die Raumansprüche definierte Werte haben, dürfen sich die Konzentrationen nicht merklich ändern. Das erreichen wir, indem wir nur kleine Umsätze zulassen. Diese Einschränkung entfällt, wenn alle beteiligten Stoffe in reinem Zustand vorliegen.

Da die Volumenänderung ΔV dem Umsatz $\Delta\xi$ proportional ist (jedenfalls solange $\Delta\xi$ klein ist), bezieht man Angaben dieser Art zweckmäßiger auf den Umsatz. Statt ΔV verwendet man die Größe

$$\Delta_R V \equiv \frac{\Delta V}{\Delta\xi} = V_D + V_{D'} + ... - V_B - V_{B'} - ... \qquad \text{für kleine } \Delta\xi;\ p,\ T,\ \xi',\ \xi'',\ ... \text{ konst.} \tag{8.5}$$

$\Delta_R V(\xi)$ heißt *molares Reaktionsvolumen* und ist ein Maß dafür, wie stark die ablaufende Stoffumbildung beim jeweiligen Stand ξ das Volumen verändert. Der Index R von „Reaktion" dient dabei zur Unterscheidung des molaren Reaktionsvolumens (Einheit $m^3\, mol^{-1}$) von einer Volumendifferenz ΔV (Einheit m^3).

Mit Hilfe der Umsatzzahlen v_i lässt sich der Ausdruck rechts noch etwas übersichtlicher gestalten. In unserer Umsatzformel hatten wir der Einfachheit halber bisher $v_B = v_{B'} = \ldots = -1$ und $v_D = v_{D'} = \ldots = +1$ gewählt. Dadurch traten in Gleichung (8.5) nur Plus- und Minuszeichen auf. Im allgemeineren Fall

$$|v_B| B + |v_{B'}| B' + \ldots \rightarrow v_D D + v_{D'} D' + \ldots \qquad \text{erhalten wir}$$

$$\Delta_R V = \frac{\Delta V}{\Delta \xi} = v_B V_B + v_{B'} V_{B'} + \ldots + v_D V_D + v_{D'} V_{D'} + \ldots = \sum_i v_i V_i \; . \qquad (8.6)$$

Da die Umsatzzahlen für die Ausgangsstoffe negativ, für die Endstoffe jedoch positiv sind, kann man den Ausdruck in der Mitte auch als Differenz lesen, was das Δ in dem Formelzeichen der Größe $\Delta_R V$ erklärt.

Die Bedingung, dass $\Delta \xi$ in Gleichung (8.5) im Grenzübergang verschwindend klein sein soll, können wir formal wieder dadurch zum Ausdruck bringen, dass wir im Quotienten statt des Differenzzeichens Δ das Differenzialzeichen ∂ verwenden. Wenn wir nun noch wieder, wie es üblich ist, alle konstant zu haltenden Größen als Index an den Differenzialquotienten anfügen, nimmt die Gleichung folgende Gestalt an:

$$\Delta_R V \equiv \left(\frac{\partial V}{\partial \xi} \right)_{p,T,\xi',\xi'',\ldots} = \sum_i v_i V_i \quad . \qquad (8.7)$$

Die Übertragung auf andere Arten der Stoffumbildungen wie Phasenumwandlungen, Lösevorgänge, Stoffübergänge und dergleichen, die man als Sonderfälle von Reaktionen auffassen kann, sollte keine Schwierigkeiten bereiten. Statt $\Delta_R V$ wäre dann je nach Vorgang (Modifikationswechsel, Schmelzen, Sublimieren, Lösen, …) bei Bedarf $\Delta_{\alpha\beta} V$, $\Delta_{sl} V$, $\Delta_{sg} V$, $\Delta_{sd} V$, … oder ausführlicher $\Delta_{\alpha\rightarrow\beta} V$, $\Delta_{s\rightarrow l} V$, $\Delta_{s\rightarrow g} V$, $\Delta_{s\rightarrow d} V$, … zu schreiben, wenn der Vorgang genauer gekennzeichnet werden soll, oder umgekehrt einfach $\Delta_\rightarrow V$, wenn es auf die Art der Umbildung nicht ankommt.

Es lohnt sich, sich einige Werte als Orientierungshilfe zu merken. Das Volumen nimmt beim Schmelzen ganz grob um etwa 3 % zu. Wassereis, dessen Volumen beim Schmelzen abnimmt, ist eine bekannte, aber seltene Ausnahme. Das Verdampfungsvolumen wird praktisch allein durch den Raumanspruch des Dampfes mit 25 L mol^{-1} unter Zimmerbedingungen bestimmt, gegen den derjenige des Stoffes im kondensierten Zustand vernachlässigbar ist.

8.4 Entropieanspruch

Reine Stoffe. Ein Stoff, der keine Entropie enthält, ist absolut kalt. Um ihn bei normalem Druck auf Zimmertemperatur zu bringen, beansprucht er eine bestimmte Entropiemenge, die man im Innern erzeugen oder von außen zuführen muss. Diese Menge ist von Stoff zu Stoff verschieden. Da sie der Stoffmenge proportional ist, benutzt man als Maß für den Entropieanspruch eines Stoffes diejenige Entropiemenge, die auf 1 mol des Stoffes entfällt. Man nennt diese Größe, die wir bereits in Abschnitt 3.9 kennengelernt haben, *molare Entropie*:

$$S_m = \frac{S}{n} \qquad \textit{molare Entropie für reine Stoffe.}$$

Auch die Entropie und damit die molare Entropie hängt von Druck und Temperatur ab. So verliert ein fester Körper unter einem Druck von 1000 MPa ungefähr 1 ... 10 % seiner Entropie, wenn man die Temperatur konstant hält. Beim Abkühlen auf 0 K sinkt S im Idealfall auf $S_0 = 0$ Ct. Praktisch gilt das nur für fehlerfreie Kristalle, die bis hinab zu den Atomkernen streng regelmäßig aufgebaut sind.

Abbildung 8.4 veranschaulicht die Abhängigkeit des Entropieinhalts eines Feststoffes bzw. eines Gases von p und T. Die S-Fläche entspringt im Falle eines ideal kristallisierten Feststoffes mit waagerechter Tangente der p-Achse und geht dann in einen etwa logarithmisch ansteigenden „Hang" über (Abb. 8.4 a). In diesem Bereich nimmt S um einige Ct für 1 cm³ Materie zu, wenn die Temperatur um eine Zehnerpotenz steigt. Die Entropieabnahme beim Fortschreiten parallel zur p-Achse ähnelt dem Volumenschwund mit steigendem Druck. Gase verhalten sich innerhalb ihres Existenzbereiches im Grunde nicht viel anders (Abb. 8.4 b). Allerdings ist die Entropiedichte unter Zimmerbedingungen mit 10 Ct für 1 dm³ rund tausendmal geringer als in festen und flüssigen Stoffen. Die $S(p,T)$-Fläche lässt sich wegen der unvermeidlichen Kondensation des Gases nicht bis $T = 0$ durchzeichnen, noch können wir sie bis $p = 0$ verlängern, weil dort S gegen ∞ strebt. Die Zunahme ist jedoch sehr schwach, nur rund 1 Ct bei einer Druckminderung um eine Zehnerpotenz, wenn man von 1 dm³ Gas unter Normbedingungen ausgeht. Der Anstieg in T-Richtung ist wie bei den Feststoffen logarithmisch, aber steiler, nämlich einige Ct je Zehnerpotenz.

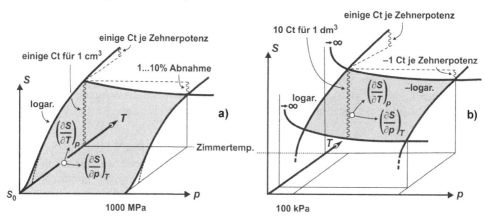

Abb. 8.4 Abhängigkeit der Entropie eines Feststoffes von Druck und Temperatur a) im Falle eines Feststoffes und b) im Falle eines Gases

Der Normwert wird wie üblich gekennzeichnet, z. B.

$$S_m^\ominus(H_2O) = 69,9 \text{ Ct mol}^{-1} \quad \text{bei 298 K und 100 kPa.}$$

Auch im Falle der Entropie kann man die Werte an einer Stelle p, T, etwa unter Normbedingungen, auf andere p- bzw. T-Werte umrechnen, wenn man an dieser Stelle die Steigungen der Flächen in Richtung der p- und T-Achse kennt: $(\partial S/\partial p)_T$ und $(\partial S/\partial T)_p$. Der erste Koeffizient beschreibt den Entropieverlust des Stoffes bei Druckerhöhung, der zweite entspricht seiner Entropiekapazität $\mathcal{C}$, die wir bereits im Abschnitt 3.9 kennengelernt haben.

Gelöste Stoffe. Der Entropieanspruch eines in einem Körper verteilten Stoffes unterscheidet sich von dem im reinen Zustand. Meistens ist er erheblich größer, weil sich die atomare Unordnung vermehrt, wenn Atome oder Moleküle über einen weiteren Bereich zerstreut sind. So beansprucht $NaNO_3$ in einer Lösung von $1\,kmol\,m^{-3}$ unter Zimmerbedingungen rund die doppelte Entropiemenge wie im festen Zustand. Löst man daher $NaNO_3$ in Wasser auf, dann kühlt sich die Lösung so stark ab, dass das Glas beschlägt, weil das Salz dem Wasser Entropie entzieht (Versuch 8.4).

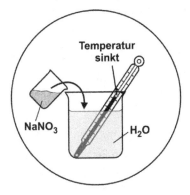

Versuch 8.4 *Abkühlung beim Lösen von NaNO₃ in Wasser*: Das feste Natriumnitrat wird aus dem kleinen Becherglas auf einmal in das Wasser geschüttet und anschließend kräftig mit einem Glasstab gerührt. Man beobachtet eine starke Temperaturabnahme.

Um die Temperatur zu halten, muss hier Entropie aus der Umgebung aufgenommen werden. Bei diesem Vorgang entsteht übrigens insgesamt Entropie, wie praktisch bei allen Vorgängen, aber diese Menge reicht nicht aus, um den hohen Zusatzbedarf des Salzes zu decken.

Als Maß für den Entropieanspruch eines Stoffes in einem Körper benutzt man den kleinen Entropiezuwachs ΔS, der sich ergibt, wenn man eine winzige Menge Δn des Stoffes in dem Körper verteilt, bezogen auf diese Menge:

$$S_m \approx \frac{\Delta S}{\Delta n} \qquad \text{für kleine } \Delta n. \tag{8.8}$$

Genau genommen muss man wiederum zum Grenzfall verschwindend kleiner Zusätze Δn übergehen und dabei Druck, Temperatur und die Mengen der übrigen Stoffe konstant halten:

$$S_m \equiv \left(\frac{\partial S}{\partial n}\right)_{p,T,n',n'',\dots} \qquad \textit{(partielle) molare Entropie eines gelösten Stoffes.} \tag{8.9}$$

Die molare Entropie entspricht damit der Entropieänderung, die die Zugabe einer kleinen Menge der Komponente erfordert, um bei gegebenem Druck die Temperatur aufrechtzuerhalten, *linear hochgerechnet* auf 1 mol. Angaben dieser Art machen anfangs vielleicht gewisse Schwierigkeiten, kommen aber auch im Alltag häufig vor. Wenn ein Fahrzeug mit 50 km/h einen Zebrastreifen überquert, heißt es, dass es 50 km weit käme, wenn man den dabei zurückgelegten Weg von wenigen Metern von der tatsächlichen Dauer auf 1 h linear hochrechnet.

Die molare Entropie gelöster Stoffe kann wie das molare Volumen negativ sein. Das kommt vor allem bei mehrwertigen Ionen in wässriger Lösung vor, z. B. bei Ca^{2+}. Bringt man derartige Ionen in Wasser, dann *ordnen* sie Wassermoleküle, die vorher *ungeordnet* in der Flüssigkeit verteilt sind, in ihre Hydrathüllen ein. Der Effekt kann so groß sein, dass insgesamt ein stärker geordneter Zustand herauskommt, obwohl die regellose Verteilung der Ionen in der Lösung die Unordnung erhöht; die Entropie kann also abnehmen. Die geschilderte Entropieabnahme widerspricht nicht dem 2. Hauptsatz! Durch den beschriebenen Vorgang wird keine Entropie *zerstört*, sondern sie wird nur aus dem in die Hydrathüllen einzubauenden Wasser heraus in die umgebende Flüssigkeit gedrängt, die sich dadurch aufwärmt. Will man die alte Temperatur erreichen, muss man diese überschüssige Entropie abführen. Erst durch diese Abfuhr sinkt der Entropievorrat in der Lösung, weil – wie wir sagen können – der Entropieanspruch jetzt kleiner ist.

Mit steigender Verdünnung nimmt die molare Entropie ständig zu. Sie wächst stets um denselben Betrag ΔS_m, wenn die Konzentration mit einem festen Faktor (< 1) multipliziert wird, *ganz gleich, um welchen Stoff es sich handelt und in welchem Umfeld er sich befindet*. Umgekehrt nimmt die molare Entropie bei einer Konzentrationserhöhung ab. Steigt die Konzentration z. B. jeweils um eine Dekade (Faktor 10), so sinkt die molare Entropie (bei 298 K) stets um den Beitrag

$$S_d \approx -19 \, Ct \, mol^{-1} \qquad \text{für } c \to 10c, \quad \text{solange } c \ll c^{\ominus}.$$

Ein ähnliches Verhalten haben wir schon bei den chemischen Potenzialen kennengelernt (es sei an das Dekapotenzial $\mu_d = 5,7 \, kG$ in Abschnitt 6.2 erinnert). Tatsächlich hängen beide Verhaltensweisen eng miteinander zusammen, was wir später zeigen werden (Abschnitt 9.3; *S-n*-Kopplung). Wir sehen daraus, dass S_m logarithmisch von c abhängen muss, und zwar gilt

$$S_m = S_{m,0} - R \ln \frac{c}{c_0} \qquad \text{für } c, c_0 \ll c^{\ominus}, \tag{8.10}$$

eine Gleichung, die den Massenwirkungsgleichungen sehr ähnelt. Wenn wir $c = 10c_0$ einsetzen, erhalten wir das oben genannte Ergebnis für S_d. Den gerundeten Wert 19 Ct mol^{-1} sollte man sich für Abschätzungen merken. Die obige Gleichung, die wir hier vorläufig als empirische Feststellung betrachten – wir werden sie im besagten Abschnitt 9.3 herleiten –, gilt bei kleinen Konzentrationen streng, während bei höheren Konzentrationen Abweichungen auftreten.

Als *Grundwerte* $\overset{\circ}{S}_m$ der molaren Entropie S_m kann man nicht wie beim molaren Volumen die Werte bei unendlicher Verdünnung verwenden, weil sie unendlich wären. Man behilft sich mit einem Ersatzwert bei endlicher Konzentration, und zwar dem Wert bei der Normkonzentration $c^{\ominus} = 1 \, kmol \, m^{-3}$. Man benutzt aber nicht die wahren Werte $S_m(c^{\ominus})$, sondern rechnet von den für kleine Konzentrationen gemessenen oder berechneten Werten auf $c^{\ominus}$ hoch, und zwar nach der oben angegebenen Beziehung. Die Grundwerte der molaren Entropien sind also wie die der chemischen Potenziale fiktive Rechengrößen. Mit Hilfe des Grundwerts geschrieben, lautet die obige Gleichung:

$$S_m = \overset{\circ}{S}_m - R \ln \frac{c}{c^{\ominus}} \qquad \text{für } c \ll c^{\ominus}. \tag{8.11}$$

Tabelliert werden in der Regel die *Normwerte*, also die Grundwerte bei Normtemperatur und Normdruck, $S_m^{\ominus} = \overset{\circ}{S}_m(T^{\ominus}, p^{\ominus})$.

Der Entropieinhalt einer Portion eines Gemisches ergibt sich analog zum Rauminhalt aus den Mengen und Entropieansprüchen seiner Bestandteile, z. B. den Komponenten A und B:

$$S = n_A \cdot S_A + n_B \cdot S_B \tag{8.12}$$

(statt $S_{m,A}$ bzw. $S_{m,B}$ schreibt man kürzer S_A und S_B) Die Herleitung, auf die wir hier verzichten, kann nach demselben Muster erfolgen wie die entsprechende für das Volumen [Gl.(8.3)].

8.5 Umsatzbedingte Entropieänderungen

Bei stofflichen Umsetzungen entstehen aus den anfangs vorhandenen Stoffen neue mit verändertem Entropieanspruch. Uns interessiert in diesem Zusammenhang die Entropiemenge ΔS, die als Ausgleich ab- oder zugeführt wird, wenn die Reaktion unter konstantem Druck und bei konstanter Temperatur abläuft. Betrachten wir als Beispiel die Umsetzung von 0,1 mol Eisen und 0,1 mol Schwefel zu 0,1 mol Eisensulfid unter Zimmerbedingungen:

	Fe	+ S	→ FeS	
$S_m^\ominus / \text{Ct mol}^{-1}$	27	32	60	
S / Ct	2,7	3,2	6,0	enthalten in je 0,1 mol
		5,9		

Wir sehen, dass gerade $\Delta S = 0{,}1$ Ct fehlt, um bei einem Umsatz von $\Delta\xi = 0{,}1$ mol den Entropiebedarf des entstehenden FeS zu decken. Diese Entropiemenge ΔS müsste von außen nachgeführt werden, wenn das Eisensulfid am Ende der Reaktion genauso warm sein soll wie das Eisen und der Schwefel vorher. Ohne diese Entropiezufuhr müsste es kälter sein. Vervielfachen wir den Umsatz, so vervielfacht sich der Entropiebedarf entsprechend.

Für einen beliebigen Umsatz $\Delta\xi$ ergibt sich im Falle unseres Beispiels:

$$\Delta S = S_{FeS} \cdot \Delta\xi - S_{Fe} \cdot \Delta\xi - S_S \cdot \Delta\xi \,,$$

wobei S_{FeS}, S_{Fe} und S_S die molare Entropie des jeweiligen Stoffes darstellt. Der Mehrbedarf ΔS ist dem Umsatz proportional, wenn man während der Umsetzung dafür sorgt, dass Druck und Temperatur gleich bleiben und keine Nebenreaktionen ablaufen. Wegen dieser Proportionalität ist es auch hier sinnvoll, den Mehrbedarf auf den Umsatz zu beziehen:

$$\Delta_R S = \frac{\Delta S}{\Delta\xi} = S_{FeS} - S_{Fe} - S_S \qquad \text{für kleine } \Delta\xi; \, p, \, T, \, \xi', \, \xi'', \, \dots \text{ konst.}$$

Diese umsatzbezogene Größe nennt man *molare Reaktionsentropie* $\Delta_R S$. Der Zusatz „für kleine $\Delta\xi$" ist im Falle unseres Beispiels entbehrlich, da nur reine Stoffe an der Umsetzung beteiligt sind. Treten in der Umsatzformel jedoch auch gelöste Stoffe auf, dann dürfen wir bei einem beliebigen Stand ξ der Reaktion nur kleine zusätzliche Umsätze $\Delta\xi$ zulassen, damit sich die Zusammensetzung der Lösung und damit der Entropieanspruch der Stoffe darin nicht merklich ändert.

Für eine beliebige Reaktion zwischen reinen oder gelösten Stoffen,

$$|\nu_B| B + |\nu_{B'}| B' + \dots \rightarrow \nu_D D + \nu_{D'} D' + \dots ,$$

können wir die molare Reaktionsentropie nach dem für viele andere umsatzbezogene „extensive" (oft mengenartige) Größen immer wiederkehrenden Muster berechnen, das wir am Beispiel des molaren Reaktionsvolumens bereits kennengelernt haben:

$$\Delta_R S = \frac{\Delta S}{\Delta \xi} = v_B S_B + v_{B'} S_{B'} + \ldots + v_D S_D + v_{D'} S_{D'} + \ldots = \sum v_i S_i . \qquad (8.13)$$

Die molare Reaktionsentropie entspricht damit der Entropieänderung, bezogen auf den Umsatz, bei konstantem p und T und ist die mit den Umsatzzahlen gewichtete Summe der molaren Entropien der Reaktionsteilnehmer. In unserem Eisen-Schwefel-Beispiel ist wegen $v_{Fe} = v_S = -1$ und $v_{FeS} = +1$ gerade $\Delta_R S = S_{FeS} - S_{Fe} - S_S = 1 \text{ Ct mol}^{-1}$.

Die der obigen Gleichung angefügten Nebenbedingungen können wir wie im Falle des molaren Reaktionsvolumens dadurch ausdrücken, dass wir im Differenzenquotienten Δ durch ∂ ersetzen und die konstant zu haltenden Größen als Index anfügen:

$$\Delta_R S = \left(\frac{\partial S}{\partial \xi} \right)_{p,T,\xi',\xi'',\ldots} = \sum v_i S_i . \qquad (8.14)$$

Setzt man für alle Reaktionsteilnehmer die Normwerte ihrer molaren Entropien ein, so gelangt man zum Normwert $\Delta_R S^\ominus$.

Zur Abschätzung der Reaktionsentropie können dabei folgende Überlegungen dienen: Die molaren Entropien weisen für Flüssigkeiten und erst recht für Gase Werte auf, die gewöhnlich weit über denen für feste Stoffe liegen. Vorzeichen und Betrag von $\Delta_R S$ werden daher in erster Linie dadurch bestimmt, wie sich die Zahl der Flüssigkeits- und vor allem der Gasmoleküle bei einer Reaktion ändert: Die molare Reaktionsentropie ist umso positiver, je mehr die Zahl der Gas- bzw. Flüssigkeitsmoleküle bei einer Umsetzung zunimmt. Bei einem Nettoverbrauch von Gasen bzw. Flüssigkeiten nimmt sie hingegen ab. So tritt bei der Reaktion

$$2\,H_2|g + O_2|g \;\rightarrow\; 2\,H_2O|l$$

eine starke Entropieabnahme von $\Delta_R S^\ominus = -327 \text{ Ct mol}^{-1}$ auf, die auf die Bildung einer relativ kompakten Flüssigkeit aus zwei Gasen zurückzuführen ist.

Wie beim Volumen (siehe Ende Abschnitt 8.3) sollte auch hier die Übertragung auf andere Arten der Stoffumbildungen wie Phasenumwandlungen, Lösevorgänge, Stoffübergänge und dergleichen keine Schwierigkeiten bereiten. Wir können die Schreibweise $\Delta_\rightarrow S$ statt $\Delta_R S$ benutzen, wenn wir betonen wollen, dass damit jede Art von Umbildung gemeint sein soll, und nicht nur Reaktionen. Nach einem Vorschlag des deutschen Chemikers Egon WIBERG [Wiberg E (1972) Die chemische Affinität, 2. Auflage. Walter de Gruyter, Berlin, New York, S 103] nennt man Vorgänge mit positiver Umbildungsentropie, $\Delta_\rightarrow S > 0$, *endotrop* und solche mit negativer, $\Delta_\rightarrow S < 0$, *exotrop*.

Anders als im Fall des Volumens werden allerdings hier die durch die verschiedenen Entropieansprüche der Stoffe bedingten Effekte durch andere überlagert, weil bei vielen Vorgängen Energie freigesetzt und damit Entropie erzeugt wird. Um die Folgen daraus besser zu verstehen, werden wir uns daher als nächstes mit den begleitenden Energieumsätzen befassen.

Auch hier lohnt es, sich einige Zahlen als Richtwerte zu merken. Die Entropiezunahme beim Schmelzen beträgt rund 10 Ct mol^{-1} für einatomige Stoffe (RICHARDSsche Regel), während es für alle Stoffe beim Sieden unter Normaldruck rund 100 Ct mol^{-1} sind (PICTET-TROUTONsche Regel).

8.6 Energieumsätze bei Stoffumbildungen

Wie wir bei der Einführung des chemischen Potenzials besprochen haben (Abschnitt 4.8), kostet die Vermehrung der Menge n eines Stoffes B gegen seinen „Umbildungstrieb" μ die Energie

$$W_{\to n} = \mu \cdot \Delta n \quad \text{für kleine } \Delta n \quad \text{bzw.} \quad dW_{\to n} = \mu dn. \tag{8.15}$$

(Abb. 8.5). Ob der Zuwachs durch Bildung im Innern des betrachteten materiellen Bereiches oder Zufuhr von außen verursacht wird, spielt dabei keine Rolle. Wenn der Stoff im Innern entsteht, dann heißt das nur, dass gleichzeitig eine gewisse Menge eines oder mehrerer anderer Stoffe, die an der Bildung von B beteiligt sind, verschwindet oder mitentsteht, was gesondert durch entsprechende Glieder $dW_{\to n'} = \mu' dn'$, $dW_{\to n''} = \mu'' dn''$, … erfasst wird und daher hier übergangen werden kann.

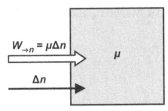

Abb. 8.5 Energieaufwand zur Vergrößerung der Menge n eines Stoffes innerhalb eines materiellen Bereiches durch Zufuhr oder Bildung einer kleinen Menge Δn bei dem dort herrschenden Potenzial μ

Um aus der Änderung ΔW des Energieinhaltes W des Bereiches auf den Beitrag $W_{\to n}$ schließen zu können, dürfen nicht gleichzeitig andere Substanzen zugeführt und darf auch keine Entropie und ähnliches mitbefördert werden, noch darf man das Volumen verändern. Dies kann man durch Konstanthalten der Mengen aller übrigen im Körper vorkommenden Substanzen, des Entropieinhaltes, des Volumens usw. erreichen:

$$W_{\to n} = (\Delta W)_{S,V,n',n'',\dots} \quad \text{oder} \quad dW_{\to n} = (dW)_{S,V,n',n'',\dots}.$$

Das ist nicht anders, als wir es am Beispiel der Badewanne kennengelernt haben (vgl. Abschnitt 1.6). Wie das Wasser über verschiedene Pfade hinein und hinaus gelangen kann, das gilt hier entsprechend für die Energie. Der Energieinhalt W des Bereiches ist eine Zustandsgröße, nicht aber die Energiemengen $W_{\to V}$, $W_{\to S}$, $W_{\to n}$, $W_{\to n'}$, … , die über verschiedene Pfade mit der Umgebung ausgetauscht werden. Diese sind Prozessgrößen, deren Zusammenspiel man sich am besten vorstellen kann, wenn man sich einen mit der Zeit t ablaufenden Vorgang dazu denkt. $P_V(t) = dW_{\to V}/dt$, $P_S(t) = dW_{\to S}/dt$ usw. bezeichnen die über die verschiedenen Pfade zufließenden Energieströme, während $\dot{W} = dW/dt$ angibt, wie schnell der Energieinhalt infolgedessen zunimmt:

$$\dot{W} = P_V + P_S + P_n + P_{n'} + \dots \quad \text{„Kontinuitätsgleichung"}.$$

Formal können wir den über den Pfad n fließenden Energiestrom P_n durch $\dot{W}$ beschreiben, falls wir uns alle übrigen Pfade gesperrt denken, $P_n = (\dot{W})_{S,V,n',n'',\dots}$. Wenn wir die auf diese Weise während einer kleinen Zeitspanne dt zugeflossene Energie $dW_{\to n}$ berechnen, erhalten wir die Gleichung, von der wir ausgegangen sind, wieder zurück:

$$dW_{\to n} = P_n \cdot dt = (\dot{W} \cdot dt)_{S,V,n',n'',\dots} = (dW)_{S,V,n',n'',\dots}.$$

Bemerkenswert und wichtig ist noch folgende Tatsache. Wenn Entropie S_e, sagen wir durch Reibung bei der im Bereich herrschenden Temperatur T erzeugt wird, dann kostet dies zusätzlich die Energie $W_v = T \cdot S_e$. Die Bedingung, dass S konstant zu halten ist, heißt aber, dass S_e und damit auch W_v nicht im Bereich bleiben kann, sondern nach außen abgegeben werden muss. Ob bei der Prozedur Energie verheizt und Entropie erzeugt wird oder nicht, ändert hier nichts am Ergebnis und braucht daher auch nicht beachtet zu werden.

Wir gelangen zum chemischen Potenzial μ, wenn wir d$W_{\rightarrow n}$ in der Gleichung oben durch dn teilen, und erhalten so die folgende, uns bereits aus Abschnitt 4.8 bekannte Gleichung zurück:

$$\mu = \left(\frac{\partial W}{\partial n} \right)_{S,V,n',n'',\dots} . \tag{8.16}$$

Der Energieaufwand $W_{\ddot{u}}$ zur *Übertragung* einer kleinen Menge $n_{\ddot{u}}$ eines Stoffes von einem Körper 1 mit dem chemischen Potenzial μ_1 zu einem Körper 2 mit dem Potenzial μ_2 (Abb. 8.6) ergibt sich aus dem Aufwand $\mu_2 \cdot n_{\ddot{u}}$ für die Zufuhr der Menge $n_{\ddot{u}}$ zum Körper 2 abzüglich des Gewinns $\mu_1 \cdot n_{\ddot{u}}$ bei der Entnahme aus dem Körper 1:

$$W_{\ddot{u}} = (\mu_2 - \mu_1) \cdot n_{\ddot{u}} = \Delta\mu \cdot n_{\ddot{u}} \qquad \text{für kleine } n_{\ddot{u}}. \tag{8.17}$$

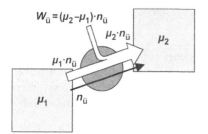

Abb. 8.6 Flussbild für Energie und Stoffmenge bei einer „idealen Stoffpumpe" (grauer Kreis). Im Realfall wird – etwa durch Reibung – stets Entropie erzeugt, was zusätzlich Energie kostet.

Wenn $\mu_2 > \mu_1$ ist und damit der Stoff gleichsam den „Potenzialberg aufwärts" gepumpt wird, dann ist $W_{\ddot{u}}$ positiv, und zwar zunehmend, je größer der Potenzialhub ist.

Umgekehrt ist beim Übergang eines Stoffes von hohem zu niedrigem μ Energie gewinnbar, $W_{\ddot{u}}$ wird negativ. Ähnlich wie man in „Wärmekraftmaschinen" als thermischen Motoren den Temperaturfall der Entropie nutzt, kann man auch entsprechende *„Stoffkraftmaschinen"* bauen. In Gestalt der Muskeln und der Geißeln vieler Einzeller sind solche chemischen Motoren in der Natur weit verbreitet. Eine einfache Vorrichtung dieser Art, die der Potenzialunterschied zwischen dem flüssigen Wasser in einem Wasserglas und dem Wasserdampf in der Zimmerluft treibt, ist die als Spielzeug bekannte „trinkende Ente" (Versuch 8.5).

Auf Grund des Phänomens der Massenwirkung liegt das Potenzial des in der Luft verdünnten Wasserdampfes (μ_2) unterhalb desjenigen von flüssigem Wasser (μ_1), der Verdunstungsvorgang ($H_2O|l \rightarrow H_2O|g$) läuft also freiwillig ab. Der dem Gefälle des chemischen Potenzials, $\mu_1 \rightarrow \mu_2$, folgende Dampfstrom vom Filz in die Umgebungsluft ist mit einem Entropiestrom gekoppelt. Der Dampf schleppt etwa dreimal so viel Entropie mit, wie in dem flüssigen Wasser vorher enthalten war. Dadurch kühlt sich der Kopf ab, sodass ein Teil des Dampfes der sehr niedrig siedenden Füllflüssigkeit darin kondensiert. Zum Ausgleich des entstehenden Unterdruckes steigt Flüssigkeit durch das Steigrohr in den Kopf. Dadurch verlagert sich der Schwerpunkt der Ente schließlich so weit nach oben, dass sie nach vorn kippt. Beim dadurch hervorgerufenen „Trinken" gleicht sich der Dampfdruck wieder aus und das Spiel kann von vorn beginnen.

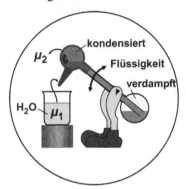

Versuch 8.5 *Trinkende Ente*: Zunächst wird der Kopffilz der „Trinkente" befeuchtet. Nach kurzer Zeit beginnt die Ente zu „trinken", d. h., sie neigt sich hin- und hernickend langsam nach vorne, taucht den Schnabel ins Wasser ein und pendelt wieder zurück. Nach einer Reihe von Schwingungen beginnt das Spiel von neuem. Setzt man die Ente in eine entsprechende Vorrichtung ein, so kann ihre Bewegung genutzt werden, um ein kleines Gewicht anzuheben.

Chemische *Umsetzungen* kann man nach demselben Muster wie bisher beschreiben, wobei es keine Rolle spielt, ob die Stoffe alle in demselben homogenen Bereich vorliegen oder auf verschiedene Bereiche verteilt sind. Für eine Umsetzung

$$B + B' + ... \rightarrow D + D' + ...$$

ergibt sich der Gesamtaufwand $W_{\rightarrow\xi}$ für eine Steigerung des Umsatzes um ein kleines Stück $\Delta\xi$ einfach als Summe der positiven oder negativen Beiträge infolge der Mengenänderungen $\Delta n_B = -\Delta\xi$, $\Delta n_{B'} = -\Delta\xi$, ... der Ausgangsstoffe und $\Delta n_D = \Delta\xi$, $\Delta n_{D'} = \Delta\xi$, ... der Endstoffe:

$$W_{\rightarrow\xi} = \mu_B \cdot \Delta n_B + \mu_{B'} \cdot \Delta n_{B'} + ... + \mu_D \cdot \Delta n_D + \mu_{D'} \cdot \Delta n_{D'} + ...$$

Die Summen der chemischen Potenziale können wir zum Antrieb der Reaktion zusammenfassen:

$$W_{\rightarrow\xi} = -(\mu_B + \mu_{B'} + ... - \mu_D - \mu_{D'} - ...) \cdot \Delta\xi = -\mathcal{A} \cdot \Delta\xi .$$

Die Verallgemeinerung auf den Fall, dass die Umsatzzahlen v_i nicht nur +1 oder −1 betragen, ist nur noch Formsache. Der Energieaufwand $W_{\rightarrow\xi}$ für die allgemeine Reaktion

$$|v_B|B + |v_{B'}|B' + ... \rightarrow v_D D + v_{D'} D' + ...$$

mit $\Delta n_B = v_B\Delta\xi$, $\Delta n_{B'} = v_{B'}\Delta\xi$, ..., $\Delta n_D = v_D\Delta\xi$, $\Delta n_{D'} = v_{D'}\Delta\xi$, ... bzw. $\Delta n_i = v_i\Delta\xi$ ergibt sich wie oben:

$$W_{\rightarrow\xi} = \mu_B \cdot \Delta n_B + \mu_{B'} \cdot \Delta n_{B'} + ... + \mu_D \cdot \Delta n_D + \mu_{D'} \cdot \Delta n_{D'} + ...$$

und damit

$$W_{\rightarrow\xi} = (v_B\mu_B + v_{B'}\mu_{B'} + ... + v_D\mu_D + v_{D'}\mu_{D'} + ...) \cdot \Delta\xi = \left(\sum_i v_i\mu_i\right) \cdot \Delta\xi = -\mathcal{A} \cdot \Delta\xi .$$

Die Endformel ist ausgesprochen einfach und lautet in beiden Fällen gleich. Der Energieaufwand wächst, je „negativer" der Antrieb $\mathcal{A}$ (je größer $-\mathcal{A}$) und je größer der Umsatz $\Delta\xi$ ist:

$$W_{\rightarrow\xi} = -\mathcal{A} \cdot \Delta\xi \qquad \text{für kleine } \Delta\xi. \tag{8.18}$$

−$\mathcal{A}$ ist ein Maß für den „Rücktrieb", könnte man sagen, also dafür, wie stark die Reaktion sich widersetzt, wenn man sie entgegen ihrem eigenen Antrieb voranzutreiben sucht. Das ist nicht anders, als wir es aus der Mechanik kennen, etwa beim Spannen einer Feder oder Heben eines Gewichtes.

Beim Ablauf der Reaktion ändert sich in der Regel die Zusammensetzung des Reaktionsgemisches und damit der Antrieb. Um die Allgemeingültigkeit von Gleichung (8.18) zu bewahren, muss der Umsatz $\Delta\xi$ (und folglich auch die Energie $W_{\to\xi}$) hinreichend klein bleiben, was man durch Verwendung von Differenzialen auszudrücken pflegt:

$$\mathrm{d}W_{\to\xi} = -\mathcal{A}\mathrm{d}\xi \quad . \tag{8.19}$$

Für eine freiwillig ablaufende Reaktion, deren Antrieb $\mathcal{A}$ positiv ist, wird $W_{\to\xi} < 0$ und damit Energie freigesetzt. Die entbundene Energie wird im Allgemeinen unter Entropieerzeugung „verheizt", was sich meist in einer Erwärmung des Reaktionsgemisches äußert (Abschnitt 8.7). Sie ist aber auch für beliebige andere Zwecke verfügbar. So nutzen Muskeln die Energie, die bei der Glucose-Oxidation frei wird. Das gelingt nicht vollständig, aber doch mit einem höheren Wirkungsgrad, als wenn wir die Glucose in einem Wärmekraftwerk verheizen würden:

$$C_6H_{12}O_6|w + 6\ O_2|w \to 6\ CO_2|w + 6\ H_2O|l$$

$\mu^{\ominus}/\mathrm{kG}$:   −917   6·16   6·(−386)   6·(−237) $\Rightarrow$ $\mathcal{A}^{\ominus} = +2917\ \mathrm{kG}$.

Für einen Umsatz von $\Delta\xi = 1$ mol ergibt sich ein Aufwand $W_{\to\xi} = -\mathcal{A}\cdot\Delta\xi$ und damit ein Gewinn von $-W_{\to\xi} = \mathcal{A}\cdot\Delta\xi = 2917$ kG im Idealfall. Taschenlampenbatterien als weiteres Beispiel nutzen hingegen die bei der Zink-Oxidation durch MnO_2 frei werdende Energie (siehe Abschnitt 23.3).

8.7 Wärmeeffekte

Vorbemerkung. Bei der Einführung der Entropie in Kapitel 3 hatten wir erwähnt, dass diese Größe recht genau das beschreibt, was man sich im Alltag unter der Menge an Wärme vorstellt. *Kalorisch* nennt man Phänomene, für welche die *Menge* an Wärme das prägende Merkmal ist, solche, die durch die Temperatur maßgeblich bestimmt werden, *thermisch*. Die kalorischen Effekte zu verstehen, die alle Arten stofflicher Veränderungen begleiten, gelingt am leichtesten über die Entropie, und nicht die Energie. Die Entropie ist die für alle Effekte dieser Art charakteristische mengenartige Größe, während die Energie zwar immer mitspielt, aber nicht nur hier, sondern bei (fast) allen anderen Effekten auch. Sie ist wichtig, aber unspezifisch. Die Aufmerksamkeit gilt dem falschen Parameter, wenn man sich zu sehr oder gar allein auf die Energie konzentriert.

„Große Dinge werfen große Schatten", sagt ein bekanntes Sprichwort. Aus dem Schatten allein kann man vieles erschließen, was Gestalt, Bewegung und Verhalten eines Dinges betrifft, das ihn erzeugt, aber manches geht auch verloren wie die Farbe oder der körperliche Eindruck. So hinterlässt alles, was in der Natur geschieht, auf der energetischen Ebene seine Spuren. Für viele Zwecke genügt dieses Schattenbild, ja lässt einen wichtigen Aspekt besonders klar erkennen, den der Erhaltung der Energie – nur ist dies nicht der einzige wichtige Aspekt. Auch der Grundriss eines Hauses allein reicht nicht, um sich ein hinreichendes Bild von dessen Bewohnbarkeit zu machen.

Zu jeder Änderung der Entropie eines Systems, dS, ganz gleich, ob durch Austausch mit der Umgebung (dS_a) oder durch Erzeugung im Innern (dS_e) verursacht oder durch beides zugleich, gehört ein energetischer „Schatten":

$$dS = dS_a + dS_e \qquad \text{entropische Ebene,} \qquad (8.20)$$

$$TdS = TdS_a + TdS_e \qquad \text{energetische Ebene.}$$

Um das Wesentliche zu verstehen, genügt es, wenn wir uns vorerst auf Systeme ohne Stoffaustausch mit der Umgebung beschränken. Solange die Änderungen klein sind oder die Temperatur T konstant bleibt, liefert der Schatten ein getreues Abbild des Geschehens auf entropischer Ebene: $TdS = TdS_a + TdS_e$. Wenn diese Bedingung verletzt ist, erhält man ein verzerrtes Bild, das nur leicht, aber auch bis zur Unkenntlichkeit entstellt sein kann. Nur TdS_a (oder auch eine Folge solcher Beiträge aufsummiert, $\int_{Anf}^{End} TdS_a$), wird in der Regel „Wärme" genannt (vgl. auch Abschnitt 3.11). Wir kommen am Ende dieses Abschnitts darauf zurück.

Nun gelten viele der Kenngrößen, die kalorische Effekte beschreiben, für isotherme Bedingungen. In diesem Fall stellt T gleichsam einen festen Maßstabsfaktor dar zwischen entropischem Urbild und energetischem Abbild. Da wir uns in diesem Abschnitt nur mit diesen isothermen Effekten befassen wollen, haben wir Glück. Hier ist es fast gleich, ob wir die Dinge auf der entropischen Ebene erörtern oder energetisch umschreiben. Wir wählen hier die erste Möglichkeit, obwohl sie ungewohnt ist, weil sie die wesentlichen Züge klarer erkennen lässt.

Zusammenspiel zweier Effekte. Betrachten wir ein einfaches System, in dem Druck p und Temperatur T einheitlich sind und mit den Werten p^* und T^* in der Umgebung übereinstimmen. Ferner möge im Innern nur eine Reaktion ablaufen. Dann gibt es drei Pfade, über die der Energieinhalt W des Systems geändert werden kann (vgl. Abschnitt 4.8):

$$dW = -pdV + TdS - \mathcal{A}d\xi . \qquad (8.21)$$

Um die Energie über einen bestimmten Pfad zu lenken, müssen System und Umgebung darauf eingestellt sein. Es bedarf etwa wärmeleitender Wände und eines Entropiespeichers außerhalb, um Energie auf thermischem Wege aufnehmen oder abgeben zu können, es werden Zylinder, Kolben, Getriebe eingesetzt, um Energie mechanisch verwertbar zu machen, und man greift auf Elektroden, Diaphragmen, Ionenleiter und dergleichen zurück, um die auf chemischem Wege bereitgestellte Energie nutzen zu können. Wie diese Vorrichtungen im Einzelnen beschaffen sind, brauchen wir hier nicht zu wissen.

Denken wir uns nun System und Umgebung geeignet ausgerüstet, um Energie auf allen drei Pfaden austauschen zu können. Wenn die Umsetzung um ein kleines Stück $d\xi$ fortschreitet, dann ändern sich die Mengen der Stoffe und damit auch deren Raum- und Entropiebedarf:

$$dV = \Delta_R V \cdot d\xi \qquad \text{und} \qquad dS = \Delta_R S \cdot d\xi . \qquad (8.22)$$

Die Zuwächse dV und dS gehen zu Lasten der Umgebung, $dV = -dV^*$ und $dS = -dS^*$, jedenfalls solange keine Entropie erzeugt wird, was wir zunächst annehmen wollen. Damit verbunden ist ein Austausch an Energie. Da wir innen und außen gleiche Drücke und Temperaturen angenommen hatten, $p = p^*$ und $T = T^*$, wird keine Energie frei. Mit *frei* meinen wir, dass sie für beliebige andere Zwecke nutzbar ist. Was auf der einen Seite abgegeben wird, wird hier auf der anderen Seite verbraucht, sodass nichts übrig bleibt: $pdV + p^*dV^* = 0$ und $TdS + T^*dS^* = 0$; demgemäß wird auch nichts frei. Diese Art von Energieaustausch, bei dem die Energie *zweckgebunden* weitergegeben wird, lässt sich aus Sicht eines gedachten Nutzers nicht anzapfen und ist somit für ihn uninteressant.

Das sieht für den dritten Pfad anders aus. Da sich im Regelfall die aus einer freiwillig (mit $\mathcal{A} > 0$) ablaufenden Reaktion stammende Energie $-dW_{\rightarrow\xi} = \mathcal{A}d\xi$ nicht vollständig nutzen lässt, sondern nur mit einem Wirkungsgrad $\eta < 1$, können wir für die *nutzbare* Energie, welche die Umgebung (Index *) daraus empfängt, $dW_n^* = \eta\,\mathcal{A}d\xi$ schreiben. Der Rest $dW_v^* = (1 - \eta)\,\mathcal{A}d\xi$ wird unter Erzeugung der Entropie $dS_e = dW_v^*/T$ verheizt,

$$dS_e = \frac{dW_v^*}{T} = \frac{(1-\eta)\,\mathcal{A}d\xi}{T}\,, \tag{8.23}$$

und zusammen mit dem Beitrag $-TdS$ auf thermischem Wege (etwa über starre, aber thermisch leitende Wände) in die Umgebung abgeschoben (Abb. 8.7):

$$dW \;=\; -pdV \;+\; TdS \;-\; \mathcal{A}d\xi \qquad\qquad \text{System,}$$

$$dW^* \;=\; \underbrace{+pdV}_{-pdV^*} \;\underbrace{-\,TdS \;+\;(1-\eta)\mathcal{A}d\xi}_{TdS^*} \;\underbrace{+\,\eta\,\mathcal{A}d\xi}_{dW_n^*} \qquad \text{Umgebung *.}$$

Der dritte Pfad ist gleichsam „undicht", könnte man sagen, sodass ein Teil der Nutzenergie, die über diesen Weg befördert wird, verloren gehen kann und sich letztlich in der Umgebung verflüchtigt. Auch die anderen Pfade sind nicht gegen Verluste gefeit, nur verhindert hier das fehlende Druck- oder Temperaturgefälle, dass sie angezapft werden können.

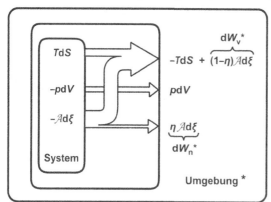

Abb. 8.7 Energieflussdiagramm für ein stoffliches System, wenn Druck und Temperatur innen und außen gleich sind und die von einer chemischen Reaktion im Innern bei einem kleinen Umsatz $d\xi$ gelieferte Energie mit dem Wirkungsgrad η genutzt wird

Für den Fall, dass man es nur mit einem einzigen System und seiner Umgebung zu tun hat, gibt es eine bestimmte Vorzeichenvereinbarung: Zugänge zum System bekommen ein positives Vorzeichen, Abgänge ein negatives. Auch das Geschehen in der Umgebung wird aus dieser Sicht beschrieben. Der Entropieinhalt S eines Systems kann sich bekanntlich auf zweierlei Weise ändern, durch Austausch oder Erzeugung (vgl. Abschnitt 3.6):

$$dS = dS_a + dS_e$$

oder umgestellt:

$$dS_a = dS - dS_e \,.$$ (8.24)

Während dS den entropischen Effekt im Innern beschreibt, kennzeichnet $dS_a = -dS^*$ die außen spürbare Wirkung. Wenn $dS_a < 0$ ist, nennt man den Vorgang *exotherm*, ist $dS_a > 0$ heißt er *endotherm*. Dagegen ist für die in Abschnitt 8.5 eingeführten Bezeichnungen *exotrop* und *endotrop* das Vorzeichen von dS ausschlaggebend:

$dS < 0$	exotrop,	$dS > 0$	endotrop,
$dS_a < 0$	exotherm,	$dS_a > 0$	endotherm.

dS_a ist *keine* einfache Größe, sondern setzt sich gemäß Gleichung (8.24) aus zwei ungleichartigen Beiträgen zusammen, die wir je nach ihrem Vorzeichen wie den Vorgang selbst als exotherm oder endotherm bezeichnen wollen. Beide sind dem Umsatz $d\xi$ proportional, stammen aber aus verschiedenartigen Quellen und hängen von ganz unterschiedlichen Parametern ab:

$$dS = \Delta_R S \cdot d\xi \qquad \text{[gemäß Gl. (8.22)]}$$

- kann positiv oder negativ sein, liefert also einen endo- oder exothermen Beitrag,
- hat mit dem Antrieb A des Vorgangs direkt nichts zu tun,
- ist unabhängig davon, ob und wie man die freiwerdende Energie vergeudet oder nutzt.

$$dS_e = (1 - \eta)\,A\,d\xi/T \qquad \text{[gemäß Gl. (8.23)]}$$

- ist stets positiv und liefert somit stets einen exothermen Beitrag,
- ist dem Antrieb A des Vorgangs direkt proportional,
- variiert zwischen 0 und 100 % je nach Art der Energienutzung.

Wegen dieser Unterschiede ist es am besten, die beiden Beiträge stets gesondert zu diskutieren und nicht zu versuchen, sie zusammenzufassen, obwohl es seit jeher in der Chemie üblich ist, genau dies zu tun. Da dS und dS_e dem Umsatz $d\xi$ proportional sind, ist es sinnvoll, insbesondere wenn man Werte angeben will, diese auf den Umsatz zu beziehen:

$$\left(\frac{dS}{d\xi}\right)_{p,T} = \Delta_R S \qquad \text{und} \qquad \frac{dS_e}{d\xi} = \frac{(1-\eta)A}{T} \,.$$ (8.25)

Bei dem ersten Ausdruck haben wir die Bedingung, dass wir p und T konstant halten, hinzugefügt, beim zweiten erübrigt sich das, weil er nicht von dieser Bedingung abhängt. Damit wird noch ein weiterer Unterschied deutlich, der es ratsam macht, beide Effekte nicht zu vermengen. Wenn uns die Entropie S als Funktion von p, T und ξ gegeben ist, $S = f(p,T,\xi)$, lässt sich $\Delta_R S$ berechnen, indem man f nach ξ bei konstantem p und T nach den aus der Mathematik bekannten Verfahren ableitet. Formal pflegt man dies dadurch auszudrücken, dass man im Differenzialquotienten die geraden d durch die runden ∂ ersetzt: $\Delta_R S = (\partial S/\partial \xi)_{p,T}$.

Latente Entropie. Die obige Überlegung gilt entsprechend auch für andere Arten der Stoffumbildung. Bei Phasenumwandlungen wie Schmelzen, Sieden usw. verschwindet der Antrieb an den entsprechenden Umwandlungspunkten, $A = 0$. Ähnliches gilt für Lösevorgänge bei Sättigung und allgemein bei Umsetzungen im Gleichgewicht. Damit wird der zweite der obigen Ausdrücke null und die entropischen Effekte (und somit auch die kalorischen) in

System und Umgebung werden gleich, $dS = dS_a$ (bzw. $T dS = T dS_a$). In diesem Sonderfall hat sich seit alters der Name „latente Wärme" erhalten, und zwar für die infinitesimale Größe $T dS$ bzw. ihr integrales Gegenstück $T \Delta S$.

Der Begriff „latente Wärme" stammt aus dem 18. Jahrhundert, als man noch recht diffuse Vorstellungen über die Natur der Wärme und ihre Eigenschaften hatte. Am weitesten verbreitet war damals die Auffassung, dass Wärme ein in den Gegenständen in kleinerer oder größerer Menge enthaltenes, bewegliches, zwischen den Dingen austauschbares, einem Stoff vergleichbares Etwas darstellt. Ein Ding fühle sich warm oder gar heiß an, so dachte man, wenn es viel von diesem Etwas enthält, oder kalt, wenn es nur wenig ist. Diese Merkmale entsprechen recht genau denen, die wir der Entropie zugeschrieben haben mit dem Unterschied, dass man damals annahm, das Etwas sei unerzeugbar und unzerstörbar.

Schon im 18. Jahrhundert erkannte man, dass man, um Wasser zu verdampfen, Wärme zufügen, um den Dampf zu verflüssigen, sie hingegen wieder entfernen muss. Obwohl der entstehende Dampf ein Vielfaches an Wärme aufnimmt, als man zum Erhitzen des kalten Wassers auf Siedetemperatur braucht, hat der Dampf doch keine höhere Temperatur als diese. Die Wärme „verbirgt" sich bei der Dampfbildung gleichsam, sie wird *latent*, wie man damals zu sagen pflegte. Wenn der Dampf zur Flüssigkeit kondensiert, stellte man sich vor, wird die *latente* (das heißt verborgene) Wärme wieder frei und *fühlbar*.

Wir übernehmen diesen Namen mangels einer besseren Bezeichnung sinngemäß für die Entropie, um die Effekte, verursacht durch Unterschiede im Entropieanspruch, von denen durch Entropieerzeugung bedingten zu trennen. In der Formelzeile (8.25) stellt der Ausdruck links die *latente* und rechts die *erzeugte molare Reaktionsentropie* dar.

Entropiebilanz. Außen bemerkbar macht sich wegen $dS_a = dS - dS_e$ nur die Differenz dieser beiden Effekte:

$$\left(\frac{dS_a}{d\xi}\right)_{p,T} = \left(\frac{dS - dS_e}{d\xi}\right)_{p,T} = \left(\frac{dS}{d\xi}\right)_{p,T} - \frac{dS_e}{d\xi}$$

oder auch

$$\left(\frac{dS_a}{d\xi}\right)_{p,T} = \Delta_R S - \frac{(1-\eta)\mathcal{A}}{T} \tag{8.26}$$

$$\underbrace{\text{ausgetauschte}}_{} = \underbrace{\text{latente}}_{} - \underbrace{\text{erzeugte}}_{} \text{ molare Reaktionsentropie.}$$

Natürlich kann man für die verschiedenen Reaktionsentropien entsprechende Formelzeichen einführen, die sich mehr oder minder selbst erklären, und für die oben genannten drei molaren Entropien und auch ihre integralen Gegenstücke kürzer schreiben:

$$\Delta_R S_a = \Delta_R S_\ell - \Delta_R S_e \quad \text{und} \quad \Delta S_a = \Delta S_\ell - \Delta S_e \quad \text{(Entropiebilanz).} \tag{8.27}$$

Der Index ℓ für „latent" ist nur der Deutlichkeit halber hinzugefügt. Druck und Temperatur denken wir uns, wie schon anfangs gesagt, konstant. Man sollte aber nicht vergessen, dass nur $\Delta_R S_\ell$ ($\equiv \Delta_R S$) von den hier benutzten Zustandsparametern p, T, ξ allein bestimmt wird, während $\Delta_R S_e$ und damit auch $\Delta_R S_a$ über den Wirkungsgrad η noch von weiteren Einflussgrößen abhängen, etwa von „Widerständen" verschiedenster Art im Innern oder in den Vorrichtungen, über die der Energieaustausch zwischen System und Umgebung ermöglicht wird.

$\Delta_R S_a$ ist meist negativ, da im Allgemeinen bei chemischen Reaktionen die latente Entropie betragsmäßig viel kleiner ist als die erzeugte, $|\Delta_R S| \ll \Delta_R S_e$. Die Folge davon ist, dass die meisten chemischen Reaktionen exotherm sind, das heißt,

- dass Entropie abfließen muss, um Temperatur und Druck zu halten, oder
- dass die Temperatur steigt, falls man den Entropieabfluss behindert.

Kehren wir noch einmal zu unserem Beispiel zurück, der Reaktion von Eisen mit Schwefel bei einem Umsatz von $\Delta\xi = 0{,}1$ mol (vgl. Abschnitt 8.5). Damit das entstehende Eisensulfid nicht unterkühlt aus der Reaktion hervorgeht, so hatten wir uns überlegt, fehlten 0,1 Ct an Entropie, die aus der Umgebung nachgeliefert werden müssten. Nun wissen wir aber, dass Eisensulfid als hell glühendes Produkt (Versuch 3.7) entsteht, das im Gegenteil sehr viel Entropie abgeben muss, um die ursprüngliche Temperatur der Ausgangsstoffe zu erreichen. Woher stammt dieser große Entropieüberschuss?

Bei der Umsetzung wird die Energie $\mathcal{A}\Delta\xi$ frei, wobei sich $\mathcal{A}$ leicht mit Hilfe der chemischen Potenziale berechnen lässt. Wir könnten diese Energie für beliebige Zwecke nutzen, zum Beispiel, wenn es uns gelingt, den Reaktionsablauf in einer galvanischen Zelle mit einem elektrischen Strom zu koppeln, der seinerseits einen Motor, eine Glühlampe, eine Elektrolysezelle usw. antreibt. Wenn man ein Gemenge von Eisen- und Schwefelpulver dagegen offen zündet, wird die freiwerdende Energie zur Entropieerzeugung verbraucht. Die Temperatur T, bei der die Entropie letztlich deponiert wird, mag bei rund 300 K liegen. Damit ergibt sich für die *am Ende* entstehende Entropiemenge S_e aus der Energiebilanz $\mathcal{A}\Delta\xi = T\Delta S_e$ der Wert

$$\Delta S_e = \frac{\mathcal{A}\Delta\xi}{T} = \frac{[\mu(\text{Fe}) + \mu(\text{S}) - \mu(\text{FeS})]\Delta\xi}{T} = \frac{[0 + 0 - (-102\cdot10^3\,\text{G})]\cdot 0{,}1\,\text{mol}}{300\,\text{K}} = 34\,\text{Ct}.$$

Der oben erwähnte große Entropieüberschuss ist also auf die *erzeugte Entropie* S_e zurückzuführen. Welche Temperaturen dabei zwischenzeitlich durchlaufen werden und auf welche Weise die Entropie dabei im Einzelnen entsteht, ist für das Endergebnis belanglos.

Der Regelfall ist, dass die gesamte freigesetzte Energie ungenutzt bleibt, d. h. vollständig zur Entropieerzeugung verbraucht wird. Wird jedoch die Energie nicht einfach „verheizt", sondern mit einem Wirkungsgrad η genutzt, sagen wir zu 70 % (etwa mittels einer galvanischen Zelle, um einen Motor zu treiben), steht zur Entropieerzeugung nur noch der Betrag $(1 - \eta)\,\mathcal{A}\Delta\xi$ zur Verfügung:

$$\Delta S_e = \frac{(1-\eta)\,\mathcal{A}\Delta\xi}{T} = \frac{(1-0{,}7)\cdot(102\cdot10^3\,\text{G})\cdot 0{,}1\,\text{mol}}{300\,\text{K}} = 10\,\text{Ct}.$$

Im Idealfall einer vollständigen Nutzung der Energie ($\eta = 1$) würde der Term ΔS_e verschwinden und die bisher exotherme Reaktion ($\Delta S_a = \Delta S_\ell - \Delta S_e < 0$) würde endotherm werden ($\Delta S_a = \Delta S_\ell = +0{,}1$ Ct > 0). Galvanische Zellen, die eine solche Nutzung erlauben, wurden zwar nicht für die Reaktion von Schwefel mit Eisen entwickelt, wohl aber für die Umsetzung von Schwefel mit Natrium. Den Aufbau solcher Zellen werden wir erst im Rahmen der Elektrochemie besprechen können.

Begleitender Energieaustausch. Wir hatten oben erwähnt, dass etwa bis in die Mitte des 19. Jahrhunderts der Wärme Eigenschaften zugeschrieben wurden, die recht genau den in Kapitel 3 erörterten Merkmalen der Entropie entsprechen, mit der Ausnahme, dass Wärme damals als unerzeugbar galt. Als sich im 19. Jahrhundert die Befunde mehrten, die dieser Annahme widersprachen, hat dies zu einer völligen begrifflichen Umgestaltung des ganzen Lehrgebäudes geführt. Die Wärme wurde fortan als eine besondere Form der Energieübertragung gedeutet. Diese Umwidmung läuft formal darauf hinaus, dass nicht S, sondern das Differenzial $T\mathrm{d}S_a$ oder, genauer gesagt, das Integral $\int T\mathrm{d}S_a$ Wärme Q genannt wird:

$$\mathrm{d}Q = T\mathrm{d}S_a \qquad \text{oder} \qquad Q = \int_{\mathrm{Anf}}^{\mathrm{End}} T\,\mathrm{d}S_a \ .$$

Während der Schritt von der Größe S zu Q vergleichsweise einfach gelingt, ist der umgekehrte sehr mühselig. Einer der Gründe ist, dass man der Energie nicht mehr anmerkt, wenn sie erst im System ist, auf welchem Wege sie hineingekommen ist – ähnlich wie man Leuten zwar am Werkstor, aber nicht mehr am Arbeitsplatz ansehen kann, ob sie zu Fuß, als Radler, als Mitfahrer usw. in den Betrieb gelangt sind. Formal mathematisch heißt das, dass Q (anders als S) keine Zustandsgröße ist, also nicht durch den Zustand des Systems festgelegt wird.

Ein weiterer Grund ist, dass sich die (*thermodynamische*) *Temperatur T* mit Hilfe der Entropie mühelos, aber ohne sie nur auf Umwegen und nur in einer vorläufigen Form definieren lässt. Das Letztere geschieht in der Regel über die thermische Ausdehnung der Gase (siehe Abschnitt 10.2), wobei der Nachweis, dass die auf diese Weise definierte Temperatur auch mit der thermodynamischen T übereinstimmt, gern übergangen wird. Übersehen wir einmal diese Schwierigkeit! Wenn man die obige Gleichung $\mathrm{d}Q = T\mathrm{d}S_a$ nach $\mathrm{d}S_a$ auflöst und integriert, erhält man:

$$\mathrm{d}S_a = \frac{\mathrm{d}Q}{T} \qquad \text{und} \qquad \Delta S_a = \int_{\mathrm{Anf}}^{\mathrm{End}} \frac{\mathrm{d}Q}{T} \ .$$

Damit wären wir noch nicht am Ziel. Was wir suchen ist $\Delta S = \Delta S_a + \Delta S_e$ und nicht ΔS_a. Dazu müssen wir dafür sorgen, dass $\Delta S_e = 0$ wird. Um das sicherzustellen, verlangt man, dass die ganze Prozedur *reversibel* auszuführen ist, und deutet dies durch den Index rev am Q an:

$$\mathrm{d}S = \frac{\mathrm{d}Q_{\mathrm{rev}}}{T} \qquad \text{und} \qquad \Delta S = \int_{\mathrm{Anf}}^{\mathrm{End}} \frac{\mathrm{d}Q_{\mathrm{rev}}}{T} \ .$$

Bei den Effekten, mit denen wir uns im Augenblick befassen, ist die Temperatur konstant und damit der Zusammenhang zwischen ausgetauschter Entropie ΔS_a und der damit verknüpften Energie-, d. h. Wärmezufuhr oder -abfuhr $Q = T\Delta S_a$ denkbar einfach. Wenn der Wunsch besteht, den begleitenden Energieaustausch anzusprechen, dann genügt es in diesem Fall, die entsprechenden Entropien mit T zu multiplizieren. Indem wir einen Schritt weiter gehen und uns die Entropiebilanz (8.27) mit T multipliziert denken, erhalten wir folgenden Ausdruck:

$$\underbrace{T\Delta S_a}_{Q_a} = \underbrace{T\Delta S_\ell}_{Q_\ell} - \underbrace{T\Delta S_e}_{Q_e} \ .$$

$$Q_a \ = \ Q_\ell \ - \ Q_e \qquad \text{„ausgetauschte" = „latente" – „erzeugte Wärme".}$$

Nach den üblichen Sprach- und Bezeichnungsregeln darf, wenn man es genau nimmt, nur das erste Glied Wärme genannt und mit Q (ohne den Index a) bezeichnet werden, obwohl die anderen Beiträge dieselben Wirkungen hervorrufen. Wir setzen uns über diese Einschränkung hinweg, weil sie für uns ohne Bedeutung ist und nur ein unnötiges Hindernis darstellt.

GIBBS-HELMHOLTZ-*Gleichungen*. Eine dieser Gleichungen, von denen es verschiedene Spielarten gibt, soll uns hier als Beispiel für die Anwendung der obigen Entropiebilanz dienen. Die am häufigsten vorkommende Variante beschreibt den Zusammenhang zwischen dem Antrieb $\mathcal{A}$ und dem Wärmeeffekt, den man beobachtet, wenn man eine Reaktion bei konstantem p und T *frei* ablaufen lässt, das heißt die entbundene Energie $\mathcal{A} \cdot \Delta \xi$ ungenutzt verheizt ($\eta = 0$), sodass $\mathcal{A} \cdot \Delta \xi = T \cdot \Delta S_e = Q_e$ wird. $\Delta \xi$ denken wir uns wieder klein. Ihren Ruhm verdanken die Gleichungen einem Irrtum, nämlich der seinerzeit verbreiteten Annahme, dass die abgegebene Wärme $-Q_a$ oder „Wärmetönung", wie man damals sagte, ein Maß für den Antrieb $\mathcal{A}$ einer Reaktion darstellt (BERTHELOTsches Prinzip, 1869). Richtig wäre $Q_e = -Q_a + Q_\ell$ gewesen, nicht $-Q_a$ allein. Dass der Fehler nicht sofort auffiel, liegt daran, dass die dabei auftretende latente Wärme Q_ℓ meist erheblich kleiner ist als der beobachtete Wärmeeffekt. Das Verführerische an diesem Ansatz war, dass man Q_a kalorimetrisch leicht messen konnte. Man bekam damit ein Verfahren in die Hand, mit dem sich Antriebe $\mathcal{A}$ viel einfacher bestimmen oder zumindest abschätzen ließen, als es bis zu dieser Zeit möglich war. Bis dahin musste man schon zufrieden sein, wenn man für gewisse Reaktionen eine Rangfolge der Antriebe angeben konnte.

Man hatte also gute Gründe, diese Wärmen zu messen und die Daten zu sammeln. Der Irrtum wurde erst allmählich durch die Arbeiten des US-amerikanischen Physikers Josiah Willard GIBBS, des deutschen Physikers Hermann von HELMHOLTZ und des niederländischen Chemikers und ersten Nobelpreisträgers in Chemie Jacobus Henricus VAN'T HOFF ausgeräumt, die zeigten, dass nicht die „Wärmetönung" $-Q_a$ selbst das richtige Maß für den Antrieb darstellt, sondern dass ein den latenten Wärmen Q_ℓ entsprechender, positiver oder negativer Beitrag zu addieren ist, wie man ihn von Phasenumwandlungen her kannte:

$$\mathcal{A} \cdot \Delta \xi = \underbrace{-Q_a + Q_\ell}_{Q_e} \qquad \text{(eine Variante der GIBBS-HELMHOLTZ-Gleichung).}$$

8.8 Kalorimetrische Antriebsmessung

Die Idee ist einfach: Man verheizt die bei einer Reaktion während eines gewissen Umsatzes $\Delta \xi$ bei gegebenen Werten von p und T freiwerdende Energie $\mathcal{A} \cdot \Delta \xi$ und bestimmt die dabei erzeugte Entropie ΔS_e kalorimeterisch. Wegen $\mathcal{A} \Delta \xi = T \Delta S_e$ wäre damit $\mathcal{A}$ aus den Messdaten leicht berechenbar.

Leider stört die latente Entropie das Verfahren, denn mit der Art der Stoffe ändern sich auch deren Entropieansprüche S_m und damit der Entropieinhalt ΔS der Probe im Reaktionsgefäß. Ein positives ΔS macht sich als negativer Beitrag $-\Delta S$ im Kalorimeter (Index *) bemerkbar, sodass man dort nicht ΔS_e, sondern $\Delta S^* = \Delta S_e - \Delta S = -\Delta S_a$ misst.

Mit diesem Wert lässt sich nur dann etwas anfangen, wenn es gelingt, auf irgendeinem Wege zusätzlich ΔS zu erfassen. Gedanklich ist auch dieser Schritt nicht schwierig. Man misst den Entropieinhalt S_1 der Probe vor der Reaktion und dann den Wert S_2 danach. Die Differenz $\Delta S = S_2 - S_1$ ist der gesuchte Wert. Wir hatten in Abschnitt 3.9 schon angedeutet, wie eine solche Messung aussehen könnte. Da wir dazu die Stoffproben bis in die Nähe des absoluten Temperaturnullpunktes herunterkühlen müssen, ist eine solche Entropiemessung technisch aufwändig und stellt die größte Hürde dieser Methode dar. Tatsächlich ermittelt man solche

Entropiewerte wenn möglich gesondert für die einzelnen Stoffe und tabelliert sie als molare Entropien. Den fehlenden Wert für ΔS würde man aus solchen Tabellenwerten berechnen.

Doch wie geht man nun genau beim ersten Teil der Messung vor, das heißt der Bestimmung von $\Delta S^* = -\Delta S_a$? Wir könnten einmal eines der in Abschnitt 3.7 beschriebenen „Eiskalorimeter" benutzen und z. B. aus der Menge des gebildeten Schmelzwassers auf die Entropie rückschließen. Häufiger wird jedoch ein Kalorimetertyp eingesetzt, bei dem die ausgetauschte Entropie über eine kleine Temperaturänderung in einem Wasserbad (oder auch Metallblock) bestimmt wird. Das Kalorimeter besteht im Wesentlichen aus einem Gefäß, in dem die Reaktion stattfindet, dem schon erwähnten umgebenden Wasserbad (oder Metallblock) sowie einem empfindlichen Thermometer (Abb. 8.8). Gegenüber der Umgebung ist die gesamte Anordnung thermisch isoliert. Vor (oder auch nach) der eigentlichen Messung muss das Kalorimeter jedoch kalibriert werden. Dazu wird der Messanordnung eine genau bestimmte Entropiemenge zugeführt und die zugehörige Temperaturänderung gemessen. Der bequemste Weg, an einen bestimmten Ort Entropie zu bringen, ist die Erzeugung in einer elektrischen Heizwicklung direkt an Ort und Stelle. Die aufgewandte elektrische Energie W_v lässt sich aus Stromstärke I, Spannung U und Einschaltdauer Δt leicht gemäß

$$W_v = I \cdot U \cdot \Delta t \tag{8.28}$$

berechnen. Die verheizte Energie, geteilt durch die gemessene Temperatur T, ergibt dann den Entropiezuwachs $\Delta S_e'$, der zu dem kleinen Temperaturanstieg $\Delta T'$ führt (Abb. 8.9). Startet man nun im Behälter eine Reaktion, so kann aus der beobachteten Temperaturänderung ΔT rückwärts auf die von der Probe abgegebene Entropie $\Delta S^* = -\Delta S_a$ geschlossen werden.

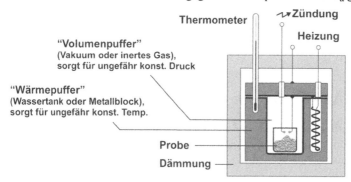

Abb. 8.8 Kalorimeter

Um die Vorgehensweise noch etwas zu verdeutlichen, wollen wir ein letztes Mal auf unser Beispiel der Umsetzung von Eisen und Schwefel zu Eisensulfid unter Zimmerbedingungen zurückgreifen. Eingesetzt werden sollen wieder je 0,1 mol Eisen und Schwefel:

$$\text{Fe|s} + \text{S|s} \rightarrow \text{FeS|s} \qquad \text{bei } T = T^\ominus \text{ (Druckeinfluss unerheblich)}.$$

- *Bestimmung der latenten Entropie* ΔS durch Messung der Entropie der Probe im Anfangszustand (Fe + S) und Endzustand (FeS):

  Verfahren: Abkühlung der Probe auf annähernd 0 K und Messung der zur Aufheizung bis $T^\ominus$ nötigen Entropie S, und zwar vor und nach der Umsetzung (bzw. stattdessen Berechnung aus tabellierten Daten, die nach demselben Verfahren ermittelt wurden).

  Ergebnis: $\Delta S = 6,0 \text{ Ct} - 2,7 \text{ Ct} - 3,2 \text{ Ct} = 0,1 \text{ Ct}$.

- *Messung der während der Reaktion von der Probe abgegebenen Entropie $-\Delta S_a$*:

Kalibrierung: Erwärmung um $\Delta T' = 1,0$ K durch die elektrisch erzeugte Entropie $\Delta S_e' = 28,0$ Ct. Hierfür müsste eine Heizung mit einer Leistung $P = 60$ W für die Dauer $\Delta t = 139$ s eingeschaltet sein: $\Delta S_e' = P \cdot \Delta t / T^\ominus = 60 \cdot 139/298$ Ct $= 28,0$ Ct.

Messung: Erwärmung um $\Delta T = 1,2$ K durch die während der Reaktion von der Probe abgegebene Entropie $-\Delta S_a$.

Auswertung: Für kleine Änderungen gilt $\Delta T / \Delta T' = \Delta S^* / \Delta S^{*\prime} = -\Delta S_a / \Delta S_e'$ und damit

$$\Delta S_a = -\frac{\Delta T}{\Delta T'} \Delta S_e' = -\frac{1,20\ \text{K}}{1,00\ \text{K}} \cdot 28,0\ \text{Ct} = -33,6\ \text{Ct} .$$

- *Zusammenfassung der kalorimetrischen Teilergebnisse*:

Während der Reaktion erzeugte Entropie, berechnet aus der Entropiebilanz $\Delta S = \Delta S_a + \Delta S_e$:

$$\Delta S_e = \Delta S - \Delta S_a = 0,1\ \text{Ct} - (-33,6\ \text{Ct}) = 33,7\ \text{Ct} .$$

Antrieb, berechnet aus der Beziehung $\mathcal{A}\Delta\xi = T\Delta S_e$:

$$\mathcal{A} = \frac{T\Delta S_e}{\Delta\xi} = \frac{298\ \text{K} \cdot 33,7\ \text{Ct}}{0,1\ \text{mol}} = 100\ \text{kG} .$$

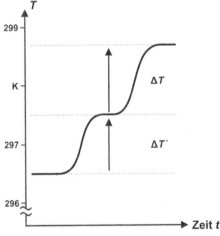

Abb. 8.9 Temperaturanstiege $\Delta T'$ und ΔT im Kalorimeter infolge der zur Kalibrierung elektrisch erzeugten Entropie $\Delta S_e'$ und der anschließend während der Umsetzung von der Probe abgegebenen Entropie $\Delta S_a = \Delta S_e - \Delta S$

Dieses rein kalorimetrische Verfahren stellt historisch gesehen den ersten gangbaren Weg zur Antriebsbestimmung dar. Zugleich zeigt unser Beispiel, wie klein hier der Beitrag der latenten Entropie, $(\Delta S_\ell \equiv) \Delta S = 0,1$ Ct, im Vergleich zur erzeugten ist, $\Delta S_e = 33,7$ Ct, sodass man sich nicht wundern muss, wenn dieser Beitrag anfangs übersehen oder übergangen wurde.

Allerdings ändert sich die Lage, sobald Gase verbraucht oder gebildet werden. Wir wollen uns das am Beispiel der Knallgasreaktion näher ansehen:

$$H_2|g + \tfrac{1}{2} O_2|g \rightarrow H_2O|l \qquad \text{bei } T = T^\ominus,\ p = p^\ominus$$

$\mu^\ominus/\text{kG:} \qquad 0 \qquad \tfrac{1}{2}\cdot 0 \qquad -237 \qquad \Rightarrow \mathcal{A}^\ominus \quad = +237\,\text{kG.}$

$S^\ominus/\text{Ct mol}^{-1}\text{:} \ 131 \qquad \tfrac{1}{2}\cdot 205 \qquad 70 \qquad \Rightarrow \Delta_R S^\ominus = -164\,\text{Ct mol}^{-1}.$

Bei einem Umsatz von $\Delta\xi = 0{,}1$ mol unter Normbedingungen ergeben sich für erzeugte, latente und ausgetauschte Entropie die folgenden Werte:

$$\Delta S_e = \frac{\mathcal{A}\cdot\Delta\xi}{T} = \frac{(237\cdot 10^3\,\text{G})\cdot 0{,}1\,\text{mol}}{298\,\text{K}} \qquad = +80\,\text{Ct,}$$

$$\Delta S_\ell = \Delta_R S\cdot\Delta\xi = -164\,\text{Ct mol}^{-1}\cdot 0{,}1\,\text{mol} \qquad = -16\,\text{Ct,}$$

$$\Delta S_a = \Delta S_\ell - \Delta S_e \qquad\qquad\qquad = -96\,\text{Ct.}$$

In diesem Fall spielt die latente Entropie eine nicht zu vernachlässigende Rolle.

9 Querbeziehungen

Wie wir in den vorangegangenen Kapiteln gesehen haben, kann auf ein stoffliches System mechanisch (dehnen, pressen, ...), thermisch (heizen, kühlen, ...) und chemisch (Stoffe zusetzen, umsetzen, ...) eingewirkt werden. Jede dieser Einwirkungen ist mit Energieänderungen des Systems verbunden. Diese Energieänderungen können in einer einzigen Gleichung, der sogenannten „*Hauptgleichung*" zusammengefasst werden. Die in dieser Gleichung auftauchenden Größen (wie p, V, S, T, μ, n, $\mathcal{A}$, ξ), die *Hauptgrößen*, hängen auf mannigfaltige Weise voneinander ab. Diese Abhängigkeiten können quantitativ durch verschiedene Koeffizienten wie $(\partial S/\partial T)_{p,\xi}$ beschrieben werden. Zwischen den Koeffizienten existiert eine Vielzahl von Querbeziehungen, die auf zweierlei Art und Weise ermittelt werden können: Zum einen können Energiebilanzen im Rahmen von geeigneten Kreisprozessen genutzt werden, um diese Beziehungen zu bestimmen, zum anderen erhält man sie unmittelbar durch eine Rechenoperation, die wir als „*Stürzen*" bezeichnen. Mit Hilfe der „*Stürzregel*" können wichtige Querbeziehungen ermittelt werden wie die Äquivalenz des Temperaturkoeffizienten des chemischen Potenzials einer Substanz und ihrer negativen molaren Entropie. Außerdem besprechen wir den Zusammenhang zwischen den Querbeziehungen von Hauptgrößen und dem LE CHATELIER-BRAUNschen Prinzip.

9.1 Hauptgleichung

Vorbemerkung. Homogene Bereiche, in denen Druck, Temperatur und Zusammensetzung überall gleich sind, bilden die Grundbausteine derjenigen Systeme, mit denen sich die Stoffdynamik vorrangig befasst. Ein Bereich dieser Art wird als *Phase* bezeichnet (Abschnitt 1.5). Fasst man zwei Teile davon zu einem zusammen, dann addieren sich Größen wie das Volumen V, die Entropie S, die Stoffmengen n_i usw., während der Druck p, die Temperatur T, die chemischen Potenziale μ_i usw. unverändert bleiben. Größen der ersten Art nennt man extensiv, die der zweiten intensiv (Abschnitt 1.6). Nicht alle Größen passen in diese Kategorien – so sind V^2 und $\sqrt{S}$ weder das eine noch das andere. Aber das sind nicht die einzigen.

Um ein Gas handhaben zu können, auch nur gedanklich, stellen wir uns dieses in einen Zylinder mit Kolben eingeschlossen vor. Das stoffliche System, das wir betrachten, ist das Gas, das konkrete System, mit dem wir operieren, der gasgefüllte Zylinder. Der Einschluss erlaubt es uns, die mechanischen Größen p und V zu kontrollieren. Was wir vorgeben sind die Kraft F auf den Kolben, mit der er in den Zylinder gedrückt wird, und eine Länge l, um seine Lage angeben zu können, etwa den Abstand zwischen Kolben- und Zylinderboden. Denken wir uns nun zwei gleichartige gasgefüllte Zylinder. Wie verhalten sich die beiden Größen F und l, wenn wir die beiden Systeme zu einem zusammenfassen? Das ist nicht eindeutig und hängt davon ab, wie wir diesen Schritt ausführen (Abb. 9.1 a bzw. b).

Ähnliche Probleme treten auch bei vielen anderen Systemen auf, etwa bei galvanischen Zellen, mit denen wir uns in Kapitel 23 befassen werden. Spannung U und durchgesetzte Ladung Q verhalten sich bei Parallel- und Reihenschaltung der Zellen wie F und l in unserem Bei-

© Springer Fachmedien Wiesbaden GmbH, ein Teil von Springer Nature 2021
G. Job und R. Rüffler, *Physikalische Chemie*, Studienbücher Chemie,
https://doi.org/10.1007/978-3-658-32936-5_9

spiel. Die Möglichkeit, Größen als extensiv und intensiv zu klassifizieren, ist eine Besonderheit homogener Systeme, die man nicht unbedacht verallgemeinern sollte.

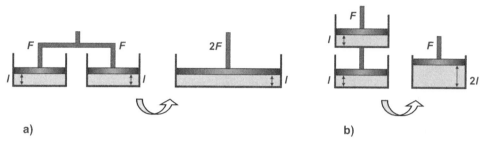

a)   b)

Abb. 9.1 Zusammenfassung gleicher gasgefüllter Raumbereiche (grau hervorgehoben), eingeschlossen in „Zylinder" mit Kolben: a) Parallelschaltung: die Kraft F wird verdoppelt, die Bereichslänge l bleibt konstant. b) Reihenschaltung: die Kraft bleibt konstant, die Bereichslänge wird verdoppelt.

Hauptgleichung. Auf ein stoffliches System kann, wie wir in vorhergehenden Kapiteln gesehen haben, mechanisch (dehnen, pressen, ...), thermisch (heizen, kühlen, ...), chemisch (Stoffe zusetzen, umsetzen, ...) usw. eingewirkt werden. Jede dieser Einwirkungen ist mit Energieänderungen ΔW des Systems verbunden. So nimmt das System z. B. Energie auf, wenn wir einen Körper zusammenpressen, und zwar umso mehr, je größer die Volumenabnahme $-\Delta V$ und je höher der aufzuwendende Druck p ist (Abschnitt 2.5),

$$\Delta W = -p \cdot \Delta V .$$

Ebenso führt ein Entropiezufluss zu einer Erhöhung des Energieinhaltes (Abschnitt 3.11) um

$$\Delta W = T \cdot \Delta S .$$

Gleiches gilt für die Zufuhr eines Stoffes, die in einer Energieaufnahme gemäß

$$\Delta W = \mu \cdot \Delta n$$

resultiert (Abschnitte 4.8 und 8.6). Alle diese Energieänderungen lassen sich in einer Gleichung zusammenfassen, wie in Abschnitt 4.8 bereits angedeutet. Diese Gleichung wird als *Hauptgleichung* bezeichnet. Für einen homogenen Bereich, in dem der Druck p, die Temperatur T und die chemischen Potenziale $\mu_1, \mu_2, \mu_3, ...$ überall gleich sind, gilt für kleine Änderungen des Volumens V, der Entropie S, der Stoffmengen $n_1, n_2, n_3, ...$:

$$\Delta W = -p \cdot \Delta V + T \cdot \Delta S + \mu_1 \cdot \Delta n_1 + \mu_2 \cdot \Delta n_2 + \mu_3 \cdot \Delta n_3 + ... \quad \text{(GIBBS 1876).} \quad (9.1)$$

Die Aufsummierung der mit den Stoffmengen verbundenen Terme kann mit Hilfe des Summenzeichens $\sum$ abgekürzt werden:

$$\Delta W = -p \cdot \Delta V + T \cdot \Delta S + \sum_{i=1}^{n} \mu_i \cdot \Delta n_i \quad . \quad (9.2)$$

Diese „Haupt- oder Fundamentalgleichung" ist der Schlüssel zu vielen wichtigen Aussagen einer systematisch aufgebauten Stoffdynamik.

Um auszudrücken, dass die betrachteten Änderungen klein sein sollen, ersetzen wir wieder das Differenzzeichen Δ durch das Differenzialzeichen d:

$$dW = -p \cdot dV + T \cdot dS + \sum_{i=1}^{n} \mu_i \cdot dn_i \; . \tag{9.3}$$

Wir betrachten im Folgenden nur verlustlose Systeme, die in der Lage sind, die in sie hineingesteckte Energie bei Umkehrung des Vorganges auch wieder vollständig abzugeben. Im Innern dieser Systeme darf also keine Entropie entstehen, $S_e = 0$, sodass sich der Entropieinhalt nur durch Zufuhr von außen ändern kann, $\Delta S = \Delta S_a$.

Als leicht messbar gelten p, T und die n_i; daher werden diese Größen meist als unabhängige Veränderliche gewählt. Brächte man das stoffliche System, z. B. einen Körper, in ein elektrisches oder magnetisches Feld, lüde ihn auf, beschleunigte ihn usw., dann kämen zu obiger Summe noch weitere Teilbeträge hinzu, wovon wir hier aber der Einfachheit halber zunächst absehen wollen.

Wenn keine Stoffe mit der Umgebung ausgetauscht, sondern nur im Innern umgesetzt werden, ist es vorteilhafter, den Zustand des Systems durch den jeweiligen Stand ξ einer ablaufenden Umsetzung zu kennzeichnen. Die Hauptgleichung (9.1) vereinfacht sich dann zu

$$\Delta W = -p \cdot \Delta V + T \cdot \Delta S - \mathcal{A} \cdot \Delta \xi \qquad \text{(DE DONDER 1920)}, \tag{9.4}$$

basierend auf den Arbeiten des belgischen Physikers und Physikochemikers Théophile Ernest DE DONDER. Die Bedingung hinreichend kleiner Änderungen kann wieder durch die Verwendung von Differenzialen betont werden und wir erhalten z. B. für Gleichung (9.4):

$$dW = -p \cdot dV + T \cdot dS - \mathcal{A} \cdot d\xi \; . \tag{9.5}$$

Einer Beziehung dieser Art, der Gleichung (8.21), waren wir bereits in Abschnitt 8.7 begegnet. Dort wurden auch kurz die apparativen Voraussetzungen angesprochen, die nötig sind, damit ein Energieaustausch mit der Umgebung über alle drei Pfade möglich ist. Anders als damals nehmen wir diesmal an, dass der Austausch auch über den dritten Pfad ohne Verluste möglich ist, das heißt stets umkehrbar ohne Erzeugung von Entropie verläuft. Formal bedeutet dies, dass der Wirkungsgrad $\eta = 1$ ist und dass wir Antrieb $\mathcal{A}$ und/oder Stand ξ der betrachteten Umsetzung über passende Hilfseinrichtungen vorgeben können – ähnlich wie etwa den Druck p im System über die Kraft auf den Kolben oder das Volumen V über dessen Position im Zylinder. Wir denken uns also $\mathcal{A}$ und ξ wie p und V oder T und S als einstellbare Parameter, über die wir unser System gezielt in bestimmte Zustände bringen und über bestimmte Wege verändern können.

Hauptgrößen. In den Hauptgleichungen tauchen rechts bestimmte mechanische ($-p$, V), thermische (T, S) und chemische *Hauptgrößen* (μ, n bzw. $-\mathcal{A}$, ξ) auf, und zwar jeweils als Paar aus einer intensiven Größe (ohne Δ- oder d-Zeichen davor, gegebenenfalls mit Vorzeichen: $-p$, T, μ, $-\mathcal{A}$) und einer zugehörigen extensiven, zumeist mengenartigen Größe (mit Δ- oder d-Zeichen davor: V, S, n, ξ). Man sagt, die beiden Größen sind zueinander *konjugiert*, genauer gesagt, energetisch konjugiert. Die zu einer mengenartigen Größe gehörige intensive Größe lässt sich auch als Potenzial auffassen, das auf diese einwirkt: So gehört zu der Stoffmenge n das chemische Potenzial μ, zur Entropie S hingegen das „thermische Potenzial" T. Weitere Beispiele werden wir noch in den nächsten Kapiteln kennenlernen. Beschreibung und Berechnung werden einfach und übersichtlich, wenn es gelingt, eine gegebene Aufgabe in diesen Hauptgrößen zu formulieren. Das betrifft insbesondere die Wärmeeffekte, die man am besten über Entropien berechnet. Die begleitende Entropie ist es ja, die einen Energieaustausch erst als „Wärme" (Austausch „ungeordneter Energie") qualifiziert.

Im Abschnitt 1.6 wurde bereits darauf hingewiesen, dass man auch das Volumen V als eine Art uneigentliche „mengenartige" Größe zulassen könnte, eine Erhaltungsgröße mit einer Dichte, die konstant 1 ist. Das, was ein System an Volumen verliert, gewinnt die Umgebung. Der negative Druck $-p$ wäre das zugehörige Potenzial. Der Energieaufwand für eine Volumenvergrößerung (Volumen-„Zufuhr") von der Umgebung mit dem Druck p_1 in das System mit dem höheren Druck p_2 ist negativ und beträgt $\Delta W = (-p_2 \cdot \Delta V) - (-p_1 \cdot \Delta V)$. Die Gleichung ist denen für die Übertragung der Entropie oder eines Stoffes völlig analog:

$$\Delta W = [(-p_2) - (-p_1)] \cdot \Delta V , \qquad \Delta W = [T_2 - T_1] \cdot \Delta S , \qquad \Delta W = [\mu_2 - \mu_1] \cdot \Delta n .$$

Um Systeme allgemeinerer Art erörtern zu können, die nicht nur aus einer Phase bestehen, Systeme wie das Gas samt Zylinder und Kolben oder eine galvanische Zelle als Ganzes, wie in der Vorbemerkung oben erwähnt, dürfen wir unsere Begriffe nicht zu eng wählen. Wenn wir in Gleichung (9.5) das Glied $-p \cdot dV$ durch $-F \cdot dl$ ersetzen oder $-\mathcal{A} \cdot d\xi$ durch $-U \cdot dQ$ (wobei U die Spannung und Q die Ladung darstellt),

$$dW = -F \cdot dl + T \cdot dS - U \cdot dQ , \tag{9.6}$$

dann leistet diese Gleichung dasselbe wie die zuvor. Sie ist die Hauptgleichung für unser neues, etwas erweitertes System. Nur die Bezeichnungen extensiv und intensiv passen nicht mehr auf alle Größen darin, jedenfalls nicht mehr in dem Sinne, wie man die Begriffe heutzutage einführt. Wir können uns mit einer schon von Hermann von HELMHOLTZ stammenden Bezeichnung behelfen (vgl. Abschnitt 2.7). Die Größen, die auf der rechten Seite unserer Hauptgleichung als Differenziale stehen, nannte er „(Lage)Koordinaten" und die als Faktoren davor „Kräfte", beides in einem verallgemeinerten Sinne gemeint. Daran angelehnt, nennen wir die Größen l, S, Q in der Rolle, wie sie in der Hauptgleichung (9.6) auftreten, „lageartig" und F, T, U „kraftartig".

Hauptwirkungen. Ändert man eine Hauptgröße, so wirkt sich das auch auf die dazu konjugierte Größe aus. Eine derartige Wirkung, bei der man die gegenseitige Abhängigkeit zusammengehöriger Größen betrachtet, nennt man *Hauptwirkung*. So ist die Hauptwirkung einer Vergrößerung

- des Volumens V ein Druckabfall, d. h. die Zunahme von $-p$ (man beachte, dass nicht V und p einander zugeordnet sind, sondern V und $-p$ oder auch $-V$ und p),
- der Entropie S eine Erwärmung, d. h. die Zunahme der Temperatur T,
- der Menge n eines (gelösten) Stoffes ein Anstieg seines chemischen Potenzials μ,
- des Standes ξ einer Umsetzung (in Lösung) ein Absinken ihres Antriebs, d. h. die Zunahme von $-\mathcal{A}$ (auch hier ist auf die Vorzeichen zu achten).

Umgekehrt bewirkt eine Erhöhung von $-p$, T, μ, $-\mathcal{A}$ in der Umgebung eine Vergrößerung von V, S, n, ξ im System.

Quantitativ werden die Hauptwirkungen durch *Koeffizienten* (auch *Beiwerte* genannt) beschrieben. Streng genommen handelt es sich bei den fraglichen Koeffizienten um Differenzialquotienten, die in Zähler und Nenner einander zugeordnete Hauptgrößen enthalten. Um sie leichter zitieren zu können, wollen wir sie und ihre Abkömmlinge, die sich nur durch gewisse Vorfaktoren von ihnen unterscheiden, als *Hauptmaße* bezeichnen. Vereinfachend können wir statt Differenzialquotienten auch Differenzenquotienten verwenden, wenn wir nur kleine Änderungen zulassen. Um die Hauptwirkung der Erhöhung der Temperatur z. B. auf das obige DE DONDERsche System zu kennzeichnen, können etwa folgende Koeffizienten dienen, die wir bereits als *Entropiekapazitäten* kennengelernt haben (Abschnitt 3.9):

$$\left(\frac{\partial S}{\partial T}\right)_{p,\xi}, \ \left(\frac{\partial S}{\partial T}\right)_{V,\xi}, \ \left(\frac{\partial S}{\partial T}\right)_{p,\mathcal{A}}, \ \dots \text{ oder auch } \left(\frac{\Delta S}{\Delta T}\right)_{p,\xi}, \ \left(\frac{\Delta S}{\Delta T}\right)_{V,\xi}, \ \left(\frac{\Delta S}{\Delta T}\right)_{p,\mathcal{A}}, \ \dots.$$

Der erste Koeffizient – der häufigste Fall – beschreibt, wie viel Entropie ΔS zufließt, wenn man die Temperatur außen (und als Folge des Entropiezuflusses auch innen) um ΔT erhöht, wobei jedoch Druck p und Stand ξ der Umsetzung konstant gehalten werden. Beim zweiten Koeffizienten wird das Volumen statt des Druckes fest gehalten (was nur gut gelingt, wenn zum System ein Gas gehört). Der dritte Koeffizient kennzeichnet im Fall $\mathcal{A} = 0$ den Entropiezuwachs bei *während Gleichgewicht*, z. B. bei der Erwärmung von Stickstoffdioxid (NO_2) (siehe dazu auch Versuch 9.3) oder Essigsäuredampf (CH_3COOH), beides Gase, in denen die Moleküle teilweise als Dimere vorliegen. Multipliziert mit T stellen die Koeffizienten *Wärmekapazitäten* dar (die isobaren C_p bei konstantem Druck, die isochoren C_V bei konstantem Volumen usw.). Es ist üblich, die Koeffizienten auf die „Größe" des Systems zu beziehen, etwa die Masse oder die Stoffmenge. Die entsprechenden Werte sind dann in Tabellenwerken aufgeführt, im obigen Fall etwa als spezifische (massenbezogene) oder molare (stoffmengenbezogene) Wärmekapazitäten. Den Zusatz „isobar" nennen und den Index p schreiben wir nur mit, wenn dies der Deutlichkeit halber nötig sein sollte. Wenn diese Attribute fehlen, sind als Regelfall immer die isobaren Koeffizienten gemeint:

$$C = T\left(\frac{\partial S}{\partial T}\right)_{p,\xi}, \qquad c = \frac{T}{m}\left(\frac{\partial S}{\partial T}\right)_{p,\xi}, \qquad C_\mathrm{m} = \frac{T}{n}\left(\frac{\partial S}{\partial T}\right)_{p,\xi}. \qquad (9.7)$$

(„globale")   spezifische   molare   [isobare] Wärmekapazität.

Nebenwirkungen. Mit der Änderung eines Hauptgrößenpaares sind immer mehr oder minder große *Nebenwirkungen*, d. h. Wirkungen auf andere Hauptgrößen, verbunden. Fast alle Körper suchen sich bei der Zufuhr von Entropie S auszudehnen. Das Volumen V nimmt zu, sofern man den Druck p konstant hält. Wenn man die Ausdehnung behindert, dann steigt der Druck im Innern. S und V sind hier *gleichsinnig gekoppelt*, was wir durch die Schreibweise $S \uparrow\uparrow V$ andeuten wollen (lies: S gleichsinnig zu V). Die Beziehung gilt wechselseitig. Wird das Volumen V vergrößert, dann sucht der Körper auch S zu vergrößern, indem er Entropie aus der Umgebung aufnimmt. Wird die Aufnahme behindert, dann sinkt die Temperatur T. Die Materie verhält sich hier, wie schon früher angemerkt, ähnlich wie ein Schwamm dem Wasser gegenüber. Sie „quillt", wenn sie Entropie aufnimmt, und gibt diese beim Zusammenpressen wieder ab. Es gibt nur wenige Ausnahmen. Eiswasser – damit ist Wasser zwischen 0 und 4 °C gemeint – ist das Paradebeispiel hierfür. Hier ist die Kopplung *gegensinnig*, $S \uparrow\downarrow V$. Wird Eiswasser gepresst, wird es kälter, sodass Entropie aus der Umgebung zuzufließen beginnt; wird es wieder entspannt, wird es wärmer, und die Entropie fließt wieder zurück.

Eine wechselseitige Beziehung dieser Art zwischen V und S nennen wir *mechanischthermische* oder kurz *V-S-Kopplung*. In ähnlicher Weise beeinflussen sich alle Hauptgrößenpaare untereinander. Veränderungen an einer Stelle verursachen fast immer Nebenwirkungen an anderer Stelle. Eine *Kopplung* zweier Vorgänge, bei denen der eine den anderen erleichtert, bezeichnen wir als *gleichsinnig*. Erschwert hingegen ein Vorgang den anderen, sprechen wir von *gegensinniger Kopplung*. Dabei wird immer das Verhalten der „lageartigen" Partner zweier Hauptgrößenpaare verglichen, nicht der „kraftartigen".

Auch die Nebenwirkungen werden quantitativ durch Koeffizienten beschrieben, nur dass im Zähler und Nenner nun nicht zusammengehörige Hauptgrößen auftreten. Entsprechend groß ist daher die Anzahl der möglichen Koeffizienten. So kann z. B. die erste der oben beschriebenen Nebenwirkungen, die von S auf V, durch die folgenden Differenzialquotienten beschrieben werden (obere Zeile) und die umgekehrte, die von V auf S, durch die in der Zeile darunter:

$$\left(\frac{\partial V}{\partial S}\right)_{p,n} \quad \text{oder} \quad \left(\frac{\partial p}{\partial S}\right)_{V,n}, \quad \text{aber auch} \quad \left(\frac{\partial V}{\partial T}\right)_{p,n} \quad \text{oder} \quad \left(\frac{\partial p}{\partial T}\right)_{V,n},$$

$$\left(\frac{\partial S}{\partial V}\right)_{T,n} \quad \text{oder} \quad \left(\frac{\partial T}{\partial V}\right)_{S,n}, \quad \text{aber auch} \quad \left(\frac{\partial S}{\partial p}\right)_{T,n} \quad \text{oder} \quad \left(\frac{\partial T}{\partial p}\right)_{S,n}.$$

Zwischen den Koeffizienten dieser Art, die wir *Nebenmaße* nennen wollen, bestehen nun zahlreiche Querbeziehungen, mit denen wir uns im Folgenden befassen wollen.

Der Energieerhaltungssatz verlangt, dass die beiderseitige Beeinflussung symmetrisch ist und damit gewisse Koeffizienten, die diese Wirkungen beschreiben, gleich sein müssen (*mechanisch-thermische Querbeziehung*). Entsprechendes gilt für alle Nebenwirkungen.

9.2 Mechanisch-thermische Querbeziehungen

Einführendes Beispiel. Wir wollen zunächst die Wechselbeziehungen zwischen mechanischen und thermischen Veränderungen an einem Körper untersuchen, also vorerst von chemischen Veränderungen absehen (n bzw. ξ bleibt stets konstant).

Von den vielen bestehenden Querbeziehungen sei hier eine der wichtigsten herausgegriffen:

$$\left(\frac{\partial S}{\partial(-p)}\right)_{T,\xi} = \left(\frac{\partial V}{\partial T}\right)_{p,\xi} \quad \text{oder} \quad \left(\frac{\partial S}{\partial p}\right)_{T,\xi} = -\left(\frac{\partial V}{\partial T}\right)_{p,\xi}. \quad (9.8)$$

Sie gehört zu den sogenannten *MAXWELLschen Beziehungen*. Die Schreibweise links lässt das noch zu besprechende Bildungsgesetz besser erkennen, die rechts entspricht der gängigen Fassung. Der Koeffizient ganz links in der obigen Formelzeile beschreibt die Entropieaufnahme bei Entspannung (Druckerniedrigung), multipliziert mit T die entsprechende Wärmeaufnahme; der rechte daneben, geteilt durch V, ist der *thermische Volumenausdehnungskoeffizient* γ,

$$\gamma = \frac{1}{V}\left(\frac{\partial V}{\partial T}\right)_{p,\xi}, \quad (9.9)$$

der für reine Stoffe vielfach tabelliert ist. γ beschreibt also nicht nur die relative Volumenzunahme eines Körpers beim Erwärmen, sondern zugleich auch die beim Zusammenpressen je Volumeneinheit abgegebene Entropiemenge.

MAXWELL-*Verfahren.* Von den verschiedenen Verfahren der Herleitung wollen wir uns das von dem schottischen Physiker James Clerk MAXWELL benutzte anschauen, das zwar recht umständlich ist, aber den Zusammenhang mit dem Energieerhaltungssatz am deutlichsten erkennen lässt. Hierzu berechnen wir die Energiebilanz für den folgenden Kreisprozess, in dem alle Änderungen klein zu denken sind (die Kurven erscheinen dadurch als kurze Geradenstücke) und die Umsetzung gehemmt sein soll (ξ konstant):

(1) Expansion des Körpers durch Druckänderung um $\Delta(-p)$ bei konstanter Temperatur, wie es der erste Koeffizient verlangt, wobei die Entropie $\Delta S = (\Delta S/\Delta(-p))_{T,\xi} \cdot \Delta(-p)$ aufgenommen wird.

(2) Erwärmen des Körpers um ΔT bei konstantem Druck $(p - \Delta p)$, wie es der zweite Koeffizient fordert. Hierbei wächst das Volumen um $\Delta V = (\Delta V/\Delta T)_{p,\xi} \cdot \Delta T$.

(3) „Umkehr" von Schritt 1: Kompression des Körpers mit Δp, während die Temperatur konstant auf $T + \Delta T$ gehalten und die Entropie ΔS abgegeben wird.

(4) „Umkehr" von Schritt 2: Abkühlen des Körpers um ΔT bei festem Druck, wodurch V wieder den ursprünglichen Wert annimmt und der Ausgangszustand erreicht wird; der Kreisprozess ist geschlossen.

Wir können nun den Vorgang schematisch in einem sogenannten (T,S)-Diagramm darstellen, in dem die Temperatur T und die Entropie S aufgetragen sind (Abb. 9.2 a), sowie in einem $(-p,V)$-Diagramm, in dem der negative Druck $(-p)$ und das Volumen V auftreten (Abb. 9.2 b).

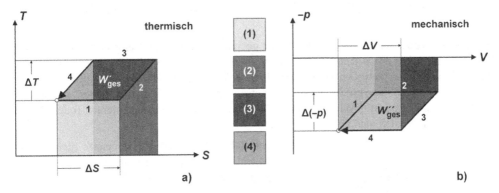

Abb. 9.2 a) Kreisprozess im (T,S)- und b) im $(-p,V)$-Diagramm. Die einzelnen Schritte sind durch unterschiedliche Graustufen gekennzeichnet.

Die bei jedem Schritt dem Körper auf thermischem Wege zugeführte Energie W' (links) bzw. die auf mechanischem Wege W'' (rechts) hineingelangte entspricht dem Betrage nach dem Inhalt der Fläche unter dem jeweils durchlaufenen Kurvenstück. Der Aufwand ist positiv zu rechnen bei einer Bewegung in Richtung der Abszissenachse, wenn also S bzw. V zunimmt, und negativ bei einer Bewegung in Gegenrichtung. Bei Flächen unterhalb der Abszissenachse ist das Vorzeichen zu wechseln. Schauen wir uns dies anhand des linken Teilbildes etwas genauer an. Der gesamte Energieaufwand setzt sich aus vier Beiträgen zusammen:

$$W'_{\text{ges}} = W'_1 + W'_2 + W'_3 + W'_4 \, .$$

Da W'_2 und W'_4 gleich groß sind, aber verschiedenes Vorzeichen besitzen, heben sich diese Beiträge heraus. Wegen $W'_1 = T \cdot \Delta S$ und $W'_3 = -(T + \Delta T) \cdot \Delta S$ ergibt sich:

$$W'_{ges} = T \cdot \Delta S - (T + \Delta T) \cdot \Delta S = -\Delta T \cdot \Delta S \,.$$

Damit entspricht W'_{ges} der beim Kreisprozess im (T, S)-Diagramm umlaufenen, in diesem Fall als Parallelogramm erscheinenden Fläche, die hier negativ anzusehen ist. Ganz analog können wir die auf mechanischem Wege zugeführte Energie berechnen, nur dass jetzt die Beiträge W''_1 und W''_3 einander aufheben. Es verbleibt der Beitrag im zweiten Schritt, der sich zu $[-p + \Delta(-p)] \cdot \Delta V$ ergibt, sowie der im vierten Schritt mit $-(-p) \cdot \Delta V$:

$$W''_{ges} = [-p + \Delta(-p)] \cdot \Delta V - (-p) \cdot \Delta V = \Delta(-p) \cdot \Delta V \,.$$

Die aufgewandte Energie entspricht also im thermischen Fall $-\Delta T \cdot \Delta S < 0$, im mechanischen $\Delta(-p) \cdot \Delta V > 0$. Da Energie weder erschaffen noch vernichtet werden kann, muss die Summe beider Energiebeiträge verschwinden, d. h. es gilt

$$-\Delta T \cdot \Delta S + \Delta(-p) \cdot \Delta V = 0 \qquad \text{bzw. umgeformt} \qquad \Delta S / \Delta(-p) = \Delta V / \Delta T \,.$$

Wir können noch die Indizes ergänzen – der Druck sollte ja bei konstanter Temperatur und die Temperatur bei konstantem Druck geändert werden, während ξ dabei stets konstant war – und die Δ-Zeichen durch „d" bzw. „∂" ersetzen, da wir ja nur kleine Änderungen betrachtet haben, womit sich die gesuchte Gleichung (9.8) ergibt:

$$\left(\frac{\Delta S}{\Delta(-p)} \right)_{T,\xi} = \left(\frac{\Delta V}{\Delta T} \right)_{p,\xi} \qquad \text{und schließlich} \qquad \left(\frac{\partial S}{\partial p} \right)_{T,\xi} = -\left(\frac{\partial V}{\partial T} \right)_{p,\xi} \,.$$

Stürzregel. Außer durch Energiebilanzen an geeigneten Kreisprozessen sind die Querbeziehungen unmittelbar durch eine Rechenoperation erhältlich, die wir als „*Stürzen*" bezeichnen. Die *Stürzregel* kann natürlich mathematisch hergeleitet werden (siehe Ende des Kapitels), doch wollen wir sie hier im Sinne einer Arbeitsanweisung, eines „Kochrezeptes" einführen. Hier nun unser „Rezept": Man „nehme" den fraglichen Differenzialquotienten (oder Differenzenquotienten), den man umformen möchte,

1) vertausche Zähler und Nenner und ersetze gleichzeitig die dort stehenden Hauptgrößen durch den jeweils zugehörigen Partner,

2) wechsle das Vorzeichen, wenn im Zähler und Nenner gleichartige Größen stehen,

3) füge alle im ursprünglichen Ausdruck ungepaart vorkommenden Hauptgrößen als Index an (und zusätzlich diejenigen Hauptgrößenpaare, die ganz darin fehlen).

Die für uns wichtigsten Hauptgrößenpaare, die beim ersten Schritt ihren Partner wechseln, sind $-p \leftrightarrow V$, $T \leftrightarrow S$, $\mu_i \leftrightarrow n_i$, $-\mathcal{A} \leftrightarrow \xi$, ... , wobei man das Vorzeichen nicht vergessen darf. Ob man es dem einen oder anderen Partner zuordnet, macht hier keinen Unterschied. Mit „gleichartigen" Hauptgrößen ist gemeint, dass sie beide entweder „lagerartig" oder beide „kraftartig" sind. „Ungepaart" heißt, dass der zugehörige Partner fehlt. Der eingeklammerte

Zusatz beim Schritt 3 kommt nur bei seltenen, ziemlich exotischen Koeffizienten zum Tragen, sodass man ihn auch gern vernachlässigen kann.

Als Endergebnis dieser Operation, angewandt auf ein Nebenmaß, erhält man einen neuen (gleichgroßen) Differenzialquotienten und damit eine der interessierenden Querbeziehungen. Doch schauen wir uns die Vorgehensweise am besten einmal an unserem handfesten Beispiel genauer an. Wir wollen also wieder von dem Differenzialquotienten $(\partial S/\partial(-p))_{T,\xi}$ ausgehen.

1) Dem S ist das T und dem $(-p)$ das V zugeordnet. Demnach gehört im gestürzten Differenzialquotienten T in den Nenner und V in den Zähler.

2) Das Vorzeichen bleibt positiv, da T eine „kraftartige" und V eine „lageartige" Größe ist.

3) p und ξ sind im ursprünglichen Ausdruck ungepaart [da die zugehörigen Partner V und $(-\mathcal{A})$ fehlen] und damit in den neuen Index einzusetzen. Zusätzliche Paare sind nicht anzufügen, da jedes der Hauptgrößenpaare mit wenigstens einer Größe im betrachteten Koeffizienten vertreten ist.

$$\left(\frac{\partial S}{\partial(-p)}\right)_{T,\xi} \overset{1)}{\times} \left(\frac{\partial V}{\partial T}\right) \overset{2)}{\longrightarrow} \left(\frac{\partial V}{\partial T}\right) \overset{3)}{\longrightarrow} \left(\frac{\partial V}{\partial T}\right)_{p,\xi}.$$

Durch Stürzen ist die Querbeziehung, die, wie erwähnt, zu den sogenannten MAXWELLschen Beziehungen zählt, unmittelbar erhältlich. Ein Hauptmaß gestürzt, reproduziert dieses im Allgemeinen und bringt daher nichts Neues, wie man sich leicht überzeugen kann:

$$\left(\frac{\partial S}{\partial T}\right)_{p,\xi} \overset{1)}{\times} \left(\frac{\partial S}{\partial T}\right) \overset{2)}{\longrightarrow} \left(\frac{\partial S}{\partial T}\right) \overset{3)}{\longrightarrow} \left(\frac{\partial S}{\partial T}\right)_{p,\xi}.$$

9.3 Querbeziehungen für chemische Größen

Dass Druck und Temperatur die chemischen Potenziale der Stoffe und damit auch den Antrieb von Stoffumbildungen beeinflussen, können wir als Folge der Kopplung mechanischer, thermischer und chemischer Größen auffassen. Die Kopplung zwischen Volumen V bzw. Entropie S und den Stoffmengen n_i ist bis auf seltene Ausnahmen gleichsinnig, $V\uparrow\uparrow n_i$ und $S\uparrow\uparrow n_i$. Dagegen ist bei der Kopplung zwischen V und ξ und ebenso zwischen S und ξ keine Richtung bevorzugt, da Ausgangs- und Endstoffe ihre Rollen tauschen können, je nachdem, welche Umsatzformel man wählt.

In der Chemie sind die am häufigsten benutzten Zustandsparameter T, p, n oder ξ. Daher sind die Koeffizienten, in denen diese Größen zur Kennzeichnung von Zustandsänderungen benutzt werden, am wichtigsten und nur diese werden im Folgenden besprochen. Die Querbeziehungen werden in zwei Schreibweisen angegeben, zum einen ausgedrückt durch die Hauptgrößen, zum anderen durch die bisher benutzten Formelzeichen.

S-n-Kopplung. Wenden wir uns zunächst dem Temperaturkoeffizienten α des chemischen Potenzials zu, den wir nun als Differenzialquotienten formulieren wollen: $(\partial\mu/\partial T)_{p,n}$. Zur Übung wollen wir nochmals die Vorgehensweise, d. h. das „Stürzen", ausführlich zeigen:

1) Dem μ ist das n und dem T das S zugeordnet, d. h. im gestürzten Differenzialquotienten steht n im Nenner und S im Zähler.

2) Das Vorzeichen ist zu ändern, da sowohl n als auch S eine „lageartige" Größe ist.

3) T und p sind im ursprünglichen Ausdruck ungepaart und daher in den neuen Index einzusetzen:

$$\left(\frac{\partial \mu}{\partial T}\right)_{p,n} \xrightarrow{1)} \left(\frac{\partial S}{\partial n}\right) \xrightarrow{2)} -\left(\frac{\partial S}{\partial n}\right) \xrightarrow{3)} \left(\frac{\partial S}{\partial n}\right)_{T,p} .$$

Wir erhalten also letztendlich:

$$\left(\frac{\partial \mu}{\partial T}\right)_{p,n} = -\left(\frac{\partial S}{\partial n}\right)_{T,p} . \tag{9.10}$$

Dieselbe Prozedur, angewandt auf einen Bestandteil (1) eines Gemisches aus zwei Stoffen (1 und 2, Hauptgleichung $\mathrm{d}W = -p\mathrm{d}V + T\mathrm{d}S + \mu_1\mathrm{d}n_1 + \mu_2\mathrm{d}n_2$) ergibt:

$$\left(\frac{\partial \mu_1}{\partial T}\right)_{p,n_1,n_2} \xrightarrow{1)} \left(\frac{\partial S}{\partial n_1}\right) \xrightarrow{2)} -\left(\frac{\partial S}{\partial n_1}\right) \xrightarrow{3)} -\left(\frac{\partial S}{\partial n_1}\right)_{T,p,n_2} , \text{ also}$$

$$\left(\frac{\partial \mu_1}{\partial T}\right)_{p,n_1,n_2} = -\left(\frac{\partial S}{\partial n_1}\right)_{T,p,n_2} . \tag{9.11}$$

Dies sind weitere wichtige Querbeziehungen, analog denen, die MAXWELL hergeleitet hat. Die Ausdrücke rechts sind die molaren Entropien des Stoffes im reinen Zustand S_m oder im Gemisch $S_{m,1}$. Positives S_m bedeutet, dass gleichzeitig Entropie einzuströmen sucht, wenn ein Stoff in den Körper eindringt, oder dass die Temperatur fällt, wenn man den Entropiezufluss unterbindet. Da wir keine Wände kennen, die einen Stoff, aber keine Entropie durchlassen, ist der Effekt nicht direkt beobachtbar. Er macht sich aber bemerkbar, wenn ein Stoff im Innern gebildet wird. Da dies nur möglich ist, wenn dafür ein anderer Stoff verschwindet, hat man es immer mit zweien oder mehreren dieser Effekte zu tun, die sich additiv oder subtraktiv überlagern. Eine Erhöhung der Temperatur vergrößert nicht nur die Entropie, sondern begünstigt damit auch die Stoffaufnahme, erniedrigt also das Potenzial, sofern man keine Materie nachfließen lässt. Die Aussagen der Querbeziehungen sind einfach, aber vielleicht auch überraschend. So beschreibt die molare Entropie neben dem Entropieanspruch des betrachteten Stoffes, wie wir zeigen konnten, auch den negativen Temperaturkoeffizienten α seines chemischen Potenzials:

$$\alpha = -S_m \qquad \text{oder allgemeiner} \qquad \alpha_i = -S_{m,i} . \tag{9.12}$$

Aus diesem Zusammenhang ergibt sich zwanglos die Tatsache, dass α für reine Stoffe immer und für gelöste fast immer negativ ist, da die molare Entropie so gut wie immer positiv ist. Außerdem ist die molare Entropie einer Flüssigkeit größer als die eines Feststoffes und die molare Entropie eines Gases wiederum sehr viel größer als die einer Flüssigkeit, was zu der in Abschnitt 5.2 vorgestellten Reihung

$$\alpha(\mathrm{B}|\mathrm{g}) \ll \alpha(\mathrm{B}|\mathrm{l}) < \alpha(\mathrm{B}|\mathrm{s}) < 0$$

führt. Auch der Verlauf der $\mu(T)$-Kurve in Abbildung 5.1 kann nun näher begründet werden: Sie beginnt mit waagerechter Tangente, sofern der Entropieinhalt für $T = 0$ verschwindet, wie es gemäß dem 3. Hauptsatz sein sollte, und fällt dann, immer steiler werdend, ab. Für Gase und Stoffe in dünner Lösung ist dieser Abfall wegen ihres größeren Entropieinhaltes rascher als für reine kondensierte Substanzen (Feststoffe und Flüssigkeiten).

Mit Hilfe der Beziehung (9.10) können wir auch Gleichung (8.10) herleiten. Für das chemische Potenzial eines Stoffes in einer Lösung gilt die Massenwirkungsgleichung 1 [Gleichung (6.4) (oder eine ihrer Varianten)]:

$$\mu = \mu_0 + RT \ln \frac{c}{c_0} .$$

Die Ableitung nach T,

$$\left(\frac{\partial \mu}{\partial T} \right)_{p,n} = \left(\frac{\partial \mu_0}{\partial T} \right)_{p,n} + R \ln \frac{c}{c_0}$$

stellt die negative molare Entropie der Substanz dar, solange der Druck und die Stoffmenge konstant gehalten werden. Wir erhalten also

$$-S_m = -S_{m,0} + R \ln \frac{c}{c_0}$$

oder auch

$$S_m = S_{m,0} - R \ln \frac{c}{c_0} ,$$

was Gleichung (8.10) entspricht.

S-ξ-Kopplung. Ganz entsprechend können wir durch Stürzen auch den Temperaturkoeffizienten α des Antriebs einer Umsetzung oder irgendeiner anderen Art der Stoffumbildung umrechnen, ausgehend von der Hauptgleichung (9.5), $dW = -pdV + TdS - \mathcal{A}d\xi$:

$$\left(\frac{\partial(-\mathcal{A})}{\partial T} \right)_{p,\xi} = -\left(\frac{\partial S}{\partial \xi} \right)_{T,p} \quad \text{bzw.} \quad \left(\frac{\partial \mathcal{A}}{\partial T} \right)_{p,\xi} = \left(\frac{\partial S}{\partial \xi} \right)_{T,p} . \tag{9.13}$$

α entspricht somit der im Abschnitt 8.5 vorgestellten molaren Reaktionsentropie $\Delta_R S$ oder, allgemeiner gesagt, der entsprechenden Umbildungsentropie $\Delta_\rightarrow S$:

$$\alpha = \Delta_R S \quad \text{bzw.} \quad \alpha = \Delta_\rightarrow S . \tag{9.14}$$

Wir sehen daraus, dass der Antrieb einer endotropen Reaktion ($\Delta_R S > 0$) mit zunehmender Temperatur wächst, $\alpha > 0$. Befindet sich die Reaktion im Gleichgewicht, $\mathcal{A} = 0$, dann führt eine Erwärmung dazu, dass der Antrieb $\mathcal{A}$ positiv wird und der Vorgang weiter vorangetrieben wird zugunsten der Endstoffe. Das gilt insbesondere für die gängigen Phasenumwandlungen wie Schmelzen, Sieden, Sublimieren, die alle endotrop sind. Für eine exotrope Reaktion gilt das Gegenteil. Ist der Antrieb anfangs null (Gleichgewichtsfall), wird er mit wachsendem T negativ und das Gleichgewicht wird in Richtung der Ausgangsstoffe verlagert.

Da im Gleichgewicht der Antrieb verschwindet, fallen die Begriffe endotrop und endotherm sowie exotrop und exotherm zusammen (vgl. Abschnitt 8.7), sodass man sie gegeneinander austauschen kann. Abseits des Gleichgewichtes trifft das nicht zu und kann zu Fehlern führen. So werden Gleichgewichtskonstanten aus Daten berechnet, die für (oft idealisierte) Zustände gelten, die meist weit ab vom Gleichgewicht liegen. Verwunderlich ist hier eher, dass die unter diesen Umständen beobachteten oder theoretisch berechneten Wärmeeffekte dennoch brauchbare Rückschlüsse auf die Veränderung der Gleichgewichtslage zulassen, wenn auch eingeschränkt. Ein Beispiel mag das Gesagte erläutern (Versuch 9.1).

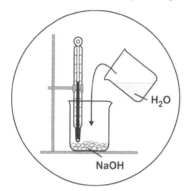

Versuch 9.1 *Zunahme der Löslichkeit mit der Temperatur trotz exothermem Verlauf*: Wenn man gleiche Gewichtsteile festes Natriumhydroxid und Wasser verrührt, ergibt das eine rund 100 °C heiße Lösung. Der Vorgang ist stark exotherm. Andererseits ist das Mengenverhältnis $n(\text{NaOH})$ zu $n(\text{H}_2\text{O})$ in einer gesättigten Lösung bei 100 °C etwa 3-mal so hoch wie bei 25 °C. Die Löslichkeit des NaOH nimmt also beim Erwärmen stark zu.

Während die Bildung einer dünnen oder konzentrierten Lösung aus reinem Wasser und festem NaOH exotherm verläuft, ist die Auflösung von NaOH in einer (fast) gesättigten Natronlauge ein endothermer (endotroper) Vorgang. Nur dieser Effekt ist für die Verschiebung der Gleichgewichtslage maßgeblich.

Das Verhalten *qualitativ* richtig vorherzusagen, also nur anzugeben, ob der Antrieb beim Erwärmen zu- oder abnimmt oder das Gleichgewicht vorwärts oder rückwärts verlagert wird, das hätten wir uns aufgrund der Kopplungsvorstellung auch ohne Rechnung überlegen können. Denken wir uns eine endotrope Reaktion. Dann sind S und ξ gleichsinnig gekoppelt ($S\uparrow\uparrow\xi$). Wenn ξ zunimmt, tut es auch S und umgekehrt, wenn S zunimmt, tut es auch ξ. Herrscht also Gleichgewicht, dann wird es bei Erwärmung (S-Zunahme) vorwärts verlagert.

Die Kopplung ist jedoch nicht starr. Die Änderung der zweiten Größe als Folge der Änderung der ersten kann durch andere Einwirkungen überspielt werden. So kann die Reaktion blockiert und damit die Konstanz von ξ erzwungen sein. In diesem Fall macht sich eine Entropiezufuhr (Erwärmung) in einer Zunahme von $\mathcal{A}$ bemerkbar, sodass zwar ξ selbst nicht größer wird, aber der Antrieb hierfür verstärkt wird. Wir kommen zu dem Schluss: Erwärmung verstärkt den Antrieb einer endotropen Reaktion.

Auch für den Umkehreffekt gilt etwas Ähnliches. Die Entropiezufuhr kann blockiert sein, sodass S sich nicht ändern kann. Dann würde sich eine Zunahme von ξ in einem Abfall der Temperatur bemerkbar machen, weil die fehlende Entropie nicht nachgeliefert werden kann.

V-n-Kopplung. In analoger Weise wie der Temperaturkoeffizient α kann auch der Druckkoeffizient β des chemischen Potenzials hergeleitet werden. Wir erhalten, ausgehend von der Hauptgleichung für eine reine Phase $dW = -p\,dV + T\,dS + \mu\,dn$ durch Stürzen mit

$$\left(\frac{\partial \mu}{\partial(-p)}\right)_{T,n} = -\left(\frac{\partial V}{\partial n}\right)_{T,p} \tag{9.15}$$

bzw. ausgehend von der Hauptgleichung $dW = -p\,dV + T\,dS + \mu_1\,dn_1 + \mu_2\,dn_2$ für ein Gemisch zweier Stoffe (1 und 2) mit

$$\left(\frac{\partial \mu}{\partial(-p)}\right)_{T,n_1,n_2} = -\left(\frac{\partial V}{\partial n_1}\right)_{T,p,n_2} \tag{9.16}$$

eine weitere Querbeziehung. Wächst das Volumen eines Körpers bei der Zufuhr eines Stoffes, ist also das molare Volumen V_m [$= (\partial V/\partial n)_{p,T}$] dort positiv, dann wird eine Drucksteigerung die Stoffaufnahme erschweren, der Energieaufwand dafür wächst. Das zugehörige Potenzial steigt. V_m bedeutet also nicht nur den Raumanspruch eines Stoffes, sondern auch den Druckkoeffizienten seines Potenzials:

$$\boxed{\beta = V_m} \quad \text{oder allgemeiner} \quad \boxed{\beta_i = V_{m,i}} \quad . \tag{9.17}$$

Da die molaren Volumen reiner Stoffe grundsätzlich und die gelöster Stoffe fast immer positiv sind, weist auch der Druckkoeffizient nahezu stets ein positives Vorzeichen auf. Das molare Volumen von Gasen ist nun, wie besprochen (Abschnitt 8.2), etwa um den Faktor 1000 größer als das von kondensierten Phasen (Flüssigkeiten und Feststoffe). Für die meisten Substanzen ist wiederum das molare Volumen der flüssigen Phase größer als das der festen, sodass sich insgesamt die Reihung aus Abschnitt 5.3 ergibt:

$$0 < \beta(B|s) < \beta(B|l) <\!<\!<\!< \beta(B|g) .$$

In festen und flüssigen Materiebereichen, in denen das molare Volumen nur wenig vom Druck abhängt ($V_m \approx$ const), steigt μ etwa linear mit p an, anders als in Gasen, wo die $\mu(p)$-Kurve annähernd logarithmisch und viel steiler verläuft (Abb. 5.7).

V-ξ-Kopplung. Der Druckkoeffizient β des Antriebs $\mathcal{A}$ ergibt sich nach demselben Muster wie der Temperaturkoeffizient α, wobei wir dieselbe Hauptgleichung wie dort zugrunde legen: $dW = -p\,dV + T\,dS - \mathcal{A}\,d\xi$. Durch Stürzen erhalten wir:

$$\left(\frac{\partial(-\mathcal{A})}{\partial(-p)}\right)_{T,\xi} = -\left(\frac{\partial V}{\partial \xi}\right)_{T,p} \quad \text{oder} \quad \left(\frac{\partial \mathcal{A}}{\partial p}\right)_{T,\xi} = -\left(\frac{\partial V}{\partial \xi}\right)_{T,p} , \tag{9.18}$$

d. h., der Druckkoeffizient β stimmt mit dem negativen molaren Reaktionsvolumen $\Delta_R V$ überein,

$$\boxed{\beta = -\Delta_R V} \quad . \tag{9.19}$$

Wächst der Raumanspruch während der Reaktion ($\Delta_R V > 0$), dann wird folglich ihr Antrieb $\mathcal{A}$ geschwächt, wenn man die Ausdehnung erschwert, indem man den Druck steigert. Wenn sich bei einer Reaktion dieser Art Gleichgewicht eingestellt hat und damit $\mathcal{A} = 0$ ist, führt Druckerhöhung dazu, dass $\mathcal{A}$ negativ wird und der Vorgang damit rückwärts zu laufen beginnt.

Ohne Rechnung erhalten wir qualitativ dasselbe Ergebnis, wenn wir V und ξ als gekoppelte Größen betrachten. Ist die Kopplung gleichsinnig, $V\!\uparrow\!\uparrow\!\xi$, dann vermindert erhöhter Druck das Volumen und damit auch ξ, sofern der Vorgang nicht gehemmt ist.

n-n-Kopplung. Grundsätzlich kann zwischen zwei beliebigen „lageartigen" Größen eine Kopplung bestehen, die gleich- oder gegensinnig sein kann. Einen Effekt, der auf der Kopplung zweier Stoffmengen n_1 und n_2 beruht, genauer gesagt auf ihrer gegensinnigen Kopplung ($n_1\!\uparrow\!\downarrow\!n_2$), zeigt Versuch 9.2.

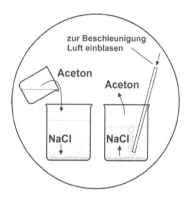

Versuch 9.2 *Ausfällen von Kochsalz durch Acetonzugabe*: Tropft man in eine nahezu gesättigte wässrige Kochsalzlösung Aceton, dann beginnt das Salz auszufallen. Es löst sich aber nach und nach wieder, wenn das Aceton verdunstet.

Ein kleiner Bodensatz von $PbCl_2$ in einem Becherglas, der sich beim Zusatz von KNO_3 auflöst („Einsalzeffekt") ist hingegen ein Beispiel für gleichsinnige Kopplung ($n_1\uparrow\uparrow n_2$). Als Maß für die Stärke der Wechselwirkung können wir den Potenzialanstieg des ersten Stoffes ansehen, den der zweite verursacht, genauer: den *Verdrängungskoeffizienten* $(\partial\mu_1 / \partial n_2)_{T,p,n_1}$. Der umgekehrte Einfluss, die Verdrängung des zweiten Stoffes durch den ersten, den wir entsprechend durch $(\partial\mu_2/\partial n_1)_{T,p,n_2}$ zu beschreiben haben, ist ebenso groß, wie man durch Stürzen sofort zeigen kann:

$$\left(\frac{\partial\mu_1}{\partial n_2}\right)_{T,p,n_1} = \left(\frac{\partial\mu_2}{\partial n_1}\right)_{T,p,n_2} . \tag{9.20}$$

Qualitativ kann man den Umkehreffekt an unserem ersten Beispiel leicht zeigen: Aus einer Aceton-Wasser-Mischung im Verhältnis 1:1 scheidet sich das Aceton als zweite Schicht über der Lösung ab, wenn man Kochsalz zusetzt („Aussalzeffekt") (vgl. Versuch 13.5).

Zusammenfassend können wir feststellen: Durch Stürzen sind Querbeziehungen aller Art unmittelbar erhältlich. In diesem Sinne lässt sich die Stürzregel als Merkhilfe für die Gesamtheit aller dieser Beziehungen auffassen. Sie zu nutzen, bringt Vorteile:

- schwerer messbare Koeffizienten sind aus leichter zugänglichen berechenbar;
- für viele Koeffizienten erübrigen sich eigene Formelzeichen. So ist es in der Literatur üblich, in den Endformeln $\alpha, \beta, \alpha, \beta$ durch $-S_m, V_m, \Delta_R S, -\Delta_R V$ zu ersetzen.

LE CHATELIER-BRAUNsches Prinzip oder „Prinzip des kleinsten Zwanges". Dieses bereits am Ende des 19. Jahrhunderts von dem französischen Chemiker Henry Louis LE CHATELIER und dem deutschen Physiker Karl Ferdinand BRAUN aufgestellte „Prinzip" wird in diesem Zusammenhang gern erwähnt. Chemiker benutzen es, um voraussagen zu können, ob der Stand ξ einer Reaktion, die sich im Gleichgewicht befindet, vorwärts oder rückwärts verschoben wird, wenn man gewisse Parameter ändert, insbesondere Druck, Temperatur, die Menge eines Ausgangs- oder Endstoffes usw. Da uns das bisher besprochene Repertoire bereits die gesuchten Antworten liefert, könnten wir dieses „Prinzip" auch gern übergehen. Mehr der Vollständigkeit halber und der Probleme, die es bis heute verursacht, sei dennoch kurz darauf eingegangen. Von den vielen Spielarten, die es gibt, wählen wir eine, die der ursprünglichen Fassung nahe steht, aber durch erläuternde Zusätze [in eckigen Klammern] Missverständnissen besser vorbeugt:

„Wenn man ein im Gleichgewicht befindliches System stört, indem man einen der [„kraft-artigen"] Gleichgewichtsparameter ändert [z. B. den Druck erhöht, indem man das Volu-men verringert], dann antwortet das System mit einer Zustandsänderung [$\Delta\xi$], bei der sich der betreffende Parameter in der entgegengesetzten Richtung ändern würde [d. h. der Druck sinkt, sofern das Volumen während dieses Schrittes konstant gehalten wird]."

Erörtert wird hier, wie das Hauptgrößenpaar $(-\mathcal{A}, \xi)$ mit einem anderen dieser Paare, etwa $(-p, V)$, zusammenwirkt, und zwar für den Sonderfall $\mathcal{A} = \text{const}$ (oder gar $\mathcal{A} = 0$, was aller-dings unnötig speziell ist).

Doch schauen wir uns zur Verdeutlichung ein Beispiel an, die Synthese von Ammoniak aus Stickstoff- und Wasserstoffmolekülen:

$$N_2|g + 3\,H_2|g \rightleftarrows 2\,NH_3|g\,.$$

Auf der linken Seite der Umsatzformel sind mehr Gasmoleküle vertreten (insgesamt 4) als auf der rechten Seite (2). Eine Druckerhöhung wird daher das Gleichgewicht in die Richtung verschieben, die zu einer Verringerung der Teilchenzahl in der Gasphase führt, da dies mit einer Abnahme des Druckes und damit einer Minimierung des Effektes der Kompression verbunden ist. Folglich wird eine höhere Ausbeute an Ammoniak erhalten. Dieser Effekt war in der Tat der Schlüssel zum experimentellen Dilemma des deutschen Chemikers und Nobel-preisträgers Fritz HABER: Erst, indem er die Synthese bei hohen Drücken durchführte, konnte er die Ausbeute an Ammoniak deutlich steigern.

Wenn man sich das Paar $(-p, V)$ durch (T, S) oder (μ, n) ersetzt denkt, wären in der Fassung oben die entsprechenden Textteile sinngemäß zu ersetzen:

„Wenn man ein im Gleichgewicht befindliches System stört, indem man die Temperatur durch Entropiezufuhr erhöht, dann antwortet das System mit einer Zustandsänderung $\Delta\xi$, bei der die Temperatur sinkt (sofern man eine weitere Entropiezufuhr unterbindet)."

„Wenn man ein im Gleichgewicht befindliches System stört, indem man das chemische Potenzial eines der an der Umsetzung beteiligten Stoffe durch Zufuhr von außen erhöht, dann antwortet das System mit einer Zustandsänderung $\Delta\xi$, bei der das Potenzial sinkt (sofern man eine weitere Stoffaufnahme verhindert)."

Das heißt im ersten Fall, dass Temperaturerhöhung das Gleichgewicht einer endotropen Reak-tion in Richtung einer ξ-Zunahme verschiebt, im Fall einer exotropen aber in Gegenrichtung. Das ist ein Ergebnis, das wir längst kennen. Doch wollen wir uns auch hier noch ein Beispiel anschauen, die Reaktion von braunem Stickstoffdioxid zu farblosem Distickstofftetroxid (Versuch 9.3) (vgl. auch Abschnitt 9.1):

$$2\,NO_2|g \rightleftarrows N_2O_4|g\,.$$

Diese Reaktion ist exotrop ($\Delta S^\ominus = -176\,\text{Ct}\,\text{mol}^{-1} < 0$). Wird die Temperatur erhöht, sollte daher das Gleichgewicht in die Richtung von verringertem ξ verschoben werden, d. h. in Richtung der Ausgangsstoffe. Wird hingegen die Temperatur erniedrigt, so wird die Bildung der Endprodukte favorisiert.

Auch im zweiten Fall erhalten wir nichts, was wir nicht bereits wüssten. Zufuhr eines Aus-gangsstoffes, sofern er im System gelöst vorliegt, erhöht sein chemisches Potenzial und treibt daher die Reaktion voran, während die entsprechende Zugabe eines Endstoffes die Reaktion zurücktreibt.

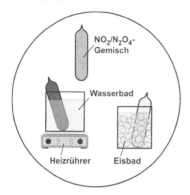

Versuch 9.3 *Stickstoffdioxid-Distickstofftetroxid-Gleichgewicht*: Taucht man eine Glasampulle mit dem leicht bräunlichen Gemisch aus NO_2 und N_2O_4 in ein warmes Wasserbad, so wird die Farbe des Gasgemisches dunkler. Taucht man sie hingegen in eine Kältemischung, so wird die Farbe deutlich heller.

Der Name „Prinzip des kleinsten Zwanges" oder besser „Prinzip der Flucht vor dem Zwang" wird besser verständlich, wenn man als Zwang, der einem System auferlegt wird, die Veränderung eines „kraftartigen" (nicht „lageartigen") Parameters ansieht, dem das System durch Anpassung seines inneren Zustandes auszuweichen oder den es zu mildern trachtet.

Da hier nur qualitative Aussagen gemacht werden, kann man natürlich eine Größe durch eine ihr proportionale oder eine andere mit ihr gleichsinnig veränderliche Größe ersetzen. So kann man den Druck durch die Dichte, das chemische Potenzial durch die Konzentration, die zugeführte Entropie durch die zugeführte Wärme oder einen entsprechenden Zuwachs einer anderen passenden Zustandsgröße ersetzen. Aber das Bemühen, alle solche Varianten einzubeziehen, macht die Formulierung des Satzes schwierig und undurchsichtig. Es hat überdies dazu geführt, dass auch Erscheinungen einbezogen worden sind, die zwar ähnlich scheinen, aber dennoch nicht dazu gehören, und zugleich weitere Beispiele geliefert, wo das „Prinzip" vermeintlich versagt.

Kopplungen zwischen mehreren Größenpaaren. Das Verhalten vorauszusagen, wird schwieriger, wenn man es nicht nur mit einer Kopplung zwischen zwei Größenpaaren zu tun hat, sondern, sagen wir, zwischen dreien. Wenn man einen gelösten Stoff zusetzt, dann wird gleichzeitig auch das Lösemittel zugegeben, und damit auch das Potenzial aller übrigen gelösten Stoffe verändert. Das Verhalten hatten wir im Abschnitt 6.6 am Beispiel der Bildung des roten Eisenthiocyanatkomplexes genauer besprochen:

$$[Fe(H2O)_6]^{3+}|w + 3\,SCN{-}|w \rightleftarrows [Fe(H2O)_3(SCN)_3]|w + 3\,H_2O|l$$

Die Zugabe der Ausgangsstoffe $Fe(H_2O)_6^{3+}|w$ und $SCN^-|w$ treibt die Reaktion voran, die Zugabe von Wasser jedoch zurück, weil sich die Potenzialsenkung durch die Verdünnung mit Wasser links viermal stärker auswirkt als rechts. Gibt man jedoch z. B. eine zu dünne Lösung von Fe^{3+} hinzu, dann kann der zweite Effekt den ersten überspielen, sodass die Lösung blasser wird statt tiefer rot, wie erwartet.

Von ähnlicher Art ist der Effekt bei Gasreaktionen, wenn man sie bei konstantem Druck ausführt. Zugabe eines Gases, ganz gleich, welcher Art, vergrößert das Volumen und wirkt daher verdünnend auf alle übrigen Gase. Dieser Verdünnungseffekt kann den Potenzialzuwachs bei der Zugabe eines Ausgangsstoffes und damit die erwartete Zunahme des Antriebs $\mathcal{A}$ der betrachteten Reaktion überspielen, sodass der Vorgang zurück- und nicht vorangetrieben wird. Im Fall der Ammoniaksynthese zum Beispiel,

$$N_2|g + 3\,H_2|g \rightleftarrows 2\,NH_3|g\,,$$

führt eine Zugabe von N_2 zu einer höheren Ausbeute an NH_3, wenn der Mengenanteil des Stickstoffs im Reaktionsraum $x(N_2) < \frac{1}{2}$ ist, und zu einer Abnahme, wenn $x(N_2) > \frac{1}{2}$ ist.

9.4 Weitere Anwendungen im mechanisch-thermischen Bereich

Kompressibilität. Abschließen wollen wir das Kapitel mit weiteren Anwendungen aus dem mechanisch-thermischen Bereich. Wir betrachten hier nur den einfachsten Fall, einen ruhenden Körper unter allseitigem Druck p und mit einheitlicher Temperatur T, der nur aus einem Stoff besteht, etwa einen Wassertropfen. Die Hauptgleichung hierfür lautet:

$$dW = -p \cdot dV + S \cdot dT\,. \tag{9.21}$$

Bisher haben wir im Wesentlichen zwei Koeffizienten aus diesem Bereich näher besprochen, die Entropiekapazität $\mathcal{C}$ (Abschnitt 3.9) z. B. in den Spielarten

$$\mathcal{C} = \left(\frac{\partial S}{\partial T}\right)_p\,, \qquad \mathcal{C}_m = \frac{1}{n}\left(\frac{\partial S}{\partial T}\right)_p$$

(„globale")   molare Entropiekapazität

und den „thermischen Volumenausdehnungskoeffizienten" γ (Abschnitt 9.2),

$$\gamma = \frac{1}{V}\left(\frac{\partial V}{\partial T}\right)_p\,. \tag{9.22}$$

Die energetische Variante der Entropiekapazität, die Wärmekapazität $C = T \cdot \mathcal{C}$, von der es wiederum verschiedenerlei Spielarten gibt [Formelzeile (9.7)], benötigen wir nicht.

$\mathcal{C}$ ist eine extensive Größe, die den ganzen Körper betrifft, $\mathcal{C}_m$ und γ sind intensive Größen, Eigenschaften des Stoffes, aus dem der Körper besteht. Eine weitere wichtige Stoffeigenschaft in diesem Zusammenhang ist die (*isotherme*) *Kompressibilität* χ,

$$\chi = -\frac{1}{V}\left(\frac{\partial V}{\partial p}\right)_T\,. \tag{9.23}$$

Sie stellt ein Maß für die Zusammendrückbarkeit eines Materiebereiches dar. Für Gase, die sich ja leicht komprimieren lassen, ist sie besonders groß. Natürlich lassen sich noch andere Differenzialquotienten bilden. Doch genügen die drei Beiwerte $\mathcal{C}_m$, γ und χ bereits, um alle aus den Hauptgrößen gebildeten ersten Ableitungen oder daraus zusammengesetzten Koeffizienten zu berechnen.

Umrechnung von Differenzialquotienten. Dazu benötigen wir zunächst einige weitere Rechenregeln für Differenzialquotienten, im Wesentlichen vier, von denen manche an die üblichen Regeln aus der Bruchrechnung erinnern und sich daher unschwer merken lassen. Wir stellen sie hier, ohne sie herzuleiten, kurz zusammen und zeigen an einigen Beispielen, wie sie zu benutzen sind.

a) *Umkehren* eines Differenzialquotienten:

$$\left(\frac{\partial p}{\partial q}\right)_{r,\dots} = 1\Big/\left(\frac{\partial q}{\partial p}\right)_{r,\dots} .$$

Zähler und Nenner werden wie bei einem Bruch vertauscht, der Index bleibt ungeändert.

b) *Erweitern* eines Differenzialquotienten mit einer neuen Größe (hier *s*):

$$\left(\frac{\partial p}{\partial q}\right)_{r,\dots} = \left(\frac{\partial p}{\partial s}\right)_{r,\dots} \cdot \left(\frac{\partial s}{\partial q}\right)_{r,\dots} .$$

Der Differenzialquotient wird wie ein Bruch mit ∂s erweitert, die Indizes sind in allen Ausdrücken gleich.

c) *Einschieben* einer Größe (hier *r*) aus dem Index eines Differenzialquotienten:

$$\left(\frac{\partial p}{\partial q}\right)_{r,\dots} = -\left(\frac{\partial p}{\partial r}\right)_{q,\dots} \cdot \left(\frac{\partial r}{\partial q}\right)_{p,\dots} .$$

Der Differenzialquotient wird mit ∂r erweitert, das Vorzeichen gewechselt, in den Index wird die jeweils zum vollständigen Satz *p*, *q*, *r*, … fehlende Größe eingefügt.

d) *Auswechseln* einer Größe im Index eines Differenzialquotienten durch eine neue:

$$\left(\frac{\partial p}{\partial q}\right)_{r,\dots} = \left(\frac{\partial p}{\partial q}\right)_{s,\dots} + \left(\frac{\partial p}{\partial s}\right)_{q,\dots} \cdot \left(\frac{\partial s}{\partial q}\right)_{r,\dots} .$$

Um *r* im Index gegen *s* auszuwechseln, schreibt man den Differenzialquotienten mit dem geänderten Index und addiert als „Korrektur" den mit ∂s erweiterten ursprünglichen Ausdruck, wobei im ersten Faktor die neuen Größen *s*, *q*, … als unabhängige Veränderliche auftreten und im zweiten Faktor die alten *q*, *r*, … .

Hinreichend für die Gültigkeit der Rechenregeln ist, dass alle auftretenden Differenzialquotienten auf der linken und rechten Seite sinnvoll sind, das heißt, dass die Größen im Zähler sich wirklich als differenzierbare Funktionen der im Nenner und Index vorkommenden Veränderlichen darstellen lassen.

Von den vier oben genannten Hauptgrößen, $-p$, V, T, S sind $-p$ und T die beiden, die sich am leichtesten einstellen oder vorgeben lassen, sodass sie als unabhängige Veränderliche bevorzugt werden. Diese „bevorzugten" Größen erscheinen im Nenner oder Index derjenigen Differenzialquotienten, die man auch, gegebenenfalls mit gewissen Vorfaktoren versehen, in Tabellen findet. Die drei bereits erwähnten Beiwerte, C_{m}, γ, χ sind von dieser Art. Folglich werden wir versuchen, einen gegebenen Koeffizienten so umzurechnen, dass nur die „bevorzugten" Größen (hier *p* und *T*) im Nenner oder Index des Differenzialquotienten vorkommen, aber nie im Zähler. Wenn wir alle anderen Größen mit a, a', … und die „bevorzugten" mit b, b', … abkürzen (hier haben wir es nur mit zweien dieser Art zu tun, aber das Verfahren bleibt dasselbe, auch wenn es mehr sind), dann läuft die Aufgabe formal darauf hinaus, den gegebenen Differenzialquotienten durch solche von der Art $(\partial a/\partial b)_{b', \ldots}$ zu ersetzen.

Das Augenmerk gilt zunächst dem Quotienten selbst. Danach richtet sich der erste Schritt:

$$\left(\frac{\partial a}{\partial b}\right)_{\ldots}, \qquad \left(\frac{\partial b}{\partial a}\right)_{\ldots}, \qquad \left(\frac{\partial a}{\partial a'}\right)_{\ldots}, \qquad \left(\frac{\partial b}{\partial b'}\right)_{\ldots}.$$

bleibt,   umkehren,   erweitern,   einschieben.

„Erweitert" wird mit einer der Größen b, die im Index nicht vorkommen, und „eingeschoben" wird eine Größe a aus dem Index. Hierbei entstehen zwei neue Differenzialquotienten, von denen der zweite umgekehrt wird mit dem Ergebnis, dass nun alle Quotienten von der gewünschten Gestalt $(\partial a/\partial b)_{\ldots}$ sind. Steht in einem der neuen Ausdrücke im Index noch eine dort unerwünschte Größe a, wird sie gegen eine andere von den „bevorzugten" b, b', … ausgewechselt. Das Verfahren wird wiederholt, bis alle Ausdrücke die Form $(\partial a/\partial b)_{b', \ldots}$ haben.

Spannungskoeffizient. Sehen wir uns die Vorgehensweise an einem konkreten Beispiel an, dem relativen Spannungskoeffizienten β_{r}, der ein Maß dafür ist, wie steil der Druck anwächst, wenn man einen Körper bei konstantem Volumen erwärmt:

$$\beta_{\mathrm{r}} = \frac{1}{p}\left(\frac{\partial p}{\partial T}\right)_V. \qquad (9.24)$$

Er lässt sich durch den thermischen Volumenausdehnungskoeffizienten γ und die Kompressibilität χ ausdrücken,

$$\beta_{\mathrm{r}} = \frac{\gamma}{p\chi}, \qquad (9.25)$$

wobei die folgenden Umformungen zu diesem Endergebnis führten:

$$\beta_{\mathrm{r}} = \frac{1}{p}\left(\frac{\partial p}{\partial T}\right)_V = -\frac{1}{p}\left(\frac{\partial p}{\partial V}\right)_T\left(\frac{\partial V}{\partial T}\right)_p = -\frac{1}{p}\left(\frac{\partial V}{\partial p}\right)_T^{-1}\left(\frac{\partial V}{\partial T}\right)_p = -\frac{1}{p}\cdot\frac{V\gamma}{-V\chi} = \frac{\gamma}{p\chi}.$$

Ein paar Worte zur Erläuterung: Der Ausgangsquotient hat die Gestalt $(\partial b/\partial b')_a$. Die im Index unerwünschte Größe a ist also in den Quotienten einzuschieben, was zu dem negativen Vorzeichen führt. Der erste der beiden neuen Quotienten vom Typ $(\partial b/\partial a)_{b', \ldots}$ wird umgekehrt. Dann haben alle Differenzialquotienten bereits die geforderte Gestalt. Was bleibt, ist, die Ausdrücke noch durch die üblichen Koeffizienten zu ersetzen [siehe Gln. (9.22) und (9.23)].

Differenz der Entropiekapazitäten $\mathcal{C}_p$ und $\mathcal{C}_V$. Als zweites Beispiel wollen wir die Differenz $\mathcal{C}_p - \mathcal{C}_V$ der beiden Entropiekapazitäten $\mathcal{C}_p$ und $\mathcal{C}_V$ berechnen, der gewöhnlichen, isobaren (bei festem Druck) $\mathcal{C} \equiv \mathcal{C}_p$ und der seltener benutzten isochoren (bei festem Volumen) $\mathcal{C}_V$. Die letztere muss, wie angedeutet (Abschnitt 3.9), kleiner sein als die gewöhnliche $\mathcal{C} \equiv \mathcal{C}_p$, da die Entropieaufnahme erschwert wird, falls man die damit gekoppelte Volumenänderung, sei sie positiv oder negativ, behindert. Ganz gleich, ob V und S gleich- oder gegensinnig gekoppelt sind, $V\uparrow\uparrow S$ oder $V\uparrow\downarrow S$, es gilt immer $\mathcal{C}_p \geq \mathcal{C}_V$. Um den Unterschied zu berechnen, müssen wir in der Gleichung

$$\mathcal{C}_p - \mathcal{C}_V = \left(\frac{\partial S}{\partial T}\right)_p - \left(\frac{\partial S}{\partial T}\right)_V$$

im zweiten Differenzialquotienten den Index V durch p ersetzen und die sich weghebenden Glieder streichen:

$$\mathcal{C}_p - \mathcal{C}_V = \left(\frac{\partial S}{\partial T}\right)_p - \left[\left(\frac{\partial S}{\partial T}\right)_p + \left(\frac{\partial S}{\partial p}\right)_T \cdot \left(\frac{\partial p}{\partial T}\right)_V\right] = -\left(\frac{\partial S}{\partial p}\right)_T \cdot \left(\frac{\partial p}{\partial T}\right)_V .$$

Wir könnten die Rechnung hier abbrechen, denn die beiden Differenzialquotienten sind uns bereits bekannt: $(\partial S/\partial p)_T$ entspricht gemäß den Gleichungen (9.8) und (9.9) $-V \cdot \gamma$, $(\partial p/\partial T)_V$ hingegen gemäß (9.24) und (9.25) γ/χ. Wir erhalten damit für die Differenz der Entropiekapazitäten:

$$\mathcal{C}_p - \mathcal{C}_V = V \frac{\gamma^2}{\chi} . \tag{9.26}$$

Wir hätten aber auch einfach fortfahren können mit dem folgenden Ergebnis, in dem alle Differenzialquotienten die angestrebte Form $(\partial a/\partial b)_{b', \ldots}$ haben:

$$\mathcal{C}_p - \mathcal{C}_V = -\left(\frac{\partial S}{\partial p}\right)_T \left(\frac{\partial V}{\partial p}\right)_T^{-1} \left(\frac{\partial V}{\partial T}\right)_p .$$

Nun wissen wir, dass sich manche Differenzialquotienten noch durch Stürzen in einen leichter messbaren überführen lassen, wobei wir nur solche zu prüfen brauchen, die Nebenmaße darstellen und damit irgendwelche Kopplungseffekte quantifizieren. Das betrifft hier den ersten und den letzten Quotienten. Sehen wir uns einfach an, wie sich die Operation auswirkt:

$$\left(\frac{\partial S}{\partial p}\right)_T = \left(\frac{\partial (-V)}{\partial T}\right)_V \qquad \text{und} \qquad \left(\frac{\partial V}{\partial T}\right)_p = \left(\frac{\partial S}{\partial (-p)}\right)_T .$$

Nur das Stürzen des linken Differenzialquotienten lohnt, das des rechten nicht, weil diese Operation nur die Umkehrung der ersten ist. Der letzte Schritt unseres systematischen Rechenganges zur Berechnung eines gegebenen Differenzialquotienten wird also sein, zu prüfen, ob sich durch Stürzen das Ergebnis noch verbessern lässt, und der allerletzte Schritt dann der Ersatz der dann noch vorhandenen Differenzialquotienten durch die gängigen Koeffizienten.

Übrigens lässt sich auch die Stürzregel selbst mit Hilfe der anfangs genannten vier Rechenregeln herleiten. Es gibt bessere Verfahren, aber es lohnt nicht, dass wir uns hier damit befassen. Mathematisch Interessierte seien auf weiterführende Veröffentlichungen verwiesen [Job G (1970) Zur Vereinfachung thermodynamischer Rechnungen. Das „Stürzen" einer partiellen Ableitung. Z Naturforsch 25a:1502–1508; Job G (1972) Neudarstellung der Wärmelehre. Akademische Verlagsgesellschaft, Frankfurt am Main, S 52–56; Hamburger C (2006) Eine Stürzregel für Funktionaldeterminanten. Z Angew Math Phys 57:393–398].

10 Dünne Gase

In diesem Kapitel behandeln wir die speziellen Eigenschaften dünner Stoffe, insbesondere diejenigen dünner Gase. In diesem Zusammenhang wird der Begriff des „idealen Gas" eingeführt. Anschließend wird das *allgemeine Gasgesetz*, eine der am häufigsten zitierten Gleichungen in der physikalischen Chemie, aus experimentellen Beobachtungen abgeleitet, die im 17. bis frühen 19. Jahrhundert gemacht wurden (BOYLE-MARIOTTEsches Gesetz, Gesetz von CHARLES und GAY-LUSSAC, Prinzip von AVOGADRO). Unser Verständnis für diese Beziehungen wird durch eine Einführung in die kinetische Theorie der Gase vertieft. Wir lernen zum Beispiel, wie diese Theorie eingesetzt werden kann, um den Zusammenhang zwischen dem Druck eines Gases und den Teilcheneigenschaften herzustellen. Um die Verteilung der Teilchengeschwindigkeiten in einem Gas zu berechnen (*MAXWELLsche Geschwindigkeitsverteilung*), muss neben der Konzentrationsabhängigkeit des chemischen Potenzials (Massenwirkungsgleichung) noch seine Abhängigkeit von der molaren Energie (Anregungsgleichung) berücksichtigt werden. Der letzte Abschnitt des Kapitels zeigt, wie wir die barometrische Höhenformel und den BOLTZMANNschen Satz herleiten können.

10.1 Einführung

Alle gasigen und gelösten Stoffe zeigen in verdünntem Zustand bemerkenswerte Gemeinsamkeiten. Mit einigen Zügen dieses Verhaltens wollen wir uns in diesem Kapitel beschäftigen. Als Musterbeispiel für die besonderen Eigenschaften *dünner Stoffe* gilt das Verhalten von Gasen. Je dünner ein Gas ist, desto deutlicher treten diese Eigenschaften hervor, die im Grenzfall hoher Verdünnung den Charakter strenger Gesetze annehmen. Das wichtigste von diesen Gesetzen ist das sogenannte *allgemeine Gasgesetz* oder kurz *Gasgesetz*, das auf prägnante Weise eine Reihe wichtiger Eigenschaften in einer einfachen Formel zusammenfasst. Während man z. B. bei festen Stoffen feststellt, dass das Volumen einer abgegrenzten Stoffmenge beim Erwärmen oder Zusammendrücken sich je nach Art des Stoffes einmal mehr und einmal weniger ändert, verhalten sich sämtliche dünnen Gase hier gleich. Die relativen Abweichungen des nach dem allgemeinen Gasgesetz berechneten Volumens vom tatsächlichen Wert liegen bereits unter Zimmerbedingungen für die verschiedensten Gase in der Größenordnung von nur 1 % und streben mit sinkendem Druck p proportional zu p gegen null. Bei Zimmerluft liegen die Abweichungen sogar nur im Promillebereich, sodass die Luft als bequemes Modell für ein dünnes Gas gelten kann.

Wir wollen im Folgenden zunächst kurz die experimentellen Befunde zusammenstellen, die einheitlich für alle *dünnen* Gase gelten, und daraus das allgemeine Gasgesetz herleiten. Dieses soll dann anschließend molekularkinetisch gedeutet werden.

10.2 Allgemeines Gasgesetz

Die Grundlage bildeten die im siebzehnten Jahrhundert von dem anglo-irischen Naturforscher Robert BOYLE durchgeführten Experimente, die mit zu den ersten Ergebnissen der physikali-

© Springer Fachmedien Wiesbaden GmbH, ein Teil von Springer Nature 2021
G. Job und R. Rüffler, *Physikalische Chemie*, Studienbücher Chemie,
https://doi.org/10.1007/978-3-658-32936-5_10

schen Chemie führten. Als im achtzehnten Jahrhundert die Ballonfahrt aufkam, lebte das Interesse an diesen Experimenten wieder auf. So begannen die französischen Wissenschaftler Jacques CHARLES und Joseph-Louis GAY-LUSSAC das Verhalten von Gasen unter verschiedenen Bedingungen zu studieren, um mit diesen Kenntnissen die damals neue Technik beherrschbar zu machen.

BOYLE-MARIOTTEsches Gesetz. BOYLE untersuchte die Änderungen des Gasvolumens in Abhängigkeit vom Druck, wobei die Temperatur konstant gehalten wurde. Wir wollen diese Untersuchung in einem Demonstrationsexperiment nachempfinden (Versuch 10.1).

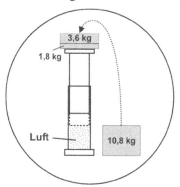

Versuch 10.1 *BOYLE-MARIOTTEsches Gesetz*: Auf den Kolben eines luftgefüllten Plexiglaszylinders werden unterschiedliche Gewichte nach und nach aufeinandergelegt, beginnend mit dem geringsten Gewicht. Bei einem Kolbenquerschnitt von $5{,}3$ cm^2 wächst der Druck durch die Gewichte auf rund 133 kPa, 200 kPa, 400 kPa und das Volumen fällt auf $\frac{3}{4}$, $\frac{1}{2}$, $\frac{1}{4}$ des Ausgangswertes.

BOYLE und nur wenig später der französische Physiker Edme MARIOTTE fanden unabhängig voneinander (und auch wir finden): Das Volumen einer bestimmten Gasmenge ist bei konstanter Temperatur umgekehrt proportional zum Druck (BOYLE-MARIOTTEsches Gesetz):

$$V \sim \frac{1}{p} \qquad \text{(bei konstantem } T \text{ und } n\text{).} \tag{10.1}$$

Verdoppelt man also z. B. den Druck, dann sinkt das Volumen auf die Hälfte. Gase lassen sich so leicht zusammenpressen, weil sich zwischen ihren Teilchen viel freier Raum befindet.

Trägt man das Volumen gegen den Druck auf (Abb. 10.1), so erkennt man, dass die Volumenabnahme bei Druckerhöhung einem hyperbolischen Verlauf folgt.

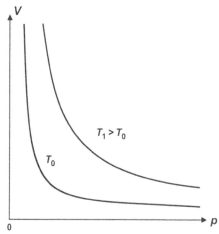

Abb. 10.1 Isothermen eines Gases, das dem BOYLE-MARIOTTEschen Gesetz gehorcht, für zwei verschiedene Temperaturen ($T_1 > T_0$)

Die Kurve wird auch als *Isotherme* bezeichnet, da sie eine Zustandsänderung (hier des Volumens) bei konstanter Temperatur beschreibt. Führt man den Versuch bei verschiedenen Temperaturen durch, erhält man unterschiedliche Isothermen, doch alle folgen dem BOYLE-MARIOTTEschen Gesetz, sind also Hyperbeln.

Gesetz von *CHARLES* und *GAY-LUSSAC*. Auch zwischen dem Volumen eines Gases und der Temperatur ergibt sich ein einfacher Zusammenhang, wenn jetzt der Druck als Parameter konstant gehalten wird (Abb.10.2). Die ersten derartigen Untersuchungen stammen von CHARLES und GAY-LUSSAC. Sie fanden, dass sich das Volumen einer bestimmten Gasmenge linear mit der Temperatur ändert. Der mathematische Ausdruck für diese lineare Beziehung lautet:

$$V = V_0 + \alpha_0 \vartheta \qquad \text{(bei konstantem } p \text{ und } n\text{)}. \tag{10.2}$$

V_0 ist das Ausgangsvolumen einer bestimmten Gasmenge z. B. bei einer Temperatur von 0 °C (Eispunkt), ϑ die Temperatur auf der Celsius-Skale.

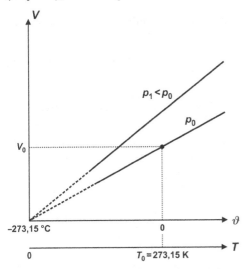

Abb. 10.2 Isobaren des idealen Gases bei zwei verschiedenen Drücken ($p_1 < p_0$)

Eine graphische oder analytische Extrapolation der *Isobaren* $V(\vartheta)$ (Isobaren charakterisieren Zustandsänderungen bei konstantem Druck) führt zu einer wichtigen Feststellung: Alle Geraden $V(\vartheta)$, die zu verschiedenen konstanten Drücken gehören, würden die Temperaturachse bei ca. $\vartheta = -267$ °C schneiden (genau genommen bei $-273,15$ °C, wie sich bei späteren Messungen herausstellte), unabhängig von der Art des Gases und der Stoffmenge. Die Experimente von CHARLES und GAY-LUSSAC waren damit ein weiterer Hinweis auf die Existenz eines *absoluten Nullpunktes* der Temperatur, der bereits 1706 von dem französischen Physiker Guillaume AMONTONS postuliert wurde. Es erschien daher vernünftig, eine neue Temperaturskale einzuführen und die Temperatur von diesem Punkt ausgehend zu messen, da das Volumen niemals negativ werden kann. So ergibt sich die *absolute Temperaturskale*, die wir bereits im Abschnitt 3.8 kennengelernt haben (dort jedoch nicht mit dem Eispunkt, sondern zweckmäßiger mit Hilfe des Tripelpunktes von Wasser festgelegt). Weiterhin wird deutlich, dass es sich bei Gleichung (10.2) letztendlich um ein Grenzgesetz handeln muss, denn sie kann lediglich solche Gase über den gesamten Temperaturbereich beschreiben, deren Volumen bei $\vartheta = -273,15\,°C$ tatsächlich auf null absinkt. Das wäre nur möglich, wenn die Gasteilchen selbst kein Volumen besäßen. Auch Wechselwirkungen zwischen den Gasteilchen und die damit verbundenen Effekte der Kondensation zu einer Flüssigkeit und schließlich der Erstarrung zu einem Feststoff bei tiefen Temperaturen werden nicht berücksichtigt. Einen Stoff mit derartigen nicht realen Eigenschaften nennt man *ideales Gas*.

Ersetzen wir die Celsius-Temperatur ϑ durch die absolute Temperatur ($\vartheta = T - T_0$), so erhalten wir mit der Steigung $\alpha_0 = V_0/T_0$ (die wir durch die Randbedingung $V = 0$ für $T = 0$ leicht ermitteln können) folgende einfachere Beziehung:

$$V = \frac{V_0}{T_0} T \ .$$
(10.3)

Da das Verhältnis V_0/T_0 für eine bestimmte Gasmenge bei gleichbleibendem Druck konstant ist, ergibt sich

$$V \sim T \qquad \text{(bei konstantem } p \text{ und } n\text{)},$$
(10.4)

d. h., das Volumen einer bestimmten Gasmenge ist bei konstantem Druck proportional zur absoluten Temperatur.

Eine Verdoppelung der Temperatur (in Kelvin angegeben!) von beispielsweise 298 K auf 596 K (also von 25 °C auf 323 °C) führt daher zum doppelten Gasvolumen.

Prinzip von AVOGADRO. Zum Abschluss wollen wir noch das *Prinzip von AVOGADRO* besprechen. Der Beitrag des italienischen Physikers und Chemikers Amedeo AVOGADRO zur Gastheorie besteht in der Vorstellung, dass das Volumen eines Gases ein Maß für die Anzahl der Teilchen ist, unabhängig von der Art dieser Teilchen. Das Volumen eines Gases bei gegebener Temperatur und gegebenem Druck ist also zur Stoffmenge der betrachteten Gasprobe proportional:

$$V \sim n \qquad \text{(bei konstantem } T \text{ und } p\text{)}.$$
(10.5)

In Gemischen verschiedener Gase A, B, C, ... ist $n = n_A + n_B + n_C + ...$ zu setzen, also gleich der Summe aller Gasmengen.

Aus dem Prinzip von AVOGADRO folgt, dass das molare Volumen eines Gases unabhängig von dessen Art ist und nur von Temperatur und Druck abhängt. So erhält man für verschiedene Gase unter Normbedingungen ($T^\ominus = 298$ K, $p^\ominus = 100$ kPa) experimentell bestimmte V_m-Werte, die nahezu gleich sind und knapp 25 L mol^{-1} betragen.

Allgemeines Gasgesetz. Zusammengefasst ergeben die drei Beziehungen (10.1), (10.4) und (10.5) mit

$$V \sim n \cdot T / p$$
(10.6)

ein Gesetz, das wir nach Einführung eines Proportionalitätsfaktors R auch in der folgenden Form schreiben können:

$$pV = nRT \ .$$
(10.7)

Es wird als *allgemeines Gasgesetz* bezeichnet und gehört neben den Hauptsätzen zu den am häufigsten zitierten Gleichungen in der physikalischen Chemie. $R = 8,314$ G K^{-1} ist dabei die *allgemeine* (oder auch *universelle*) *Gaskonstante*, die wir bereits kennengelernt haben (Abschnitt 5.5). Das allgemeine Gasgesetz beschreibt das Verhalten eines (hypothetischen) idealen Gases. Zwar ist kein existierendes Gas ideal, dennoch beschreibt die Gleichung bei Drücken um 100 kPa und darunter für die meisten Gase das Verhalten recht gut.

Mit Hilfe des allgemeinen Gasgesetzes kann auch das molare Volumen eines idealen Gases bei beliebigen Werten von Druck und Temperatur angegeben werden. Durch Umformen von Gleichung (10.7) erhalten wir:

$$V_{\mathrm{m}} = \frac{V}{n} = \frac{RT}{p} \, . \tag{10.8}$$

Unter Normbedingungen ($T^{\ominus} = 298$ K, $p^{\ominus} = 100$ kPa) beträgt das molare Volumen eines idealen Gases somit $24{,}79 \cdot 10^{-3}$ m^3 mol^{-1}, was sich durch Einsetzen der Werte leicht zeigen lässt.

Gleichung (10.8) besitzt aber auch noch eine weitreichendere Bedeutung. In Abschnitt 9.3 konnte gezeigt werden, dass das molare Volumen V_{m} eines Stoffes dem Druckkoeffizienten β seines chemischen Potenzials entspricht. Für ein ideales Gas gilt daher:

$$\beta = V_{\mathrm{m}} = \frac{RT}{p} \, . \tag{10.9}$$

Diesen Druckkoeffizienten für Gase hatten wir in Abschnitt 5.5 bereits rein empirisch eingeführt.

Aus dem allgemeinen Gasgesetz gemäß z. B.

$$V(T, p) = \frac{nRT}{p} \tag{10.10}$$

können auch einige der im letzten Kapitel eingeführten Koeffizienten berechnet werden. So erhält man für den thermischen Volumenausdehnungskoeffizienten γ eines idealen Gases

$$\gamma = \frac{1}{V}\left(\frac{\partial V}{\partial T}\right)_{p} = \frac{p}{nRT} \cdot \frac{nR}{p} = \frac{1}{T} \, , \tag{10.11}$$

für die Kompressibilität χ hingegen

$$\chi = -\frac{1}{V}\left(\frac{\partial V}{\partial p}\right)_{T} = -\frac{p}{nRT} \cdot -\frac{nRT}{p^2} = \frac{1}{p} \, . \tag{10.12}$$

Die Differenz der Entropiekapazitäten, $\mathcal{C}_p - \mathcal{C}_V$, schließlich ergibt sich für ein ideales Gas zu

$$\mathcal{C}_p - \mathcal{C}_V = V\frac{\gamma^2}{\chi} = \frac{nRT}{p} \cdot \frac{p}{T^2} = \frac{nR}{T} \, . \tag{10.13}$$

10.3 Molekularkinetische Deutung des allgemeinen Gasgesetzes

Grundlagen. Man kann viele Eigenschaften von Gasen recht gut aus der Annahme verstehen, dass sie aus einer Riesenzahl kleiner, sich unaufhörlich regellos mit hoher Geschwindigkeit bewegender, elastisch zusammenstoßender Teilchen, den Molekeln, bestehen. Die Molekeln selbst können aus einem einzigen Atom wie bei den Edelgasen oder aber, wie es die

Regel ist, aus mehreren Atomen (Molekülen) zusammengesetzt sein. Wenn sie untereinander zusammenstoßen oder auf die Wände prallen, sollen sie etwa wie Billardkugeln zurückgeworfen werden. Die Teilchendichte sei so klein, dass genügend Spielraum für eine weitgehend unbehinderte Bewegung besteht. Als „Modellgas" eignet sich eine große Zahl kleiner Stahl- oder auch Glaskugeln (Versuch 10.2).

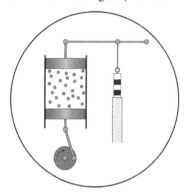

Versuch 10.2 *Stahlkugel-Modellgas*: Die Kügelchen befinden sich in einer Kammer mit zwei durchsichtigen Seitenwänden. Sie werden durch einen rasch mit variabel einstellbarer Frequenz schwingenden Kolben als Grundfläche in unregelmäßige Bewegung gesetzt und verhalten sich in etwa so wie Gasteilchen. An die höhenverstellbare Deckplatte kann ein Kraftmesser montiert werden, der die Messung von Druckkräften auf den Deckel ermöglicht.

Schon diese wenigen Annahmen genügen, um daraus eine Reihe nützlicher Folgerungen zu ziehen. Da bei den Zusammenstößen zwar Energie ausgetauscht wird, aber nicht verloren geht, muss die angenommene Molekularbewegung unbegrenzt fortbestehen, wenn man auf alle Eingriffe von außen verzichtet. Die riesige Zahl winziger Stöße, die in jedem Augenblick auf alle Begrenzungsflächen trifft, wird uns als gleichförmiger und gleichbleibender Druck erscheinen. Durch einfache Überlegungen kann man zu mehreren Aussagen über diesen Druck gelangen, die sich dann mit dem allgemeinen Gasgesetz vergleichen lassen.

Aus dem angenommenen molekularen Aufbau eines Gases folgt unmittelbar aus der Anschauung ohne Rechnung:

$p \sim N$,   denn doppelt so viele Teilchen in demselben Gefäß verursachen die doppelte Stoßzahl und damit den doppelten Druck unter sonst gleichen Bedingungen;

$p \sim 1/V$,   denn die Halbierung des Volumens bei gleicher Anzahl von Teilchen kommt in der Trefferdichte einer Verdoppelung der Teilchenzahl gleich;

$p \sim v \cdot v$,   denn bei zweifacher Geschwindigkeit aller Teilchen ist unter sonst gleichen Bedingungen
1. die Stoßzahl in derselben Zeit doppelt so hoch,
2. jeder Stoß (Impulsübertrag) zugleich doppelt so stark;

$p \sim m$,   denn bei gleicher Geschwindigkeit entspricht der Stoß eines Teilchens doppelter Masse den Stößen zweier Teilchen einfacher Masse.

Wir fassen diese Proportionalitäten in einer Beziehung zusammen. Einen zusätzlichen Faktor $\frac{1}{2}$ dürfen wir einfügen, er ändert nichts an der Proportionalität:

$$p \sim \frac{N \cdot \frac{1}{2} \overline{mv^2}}{V}. \tag{10.14}$$

Die zugleich noch durchgeführte Mittelwertbildung (angedeutet durch den Querstrich über der Formel) ist erforderlich, da weder Masse noch Geschwindigkeit der Teilchen einheitlich sein müssen. Der Ausdruck

$$\overline{w}_{kin} := \frac{1}{2}\,\overline{mv^2} \tag{10.15}$$

beschreibt offensichtlich die mittlere Bewegungsenergie eines Teilchens.

Für das (arithmetische) Mittel über die Merkmalswerte $m_i v_i^2$ aller N Teilchen ($i = 1, 2, ..., N$) gilt gemäß Anhang A1.4:

$$\overline{mv^2} = \frac{1}{N}\sum_{i=1}^{N} m_i v_i^2 \; .$$

Bevor wir nun die resultierende Beziehung

$$p \sim \frac{N \cdot \overline{w}_{kin}}{V} \tag{10.16}$$

mit dem allgemeinen Gasgesetz vergleichen, wollen wir es mittels der Gleichungen $n = N \cdot \tau$ [Gl. (1.2)] und $k_B = R \cdot \tau$ in eine etwas andere Form überführen:

$$pV = N\tau \cdot \frac{k_B}{\tau} \cdot T \quad \text{mit} \quad \tau = 1{,}6606 \cdot 10^{-24}\,\text{mol} \quad \text{und} \quad k_B = 1{,}3805 \cdot 10^{-23}\,\text{J K}^{-1}. \tag{10.17}$$

Dabei ist N die Teilchenzahl, τ die Elementar(stoff)menge, die wir bereits in Abschnitt 1.4 kennengelernt haben und k_B die BOLTZMANN-Konstante, wie R und τ eine Naturkonstante. Wir erhalten für den Druck demnach:

$$p = \frac{N k_B T}{V} \; . \tag{10.18}$$

Zusammenhang zwischen mittlerer Bewegungsenergie und Temperatur. Aus der Proportionalität für p gemäß Gleichung (10.16) ergibt sich durch Vergleich mit dem Gasgesetz:

$$k_B T \sim \overline{w}_{kin} \; . \tag{10.19}$$

Wir sehen, dass die Rolle der Temperatur, die zunächst in unserem mechanischen Gasmodell nicht erscheint, dort von einer ziemlich einfachen mechanischen Größe, der mittleren Bewegungsenergie der Gasteilchen, übernommen wird. Im Sinne dieses Modells haben wir uns vorzustellen, dass uns ein Gas umso heißer erscheint, je schneller sich die Teilchen bewegen. Eine Verdoppelung der Geschwindigkeit bedeutet eine Vervierfachung der Energie und damit auch eine Vervierfachung der Temperatur.

Unsere bisherigen Überlegungen liefern zwar die Proportionalität von Temperatur und kinetischer Energie, sie liefern aber nicht den Proportionalitätsfaktor selbst. Diesen wollen wir im Folgenden herleiten. Der Einfachheit halber denken wir uns ein dünnes Gas, eingeschlossen in einen quaderförmigen Kasten der Länge a, in dem die N nahezu punktförmigen kugeligen Teilchen beim Aufprall auf die glatten Wände elastisch zurückgestoßen werden (Abb. 10.3). Wir unterstellen weiterhin, dass die Teilchen auch bei einem streifenden Aufprall nicht in Drehung geraten. Das Gas sei so dünn, dass Zusammenstöße zwischen den Teilchen untereinander selten vorkommen. Dann lässt sich die Teilchenbewegung als Überlagerung dreier *unabhängiger* Bewegungen längs der x-, y- und z-Richtung auffassen.

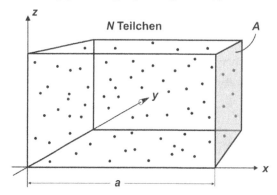

Abb. 10.3 Kastenmodell zur Ableitung des Gasdrucks

Beim Aufprall auf die Seitenwände (parallel zur x-Richtung) ändert die Komponente der Geschwindigkeit in x-Richtung, v_x, ihren Wert nicht (lediglich v_y oder v_z wechseln ihr Vorzeichen) (Abb. 10.4). Das Teilchen setzt die Bewegung in x-Richtung fort, als sei nichts geschehen. Die Querbewegung in y- und z-Richtung ist also ohne Einfluss auf den Bewegungsablauf in x-Richtung. Dieser besteht aus einer einfachen Pendelbewegung des Teilchens zwischen den beiden Stirnwänden.

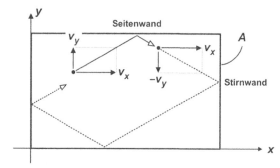

Abb. 10.4 Vektorielle Darstellung der x- und y-Komponenten der Teilchenge-schwindigkeit vor und nach dem Stoß auf eine Seitenwand

Der *Impuls* p eines Teilchens ist ein Maß für seine „Stoßkraft", für das, was in der Umgangssprache „Schwung" oder "Wucht" heißt (vgl. Abschnitt 2.7). Der Impuls ist umso größer, je schwerer, aber auch je schneller ein Teilchen ist. Er hat die Eigenschaft einer transportierbaren Menge.

Auf dem Hinweg befördert das Teilchen den Impuls mv_x, auf dem Rückweg von der Wand der Fläche A den Impuls $-mv_x$ (Abb. 10.5). Den Unterschied $2mv_x$ hat die Wand beim Stoß übernommen. Zwischen zwei Stößen auf die Wand A bewältigt das Teilchen die Strecke $2a$. Während der Zeitspanne Δt legt es dabei den Weg $v_x \cdot \Delta t$ zurück. Das bedeutet also, dass in der Zeit Δt die Anzahl von Stößen gegeben ist durch

$$\frac{v_x \cdot \Delta t}{2a} .$$

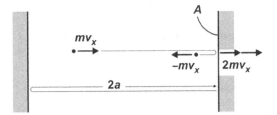

Abb. 10.5 Impulsübertragung beim Stoß eines Teilchens auf die Stirnwand A

Das Produkt aus Impulsübertragung je Stoß und Stoßzahl, summiert über die Beiträge aller Teilchen, ergibt den auf die Wand während der Zeit Δt von allen Teilchen übertragenen Impuls p_{ges}:

$$p_{\text{ges}} = \sum_{i=1}^{N} 2m_i v_{x,i} \cdot \frac{v_{x,i} \cdot \Delta t}{2a} = \frac{2\Delta t}{a} \cdot \sum_{i=1}^{N} \frac{1}{2} m_i v_{x,i}^2 \,. \tag{10.20}$$

Der Impulsstrom $J_p = p_{\text{ges}}/\Delta t$ ist die auf der rechten Wand infolge dieser Stöße spürbare Kraft $F = J_p$ (vgl. Abschnitt 2.7), die Impulsstromdichte j_p einfach der Druck p,

$$j_p = \frac{J_p}{A} = \frac{F}{A} = p \,,$$

sodass wir mit Gleichung (10.20) für den Druck den folgenden Ausdruck erhalten:

$$p = \frac{p_{\text{ges}}}{\Delta t \cdot A} = \frac{2 \cdot \sum_{i=1}^{N} \frac{1}{2} m_i v_{x,i}^2}{a \cdot A} \,. \tag{10.21}$$

Für den Mittelwert der kinetischen Energie in x-Richtung, gemittelt über alle Teilchen, das sogenannte Scharmittel, gilt aber gerade

$$\overline{w}_{\text{kin},x} = \frac{\sum_{i=1}^{N} w_{\text{kin},x,i}}{N} = \frac{\sum_{i=1}^{N} \frac{1}{2} m_i v_{x,i}^2}{N} \,. \tag{10.22}$$

Benutzen wir noch $V = a \cdot A$ und das Gasgesetz in der Form $p = N k_{\text{B}} T/V$, so gelangen wir zu einer Gleichung, aus der sich durch Kürzen leicht die gesuchte Beziehung ergibt:

$$\frac{2N \cdot \overline{w}_{\text{kin},x}}{V} = p = \frac{N k_{\text{B}} T}{V}$$

oder auch

$$\boxed{\overline{w}_{\text{kin},x} = \frac{1}{2} k_{\text{B}} T} \,. \tag{10.23}$$

Freiheitsgrade und Gleichverteilungssatz. Wenn wir die kinetische Energie für die Bewegung in *nur* einer Raumrichtung, hier in der x-Richtung, betrachten, dann beträgt also der in der Beziehung (10.19) fehlende Proportionalitätsfaktor $\frac{1}{2}$. Für die y- und z-Richtung erhalten wir auf dieselbe Weise ganz analoge Gleichungen. Die mittlere Energie beträgt somit für jede Raumrichtung, in der sich ein Teilchen frei bewegen kann, $\frac{1}{2} k_{\text{B}} T$, d. h., es gilt:

$$\overline{w}_{\text{kin},x} = \overline{w}_{\text{kin},y} = \overline{w}_{\text{kin},z} = \frac{1}{2} k_{\text{B}} T \; . \tag{10.24}$$

Die Bewegungsfreiheiten in den drei Raumrichtungen werden auch (quadratische) *Freiheitsgrade* genannt [da sie quadratisch in die Energie eines Molekels eingehen (z. B. $w_{\text{kin},x} = \frac{1}{2} m v_x^2$)].

Entsprechend ergibt sich für die freie Bewegung in allen Raumrichtungen wegen

$$\overline{w}_{\text{kin}} = \overline{w}_{\text{kin},x} + \overline{w}_{\text{kin},y} + \overline{w}_{\text{kin},z} \tag{10.25}$$

der Faktor $\frac{3}{2}$:

$$\overline{w}_{\text{kin}} = \frac{3}{2} k_{\text{B}} T \; . \tag{10.26}$$

Die mittlere kinetische Energie eines Gasteilchens bei Zimmertemperatur ($T = 298$ K) beträgt somit

$$\overline{w}_{\text{kin}} = \frac{3}{2} \cdot (1{,}3805 \cdot 10^{-23} \, \text{J K}^{-1}) \cdot 298 \, \text{K} = 6{,}17 \cdot 10^{-21} \, \text{J} \; .$$

Bezogen auf die Stoffmenge (hier $n = 1 \cdot \tau$, da wir ein Gasteilchen betrachten) besitzt ein ideales Gas entsprechend bei Zimmertemperatur gemäß

$$\overline{W}_{\text{kin,m}} = \frac{\overline{w}_{\text{kin}}}{\tau} = \frac{3}{2} \frac{k_{\text{B}}}{\tau} T = \frac{3}{2} R T \tag{10.27}$$

eine mittlere molare kinetische Energie von

$$\overline{W}_{\text{kin,m}} = \frac{3}{2} \cdot 8{,}314 \, \text{G K}^{-1} \cdot 298 \, \text{K} = 3716 \, \text{G} = 3{,}72 \, \text{kJ mol}^{-1} \; .$$

Gleichung (10.26) besitzt eine ziemlich weitreichende Bedeutung. So trifft sie nicht nur dann zu, wenn man in einem bestimmten Augenblick über die ganze *Schar* der Teilchen mittelt, d. h. im sogenannten *Scharmittel*, sondern auch für jedes einzelne Teilchen im *Zeitmittel*, also wenn man den zeitlichen Mittelwert der Bewegungsenergie eines einzelnen Gasteilchens betrachtet. Selbst wenn das Gas weit verdichtet wird, sodass sich die Teilchen stark in ihrer Bewegung behindern, oder wenn das Gas gar zu einer Flüssigkeit kondensiert oder einem Kristall erstarrt, bleibt diese Gleichung in einem gewissen Umfange noch richtig. Sie findet ihre Grenzen erst dort, wo man die quantenmechanischen Eigenschaften der Atome oder Moleküle nicht mehr außer Acht lassen kann.

Auch Gleichung (10.24) kommt eine noch weitaus weiter reichende Bedeutung zu. Bisher hatten wir ja lediglich die translatorische Bewegung der Teilchen betrachtet. Daneben treten aber bei mehratomigen Molekeln noch Rotationen und Schwingungen auf, die ebenfalls Beiträge zur Energie der Teilchen liefern. Auch diese Bewegungsformen besitzen (quadratische) Freiheitsgrade und es liegt nun die Vermutung nahe, dass diesen Freiheitsgraden ebenfalls eine mittlere Energie von $\frac{1}{2} k_{\text{B}} T$ zugeordnet werden kann. Es gilt also im thermischen Gleichgewicht:

Auf jeden (quadratischen) Freiheitsgrad entfällt die gleiche mittlere Energie von $\frac{1}{2} k_{\text{B}} T$ (*Gleichverteilungssatz der Energie*).

Mittlere quadratische Geschwindigkeit von Gasmolekeln. Doch kehren wir nochmals zur translatorischen Bewegung zurück: Anschaulicher noch als die mittleren Energien sind die mittleren Geschwindigkeiten der Gasmolekeln. Da die mittlere molare kinetische Energie eines bestimmten Gases durch

$$\overline{W}_{\text{kin,m}} = \frac{\overline{w}_{\text{kin}}}{\tau} = \frac{\overline{\frac{1}{2}mv^2}}{\tau} \tag{10.28}$$

gegeben ist und zwischen der molaren Masse M und der Molekelmasse m die Beziehung

$$M = m/\tau \tag{10.29}$$

besteht, erhält man mit

$$\overline{W}_{\text{kin,m}} = \frac{1}{2}M\overline{v^2} \tag{10.30}$$

in Kombination mit Gleichung (10.27) für das mittlere Geschwindigkeitsquadrat

$$\overline{v^2} = 3\frac{RT}{M} \tag{10.31}$$

und für die mittlere quadratische Geschwindigkeit der Gasmolekeln:

$$\sqrt{\overline{v^2}} = \sqrt{3\frac{RT}{M}} \, . \tag{10.32}$$

Die Geschwindigkeit der Gasteilchen wächst also, wie erwartet, mit zunehmender Temperatur, und zwar proportional zu ihrer Quadratwurzel. Hingegen sinkt sie entsprechend mit zunehmender molarer Masse.

Die mittlere quadratische Geschwindigkeit von N_2-Molekülen ($M = 28,0 \cdot 10^{-3}\ \text{kg mol}^{-1}$) bei 298 K errechnet sich beispielsweise zu

$$\sqrt{\overline{v^2}} = \sqrt{3\frac{8,314\ \text{G K}^{-1} \cdot 298\ \text{K}}{0,0280\ \text{kg mol}^{-1}}} = 515\ \text{m s}^{-1}\ (=1854\ \text{km h}^{-1})\, .$$

Dieser Wert liegt in der Größenordnung der Schallgeschwindigkeit in Luft (346 m s^{-1} bei 298 K). Dies ist sinnvoll, denn die Schallwellen, die zugleich Dichte- und damit Druckwellen sind, breiten sich über Molekelbewegungen aus.

Entropiekapazitäten idealer Gase. Mit Hilfe des Gleichverteilungssatzes lässt sich auch die Entropiekapazität $\mathcal{C}_V$ eines idealen Gases bei konstantem Volumen berechnen. Der Einfachheit halber betrachten wir ein einatomiges Gas, da dessen Teilchen keine Schwingungsenergie besitzen (da ein schwingungsfähiges Teilchen mindestens aus zwei Atomen bestehen müsste, zwischen denen Kräfte wirksam sind) und auch keine Rotationsenergie (sofern die Masse auf der Rotationsachse liegt, wird das Trägheitsmoment und damit die Rotationsenergie null.) Die Energie eines idealen einatomigen Gases entspricht deshalb der mittleren Translationsenergie,

$$W = \frac{3}{2}nRT\, . \tag{10.33}$$

Aus der Hauptgleichung

$$\mathrm{d}W = -p \cdot \mathrm{d}V + T \cdot \mathrm{d}S$$

folgt für isochore Prozesse ($\mathrm{d}V = 0$)

$$dW = T \cdot dS$$

und damit

$$\left(\frac{\partial W}{\partial T}\right)_V = T \cdot \left(\frac{\partial S}{\partial T}\right)_V .$$ (10.34)

Leiten wir den Ausdruck in Gleichung (10.33) nach T ab, so erhalten wir für die Entropiekapazität bei konstantem Volumen

$$\mathcal{C}_V = \left(\frac{\partial S}{\partial T}\right)_V = \frac{1}{T}\left(\frac{\partial W}{\partial T}\right)_V = \frac{3}{2}\frac{nR}{T} .$$ (10.35)

Mit Hilfe von Gleichung (10.13) ist damit auch die Entropiekapazität bei konstantem Druck zugänglich:

$$\mathcal{C}_p = \mathcal{C}_V + \frac{nR}{T} = \frac{3}{2}\frac{nR}{T} + \frac{nR}{T} = \frac{5}{2}\frac{nR}{T} .$$ (10.36)

10.4 Anregungsgleichung und Geschwindigkeitsverteilung

Einführung. Die Geschwindigkeit der Teilchen in einem Gas ist, wie bereits erwähnt, nicht einheitlich, sondern es ändert sich bei jedem Zusammenstoß deren Betrag und Richtung. Obwohl grundsätzlich jeder Betrag und jede Richtung angenommen werden kann, treten sie dennoch nicht alle mit gleicher Häufigkeit auf, sondern es bildet sich eine ganz charakteristische Verteilung aus. Einen Eindruck von dieser Verteilung erhält man, wenn man – im Gedankenversuch natürlich – aus einem kleinen Behälter (etwa 1 μm³), gefüllt mit dem entsprechenden Gas, die Teilchen ins Vakuum austreten lässt, indem man die umschließenden Wände plötzlich entfernt und – vielleicht nach 30 μs – den Ort, den die Teilchen erreicht haben, markiert. Man erhält dann ein Bild wie es etwa Abbildung 10.6 a entspricht. Der erreichte Ort kennzeichnet zugleich Betrag und Richtung des Geschwindigkeitsvektors $\vec{v}$ des jeweiligen Teilchens.

Die Punktdichte entlang irgendeines Durchmessers der kugelsymmetrischen Punktwolke – z. B. längs der v_x-Achse – wird durch die *Glockenkurve* in Abbildung 10.6 b wiedergegeben (zum Begriff der Glockenkurve siehe Anhang A1.4).

Um die Verteilung der Teilchengeschwindigkeiten in einem Gas herzuleiten, benutzen wir einen Kunstgriff. Wir fassen alle Teilchen mit gleicher Geschwindigkeit $\vec{v}$ als Molekeln eines Stoffes B($\vec{v}$) auf und das ganze Gas als ein Gemisch vieler solcher Stoffe. Hierbei stoßen wir auf eine Schwierigkeit. Die Zahl der Teilchen, die *genau* die Geschwindigkeit $\vec{v}$ besitzen, ist strenggenommen null. Daher denken wir uns den Geschwindigkeitsraum in ein Würfelgitter mit der Kantenlänge Δv zerlegt (Abb. 10.6 c), wobei Δv klein im Vergleich zur Breite der Geschwindigkeitsverteilung sein soll. Für Zimmerluft wäre z. B. $\Delta v = 1\ \mathrm{m\,s^{-1}}$ ein brauchbarer Wert. Alle Teilchen, deren Geschwindigkeitsvektoren innerhalb eines solchen Würfels enden, fassen wir als Molekeln desselben Stoffes B($\vec{v}$) auf.

Vorausgesetzte Gleichungen. Für die weitere Herleitung benötigen wir einmal die für dünne Gase gültige Massenwirkungsgleichung

$$\mu = \mu_0 + RT \ln \frac{c}{c_0} \qquad \text{(Massenwirkungsgleichung 1)},$$

die wir bereits in Abschnitt 6.2 kennengelernt haben. Der Wert μ_0 beim Bezugswert des gewählten Gehaltsmaßes, c_0, kann dabei als Potenzial-Grundwert (im weiteren Sinne) bezeichnet werden. In der Praxis ist es zweckmäßig, den Namen Grundwert (im engeren Sinne) auf den am häufigsten anzusprechenden Fall zu beschränken, dass der Bezugswert c_0 des gewählten Gehaltsmaßes dem Normwert, z. B. $c^{\ominus} = 1 \, \text{kmol} \, \text{m}^{-3}$, entspricht und diesen Grundwert durch ein besonderes Formelzeichen – etwa das in Abschnitt 6.2 eingeführte $\overset{\circ}{\mu}$ – zu kennzeichnen.

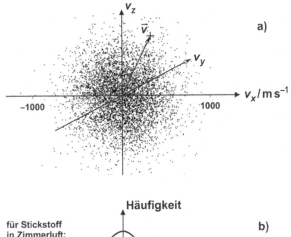

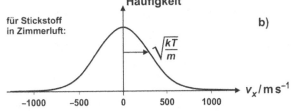

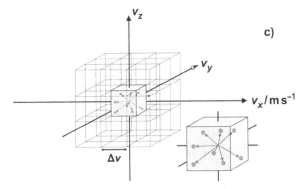

Abb. 10.6 a) Punktdichte im dreidimensionalen Geschwindigkeitsraum als kugelige Punktwolke und b) entlang irgendeines Durchmessers der Wolke (Wertangaben für Stickstoff bei 298 K) sowie c) Würfelgitter mit der Kantenlänge Δv (stark vergrößert) (mittlere Zelle herausgegriffen, wobei die Molekelgeschwindigkeiten durch Vektoren dargestellt werden)

Zusätzlich benötigen wir noch eine weitere wichtige Gleichung. Wenn man allgemein die Molekeln eines Stoffes in einen angeregten, um w energiereicheren Zustand versetzt, ohne sie sonst und ihr Umfeld (Temperatur, Druck, Konzentrationen, Art des Lösemittels, Feldstärken usw.) zu verändern, dann nimmt das chemische Potenzial des Stoffes um die molare Energie w/τ zu:

$$\mu(w) = \mu(0) + w/\tau \qquad \textit{(Anregungsgleichung)}. \tag{10.37}$$

$\mu(0)$ stellt dabei das chemische Potenzial der unangeregten Molekeln dar, d. h. das chemische Potenzial, wie wir es bisher kennengelernt haben. Als einfachste Art einer solchen „rein energetischen" Anregung, die die Molekeln selbst ungeändert lässt, können wir uns die Verschiebung in einem äußeren Feld wie z. B. im Schwerefeld oder auch in einem elektrischen Feld an einen Ort mit einer um w höheren potenziellen Energie vorstellen. Bei geeigneter Wahl des Ausgangsorts kann man beispielsweise im Schwerefeld $w = mgh$ setzen. Da zwischen der molaren Masse M und der Molekelmasse m die Beziehung $M = m/\tau$ besteht, erhält man für die molare potenzielle Energie Mgh und entsprechend für das *gravitochemische Potenzial* $\mu(w) = \mu(0) + Mgh$. In analoger Weise können wir das *elektrochemische Potenzial* definieren (Abschnitt 22.1).

MAXWELLsche Geschwindigkeitsverteilung. Kehren wir nach diesem kurzen Exkurs zu unserer Herleitung der Geschwindigkeitsverteilung zurück. Da sich in verschiedene Richtungen bewegende Teilchen chemisch nicht voneinander unterscheiden, können wir ihnen dasselbe Grundpotenzial $\overset{\circ}{\mu}$ zuordnen. Die unterschiedliche Energie bei verschiedenen Geschwindigkeitsbeträgen $v = |\vec{v}|$ berücksichtigen wir durch ein entsprechendes Glied $w/\tau = \frac{1}{2}mv^2/\tau = \frac{1}{2}Mv^2$, die *molare kinetische Energie* der Stoffe:

$$\overset{\circ}{\mu}(\vec{v}) = \overset{\circ}{\mu}(\vec{0}) + \tfrac{1}{2}Mv^2. \tag{10.38}$$

Genau genommen ist auch dieses Potenzial kein rein chemisches mehr, sondern ein *mechanochemisches Potenzial*.

Die Geschwindigkeitsänderungen der Teilchen durch die vielen Zusammenstöße untereinander oder mit den Wänden erscheinen dann als „Umbildungen" von folgender Art:

$$B(\vec{v}) \rightarrow B(\vec{v}')$$

Wenn wir das Gas nicht durch Rühren oder andere Eingriffe dauernd stören, dann stellt sich in kurzer Zeit für alle diese Vorgänge Gleichgewicht ein, d. h., das chemische Potenzial $\mu(\vec{v})$ wird für alle Stoffe $B(\vec{v})$ gleich, $\mu(\vec{v}) = \mu$ für alle $\vec{v}$. Berücksichtigt man nun sowohl die Anregungsgleichung als auch die Massenwirkungsgleichung mit den Gleichgewichtswerten $c(\vec{v})$ der Konzentrationen, so erhält man

$$\mu = \overset{\circ}{\mu}(\vec{0}) + \tfrac{1}{2}Mv^2 + RT\ln\frac{c(\vec{v})}{c^{\ominus}} \qquad \text{für alle } \vec{v}. \tag{10.39}$$

Durch Auflösen nach $c(\vec{v})$ gelangen wir zu der gesuchten Verteilung:

$$c(\vec{v}) = \underbrace{c^{\ominus} \cdot \exp\left(\frac{\mu - \overset{\circ}{\mu}(\vec{0})}{RT}\right)}_{c(\vec{0})} \cdot \exp\left(-\frac{\tfrac{1}{2}Mv^2}{RT}\right). \tag{10.40}$$

$c(\vec{0})$ entspricht dabei der Konzentration an Teilchen, die im Gleichgewicht die Geschwindigkeit $\vec{0}$ aufweisen (bzw. genauer gesagt eine Geschwindigkeit aus dem kleinen würfeligen Volumenelement um Null herum). Dass wir tatsächlich die ersten beiden Faktoren in Gleichung (10.40) zu $c(\vec{0})$ zusammenfassen dürfen, können wir leicht überprüfen, indem wir $\vec{v} = \vec{0}$ einsetzen.

Wir können dieses Ergebnis noch in eine gewohntere Form bringen, wenn wir statt der molaren Masse M die Masse $m = M \cdot \tau$ einer Molekel und statt R die BOLTZMANN-Konstante $k_{\mathrm{B}} = R \cdot \tau$ verwenden; außerdem besteht zwischen der Geschwindigkeit $\vec{v}$ einer Molekel in beliebiger Richtung und ihren Komponenten $\vec{v}_x$, $\vec{v}_y$ und $\vec{v}_z$ in den drei Raumrichtungen der Zusammenhang $v^2 = v_x^2 + v_y^2 + v_z^2$ („räumlicher Pythagoras"):

$$c(\vec{v}) = c(\vec{0}) \cdot \exp\left(-\frac{m \cdot (v_x^2 + v_y^2 + v_z^2)}{2k_{\mathrm{B}}T}\right) . \tag{10.41}$$

Wenn wir $c(\vec{v})$ als Punktdichte im dreidimensionalen Geschwindigkeitsraum darstellen, erhalten wir mit $m = m(\mathrm{N}_2)$ und $T = 298$ K die in Abbildung 10.6 a wiedergegebene kugelige Punktwolke.

Über den präexponentiellen Faktor $c(\vec{0})$ können wir bereits aus der Anschauung ohne Rechnung einige Aussagen machen:

$c(\vec{0}) \sim 1/\sqrt{T}^3$, denn mit steigender Temperatur T nimmt die mittlere quadratische Geschwindigkeit zu [vgl. Gl. (10.32)]. Die Punktwolke dehnt sich daher mit $\sqrt{T}$ in allen drei Raumrichtungen aus und entsprechend muss die Konzentration der Teilchen mit der Geschwindigkeit $\vec{0}$ sinken.

$c(\vec{0}) \sim \sqrt{m}^3$, denn mit zunehmender Masse m der Gasmolekeln sinkt die mittlere quadratische Geschwindigkeit. Die Punktwolke wird gestaucht und folglich steigt die Konzentration der Teilchen mit der Geschwindigkeit $\vec{0}$.

Die Punktdichte längs der x-Achse ergibt sich aus Gleichung (10.41) für den Sonderfall $v_y^2 = v_z^2 = 0$:

$$c(\vec{v}_x) = c(\vec{0}_{(x)}) \cdot \exp\left(-\frac{mv_x^2}{2k_{\mathrm{B}}T}\right) . \tag{10.42}$$

Der Einfachheit halber wollen wir uns zunächst auf eine solche eindimensionale Verteilung im Geschwindigkeitsraum beschränken. Da die Volumina aller würfeligen Elemente gleich sind, kann Gleichung (10.42) auch mit Hilfe der Teilchenzahl formuliert werden:

$$N(\vec{v}_x) = N(\vec{0}) \cdot \exp\left(-\frac{mv_x^2}{2k_{\mathrm{B}}T}\right) . \tag{10.43}$$

Berücksichtigt man die Tatsache, dass die Zahl aller Teilchen, die über den gesamten Geschwindigkeitsbereich verteilt sind, gleich N sein muss (*Normierung*), so kann $N(\vec{0})$ berechnet werden und man gelangt schließlich zu folgendem Zusammenhang:

$$\frac{\mathrm{d}N(\vec{v}_x)}{N} = \sqrt{\frac{m}{2\pi k_{\mathrm{B}}T}} \cdot \exp\left(-\frac{mv_x^2}{2k_{\mathrm{B}}T}\right) \mathrm{d}v_x . \tag{10.44}$$

Für mathematisch Interessierte: Die Anzahl $N(\vec{0})$ der Teilchen mit der Geschwindigkeit $\vec{0}$ kann als fester Bruchteil A der Gesamtzahl N ausgedrückt werden. Dabei muss allerdings berücksichtigt werden, dass $N(\vec{v}_x)$ und damit auch $N(\vec{0})$ von der Intervallbreite Δv_x abhängt. Je größer Δv_x ist, desto mehr Teilchen findet man im ausgewählten Intervall. Es gilt damit:

$$N(\vec{0}) = A \cdot N \cdot \Delta v_x \,.$$

Als mathematischen Ausdruck für die Normierungsbedingung erhält man somit:

$$\sum_{v_x=-\infty}^{v_x=+\infty} A \cdot N \cdot \exp\left(-\frac{mv_x^2}{2k_BT}\right)\Delta v_x = N \,. \tag{10.45}$$

Die Geschwindigkeit v_x kann dabei prinzipiell Werte zwischen $-\infty$ und $+\infty$ annehmen, wobei das Minuszeichen die Orientierung des Geschwindigkeitsvektors in die negative x-Richtung andeutet. Lässt man die Intervallbreite immer kleiner werden bis hin zu einer nur noch infinitesimalen Ausdehnung, so geht die Summation in eine Integration über (vgl. auch Anhang A1.3):

$$\int_{v_x=-\infty}^{v_x=+\infty} A \cdot N \cdot \exp\left(-\frac{mv_x^2}{2k_BT}\right)dv_x = N \,. \tag{10.46}$$

Da A und N von v_x unabhängig sind, gilt:

$$A \cdot N \cdot \int_{v_x=-\infty}^{v_x=+\infty} \exp\left(-\frac{mv_x^2}{2k_BT}\right)dv_x = N \tag{10.47}$$

oder auch

$$A = \frac{1}{\displaystyle\int_{v_x=-\infty}^{v_x=+\infty} \exp\left(-\frac{mv_x^2}{2k_BT}\right)dv_x} \,. \tag{10.48}$$

Für das Integral

$$\int_{-\infty}^{+\infty} \exp(-ax^2)dx = 2\int_{0}^{\infty} \exp(-ax^2)dx$$

findet man nun mit Hilfe von Tabellenwerken den Wert $\sqrt{\pi/a}$. Angewandt auf Gleichung (10.48) ergibt sich somit für A:

$$A = \sqrt{\frac{m}{2\pi k_BT}} \tag{10.49}$$

Für die eindimensionale Geschwindigkeitsverteilung eines Gases aus N Teilchen erhält man damit die bereits bekannte Gleichung (10.44).

An Gleichung (10.44) erkennt man unmittelbar den Zusammenhang mit Abbildung 10.6 b: Da v_x nur im Exponenten der Exponentialfunktion auftritt, und zwar quadratisch, muss die Verteilung symmetrisch zur Achse ($v_x = 0$) sein und an dieser Stelle ein Maximum besitzen. Für große positive und negative v_x-Werte fällt die Funktion exponentiell mit v_x^2 ab.

Schauen wir uns nun die Änderung der Verteilungsfunktion eines bestimmten Gases in Abhängigkeit von der Temperatur am Beispiel des Stickstoffs an (Abb. 10.7).

Man erkennt, dass die Verteilungsfunktion bei höheren Temperaturen breiter wird (bei gleichbleibender Fläche unter der Kurve, da sich die Gesamtzahl N der Teilchen ja nicht ändert).

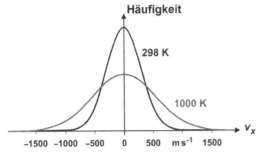

Abb. 10.7 Eindimensionale Geschwindigkeitsverteilung von N_2-Molekülen bei verschiedenen Temperaturen

Die Konzentration $c(\vec{v}_x)$ kann auch als Maß für die Wahrscheinlichkeit $p(\vec{v}_x)$ gedeutet werden, ein Teilchen mit der Geschwindigkeit $\vec{v}_x$ anzutreffen. Es überrascht daher nicht, dass die Punktdichte entlang irgendeines Durchmessers der kugelsymmetrischen Wolke (hier entlang der x-Achse) einer sogenannten *Normalverteilung* (*GAUß-Verteilung*), wie sie aus der Statistik bekannt ist, entspricht (vgl. Anhang A1.4). Dies wird besonders deutlich, wenn man Gleichung (10.44) etwas umformt:

$$\frac{dN(\vec{v}_x)}{N} = \frac{1}{\sqrt{2\pi} \cdot \sqrt{k_B T / m}} \cdot \exp\left(-\frac{v_x^2}{2\sqrt{k_B T / m}^2}\right) dv_x \, .$$

Die „Breite" der Glockenkurve, hier $\sqrt{k_B T/m}$ (Abb. 10.6 b), d. h. der Abstand der Wendepunkte von der Mittellinie, die Standardabweichung, beträgt ungefähr 300 m s^{-1} für Zimmerluft, also etwa Schallgeschwindigkeit.

Wir kehren nun von der eindimensionalen Verteilung zur dreidimensionalen Gesamtverteilung zurück. Die Dichte der Punkte im betrachteten Volumenelement ist gleichbedeutend mit der Wahrscheinlichkeit, dass die Komponenten des Geschwindigkeitsvektors des Gasteilchens in den Intervallen von v_x bis $v_x + dv_x$, v_y bis $v_y + dv_y$ und v_z bis $v_z + dv_z$ liegen. Die Wahrscheinlichkeit für einen gleichzeitigen Aufenthalt in den drei Intervallen, d. h. im Volumenelement $dv_x dv_y dv_z$ des Geschwindigkeitsraumes, ist dabei durch das Produkt der Einzelwahrscheinlichkeiten gegeben („Sowohl-als-auch"-Wahrscheinlichkeit):

$$\frac{dN(\vec{v})}{N} = \left[\sqrt{\frac{m}{2\pi k_B T}} \cdot \exp\left(-\frac{mv_x^2}{2k_B T}\right) dv_x\right] \cdot \left[\sqrt{\frac{m}{2\pi k_B T}} \cdot \exp\left(-\frac{mv_y^2}{2k_B T}\right) dv_y\right] \cdot \qquad (10.50)$$

$$\left[\sqrt{\frac{m}{2\pi k_B T}} \cdot \exp\left(-\frac{mv_z^2}{2k_B T}\right) dv_z\right] \, .$$

Es resultiert die Verteilungsfunktion:

$$\frac{dN(\vec{v})}{N} = \left(\sqrt{\frac{m}{2\pi k_B T}}\right)^3 \cdot \exp\left(-\frac{m(v_x^2 + v_y^2 + v_z^2)}{2k_B T}\right) dv_x dv_y dv_z \, . \qquad (10.51)$$

Es besteht also tatsächlich, wie bereits aus der Anschauung ersichtlich war, eine direkte Proportionalität zwischen dem Vorfaktor und dem Ausdruck $\sqrt{m}^3$ bzw. eine umgekehrte Proportionalität zu $\sqrt{T}^3$.

Statt der Verteilung der Geschwindigkeitsvektoren $\vec{v}$ wird meist die der Geschwindigkeitsbeträge $v = |\vec{v}|$ betrachtet:

$$v^2 = v_x^2 + v_y^2 + v_z^2 \qquad \text{bzw.} \qquad v = \sqrt{v_x^2 + v_y^2 + v_z^2} \; . \tag{10.52}$$

Man ordnet also die Geschwindigkeitsvektoren gleichsam nach ihrer „Länge" v, unabhängig von ihrer Richtung. Analytisch stellt Gleichung (10.52) die Oberfläche einer Kugel mit dem Radius v dar (Abb. 10.8). Alle Vektoren mit einem Betrag innerhalb des Intervalls v bis $v + \mathrm{d}v$ enden innerhalb einer dünnen Kugelschale mit dem Radius v und der Dicke $\mathrm{d}v$ und damit einem Volumen = Fläche · Dicke = $4\pi v^2 \cdot \mathrm{d}v$. Die Anzahl $\mathrm{d}N(v)$ der Teilchen mit derartigen Geschwindigkeiten ergibt sich aus der Verteilung (10.51), indem man über alle Volumenelemente $\mathrm{d}v_x\mathrm{d}v_y\mathrm{d}v_z$ innerhalb der Kugelschale summiert.

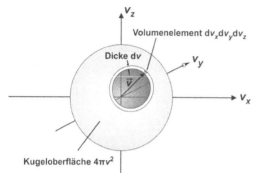

Abb. 10.8 Zusammenhang zwischen den Volumenelementen $\mathrm{d}v_x\mathrm{d}v_y\mathrm{d}v_z$ und $4\pi v^2\mathrm{d}v$ (Kugelschale)

Da die Verteilung innerhalb der Schale überall gleich ist, läuft dieser Rechenschritt darauf hinaus, dass an Stelle von $\mathrm{d}v_x\mathrm{d}v_y\mathrm{d}v_z$ das Volumenelement $4\pi v^2\mathrm{d}v$ tritt:

$$\frac{\mathrm{d}N(v)}{N} = 4\pi \left(\sqrt{\frac{m}{2\pi k_B T}} \right)^3 \cdot \exp\left(-\frac{mv^2}{2k_B T} \right) v^2 \mathrm{d}v \quad . \tag{10.53}$$

Dieser Ausdruck wird als *MAXWELLsche Geschwindigkeitsverteilung* von Gasteilchen bezeichnet. Einen ersten kleinen Eindruck von dieser Verteilung vermittelt ein entsprechendes Experiment mit dem „Modellgas" aus Stahl- oder Glaskügelchen (Versuch 10.3).

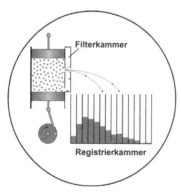

Versuch 10.3 *MAXWELLsche Geschwindigkeitsverteilung*: Die Flugbahn der Kügelchen, die nur über die Filterkammer nach außen gelangen können, entspricht annähernd dem waagerechten Wurf, sodass die erzielte Flugweite ein Maß für die Anfangsgeschwindigkeit der Kügelchen ist. Zur Wurfweitenbestimmung werden die Kügelchen in den Plexiglasschächten der Registrierkammer gesammelt. Die aus den Schichthöhen in den Schächten resultierende „Treppenkurve" (Histogramm) vermittelt eine Vorstellung von der Geschwindigkeitsverteilung. Da die Zahl der austretenden Kügelchen selbst wieder ihrer Geschwindigkeit proportional ist, wird die Verteilung verzerrt, der qualitative Eindruck bleibt aber dennoch richtig.

Mag Gleichung (10.53) auf den ersten Blick auch etwas kompliziert erscheinen, so lassen sich doch wichtige Eigenschaften der Funktion relativ leicht erkennen:

- In der Umgebung des Nullpunktes, d. h. für sehr kleine Geschwindigkeiten, steigt die Kurve parabolisch an, da das Verhalten durch den Faktor v^2, mit dem die Exponentialfunktion multipliziert wird, bestimmt wird. Der Anteil an Gasteilchen mit sehr geringen Geschwindigkeiten wird daher nur klein sein (Abb. 10.9).

- Die Exponentialfunktion vom Typ e^{-ax^2} führt zu einem recht steilen Abfall der Kurve, die sich schließlich bei hohen Teilchengeschwindigkeiten asymptotisch der v-Achse nähert. Der Anteil an Gasteilchen mit sehr hohen Geschwindigkeiten muss dementsprechend ebenfalls klein sein.

- Für ein bestimmtes Gas mit einheitlicher molaren Masse wird der Ausdruck $a = m/2k_BT = M/2RT$ mit steigender Temperatur kleiner, was zu einem langsameren Abfall der Exponentialfunktion mit steigendem v führt. Bei höheren Temperaturen tritt daher ein größerer Anteil sehr schneller Gasteilchen auf, eine Tatsache, die für die Kinetik chemischer Reaktionen von großer Bedeutung ist.

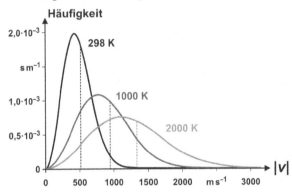

Abb. 10.9 MAXWELLsche Geschwindigkeitsverteilung von N_2-Molekülen bei verschiedenen Temperaturen (Ebenfalls eingezeichnet ist die zugehörige mittlere quadratische Geschwindigkeit als gestrichelte senkrechte Linie.)

- Für Gase mit einer großen molaren Masse wird der Ausdruck a unter Annahme einer konstanten Temperatur ebenfalls groß und die Exponentialfunktion nimmt folglich umso schneller ab, je größer die molare Masse ist (Abb. 10.10). Daher ist die Wahrscheinlichkeit, schwere Teilchen mit einer sehr hohen Geschwindigkeit anzutreffen, sehr gering.

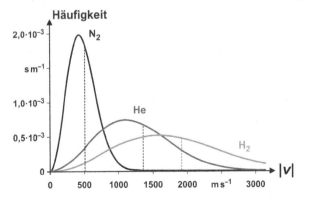

Abb. 10.10 MAXWELLsche Geschwindigkeitsverteilung von Gasen mit unterschiedlichen molaren Massen bei 298 K

Für schwere Moleküle ist die Verteilung also recht schmal und die meisten besitzen eine Geschwindigkeit, die nahe bei der mittleren Geschwindigkeit liegt. Im Gegensatz dazu zeigen leichte Moleküle (wie H_2) neben einer deutlich höheren mittleren Geschwindigkeit eine sehr breite Verteilung, wenn man sie mit der schwerer Moleküle unter denselben Bedingungen vergleicht.

10.5 Barometrische Höhenformel und BOLTZMANN-Verteilung

Nach dem gleichen Muster können wir eine weitere bekannte Beziehung gewinnen, die Dichteverteilung eines Gases im homogenen Schwerefeld. Die Lufthülle der Erde, deren Dichte mit der Höhe ungefähr exponentiell abnimmt, bildet ein Beispiel hierfür. Ähnlich wie im letzten Abschnitt fassen wir die Teilchen in einer bestimmten Höhenlage h als Molekeln eines Stoffes B(h) auf. Die Grundpotenziale $\overset{\circ}{\mu}(h)$ der Stoffe B(h) unterscheiden sich, da sie chemisch identisch sind, nur durch die bereits erwähnte *molare potenzielle Energie* $w/\tau = Mgh$ (gravitochemisches Potenzial):

$$\overset{\circ}{\mu}(h) = \overset{\circ}{\mu}(0) + Mgh .$$ (10.54)

Einen Teilchenaustausch zwischen verschiedenen Höhenlagen beschreiben wir als Reaktion von folgender Art:

$$B(h) \rightarrow B(h').$$

Bei gleichförmiger Temperatur bildet sich über kurz oder lang zwischen allen Stoffen ein Gleichgewicht aus, sodass auch das Potenzial für alle Höhen gleich wird, $\mu(h) = \mu$ für alle h. Unter Berücksichtigung der Massenwirkung erhalten wir für die Gleichgewichtsbedingung:

$$\mu = \overset{\circ}{\mu}(0) + Mgh + RT \ln \frac{c(h)}{c^{\ominus}} \qquad \text{für alle } h.$$ (10.55)

Auflösen nach $c(h)$ liefert die Gleichung

$$c(h) = \underbrace{c^{\ominus} \cdot \exp\left(\frac{\mu - \overset{\circ}{\mu}(0)}{RT} \right)}_{c(0)} \cdot \exp\left(-\frac{Mgh}{RT} \right)$$ (10.56)

oder auch

$$c(h) = c(0) \cdot \exp\left(-\frac{Mgh}{RT} \right) \qquad (barometrische\ Höhenformel).$$ (10.57)

RT/Mg stellt die Reichweite der Exponentialverteilung dar, das heißt die Höhe, in der die Gaskonzentration gegenüber dem Wert $c(0)$ auf der Höhe des Meeresspiegels auf $1/e =$ 36,8 % abgefallen ist. Für Stickstoff als Hauptbestandteil der Lufthülle ergibt sich z. B. bei 300 K als Reichweite 9080 m. Die Halbwertshöhe h_H, die Höhe, bei der die Konzentration auf $1/2\,c(0)$ abgefallen ist, ist um den Faktor ln2 niedriger, $h_H \approx 6300$ m. Das ist etwas mehr als die Gipfelhöhe des Kilimandscharo. Die Luft ist in der Gipfelregion dieses Berges also etwa halb so dünn wie an der Küste.

Die Annahme einer gleichförmigen Temperatur stellt jedoch nur eine Näherung dar. Tatsächlich nimmt die Temperatur mit zunehmender Höhe ab. In der Troposphäre, der untersten Schicht der Erdatmosphäre, die fast 90 % der gesamten Luft enthält und bis in eine Höhe von ungefähr 11 km reicht, nimmt der Temperaturgradient im Mittel Werte um 0,65 K pro 100 m an. Genauere Berechnungen müssten diese Temperaturänderung berücksichtigen.

Wie die in diesem und dem vorigen Abschnitt betrachteten Beispiele zeigen, leisten hier Massenwirkungs- und Anregungsgleichung, $\mu = \overset{\circ}{\mu} + RT\ln(c/c^{\ominus})$ und $\overset{\circ}{\mu}(w) = \overset{\circ}{\mu}(0) + w/\tau$, gemeinsam dasselbe wie der *BOLTZMANNsche Satz*. Sie stellen zusammen, wie es scheint, nur eine besondere, der Chemie näher stehende Einkleidung dieses Satzes dar. Wir erhalten die gängige Fassung, wenn wir ganz allgemein die Konzentration $c(w)$ der Teilchensorte B(w) als Maß für die Wahrscheinlichkeit $p(w)$ deuten, die B-Teilchen in einem Zustand mit der Energie w anzutreffen, $p(w) \sim c(w)$. Man braucht jetzt nur noch die zweite in die erste Formel einzusetzen und nach $c = c(w)$ aufzulösen und erhält:

$$c(w) = c^{\ominus} \cdot \exp\left(\frac{\mu - \overset{\circ}{\mu}(0)}{RT}\right) \cdot \exp\left(-\frac{w}{R_T T}\right), \tag{10.58}$$

das heißt

$$p(w) \sim e^{-w/k_B T} \qquad (BOLTZMANNscher\ Satz). \tag{10.59}$$

11 Übergang zu dichteren Stoffen

Geht man von der Betrachtung dünner (idealer) Gase zu der von realen Gasen mit höherer Dichte über, so können die Wechselwirkungen der Teilchen untereinander und das Phänomen der Kondensation nicht länger vernachlässigt werden. Die Berücksichtigung dieser Effekte resultiert in der VAN DER WAALS-*Gleichung*, einer abgewandelten Form des allgemeinen Gasgesetzes. Eine genauere Betrachtung des Prozesses der Kondensation führt uns zu den kritischen Phänomenen, d.h. den ungewöhnlichen Eigenschaften, die Stoffe in der Nähe ihrer *kritischen Punkte* zeigen. Wenn wir uns dafür interessieren, wie die Phasenumwandlung Flüssigkeit $\rightleftarrows$ Gas durch Faktoren wie Temperatur und Druck beeinflusst werden kann, können wir die T- und p-Abhängigkeit des chemischen Potenzials nutzen, um die *Siededruckkurve* (Dampfdruckkurve) einer bestimmten reinen Substanz zu berechnen. Diese Kurve verdeutlicht, wie sich der Dampfdruck einer Substanz mit der Temperatur ändert und ist ein Beispiel für eine sogenannte *Phasengrenzlinie*. Auch die übrigen Phasenumwandlungen eines reinen Stoffes können in einem $p(T)$-Diagramm in Form von Phasengrenzlinien dargestellt werden, sodass schließlich ein vollständiges *Zustandsdiagramm* resultiert. Ein solches Diagramm ist eine Art „Landkarte", die angibt, unter welchen Bedingungen von Temperatur und Druck eine bestimmte Phase des betreffenden Stoffes die stabilste ist; es veranschaulicht also die Existenzbereiche der stabilen Phasen.

11.1 Die VAN DER WAALS-Gleichung

Grundlagen. Das *allgemeine Gasgesetz* ist nur eine Näherung, die umso genauere Ergebnisse liefert, je dünner ein Gas ist. Verdichtet man ein Gas stärker, dann werden die Abweichungen vom allgemeinen Gasgesetz merklich. Wir wollen das an einem Beispiel erläutern: Sauerstoff kommt in Stahlflaschen, bis zu einem Druck von 20 MPa (= 200 bar) verdichtet, in den Handel. Unter diesen Umständen ist der Bewegungsspielraum für die Teilchen weitgehend verschwunden. Ihre Packungsdichte ist ähnlich hoch wie in einer Flüssigkeit. Die Eigenschaften derart dichter Gase unterscheiden sich begreiflicherweise von denen im dünnen Zustand.

Von dem niederländischen Physiker (und Nobelpreisträger) Johannes Diderik VAN DER WAALS stammt eine unmittelbar einleuchtende Vorstellung, um das Verhalten der Gase bei höheren Dichten zu verstehen. Er ging von zwei sehr simplen Annahmen aus:

1) Jedes Teilchen besitzt eine gewisse räumliche Ausdehnung und besetzt damit ein gewisses Volumen, aus dem es alle übrigen Teilchen ausschließt.

2) Die Teilchen ziehen sich gegenseitig an. Die Anziehungskräfte sind zwar nur schwach, nehmen aber mit der Annäherung der Teilchen rasch zu.

VAN DER WAALS-Kräfte. Die erwähnten Anziehungskräfte zwischen ungeladenen Teilchen mit abgeschlossenen Elektronenschalen in Gasen oder auch Flüssigkeiten fasst man unter der Bezeichnung VAN DER WAALS-Kräfte zusammen. Dazu gehören die Wechselwirkungen zwischen permanenten elektrischen Dipolmomenten (Dipol-Dipol-Kräfte oder KEESOM-Wechselwirkung, benannt nach dem niederländischen Physiker Willem Hendrik KEESOM),

© Springer Fachmedien Wiesbaden GmbH, ein Teil von Springer Nature 2021
G. Job und R. Rüffler, *Physikalische Chemie*, Studienbücher Chemie,
https://doi.org/10.1007/978-3-658-32936-5_11

aber auch die Wechselwirkungen zwischen permanenten und durch Polarisation induzierten Momenten (Dipol-induzierter Dipol-Kräfte) und die Wechselwirkungen lediglich zwischen induzierten Momenten (induzierter Dipol-induzierter Dipol-Kräfte oder auch LONDONsche Dispersionskräfte, benannt nach dem deutsch-amerikanischen Physiker Fritz LONDON). Die Wechselwirkungen zwischen elektrischen Dipolen sind vergleichbar mit den vertrauteren zwischen magnetischen Dipolen. Die zuletzt genannten Dispersionskräfte haben ihren Ursprung in der Ausbildung „temporärer" Dipolmomente durch Fluktuationen in der Elektronenverteilung, d. h., auch unpolare Teilchen weisen kurzzeitig eine ungleichmäßige Verteilung der Elektronendichte auf, die in einer Trennung der Ladungsschwerpunkte und damit in einer positiven und einer negativen Partialladung resultiert. Dieser durch „spontane Polarisation" entstandene Dipol kann wiederum ein „temporäres" Dipolmoment in einem benachbarten Teilchen induzieren. Auf die Existenz solcher Dispersionskräfte musste aus der Tatsache geschlossen werden, dass z. B. selbst Edelgase bei genügend tiefen Temperaturen flüssig werden. Charakteristisch ist, dass die potenzielle Energie im Falle aller dieser anziehenden Wechselwirkungen zwischen ungeladenen Teilchen mit permanenten oder temporären Dipolmomenten mit der 6. Potenz des Molekülabstandes abnimmt: $W_{\text{pot}} \sim -1/r^6$.

Zu den VAN DER WAALS-Kräften gehören aber auch steil ansteigende Abstoßungskräfte, wenn die Teilchen einander „berühren". Denn kommen sich die Teilchen so nahe, dass sich ihre Elektronenhüllen überlappen, so beginnen sie sich als Folge des PAULIschen Ausschlussprinzips wieder abzustoßen. Für die potenzielle Energie im Falle der abstoßenden Wechselwirkungen wird aus praktischen Gründen oft der Ansatz $W_{\text{pot}} \sim 1/r^{12}$ gewählt. Anziehende und abstoßende Beiträge zur Wechselwirkungsenergie können schließlich zum LENNARD-JONES-(12,6)-Potenzial zusammengefasst werden (Abb. 11.1):

$$W_{\text{pot}} = \frac{A}{r^{12}} - \frac{B}{r^6}.$$

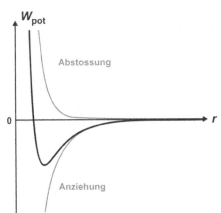

Abb. 11.1 LENNARD-JONES-Potenzial (schwarz) als Summe der anziehenden und abstoßenden Anteile (grau)

Kovolumen und Binnendruck. Der Effekt der abstoßenden Wechselwirkung mit ihrer sehr kurzen Reichweite wurde von VAN DER WAALS durch die erste der obigen Annahmen berücksichtigt. Diese Annahme besagt nun, so schloss VAN DER WAALS, dass für die Bewegung der Gasteilchen nicht das ganze Gefäßvolumen verfügbar ist. Es muss um einen Volumenbetrag verkleinert werden, aus dem die Teilchen sich gegenseitig ausschließen. Man nennt dieses nicht für die Molekularbewegung verfügbare Volumen das *Kovolumen* eines Gases. Die unter Punkt 2 angenommene Anziehung der Teilchen führt dazu, dass die Gasteilchen enger zusammenrücken, ganz so, als ob ein zusätzlicher Druck sie zusammendrängen würde. Diesen zusätzlichen „Druck" oder besser gesagt „Zug" (oder „Zugspannung"), der durch die Anziehungskräfte hervorgerufen wird, nennt man den *Binnen-* oder *Kohäsionsdruck* eines Gases. [Als „Kohäsion" bezeichnet man den Zusammenhalt von Atomen, Ionen oder Molekülen in einem Stoff aufgrund von anziehenden Kräften.] Abgesehen von diesen beiden Änderungen, einer Verminderung des Volumens um das „unzugängliche" Kovolumen V_{Ko} und einer Vergrößerung des Druckes um den Binnendruck p_B, sollte aber, so nahm VAN DER WAALS an, das allgemeine Gasgesetz weiterhin gelten:

$$(p + p_B) \cdot (V - V_{Ko}) = nRT \, . \tag{11.1}$$

Wir erhalten obige Formel, indem wir im allgemeinen Gasgesetz den Druck durch $p + p_B$, das Volumen durch $V - V_{Ko}$ ersetzen bzw. „korrigieren". Das Kovolumen V_{Ko}, aus dem die Teilchen einander ausschließen, wächst natürlich mit der Anzahl der Teilchen, d.h. mit der Gasmenge n. Man kann daraus schließen:

$$V_{Ko} \sim n \, . \tag{11.2}$$

Der Binnendruck p_B wächst hingegen mit dem Quadrat der Gaskonzentration $c = n/V$,

$$p_B \sim c^2 \sim \left(\frac{n}{V}\right)^2 \, . \tag{11.3}$$

Um dies einzusehen, vergegenwärtigen wir uns genauer, wie der Binnendruck zustande kommt. Dazu denken wir uns an einer beliebigen Stelle im Gas einen ebenen Schnitt (Abb. 11.2) mit der Fläche A. Wir gehen davon aus, dass jedes Teilchen jedes andere anzieht, das sich in der „Reichweite" l der zwischenmolekularen Kräfte befindet. Insbesondere ziehen die Teilchen diesseits des Schnittes die jenseits befindlichen an. Diese Annahme hat eine einfache Konsequenz. Je größer einerseits die Anzahl N_1 der Teilchen diesseits des Flächenstückes A im Volumen $V_1 = A \cdot l$ ist und je größer andererseits die Teilchenzahl N_2 jenseits davon in einem Volumen $V_2 \sim l^3$ innerhalb der Reichweite l ist, desto stärker ist die anziehende Gesamtkraft, $F \sim N_1 \cdot N_2$. Da sowohl N_1 als auch N_2 der Teilchenzahldichte N/V und damit der Konzentration $c = n/V$ proportional sind, ergibt sich für den Binnendruck, d.h. den von dem Stoff selbst ausgehenden ins Innere gerichteten Zug, der zu einem Zusammenrücken der Teilchen führt:

$$p_B = F/A \sim N_1 \cdot N_2/A \sim (V_1 \cdot c)(V_2 \cdot c)/A \sim A \cdot l \cdot l^3 \cdot c^2/A \sim n^2/V^2 \, .$$

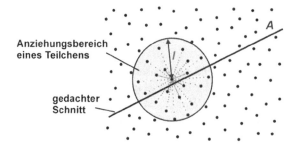

Abb. 11.2 Veranschaulichung des „Binnendrucks". A gedachte ebene Schnittfläche durch das Gas. Der graue Kreis mit dem Radius l, der „Reichweite" der zwischenmolekularen Kräfte, kennzeichnet den „Anziehungsbereich" eines einzelnen Teilchens.

VAN DER WAALS-Gleichung. Die für den Binnendruck und das Kovolumen erhaltenen Abhängigkeiten fügen wir in Gleichung (11.1) ein, die in dieser Form als VAN DER WAALS-*Gleichung* bekannt ist:

$$\left(p + \frac{an^2}{V^2}\right) \cdot (V - bn) = nRT \qquad \text{VAN DER WAALS-Gleichung.} \qquad (11.4)$$

Sie wurde von VAN DER WAALS 1873 in seiner Dissertation hergeleitet.

Die beiden eingeführten stoffspezifischen Proportionalitätskonstanten a und b werden VAN DER WAALS-*Konstanten* genannt. Für Wasser ist beispielsweise:

$a(H_2O) = 0,55 \, \text{Pa m}^6 \, \text{mol}^{-2}$,
$b(H_2O) = 27 \cdot 10^{-6} \, \text{m}^3 \, \text{mol}^{-1} \approx\approx V_m(H_2O|l)$ ($\approx\approx$ lies: größenordnungsmäßig gleich).

Weitere Werte der empirisch bestimmten Konstanten für unterschiedliche Gase finden sich in Tabelle 11.1.

Gas	a	b
	$\text{Pa m}^6 \, \text{mol}^{-2}$	$\text{m}^3 \, \text{mol}^{-1}$
H_2	0,0245	$27 \cdot 10^{-6}$
He	0,0035	$24 \cdot 10^{-6}$
N_2	0,137	$39 \cdot 10^{-6}$
O_2	0,138	$32 \cdot 10^{-6}$
Cl_2	0,634	$54 \cdot 10^{-6}$
Ar	0,136	$32 \cdot 10^{-6}$
CO_2	0,366	$43 \cdot 10^{-6}$
CH_4	0,230	$43 \cdot 10^{-6}$
C_2H_2	0,452	$52 \cdot 10^{-6}$
NH_3	0,423	$37 \cdot 10^{-6}$
H_2O	0,554	$31 \cdot 10^{-6}$

Tab. 11.1 VAN DER WAALS-Konstanten verschiedener Gase [aus: Lide D R (ed) (2008) CRC Handbook of Chemistry and Physics, 89th edn. CRC Press, Boca Raton]

Die Konstanten a sind für die verschiedenen Gase recht unterschiedlich, da die Wechselwirkungskräfte stark variieren können. Hingegen unterscheiden sich die Konstanten b vergleichsweise nur geringfügig, was bedeutet, dass der Platzbedarf der verschiedenen Teilchen doch recht ähnlich ist.

VAN DER WAALSsche Isothermen. Stellt man die VAN DER WAALS-Gleichung um, so lassen sich $p(V)$-Isothermen berechnen:

$$p = \frac{nRT}{V - bn} - \frac{an^2}{V^2} . \qquad (11.5)$$

Abbildung 11.3 zeigt einige dieser Isothermen für unterschiedliche Temperaturen $T_1 < T_2 < ...$ $< T_6$. Aus der Graphik wird ersichtlich, dass die aus der VAN DER WAALS-Gleichung erhaltenen Isothermen bei höheren Temperaturen den Hyperbeln des BOYLE-MARIOTTEschen Gesetzes ähneln. Das ist verständlich, denn bei hohen Temperaturen wird das Produkt nRT so groß, dass der zweite Term in Gleichung (11.5) gegenüber dem ersten vernachlässigt werden kann. Bei großem Volumen (und geringem Druck) ist darüber hinaus $V \gg bn$ und die VAN DER WAALS-Gleichung geht in das allgemeine Gasgesetz, $p = nRT/V$, über.

Unterhalb einer bestimmten Temperatur (T_4) ergeben sich Minima und Maxima, die einen physikalisch nicht realen und deshalb gestrichelt gezeichneten Kurventeil eingrenzen. In diesem Bereich würde das Volumen mit steigendem Druck zunehmen, was jeder Erfahrung widerspricht. Um das Verhalten der realen Gase bei tieferen Temperaturen zu verstehen, müssen wir uns mit dem Phänomen der *Kondensation* auseinandersetzen.

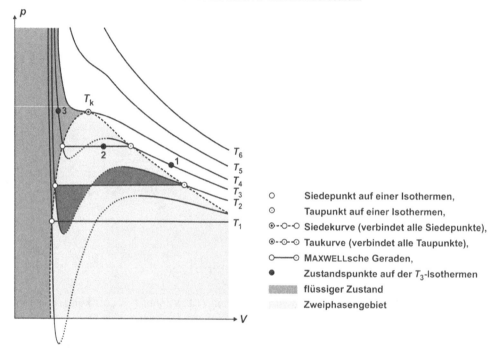

Abb. 11.3 $p(V)$-Isothermen eines realen Gases nach der VAN DER WAALS-Gleichung (mit $T_1 < \ldots < T_6$)

11.2 Kondensation

Infolge der quadratischen Konzentrationsabhängigkeit nimmt der Binnendruck beim Ausdehnen eines Gases rasch ab und ist bald nicht mehr spürbar. Daher kann man ihn bei dünnen Gasen vernachlässigen. Umgekehrt steigt der Binnendruck beim Verdichten eines Gases stark an, und zwar so stark, dass das Gas bei sehr hoher Konzentration instabil wird und in sich zusammenfällt. Das Gas *kondensiert*, wie man sagt. Dies zeigt anschaulich Versuch 11.1.

Der geringe Teilchenabstand führt dazu, dass die anziehenden Kräfte sehr stark werden und die Teilchen eng zusammenhalten. Dieser Umstand bewirkt die Stabilität des kondensierten Zustandes. Die Geschwindigkeit der Teilchen ist dabei dieselbe wie in einem Gas gleicher Temperatur, bei Zimmertemperatur also etwa einige hundert m s^{-1}, das ist, wie gesagt, die

Größenordnung der Schallgeschwindigkeit! Diesen „rasenden Teilchenschwarm" vermag nur ein enormer Binnendruck zusammenzuhalten. Er beträgt einige Tausend bar. Die Teilchen in diesem „Schwarm" „haften" zwar zusammen, aber sie können, wenn die Temperatur nicht zu niedrig ist, rasch aneinander vorbeigleiten. Wegen der großen Geschwindigkeit, mit der sie sich bewegen, geschieht der Platzwechsel außerordentlich schnell. Das ermöglicht es einem solchen dichten Schwarm von Teilchen, sich beliebigen Gefäßformen schnell anzupassen, durch enge Öffnungen auszutreten und durch Rohre hindurchzudringen, ein Verhalten, das man als *Fließen* bezeichnet. Bei allen diesen Änderungen bleibt das Volumen des Stoffes, dieser Teilchengesamtheit, jedoch nahezu konstant. Stoffe mit diesen Eigenschaften bezeichnet man, wie wir in Abschnitt 1.6 bereits diskutiert haben, als *Flüssigkeiten*.

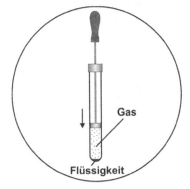

Versuch 11.1 *Gas-Verflüssigung durch Druck*: Füllt man z. B. ein Flüssiggas wie Butan in einen Glas-Druckzylinder mit Kolben und drückt den Kolben nach unten, so entsteht eine sichtbare Menge an Flüssigkeit.

Sehen wir uns noch einmal den Kondensationsvorgang, also den Übergang vom Gas zur Flüssigkeit, etwas näher an (Abb. 11.4). Wir wollen uns einen Zylinder vorstellen, in dem mit Hilfe eines beweglichen Kolbens eine gewisse Gasmenge eingeschlossen ist. Die Temperatur soll während des ganzen Vorgangs auf einen festen Wert eingestellt bleiben. Dazu ist es erforderlich, dass überschüssige, eine Erwärmung verursachende (oder fehlende, zur Unterkühlung führende) Entropie durch die Wände an die Umgebung abgegeben (oder von dorther aufgenommen) werden kann. Die Nummern 1, 2 und 3 beziehen sich dabei auf die Zustandspunkte der VAN DER WAALSschen Isothermen für die Temperatur T_3 (siehe Abb. 11.3).

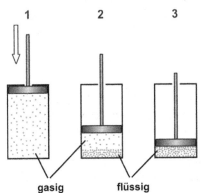

Abb. 11.4 Kompression eines Gases mit Hilfe eines beweglichen Kolbens (1), einsetzende Kondensation (2) und anschließende Kompression der gebildeten Flüssigkeit (3)

1) Eine allmähliche Volumenabnahme führt zu einer langsamen Zunahme des „thermischen", durch die molekularen Stöße verursachten Druckes, der die Teilchen auseinander treibt. Zu-

gleich wächst aber auch der Binnendruck, der die Teilchen auf einen engen Raum zusammen-zudrängen sucht.

2) Da der Binnendruck schneller anwächst als der thermische, gibt es irgendeinen Punkt, an dem die Zunahme des thermischen Druckes die Zunahme des Binnendruckes nicht mehr auszugleichen vermag. Das Gas beginnt am sogenannten *Taupunkt* „zusammenzufallen", zu kondensieren.

Die gesamte Gasmenge kondensiert nicht auf einmal, sondern zunächst nur ein kleiner Bruch-teil. Dadurch verschwindet eine Anzahl Teilchen aus dem Gasraum, die Konzentration fällt dort ab und damit auch der Binnendruck. So stabilisiert sich die Gasphase wieder.

Vermindert man das Volumen weiter, wiederholt sich das Spiel von neuem. Es bildet sich etwas mehr Flüssigkeit, während sich der Rest des Gases stabilisiert. Wird der Vorgang immer weiter fortgesetzt, dann lässt sich das ganze Gas schließlich zu einer Flüssigkeit „zusammen-schieben". Der Druck bleibt, solange man die Temperatur unverändert lässt, während des ganzen Kondensationsvorganges konstant. Das über der Flüssigkeit stehende Gas wird ge-wöhnlich als der *Dampf* der Flüssigkeit bezeichnet. Den im Gasraum herrschenden Druck nennt man den *Dampfdruck* der Flüssigkeit. Der Dampfdruck ist unabhängig von der Menge der vorhandenen Flüssigkeit, ganz gleich, ob nur ein Tropfen davon vorhanden ist oder ob das Gefäßvolumen fast ganz mit Flüssigkeit gefüllt ist.

3) Eine weitere Kompression bedingt eine starke Drucksteigerung, da sich die gebildete Flüssigkeit weitaus schlechter verdichten lässt als das Gas.

Kehren wir noch einmal zu den VAN DER WAALSschen Isothermen in Abbildung 11.3 zurück: Die Kompression realer Gase lässt sich durch die VAN DER WAALSschen Kurven bis zum Taupunkt in guter Näherung beschreiben. Verringert man das Volumen über diesen Punkt hinaus, so erhöht sich der Druck nicht weiter – es setzt die Kondensation ein. Sie verläuft bei konstantem Druck, d. h., das zugehörige Kurvenstück müsste eine waagerechte Gerade sein, bis schließlich am *Siedepunkt* die Gasphase vollständig verschwunden ist. Man konstruiert diese sogenannten MAXWELLschen Geraden nun so, dass die von der VAN DER WAALSschen Kurve oberhalb und unterhalb der Geraden umschlossenen Flächen gerade gleich groß sind (vergleiche hierzu besagte Abbildung 11.3, wo die beiden fraglichen Flächen im Fall der T_2-Isothermen dunkelgrau getönt sind). Entlang dieser Geraden existieren Gas und Flüssigkeit gleichzeitig. Der anschließende steile Druckanstieg bei weiterer Volumenabnahme ist charak-teristisch für die geringe Kompressibilität einer Flüssigkeit.

11.3 Die kritische Temperatur

Mit zunehmend höherer Temperatur ist der Kondensationsvorgang immer „schwerer" herbei-zuführen – das Gas muss immer stärker verdichtet werden, ehe es zu kondensieren beginnt, und das Zweiphasengebiet verengt sich immer mehr. Höhere Temperaturen sind bekanntlich mit schnelleren Teilchen verbunden. Bei schnellerer Bewegung ist ein höherer Binnendruck, das heißt eine höhere Verdichtung, nötig, um den Kollaps des Gases zu erzwingen. Wird die Temperatur immer weiter gesteigert, also die Kondensation immer mehr erschwert, dann erreicht man irgendwann einen kritischen Wert, oberhalb dessen keine Kondensation mehr möglich ist. Man nennt diese Grenztemperatur die *kritische Temperatur* T_k. Die zugehörigen

Werte des kritischen Druckes p_k und kritischen Volumens V_k legen zusammen mit T_k den *kritischen Punkt* des betrachteten Stoffes fest. Am kritischen Punkt zeigt die zugehörige VAN DER WAALSsche Isotherme einen Sattelpunkt, d. h. einen Wendepunkt mit horizontaler Tangente; gleichzeitig legt er auch das Maximum des Zweiphasengebietes fest (vgl. Abb. 11.3). Oberhalb der kritischen Temperatur können Gase nicht durch Verdichten verflüssigt werden. Die kritischen Temperaturen liegen bei Gasen mit schwachen Anziehungskräften wie Helium, Wasserstoff, Stickstoff und Sauerstoff weit unter Zimmertemperatur (Tab. 11.2), sodass diese Stoffe auch unter hohem Druck gasig bleiben. Gase wie Kohlendioxid, Ammoniak und Wasserdampf dagegen lassen sich wegen der höheren kritischen Temperatur bei Zimmertemperatur unter erhöhtem Druck verflüssigen.

Stoff	kritische Temp. T_k/K	kritischer Druck p_k/MPa
H_2	33,0	1,29
He	5,2	0,23
N_2	126,2	3,39
O_2	154,6	5,04
Cl_2	416,9	7,99
Ar	150,9	4,90
CO_2	304,1	7,38
CH_4	190,6	4,60
C_2H_2	308,3	6,14
NH_3	405,6	11,36
H_2O	647,1	22,06

Tab. 11.2 Kritische Temperaturen und Drücke einiger Stoffe [aus: Lide D R (ed) (2008) CRC Handbook of Chemistry and Physics, 89th edn. CRC Press, Boca Raton]

Wenn man ein Gas bei einer Temperatur oberhalb der kritischen Temperatur komprimiert, erhält man ein dichtes fluides Medium, dessen Eigenschaften sich weder eindeutig einer Flüssigkeit noch einem Gas zuordnen lassen. Zwar ist seine Dichte vergleichbar mit der einer Flüssigkeit und es kann auch als Lösemittel eingesetzt werden, jedoch existiert keine diskrete Grenze mehr zwischen Flüssigkeit und Gas. Ein solches Medium nennt man *überkritisches Fluid*. Es vereint die positive Eigenschaft der niedrigen Viskosität von Gasen mit dem guten Lösevermögen einer Flüssigkeit. So ist es attraktiv als Lösemittel für Trennprozesse wie Hochdruckextraktion, Polymerfraktionierung und Monomerenreinigung. Ein weiterer Vorteil ist, dass es durch Entspannung vollständig aus dem Produkt entfernt werden kann, sodass es keine unerwünschten, möglicherweise giftigen Rückstände gibt. Zur Extraktion des Coffeins aus Kaffee und Tee dient beispielsweise überkritisches Kohlendioxid. Überkritisches Wasser vermag Quarz (und viele andere Minerale) zu lösen (hydrothermale Lösung). Beim Auskristallisieren an Impfkristallen bilden sich hochreine Quarzeinkristalle, die zu Plättchen zerschnitten als Schwingquarze z. B. in Uhren eingesetzt werden. Hydrothermale Lösungen tragen aber auch wesentlich zur Entstehung der meisten Ganglagerstätten und Erzstöcke bei.

11.4 Die Siededruckkurve (Dampfdruckkurve)

Wir wollen den Kondensationsvorgang nochmals in einem Schaubild darstellen, diesmal jedoch unter einem etwas anderen Aspekt in einem $p(T)$-Diagramm (Abb. 11.5):

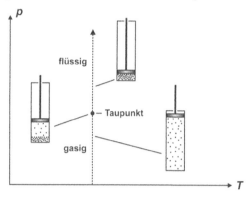

Abb. 11.5 Darstellung des Taupunktes in einem $p(T)$-Diagramm

1) Wir beginnen in einem Zustand, in dem das Gas stark ausgedehnt und daher sein Druck sehr klein ist, und verdichten allmählich. Die Temperatur wollen wir auf einem festen Wert halten, indem wir dafür sorgen, dass die beim Verdichten „ausgequetschte" Entropie in die Umgebung abgeführt werden kann. Wird schließlich ein gewisser Druck erreicht, der oben erwähnte Taupunkt, dann beginnt das Gas zu kondensieren. Während des Kondensationsvorganges bleibt der Druck konstant. Erst wenn das Gas vollständig kondensiert ist und der Kolben auf der Flüssigkeitsoberfläche aufliegt, lässt sich der Druck weiter steigern. Wir fassen zusammen: Bis zum Taupunkt enthält unser Zylinder nur Gas, oberhalb des Taupunktes nur Flüssigkeit.

2) Wiederholen wir das Experiment bei einer höheren Temperatur, dann ergibt sich der gleiche Ablauf, jedoch ist der Taupunkt zu einem höheren Druck hin verschoben (Abb. 11.6).

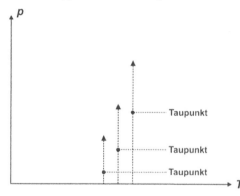

Abb. 11.6 Abhängigkeit des Taupunktes von der Temperatur

3) Verbindet man alle derart gemessenen Taupunkte, dann ergibt sich eine nach rechts steil ansteigende Kurve, die sogenannte *Siededruckkurve* oder *Dampfdruckkurve* (Abb. 11.7). Sie gibt diejenigen Werte von Druck und Temperatur an, bei denen Gas und Flüssigkeit miteinander im Gleichgewicht stehen. In den Punkten unterhalb dieser Kurve existiert nur Gas, oberhalb nur Flüssigkeit.

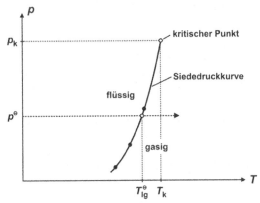

Abb. 11.7 Temperaturabhängigkeit des Dampfdrucks einer Flüssigkeit (Siededruckkurve- oder Dampfdruckkurve)

4) Erwärmt man das flüssige Kondensat in einem weiteren Versuch unter konstantem Druck (z. B. dem äußeren Luftdruck $p^\ominus$ von 100 kPa), dann geht der Stoff beim Überschreiten der Siededruckkurve in den gasigen Zustand über, er *siedet*. Die Temperatur, bei der das geschieht, ist die zu dem betrachteten Druck gehörige *Siedetemperatur* (z. B. $T_{lg}^\ominus$). Die Siedetemperatur eines Stoffes ist also keine Konstante, sondern abhängig vom Druck. Tabellierte Werte beziehen sich im Allgemeinen auf den Normdruck, d. h. auf einen Druck von 100 kPa. Wir wollen diesen speziellen Wert, um ihn von anderen Siedetemperaturen zu unterscheiden, *Normsiedetemperatur* nennen, bezeichnet mit $T_{lg}^\ominus$.

5) Oberhalb der schon besprochenen kritischen Temperatur T_k gibt es keine Taupunkte mehr; dies ist also die höchste Temperatur, bei der eine Flüssigkeit existieren kann. Die Siededruckkurve endet daher bei der kritischen Temperatur – im erwähnten kritischen Punkt.

Wie können wir nun die Siededruckkurve (zumindest näherungsweise) quantitativ erfassen? Zu diesem Zweck greifen wir wieder auf das chemische Potenzial zurück. Wie wir gesehen hatten, besitzt jede Zustandsart eines Stoffes ein gewisses chemisches Potenzial, das von Temperatur und Druck abhängt und das wir leicht für verschiedene Temperaturen und Drücke ausrechnen können. Unter irgendwie gewählten Bedingungen ist jeweils die Zustandsart mit dem niedrigsten chemischen Potenzial stabil. Der Stabilitätsbereich des flüssigen Zustandes ist also dadurch gekennzeichnet, dass in diesem Bereich das chemische Potenzial $\mu_l(p,T)$ am niedrigsten ist, im Stabilitätsbereich des gasigen Zustandes ist $\mu_g(p,T)$ minimal.

Um die Kurve zu berechnen, welche die beiden Stabilitätsbereiche gegeneinander abgrenzt, also das Gleichgewicht zwischen zwei Phasen widerspiegelt, können wir auf die früher hergeleitete Formel zur Berechnung des Reaktionsdruckes bei Beteiligung von Gasen zurückgreifen (vgl. Abschnitt 5.5), denn der Siedevorgang lässt sich als Reaktion auffassen:

$$B|l \rightarrow B|g.$$

Für den sich in einem geschlossenen, zuvor evakuierten Gefäß im Gleichgewicht einstellenden (Sättigungs-)Dampfdruck p_{lg} erhalten wir, wenn wir wie bei der Herleitung der Gleichung (5.19) vorgehen:

$$p_{lg} = p_0 \exp\frac{\mathcal{A}_{lg,0}}{RT_0} . \tag{11.6}$$

Der Index lg (oder ausführlicher l→g) bezeichnet die Art des Vorgangs, hier die Verdampfung (den Übergang vom flüssigen in den Gaszustand). p_0 ist der frei wählbare Anfangsdruck und $\mathcal{A}_{lg,0} = \mu_{l,0} - \mu_{g,0}$ der im gewählten Ausgangszustand (T_0, p_0) auftretende Antrieb. Die Druckabhängigkeit des chemischen Potenzials der flüssigen Phase wurde dabei vernachlässigt, weil sie im Vergleich zur derjenigen von Gasen größenordnungsmäßig um mehrere Zehnerpotenzen geringer ist, jedenfalls solange der Druck p den Normdruck $p^{\ominus}$ nicht zu weit überschreitet. Daher ist unser Ansatz in der Nähe des kritischen Punktes mit Drücken in der Regel weit oberhalb $p^{\ominus}$ nicht mehr brauchbar. Um die jeweiligen Gleichgewichtsdrücke für verschiedene Temperaturen T zu berechnen, müssen wir die für die entsprechende Temperatur geltenden chemischen Potenziale und damit den entsprechenden Antrieb einsetzen. Wir bedienen uns wiederum unseres linearen Ansatzes, indem wir in Gleichung (11.6) $\mathcal{A}_{lg,0}$ durch $\mathcal{A}_{lg,0} + \alpha_{lg}(T - T_0)$ ersetzen, und erhalten

$$p_{lg} = p_0 \exp \frac{\mathcal{A}_{lg,0} + \alpha_{lg}(T - T_0)}{RT} \qquad (11.7)$$

bzw. nach Umformung, indem wir den Index lg der Übersichtlichkeit halber weglassen:

$$\ln \frac{p}{p_0} = \frac{\mathcal{A}_0 + \alpha(T - T_0)}{RT} = \frac{(\mathcal{A}_0 - \alpha T_0)/R}{\vartheta + 273\,\mathrm{K}} + \frac{\alpha}{R}. \qquad (11.8)$$

Gleichung (11.8) entspricht formal der AUGUSTschen Dampfdruckformel. Diese von dem deutschen Physiker Ernst Ferdinand AUGUST 1862 am Beispiel des Wasserdampfdruckes entwickelte Formel hatte die Gestalt $\lg\{p\} = -A/(\vartheta + C) + B$; die Größen A, B, C waren empirisch zu bestimmende Parameter, ϑ bedeutete die Celsiustemperatur, $\{p\}$ den Zahlenwert des Druckes.

In Abbildung 11.8 ist die Temperaturabhängigkeit des Dampfdrucks am Beispiel von Wasser dargestellt, wobei zur Berechnung der Kurve die Daten unter Normbedingungen (298 K, 100 kPa) herangezogen wurden, d. h.

$$
\begin{array}{llll}
 & \mathrm{H_2O|l} & \rightarrow & \mathrm{H_2O|g} \\
\mu^{\ominus}/\mathrm{kG:} & -237{,}1 & -228{,}6 & \Rightarrow \mathcal{A}^{\ominus} = -8{,}5\,\mathrm{kG} \\
\alpha/\mathrm{G\,K^{-1}:} & -70 & -189 & \Rightarrow \alpha = +119\,\mathrm{G\,K^{-1}}
\end{array}
$$

und damit

$$p_{lg} = 100\,\mathrm{kPa} \cdot \exp\left(\frac{(-8{,}5 \cdot 10^3) + 119 \cdot (T/\mathrm{K} - 298)}{8{,}314 \cdot T/\mathrm{K}} \right).$$

Ist man weit genug vom kritischen Punkt entfernt und beschränkt sich auf einen nicht zu ausgedehnten Temperaturbereich, so liefert Gleichung (11.7) trotz der verwendeten Näherungen recht brauchbare Ergebnisse, wie der Vergleich mit den experimentellen Werten zeigt.

Wie wir im Kapitel 9 zeigen konnten, entspricht der Temperaturkoeffizient α des Antriebs einer molaren Reaktionsentropie, in unserem Fall der Entropieänderung $\Delta_{lg}S = S_{m,g} - S_{m,l}$ aufgrund des Siedeprozesses im Ausgangszustand, das heißt bei der Temperatur T_0 und dem Druck p_0. Wir erhalten also, wenn wir dafür abkürzend $\Delta_{lg}S_0$ schreiben:

$$p_{lg} = p_0 \exp \frac{\mathcal{A}_{lg,0} + \Delta_{lg}S_0 \cdot (T - T_0)}{RT}. \qquad (11.9)$$

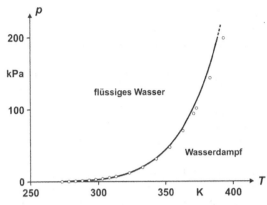

Abb. 11.8 Temperaturabhängigkeit des Sättigungsdampfdrucks des Wassers (Vergleich der berechneten Kurve mit gemessenen Werten)

Geht man nun bei der Berechnung der Siededruckkurve statt von einem beliebigen Ausgangszustand, charakterisiert durch die Temperatur T_0 und den Druck p_0, vom Sonderfall eines Gleichgewichtszustandes, d. h. einem bekannten Siedepunkt (z. B. dem Normsiedepunkt $T_{lg}^{\ominus}$) aus, so lässt sich Beziehung (11.9) vereinfachen: Im Gleichgewicht ist der Antrieb des Verdampfungsprozesses gleich null und wir erhalten

$$p_{lg} = p^{\ominus} \exp \frac{\Delta_{lg} S_{Gl}^{\ominus} \cdot (T - T_{lg}^{\ominus})}{RT} . \tag{11.10}$$

Wenn man $y = \ln(p_{lg}/p^{\ominus})$ und $x = T^{-1}$ setzt, erhält man die Gleichung einer Geraden:

$$\underbrace{\ln \frac{p_{lg}}{p^{\ominus}}}_{y} = \underbrace{- \frac{\Delta_{lg} S_{Gl}^{\ominus} \cdot T_{lg}^{\ominus}}{R}}_{m} \cdot \underbrace{\frac{1}{T}}_{x} + \underbrace{\frac{\Delta_{lg} S_{Gl}^{\ominus}}{R}}_{b} . \tag{11.11}$$

Hierbei ist $\Delta_{lg} S_{Gl}^{\ominus}$ [$\equiv \Delta_{lg} S(T_{lg}^{\ominus})$] die molare Verdampfungsentropie am Normsiedepunkt. Trägt man nun für verschiedene Substanzen $\ln(p_{lg}/p^{\ominus})$ gegen $1/T$ auf, so fällt auf, dass die Schnittpunkte b der (extrapolierten) Geraden mit der Ordinate für viele unpolare Verbindungen recht nahe beieinander liegen. Das bedeutet, dass auch die molaren Verdampfungsentropien ähnliche Werte aufweisen, wobei der Durchschnitt bei ungefähr 88 Ct mol^{-1} liegt. Dies wurde bereits 1876 von dem Schweizer Physiker Raoul Pierre PICTET erkannt und 1884 nochmals von dem irischen Experimentalphysiker Frederick Thomas TROUTON formuliert (*PICTET-TROUTONsche Regel*). Der Grund für die annähernde Übereinstimmung der molaren Verdampfungsentropien ist der vergleichsweise große Zuwachs an „Unordnung" beim Übergang von einer relativ dichten kondensierten Phase zu einem Gas mit weit voneinander entfernten Teilchen. Große Abweichungen von der Regel sind durch starke Wechselwirkungen zwischen den Molekülen und damit eine höhere Ordnung in der entsprechenden kondensierten Phase zu erklären. So bilden sich in flüssigem Wasser (und anderen polaren Substanzen) Wasserstoffbrückenbindungen aus, was eine erhöhte Verdampfungsentropie zur Folge hat [$\Delta_{lg} S_{Gl}^{\ominus}$ (H$_2$O) = 109,1 Ct mol^{-1}].

11.5 Das vollständige Zustandsdiagramm

Auch die übrigen Phasenübergänge eines reinen Stoffes können wir in einem $p(T)$-Diagramm in Form von *Phasengrenzlinien* darstellen und gelangen so zum vollständigen *Zustandsdiagramm* (auch *Phasendiagramm* genannt). Es gibt an, unter welchen Bedingungen von Temperatur und Druck eine bestimmte Phase des betreffenden Stoffes stabil ist, veranschaulicht also die Existenzbereiche dieser stabilen Phasen.

1) Unterhalb einer gewissen Temperatur entsteht das Kondensat nicht als Flüssigkeit, sondern als Feststoff. Den unmittelbaren Übergang vom gasigen zum festen Zustand nennt man auch *Sublimation* (den umgekehrten Prozess Resublimation) und die Dampfdruckkurve eines Feststoffes daher *Sublimationsdruckkurve* (Abb. 11.9). Entlang dieser Phasengrenzlinie stehen Gas und Feststoff miteinander im Gleichgewicht. Solange der Druck während des Verdichtens des Gases bei konstanter Temperatur unterhalb dieser Kurve bleibt, befindet sich im Zylinder nur Gas, liegt der Druck oberhalb, ist nur festes Kondensat vorhanden.

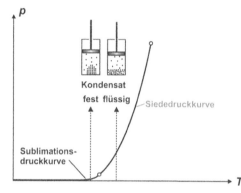

Abb. 11.9 Sublimationsdruckkurve und Siededruckkurve eines Stoffes

2) Die Bereiche in unserem Schaubild mit festem oder flüssigem Kondensat sind durch eine fast senkrecht ansteigende Kurve getrennt, die man *Schmelzdruckkurve* nennt (siehe Abb. 11.10; die Neigung der Kurve ist der Deutlichkeit halber stark übertrieben).

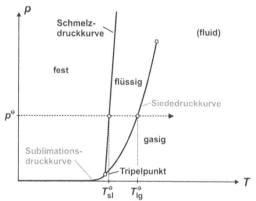

Abb. 11.10 Typisches Zustandsdiagramm eines reinen Stoffes

3) Erwärmt man das feste Kondensat, beginnend am absoluten Nullpunkt, unter konstantem Druck (z. B. dem äußeren Luftdruck $p^{\ominus}$ von 100 kPa), dann geht der Stoff beim Überschreiten der Schmelzdruckkurve in den flüssigen Zustand über, er *schmilzt*. Die Temperatur, bei der das geschieht, bei der sich also feste und flüssige Phase im Gleichgewicht befinden, ist die zu dem betrachteten Druck gehörige *Schmelztemperatur* (z. B. $T_{sl}^{\ominus}$). Erhitzt man weiter, dann beginnt der Stoff beim Erreichen der Siededruckkurve schließlich zu sieden (vgl. Abschnitt 11.4).

Die Schmelz- ist wie die Siedetemperatur eines Stoffes keine Konstante, sondern ebenfalls, allerdings weitaus geringfügiger, abhängig vom Druck. Die *Normschmelztemperatur* $T_{sl}^{\ominus}$ bezieht sich dabei auf einen Druck von 100 kPa.

4) Den Punkt, in dem Sublimationsdruckkurve, Siededruckkurve und Schmelzdruckkurve zusammenlaufen, nennt man *Tripelpunkt* T_{slg}, weil unter den durch diesen Punkt gekennzeichneten Temperatur- und Druckbedingungen der Stoff gleichzeitig im festen, flüssigen und gasigen Zustand vorliegt. Temperatur und Druck am Tripelpunkt sind charakteristische Eigenschaften eines reinen Stoffes. Der Tripelpunkt z. B. von Wasser liegt bei 273,16 K und 6,11 Pa; nur bei exakt dieser Temperatur und diesem Druck stehen Eis, flüssiges Wasser und Wasserdampf miteinander im Gleichgewicht. Dieser Tripelpunkt wird zur Definition der Einheit Kelvin benutzt (vgl. Abschnitt 3.8). Liegt der Druck bei einer Substanz am Tripelpunkt deutlich oberhalb 100 kPa, so kann der flüssige Zustand – gleichgültig, bei welcher Temperatur – bei Normaldruck nicht existieren und man beobachtet nur Sublimation. Ein Beispiel ist das Kohlendioxid (217 K, 511 kPa), das an der Luft nur den Übergang fest $\rightleftarrows$ gasig zeigt (daher der Name „Trockeneis").

Auch die übrigen Phasengrenzlinien lassen sich wieder mit Hilfe des chemischen Potenzials berechnen. So kann die Sublimationsdruckkurve ganz analog zur Siededruckkurve beschrieben werden, nur dass nun der für den Sublimationsprozess (bei der Temperatur T_0 und dem Druck p_0) verantwortliche Antrieb $\mathcal{A}_{sg,0} = \mu_{s,0} - \mu_{g,0}$ und die zugehörige Entropieänderung $\Delta_{sg}S_0$ auftreten:

$$p_{sg} = p_0 \exp\frac{\mathcal{A}_{sg,0} + \Delta_{sg}S_0 \cdot (T - T_0)}{RT}. \tag{11.12}$$

Der Sublimationsdruck nimmt demnach wie der Siededruck mit steigender Temperatur stets zu, und zwar reziprok exponentiell ($\sim e^{-a/T}$).

Zur Berechnung der Schmelzdruckkurve ist der lineare Ansatz sowohl für die Temperatur- als auch die Druckabhängigkeit des chemischen Potenzials ausreichend (vgl. Abschnitt 5.4). Wir erhalten also für den Vorgang

$$B|s \rightarrow B|l$$

im Falle des Gleichgewichts ($\mu_s = \mu_l$) die Bedingung:

$$\mu_{s,0} + \alpha_s \cdot \Delta T + \beta_s \cdot \Delta p = \mu_{l,0} + \alpha_l \cdot \Delta T + \beta_l \cdot \Delta p.$$

Umformen ergibt wegen $\mathcal{A}_{sl,0} = \mu_{s,0} - \mu_{l,0}$ sowie $\alpha_{sl} = \alpha_s - \alpha_l$ und $\beta_{sl} = \beta_s - \beta_l$:

$$\mathcal{A}_{sl,0} + \alpha_{sl} \cdot \Delta T = -\beta_{sl} \cdot \Delta p$$

und folglich mit $\Delta p = p_{sl} - p_0$ und $\Delta T = T - T_0$, wenn man nach p_{sl} auflöst:

$$p_{sl} = p_0 - \frac{\mathcal{A}_{sl,0} + \alpha_{sl} \cdot (T - T_0)}{\beta_{sl}}. \tag{11.13}$$

$\mathcal{A}_{sl,0}$ bezeichnet den Antrieb des Schmelzvorgangs im Ausgangszustand (das heißt hier bei der Temperatur T_0 und dem Druck p_0). Der Temperaturkoeffizient α_{sl} des Antriebs entspricht der molaren Reaktionsentropie $\Delta_{sl}S_0$ des Schmelzvorganges, der Druckkoeffizient β_{sl} dem negativen molaren Reaktionsvolumen $-\Delta_{sl}V_0$ (vgl. Abschnitt 9.3), beide ebenfalls auf den Ausgangszustand (T_0, p_0) bezogen. Daraus folgt:

$$p_{sl} = p_0 + \frac{\mathcal{A}_{sl,0} + \Delta_{sl}S_0 \cdot (T - T_0)}{\Delta_{sl}V_0}. \tag{11.14}$$

Der lineare Anstieg der Schmelzdruckkurve (Steigung hier $\Delta_{sl}S_0/\Delta_{sl}V_0$) ist (wie der reziprok exponentielle Anstieg der Dampfdruckkurven) für die meisten Stoffe positiv, weil $\Delta_{sl}S_0$ immer positiv ist und $\Delta_{sl}V_0$ fast immer. Es gibt nur wenige Stoffe – das bekannteste Beispiel ist Wasser (Abb. 11.11) – die sich beim Schmelzen zusammenziehen, sodass $\Delta_{sl}V_0$ negativ wird.

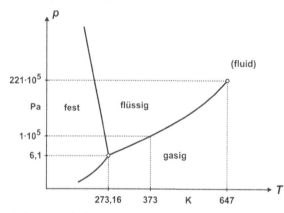

Abb. 11.11 Zustandsdiagramm von Was-ser (schematisch)

Geht man wieder vom Sonderfall eines Gleichgewichtes als Ausgangszustand aus, d. h. einem bekannten Schmelzpunkt (z. B. dem Normschmelzpunkt $T_{sl}^{\ominus}$), so vereinfacht sich die Beziehung (11.14) wegen $\mathcal{A}_{sl}^{\ominus} = 0$ zu

$$p_{sl} = p^{\ominus} + \frac{\Delta_{sl}S_{Gl}^{\ominus}}{\Delta_{sl}V_{Gl}^{\ominus}} \cdot (T - T_{sl}^{\ominus}) \tag{11.15}$$

mit $\Delta_{sl}S_{Gl}^{\ominus}$ als molarer Schmelzentropie und $\Delta_{sl}V_{Gl}^{\ominus}$ als molarem Schmelzvolumen bei der Normschmelztemperatur.

Während alle Stoffe im gasigen und in der Regel alle Stoffe im flüssigen Zustand [bestimmte Verbindungen aus langkettigen Molekülen, die als kristalline Flüssigkeiten vorkommen (sogenannte Flüssigkristalle), ausgenommen] nur eine Phase bilden, existieren feste Stoffe meist in mehreren Phasen oder *Modifikationen* (vgl. Abschnitt 1.6). Aufgrund dieser bei Elementen *Allotropie*, bei Verbindungen *Polymorphie* genannten Erscheinungen enthält das Zustandsdiagramm zusätzlich *Umwandlungsdruckkurven* (im engeren Sinne) (Abb. 11.12). Sie grenzen die Existenzgebiete von zwei verschiedenen Modifikationen (z. B. α und β) ab und führen zu neuen Tripelpunkten. Ein Beispiel ist das folgende Einstoff-Zustandsdiagramm für Druckwerte im Niederdruckbereich.

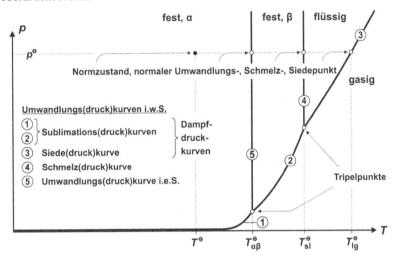

Abb. 11.12 Zustandsdiagramm eines Stoffes mit zwei Modifikationen α und β bei niederen Drücken

Bei anderen Drücken, insbesondere im Hochdruckbereich, können weitere feste Phasen γ, δ, ε, ... auftreten (Abb. 11.13), deren Existenzbereiche sich nach demselben Muster näherungsweise berechnen lassen.

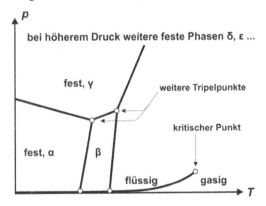

Abb. 11.13 Einstoff-Zustandsdiagramm mit weiteren Modifikationen bei höheren Drücken

Ein Beispiel ist Wasser, das neben dem gewöhnlichen Eis(I) bei höheren Drücken weitere feste Phasen ausbilden kann, die sich in der Anordnung der H_2O-Moleküle unterscheiden (Abb. 11.14). In der Abbildung fällt auf, dass die Phase IV fehlt. Dies rührt jedoch einfach daher, dass man ursprünglich glaubte, eine neue Phase entdeckt zu haben, die sich aber dann doch als nicht existent herausstellte. Die Bezeichnung der anderen Phasen behielt man jedoch der Einfachheit halber bei.

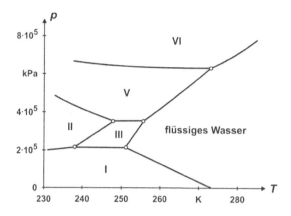

Abb. 11.14 Ausschnitt aus dem Zustandsdiagramm des Wassers bei höheren Drücken

12 Stoffausbreitung

Bisher hatten wir uns bei der Betrachtung des chemischen Potenzials im Wesentlichen auf chemische Umsetzungen und Phasenumwandlungen konzentriert. Daneben ist jedoch eine weitere Eigenschaft der Stoffe fast ebenso bedeutsam: die Neigung, sich im Raum auszubreiten. In diesem Zusammenhang wird das Phänomen der *Diffusion* erläutert. Gegenstand dieses Kapitels ist aber auch die Beschreibung des Effektes, den kleine Beimengungen gelöster Stoffe auf bestimmte Eigenschaften des Lösemittels haben. Die Auswirkungen, die wir dabei im Auge haben, sind die Ausbildung eines osmotischen Druckes, die Erniedrigung des Dampfdruckes des Lösemittels, die Erhöhung seines Siedepunktes und die Erniedrigung seines Gefrierpunktes (zusammengefasst unter dem Begriff *„kolligative Phänomene"*). Diese Phänomene sind allgegenwärtig, sie spielen eine Rolle im Haushalt, in der Natur, aber auch in der Industrie. Das Musterbeispiel für den Effekt der Gefrierpunktserniedrigung im Alltag ist die Tauwirkung von Streusalz. Es stellt sich in diesem Zusammenhang aber auch die Frage, warum gezuckerte Erdbeeren Saft „ziehen", Kirschen bei anhaltendem Regenwetter jedoch so stark quellen können, dass sie platzen. Eine Antwort darauf gibt Abschnitt 12.4, der sich mit dem Phänomen der Osmose und ihrer Bedeutung für den Wasserhaushalt in lebenden Organismen auseinandersetzt. Für eine quantitative Diskussion all dieser Phänomene müssen wir uns aber zunächst mit der indirekten Massenwirkung und der zugehörigen „kolligativen Potenzialsenkung" vertraut machen. Abschließend wird noch kurz darauf eingegangen, wie man die kolligativen Eigenschaften zur Bestimmung der molaren Masse einer Substanz nutzen kann.

12.1 Vorüberlegung

Bisher hatten wir uns bei der Betrachtung des chemischen Potenzials im Wesentlichen auf chemische Umsetzungen und Phasenumwandlungen konzentriert; daneben ist jedoch eine weitere Eigenschaft der Stoffe fast ebenso bedeutsam: die Neigung, sich im Raum auszubreiten, sei er „leer" oder materieerfüllt. Auch diese Erscheinung kann man sich leicht an alltäglichen Vorgängen verdeutlichen. Die Stoffe wandern zwar meist äußerst langsam in winzigsten Mengen und dadurch sehr unauffällig, aber es gibt durchaus zahlreiche Beispiele, bei denen die Ausbreitung bemerkbar wird. Wenn die Aromastoffe aus frisch gemahlenem, unverpacktem Kaffee in Tagen entweichen, wenn Pfützen nach einem Regen in Stunden verdunsten, die Klebstofflösung aus der Tube in Minuten erstarrt, die aus dem Filzschreiber ausfließende „Tinte" in Augenblicken eintrocknet oder sich Feuchte langsam über den ganzen zugänglichen Raum verteilt (so macht nasse Wäsche, im Zimmer aufgehängt, Möbel, Tapeten, Bücher usw. klamm), dann zeigt das, wie beweglich und flüchtig manche Stoffe sein können. Dass die Stoffe nicht einfach verschwinden, sondern sich nur umverteilen, lässt sich sehr schön mit Hilfe von frischem Brot und Zwieback in einem abgeschlossenen Raum wie einem Brotkasten demonstrieren (Versuch 12.1).

© Springer Fachmedien Wiesbaden GmbH, ein Teil von Springer Nature 2021
G. Job und R. Rüffler, *Physikalische Chemie*, Studienbücher Chemie,
https://doi.org/10.1007/978-3-658-32936-5_12

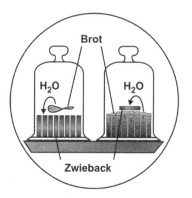

Versuch 12.1 *Umverteilung von Wasser zwischen Zwieback und Brot*: Ein Stück Zwieback, das man zwei, drei Tage im Brotkasten oder Frischhaltebeutel zusammen mit frischem Brot aufbewahrt, wird durch Wasseraufnahme ganz weich und biegsam, während eine Scheibe Brot in der Zwiebacktüte hart und brüchig wird, weil sie ihre Feuchte an den trockenen Zwieback verliert.

Bei farbigen und stark riechenden Stoffen ist die Ausbreitung leicht verfolgbar. Der Duft eines Fliederstraußes, einer geschälten Apfelsine oder eines Harzer Käses erfüllt schnell das ganze Zimmer. Die Ausbreitung farbiger, niedermolekularer Stoffe wie z. B. des violetten Kaliumpermanganats in einer Flüssigkeit oder besser noch in einem Gel, um die Konvektion zu unterbinden, läuft so schnell, dass man bequem zuschauen kann (Versuch 12.2).

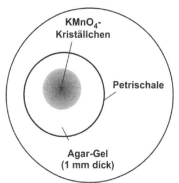

Versuch 12.2 *Ausbreitung von KMnO₄ in Agar-Gel* (Blick von oben auf eine dünne Gelschicht in einer Petrischale): Einige wenige kleine $KMnO_4$-Kriställchen werden vorsichtig auf dem Agar-Gel verteilt. Um jedes $KMnO_4$-Kriställchen bildet sich sofort ein kreisförmiger violetter Hof aus, dessen weitere Ausbreitung vom Entstehungsort sich in der Projektion gut beobachten lässt.

Noch weitaus schneller breiten sich Gase in der Atmosphäre aus. Dies lässt sich am Beispiel des Bromdampfs mit seiner rötlich-braunen Farbe leicht beobachten (Versuch 12.3).

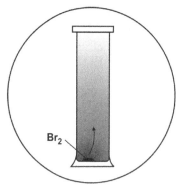

Versuch 12.3 *Ausbreitung von Br₂ in Luft*: Gibt man einen Tropfen Brom in einen (luftgefüllten) Standzylinder, so breitet sich der rötlich-braune Bromdampf rasch im ganzen Zylinder aus.

Aber selbst kristallisierte, kompakte Körper sind nicht undurchdringlich wie das folgende Experiment veranschaulicht (Versuch 12.4).

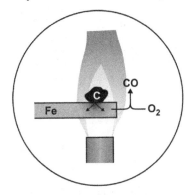

Versuch 12.4 *„Auf-" und „Entkohlen" von Eisen* (schematische Darstellung): Eisen wird, wenn man es in Holzkohlepulver bei ca. 1000 °C glüht, „aufgekohlt", d. h., Kohlenstoffatome wandern hinein. Die Gefügeänderungen am Rand der Probe sind bereits mit bloßem Auge als dunkle Zone zu erkennen, können aber genauer noch mit dem Mikroskop untersucht werden. Durch Erhitzen in einer oxidierenden Flamme oder im Ofen in normaler Atmosphäre kann das Eisen wieder „entkohlt" werden.

Diese Beispiele mögen genügen, um zu zeigen, dass die Stoffausbreitung eine sehr allgemeine Eigenschaft stofflichen Verhaltens darstellt.

Da man die Wanderung eines Stoffes von einem Ort an einen anderen als Stoffumbildung auffassen kann,

$$B|\text{Startort} \rightarrow B|\text{Zielort},$$

ist es einleuchtend, dass das chemische Potenzial auch diese Vorgänge beherrscht. Der Stofftransport erfolgt damit stets in Richtung eines Potenzialgefälles, d. h., ein Stoff wandert freiwillig nur in eine Richtung, in welcher der μ-Wert am Startort größer ist als am Zielort (wenn keine anderen Kräfte im Spiel sind wie etwa Fliehkräfte in einer Zentrifuge oder elektrische Kräfte in einer Elektrolysezelle). Hierbei spielt eine Eigenschaft der Größe μ eine entscheidende Rolle, die wir bereits kennengelernt haben, nämlich ihre Konzentrationsabhängigkeit (vgl. Abschnitt 6.2): *Mit wachsender Verdünnung eines Stoffes fällt sein chemisches Potenzial, und zwar bei hinreichend hoher Verdünnung beliebig tief.*

Mit der Anwendung dieser Aussage auf die Stoffausbreitung und verwandte Erscheinungen wollen wir uns im Folgenden beschäftigen. Mit den Besonderheiten, die sich ergeben, wenn obige Regel bei höheren Gehalten verletzt wird, befasst sich hingegen Kapitel 13.

12.2 Diffusion

Ein Stoff, sofern er hinreichend beweglich ist, muss sich in einem sonst homogenen Materie- oder Raumbereich am Ende gleichförmig über den gesamten Bereich verteilen. Denn an Stellen mit geringem Gehalt ist auch sein chemisches Potenzial kleiner, sodass der Stoff aus Gebieten höherer Konzentration dorthin abwandert (Abb. 12.1). Wenn mehrere Stoffe in einem Raumgebiet gleichzeitig wandern, gilt für jeden von ihnen dasselbe. Die Materie strebt also von selbst homogene Verteilungen an. Diese Art der Stoffausbreitung bezeichnet man als *Diffusion*.

Wenn auch ein Konzentrationsunterschied die weitaus wichtigste Ursache für die Diffusion darstellt, so ist er jedoch nicht die einzige. Auch andere Einflüsse des Umfeldes auf das chemische Potenzial können eine Rolle spielen. So kann es in inhomogenen Bereichen durchaus vorkommen, dass ein Stoff sich auf Kosten der benachbarten Gebiete an gewissen Stellen anreichert. Diese Eigenschaft nutzt man beispielsweise in der Mikroskopie aus, um Bereiche anzufärben, die einen gewissen Farbstoff bevorzugt aufnehmen. Obwohl der Farbstoff anfangs mehr oder weniger gleichmäßig aufgetragen wird, verteilt er sich dennoch ohne äußere Einwirkung ungleichmäßig.

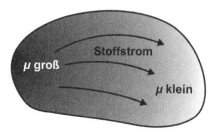

Abb. 12.1 Stoffstrom bei ungleichmäßiger Verteilung eines Stoffes in einem ansonsten homogenen Bereich

Den Stofftransport wollen wir uns noch etwas genauer anschauen. Die entscheidende Größe ist, wie wir gesehen haben, das chemische Potenzial. Der Stoff wandert freiwillig nur in Richtung fallenden Potenzials. Formuliert man den Übergang eines Stoffes B vom Ort x_1 zum Ort x_2 (Abb. 12.2) als Reaktion, so gilt:

$$B|x_1 \rightarrow B|x_2 \qquad \text{läuft freiwillig ab, wenn} \qquad \mu_B(x_1) > \mu_B(x_2).$$

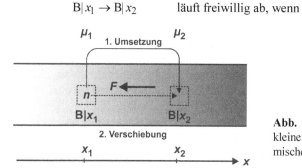

Abb. 12.2 Ermittlung der Kraft F auf eine kleine Probemenge n eines Stoffes B im chemischen Potenzialgefälle

Der Antrieb $\mathcal{A}$ dieses Vorgangs ist die entsprechende Potenzialdifferenz,

$$\mathcal{A} = \mu_B(x_1) - \mu_B(x_2) = -\Delta\mu_B,$$

der Umsatz $\Delta\xi$ die vom Ort x_1 zum Ort x_2 beförderte Stoffmenge n_B. Das Potenzialgefälle verursacht eine Kraft F, die den Stoff in Richtung sinkenden Potenzials drängt. F lässt sich unschwer berechnen, wenn man die Energie W zur Überführung einer kleinen Stoffmenge n_B vom Ort x_1 zum Ort x_2 einmal als den Aufwand für die Umsetzung und zum anderen als den zur Verschiebung gegen die Kraft F ausdrückt. Wir denken uns hierzu das Potenzial μ_B in x-Richtung zunehmend und den Stoff dem Potenzialgefälle entgegen, gleichsam bergauf befördert. Dann ist die Energie $W > 0$, während der Antrieb $\mathcal{A}$ negativ ist. Die Kraft F zählt ebenfalls als negativ, da sie der x-Achse entgegengerichtet ist. F wird im Allgemeinen vom Ort x abhängen. Wenn man jedoch die Strecke $\Delta x = x_2 - x_1$ klein genug wählt, kann man F dort als konstant betrachten. Wir erhalten folglich allgemein:

$$W = -\mathcal{A} \cdot \Delta\xi = \Delta\mu \cdot n \qquad \text{bzw.} \qquad W = -F \cdot \Delta x \qquad \text{für kleine } \Delta x.$$

Fassen wir die beiden Gleichungen zusammen, so finden wir

$$F = -n \cdot \frac{\Delta\mu}{\Delta x} \qquad \text{oder genauer} \qquad F = -n \cdot \frac{d\mu}{dx} \ . \qquad (12.1)$$

Es bietet sich an, F als *Diffusionskraft* zu bezeichnen, weil F die treibende Kraft für die als Diffusion bezeichnete Stoffausbreitung darstellt. Mit der Geschwindigkeit des Stofftransports und den zugehörigen Gesetzmäßigkeiten werden wir uns in Kapitel 20 auseinandersetzen, das sich mit Transporterscheinungen beschäftigt (Abschnitt 20.2).

Bei molekularkinetischen Betrachtungen pflegt man die Diffusion als Folge der zufälligen Bewegung der Molekeln aufzufassen und nicht als Wirkung einer gerichteten Kraft. Wenn zwei Bereiche verschiedener Konzentration eines Stoffes B aneinander grenzen, dann treten bei völlig regelloser Wanderung der Molekeln im Mittel mehr Teilchen aus dem Bereich mit höherer Konzentration in den mit niedrigerer Konzentration über als umgekehrt. Der Zufall alleine genügt, um zu erklären, dass B allmählich aus höher- in niederkonzentrierte Gebiete abwandert und sich schließlich gleichmäßig verteilt. Eine besondere treibende Kraft ist hierzu nicht nötig. – Tatsächlich besteht jedoch zwischen beiden Beschreibungsweisen kein Gegensatz. Die größere Zahl molekularer Stöße, die der diffundierende Stoff B bei höherer Konzentration ausübt, führt am Übergang zum niederkonzentrierten Bereich zwangsläufig zu einer gerichteten Kraft, eben der oben berechneten Diffusionskraft F, nicht anders als wir es von den Gasmolekeln her kennen beim Aufprall auf die Gefäßwände.

Aber auch weitere, bereits bekannte Erscheinungen gehören zum Themenbereich der Stoffausbreitung. So verdunsten Wasser (Abschnitt 6.1), aber auch Alkohol, Ether etc. an Zimmerluft, gehen also in den Gaszustand über, obwohl das chemische Potenzial der jeweiligen Flüssigkeit A unterhalb ihres Siedepunktes kleiner ist als das des *reinen* Dampfes. Dass der Vorgang dennoch möglich ist, liegt daran, dass der Dampf eben nicht rein vorliegt, sondern mit Luft so weit verdünnt ist, dass $\mu(A|g) < \mu(A|l)$ wird.

Auch löst sich jeder Stoff B in einem beliebigen anderen A in endlicher, wenn vielleicht auch unmessbar kleiner Menge, denn bei hinreichender Verdünnung unterschreitet das chemische Potenzial des gelösten Stoffes B irgendwann den festen μ-Wert, den B im Bodenkörper hat, sodass B von dorther abzuwandern beginnt (Abschnitt 6.6).

Letztendlich kann auch das für die Chemie so wichtige Massenwirkungsgesetz in diesem Zusammenhang angeführt werden, sofern ein Stoffaustausch zwischen räumlich getrennten Bereichen betroffen ist. Der NERNSTsche Verteilungssatz, das HENRYsche Gesetz über die Gaslöslichkeit, ja selbst die Dampfdruckformel reiner Stoffe sind Beispiele hierfür.

12.3 Mittelbare Massenwirkung

Wenn man in einer Flüssigkeit A eine *geringe* Menge n_B eines Fremdstoffes B auflöst, dann sinkt das chemische Potenzial μ_A bei konstantem p und T, und zwar proportional zum Mengenanteil $x_B = n_B/(n_A + n_B) \approx n_B/n_A$ des Fremdstoffs (da $n_B \ll n_A$), aber *unabhängig von dessen Art*:

$$\mu_A = \overset{\bullet}{\mu}_A - RT \cdot x_B \qquad \text{für } x_B \ll 1 \qquad \text{„kolligative Potenzialsenkung“.} \qquad (12.2)$$

(zum Begriff „kolligativ" siehe Ende dieses Abschnittes). $\overset{\bullet}{\mu}_A$ bezeichnet hier das Potenzial von A im reinen Zustand ($x_A = 1$). Bisher haben wir die „mäßigende Wirkung" kleiner Zusätze an Fremdstoffen F (es können auch mehrere verschiedene B, C, D, … sein, weil es auf deren Art nicht ankommt, wie wir noch sehen werden) auf das Umbildungsbestreben eines Stoffes außer Acht gelassen, etwa bei der Anwendung des Massenwirkungsgesetzes, wenn das Lösemittel A an der betrachteten Reaktion beteiligt war (es wurde als reiner Stoff behandelt). Der Grund dafür ist, dass der Beitrag $-RTx_F$ für dünne Lösungen klein ist, verglichen mit den gehaltsabhängigen Beiträgen $\overset{\smile}{\mu} = RT \ln c_r$ der gelösten Stoffe, die ja gegen $-\infty$ streben, je dünner die Lösung ist. Im Massenwirkungsgesetz, das ein Grenzgesetz für hohe Verdünnung darstellt, verschwindet der Beitrag $-RTx_F$, nicht aber die Massenwirkungsglieder $\overset{\smile}{\mu}$, die im Gegenteil unbegrenzt zunehmen.

Um die Abhängigkeit des chemischen Potenzials μ vom Gehalt (Konzentration c, Teildruck p, Mengenanteil x usw.) eines beliebigen Stoffes zu beschreiben, ist es, wie wir gesehen haben (Abschnitt 6.2), in der Chemie üblich, das Potenzial μ in ein vom Gehalt unabhängiges Grundglied $\overset{\circ}{\mu}$ und ein davon abhängiges Restglied aufzuteilen. In diesem Sinne stellt $\overset{\bullet}{\mu}$ einen speziellen Grundwert dar. Nur wenn dies besonders betont werden soll wie etwa in diesem und dem nächsten Kapitel, werden wir die Schreibweise $\overset{\bullet}{\mu}$ wählen, während wir sonst bei dem Zeichen $\overset{\circ}{\mu}$ bleiben.

Die Gleichung (12.2) für die Potenzialsenkung gilt, sofern sich der Fremdstoff B molekular löst (bzw. die Fremdstoffe F), aber nicht dissoziiert oder assoziiert, also nicht in kleinere Bestandteile zerfällt und auch umgekehrt keine Aggregate aus mehreren Molekeln bildet. Diese bemerkenswerte, für alle Stoffe gleichermaßen gültige Beziehung ist die mittelbare Folge der Massenwirkung der gelösten Substanz, die ebenfalls unabhängig von der Art der Stoffe ist, des lösenden A und des gelösten B (siehe Massenwirkungsgleichungen in Kapitel 6).

Auch die neue Gleichung ist ein *Grenzgesetz*, und zwar für das Verhalten eines Stoffes bei geringen Beimischungen eines Fremdstoffes. Zwar ist die Potenzialänderung hierdurch klein, da aber der fragliche Stoff A in hoher Konzentration vorliegt, kann dies dennoch erhebliche Auswirkungen haben, mit denen wir uns in den nächsten Abschnitten befassen wollen.

> Um Gleichung (12.2) herzuleiten (für mathematisch Interessierte), greifen wir auf die in Abschnitt 9.3 unter dem Stichwort *n-n*-Kopplung kennengelernte Querbeziehung zurück. Wenn ein Stoff einen anderen zu verdrängen (oder zu begünstigen) sucht, dann geschieht dies wechselseitig, und zwar gleich stark; entsprechend sind die Verdrängungskoeffizienten gleich:
>
> $$\left(\frac{\partial \mu_A}{\partial n_B} \right)_{p, T, n_A} = \left(\frac{\partial \mu_B}{\partial n_A} \right)_{p, T, n_B}.$$
>
> Wenn wir beachten, dass μ_B von c_B und c_B von n_A abhängt, $\mu_B (c_B (n_A))$, sodass wir die Kettenregel bemühen müssen, um die Ableitung rechts zu berechnen, so ergibt sich:
>
> $$\left(\frac{\partial \mu_B}{\partial n_A} \right)_{p, T, n_B} = \left(\frac{\partial \mu_B}{\partial c_B} \right)_{p, T} \left(\frac{\partial c_B}{\partial n_A} \right)_{p, T, n_B}.$$
>
> Als Einstieg in den Erscheinungsbereich der Massenwirkung hatten wir den Umstand gewählt, dass der Konzentrationskoeffizient $\overset{\smile}{\gamma}$ des chemischen Potenzials für kleine Konzentrationen c eine universelle Größe ist (Abschnitt 6.2). Angewandt hier auf den Stoff B, heißt das:

$$\left(\frac{\partial \mu_B}{\partial c_B}\right)_{p,T} = \overset{\times}{\gamma} = \frac{RT}{c_B}.$$

Nun hängt $c_B = n_B/V$ auch bei konstantem n_B mittelbar von n_A ab, weil $V = n_A V_A + n_B V_B \approx n_A V_A$ ist. Wegen $n_B \ll n_A$ ist der Beitrag $n_B V_B$ zum Volumen V jedoch vernachlässigbar und V kann mit dem Raumanspruch des reinen Stoffes A gleichgesetzt und damit als unabhängig von n_B betrachtet werden. Wenn wir $c_B = n_B/(n_A V_A)$ nach n_A ableiten,

$$\left(\frac{\partial c_B}{\partial n_A}\right)_{p,T,n_B} = -\frac{n_B}{n_A^2 V_A} = -\frac{n_B}{n_A V} = -\frac{c_B}{n_A},$$

und das Ergebnis oben einsetzen, erhalten wir

$$\left(\frac{\partial \mu_A}{\partial n_B}\right)_{p,T,n_A} = \frac{RT}{c_B} \cdot \frac{-c_B}{n_A} = -\frac{RT}{n_A}.$$

Die Ableitung hängt nicht von n_B ab, das heißt μ_A fällt mit zunehmender Menge n_B mit konstanter Steigung vom Ausgangswert $\overset{\bullet}{\mu}_A$ ab:

$$\mu_A = \overset{\bullet}{\mu}_A - \frac{RT}{n_A} \cdot n_B \approx \overset{\bullet}{\mu}_A - RT \cdot x_B.$$

Abbildung 12.3 zeigt das chemische Potenzial $\mu(x)$ in Abhängigkeit von x im gesamten Bereich von $x = 0$ bis 1 (der Index A wurde hier weggelassen, um die Analogie mit der Darstellung in Kapitel 6 zu betonen). Die durchgezogene Kurve verdeutlicht dabei den logarithmischen Zusammenhang, der als Idealfall gilt. Wird der Stoffmengenanteil hier um jeweils eine Zehnerpotenz erniedrigt, so sinkt auch das chemische Potenzial stets um den gleichen Betrag, das Dekapotenzial μ_d von 5,7 kG bei Zimmertemperatur. Wie bereits gesagt (und oben hergeleitet), müssen alle $\mu(x)$-Kurven für $x \approx 1$ bzw. $x_B \approx 0$ die gleiche Steigung RT aufweisen. Doch werden wir uns mit dieser Thematik noch näher in Abschnitt 13.2 befassen.

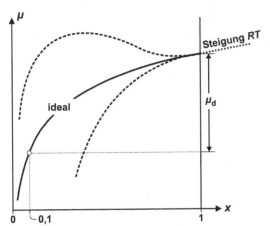

Abb. 12.3 Abhängigkeit des chemischen Potenzials vom Stoffmengenanteil x

Die „kolligative Potenzialsenkung" hat eine Reihe von Effekten zur Folge: die Ausbildung eines osmotischen Druckes, die Verringerung des Dampfdrucks einer Lösung (verglichen mit dem des reinen Lösemittels), die Erhöhung ihres Siedepunktes und die Erniedrigung ihres Gefrierpunktes. Da diese Effekte nur vom Stoffmengenanteil der Fremdstoffe, d. h. der *An-*

zahl der gelösten Teilchen („Bündel" von Atomen) bestimmt werden und nicht von deren chemischer Natur, Größe und Gestalt abhängen, spricht man auch von *kolligativen Eigenschaften* („Bündeleffekten", von lat. colligare „zusammenbinden"). Eine wässrige Lösung mit einem Stoffmengenanteil an Glucose von 0,001 stimmt folglich in allen genannten Eigenschaften (osmotischer Druck, Dampfdruck, Gefrierpunkt und Siedepunkt) mit einer Harnstofflösung gleichen Gehaltes recht gut überein. Da jedoch jede Teilchensorte, die in der Lösung vorliegt, als eigener Stoff berücksichtigt werden muss, sind in einer Elektrolytlösung Kationen und Anionen getrennt zu zählen. Für eine Kochsalzlösung mit $x_{NaCl} = 0,001$ ist etwa $x_F = x_{Na^+} + x_{Cl^-} = 2 \cdot x_{NaCl} = 0,002$, weil NaCl vollständig in Na^+- und Cl^--Ionen dissoziiert; für eine Calciumchloridlösung gilt entsprechend sogar $x_F = x_{Ca^{2+}} + x_{Cl^-} = 3 x_{CaCl_2} = 0,003$.

12.4 Osmose

Grundlagen. Sind zwei verschieden konzentrierte Lösungen eines Stoffes B durch eine nur für das Lösemittel A durchlässige dünne Wand, eine sogenannte *semipermeable* (halbdurchlässige) Membran, voneinander getrennt (Abb. 12.4), dann wandert das Lösemittel von der dünneren in die konzentriertere Lösung. Dabei kann eine der „Lösungen" auch aus dem reinen Lösemittel bestehen, für das $c_B = 0$ gilt. In der bezüglich B konzentrierteren Lösung liegt der Stoff A durch seinen Lösungspartner B stärker verdünnt vor, d. h., der Gehalt des Lösemittels ist geringer und damit auch das chemische Potenzial μ_A. Antrieb für den Vorgang, der als *Osmose* bezeichnet wird, ist mithin der Potenzialunterschied, hervorgerufen durch unterschiedliche Fremdstoffgehalte.

nur für A durchlässig

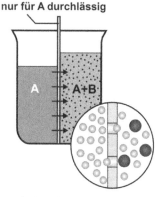

Abb. 12.4 Wanderung des Lösemittels A einem Druckgefälle entgegen. Die Moleküle des gelösten Stoffes B sind als Punkte dargestellt, das Lösemittel A wird hingegen der Übersichtlichkeit halber als Kontinuum wiedergegeben, wobei die etwas unterschiedlichen Grautöne auf die Gehaltsdifferenz hinweisen sollen; im Ausschnitt werden sowohl die Moleküle des gelösten Stoffes (dunkel) als auch des Lösemittels (hell) durch Kugeln symbolisiert. Beim dargestellten einfachen Membranmodell basiert die selektive Durchlässigkeit auf der Porenweite: Nur die kleineren Lösemittelmoleküle vermögen durch die Membran zu gelangen. Die Semipermeabilität kann aber auch auf anderen Mechanismen beruhen.

Auch die lebende Zellen umhüllenden biologischen Membranen sind semipermeabel. Sie sind durchlässig für Wasser und viele Teilchen vergleichbarer Größe, halten jedoch Enzyme und Proteine im Innern der Zelle zurück. Der osmotische Wasseraustausch stellt im biologischen Geschehen eine allgegenwärtige Erscheinung dar. Er ist dafür verantwortlich, dass gezuckerte Früchte Saft „ziehen" (Versuch 12.5) oder Kirschen bei anhaltendem Regenwetter so stark quellen können, dass sie platzen. Im ersten Falle wandert das Wasser durch die Fruchtschale in die konzentrierte und damit wasserärmere Zuckerlösung nach außen, im zweiten Falle gerade umgekehrt nach innen, weil jetzt dort das Wasser stärker verdünnt vorliegt.

Versuch 12.5 *Saftziehen gezuckerter Früchte*: In einen der beiden Kelche wird die Hälfte der abgetrockneten Erdbeeren oder Mandarinenstückchen so geschichtet, dass der Kelchgrund möglichst frei bleibt. Die andere Hälfte der Früchte wird mit Zucker überschüttet und anschließend in gleicher Weise vorsichtig in den zweiten Kelch gefüllt. Nach einigen Stunden beginnt sich unter den überzuckerten Früchten Saft im Kelchgrund zu sammeln, dessen Volumen nach zwei Tagen 30 bis 40 mL erreichen kann, während die ungezuckerten Früchte kaum Saft abgeben.

Statt an Früchten kann man den ersten Effekt auch sehr gut an gesalzenen Rettichscheiben demonstrieren (Versuch 12.6).

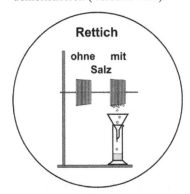

Versuch 12.6 *Saftziehen gesalzener Rettichscheiben*: Der Rettich wird in dünne Scheiben geschnitten und diese Scheiben zu zwei Stapeln übereinandergeschichtet. Die Scheiben des einen Stapels werden der Reihe nach abgehoben, gut eingesalzen und wieder aufeinandergetürmt. Anschließend werden beide Stapel auf den Draht gespießt. Aus dem Stapel mit den gesalzenen Scheiben beginnt sofort Saft abzutropfen. Nach 15 Minuten sind etwa 30 mL Saft ausgeflossen.

Ein weiteres Beispiel für den zweiten Effekt liefert hingegen ein entkalktes rohes Ei, das man vorsichtig in Wasser legt (Versuch 12.7).

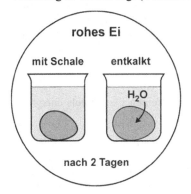

Versuch 12.7 *Aufblähen eines entkalkten Eies in Wasser*: Eines von zwei möglichst gleich großen Eiern wird durch Einlegen in Salzsäure (oder Essig) von seiner Kalkschale befreit. Anschließend werden beide Eier in je ein Becherglas mit Wasser gelegt. Nach zwei Tagen kann man beobachten, dass das entkalkte Ei deutlich größer geworden ist.

Osmotischer Druck. Infolge des Zuflusses des Lösemittels A kann in der konzentrierten Lösung allmählich ein Überdruck entstehen, durch den das chemische Potenzial μ_A dort langsam angehoben wird, sodass das Potenzialgefälle abnimmt. Der Vorgang kommt zum Stillstand, wenn μ_A links und rechts der Wand gleich geworden ist (oder wenn der Stoff A auf der einen Seite ganz verschwunden ist). Den dann herrschenden Überdruck bezeichnet man als *osmotischen Druck*.

Die Osmose wollen wir uns nun unter diesem Aspekt genauer anschauen: Wir betrachten ein Gefäß, das die Menge n_A einer Flüssigkeit A enthält. Wenn man eine geringe Menge n_B eines Fremdstoffes B darin auflöst, sinkt das chemische Potenzial μ_A des Lösemittels [„kolligative Potenzialsenkung", Gl. (12.2)],

$$\mu_A = \overset{\bullet}{\mu}_A - RT \cdot x_B \qquad \text{für } x_B \ll 1. \tag{12.3}$$

Denken wir uns jetzt das Gefäß durch eine nur für das Lösemittel durchlässige Wand mit einem weiteren Behälter verbunden, in dem die Flüssigkeit rein vorliegt (Abb. 12.5).

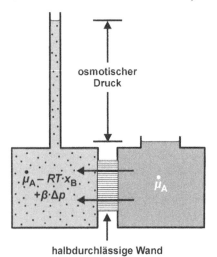

osmotischer
Druck

$\overset{\bullet}{\mu}_A - RT \cdot x_B$
$+ \beta \cdot \Delta p$

$\overset{\bullet}{\mu}_A$

halbdurchlässige Wand

Abb. 12.5 Experiment zur Veranschaulichung des osmotischen Drucks. Das Steigrohr links dient hier als Manometer.

Dann dringt diese wegen des Potenzialgefälles durch die Wand in die Lösung. Der Zustrom kann unterdrückt werden, wenn man durch Erhöhung des Druckes auf die Lösung den Potenzialverlust wieder ausgleicht. Mit steigendem Druck wächst ja auch das chemische Potenzial (vgl. Abschnitt 5.3),

$$\mu_A = \overset{\bullet}{\mu}_A - RT \cdot x_B + \beta_A \cdot \Delta p\,, \tag{12.4}$$

wobei der Druckkoeffizient β_A dem molaren Volumen V_A des reinen Lösemittels entspricht (vgl. Abschnitt 9.3). Im osmotischen Gleichgewicht gilt demnach:

$$\overset{\bullet}{\mu}_A - RT \cdot x_B + V_A \cdot \Delta p = \overset{\bullet}{\mu}_A \qquad \text{bzw.} \qquad -RT \cdot x_B + V_A \cdot \Delta p = 0\,, \tag{12.5}$$

d. h., das chemische Potenzial der Lösung entspricht wieder dem des reinen Lösemittels. Der zur Einstellung des Gleichgewichts erforderliche Überdruck Δp gilt als Maß für den *osmotischen Druck* p_{osm} in der Lösung.

In der einfachen Anordnung gemäß Abbildung 12.5 rührt der dem Lösemittelfluss in die Lösung entgegenwirkende Druck vom Schweredruck der aus Lösung bestehenden Flüssigkeitssäule im linken Steigrohr her. Dieser Druck wird durch die Osmose selbst erzeugt: das reine Lösemittel wandert, wie besprochen, durch die halbdurchlässige Wand in die Lösung hinein, wodurch der Niveauunterschied zwischen den beiden Steigrohren allmählich immer größer wird, bis schließlich der Schweredruck die Wirkung des osmotischen Druckes kompensiert, d. h. bis das osmotische Gleichgewicht erreicht wird. Aus der resultierenden Steighöhe h, der Dichte ρ der Lösung und der Fallbeschleunigung g lässt sich dann der osmotische Druck leicht berechnen: $p_{osm} = \rho g h$.

Mit Hilfe einer Mohrrübe und eines Steigrohres mit trichterförmigem Ende lässt sich auf einfache Weise eine experimentelle Anordnung zum Nachweis des osmotischen Drucks realisieren (Versuch 12.8).

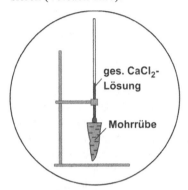

Versuch 12.8 *Experimenteller Nachweis des osmotischen Druckes*: Die Mohrrübe wird zylinderförmig ausgehöhlt, mit einer angefärbten gesättigten Calciumchlorid-Lösung gefüllt und das Steigrohr aufgesetzt. Nach kurzer Zeit beobachtet man ein stetiges Ansteigen der Lösung im Steigrohr. Als semipermeable Wand fungieren hier die Zellmembranen in der Rübe.

VAN'T HOFFsche Gleichung. Für eine dünne Lösung gilt: $x_B = n_B/(n_A + n_B) \approx n_B/n_A$, denn die Menge n_B des Fremdstoffes B ist gegenüber der Menge n_A des Lösemittels A vernachlässigbar klein. Multiplikation von Gleichung (12.5) mit n_A ergibt:

$$-RT \cdot n_B + n_A V_A \cdot p_{osm} = 0 . \tag{12.6}$$

Für den osmotischen Druck p_{osm} folgt, falls $V \approx n_A V_A$ das Volumen der Flüssigkeit bedeutet – den winzigen Beitrag $n_B V_B$ des Fremdstoffes vernachlässigen wir –

$$p_{osm} = n_B \frac{RT}{V} \qquad \text{VAN'T HOFFsche Gleichung,} \tag{12.7}$$

benannt nach dem niederländischen Chemiker Jacobus Henricus VAN'T HOFF. Für die Lösung eines beliebigen Nichtelektrolyten mit einer Konzentration von $0{,}1$ kmol m^{-3} ergibt sich aus Gleichung (12.7) bei Zimmertemperatur ($T = 298$ K) ein osmotischer Druck von 250 kPa (= 2,5 bar). Dadurch könnte die Flüssigkeitssäule um rund 25 m hoch gedrückt werden. Der osmotische Druck nimmt also bereits bei geringen Konzentrationen beträchtliche Werte an, sodass sich Messungen mit ausreichender Empfindlichkeit leicht durchführen lassen.

Die VAN'T HOFFsche Gleichung weist große Ähnlichkeit mit dem allgemeinen Gasgesetz auf. Tatsächlich kann man beide Gleichungen auch auf dieselbe Weise deuten. Dabei ist zu beachten, dass es die zwischen den A-Teilchen wirkenden Anziehungskräfte sind, welche die Flüssigkeit zusammenhalten (siehe Abschnitt 11.1, Stichwort „Kohäsionsdruck"), während der äußere Druck p im Vergleich dazu nur wenig beiträgt. Die vagabundierenden, weit verteilten, einander kaum beeinflussenden B-Teilchen verursachen einen Druck wie in einem dünnen

Gas, der aber hier nicht durch die Gefäßwände, sondern durch die Kohäsion der A-Teilchen aufgefangen wird. Wenn der osmotische Druck p_{osm} höher als der äußere Druck p ist, was oft vorkommt, dann verhält sich die Flüssigkeit A so, als ob sie unter einem negativen Druck stünde. Wenn man das Potenzial μ_A der Flüssigkeit für einen um p_{osm} verminderten Druck berechnet und beachtet, dass für dünne Lösungen $V \approx n_A V_A$ und $n_B/n_A \approx x_B$ ist, dann erhält man wieder Gleichung (12.3) zurück, was zeigt, dass beide Beschreibungsweisen gleichwertig sind:

$$\mathring{\mu}_A - \beta_A \cdot p_{osm} = \mathring{\mu}_A - V_A \frac{n_B RT}{V} = \mathring{\mu}_A - x_B RT \, .$$

Osmotisch wirksame Konzentration und biologische Anwendung. Enthält die dünne Lösung mehrere Teilchensorten, für welche die Membran undurchlässig ist, so gilt entsprechend

$$p_{osm} = n_F \frac{RT}{V} = c_F RT \, , \tag{12.8}$$

wobei n_F bzw. c_F die Summe der Stoffmengen bzw. Konzentrationen aller osmotisch wirksamen Teilchensorten bedeutet. Man bezeichnet c_F auch als *osmotisch wirksame Konzentration* der Lösung (früher auch *Osmolarität* genannt). Da es bei der Berechnung der osmotisch wirksamen Konzentration auf die Gesamtzahl der gelösten Teilchen ankommt, muss bei ionischen Substanzen zusätzlich die Anzahl der Ionen, die die betreffende Substanz bildet, berücksichtigt werden. So beträgt die osmotisch wirksame Konzentration einer wässrigen Lösung des Salzes $CaCl_2$ mit der Konzentration c beispielsweise $3c$. Entsprechend sollte der osmotische Druck der Salzlösung theoretisch den dreifachen Wert zeigen, verglichen mit der gleichkonzentrierten Lösung eines Nichtelektrolyten. Auf die Abweichungen aufgrund des nichtidealen Verhaltens konzentrierter Lösungen wird am Ende des Abschnitts eingegangen.

Wie bereits eingangs erwähnt, spielen osmotische Erscheinungen bei biologischen Prozessen eine ganz wesentliche Rolle. Sie sind für den Wasserhaushalt in lebenden Organismen von großer Bedeutung und beeinflussen so auch die Form biologischer Zellen. In menschlichen roten Blutkörperchen beispielsweise beträgt die osmotisch wirksame Konzentration c_F der Zellflüssigkeit ungefähr $300 \, mol \, m^{-3}$. Aufgrund der relativ hohen Konzentration dürfen wir die VAN'T HOFFsche Gleichung zwar nur mit Vorbehalt anwenden, doch lässt sich ein osmotischer Druck von $p_{osm} = 300 \, mol \, m^{-3} \cdot 8{,}3 \, J \, mol^{-1} \, K^{-1} \cdot 310 \, K = 770 \, kPa$ bei Körpertemperatur zumindest abschätzen. Würde man die roten Blutkörperchen nun in reinem Wasser aufschwemmen, so müssten sie diesem Druck, rund dem 8-fachen des Atmosphärendrucks, standhalten. Tatsächlich schwellen sie jedoch und platzen schließlich längst vorher (Abb. 12.6 a). Bringt man die roten Blutkörperchen hingegen z. B. mit einer wässrigen Kochsalzlösung in Berührung, die einen weit höheren osmotischen Druck als 770 kPa aufweist, so strömt Wasser aus ihnen heraus, und die Zellen schrumpfen zusammen (Abb. 12.6 c). (Die Membranen der roten Blutkörperchen sind für Na^+ nahezu undurchlässig). Nur, wenn in den roten Blutkörperchen und der umgebenden Lösung, wie es beim Blutplasma der Fall ist, der gleiche osmotische Druck herrscht, behalten die Zellen ihre Gestalt bei (Abb. 12.6 b). Eine solche Lösung, in welcher der Wassergehalt der Zelle konstant bleibt [$\mu(H_2O)$ ist innen und außen gleich], wird als *isotonisch* bezeichnet. Bei intravenösen Infusionen ist darauf zu achten, dass nur eine zum Blutplasma isotonische Lösung (physiologische Kochsalzlösung mit einer Konzentration von $150 \, \mathrm{mol \, m^{-3}}$ und daher einer osmotisch wirksamen Konzentration von $300 \, \mathrm{mol \, m^{-3}}$) eingesetzt werden darf, um die Blutzellen nicht zu schädigen. Umgekehrt kann die zellschädigende Wirkung konzentrierter Salzlösungen aber auch genutzt werden, um Lebensmittel, insbesondere Fleisch, durch Einsalzen (Pökeln) haltbar zu machen. Gesundheitlich bedenklichen Mikroorganismen wie Bakterien wird dabei durch Osmose Wasser entzogen, was ihre Zellfunktionen und Vermehrung stark beeinträchtigt.

$c_{\mathrm{NaCl}} < 150 \, \mathrm{mol \, m^{-3}}$	$c_{\mathrm{NaCl}} = 150 \, \mathrm{mol \, m^{-3}}$	$c_{\mathrm{NaCl}} > 150 \, \mathrm{mol \, m^{-3}}$	**Abb. 12.6** Osmotisches Verhalten von roten Blutkörperchen in wässrigen NaCl-Lösungen der Konzentration c
Wasser strömt hinein	**Zellvolumen bleibt konstant**	**Wasser fließt hinaus**	

Umkehrosmose. Bei der *Umkehrosmose* schließlich wird auf der Seite der konzentrierteren Lösung ein äußerer Überdruck angelegt, der höher als der osmotische Druck p_{osm} dieser Lösung sein muss. Dadurch werden die Moleküle des Lösemittels entgegen ihrer osmotischen Ausbreitungsrichtung durch die halbdurchlässige Membran hindurch in die dünnere Lösung „gepresst" und dort angereichert. Das Verfahren wird zur Meerwasserentsalzung eingesetzt, aber auch zur Herstellung von Fruchtsaftkonzentraten oder zur Verdichtung von Most in der Weinerzeugung.

Nichtideales Verhalten konzentrierter Lösungen. Wie bereits kurz angedeutet, ergeben sich bei konzentrierteren Lösungen Abweichungen von der VAN'T HOFFschen Gleichung, da bei unserer Herleitung die Wechselwirkungen der Teilchen untereinander keine Rolle spielten (ausführlicher wird nichtideales Verhalten im nächsten Kapitel besprochen). Diese Wechselwirkungen sind besonders stark zwischen geladenen Teilchen (sogenannte interionische Wechselwirkungen) (siehe auch Kapitel 24 über „Salzwirkung"). Zur Berücksichtigung der erwähnten Abweichungen kann zum Beispiel ein Korrekturfaktor f eingeführt werden, sodass Gleichung (12.8) die folgende Form annimmt:

$$p_{\mathrm{osm}} = f c_{\mathrm{F}} R T \, . \tag{12.9}$$

Der Korrekturfaktor ist von der Konzentration abhängig; für den Grenzfall $c \to 0$, d. h. eine sehr dünne Lösung, hat er einen Wert von 1. Tabelle 12.1 fasst die Korrekturfaktoren verschiedener Stoffe bei unterschiedlichen Konzentrationen zusammen. Während eine Glucose-Lösung mit einer Konzentration von $0{,}100 \, \mathrm{kmol \, m^{-3}}$ bei 298 K einen f-Wert von 1,00 zeigt, beträgt er in einer gleichkonzentrierten Kochsalzlösung 0,94 und in einer gleichkonzentrierten Magnesiumsulfatlösung sogar nur 0,61, obwohl die beiden Salzlösungen die gleiche osmotische Konzentration c_{F} von $2 \cdot 0{,}100 \, \mathrm{kmol \, m^{-3}} = 0{,}200 \, \mathrm{kmol \, m^{-3}}$ aufweisen. Letzteres ist darauf zurückzuführen, dass sich die interionischen Wechselwirkungen im Falle des Magnesiumsulfats weitaus stärker bemerkbar machen, da die Ionen (Mg^{2+}, SO_4^{2-}) zweifach geladen sind. (Entsprechende Korrekturfaktoren müssen auch bei den übrigen kolligativen Phänomenen wie Gefrierpunktserniedrigung etc. benutzt werden.)

Stoff	$c\,/\,\mathrm{kmol\,m^{-3}}$		
	0,100	0,010	0,001
Glucose	1,00	1,00	1,00
NaCl	0,94	0,97	0,99
Mg_2SO_4	0,61	0,77	0,91

Tab. 12.1 Korrekturfaktoren f verschiedener Stoffe bei unterschiedlichen Konzentrationen [nach: Brown T L, LeMay H E, Bursten E L (2011) Chemie: Studieren kompakt. Pearson, München]

12.5 Dampfdruckerniedrigung

Eine reine Flüssigkeit A soll mit ihrem Dampf beim Druck p_{lg} im Gleichgewicht stehen (Ausgangssituation $\overset{\bullet}{\mu}_{\mathrm{A|l}} = \overset{\bullet}{\mu}_{\mathrm{A|g}}$). Der *Dampfdruck* von A sinkt, wenn man darin einen schwerflüchtigen Fremdstoff B auflöst (Abb. 12.7).

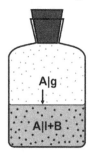

Abb. 12.7 Ausbildung eines Gleichgewichts zwischen einer Lösung des Fremdstoffs B in der Flüssigkeit A und der reinen Dampfphase von A

Qualitativ ist das sofort zu verstehen. Die Zugabe von B verdünnt die Flüssigkeit und erniedrigt damit ihr chemisches Potenzial $\mu_{\mathrm{A|l}}$, während der Dampf wegen der Schwerflüchtigkeit von B unverdünnt und damit $\mu_{\mathrm{A|g}}$ unverändert bleibt. Da aber jetzt $\mu_{\mathrm{A|l}}$ unterhalb von $\mu_{\mathrm{A|g}}$ liegt, muss der Dampf an der Lösungsoberfläche kondensieren, wodurch der Druck sinkt.

Auch die quantitative Behandlung ist nicht schwierig. Der Vorgang läuft so lange, bis wieder Potenzialgleichheit erreicht ist, $\mu_{\mathrm{A|g}} = \mu_{\mathrm{A|l}}$. Dazu genügt schon eine kleine Druckminderung um Δp. Das chemische Potenzial des Dampfes fällt wegen seines großen Druckkoeffizienten, $\beta_{\mathrm{A|g}} \ggg \beta_{\mathrm{A|l}}$, steil mit sinkendem Druck ab, während sich das der Flüssigkeit so wenig ändert, dass man diesen Beitrag vernachlässigen kann. Wenn wir die durch B verursachte „kolligative Potenzialsenkung" $-RTx_{\mathrm{B}}$ berücksichtigen, lautet die Gleichgewichtsbedingung:

$$\mu_{\mathrm{A|g}} = \overset{\bullet}{\mu}_{\mathrm{A|g}} + \beta_{\mathrm{A|g}} \cdot \Delta p = \overset{\bullet}{\mu}_{\mathrm{A|l}} - RT \cdot x_{\mathrm{B}} = \mu_{\mathrm{A|l}} \,. \tag{12.10}$$

Wir sind davon ausgegangen, dass $\overset{\bullet}{\mu}_{\mathrm{A|l}} = \overset{\bullet}{\mu}_{\mathrm{A|g}}$ ist, daher kürzen sich diese Beiträge heraus. Da überdies $\beta_{\mathrm{A|g}} = V_{\mathrm{A|g}} = RT/p$ gilt (vgl. Abschnitt 9.3), vereinfacht sich die Bedingung zu:

$$RT \cdot \frac{\Delta p}{p} = -RT \cdot x_{\mathrm{B}} \,. \tag{12.11}$$

Wir können hier p mit dem Dampfdruck p_{lg} des *reinen* Lösemittels gleichsetzen. Wenn es zur Unterscheidung wichtig ist, fügen wir das Zeichen $\bullet$ hinzu und schreiben $\overset{\bullet}{p}_{\mathrm{lg}}$ statt p_{lg}. Für die „Dampfdruckerniedrigung" Δp_{lg} ergibt sich damit eine Beziehung, die bereits 1890 empirisch von dem französischen Chemiker François Marie RAOULT gefunden wurde:

$$\Delta p_{lg} = -x_B \cdot p_{lg}^{\bullet} \qquad \text{\textit{RAOULTsches Gesetz.}} \qquad (12.12)$$

Doch schauen wir uns zur Verdeutlichung Abbildung 12.8 an: Beim Dampfdruck p_{lg}, der durch den Schnittpunkt der Potenzialkurven für das reine Lösemittel und den reinen Dampf festgelegt wird, besteht Gleichgewicht zwischen Flüssigkeit und zugehörigem Dampf. Ein gelöster schwerflüchtiger Stoff setzt das chemische Potenzial des Lösemittels herab, und zwar um $-RTx_B$, („kolligative Potenzialsenkung", dem Abstand der beiden nahezu waagerechten Geraden entsprechend), lässt jedoch das Potenzial des Dampfes unverändert. Dadurch liegt der Schnittpunkt der Kurven jetzt weiter links (p_{lg}' auf der Abszisse), das heißt, der Dampfdruck wird um den Betrag Δp erniedrigt ($\Delta p < 0$!). Aus dem eingezeichneten Steigungsdreieck ergibt sich für die Steigung $\beta_{A|g}$ der Potenzialkurve des reinen Dampfes die Beziehung

$$\beta_{A|g} = \frac{-RTx_B}{\Delta p},$$

was mit $\beta_{A|g} = V_{A|g} = RT/p$, aufgelöst nach Δp, das RAOULTsche Gesetz liefert. Es ist eine Frage der persönlichen Vorliebe, ob man die erste, rein rechnerische oder die zweite, eher geometrische Herleitung bevorzugt.

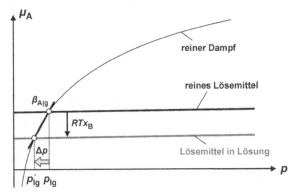

Abb. 12.8 Abhängigkeit der chemischen Potenziale vom Druck und Ausbildung der Dampfdruckerniedrigung

Als Schauversuch eignet sich die folgende einfache Anordnung (Versuch 12.9).

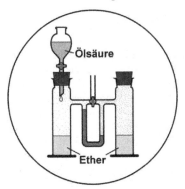

Versuch 12.9 *Dampfdruckvergleich von Ether und einer Ether-Ölsäure-Mischung*: Beide Waschflaschen werden je zu etwa einem Fünftel mit Ether gefüllt. Nach Entfernen des größten Teils der Luft durch Evakuieren wird der Hahn zur Pumpe hin geschlossen. Anschließend wird die Ölsäure hinzugetropft. In der Waschflasche mit Ölsäurezusatz sinkt daraufhin der Dampfdruck des Ethers, was durch den Flüssigkeitsstand im Manometer angezeigt wird.

12.6 Gefrierpunktserniedrigung und Siedepunktserhöhung

Eine gefrorene Flüssigkeit A schmilzt leichter, wenn man einen in der Flüssigkeit, nicht aber im Feststoff löslichen Stoff B zugibt (Abb. 12.9). Am Gefrierpunkt T_{sl} von A sind die chemischen Potenziale im festen und flüssigen Zustand gerade gleich, $\overset{\bullet}{\mu}_{A|s} = \overset{\bullet}{\mu}_{A|l}$. Die Auflösung eines Fremdstoffes in der flüssigen Phase verringert deren chemisches Potenzial, sodass es unter das der festen Phase sinkt, die sich daher umzuwandeln, d. h. zu schmelzen beginnt. Die für den Phasenübergang fest → flüssig erforderliche Entropie wird hier nicht von außen zugeführt, sondern muss vom System selbst aufgebracht werden. Dadurch kühlt sich das ganze Gemenge ab und die chemischen Potenziale steigen wegen ihrer negativen Temperaturkoeffizienten an. Da aber der Temperaturkoeffizient für eine Flüssigkeit unterhalb desjenigen für einen Feststoff liegt ($\alpha_{A|l} < \alpha_{A|s} < 0$), wächst $\mu_{A|l}$ mit sinkender Temperatur schneller als $\mu_{A|s}$, sodass das Potenzialgefälle bei einer gewissen Temperaturerniedrigung wieder verschwindet, und der Schmelzvorgang aufhört.

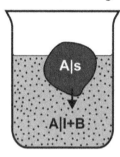

Abb. 12.9 Schmelzen einer gefrorenen Flüssigkeit in einer Lösung

Auch dieses Phänomen soll wieder anhand einer Abbildung (Abb. 12.10) verdeutlicht werden: Trägt man den Verlauf des chemischen Potenzials sowohl des reinen Lösemittels als auch des reinen Feststoffs in Abhängigkeit von der Temperatur auf, so gibt der Schnittpunkt der beiden Kurven den Gefrierpunkt der Flüssigkeit an. Der gelöste Stoff erniedrigt das chemische Potenzial der Flüssigkeit, beeinflusst aber nicht das der festen Phase. Der Schnittpunkt der Graphen (T'_{sl}) wird damit nach links verschoben, d. h., der Gefrierpunkt wird um den Betrag ΔT_{sl} erniedrigt ($\Delta T_{sl} < 0$).

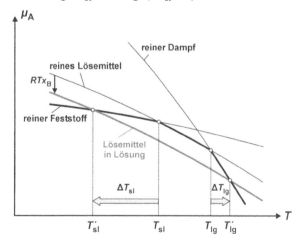

Abb. 12.10 Temperaturabhängigkeit der chemischen Potenziale und Ausbildung von Gefrierpunktserniedrigung und Siedepunktserhöhung. Die durch den Fremdstoff B verursachte Potenzialsenkung des Lösemittels A um $-RTx_B$ wird am Gefrierpunkt T_{sl} durch Erniedrigung und am Siedepunkt T_{lg} durch Erhöhung der Temperatur ausgeglichen.

Auch bei der zugehörigen Berechnung gehen wir von einem wieder hergestellten Gleichgewicht aus, diesmal jedoch zwischen flüssiger und fester Phase, $\mu_{A|l} = \mu_{A|s}$. Da die Änderungen der Temperatur T, für die wir uns interessieren, meist klein sind, kann man eine lineare Abhängigkeit des chemischen Potenzials von T annehmen. So ergibt sich bei konstantem Druck (man beachte, dass die Bezugstemperatur der Temperaturkoeffizienten hier der Gefrierpunkt T_{sl} ist):

$$\mu_{A|l} = \overset{\bullet}{\mu}_{A|l} - RT_{sl} \cdot x_B + \alpha_{A|l} \cdot \Delta T = \overset{\bullet}{\mu}_{A|s} + \alpha_{A|s} \cdot \Delta T = \mu_{A|s} \,. \tag{12.13}$$

Die Grundwerte heben sich wegen $\overset{\bullet}{\mu}_{A|l} = \overset{\bullet}{\mu}_{A|s}$ wieder weg. Wenn wir die Gleichung nach ΔT oder, ausführlicher geschrieben, ΔT_{sl} auflösen, ergibt sich die Gefrierpunktserniedrigung zu

$$\Delta T_{sl} = \frac{RT_{sl}^{\bullet} \cdot x_B}{\alpha_{A|l} - \alpha_{A|s}} \,. \tag{12.14}$$

Der Temperaturkoeffizient entspricht nun der negativen molaren Entropie des entsprechenden Stoffes (vgl. Abschnitt 9.3). Die Differenz $S_{A|l} - S_{A|s}$ kann anschließend noch zur molaren Schmelzentropie $\Delta_{sl}S_{Gl,A}$ des reinen Lösemittels (am Gefrierpunkt) (vgl. Abschnitt 11.5) zusammengefasst werden:

$$\Delta T_{sl} = -\frac{RT_{sl}^{\bullet} \cdot x_B}{\Delta_{sl}S_{Gl,A}} \,. \tag{12.15}$$

Auch die Gefrierpunktserniedrigung ist wie die Dampfdrucksenkung somit direkt proportional zum Mengenanteil x_B des gelösten Stoffes. Das Zusatzzeichen $^\bullet$, das daran erinnern soll, dass die derart markierten Größen für den reinen Stoff gelten, kann entfallen, wenn keine Missverständnisse zu befürchten sind.

Für die wässrige Lösung eines Nichtelektrolyten mit einem Stoffmengenanteil von beispielsweise $x_B = 0,01$ beträgt ΔT_{sl} circa -1 K. Ein aus dem Alltags- oder Feiertagsleben bekanntes Beispiel zeigt Versuch 12.10. Das Musterbeispiel für den Effekt der Gefrierpunktserniedrigung ist jedoch die Tauwirkung von Streusalz.

Versuch 12.10 *Whisky „on the rocks"*: Eis, mit Rum, Korn, Whisky oder auch Ethanol übergossen, wird deutlich kälter als 0 °C.

Anders als der Gefrierpunkt wird der Siedepunkt einer Lösung erhöht, wie der Versuch 12.11 zeigt. Im Diagramm 12.10 ist entsprechend die Lage des Gleichgewichts zwischen Flüssigkeit und Dampf zu einer höheren Temperatur hin verschoben. Allerdings fällt diese Siedepunktserhöhung deutlich geringer aus, was auf die unterschiedlichen Steigungen der Potenzialkurven zurückzuführen ist. Diese werden wiederum von den molaren Entropien bestimmt; daher ist der Abfall für den gasigen Zustand des Lösemittels naturgemäß am steilsten.

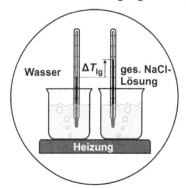

Versuch 12.11 *Siedepunktserhöhung einer gesättigten Koch-salzlösung*: Eine gesättigte Kochsalzlösung siedet bei einer merklich höheren Temperatur als Leitungswasser.

Durch eine ähnliche Überlegung wie im Fall der Gefrierpunktserniedrigung erhält man für die Siedepunktserhöhung,

$$\Delta T_{\lg} = -\frac{RT_{\lg}^{\bullet} \cdot x_B}{\alpha_{A|g} - \alpha_{A|l}} \quad \text{bzw.} \quad \Delta T_{\lg} = \frac{RT_{\lg}^{\bullet} \cdot x_B}{\Delta_{\lg} S_{Gl,A}}, \tag{12.16}$$

wobei jetzt $\Delta_{\lg} S_{Gl,A}$ die molare Verdampfungsentropie ($S_{A|g} - S_{A|l}$) am Siedepunkt bedeutet. Für die wässrige Lösung eines Nichtelektrolyten mit einem Stoffmengenanteil von $x_B = 0{,}01$ beträgt $\Delta T_{\lg}$ nur etwa 0,3 K.

Löst man einen schwerflüchtigen Fremdstoff in einer Flüssigkeit auf, so kann das gegenüber der Lösung jetzt zu hohe Potenzial des reinen Dampfes also auf zweierlei Weise vermindert werden, zum einen durch eine Erniedrigung des Druckes (Abschnitt 12.5), zum anderen durch eine Erhöhung der Temperatur.

12.7 Kolligative Eigenschaften und Bestimmung molarer Massen

Das Gemeinsame der vier zuletzt besprochenen Erscheinungen, Osmose, Dampfdruckerniedrigung, Gefrierpunktserniedrigung und Siedepunktserhöhung, ist, dass sie auf der mittelbaren Massenwirkung gelöster Stoffe beruhen, d. h. auf der Herabsetzung des chemischen Potenzials eines Stoffes A durch Zumischen einer kleinen Menge an Fremdstoffen. Die auch kolligativ genannten Eigenschaften hängen dabei nur vom Stoffmengenanteil dieser Fremdstoffe ab und damit von der Anzahl der gelösten Teilchen, sie sind jedoch unabhängig von deren Art.

Wegen dieser Besonderheit kann man die kolligativen Eigenschaften zur Bestimmung der Stoffmenge n_B der Probe einer unbekannten Substanz B nutzen und damit, wenn man die Masse m_B der Probe kennt, auch die molare Masse $M_B = m_B/n_B$ ermitteln. Schauen wir uns dies am Beispiel der Gefrierpunktserniedrigung kurz an. Bei hoher Verdünnung gilt $x_B \approx n_B/n_A$ und wegen $n_A = m_A/M_A$ des Weiteren $x_B \approx n_B M_A/m_A$. Der Quotient n_B/m_A entspricht der Molalität b (vgl. Abschnitt 1.5). Wenn wir dies in der oben hergeleiteten Gleichung (12.15) für die Gefrierpunktserniedrigung einsetzen, erhalten wir

$$\Delta T_{sl} = -k_k \cdot \frac{n_B}{m_A} = -k_k \cdot b_B \quad \text{mit} \quad k_k = -\frac{RT_{sl}^\bullet M_A}{\Delta_{sl} S_{Gl,A}}, \quad (12.17)$$

einem nur vom Druck und von der Art des Lösemittels abhängigen Koeffizienten mit der Bezeichnung „*kryoskopische Konstante*". k_k entspricht der Gefrierpunktserniedrigung, die sich formal bei einem Gehalt von 1 mol gelöster Substanz in 1 kg Lösemittel ergibt. Bei so hohen Gehalten gilt die obige Gleichung allerdings nur noch näherungsweise. Um bei geringen Gehalten noch genau genug messbare Temperaturänderungen zu erhalten, bietet es sich an, Lösemittel mit möglichst großen k_k-Werten einzusetzen. Die „kryoskopischen Konstanten" einiger Lösemittel sind in Tabelle 12.2 zusammengefasst.

Analoge Beziehungen und Anwendungen ergeben sich für die Siedepunktserhöhung:

$$\Delta T_{lg} = +k_e \cdot \frac{n_B}{m_A} = +k_e \cdot b_B \quad \text{mit} \quad k_e = \frac{RT_{lg}^\bullet M_A}{\Delta_{lg} S_{Gl,A}}. \quad (12.18)$$

Der Koeffizient k_e wird „*ebullioskopische Konstante*" genannt und ist aufgrund des größeren Nenners ($\Delta_{lg} S_{Gl,A} > \Delta_{sl} S_{Gl,A}$) kleiner als k_k (vgl. Tab. 12.2). Die beobachtete Temperaturänderung ist daher geringer als im Fall der Gefrierpunktserniedrigung und damit schlechter messbar. Die gesuchte molare Masse M_B ergibt sich schließlich durch Auflösen obiger Gleichungen nach n_B und anschließende Berechnung gemäß $M_B = m_B/n_B$.

Lösemittel	T_{sl} K	k_k K kg mol^{-1}	T_{lg} K	k_e K kg mol^{-1}
Wasser	273,2	1,86	373,2	0,51
Benzol	278,6	5,07	353,2	2,64
Cyclohexan	279,7	20,8	353,9	2,92
Cyclohexanol	299,1	42,2	434,0	3,5
Campfer	452,0	37,8	-	-

Tab. 12.2 Kryoskopische und ebullioskopische Konstanten einiger Lösemittel [aus: Lide D R (ed) (2008) CRC Handbook of Chemistry and Physics, 89th edn. CRC Press, Boca Raton]

Die Ausbildung eines osmotischen Drucks kann ebenfalls zur Bestimmung der Stoffmenge und damit auch der molaren Masse herangezogen werden. Die auch als *Osmometrie* bezeichnete Methode besteht im Prinzip darin, dass der osmotische Druck einer Lösung mit bekannter Molalität gemessen wird. Der Vorteil gegenüber den anderen auf kolligativen Eigenschaften beruhenden Verfahren besteht in einer weitaus höheren Empfindlichkeit. So zeigt eine wässrige Rohrzuckerlösung mit einem Gehalt von 0,01 mol kg^{-1} eine Siedepunktserhöhung von 0,005 K und eine Gefrierpunktserniedrigung von 0,02 K, der osmotische Druck beträgt jedoch 25 kPa (0,25 bar), was sich leicht und genau messen lässt. Wegen dieser Empfindlichkeit eignet sich die Osmometrie besonders für die Untersuchung von makromokularen Stoffen (molare Massen zwischen 10 und 10^3 kg mol^{-1}) wie synthetischen Polymeren, Proteinen und Enzymen. Die Gefrierpunktserniedrigung wird hingegen meist im medizinischen Bereich zur Bestimmung der Gesamtosmolalität wässriger Lösungen wie z. B. des Blutserums oder des Urins eingesetzt.

Das Gasgesetz gehört ebenfalls zu den kolligativen Eigenschaften, auch wenn es in diesem Zusammenhang oft nicht erwähnt wird. Es lässt sich für dieselben Zwecke einsetzen. Das Vakuum tritt hier in der Rolle des Lösemittels auf, wobei der Gasdruck dem osmotischen Druck entspricht.

13 Gemische und Gemenge

In der Chemie, aber auch im Alltag werden wir sehr oft mit Mischungen konfrontiert, seien sie homogen oder heterogen. Man denke zum Beispiel nur an Schnaps, im Wesentlichen ein Gemisch (homogene Mischung) aus Ethanol und Wasser, oder auch an Nebel, ein Gemenge (heterogene Mischung) aus Luft und winzigen Wassertröpfchen. Zunächst konzentrieren wir uns auf Mischungen aus zwei flüssigen Komponenten. Wir diskutieren das Verhalten des chemischen Potenzials einer dieser Komponenten in solch einer Mischung und den Grund für freiwillig ablaufendes Mischen und Entmischen. Für eine geeignete quantitative Beschreibung muss das Konzept des chemischen Potenzials auf Stoffe in realen Lösungen erweitert werden, indem man das *Zusatzpotenzial* $\overset{+}{\mu}$ einführt.

Zur Charakterisierung von Mischungsprozessen ist es sinnvoll, einer Mischung aus zwei Komponenten A und B (mit den Stoffmengenanteilen x_A und x_B) ein (mittleres) chemisches Potenzial zuzuordnen, ganz so wie man es von reinen Stoffen gewohnt ist. Je nachdem, ob die resultierende Mischung homogen oder heterogen ist, zeigt dieses mittlere Potenzial eine unterschiedliche Konzentrationsabhängigkeit. Auf dieser Grundlage werden Begriffe wie Mischungslücke und Hebelgesetz diskutiert.

13.1 Einführung

Schauen wir uns zunächst Mischungen aus zwei flüssigen Komponenten an. Ein Gemisch aus Ethanol und Wasser, wie es vereinfachend auch z. B. ein Schnaps darstellt, ist beliebig lange haltbar; wir beobachten stets nur eine *Phase*, das heißt einen einzigen homogenen Materiebereich (vgl. Abschnitt 1.5). Lassen wir hingegen eine heiße Mischung aus Phenol und Wasser abkühlen, so zerfällt sie in zwei getrennte Bereiche (Versuch 13.1). Es findet also eine *Entmischung* statt.

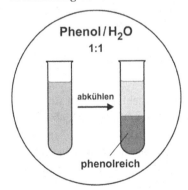

Versuch 13.1 *Entmischung von Phenol/Wasser*: Eine heiße Mischung aus Phenol und Wasser (im Mengenverhältnis 1:1) lässt man an der Luft erkalten. Nach einiger Zeit beobachtet man eine Entmischung unter Schlierenbildung, wobei sich die phenolreiche Phase aufgrund ihrer höheren Dichte unten absetzt. Die Entmischung wird besonders gut sichtbar, wenn man Methylrot in geringer Menge zur Ausgangsmischung hinzufügt. Da der Farbstoff in Wasser kaum, in Phenol jedoch gut löslich ist, verbleibt er in der phenolreichen Phase.

Vergleichbare Phänomene kann man auch im Fall von Ether und Wasser beobachten (Versuch 13.2).

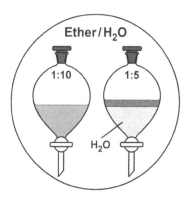

Versuch 13.2 *Mischen von Ether mit Wasser*: In einem Scheidetrichter wird zu Wasser eine geringe Menge an mit Iod braun gefärbtem Ether hinzugefügt (Volumenverhältnis 10:1) und anschließend kräftig geschüttelt. Man erhält eine gleichmäßig bräunliche Lösung. Gibt man nochmals die gleiche Menge an Ether hinzu, sodass das Volumenverhältnis jetzt 5:1 beträgt und schüttelt wieder kräftig, so setzt sich ein Großteil des Ethers als braune Schicht über dem nahezu farblosen Wasser ab.

Gibt man zu Wasser nur eine geringe Menge an mit Iod braun gefärbtem Ether, so erhält man eine gleichmäßig bräunliche Lösung, weil sich der wenige Ether vollständig im Wasser auflöst und sich damit auch das Iod im Wasser verteilen muss. Bei einem Verhältnis von Ether zu Wasser von 1:5 scheidet sich jedoch der Ether als braune Schicht über dem Wasser ab, da das Wasser nur etwa 10 % seines Volumens an Ether aufzunehmen vermag. Da sich Iod in Ether weitaus besser löst als in Wasser, wandert es aus der wässerigen Phase aus und sammelt sich in der darüberstehenden Etherschicht, wie in den Abschnitten 4.2 und 6.6 bereits besprochen wurde.

Auch feste Gemische verhalten sich ähnlich. So ist α-Messing, eine Legierung aus Kupfer mit bis zu 40 % Zink, beliebig lange haltbar (Versuch 13.3).

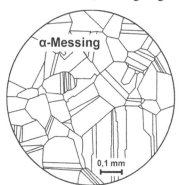

Versuch 13.3 *Querschliff durch Messing*: Im lichtmikroskopischen Bild eines polierten Querschliffs sind nach dem Ätzen die Korngrenzen gut erkennbar, die unterschiedlich orientierte, aber ansonsten völlig identische Materialbereiche voneinander abtrennen.

Baustahl hingegen, der aus Eisen und maximal 2 % Kohlenstoff besteht, entmischt sich beim Erkalten aus der Schmelze mehr oder weniger schnell zu zwei in sich homogenen, aber innig verfilzten Bereichen (Versuch 13.4).

Vorgänge dieser Art lassen sich nach demselben Muster wie chemische Reaktionen behandeln. Die Rolle der Elemente als Grundstoffe, deren Mengen bei derlei Umbildungen erhalten bleiben, übernehmen hier die Mischungspartner, während die daraus gebildeten Gemische und Gemenge den Verbindungen entsprechen (vgl. Abschnitt 1.2). Deren Zusammensetzung können wir auf gewohnte Weise durch eine Gehaltsformel kennzeichnen mit der Besonderheit, dass die Gehaltszahlen nicht notwendig ganze, sondern reelle Zahlen sind, die man in der Regel so wählt, dass ihre Summe 1 ergibt. Der einfachste Fall wäre das Verrühren zweier

Stoffe A und B zu einer Mischung bestimmter Zusammensetzung, etwa mit den Anteilen x_B an B und damit $x_A = 1 - x_B$ an A:

$$v_A A + v_B B \rightarrow A_{g_A} B_{g_B} .$$

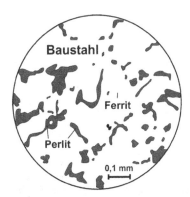

Versuch 13.4 *Querschliff durch Baustahl*: Die weißen Bereiche sind Ferrit [materialwissenschaftliche Bezeichnung für α-Eisen, d. h. (nahezu) reines Eisen mit einem kubisch-raumzentrierten Kristallgitter]. Die dunkelgrauen Bereiche sind hingegen Perlit (ein lamellar aufgebauter Gefügebestandteil aus Ferrit und Zementit, einer Eisen-Kohlenstoff-Verbindung der Zusammensetzung Fe_3C).

Hier genügt ein Blick, um zu erkennen, dass die Umsatzzahlen v_i auf der linken Seite mit den Gehaltszahlen g_i in der Formel auf der rechten Seite und damit auch mit den geforderten Mengenanteilen x_i in der Mischung übereinstimmen müssen: $v_A = g_A = x_A$ und $v_B = g_B = x_B$. Die Gehaltsformel rechts beschreibt nur die Anteile der einzelnen Komponenten und sagt noch nichts darüber aus, ob das Ergebnis ein (homogenes) Gemisch (wie Wasser und Alkohol) oder ein (heterogenes) Gemenge ist (wie Zucker und Mehl beim Herstellen eines Kuchenteiges). Meist ist aus dem Zusammenhang klar, wofür die Formel rechts steht. Wir befassen uns zunächst mit Gemischen, bei denen die Gehaltsformel rechts zur Kennzeichnung ausreicht. Bei Gemengen wird die Sache komplizierter, weil deren Bestandteile nicht reine Stoffe sein müssen, sondern selbst wieder Gemische oder gar Gemenge sein können. Aber auch hierfür benötigen wir keine grundsätzlich neuen Hilfsmittel, um das Wesentliche zu verstehen.

13.2 Chemisches Potenzial in Gemischen

Warum zerfallen nun manche Gemische und andere nicht? Wie kommt es überhaupt zur Ausbildung von Phasen? Zur Beantwortung dieser Fragen wollen wir wieder das chemische Potenzial μ heranziehen. Bisher hatten wir die Situation wie folgt betrachtet: Ist ein Bereich inhomogen, so wandern die Stoffe mehr oder weniger schnell entlang des Potenzialgefälles, bis das chemische Potenzial für jeden Stoff überall gleich ist. Das ist der Fall, wenn der Gehalt überall gleich ist. Als Endzustand erwartet man also eigentlich einen homogenen Bereich. Doch dies gilt ganz offensichtlich nicht immer. Zur Erklärung betrachten wir den Verlauf der entsprechenden $\mu(x)$-Kurven.

Chemisches Potenzial eines Stoffes in verschiedenen Gemischen. Als Beispiel schauen wir uns die Abhängigkeit des chemischen Potenzials μ des Wassers von seinem (Stoff-) Mengenanteil x in unterschiedlichen Gemischen an (Abb. 13.1).

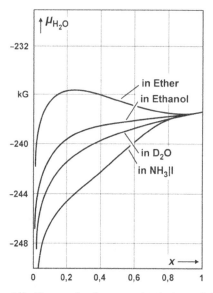

Abb. 13.1 Chemisches Potenzial von Wasser in verschiedenen Gemischen in Abhängigkeit von seinem Stoffmengenanteil (bei einer Temperatur von 298 K und einem Druck von 100 kPa)

Alle Kurven beginnen rechts bei $x = 1$ im selben Punkt mit derselben Steigung RT und streben links gegen $-\infty$. Der gemeinsame Anfangsteil rechts ist eine Folge der *mittelbaren* Massenwirkung, die für alle Stoffe gleich ist (vgl. Abschnitt 12.3).

Noch deutlicher werden die Gemeinsamkeiten und Unterschiede für die verschiedenen Gemische in einer geeigneten logarithmischen Auftragung (Abb. 13.2).

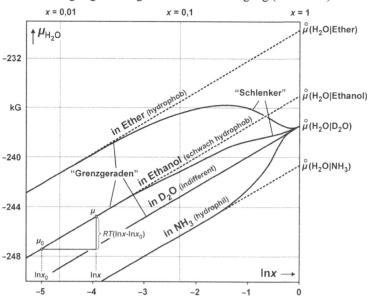

Abb. 13.2 Einfachlogarithmische Auftragung der Gehaltsabhängigkeit des chemischen Potenzials des Wassers in unterschiedlichen Gemischen

In dieser Darstellung laufen alle Kurven nach links in parallele Geraden mit der Steigung RT aus. Zur Beschreibung der Massenwirkung hatten wir in Abschnitt 6.5 unter anderem die folgende Gleichung aufgestellt [Gl. (6.28)]:

$$\mu = \mu_0 + RT \ln \frac{x}{x_0} \qquad \text{für } x, x_0 \ll 1.$$

In einer einfachlogarithmischen Auftragung, in der μ als Ordinate und $\ln x$ als Abszisse gewählt sind, entspricht dies einer Geraden mit der Steigung RT:

$$\mu = \mu_0 + RT \underbrace{(\ln x - \ln x_0)}_{}.$$
$$y = y_0 + m \cdot \underbrace{(x - x_0)}_{} \qquad \text{Geradengleichung}$$

[Zur Erinnerung ist darunter die aus der Schulmathematik bekannte Gleichung einer Geraden mit der Steigung m durch den Punkt (x_0, y_0) angegeben.]

Ideales und nichtideales Verhalten. Man bezeichnet Gemische als *ideal*, wenn diese Beziehung nicht nur für geringe Gehalte, sondern im ganzen Bereich $0 < x \leq 1$ gilt, insbesondere auch für den Fall $x_0 = 1$, d.h. den Fall, dass der Stoff im Anfangszustand in reiner Form vorliegt. Dann vereinfacht sich die obige Gleichung, wenn wir wieder $\overset{\bullet}{\mu}$ für das chemische Potenzial des reinen Stoffes schreiben (vgl. Abschnitt 12.3), wie folgt:

$$\mu = \overset{\bullet}{\mu} + RT \ln x \qquad \text{für } 0 < x \leq 1 \qquad \text{im Idealfall.} \qquad (13.1)$$

Wenn man diese Funktion bei festem T nach x ableitet, erhält man für die Anfangssteigung (bei $x = 1$) den Wert RT, wie es wegen der mittelbaren Massenwirkung auch sein muss:

$$\left(\frac{\partial \mu}{\partial x} \right)_T = \frac{RT}{x} \qquad \text{und damit} \qquad \left(\frac{\partial \mu}{\partial x} \right)_T = RT \qquad \text{für } x = 1.$$

Ideal verhalten sich jedoch nur sehr ähnliche, zueinander *indifferente* Stoffe wie Gemische aus leichtem (H_2O) und schwerem Wasser (D_2O). (Die leicht mögliche Umlagerung $H_2O + D_2O \rightarrow 2\,HDO$ denken wir uns unterdrückt.)

Um den Verlauf für kleine Gehalte auch in nichtidealen Mischungen darzustellen, kann man einen ähnlichen Ansatz benutzen. In der Abbildung 13.2 erscheinen die $\mu(x)$-Kurven als zu dem Idealverlauf parallele Geraden, die sich nur durch den Abschnitt $\overset{\circ}{\mu}_x$ auf der Ordinatenachse (im Bild die senkrechte Linie ganz rechts) unterscheiden. $\overset{\circ}{\mu}_x$ stellt wie schon $\overset{\bullet}{\mu}$ einen speziellen Grundwert dar, das heißt einen vom Gehalt unabhängigen „Grundbeitrag". Der Index x kann entfallen, wenn aus dem Zusammenhang wie hier klar sein sollte, dass nicht der übliche Grundwert in der Konzentrationsskala gemeint ist. Bei Bedarf können wir, um Verwechslungen zu vermeiden, letzteren mit $\overset{\circ}{\mu}_c$ bezeichnen statt wie bisher einfach mit $\overset{\circ}{\mu}$.

$\overset{\circ}{\mu}_x(B|A)$ oder, kürzer geschrieben, $\overset{\circ}{\mu}(B|A)$ ist das chemische Potenzial des betreffenden „reinen" Stoffes B (hier des Wassers) in einem gedachten Zustand, in dem nicht die Wechselwirkungen der B-Moleküle untereinander, sondern die zwischen den B-Molekülen und denen des Lösemittels A (hier Ether, Ethanol usw.) bestimmend sind. Man erhält damit natürlich für jedes Lösemittel einen anderen Wert (Tab. 13.1). Im nächsten Abschnitt werden wir auf dieses Problem nochmals kurz eingehen.

Sowohl in der Nähe von $x = 1$ wie in der Umgebung von $x = 0$ treten also die individuellen Eigenschaften der Stoffe zurück und es gelten recht allgemeine, von substanzspezifischen Größen weitgehend unabhängige Gesetze. Der Kurvenverlauf zwischen den besprochenen

Grenzfällen ist aber recht unterschiedlich. Charakteristisch ist jedoch für alle Kurven, wie es Abbildung 13.2 zeigt, der „Schlenker" von der Geraden mit der Steigung RT rechts zu der anderen, dazu parallelen Geraden links.

Stoff / Lösemittel		$\overset{\circ}{\mu}_x / kG$
H_2O	rein	−237,4
	in Ether (hydrophob)	−230
	in D_2O (indifferent)	−237,4
	in H_2SO_4 (hydrophil)	−260
Hg	rein	0
	in H_2O (missverträglich)	+40
	in Benzol (missverträglich)	+30
	in flüssigem Na (wohlverträglich)	−150
Fe	rein	0
	in Cu (missverträglich)	+20

Tab. 13.1 Grundwerte der chemischen Potenziale für Stoffe in verschiedenen Gemischen (bei 298 K und 100 kPa)

Verträglichkeit der Mischungspartner. Der Potenzialunterschied zwischen $\overset{\circ}{\mu}(B|A)$ und $\overset{\bullet}{\mu}(B)$ kann als Maß dafür dienen, wie gut oder schlecht sich B mit A „verträgt". Je höher $\overset{\circ}{\mu}(B|A)$ oberhalb $\overset{\bullet}{\mu}(B)$ liegt, desto stärker ist die Neigung von B, sich von A zu trennen, desto schlechter „verträglich" sind die Stoffe. Solange einer der Stoffe nur in kleiner oder sehr kleiner Menge beigemischt ist, wird er immer geduldet. Kritisch kann es werden, wenn beide Komponenten in vergleichbaren Mengen vorliegen. Wir nennen die Stoffe „*missverträglich*", wenn es dabei noch nicht zu einer Trennung kommt, und „*unverträglich*", wenn diese eintritt. Auch der umgekehrte Fall kommt vor, dass $\overset{\circ}{\mu}(B|A)$ unterhalb $\overset{\bullet}{\mu}(B)$ liegt, sodass sich A und B besser vertragen, als jeder der Stoffe für sich. Stoffe dieser Art nennen wir „*wohlverträglich*".

Im Fall eines Gemisches aus zwei „wohlverträglichen" Stoffen wie H_2O und NH_3 (hier spricht man speziell auch von einer *hydrophilen*, d. h. „wasserliebenden" Substanz) beobachtet man eine Abweichung der Kurve nach unten im Vergleich zur durchgehenden Geraden für indifferente Stoffe. Für „missverträgliche" Substanzen wie H_2O und Ethanol beobachtet man hingegen eine Abweichung nach oben. Im Kurvenverlauf für eine Mischung aus „unverträglichen" Stoffen (z. B. H_2O und *hydrophober*, d. h. „wasserabstoßender" Ether) ist der „Schlenker" zu einem Maximum überhöht.

Das unterschiedliche Verhalten der Mischungen ist durch die unterschiedlichen Wechselwirkungen ihrer Bestandteile A und B auf molekularer Ebene bedingt. Wenn die Anziehung zwischen verschiedenartigen Teilchen A und B etwa gleich groß ist wie die mittlere Anziehung zwischen gleichartigen (A und A bzw. B und B), so verhalten sich die Stoffe *indifferent*. Dies gilt für Gemische aus chemisch eng verwandten Stoffen wie H_2O/D_2O, Hexan/Heptan, Benzol/Toluol etc. Aber auch dünne Gase verhalten sich untereinander indifferent, da die Anziehung wegen des großen Teilchenabstands vernachlässigbar ist. Daher sind untereinander mehr oder weniger verträglich

- unpolare oder schwach polare Flüssigkeiten wie Hexan, Ether, Tetrachlorkohlenstoff;
- wasserstoffbrückenbildende Stoffe wie Wasser, Ammoniak, Methanol, Glycerin.

Ist die Anziehung zwischen den verschiedenartigen Teilchen größer als die mittlere Anziehung zwischen den gleichartigen, spricht man insbesondere auch von *wohlverträglich*.

Ist sie hingegen deutlich schwächer, nennt man die Substanzen *unverträglich*. Unverträglich sind

- polare und unpolare Flüssigkeiten wie Wasser in Kombination mit organischen Lösemitteln wie Benzol, Hexan oder Tetrachlorkohlenstoff;
- metallische und nicht metallische Flüssigkeiten wie Hg/H_2O, $Hg/$Benzol.

Entmischung. Qualitativ können wir also die Entmischung eines Gemisches z. B. aus Wasser und Ether im Verhältnis 1:1 ($x_{H_2O} = 0,5$) folgendermaßen interpretieren (Abb. 13.3): Eine zufällige winzige Anhäufung von H_2O-Molekülen an irgendeiner Stelle der Mischung senkt dort das chemische Potenzial μ des Wassers, da es mit wachsendem Mengenanteil an Wasser abnimmt (vgl. Abb. 13.1). Als Folge wandern weitere H_2O-Teilchen aus der Umgebung an diesen Fleck, sodass dieser immer reicher an H_2O-Molekülen und größer wird. Dieser Vorgang läuft so lange ab, bis die Umgebung so an Wasser verarmt ist, dass das chemische Potenzial dort wieder sinkt. Endzustand ist schließlich ein wasserarmer, leichter Bereich oben und ein wasserreicher, schwerer Bereich unten.

Ether/Wasser
1:1

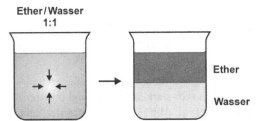

Ether

Wasser

Abb. 13.3 Entmischung eines Ether-Wasser-Gemisches in eine obere etherreiche Schicht, die noch gut 1 % Wasser enthält, und eine untere wasserreiche Schicht mit einem Etheranteil von knapp 8 %

Die Verträglichkeit zweier Komponenten A und B kann aber durch die Zugabe einer dritten Substanz und damit die Veränderung der Konzentration der Komponenten beeinflusst werden. So findet eine Entmischung eines Gemisches aus Aceton und Wasser statt, wenn man Kochsalz hinzugibt (Versuch 13.5).

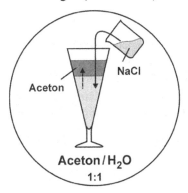

NaCl

Aceton

Aceton/H₂O
1:1

Versuch 13.5 *Entmischung einer Aceton-Salzwasser-Lösung*: Aceton wird mit etwas Methylviolett blasslila angefärbt und die gleiche Menge an Wasser hinzugefügt. Gibt man zu der homogenen Mischung Kochsalz, so findet eine Entmischung in eine tiefviolette Aceton- und eine blasslila Wasserschicht statt.

Aceton ist mit Wasser in jedem Verhältnis mischbar. Mit dem Salzgehalt des Wassers zeigt sich jedoch eine zunehmende Missverträglichkeit und schließlich Unverträglichkeit der Komponenten. Diese verursacht die Ausbildung von zwei Schichten: einer oberen Acetonschicht und einer unteren Salzwasserschicht. Dieser „Aussalzeffekt" kann zur Abtrennung organischer Komponenten aus wässrigen Lösungen dienen.

13.3 Zusatzpotenzial

Beschreibung nichtidealen Verhaltens. Als Idealfall für den Verlauf des Potenzials μ eines Stoffes in einem Gemisch, d.h. in einer homogenen Mischung, hatten wir den folgenden Zusammenhang kennengelernt:

$$\mu(x) = \overset{\bullet}{\mu} + RT \ln x \qquad \text{für } 0 < x \le 1.$$

Abweichungen von diesem einfachen Gesetz sind auf die nicht berücksichtigten Wechselwirkungen der Teilchen untereinander zurückzuführen. Man muss also, um das Verhalten richtig zu beschreiben, Korrekturen anbringen. Das kann am einfachsten durch die Addition eines Korrekturgliedes $\overset{+}{\mu}$, *Zusatzpotenzial* genannt, geschehen. Dieses Zusatzpotenzial ist nicht konstant, sondern vom Stoffmengenanteil x abhängig:

$$\mu(x) = \overset{\bullet}{\mu} + RT \ln x + \overset{+}{\mu}(x)$$

Bei Stoffen, die, wie etwa leichtes und schweres Wasser oder verdünnte Gase, in gegenseitiger Lösung der Idealkurve folgen, verschwindet das Zusatzpotential. Ansonsten kann das Zusatzpotenzial positiv oder negativ sein.

Untersucht man das Verhalten eines Stoffes bei starker Verdünnung, dann fällt die Änderung von $\overset{+}{\mu}$ mit dem Stoffmengenanteil x gegenüber dem sich sehr stark ändernden und im Grenzfall gegen $-\infty$ strebenden Glied $RT\ln x$ nicht ins Gewicht (vgl. Abb. 13.1). Man kann $\overset{+}{\mu}$ daher durch den konstanten Grenzwert $\overset{+}{\mu}_{\emptyset}$ bei „unendlicher" Verdünnung, d.h. bei verschwindend kleiner Konzentration, ersetzen (zur besseren Unterscheidung von z.B. der Bezeichnung für Anfangswerte verwenden wir als Index eine „gestrichene Null") und schreiben:

$$\mu(x) = \underbrace{\overset{\bullet}{\mu} + \overset{+}{\mu}_{\emptyset}}_{\overset{\circ}{\mu}} + RT \ln x \,. \tag{13.3}$$

Im Falle von zueinander indifferenten Stoffen sind beide Grundpotenziale identisch, $\overset{\circ}{\mu} = \overset{\bullet}{\mu}$, wie wir bereits im vorigen Abschnitt gesehen haben. Das Zusatzpotenzial verschwindet im gesamten Bereich, $\overset{+}{\mu}(x) \equiv 0$, und damit auch alle daraus abgeleiteten Eigenschaften.

Molares Zusatzvolumen und molare Zusatzentropie. Den Raum- und Entropieanspruch eines Stoffes in einer Mischung kann man, wie in Kapitel 9, das sich mit den Querbeziehungen beschäftigt, gezeigt wurde, aus dem Druck- und dem Temperaturkoeffizienten, β und α, des chemischen Potenzials erhalten, das heißt durch Ableitung von μ nach p bzw. T bei fester Zusammensetzung:

$$\beta = \left(\frac{\partial \mu}{\partial p}\right)_{T,n} = V_{\mathrm{m}} \qquad \text{bzw.} \qquad \alpha = \left(\frac{\partial \mu}{\partial T}\right)_{p,n} = -S_{\mathrm{m}} \,.$$

Hierbei bedeuten V_m und S_m das molare Volumen bzw. die molare Entropie. Wenn wir vom obigen Ansatz $\mu(x) = \overset{\bullet}{\mu} + RT \ln x + \overset{+}{\mu}(x)$ [Gl. (13.2)] für das chemische Potenzial ausgehen und die Ableitungen der Glieder $\overset{\bullet}{\mu}$ und $\overset{+}{\mu}$ sinngemäß abkürzen, entsteht

$$V_m = \overset{\bullet}{V}_m + \overset{+}{V}_m \quad \text{bzw.} \tag{13.4}$$

$$S_m = \overset{\bullet}{S}_m - R \ln x + \overset{+}{S}_m . \tag{13.5}$$

Im Falle des Volumens fällt das Glied $RT\ln x$ weg, da es nicht vom Druck abhängt. $\overset{+}{V}_m(x)$ nennen wir „molares Zusatzvolumen" und $\overset{+}{S}_m(x)$ „molare Zusatzentropie". Bei Gemischen indifferenter Stoffe verschwinden die Zusatzgrößen. Während der Raumanspruch V_m in diesem Sonderfall vom Gehalt unabhängig ist und dem Wert $\overset{\bullet}{V}_m$ im reinen Zustand entspricht, trifft das für den Entropieanspruch S_m nicht zu, der mit sinkendem Gehalt x immer weiter zunimmt. Er strebt, wenn auch „äußerst langsam", für $x \to 0$ gegen $+\infty$.

13.4 Chemisches Potenzial von Gemischen und Gemengen

„Gemischpotenzial". Ein Mischungsvorgang lässt sich als „Umsetzung" zwischen Stoffen auffassen. So entsteht etwa beim Vermischen von einem Drittel Ethanol mit zwei Dritteln Wasser die Mischphase Schnaps. Man kann aber natürlich auch diese Mischphase weiterverwenden und z. B. einen Grog brauen (Versuch 13.6).

Versuch 13.6 *Herstellung eines Grogs:* In ein Grogglas werden zwei bis drei Stücke Würfelzucker gegeben. Danach wird das Glas etwa zur Hälfte mit siedendem Wasser aufgefüllt, anschließend der Rum zugegeben und umgerührt. Aus den beiden ursprünglichen Mischphasen, der wässrigen Zuckerlösung und dem Rum, ist eine neue, der Grog, entstanden.

Um Vorgänge dieser Art wie gewohnt beschreiben zu können, ist es zweckmäßig, auch einer Portion eines Gemisches eine Stoffmenge und ein chemisches Potenzial zuzuordnen. Als Menge n eines Gemisches G, das aus den Mengen n_A, n_B, n_C, ... der reinen Stoffe A, B, C, ... besteht, betrachten wir einfach die Summe der Stoffmengen seiner Bestandteile,

$$n_G = n_A + n_B + n_C + ..., \tag{13.6}$$

und als dessen chemisches Potenzial μ_G das mit den Stoffmengenanteilen x_A, x_B, x_C, ... gewichtete Mittel der chemischen Potenziale der Stoffe in der Mischung:

$$\mu_G = x_A \mu_A + x_B \mu_B + x_C \mu_C + ... \quad .$$

Um an diese Mittelwertbildung zu erinnern, wird μ_G oft auch *mittleres* chemisches Potenzial genannt. Dass sich diese Vereinbarung mit unserer früheren Definition des chemischen Potenzials verträgt, ist leicht einzusehen. Unter μ_i hatten wir die zur Bildung des Stoffes i nötige Energie $\mathrm{d}W_{\to n_i}$ (abgekürzt $\mathrm{d}W_i$) verstanden (ganz gleich, ob der Stoff rein oder gemischt mit anderen vorliegt, wobei jeder Energieaufwand für irgendwelche anderen Zwecke zu vermeiden oder rechnerisch zu korrigieren ist), bezogen auf den Mengenzuwachs $\mathrm{d}n_i$:

$$\mu_i = \frac{\mathrm{d}W_{\to n_i}}{\mathrm{d}n_i} = \frac{\mathrm{d}W_i}{\mathrm{d}n_i}\ .$$

Die zur Bildung des Gemisches G erforderliche Energie $\mathrm{d}W_{\to n_G}$ (abgekürzt $\mathrm{d}W_G$) ist einfach die Summe der Energien zur Bildung der einzelnen Bestandteile,

$$\mathrm{d}W_G = \mu_A \mathrm{d}n_A + \mu_B \mathrm{d}n_B + \mu_C \mathrm{d}n_C + \dots = \mu_A x_A \mathrm{d}n_G + \mu_B x_B \mathrm{d}n_G + \mu_C x_C \mathrm{d}n_G + \dots ,$$

und ergibt, bezogen auf die Gemischmenge $\mathrm{d}n_G$, eine Größe, die wir ganz entsprechend als chemisches Potenzial von G zu bezeichnen haben:

$$\mu_G = \frac{\mathrm{d}W_G}{\mathrm{d}n_G} = x_A \mu_A + x_B \mu_B + x_C \mu_C + \dots .$$

Wie ändert sich nun das (mittlere) chemische Potenzial mit der Zusammensetzung der Mischphase? Betrachten wir als einfachsten Fall ein sogenanntes binäres Gemisch aus zwei reinen Komponenten A und B, die zueinander indifferent sein sollen. Dann ergibt sich z. B. für das chemische Potenzial der Komponente A in der Mischphase

$$\mu_A = \overset{\bullet}{\mu}_A + RT \ln x_A\ .$$

Ganz entsprechend kann der Zusammenhang für die Komponente B formuliert werden. Das chemische Potenzial der Mischphase ergibt sich dann zu

$$\mu_G = x_A \mu_A + x_B \mu_B = x_A \overset{\bullet}{\mu}_A + x_B \overset{\bullet}{\mu}_B + RT(x_A \cdot \ln x_A + x_B \cdot \ln x_B) \tag{13.8}$$

$$= \underbrace{(\overset{\bullet}{\mu}_B - \overset{\bullet}{\mu}_A) \cdot x_B + \overset{\bullet}{\mu}_A}_{\text{Gerade}} + \underbrace{RT\left((1 - x_B) \cdot \ln(1 - x_B) + x_B \cdot \ln x_B\right)}_{\text{"Hängebauch"}}. \tag{13.9}$$

Im zweiten Schritt haben wir x_A durch $1 - x_B$ ersetzt. Abbildung 13.4 verdeutlicht den „hängebauchartigen" Kurvenverlauf von μ_G in Abhängigkeit von x_B.

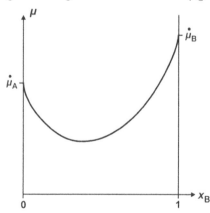

Abb. 13.4 Abhängigkeit des (mittleren) chemischen Potenzials von der Zusammensetzung eines Gemisches aus zwei indifferenten Stoffen A und B

Bei $x_B = 0$ sowie $x_B = 1$ hat die Kurve senkrechte Tangenten, was im Bild nicht leicht erkennbar ist, aber wichtige Konsequenzen hat, auf die wir später noch zurückkommen werden.

„Gemengepotenzial". Auch einer Portion eines Gemenges Γ, d. h. einer heterogenen Mischung aus mehreren *nicht* mischbaren Bestandteilen A, B, C, ... kann man eine Stoffmenge n und ein chemisches Potenzial μ zuordnen, und zwar nach demselben Muster wie bei den Gemischen:

$$n_\Gamma = n_A + n_B + n_C + ... \quad \text{bzw.} \tag{13.10}$$

$$\mu_\Gamma = x_A \mu_A + x_B \mu_B + x_C \mu_C + ... \tag{13.11}$$

Es gibt jedoch einen ganz wesentlichen Unterschied. Während bei den Gemischen die chemischen Potenziale der Bestandteile im gemischten und ungemischten Zustand verschieden sind, haben μ_A, μ_B, μ_C, ... hier stets denselben Wert, ganz gleich, ob A, B, C, ... vermengt oder unvermengt vorliegen. Um das chemische Potenzial eines Gemenges von dem eines Gemisches unterscheiden zu können, wollen wir es mit dem Index Γ kennzeichnen.

Für ein Gemenge aus zwei reinen Komponenten A und B gilt dann:

$$\mu_\Gamma = x_A \overset{\bullet}{\mu}_A + x_B \overset{\bullet}{\mu}_B . \tag{13.12}$$

Da $x_A + x_B = 1$ ist, erhalten wir

$$\mu_\Gamma = (1 - x_B) \overset{\bullet}{\mu}_A + x_B \overset{\bullet}{\mu}_B = \underbrace{(\overset{\bullet}{\mu}_B - \overset{\bullet}{\mu}_A) \cdot x_B + \overset{\bullet}{\mu}_A}_{\text{Gerade}} . \tag{13.13}$$

Trägt man nun das Potenzial μ_Γ des Gemenges gegen den Stoffmengenanteil x_B auf, so erhält man statt der „Hängebauchkurve" eine Gerade mit der Steigung $(\overset{\bullet}{\mu}_B - \overset{\bullet}{\mu}_A)$ und dem Ordinatenabschnitt $\overset{\bullet}{\mu}_A$, die durch die Punkte $(0, \overset{\bullet}{\mu}_A)$ und $(1, \overset{\bullet}{\mu}_B)$ verläuft (Abb. 13.5).

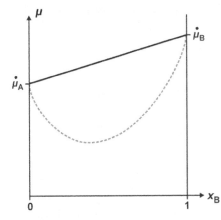

Abb. 13.5 Abhängigkeit des (mittleren) chemischen Potenzials von der Zusammensetzung eines Gemenges (durchgezogene Linie). [Zum Vergleich wurde auch noch die entsprechende Kurve (grau, gestrichelt) für ein Gemisch in die Graphik aufgenommen.]

„Hebelgesetz". Eine wichtige Besonderheit ist, dass die Komponenten keine reinen Stoffe sein müssen, sondern selbst wiederum Gemische zweier (oder auch mehr) Bestandteile A und B (sowie C, ...) sein können. Nehmen wir an, das Gesamtsystem (Gemisch oder Gemenge), gekennzeichnet durch ▲, mit einem Stoffmengenanteil $x_B^▲$ an B soll aus zwei Gemischen G′ und G″ gebildet werden, von denen das eine mit dem Gehalt x_B' ärmer an B, das andere mit dem Gehalt x_B'' jedoch reicher an B ist. Besteht das Gesamtsystem aus einer Stoffmenge $n^▲$,

so ergibt die Bilanz für die Komponente B gemäß der allgemeinen Formel $n_B = x_B \cdot n$, angewandt auf jede Mischphase:

$$x'_B \cdot n' + x''_B \cdot n'' = x^{\blacktriangle}_B \cdot n^{\blacktriangle} \, .$$

Wegen $n' + n'' = n^{\blacktriangle}$ gilt:

$$x'_B \cdot n' + x''_B \cdot n'' = x^{\blacktriangle}_B \cdot (n' + n'')$$

und umgestellt

$$(x'_B - x^{\blacktriangle}_B) \cdot n' = (x^{\blacktriangle}_B - x''_B) \cdot n'' \, .$$

Das Stoffmengenverhältnis der Ausgangsmischungen beträgt demnach

$$\frac{n'}{n''} = \frac{x''_B - x^{\blacktriangle}_B}{x^{\blacktriangle}_B - x'_B} \, . \tag{13.14}$$

Das ist das sogenannte „*Hebelgesetz* (der Phasenmengen)". Der Name ist aus der Mechanik entliehen, denn insbesondere bei der Schreibweise

$$n' \cdot (x^{\blacktriangle}_B - x'_B) \qquad = n'' \cdot (x''_B - x^{\blacktriangle}_B)$$

„Last × Lastarm = Kraft × Kraftarm"

lässt sich an einen bei $x^{\blacktriangle}_B$ unterstützten Hebel denken, an dessen Enden die beiden Phasen als ausgewogene „Gewichte" n' und n'' hängen. Auch hier gilt: Je kürzer der „Hebelarm" zur entsprechenden Phase hin ist, desto größer muss das „Gewicht", d. h. in unserem Fall die Stoffmenge, sein.

Schauen wir uns abschließend noch die graphische Darstellung des Potenzials eines Gemenges $^{\blacktriangle}$ aus zwei Gemischen $'$ und $''$ an (Abb. 13.6). Das Gesamtpotenzial wird wieder durch lineare Variation der Ausgangswerte bestimmt, liegt also in diesem Fall auf der Verbindungsgeraden der beiden Punkte (x'_B, μ') und (x''_B, μ'').

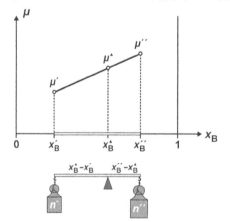

Abb. 13.6 Anwendung des „Hebelgesetzes" am Beispiel eines Gemenges

Raum- und Entropieanspruch von Gemischen. Den Temperatur- und Druckkoeffizienten, α_G und β_G, des chemischen Potenzials μ_G eines Gemisches G erhalten wir durch Ableitung von μ_G nach T bzw. p. Ausgehend von den Ansätzen für ein Gemisch aus den Stoffen A, B, C, … :

$$\mu_G = x_A \mu_A + x_B \mu_B + \dots \quad \text{mit} \quad \mu_A = \overset{\bullet}{\mu}_A + RT \ln x_A + \overset{+}{\mu}_A , \qquad \dots,$$

ergeben sich für α_G und β_G die gesuchten Gleichungen. Wir verzichten darauf, diese Gleichungen hinzuschreiben, und wählen stattdessen eine bekanntere Variante, indem wir α durch die, abgesehen vom Vorzeichen, gleich große molare Entropie S_m ersetzen, $\alpha = -S_m$, und β durch das molare Volumen V_m auswechseln, $\beta = V_m$:

$$S_G = x_A S_A + x_B S_B + \dots \quad \text{mit} \quad S_A = \overset{\bullet}{S}_A - R \ln x + \overset{+}{S}_A , \qquad \dots,$$

$$V_G = x_A V_A + x_B V_B + \dots \quad \text{mit} \quad V_A = \overset{\bullet}{V}_A + \overset{+}{V}_A , \qquad \dots,$$

Die Auslassungszeichen (drei Punkte) am Ende jeder Formelzeile stehen für die entsprechenden Ausdrücke der Stoffe B, C, … usw., die sich nur durch den Index von dem Ausdruck davor unterscheiden.

13.5 Mischungsvorgänge

Indifferente Stoffe. Mit Hilfe des chemischen Potenzials von Gemischen lassen sich Umsetzungen zwischen Mischphasen genauso behandeln wie Umsetzungen zwischen reinen Stoffen. Als Beispiel soll zunächst der Antrieb $\mathcal{A}_M$ für den Mischungsvorgang zweier Stoffe A und B bestimmt werden, die sich indifferent zueinander verhalten. Da die Umsatzzahlen v_A und v_B sowie die Gehaltszahlen g_A und g_B mit den Mengenanteilen x_A und x_B übereinstimmen, vereinfacht sich die Umsatzformel zu:

$$x_A A + x_B B \rightarrow A_{x_A} B_{x_B} .$$

Der Antrieb ergibt sich wie gewohnt aus dem Potenzialabfall von den Ausgangs- zu den Endstoffen. Wenn wir das Potenzial μ_G des Gemisches G = $A_{x_A} B_{x_B}$ auf die im letzten Abschnitt kennengelernte Weise berechnen [siehe Gl. (13.8)]:

$$\mathcal{A}_M = x_A \overset{\bullet}{\mu}_A + x_B \overset{\bullet}{\mu}_B - \mu_G$$

$$= x_A \overset{\bullet}{\mu}_A + x_B \overset{\bullet}{\mu}_B - \left[x_A \overset{\bullet}{\mu}_A + x_B \overset{\bullet}{\mu}_B + RT(x_A \cdot \ln x_A + x_B \cdot \ln x_B) \right]$$

erhalten wir:

$$\mathcal{A}_M = -RT(x_A \cdot \ln x_A + x_B \cdot \ln x_B) . \tag{13.15}$$

Abbildung 13.7 zeigt den „*Mischungsantrieb*" $\mathcal{A}_M$ in Abhängigkeit von der Gemischzusammensetzung. Entscheidend ist, dass der Antrieb für jede beliebige Zusammensetzung stets positiv ist, da die Stoffmengenanteile x_A und x_B stets kleiner als 1 und damit die beiden Logarithmen immer negativ sind ($\ln x < 0$ für $x < 1$). Das bedeutet, dass indifferente Stoffe sich in beliebigem Verhältnis freiwillig mischen.

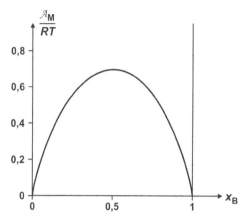

Abb. 13.7 Mischungsantrieb $\mathcal{A}_M$ in Abhängigkeit von der Zusammensetzung eines Gemisches aus zwei indifferenten Stoffen

Begleiterscheinungen im Idealfall. Auch bei den Mischungsvorgängen können nun Volumen- und Entropieänderungen ganz analog zu den in Kapitel 8 besprochenen Begleiterscheinungen chemischer Vorgänge auftreten. Für unser obiges Beispiel zweier indifferenter Stoffe ergibt sich für das *molare Mischungsvolumen* $\Delta_M V$, da die Zusatzgrößen verschwinden, hier insbesondere $\overset{+}{V}_m(x)$ [und auch $\overset{+}{S}_m(x)$]:

$$\Delta_M V = V_G - x_A \overset{\bullet}{V}_A - x_B \overset{\bullet}{V}_B \;=\; (x_A V_A + x_B V_B) - x_A \overset{\bullet}{V}_A - x_B \overset{\bullet}{V}_B \qquad \text{und folglich}$$

$$\overset{\bullet}{V}_A \qquad \overset{\bullet}{V}_B$$

$$\Delta_M V = 0 \; . \tag{13.16}$$

Entsprechend ergibt sich die *molare Mischungsentropie* $\Delta_M S$:

$$\Delta_M S = S_G - x_A \overset{\bullet}{S}_A - x_B \overset{\bullet}{S}_B = (x_A S_A + x_B S_B) - x_A \overset{\bullet}{S}_A - x_B \overset{\bullet}{S}_B \qquad \text{und folglich}$$

$$\overset{\bullet}{S}_A - R \ln x_A \qquad \overset{\bullet}{S}_B - R \ln x_B$$

$$\Delta_M S = -R \cdot (x_A \cdot \ln x_A + x_B \cdot \ln x_B) \; . \tag{13.17}$$

Bei zueinander indifferenten Stoffen wie verdünnten Gasen und leichtem und schwerem Wasser ändert sich beim Mischen weder das Volumen noch versuchen sie, Entropie aus der Umgebung aufzunehmen oder nach außen abzugeben; ihre Temperatur bleibt konstant, genauso, als ob man verschiedene Teile desselben Stoffes zusammenschüttete. Aus diesem Grund pflegt man solche Mischungen als „*ideal*" zu bezeichnen. In der Tat wird $\Delta_M V = 0$, nicht aber $\Delta_M S$, denn das wegen $x < 1$ stets positive Glied $-R \cdot (x_A \cdot \ln x_A + x_B \cdot \ln x_B)$ bleibt ja bestehen. Der gesamte Entropiebedarf ist größer geworden, sodass die Mischung sich abkühlen müsste, wenn keine Entropie von außen nachströmen kann. Dass dies trotzdem nicht der Fall ist, liegt daran, dass beim Mischen durch den Potenzialabfall der Stoffe Energie entbunden wird und dabei gerade so viel Entropie entsteht, dass der Fehlbetrag ausgeglichen wird. Die bei einem kleinen Umsatz $d\xi$ freigesetzte und dann verheizte Energie beträgt $dW_v = \mathcal{A}_M \cdot d\xi$ und damit die erzeugte Entropie $dS_e = dW_v/T$, was genau $\Delta_M S \cdot d\xi$ entspricht:

$$dS_e = \frac{\mathcal{A}_M \cdot d\xi}{T} = \frac{-RT(x_A \cdot \ln x_A + x_B \cdot \ln x_B)}{T} \cdot d\xi = -R(x_A \cdot \ln x_A + x_B \cdot \ln x_B) \cdot d\xi.$$

Molekular betrachtet, liegt, wie erwähnt, indifferentes Verhalten dann vor, wenn Wechselwirkungen zwischen den Teilchen wie bei dünnen Gasmischungen ganz fehlen oder wenn sie unabhängig von der Art der Teilchen gleich groß sind.

Reale Mischungen. Als nächstes wollen wir uns realen Mischungen zuwenden, in denen die Wechselwirkungen nicht mehr vernachlässigt werden können. Entsprechend muss auch das Zusatzpotenzial $\overset{+}{\mu}$ in der Beschreibung Berücksichtigung finden. Für das (mittlere) chemische Potenzial eines Gemisches aus zwei Komponenten A und B erhält man dann:

$$\mu_G = x_A \mu_A + x_B \mu_B = \underbrace{x_A \overset{\bullet}{\mu}_A + x_B \overset{\bullet}{\mu}_B}_{\overset{\circ}{\mu}_G} + \underbrace{RT(x_A \cdot \ln x_A + x_B \cdot \ln x_B)}_{\overset{\vee}{\mu}_G} + \underbrace{x_A \overset{+}{\mu}_A + x_B \overset{+}{\mu}_B}_{\overset{+}{\mu}_G}.$$

Trägt man das chemische Potenzial in Abhängigkeit von der Zusammensetzung der Mischung, charakterisiert durch den Mengenanteil x_B, auf (Abb. 13.8), so können wieder die drei bereits besprochenen Fälle unterschieden werden: wohlverträglich, missverträglich und unverträglich. Zum Vergleich wurde auch der Zusammenhang für indifferentes Verhalten ebenfalls in die Graphik aufgenommen. Sind die Stoffe wohlverträglich, ist die zugehörige „durchhängende" Kurve gestreckt gegenüber dem „Idealfall", sind sie jedoch missverträglich, so ist sie gestaucht. Für unverträgliche Stoffe findet man eine deutliche „Delle" aufwärts.

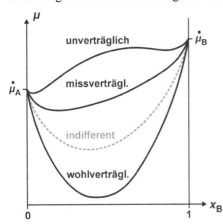

Abb. 13.8 Konzentrationsverlauf des (mittleren) chemischen Potenzials für Gemische aus jeweils zwei Stoffen A und B unterschiedlicher Verträglichkeit

Das chemische Potenzial μ_G eines Gemisches erscheint in obiger Gleichung wie bei einem einzelnen Stoff in drei Beiträge zerlegt, „Grundglied" $\overset{\circ}{\mu}_G(x_B)$, „Massenwirkungsglied" $\overset{\vee}{\mu}_G(x_B)$ und „Zusatzglied" $\overset{+}{\mu}_G(x_B)$. Abbildung 13.8 lässt erkennen, wie sich die drei Beiträge auswirken. Das erste Glied liefert eine gerade Verbindung zwischen den „Angelpunkten" $(0, \overset{\bullet}{\mu}_A)$ und $(1, \overset{\bullet}{\mu}_B)$, das zweite den „Hängebauch" dazwischen (gestrichelt), der mit senkrechter Tangente beginnt und endet, und das dritte Glied verzerrt den Bauch, wobei die senkrechten Tangenten außen immer erhalten bleiben, ganz gleich, wie weit der Bauch von unten her eingedrückt erscheint. Die $\overset{+}{\mu}_G(x_B)$-Kurve beginnt und endet in den „Angelpunkten". Der einfachste Ansatz hierfür wäre ein Parabelbogen, beschrieben durch eine Gleichung der Art

$$\overset{+}{\mu}_G(x_B) = a \cdot x_B(1 - x_B),$$

wobei der Koeffizient a, der seinerseits von der Temperatur abhängen kann, passend zu wählen ist. Negatives a bedeutet Wohlverträglichkeit, positives Miss- oder gar Unverträglichkeit, wenn $a > 2RT$ wird.

Entmischung. Mit dem Verhalten unverträglicher Stoffe wollen wir uns abschließend noch etwas ausführlicher beschäftigen. Dazu wollen wir uns zunächst den Entmischungsvorgang, die Umkehrung des Mischungsvorganges, näher anschauen:

$$G^{\blacktriangle} \rightarrow \nu'G' + \nu''G'',$$

das heißt, das anfängliche Gemisch $G^{\blacktriangle}$ muss nicht in die Ausgangskomponenten A und B, sondern kann natürlich auch in zwei Gemische G' und G'' zerfallen, von denen das eine reicher an B ist als das Ausgangsgemisch, das andere jedoch ärmer. Um die Umsatzzahlen ν' und ν'' zu bestimmen, nutzen wir wie bei chemischen Reaktionen aus, dass die Mengen der betroffenen Grundstoffe (bei chemischen Reaktionen die Elemente, hier die Mischungspartner) erhalten bleiben. Die Bilanz etwa für die Komponente B ergibt wegen $n'' = n^{\blacktriangle} - n'$:

$$x_B^{\blacktriangle} n^{\blacktriangle} = x_B' n' + x_B'' n'' = x_B' n' + x_B''(n^{\blacktriangle} - n') = x_B'' n^{\blacktriangle} - (x_B'' - x_B')n', \qquad \text{sodass gilt}$$

$$n' = \frac{x_B'' - x_B^{\blacktriangle}}{x_B'' - x_B'} \cdot n^{\blacktriangle} \quad \text{und schließlich} \quad \nu' = \frac{n'}{n^{\blacktriangle}} = \frac{x_B'' - x_B^{\blacktriangle}}{x_B'' - x_B'}.$$

ν'' ergibt sich auf entsprechende Weise oder einfacher noch aus der Bedingung $\nu' + \nu'' = 1$:

$$\nu'' = 1 - \nu' = \frac{x_B^{\blacktriangle} - x_B'}{x_B'' - x_B'}.$$

Der Entmischungsvorgang findet freiwillig statt, wenn der Antrieb $\mathcal{A}$ dafür positiv ist, wenn also $\mathcal{A} = \mu^{\blacktriangle} - \nu'\mu' - \nu''\mu'' > 0$ oder, anders ausgedrückt, wenn

$$\mu^{\blacktriangle} > \nu'\mu' + \nu''\mu''.$$

Schauen wir uns nun die $\mu(x_B)$-Kurve für unverträgliche Stoffe näher an (Abb. 13.9). Das Gemisch $G^{\blacktriangle}$ kann in zwei Gemische G' und G'' zerfallen, falls sein chemisches Potenzial $\mu^{\blacktriangle}$ größer ist als das Potenzial μ_Γ des daraus entstehenden Gemenges Γ, bestehend zu einem Anteil ν' aus G' und einem ν'' aus G''. Das Potenzial μ_Γ liegt, wie wir uns überlegt haben, auf der grau gezeichneten Verbindungsgeraden zwischen den Punkten (x_B', μ') und (x_B'', μ''), ist also deutlich geringer als $\mu^{\blacktriangle}$.

Für das Mengenverhältnis der beiden entstehenden Phasen gilt wieder das „Hebelgesetz":

$$\frac{n'}{n''} = \frac{\nu'}{\nu''} = \frac{x_B'' - x_B^{\blacktriangle}}{x_B'' - x_B'} : \frac{x_B^{\blacktriangle} - x_B'}{x_B'' - x_B'} = \frac{x_B'' - x_B^{\blacktriangle}}{x_B^{\blacktriangle} - x_B'}.$$

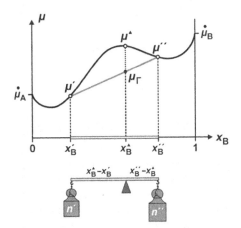

Abb. 13.9 Anwendung des „Hebelgesetzes" auf ein Gemisch aus zwei unverträglichen Komponenten A und B

Mischungslücke. Abbildung 13.9 stellt jedoch noch nicht die Endsituation dar, denn es sind weitere Verbindungsgeraden denkbar, die unter der grau eingezeichneten liegen und damit niedrigere Werte des Potenzials μ_Γ bedeuten. Den niedrigst möglichen μ_Γ-Wert erhält man, wenn man die Berührungspunkte ′ und ″ der gemeinsamen Tangenten an die „gedellte" Kurve miteinander verbindet (Doppeltangente) (Abb. 13.10). Diese beiden Punkte begrenzen die sogenannte *Mischungslücke.* Für Zusammensetzungen $x_B^{\blacktriangle}$ innerhalb dieser Lücke ($x_B' < x_B^{\blacktriangle} <$ x_B'') ist kein Gemisch stabil, sondern es zerfällt stets mehr oder minder schnell in ein Gemenge Γ der beiden Gemische G′ und G″ mit den Gehalten x_B' und x_B'' am linken und rechten Rand der Mischungslücke.

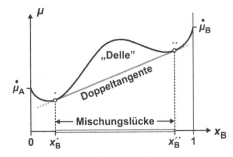

Abb. 13.10 Illustration der Doppeltangentenregel sowie des Auftretens einer Mischungslücke

Wenn das Gemenge flüssig ist, dann sorgen Unterschiede in der Dichte dafür, dass sich ein solches Gemenge im Schwerefeld oft weiter auftrennt, wobei sich das Gemisch mit der größeren Dichte ρ unten, das mit der kleineren oben ansammelt. Wir wollen solche stofflichen Systeme, die noch über gemeinsame Grenzflächen zusammenhängen und in denen Druck und Temperatur noch als einheitlich gelten können, zu den *Gemengen im weiteren Sinne* zählen, weil sie sich nach demselben Muster beschreiben lassen, wie die Systeme, die man üblicherweise als Gemenge auffasst. Um sie gegeneinander abgrenzen zu können, wenn es einmal nötig sein sollte, wollen wir solche ungewöhnlichen Gemenge als *entartet* bezeichnen.

13.6 Weitere Phasenreaktionen

Neben Mischungsprozessen lässt sich eine Vielfalt weiterer Vorgänge als „Umsetzung" zwischen Phasen auffassen und mit Hilfe der (mittleren) chemischen Potenziale beschreiben wie z. B. das Erstarren von Magma zu Glimmer, Feldspat und Quarz.

So existiert für jede Zustandsart eines A-B-Gemisches (Dampf, Schmelze und jede Kristallart) ein zugehöriges (mittleres) chemisches Potenzial μ_G ganz so wie ein chemisches Potenzial μ_B für jede Zustandsart eines Einzelstoffs B. Beständig ist nun jeweils die Zustandsart, die als reine Phase oder vermengt mit einer zweiten das niedrigste chemische Potenzial besitzt. Schauen wir uns als einfaches Beispiel das Verhalten von zwei Stoffen A und B an, die sowohl im flüssigen als auch im festen Zustand vollständig miteinander mischbar, also indifferent sind (Abb. 13.11). Auch hier tritt wieder eine Lücke auf, d. h. ein Zweiphasengebiet, nur dass diesmal eine Schmelze l mit der Zusammensetzungen x_B^l und eine feste Phase s mit der Zusammensetzung x_B^s koexistieren. Die Doppeltangente liegt in jedem Punkt zwischen den beiden Berührungspunkten unter den $\mu_l(x_B)$- oder $\mu_s(x_B)$-Kurven und weist damit geringere Werte für das Potenzial μ_Γ des Gemenges Γ auf, das in der Regel teils aus Mischkristallen G′ mit der Zusammensetzung x_B^s, teils aus einer Mischschmelze G″ der Zusammensetzung x_B^l besteht. Die Phasentrennung ist damit aufgrund des positiven Antriebs begünstigt.

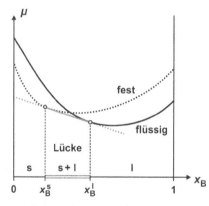

Abb. 13.11 Verlauf des (mittleren) chemischen Potenzials $\mu(x_B)$ für Gemische aus zwei Komponenten, die sowohl im flüssigen als auch im festen Zustand indifferentes Verhalten zeigen

Auch komplexere Sachverhalte können auf diese Weise behandelt werden. So zeigt Abbildung 13.12 den $\mu(x_B)$-Verlauf für zwei Stoffe A und B, die

- als Gase wie üblich indifferent,
- flüssig missverträglich („gestauchter Bauch"),
- fest unverträglich sind („gedellter Bauch").

Hier treten zwei Lücken auf. Da jede der Kurven links bei $x_B = 0$ und rechts bei $x_B = 1$ eine senkrechte Tangente besitzt, kann die Lücke nie bis genau dorthin reichen, sodass in allen Fällen ganz außen ein schmaler, manchmal nicht mehr erkennbarer Bereich vorhanden ist, in dem A und B sich mischen.

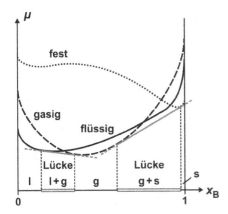

Abb. 13.12 Verlauf des (mittleren) chemischen Potenzials $\mu(x_B)$ für Gemische aus zwei Komponenten, die im gasigen, flüssigen und festen Zustand unterschiedliche Verträglichkeiten zeigen

Auf dieser Grundlage können nun wie im Fall der Einstoffsysteme (Kapitel 11) Zustandsdiagramme konstruiert werden. Doch damit werden wir uns ausführlich im nächsten Kapitel beschäftigen.

14 Zweistoffsysteme

Das (mittlere) chemische Potenzial einer Mischung hängt nicht nur von ihrer Zusammensetzung ab, sondern auch von Temperatur und Druck. Diese Abhängigkeiten und die Tatsache, dass die Phase mit dem niedrigsten chemischen Potenzial bei einer gegebenen Temperatur (und einem gegebenen Druck) stabil ist, können genutzt werden, um Zustandsdiagramme verschiedener Mischungen zu konstruieren. Als erstes diskutieren wir die $T(x)$-Diagramme zweier flüssiger Phasen. Mit Hilfe dieser Diagramme können wir beurteilen, unter welchen Bedingungen die beiden Flüssigkeiten miteinander mischbar sind und unter welchen nicht; daher werden die Diagramme auch *Mischungsdiagramme* genannt. *Schmelzdiagramme* dienen dazu, festzustellen, bei welchen Temperaturen bzw. Zusammensetzungen in einem Zweikomponentensystem flüssige oder aber feste Phasen stabil sind. Solche Diagramme sind von großem kommerziellem und industriellem Interesse; sie spielen eine bedeutende Rolle in der Metallurgie, sind aber auch zum Beispiel für die Herstellung von Keramiken und Halbleitern von Interesse. Im letzten Abschnitt werden die Zustandsdiagramme von binären Mischungen aus zwei flüchtigen Komponenten diskutiert (*Dampfdruck-* und *Siedediagramme*). Diese Art von Diagrammen ist maßgeblich, um den Prozess der *Destillation* zu verstehen, eines der wichtigsten Verfahren zur Trennung von Flüssigkeitsgemischen in chemischen Laboratorien und der Industrie. Schon im Altertum diente es zur Gewinnung von ätherischen Ölen wie Rosenöl. Großtechnisch sehr bedeutsam ist die Destillation von Erdöl in einer Raffinerie, wobei u. a. die Leicht- und Schwerbenzine gewonnen werden, die als Ottokraftstoff für Kraftfahrzeuge dienen.

14.1 Zweistoffzustandsdiagramme

Zustandsdiagramme reiner Stoffe hatten wir bereits in Kapitel 11 kennengelernt. Aus ihnen konnte abgelesen werden, welche Phase bei vorgegebenen Bedingungen (Temperatur, Druck) stabil ist. Ganz analog können nun Zustandsdiagramme für Mischungen aufgestellt werden, wobei wir uns auf Zweistoffsysteme, d. h. sogenannte *binäre* Mischungen aus zwei Komponenten, beschränken wollen. Neben der Temperatur T und dem Druck p tritt hier jedoch die Zusammensetzung x als dritte Variable auf. Eine vollständige Beschreibung der Systeme ist daher nur durch dreidimensionale Zustandsdiagramme möglich. Ein Beispiel zeigt Abbildung 14.1. Durch gekrümmte Flächen wird das Diagramm in einphasige oder zweiphasige (dunkel gefärbte) Raumbereiche aufgeteilt. Begrenzt wird es links ($x = 0$) und rechts ($x = 1$) durch die schon bekannten ebenen Zustandsdiagramme der reinen Komponenten (vgl. das rechts herausgezeichnete Diagramm mit Abbildung 11.10). Das Ganze sieht zunächst recht kompliziert aus, doch keine Sorge, gewöhnlich verzichtet man auf eine Variable und hält entweder den Druck oder die Temperatur konstant. Das resultierende Zustandsdiagramm ist dann wieder zweidimensional. Es gibt uns z. B. die jeweils stabile Phase in Abhängigkeit von Temperatur und Zusammensetzung der Mischung an. Dazu trägt man auf einer der Achsen die Temperatur und auf der anderen den Mengenanteil einer der Komponenten ab. (Da es sich um ein Zweistoffsystem handeln soll, ist damit auch der Anteil der zweiten Komponente eindeutig festgelegt.) Ein solches $T(x)$-Diagramm ist gleichbedeutend mit einem isobaren Schnitt durch das

© Springer Fachmedien Wiesbaden GmbH, ein Teil von Springer Nature 2021
G. Job und R. Rüffler, *Physikalische Chemie*, Studienbücher Chemie,
https://doi.org/10.1007/978-3-658-32936-5_14

dreidimensionale Diagramm. Hierzu zählen z. B. die Mischungs-, Schmelz- und Siedetemperaturdiagramme, die wir in den nächsten Abschnitten besprechen werden. Ganz analog entspricht ein $p(x)$-Diagramm einem isothermen Schnitt. Beispiele sind die Siededruck- und Sublimationsdruckdiagramme.

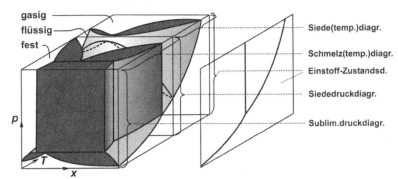

Abb. 14.1 Dreidimensionales Zustandsdiagramm

14.2 Zustandsdiagramme flüssig-flüssig (Mischungsdiagramme)

In Anlehnung an den Abschnitt 13.5 „Mischungsvorgänge" im vorigen Kapitel wollen wir uns zunächst mit Mischungen aus zwei flüssigen Phasen A und B beschäftigen. Wir hatten gesehen, dass die Stoffe (bei einer bestimmten Temperatur und einem bestimmten Druck) indifferent, wohlverträglich, missverträglich oder gar unverträglich sein können. Dieses Verhalten kann sich aber mit der Temperatur (bei konstantem Druck) durchaus ändern. So gibt es Stoffe wie z. B. Phenol und Wasser oder auch Hexan und Nitrobenzol, die bei höheren Temperaturen leidlich verträglich, bei tieferen Temperaturen jedoch unverträglich sind. Für jede Temperatur können wir nun den $\mu(x)$-Verlauf (bei konstantem Druck z. B. dem Normdruck von 100 kPa) bestimmen, wie wir ihn bereits im vorigen Kapitel kennengelernt haben (Abb. 14.2 oben).

Wir sehen, dass bei der niedrigsten Temperatur (T_1) die Mischungslücke am größten ist. Mit steigender Temperatur (T_2, T_3) nimmt das chemische Potenzial ab und auch der Beitrag des Zusatzpotenzials sinkt. Die Mischungslücke wird beim Erwärmen immer kleiner, der Unterschied im Gehalt an x_B in den beiden getrennten Mischphasen somit immer geringer. Bei der Temperatur T_4 liegt schließlich nur noch eine einzige Phase vor. Aus den $\mu(x)$-Isothermen kann man nun ein $T(x)$-Diagramm (Abb. 14.2 unten), ein sogenanntes *Mischungsdiagramm*, konstruieren, indem man die Berührungspunkte der Doppeltangenten für jede Temperatur einzeichnet und zu einer Kurve verbindet. Die waagerechte Linie, die ein Paar koexistenter Phasen einander zuordnet, bezeichnet man als *Knotenlinie* oder *Konnode*, ihre Endpunkte als *Knoten*. Beim Erwärmen verkürzen sich die Konnoden immer mehr, bis die Endpunkte im *oberen kritischen Mischungspunkt* zusammenfallen. Die zugehörige Temperatur ist die höchste Temperatur, bei der noch eine Phasentrennung auftreten kann. Oberhalb dieser *oberen kritischen Mischungstemperatur* sind beide Stoffe vollständig mischbar. Das System Phenol / Wasser weist z. B. eine obere kritische Mischungstemperatur von 339 K auf.

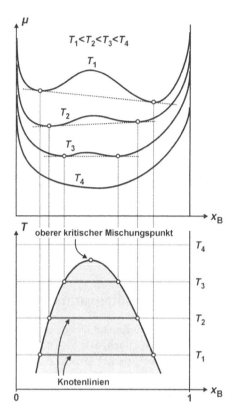

Abb. 14.2 Verlauf des (mittleren) chemischen Potenzials $\mu(x_B)$ in einer Mischung aus zwei flüssigen Komponenten in Abhängigkeit von der Temperatur (oben) und zugehöriges Zustandsdiagramm bei konstantem Druck mit einem oberen kritischen Mischungspunkt (unten)

Die Zusammenhänge wollen wir uns noch etwas weiter anhand von Abbildung 14.3 verdeutlichen: Gibt man z. B. bei der Temperatur T_1 zu dem reinen Stoff A portionsweise kleine Mengen an B hinzu, so mischen sich die beiden Flüssigkeiten zunächst vollständig, bis die Mischbarkeitsgrenze im Punkt ′ erreicht ist. Versucht man ein Gemisch mit einem höheren Gehalt an B, z. B. $x_B^\blacktriangle$, herzustellen, so gelingt dies nicht. Es entstehen zwei getrennte flüssige Mischphasen, eine B-arme Phase mit der Zusammensetzung x_B' und eine B-reiche Phase mit der Zusammensetzung x_B''. Das Mengenverhältnis der beiden koexistenten Mischphasen ergibt sich wieder aus dem „Hebelgesetz" [ganz analog zu der Vorgehensweise bei der $\mu(x)$-Kurve, aus der das $T(x)$-Diagramm entwickelt wurde]. Gibt man immer weiter B zu der Mischung, so erhält man auch weiterhin zwei Mischphasen ′ und ″, jedoch nimmt die Menge der B-reichen Phase auf Kosten der B-armen immer weiter zu, da sich der zugehörige Hebelarm verkürzt. Beim Überschreiten der Phasengrenzkurve im Punkt ″ gehen schließlich beide Mischphasen wieder in eine einzige über.

Gibt man hingegen die Zusammensetzung $x_B^\blacktriangle$ bei der Temperatur T_1 vor und erwärmt die Probe immer weiter (senkrechte gestrichelte Linie), so ändern sich die Zusammensetzungen der flüssigen Mischphasen, die miteinander im Gleichgewicht stehen. Die B-arme Phase wird allmählich reicher an B (wobei jedoch die Zusammensetzung unter $x_B^\blacktriangle$ bleibt), die B-reiche

Phase hingegen verarmt etwas an B. Auch ändert sich das Mengenverhältnis der beiden Mischphasen zueinander gemäß dem „Hebelgesetz". Die B-reichere Phase verschwindet nach und nach, da sich das Streckenverhältnis mit zunehmender Temperatur zu ihren Gunsten und damit das Mengenverhältnis zu ihren Ungunsten verschiebt. Wird schließlich die Phasengrenzlinie bei der Temperatur T_3 überschritten, so liegt eine einzige Mischphase mit der Zusammensetzung $x_B^{\blacktriangle}$ vor.

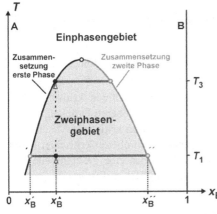

Abb. 14.3 Anwendung des „Hebelgesetzes" am Beispiel eines Zustandsdiagramms mit einem oberen kritischen Mischungspunkt

Einige Systeme weisen einen *unteren kritischen Mischungspunkt* auf (Abb. 14.4). Bei höheren Temperaturen können (je nach Zusammensetzung) zwei Phasen vorliegen, bei tieferen Temperaturen sind die beiden Stoffe vollständig mischbar. Ein Beispiel ist das System aus Triethylamin und Wasser, das eine untere kritische Mischungstemperatur von 292 K zeigt.

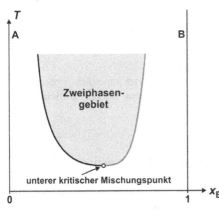

Abb. 14.4 Zustandsdiagramm für ein System mit einem unteren kritischen Mischungspunkt

Diese Zusammenhänge wollen wir uns auch im Experiment veranschaulichen, und zwar zum einen anhand einer Mischung aus gleichen Massenanteilen an Phenol (C_6H_5OH) und Wasser und zum anderen anhand einer Mischung aus gleichen Massenanteilen an Triethylamin (($C_2H_5)_3N$) und Wasser (Versuch 14.1). Dabei wird das Verhalten beider Mischungen bei unterschiedlichen Temperaturen untersucht.

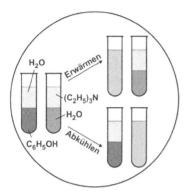

Versuch 14.1 *Veranschaulichung des Auftretens einer Mischungslücke anhand der Systeme Phenol/Wasser und Triethylamin/Wasser*: Erwärmt man ein Phenol-Wasser-Gemenge (wobei das Phenol zur besseren Sichtbarkeit mit Methylrot angefärbt wurde), so erhält man nach Überschreiten der oberen kritischen Mischungstemperatur (ca. 339 K) eine homogene Lösung. Ein Gemenge aus Triethylamin und mit Orange G angefärbtem Wasser bleibt hingegen auch bei höheren Temperaturen zweiphasig. Kühlt man es hingegen in Eis unter die untere kritische Mischungstemperatur ab (ca. 292 K), so entsteht eine homogene Lösung. Das Phenol-Wasser-Gemenge aber liegt nach Abkühlung weiterhin in Form von zwei Phasen vor.

Manche Stoffpaare besitzen sowohl einen oberen als auch einen unteren kritischen Mischungspunkt (Abb. 14.5). Solche Systeme findet man vor allem bei höheren Drücken, sodass die Annahme recht plausibel ist, dass alle Systeme mit einem unteren kritischen Mischungspunkt bei hinreichend hohen Temperaturen und Drücken auch einen oberen kritischen Punkt zeigen. Ein bekanntes Beispiel ist das System Nikotin/Wasser, das eine geschlossene Mischungslücke mit den beiden kritischen Temperaturen 334 K und 481 K aufweist.

Abb. 14.5 Zustandsdiagramm eines Systems mit einem oberen und einem unteren kritischen Mischungspunkt

14.3 Zustandsdiagramme fest-flüssig (Schmelzdiagramme)

Schmelzdiagramme mit lückenloser Mischkristallbildung. Als nächstes wollen wir uns Zustandsdiagramme anschauen, in denen feste und flüssige Phasen vorliegen. Sie werden auch Schmelztemperaturdiagramme oder kurz *Schmelzdiagramme* genannt und spielen z. B. in der Metallurgie eine Rolle. Besonders einfache Schmelzdiagramme haben Systeme, deren Komponenten A und B nicht nur in der Schmelze (l), sondern auch im festen Zustand (s) unbegrenzt ineinander löslich sind, d. h. *Mischkristalle* bilden. Zur Ermittlung dieser Diagramme müssen die $\mu(x)$-Kurven der flüssigen und festen Mischphase in Abhängigkeit von der Temperatur betrachtet werden (Abb. 14.6).

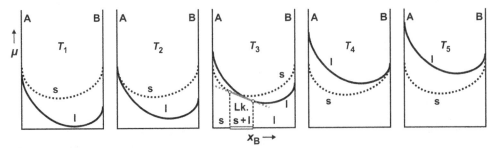

Abb. 14.6 Verlauf des (mittleren) chemischen Potenzials $\mu(x_B)$ für Gemische aus zwei sowohl im festen als auch im flüssigen Zustand indifferenten Komponenten für verschiedene Temperaturen ($T_1 > T_2 > T_3 > T_4 > T_5$) (die Abkürzung „Lk." steht für „Lücke")

Bei sehr hohen Temperaturen (T_1) hat μ_1 für jede beliebige Zusammensetzung einen geringeren Wert als μ_s, der Schmelzvorgang Mischphase$|$s $\rightarrow$ Mischphase$|$l läuft also stets freiwillig ab. Das System liegt daher bei allen Gehalten flüssig vor. Kühlt man das System ab, so ist irgendwann der Punkt (T_2) erreicht, in dem beide $\mu(x)$-Kurven sich erstmals berühren, also denselben Wert aufweisen ($\mu_1 = \mu_s$). In unserem Beispiel ist dies der Fall bei $x_B = 0$ und damit bei der Schmelztemperatur des reinen Stoffes A. Bei der Schmelztemperatur von A liegt also nur bei der Zusammensetzung $x_B = 0$ eine feste Phase (im Gleichgewicht mit einer flüssigen Phase) vor, während die Phasen mit allen anderen Zusammensetzungen noch vollständig flüssig sind. Bei weiterer Absenkung der Temperatur (z. B. auf T_3) erhält man getrennte Gehaltsbereiche, in denen entweder die feste Phase s oder die Schmelze l das geringere chemische Potenzial aufweisen. Zwischen diesen Bereichen wird das kleinste chemische Potenzial durch ein Gemenge aus fester Phase und Schmelze (l + s) erreicht, wie wir im letzten Abschnitt des vorigen Kapitels gesehen haben. Durch die Doppeltangente an die μ_l- und μ_s-Kurven werden die Zusammensetzungen bei der gegebenen Temperatur bestimmt, bei denen die Schmelze erstarrt (Liquiduspunkt) bzw. die feste Phase schmilzt (Soliduspunkt). Bei weiterer Abkühlung verlagern sich die Berührungspunkte der Tangente, d. h., der Bereich des Zweiphasengebietes verschiebt sich. Wird schließlich die Schmelztemperatur des niedriger schmelzenden Stoffes B erreicht, so ist das chemische Potenzial der festen Phase für alle Zusammensetzungen außer $x_B = 1$ kleiner als das der flüssigen Phase. Bei $x_B = 1$ hingegen sind die chemischen Potenziale gleich, sodass noch Schmelze existiert. Unterhalb dieser Temperatur liegt bei jedem beliebigen Gehalt eine feste Phase vor, z. B. bei der Temperatur T_5.

Durch konsequente Anwendung dieser Betrachtungen für möglichst viele Temperaturen kann das Zustandsdiagramm konstruiert werden (Abb. 14.7). Man erhält ein spindelförmiges Zweiphasengebiet. Die obere Kurve gibt die Zusammensetzung der Schmelze an (*Liquidus-* oder *Erstarrungskurve*, bei der bei Abkühlung die Erstarrung beginnt), die untere die der festen Phase (*Solidus-* oder *Schmelzkurve*, bei der bei Erwärmung das Schmelzen einsetzt). Oberhalb der Liquiduskurve liegt nur Schmelze, unterhalb der Soliduskurve nur die feste Phase vor. Zwischen beiden Kurven erfolgt ein Zerfall in Schmelze und Mischkristalle mit den Zusammensetzungen, die durch die Schnittpunkte der Knotenlinie mit der Liquidus- und Soliduskurve gegeben sind.

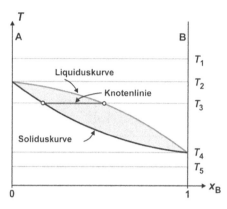

Abb. 14.7 Schmelzdiagramm eines Systems aus zwei Stoffen, die im flüssigen und im festen Zustand indifferentes Verhalten zeigen (Konstruktion mit Hilfe von Abbildung 14.6)

Zur Veranschaulichung wollen wir uns den Erstarrungsvorgang einer homogenen Schmelze mit der Zusammensetzung $x_B^{\blacktriangle}$, ausgehend von der Temperatur T_1, anschauen (Abb. 14.8, senkrechte gestrichelte Linie).

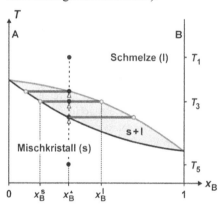

Abb. 14.8 Anwendung des „Hebelgesetzes" in einem Schmelzdiagramm für ein System aus zwei im flüssigen und festen Zustand indifferenten Stoffen

Beim Erreichen der Liquidus- (oder Erstarrungs)kurve beginnen sich recht B-arme Mischkristalle in winzigster Menge auszuscheiden, deren Zusammensetzung sich aus dem auf der Solidus- (oder Schmelz)kurve liegenden Knoten ergibt. Die Schmelze hingegen weist noch (nahezu) die Ausgangszusammensetzung auf. Mit sinkender Temperatur wird die Schmelze allmählich reicher an der niedriger schmelzenden Komponente B, da wir uns längs der Liquiduskurve abwärts bewegen. Bleibt die Schmelze im Gleichgewicht mit den Mischkristallen, nimmt auch deren Gehalt an B mit fortschreitender Kristallisation wieder zu. So koexistieren z. B. bei der Temperatur T_3 eine Schmelze mit der Zusammensetzung x_B^l und Mischkristalle mit der Zusammensetzung x_B^s. Das Mengenverhältnis der beiden Phasen ergibt sich wieder mit Hilfe des uns jetzt bereits schon wohlvertrauten „Hebelgesetzes". Die Abwärtsbewegung auf der Soliduskurve bedeutet, wie gesagt, dass sich bei der Abkühlung als Gleichgewichtsprozess fortlaufend die Zusammensetzung des bereits kristallisierten Anteils ändern muss. Man kann sich jedoch vorstellen, dass solche Gehaltsänderungen in der Realität nicht so einfach sind, da die Diffusion von Atomen in Festkörpern eine sehr, sehr lange Zeit benötigt (vgl. Abschnitt 20.2). Kühlt man nun sehr langsam immer weiter ab, so erreicht man schließlich die Soliduskurve. Der Knoten auf der Liquiduskurve gibt die Zusammensetzung des letzten winzigen Tropfens der Schmelze an. Unterhalb der Soliduskurve ist die gesamte Schmelze erstarrt, und es liegen nur noch Mischkristalle mit der gleichen Zusammensetzung $x_B^{\blacktriangle}$ wie die der ursprünglichen Schmelze vor.

Schmelzdiagramme mit vollständiger Mischbarkeit treten nur auf, wenn die Form und Größe der Teilchen den Einbau in ein gemeinsames Gitter erlauben. Beispiele sind das System Kupfer/Nickel, aber auch die Minerale Fayalit (Fe_2SiO_4)/Forsterit (Mg_2SiO_4).

Kompliziertere Schmelzdiagramme. Durch entsprechende Betrachtung der $\mu(x)$-Kurven der beteiligten Komponenten können auch kompliziertere Zustandsdiagramme entwickelt werden. Während die Komponenten A und B im flüssigen Zustand überwiegend unbegrenzt ineinander löslich sind, können sie im festen Zustand, wie gerade besprochen, ebenfalls indifferent sein, aber auch wohlverträglich, missverträglich oder gar unverträglich oder völlig unverträglich. Die entsprechenden Schmelzdiagramme (Abb. 14.9) wollen wir aber nur mehr kurz dem bereits kennengelernten gegenüberstellen.

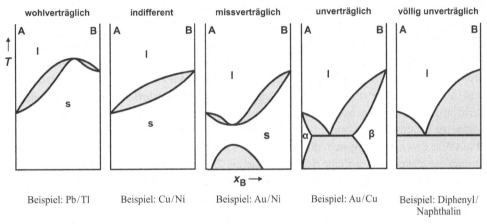

Abb. 14.9: Schmelzdiagramme für Systeme aus Komponenten, die im flüssigen Zustand mehr oder minder indifferentes, im festen Zustand jedoch unterschiedliches Verhalten zeigen

α und β bedeuten dabei unterschiedliche Typen von Mischkristallen, z. B. wären dies im Falle des Systems Au/Cu goldreiche und kupferreiche Mischkristalle mit jeweils einer bestimmten Zusammensetzung.

Dies alles sieht zunächst sehr kompliziert aus, doch ist ein Zustandsdiagramm in vieler Hinsicht vergleichbar mit einer Landkarte. Es ist schwierig und zeitraubend, eine Landkarte durch Vermessung zusammenzustellen, aber es ist recht einfach, sie zu benutzen – wenn einem einige Regeln und Konventionen bekannt sind. Genauso ist es recht schwierig, ein Zustandsdiagramm zu berechnen und sehr aufwändig und zeitraubend, es zu messen. Aber wenn es erst einmal bekannt ist, kann es wie eine Landkarte benutzt werden, vorausgesetzt, man beachtet auch hier einige Regeln und Konventionen, die wir zum Teil schon kennengelernt haben. Dies wollen wir uns am Beispiel eines Schmelzdiagramms für zwei im festen Zustand unverträgliche Komponenten (Abb. 14.10) veranschaulichen.

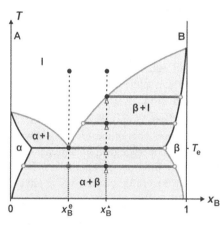

Abb. 14.10 Schmelzdiagramm eines Systems aus zwei Komponenten, die im festen Zustand unverträgliches Verhalten zeigen, sowie Anwendung des „Hebelgesetzes"

Es liegen neben der einphasigen Schmelze (l) und den Mischkristallen (α, β) drei Zweiphasengebiete ($\alpha + $l, $\beta + $l, $\alpha + \beta$) vor.

Eutektikum. Was passiert nun, wenn wir eine Schmelze mit der Zusammensetzung $x_B^\blacktriangle$ abkühlen lassen? Wird mit sinkender Temperatur die Grenzlinie des Zweiphasengebietes fest/flüssig erreicht, so beginnen sich sehr B-reiche Mischkristalle β aus der Schmelze abzuscheiden. Bei weiterer Abkühlung kristallisiert immer mehr Feststoff aus, wobei das Mengenverhältnis von Schmelze zu Mischkristall wieder durch das „Hebelgesetz" gegeben ist. Die Schmelze verarmt dabei ständig an B, da relativ reines (lediglich etwas mit A verunreinigtes) B ausfällt. Erreicht das System die Temperatur T_e und damit die waagerechte Linie im Diagramm, so erstarrt die restliche Schmelze, die die Zusammensetzung x_B^e aufweist. Zur Verdeutlichung werden für diesen Fall nochmals die $\mu(x)$-Kurven (Abb. 14.11) herangezogen.

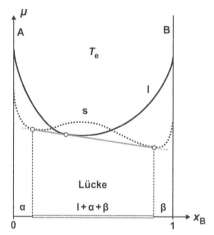

Abb. 14.11 Verlauf des (mittleren) chemischen Potenzials $\mu(x_B)$ für ein System aus zwei im flüssigen Zustand indifferenten, im festen Zustand hingegen unverträglichen Stoffen bei der Temperatur T_e

Bei der Temperatur T_e berührt die Tangente die $\mu(x_B)$-Kurven in drei Punkten (einmal die μ_l-Kurve und zweimal die μ_s-Kurve); es liegt also die Schmelze im Gleichgewicht mit den Mischkristallen α und den Mischkristallen β vor. An diesem Punkt kann letztmalig eine Tangente an die μ_l-Kurve gelegt werden, da für geringere Temperaturen das chemische Potenzial der Schmelze stets größer als das der festen Phase ist, die Kurve sich also immer mehr nach oben hin zurückzieht. T_e ist damit die niedrigste Temperatur, bei der noch Schmelze vorliegt. Daher kommt auch die aus dem Griechischen stammende Bezeichnung *Eutektikum* (abgekürzt e), die nichts anderes als „leicht schmelzbar" bedeutet.

Kehren wir nun zum Zustandsdiagramm zurück. Unterhalb der eutektischen Temperatur T_e liegt ein Zweiphasensystem aus sehr A-reichen Mischkristallen α und sehr B-reichen Mischkristallen β vor. Während der weiteren Abkühlung ändern sich die Mischkristallzusammensetzungen; die α-Mischkristalle werden immer A-reicher, die β-Mischkristalle immer B-reicher. Auch diese Gehaltsänderungen erfordern jedoch eine überaus lange Zeit.

Was beobachtet man nun, wenn man eine Schmelze mit eutektischer Zusammensetzung x_B^e abkühlt? Eine Flüssigkeit mit dieser Zusammensetzung erstarrt bei einer wohldefinierten Temperatur direkt (wie ein reiner Stoff), d. h. ohne dass vorher eine der Komponenten ausfällt. Es entsteht ein Gemenge aus gleichzeitig ausgeschiedenen α- und β-Mischkristallen, das ebenfalls die Gesamtzusammensetzung x_B^e aufweist. (Der Übersichtlichkeit halber wurde das „Hebelgesetz" nicht eingezeichnet.) Die eutektische Mischung muss also (im Gegensatz zu allen anderen) nicht ganz langsam abgekühlt werden, um die Gleichgewichtsbedingungen zu realisieren; man erhält ein gleichmäßiges Gefüge aus Mikrokriställchen.

Schauen wir uns in einem Versuch an, was passiert, wenn wir unterschiedlich zusammengesetzte flüssige Mischungen aus Naphthalin ($C_{10}H_8$) und Diphenyl (Phenylbenzol) ($C_{12}H_{10}$) abkühlen lassen (Versuch 14.2).

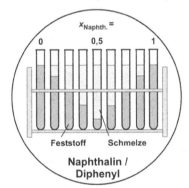

Versuch 14.2 *Schmelzdiagramm von Naphthalin und Diphenyl*: Die Reagenzgläser mit den neun unterschiedlichen Mischungen werden kurz in ein Wasserbad gestellt, sodass die Mischungen schmelzen. Anschließend lässt man die Reagenzgläser vor einem schwarzen Hintergrund abkühlen. Die klaren Schmelzen erstarren, bei den äußeren Reagenzgläsern beginnend, sodass der Inhalt nach und nach undurchsichtig weiß wird. Nach einiger Zeit sind nur noch die Schmelzen in der Mitte flüssig. Schließlich ist alles weitgehend erstarrt.

Naphthalin und Diphenyl sind im festen Zustand zwei völlig unverträgliche Stoffe, d. h., sie kristallisieren beim Abkühlungsprozess (nahezu) rein aus (Diagramm ganz rechts in Abbildung 14.9). (Auf die Unmöglichkeit des Auftretens wirklich reiner Substanzen, erkennbar an der unendlichen Steigung der Tangenten, wurde bereits im vorigen Kapitel hingewiesen.) Zuletzt bleiben nur noch die Schmelzen mit annähernd eutektischer Zusammensetzung, d. h., $x_{Naphthalin} = 0,45$, flüssig.

Thermische Analyse. In der Praxis erweist sich zur Ermittlung von Zustandsdiagrammen die *thermische Analyse* als besonders geeignet. Hierbei werden Proben unterschiedlicher Zusammensetzung geschmolzen und anschließend wieder abgekühlt. Während der Abkühlung wird die Temperatur der jeweiligen Mischung mit einem Thermoelement in Abhängigkeit von der Zeit registriert, also eine sogenannte *Abkühlungskurve* aufgenommen (Versuch 14.3).

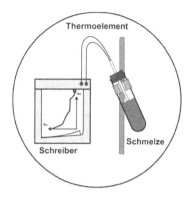

Versuch 14.3 *Abkühlungskurve einer Mischschmelze (am Beispiel einer Blei-Zinn-Legierung)*: Die Blei-Zinn-Legierung (mit einem Massenanteil von 40 % an Zinn; ein sogenanntes Weichlot) wird mit dem Bunsenbrenner langsam geschmolzen. Anschließend wird sie abkühlen gelassen und dabei die zeitliche Änderung der Temperatur mit Hilfe eines Schreibers oder rechnergestützt verfolgt.

Ergänzend werden meist noch Strukturuntersuchungen unter dem Mikroskop anhand von Anschliffen herangezogen.

In Abbildung 14.12 sind die (idealisierten) Abkühlungskurven für verschieden zusammengesetzte flüssige Mischungen aus zwei im festen Zustand völlig unverträglichen Komponenten A und B, das mit ihrer Hilfe konstruierte Schmelzdiagramm sowie die zugehörigen schematischen Schliffbilder zusammengestellt.

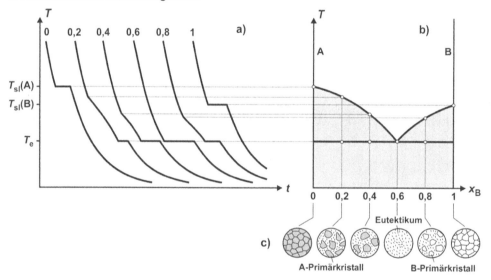

Abb. 14.12 a) Abkühlungskurven für ein System aus zwei Stoffen A und B, die im festen Zustand völlig unverträglich sind, b) daraus konstruiertes Schmelzdiagramm und c) zugehörige Schliffbilder

Die reinen Stoffe (Kurven für $x_B = 0$ und $x_B = 1$) ergeben *Haltepunkte* bei der Kristallisationstemperatur T_{sl}, da beim Erstarrungsprozess die Abkühlung durch die bei der Kristallisation freiwerdende Entropie aufgehalten wird. Erst wenn die gesamte Schmelze erstarrt ist, sinkt die Temperatur weiter ab.

Betrachten wir nun den Verlauf für die Mischung mit dem Stoffmengenanteil $x_B = 0,2$. Das flüssige System kühlt sich zunächst gleichmäßig bis zu der Temperatur ab, bei der die Abscheidung von festem A beginnt. Bei der kontinuierlichen Kristallisation von A, d. h. dem Phasenübergang flüssig → fest, wird fortlaufend Entropie abgegeben; daher kühlt sich das System nun deutlich langsamer als vorher ab. In der Abkühlungskurve tritt entsprechend ein *Knickpunkt* beim Eintritt in das Phasenfeld mit festem A und Restschmelze auf. Erreicht das System schließlich die eutektische Temperatur T_e, kristallisieren A und B gleichzeitig aus. Da die restliche Probe erstarrt, ohne dass sich ihre Zusammensetzung ändert, zeigt die Abkühlungskurve wie bei den reinen Stoffen einen Haltepunkt. Da während des Abkühlungsvorganges zunächst fortlaufend A auskristallisiert und neue Substanz an bereits vorhandene Kristalle anwächst, entstehen große A-Primärkristalle. Beim Erreichen der eutektischen Temperatur muss das gesamte B (und restliche A) auf einmal erstarren. Dadurch entstehen sehr viele Kristallisationskeime. Das Schliffbild der festen Mischung zeigt somit große A-Kristalle, eingebettet in ein äußerst feinkörniges Gemenge aus B- und A-Kristallen.

Weist die Schmelze bereits zu Beginn die eutektische Zusammensetzung auf (in unserem Beispiel $x_B = 0{,}6$), so kühlt sie sich stetig bis zur Erstarrungstemperatur des Eutektikums ab. Beim Unterschreiten dieser Temperatur erfolgt die gleichzeitige Kristallisation von A und B, bis die gesamte Probe erstarrt ist. Entsprechend bleibt die Temperatur über eine längere Zeit konstant (verglichen mit den anderen Mischungen). Ein Schliffbild zeigt ein Gemenge von annähernd gleich großen A- und B-Mikrokriställchen.

Nimmt man eine genügende Anzahl von Abkühlungskurven verschieden zusammengesetzter Mischungen auf, so ist es möglich, das zugehörige Zustandsdiagramm zu konstruieren.

14.4 Zustandsdiagramme flüssig-gasig (Dampfdruck- bzw. Siedediagramme)

Als letztes wollen wir uns mit den Zustandsdiagrammen von Gemischen aus zwei flüchtigen Flüssigkeiten beschäftigen, wobei wir zunächst von einem indifferenten Verhalten ausgehen.

Dampfdruckdiagramme. Über einer leicht verdampfenden Flüssigkeit A stellt sich bei einer gegebenen Temperatur im Gleichgewicht ein ganz bestimmter Sättigungsdampfdruck $p^\bullet_{\mathrm{lg,A}}(T)$ ein (vgl. Abschnitt 12.5). (Das Zeichen $\bullet$ weist wieder auf das Vorliegen eines reinen Stoffes hin.) Um jedoch eine unschöne Häufung von Indizes zu vermeiden, werden wir im Folgenden $p^\bullet_A$ schreiben. Löst man nun in A einen ebenfalls leicht verdampfenden Stoff B auf (Abb. 14.13), so sinkt das chemische Potenzial von A infolge Verdünnung ab.

Eine ähnliche Situation, die uns schließlich zur Dampfdruckerniedrigung über Lösungen führte, haben wir bereits in Abschnitt 12.5 kennengelernt, nur dass dort der Fremdstoff B schwerflüchtig war und damit die Dampfphase (in guter Näherung) lediglich aus A bestand. Erneute Gleichgewichtseinstellung erfolgt nun im hier vorliegenden Fall zweier flüchtiger Komponenten, indem sich im *Misch*dampf (über der flüssigen Mischphase) der *Teil*druck von A auf p_A vermindert:

$$p_A = x^l_A \cdot p^\bullet_A \ . \tag{14.1}$$

Das Gleiche gilt in diesem Fall natürlich auch für die Komponente B:

$$p_B = x^l_B \cdot p^\bullet_B \ . \tag{14.2}$$

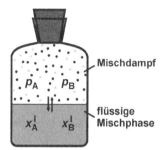

Abb. 14.13 Ausbildung eines Mischdampfes im Gleichgewicht über einem Gemisch aus zwei flüssigen indifferenten Komponenten A und B

Dies ist eine etwas andere Formulierung des RAOULTschen Gesetzes. Es besagt, dass der Teildruck jeder Komponente i im Mischdampf gleich dem Produkt aus dem Dampfdruck der reinen Komponente und ihrem Mengenanteil x_i^1 in der flüssigen Mischphase ist. Ideale Mischungen befolgen nun das RAOULTsche Gesetz für jede beliebige Zusammensetzung. Es stellt also umgekehrt experimentell ein weiteres Kriterium für ein indifferentes Verhalten der beiden Komponenten zueinander dar.

Geht man von einem idealen Verhalten auch in der Gasphase aus, so setzt sich der gesamte Dampfdruck über der Mischung nach dem DALTONschen Gesetz additiv aus den Teildrücken zusammen:

$$p = p_A + p_B . \tag{14.3}$$

Sowohl die Teildrücke

$$p_A = (1 - x_B^1) \cdot p_A^\bullet = p_A^\bullet - p_A^\bullet \cdot x_B^1 \qquad \text{bzw.} \tag{14.4}$$

$$p_B = p_B^\bullet \cdot x_B^1 \tag{14.5}$$

als auch der Gesamtdruck

$$p = p_A + p_B = p_A^\bullet - p_A^\bullet \cdot x_B^1 + p_B^\bullet \cdot x_B^1 = p_A^\bullet + (p_B^\bullet - p_A^\bullet) \cdot x_B^1 \tag{14.6}$$

ändern sich also linear mit der Zusammensetzung des flüssigen Gemisches, gekennzeichnet durch den Mengenanteil x_B^1 (Abb. 14.14).

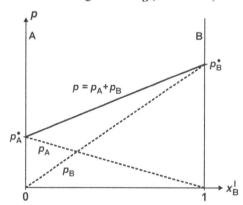

Abb. 14.14 Gesamtdruck (durchgezogen) und Teildrücke (gestrichelt) über einem Gemisch aus zwei indifferenten Komponenten A und B bei konstanter Temperatur

Die Zusammensetzung von flüssiger Mischphase und zugehörigem Mischdampf muss jedoch nicht notwendigerweise identisch sein, ja, wir würden sogar erwarten, dass der Anteil der flüchtigeren Komponente im Dampf höher ist. Für den Stoffmengenanteil x_B^g der Komponente B in der Dampfphase gilt nach dem DALTONschen Gesetz

$$x_B^g = \frac{p_B}{p} . \tag{14.7}$$

Einsetzen von Gleichung (14.2) ergibt dann

$$x_B^g = \frac{\overset{\bullet}{p_B}}{p} \cdot x_B^l . \tag{14.8}$$

Wenn B in reinem Zustand einen höheren Dampfdruck als A hat, so gilt stets $\overset{\bullet}{p_B}/p > 1$ (vgl. Abb. 14.14) und damit $x_B^g > x_B^l$. Der Dampf ist also tatsächlich mit der flüchtigeren Komponente B angereichert.

Trägt man den Dampfdruck als Funktion der Dampfzusammensetzung gemeinsam mit der linearen Dampfdruckkurve in ein $p(x)$-Diagramm (*Dampfdruckdiagramm* oder auch *Siededruckdiagramm*) (Abb. 14.15) ein, so liegt die zugehörige Kurve deshalb immer unter der Dampfdruckkurve. Man bezeichnet sie als *Taukurve*, während die Gerade *Siedekurve* heißt. Unterhalb der Taukurve existiert nur die Gasphase, oberhalb der Siedekurve nur die flüssige Phase. Beide Kurven grenzen ein Zweiphasengebiet ab, in dem Dampf und flüssige Mischphase miteinander im Gleichgewicht stehen.

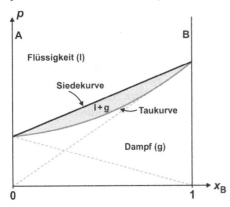

Abb. 14.15 Dampfdruckdiagramm eines Systems aus zwei weitgehend indifferenten Komponenten A und B (bei konstanter Temperatur)

Die Zusammensetzungen der koexistierenden Phasen können wieder mit Hilfe von Knotenlinien bestimmt werden ganz analog zu der Vorgehensweise bei den bisher besprochenen $T(x)$-Diagrammen, nur dass in diesem Fall die Temperatur konstant gehalten und der Druck variiert wird (Abb. 14.16). Das Mengenverhältnis kann auch hier mit Hilfe des „Hebelgesetzes" ermittelt werden. Geht man z. B. von einem Flüssigkeitsgemisch mit der Zusammensetzung $x_B^{\blacktriangle}$ beim Druck p_1 aus und erniedrigt langsam den Druck (bei konstant gehaltener Temperatur), so beginnt es bei Erreichen des Zweiphasengebietes beim Druck p_2 zu sieden. In der Dampfphase ist, wie wir bereits gesehen haben, die flüchtigere Komponente angereichert. Bei einer weiteren Druckerniedrigung und damit fortschreitender Verdampfung verarmt die flüssige Phase daher immer mehr an dieser Komponente. Unterhalb des Druckes p_3 liegt schließlich nur noch ein Dampf mit der gleichen Zusammensetzung wie die ursprüngliche flüssige Phase vor.

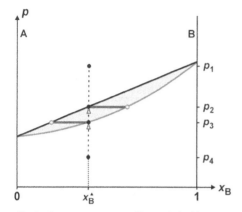

Abb. 14.16 Anwendung des „Hebelgesetzes" in einem Dampfdruckdiagramm

Siedediagramme. Häufiger als bei konstanter Temperatur werden Verdampfungsprozesse bei konstantem Druck (z. B. dem Atmosphärendruck) realisiert. Gehen wir weiterhin davon aus, dass die Stoffe A und B sowohl in der flüssigen als auch in der gasigen Phase indifferent zueinander sind, so ist das zugehörige $T(x)$-Diagramm [*Siede*(temperatur)*diagramm*] ganz analog zum entsprechenden Schmelzdiagramm aufgebaut (Abb. 14.17). Die *Siedekurve* ist nichts anderes als eine Auftragung der Siedetemperatur des flüssigen Gemisches (bei konstantem Druck, z. B. Normdruck) in Abhängigkeit vom Mengenanteil einer der beiden Komponenten. Sie grenzt den Existenzbereich der homogenen flüssigen Phase nach höheren Temperaturen hin ab. Die Zusammensetzung der Dampfphase, die sich bei der jeweiligen Siedetemperatur im Gleichgewicht mit der entsprechenden flüssigen Mischung befindet, wird durch die *Taukurve* angegeben. Oberhalb der Taukurve liegt eine homogene Gasphase, zwischen beiden Kurven wieder das Zweiphasengebiet vor. Da von zwei flüchtigen Flüssigkeiten A und B gewöhnlich die mit dem niedrigeren Dampfdruck die höhere Siedetemperatur hat, sind im Siedediagramm jedoch die Zustandsgebiete gegenüber dem Dampfdruckdiagramm vertauscht.

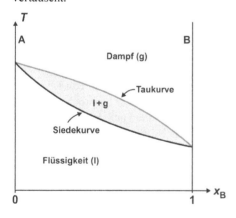

Abb. 14.17 Siedegramm eines Systems aus zwei indifferenten Komponenten A und B (bei konstantem Druck)

Destillationsprozess. Die unterschiedliche Zusammensetzung von Flüssigkeit und Dampf kann man nun zur Stofftrennung nutzen. Doch schauen wir uns zunächst den Siedevorgang am Beispiel eines geschlossenen Systems aus den (grob gesehen) indifferenten Komponenten Wasser und Methanol an (Abb. 14.18). Erhitzt man ein flüssiges Gemisch der Zusammensetzung x_1^l bei konstantem Druck zum Sieden, so weist der Dampf bei der Siedetemperatur T_1 die Zusammensetzung x_1^g auf. In der Dampfphase ist mithin Methanol als leichter flüchtige Komponente (mit niedrigerer Siedetemperatur) angereichert. Bei fortgesetztem Sieden verarmt die Flüssigkeit entsprechend an Methanol, was mit einem Anstieg der Siedetemperatur verbunden ist; bei langsamer Temperaturerhöhung ändert sie sich in Richtung auf T_2 hin. Gleichzeitig sinkt aber auch der Methanolgehalt in der Dampfphase, deren Zusammensetzung verschiebt sich also entlang der Taukurve in gleicher Richtung wie die der flüssigen Phase entlang der Siedekurve. Bei der Siedetemperatur T_2 schließlich weist der letzte Tropfen der (nahezu) vollständig verdampften Flüssigkeit die Zusammensetzung x_2^l auf, während die Dampfphase nun die gleiche Zusammensetzung wie das flüssige Ausgangsgemisch zeigt.

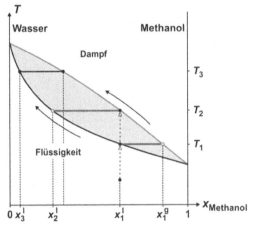

Abb. 14.18 Schematisches Siedediagramm des Systems Wasser/Methanol zur Veranschaulichung einer einfachen Destillation

Schon wegen der großen Volumenzunahme beim Verdampfen auf rund das Tausendfache scheidet ein Vorgehen in der obigen Form aus. Die sogenannte *einfache Destillation* (*Gleichstromdestillation*), bei der das flüssige Gemisch in einem Kolben zum Sieden erhitzt, der Dampf in einem Kühler kondensiert und das entstehende Kondensat (Destillat) in einer Vorlage aufgefangen wird, ist hier das gängigste Verfahren. Da das niedriger siedende Methanol bevorzugt entweicht, reichert sich das schwerer flüchtige Wasser im Kolben an, sodass die Siedetemperatur immer weiter steigt – auch über die Temperatur T_2 hinaus. Bricht man die Destillation schließlich in der Nähe der Siedetemperatur der höhersiedenden Komponente bei T_3 ab, bleibt im Kolben ein Gemisch mit der Zusammensetzung x_3^l zurück, bestehend aus viel Wasser mit wenig Methanol. Das Kondensat in der Vorlage hingegen enthält die leichter flüchtige Komponente Methanol mit einem gegenüber x_1^l verringerten (allerdings gegenüber x_1^g erhöhten) Anteil an Wasser.

Die Änderungen der Zusammensetzung des Destillats werden erkennbar, wenn man es mit Hilfe auswechselbarer Vorlagen in getrennten Portionen (Fraktionen) auffängt (*fraktionierte Destillation*). Die erste Fraktion hat dann tatsächlich etwa die Zusammensetzung x_1^g, ist also stark an Methanol angereichert. Die nächsten Fraktionen sind immer ärmer daran und entsprechend wasserreicher. Zur Verbesserung des Trenneffektes der fraktionierten Destillation kann man die einzelnen Fraktionen erneut destillieren. Die Zusammensetzung des Destillats rückt dabei entlang der Taukurve in Richtung des reinen Methanols und nach häufiger Wiederholung sind beide Komponenten weitgehend rein erhältlich. Ein Nachteil ist jedoch die durch das „Hebelgesetz" bedingte geringe Ausbeute, sodass man die einzelnen Stufen mit immer neuem Ausgangsgemisch oft durchlaufen muss.

Gegenstromdestillation. Man fasst daher in der Praxis die langwierigen getrennten Verdampfungs- und Kondensationsschritte bei der *Gegenstromdestillation* (oder *Rektifikation*) in einem Prozess zusammen. Der aufsteigende heißere Dampf wird dabei in einer *Destillationskolonne* im Gegenstrom am kühleren *Rücklauf*, einem Teil des zurückfließenden Kondensats, vorbeigeleitet (Abb. 14.19). Der intensive Kontakt der im Gegenstrom bewegten Phasen begünstigt einen schnellen Entropie- und Stoffaustausch, sodass sich Temperatur und Zusammensetzung dem jeweiligen, von der Höhenlage abhängigen Gleichgewicht nähern, wenn auch dies nie ganz erreichen.

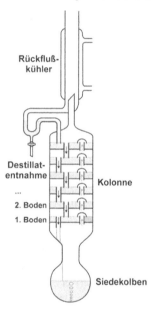

Abb. 14.19 Skizze einer Destillationskolonne für den Laboratoriumsgebrauch

Doch schauen wir uns auch diesen Vorgang am Beispiel des Systems Wasser/Methanol etwas genauer an (Abb. 14.20). Um das Geschehen zu beschreiben, denkt man sich die Kolonne in Böden unterteilt, auf denen das Gleichgewicht zwischen Flüssigkeit und Dampf erreicht sein soll. Wird das flüssige Ausgangsgemisch mit einem Mengenanteil x_0 an Methanol im Kolben erhitzt, so siedet es bei der Temperatur T_0. Am ersten Kolonnenboden kondensiert ein Teil des Dampfes, während der Rest in das nächste Stockwerk aufsteigt. Gleichzeitig gelangt kühleres Kondensat vom Boden darüber hinein und überschüssiges wärmeres weiter abwärts wieder hinaus. Auf dem Boden sammelt sich eine Flüssigkeit mit der Temperatur T_1 und der Zusammensetzung $x_1 > x_0$, welche den Boden bis zum Überlaufen auffüllt. Im Fließgleichgewicht müssen sich auf jedem Boden Zu- und Abstrom für jede Komponente ausgleichen.

Jeder Boden wird gewissermaßen als eigene Destillationseinheit angesehen. Die Annahme, dass auf jedem Boden Flüssigkeit und Dampf im Gleichgewicht sind, bedingt, dass in Abbildung 14.20 die entsprechenden Stücke der Treppenkurve als Knotenlinien und damit waagerecht zu zeichnen sind, während die senkrechten Verbindungsstücke dazwischen bedeuten, dass der Stoffaustausch zwischen den Böden als bei konstanter Zusammensetzung ablaufend gedacht ist. Die Anteile der flüchtigeren Komponente in der Flüssigkeit und entsprechend im Dampf, $x_i = x_i^l$ und x_i^g, erhöhen sich dabei, wenn man von einem Boden zum nächsthöheren übergeht, $x_0 \rightarrow x_1 \rightarrow x_2 \rightarrow \dots$. Gleichzeitig fällt die Temperatur in der Kolonne, $T_0 \rightarrow T_1 \rightarrow T_2 \rightarrow \dots$, und nähert sich der Siedetemperatur von reinem Methanol. Eine „Stufe" im Siedediagramm, bestehend aus einem waagerechten und einem senkrechten Stück, bezeichnet man als *theoretischen Boden*. Die Zahl dieser Böden (in unserem Beispiel drei) dient als Maß für die Trennwirkung einer Kolonne (und zwar auch dann, wenn sie etwa statt echter Böden Füllkörper enthält).

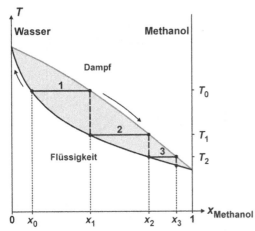

Abb. 14.20 Veranschaulichung des Rektifikationsprozesses am Beispiel eines Wasser / Methanol-Gemisches mit der Ausgangszusammensetzung x_0 an Methanol

Bei einer genügenden Anzahl an Böden und damit ausreichender Trennwirkung der Kolonne enthält das Destillat die niedrigsiedende Komponente praktisch rein. Kolonnen für den Laboratoriumsgebrauch haben meist statt getrennter Böden eine Füllung mit großer Oberfläche, z. B. Ringe oder Kügelchen aus Glas. Auf deren Oberfläche finden in zunehmender Höhe der Kolonne die aufeinanderfolgenden Verdampfungs- und Kondensationsschritte statt. Die Zahl der theoretischen Böden, die man zur Auftrennung von Gemischen eines bestimmten Stoffpaares braucht, kann aus dem Siedediagramm ermittelt werden, indem man die zwischen der Ausgangszusammensetzung und der gewünschten Zusammensetzung des Destillats möglichen „Gleichgewichtsstufen" einzeichnet. In der Praxis muss man mit einer etwas höheren Bodenzahl rechnen.

Die Destillation ist eines der wichtigsten Verfahren zur Trennung von Flüssigkeitsgemischen im chemischen Laboratorium. Doch schon im Altertum diente sie zur Gewinnung von ätherischen Ölen wie Rosenöl. Großtechnisch sehr bedeutsam ist die Destillation von Erdöl in einer Raffinerie. Dabei werden u. a. die Leicht- und Schwerbenzine gewonnen, die als Ottokraftstoff für Kraftfahrzeuge dienen.

Azeotrope. Das bisher in diesem Abschnitt Besprochene gilt nur für Gemische aus Komponenten, die sich sowohl in der flüssigen als auch in der Dampfphase indifferent zueinander verhalten. Oft zeigt jedoch die flüssige Phase ein abweichendes (nichtideales) Verhalten. Sind die beiden Komponenten wohlverträglich, so erschweren die gegenüber dem reinen Zustand stärkeren Teilchenwechselwirkungen in der flüssigen Mischung den Übertritt in die Dampfphase, die Teildrücke der Komponenten sind geringer als im indifferenten Fall und die Dampfdruckkurven weisen eine negative Abweichung vom RAOULTschen Gesetz auf. Gegenüber dem Verhalten indifferenter Stoffe erscheinen die Kurven mehr oder minder verzerrt. Solange die Störung klein ist, kann man das Verhalten jedoch nach ähnlichem Muster beschreiben wie bisher.

Bei starker Störung ergibt sich für den Gesamtdruck in der Dampfphase und damit die Siedekurve ein *Dampfdruckminimum* (Abb. 14.21 a).

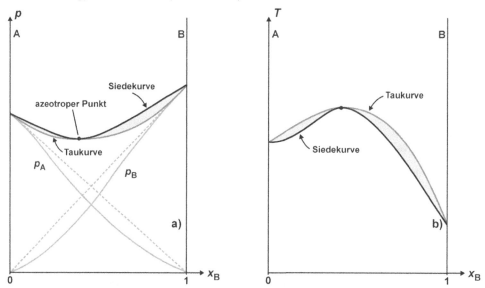

Abb. 14.21 a) Dampfdruckdiagramm eines binären Systems aus zwei wohlverträglichen Stoffen mit azeotropem Minimum und b) zugehöriges Siedediagramm mit azeotropem Maximum

Die Taukurve muss – genau wie bei indifferentem Verhalten – wieder unter der Siedekurve liegen. Beim Dampfdruckminimum berühren sich beide Kurven, sie besitzen dort eine gemeinsame waagerechte Tangente. d. h., die flüssige Mischung steht dort mit einem Dampf der gleichen Zusammensetzung im Gleichgewicht. Ein solches Gemisch verhält sich also wie ein reiner Stoff. Man nennt es *azeotropes Gemisch* oder kurz *Azeotrop*, die zugehörige Stelle im Dampfdruckdiagramm *azeotropen Punkt*. Wortwörtlich übersetzt, heißt „azeotrop" „un-siedewendig" oder, etwas freier übertragen, „unzersiedbar" (im Sinne von „durch Sieden nicht zu zerlegen"). Im Siedediagramm sind nicht nur die Zustandsgebiete gegenüber dem Dampfdruckdiagramm vertauscht, sondern aus dem Dampfdruckminimum wird auch ein *Siedepunktsmaximum* (Abb. 14.21 b). Systeme, deren Komponenten im flüssigen Zustand wohlverträgliches Verhalten zeigen, sind z. B. Trichlormethan/Aceton oder auch Chlorwasserstoff/Wasser (Salzsäure).

Ein missverträgliches Verhalten der Komponenten im flüssigen Zustand mit schwächeren Teilchenwechselwirkungen führt zu positiven Abweichungen vom RAOULTschen Gesetz. Entsprechend beobachtet man ein *Dampfdruckmaximum* (Abb. 14.22 a) bzw. ein *Siedepunktsminimum* (Abb. 14.22 b). Beispiele sind die Systeme Aceton/Schwefelkohlenstoff (Kohlenstoffdisulfid) und Ethanol/Wasser.

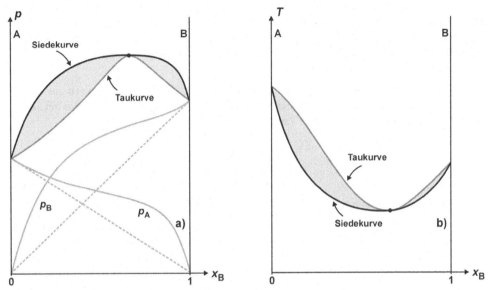

Abb. 14.22 a) Dampfdruckdiagramm eines binären Systems aus zwei missverträglichen Stoffen mit azeotropem Maximum und b) zugehöriges Siedediagramm mit azeotropem Minimum

Destillation nichtidealer Mischungen. Das Auftreten azeotroper Punkte hat wichtige Konsequenzen für die destillative Trennung der betreffenden Gemische. Betrachten wir zunächst ein System mit einem Siedepunktsmaximum (Abb. 14.23).

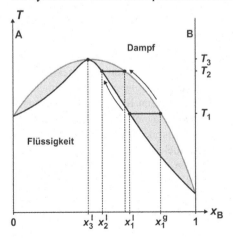

Abb. 14.23 Einfache Destillation am Beispiel eines Siedediagramms mit einem azeotropen Maximum

Eine flüssige Mischung mit der Zusammensetzung x_1^l siede bei der Temperatur T_1. Der zugehörige Dampf ist mit der flüchtigeren Komponente B angereichert (x_1^g). Wird der Dampf nun bei einer einfachen Destillation durch Kondensation in einer Vorlage kontinuierlich aus dem Gleichgewicht entfernt, so verschiebt sich die Zusammensetzung der zurückbleibenden Flüssigkeit entlang der Siedekurve zu höheren Stoffmengenanteilen an A (x_2^l). Gleichzeitig steigt die Siedetemperatur (T_2) und auch der Unterschied in der Zusammensetzung zwischen flüssiger und abdampfender Phase verringert sich deutlich. Setzt man die Destillation weiter fort, erreicht der Rückstand schließlich die azeotrope Zusammensetzung x_3^l. Siedende Flüssigkeit und Dampf bzw. Kondensat weisen dann die gleiche Zusammensetzung auf und eine weitere Trennung des Gemisches ist nicht mehr möglich.

Ein Beispiel für ein solches Azeotrop stellt „20 %ige" Salzsäure dar, ein Gemisch aus Chlorwasserstoff und Wasser mit einem Massenanteil $w_{HCl} = 20\,\%$ (= 0,200 kg kg^{-1}), das bei 382 K (unter Normdruck) mit unveränderter Zusammensetzung siedet (Versuch 14.4).

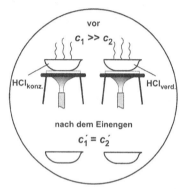

Versuch 14.4 *Veranschaulichung des azeotropen Verhaltens von Salzsäure*: Wird verdünnte Salzsäure in einer Porzellanschale erhitzt, so verdampft überwiegend Wasser, bis der Rückstand die azeotrope Zusammensetzung erreicht hat. Eine weitere Trennung ist nicht mehr möglich, sondern es destilliert nur mehr „20 %ige" Salzsäure ab. Wird hingegen konzentrierte Salzsäure erhitzt, so verdampft zunächst hauptsächlich Chlorwasserstoff, bis wiederum der azeotrope Punkt erreicht wird. Beide Rückstände zeigen die gleiche Konzentration an Salzsäure, wie man durch Titration mit Natronlauge leicht nachweisen kann.

Gleichgültig von welcher Ausgangszusammensetzung eines Gemisches man also ausgeht, eine vollständige destillative Trennung ist nicht möglich, sondern es ist stets nur einer der Stoffe rein sowie daneben das azeotrope Gemisch zu gewinnen. Das gilt, solange man – wie fast immer – bei normalem Druck arbeitet. Da sich der azeotrope Punkt mit dem Druck verschiebt, kann man durch Druckänderung letztlich auch solche Gemische auftrennen, allerdings mit größerem Aufwand.

Zum Abschluss soll noch das azeotrope Verhalten bei einem System mit Siedepunktsminimum besprochen werden (Abb. 14.24). Nehmen wir an, wir starten eine fraktionierte Destillation mit einem Gemisch der Zusammensetzung x_0 und verfolgen die Zusammensetzung des Dampfes in der Kolonne. Der Anteil der höher siedenden Komponente verringert sich entlang der Taukurve in der Richtung $x_1 \rightarrow x_2$ usw. bis der azeotrope Punkt erreicht ist. Dieser kann nicht überschritten werden, d. h., am Kopf der Kolonne ist stets nur ein Kondensat der azeotropen Zusammensetzung x_3 abnehmbar. Ein bekanntes, technisch relevantes Beispiel ist das Stoffpaar Ethanol / Wasser, das ein Azeotrop mit einem Alkoholgehalt $w = 96\,\%$ (= 0,960 kg kg^{-1}) und einer Siedetemperatur von 78 °C aufweist. Im Rückstand verbleibt schließlich fast reines Wasser. Die Destillation von Wein etc. (auch als „Brennen" bezeichnet) dient zur Herstellung von hochprozentigen Getränken wie Weinbrand (Brandy).

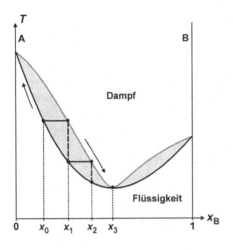

Abb. 14.24 Fraktionierte Destillation am Beispiel eines Siedediagrammes mit azeotropem Minimum

15 Grenzflächenerscheinungen

In diesem Kapitel diskutieren wir, wie sich die chemischen und physikalischen Materieeigenschaften an Phasengrenzen von denjenigen im Phaseninnern unterscheiden. Für eine quantitative Beschreibung ist es erforderlich, Begriffe wie *Oberflächenspannung* und *Oberflächenenergie* einzuführen. Mit ihrer Hilfe können Phänomene aus dem Alltag wie zum Beispiel der Lotuseffekt erklärt werden. Interessiert man sich dafür, zu erfahren, worauf die Waschwirkung der Tenside beruht, so gibt Abschnitt 16.3 Auskunft, der sich mit der Adsorption an Flüssigkeitsoberflächen beschäftigt. Der nächste Abschnitt ist der Adsorption an Festkörperoberflächen gewidmet. In diesem Zusammenhang wird besprochen, wie sich der Bedeckungsgrad mit dem Druck oder der Konzentration des zu adsorbierenden Stoffes ändert. Die *LANGMUIRsche Isotherme*, die einfachste Beschreibung eines solchen Adsorptionsprozesses, wird mittels einer kinetischen Deutung des Adsorptionsgleichgewichtes abgeleitet. Alternativ kann zur Herleitung das chemische Potenzial der freien und besetzten Plätze eingeführt und die Gleichgewichtsbedingung zugrunde gelegt werden. Im letzten Abschnitt werden schließlich einige wichtige Anwendungen wie die Bestimmung der spezifischen Oberfläche eines porösen Festkörpers oder die Adsorptionschromatographie besprochen.

15.1 Oberflächenspannung und Oberflächenenergie

Als *Phasengrenzfläche* (kurz: *Grenzfläche*) bezeichnet man die Trennungsfläche zwischen zwei Phasen. Die Grenzfläche gegenüber einer Gasphase heißt auch *Oberfläche*.

Die an der Grenzfläche zwischen zwei Phasen, z. B. an der Oberfläche eines Feststoffes oder einer Flüssigkeit, liegenden Teilchen sind anderen zwischenmolekularen Kräften ausgesetzt als die im Phaseninneren (Abb. 15.1).

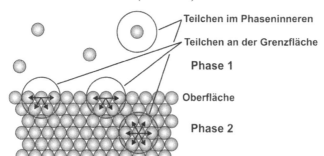

Abb. 15.1 Modell der Oberfläche einer kondensierten Phase (Feststoff oder Flüssigkeit)

Ein Teilchen im Innern wird von allen Seiten von gleichartigen Nachbarteilchen angezogen, d. h., es herrscht ein Gleichgewicht der zwischenmolekularen Kräfte und die resultierende Kraft ist im Mittel null. Bei Teilchen, die sich an der Grenzfläche z. B. Feststoff/Luft, Flüssigkeit/Luft befinden, fehlt ein Teil dieser Nachbarn. Dadurch tritt (insbesondere bei

© Springer Fachmedien Wiesbaden GmbH, ein Teil von Springer Nature 2021
G. Job und R. Rüffler, *Physikalische Chemie*, Studienbücher Chemie,
https://doi.org/10.1007/978-3-658-32936-5_15

Oberflächen) ein einseitiger Zug ins Innere der dichteren Phase auf, was sich in einem Zusammenrücken der Nachbarteilchen und damit verbunden dem Auftreten von Zugspannungen in der Oberfläche (vergleichbar mit einer gedehnten Gummihaut) äußert. Dieses Phänomen wird als *Grenzflächen*- oder auch *Oberflächenspannung* σ bezeichnet.

Infolge der Oberflächenspannung sind Flüssigkeitstropfen oder Gasblasen bestrebt, ihre Oberfläche zu minimieren. Wirken keine äußeren Kräfte wie z. B. die Schwerkraft, nehmen sie daher Kugelgestalt an, weil für ein vorgegebenes Volumen die Kugel die Form mit der kleinsten Oberfläche darstellt. Dies konnte mit Hilfe von Experimenten mit Flüssigkeitstropfen, die von Astronauten in der internationalen Raumstation ISS durchgeführt wurden, eindrucksvoll gezeigt werden. Auch wachsen große Tropfen auf Kosten kleiner, da dies ebenfalls zu einer Verkleinerung der Gesamtoberfläche führt (Versuch 15.1).

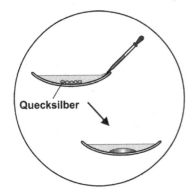

Quecksilber

Versuch 15.1 *Vereinigung von Quecksilbertröpfchen*: Kleine Quecksilbertröpfchen, die beim Eintropfen von Quecksilber in ein mit Ethanol gefülltes Uhrglas gebildet werden, schließen sich nach und nach zu einem großen Tropfen zusammen.

Die an Oberflächenrändern auftretenden Zugkräfte F_σ sind der Randlänge l proportional,

$$F_\sigma \sim l \,.$$

Daher definiert man

$$\text{Oberflächenspannung} := \frac{\text{Zugkraft}}{\text{Randlänge}} \quad \text{bzw.} \quad \sigma := \frac{F_\sigma}{l} \,. \tag{15.1}$$

Als SI-Einheit der Oberflächenspannung σ erhält man $\mathrm{N\,m^{-1}}$.

Vergrößert man die Oberfläche um ΔA, so ist dazu wegen der Oberflächenspannung σ die Energie $W_{\to A}$ erforderlich. Atomistisch gedeutet werden Molekeln unter Energieaufwand gegen die Zugkräfte aus dem Phaseninneren in die Oberfläche transportiert. Die Oberflächenmolekeln besitzen damit eine um die *Oberflächenenergie* $W_{\to A}$ höhere Energie, sind also energiereicher als die Molekeln im Innern.

Zur Veranschaulichung betrachten wir eine Flüssigkeitslamelle, die sich zwischen einem U-förmigen Drahtrahmen und einem beweglichen Drahtbügel, vergleichbar einem zweidimensionalen Zylinder und Kolben, befindet (Abb. 15.2).

l ist die Gesamtbreite der Oberfläche auf der Vorder- und Rückseite des Flüssigkeitsfilms. Der bewegliche Bügel mit dem angehängten Gewichtsstück hält das System im Gleichgewicht; die Gewichtskraft F_G kompensiert dann gerade die Kraft F_σ, die den Film zu kontrahieren sucht.

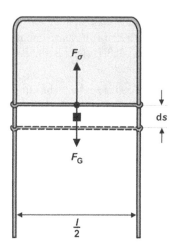

Abb. 15.2 Veranschaulichung der Oberflächenspannung am Beispiel einer Seifenlamelle in einem Drahtrahmen mit beweglichem Bügel

Um die Flüssigkeitsoberfläche des Films um den kleinen Betrag $\mathrm{d}A = l\,\mathrm{d}s$ zu vergrößern, wird nun der Bügel mit einer gegenüber F_σ nur geringfügig vergrößerten Kraft nach unten verschoben. Die aufzuwendende Kraft ist dabei unabhängig von der Ausgangslage des Bügels und damit von der Größe der Oberfläche, anders als es bei der Dehnung einer Gummimembran der Fall wäre, bei der die Kraft mit der Dehnung zunehmen würde. Die erforderliche Energie ergibt sich zu

$$\mathrm{d}W_{\to A} = F_\sigma\,\mathrm{d}s = \sigma\cdot l\,\mathrm{d}s \qquad \text{bzw. letztendlich zu} \qquad \mathrm{d}W_{\to A} = \sigma\mathrm{d}A \quad . \tag{15.2}$$

Durch Umformen erhalten wir schließlich die Oberflächenspannung σ als Quotienten aus der Energie, die zur Vergrößerung der Oberfläche aufgewandt werden muss, und der Fläche, die dabei zusätzlich entsteht,

$$\sigma = \frac{\mathrm{d}W_{\to A}}{\mathrm{d}A} \,,$$

weswegen σ auch als Oberflächenenergiedichte interpretiert werden kann.

Eine Grenzfläche kann als eigene Phase aufgefasst werden, der man eine Fläche A, aber kein Volumen zuzuschreiben pflegt, $V = 0$. Wie man dabei genau vorgeht, übergehen wir hier. Die Hauptgleichung (Abschnitt 9.1) für solch eine „Grenzflächenphase", in der sich gewisse Stoffe aus den angrenzenden Phasen anreichern oder umgekehrt dahin abwandern können, lautet:

$$\mathrm{d}W = \sigma\mathrm{d}A + T\mathrm{d}S + \sum_i \mu_i\mathrm{d}n_i \quad . \tag{15.3}$$

Die Summe $\sum \mu_i\mathrm{d}n_i$ kann entfallen, wenn wir es nur mit einem reinen Stoff zu tun haben, sodass die Hauptgleichung dann besonders einfach wird.

Die Auswirkungen der Oberflächenspannung kann man sich konkret aber auch in einem Experiment anschauen (Versuch 15.2).

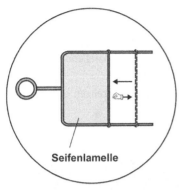

Seifenlamelle

Versuch 15.2 *Seifenlamelle*: Zieht man den Gleitbügel langsam vom Quersteg fort und damit die Seifenhaut auseinander (Handsymbol), dann zieht sie sich beim Loslassen wieder zusammen und der Gleitbügel kehrt in die Ausgangsposition zurück (Pfeil).

Die Oberflächenspannung ist eine stoffspezifische Größe. Sie liegt für viele organische Flüssigkeiten bei 298 K im Bereich von 15 bis 30 mN m^{-1} (Tab. 15.1). Der weitaus höhere Wert von $\sigma = 72$ mN m^{-1} für Wasser ist auf die hohe Polarität der Wassermoleküle und die dadurch bedingte relativ starke Wasserstoffbrückenbindung zwischen ihnen zurückzuführen. Beim Quecksilber schließlich ist die Oberflächenspannung noch sechsmal höher als beim Wasser, was auf der metallischen Bindung zwischen den Atomen beruht.

Flüssigkeit	σ
	mN m^{-1}
Diethylether	16,7
n-Hexan	17,9
Ethanol	22,0
Tetrachlorkohlenstoff	23,4
Benzol	28,2
Wasser	72,0
Quecksilber	485,5

Tab. 15.1 Oberflächenspannungen verschiedener Flüssigkeiten bei 298 K [aus: Lide D R (ed) (2008) CRC Handbook of Chemistry and Physics, 89th edn. CRC Press, Boca Raton]

Die Oberflächenspannung nimmt mit steigender Temperatur ab, da eine heftigere Bewegung der Molekeln zu einer Verringerung der zwischenmolekularen Kräfte führt. Sie verschwindet, wenn der kritische Punkt erreicht ist. Tabelle 15.2 zeigt die Oberflächenspannung des Wassers bei unterschiedlichen Temperaturen.

Temperatur	σ
K	mN m^{-1}
283	74,2
298	72,0
323	67,9
348	63,6
373	58,9

Tab. 15.2 Oberflächenspannung von Wasser bei verschiedenen Temperaturen [aus: Lide D R (ed) (2008) CRC Handbook of Chemistry and Physics, 89th edn. CRC Press, Boca Raton]

15.2 Oberflächeneffekte

Benetzung. Unter Benetzung versteht man das vollständige Überziehen einer Festkörperoberfläche mit einem Flüssigkeitsfilm. Ursache ist das Auftreten von anziehenden Kräften zwischen unterschiedlichen Stoffen an einer gemeinsamen Grenzfläche.

Bringt man einen Flüssigkeitstropfen auf eine Festkörperoberfläche, so grenzen drei Phasen aneinander: gasig (g), flüssig (l) und fest (s) (Abb. 15.3).

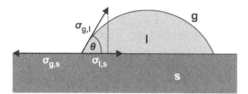

Abb. 15.3 Überlagerung verschiedener Grenzflächenspannungen und zugehöriger Randwinkel θ bei einem Flüssigkeitstropfen auf einer ebenen, glatten und starren Oberfläche

An einem kurzen (hier senkrecht zur Zeichenebene liegenden) Stück l des gemeinsamen Randes sind drei Grenzflächenspannungen wirksam, $\sigma_{g,l}$ (für die Grenzfläche Gas/Flüssigkeit), $\sigma_{g,s}$ (für die Grenzfläche Gas/Festkörper) und $\sigma_{l,s}$ (für die Grenzfläche Flüssigkeit/Festkörper), und damit auch drei, parallel zu den Pfeilen in Abbildung 15.3 gerichtete Kräfte $\sigma_{g,l} \cdot l$, $\sigma_{g,s} \cdot l$ und $\sigma_{l,s} \cdot l$. Der Rand verschiebt sich so lange nach links oder rechts, wobei sich der *Rand-* oder *Kontaktwinkel* θ (Winkel zwischen der Tangente am Tropfenrand und der Festkörperoberfläche) entsprechend ändert, bis Kräftegleichgewicht herrscht. Wegen der starren Unterlage ist eine Verschiebung aufwärts ausgeschlossen, sodass wir nur die Kraftkomponenten parallel zur Festkörperoberfläche zu betrachten brauchen:

$$\sigma_{g,s} \cdot l = \sigma_{l,s} \cdot l + (\sigma_{g,l} \cdot \cos\theta) \cdot l \qquad \text{oder} \qquad \sigma_{g,s} = \sigma_{l,s} + \sigma_{g,l} \cdot \cos\theta \,. \qquad (15.4)$$

Diese Beziehung ist als *Kapillaritätsgesetz* (oder auch *YOUNGsche Gleichung*) bekannt (benannt nach dem englischen Augenarzt und Physiker Thomas YOUNG).

Ist $\theta < 90°$, so breitet sich die Flüssigkeit auf dem Festkörper aus, sie *benetzt* ihn, wie man sagt. Vollständige Benetzung liegt vor, wenn $\theta = 0°$ ist (oder $\sigma_{g,s} > \sigma_{l,s} + \sigma_{g,l}$; in diesem Fall ist ein Kräftegleichgewicht unmöglich). Wasser auf fettfreiem Glas zeigt zum Beispiel einen Randwinkel von $\approx 0°$.

Ist θ hingegen $> 90°$ (im Idealfall 180°), so findet keine Benetzung statt (Abb. 15.4). Beispiele sind Quecksilber auf Glas, aber auch Wasser auf Lotusblättern (Lotuseffekt) oder Wasser auf Polytetrafluorethen-Gewebe (Gore-Tex®).

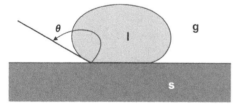

Abb. 15.4 Fehlende Benetzung der Oberfläche bei einem Randwinkel $\theta > 90°$

Kapillardruck. Der Kapillardruck (auch kapillarer Krümmungsdruck genannt) entspricht dem Überdruck p_σ in einer Gasblase oder einem Tropfen als Folge der Grenzflächenspannung. Zur Veranschaulichung soll uns das folgende Demonstrationsexperiment dienen (Versuch 15.3).

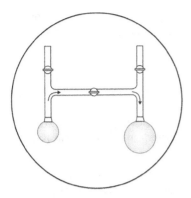

Versuch 15.3 *Verbundene Seifenblasen*: Zwei unterschiedlich große Seifenblasen sind über einen Absperrhahn miteinander verbunden. Öffnet man den Hahn, so „bläst" die kleinere Blase die größere weiter auf und verschwindet selbst.

Offensichtlich nimmt der Kapillardruck mit größerem Radius ab. Doch wie kann diese Beobachtung erklärt werden? Im Innern einer Blase herrscht ein Überdruck p_σ, der sich mit der Grenzflächenspannung die Waage hält. Wird durch weiteres Aufblasen der Radius r um dr und damit das Volumen V um $dV = 4\pi r^2 dr$ vergrößert, ist die Energie

$$dW = p_\sigma dV = p_\sigma \cdot 4\pi r^2 dr$$

aufzuwenden. Gleichzeitig wächst aber auch die Oberfläche der Blase um $dA = 8\pi r dr$ und damit die Oberflächenenergie. Bei einer Seifenblase tritt allerdings eine innere und eine äußere Oberfläche auf, sodass man insgesamt für die Änderung der Oberflächenenergie erhält:

$$dW_{\to A} = \sigma dA = \sigma \cdot 16\pi r dr \, .$$

Das Volumen einer Kugel beträgt $V = \frac{4}{3}\pi r^3$, ihre Oberfläche $A = 4\pi r^2$. Durch Differenzieren der ersten Beziehung nach r erhalten wir

$$\frac{dV}{dr} = \frac{d}{dr}\left(\frac{4}{3}\pi r^3\right) = 4\pi r^2$$

bzw. nach Umformung

$$dV = 4\pi r^2 dr \, .$$

Ganz analog ergibt sich im Falle der Oberfläche

$$\frac{dA}{dr} = \frac{d}{dr}\left(4\pi r^2\right) = 8\pi r$$

und damit

$$dA = 8\pi r dr \, .$$

Im Gleichgewicht gilt:

$$p_\sigma \cdot 4\pi r^2 dr = \sigma \cdot 16\pi r dr \, .$$

Der Kapillardruck p_σ in einer Seifenblase ergibt sich also zu

$$p_\sigma = \frac{4\sigma}{r} \tag{15.5}$$

und ist, wie aufgrund von Versuch 15.3 erwartet, umgekehrt proportional zum Blasenradius.

Betrachten wir anstelle der Seifenblase eine „Gasblase" in einer Flüssigkeit (genau genommen handelt es sich um einen gasgefüllten Hohlraum) wie z. B. „Perlen" in Champagner oder auch einen Flüssigkeitstropfen, so ist nur eine Grenzfläche zu berücksichtigen. Für den Kapillardruck erhalten wir dann entsprechend

$$p_\sigma = \frac{2\sigma}{r} \quad . \tag{15.6}$$

Bei ebenen Oberflächen ($r \to \infty$) verschwindet der Kapillardruck, bei sehr kleinen Tropfen fällt er jedoch stark ins Gewicht. So findet man bei einem Wassertropfen mit einem Radius von 1 μm einen Kapillardruck von 146 kPa.

Dampfdruck kleiner Tropfen. Eine kompakte Flüssigkeit steht unter dem Sättigungsdampfdruck $p_{\text{lg},r=\infty}$. Infolge des Kapillardrucks ist das chemische Potenzial eines Flüssigkeitstropfens um

$$\Delta\mu_\text{l} = p_\sigma \cdot \beta = \frac{2\sigma}{r} V_\text{m}$$

höher als das der kompakten Flüssigkeit, d. h., mit abnehmender Tropfengröße steigt die Verdampfungsneigung. Gleichgewicht mit dem Dampf stellt sich ein, wenn auch dessen chemisches Potenzial durch Druckerhöhung von $p_{\text{lg},r=\infty}$ auf $p_{\text{lg},r}$ um den gleichen Betrag $\Delta\mu_\text{g}$ angewachsen ist:

$$\Delta\mu_\text{g} = RT \ln \frac{p_{\text{lg},r}}{p_{\text{lg},r=\infty}} = \frac{2\sigma}{r} V_\text{m} = \Delta\mu_\text{l} .$$

Wir erhalten

$$\ln \frac{p_{\text{lg},r}}{p_{\text{lg},r=\infty}} = \frac{2\sigma V_\text{m}}{rRT}$$

bzw.

$$p_{\text{lg},r} = p_{\text{lg},r=\infty} \exp(2\sigma V_\text{m}/rRT) \qquad \textit{KELVIN-Gleichung,} \tag{15.7}$$

die 1871 von Lord KELVIN veröffentlicht wurde.

Kleine Tropfen haben also einen höheren Dampfdruck $p_{\text{lg},r}$ verglichen mit dem der kompakten Flüssigkeit ($p_{\text{lg},r=\infty}$). Tabelle 15.3 veranschaulicht die Dampfdruckerhöhung in Abhängigkeit von der Tropfengröße am Beispiel von Wassertropfen.

Radius nm	Teilchenzahl	$p_{\text{lg},r}/p_{\text{lg},r=\infty}$
10^3	$1{,}4 \cdot 10^{11}$	1,001
10^2	$1{,}4 \cdot 10^8$	1,011
10	140000	1,111
1	140	2,88

Tab. 15.3 Dampfdruckerhöhung von Wasser in Tropfen unterschiedlicher Größe

Sehr kleine Tröpfchen sind demnach sehr instabil, sodass sich die Frage stellt, wie die Kondensation von Wasserdampf in der Luft überhaupt einsetzen kann. Notwendig ist dazu die Anwesenheit von „Kondensationskeimen", d. h. von Molekülen, Ionen, Staubpartikeln oder dergleichen, mit denen sich schon wenige Wassermoleküle zu stabilen Aggregaten verbinden können, die dann weiter anwachsen. Fehlen solche Keime oder Flächen, auf denen sich Wasser niederschlagen könnte, dann kann übersättigter Wasserdampf lange existieren. So enthält Luft oft auch bei klarem Himmel übersättigten Wasserdampf, der dann z. B. an den von einem Flugzeug hinterlassenen Partikeln zu den bekannten Nebelstreifen kondensiert.

Kapillarwirkung. Taucht man eine Kapillare in eine benetzende Flüssigkeit, so steigt diese darin bis zu einer bestimmten Höhe auf. Die Abhängigkeit der Steighöhe vom Kapillardurchmesser wird eindrucksvoll durch das folgende Experiment belegt (Versuch 15.4), das auch unter dem Namen „Kapillarharfe" bekannt ist.

gefärbtes Wasser

Versuch 15.4 *„Kapillarharfe"*: Füllt man in ein kommunizierendes System aus mehreren Kapillaren mit verschiedenen Durchmessern gefärbtes Wasser, so steigt die Flüssigkeit aufgrund der Kapillarwirkung in den verschiedenen Rohren nach oben, erreicht jedoch unterschiedliche Steighöhen. Je enger die Kapillare ist, desto höher steigt offenbar das Wasser.

Die Benetzung der Kapillarinnenwand durch den Flüssigkeitsfilm vergrößert die Flüssigkeitsoberfläche. Dem wirkt die Oberflächenspannung entgegen. Eine Verkleinerung der Oberfläche kann nur dadurch eintreten, dass die Flüssigkeit bis zu einer Höhe h in der Kapillare mit dem Radius r_K aufsteigt (Abb. 15.5). Dort bildet sie einen *Meniskus* (die Bezeichnung für eine gekrümmte Oberfläche in einem engen Rohr) aus. Der Meniskus einer vollständig benetzenden Flüssigkeit, z. B. Wasser in einem Glasrohr, ist halbkugelförmig nach oben gekrümmt (konkave Oberfläche), da das Wasser bestrebt ist, einen möglichst großen Teil der Glasoberfläche zu benetzen und dies gleichzeitig die kleinste erreichbare Oberfläche der Flüssigkeit darstellt. Im vorliegenden Fall eines Randwinkels θ von $\approx 0°$ ist der Krümmungsradius gerade gleich dem Radius r_K der Kapillare. Die Flüssigkeit steigt so lange in der Kapillare, bis die Gewichtskraft $F_G = mg = \rho Vg$ der heraufgezogenen Flüssigkeitssäule gerade die von der Oberflächenspannung entlang des Kapillarumfangs ausgehende Kraft F_σ kompensiert. Wir erhalten

$$F_\sigma = 2\pi r_K \sigma = \rho \pi r_K^2 hg = F_G$$

bzw. durch Umformung

$$h = \frac{2\sigma}{\rho r_K g}, \tag{15.8}$$

wobei ρ die Dichte der Flüssigkeit darstellt. Die Steighöhe einer Flüssigkeit ist also zum einen dem Kapillarradius umgekehrt proportional. Für eine wassergefüllte Glaskapillare in Luft ergibt sich die Steighöhe unter Normbedingungen zu

$$h = \frac{1,47 \cdot 10^{-5}}{r_K} \, \text{m}$$

(mit $\sigma = 0,072 \, \text{N m}^{-1}$ bei 298 K, $\rho = 1000 \, \text{kg m}^{-3}$ und $g = 9,81 \, \text{m s}^{-2}$). Betrachtet man ein Glasrohr mit einem Radius von 2 cm, so würde das Wasser im Rohr nur auf eine Höhe von etwa 0,7 cm ansteigen. In einem Kapillarröhrchen mit einem Radius von 0,2 mm wird aber bereits eine Steighöhe von etwa 70 cm erreicht.

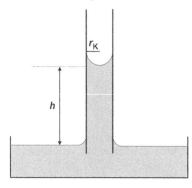

Abb. 15.5 Anstieg einer benetzenden Flüssigkeit in einer Kapillare (Kapillaranstieg)

Die Steighöhe einer Flüssigkeit ist zum anderen aber auch der Oberflächenspannung direkt proportional. Daher kann diese Beziehung genutzt werden, um die Oberflächenspannung von Flüssigkeiten zu bestimmen.

Für nicht benetzende Flüssigkeiten wirkt die Kraft in die entgegengesetzte Richtung: Der Flüssigkeitsspiegel wird unter den Pegel in der Umgebung herabgedrückt und die Flüssigkeit hat eine konvexe Oberfläche: Man spricht in diesem Fall von einer „Kapillardepression" (ein Beispiel wäre Quecksilber in einer Glaskapillare wie es in Thermometern und Barometern der Fall ist).

15.3 Adsorption an Flüssigkeitsoberflächen

Gelöste Stoffe können die Grenzflächenspannung beeinflussen, indem sie sich in der Grenzfläche anreichern. Diese Erscheinung bezeichnet man als *Adsorption*. Die Anziehungskräfte A-B zwischen den Molekülen des gelösten Stoffes B und denen des Lösemittels A sind dabei kleiner als A-A, sodass der gelöste Stoff aus dem Phaseninnern herausgedrängt wird. Durch die Anreicherung des gelösten Stoffes in der Grenzfläche werden deren Eigenschaften modifiziert, die Oberflächenenergie und damit auch die Oberflächenspannung sinkt, sodass die Kapillarwirkung zunimmt. Man nennt solche Stoffe daher *kapillaraktiv*, *oberflächenaktiv* oder *grenzflächenaktiv* und bezeichnet sie auch als *Tenside*. In wässriger Lösung zeigen vor allem organische Verbindungen mit langer hydrophober Kohlenwasserstoffkette und hydrophiler Kopfgruppe (Hydroxy-, Carboxylat COO^-- oder Sulfonsäure SO_3^--Gruppe) diese Eigenschaft.

Die Beeinflussung der Oberflächenspannung durch Tenside wie sie auch in Spülmitteln vorhanden sind, lässt sich gut unter Zuhilfenahme einer Rasierklinge (oder Büroklammer) demonstrieren (Versuch 15.5).

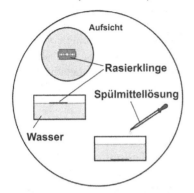

Versuch 15.5 *Schwimmende Rasierklinge*: Legt man eine Rasierklinge vorsichtig auf die Wasseroberfläche, so sinkt sie zwar etwas ein (vergleichbar einem Gewicht auf einer gespannten Membran), schwimmt jedoch. Nach Zugabe von Spülmittellösung sinkt die Klinge auf den Boden des Gefäßes, da sie nun nicht mehr durch die Oberflächenspannung getragen werden kann.

Die Tensidmoleküle der Spülmittellösung schieben sich zwischen die Wassermoleküle, wobei der hydrophobe Rest dieser Moleküle aus dem Wasser herausragt (Abb. 15.6). Die Anziehung zwischen den Wassermolekülen durch die starken Wasserstoffbrückenbindungen wird dadurch verringert und damit auch die Oberflächenspannung.

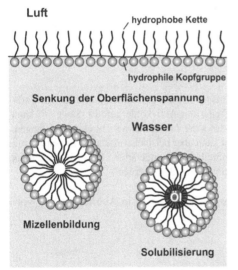

Abb. 15.6 Anordnung der Tensidmoleküle an der Wasseroberfläche in einer Monoschicht, Mizellenbildung und Emulgiervermögen der Tenside

Erhöht man die Konzentration an Tensidmolekülen immer weiter, so ist die Oberfläche schließlich vollständig mit einer Schicht dieser Moleküle bedeckt (monomolekulare Schicht). Beim Überschreiten dieser Konzentration liegen Tensidmoleküle auch im Flüssigkeitsinneren vor, orientieren sich aber so, dass sich die hydrophoben Molekülenden aneinander anlagern und durch die hydrophilen Kopfgruppen zur Lösung hin abgeschirmt werden. Es kommt also zur Ausbildung von *Mizellen,* d. h. kolloid-großen Clustern, oberhalb dieser sogenannten kritischen Mizellbildungskonzentration, kurz CMC (engl. critical micelle concentration).

Die *Waschwirkung* der Tenside beruht darauf, dass die hydrophoben Kohlenwasserstoffreste in die Schmutzpartikel, z. B. Öl- oder Fetttröpfchen, und die Textilfaser eindringen, während die hydrophilen Gruppen ins Wasser ragen. Durch Bewegung der Wäschestücke während des Waschvorgangs werden die Schmutzpartikel von der Faser abgelöst und solubilisiert, d. h. ihre Löslichkeit im Lösemittel (hier Wasser) wird durch Hinzufügen eines dritten Stoffes entscheidend verbessert. Man spricht in diesem Zusammenhang auch vom Emulgiervermögen der Tenside. Darüber hinaus ist die Bildung von Mizellen für die Aufnahme fettlöslicher Vitamine (A, D, E und K) und komplex zusammengesetzter Lipide (z.B. Lecithin) im menschlichen Körper unerlässlich.

15.4 Adsorption an Feststoffoberflächen

Physisorption und Chemisorption. Die Adsorptionsphänomene an Feststoffoberflächen sind noch vielfältiger als an Flüssigkeitsoberflächen. Einen zur Beobachtung dieser Phänomene gut geeigneten Feststoff stellt zum Beispiel Aktivkohle dar, ein hochporöser Kohlenstoff mit großer spezifischer Oberfläche (300 bis 2000 $m^2 g^{-1}$ Kohle) und damit ausgezeichnetem Adsorptionsvermögen (Versuch 15.6); andere geeignete Substanzen sind Silicagel oder Molekularsiebe (natürliche und synthetische Zeolithe, d. h. kristalline Aluminosilikate mit einer mikroporösen Gerüststruktur).

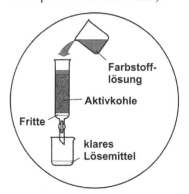

Versuch 15.6 *Adsorption an Aktivkohle*: Gibt man eine Farbstofflösung auf eine mit Aktivkohle gefüllte Säule, so kann man am Ende das klare Lösemittel als Durchlauf auffangen. Das Experiment kann aber beispielsweise auch mit einem mit einem Lebensmittelfarbstoff angefärbten Erfrischungsgetränk oder mit Rotwein durchgeführt werden.

Die Nomenklatur zur Beschreibung des Adsorptionsgeschehens wird in Abbildung 15.7 vorgestellt.

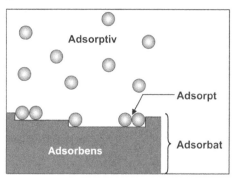

Abb. 15.7 Veranschaulichung wichtiger Begriffe zur Beschreibung der Adsorption

Demnach versteht man unter *Adsorptiv* die freien Teilchen vor der Adsorption (z. B. Gasmolekeln), unter *Adsorbens* hingegen den Feststoff, an dem die Teilchen adsorbiert werden. Die Teilchen, die sich an der festen Oberfläche angelagert haben, bezeichnet man als *Adsorpt*, den aus adsorbiertem Stoff und Adsorbens gebildeten Adsorptionskomplex auch als *Adsorbat*.

Das reale Adsorptionsgeschehen bewegt sich zwischen zwei extremen Adsorptionsformen, die sich in erster Linie durch die Festigkeit der Bindung des Adsorptivs an das Adsorbens unterscheiden: *physikalische Adsorption* (*Physisorption*) und *chemische Adsorption* (*Chemisorption*).

Man spricht von Physisorption, wenn die am festen Adsorbens angelagerten Molekeln des gasigen oder gelösten Stoffes B locker „physikalisch" gebunden sind (Abb. 15.8 links), wie z. B. durch VAN DER WAALSsche Kräfte,

$$\boxed{} + B_2 \rightarrow \boxed{B_2}\ .$$

Dabei kennzeichnet $\boxed{}$ einen Oberflächenplatz.

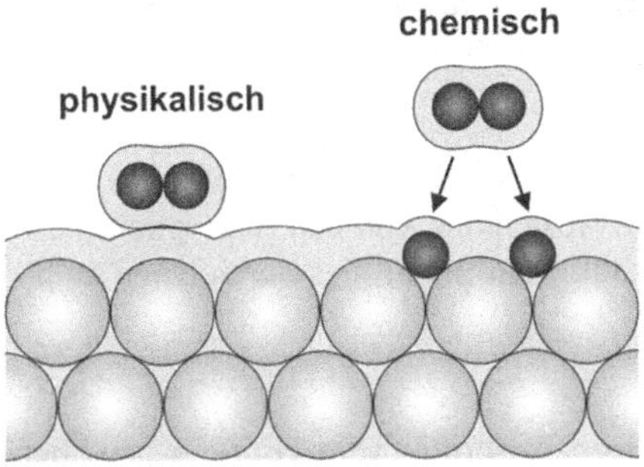

Abb. 15.8 Unterschied zwischen Physisorption und Chemisorption

Die physikalische Adsorption mit einem Antrieb $\mathcal{A}$ in der Größenordnung von 8 bis 10 kG hat den Charakter einer *Kondensation*. Der Antrieb wird dabei praktisch nur von der Art des adsorbierten Stoffes bestimmt. Die angelagerten Teilchen können in mehreren übereinanderliegenden Schichten haften und behalten im Wesentlichen ihre Struktur. Physisorbiert werden beispielsweise Edelgase bei tiefen Temperaturen.

Bei der Chemisorption hingegen bildet sich eine feste „chemische" Bindung aus. Die chemische Adsorption hat also den Charakter einer *chemischen Reaktion*, wobei die Werte für den Antrieb typischerweise zwischen 40 und 800 kG liegen können. Der Antrieb hängt dabei maßgeblich auch vom adsorbierenden Feststoff ab. Die Molekülbindung des höchstens in einer einfachen Schicht (Monoschicht) angelagerten Adsorpts wird häufig stark verändert, sodass sich die Teilchen in einem sehr reaktionsfähigen Zustand befinden, ja sogar zerfallen können (vgl. Abb. 15.8 rechts). Eine typische Chemisorption liegt bei der für katalytische Reaktionen wichtigen adsorptiven Bindung von Wasserstoff an Oberflächen von Übergangsmetallen, wie z. B. Pd oder Fe, vor (vgl. auch Abschnitt 19.4). Hier ist der Wasserstoff nicht in molekularer, sondern in atomarer Form adsorbiert,

$$2\,\boxed{} + B_2 \rightleftarrows 2\,\boxed{B}\ .$$

$\boxed{}$ kennzeichnet hierbei einen zur Chemisorption fähigen Oberflächenplatz.

Der Adsorptionsvorgang wird von einem „Wärmeeffekt" begleitet (Versuch 15.7). Auch hier sind – wie bei chemischen Reaktionen sonst auch – zwei Effekte im Spiel. Es wird Energie freigesetzt und unter Entropieerzeugung verheizt, $S_\mathrm{e} = \mathcal{A} \cdot \Delta \xi / T$. Dieser exotherme Beitrag wird durch die meist ebenfalls exotherme latente Entropie $S_\ell = \Delta_\square S \cdot \Delta \xi$ ergänzt (das Zeichen $\square$ mag hier den Index R, den wir zur Kennzeichnung der üblichen chemischen Reaktion benutzen, ersetzen), weil die Anlagerung an eine feste Fläche den Bewegungsspielraum der Teilchen einengt, was sich in einer Entropieabgabe äußert.

Versuch 15.7 *Temperaturanstieg bei Adsorption*: Gießt man Aceton auf Aktivkohle, so beobachtet man einen deutlichen Temperaturanstieg.

Adsorptionsisotherme. Bei konstanter Temperatur stellt sich ein *Adsorptionsgleichgewicht* ein, wobei die Anlagerung von Teilchen B an und ihre Abspaltung von den Adsorptionsplätzen gerade gleich schnell abläuft, wie man sich vorstellt. Man pflegt dies durch einen Doppelpfeil zu symbolisieren, z. B.

$$\square + \mathrm{B} \rightleftarrows \boxed{\mathrm{B}} \ .$$

Hierbei ist die adsorbierte Menge n_B bei einem gasigen Adsorptiv vom Druck p bzw. bei einem gelösten Adsorptiv von der Konzentration c abhängig. Unter der Gleichung der *Adsorptionsisotherme* versteht man nun den Zusammenhang

$$n_\mathrm{B} = f(p) \qquad \text{bzw.} \qquad n_\mathrm{B} = f(c) \qquad T = \text{const}\,.$$

Zur Kennzeichnung des Adsorptionsausmaßes verwendet man bei Ausbildung einer *monomolekularen Adsorptionsschicht* anstelle der *adsorbierten Menge* n_B häufig den *Bedeckungsgrad* Θ. Dieser gibt den Bruchteil der belegten Oberfläche an:

$$\Theta = \frac{n_\mathrm{B}}{n_\mathrm{B,mono}} \ . \tag{15.9}$$

Dabei ist $n_\mathrm{B,mono}$ die bei vollständig bedeckter Oberfläche adsorbierte Menge.

Die einfachste theoretische Beschreibung einer Isotherme, die sogenannte LANGMUIRsche *Isotherme*, beruht auf dem Modell einer Lage voneinander unabhängiger Adsorptionsplätze auf einer homogenen Oberfläche. Obwohl wir uns bisher mit der Stoffdynamik unter eher statischen Aspekten beschäftigt haben, wollen wir diese Adsorptionsisotherme zunächst unter kinetischen Aspekten herleiten (im Vorgriff auf Kapitel 16).

Das Adsorptionsgleichgewicht hat sich dann eingestellt, wenn die Geschwindigkeit r_ads der Adsorption gleich der Geschwindigkeit r_des der *Desorption*, d. h. der Ablösung bereits adsorbierter Molekeln, ist.

Die Adsorptionsgeschwindigkeit ist – gemäß den Überlegungen der Kinetik – proportional zum Produkt der Konzentrationen der Reaktionspartner, in diesem Fall also des Adsorptivs und der freien Plätze an der Oberfläche. Als Maß für die Adsorptivkonzentration kann der Druck p, aber auch die Konzentration c herangezogen werden. Die Konzentration der freien Plätze muss hingegen dem freien Oberflächenanteil, $1 - \Theta$, proportional sein. Zusammenfassend ergibt sich

$$r_{ads} = k_{ads} \cdot p \cdot (1 - \Theta), \tag{15.10}$$

wobei die Proportionalitätskonstante k_{ads} auch als Geschwindigkeitskoeffizient der Adsorption bezeichnet wird. (Ausführlicher werden wir uns mit Geschwindigkeitskoeffizienten in Kapitel 16 und insbesondere Kapitel 18 auseinandersetzen.)

Die Desorptionsgeschwindigkeit ist proportional der Konzentration der bereits besetzten Plätze und damit dem Bedeckungsgrad Θ. Wir erhalten folglich

$$r_{des} = k_{des} \cdot \Theta \tag{15.11}$$

mit k_{des} als Geschwindigkeitskoeffizient der Desorption.

Im kinetischen Gleichgewicht gilt:

$$k_{ads} \cdot p \cdot (1 - \Theta) = k_{des} \cdot \Theta \, .$$

Durch Umformen ergibt sich:

$$\Theta = \frac{k_{ads} \cdot p}{k_{des} + k_{ads} \cdot p} \, . \tag{15.12}$$

Mit $\overset{\circ}{K} = k_{ads}/k_{des}$ erhält man die LANGMUIRsche Adsorptionsisotherme:

$$\Theta = \frac{\overset{\circ}{K} \cdot p}{1 + \overset{\circ}{K} \cdot p} \qquad \text{für } T = \text{const} \, . \tag{15.13}$$

Die Größe $\overset{\circ}{K}$ kann als Gleichgewichtskonstante für das Adsorptionsgeschehen interpretiert werden; entsprechend hängt sie auch von der Temperatur ab (vgl. Kapitel 6).

Für niedrige Drücke gilt $\overset{\circ}{K} \cdot p \ll 1$ und die Isotherme steigt proportional zu p an; für hohe Drücke ($\overset{\circ}{K} \cdot p \gg 1$) strebt der Bedeckungsgrad asymptotisch dem Grenzwert 1 zu (Abb. 15.9).

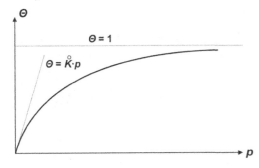

Abb. 15.9 LANGMUIRsche Adsorptionsisotherme

Wir können die LANGMUIRsche Isotherme aber auch mit Hilfe des chemischen Potenzials herleiten. Dazu betrachten wir zunächst die nachstehende Folge einfacher Vorgänge:

$$Bs + H^+ \rightarrow BsH^+, \quad \text{Protonierung einer Base bei einer Titration,}$$

$$E + B \quad \rightarrow \quad EB, \quad \text{Bildung eines Enzym-Substrat-Komplexes in einer Zelle,}$$

$$\square + B \quad \rightarrow \quad \boxed{B}, \quad \text{Adsorption einer Molekel an einem Oberflächenplatz.}$$

Mit dem ersten Vorgang und seiner Beschreibung mit Hilfe des Protonenpotenzials hatten wir uns schon ausführlich in Abschnitt 7.4 beschäftigt. Gemeinsam ist den drei Vorgängen, dass eine bestimmte Art von Teilchen eine bestimmte Art von Plätzen besetzt. Der Übergang vom ersten zum letzten Glied der Folge ist offenbar fließend, da man leicht weitere Zwischenglieder angeben kann. So wird die Kluft zwischen der ersten, *homogenen* Reaktion und der dritten, *heterogenen* Reaktion durch die zweite zwischen makromolekularen Enzymen und den kleinen Substratmolekülen überbrückt. Diese Reaktion kann man sich wahlweise als (bimolekulare) Reaktion zwischen den gelösten Stoffen E (Enzym) und B (Substrat) oder als Adsorption von B an einem Platz E vorstellen. Zu einer zusammenhängenden Oberfläche kann man stufenweise gelangen, indem man sich die E-Molekeln zu immer größeren, flächigen Komplexen zusammengefasst denkt.

Es stellt sich im Folgenden also die Frage nach dem chemischen Potenzial von *Plätzen*, und nicht von Stoffen. Wir wollen dazu wieder die Adsorption eines Stoffes B aus einem Gas oder einer Lösung auf voneinander *unabhängigen* Adsorptionsplätzen betrachten:

$$\square + B \rightleftarrows \boxed{B} \, .$$

Da das Adsorptionsgleichgewicht durch das Angebot an freien und besetzten Plätzen, $\square$ und $\boxed{B}$, mitbestimmt wird, liegt es nahe, auch diesen chemische Potenziale, $\mu(\square)$ und $\mu(\boxed{B})$, zuzuordnen. Zu einem einleuchtenden Ansatz gelangen wir durch Vergleich mit der entsprechenden homogenen Reaktion

$$A + B \rightleftarrows AB \, .$$

Ein Teilchen A können wir als *Träger* eines einzelnen Adsorptionsplatzes $\square$ für B auffassen. Damit sich die Plätze nicht gegenseitig beeinflussen, muss die Gesamtkonzentration $c = c(A) + c(AB)$ an freiem und gebundenem A niedrig bleiben. Diese Voraussetzung erlaubt es uns andererseits, für $\mu(A)$ und $\mu(AB)$ die Massenwirkungsgleichungen heranzuziehen (vgl. Abschnitt 6.2). Die Gleichgewichtsbedingung $\mu(A) + \mu(B) = \mu(AB)$ bekommt so die Gestalt

$$\overset{\circ}{\mu}(A) + RT \ln\!\big(c(A)/c^{\ominus}\big) + \mu(B) = \overset{\circ}{\mu}(AB) + RT \ln\!\big(c(AB)/c^{\ominus}\big) \, . \tag{15.14}$$

Um zu einer Beschreibung zu gelangen, die unabhängig davon ist, ob die Plätze auf getrennten Teilchen oder auf einer zusammenhängenden Oberfläche sitzen, und die unabhängig ist von den für die Adsorption unwesentlichen Bestandteilen des Trägers A, ändern wir die Gleichgewichtsbedingung leicht ab. $c(A)/c \equiv \Theta(\square)$ ist der *Anteil an leeren Plätzen*, $c(AB)/c \equiv \Theta(\boxed{B})$ der *Anteil an besetzten Plätzen*. Wir ersetzen $c(A)$ und $c(AB)$ durch $c \cdot \Theta(\square)$ und $c \cdot \Theta(\boxed{B})$ und ziehen auf beiden Seiten $\overset{\circ}{\mu}(A) + RT \ln(c/c^{\ominus})$ ab:

$$\underbrace{\overset{\circ}{\mu}(\square) + RT \ln \Theta(\square)}_{} + \mu(B) = \underbrace{\overset{\circ}{\mu}(\boxed{B}) + RT \ln \Theta(\boxed{B})}_{}$$

$$\mu(\square) + \mu(B) = \mu(\boxed{B}) \qquad \text{(Gleichgewichtsbedingung).} \tag{15.15}$$

$\overset{\circ}{\mu}(\boxed{B}) \equiv \overset{\circ}{\mu}(AB) - \overset{\circ}{\mu}(A)$ fassen wir als den *Grundwert des chemischen Potenzials der besetzten Plätze* $\boxed{B}$ auf, das heißt als den Potenzialwert $\mu(\boxed{B})$ bei voller Besetzung, $\Theta(\boxed{B}) = 1$. Das Glied $\overset{\circ}{\mu}(\square) \equiv 0$ ist nur der Einheitlichkeit halber hinzugefügt. Es fungiert als *Grundwert des chemischen Potenzials der leeren Plätze* $\square$, das heißt als der Potenzialwert $\mu(\square)$ bei $\Theta(\square) = 1$.

Durch die Bindung zwischen A und B werden sowohl A als auch B verändert. Bei größeren Molekeln werden die Änderungen hauptsächlich die Atome in der Nähe der Bindungsstelle betreffen, während entfernte Atome davon kaum berührt sein werden. Unsere obige Definition der Größe $\overset{\circ}{\mu}(\boxed{B})$ läuft darauf hinaus, dass alle Veränderungen der Molekeln A und B formal dem *adsorbierten* Teilchen B zugerechnet werden. Dagegen hebt sich der Beitrag der unveränderten Teile des Trägers A weg, insbesondere der Beitrag aller Atome von A, die nicht im Einflussbereich der Bindungsstelle liegen.

Die oben aufgestellten Massenwirkungsgleichungen für voneinander *unabhängige* Plätze,

$$\mu(\square) = \overset{\circ}{\mu}(\square) + RT \ln \Theta(\square) \quad \text{und} \tag{15.16}$$

$$\mu(\boxed{B}) = \overset{\circ}{\mu}(\boxed{B}) + RT \ln \Theta(\boxed{B}) , \tag{15.17}$$

seien sie nun leer oder besetzt, können wir nun einsetzen, um die Adsorption eines Stoffes B aus einer dünnen Lösung oder einem dünnen Gas an einer festen Oberfläche mit gleichartigen Adsorptionsplätzen zu beschreiben. Unter Beachtung der Massenwirkungsgleichungen für B, $\square$ und $\boxed{B}$ sowie der Gleichungen $\Theta(\boxed{B}) = \Theta$ und $\Theta(\square) = 1 - \Theta$ mit dem *Bedeckungsgrad* Θ lautet die Bedingung für das Adsorptionsgleichgewicht:

$$\overset{\circ}{\mu}(\square) + RT \ln(1 - \Theta) + \overset{\circ}{\mu}(B) + RT \ln(c/c^{\ominus}) = \overset{\circ}{\mu}(\boxed{B}) + RT \ln \Theta . \tag{15.18}$$

Wir ziehen auf beiden Seiten $\overset{\circ}{\mu}(\boxed{B})$ ab, bringen die logarithmischen Glieder auf eine Seite, teilen durch RT, exponenzieren und dividieren durch $c^{\ominus}$. Das führt wegen $\overset{\circ}{\mu}(\square) = 0$ zu der Beziehung

$$\underbrace{\frac{1}{c^{\ominus}} \cdot \exp\left(\frac{\overset{\circ}{\mu}(B) - \overset{\circ}{\mu}(\boxed{B})}{RT}\right)}_{\overset{\circ}{K}} = \frac{\Theta}{(1 - \Theta) \cdot c} . \tag{15.19}$$

Dabei ist $\overset{\circ}{K}$ die Gleichgewichtskonstante, für die gemäß Abschnitt 6.4 gilt:

$$\overset{\circ}{K} = (c^{\ominus})^{\nu} \overset{\circ}{\mathcal{K}} = (c^{\ominus})^{-1} \exp\left(\frac{\overset{\circ}{\mu}(B) - \overset{\circ}{\mu}(\boxed{B})}{RT}\right) \quad \text{mit} \quad \nu = -1 .$$

Durch Umformen von Gleichung (15.19) ergibt sich schließlich die bekannte Gleichung der LANGMUIRschen Adsorptionsisothermen,

$$\Theta = \frac{\overset{\circ}{K} \cdot c}{1 + \overset{\circ}{K} \cdot c} . \tag{15.20}$$

15.5 Anwendung der Adsorption

Oberflächenbestimmung. Die spezifische Oberfläche eines porösen Festkörpers kann aus der adsorbierten Menge des Adsorptivs bei Kenntnis von dessen Flächenbedarf bestimmt werden. Das zuverlässigste Verfahren beruht auf der Physisorption von Gasen (meist Stickstoff) in der Nähe ihrer Siedepunkte. Zur Auswertung wird die sogenannte BET-Isotherme herangezogen („BET" steht für die Nachnamen der Entwickler der zugrunde liegenden Theorie, Stephen BRUNAUER, Paul Hugh EMMET und Edward TELLER, die sie in ihren Grundzügen erstmals 1938 veröffentlichten). Bei der BET-Methode findet auch die Mehrschichtadsorption Berücksichtigung.

Stofftrennung. Die Adsorption spielt darüber hinaus eine große Rolle bei der Stofftrennung, insbesondere bei der *Adsorptionschromatographie*. Das Verfahren beruht auf der unterschiedlichen Haftwahrscheinlichkeit der zu trennenden Stoffe, die in einer mobilen Phase (Flüssigkeit, Gas) an einer stationären Phase (Festkörper, z. B. Al_2O_3, SiO_2) vorbeigeführt werden. Man unterscheidet zwischen *Gas-Feststoff-Chromatographie* (GSC) und *Flüssigkeit-Feststoff-Chromatographie* (LSC), nach der verwendeten Methode auch zwischen Säulen-, Papier- und Dünnschichtchromatographie. Ein einfaches, aber dennoch überzeugendes Beispiel aus dem Alltag stellt die chromatographische Trennung von Filzschreibertinten dar (Versuch 15.8).

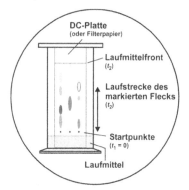

Versuch 15.8 *Chromatographische Trennung von schwarzen Filzschreibertinten*: Auf eine DC-Platte (mit Kieselgel beschichtete Platte zur Dünnschichtchromatographie) trägt man mit unterschiedlichen schwarzen Filzschreibern Punkte auf. Anschließend wird die Platte in eine DC-Kammer (oder ein Becherglas) gestellt, das mit Wasser als Laufmittel wenige Zentimeter hoch gefüllt ist. Schon bald beobachtet man eine Auftrennung der schwarzen Tinte in unterschiedlich gefärbte Bestandteile (z. B. violett, gelb, blau). Alternativ kann statt der DC-Platte aber auch ein Streifen aus Filter- oder Löschpapier eingesetzt werden.

Ein und derselbe Farbstoff legt im selben Laufmittel in derselben Zeit immer dieselbe Strecke zurück. Die einzelnen Komponenten können daher durch den sogenannten R_F-Wert charakterisiert werden:

$$R_F = \frac{\text{Entfernung Startlinie} - \text{Fleckmittelpunkt}}{\text{Entfernung Startlinie} - \text{Lösemittelfront}}.$$

Heterogene Katalyse. Die Adsorption ist Grundlage der heterogenen Katalyse und damit von besonderer Bedeutung bei industriellen Produktionsprozessen. Auf Einzelheiten wird in Abschnitt 19.4 eingegangen.

16 Grundzüge der Kinetik

Das als *chemische Kinetik* bekannte Teilgebiet der Stoffdynamik wird Gegenstand der nächsten vier Kapitel sein. Die chemische Kinetik beschäftigt sich mit dem zeitlichen Ablauf von Stoffumbildungen, d. h., man untersucht, wie schnell die Ausgangsstoffe verbraucht bzw. wie schnell die Endprodukte gebildet werden. Ziel dieser Untersuchungen ist es, Mittel in die Hand zu bekommen, die Geschwindigkeit von solchen Vorgängen vorauszusagen und die Einflussfaktoren herauszufinden, die eine erwünschte Reaktion fördern oder eine unerwünschte unterdrücken können. In diesem einführenden Kapitel werden wir zunächst grundlegende Größen wie *Umsatzgeschwindigkeit* und *Geschwindigkeitsdichte* kennenlernen und ebenfalls besprechen, wie wir diese im Fall von langsamen, aber auch von schnellen Reaktionen messen können. Im letzten Teil des Kapitels wird gezeigt, wie die Abhängigkeit der Geschwindigkeitsdichte von den Konzentrationen der Ausgangsstoffe (oder Produkte) mittels mathematischer Gleichungen ausgedrückt werden kann, die als *Geschwindigkeitsgesetze* bekannt sind. Anschließend werden die relativ einfachen Geschwindigkeitsgesetze für verschiedene Typen von Reaktionen behandelt, die alle in einem Schritt ablaufen.

16.1 Einführung

Begriff der chemischen Kinetik. Unter *chemischer Kinetik* oder kurz *Kinetik* versteht man das Teilgebiet der Chemie, das sich mit dem zeitlichen Ablauf von Stoffumbildungen und ihren Zwischenstufen befasst, insbesondere der

- Aufzeichnung des *zeitlichen Ablaufs* chemischer Reaktionen,
- Ermittlung der *Geschwindigkeitsgleichungen* und *Zeitgesetze* unter gegebenen Bedingungen,
- Erfassung der *Zwischenschritte* (Aufklärung der Reaktionsmechanismen),
- Untersuchung der *Temperaturabhängigkeit*,
- Erforschung *fördernder* und *hemmender Einflüsse* (Katalyse, Inhibition).

Ziel der Untersuchungen auf diesem Gebiet ist es, Mittel in die Hand zu bekommen, die Geschwindigkeit von Vorgängen vorauszusagen und die Einflussfaktoren herauszufinden, die eine erwünschte Reaktion fördern oder eine unerwünschte unterdrücken können.

Reaktionswiderstand. Wir erwarten, dass eine stoffliche Umbildung umso schneller abläuft, je größer der Antrieb $\mathcal{A}$, das heißt, je größer der Potenzialabfall von den Ausgangs- zu den Endstoffen hin ist. Es ist aber falsch, zu glauben, dass die Stärke des Antriebes *allein* die Geschwindigkeit bestimmt. Bei jeder Art von stofflichen Änderungen sind gewisse *Hemmungen* zu überwinden, die je nach den Versuchsbedingungen klein oder groß sein können und die natürlich die Geschwindigkeit des Vorganges genauso beeinflussen wie der Antrieb. Ähnlich wie in einem Stromkreis, in dem der Ladungsfluss in Richtung des Potenzialgefälles durch einen hohen elektrischen Widerstand gehemmt oder – wenn man den Stromkreis unterbricht – ganz verhindert werden kann, wird offensichtlich auch im Falle eines Stoffsystems der Umsatz in Richtung des Gefälles des chemischen Potenzials durch Widerstände verschiedener Art gebremst oder gar völlig aufgehalten (Abb. 16.1). Ähnliche Beispiele lassen sich

© Springer Fachmedien Wiesbaden GmbH, ein Teil von Springer Nature 2021
G. Job und R. Rüffler, *Physikalische Chemie*, Studienbücher Chemie,
https://doi.org/10.1007/978-3-658-32936-5_16

auch in anderen Bereichen finden wie etwa in der Mechanik, zum Beispiel beim Radfahren über sandige Wege oder beim Rühren einer sämigen Suppe. Als einfachster Ansatz, der die genannten Einflüsse beschreibt, kann gelten, dass die Geschwindigkeit dem Antrieb direkt, einem zu überwindenden Widerstand jedoch umgekehrt proportional ist:

$$\text{Geschwindigkeit} = \frac{\text{Antrieb}}{\text{Widerstand}}.$$

So einfache Verhältnisse findet man allerdings nicht allzu oft. Das OHMsche Gesetz, Stromstärke I = Spannung U/Widerstand R, ist ein bekanntes Beispiel dafür. Aber schon eine Glühbirne verhält sich hier anders, weil der Widerstand nicht konstant ist, sondern mit der Temperatur zunimmt. Wundern wir uns daher nicht, wenn bei chemischen Vorgängen so ein einfaches, dem OHMschen vergleichbares Gesetz nur für Antriebe $\mathcal{A} \ll RT$ gilt, also wenn das Gleichgewicht $\mathcal{A} = 0$ nahezu erreicht ist.

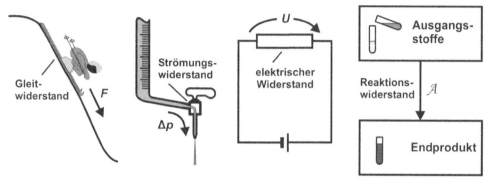

Abb. 16.1 Triebkraft und zu überwindender Widerstand bei verschiedenen Vorgängen

Versuch 16.1 verdeutlicht den Reaktionswiderstand anhand eines hydromechanischen Analogons für eine Umsetzung zwischen den gelösten Stoffen A und B.

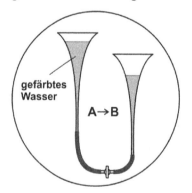

Versuch 16.1 *Hydromechanisches Analogon zum Reaktionswiderstand*: Angefärbtes Wasser wird bei geschlossenem Hahn in eines der Gefäße gefüllt. (Deren spezielle Form entspricht der des in Abschnitt 6.7 beschriebenen „Exponentialhornes", d. h. symbolisiert die Abhängigkeit des chemischen Potenzials von der Menge eines gelösten Stoffes im Sinne eines Potenzialdiagrammes.) Anschließend wird der Hahn geöffnet. Die Flüssigkeit verteilt sich auf beide Gefäße, wobei sich ein Gleichgewicht einstellt. Der Hahn übernimmt hier die Rolle des Reaktionswiderstandes, der die Reaktion hemmt, obwohl sie prinzipiell ablaufen könnte.

In Analogie zu den anderen Beispielen lässt sich auch der Reaktionswiderstand verändern (z. B. durch Katalysatoren).

Umsatzdauer. Die *Umsatzdauer*, d. h. die Dauer T von Stoffumbildungen, ausgedrückt durch geeignete Kenngrößen (z. B. Halbwertsdauer, Lebensdauer, Einstellzeit, ...), erstreckt sich über viele Größenordnungen der Zeitskale, $T < 10^{-9}$ s bis zu $T > 10^9$ a (Die Zeiteinheit Jahr wird mit a abgekürzt, basierend auf dem lateinischen Wort „annus" für Jahr). Eine Umbildung heißt (im Vergleich zu üblichen Beobachtungsdauern T_B),

- *gehemmt*, wenn $T \gg T_B$, (d. h. wenn T viel größer als T_B ist),
- *langsam*, wenn $T \approx T_B$ (d. h. wenn T und T_B von ähnlicher Größenordnung sind),
- *schnell*, wenn $T \ll T_B$, (d. h. wenn T viel kleiner als T_B ist).

Die folgenden Versuche 16.2 bis 16.5 verdeutlichen das große Umsatzdauer- und Geschwindigkeitsintervall, in dem chemische Reaktionen verlaufen.

Versuch 16.2 *Ausfällen von Zinkcarbonat* **Versuch 16.3** *Reaktion von Iodat mit Iodid* **Versuch 16.4** *Rosten von Eisen* **Versuch 16.5** *Kohlebildung*

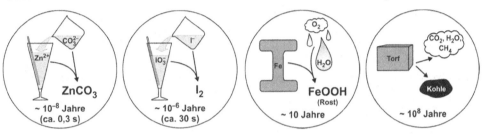

Versetzt man eine Zn^{2+}-haltige mit einer CO_3^{2-}-haltigen Lösung, so fällt sofort weißes Zinkcarbonat aus; die Reaktion verläuft also sehr schnell und ist bereits nach sehr kurzer Zeit beendet (Dauer etwa 0,3 s). Etwas langsamer verläuft die Umsetzung von IO_3^- mit I^- in wässriger Lösung, erkennbar an der braunen Farbe des gebildeten Iods (Dauer etwa 30 s). Das Verrosten eines Eisenstückes an feuchter Luft benötigt bereits eine Dauer von ca. 10 Jahren. Noch ungleich langsamer verläuft die Umsetzung von Torf zu Kohle, die Jahrmillionen erfordert.

Die Umsatzdauer nimmt also in den Versuchen von links nach rechts stark zu, die Geschwindigkeit hingegen ab.

Die Rolle des gewählten Zeitrahmens kann man sich an der Umwandlung „Torf → Kohle" veranschaulichen: Sie ist gehemmt im Vergleich zur Dauer üblicher Laborversuche, nicht aber im Vergleich zu geologischen Zeitspannen.

Zwischenstoffe und Reaktionsmechanismus. Bei genaueren Untersuchungen hat man gefunden, dass sich chemische Umsetzungen gar nicht so einfach abspielen, wie die üblichen, summarischen Umsatzformeln vermuten lassen, sondern meist in mehreren Stufen oder Schleifen über eine Folge sich rasch ineinander umwandelnder und miteinander reagierender *Zwischenstoffe* laufen, die oft nur in geringen Konzentrationen auftreten und daher unauffällig und häufig auch unerkannt bleiben. Diese nur in geringen und geringsten Mengen vorkommenden Stoffe bilden nun oft den „Flaschenhals", der die Geschwindigkeit einer Reaktion beschränkt. Gelingt es die Bildung dieser Zwischenstoffe zu erleichtern, kann man eine Umsetzung fördern oder „*bahnen*" – und man kann sie *hemmen*, wenn man es fertigbringt, die Entstehung bestimmter Zwischenstoffe zu unterdrücken. Um gezielt vorgehen zu können, muss man zunächst wissen, über welche Zwischenstufen eine Reaktion abläuft, das heißt, man muss die *Stufenfolge* oder, wie man auch sagt, den *Mechanismus* der Reaktion kennen. Die Aufklärung der *Reaktionsmechanismen* ist daher eine wichtige Teilaufgabe der chemischen Kinetik.

16.2 Umsatzgeschwindigkeit einer chemischen Reaktion

Umsatz und Umsatzgeschwindigkeit. Die im Folgenden benötigten Begriffe *Reaktionsstand* und *Umsatz* hatten wir bereits im Kapitel 1.7 kennengelernt. Schauen wir uns dies am Beispiel des Verrostens eines Eisenstückes an feuchter Luft nochmals an. Die Umsatzformel hierfür lautet:

$$4\,\text{Fe} + 3\,\text{O}_2 + 2\,\text{H}_2\text{O} \rightarrow 4\,\text{FeOOH}$$

oder, wenn wir alle Stoffe auf die rechte Seite bringen,

$$0 \rightarrow \underbrace{-4}_{\nu_{\text{Fe}}}\,\text{Fe} \underbrace{-3}_{\nu_{\text{O}_2}}\,\text{O}_2 \underbrace{-2}_{\nu_{\text{H}_2\text{O}}}\,\text{H}_2\text{O} \underbrace{+4}_{\nu_{\text{FeOOH}}}\,\text{FeOOH}\,.$$

Unter ν_i verstehen wir dabei die *Umsatzzahlen*. Der *Reaktionsstand* ξ ist berechenbar gemäß

$$\xi = \frac{\Delta n_i}{\nu_i} = \frac{n_i - n_{i,0}}{\nu_i} \tag{16.1}$$

[vgl. Gl. (1.14)], wobei n_i die augenblickliche Menge des Stoffes zum Zeitpunkt t, $n_{i,0}$ die Menge zur Anfangszeit t_0 darstellt. ξ ist somit eine Funktion der Zeit und damit auch der *Umsatz* $\Delta\xi$. Der $\xi(t)$-Wert gibt im Falle unseres Beispiels an, welchen Stand das Verrosten des Eisenstücks im Augenblick t erreicht hat. Denken wir nur an das Rosten eines alten Wagens. Ist das Wetter trocken, steht die Reaktion nahezu still, weil das nötige Wasser fehlt; der Reaktionsstand ξ ist konstant und der Umsatz $\Delta\xi$ während z. B. eines Tages nahezu null. Bei nassem Wetter oder in der feuchten Garage schreitet die Reaktion langsam voran. Der Reaktionsstand steigt allmählich, erkennbar an der zunehmenden Rostbildung. Klebt nach einer Fahrt im Winter gar noch Salz am Wagen, dann verläuft die Reaktion besonders rasch. Der Tagesumsatz kann zum Ärger des Besitzers ganz beträchtliche Werte erlangen. Diese Betrachtung legt es mithin nahe, die *Umsatzgeschwindigkeit* ω einer Reaktion wie im mechanischen Falle durch den Quotienten „Weg"/Dauer zu beschreiben, nur dass der „Weg" hier der Änderung des Reaktionsstandes (der Reaktionskoordinate) ξ durch den Fortgang der Reaktion während der kleinen Zeitspanne Δt entspricht (Abb. 16.2). [Den naheliegenden Namen *Reaktionsgeschwindigkeit* für ω wollen wir vermeiden, da er mehrdeutig ist (mehr dazu in Abschnitt 16.3).]

mechanisch: chemisch:

$$v := \frac{\Delta x}{\Delta t}\,, \qquad\qquad\qquad\qquad \omega := \frac{\Delta\xi}{\Delta t} \quad \text{Einheit: mol s}^{-1}. \tag{16.2}$$

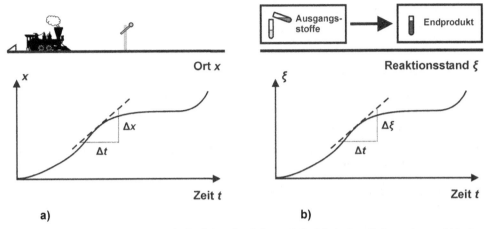

Abb. 16.2 Zurückgelegter „Weg" als Funktion der Zeit am Beispiel a) einer Lokomotive und b) einer chemischen Reaktion

Momentane Geschwindigkeit. Aber wie sich die Geschwindigkeit eines Zuges während seiner Fahrt durch Beschleunigen und Abbremsen ständig ändert, so kann sich auch die Geschwindigkeit, mit der die Ausgangsstoffe, die Reaktanten (auch Edukte genannt), verbraucht und die Endstoffe, die Produkte, gebildet werden, während der Reaktion ändern. Schauen wir uns das folgende Beispiel an, die periodische Reaktion nach Thomas S. BRIGGS und Warren C. RAUSCHER, zwei wissenschaftlichen Mitarbeitern an der Galileo High School in San Francisco. Die Reaktion ist auch als „oszillierende Iod-Uhr" bekannt (Versuch 16.6).

Versuch 16.6 *Oszillierende Reaktion nach BRIGGS und RAUSCHER*: Man gießt eine Lösung aus Malonsäure, Mangansulfat und Stärke sowie eine angesäuerte Kaliumiodatlösung in ein Kelchglas. Anschließend fügt man eine Wasserstoffperoxidlösung hinzu. Die Lösung ändert die Farbe periodisch von farblos über gelb-braun nach tiefblau und dann wieder nach farblos usw. usf. Der wiederholte Farbwechsel kommt durch periodische Konzentrationsschwankungen zustande, wobei die Reaktion nicht etwa vor- und zurückpendelt, sondern mehrere schubweise ablaufende Reaktionsschritte phasenverschoben zusammenspielen; dabei wechseln sich schnelle und langsame Phasen ab.

Es ist also ein momentaner Wert zu berücksichtigen, d. h. die Geschwindigkeit zur betreffenden Zeit. Um diese *momentane Geschwindigkeit* zu erhalten, muss man zu sehr kleinen Zeitspannen übergehen, wie es entsprechende Differenzialquotienten symbolisch ausdrücken sollen:

$$v := \frac{dx}{dt}, \qquad\qquad \omega := \frac{d\xi}{dt} \quad \text{(DE DONDER 1929).} \quad (16.3)$$

Die momentane Geschwindigkeit entspricht der Steigung der Tangenten an die $x(t)$- bzw. $\xi(t)$-Kurve in diesem Punkt. Je steiler die Kurve verläuft, desto höher ist die Geschwindigkeit.

Wenn das betrachtete System geschlossen ist und im Innern nur eine einzige Reaktion abläuft, können wir wegen

$$n_i = n_{i,0} + v_i \xi$$

[vgl. Gl. (1.16)] auch schreiben:

$$\frac{dn_i}{dt} = v_i \underbrace{\frac{d\xi}{dt}}_{\omega}. \tag{16.4}$$

Dabei ist $n_{i,0}$ die (zeitunabhängige) Anfangsstoffmenge, d. h., dieses konstante Glied verschwindet beim Ableiten. Durch Umformung von Gleichung (16.4) folgt schließlich:

$$\omega = \frac{1}{v_i} \frac{dn_i}{dt}. \tag{16.5}$$

16.3 Geschwindigkeitsdichte

Begriff der Geschwindigkeitsdichte. Nun wissen wir, dass chemische Umsetzungen nicht an allen Stellen gleich schnell ablaufen. Beispielsweise wird in einer Kerzenflamme, bezogen auf ein Volumen von – sagen wir – 1 mm^3 in den heißen Zonen viel mehr Substanz umgesetzt als in den kühleren Zonen (Abb. 16.3). $\Delta\omega$ bezeichnet dabei den Beitrag eines kleinen Volumens ΔV des Reaktionsgemisches zur gesamten Umsatzgeschwindigkeit.

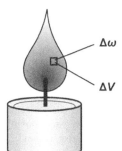

Abb. 16.3 Erläuterung des Begriffes Geschwindigkeitsdichte am Beispiel einer Kerzenflamme

Um solche örtlichen Unterschiede kennzeichnen zu können, führt man eine neue Größe r ein, die auf das Volumen (des betrachteten örtlichen Ausschnitts) bezogene Umsatzgeschwindigkeit, die wir als Umsatzgeschwindigkeitsdichte oder kurz *Geschwindigkeitsdichte* bezeichnen wollen:

$$r := \frac{\Delta\omega}{\Delta V} \quad \text{oder genauer} \quad r := \frac{d\omega}{dV} \quad \text{Einheit: mol s}^{-1}\text{m}^{-3}. \tag{16.6}$$

Der Quotient $\Delta\omega/\Delta V$ drückt den durchschnittlichen Wert des in einer kleinen Zeitspanne Δt und dem betrachteten kleinen Volumenausschnitt ΔV erzielten Umsatzes $\Delta\xi$ aus. Wieder muss man zu einem sehr kleinen Ausschnitt übergehen, wenn man sich für den Wert der Geschwindigkeitsdichte r an einem bestimmten Ort interessiert, was durch die differenzielle Schreibweise gekennzeichnet wird.

Für die weiteren Überlegungen ist es zweckmäßig, die chemischen Umsetzungen in gewisse Klassen einzuteilen und diese gesondert zu besprechen (siehe Abschnitt 16.5). Doch zunächst wollen wir uns noch mit einigen Grundbegriffen beschäftigen.

Homogene und heterogene Reaktionen. Man nennt eine Reaktion *homogen*, wenn sie in einer gleichförmigen Mischung abläuft. Ein Beispiel aus dem häuslichen Alltag hierfür ist die in einer Tasse gesüßten Tees mit Zitronensaft stattfindende allmähliche Spaltung des Rohrzuckers in seine Bestandteile Trauben- und Fruchtzucker. Eine Reaktion heißt *heterogen*, wenn die beteiligten Stoffe auf verschiedenartige Bereiche verteilt sind. Das Rosten ist eine heterogene Reaktion, da es sich zwischen vier unterschiedlichen Bereichen abspielt: dem metallischen Eisen, der Rostschicht, dem Wasser in den Rissen der Rostschicht und der Luft darüber. Wenn ein Niederschlag ausfällt oder ein Gas ausperlt, dann sind das ebenfalls heterogene Reaktionen.

Wenn eine homogene Reaktion vorliegt, die Umsetzung also an allen Stellen gleichmäßig abläuft, kommt es auf die Größe des Ausschnittes nicht an, sodass man zur Berechnung der Geschwindigkeitsdichte auch das Volumen V des Reaktionsgemisches als Ganzes heranziehen kann:

$$r = \frac{\omega}{V} \qquad \text{für Reaktionen in homogener Umgebung bei konstantem Volumen.}$$

Wenn wir $\omega = \Delta\xi/\Delta t$ und $\Delta\xi = \Delta n_i/v_i$ sowie $c_i = n_i/V$ einsetzen, erhalten wir

$$r = \frac{1}{v_i} \cdot \frac{\Delta c_i}{\Delta t}$$

oder im Grenzfall sehr kleiner Δt

$$r = \frac{1}{v_i} \cdot \frac{dc_i}{dt} \quad . \tag{16.7}$$

Die Geschwindigkeitsdichte beschreibt also (unter den genannten Bedingungen, d. h. Vorliegen eines homogenen Systems mit konstantem Volumen sowie Ablauf nur einer einzigen Reaktion und kein Stoffaustausch mit der Umgebung) die Änderung der Konzentration eines bestimmten Stoffes in der Zeiteinheit. Die Größe r ist für alle an der Reaktion beteiligten Stoffe – ganz gleich ob Ausgangs- oder Endstoffe – positiv, wenn die Reaktion vorwärts läuft, da bei der Konzentrationsabnahme der Reaktanten ($dc_i < 0$) durch $v_i < 0$ dividiert wird; sie ist negativ, wenn die Reaktion rückwärts strebt.

Schauen wir uns dies abschließend noch an einem Beispiel an, der großtechnisch bedeutsamen Ammoniaksynthese (hier im geschlossenen System bei konstantem Volumen):

$$N_2 + 3\,H_2 \rightarrow 2\,NH_3 \qquad \text{bzw.} \qquad 0 \rightarrow -1\,N_2 - 3\,H_2 + 2\,NH_3 \, .$$

Für die Geschwindigkeitsdichte r erhalten wir dann

$$r = -\frac{dc(N_2)}{dt} = -\frac{1}{3}\frac{dc(H_2)}{dt} = +\frac{1}{2}\frac{dc(NH_3)}{dt} \, .$$

Bei heterogenen Reaktionen ist die Vorgehensweise weniger einheitlich. Man bezieht die Umsatzgeschwindigkeit je nach Anwendungsfall auf verschiedene Größen, beispielsweise bei membrangebundenen Vorgängen

- auf die Membranfläche,
- auf die Menge eines dort gebundenen Enzyms,
- auf die Menge der in der Membran vorhandenen Poren,
- auf die Menge der verfügbaren Trägermoleküle usw.

Zum Abschluss noch ein paar Worte zum Begriff „Reaktionsgeschwindigkeit": Da homogene Umsetzungen bei annähernd konstantem Volumen – etwa eine Reaktion in einem Becherglas oder Kolben, wo das Lösungsvolumen durch den Reaktionsverlauf kaum verändert wird – häufig im Vordergrund stehen, wird oft der Differenzenquotient $\Delta c_i/\Delta t$ bzw. der Differenzialquotient dc_i/dt für einen bestimmten Endstoff i oder der Quotient $-\Delta c_i/\Delta t$ bzw. $-dc_i/dt$ für einen bestimmten Ausgangsstoff i als Reaktionsgeschwindigkeit definiert. Diese Größen sind zwar unserer Geschwindigkeitsdichte nahe verwandt – sie unterscheiden sich nur durch den Faktor $1/|v_i|$ von dieser –, sind aber gerade wegen dieses Unterschiedes stoffabhängig und darum für unsere Zwecke nicht geeignet. Auch kommt diese Größe nicht als allgemeines Maß für die Geschwindigkeit stofflicher Umsetzungen in Frage, da z. B. bei Reaktionen zwischen lauter reinen Stoffen – etwa Fe + S $\rightarrow$ FeS – die Konzentrationen sämtlicher Stoffe konstant sind, obwohl sich die Mengen verändern, oder bei Reaktionen zwischen Gasen sich deren Konzentrationen allein durch Pressen oder Dehnen ändern können, ohne dass überhaupt ein Umsatz stattfindet. Wir wollen daher den mehrdeutigen Begriff „Reaktionsgeschwindigkeit" ganz vermeiden und werden stattdessen die oben eingeführten Größen verwenden.

16.4 Messung der Geschwindigkeitsdichte

Einführung. Bei der kinetischen Untersuchung einer Reaktion muss zunächst deren Stöchiometrie bestimmt werden und auch mögliche Nebenreaktionen sind zu identifizieren. Da die Geschwindigkeitsdichte proportional der zeitlichen Konzentrationsänderung der an der Reaktion beteiligten Stoffe ist – jedenfalls dann, wenn die Reaktion homogen und das Volumen konstant ist –, müssen anschließend die Konzentrationen der Ausgangs- und Endstoffe zu verschiedenen Zeiten des Reaktionsverlaufs bestimmt werden. Aufgrund ihrer Beziehung untereinander genügt jedoch gewöhnlich die Ermittlung der Konzentrationsänderung eines Ausgangsstoffes oder eines Endproduktes. Da die Geschwindigkeit chemischer Reaktionen von der Temperatur abhängt (man denke z. B. an die Verlangsamung biochemischer Vorgänge im Falle von Tiefkühlkost), muss die Temperatur des Reaktionsgemisches während der gesamten Reaktionsdauer konstant gehalten werden.

Wie wir gesehen haben, verlaufen chemische Reaktionen innerhalb eines sehr großen Zeitintervalls, das von Bruchteilen von Sekunden bis zu Jahrmillionen reicht. Entsprechend groß ist auch das Geschwindigkeitsintervall, das es zu erfassen gilt. Die experimentellen Methoden zur Bestimmung der Geschwindigkeitsdichte können daher von Fall zu Fall sehr unterschiedlich sein. Das Grundproblem bei der Analyse von reagierenden Systemen besteht darin, dass sich die Zusammensetzung naturgemäß dauernd ändert, wir also nicht beliebig viel Zeit haben, um die Analyse durchzuführen. Je nach der Geschwindigkeit, mit der die Reaktion abläuft, und der gewählten Analysenmethode gibt es unterschiedliche Ansätze, wie die kinetischen Daten gewonnen werden können.

Langsame Reaktionen. Werden *langsam* ablaufende Reaktionen untersucht, so kann man dem reagierenden Gemisch kleine Probemengen entnehmen und die Konzentration der Reaktionspartner sofort auf chemischem Wege, z. B. durch Titration oder Gravimetrie, bestimmen (*Echtzeitanalyse*). Als Beispiel soll der Zerfall der Trichloressigsäure unter Decarboxylierung zu Chloroform (Trichlormethan) gemäß

$$CCl_3 - COOH|w \rightarrow CCl_3H|g + CO_2|g$$

untersucht werden (Versuch 16.7).

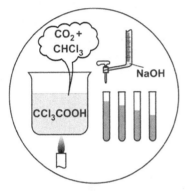

Versuch 16.7 *Messung der Geschwindigkeitsdichte durch Titration*: Die Trichloressigäure-Lösung wird in siedendes Wasser gegossen, das leicht alkalisch gemacht wurde. Die Konzentration der nach einer bestimmten Zeitspanne jeweils im Reaktionsgemisch verbliebenen Säure kann durch Titration der Probe mit Natronlauge bestimmt werden. Gießt man die titrierte Lösung in Reagenzgläser um, so kann der Reaktionsverlauf gut an deren Füllstand verfolgt werden, da mit geringer werdender Säurekonzentration auch die Menge an zuzugebender Natronlauge abnimmt.

Physikalische Analysenmethoden wie optische oder elektrische Messverfahren können ebenfalls eingesetzt werden. Stets ist jedoch darauf zu achten, dass das Gesamtvolumen des Gemisches nicht zu stark verändert werden darf. Auch müssen die Probeentnahme und die anschließende Analyse schnell im Verhältnis zur Umsatzdauer erfolgen. Ist dies nicht möglich, muss die in der Zwischenzeit auch in der Probe weiterlaufende Reaktion irgendwie gestoppt werden, z. B. durch Verdünnen oder Abkühlen.

Viel zweckmäßiger und auch einfacher als die Entnahme und Analyse von kleinen Probemengen ist eine unmittelbare Messung der Konzentration unter Ausnutzung irgendeiner physikalischen Eigenschaft des Reaktionsgemisches. Ist beispielsweise einer der Reaktionspartner ein Gas, so kann sich während der Reaktion in einem Behälter unter konstantem Druck (z. B. Luftdruck) das Gesamtvolumen ändern. Der Reaktionsverlauf lässt sich dann durch Messung der Volumenänderung mit der Zeit verfolgen. Betrachten wir dazu die Reaktion von Zink mit einer Säure (Versuch 16.8), wobei Wasserstoff entsteht und Zink in Lösung geht:

$$Zn|s + 2\,H^+|w \rightarrow Zn^{2+}|w + H_2|g \,.$$

Der Wasserstoff kann dabei als Gas gut volumetrisch erfasst werden.

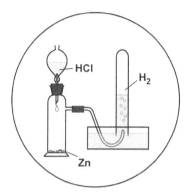

Versuch 16.8 *Volumetrische Umsatzbestimmung*: Man lässt Salzsäure auf Zinkgranalien tropfen. Das entstehende Wasserstoffgas fängt man pneumatisch in einem Messzylinder oder einem Eudiometerrohr (einer einseitig geschlossenen und mit einer Skale versehenen Glasröhre) auf. Als Sperrflüssigkeit dient dabei Wasser.

Andere geeignete Eigenschaften sind der Druck bei einer Gasreaktion bei konstantem Volumen, der Brechungsindex, aber auch die elektrische Leitfähigkeit. Verändert eine Reaktion die Anzahl oder Art der Ionen in einer Lösung, so kann ihr Fortgang über die Leitfähigkeit untersucht werden. So entstehen bei der Hydrolyse von tertiärem Butylchlorid neben tertiärem Butanol H^+- und Cl^--Ionen, wobei insbesondere die H^+-Ionen die Leitfähigkeit der Lösung stark erhöhen (Versuch 16.9):

$$(CH_3)_3C - Cl|l + H_2O|l \rightarrow (CH_3)C - OH|w + H^+|w + Cl^-|w \ .$$

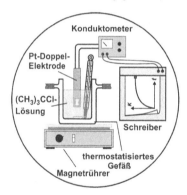

Versuch 16.9 *Konduktometrische Umsatzbestimmung*: Zur Leitfähigkeitsmessung wird ein Konduktometer mit einer Platin-Doppelelektrode eingesetzt. (Ausführlicher werden wir uns mit der Leitfähigkeit und ihrer Messung in Kapitel 21 beschäftigen.) Da die Leitfähigkeit temperaturabhängig ist, empfiehlt sich eine Thermostatisierung. Zum Start der Reaktion wird eine abgemessene Menge an tertiärem Butylchlorid zu dem in der Messzelle vorgelegten demineralisierten Wasser pipettiert.

Ein Nachteil der genannten Methoden ist ihre mangelnde Spezifität, weil z. B. alle Teilchen in der Gasphase zur Volumenänderung beitragen. Noch besser geeignet als Eigenschaften, die sich auf das ganze System beziehen, sind daher *molekülspezifische* Eigenschaften. Eine in der Kinetik häufig eingesetzte Messmethode ist die *Photometrie*, die Messung der Absorptionsintensität des Lichtes in einem vorgegebenen Spektralbereich durch das in einer Küvette befindliche Reaktionsgemisch. Die Stärke der Absorption (oder umgekehrt der Durchlässigkeit) für Licht einer bestimmten Wellenlänge ist ein Maß für die Konzentration eines bestimmten Reaktionspartners. Untersucht man z. B. die Reaktion von Kaliumpermanganat-Lösung mit Oxalsäure in schwefelsaurer Lösung (Versuch 16.10),

$$2 \, MnO_4^-|w + 5 \, C_2O_4^{2-}|w + 16 \, H^+|w \rightarrow 2 \, Mn^{2+}|w + 10 \, CO_2|g + 8 \, H_2O|l \ ,$$

so kann ihr Verlauf durch Absorptionsmessung im sichtbaren Spektralbereich verfolgt werden, weil das Permanganation farbig ist.

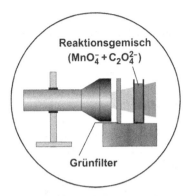

Reaktionsgemisch
(MnO_4^- + $C_2O_4^{2-}$)

Grünfilter

Versuch 16.10 *Photometrische Beobachtung des Reaktionsablaufs*: Stellt man einen Grünfilter vor eine Taschenlampe und lässt das Licht anschließend durch eine Küvette mit dem Reaktionsgemisch fallen, dann ist das Taschenlampenlicht anfangs kaum zu erkennen, weil es durch die intensiv violett gefärbten Permanganationen fast vollständig absorbiert wird. Erst im Verlauf der Reaktion geht das Licht nach leuchtend grün über, da sich die Lösung zunehmend entfärbt. Zur quantitativen Erfassung der Konzentrationsänderung benötigt man ein Spektralphotometer.

Schnelle Reaktionen. Seit einiger Zeit erwecken auch besonders schnell verlaufende Reaktionen das Interesse der Chemiker. In den vergangenen Jahren wurden große Fortschritte bei der Untersuchung schneller Reaktionen gemacht, worunter wir Reaktionen verstehen, die in weniger als ungefähr 1 s vollständig ablaufen. Zur kinetischen Analyse mussten spezielle Verfahren entwickelt werden. Bei der *Strömungsmethode* ruht das Reaktionsgemisch im Gegensatz zu den bisher besprochenen statischen Verfahren nicht über längere Zeit im Reaktionsgefäß, sondern strömt durch den Reaktionsraum hindurch. Die Reaktanten werden in einer Mischkammer im Moment ihres Zusammentreffens sehr schnell und gründlich gemischt. Zu diesem Zeitpunkt beginnt die Reaktion; sie schreitet fort, während das Gemisch durch das Ausflussrohr strömt. Der von dem Reaktionsgemisch im Rohr zurückgelegte Weg ist ein Maß für die seit Reaktionsbeginn vergangene Zeit. Beobachtet man die Reaktion daher an verschiedenen Orten entlang dieses Rohres z. B. mit einem beweglichen Spektralphotometer, sieht man das Gemisch immer zu unterschiedlichen Zeiten der Reaktion; die zeitliche Koordinate des Reaktionsablaufs wird dadurch auf die räumliche Koordinate entlang des Strömungsrohres abgebildet. Bei Einsatz leistungsfähiger Mischkammern sind Strömungsverfahren bis zu Reaktionszeiten im Millisekundenbereich anwendbar. Ein Nachteil der Strömungsmethode ist, dass relativ große Volumina des Reaktionsgemisches benötigt werden. Gerade bei sehr schnellen Reaktionen ist der Substanzverbrauch besonders groß, da die Fließgeschwindigkeit sehr hoch sein muss, damit der Reaktionsverlauf auf eine ausreichende Länge des Ausflussrohrs verteilt wird. Das „*stopped-flow*"-*Verfahren"* vermeidet diesen Nachteil. Auch hier werden die Reaktanten sehr schnell vermischt und strömen anschließend in ein Strömungsrohr. Dieses enthält jedoch einen Kolben, der die Strömung abrupt stoppt, sobald ein bestimmtes Volumen (meist in der Größenordnung von etwa 1 cm³) injiziert ist. Die Reaktion läuft dann in der ruhenden, gut gemischten Lösung weiter und kann von außen spektrometrisch verfolgt werden. Da die Füllung der Beobachtungskammer der plötzlichen Entnahme einer kleinen Anfangsprobe des Reaktionsgemisches entspricht, ist die „stopped-flow"-Methode weitaus ökonomischer als die Strömungsmethode. Sie eignet sich daher besonders für die Untersuchung biochemischer Reaktionen.

Sollen Reaktionen mit Umsatzdauern unterhalb 10^{-3} s untersucht werden, so können die bisher vorgestellten *Mischmethoden* nicht mehr eingesetzt werden. Bei den *Relaxationsmethoden* vermeidet man das zeitaufwändige Mischen der Reaktionspartner und betrachtet stattdessen die Antwort eines Systems, das sich im Gleichgewicht befindet, auf eine Störung dieses Gleichgewichts. Ändert man z. B. in kürzester Zeit Parameter wie den Druck oder die

Temperatur, so muss eine chemische Reaktion einsetzen, um wieder den Gleichgewichtszustand, diesmal jedoch bei dem neuen Druck oder der neuen Temperatur zu erreichen (Druck-bzw. Temperatursprungmethode). Diese Wiedereinstellung des Gleichgewichts, die man als Relaxation bezeichnet, wird spektroskopisch verfolgt.

16.5 Geschwindigkeitsgesetze einstufiger Reaktionen

Grundlagen. Die meisten chemischen Umsetzungen lassen sich bei genauerer Untersuchung in verschiedene hinter- und nebeneinander ablaufende Teilvorgänge aufgliedern. Reaktionen dieser Art nennt man *mehrstufig* oder *zusammengesetzt*. Die kleinsten Einheiten, die bei dieser Zerlegung auftreten, werden sinngemäß als *einstufige* oder *einfache Reaktion* bzw. als *Elementar-* oder *Urreaktion* bezeichnet. Eine solche Reaktion läuft in einem einzigen Schritt ab, d. h., alle von der Umsetzung betroffenen Teilchen, wie sie in der Umsatzformel auftauchen, reagieren *gleichzeitig* miteinander. Die Anzahl der in eine Einstufenreaktion eingehenden Teilchen der Ausgangsstoffe wird als *Molekularität* bezeichnet. Treffen ein, zwei, drei, ... Teilchen aufeinander, spricht man also von einer *mono-, di-, tri-, ...molekularen Reaktion*.

Zum ersten Kennenlernen genügt es, wenn wir uns auf einfache Arten homogener Umsetzungen beschränken. Man interessiert sich nun vor allem dafür, welchen Einfluss

- die Konzentration (und Art) der Reaktionsteilnehmer B, B', ... und
- die Temperatur sowie
- die Gegenwart und Art von Stoffen, die nicht in der Umsatzformel auftreten (Katalysatoren, Inhibitoren, Lösemittel)

auf die Geschwindigkeitsdichte r haben. Schauen wir uns die Konzentrationsabhängigkeit am Beispiel der Entfärbung einer Kaliumpermanganat-Lösung durch Oxalsäure in schwefelsaurer Lösung bei verschiedener Verdünnung näher an (Versuch 16.11). (Die Reaktion selbst haben wir bereits im Rahmen von Versuch 16.10 kennengelernt.)

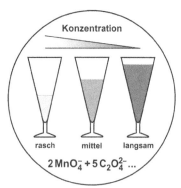

Versuch 16.11 *Konzentrationsabhängigkeit der Umsatzgeschwindigkeit*: Man legt in drei Kelchgläsern jeweils die gleiche Menge an angesäuerter Oxalsäure-Lösung vor. Anschließend gibt man in das erste Kelchglas Kaliumpermanganatlösung mit einer größeren Menge an Wasser, in das zweite Kelchglas die gleiche Menge an Permanganatlösung, aber eine geringere Wassermenge und in das dritte Kelchglas nur noch Permanganatlösung. Die Lösungen entfärben sich von violett über weinrot und gelbbraun nach farblos; gleichzeitig wird eine Gasentwicklung beobachtet. Die Entfärbung tritt im dritten Kelch bereits nach kurzer Zeit auf, während die Reaktion im ersten Kelch am längsten dauert.

Je höher die Verdünnung, d. h. je geringer die Konzentration der Reaktionsteilnehmer ist, desto langsamer verläuft sichtlich die Reaktion. Offenbar hängt die Geschwindigkeitsdichte direkt von der Konzentration ab.

Die die obigen Zusammenhänge beschreibende Gleichung $r = f(c_B, ... , T)$ nennt man die *Geschwindigkeitsgleichung* der Umsetzung. Da die meisten Reaktionen über mehrere Zwischenstufen laufen, können die Abhängigkeiten recht kompliziert werden. Unter bestimmten Bedingungen (gewisse Konzentrationsbereiche, Entfernung vom Gleichgewicht u. a.) liegen jedoch einfache Verhältnisse vor, und man kann die Geschwindigkeitsgleichung in Form einer Potenzfunktion schreiben,

$$r = k(T) \cdot c_B^b \cdot c_{B'}^{b'} \cdot ... , \tag{16.8}$$

wobei auf der rechten Seite gewöhnlich die Konzentrationen der Ausgangsstoffe stehen (in seltenen Fällen die eines Endstoffes oder irgendeiner anderen, nicht in der Umsatzformel vorkommenden Substanz). Die Exponenten b, b', ... nennt man die *Ordnung* der Reaktion in Bezug auf die einzelnen Reaktionsteilnehmer B, B', ... Meist treten die Zahlen 1 oder 2 als Exponenten auf, selten auch gebrochene Zahlen wie $\frac{1}{2}$ oder $\frac{1}{3}$ und noch seltener negative Zahlen. Ist z. B. der Exponent $b = 1$, dann sagt man, dass die Reaktion bezüglich des Stoffes B von erster Ordnung bzw. von der Ordnung 1 sei; ist $b = 2$ oder, was auch vorkommen kann, $b = 0$, spricht man von einer Reaktion zweiter oder nullter Ordnung bezüglich B. Darüberhinaus ist es üblich, noch eine *Gesamtordnung* der Reaktion einzuführen, die durch die Summe $b + b' + ...$ der Exponenten aller Konzentrationen gegeben ist. Wichtig ist der Hinweis, dass die Exponenten mit den Umsatzzahlen häufig *nicht* übereinstimmen. Es gibt eine Reihe von Beziehungen, etwa das Massenwirkungsgesetz, in denen die Umsatzzahlen tatsächlich als Exponenten auftauchen, sodass man dies auch im Falle der Geschwindigkeitsgleichung erwarten könnte. Aber das trifft nicht allgemein zu.

Der Proportionalitätsfaktor, der *Geschwindigkeitskoeffizient k*, hängt im Allgemeinen stark von den Reaktionsbedingungen ab, insbesondere von der Temperatur, aber auch von der Art der Reaktionsteilnehmer und vom Reaktionsmedium. Die gebräuchliche Bezeichnung als „Geschwindigkeits*konstante*" erscheint daher nicht so recht geeignet. Die Größenart von k ist von der Form der Geschwindigkeitsgleichung abhängig, wie wir noch sehen werden.

Abschließend wollen wir noch kurz auf den Zusammenhang zwischen der Reaktionsordnung und der eingangs erwähnten Molekularität eingehen. Bei der Reaktionsordnung handelt es sich um eine experimentell bestimmte Größe, bei der Molekularität (eines Reaktionsschrittes) hingegen um eine theoretische Größe, die ganz wesentlich für die Aufklärung des Reaktionsmechanismus ist. Bei einstufigen Reaktionen stimmen Molekularität und Reaktionsordnung (sowie auch die Umsatzzahlsumme) überein, da ja alle Teilchen, wie sie in der Umsatzformel auftauchen, *gleichzeitig* miteinander reagieren. Umgekehrt kann jedoch aus der Ordnung einer beliebigen Reaktion nicht zwingend auf deren Molekularität geschlossen werden, da auch für komplexe Reaktionsabläufe über mehrere einstufige Teilschritte einfache Zeitgesetze gelten können.

Die folgende Betrachtung wollen wir auf eine homogene Einstufenreaktion in einem dichten Gefäß mit konstantem Volumen beschränken. Ein Stoffaustausch mit der Umgebung ist also ausgeschlossen und auch Nebenreaktionen sollen nicht stattfinden (ζ', ζ'', ... = ζ_{sonst} = const).

Reaktionen erster Ordnung. Eine einstufige Reaktion

$$B \rightarrow Produkte ,$$

die durch die zufällige Umbildung einzelner Teilchen, also deren Zerfall oder innere Umlagerung zustande kommt und daher *monomolekular* ist und bei der auch praktisch keine Rückreaktion stattfindet, gehorcht einer Geschwindigkeitsgleichung, die in der Konzentration c des Stoffes B zur Zeit t linear ist:

$$r = k \cdot c_B \,. \tag{16.9}$$

Das heißt einfach: Je mehr Teilchen vorhanden sind, desto mehr bilden sich in der Zeiteinheit um. Der Geschwindigkeitskoeffizient k hat hier die Einheit s^{-1} und damit den Charakter einer Zerfallsfrequenz. Da der Exponent der Konzentration c_B den Wert 1 aufweist, handelt es sich um eine Reaktion erster Ordnung in B, aber auch die Gesamtordnung der Reaktion ist 1. Unter den betrachteten Bedingungen (V = const, ξ_{sonst} = const) gilt aber auch (siehe Abschnitt 16.3):

$$r = -\frac{dc_B}{dt} \,. \tag{16.10}$$

Zusammengefasst erhalten wir damit

$$-\frac{dc_B}{dt} = kc_B \,. \tag{16.11}$$

Die Geschwindigkeitsdichte zu einer bestimmten Zeit entspricht der (negativen) Steigung der experimentell bestimmten $c_B(t)$-Kurve (Abb. 16.4) in diesem Punkt und ist damit stets positiv. Sie ist zu Beginn der Reaktion ($t = 0$; Anfangskonzentration $c_{B,0}$) maximal und geht mit dem Verbrauch des Stoffes B gegen Null.

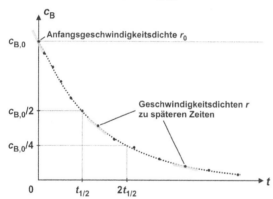

Abb. 16.4 Zeitliche Abnahme der Eduktkonzentration in einer Reaktion erster Ordnung. Aus der Steigung der Tangenten (hellgrau) kann die Geschwindigkeitsdichte zur jeweiligen Zeit bestimmt werden. $t_{1/2}$ verdeutlicht die Halbwertszeit, d. h. die Zeit, in der die Konzentration des Eduktes auf die Hälfte gesunken ist.

Trägt man die Geschwindigkeitsdichten r gegen die Konzentration c_B auf (Abb. 16.5), so erhält man im Idealfall eine Gerade (wegen unvermeidlicher Messfehler werden die experimentell bestimmten Werte um die Gerade streuen), wie auch gemäß Gleichung (16.9) zu erwarten ist. Die Steigung entspricht dabei dem Geschwindigkeitskoeffizienten k.

Geschwindigkeitsdichten werden allerdings selten direkt bestimmt, da Steigungen nur ungenau ermittelt werden können. Daher ist es wünschenswert, den rechnerischen Zusammenhang zwischen den messbaren Größen Konzentration und Zeit zu kennen und auf diese Weise wichtige Kenngrößen wie den Geschwindigkeitskoeffizienten oder auch die Halbwertszeit zu bestimmen. Auch ließe sich mittels einer Beziehung für die zeitliche Abhängigkeit der Konzentration bei Kenntnis der Anfangskonzentration $c_{B,0}$ die Substanzkonzentration für jeden beliebigen Augenblick der Reaktion vorausberechnen, was z. B. für industrielle Prozesse von großer Bedeutung ist.

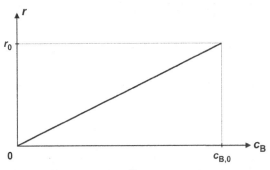

Abb. 16.5 Auftragung der Geschwindigkeitsdichte gegen die zugehörige Konzentration des Stoffes B

Ausgangspunkt unserer Überlegungen ist Gleichung (16.11), die mathematisch gesehen eine sogenannte Differenzialgleichung darstellt. [Eine (gewöhnliche) Differenzialgleichung stellt einen Zusammenhang zwischen einer gesuchten Funktion, mindestens einer ihrer Ableitungen und einer unabhängigen Variablen (im vorliegenden Fall c_B) her.] Es gilt nun, eine Funktion $c_B(t)$ zu finden, die diese Gleichung erfüllt. Eine Lösung stellt die folgende Beziehung dar,

$$\ln \frac{c_{B,0}}{c_B} = kt \, , \tag{16.12}$$

die den gesuchten Zusammenhang zwischen Konzentration und Zeit herstellt. Zu einer alternativen Schreibweise von Gleichung (16.12) gelangt man, wenn man die Logarithmenregel bezüglich Quotienten anwendet. Dabei ist allerdings zu beachten, dass das Argument einer Logarithmusfunktion eine dimensionslose Größe sein muss. Das hat zur Folge, dass jeweils durch einen willkürlich gewählten Bezugswert $c^\dagger$ mit gleicher Dimension wie c_B (z. B. die Normkonzentration $c^\ominus = 1 \, \text{kmol m}^{-3}$) dividiert werden muss gemäß

$$\ln(c_B/c^\dagger) - \ln(c_{B,0}/c^\dagger) = -kt \, .$$

Um jedoch den Formeln kein unnötig kompliziertes Aussehen zu verleihen, werden wir hier und im Folgenden die Division durch einen Bezugswert durch geschweifte Klammern andeuten, d. h., wir erhalten

$$\ln\{c_B\} = \ln\{c_{B,0}\} - kt \, . \tag{16.13}$$

Eine weitere alternative Schreibweise stellt auch

$$c_B = c_{B,0} \cdot e^{-kt} \tag{16.14}$$

dar. Die Richtigkeit der Lösung lässt sich leicht durch Differenzieren bestätigen; es ist nämlich

$$\frac{dc_B}{dt} = -c_{B,0} \cdot k \, e^{-kt} = -k c_B \, .$$

Das entspricht der Differenzialgleichung (16.11), von der wir ausgegangen sind.

Eine Differenzialgleichung zu lösen – eine Formel für die gesuchte Funktion zu finden – heißt, vereinfacht gesagt, sie so umzuformen, dass alle Ableitungen verschwinden, was bedeutet, dass die Integralrechnung heranzuziehen ist. Man spricht daher auch vom integrierten Geschwindigkeitsgesetz. Doch schauen wir uns die Vorgehensweise Schritt für Schritt an. Zunächst werden die Variablen der Ausgangsgleichung

$$-\frac{dc_B}{dt} = kc_B$$

voneinander „getrennt", d. h., gleiche Variablen werden auf einer Seite der Gleichung zusammengefasst,

$$-\frac{1}{c_B} dc_B = k\,dt\ .$$

Anschließend integrieren wir auf beiden Seiten zwischen den Grenzen $t = 0$ (hier liegt die Anfangskonzentration $c_{B,0}$ vor) und einer beliebigen späteren Zeit t mit der zugehörigen Konzentration c_B:

$$-\int_{c_{B,0}}^{c_B} \frac{1}{c_B} dc_B = k \int_0^t dt\ .$$

Hierbei wird uns das folgende elementare unbestimmte Integral gute Dienste leisten, das wir bereits in Abschnitt 5.5 eingesetzt haben:

$$\int \frac{1}{x} dx = \ln x + \text{Konstante}\ .$$

Wir gelangen auf diese Weise unmittelbar zu Gleichung (16.12),

$$\ln \frac{c_{B,0}}{c_B} = kt\ ,$$

dem gesuchten integrierten Geschwindigkeitsgesetz.

Ein Charakteristikum von Reaktionen erster Ordnung ist gemäß Gleichung (16.14) also, dass die Konzentration des Edukts *exponentiell* mit der Zeit abnimmt (vgl. gestrichelte Kurve in Abb. 16.4). Das Musterbeispiel für einen solchen Vorgang ist der radioaktive Zerfall; aber auch alle übrigen monomolekularen Elementarreaktionen wie z. B. die Umlagerung von Cyclopropan in Propen in der Gasphase zählen hierzu. In der „klassischen Chemie" folgen weiterhin viele Zersetzungsreaktionen wie z. B. der Zerfall von Distickstoffpentoxid, N_2O_5, in der Gasphase gemäß

$$2\,N_2O_5|g \rightarrow 4\,NO_2|g + O_2|g$$

einem Zeitgesetz erster Ordnung, auch, wenn sie nach einem komplexen Mechanismus ablaufen, es sich also nicht um monomolekulare Reaktionen handelt.

Mit Hilfe des Zusammenhanges (16.14) kann man auch prüfen, ob tatsächlich eine Reaktion erster Ordnung vorliegt. Hierzu eignet sich jedoch besser die logarithmische Beziehung (16.13). Trägt man $\ln\{c_B\}$ als Funktion von t auf (Abb. 16.6), so erhält man im Fall einer Reaktion erster Ordnung eine Gerade. Ihre Steigung liefert den Geschwindigkeitskoeffizienten k.

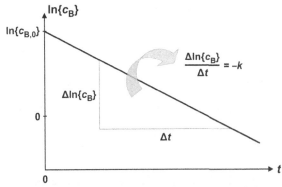

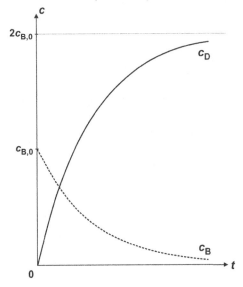

Abb. 16.6 Bestimmung des Geschwindigkeitskoeffizienten k einer Reaktion erster Ordnung aus einer logarithmischen Auftragung der Eduktkonzentration gegen die Zeit

Eine weitere wichtige Größe zur Charakterisierung der Geschwindigkeit einer Reaktion ist neben dem Geschwindigkeitskoeffizienten k die *Halbwertszeit* $t_{1/2}$ (Abb. 16.4). Sie gibt die Zeit an, die vergeht, bis die Konzentration des Edukts auf die Hälfte des Anfangswertes gesunken ist. Setzt man nun $c_B = c_{B,0}/2$ und $t = t_{1/2}$ in Gleichung (16.12) ein, so folgt:

$$t_{1/2} = \frac{\ln 2}{k} \; . \tag{16.15}$$

Die Halbwertszeit ist für eine Reaktion erster Ordnung demnach unabhängig von der Anfangskonzentration des Edukts.

Der exponentiellen Abnahme der Eduktkonzentration steht eine entsprechende Zunahme der Konzentration der Reaktionsprodukte gegenüber. Sie entspricht dem Produkt aus dem Verhältnis der Umsatzzahlen und der Konzentrationsabnahme ($c_{B,0} - c_B$). Schauen wir uns dies am Beispiel der Reaktion

$$B \rightarrow 2\,D$$

einmal näher an (Abb. 16.7).

Abb. 16.7 Zeitliche Änderung der Konzentration von Edukt und Produkt bei einer Reaktion erster Ordnung vom Typ $B \rightarrow 2\,D$

Wir erhalten für die Konzentration c_D des Reaktionsproduktes D:

$$c_D = 2(c_{B,0} - c_B) .$$

Setzt man für c_B die Gleichung (16.14) ein, so folgt:

$$c_D = 2(c_{D,0} - c_{D,0}e^{-kt}) = 2c_{D,0}(1 - e^{-kt}) . \tag{16.16}$$

Die Konzentration erreicht schließlich bei vollständigem Reaktionsablauf zur Zeit $t = \infty$ den Wert $c_D = 2c_{B,0}$.

Reaktionen zweiter Ordnung. Einstufige Reaktionen

$$B + B' \rightarrow \text{Produkte} ,$$

die durch das zufällige Zusammentreffen je *zweier* Teilchen bewirkt werden, heißen *bimolekular*. Sie befolgen ein Geschwindigkeitsgesetz, in dem r proportional zu den *beiden* Konzentrationen c_B und $c_{B'}$ ist,

$$r = k \cdot c_B \cdot c_{B'} . \tag{16.17}$$

Der Zusammenhang wird verständlich, wenn man bedenkt, dass sich zwei Teilchen der Sorte B und B' umso häufiger begegnen, je mehr von B und je mehr von B' vorhanden sind. Es gilt ein Geschwindigkeitsgesetz der Gesamtordnung 2. Der Geschwindigkeitskoeffizient k weist jetzt die Einheit $m^3\,mol^{-1}\,s^{-1}$ auf.

Die Betrachtung vereinfacht sich, wenn die folgende Umsatzformel

$$2\,B \rightarrow \text{Produkte}$$

zugrunde gelegt wird. Man erhält dann

$$r = k \cdot c_B^2 . \tag{16.18}$$

Für die Geschwindigkeitsdichte gilt aber unter Berücksichtigung der Umsatzzahl $\nu_B = -2$ auch

$$r = -\frac{1}{2}\frac{dc_B}{dt} . \tag{16.19}$$

Die Differenzialgleichung, die wir betrachten müssen, lautet damit

$$-\frac{dc_B}{dt} = 2kc_B^2 . \tag{16.20}$$

Eine Lösung dieser Gleichung stellt die Beziehung

$$\frac{1}{c_B} = \frac{1}{c_{B,0}} + 2kt \tag{16.21}$$

dar. Auflösen nach c_B ergibt:

$$c_B = \frac{c_{B,0}}{1 + 2kt \cdot c_{B,0}} . \tag{16.22}$$

Um zum integrierten Geschwindigkeitsgesetz zu gelangen, geht man ganz analog wie im Fall der Reaktion erster Ordnung vor. Ausgehend von der Differenzialgleichung (16.20) trennen wir zunächst wieder die Variablen:

$$-\frac{dc_B}{c_B^2} = 2k\,dt\,.$$

Zur Lösung der Gleichung benötigen wir in diesem Fall das folgende Standardintegral (vgl. Anhang A1.3):

$$\int \frac{1}{x^2}\,dx = -\frac{1}{x} + \text{Konstante}\,.$$

Die Integrationsgrenzen entsprechen denen bei der Reaktion erster Ordnung, d. h., es ergibt sich

$$-\int_{c_{B,0}}^{c_B} \frac{dc_B}{c_B^2} = 2k\int_0^t dt\,.$$

Nach Integration erhalten wir

$$\frac{1}{c_B} - \frac{1}{c_{B,0}} = 2kt\,,$$

woraus sich durch Umformen Gleichung (16.21) ergibt.

Trägt man nun c_B als Funktion von t auf (Abb. 16.8), so fällt auf, dass die Kurve bei gleicher Anfangskonzentration $c_{B,0}$ und gleicher Anfangsgeschwindigkeit weitaus langsamer gegen null abfällt, als dies bei einer Reaktion erster Ordnung der Fall ist.

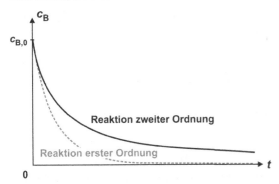

Abb. 16.8 Zeitlicher Verlauf einer Reaktion zweiter Ordnung (im Vergleich zu einer Reaktion erster Ordnung)

Zur Prüfung, ob tatsächlich eine Reaktion zweiter Ordnung vorliegt, wählt man die Auftragung von $1/c_B$ gegen t (Abb. 16.9). Diese muss gemäß Gleichung (16.21) eine Gerade ergeben, aus deren Steigung dann der Geschwindigkeitskoeffizient bestimmt werden kann.

Die Halbwertszeit $t_{1/2}$ erhält man wieder, indem man in Gleichung (16.22) für c_B den Wert $c_{B,0}/2$ einsetzt und nach $t = t_{1/2}$ auflöst:

$$t_{1/2} = \frac{1}{2kc_{B,0}}\,. \tag{16.23}$$

Im Gegensatz zur Reaktion erster Ordnung hängt die Halbwertszeit nun von der Anfangskonzentration des Edukts ab, ist also *nicht* charakteristisch für die Reaktion.

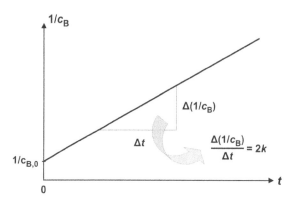

Abb. 16.9 Bestimmung des Geschwindigkeitskoeffizienten k einer Reaktion zweiter Ordnung aus der Auftragung von $1/c_B$ gegen t

Für den allgemeinen Fall

$$B + B' \rightarrow \text{Produkte}$$

ergeben sich ganz ähnliche Beziehungen, wenn die Anfangskonzentrationen $c_{B,0}$ und $c_{B',0}$ gleich groß und beide Reaktionspartner im selben Maße an der Reaktion beteiligt sind. Da die Umsatzzahl v_B jetzt jedoch den Wert -1 hat, entfällt der Faktor 2 in allen Gleichungen und wir erhalten für das integrierte Geschwindigkeitsgesetz

$$\frac{1}{c_B} = \frac{1}{c_{B,0}} + kt \tag{16.24}$$

bzw. für die Halbwertszeit

$$t_{1/2} = \frac{1}{k\,c_{B,0}} . \tag{16.25}$$

Sind die Anfangskonzentrationen der beiden Reaktanten B und B' allerdings nicht gleich groß, so erfordert die Integration eine Partialbruchzerlegung, weswegen nur das Endergebnis der Vollständigkeit halber vorgestellt werden soll:

$$\ln\frac{c_B\,c_{B',0}}{c_{B'}\,c_{B,0}} = (c_{B,0} - c_{B',0})kt . \tag{16.26}$$

Reaktionen, die nach zweiter Ordnung ablaufen, werden relativ häufig angetroffen. Als Beispiele seien in der Gasphase die Reaktion von Wasserstoff und Iod zu Iodwasserstoff oder auch der Zerfall von Stickstoffdioxid gemäß

$$2\,NO_2|g \rightarrow 2\,NO|g + O_2|g$$

genannt. Aber auch zahlreiche Reaktionen in Lösung wie z. B. die alkalische Esterverseifung

$$CH_3COOC_2H_5|l + OH^-|w \rightarrow CH_3COO^-|w + C_2H_5OH|w$$

gehorchen diesem Zeitgesetz.

Für *tri-* und *höhermolekulare Reaktionen*, bei denen *drei* und *mehr* Teilchen zusammentreffen müssen, ergeben sich entsprechende Geschwindigkeitsgleichungen. Doch sind Reaktionen dieser Art so selten, dass wir uns mit ihnen nicht gesondert zu befassen brauchen.

Reaktionen nullter Ordnung. Reaktionen nullter Ordnung sind unabhängig von der Konzentration des Edukts, weisen also eine konstante Geschwindigkeitsdichte auf, d. h., es gilt

$$r = k \, .$$ (16.27)

Die Konzentrationsabnahme des Edukts wird dann beschrieben durch

$$-\frac{dc_B}{dt} = k \, .$$ (16.28)

Die Lösung dieser Differenzialgleichung lautet:

$$c_B = c_{B,0} - kt \, .$$ (16.29)

Die Integration unter Beachtung der bekannten Grenzen,

$$-\int_{c_{B,0}}^{c_B} dc_B = k \int_0^t dt \, ,$$

liefert das Zeitgesetz

$$c_B - c_{B,0} = -kt \, .$$

Bei einstufigen Reaktionen allein ist ein solches Verhalten nicht möglich, sondern nur, wenn diesen als eine Art „Flaschenhals" ein Vorgang vor- oder nachgeschaltet ist, der entweder selbst zeitlich konstant verläuft oder die Konzentration konstant hält. Solche Vorgänge können sein:

- Adsorptions- oder Desorptionsvorgänge, wie sie z. B. bei der heterogenen Katalyse eine Rolle spielen,
- Diffusionsvorgänge,
- Einstrahlung konstanter Lichtintensität bei photochemischen Reaktionen,
- Auflösungsvorgänge.

Betrachten wir z. B. den Zerfall des Eduktes B in einer gesättigten Lösung mit Bodenkörper (Abb. 16.10). Der eigentlichen Zerfallsreaktion ist das Löslichkeitsgleichgewicht

$$B|s \rightleftarrows B|d$$

vorgeschaltet [wobei die gelöste Form durch das Kürzel |d (lat. dissolutus) charakterisiert wird]. Dadurch wird die Konzentration c_B stets konstant gehalten:

$$r = k \cdot c_B \, (= \text{const}) = k' \, .$$ (16.30)

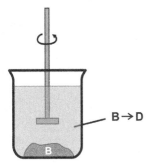

$$B \rightarrow D$$

Abb. 16.10 Zerfallsreaktion eines Eduktes B in gesättigter Lösung mit Bodenkörper als Beispiel einer Reaktion nullter Ordnung

Die Konzentration kann dann mit dem eigentlichen Geschwindigkeitskoeffizienten k zu einem neuen Geschwindigkeitskoeffizienten k' zusammengefasst werden, wobei sich die Ordnung erniedrigt (hier von 1 auf 0). Man spricht in diesem Fall auch von *Pseudoordnung*.

Eine Pseudoordnung liegt auch vor, wenn Reaktionen in verdünnten Lösungen stattfinden, bei denen das Lösemittel, z. B. Wasser, gleichzeitig als Reaktionspartner fungiert. Wegen des großen Überschusses bleibt die Lösemittelkonzentration verglichen mit den anderen Stoffen praktisch konstant und kann wiederum in den Geschwindigkeitskoeffizienten einbezogen werden. Aus einer Reaktion zweiter Ordnung wird dann zum Beispiel eine Reaktion pseudo-erster Ordnung.

17 Zusammengesetzte Reaktionen

Die einfachen Geschwindigkeitsgesetze, die wir im letzten Kapitel kennengelernt haben, reichen oft zur korrekten Beschreibung des zeitlichen Ablaufs einer Reaktion oder der Zusammensetzung des Reaktionsgemisches nicht aus. Viele Umsetzungen laufen nach komplizierteren Mechanismen ab, die verschiedene Elementarschritte beinhalten. Drei grundlegende Typen zusammengesetzter Reaktion werden in diesem Kapitel besprochen: gegenläufige oder *Gleichgewichtsreaktionen*, *Parallelreaktionen* und *Folgereaktionen*. Zusammengesetzte Reaktionen spielen eine große Rolle in der industriellen Anwendung (z. B. heterogene Katalyse), aber auch in der Natur (z. B. Enzymreaktionen).

17.1 Einführung

Kinetische Untersuchungen zeigen, dass die einfachen Geschwindigkeitsgesetze, die wir bisher kennengelernt haben, oft nicht zur korrekten Beschreibung des zeitlichen Ablaufs einer Reaktion oder der Zusammensetzung des Reaktionsgemisches ausreichen. Das ist ein Hinweis darauf, dass selbst durch einfache Bruttoumsatzformeln beschreibbare Umsetzungen häufig nach komplizierteren Mechanismen ablaufen. Dabei lassen sich diese komplexen Reaktionen in drei Grundtypen einteilen:

- gegenläufige oder Gleichgewichtsreaktionen,
- Parallelreaktionen (auch als Nebenreaktionen bezeichnet),
- Folgereaktionen.

Darüber hinaus können auch Kombinationen dieser Grundtypen auftreten wie z. B. Folgereaktionen mit vorgelagertem Gleichgewicht.

Zusammengesetzte Reaktionen spielen eine große Rolle in der industriellen Anwendung (z. B. heterogene Katalyse), aber auch in der Natur (z. B. Enzymreaktionen).

Bei den folgenden Herleitungen wollen wir uns jedoch auf Vorgänge beschränken, bei denen alle beteiligten Stoffe in einem Bereich homogen verteilt sind, dessen Volumen mehr oder minder konstant ist.

17.2 Gegenläufige Reaktionen

Bisher haben wir stillschweigend angenommen, dass bei einer Reaktion

$$B + B' + \ldots \xrightarrow{+1} D + D' + \ldots$$

die Ausgangsstoffe B, B', ... stets vollständig in die Endstoffe D, D', ... umgesetzt werden. Homogene Reaktionen verlaufen jedoch nie vollständig ab, sondern nur soweit, bis die chemischen Potenziale von Ausgangs- und Endstoffen ausgeglichen sind. Da $\mu(c)$ für $c \rightarrow 0$ gegen $-\infty$ strebt, kann keiner der Stoffe völlig verschwinden. Man deutet dies durch die Vor-

© Springer Fachmedien Wiesbaden GmbH, ein Teil von Springer Nature 2021
G. Job und R. Rüffler, *Physikalische Chemie*, Studienbücher Chemie,
https://doi.org/10.1007/978-3-658-32936-5_17

stellung, dass in einer zu obiger *Hinreaktion* (+1) gehörigen *Rückreaktion* (−1) aus den Stoffen D, D', ... auch wieder die Stoffe B, B', ... gebildet werden können:

$$D + D' + ... \xrightarrow{-1} B + B' + ... \, .$$

Die Gesamtgeschwindigkeitsdichte r, die makroskopisch beobachtet werden kann, ergibt sich aus der Differenz der Geschwindigkeitsdichten für die Hin- und die Rückreaktion:

$$r = r_{+1} - r_{-1} \, . \tag{17.1}$$

Für die Geschwindigkeitsdichten der Hin- und der Rückreaktion erwartet man bei Vorliegen von Elementarreaktionen die beiden Geschwindigkeitsgleichungen

$$r_{+1} = k_{+1} \cdot c_B \cdot c_{B'} \cdot ... \quad \text{und} \quad r_{-1} = k_{-1} \cdot c_D \cdot c_{D'} \cdot ... , \tag{17.2}$$

sodass wir den folgenden Zusammenhang erhalten:

$$r = k_{+1} \cdot c_B \cdot c_{B'} \cdot ... - k_{-1} \cdot c_D \cdot c_{D'} \cdot ... \, . \tag{17.3}$$

k_{+1} und k_{-1} sind die Geschwindigkeitskoeffizienten für die Hin- bzw. Rückreaktion. Zu Beginn der Umsetzung überwiegt hiernach die Geschwindigkeitsdichte der Hinreaktion, da noch keine Produkte vorliegen bzw. erst sehr wenig von ihnen vorhanden ist. Sie sinkt jedoch mit abnehmenden Konzentrationen an Ausgangsstoffen. Gleichzeitig wächst die Geschwindigkeitsdichte der Rückreaktion, da die Konzentrationen der Produkte stetig ansteigen. Die Gesamtgeschwindigkeitsdichte nimmt also immer weiter ab, bis schließlich der Wert null erreicht wird:

$$r = k_{+1} \cdot c_{B,Gl} \cdot c_{B',Gl} \cdot ... - k_{-1} \cdot c_{D,Gl} \cdot c_{D',Gl} \cdot ... = 0 \, . \tag{17.4}$$

In diesem Gleichgewichtszustand sind Hin- und Rückreaktion gleich schnell. Man spricht deshalb (etwas unkorrekt) von einem *dynamischen* (statt richtiger: *kinetischen*) *Gleichgewicht* (vgl. Abschnitt 6.3, letzter Absatz). Nach außen hin ruht die Gesamtreaktion und die Gleichgewichtskonzentrationen ändern sich nicht mehr. Im Gleichgewicht gilt damit wegen

$$k_{+1} \cdot c_{B,Gl} \cdot c_{B',Gl} \cdot ... = k_{-1} \cdot c_{D,Gl} \cdot c_{D',Gl} \cdot ...$$

ebenfalls

$$\frac{c_{D,Gl} \cdot c_{D',Gl} \cdot ...}{c_{B,Gl} \cdot c_{B',Gl} \cdot ...} = \frac{k_{+1}}{k_{-1}} = \overset{\circ}{K}_c \, . \tag{17.5}$$

Der Quotient der Geschwindigkeitskoeffizienten entspricht also der herkömmlichen Gleichgewichtskonstanten, die wir in Abschnitt 6.4 bereits kennengelernt haben. Gleichung (17.5) ist damit nichts anderes als das Massenwirkungsgesetz, das hier mit Hilfe einer ganz andersartigen Vorstellung hergeleitet wurde. Allerdings ist diese kinetische Herleitung nur für Elementarreaktionen bzw. Reaktionen, die zumindest einem Zeitgesetz entsprechender Ordnung gehorchen, so einfach möglich, während für die stoffdynamische Herleitung [Gl. (6.19) bzw. (6.21)] keine solche Einschränkung gilt.

Ist der Geschwindigkeitskoeffizient der Hinreaktion viel größer als der der Rückreaktion ($k_{+1} \gg k_{-1}$), so gilt entsprechend $\overset{\circ}{K} \gg 1$ und das Gleichgewicht liegt weit auf der Seite der

Endstoffe. Ist hingegen $k_{+1} \ll k_{-1}$ und damit $\overset{\circ}{K} \ll 1$, so liegt es weit auf der Seite der Ausgangsstoffe.

Die Reaktion von Wasserstoff und Iod zu Iodwasserstoff,

$$H_2|g + I_2|g \rightleftharpoons 2\,HI|g\,,$$

die bereits 1894 von dem deutschen Physikochemiker Max BODENSTEIN eingehend untersucht wurde, kann als gegenläufige Reaktion beschrieben und entsprechend auch die Gleichgewichtskonstante durch Messung der Bildungs- und Zerfallsgeschwindigkeit von Iodwasserstoff ermittelt werden. (Doch handelt es sich nicht um eine bimolekulare Elementarreaktion, sondern der Mechanismus ist in Wirklichkeit komplizierter.)

Bei der Betrachtung der Zeitabhängigkeit der Konzentrationen wollen wir uns auf den einfachsten Fall, eine Reaktion vom Typ

$$B \underset{-1}{\overset{+1}{\rightleftharpoons}} D$$

beschränken, bei der sowohl die Hin- als auch die Rückreaktion ein Zeitgesetz erster Ordnung befolgen soll. Beispiele für solche Gleichgewichtsreaktionen sind Isomerisierungen wie die Umwandlung von α-D-Glucose in β-D-Glucose in wässriger Lösung (Abschnitt 6.3). Für die Geschwindigkeit von Hin- und Rückreaktion gilt:

$$r_{+1} = k_{+1}c_B \quad \text{und} \quad r_{-1} = k_{-1}c_D\,. \tag{17.6}$$

Geht man davon aus, dass zur Zeit $t = 0$ die Anfangskonzentration $c_{B,0}$ des Ausgangsstoffes B vorliegt und noch kein Produkt vorhanden, d. h. $c_D = 0$ ist, so gilt aufgrund der Stöchiometrie zu jedem Zeitpunkt der Reaktion:

$$c_B + c_D = c_{B,0} \quad \text{bzw.} \quad c_D = c_{B,0} - c_B\,. \tag{17.7}$$

Für die Konzentrationsabnahme von B erhalten wir

$$-\frac{dc_B}{dt} = r = r_{+1} - r_{-1} = k_{+1}c_B - k_{-1}c_D \tag{17.8}$$

bzw. nach Einsetzen von c_D gemäß Gleichung (17.7)

$$-\frac{dc_B}{dt} = k_{+1}c_B - k_{-1}(c_{B,0} - c_B) = (k_{+1} + k_{-1})c_B - k_{-1}c_{B,0}\,. \tag{17.9}$$

Die Ermittlung des integrierten Geschwindigkeitsgesetzes ist recht kompliziert, sodass hier gleich das Endergebnis vorgestellt werden soll (das durch Differenzieren leicht überprüft werden kann):

$$c_B = \frac{k_{-1} + k_{+1} \cdot e^{-kt}}{k} c_{B,0} \quad \text{mit} \quad k = k_{+1} + k_{-1}\,, \tag{17.10}$$

d. h. die Summe der Geschwindigkeitskoeffizienten von Hin- und Rückreaktion wurde mit k abgekürzt.

Für c_D gilt dann:

$$c_D = c_{B,0} - c_B = c_{B,0} - \frac{k_{-1} + k_{+1} \cdot e^{-kt}}{k} c_{B,0} \qquad \text{bzw.}$$

$$c_D = \frac{k_{+1}(1 - e^{-kt})}{k} c_{B,0} . \tag{17.11}$$

Der zeitliche Verlauf der Konzentrationen beider Reaktionsteilnehmer wird damit sowohl durch den Geschwindigkeitskoeffizienten der Hinreaktion als auch den der Rückreaktion bestimmt. Schauen wir uns die graphische Darstellung (Abb. 17.1) an, dann entspricht der Kurvenverlauf dem, was wir erwarten. So nähern sich die Konzentrationen mit fortschreitender Zeit immer mehr ihren Gleichgewichtswerten an. Diese können wir bestimmen, in dem wir den Grenzwert für $t \to \infty$ ermitteln, wobei wir beachten, dass $e^{-x} \to 0$ für $x \to \infty$ gilt:

$$c_{B,Gl} = \frac{k_{-1}}{k} c_{B,0} \qquad \text{und} \qquad c_{D,Gl} = \frac{k_{+1}}{k} c_{B,0} \tag{17.12}$$

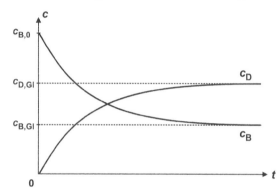

Abb. 17.1 Zeitabhängigkeit der Stoffkonzentrationen bei gegenläufigen Reaktionen

Anschaulicher noch wird der Kurvenverlauf, wenn wir Gleichung (17.11) mit Hilfe von Gleichung (17.12) umformen. Wir erhalten:

$$c_D = c_{D,Gl} - \underbrace{c_{D,Gl} \cdot e^{-kt}}_{\Delta c_D(t)} .$$

Der Term $\Delta c_D(t)$ beschreibt die Abweichung der Konzentration c_D vom Endwert $c_{D,Gl}$; diese nimmt exponentiell ab mit einer Halbwertszeit $t_{1/2} = \ln 2/k$.

Für den Stoff B gilt ganz entsprechend:

$$c_B = c_{B,Gl.} + \underbrace{(c_{B,0} - c_{B,Gl.}) \cdot e^{-kt}}_{\Delta c_B(t)} .$$

Auch die Abweichung der Konzentration c_B vom Endwert $c_{B,Gl}$ verringert sich exponentiell, und zwar mit derselben Halbwertszeit wie im Falle von D. Die beiden Kurven sind daher spiegelbildlich zueinander.

Ist der Geschwindigkeitskoeffizient der Hinreaktion wesentlich größer als der der Rückreaktion, d. h. $k_{+1} \gg k_{-1}$, so geht Gleichung (17.9) in die bekannte Gleichung (16.11) für Reaktionen erster Ordnung über, sodass in diesem Fall die Gleichgewichtsreaktion durch ein einfaches Zeitgesetz beschrieben werden kann. Auch am Reaktionsanfang, d. h. weit weg vom Gleichgewichtszustand, kann man die Umsetzung als einseitigen (d. h. vollständig verlaufenden) Vorgang behandeln, da die Geschwindigkeit der Rückreaktion wegen der geringen Produktkonzentration noch sehr klein ist.

17.3 Parallelreaktionen

Setzen sich gleiche Ausgangsstoffe in nebeneinander verlaufenden Reaktionen zu verschiedenen Endstoffen um, so spricht man von *Parallel-* oder auch *Nebenreaktionen*.

Wir wollen den einfachsten Fall, d. h. zwei parallel ablaufende monomolekulare Elementarreaktionen 1 und 2 betrachten:

Für die einzelnen Geschwindigkeitsdichten gilt:

$$r_1 = k_1 c_B \qquad \text{bzw.} \qquad r_2 = k_2 c_B, \tag{17.13}$$

insgesamt mithin:

$$r = r_1 + r_2 = k_1 c_B + k_2 c_B. \tag{17.14}$$

Die Konzentrationsabnahme von B wird also beschrieben durch

$$-\frac{dc_B}{dt} = r = k_1 c_B + k_2 c_B = (k_1 + k_2) c_B = k c_B, \tag{17.15}$$

wobei die Geschwindigkeitskoeffizienten k_1 und k_2 wieder zu einem Koeffizienten k zusammengefasst wurden. Durch Integration erhält man analog zu Gleichung (16.14)

$$c_B = c_{B,0} e^{-kt}. \tag{17.16}$$

Die Konzentrationsänderung des Ausgangsstoffes ist also – bei gleichem k – unabhängig davon, ob ein oder mehrere Produkte gebildet werden.

Für die Bildung des Produktes D folgt:

$$\frac{dc_D}{dt} = r_1 = k_1 c_B. \tag{17.17}$$

Einsetzen von Gleichung (17.16) resultiert in

$$\frac{dc_D}{dt} = k_1 c_{B,0}\, e^{-kt}. \tag{17.18}$$

Nach Trennung der Variablen ergibt sich durch Integration unter Beachtung der Anfangsbedingung $c_D = 0$ bei $t = 0$:

$$\int\limits_{0}^{c_{D}} c_{D}dc_{D} = k_{1}c_{B,0} \int\limits_{0}^{t} e^{-kt}dt \,.$$

Während die Berechnung auf der linken Seite der Gleichung keine Schwierigkeiten bereitet, erfordert die Integration der geschachtelten Funktion auf der rechten Seite etwas „Fingerspitzengefühl". Als Endergebnis erhält man für die zeitliche Konzentrationsänderung des Produktes D:

$$c_{D} = \frac{k_{1}}{k} c_{B,0}(1 - e^{-kt}) \,. \tag{17.19}$$

Entsprechend gilt für das Produkt D′:

$$c_{D'} = \frac{k_{2}}{k} c_{B,0}(1 - e^{-kt}) \,. \tag{17.20}$$

Im Falle des Integrals

$$\int\limits_{0}^{t} e^{-kt}dt$$

ist es günstig, die eingeschachtelte Funktion als neue Variable zu wählen (*Substitutionsregel*) (Anhang A1.3):

$$g(t) = -kt = z \,.$$

Durch Ableitung erhalten wir

$$g'(t) = \frac{dz}{dt} = -k \,.$$

Auch die Integrationsgrenzen müssen der Substitution entsprechend angepasst werden, sodass sich schließlich

$$\int\limits_{0}^{z} e^{z} \cdot -\frac{1}{k} dz = -\frac{1}{k} \int\limits_{0}^{z} e^{z}dz = -\frac{1}{k}(e^{z} - 1)$$

ergibt, wobei uns das Standardintegral

$$\int e^{x}dx = e^{x} + \text{Konstante}$$

gute Dienste geleistet hat.

Abbildung 17.2 verdeutlicht die Zeitabhängigkeit der einzelnen Stoffkonzentrationen graphisch.

Die verschiedenen Produkte konkurrieren im Verhältnis ihrer Geschwindigkeitskoeffizienten um die Konzentration des Ausgangsstoffes:

$$c_{D} : c_{D'} = k_{1} : k_{2} \,. \tag{17.21}$$

Das Produktverhältnis ist somit zeitunabhängig. Auch ist der Anteil eines entstehenden Produktes umso höher, je größer der zugehörige Geschwindigkeitskoeffizient ist. Die schnellste von parallel ablaufenden Reaktionen bestimmt also das Hauptprodukt.

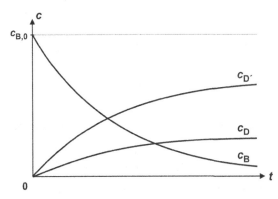

Abb. 17.2 Zeitabhängigkeit der Stoffkonzentrationen in Parallelreaktionen mit $k_1 < k_2$

Parallelreaktionen lassen sich durch die Wahl der Reaktionsbedingungen, z. B. durch Veränderung der Temperatur, durch Zusatz von Katalysatoren oder durch Auswahl geeigneter Lösemittel, oft unterschiedlich beeinflussen, sodass sich differierende Produktverhältnisse ergeben.

Als Beispiel betrachten wir die Chlorierung von Toluol:

Der Geschwindigkeitskoeffizient für die elektrophile Substitution am Kern (Reaktion 1) wird in polaren Lösemitteln bei niedrigen Temperaturen und Verwendung von Katalysatoren (Lewis-Säuren wie $FeCl_3$) stark erhöht, sodass praktisch ausschließlich o-Chlortoluol (bzw. p- und m-Chlortoluol) entsteht (KKK-Regel: Kälte, Katalysator $\rightarrow$ Kern).

Im Gegensatz dazu wird Reaktion 2 durch hohe Temperaturen und UV-Strahlung stark beschleunigt, sodass man als Hauptprodukt Benzylchlorid erhält (SSS-Regel: Siedehitze, Sonnenlicht $\rightarrow$ Seitenkette).

17.4 Folgereaktionen

Grundlagen. Oft werden die Reaktionsprodukte nicht in einem Schritt aus den Ausgangsstoffen gebildet, sondern entstehen in aufeinanderfolgenden Elementarreaktionen über mehr oder weniger beständige Zwischenstoffe.

Als einfachsten Fall wollen wir eine Folge monomolekularer Elementarreaktionen betrachten unter der Annahme, dass die Rückreaktionen vernachlässigbar sind:

$$B \overset{1}{\rightarrow} Z \overset{2}{\rightarrow} D \, .$$

Die zugehörigen Geschwindigkeitsgleichungen lauten:

$$r_1 = k_1 c_B \quad \text{bzw.} \quad r_2 = k_2 c_Z \,. \tag{17.22}$$

Für die Abnahme des Ausgangsstoffes B gilt damit:

$$-\frac{dc_B}{dt} = r_1 = k_1 c_B \,.$$

Die Gleichung ist identisch mit Gleichung (16.11). Nach Integration erhält man somit:

$$c_B = c_{B,0} e^{-k_1 t} \,. \tag{17.23}$$

Die Konzentration des Ausgangsstoffes B nimmt also wie bei jeder Reaktion erster Ordnung exponentiell mit der Zeit ab.

Der Zwischenstoff Z wird bei der Reaktion 1 gebildet und bei der Folgereaktion 2 abgebaut, sodass gilt:

$$\frac{dc_Z}{dt} = r_1 - r_2 = k_1 c_B - k_2 c_Z \,. \tag{17.24}$$

Diese Gleichung ist schwieriger zu lösen, sodass nur das Endergebnis vorgestellt werden soll. Man erhält:

$$c_Z = \frac{k_1}{k_2 - k_1} c_{B,0} (e^{-k_1 t} - e^{-k_2 t}) \,. \tag{17.25}$$

Die Bildung des Produktes D schließlich wird beschrieben durch:

$$\frac{dc_D}{dt} = k_2 c_D \,. \tag{17.26}$$

Die Konzentration an D kann aber auch aus der Bilanz

$$c_D = c_{B,0} - c_B - c_Z \tag{17.27}$$

ermittelt werden. Man erhält dann:

$$c_D = c_{B,0} - c_{B,0} e^{-k_1 t} - \frac{k_1}{k_2 - k_1} c_{B,0} (e^{-k_1 t} - e^{-k_2 t}) \tag{17.28}$$

bzw.

$$c_D = c_{B,0} \left(1 - \frac{k_2 e^{-k_1 t} - k_1 e^{-k_2 t}}{k_2 - k_1} \right) \,. \tag{17.29}$$

Diese doch recht komplizierten Zusammenhänge wollen wir graphisch für verschiedene Verhältnisse der Geschwindigkeitskoeffizienten k_1 und k_2 veranschaulichen (Abb. 17.3).

Wir können nun folgendes feststellen:

- Die Konzentration des Ausgangsstoffes B geht umso schneller exponentiell gegen null, je größer der Geschwindigkeitskoeffizient k_1 ist.

- Die Konzentration des Zwischenstoffes Z geht durch ein Maximum, das umso niedriger ausfällt, je größer das Verhältnis k_2/k_1 ist.

- Die Geschwindigkeitsdichte r_D für die Produktbildung ist zur Konzentration an Z proportional [Gl. (17.26)]. Zu Beginn der Reaktion ist sie daher gleich null, da noch kein Zwischenstoff vorliegt. Erst nach einer gewissen Anlaufzeit (*Induktionsperiode*) setzt eine merkliche Bildung des Reaktionsproduktes D ein. Das Auftreten einer solchen Induktionsperiode ist charakteristisch für Folgereaktionen. Die Bildungsgeschwindigkeitsdichte von D wächst mit zunehmender Konzentration an Z, bis der Maximalwert $c_{Z,max}$ erreicht ist, und fällt danach wieder. Entsprechend weist die $c_D(t)$-Kurve einen s-förmigen Verlauf auf, wobei der Wendepunkt an der Stelle der Zeitskale auftritt, an der c_Z und damit r_D maximal wird.

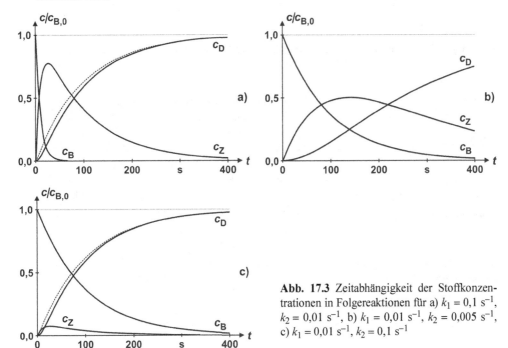

Abb. 17.3 Zeitabhängigkeit der Stoffkonzentrationen in Folgereaktionen für a) $k_1 = 0{,}1$ s^{-1}, $k_2 = 0{,}01$ s^{-1}, b) $k_1 = 0{,}01$ s^{-1}, $k_2 = 0{,}005$ s^{-1}, c) $k_1 = 0{,}01$ s^{-1}, $k_2 = 0{,}1$ s^{-1}

Geschwindigkeitsbestimmender Schritt. Im Grenzfall $k_1 \gg k_2$ (Abb. 17.3 a) ist der Ausgangsstoff B praktisch vollständig zu Z umgesetzt worden, ehe dessen Weiterreaktion beginnt. Für den Abbau des Zwischenstoffes Z können dann die Näherungen $c_{Z,0} \approx c_{B,0}$ und $k_1 c_B \approx 0$ verwendet werden. Gleichung (17.24) vereinfacht sich damit zu:

$$-\frac{dc_Z}{dt} = k_2 c_Z . \tag{17.30}$$

Nach Integration ergibt sich:

$$c_Z = c_{Z,0} e^{-k_2 t}$$

bzw., da $c_{Z,0} \approx c_{B,0}$ ist,

$$c_Z = c_{B,0} e^{-k_2 t} . \tag{17.31}$$

Da c_B bei Einsetzen der eigentlichen Produktbildung bereits nahezu vollständig verbraucht ist ($c_B \approx 0$), gilt für die Konzentration c_D:

$$c_D \approx c_{B,0} - c_Z \qquad (17.32)$$

und damit

$$c_D = c_{B,0}(1 - e^{-k_2 t}) \qquad (17.33)$$

(gestrichelte Linie in Abb. 17.3 a). Die Bildung des Produktes D wird damit durch die „langsame" Reaktion 2 mit dem deutlich kleineren Geschwindigkeitskoeffizienten k_2 bestimmt und die Zeitabhängigkeit der Konzentration c_D entspricht einer Reaktion erster Ordnung (vgl. Abschnitt 16.5).

Zu den gleichen Ergebnissen gelangt man natürlich auch, wenn man die Bedingung $k_1 \gg k_2$ über die Beziehungen $k_2 - k_1 \approx -k_1$ und $e^{-k_1 t} \ll e^{-k_2 t}$ in den Gleichungen (17.25) und (17.29) berücksichtigt.

Allgemein gilt also, dass bei einer Folgereaktion der langsamste Schritt die Gesamtgeschwin-

digkeit bestimmt. Dies können wir mit einem Autokonvoi vergleichen, in dem ebenfalls das langsamste Fahrzeug die Gesamtgeschwindigkeit bestimmt. Von einem *geschwindigkeitsbestimmenden Schritt* im Sinne der Kinetik können wir sprechen, wenn sich die Geschwindigkeitskoeffizienten um mindestens eine Größenordnung unterscheiden.

Stationaritätsprinzip. Im umgekehrten Grenzfall $k_2 \gg k_1$ reagiert gebildetes Z praktisch sofort zum Produkt D weiter; demgemäß hat der Zwischenstoff Z eine geringe Konzentration und eine relativ kurze Lebensdauer; man spricht auch von einem sehr *reaktiven* Zwischenstoff. Die geringe Konzentration an Z ändert sich (nach der kurzen Induktionsperiode) nur unwesentlich im Laufe der Zeit verglichen mit den Konzentrationsänderungen der übrigen Reaktionsteilnehmer (siehe Abb. 17.3 c); sie kann daher als nahezu konstant angesehen werden (*quasistationärer Zustand*). Entsprechend gilt:

$$\frac{dc_Z}{dt} \approx 0 \qquad (17.34)$$

Dieses auf BODENSTEIN zurückgehende Näherungsverfahren, das *Stationaritätsprinzip*, trägt wesentlich zur Vereinfachung komplizierter kinetischer Beziehungen bei.

Angewandt auf Gleichung (17.24) ergibt sich

$$\frac{dc_Z}{dt} = k_1 c_B - k_2 c_Z \approx 0 , \qquad (17.35)$$

Bildungs- und Zerfallsgeschwindigkeitsdichte von Z sind also, wie erwartet, näherungsweise gleich. Folglich ergibt sich für die Bildung des Endstoffes D

$$\frac{dc_D}{dt} = k_2 c_Z = k_1 c_B \qquad (17.36)$$

bzw. nach Einsetzen der Konzentration c_B aus Gleichung (17.23)

$$\frac{dc_D}{dt} = k_1 c_{B,0} e^{-k_1 t} .$$ (17.37)

Die Integration erfolgt wieder nach der im Abschnitt 17.3 beschriebenen Substitutionsmethode und man erhält unter Berücksichtigung der Randbedingung $c_D = 0$ für $t = 0$ den folgenden Zusammenhang:

$$c_D = c_{B,0}(1 - e^{-k_1 t})$$ (17.38)

(gestrichelte Linie in Abb. 17.3 c). In diesem Fall bestimmt der langsame erste Reaktionsschritt mit dem Geschwindigkeitskoeffizienten k_1 die Bildung des Reaktionsproduktes.

Auch in diesem Fall sind die Ergebnisse identisch mit den Näherungen der exakten Lösungen (17.25) und (17.29) für $k_2 \gg k_1$, nur, dass sie auf mathematisch weitaus einfacherem Wege erhalten werden konnten.

Beispiele für Folgereaktionen sind neben radioaktiven Zerfallsreihen die Hydrolysen von Dicarbonsäureestern oder tertiären Alkylhalogeniden sowie die Nitrierungen von Aromaten, oft aber auch die Umsetzungen von Gasen an Katalysatoroberflächen.

Kettenreaktionen. Folgereaktionen speziellen Typs sind die *Kettenreaktionen*, bei denen reaktive Zwischenstoffe wie Atome, freie Radikale oder Ionen, die sogenannten *Kettenträger*, für die ständige Wiederholung von Teilvorgängen sorgen. Man unterscheidet bei einer Kettenreaktion folgende Elementarschritte:

- *Kettenstart*: Bildung von Kettenträgern,
- *Kettenfortführung*: Reaktion der Kettenträger mit Eduktmolekülen unter Bildung von neuen Kettenträgern,
- *Kettenabbruch*: Rekombination von Kettenträgern.

Die resultierenden Geschwindigkeitsgleichungen sind häufig relativ kompliziert und weisen gebrochene Reaktionsordnungen auf.

Ein Beispiel für eine Kettenreaktion ist die Bildung von Chlorwasserstoff aus Chlor- und Wasserstoffgas, die unter starker Aufheizung bis hin zur Explosion erfolgt (Chlorknallgas-Reaktion). Reaktive Chloratome, die wir wegen des ungepaarten Elektrons als Radikale bezeichnen wollen (gekennzeichnet durch einen Punkt), entstehen bei der Dissoziation von Cl_2-Molekülen durch Zufuhr von Energie z. B. mittels eines Lichtblitzes oder durch Erhitzen:

Kettenstart: $\quad\quad Cl_2 \rightarrow 2\,Cl\cdot .$

Sie leiten die eigentliche Kette ein:

Kettenfortführung: $Cl\cdot + H_2 \rightarrow HCl + H\cdot ,$
$\quad\quad\quad\quad\quad\quad H\cdot + Cl_2 \rightarrow HCl + Cl\cdot .$

Für den Kettenabbruch ist noch ein Stoßpartner X wie z. B. die Gefäßwand oder ein nicht reagierendes Molekül erforderlich, um die frei werdende Energie abzuführen:

Kettenabbruch: $\quad Cl\cdot + Cl\cdot + X \rightarrow Cl_2 + X^* ,$
$\quad\quad\quad\quad\quad (H\cdot + H\cdot + X \rightarrow H_2 + X^*) ,$
$\quad\quad\quad\quad\quad (H\cdot + Cl\cdot + X \rightarrow HCl + X^*) .$

Die in Klammern stehenden Elementarschritte sind nicht von Bedeutung. Eine große Behäl-
teroberfläche verringert offenbar die Geschwindigkeit der Kettenreaktion, da der Kettenabbruch gefördert wird. Auf diesem Prinzip beruhte die Wirkung von Tetraethylblei, das
Kraftstoffen als Antiklopfmittel zugesetzt wurde. An den Kolbenwänden der Verbrennungsmotoren bildete sich eine poröse Bleioxidschicht, die (gemeinsam mit zugesetzten ketten-
abbrechenden Reagenzien) das „Klopfen", eine vorzeitige Zündung des Kraftstoff-Luft-
Gemisches, verminderte.

Greift ein Kettenträger ein Molekül an, das bereits früher in der Reaktion gebildet wurde, so
entsteht zwar wieder ein Kettenträger, doch wird die Produktbildung verlangsamt. Man
spricht daher von einer *Inhibierungsreaktion* (hier am Beispiel der Bromwasserstoffbildung
aus den Elementen, die ebenfalls als Kettenreaktion abläuft):

Inhibierung: $H\cdot + HBr \rightarrow H_2 + Br\cdot$,
                    $(Br\cdot + HBr \rightarrow Br_2 + H\cdot)$.

Eine spezielle Art der Kettenreaktion ist die *Polymerisation* von ungesättigten organischen
Verbindungen (*Monomere*). Dabei werden an den radikalischen oder ionischen Kettenträger
ständig neue Monomere unter Aufspaltung der Mehrfachbindung angelagert. Ein Beispiel ist
die kationische Polymerisation von Vinylchlorid zu Polyvinylchlorid (PVC):

18 Theorie der Reaktionsgeschwindigkeit

Aus dem Alltag ist uns vertraut, dass die Geschwindigkeit der meisten chemischen Reaktionen bei Temperaturerhöhung ansteigt. So verderben Lebensmittel, die an einem heißen Sommertag draußen stehen, viel schneller als im Kühlschrank, was unangenehme Folgen für die Gesundheit haben kann. Eine einfache, aber dennoch bemerkenswert präzise Beziehung für die Temperaturabhängigkeit von Reaktionsgeschwindigkeiten wurde 1889 empirisch von dem schwedischen Chemiker Svante ARRHENIUS gefunden. Die Deutung der in der *ARRHENIUS-Gleichung* auftauchenden Parameter führte zur Entwicklung der Vorstellung, dass die Reaktanten bei ihrer Umbildung in Produkte einen aktivierten Zustand durchlaufen müssen, dessen Bildung eine charakteristische Energie erfordert. Dies war der Ausgangspunkt für die beiden wichtigsten Theorien zur Reaktionsgeschwindigkeit, die *Stoßtheorie* und die *Theorie des Übergangszustandes*. Die Stoßtheorie, die sich befriedigend nur auf einfache Gasphasenreaktionen anwenden lässt, betrachtet die Ausgangsstoffe im Wesentlichen unter dem Gesichtspunkt von Teilchen mit einer bestimmten kinetischen Energie. Eine Reaktion kann nur stattfinden, wenn zwei Molekeln mit einer Mindestenergie zusammenstoßen, die ausreicht, um die Atome aus der Anordnung in den Ausgangsstoffen in die der Endstoffe umzugruppieren, wobei alte Bindungen gelöst werden müssen, um neue knüpfen zu können. Stoffdynamische Aspekte spielen in diesem Fall keine Rolle. In der Theorie des Übergangszustandes, einer umfassenderen Theorie, die im Prinzip auf alle möglichen Reaktionstypen angewandt werden kann, wird der Geschwindigkeitskoeffizient mittels der Differenz in den chemischen Potenzialen zwischen den Ausgangsstoffen und einer Art „Übergangsstoff" (Gesamtheit aller aktivierten Komplexe), einer sogenannten „Potenzialbarriere" (oder auch „Aktivierungsschwelle") ausgedrückt. Für ein vertieftes Verständnis kann der Übergangszustand auf molekularer Ebene mittels Potenzialflächendiagrammen und der „Bewegung" von Molekeln entlang dieser Energieflächen gedeutet werden.

18.1 Temperaturabhängigkeit der Reaktionsgeschwindigkeit

Die Alltagserfahrung lehrt, dass die Geschwindigkeit chemischer Reaktionen bei Temperaturerhöhung fast immer ansteigt. So verderben Lebensmittel, die an einem heißen Sommertag draußen stehen, viel schneller als im Kühlschrank. Auch die uns bereits bekannte Entfärbung von Kaliumpermanganat-Lösung durch Oxalsäure in schwefelsaurer Lösung wird durch Erwärmung sichtbar beschleunigt (Versuch 18.1).

Eine alte Faustregel (Reaktionsgeschwindigkeit-Temperatur-Regel, kurz RGT-Regel), die um 1885 von VAN'T HOFF aufgestellt wurde, besagt, dass eine Temperaturerhöhung um 10 K eine Verdopplung der Reaktionsgeschwindigkeit bewirkt. Genauer gesagt, gilt diese Regel für langsame Reaktionen mit Dauern von 1 s bis 1 a bei nicht zu hohen Temperaturen, wobei der Faktor zwischen 1,5 und 4 liegen kann.

© Springer Fachmedien Wiesbaden GmbH, ein Teil von Springer Nature 2021
G. Job und R. Rüffler, *Physikalische Chemie*, Studienbücher Chemie,
https://doi.org/10.1007/978-3-658-32936-5_18

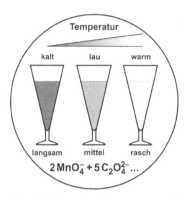

Versuch 18.1 *Temperaturabhängigkeit der Reaktionsge-schwindigkeit*: Kaliumpermanganat- und angesäuerte Oxal-säure-Lösungen werden unterschiedlich temperiert (im Eis-bad bei ca. 0 °C, bei Raumtemperatur sowie im Wasserbad bei ca. 50 °C). Anschließend wird, beginnend bei den kältes-ten Lösungen, jeweils zu der vorgelegten Oxalsäure-Lösung die Kaliumpermanganat-Lösung gleicher Temperatur gegos-sen. Die heiße Lösung entfärbt sich deutlich am schnellsten.

Der Einfluss der Temperatur geht nun, wie in Abschnitt 16.5 bereits angedeutet, über den Geschwindigkeitskoeffizienten k in die Beschreibung der Reaktionsgeschwindigkeit ein. Gegen Ende des neunzehnten Jahrhunderts fand der schwedische Chemiker Svante ARRHENIUS bei der Sichtung der damals vorliegenden Versuchsergebnisse heraus, dass sich der Geschwindigkeitskoeffizient offenbar bei den meisten Reaktionen exponentiell mit der reziproken Temperatur ändert:

$$k(T) = A \mathrm{e}^{-B/T} . \tag{18.1}$$

Die Parameter A und B, die ARRHENIUS für temperaturunabhängig hielt, sind dabei charak-teristisch für die jeweilige Reaktion.

ARRHENIUS gab auch die erste Deutung für diesen Befund, insbesondere für den Parameter B, an. Bei einer chemischen Reaktion müssen die Atome aus der Anordnung in den Ausgangs-stoffen in die der Endstoffe umgruppiert werden, wobei alte Bindungen gelöst werden müs-sen, um neue knüpfen zu können. Wie man sich leicht vorstellen kann, ist dazu eine gewisse Mindestenergie, die molare (ARRHENIUSsche) *Aktivierungsenergie* W_A der jeweiligen Reak-tion, erforderlich. Indem man den Exponenten mit der Gaskonstanten R erweitert, lässt sich Gleichung (18.1) in

$$k(T) = k_\infty \mathrm{e}^{-W_A/RT} \qquad \textit{ARRHENIUS-Gleichung.} \tag{18.2}$$

umschreiben [wobei k_∞ dem Parameter A und W_A/R dem Parameter B entspricht (insgesamt ist der Exponent damit, wie erforderlich, dimensionslos)].

Der *präexponentielle Faktor* k_∞ wird auch *Frequenzfaktor* genannt und stellt rein mathema-tisch den Grenzwert des Geschwindigkeitskoeffizienten für sehr hohe (in der Praxis nicht realisierbare) Temperaturen oberhalb 10^4 K ($T \to \infty$) dar (Abb. 18.1 a).

Um eine Vorstellung von der Größenordnung der Aktivierungsenergie bei chemischen Reak-tionen zu bekommen, kehren wir kurz zu der oben erwähnten Faustregel zurück. Demnach sollte eine Temperaturerhöhung um 10 K von z. B. $T_1 = 298$ K auf $T_2 = 308$ K eine Verdopp-lung des Geschwindigkeitskoeffizienten zur Folge haben, d. h.

$$2 \approx \frac{k_2}{k_1} = \frac{k_\infty \mathrm{e}^{-W_A/RT_2}}{k_\infty \mathrm{e}^{-W_A/RT_1}} = \exp \frac{W_A}{R} \left(\frac{1}{T_1} - \frac{1}{T_2} \right) .$$

Logarithmieren und Auflösen nach W_A ergibt:

$$W_A = \frac{\ln \frac{k_2}{k_1} \cdot R}{\frac{1}{T_1} - \frac{1}{T_2}} \approx \frac{\ln 2 \cdot 8{,}314\,\text{J mol}^{-1}\,\text{K}^{-1}}{\frac{1}{298\,\text{K}} - \frac{1}{308\,\text{K}}} \approx 53\,\text{kJ mol}^{-1}\,.$$

Tatsächlich liegen die Werte für die molaren Aktivierungsenergien vieler gängiger Reaktionen zwischen 30 und 100 kJ mol^{-1}.

Um die molare Aktivierungsenergie für eine bestimmte Reaktion aus den experimentellen Daten zu ermitteln, ist es vorteilhaft, Gleichung (18.2) zunächst zu logarithmieren:

$$\ln \frac{k}{k^{\dagger}} = \ln \frac{k_{\infty}}{k^{\dagger}} - \frac{W_A}{R} \cdot \frac{1}{T}\,.$$

$k^{\dagger}$ stellt dabei einen willkürlich gewählten Bezugswert mit gleicher Dimension wie k bzw. k_{∞} dar, der eingeführt wird, da das Argument einer Logarithmusfunktion dimensionslos sein muss. Um jedoch der Gleichung kein unnötig kompliziertes Aussehen zu verleihen, wollen wir die Division durch den Bezugswert wieder durch geschweifte Klammern andeuten (vgl. Abschnitt 16.5):

$$\ln\{k\} = \ln\{k_{\infty}\} - \frac{W_A}{R} \cdot \frac{1}{T}\,. \tag{18.3}$$

Trägt man nun $\ln\{k\}$ gegen $1/T$ auf (ARRHENIUS-Diagramm) (Abb. 18.1 b), so erhält man eine Gerade, aus deren Steigung $-W_A/R$ sich die molare Aktivierungsenergie ergibt. Der Wert von $\ln\{k_{\infty}\}$ und damit k_{∞} kann nach Extrapolation auf $1/T = 0$ aus dem Ordinatenabschnitt bestimmt werden.

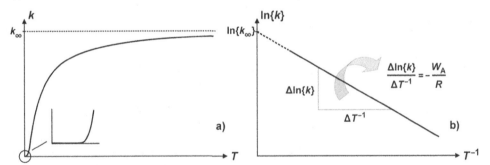

Abb. 18.1 a) Temperaturabhängigkeit des Geschwindigkeitskoeffizienten k und b) Bestimmung der Aktivierungsenergie W_A aus dem ARRHENIUS-Diagramm

Je steiler die Gerade verläuft, d. h. je höher die Aktivierungsenergie der betreffenden Reaktion ist, desto stärker ist auch ihre Temperaturabhängigkeit. So werden Reaktionen mit kleinen Aktivierungsenergien (um 10 kJ mol^{-1}) durch eine Temperaturerhöhung nur geringfügig beschleunigt. Die Geschwindigkeit von Reaktionen mit großen Aktivierungsenergien (um 60 kJ mol^{-1}) nimmt hingegen mit steigender Temperatur stark zu.

Wenn der Verlauf bei der Auftragung von $\ln\{k\}$ gegen $1/T$ nicht streng geradlinig ist, kann man die Aktivierungsenergie formal für ein Kurvenstück aus der Tangentensteigung bestimmen. W_A ist dann nicht mehr konstant, sondern verändert sich mit der Temperatur. Generell zeigen Reaktionen mit komplexem Reaktionsmechanismus wie z. B. Kettenreaktionen, Enzymreaktionen und heterogene katalytische Reaktionen ein Nicht-ARRHENIUS-Verhalten. Wir wollen jedoch im Folgenden von solchen Komplikationen absehen.

Die weiterreichende Bedeutung der ARRHENIUS-Gleichung liegt in der Entwicklung der Vorstellung, dass die Reaktanten bei ihrer Umbildung in Produkte einen aktivierten Zustand durchlaufen müssen, dessen Bildung eine charakteristische Energie erfordert. Dies war der Ausgangspunkt für die beiden wichtigsten Theorien zur Reaktionsgeschwindigkeit, die Stoßtheorie und die Theorie des Übergangszustandes.

18.2 Stoßtheorie

Ein tieferes Verständnis für die Bedeutung der ARRHENIUS-Parameter lässt sich aus der *Stoßtheorie* der bimolekularen Gasphasenreaktionen entwickeln, die auf der kinetischen Gastheorie basiert. Voraussetzung dafür, dass zwei Teilchen wie H_2 und I_2 oder auch zwei HI-Teilchen miteinander reagieren können, ist, dass sie sich überhaupt treffen, d. h. zusammenstoßen. Es zeigt sich jedoch, dass die Stoßhäufigkeit in einem idealen Gas (unter Normbedingungen) mit einer Größenordnung von 10^{35} m^{-3} s^{-1} die Anzahl der vorhandenen Teilchen bei weitem übersteigt, sodass eigentlich jede Gasphasenreaktion in Bruchteilen einer Mikrosekunde abgeschlossen sein sollte. Dies ist jedoch nicht der Fall. Experimentell bestimmte Halbwertszeiten weisen meist wesentlich höhere Werte auf wie z. B. die erwähnten Reaktionen zwischen H_2 und I_2 mit $t_{1/2} = 2 \cdot 10^{-2}$ s bzw. 2 HI mit $t_{1/2} = 5 \cdot 10^{-3}$ s (bei 500 °C). Offenbar führen nicht alle Zusammenstöße zur Reaktion, sondern nur solche, bei denen die Stoßenergie einen bestimmten Mindestwert überschreitet, der zum Umgruppieren der Bindungen erforderlich ist (Abb. 18.2 a und b).

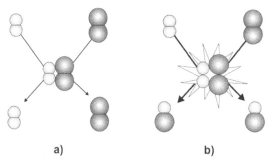

Abb. 18.2 a) Ausbleiben einer Reaktion bei zu geringer Stoßenergie und b) erfolgreiche Reaktion bei einem Stoß mit ausreichend hoher Energie (der Einfachheit halber denken wir uns die stoßenden Teilchen trotz ihrer unterschiedlichen Größe gleich schwer und gleich schnell)

a)   b)

Doch schauen wir uns unter diesem Aspekt eine bimolekulare Reaktion zwischen Teilchen der Sorte A und solchen der Sorte B in der Gasphase näher an. Je mehr Teilchen von einer Sorte vorhanden sind, desto häufiger werden auch Zusammenstöße zwischen den unterschiedlichen Teilchen A und B erfolgen. Die *Stoßhäufigkeit* oder „*Stoßdichte*" Z_{AB}, d. h. die Anzahl der Zusammenstöße zwischen A und B (in mol) je Volumen- und Zeiteinheit, ist damit direkt proportional zu den Konzentrationen beider Teilchensorten:

$$Z_{AB} \sim c_A \cdot c_B \qquad \text{bzw.} \qquad Z_{AB} = \text{const} \cdot c_A \cdot c_B \,. \tag{18.4}$$

Wie viel Energie beim Zusammenstoß zweier Teilchen A und B für ein Aufbrechen der Bindungen verfügbar ist, hängt nun nicht von ihrer Geschwindigkeit v ab, sondern von ihrer Relativgeschwindigkeit zueinander, aber auch noch davon, wie sie sich treffen, ob zentral oder streifend, ob und wie sie dabei rotieren oder schwingen usw. Einleuchtend ist, dass mit wachsendem v auch die anderen Geschwindigkeiten entsprechend zunehmen werden. In Abschnitt 10.4 hatten wir die MAXWELLsche Geschwindigkeitsverteilung kennengelernt, die die Häufigkeit der Gasteilchen pro Geschwindigkeitsintervall dv als Funktion der Geschwindigkeit v angibt. Die Geschwindigkeitsverteilung kann nun relativ leicht in eine Verteilung der kinetischen Energie $w_{kin} = \frac{1}{2} mv^2$ umgerechnet werden (Abb. 18.3).

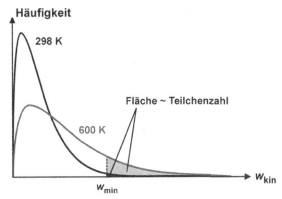

Abb. 18.3 Häufigkeit der Gasteilchen pro Energieintervall dw als Funktion der kinetischen Energie w_{kin} bei verschiedenen Temperaturen. Für den raschen Abfall der Verteilungskurve mit zunehmender Energie ist der aus der MAXWELLschen Verteilung stammende Faktor $e^{-w/k_B T}$ mit $w = w_{kin}$ verantwortlich.

Die markierte Fläche unter der jeweiligen Kurve gibt dann die Anzahl der Gasteilchen an, die mindestens über die kinetische Energie w_{min} verfügen. Mit steigender Temperatur nimmt demnach der Anteil der zur Reaktion fähigen Teilchen rasch zu, hauptsächlich bedingt durch den sogenannten „BOLTZMANN-Faktor" $e^{-w/k_B T}$ in der Energieverteilung (vgl. auch Abschnitt 10.5). Bei der Integration über die Verteilung von $w = w_{min}$ bis $w = \infty$ bleibt dieser Faktor bestehen. Wenn wir von den modifizierenden Vorfaktoren, die noch hinzukommen, einmal absehen, erhält man ein überraschend einfaches Ergebnis: Der Bruchteil q aller Teilchen, die bei einer Temperatur T mindestens die Energie w_{min} haben, ergibt sich zu

$$q = \frac{N(w \geq w_{min})}{N_{ges}} \approx e^{-w_{min}/k_B T} \qquad \text{bzw.} \qquad (18.5)$$

$$q \approx e^{-W_{min}/RT} , \qquad (18.6)$$

wobei sich die Energie W_{min} auf ein Mol Teilchen bezieht.

Zur Umsatzgeschwindigkeitsdichte r gelangt man nun, indem man die Stoßdichte mit dem Anteil der Stöße mit ausreichender Energie multipliziert:

$$r = q \cdot Z_{AB} = e^{-W_{min}/RT} \cdot \text{const} \cdot c_A \cdot c_B . \qquad (18.7)$$

Vergleicht man diesen Ausdruck mit dem Geschwindigkeitsgesetz zweiter Ordnung [Gl. (16.17)],

$$r = k \cdot c_A \cdot c_B ,$$

so folgt für den Geschwindigkeitskoeffizienten k:

$$k = \text{const} \cdot e^{-W_{\min}/RT} \, . \tag{18.8}$$

Diese Beziehung hat genau den gleichen Aufbau wie die ARRHENIUS-Gleichung (18.2). Die ARRHENIUS-Parameter können damit folgendermaßen interpretiert werden:

- Die Aktivierungsenergie W_A entspricht einer Mindestenergie, die bei einem Zusammenstoß zweier Gasteilchen zur Lösung bestehender und zur Knüpfung neuer Bindungen aufgebracht werden muss.

- Der präexponentielle Faktor k_∞ ist der maximal mögliche Geschwindigkeitskoeffizient, der erreicht würde, wenn alle Zusammenstöße erfolgreich wären.

Zur Veranschaulichung wollen wir uns noch anschauen, welcher Bruchteil an Gasteilchen bei Zimmertemperatur überhaupt reaktionsfähig wäre, wenn man von einer typischen Aktivierungsenergie von 50 kJ mol^{-1} ausgeht:

$$q = \exp\left(-\frac{W_A}{RT}\right) = \exp\left(-\frac{50 \cdot 10^3 \, \text{J mol}^{-1}}{8,314 \, \text{J mol}^{-1} \, \text{K}^{-1} \cdot 298 \, \text{K}}\right) = 1,7 \cdot 10^{-9} \, ,$$

d. h. weniger als 2 Zusammenstöße unter einer Milliarde können zu einer Reaktion führen.

Die präexponentiellen Faktoren k_∞, die sich mit Hilfe der kinetischen Gastheorie berechnen lassen, stimmen oft größenordnungsmäßig mit empirisch ermittelten Werten überein. Häufig findet man jedoch im Experiment auch Werte, die um ein bis zwei Zehnerpotenzen geringer als die berechneten ausfallen. Offenbar genügt der Zusammenstoß zweier Gasteilchen mit ausreichend hoher Energie allein nicht in jedem Fall für eine erfolgreiche Umsetzung, sondern beim Aufprall muss auch eine günstige Orientierung der Teilchen zueinander vorliegen, die eine Verbindung bestimmter Atome ermöglicht (Abb. 18.4 a und b).

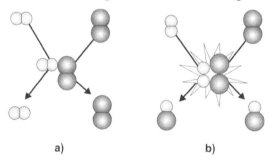

Abb. 18.4 Zusammenstoß mit a) einer für eine Umsetzung ungünstigen und b) einer günstigen Orientierung

a)   b)

Zur Korrektur dieses Effektes wird der sogenannte *sterische Faktor p* eingeführt, ein Zahlenwert ≤ 1, der den Anteil der Stöße mit günstiger Orientierung angibt. Je komplizierter die an der Reaktion beteiligten Teilchen aufgebaut sind, desto höher sind die Anforderungen an die Molekülorientierung und desto geringer ist damit p.

Wir wollen zusammenfassen: Für eine chemische Umsetzung (in der Gasphase) sind im Wesentlichen drei Dinge erforderlich,

- Zusammenstoß der Gasteilchen A und B,
- Energieüberschuss zur Umgruppierung der Bindungen (Aktivierung),
- günstige gegenseitige Lage beim Aufprall (Orientierung).

18.3 Theorie des Übergangszustandes

Begriff des Übergangszustandes. Die Stoßtheorie, die befriedigend nur für einfache Gasreaktionen gilt, behandelt die Reaktanten im Wesentlichen unter dem Gesichtspunkt von Teilchen mit einer bestimmten kinetischen Energie. Stoffdynamische Aspekte zum Beispiel spielen keine Rolle. Im Folgenden wollen wir eine umfassendere Theorie kennenlernen, die im Prinzip auf alle möglichen Reaktionstypen angewandt werden kann.

So kann man auch einstufige Reaktionen gedanklich in noch kleinere Teilschritte zerlegen. Eine chemische Reaktion besteht ja darin, wie wir uns im atomaren Modell vorstellen, dass gewisse Materiebausteine umgruppiert werden. Atome, die vorher eine bestimmte Art von Molekülen gebildet haben, können sich durch diese Umgruppierung zu neuen Molekeln zusammenschließen. Dazu müssen bestehende Bindungen zwischen den Atomen gelockert oder ganz getrennt und andere neu geschlossen werden. Bei einem einstufigen Vorgang, der definitionsgemäß in einem Zuge abläuft, müssen alle beteiligten Atome gleichzeitig zugegen sein. Sie bilden einen sogenannten „*Übergangskomplex*", in dem sich diese Umgruppierung vollzieht. Dieser „Komplex" ist ein labiles Gebilde, nur eine Art *Übergangszustand*, dem jedoch wie einem Stoff eine definierte Zusammensetzung und ein chemisches Potenzial zugeschrieben werden kann. Die Konfiguration im Übergangszustand ist energiereicher als es die Teilchen im Anfangs- und Endzustand der Reaktion sind. Da sich die Atome oder Moleküle daher in einem „aktivierten" (energiereichen) Zustand befinden müssen, um diese Konfiguration erhöhter Energie zu bilden, spricht man auch vom *aktivierten Komplex*.

Das Durchlaufen des Übergangszustandes kostet eine gewisse Zeit, die man als endliche, wenn auch extrem kurze Lebensdauer auffassen kann. Trotz ihrer Kurzlebigkeit verhalten sich die erwähnten Komplexe wie eine Art Teilchen und die Gesamtheit dieser labilen „Übergangsteilchen" wie eine Art Stoff, der in sehr kleiner Konzentration im Reaktionsgemisch vorliegt. Wir wollen die Gesamtheit solcher kurzlebigen Teilchen, um diesen Aspekt zu betonen, als *Übergangsstoff* bezeichnen und mit dem Symbol „‡" kennzeichnen. Die Bildung des Übergangsstoffes kann man formelmäßig wie folgt ausdrücken:

$$\underbrace{A + BC \rightleftarrows \overset{\text{‡}}{\overbrace{A \cdots B \cdots C}}}_{\text{Aktivierung}} \rightarrow AB + C \ .$$

Den ersten Halbschritt dieser Umsetzung, für den eine Energiezufuhr erforderlich ist, bezeichnet man als *Aktivierung* oder *Aktivierungsreaktion*. Die zu diesem Vorgang gehörenden Größen indizieren wir wie alle mit dem Übergangsstoff zusammenhängenden mit dem Zeichen ‡. Im zweiten Halbschritt, der auf das vorgelagerte Gleichgewicht folgt, zerfällt der Übergangsstoff dann (monomolekular) in die Produkte.

Die extrem kurze Lebensdauer und die maximale Energie unterscheiden den Übergangsstoff vom instabilen Zwischenstoff einer Folgereaktion (vgl. Abschnitt 17.4). Letzterer besitzt

„normale" Bindungen und kann daher im Gegensatz zum Übergangsstoff isoliert und untersucht werden.

Der Übergangsstoff und seine möglichst realistische Beschreibung unter Berücksichtigung von Erkenntnissen aus der Quantenmechanik bilden das Kernstück der von dem US-amerikanischen theoretischen Chemiker Henry EYRING, dem britischen Chemiker Meredith Gwynne EVANS und dem ungarisch-britischen Chemiker Michael POLANYI in den 30er Jahren des vorigen Jahrhunderts entwickelten Theorie.

Bestimmung der Umsatzgeschwindigkeitsdichte. Da die Umbildung der Ausgangs- in die Endstoffe immer über den Übergangsstoff verläuft, bestimmt dessen augenblicklich vorhandene Menge $n_\ddagger$ sowie seine Lebensdauer $\tau_\ddagger$, bevor er zu den Endstoffen zerfällt, die Geschwindigkeit der Umsetzung:

$$\omega = \dot{\xi} = \frac{n_\ddagger}{\tau_\ddagger}. \tag{18.9}$$

Für eine homogene Reaktion erhalten wir aus ω wie gehabt die Geschwindigkeitsdichte r, indem wir die obige Gleichung durch das Volumen V teilen (mit $c_\ddagger = n_\ddagger/V$ als Konzentration des Übergangsstoffes):

$$r = \frac{c_\ddagger}{\tau_\ddagger}. \tag{18.10}$$

Nach Überlegungen, die wohl zuerst EYRING im Jahre 1935 angestellt hat, kann man in guter Näherung annehmen, dass die Menge, in der der kurzlebige Übergangsstoff im Reaktionsgemisch vorliegt, den Wert erreicht, der sich im Gleichgewicht mit den Ausgangsstoffen herausbilden würde. (Diese Annahme kann allerdings nicht streng gelten, denn es besteht ja gerade kein Gleichgewicht im klassischen chemischen Sinne, wenn der Übergangsstoff stets weiter in die Endstoffe zerfällt. Man spricht daher auch von der Quasi-Gleichgewichts-Hypothese.)

Wenn man davon ausgeht, dass der Übergangsstoff praktisch in der Gleichgewichtskonzentration vorliegt, dann kann man diese Größe leicht mit Hilfe des Massenwirkungsgesetzes nach bekanntem Muster berechnen. Es gilt etwa für obige Umsetzung:

$$\overset{\circ}{\mathcal{K}}_\ddagger = \frac{c_\ddagger/c^\ominus}{(c_A/c^\ominus) \cdot (c_{BC}/c^\ominus)}. \tag{18.11}$$

Lösen wir die Gleichung nach der Konzentration $c_\ddagger$ des Übergangsstoffes auf, so erhalten wir

$$c_\ddagger = \overset{\circ}{\mathcal{K}}_\ddagger \cdot c^\ominus \cdot \frac{c_A}{c^\ominus} \cdot \frac{c_{BC}}{c^\ominus}. \tag{18.12}$$

Für die Lebensdauer des Übergangszustandes hat EYRING auf quantenmechanischem Wege einen sehr einfachen Ausdruck hergeleitet:

$$\tau_\ddagger = \frac{h}{k_B T}. \tag{18.13}$$

Dabei ist h das PLANCKsche Wirkungsquant mit $h = 6{,}626 \cdot 10^{-34}$ J s und k_B die BOLTZMANN-Konstante mit $k_B = 1{,}381 \cdot 10^{-23}$ J K^{-1}.

Mit Gleichung (18.13) wird nur der Zerfall des Übergangsstoffes zu den Endstoffen hin berücksichtigt, da der Rückzerfall in die Ausgangsstoffe durch seine ständige Neubildung ausgeglichen wird.

Als Größenordnung von $\tau_\ddagger$ bei Zimmertemperatur ergibt sich der Wert $\tau_\ddagger \approx 10^{-13}$ s ($\approx$ 0,1 Picosekunde). Die Lebensdauer ist also, wie bereits erwähnt, tatsächlich sehr kurz. Auch nimmt sie mit wachsender Temperatur ab, unter anderem deswegen, weil infolge der in einer warmen Umgebung größeren Teilchengeschwindigkeit der Übergangszustand im Mittel schneller durchlaufen wird. Das Angenehme an dieser Gleichung ist jedoch, dass sich alle Übergangsstoffe *unabhängig von ihrer Art* gleich verhalten.

Da uns die Grundlagen fehlen, die beiden EYRINGschen Annahmen – nämlich erstens über die Konzentration und zweitens über die Lebensdauer der Übergangsstoffe – näher zu begründen, haben sie für uns den Charakter von Grundannahmen, deren Rechtfertigung sich im nachhinein durch Vergleich der daraus gezogenen Folgerungen mit der Erfahrung ergibt. Doch welche Folgerungen sind das?

Durch Kombination der Gleichungen für $c_\ddagger$ und $\tau_\ddagger$ erhalten wir die gesuchte Geschwindigkeitsdichte r, die wir der entsprechenden Geschwindigkeitsgleichung für eine Reaktion zweiter Ordnung gegenüberstellen wollen:

$$r = \boxed{\frac{k_B T}{h} \cdot \overset{\circ}{\mathcal{K}}_\ddagger \cdot c^\ominus \cdot \frac{c_A}{c^\ominus} \cdot \frac{c_{BC}}{c^\ominus}} = k \cdot c_A \cdot c_{BC} \, . \tag{18.14}$$

In dem eingerahmten Ausdruck ist die einzige von der *Art* der Reaktion abhängige Größe die Gleichgewichtszahl $\overset{\circ}{\mathcal{K}}_\ddagger$. Diese lässt sich wie üblich aus der Beziehung

$$\overset{\circ}{\mathcal{K}}_\ddagger = \exp\left(\frac{\overset{\circ}{\mathcal{A}}_\ddagger}{RT}\right) = \exp\left(\frac{\overset{\circ}{\mu}_A + \overset{\circ}{\mu}_{BC} - \overset{\circ}{\mu}_\ddagger}{RT}\right) = \exp\left(-\frac{\Delta_\ddagger \overset{\circ}{\mu}}{RT}\right) \tag{18.15}$$

berechnen. Der Geschwindigkeitskoeffizient k ergibt sich dann zu

$$k = \kappa_\ddagger \frac{k_B T}{h} \cdot \exp\left(\frac{\overset{\circ}{\mathcal{A}}_\ddagger}{RT}\right) = \kappa_\ddagger \frac{k_B T}{h} \cdot \exp\left(-\frac{\Delta_\ddagger \overset{\circ}{\mu}}{RT}\right) \tag{18.16}$$

mit dem Dimensionsfaktor $\kappa_\ddagger = (c^\ominus)^{-1}$. Die Größe $-\mathcal{A}_\ddagger = \Delta_\ddagger\mu = \mu_\ddagger - \mu_A - \mu_{BC}$ bezeichnen wir als die *Aktivierungsschwelle* der Reaktion und ihren speziellen Wert $-\overset{\circ}{\mathcal{A}}_\ddagger = \Delta_\ddagger \overset{\circ}{\mu}$ als ihren Grundwert. Man beachte, dass wegen des vorausgesetzten Gleichgewichtes $\mathcal{A}_\ddagger$ gleich null ist, nicht aber der Grundwert $\overset{\circ}{\mathcal{A}}_\ddagger$.

Potenzialdiagramm und Aktivierungsschwelle. Das Ergebnis ist recht bemerkenswert, besagt es doch, dass der Reaktionswiderstand und damit die individuellen Unterschiede in den Geschwindigkeiten verschiedener Reaktionen allein von der Höhe der Potenzialbarriere $\Delta_\ddagger \overset{\circ}{\mu}$ zwischen Ausgangsstoffen und Übergangsstoff herrühren. Um die Aussage etwas anschaulicher zu machen, stellen wir die Potenziale graphisch dar, und zwar erstens die Grundwerte $\overset{\circ}{\mu}$ und zweitens die tatsächlichen Werte μ (Abb. 18.5).

Nur bei den Grundpotenzialen tritt eine Aktivierungsschwelle $\Delta_\ddagger \overset{\circ}{\mu}$ in Form einer von links zum Übergangsstoff aufsteigenden Stufe auf, während sie bei den tatsächlichen Potenzialen wegen des vorausgesetzten Gleichgewichts verschwindet:

$$AB + C \rightleftarrows \ddagger \qquad\qquad \Delta_\ddagger \mu = 0.$$

Die Aktivierungsschwelle $\Delta_\ddagger \overset{\circ}{\mu}$ bestimmt nun die Umsatzgeschwindigkeit der von links nach rechts laufenden Reaktion. Je höher diese Aktivierungsschwelle ist, desto geringer ist der Geschwindigkeitskoeffizient und desto langsamer läuft die Umsetzung ab. Die Geschwindigkeit fällt dabei sehr rasch, nämlich exponentiell, mit der Höhe der Aktivierungsschwelle ab.

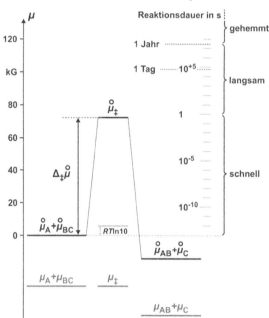

Abb. 18.5 Potenzialdiagramm zur Beschreibung der Umsatzgeschwindigkeit. Dargestellt sind die Grundwerte (schwarze Balken) und die tatsächlichen Werte (graue Balken) für Ausgangs- und Endstoffe sowie für den Übergangsstoff ‡. (Als Nullpunkt der Potenzialskale wurde willkürlich das Niveau der μ-Grundwerte gewählt.)

Wenn das chemische Potenzial $\overset{\circ}{\mu}_\ddagger$ des Übergangsstoffes sich auf dem Niveau $\overset{\circ}{\mu}_A + \overset{\circ}{\mu}_{BC}$ der Ausgangsstoffe befindet, die Aktivierungsschwelle $\Delta_\ddagger \overset{\circ}{\mu}$ also null ist, und wenn alle Stoffe in der Normkonzentration $c^\ominus$ vorliegen, dann ergibt unsere Formel für die Geschwindigkeitsdichte r bei den üblichen Labortemperaturen:

$$r_0 \approx \frac{1}{1 \cdot 10^{-13} \text{ s}} \cdot (1 \cdot 10^3 \text{ mol m}^{-3}) \cdot \exp(0) \cdot 1 \cdot 1 = 1 \cdot 10^{16} \text{ mol m}^{-3} \text{ s}^{-1}.$$

Da von jedem der Stoffe $1 \cdot 10^3$ mol im Kubikmeter enthalten sein sollten, wären sie unter diesen Bedingungen bei gleichbleibender Geschwindigkeit in $1 \cdot 10^{-13}$ s verbraucht.

Die Umsatzgeschwindigkeit verlangsamt sich auf 1/10, wenn $\Delta_\ddagger \overset{\circ}{\mu}$ um das Dekapotential μ_d $= RT \ln 10 = 5,71$ kG (bei Zimmertemperatur) wächst, denn es ist $\exp(-RT \ln 10 / RT) = 10^{-1}$. Entsprechend würde es 10-mal so lange dauern, bis die Ausgangsstoffe verbraucht wären. Eine wiederholte Erhöhung der Schwelle um den Betrag $RT \ln 10$ verlängert die Reaktionsdauer jedes Mal um den Faktor 10. Bei der 13. Sprosse dieser Leiter erreicht die Reaktionsdauer die Größenordnung 1 s und macht sich damit bei der üblichen Laborarbeit bemerkbar. Hier etwa zieht man die Grenze zwischen *schnellen* und *langsamen* Reaktionen. Oberhalb der 20. Sprosse erreicht die Reaktionsdauer 1 Jahr und überschreitet damit gewöhnlich die Ausdauer auch des geduldigsten präparativ tätigen Chemikers. Aus seiner Sicht sind solche Reaktionen als *gehemmt* zu betrachten, weil innerhalb der Beobachtungsdauer praktisch kein Umsatz stattfindet.

Interpretation der hergeleiteten Beziehungen. Um den Zusammenhang mit dem ARRHENIUSschen Ansatz $k = A\mathrm{e}^{-B/T}$ herzustellen, genügt es, wenn man für $\mathcal{A}_{\ddagger}(T)$ den üblichen linearen Ansatz $\mathcal{A}_{\ddagger} = \mathcal{A}_{\ddagger,0} + \alpha(T - T_0)$ heranzieht:

$$\overset{\circ}{\mathcal{K}}_{\ddagger}(T) = \exp\frac{\overset{\circ}{\mathcal{A}}_{\ddagger}(T)}{RT} = \exp\frac{\overset{\circ}{\mathcal{A}}_{\ddagger,0} + \alpha\cdot(T - T_0)}{RT}$$

$$= \exp\frac{\overbrace{\left(\overset{\circ}{\mathcal{A}}_{\ddagger,0} - \alpha\cdot T_0\right)/R}^{-B}}{T} \cdot \overbrace{\exp\frac{\alpha}{R}}^{A^*} = A^*\,\mathrm{e}^{-B/T}$$

und damit

$$k = \kappa_{\ddagger}\frac{k_{\mathrm{B}}T}{h}A^*\,\mathrm{e}^{-B/T}.$$

A^* entspricht bis auf den Faktor $\kappa_{\ddagger}\cdot k_{\mathrm{B}}T/h$ dem Parameter A im ARRHENIUSschen Ansatz. B stellt wie bei ARRHENIUS eine Konstante dar, A jedoch nicht. Allerdings würde sich dessen Temperaturabhängigkeit gegenüber der des Faktors $\mathrm{e}^{-B/T}$ kaum bemerkbar machen, sodass man sie ignorieren kann, wenn der Temperaturbereich nicht allzu groß ist.

Der Temperaturkoeffizient α, für den wir ausführlicher $\overset{\circ}{\alpha}_{\ddagger,0}$ schreiben können, stimmt zahlenmäßig mit der *Aktivierungsentropie* überein, $\alpha = \overset{\circ}{\alpha}_{\ddagger,0} = \Delta_{\ddagger}\overset{\circ}{S}_0$. Sie ist negativ, da der Übergangszustand ‡ ein besser geordneter, entropieärmerer ist als der, aus dem er gebildet wird: den getrennten, wimmelnden, wirbelnden Teilchen. Wenn eine bestimmte Ausrichtung der zusammenstoßenden Teilchen erforderlich ist, heißt das, dass der Übergangszustand noch weniger beliebig oder, anders gesagt, noch besser geordnet sein muss, die Aktivierungsentropie wird also stärker negativ sein. Das ist ein Merkmal, welches man in der Stoßtheorie über den sterischen Faktor p zu beschreiben sucht.

18.4 Molekulare Deutung des Übergangszustandes

Obwohl die kurze Charakterisierung des Übergangszustandes im letzten Abschnitt zum Verständnis unserer weiteren Überlegungen grundsätzlich ausreichen würde, besteht oft der Wunsch nach einer etwas ausführlicheren Darstellung zur Vertiefung des Verständnisses.

Potenzialfläche. Die Umgruppierung der Atome im Reaktionsablauf verläuft nicht momentan, sondern erstreckt sich über eine gewisse Zeitspanne. In deren Verlauf verwandeln sich die Anfangsteilchen in die Endteilchen. Als Beispiel soll wieder die Reaktion

$$A + BC \rightarrow AB + C$$

herangezogen werden, wobei angenommen wird, dass die Schwerpunkte aller drei Atome zu jeder Zeit auf einer Geraden liegen. Während des Reaktionsablaufs wird durch Annäherung von A an BC die Bindung zwischen B und C gelockert. (Wir können diese Bindung stark vereinfachend als Feder darstellen.) Gleichzeitig beginnt sich eine neue Bindung zwischen A und B auszubilden. Beim Fortschreiten der Reaktion wird der erwähnte Übergangszustand (aktivierte Komplex) A$\cdots$B$\cdots$C durchlaufen, der anschließend in das Molekül AB und das Atom C zerbricht:

$$A + BC \rightleftarrows \underbrace{A \cdots B \cdots C}_{\ddagger} \rightarrow AB + C \, .$$

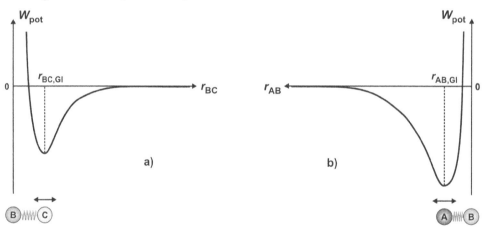

Wir können nun die Ausgangs- bzw. Endstoffe als zwei extreme Anordnungen des aktivierten Komplexes auffassen. So befinden sich im Anfangszustand die Atome B und C auf Bindungsabstand, das Atom A ist jedoch sehr weit davon entfernt. In Abbildung 18.6 a wird nun die potenzielle Energie W_{pot} in Abhängigkeit vom Kernabstand r_{BC} im Molekül BC wiedergegeben (vgl. auch die Ausführungen zum LENNARD-JONES-Potenzial in Abschnitt 11.1). Sie steigt steil an, wenn die Bindung gegenüber dem Gleichgewichtsabstand $r_{BC,Gl}$ gestaucht wird ($r_{BC} < r_{BC,Gl}$). Bei Bindungsstreckung ($r_{BC} > r_{BC,Gl}$) nimmt W_{pot} aufgrund der abklingenden Anziehungskräfte ebenfalls zu und nähert sich in diesem Fall schließlich asymptotisch einem Grenzwert, der der Energie der vollständig getrennten Atome B und C entspricht (Dissoziationsenergie). Die potenzielle Energie für verschiedene Kernabstände des Moleküls BC ist quantenmechanisch berechenbar. Ein ganz analoges Diagramm kann auch für das Molekül AB aufgestellt werden (Abb. 18.6 b).

Abb. 18.6 Potenzielle Energie W_{pot} a) der Moleküle BC und b) der Moleküle AB bei sehr weit entfernten dritten Partnern A bzw. C. $r_{BC,Gl}$ bzw. $r_{AB,Gl}$ sind die Gleichgewichtsabstände.

Das Minimum der potenziellen Energie beim Gleichgewichtsabstand $r_{BC,Gl}$ (eine stets vorhandene Nullpunktsenergie im Schwingungsgrundzustand soll hier nicht berücksichtigt werden) stellt den Anfangszustand dar, d.h., das Atom A befindet sich in sehr großem Abstand vom Molekül BC. Nähert sich nun das Atom A dem Molekül BC, das schließlich im Verlauf der Reaktion zerfällt, so lässt sich für jeden Augenblick dieser Umgruppierung die Anordnung der beteiligten Materiebausteine in dem dreiatomigen gestreckten „Molekül" A$\cdots$B$\cdots$C benennen. So gelangen wir zu einer sehr großen Zahl von Zwischenzuständen der Reaktion. Jedem der möglichen Zwischenzustände, auch dem Anfangs- und dem Endzustand, ist eine gewisse potenzielle Energie zugeordnet, die von der Geometrie der jeweiligen Anordnung, d. h. von den gegenseitigen Abständen r_{AB} und r_{BC} der Atome abhängt und im Prinzip quantenmechanisch berechnet werden kann. Trägt man nun diese Energie in Abhängigkeit von den Kernabständen (r_{AB} in x- und r_{BC} in y-Richtung) in z-Richtung auf, so gelangt man zu einer dreidimensionalen Darstellung (potenzielle Energie-Fläche- oder kurz Potenzialflächendiagramm) (Abb. 18.7). Die vorangehend vorgestellten Diagramme 18.6 a und b bilden dabei vorn die senkrechten Seitenwände. Zur Verdeutlichung der Energiefläche wurden zusätzlich in bestimmten Abständen die Punkte gleicher Energie durch Schichtlinien verbunden.

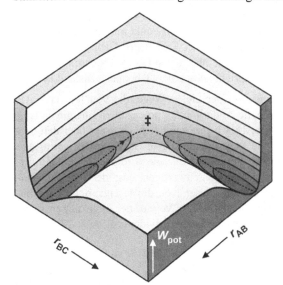

Abb. 18.7 Fläche der potenziellen Energie für das lineare Teilchensystem
$$A \overset{r_{AB}}{\cdots} B \overset{r_{BC}}{\cdots} C$$

Wie besprochen, befindet sich das Molekül BC zu Beginn, d. h., wenn das Atom A noch sehr weit entfernt ist, in einer tiefen Energiemulde (linke „Talsohle"). Nähert sich nun das Atom A dem Molekül BC, so steigt die potenzielle Energie infolge Lockerung der BC-Bindung „taleinwärts" an, bis ein Maximum („Sattel ‡") erreicht wird, das dem energetisch labilen Übergangszustand A···B···C entspricht. Verringert sich der Abstand zwischen A und B weiter, so fällt W_{pot} aufgrund der Ausbildung der neuen AB-Bindung zur rechten „Talsohle" hin wieder ab, wobei sich gleichzeitig das Atom C von dem im Entstehen begriffenen Molekül AB entfernt. Im Endzustand der Reaktion liegt schließlich das Molekül AB in einer tiefen Energiemulde (Gleichgewichtsabstand $r_{AB,Gl}$) sowie das abgetrennte Atom C vor.

Reaktionskoordinate und Übergangszustand. Zur weiteren Verdeutlichung kann die dreidimensionale Potenzialfläche (das „Potenzialgebirge") auf die durch die r_{AB}- und r_{BC}-Achsen aufgespannte Grundfläche projiziert werden. Man erhält, vergleichbar mit einer Landkarte, ein zweidimensionales Schichtliniendiagramm (Abb. 18.8 a).

Der Anfangs- und der Endzustand der Reaktion sind zwar eindeutig bestimmt, nicht aber die Art und Weise der Umgruppierung, die den Anfangs- in den Endzustand überführt. Man kann sich leicht vorstellen, dass die einzelnen Materiebausteine im Prinzip sehr verschiedene Wege zurücklegen könnten, um zu ihrer stabilen Endanordnung zu gelangen. Es gibt also beliebig viele *Reaktionswege*, d. h. mögliche Verläufe der Umgruppierung. Im Allgemeinen ist es nun so, dass auf jedem dieser Reaktionswege momentan (mindestens) eine Anordnung eingenommen wird, deren Energie sowohl die des Anfangs- als auch des Endzustandes übersteigt. In diesem Zusammenhang spricht man nun von einem *Übergangs-* oder auch *aktivierten Zustand*. Zu jedem Reaktionsweg existiert also insbesondere (mindestens) ein aktivierter Zustand mit *maximaler Energie*. Unter allen Reaktionswegen ist nun derjenige ausgezeichnet, in dem das Maximum der Energie minimal ist. Die entsprechende Atomanordnung ist der Übergangszustand *im engeren Sinne* (kurz Übergangszustand i.e.S.).

Um dies noch einmal zu verdeutlichen, bemühen wir das Bild eines Wanderers, der ein Gebirge überqueren muss, um von seinem Ausgangspunkt an sein Ziel zu gelangen. Auf *jedem* Weg dorthin, den der Wanderer einschlagen kann, wird er einen Punkt maximaler Höhe (potenzieller Energie) erreichen, nämlich, wenn er gerade den Kamm des Gebirges überquert. Unter seinen Wegen sind diejenigen ausgezeichnet, die über einen Pass verlaufen. Der Scheitelpunkt des Passes mit niedrigster Passhöhe entspricht gerade dem Übergangszustand i.e.S.

Im Schichtliniendiagramm (Abb. 18.8 a) sind drei der vielen Wege, die von BC nach AB möglich sind, eingezeichnet. Verfolgt man nun die Änderung der potenziellen Energie entlang dieser Wege anhand eines Energieprofils (Abb. 18.8 b), so zeigt sich, dass der über den Sattelpunkt (Übergangszustand i.e.S.) verlaufende Weg der günstigste ist, da er den geringsten Energieaufwand erfordert. Dieser spezielle Weg minimaler Energie wird auch als *Reaktionskoordinate* bezeichnet. Man sollte sich aber stets vergegenwärtigen, dass der Übergangszustand (i.e.S.) selbst einem Energiemaximum entlang dieser Koordinate entspricht, was ihn, wie besprochen, von einem Zwischenstoff unterscheidet. Der Verlauf der molekularen Energien der Reaktion spiegelt sich in dem der chemischen Potenziale wider (vgl. Abb. 18.5).

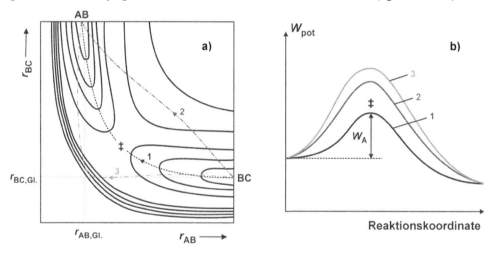

Abb. 18.8 a) Schichtliniendarstellung der Energiefläche für das lineare Teilchensystem A···B···C mit drei möglichen Wegen der Reaktion A + BC → AB + C sowie b) zugehörige Energieprofile

19 Katalyse

Reaktionen können nicht nur durch Temperaturerhöhung beschleunigt werden, sondern auch durch Zugabe geringer Mengen eines Stoffes, des sogenannten *Katalysators*, der selbst während der Umsetzung nicht verbraucht wird. Im Falle der Katalyse können die homogene Katalyse, bei der alle beteiligten Stoffe ein einheitliches Gemisch bilden, die heterogene Katalyse, bei der Katalysator und umgesetzte Stoffe auf verschiedene Phasen verteilt sind, und die enzymatische Katalyse, die eine Zwischenstellung einnimmt, unterschieden werden. Ein aus dem Alltag wohlbekanntes Beispiel eines Katalysators ist der Abgaskatalysator in Kraftfahrzeugen mit Ottomotor, der Verbrennungsschadstoffe durch beschleunigte Nachreaktionen beseitigt. Doch warum laufen Umsetzungen nach Zusatz eines Katalysators schneller ab als ohne Katalysator? Der Katalysator verringert den Reaktionswiderstand, indem er leichter gangbare Nebenwege mit niedrigeren Aktivierungsschwellen öffnet. *Enzyme*, die einen Großteil der lebenswichtigen Biokatalysatoren stellen, und die Kinetik ihrer Reaktionen mit strukturell passenden *Substraten*, werden ausführlich diskutiert. Ein Enzym kann dabei mit einem Schloss verglichen werden, in das nur der zugehörige Schlüssel, d. h. ein ganz bestimmtes Substrat, passt (Schlüssel-Schloss-Prinzip). Hierin liegt quasi der „Schlüssel" für die außerordentlich hohe Substratspezifität der Enzyme. Das Kapitel endet mit der Besprechung der industriell bedeutsamen heterogenen Katalyse.

19.1 Einführung

Reaktionen können, wie wir im vorigen Kapitel gesehen haben, durch Temperaturerhöhung beschleunigt werden. Eine andere Möglichkeit, die Geschwindigkeit einer chemischen Umsetzung zu erhöhen, stellt die *Katalyse* dar. Der zu diesem Zweck in kleinen Mengen beigefügte Stoff, der *Katalysator*, wird dabei selbst nicht verbraucht. Er verringert den Reaktionswiderstand, indem er leichter gangbare Nebenwege öffnet. Ein aus dem Alltag wohlbekanntes Beispiel ist der Abgaskatalysator in Kraftfahrzeugen mit Ottomotor, der Verbrennungsschadstoffe durch beschleunigte Nachreaktionen beseitigt.

Man kann nun zwischen verschiedenen Katalysearten unterscheiden. Bilden alle beteiligten Stoffe ein einheitliches Gemisch, liegen also in derselben (gasigen oder flüssigen) Phase vor, so spricht man von *homogener Katalyse*. Bei der *heterogenen Katalyse* hingegen sind Katalysator und umzusetzende Stoffe auf verschiedene Phasen verteilt. In der Regel handelt es sich bei dem Katalysator um einen Feststoff, während die umzusetzenden Stoffe entweder gasig oder flüssig sind. Diese Art der Katalyse spielt in der industriellen Anwendung eine sehr große Rolle. Eine Zwischenstellung nimmt die *enzymatische Katalyse* ein. Enzyme sind Proteine, d. h. Makromoleküle mit Durchmessern zwischen 10 und 100 nm, die in Lösung kolloidal vorliegen und meist weitaus größer als die Moleküle des Stoffes sind, der umgesetzt wird. Man spricht daher auch von *mikroheterogener Katalyse*.

Die unterschiedlichen Katalysearten wollen wir uns am Beispiel der Zersetzung von Wasserstoffperoxid zu Wasser und Sauerstoff,

© Springer Fachmedien Wiesbaden GmbH, ein Teil von Springer Nature 2021
G. Job und R. Rüffler, *Physikalische Chemie*, Studienbücher Chemie,
https://doi.org/10.1007/978-3-658-32936-5_19

$$2\,H_2O_2|w \rightarrow 2\,H_2O|l + O_2|g\,,$$

noch etwas näher anschauen (Versuch 19.1). Unkatalysiert verläuft die Reaktion bei Zimmertemperatur nur unmerklich langsam. Als homogener Katalysator wirken zugesetzte Fe^{3+}-Ionen; als heterogener Katalysator eignet sich der Feststoff Braunstein (MnO_2). Zur enzymatischen Katalyse wird schließlich das Enzym Katalase eingesetzt.

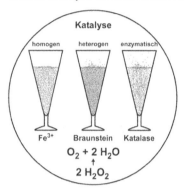

Versuch 19.1 *H_2O_2-Zersetzung durch verschiedene Katalysatoren*: Versetzt man die Wasserstoffperoxid-Lösung mit einer Eisen(III)-chlorid-Lösung, so beobachtet man eine deutliche Sauerstoffentwicklung. Bei Zugabe von Braunstein verläuft die Reaktion weitaus schneller als im ersten Fall und ist mit einer Nebelbildung verbunden. (Daher rührt auch der Name „Flaschengeist" für eine Variante des Experiments.) Bei Zugabe des Enzyms Katalase schließlich erfolgt eine heftige Reaktion unter starkem Aufschäumen.

Der auf die Zerstörung des Zellgifts H_2O_2 spezialisierte Biokatalysator Katalase ist also, wie wir aus dem vorgestellten Versuch ersehen können, am wirksamsten.

Wird der Katalysator erst während der Reaktion gebildet, so spricht man von *Autokatalyse*. Ein Beispiel ist die Reaktion von Permanganat mit Oxalsäure (Versuch 19.2),

$$2\,MnO_4^-|w + 5\,C_2O_4^{2-}|w + 16\,H^+|w \rightarrow 2\,Mn^{2+}|w + 10\,CO_2|g + 8\,H_2O|l\,,$$

die wir bereits in den Kapiteln 16 (Versuch 16.11) und 18 (Versuch 18.1) unter verschiedenen Aspekten unter die Lupe genommen haben. Die entstehenden Mn^{2+}-Ionen stellen hier den Katalysator dar. Diese Funktion der Mn^{2+}-Ionen kann man leicht nachweisen, indem man sie bereits gleich zu Beginn der Reaktion zusetzt.

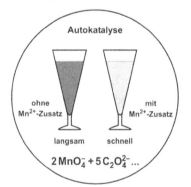

Versuch 19.2 *Autokatalyse*: Die zu Beginn nur zögerlich einsetzende Entfärbung der Lösung geht mit fortschreitender Reaktion immer schneller vonstatten, da im Verlauf der Umsetzung immer mehr katalytisch wirksame Mn^{2+}-Ionen entstehen. Setzt man gleich zu Beginn der Reaktion Mn^{2+}-Ionen hinzu, so beginnt die Entfärbung der Lösung sofort.

Der Ablauf einer katalytischen Reaktion kann aber durch die Zugabe einer kleinen Menge einer bestimmten Substanz, eines sogenannten *Hemmstoffs* oder *Inhibitors*, auch verzögert oder gar ganz unterbunden werden, wobei diese Substanz (im Gegensatz zu einem Katalysator) jedoch selbst verbraucht wird. Wird der Katalysator irreversibel deaktiviert, spricht man auch von *Katalysatorgift* bzw. *Enzymgift*. Die Übergänge zwischen Hemmung und Vergiftung sind jedoch fließend. Als Beispiel wollen wir nochmals die durch das Enzym Katalase stark beschleunigte Zersetzung des Wasserstoffperoxids unter Sauerstoffentwicklung heranziehen (Versuch 19.3). Auch Kartoffeln enthalten dieses Enzym. Seine Wirkung, erkennbar an der Bildung von Gasbläschen, kann aber durch vorherige Behandlung des Kartoffelstücks mit Quecksilberchlorid-Lösung vollständig unterbunden werden. Die Quecksilberionen verändern die Struktur des Proteins und zerstören damit seine Enzymfunktion.

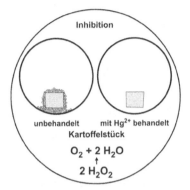

Versuch 19.3 *Hemmung des Enzyms Katalase*: Ein Kartoffelstück wird in entionisiertes Wasser gelegt, ein zweites, etwa gleich großes in eine Quecksilber(II)-chlorid-Lösung. In zwei Petrischalen wird jeweils Wasserstoffperoxid-Lösung gefüllt. Die beiden Kartoffelstücke werden mit einer Pinzette in den Petrischalen platziert. An dem unbehandelten Kartoffelstück setzt sofort eine starke Schaumbildung ein, bedingt durch die Entwicklung des Gases Sauerstoff. An dem mit HgCl$_2$-Lösung behandelten Kartoffelstück bleibt die Gasentwicklung hingegen nahezu aus.

Aus dem Alltag bekannt ist die Vergiftung des eingangs erwähnten Abgaskatalysators in Kraftfahrzeugen (vgl. auch Abschnitt 19.4) durch das Schwermetall Blei. Deshalb muss stets bleifreier Treibstoff verwendet werden.

19.2 Wirkungsweise eines Katalysators

Schon der deutsch-baltische Chemiker Friedrich Wilhelm OSTWALD fand heraus, dass bei katalysierten Reaktionen durch Bindung an den Katalysator Zwischenstoffe entstehen, die dann unter Rückbildung des Katalysators wieder zerfallen. Eine einfache chemische Reaktion wie z. B.

$$A + B \rightarrow P$$

kann also folgendermaßen durch einen Katalysator K beeinflusst werden:

$$K + A \overset{1}{\rightarrow} KA \,,$$

$$KA + B \overset{2}{\rightarrow} K + P \,.$$

Doch warum laufen Umsetzungen nach einem durch den Zusatz eines Katalysators veränderten Reaktionsmechanismus schneller ab als ohne Katalysator? Der Geschwindigkeitskoeffizient k der unkatalysierten Umsetzung, die über den aktivierten Komplex ‡ verläuft,

$$A + B \rightleftarrows \ddagger \rightarrow P \,,$$

wird für eine gegebene Temperatur nur durch die Aktivierungsschwelle $\Delta_{\ddagger} \overset{\circ}{\mu}$ bestimmt (siehe Abschnitt 18.3). Je niedriger diese Aktivierungsschwelle ist, desto schneller verläuft die Reaktion. Die gegenüber der unkatalysierten Reaktion größere Bildungs- und Zerfallsgeschwindigkeit des Zwischenstoffes KA kann folglich nur durch entsprechend niedriger liegende Aktivierungsschwellen erklärt werden (Abb. 19.1):

$$K + A \rightleftarrows \ddagger' \rightarrow KA \ ,$$

$$KA + B \rightleftarrows \ddagger'' \rightarrow K + P \ .$$

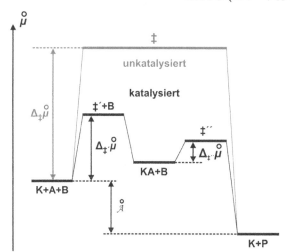

Abb. 19.1 Einfluss des Katalysators K auf die Aktivierungsschwellen

Die Herabsetzung der Aktivierungsschwelle im Fall der katalysierten Reaktion macht sich im ARRHENIUS-Diagramm durch eine deutlich verringerte Steigung der zugehörigen Geraden bemerkbar (Abb. 19.2).

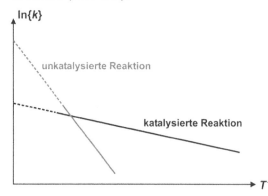

Abb. 19.2 ARRHENIUS-Auftragung für die unkatalysierte und katalysierte Reaktion

So erfordert z. B. die Zersetzung von Wasserstoffperoxid eine molare Aktivierungsenergie von 76 kJ mol^{-1}, weshalb sie bei Zimmertemperatur nur sehr langsam abläuft. Durch die Zugabe des Enzyms Katalase wird diese Schwelle auf nur 6 kJ mol^{-1} herabgesetzt, was zu einer extremen Beschleunigung der Reaktion führt. Allerdings ist die Aktivierungsenergie in diesem Zusammenhang formal für die gesamte, nach einem veränderten Mechanismus ablaufende Umsetzung zu sehen und kann nicht mehr, wie bisher, einem einzelnen Reaktionsschritt zugeordnet werden.

Die Zeitgesetze katalysierter Umsetzungen werden von den Geschwindigkeiten der Elementarreaktionen 1 und 2 bestimmt. Wir wollen vereinfachend annehmen, dass der Zwischenstoff KA langsam gebildet wird und sehr schnell zerfällt ($k_2 \gg k_1$ bzw. $\Delta_{\ddagger'}\overset{\circ}{\mu} > \Delta_{\ddagger''}\overset{\circ}{\mu}$ wie in Abbildung 19.1 zugrunde gelegt); einen ähnlichen Fall hatten wir bereits im Abschnitt 17.4 über Folgereaktionen besprochen. Geschwindigkeitsbestimmend ist dann der erste Schritt, die Bildung von KA:

$$r = -\frac{dc_A}{dt} = \frac{dc_P}{dt} = k_1 c_K c_A = k_K c_A \,. \tag{19.1}$$

Da die Konzentration c_K des Katalysators im Idealfall während der Reaktion konstant bleibt, besteht ein linearer Zusammenhang zwischen der Geschwindigkeitsdichte r und c_A. Auch kann c_K mit dem Geschwindigkeitskoeffizienten k_1 zu einem neuen Koeffizienten k_K zusammengefasst werden., d.h., es resultiert eine Reaktion (pseudo-)erster Ordnung (Abb. 19.3, katalysierte Reaktion).

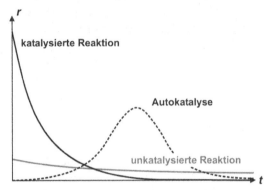

Abb. 19.3 Zeitabhängigkeit der Geschwindigkeitsdichte bei einer unkatalysierten, einer katalysierten und einer autokatalysierten Umsetzung

Einen ganz anderen zeitlichen Ablauf findet man bei der Autokatalyse. In diesem Fall wird der Katalysator erst während der Umsetzung gebildet. Wir wollen das folgende einfache Beispiel betrachten:

$$A (+ K) \rightarrow P + K (+ K).$$

Die Geschwindigkeitsgleichung lautet dann:

$$r = -\frac{dc_A}{dt} = \frac{dc_P}{dt} = k c_K c_A \,. \tag{19.2}$$

Die Reaktion kann mit einer sehr geringen Konzentration des Katalysators K starten (weswegen K in Klammern gesetzt wurde); zu Beginn ist damit auch die Geschwindigkeitsdichte äußerst gering. Mit fortschreitender Bildung des Katalysators wird die Reaktion zunächst immer schneller, bis schließlich der Verbrauch an A die Zunahme an K überkompensiert. Die Geschwindigkeitsdichte durchläuft also ein Maximum (Abb. 19.3, Autokatalyse).

Wie wir Abbildung 19.1 ebenfalls entnehmen können, hat die Gegenwart eines Katalysators zwar einen Einfluss auf die Aktivierungsschwelle $\Delta_{\ddagger}\overset{\circ}{\mu}$ der Reaktion, nicht aber auf ihren Antrieb $\overset{\circ}{\mathcal{A}}$. Der Antrieb wird ja ausschließlich durch die Differenz der chemischen Potenziale der Ausgangs- und Endstoffe bestimmt und da der Katalysator aus der Bruttoumsatzformel herausfällt, kann er bei der Ermittlung dieses Wertes keine Rolle spielen. Das bedeutet aber, dass eine aufgrund eines negativen Antriebs freiwillig nicht mögliche Reaktion auch durch Katalysatoreinsatz nicht erzwungen werden kann, da sich ihr Antrieb nicht ändert. Mit dem Antrieb bleibt auch die Gleichgewichtskonstante für die unkatalysierte und die katalysierte Reaktion identisch. Katalysatoren verschieben also die Lage des chemischen Gleichgewichts nicht, sie sorgen aber für seine schnellere Einstellung über einen leichter gangbaren Reaktionsweg.

Katalysatoren sind aber nicht nur in der Lage, eine chemische Reaktion zu beschleunigen, sondern sie können auch zur Reaktionslenkung auf ein gewünschtes Produkt hin eingesetzt werden. Diese *Selektivität* widerspricht nicht der Aussage, dass die Lage des Gleichgewichts selbst nicht beeinflusst werden kann. Durch den Katalysator wird lediglich unter gegebenen Bedingungen eine von mehreren freiwillig möglichen Parallelreaktionen wesentlich stärker beschleunigt als die anderen. So können z. B. bei der Hydrierung von Kohlenmonoxid (FISCHER-TROPSCH-Synthese) je nach eingesetztem Katalysatortyp und vorliegenden Reaktionsbedingungen Methanol (ZnO, Cr_2O_3) oder ungesättigte Kohlenwasserstoffe (Fe) gewonnen werden. Wirkt ein Katalysator hingegen nur auf bestimmte Stoffe, so spricht man von *Spezifität*. Sehr hohe Selektivität und auch Spezifität findet man bei enzymkatalysierten Reaktionen, die wegen ihrer großen Bedeutung im nächsten Abschnitt ausführlicher besprochen werden sollen.

19.3 Enzymkinetik

Enzyme. Enzyme, die Biokatalysatoren in lebenden Organismen, sind nahezu ausschließlich Proteine, umgangssprachlich auch Eiweiße genannt, und gehören damit zu den Makromolekülen mit Durchmessern zwischen 10 und 100 nm. Jedoch ist nicht das gesamte Molekül katalytisch wirksam, sondern der eigentliche Reaktionsort beschränkt sich auf einen kleinen Bereich, das sogenannte *aktive Zentrum*. Dieses kann ebenfalls aus proteinogenen Aminosäuren aufgebaut sein oder aber aus Nicht-Eiweiß-Anteilen (Kofaktoren) wie Häm oder Adenosintriphosphat bestehen. Die räumliche Struktur des Enzyms um das aktive Zentrum herum bewirkt, dass nur ein strukturell passendes *Substrat* (wie der Reaktant in einer enzymkatalytischen Reaktion auch genannt wird) angelagert werden kann. Ein Enzym kann also mit einem Schloss verglichen werden, in das nur der zugehörige Schlüssel, d. h. ein ganz bestimmtes Substrat, passt (Schlüssel-Schloss-Prinzip). Hierin liegt quasi der „Schlüssel" für die außerordentlich hohe *Substratspezifität* der Enzyme. Durch die Ausbildung des Enzym-Substrat-Komplexes wird die Elektronendichteverteilung im Substrat verändert, was dessen Weiterreaktion begünstigt. Das umgesetzte Substratmolekül verlässt schließlich das aktive Zentrum wieder und schafft damit Platz für das nächste, noch nicht umgewandelte. So katalysiert das Enzym Urease die Hydrolyse von Harnstoff, wobei Ammoniak und Kohlendioxid entstehen:

$$(NH_2)_2CO|w + H_2O|l \rightarrow CO_2|w + 2\,NH_3|w\,.$$

Aufgrund des Ammoniaks bildet sich ein basisches Milieu aus:

$$2\,NH_3|w + CO_2|w + 2\,H_2O|l \rightarrow 2\,NH_4^+|w + HCO_3^-|w + OH^-|w\,.$$

Daher kann der Umschlag des Indikators Phenolphthalein zum Nachweis der Hydrolyse dienen (Versuch 19.4). Strukturverwandte Stoffe wie Methylharnstoff, Thioharnstoff oder Semicarbazid werden hingegen nicht gespalten, obwohl dies nach Lage der chemischen Potenziale möglich sein sollte, ein Zeichen für die hohe Substratspezifität der Urease.

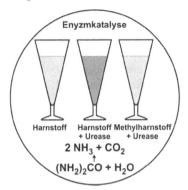

Versuch 19.4 *Katalytische Spaltung von Harnstoff durch das Enzym Urease*: Eine Harnstoff- und eine Methylharnstofflösung werden mit etwas Phenolphthaleinlösung versetzt und (gemäß Abbildung) auf die Kelchgläser verteilt. Die Harnstofflösung im ersten Kelchglas dient als Referenz. Zu der Harnstoff-Lösung im zweiten und der Methylharnstoff-Lösung im dritten Kelchglas wird jeweils Urease-Suspension hinzugefügt. Bei der Harnstoff-Lösung beobachtet man nach kurzer Zeit eine Violettfärbung aufgrund des gebildeten Ammoniaks, während die Methylharnstoff-Lösung unverändert bleibt.

MICHAELIS-MENTEN-Kinetik. Der Grundstein zur Beschreibung einfacher enzymkatalysierter Reaktionen wurde 1913 von dem deutsch-US-amerikanischen Biochemiker und Mediziner Leonor MICHAELIS und der kanadischen Medizinerin Maud Leonora MENTEN gelegt. Der vorgeschlagene Mechanismus geht davon aus, dass aus Enzym E und Substrat S rasch und reversibel ein Enzym-Substrat-Komplex ES gebildet wird. Dieser Komplex soll dann in einem langsamen Schritt irreversibel zum Produkt P unter Regeneration des Enzyms zerfallen; irreversibel bedeutet, das die Rückreaktion von E und P zu ES vernachlässigt werden kann (weil $c_P \approx 0$ und/oder die Geschwindigkeit der Hinreaktion im zweiten Schritt weitaus höher als die der Rückreaktion ist aufgrund der Werte für die Geschwindigkeitskoeffizienten k_2 und k_{-2}):

$$E + S \underset{k_{-1}}{\overset{k_1}{\rightleftarrows}} ES \overset{k_2}{\rightarrow} E + P \, .$$

Man spricht auch von einem *vorgelagerten Gleichgewicht*. Während MICHAELIS und MENTEN annahmen, dass die Folgereaktion unter Produktbildung vernachlässigbar langsam verläuft, berücksichtigt der erweiterte Ansatz, der von dem britischen Botaniker George Edward BRIGGS und dem theoretischen Biologen und Genetiker John Burdon Sanderson HALDANE 1925 vorgestellt wurde, auch den Geschwindigkeitskoeffizienten der Folgereaktion.

Für die Geschwindigkeitsdichte bei der Produktbildung gilt:

$$r = \frac{dc_P}{dt} = k_2 c_{ES} \, . \tag{19.3}$$

Doch wie können wir nun zu der für die Berechnung erforderlichen Konzentration des Zwischenstoffes c_{ES} gelangen? Dazu stellen wir zunächst die Geschwindigkeitsgleichung für die Bildung von ES auf:

$$\frac{dc_{ES}}{dt} = k_1 c_E c_S - k_{-1} c_{ES} - k_2 c_{ES} \, . \tag{19.4}$$

Da die Konzentration des instabilen Zwischenstoffes ES sehr gering ist verglichen mit der Konzentration des umzusetzenden Substrats, kann in einem großen Zeitbereich ein quasistationärer Zustand (vgl. Abschnitt 17.4) mit $\mathrm{d}c_{\mathrm{ES}}/\mathrm{d}t \approx 0$ angenommen werden. Wir erhalten dann

$$k_1 c_{\mathrm{E}} c_{\mathrm{S}} = k_{-1} c_{\mathrm{ES}} + k_2 c_{\mathrm{ES}},$$

d. h., die Bildung des Enzym-Substrat-Komplexes in einer Reaktion 2. Ordnung verläuft mit annähernd gleicher Geschwindigkeit wie sein Zerfall nach 1. Ordnung entweder zu den Ausgangsstoffen oder aber zum Produkt. Nach Umformung ergibt sich für die gesuchte Konzentration c_{ES}:

$$c_{\mathrm{ES}} = \frac{k_1}{k_{-1} + k_2} c_{\mathrm{E}} c_{\mathrm{S}}. \tag{19.5}$$

Die Geschwindigkeitskoeffizienten können nun zu der *MICHAELIS-Konstanten* K_{M} (in der Fassung von BRIGGS-HALDANE) zusammengefasst werden, einer für ein gegebenes Enzym und ein gegebenes Substrat charakteristischen Größe,

$$K_{\mathrm{M}} \equiv \frac{k_{-1} + k_2}{k_1}, \tag{19.6}$$

und wir erhalten

$$c_{\mathrm{ES}} = \frac{c_{\mathrm{E}} c_{\mathrm{S}}}{K_{\mathrm{M}}}. \tag{19.7}$$

Die Konzentration des *freien* Enzyms c_{E}, die in Gleichung (19.7) auftritt, kann durch die Differenz zwischen der Ausgangskonzentration $c_{\mathrm{E},0}$ und der Zwischenstoffkonzentration c_{ES} ausgedrückt werden. Auch entspricht die Konzentration an freiem Substrat nahezu seiner Gesamtkonzentration, da nur geringe Mengen an Enzym eingesetzt werden. Damit folgt für die (stationäre) Konzentration an c_{ES}:

$$c_{\mathrm{ES}} = \frac{(c_{\mathrm{E},0} - c_{\mathrm{ES}}) \cdot c_{\mathrm{S}}}{K_{\mathrm{M}}}. \tag{19.8}$$

Über die Zwischenschritte

$$c_{\mathrm{ES}} K_{\mathrm{M}} = c_{\mathrm{E},0} c_{\mathrm{S}} - c_{\mathrm{ES}} c_{\mathrm{S}} \quad \text{und} \quad c_{\mathrm{ES}}(K_{\mathrm{M}} + c_{\mathrm{S}}) = c_{\mathrm{E},0} c_{\mathrm{S}}$$

erhalten wir schließlich durch Auflösen nach c_{ES}:

$$c_{\mathrm{ES}} = \frac{c_{\mathrm{E},0} c_{\mathrm{S}}}{K_{\mathrm{M}} + c_{\mathrm{S}}}. \tag{19.9}$$

Setzt man den Ausdruck für c_{ES} in Gleichung (19.3) ein, dann erhält man für die Geschwindigkeitsdichte der enzymatischen Katalyse:

$$r = \frac{\mathrm{d}c_{\mathrm{P}}}{\mathrm{d}t} = k_2 \frac{c_{\mathrm{E},0} c_{\mathrm{S}}}{K_{\mathrm{M}} + c_{\mathrm{S}}}. \tag{19.10}$$

Diese Beziehung wird *MICHAELIS-MENTEN-Gleichung* genannt.

Anfangsgeschwindigkeitsdichte. Um den störenden Einfluss einer Rückreaktion von E und P zu ES, aber auch einer Hemmung des Enzyms durch Produkte, einer fortschreitenden Inaktivierung des Enzyms usw. zu minimieren, betrachtet man die *Anfangsgeschwindigkeitsdichte* r_0, denn zu Beginn der Reaktion spielt die Produktkonzentration c_P noch keine Rolle:

$$r_0 = \left(\frac{dc_P}{dt}\right)_{t=0} = k_2 \frac{c_{E,0} c_{S,0}}{K_M + c_{S,0}}. \tag{19.11}$$

Diese Vorgehensweise geht bereits auf MICHAELIS und MENTEN zurück. Zur Bestimmung der Anfangsgeschwindigkeitsdichte r_0 in Abhängigkeit von verschieden großen Ausgangskonzentrationen $c_{S,0}$ an Substrat (bei gleicher Enzymkonzentration) verfolgt man zunächst jeweils den Anstieg der Produktkonzentration c_p mit der Zeit t oder auch einer zu c_P direkt proportionalen Größe wie der Absorption von Strahlung im sichtbaren (VIS) bzw. ultravioletten (UV) Spektralbereich des Lichtes oder des Leitwerts (im Falle von Leitfähigkeitsmessungen). r_0 entspricht dann der Steigung der entsprechenden $c_P(t)$-Kurve zu Beginn der Reaktion, also bei $t = 0$ (Abb. 19.4).

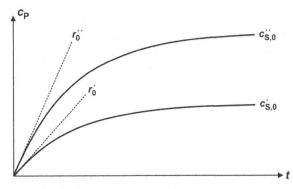

Abb. 19.4 Ermittlung der Anfangsgeschwindigkeitsdichten beim Vorliegen unterschiedlicher Ausgangskonzentrationen $c'_{S,0}$ und $c''_{S,0}$ an Substrat (bei gleicher Enzymkonzentration)

Trägt man nun die Anfangsgeschwindigkeitsdichten gegen die zugehörigen Substratkonzentrationen $c_{S,0}$ auf, so erhält man einen charakteristischen Kurvenverlauf (Abb. 19.5), den wir uns im Folgenden noch etwas näher anschauen wollen.

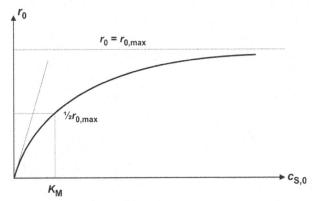

Abb. 19.5 Abhängigkeit der Anfangsgeschwindigkeitsdichte r_0 einer enzymkatalysierten Reaktion von der anfänglichen Substratkonzentration $c_{S,0}$ gemäß dem MICHAELIS-MENTEN-Mechanismus

Ist die Substratkonzentration klein ($c_{S,0} \ll K_M$), so ist die Anfangsgeschwindigkeitsdichte bei konstanter Enzymkonzentration $c_{E,0}$ der Substratkonzentration proportional, d. h., die Reaktion verläuft nach erster Ordnung:

$$r_0 = \left[\frac{k_2 c_{E,0}}{K_M} \right] c_{S,0} \,.$$

(19.12)

Mit zunehmender Substratkonzentration nimmt die Reaktionsordnung gebrochene Werte an, um schließlich für große Substratkonzentrationen ($c_{S,0} \gg K_M$) praktisch den Wert null zu erreichen, d. h., in diesem Bereich ist r_0 nicht mehr abhängig von $c_{S,0}$. Die Anfangsgeschwindigkeitsdichte nähert sich einem Maximalwert:

$$r_0 = k_2 c_{E,0} = r_{0,\text{max}} \,.$$

(19.13)

Praktisch die gesamte Enzymmenge ist in den Komplex ES überführt worden, die aktiven Zentren des Enzyms sind also quasi „gesättigt" mit Substrat. Der Koeffizient k_2 entspricht damit der maximalen Zahl von Substratmolekülen, die ein einzelnes Enzymmolekül (oder genauer aktives Zentrum) pro Zeiteinheit in das Produkt umzuwandeln vermag. Er wird deshalb (maximale) *Wechselzahl* (engl. turnover number) genannt, aber auch die Bezeichnungen *molekulare Aktivität* oder *katalytische Konstante* sind gebräuchlich. Typische Werte liegen zwischen 1 und $10^5 \, \text{s}^{-1}$. Der Name Wechselzahl ist jedoch nicht sehr glücklich gewählt, da k_2 von der Größenart einer Frequenz (Einheit s^{-1}) ist und nicht einfach eine Zahl (Einheit 1) darstellt; der Name Wechselrate wäre geeigneter.

Für beliebige Substratkonzentrationen erhalten wir unter Beachtung von Gleichung (19.13) aus Gleichung (19.10) eine weitere Formulierung der MICHAELIS-MENTEN-Gleichung:

$$r_0 = \frac{r_{0,\text{max}} c_{S,0}}{K_M + c_{S,0}} \,.$$

(19.14)

Sie hat den Vorteil, dass sie auch in Fällen Anwendung finden kann, in denen die molare Masse des Enzyms (und damit auch seine Konzentration) nicht bekannt ist.

Die MICHAELIS-Konstante K_M entspricht der Substratkonzentration, bei der das Enzym mit der halben der maximal möglichen Geschwindigkeit arbeitet, d. h. die Hälfte der aktiven Zentren besetzt ist. K_M kann aber auch folgendermaßen interpretiert werden: Ist der Geschwindigkeitskoeffizient der Produktbildung (k_2) weitaus geringer als k_{-1}, was häufig der Fall ist, so vereinfacht sich Gleichung (19.6) zu $K_M = k_{-1}/k_1$. In diesem Fall repräsentiert also K_M die Gleichgewichtskonstante der Dissoziation des Enzym-Substrat-Komplexes und ist damit ein reziprokes Maß für die Substrataffinität des Enzyms, das heißt, dass geringe Werte eine hohe Affinität kennzeichnen. Typische K_M-Werte liegen zwischen 10^{-1} und $10^{-7} \, \text{kmol m}^{-3}$.

Auffallend ist die große Ähnlichkeit der Kurve in Abbildung 19.5 mit der LANGMUIRschen Adsorptionsisotherme (Abb. 15.9). Diese Ähnlichkeit ist kein Zufall rein formaler Art, sondern hat einen realen physikalisch-chemischem Hintergrund. In beiden Fällen handelt es sich um die Bindung einer Substanz (Substrat, Adsorptiv) an eine bestimmte, durch das Experiment vorgegebene Anzahl von Plätzen (aktive Zentren, Adsorptionsplätze).

Kenngrößen. Die Bestimmung der für jedes Enzym spezifischen Kenngröße K_M kann prinzipiell durch direkte Anpassung der MICHAELIS-MENTEN-Gleichung an die gemessenen Daten mit Hilfe rechnerunterstützter Verfahren der nicht-linearen Regression erfolgen. Einfacher ist jedoch die Auswertung nach einer Linearisierung der Beziehung, wie sie unter anderen von Hans LINEWEAVER and Dean BURKE 1934 vorgeschlagen wurde. Dazu bildet man die Kehrwerte der Größen auf der linken und rechten Seite der MICHAELIS-MENTEN-Gleichung und erhält nach Umformung:

$$\frac{1}{r_0} = \frac{K_M}{r_{0,max}} \cdot \frac{1}{c_{S,0}} + \frac{1}{r_{0,max}} . \tag{19.15}$$

Trägt man nun $1/r_0$ gegen $1/c_{S,0}$ auf (Abb. 19.6), so ergibt sich eine Gerade, aus deren extrapolierten Schnittpunkten mit der Ordinate und Abszisse die Werte von $r_{0,max}$ und K_M bestimmt werden können. Alternativ kann auch die Steigung $K_M/r_{0,max}$ zur Ermittlung von K_M herangezogen werden.

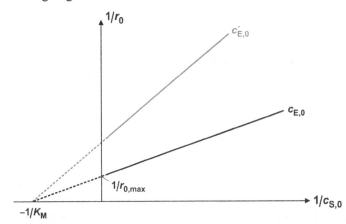

Abb. 19.6 LINEWEAVER-BURKE-Diagramm für zwei verschiedene Enzymkonzentrationen $c_{E,0}$

Der lineare Zusammenhang gilt stets nur für die gleiche Gesamtkonzentration $c_{E,0}$ an Enzym. Variiert man die Enzymkonzentration, so liegen die Messpunkte entlang einer zweiten Geraden mit veränderter Steigung, die jedoch im gleichen Punkt wie die erste die Abszisse schneiden muss.

Mit Hilfe der MICHAELIS-Konstanten K_M und des aus $r_{0,max}$ bestimmbaren Geschwindigkeitskoeffizienten k_2 kann nun die katalytische Wirksamkeit verschiedener Enzyme bzw. der Umsatz verschiedener Substrate durch das gleiche Enzym verglichen werden. Beschränkt man sich auf geringe Substratkonzentrationen ($c_{S,0} \ll K_M$), was unter physiologischen Bedingungen insbesondere bei Enzymen mit hoher „Wechselzahl" häufig zutrifft, so gilt gemäß Gleichung (19.11)

$$r_0 = \frac{k_2}{K_M} c_{E,0} c_{S,0} .$$

Der Quotient k_2/K_M stellt hier gleichsam den Geschwindigkeitskoeffizienten einer Reaktion zweiter Ordnung dar, deren Geschwindigkeitsdichte durch die Häufigkeit der (wirksamen) Zusammenstöße von Enzym- und Substratmolekülen bestimmt wird. Bei jeweils gleicher Enzym- bzw. Substratkonzentration wird also die *katalytische Effizienz* durch den Quotienten k_2/K_M beschrieben. Mit Hilfe der k_2/K_M-Werte kann man beispielsweise untersuchen, für welche von verschiedenen Substraten ein Enzym eine Präferenz besitzt; k_2/K_M ist damit ein Maß für die Substratspezifität eines Enzyms, wobei hohe Werte eine hohe Spezifität kennzeichnen. Typische Werte liegen zwischen 10^6 und $10^9\,m^3\,kmol^{-1}\,s^{-1}$. Tabelle 19.1 fasst die Kenngrößen der Enzyme Urease und Katalase zusammen.

Enzym	Substrat	$K_M/kmol\,m^{-3}$	k_2/s^{-1}	$k_2/K_M/m^3\,kmol^{-1}\,s^{-1}$
Urease	$(NH_2)CO$	$2{,}5 \cdot 10^{-2}$	$1{,}0 \cdot 10^4$	$4{,}0 \cdot 10^5$
Katalase	H_2O_2	$2{,}5 \cdot 10^{-2}$	$1{,}0 \cdot 10^7$	$4{,}0 \cdot 10^8$

Tab. 19.1 Kenngrößen der Enzyme Urease und Katalase [aus: Voet D, Voet JG, Pratt CW (2002) Lehrbuch der Biochemie. Wiley-VCH, Weinheim]

Es gibt eine obere Grenze für den Wert von k_2/K_M, bedingt durch die Geschwindigkeit der diffusionskontrollierten Begegnung der Enzym- und Substratmoleküle. In wässriger Lösung liegt dieser Grenzwert bei 10^8 bis $10^9\,m^3\,kmol^{-1}\,s^{-1}$ (vgl. auch Abschnitt 20.2). Enzyme wie Katalase, die einen k_2/K_M-Wert im oberen Grenzwertbereich aufweisen, bezeichnet man als praktisch *katalytisch perfekt*, denn (nahezu) jeder Kontakt von Enzym und Substrat führt zu einer Reaktion.

Abschließend wollen wir uns nach der enzymatischen (oder auch mikroheterogenen) Katalyse noch der industriell sehr bedeutsamen heterogenen Katalyse zuwenden.

19.4 Heterogene Katalyse

Bei der *heterogenen Katalyse* liegen Katalysator und umgesetzte Stoffe in verschiedenen Phasen vor, wie in der Einführung bereits erwähnt. Am weitaus häufigsten wird der Katalysator im festen Zustand eingesetzt; er wird dann – insbesondere in der industriellen Technik – auch als *Kontakt* bezeichnet. Die Reaktion findet dabei an der Oberfläche des Katalysators statt. Ein Beispiel für eine solche heterogene Katalyse ist die Oxidation von Acetondampf durch Luftsauerstoff an einer als Katalysator fungierenden Kupferdrahtspirale, wobei Acetaldehyd gebildet wird (Versuch 19.5).

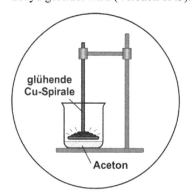

glühende
Cu-Spirale

Aceton

Versuch 19.5 *Katalyse der Acetonoxidation durch Kupfer*: Die Kupferspirale wird im Laborgasbrenner erhitzt, bis alle Windungen rot glühen und dann in geringem Abstand über der Oberfläche des im Becherglas befindlichen Acetons befestigt. Die auf der Oberfläche ablaufenden Prozesse machen sich durch ein periodisches Aufglühen der Spirale bemerkbar. Auch kann der typische stechende Geruch nach Aldehyden wahrgenommen werden.

Da die reaktionsbeschleunigende Wirkung des festen Katalysators von den Oberflächenatomen ausgeht, ist eine möglichst große Oberfläche und damit ein hoher Zerteilungsgrad der betreffenden Substanz wünschenswert. Meist werden die sehr kleinen Teilchen aus katalytisch aktivem Material wie z. B. Platin oder Rhodium zur Stabilisierung auf hochporöse Trägermaterialien mit spezifischen Oberflächen von einigen hundert m^2 pro Gramm aufgebracht. Zu diesem Zweck eignen sich Aluminiumoxid, Siliziumdioxid, Aktivkohle oder auch Zeolithe, kristalline Alumosilikate mit zahlreichen submikroskopischen Poren und Kanälen. Ein Beispiel für einen solchen *Trägerkatalysator* stellt mit feinst verteiltem Platin belegte Aktivkohle oder Quarzwolle dar. In einem Wasserstoffstrom beginnt sie zu glühen, bis schließlich das Gas entflammt (Versuch 19.6). Auf diesem Prinzip beruhte auch das 1823 von dem deutschen Chemiker Johann Wolfgang DÖBEREINER entwickelte Feuerzeug.

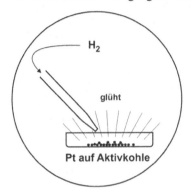

Versuch 19.6 *Katalytischer Gasentzünder*: Wasserstoff wird auf ein Häufchen Platin-Aktivkohle in einer Petrischale bzw. auf einen Bausch Platin-Quarzwolle geleitet, der mit einer Pinzette gehalten wird. Nach kurzer Zeit beginnt der Katalysator zu glühen, das Gas entzündet sich mit einem leisen Knall und brennt mit ruhiger, nahezu farbloser Flamme weiter.

Der Mechanismus der heterogenen Katalyse besteht aus einer komplexen Folge von Einzelprozessen:

- Andiffusion der Edukte zum Katalysator
- Adsorption an der Katalysatoroberfläche
  Dadurch können die Bindungen in den Eduktmolekülen geschwächt oder sogar schon gebrochen werden, was die nachfolgende Reaktion erleichtert.
- Oberflächenreaktion
- Desorption der Produkte von der Katalysatoroberfläche
- Wegdiffusion der Produkte.

Die quantitative Beschreibung der heterogenen Katalyse wird dadurch erschwert, dass die Konzentrationen der Reaktionspartner in der Adsorptionsschicht meist nicht unmittelbar bestimmbar sind. Sie hängen in komplexer Weise über das Adsorptions- bzw. Desorptionsgleichgewicht mit den messbaren Konzentrationen in der flüssigen oder gasigen Phase zusammen. Daher ist der Mechanismus vieler heterogen katalysierter Reaktionen noch nicht im Detail aufgeklärt. Bei den häufig vorkommenden bimolekularen Gasreaktionen gemäß

$$A|g + B|g \rightarrow P|g$$

kann jedoch oft zwischen zwei prinzipiell verschiedenen Typen unterschieden werden:

- Der *LANGMUIR-HINSHELWOOD-Mechanismus* geht von der Annahme aus, dass an der Oberfläche adsorbierte benachbarte Fragmente oder Atome der Reaktionspartner A und B miteinander zum Produkt P reagieren (Abb. 19.7).

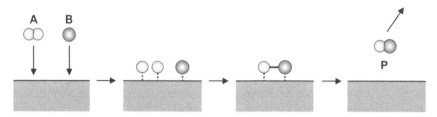

Abb. 19.7 Reaktion zweier chemisorbierter Komponenten A und B zum Produkt P (LANGMUIR-HINSHELWOOD-Mechanismus)

Nehmen wir vereinfachend an, dass die Oberflächenreaktion zwischen den beiden Komponenten den limitierenden Schritt darstellt, dann hängt die Geschwindigkeitsdichte, mit der das Produkt P gebildet wird, von der Anzahl der adsorbierten Eduktmoleküle A und B und damit den zugehörigen Bedeckungsgraden ab,

$$r_P = \frac{dp_P}{dt} = k \cdot \Theta_A \cdot \Theta_B ,$$

wobei p_P den Partialdruck des Produktes darstellt.

Bedeckungsgrade können im einfachsten Fall einer Adsorption ohne Dissoziation mit Hilfe von LANGMUIR-Isothermen bestimmt werden.

- Nach dem *ELEY-RIDEAL-Mechanismus* wird nur die Komponente A chemisorbiert. Anschließend erfolgt die Reaktion mit der freien gasigen Komponente B zum zunächst noch adsorbierten Produkt P (Abb. 19.8).

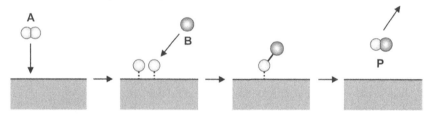

Abb. 19.8 Reaktion einer adsorbierten Komponente A mit der freien Komponente B (ELEY-RIDEAL-Mechanismus)

Auch hier wollen wir nur den Fall berücksichtigen, dass die Oberflächenreaktion geschwindigkeitsbestimmend ist. Für die entsprechende kinetische Betrachtung spielt nur der Bedeckungsgrad bezüglich der Komponente A eine Rolle, während die Komponente B mit dem Partialdruck eingeht:

$$r_P = \frac{dp_P}{dt} = k \cdot \Theta_A \cdot p_B .$$

Der im Alltag bekannteste heterogene Katalysator ist der erwähnte *Abgaskatalysator* in Kraftfahrzeugen mit Ottomotor. Er beseitigt die Verbrennungsschadstoffe, die im Wesentlichen aus Kohlenmonoxid CO, Stickoxiden NO_x und unverbrannten Kohlenwasserstoffen C_xH_y bestehen, durch katalysierte Nachreaktionen. Aufgrund dieser drei wichtigsten Schadstoffgruppen, die über unterschiedliche Reaktionswege zu den ungiftigen Stoffen Kohlendioxid, Wasser und

Stickstoff umgesetzt werden, spricht man auch von einem Drei-Wege-Katalysator. Die katalytisch aktive Substanz ist eine Legierung aus Platinmetallen, meist Platin und Rhodium, die sich feinstverteilt auf einem feinporigen metallischen oder meist keramischen Wabenkörper als Träger befindet. Damit die katalytischen Reaktionen wie gewünscht ablaufen, muss jedoch das Sauerstoffangebot optimiert werden. Eine sogenannte Lambda-Sonde misst daher die O_2-Konzentration im Abgas und sorgt über eine entsprechende Regelung für eine optimale Zusammensetzung des Treibstoff-Luft-Ausgangsgemisches. Abschließend wollen wir uns den Chemismus der CO-Oxidation noch etwas näher anschauen (Abb. 19.9). Diese verläuft an Platinkatalysatoren nach dem LANGMUIR-HINSHELWOOD-Mechanismus.

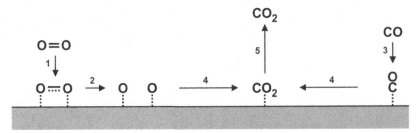

Abb. 19.9 Oxidation von Kohlenmonoxid an einem Platinkatalysator nach dem LANGMUIR-HINSHELWOOD-Mechanismus (stark vereinfacht)

20 Transporterscheinungen

Das Phänomen der *Diffusion* kann eine wichtige Rolle für die Kinetik chemischer Reaktionen in Lösungen spielen. Wir nehmen dies zum Anlass, uns nochmals etwas ausführlicher mit dem Prozess der Stoffausbreitung zu befassen. Die Wanderungsgeschwindigkeit wird durch ein Gefälle des chemischen Potenzials und damit in homogener Umgebung letztendlich durch ein Konzentrationsgefälle bestimmt. Dies führt uns zur quantitativen Beschreibung des Prozesses mittels des *FICKschen Gesetzes*. Aber nicht nur Materie kann von einer Stelle zu einer anderen befördert werden, sondern auch einige andere mengenartige Größen wie Impuls und Entropie. Die *Zähigkeit* beruht auf dem Impulstransport in einem Geschwindigkeitsgefälle, die *Entropieleitung* auf dem Entropietransport in einem Temperaturgefälle. Um das Gemeinsame der Erscheinungen (und die Unterschiede) abschließend herauszuarbeiten, fassen wir das bisher Gesagte im letzten Abschnitt zusammen und vergleichen sie mit dem Transport der elektrischen Ladung, weil dies wohl das bekannteste dieser Phänomene ist.

20.1 Diffusionskontrollierte Reaktionen

Damit eine bi- oder gar trimolekulare Reaktion ablaufen kann, müssen sich die reagierenden Teilchen zumindest begegnen. Nicht jede Begegnung führt, wie wir gesehen haben (Kapitel 18), zu einer Reaktion, da die Teilchen die nötige Energie mitbringen müssen, um den meist recht energiereichen Übergangskomplex zu bilden. Nun ist die Geschwindigkeit der Teilchen auf mikroskopischer Ebene zwar in allen Aggregatzuständen bei derselben Temperatur grundsätzlich gleich, jedoch ist, verglichen mit Gasen, ihre Beweglichkeit in Flüssigkeiten und erst recht in Feststoffen stark eingeschränkt. Im Extremfall, in Kristallen, erschöpft sich ihre Bewegung in einem schnellen Zittern um eine Ruhelage. Nur gelegentlich kommt ein Ausweichen auf Zwischengitterplätze oder ein Platzwechsel vor. Mit der vom Gas zum Feststoff zunehmenden Annäherung der Teilchen steigt sowohl die Häufigkeit der Stöße als auch die mittlere Verweilzeit eines Teilchens in der Nachbarschaft eines anderen. Während eine Begegnung zweier Gasteilchen nur ein sehr flüchtiges Ereignis ist, nach dem sich die Partner sofort wieder trennen, werden dagegen Teilchen, die in einer Flüssigkeit zusammentreffen, durch das Gedränge ihrer Nachbarn meist eine ganze Weile zusammengehalten.

Verschwindet die Aktivierungsschwelle $\Delta_{\ddagger} \overset{\circ}{\mu}$ oder ist sie sehr niedrig, dann führt nahezu jede Begegnung zur Reaktion. Somit bestimmt aber nicht mehr die Höhe der Potenzialbarriere die Geschwindigkeit der Umsetzung, sondern die Häufigkeit des Zusammentreffens. Die Konzentration des Übergangskomplexes kann in diesem Falle weit unter ihrem Gleichgewichtswert bleiben, weil die Nachlieferung stockt, während der Zerfall weiterhin stattfindet. Umsetzungen dieser Art nennt man *diffusionskontrolliert*, weil die Begegnungshäufigkeit von der Diffusionsgeschwindigkeit der Reaktionspartner abhängt. Bimolekulare Reaktionen in Wasser und ähnlich zähen Flüssigkeiten sind diesem Typ zuzuordnen, wenn die Aktivierungsschwelle unter die 3. oder 4. Sprosse unserer „Potenzialleiter" sinkt, das heißt $\Delta_{\ddagger} \overset{\circ}{\mu} < 20$ kG wird (siehe Abb. 18.5). Da die Diffusion in Feststoffen noch unvergleichlich langsamer abläuft, sind in einer solchen Umgebung fast alle bimolekularen Reaktionen diffusionskontrolliert.

© Springer Fachmedien Wiesbaden GmbH, ein Teil von Springer Nature 2021
G. Job und R. Rüffler, *Physikalische Chemie*, Studienbücher Chemie,
https://doi.org/10.1007/978-3-658-32936-5_20

Wir nehmen dies zum Anlass, uns etwas ausführlicher mit dem Stofftransport durch Diffusion und damit verwandten Transporterscheinungen zu befassen. Dazu gehört auch der Entropietransport, der oft eng mit dem Transport von Stoffen gekoppelt ist.

20.2 Geschwindigkeit der Stoffausbreitung

Beweglichkeit. Alle gelösten Stoffe wandern unter dem Einfluss einer äußeren Kraft, sie sinken, der Schwerkraft gehorchend, sie folgen der Fliehkraft in einer Zentrifuge oder sie diffundieren, getrieben von „chemischen Kräften". (Den Begriff der *Diffusion* als Stoffausbreitung, die durch ein chemisches Potenzialgefälle und damit vor allem durch Konzentrationsunterschiede hervorgerufen wird, hatten wir in Abschnitt 12.2 kennengelernt.) Man kann alle diese Vorgänge durch einen einheitlichen Ansatz beschreiben. In Messungen zeigte sich, dass die *Wanderungsgeschwindigkeit* eines Stoffes B oder genauer der Teilchen, aus denen er besteht, nicht von der Art der Kraft abhängt, seien ihre Ursachen mechanischer, chemischer oder auch elektrischer Natur, sondern nur von ihrer Größe. Bei nicht zu großen Kräften können wir die Wanderungsgeschwindigkeit v_B der wirkenden Kraft F_B proportional setzen:

$$v_B = \omega_B \cdot \frac{F_B}{n_B} \, .$$ (20.1)

n_B bedeutet die Menge des Stoffes B. Dass v_B nicht F_B, sondern dem Quotienten F_B/n_B proportional ist, ist einleuchtend, da sich die auf eine bestimmte Stoffportion entfallende Kraft halbiert, wenn man die zu bewegende Stoffmenge verdoppelt. Die Wanderungsgeschwindigkeit verhält sich also nicht anders als die Geschwindigkeit eines Schleppzugs mit der Zahl n der zu ziehenden Kähne (Abb. 20.1). Den Faktor ω_B nennen wir die mechanische *Beweglichkeit* des Stoffes B. Die Größe hat die Einheit $(m \, s^{-1})/(N \, mol^{-1}) = s \, mol \, kg^{-1}$.

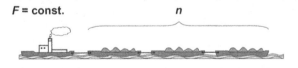

F = const.   *n*

Abb. 20.1 Geschwindigkeit v eines Schleppzuges mit n zu ziehenden Kähnen zur Veranschaulichung der Wanderungsgeschwindigkeit v eines Stoffes, wenn man bei gleichbleibender Kraft F die zu bewegende Menge n vergrößert

Die Beweglichkeit der Teilchen eines Fremdstoffes B ist in Kristallen wie z. B. Quarz (SiO_2) bei Zimmertemperatur verständlicherweise extrem niedrig (Versuch 20.1).

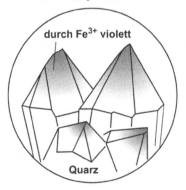

durch Fe^{3+} violett

Quarz

Versuch 20.1 *Gescheckte Kristalle als Beispiel für verschwindend kleine Diffusionsgeschwindigkeit*: Amethyste, eine violette Varietät des Minerals Quarz, zeigen oft selbst nach Millionen von Jahren noch eine ungleichmäßige Violettfärbung, die von diffundierenden Fe^{3+}-Ionen herrührt. Trotz des enormen Alters wurde bisher keine Gleichverteilung erreicht. Die Farbe selbst ist auf Fe^{4+}-Ionen zurückzuführen, die durch Bestrahlung (z. B. mit natürlich vorkommenden radioaktiven Isotopen) aus den Fe^{3+}-Ionen entstehen.

Eine Ausnahme bilden die Elektronen in Metallen, die in guten Leitern noch rund 10-mal beweglicher sind als die Gasmolekeln in Luft.

Doch wenden wir uns im Folgenden der Ausbreitung von Teilchen in Gelen und Flüssigkeiten zu. In einem Kieselgel, das zum allergrößten Teil aus Wasser besteht, benötigen violett ge-färbte MnO_4^--Ionen nur mehr rund eine Woche, um eine Strecke im Zentimeterbereich zu-rückzulegen (Versuch 20.2). Die Verwendung eines Gels (anstelle einer Flüssigkeit) dient dazu, eine Störung der Diffusion durch Konvektion zu verhindern.

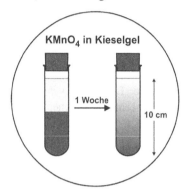

Versuch 20.2 *Diffusion von Permanganat in einem Kiesel-gel*: Natronwasserglas wird angesäuert, wobei klares Kiesel-gel entsteht. Eine Hälfte des Gels wird mit etwas Permanga-nat angefärbt und in ein großes Reagenzglas gefüllt. Mit der anderen, farblos gebliebenen Hälfte wird das Reagenzglas aufgefüllt. Nach einer Woche haben die MnO_4^--Ionen bereits eine Strecke von einigen Zentimetern zurückgelegt, was anhand ihrer Farbigkeit gut verfolgt werden kann.

In Flüssigkeiten finden wir ähnliche Werte der Ausbreitungsgeschwindigkeit und auch relativ einheitliche Verhältnisse. Die nachfolgende Tabelle 20.1 zeigt Beweglichkeiten für verschie-dene Teilchenarten in Wasser. Die Werte gelten für sehr kleine Konzentrationen, also prak-tisch reines Wasser, worauf der Index $\emptyset$ hinweist. (Zur besseren Unterscheidung verwenden wir, wie in Abschnitt 13.3 erwähnt, eine „gestrichene Null".) Darunter sind zum Vergleich ω-Werte in anderen Umgebungen dargestellt (Tab. 20.2).

Stoff	Ar	CO_2	D_2O	Na^+	Cl^-
$\omega_\emptyset$ $10^{-12}\,\mathrm{s\,mol\,kg^{-1}}$	0,91	0,73	1,00	0,538	0,820

Tab. 20.1 Beweglichkeiten verschiedener Teilchensorten in Wasser. Die Werte gelten für 298 K und sehr kleine Konzentrationen

Stoff	e^- (in Silber)	Cu (in Silber)	Na^+ (in Kochsalz)	CO_2 (in Luft)
$\omega_\emptyset$ $\mathrm{s\,mol\,kg^{-1}}$	$6\cdot10^{-8}$	10^{-41}	10^{-35}	$6\cdot10^{-9}$

Tab. 20.2 Beweglichkeiten für verschiedene Teilchenarten in unterschiedlichen Umgebungen bei einer Temperatur von 298 K

Die Beweglichkeit von Teilchen in wässrigen Lösungen ist trotz der Dünnflüssigkeit des Wassers überraschend gering. Die Gewichtskraft im Schwerefeld der Erde z. B. ist viel zu klein, um spürbare Wirkungen hervorzurufen. Erst die enormen Kräfte, die in Ultrazentrifu-gen auftreten, verursachen eine beobachtbare Stoffwanderung. Wenn man alle übrigen Einflüsse (wie etwa den Auftrieb) vernachlässigen dürfte, dann ergäbe sich etwa für Kohlendioxid in Wasser im Schwerefeld der Erde die äußerst kleine Sinkgeschwindigkeit von etwa 1 mm im Jahrhundert. Wegen $F_B = m_B g = n_B M_B\, g$ wäre nämlich

$$v_B = \omega_B M_B\, g$$
$$= (0{,}73 \cdot 10^{-12}\ \text{s mol kg}^{-1}) \cdot (44{,}0 \cdot 10^{-3}\ \text{kg mol}^{-1}) \cdot 9{,}81\ \text{m s}^{-2}$$
$$= 0{,}32 \cdot 10^{-12}\ \text{m s}^{-1} \approx 10\ \mu\text{m a}^{-1}.$$

Eine hohe Beweglichkeit besitzen hingegen Teilchen in Gasen. So breitet sich rötlich-brauner Bromdampf rasch in Luft aus (Versuch 12.3).

Diffusion. Als treibende Kraft für die als Diffusion bezeichnete Stoffausbreitung haben wir im Abschnitt 12.2 die vom Gefälle des chemischen Potenzials abhängige Diffusionskraft F_B,

$$F_B = -n_B \cdot \frac{d\mu_B}{dx},$$

kennengelernt [Gl. (12.1)]. Falls der Stoff B beweglich ist, wandert er in Richtung des Potenzialgefälles mit einer Geschwindigkeit, die sich aus Kombination der Gleichungen (12.1) und (20.1) ergibt,

$$v_B = -\omega_B \cdot \frac{d\mu_B}{dx}\,. \tag{20.2}$$

Es entsteht also ein Stofffluss in Richtung sinkenden chemischen Potenzials. v_B ist eine (scheinbare) Driftgeschwindigkeit, die die Folge der vielfach schnelleren, weitgehend ziel- und regellosen eigentlichen (BROWNschen) Molekularbewegung ist. Zur bequemeren Beschreibung dieses Vorganges führen wir im Folgenden einige bewährte Größen ein.

Der (Stoff-)*Durchsatz* ist die während der Zeitspanne Δt durch die Fläche A geflossene Stoffmenge Δn_B (Abb. 20.2). Dazu gehören alle Teilchen, die nicht weiter als $\Delta x = v_B \cdot \Delta t$ von der Fläche A entfernt sind, also alle Teilchen innerhalb des (gestrichelten) Quaders mit dem Volumen $A \cdot \Delta x = A \cdot v_B \cdot \Delta t$. Die Stoffmenge erhalten wir, wenn wir dieses Volumen mit der Stoffkonzentration c_B multiplizieren:

Durchsatz: $\Delta n_B = c_B \cdot A \cdot v_B \cdot \Delta t\,.$ \hfill (20.3)

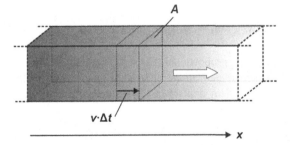

Abb. 20.2 Schema zum Zusammenhang von Wanderungsgeschwindigkeit v, Konzentration c und Stofffluss J bzw. Flussdichte j

Aus dem Durchsatz lassen sich nun weitere nützliche Größen ableiten, der *Stofffluss* oder *Stoffstrom* J_B und die (*Stoff-*)*Flussdichte* oder (*Stoff-*)*Stromdichte* j_B, die den Fluss, bezogen auf die Fläche des durchströmten Querschnitts A, angibt:

Stofffluss: $J_B = \dfrac{\Delta n_B}{\Delta t} = c_B \cdot A \cdot v_B$,   (20.4)

Flussdichte: $j_B = \dfrac{J_B}{A}$ oder $j_B = c_B \cdot v_B$.   (20.5)

Für v_B kann der mit Gleichung (20.2) gewonnene Zusammenhang mit dem chemischen Potenzial eingesetzt werden, wobei $c_B \cdot \omega_B$ als eine Art Leitfähigkeit σ_B für den Stoff B erscheint:

$$j_B = -c_B \cdot \omega_B \frac{d\mu_B}{dx} \qquad \text{mit „Stoffleitfähigkeit“} \qquad \sigma_B = c_B \cdot \omega_B . \qquad (20.6)$$

Diffusionsgesetz. Ein wichtiger Sonderfall stellt der Stofftransport in homogener Umgebung bei geringer Konzentration c_B dar. In diesem Falle können wir die Konzentrations- und damit auch mittelbar die Ortsabhängigkeit des chemischen Potenzials durch die Massenwirkungsgleichung ausdrücken:

$$\mu_B(x) = \mu_{B,0} + RT \ln \frac{c_B(x)}{c_{B,0}} . \qquad (20.7)$$

Um einen Ausdruck für das Potenzialgefälle $d\mu_B(x)/dx$ zu erhalten, müssen wir nun nach x bei konstantem T ableiten. Unter Berücksichtigung der Kettenregel erhalten wir (vgl. Anhang A1.2):

$$\frac{d\mu_B(x)}{dx} = \frac{RT}{c_B(x)} \cdot \frac{dc_B(x)}{dx} . \qquad (20.8)$$

Ein paar Worte zur Erläuterung des Rechenganges: Das Glied $\mu_{B,0}$ ist konstant und entfällt daher beim Ableiten. Der konstante Faktor RT bleibt als solcher erhalten. Die Logarithmusfunktion $y = \ln x$ liefert abgeleitet den Kehrwert ihres Argumentes $1/x$, wobei ein konstanter Faktor (hier ist es der Faktor $1/c_{B,0}$) dort einfach weggelassen werden kann. Der Grund für den Wegfall ist schlicht der, dass $\ln(ax) = \ln a + \ln x$ ist und beim Ableiten das konstante Glied $\ln a$ verschwindet. Als Zwischenergebnis bekommen wir $RT/c_B(x)$. Nach der Kettenregel haben wir dieses Resultat noch mit der Ableitung der „inneren“ Funktion $c_B(x)$ zu multiplizieren, das heißt mit $dc_B(x)/dx$.

Mittels Gleichung (20.8) erhalten wir für die Driftgeschwindigkeit v_B und die Flussdichte j_B:

$$v_B = -\omega_B \cdot \frac{d\mu_B}{dx} = -\omega_B \cdot \frac{RT}{c_B} \frac{dc_B}{dx} \qquad \text{bzw.} \qquad j_B = c_B \cdot v_B = -\omega_B RT \frac{dc_B}{dx} . \qquad (20.9)$$

Die Flussdichte ist also dem Konzentrationsgefälle proportional. Es ist üblich, den Ausdruck ωRT mit D abzukürzen und als *Diffusionskoeffizienten* zu bezeichnen (Einheit $m^2\,s^{-1}$). In dieser Form wurde die Beziehung erstmalig von dem deutschen Physiologen Adolf Eugen FICK im Jahre 1855 aufgestellt:

$$j_B = -D_B \cdot \frac{dc_B}{dx} \qquad \text{(Erstes) } \textit{FICKsches Gesetz.} \qquad (20.10)$$

Die Beziehung zwischen ω_B (oder einer entsprechenden Größe) und D_B wurde allerdings erst 1905 von dem bekannten theoretischen Physiker Albert EINSTEIN und nahezu zeitgleich von dem polnischen Physiker Marian VON SMOLUCHOWSKI gefunden:

$$D_B = \omega_B RT \qquad (EINSTEIN\text{-}SMOLUCHOWSKI\text{-}Gleichung). \qquad (20.11)$$

Einige Werte für Diffusionskoeffizienten in Wasser finden sich in der nachfolgenden Tabelle 20.3.

Stoff	D_0
	$10^{-9}\ m^2\ s^{-1}$
Wasser	2,26
Wasserstoff	5,11
Kohlendioxid	1,91
Acetat$^-$	1,29
Glucose	0,67
Katalase	0,041

Tab. 20.3 Diffusionskoeffizienten einiger Stoffe in Wasser bei 298 K (Katalase bei 293 K) im Grenzfall verschwindender Konzentrationen. Der Wert für Wasser lässt sich durch Messung mittels isotopenmarkierter H_2O-Moleküle, etwa $H_2^{17}O$, ermitteln.

Während D_B in Flüssigkeiten bei Zimmertemperatur und Normdruck also die Größenordnung $10^{-9}\ m^2\ s^{-1}$ aufweist, liegt der Wert für Gase mit ungefähr $10^{-4}\ m^2\ s^{-1}$ deutlich höher, für Feststoffe hingegen um viele Zehnerpotenzen niedriger.

Der Diffusionskoeffizient hängt von der Temperatur ab, und zwar weniger wegen des in Gleichung (20.11) auftretenden Faktors T, sondern weil ω_B selbst nicht konstant ist. In Flüssigkeiten und insbesondere in Festkörpern sind bei der Teilchenbewegung beträchtliche Anziehungskräfte zu überwinden, sodass eine Aktivierungsschwelle auftritt. Nimmt man eine der ARRHENIUSschen Gleichung entsprechende Temperaturabhängigkeit an mit einer molaren Aktivierungsenergie W_A für die thermisch aktivierte Diffusion, so erhält man

$$D_B \sim e^{-W_A/RT}. \qquad (20.12)$$

Diese starke Temperaturabhängigkeit aufgrund des Exponentialausdruckes, die sich in Gleichung (20.11) hinter ω_B „verbirgt", überdeckt alle sonstigen Einflüsse wie die lineare Abhängigkeit von T. So kann ein Diffusionskoeffizient, der in Feststoffen bei niedrigen Temperaturen in der Größenordnung von $10^{-24}\ m^2\ s^{-1}$ liegt, bei Temperaturen von 1500 K bis auf $10^{-8}\ m^2\ s^{-1}$ ansteigen.

Dauer des Konzentrationsausgleichs. Um einen Eindruck davon zu gewinnen, wie schnell sich eine gleichmäßige Verteilung der Stoffe bei Zimmertemperatur in einem abgegrenzten Raum herausbildet, betrachten wir als Beispiel ein Gefäß, in dem künstlich ein lineares Konzentrationsgefälle für einen darin enthaltenen Stoff B längs des größten Gefäßdurchmessers l erzeugt worden ist (Abb. 20.3). $c_{B,0}$ sei die Konzentration von B bei Gleichverteilung im Gefäß. Für das Konzentrationsgefälle ergibt sich dann $dc_B/dx = 2c_{B,0}/l$. Im ersten Augenblick t_0 ist die Flussdichte j_B für B an allen Orten gleich. Sie beträgt aufgrund des FICKschen Gesetzes $j_B = D_B \cdot 2c_{B,0}/l$. Wir unterstellen, dass dieser Wert für einen Querschnitt genau durch die Mitte des Gefäßes während einer Zeitspanne Δt unverändert bleibt. Dann beträgt die während dieser Zeit durch diesen Querschnitt durchgesetzte Stoffmenge $\Delta n_B = A \cdot \Delta t \cdot j_B$. Die Menge an B, die von links nach rechts befördert werden muss, damit eine ausgeglichene Konzentration im ganzen Gefäß herstellbar ist, wird in der Abbildung durch das dunkel getönte Dreieck angedeutet. Sie beträgt gerade $\frac{1}{4}$ der im gesamten Gefäß enthaltenen Menge an B, $A \cdot l \cdot c_{B,0}$, die durch das große Dreieck repräsentiert wird. Wählt man nun Δn_B gleich dieser Menge, dann wird

$$\Delta n_B = (A \cdot \Delta t \cdot j_B =) A \cdot \Delta t \cdot D_B \frac{2c_{B,0}}{l} = \frac{1}{4} A \cdot l \cdot c_{B,0} \quad \text{und} \quad \boxed{\Delta t = \frac{l^2}{8 D_B}} \quad . \quad (20.13)$$

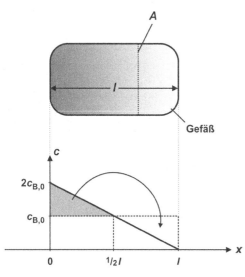

Abb. 20.3 Konzentrationsausgleich in einem Gefäß, in dem im Anfangszustand ein lineares Konzentrationsgefälle angenommen wird. Zum Ausgleich genügt die Übertragung der durch das graue Dreieck im unteren Teilbild gekennzeichneten Stoffmenge $n_B = \frac{1}{2} \cdot c_{B,0} \cdot (\frac{1}{2} l) \cdot A$ von links nach rechts.

Δt stellt ganz grob die Dauer für den ungefähren Konzentrationsausgleich im Gefäß dar. Man sieht, dass die Zeit mit l^2 zunimmt, also für kleine durch Diffusion zurückzulegende Entfernungen sehr kurz wird. Über kurze Strecken gleichen sich Konzentrationsunterschiede daher sehr rasch aus. Die Diffusion ist folglich in kleinen Dimensionen ein sehr wirksamer Verteilungsvorgang, so etwa für den Stoffaustausch in lebenden Zellen oder für den Ausgleich der restlichen Konzentrationsunterschiede nach dem Verrühren zweier unterschiedlicher Lösungen.

Ein Beispiel soll dies verdeutlichen. Niedermolekulare Stoffe haben in Flüssigkeiten einen Diffusionskoeffizienten in der Größenordnung von $10^{-9}\,\text{m}^2\,\text{s}^{-1}$. In einem roten Blutkörperchen mit einem Durchmesser von ganz grob 10^{-5} m dauert die Verteilung dieser Stoffe etwa

$$\Delta t = \frac{l^2}{8 D_B} = \frac{(10^{-5}\,\text{m})^2}{8 \cdot 10^{-9}\,\text{m}^2\,\text{s}^{-1}} \approx 10^{-2}\,\text{s} \; .$$

In den etwa 10^{-4} m messenden normalen Zellen beträgt $\Delta t \approx 1$ s, während in einem 1 L-Becherglas (Durchmesser 10^{-1} m) dazu größenordnungsmäßig bereits 10^6 s ≈ 2 Wochen erforderlich sind. Um Lösungen in großen Gefäßen zu homogenisieren, ist Rühren daher unumgänglich.

Während das Gefäß in Abbildung 20.3 allseits geschlossen sein sollte, denken wir uns jetzt eine Schicht der Dicke l, aus der ein Stoff B nach beiden Seiten entweichen kann, etwa eine Folie, aus der ein Weichmacher allmählich hinausdiffundiert. An der Oberfläche beginnend, wird allmählich die ganze Schicht erfasst, wobei sich ziemlich schnell ein sinusförmiges Konzentrationsprofil herausbildet (Abb. 20.4), das sich dann langsam abflacht, bis es schließlich ganz verschwindet. Die Konzentration klingt somit unabhängig vom Ort x exponentiell mit der Zeit t ab:

$$c_B = c_{B,0} \cdot \sin\frac{\pi x}{l} \cdot e^{-t/\mathcal{T}_1} \quad \text{mit} \quad \boxed{\mathcal{T}_1 = \frac{l^2}{\pi^2 D_B}} \; . \tag{20.14}$$

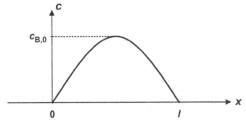

Abb. 20.4 Sinusförmiges Konzentrationsprofil in einer beidseitig offenen Schicht

Die Abklingzeit $\mathcal{T}_1$ stimmt mit unserem Schätzwert [Gl. (20.13)] überein, nur dass statt der 8 im Nenner jetzt $\pi^2 \approx 9{,}9$ steht. Ein beliebiges Konzentrationsprofil kann man als Überlagerung solcher sinusförmiger Profile darstellen, die sich unabhängig voneinander zeitlich ändern. Profile mit einer um $1/n$ ($n = 1, 2, 3, \ldots$) kürzeren „Wellenlänge" $\lambda_n = \lambda_1/n$ als die der „Grundwelle" $\lambda_1 = 2l$ haben um den Faktor $1/n^2$ kürzere Abklingzeiten $\mathcal{T}_n = \mathcal{T}_1/n^2$, wie man bereits aus Gleichung (20.14) ablesen kann. Die Theorie hierzu wurde von dem französischen Mathematiker und Physiker Jean Baptiste Joseph FOURIER am Anfang des 19. Jahrhunderts entwickelt, allerdings anhand der Wärmeleitung, die ganz ähnlichen Gesetzen gehorcht.

Diffusionskontrolle. Kehren wir noch einmal zu dem in Abschnitt 20.1 angesprochenen Thema zurück. Wir wollen die Geschwindigkeitsdichte r für eine Reaktion A + B → ... grob abschätzen, für die das Zusammentreffen zweier Teilchen A und B der geschwindigkeitsbestimmende Schritt ist. Wir denken uns der Einfachheit halber die Teilchen als Kugeln, die der Sorte A beweglich und die der Sorte B ruhend. Sobald sich A einem Teilchen B auf einen Abstand a_0 nähert (genauer gesagt, die Mittelpunkte beider Teilchen), soll es zur Reaktion kommen, sodass A dort verschwindet. Dadurch entsteht um B eine an A verarmte Zone, die wir uns kugelsymmetrisch denken können und in die A aus der Umgebung nachdiffundiert. Wenn c_A^∞ die Konzentration an A in der Umgebung ist, d. h. in einer großen Entfernung von B, dann sollte in der Verarmungszone für c_A in einem Abstand a von B die folgende Gleichung gelten:

$$c_A = c_A^\infty \cdot \left(1 - \frac{a_0}{a}\right) \quad \text{und damit} \quad \frac{dc_A}{da} = c_A^\infty \cdot \frac{a_0}{a^2} \; .$$

Der Ansatz scheint vernünftig, denn für große a strebt c_A gegen c_A^∞ und im Abstand $a = a_0$ wird $c_A = 0$, wie es sein soll, da A dort verschwindet. Andererseits muss der Stofffluss J_A aus der Umgebung in Richtung B für $a \geq a_0$ unabhängig von a sein, da A unterwegs weder verbraucht noch gebildet wird. Das trifft für den obigen Ansatz auch zu, denn nach dem FICK-schen Gesetz, $j_A = -D_A \cdot (dc_A/da)$, finden wir für den Stofffluss J_A durch die Oberfläche $4\pi a^2$ einer Kugel mit dem Radius a um den Mittelpunkt von B:

$$J_A = 4\pi a^2 \cdot |j_A| = 4\pi a^2 \cdot D_A \cdot c_A^\infty \frac{a_0}{a^2} = 4\pi D_A a_0 c_A^\infty = \text{const} \,.$$

J_A, multipliziert mit der Anzahl $N_B = n_B/\tau = c_B^\infty V/\tau$ der im gesamten Volumen V vorhandenen B-Teilchen, ergibt die Umsatzgeschwindigkeit ω und anschließend durch V geteilt die gesuchte Geschwindigkeitsdichte r:

$$r = k \cdot c_A^\infty \cdot c_B^\infty \qquad \text{mit} \qquad k = 4\pi D_A \frac{a_0}{\tau} \,.$$

Wenn auch B beweglich ist, fällt r etwas größer aus, weil in der Formel rechts $D_A + D_B$ statt D_A erscheint. Diese Feinheit können wir übergehen, da sie für unsere Abschätzung unerheblich ist. In wässriger Lösung liegt D für niedermolekulare Stoffe gemäß Tabelle 20.3 in der Größenordnung von $10^{-9}\,\text{m}^2\,\text{s}^{-1}$ und a_0 entspricht etwa den Teilchendurchmessern und liegt damit in der Größenordnung von $10^{-9}\,\text{m}$. Mit diesen Werten erhalten wir

$$k = 4\pi \cdot 10^{-9}\,\text{m}^2\,\text{s}^{-1} \frac{10^{-9}\,\text{m}}{1{,}66 \cdot 10^{-24}\,\text{mol}} \approx 10^7\,\text{m}^3\,\text{s}^{-1}\,\text{mol}^{-1} \,.$$

Verglichen damit ist k für eine bimolekulare Reaktion (Abschnitt 18.3) mit verschwindender Aktivierungsschwelle, $\Delta_{\ddagger}\overset{\circ}{\mu} = 0$, um das 1000-fache größer:

$$k = \frac{k_B T}{h c^\ominus} = \frac{(1{,}38 \cdot 10^{-23}\,\text{J K}^{-1}) \cdot 300\,\text{K}}{(6{,}63 \cdot 10^{-34}\,\text{J s}) \cdot 10^3\,\text{mol m}^{-3}} \approx 10^{10}\,\text{m}^3\,\text{s}^{-1}\,\text{mol}^{-1} \,.$$

Erst bei einer Aktivierungsschwelle $\Delta_{\ddagger}\overset{\circ}{\mu}$ deutlich oberhalb $3\mu_d$ wird dieser Schritt gegenüber der Diffusion geschwindigkeitsbestimmend.

Hochmolekulare Stoffe wie Enzyme bedingen aufgrund ihrer größeren Teilchendurchmesser und verringerten Diffusionskoeffizienten deutlich niedrigere k-Werte in der Größenordnung von 10^5 bis $10^6\,\text{m}^3\,\text{s}^{-1}\,\text{mol}^{-1}$.

20.3 Fließfähigkeit

Zähigkeit. Flüssigkeiten und Gase sind mehr oder minder fließfähig. Scherkräfte verursachen eine reibend-gleitende Verschiebung der Teilchen gegeneinander. Je zäher die Flüssigkeit oder das Gas bei gleichen treibenden Kräften ist,

- desto langsamer ist die Fließgeschwindigkeit und damit z. B. die Ausflussgeschwindigkeit (Versuch 20.3),
- desto langsamer erfolgt die Wanderung gelöster Stoffe darin (Diffusion, Sedimentation, Ionenwanderung).

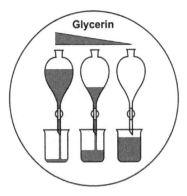

Versuch 20.3 *Ausfluss verschiedener Glycerin-Wasser-Gemische*: Es werden drei Glycerin-Wasser-Gemische mit unterschiedlicher Zusammensetzung hergestellt und in Scheidetrichter gefüllt. Anschließend werden die Hähne schnell nacheinander geöffnet. Das Gemisch läuft umso schneller aus, je geringer sein Anteil an zähflüssigem Glycerin ist.

Die Bewegung von strömenden Stoffen wird durch die innere Reibung gehemmt. Die treibende Kraft muss also diese Reibungskraft überwinden. Wir stellen uns nun zwei parallele Platten mit der Fläche A im festen Abstand d voneinander vor, zwischen denen sich eine Flüssigkeit oder auch ein Gas als eine Art Schmiermittel befindet (Abb. 20.5). Die obere Platte soll mit konstanter Geschwindigkeit v_0 in x-Richtung an der unteren, ruhenden Platte vorbeigeführt werden. Würde man sich die Flüssigkeit (bzw. das Gas) im mikroskopischen Maßstab anschauen, so sähe man, dass ihre Teilchen aufgrund von Adhäsionskräften in einer dünnen Schicht an den Platten anhaften. Die Teilchen an der unteren Platte verharren also in Ruhe, während die Teilchen an der oberen Platte mit der Geschwindigkeit v_0 mitgeführt werden. Die dazwischenliegende Flüssigkeit können wir uns in ebene dünne Schichten aufgeteilt denken, deren Geschwindigkeit umso höher ist, je näher sie sich an der oberen Platte befinden. Es bildet sich ein lineares Geschwindigkeitsprofil $v_x(z)$ in Abhängigkeit vom vertikalen Abstand z von der unteren Platte aus.

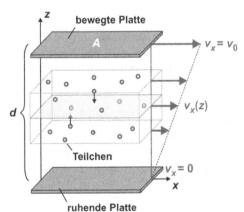

Abb. 20.5 Lineares Geschwindigkeitsprofil einer Flüssigkeit oder hier eines Gases zwischen einer bewegten und einer ruhenden Platte. Ein Wechseln der Teilchen zwischen den Schichten ist mit einem Impulstransport verbunden.

Als Modell kann ein Stapel von Glasplättchen dienen, der durch Honig zusammengehalten wird (Versuch 20.4).

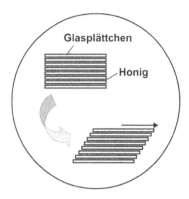

Versuch 20.4 *Honigversuch*: Etwa zehn Glasplättchen (z. B. Objektträger aus der Mikroskopie) werden mit Honig eingeschmiert und anschließend aufeinander gelegt. Die langsame Verschiebung des obersten Glasplättchens führt zur Bewegung aller Plättchen (bis auf das unterste, das festgehalten wird).

Impulstransport. Die Teilchen sind nun nicht fest in der jeweiligen Schicht verhaftet, sondern können diese auch durchaus unter Mitnahme ihres (in x-Richtung weisenden) Impulses p_x verlassen. Es findet damit ein Impulstransport senkrecht zur Bewegungsrichtung statt. Gelangen Teilchen von einer tiefer in eine höher gelegene Schicht, so üben sie eine bremsende Wirkung aus, da sie einen geringeren Impuls in x-Richtung aufweisen als die übrigen Teilchen. Umgekehrt findet eine Beschleunigung durch Teilchen aus einer darüberliegenden Schicht statt. Diese Wechselwirkungen machen sich nach außen hin als sogenannte *innere Reibung* bemerkbar (im Gegensatz zur äußeren Reibung zwischen festen Körpern wie der Haft- und der Rollreibung, bei der hauptsächlich die Oberflächen betroffen sind). Die zu überwindende Reibungskraft F_R hängt also nicht nur von der Größe der Fläche A, sondern auch von der Übertragung des Impulses zwischen den Schichten und damit dem Geschwindigkeitsgefälle $\Delta v_x / \Delta z$ ab,

$$F_R = -\eta \cdot A \cdot \frac{\Delta v_x}{\Delta z} \qquad \textit{NEWTONsches Reibungsgesetz (globale Fassung),} \qquad (20.15)$$

wobei in unserem Fall einfach $\Delta v_x / \Delta z = v_0 / d$ gilt. Der Proportionalitätsfaktor η wird als (dynamische) *Zähigkeit* oder *Viskosität* bezeichnet. Er ist eine Stoffeigenschaft und erhält die SI-Einheit $N\,s\,m^{-2} = Pa\,s$. Tabelle 20.4 enthält die Werte für die Viskosität einiger Stoffe bei 293 K. Zusätzlich ist der Quotient $v = \eta / \rho$, die sogenannte *kinematische Zähigkeit*, angegeben, auf die wir weiter unten zurückkommen.

Eine Kraft F kann man auch als Impulsstrom J_p auffassen (siehe Abschnitt 2.7). Im Fall einer eindimensionalen Bewegung – man denke etwa an das Anschieben eines Fahrzeugs (Abb. 2.12) – gilt, wenn p den Impuls des bewegten Gegenstandes bezeichnet und F die einzige einwirkende Kraft ist, d. h. der einzige Pfad, über den der Gegenstand Impuls mit seiner Umgebung austauscht:

$$F = J_p = \frac{dp}{dt} \qquad \text{(bei mehreren Pfaden gilt: } \sum_i F_i = \sum_i J_{p,i} = \frac{dp}{dt} \text{).}$$

Wenn wir uns vorstellen, dass der Impuls über eine gerade Stange mit gleichförmigem Querschnitt A einem in x-Richtung geschobenen Gegenstand zufließt, dann ist die „Impulsstromdichte" überall in der Stange gleich, $j_p = J_p / A$. Der Impulstransport geschieht hier mit Schallgeschwindigkeit und verlustlos, ohne dass dabei Energie verheizt und Entropie erzeugt wird.

Stoff	η	ν
	$10^{-3}\,\mathrm{Pa\,s}$	$10^{-6}\,\mathrm{m^2\,s}$
Wasser	1,002	1,004
Quecksilber	1,526	0,115
Diethylether	0,243	0,340
Benzol	0,604	0,736
Ethylenglycol	19,9	17,9
Glycerin	1412	1120
Honig	$\sim\!10^4$	$\sim\!10^4$
Teer	$>\!10^5$	$>\!10^5$
Wasserstoff	$0{,}89\cdot10^{-2}$	106
Sauerstoff	$2{,}03\cdot10^{-2}$	15,3

Tab. 20.4 Dynamische und kinematische Zähigkeit, η und ν ($=\eta/\rho$), verschiedener Stoffe bei 293 K

Der Impulstransport, für den wir uns hier interessieren, unterscheidet sich von dem gerade beschriebenen in mehrerlei Hinsicht. Er ist nicht mehr eindimensional, sodass wir bei Vektorgrößen wie Impuls und Geschwindigkeit die Komponenten in x-, y- und z-Richtung unterscheiden müssen. In Abbildung 20.5 etwa sind das die Richtungen von links nach rechts, von vorn nach hinten und von unten nach oben. Der Fall ist dennoch vergleichsweise einfach, weil von Impuls und Geschwindigkeit nur die x-Komponenten p_x und v_x ungleich null sind. Anders als zuvor wird der Impuls nicht in x-Richtung befördert, sondern quer dazu, dem Geschwindigkeitsgefälle $\mathrm{d}v_x/\mathrm{d}z$ folgend, von oben nach unten. Dass wir hier die z-Komponente eines p_x-Stromes betrachten, könnten wir durch eine Schreibweise wie $J_{p_x,z}$ oder $(J_p)_{x,z}$ ausdrücken. Da aber in unserem Fall nur diese eine Komponente relevant ist, kann man auf die Indizierung auch ganz verzichten und einfach J_p schreiben. J_p ist mit der im NEWTONschen Reibungsgesetz [Gl. (20.15)] auftretenden Reibungskraft identisch, $J_p \equiv F_R$. Wenn wir diese Größe oder besser noch die zugehörige „Impulsstromdichte" $j_p = J_p/A$ in das Reibungsgesetz einfügen und den Differenzenquotienten $\Delta v_x/\Delta z$ durch den Differenzialquotienten $\mathrm{d}v_x/\mathrm{d}z$ ersetzen, bekommt es die Gestalt:

$$j_p = -\eta\,\frac{\mathrm{d}v_x}{\mathrm{d}z} \qquad \text{NEWTONsches Reibungsgesetz (lokale Fassung).} \qquad (20.16)$$

Die Geschwindigkeit v_x tritt hier in der Rolle eines Potenzials auf, und zwar als das zur mengenartigen Größe Impuls p_x gehörige. Wir können es, um es von anderen Potenzialen wie dem chemischen Potenzial μ oder dem „thermischen Potenzial" T zu unterscheiden, „kinetisch" oder „kinematisch" nennen.

Dauer des Geschwindigkeitsausgleichs. Wenn die obere Platte in Abbildung 20.5 nicht ständig vorangeschoben und damit der Impuls p_x nachgeliefert wird, kommt die Strömung zwischen den Platten bald zum Erliegen. Dasselbe gilt, wenn man die untere Platte nicht festhält, sodass der Impuls dort nicht abfließen kann. Der Impuls verhält sich hier wie ein diffundierender Stoff in einem geschlossenen Gefäß. Die Platten denken wir uns der Einfachheit halber masselos, sodass sie sich der Geschwindigkeit der angrenzenden Flüssigkeitsschicht trägheitsfrei anpassen können. Was bleibt, ist nur noch die Umverteilung des Impulses p_x in der Flüssigkeit, wobei der Überschuss in der oberen Hälfte in die untere Hälfte zu verlagern ist. Masse, mittlere Geschwindigkeit und Impuls betragen, wenn ρ die Dichte der Flüssigkeit ist:

$$\text{oben:} \qquad \tfrac{1}{2}\,\rho \cdot A \cdot d, \quad \tfrac{3}{4}\,v_0, \quad \tfrac{3}{8}\,\rho \cdot A \cdot d \cdot v_0,$$

$$\text{unten:} \qquad \tfrac{1}{2}\,\rho \cdot A \cdot d, \quad \tfrac{1}{4}\,v_0, \quad \tfrac{1}{8}\,\rho \cdot A \cdot d \cdot v_0.$$

Um eine Gleichverteilung zu erreichen, genügt es die Menge

$$\Delta p_x = \tfrac{1}{8}\,\rho \cdot A \cdot d \cdot v_0$$

von oben nach unten zu verlagern. In der Zeit Δt wird bei dem anfänglichen Geschwindigkeitsgefälle v_0/d die Menge

$$\Delta p_x = |j_\mathrm{p}| \cdot A \cdot \Delta t = \eta \cdot (v_0/d) \cdot A \cdot \Delta t$$

abwärts befördert. Wenn wir beide Δp_x-Werte gleichsetzen und nach Δt auflösen, erhalten wir eine der Gleichung (20.13) entsprechende Beziehung, in der v die schon erwähnte *kinematische* Zähigkeit ist:

$$\Delta t = \frac{d^2}{8v} \qquad \text{mit} \qquad v = \frac{\eta}{\rho}\,. \tag{20.17}$$

v hat dieselbe SI-Einheit wie der Diffusionskoeffizient D, nämlich $\mathrm{m^2\,s^{-1}}$. Was oben über Konzentrationsprofile und ihre Zerlegung in sinusförmige Beiträge und deren Abklingzeiten gesagt wurde, gilt entsprechend auch für die Geschwindigkeitsprofile $v_x(z)$.

Teilchen in zähem Medium. Bei zahlreichen Fragestellungen bewegen sich nun Teilchen wie z. B. Moleküle und Makromoleküle, aber auch Ionen in einem Medium der Zähigkeit η. Doch betrachten wir zunächst die Bewegung einer makroskopischen Kugel vom Radius r mit der Geschwindigkeit v in einer Flüssigkeit oder einem Gas. Diese Bewegung wird durch eine Kraft wie z. B. die Gewichtskraft, die Auftriebskraft, die Fliehkraft (in einer Zentrifuge) usw. verursacht. Ihr entgegen wirkt die Reibungskraft, die umso größer wird, je zäher das Medium und je größer die Kugel ist, aber auch mit zunehmender Geschwindigkeit ansteigt. Aus der Hydrodynamik erhält man

$$F_\mathrm{R} = -6\pi \cdot \eta \cdot r \cdot v \qquad \text{STOKESsches Gesetz}\,. \tag{20.18}$$

Näherungsweise kann diese Gleichung auch für mikroskopische Teilchen wie die erwähnten Moleküle und Ionen verwendet werden. Wir erwarten etwa, dass der Diffusionskoeffizient D_B eines Stoffes B umso kleiner wird, je zäher das Medium ist, in dem er wandert. Betrachten wir vereinfachend ein starres, kugelförmiges Teilchen mit dem Radius r, so wirkt der Diffusionskraft [ausgedrückt mittels Gleichung (20.1)] die STOKESsche Reibungskraft [Gl. (20.18)] entgegen:

$$F_\mathrm{B} = \tau \cdot \frac{v_\mathrm{B}}{\omega_\mathrm{B}} = 6\pi \cdot \eta \cdot r_\mathrm{B} \cdot v_\mathrm{B} = -F_\mathrm{R}\,,$$

wobei $n_\mathrm{B} = \tau$ gilt, da wir nur ein B-Teilchen betrachten, also eine Menge des Stoffes B, die gerade der Elementarstoffmenge τ entspricht. Für die Beweglichkeit ω_B ergibt sich somit

$$\omega_B = \frac{\tau}{6\pi \cdot \eta \cdot r_B} \qquad (20.19)$$

und für den Diffusionskoeffizienten wegen $D_B = \omega_B RT$ (EINSTEIN-SMOLUCHOWSKI-Gleichung)

$$D_B = \frac{k_B T}{6\pi \cdot \eta \cdot r_B}, \qquad (20.20)$$

wobei $k_B = \tau \cdot R$ die BOLTZMANN-Konstante bezeichnet. Für die Zähigkeit von Flüssigkeiten erwarten wir daher eine Temperaturabhängigkeit reziprok zu der des Diffusionskoeffizienten [Gl. (20.12)], wenn wir nur den am stärksten ins Gewicht fallenden Beitrag, den Exponential-ausdruck, berücksichtigen:

$$\eta \sim \eta_\infty \cdot e^{+W_A/RT}, \qquad \text{wobei z. B. } W_A(H_2O) \approx 16 \, kJ \, mol^{-1}. \qquad (20.21)$$

Die Zähigkeit sollte also mit steigender Temperatur stark abnehmen. So ist siedendes Wasser etwa 4-fach dünnflüssiger als zimmerwarmes, sodass es entsprechend schneller durch ein Filter läuft, was sich u. a. positiv im Labor, aber auch bei der Bereitung des Frühstückskaffees bemerkbar macht.

20.4 Entropieleitung

Entropieleitfähigkeit. Die meisten Erfahrungen mit der Entropie sammeln wir in unserem Alltag, auch wenn uns das nicht bewusst ist. Der Kaffee in einer Thermoskanne hält sich lange warm, weil die Entropie den Vakuummantel nur schwer durchdringt, während er in der Tasse ziemlich rasch erkaltet, weil die Entropie mit dem aufsteigenden Wasserdampf fortge-tragen wird. Während Gase und Schaumstoffe, die bis zu 97 % ihres Volumens aus gasgefüll-ten Hohlräumen bestehen, den Fluss der Entropie stark behindern, zeigen Metalle dafür eine rund 10000 mal höhere Leitfähigkeit. Mit der Quantifizierung dieser Erscheinung wollen wir uns im Folgenden befassen (Abb. 20.6).

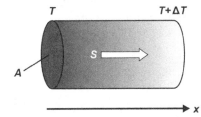

Abb. 20.6 Entropieleitung durch einen homogenen isotro-pen Stab (wobei hier $\Delta T < 0$ ist)

Wir betrachten hier nur den einfachsten Fall, einen *homogenen, isotropen* Körper mit kon-stantem Querschnitt A. Isotrop heißt, dass – anders als etwa in einem Holzklotz – alle Rich-tungen gleichberechtigt sind. Wenn die Temperatur von links nach rechts abfällt, dann wan-dert auch die Entropie in diese Richtung. Da die meisten Stoffeigenschaften mehr oder min-der von der Temperatur abhängen – und das gilt auch für die uns hier interessierende – be-trachten wir nur eine kleine Temperaturdifferenz $|\Delta T| \ll T$ zwischen linker und rechter Seite des betreffenden Körpers. Der Entropiestrom J_S bzw. die Entropiestromdichte $j_S = J_S/A$ sind dem Temperaturgefälle $\Delta T/\Delta x$ bzw. dT/dx proportional:

$$J_S = -\sigma_S \cdot A \cdot \frac{\Delta T}{\Delta x} \qquad \text{bzw.} \qquad j_S = -\sigma_S \cdot \frac{dT}{dx} \qquad \textit{FOURIERsches Gesetz.} \quad (20.22)$$

Das sind zwei einfache Fassungen, eine globale und eine lokale, eines schon am Ende des Abschnitts 20.2 erwähnten Gesetzes, für das FOURIER 1822 Lösungsverfahren vorgestellt hat, die sich später als in vielen Bereichen der Physik und der Mathematik anwendbar erwiesen haben. σ_S ist die *Entropieleitfähigkeit*. Statt σ_S wird gewöhnlich das T-fache dieser Größe, die „Wärmeleitfähigkeit" $\lambda = T \cdot \sigma_S$ tabelliert. Tabelle 20.5 enthält einige Werte beider Größen.

Stoff	σ_S $\mathrm{Ct\,K^{-1}\,s^{-1}\,m^{-1}}$	λ $\mathrm{J\,K^{-1}\,s^{-1}\,m^{-1}}$
Diamant	8	2300
Kupfer	1,3	400
Messing (40 % Zn)	0,2	113
Edelstahl	0,05	15
Glas	0,003	0,8
Wasser (0 °C)	0,00205	0,56
Wasser (100 °C)	0,00182	0,68
Schaumstoffe	0,00015	0,04
Luft	0,000087	0,026

Tab. 20.5 Entropieleitfähigkeit σ_S und Wärmeleitfähigkeit λ bei Zimmertemperatur, sofern nicht anders angegeben

Am Beispiel des Wassers sehen wir, dass weder σ_S noch λ als temperaturunabhängig gelten können. Bei ein- und zweiatomigen Gasen wie Luft ändert sich σ_S etwa proportional zu $T^{-1/2}$ und damit λ zu $T^{+1/2}$. Meist wird diese Abhängigkeit vernachlässigt, weil der Fehler hierdurch gegenüber anderen, schwerer beherrschbaren Einflüssen nicht stark ins Gewicht fällt.

Schauen wir uns die unterschiedliche Entropieleitung in verschiedenen Feststoffen in einem Versuch an (Versuch 20.5).

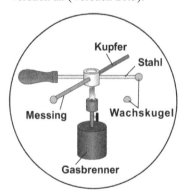

Versuch 20.5 *Entropieleitung in Feststoffen*: Ein Kreuz aus einem Kupfer-, einem Messing- und einem Stahlstab, an deren Enden sich jeweils eine Wachskugel befindet, wird in der Mitte erhitzt. Die Kugeln fallen nun entsprechend der unterschiedlichen Entropieleitfähigkeit der Metalle nacheinander herunter: zuerst bei Kupfer, dann bei Messing und zuletzt bei Stahl.

Dauer des Temperaturausgleichs. Beim Bereiten eines Frühstückseies beschäftigt uns die Frage, wie lange das Ei gekocht werden muss, um die gewünschte Beschaffenheit, weich oder hart, zu erlangen. Die Frage ist von ähnlicher Art wie die nach der Dauer des Konzentrations-ausgleichs in einem geschlossenen Gefäß (Abb. 20.3). Wir greifen auf das gleiche Bild zurück, nur dass jetzt auf der Ordinatenachse statt der Konzentration c die Temperatur T aufgetragen sein soll. An die Stelle der am Ende erreichten, ausgeglichenen Konzentration c_0 tritt die entsprechende Temperatur T_0. Wir denken uns ein lineares Temperaturgefälle derart, dass ganz links eine Temperatur $T_0 + \Delta T$ herrscht und ganz rechts $T_0 - \Delta T$, wobei $\Delta T \ll T$ sein soll. Dem grau getönten Dreieck links entspricht ein Entropieüberschuss $\Delta S = \frac{1}{2} C \cdot \frac{1}{2} \Delta T$ in der linken Körperhälfte, dem ein gleich großer Mangel rechts gegenübersteht. C ist die Entropiekapazität $C = m \cdot \ell$ des ganzen Körpers, $m = \rho \cdot A \cdot l$ seine Masse, ρ die Dichte und $\ell = C/m$ die *spezifische* Entropiekapazität (zur Entropiekapazität siehe Abschnitt 3.9). Während C, A, l und m Merkmale des Körpers sind, bezeichnen ρ und ℓ Eigenschaften des Stoffes, aus dem er besteht. Wir fassen zusammen:

$$\Delta S = \frac{1}{2} C \cdot \frac{1}{2} \Delta T = \frac{1}{4} \ell \, \rho \, Al \cdot \Delta T \,.$$

Während einer kurzen Zeitspanne Δt strömt bei konstant gedachtem Temperaturgefälle $2\Delta T/l$ nach dem FOURIERschen Gesetz [Gl. (20.22)] eine Entropiemenge

$$\Delta S = J_S \cdot \Delta t = \sigma_S \cdot A \cdot \frac{2\Delta T}{l} \cdot \Delta t$$

von links nach rechts. Indem wir beide ΔS-Werte gleichsetzen und nach Δt auflösen, erhalten wir einen Schätzwert für die Dauer des Temperaturausgleichs:

$$\Delta t = \frac{l^2}{8a} \qquad \text{mit} \qquad a = \frac{\sigma_S}{\rho \, \ell} = \frac{\lambda}{\rho \, c_W} \,. \tag{20.23}$$

Der Koeffizient a im Nenner wird „Temperaturleitfähigkeit" genannt, etwas irreführend, da es nicht die Temperatur ist, die geleitet wird. In der Formel rechts ist a zum einen durch die entropischen Größen σ_S und ℓ ausgedrückt und zum anderen durch ihre energetischen Gegenstücke, λ und c_W, Wärmeleitfähigkeit und spezifische Wärmekapazität. (Wir sind hier auf das Formelzeichen c_W ausgewichen statt des sonst üblichen c, weil wir das Zeichen für die Konzentration benötigen.)

Kopplung von Stoff- und Entropiestrom. Was geschieht, wenn ein Stoff gleichzeitig einem Gefälle seines Potenzials μ und der Temperatur T ausgesetzt ist? Denken wir uns etwa einen Teich, in dem das Wasser am Grunde kalt, T_1, und, durch die Sonne aufgeheizt, oben warm ist, $T_2 > T_1$. Dann wäre $\mu_2 = \mu_1 + \alpha \cdot (T_2 - T_1) < \mu_1$, da $\alpha = -S_m$ negativ ist. Es besteht also ein Antrieb für das Wasser, aufwärts zu wandern. Die Entropie, die im Wasser enthalten ist, strebt umgekehrt abwärts, wobei sich die beiden Einflüsse gerade aufheben. Der Energieaufwand $W_n + W_S$ bei der Verschiebung einer Wassermenge n von unten nach oben beträgt:

$$W_n + W_S = \left(\mu_2 - \mu_1 \right) n + \left(T_2 - T_1 \right) S = -S_m \left(T_2 - T_1 \right) n + \left(T_2 - T_1 \right) S_m \cdot n = 0 \,.$$

Das ist nicht immer so. Wenn ein gelöster Stoff diffundiert, dann kann die von ihm mitbeförderte molare Entropie, die „Überführungsentropie" S_m^*, kleiner oder größer sein als S_m. In einer Rohrzuckerlösung der Konzentration $1\,\mathrm{kmol\,m^{-3}}$ ist S_m^* um etwa $2{,}7\,\mathrm{Ct\,mol^{-1}}$ größer. Hier gewinnt also der Entropieeinfluss die Oberhand, sodass der Zucker zu der kühleren Seite gedrängt wird. Bei einem Temperaturunterschied von $10\,\mathrm{K}$ und einer Anreicherung von etwa

1,1 % kompensieren sich beide Einflüsse gerade. Wir berechnen dazu wie oben den Energieaufwand für den Transport einer kleinen Zuckermenge n von der kälteren Seite, T_1, zur wärmeren Seite, $T_2 > T_1$:

$$
\begin{aligned}
W_n + W_S &= (\mu_2 - \mu_1) \cdot n + (T_2 - T_1) \cdot S_m^* \cdot n \\
&= \left[\left(\mu_1 - S_m (T_2 - T_1) \right) - \left(\mu_1 + RT_1 \ln 1{,}011 \right) + \left(T_2 - T_1 \right) S_m^* \right] \cdot n \\
&= \left[(S_m^* - S_m)(T_2 - T_1) - RT_1 \ln 0{,}011 \right] \cdot n \\
&= \left[2{,}7 \text{ Ct mol}^{-1} \cdot 10 \text{ K} - 8{,}3 \text{ Ct mol}^{-1} \cdot 300 \text{ K} \cdot \ln 1{,}011 \right] \cdot n = [27 - 27] \cdot n = 0.
\end{aligned}
$$

Die Erscheinung, dass Unterschiede des chemischen Potenzials durch ein Temperaturgefälle verursacht werden, nennt man *Thermodiffusion*, während der Umkehreffekt, bei dem Temperaturunterschiede durch ein Gefälle des chemischen Potenzials hervorgerufen werden, *Diffusionsthermoeffekt* heißt. Solche Kopplungseffekte zwischen Strömen gibt es in großer Zahl. Der bekannteste ist wohl der *thermoelektrische* Effekt, der durch eine Kopplung von Entropie- und Ladungsstrom verursacht wird.

20.5 Vergleichender Überblick

Transportgleichungen. Um das Gemeinsame der besprochenen Erscheinungen und die Unterschiede abschließend herauszuarbeiten, fassen wir das bisher Gesagte in Abbildung 20.7 a) bis c) zusammen. Wir wollen dabei noch eine weitere Erscheinung ergänzen, den Transport elektrischer Ladung (Abb. 20.7 d), weil dies wohl das bekannteste dieser Phänomene ist, sodass die Begriffsbildung dort uns als Vorbild oder Orientierungshilfe dienen kann. In allen vier Fällen, d. h. Diffusion, zähes Fließen, Entropie- und Elektrizitätsleitung, wird eine mengenartige Größe (Stoff B, Impuls p_x, Entropie S und Ladung Q) im Gefälle des zugehörigen Potenzials (chemisches μ_B, „kinetisches" v_x, „thermisches" T und elektrisches φ) befördert. Um einheitliche Verhältnisse vorzugeben, denken wir uns einen kleinen quaderförmigen Ausschnitt aus einem größeren Bereich mit der Grundfläche A und der Höhe l. Die Höhe soll so klein sein, dass der Quader trotz der angenommenen Potenzialunterschiede als homogen gelten kann.

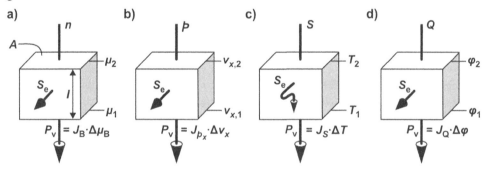

Abb. 20.7 Vergleich verschiedener Transportvorgänge. a) Stoff, b) Impuls, c) Entropie, d) Ladung. P_v ist die Verlustleistung, $\dot{S}_e = P_v / T$ die Erzeugungsrate der Entropie, wenn T die augenblickliche mittlere Temperatur des Körpers ist. Im Fall c) fließt die erzeugte Entropie auf demselben Pfad ab wie die von oben zugeführte, angedeutet durch den rückgekrümmten Pfeil.

Ein Potenzialabfall $\Delta\mu_B$, Δv_x, ΔT, $\Delta\varphi$ von der Deck- zur Grundfläche treibt einen Strom J_B, J_p, J_S, J_Q abwärts durch den Quader, sofern er für einen solchen Transport eine entsprechende Leitfähigkeit σ_B, σ_p, σ_S, σ_Q besitzt. Der Strom ist dem Querschnitt A und der Potenzialdifferenz proportional und umgekehrt proportional zur durchströmten Länge l, wobei die Leitfähigkeit σ_B, σ_p, σ_S, σ_Q als Proportionalitätsfaktor auftritt. Die Formeln sind in Tabelle 20.6 zusammengestellt, wobei im Fall der Ladung statt J_Q, j_Q und σ_Q die üblichen Formelzeichen I, j und σ benutzt wurden. Im Kopf der Tabelle stehen die Namen der Personen, nach denen diese Gesetze benannt sind. In der Tabellenzeile darunter sind die analogen „lokalen" Gesetze zu finden, in denen der Strom J durch die entsprechende Stromdichte $j = J/A$ ersetzt und der Quotient „Potenzialdifferenz / Länge" als Ableitung des jeweiligen Potenzials nach der Ortskoordinate z geschrieben ist.

Die bekannteste Fassung des *OHMschen Gesetzes* lautet $I = U/R_Q$, wobei I meist einfach „Strom", $U = -\Delta\varphi$ „Spannung" und $R_Q = \rho_Q \cdot l/A$ „(elektrischer) Widerstand" genannt wird, während $\rho_Q = 1/\sigma$ „spezifischer (elektrischer) Widerstand" heißt. Statt R_Q ist auch der „Leitwert" $G_Q = 1/R_Q$ gebräuchlich, sodass das OHMsche Gesetz die Gestalt $I = G_Q \cdot U$ annimmt. Den Index Q haben wir der Deutlichkeit halber mitgeschrieben. Eine ähnliche Vielfalt findet man für die Formeln in den anderen Spalten, was es schwierig macht, das ihnen gemeinsame Muster wiederzuerkennen. So ist neben der Zähigkeit η auch ihr Kehrwert $\varphi = \eta^{-1}$, die Fluidität, gebräuchlich, die dem spezifischen Widerstand ρ_Q entspricht und so weiter.

	Diffusion (FICK)	Zähes Fließen (NEWTON)	Entropieleitung (FOURIER)	Elektr. Leitung (OHM)
globale Form	$J_B = -\sigma_B \cdot A \dfrac{\Delta\mu_B}{l}$	$J_{p_x} = -\sigma_p \cdot A \dfrac{\Delta v_x}{l}$	$J_S = -\sigma_S \cdot A \dfrac{\Delta T}{l}$	$I = -\sigma \cdot A \dfrac{\Delta\varphi}{l}$
lokale Form	$j_B = -\sigma_B \cdot \dfrac{d\mu_B}{dz}$	$j_{p_x} = -\sigma_p \cdot \dfrac{dv_x}{dz}$	$j_S = -\sigma_S \dfrac{dT}{dz}$	$j = -\sigma \cdot \dfrac{d\varphi}{dz}$
spezielle Form (Beispiel)	$j_B = -D_B \cdot \dfrac{dc_B}{dz}$	$F_R = -\eta \cdot A \dfrac{dv_x}{dz}$	$j_W = -\lambda \dfrac{dT}{dz}$	$I = \dfrac{U}{R_Q}$
Leitfähigkeit	$\sigma_B = c_B D_B / RT$	$\sigma_p = \eta$	$\sigma_S = \lambda/T$	$\sigma = 1/\rho_Q$
„Ausgleichskoeffizient"	D_B	$v = \eta/\rho$	$a = \lambda/(c_W\rho)$	–

Tab. 20.6 Vergleich verwandter Formeln für verschiedene Transportvorgänge. Die Formeln in der ersten Zeile sind einander analog, ebenso die in der zweiten. Die Formeln in der dritten Zeile sind für spezielle Anwendungen zugeschnitten und enthalten Größen, die nur bedingt einander entsprechen (unter j_W versteht man in diesem Fall die Wärmestromdichte). In der vierten Zeile sind die „Leitfähigkeiten" und in der fünften die entsprechenden „Ausgleichskoeffizienten" durch die in den jeweiligen Teilbereichen bevorzugten Größen ausgedrückt.

„Ausgleichskoeffizienten". Der „Diffusionskoeffizient" D_B, die „kinematische Zähigkeit" v und die „Temperaturleitfähigkeit" a sind trotz ihrer gänzlich unterschiedlichen Namen analoge Größen. Sie haben alle die SI-Einheit $m^2\,s^{-1}$ und quantifizieren in verschiedenen Bereichen die Stoffeigenschaft, welche die Dauer der jeweiligen Ausgleichsvorgänge bestimmt. Wegen dieser Eigenschaft bietet sich als Überbegriff der Name *„Ausgleichkoeffizienten"* für diese Größen an.

Sie lassen sich als Quotienten „Leitfähigkeit/Kapazitätsdichte" schreiben, wie man es von der Anschauung her auch erwartet. Je leitfähiger das Medium, desto rascher gleichen sich Potenzialunterschiede aus. Je größer die dabei zu transportierenden Mengen, je höher also die Kapazitäten bei gleichen Potenzialdifferenzen, desto länger dauert es. Wegen $\sigma_B = c_B \omega_B$ für die „Stoffleitfähigkeit" [Gl. (20.6)] und $6_B = c_B/RT$ für die „Stoffkapazitätsdichte" (Abschnitt 6.7) gilt:

$$D_B = \omega_B RT = \frac{\omega_B c_B}{c_B/RT} = \frac{\sigma_B}{6_B} = \frac{\text{„Stoff-Leitfähigkeit"}}{\text{„Stoff-Kapazitätsdichte"}}.$$

Beim Impuls spielt die Masse $m = \rho V$ die Rolle der „Kapazität", denn wegen $p_x = m v_x$ ergibt sich für die Ableitung nach dem zugehörigen „Potenzial" v_x einfach $dp_x/dv_x = m$. Die entsprechende „Kapazitätsdichte" ist folglich einfach die Massendichte $m/V = \rho$. Da die Zähigkeit η der Impulsleitfähigkeit σ_p entspricht, gilt auch hier:

$$\nu_B = \frac{\eta}{\rho} = \frac{\text{„Impuls-Leitfähigkeit"}}{\text{„Impuls-Kapazitätsdichte"}}.$$

In Gleichung (20.23) für die Temperaturleitfähigkeit $a = \sigma_S/(\rho\, c)$ bedeutet c die spezifische, das heißt massenbezogene Entropiekapazität und ρc die entsprechende volumenbezogene Größe, also die entsprechende „Kapazitätsdichte", sodass wieder gilt:

$$a = \frac{\sigma_S}{\rho c} = \frac{\text{„Entropie-Leitfähigkeit"}}{\text{„Entropie-Kapazitätsdichte"}}.$$

Begleitende Energieströme. Jeder der Ströme J_B, J_p, J_S, J_Q ist von einem Energiestrom J_W $= \mu_B \cdot J_B$, $J_W = v_x \cdot J_p$, $J_W = T \cdot J_S$, $J_W = \varphi \cdot J_Q$ begleitet. Da die Potenziale beim Einstrom höher sind als beim Ausstrom, fließt oben mehr Energie zu als unten ausfließt. Die überschüssige Energie könnte man in einer geeignet gestalteten Vorrichtung für beliebige andere Zwecke nutzen. Das geschieht hier nicht, sondern die Energie wird unter Entropieerzeugung verheizt und geht damit als Nutzenergie verloren. Die *Verlustleistung* P_v, das ist der Teil des Energiestromes, der verheizt wird, ist in Abbildung 20.6 für die dort betrachteten vier Fälle angegeben. Die Erzeugungsrate der Entropie ergibt sich, wenn T die Temperatur ist, bei der sie gebildet wird, zu:

$$\dot{S}_e = \frac{P_v}{T}.$$

Wenn diese Entropie nicht abgeführt wird, dann heizt sich der Körper immer weiter auf. Sorgt man umgekehrt durch Abfuhr der Entropie für eine gleichbleibende Temperatur T, dann fließt über diesen Pfad auch Energie ab, und zwar P_v. Der Energiestrom gabelt sich, indem ein Teil mit der erzeugten Entropie S_e entweicht.

Nur im Fall c) der Abbildung 20.6 sieht es etwas anders aus, weil die erzeugte Entropie S_e auf demselben Wege abfließen kann, wie die von oben zugeführte. Während sich die Entropie bei der Wanderung durch ein Temperaturgefälle ständig vermehrt, bleibt die Energie erhalten. Daher wird in diesem Fall eine Beschreibung bevorzugt, in der die Energie selbst als das strömende Etwas aufgefasst wird. Die entsprechende Energiestromdichte $j_W = T \cdot j_S$ erhält man durch Multiplikation der für die Entropie geltenden Gleichungen (20.22) mit der Temperatur T, wobei wir zugleich $T \cdot \sigma_S$ wie in diesem Fall üblich durch λ ersetzen:

$$J_W = \lambda \cdot A \cdot \frac{\Delta T}{\Delta x} \qquad \text{bzw.} \qquad j_W = -\lambda \cdot \frac{dT}{dx} \qquad \text{„Wärmeleitgleichung"} . \qquad (20.24)$$

21 Elektrolytlösungen

Eine Diskussion des chemischen Antriebs von Solvatations- und Hydratationsprozessen resultiert in der Einführung des Grundbegriffes der *elektrolytischen Dissoziation*, dem Zerfall eines Stoffes in Lösung in mobile Ionen. Anschließend besprechen wir die Wanderung dieser Ionen in einem elektrischen Feld als Spezialfall der Stoffausbreitung. Die damit im Zusammenhang stehende elektrische Beweglichkeit führt uns zur *Leitfähigkeit* von Elektrolytlösungen. Um Ionenleitfähigkeiten experimentell zu bestimmen, hat sich der Begriff der *Überführungszahl* als nützlich erwiesen, der den Anteil des Gesamtstromes angibt, der durch die betreffende Ionenart transportiert wird. Im letzten Abschnitt wird schließlich die Leitfähigkeitsmessung oder *Konduktometrie* als Analysenmethode vorgestellt; insbesondere die konduktometrische Titration stellt eine häufig eingesetzte Routinemethode dar.

21.1 Elektrolytische Dissoziation

Begriff des Elektrolyten. *Elektrolyte* sind Stoffe, die in festem, geschmolzenem oder gelöstem Zustand ganz oder teilweise in bewegliche Ionen zerfallen. Den Begriff des Ions als „Verbindung" gemäß z. B.

$$[Cl]^- = Cl_1e_1 \qquad \text{oder} \qquad [Na]^+ = Na_1e_{-1}$$

hatten wir schon im ersten Kapitel kennengelernt. Elektrolyte im engeren Sinne enthalten bereits bewegliche Ionen wie z. B. Salzschmelzen oder Salzlösungen (etwa eine Kochsalzschmelze oder eine Kochsalzlösung), aber in manchen Fällen auch Feststoffe (Festelektrolyte in Brennstoffzellen). Die genannten Substanzen sind bereits im festen Zustand aus Ionen aufgebaut. Hierzu zählen nahezu alle Salze wie z. B.

$$NaCl|s \equiv [Na^+Cl^-]|s\,(+H_2O|l) \rightarrow Na^+|w + Cl^-|w\,.$$

Man spricht auch von *echten Elektrolyten*.

Im weiteren Sinne gehören zu den Elektrolyten aber auch Stoffe, die erst beim Lösen bewegliche Ionen bilden. Zu den sogenannten *potenziellen Elektrolyten* zählen Säuren und organische Basen, etwa

$$HCl|g + H_2O|l \rightarrow H_3O^+|w + Cl^-|w\,.$$

Elektrolytische Dissoziation. Man nennt solche Zerfallsvorgänge *elektrolytische Dissoziation*. Vor allem in wässrigen Lösungen, wie in den obigen Beispielen, kommt diese Art der Dissoziation häufig vor, während sie im Gaszustand oder anderen Lösemitteln kaum eine Rolle spielt. Die Ursache hierfür ist, dass Ionen in Wasser – verglichen mit anderen Umgebungen – ein ungewöhnlich niedriges chemisches Potenzial besitzen. Betrachten wir hierzu die Potenzialerniedrigung, die sich ergibt, wenn man Ionen aus dem Gaszustand in eine wässrige Lösung überführt (Tab. 21.1 oben). Wie drastisch dieser Effekt ist, wird erst richtig erkennbar, wenn man ihm den entsprechenden Vorgang mit neutralen Teilchen gegenüberstellt (Tab. 21.1 unten).

© Springer Fachmedien Wiesbaden GmbH, ein Teil von Springer Nature 2021
G. Job und R. Rüffler, *Physikalische Chemie*, Studienbücher Chemie,
https://doi.org/10.1007/978-3-658-32936-5_21

Stoff	H$^+$	H$_3$O$^+$	OH$^-$	Cl$^-$	Na$^+$	Mg^{2+}	Al^{3+}
$\dfrac{\mu_g - \mu_w}{kG}$	1090	418	460	333	411	1893	4621

Stoff	Hg	Ar	H$_2$	CO$_2$	HCl	NH$_3$	D$_2$O
$\dfrac{\mu_g - \mu_w}{kG}$	3	−8	10	0	9	18	27

Tab. 21.1 Erniedrigung des chemischen Potenzials beim Übergang eines Stoffes vom Gaszustand in eine wässrige Lösung (B|g → B|w). Die Werte gelten für 298 K und gleiche Konzentrationen in Gas und Lösung.

Die Differenz $\mu_g - \mu_w$ ist dabei nichts anderes als der Antrieb des Lösevorgangs

$$B|g \rightarrow B|w .$$

Wenn man nun die obere Zahlenreihe, die sich auf Ionen bezieht, genauer mit der unteren, für neutrale Teilchen geltenden vergleicht, so fällt auf, dass sich die Potenzialänderungen um gleich mehrere Größenordnungen unterscheiden. Die für Ionen geltenden Werte erreichen oder übertreffen sogar die Antriebe für die Knüpfung kovalenter Bindungen. Wenn sich atomarer Wasserstoff mit atomarem Chlor, Sauerstoff, Stickstoff, Kohlenstoff usw. vereinigt,

$$H + R \rightarrow H - R ,$$

gilt beispielsweise

$$\mathcal{A} = \mu_H + \mu_R - \mu_{H-R} = 300...400 \, kG .$$

Bindungsstärke. Als Maß für die *Bindungsstärke* zwischen zwei oder mehreren Stoffen oder, anders ausgedrückt, als Maß für die *Affinität* dieser Stoffe zueinander, kann der Antrieb der folgenden Reaktion interpretiert werden,

$$A + B + C + ... \rightarrow ABC... ,$$

der sich gemäß

$$\mathcal{A}_{ABC...} := \mu_A + \mu_B + \mu_C + ... - \mu_{ABC...} \quad \text{„Antrieb der Bildungsreaktion"}$$

bestimmen lässt. $\mathcal{A}_{ABC...}$ ist, was wir beachten müssen, nicht konstant, sondern abhängig vom Umfeld, in dem sich die beteiligten Stoffe befinden. Als Ausgangswerte für theoretische Überlegungen wählt man meist die Werte im Grenzzustand $T, p \rightarrow 0$, die man *Bindungsenergien* nennt.

Den Begriff der Bindungsstärke gebraucht man nicht nur für die Stoffe untereinander, sondern auch für ihre atomaren oder molekularen Bausteine. So spricht man etwa von der Bindungsstärke der Atome in einem Molekül- oder Kristallverband (oder der Bindungsenergie, wenn T und p verschwinden).

In diesem Sinne beschreiben die Werte unserer Tabelle gerade die Bindungsstärke der Ionen an das Wasser unter den dort genannten Bedingungen. Das wird deutlicher, wenn wir den Lösevorgang im Sinne der obigen allgemeinen Umsatzformel umschreiben:

$$B^z|g + v\, H_2O|l \to [B(H_2O)_v]^z|w \equiv B^z|w + v\, H_2O|l .$$

Ionen können keine beliebige Ladung tragen, sondern nur eine *elektrische Elementarladung* ($e_0 = 1{,}602 \cdot 10^{-19}$ C) oder ganzzahlige Vielfache davon. Dies wird durch die *Ladungszahl z* ausgedrückt. Da die Zahl der Wassermoleküle im Komplex $[B(H_2O)_v]^z$ groß und nicht scharf bestimmt ist, pflegt man die gebundenen H_2O-Moleküle formal abzutrennen und dem Lösungswasser zuzurechnen, wobei man dem zurückbleibenden Ion $B^z|w$ einen solchen Wert des chemischen Potenzials zuordnet, dass sich die Summe der Potenziale dabei nicht ändert:

$$\mu(B^z|w) \equiv \mu([B(H_2O)_v]|w) - v \cdot \mu(H_2O|l) .$$

Formal kann das Wasser in der Umsatzformel herausgekürzt werden, sodass sich als Bindungsstärke einfach die Differenz der Potenzialwerte des Ions im Gas- und Lösungszustand ergibt, wie in der Tabelle angegeben. Obwohl die Schreibweisen $H^+|w$ und $H_3O^+|w$ beide dieselbe Ionenart bezeichnen, sind die Werte der zugehörigen chemischen Potenziale nicht gleich. Der Zusammenhang ergibt sich gemäß

$$\mu(H_3O^+|w) = \mu(H^+|w) + \mu(H_2O|l) .$$

Hydratation. Die Art der Bindung der Ionen an das Wasser können wir uns am einfachsten als geordnete Anlagerung von Wasserdipolen an ein zentrales Ion vorstellen. Das Wassermolekül ist zwar als Ganzes neutral, aber aufgrund seiner gewinkelten Struktur sind die Elektronen darin ungleichmäßig verteilt, sodass die Schwerpunkte der positiven und negativen Ladungen örtlich nicht zusammenfallen; es stellt also einen elektrischen *Dipol* dar. Der negative Pol des gewinkelten Moleküls befindet sich dabei auf der Seite des Sauerstoffatoms, der positive Pol auf der Seite der Wasserstoffatome (Abb. 21.1).

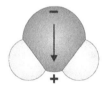

Abb. 21.1 Dipoleigenschaften des gewinkelten Wassermoleküls (Valenzwinkel zwischen den beiden an den Sauerstoff gebundenen Wasserstoffatomen: 104°)

Ein solcher molekularer Dipol wird von einem Ion genauso angezogen wie ein magnetischer Dipol – etwa eine Magnetnadel – vom Pol eines Magneten. Auf diese Weise umgibt sich ein Ion mit einer ganzen Schar teils relativ fest, teils locker gebundener Wassermoleküle, nicht viel anders als ein Magnetpol, den man in eine Kiste mit Eisennägeln steckt. Man nennt diesen Vorgang, d. h. die Ausbildung einer mehr oder weniger geordneten, nach außen nicht scharf begrenzten Hülle von Lösemittelteilchen um ein Ion, allgemein *Solvatation* oder, wenn das Lösemittel, wie meist, Wasser ist, auch *Hydratation* (Abb. 21.2).

Dieser Vorgang setzt einen recht großen Energiebetrag frei (im Falle des Wassers die sogenannte *Hydratationsenergie* als Spezialfall der Solvatationsenergie), der etwa mit dem Quadrat der Ladungszahl anwächst, aber auch noch von anderen Eigenschaften des Ions abhängt, etwa dem Ionenradius (je kleiner der Radius, desto größer der Energiegewinn). Der erwähnte quadratische Zusammenhang findet sich in der Bindungsstärke an das Wasser (als Maß für die Hydratationsenergie) wieder. Man vergleiche etwa die Werte für Na^+-, Mg^{2+}- und Al^{3+}-Ionen in der Tabelle 21.1. Die Gegenüberstellung der Werte für Na^+-Ionen [$r(Na^+) = 0{,}095$ nm] und

K$^+$-Ionen [r(K$^+$) = 0,133 nm] bzw. der Werte für Mg^{2+}-Ionen [r(Mg^{2+}) = 0,065 nm] und Ca^{2+}-Ionen [r(Ca^{2+}) = 0,097 nm] verdeutlicht die Abhängigkeit vom Ionenradius.

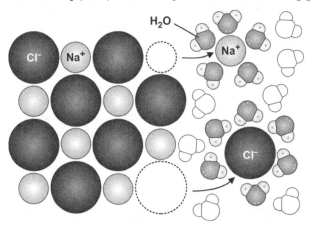

Abb. 21.2 Hydratation der Ionen bei der Auflösung eines NaCl-Kristalls in Wasser

Die Hydratation stellt auch die Begründung dafür dar, dass z. B. Kochsalz und Chlorwasserstoff in Wasser frei bewegliche Ionen ausbilden, nicht aber in Luft. Die Auflösung in Wasser unter Dissoziation in Ionen findet statt, da der Zusammenhalt der Ionen in dem von ihnen gebildeten Verband – Gitter oder Molekül – schwächer ist als die Bindung der Ionen an das Wasser. Die Ionen werden also durch viele neue Bindungen an Wassermoleküle quasi aus ihrem alten Verband gerissen.

Elektroneutralitätsbedingung. Bei der elektrolytischen Dissoziation, die auch in mehreren Stufen und auf verschiedene Weise ablaufen kann, können unterschiedliche Teilchen entstehen, z. B.

$$NaHCO_3 \rightarrow Na^+ + HCO_3^-$$
$$HCO_3^- \rightarrow H^+ + CO_3^{2-}$$
$$HCO_3^- \rightarrow \qquad\qquad OH^- + CO_2$$

Ladungszahl z: $\qquad\qquad$ +1 $\quad$ −1 $\qquad$ +1 $\quad$ −2 $\quad$ −1 $\quad$ 0

Jede Teilchensorte verhält sich grundsätzlich wie ein selbstständiger Stoff mit eigener Konzentration und eigenem chemischen Potenzial. Da jedoch bei der Dissoziation gleich viele positive wie negative Ladungen entstehen, bleibt die Lösung insgesamt neutral. Es gilt die sogenannte *Ladungsneutralitätsbedingung* (*Elektroneutralitätsbedingung*):

$$z_A c_A + z_B c_B + \ldots = 0 \qquad \text{kurz} \qquad \boxed{\sum_i z_i c_i = 0} \quad . \tag{21.1}$$

Man kann diese Bedingung verletzen, wenn man Ionen nur eines Vorzeichens von außen zuführt. Eine Ionenzufuhr dieser Art ist allerdings nur in unwägbaren Mengen möglich, da sich die Lösung dabei auflädt und das entstehende starke elektrische Feld bald jede weitere Zufuhr unterbindet (vgl. Kap. 22). Die Elektroneutralitätsbedingung wird daher zwar nicht absolut genau, aber doch sehr streng von allen Elektrolytlösungen eingehalten. Bei der Wahl von Ionenkonzentrationen sind wir folglich nicht ganz frei, weil die Feldkräfte die Elektroneutralität der Lösung erzwingen.

21.2 Elektrisches Potenzial

Im letzten Kapitel hatten wir uns bereits mit der Geschwindigkeit der Stoffausbreitung und ihren Ursachen beschäftigt. Die Wanderung von Ionen wird nun von zusätzlichen Kräften beeinflusst, die ihre Ursache in der elektrischen Ladung der Teilchen haben. Die Kraft F, die auf eine Ladung Q in einem elektrischen Feld mit der Feldstärke E wirkt, beträgt allgemein

$$F = Q \cdot E \quad . \tag{21.2}$$

Wie die „chemischen" Kräfte bei der Diffusion, so kann man sich auch die elektrostatischen Kräfte durch ein Gefälle eines Potenzials, hier des *elektrischen Potenzials* φ, entstanden denken. Zu einem beliebigen Feldstärkeverlauf $E(x)$ kann man stets eine Größe $\varphi(x)$ so konstruieren, dass

$$E(x) = -\frac{\mathrm{d}\varphi(x)}{\mathrm{d}x} \tag{21.3}$$

wird. Falls die Feldstärke E einen konstanten Wert E_0 hat, ist das Potenzial $\varphi(x)$ eine lineare Funktion des Ortes x, $\varphi(x) = \varphi(0) - E_0 \cdot x$, deren Graph eine „Rampe" mit konstantem Gefälle darstellt (Abb. 21.3). Auch zu einer dreidimensionalen Feldstärkeverteilung $\vec{E}(x, y, z)$ kann man in der Regel ein Potenzial $\varphi(x, y, z)$ angeben, dessen Gefälle am Ort x, y, z gerade gleich der Feldstärke $\vec{E}(x, y, z)$ an diesem Ort ist. Wir müssen in diesem Fall die Feldstärke als Vektor schreiben, weil ihr Wert erst durch Angabe von Betrag und Richtung oder durch Angabe der Werte ihrer drei Komponenten E_x, E_y, E_z vollständig gegeben ist. Für unsere Zwecke genügt jedoch die eindimensionale Schreibweise.

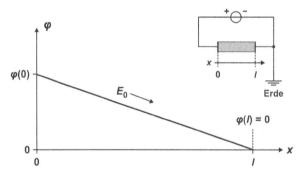

Abb. 21.3 Verlauf des elektrischen Potenzials φ in einem gleichförmig stromdurchflossenen Leiter der Länge l. Das rechte Ende ist hier geerdet, sodass $\varphi(l) = 0$ ist, während $\varphi(0)$ positiv ist. Es bildet sich ein gleichmäßiges Potenzialgefälle von links nach rechts aus, das heißt ein elektrisches Feld mit konstanter Feldstärke E_0.

In einem (chemisch einheitlichen) elektrischen Leiter – etwa einem Stück Kupfer oder einer Salzlösung – gleichen sich anfängliche Potenzialunterschiede durch Ladungsverschiebung augenblicklich aus, wenn dem Leiter nicht durch eine äußere Spannungsquelle – etwa in einer stromführenden Kupferleitung oder in einer arbeitenden Elektrolysezelle – ein Potenzialgefälle aufgezwungen wird. Das elektrische Feld im Innern verschwindet, $E(\text{innen}) = 0$. Man kann daher einem (chemisch einheitlichen) stromlosen Leiter L ein einheitliches Potenzial $\varphi(\text{L})$ zuordnen, das nicht vom Ort abhängt. Dadurch vereinfacht sich die Beschreibung beträchtlich. In der Elektrotechnik gilt der Erdboden näherungsweise als Leiter mit einheitlichem Potenzial.

Der Nullpunkt des Potenzials φ kann willkürlich gewählt werden, indem man φ an einem beliebigen Punkt, etwa $x = 0$, den Wert 0 zuordnet, $\varphi(0) = 0$. Bei elektrischen Geräten oder Schaltungen wird gewöhnlich das Potenzial des Erdanschlusses null gesetzt, $\varphi(\text{Erde}) = 0$.

Werte des elektrischen Potenzials werden (wie elektrische Spannungen) in Volt (V) angegeben. So beträgt etwa das elektrische Potenzial des Pluspoles einer üblichen dreizelligen Flachbatterie $\varphi(\text{Pluspol}) = +4{,}5$ V, wenn wir den Minuspol *erden*, $\varphi(\text{Minuspol}) = 0$. Der Unterschied des elektrischen Potenzials $\Delta\varphi = \varphi_2 - \varphi_1$ an zwei verschiedenen Orten 1 und 2 wird als *elektrische Spannung* U bezeichnet. Damit das Vorzeichen der Spannung definiert ist, muss für sie ein Bezugssinn festgelegt sein. Das kann z. B. durch einen Index der Art $_{1\rightarrow2}$ geschehen, wobei der Ausgangspunkt 1 und der Endpunkt 2 bekannt sind. Dabei zählt $U_{1\rightarrow2}$ als *positiv*, wenn $U_{1\rightarrow2}$ eine *positive* Ladung vom Ort 1 zum Ort 2 zu treiben sucht, das heißt, wenn das elektrische Potenzial φ_1 im Punkt 1 höher als φ_2 im Punkt 2 liegt. Es gilt folglich

$$U_{1\rightarrow2} = \varphi_1 - \varphi_2 = -\Delta\varphi \, . \tag{21.4}$$

Das Minuszeichen müssen wir hier setzen, wenn wir an der allgemeinen Vereinbarung festhalten wollen, dass für eine beliebige Größe $\mathcal{G}$ das Zeichen $\Delta\mathcal{G}$ die Differenz $\mathcal{G}_{\text{End}} - \mathcal{G}_{\text{Ausg}}$ bedeuten soll. $U_{1\rightarrow2}$ stellt nun den Antrieb für den Ladungstransport vom Ort 1 zum Ort 2 dar, ganz ähnlich wie $\mathcal{A}_{1\rightarrow2}$ den Antrieb für den Stofftransport von 1 nach 2:

$$\mathcal{A}_{1\rightarrow2} = \mu_1 - \mu_2 = -\Delta\mu \, . \tag{21.5}$$

Wegen dieser Analogie wird $\mathcal{A}$ gelegentlich auch *chemische Spannung* genannt. Um den Index $_{1\rightarrow2}$ nicht immer mitschreiben zu müssen, vereinbaren wir als stillschweigenden Bezugssinn die Richtung der Koordinatenachsen. Für zwei Punkte, die ungefähr auf einer Parallelen zu der von links nach rechts gerichteten x-Achse liegen, heißt dies $U = \varphi(\text{linker Ort}) - \varphi(\text{rechter Ort})$. Entsprechendes gilt für die anderen Koordinatenrichtungen.

Die Einführung des elektrischen Potenzials bietet für uns den Vorteil, dass wir chemische und elektrische Erscheinungen auf ganz ähnliche Weise beschreiben können. Der Gleichung für die Kraft auf eine Probemenge n in einem inhomogenen chemischen Umfeld, das heißt mit ortsabhängigem chemischen Potenzial $\mu(x)$, $F = -n \cdot (\mathrm{d}\mu/\mathrm{d}x)$ [Gl. (12.1)] können wir eine entsprechende Gleichung für die Kraft auf eine Probeladung Q in einem elektrischen Feld, das heißt in einer Umgebung mit ortsabhängigem elektrischen Potenzial $\varphi(x)$, gegenüberstellen. Dazu brauchen wir nur Gleichung (21.3) in Gleichung (21.2) einzusetzen:

$$F = -Q \cdot \frac{\mathrm{d}\varphi}{\mathrm{d}x} \, . \tag{21.6}$$

21.3 Ionenwanderung

Wanderungsgeschwindigkeit von Ionen. Die Kraft auf eine kleine Probemenge n von Ionen setzt sich aus mindestens zwei Beiträgen zusammen,

$$F = -n \cdot \frac{\mathrm{d}\mu}{\mathrm{d}x} - Q \cdot \frac{\mathrm{d}\varphi}{\mathrm{d}x} + \dots \quad \begin{array}{l}\text{(z. B. Zusatzkräfte durch Gegenbewegung der}\\ \text{Ionen entgegengesetzter Ladung).}\end{array} \tag{21.7}$$

Das elektrische Potenzialgefälle wird durch zwei in die Elektrolytlösung eintauchende *Elektroden* erzeugt, die an eine Gleichspannungsquelle angeschlossen sind. Die Elektroden stellen dabei den elektronisch leitenden Kontakt zu der andersartig leitenden Phase (Elektrolytlösung) her. Sehr oft bestehen sie aus Metallblechen oder -stäben. Die resultierende elektrische Kraft führt je nach Vorzeichen der Ionenladung zu einer Bewegung in Richtung oder entgegen der Richtung des elektrischen Feldes. Die positiv geladenen *Kationen* wandern zum Minuspol, d. h. der Elektrode mit dem niedrigeren elektrischen Potenzial, die in diesem Fall als *Kathode* fungiert. Unter Kathode verstehen wir diejenige Elektrode, an der Elektronen an die abreagierenden Stoffe abgegeben werden, an der also ein Reduktionsvorgang stattfindet. (Mit Redoxreaktionen werden wir uns ausführlicher in Abschnitt 22.4 beschäftigen.) Die negativ geladenen *Anionen* wandern hingegen zum Pluspol (Elektrode mit dem höheren elektrischen Potenzial). Die *Anode* nimmt von den abreagierenden Stoffen Elektronen auf, an ihr findet also ein Oxidationsprozess statt. Da jedes Ion eine Ladung mit dem Betrag ze_0 trägt, bewirkt diese Wanderung einen Ladungsfluss, einen *elektrischen Strom*. Diesen durch Ionen bewirkten Ladungsfluss kann man leicht zeigen (Versuch 21.1).

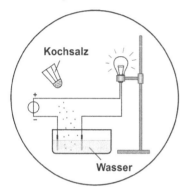

Versuch 21.1 *Ladungsfluss durch Salzlösungen*: Zwei Nägel (oder Stahlstifte) werden an den Enden zweier Kabel befestigt (z. B. mit Krokodilklemmen). Anschließend werden die Kabel über eine Spannungsquelle (z. B. eine Batterie) und eine Glühlampe miteinander verbunden. Taucht man nun die Nägel in eine mit destilliertem Wasser gefüllte Petrischale, so bleibt die Lampe dunkel. Streut man hingegen Kochsalz in das Wasser, so brennt die Lampe.

Prinzipiell können wir nun die Wanderungsgeschwindigkeit v der Ionen wie im Falle der Diffusion mit Hilfe der Gleichung $v = \omega \cdot F/n$ [Gl. (20.1)] berechnen, wobei wir die Zusatzkräfte vernachlässigen wollen:

$$v = \omega \cdot \frac{F}{n} = -\omega \cdot \frac{\mathrm{d}\mu}{\mathrm{d}x} - \omega \cdot \frac{Q}{n} \cdot \frac{\mathrm{d}\varphi}{\mathrm{d}x} . \tag{21.8}$$

FARADAYsche Gesetze. Die Ladung einer Ionengesamtheit (also aller Ionen einer Sorte) ergibt sich aus ihrer Stoffmenge n und der Ladungszahl z des einzelnen Ions:

$$Q = z\mathcal{F}n . \tag{21.9}$$

Die *FARADAY-Konstante* $\mathcal{F} = e_0/\tau$ gibt dabei die elektrische Ladung von 1 mol einwertiger Ionen an und beträgt 96485 C mol^{-1}. Der Zusammenhang (21.9) wurde um 1831 von dem englischen Naturforscher Michael FARADAY aufgedeckt, der als einer der bedeutendsten Experimentalphysiker gilt, und in den sogenannten *FARADAYschen Gesetzen* formuliert.

Einsetzen in obige Gleichung ergibt:

$$v = -\omega \cdot \frac{\mathrm{d}\mu}{\mathrm{d}x} - \omega z \mathcal{F} \cdot \frac{\mathrm{d}\varphi}{\mathrm{d}x} . \tag{21.10}$$

Elektrische Beweglichkeit. Das Produkt $\omega z \mathcal{F}$ wird auch als *elektrische Beweglichkeit* bezeichnet und mit dem Formelzeichen u abgekürzt:

$$u = \omega z \mathcal{F} \; .$$

Aus den Einheiten $\mathrm{m\,s^{-1}}$ für die Wanderungsgeschwindigkeit und $\mathrm{V\,m^{-1}}$ für das Potenzialgefälle ergibt sich die Einheit der elektrischen Beweglichkeit zu $\mathrm{m^2\,V^{-1}\,s^{-1}}$.

Ist kein Gefälle des chemischen Potenzials μ vorhanden, so ergibt sich damit für die Geschwindigkeit der Ionen:

$$v = -u \cdot \frac{\mathrm{d}\varphi}{\mathrm{d}x} = u \cdot E \; . \tag{21.11}$$

Zahlenwerte für die elektrische Beweglichkeit ausgewählter Ionen sind in der Tabelle 21.2 zusammengefasst. Der Index $\emptyset$ weist dabei wieder darauf hin, dass die Werte für sehr stark verdünnte Lösungen, genauer gesagt, Lösungen mit verschwindend geringer Konzentration gelten (in denen zwischen den Ionen keine Wechselwirkungen mehr bestehen).

Ion	$u_\emptyset$ $10^{-8}\,\mathrm{m^2\,V^{-1}\,s^{-1}}$	Ion	$u_\emptyset$ $10^{-8}\,\mathrm{m^2\,V^{-1}\,s^{-1}}$
H^+	36,2	OH^-	−20,5
Li^+	4,0	F^-	−5,7
Na^+	5,2	Cl^-	−7,9
K^+	7,6	Br^-	−8,1
Rb^+	8,1	I^-	−8,0
Cs^+	8,0	NO_3^-	−7,4
Ag^+	6,4	CH_3COO^-	−4,2
NH_4^+	7,6	MnO_4^-	−6,4
$N(CH_3)_4^+$	4,7	HCO_3^-	−4,6
$N(C_2H_5)_4^+$	3,4	CO_3^{2-}	−7,2
$N(C_3H_7)_4^+$	2,4	SO_4^{2-}	−8,3
Mg^{2+}	5,5		
Ca^{2+}	6,2		
Ba^{2+}	6,6		
Cu^{2+}	5,6		

Tab. 21.2 Elektrische Beweglichkeiten von Ionen bei 298 K in Wasser (bei großer Verdünnung) [aus: Lide D R (ed) (2008) CRC Handbook of Chemistry and Physics, 89th edn. CRC Press, Boca Raton]

Die Wanderungsgeschwindigkeit von Ionen erscheint auf den ersten Blick relativ gering. So beträgt sie z. B. bei einem Spannungsabfall von 1 V und einer Dicke der Lösungsschicht von 1 cm und damit einer Feldstärke von $100\,\mathrm{V\,m^{-1}}$ etwa 10^{-5} bis $10^{-6}\,\mathrm{m\,s^{-1}}$. Doch legt das Ion damit in 1 s eine Strecke von fast 10000 Teilchendurchmessern zurück.

Beziehung zwischen elektrischer Beweglichkeit und Ionenradius. Abschließend wollen wir uns die Bewegung eines einzelnen Ions mit der Ladung ze_0 noch etwas genauer anschauen. Durch die elektrische Kraft $F_{el} = Q \cdot E$ und damit

$$F_{el} = ze_0 E \tag{21.12}$$

wird das Ion zunächst beschleunigt. Je schneller es jedoch wandert, desto größer wird auch die in entgegengesetzter Richtung wirkende Reibungskraft aufgrund der Zähigkeit η des Mediums. Nehmen wir nun an, dass sich die Ionen näherungsweise wie starre Kugeln vom Radius r verhalten, so können wir wieder wie bereits im vorigen Kapitel das Gesetz von STOKES ($F_R = -6\pi\eta r v$) aus der Hydrodynamik heranziehen. Bereits nach kurzer Anlaufzeit sind die beiden auf das Ion wirkenden Kräfte entgegengesetzt gleich groß,

$$F_{el} = -F_R \; ;$$

damit gilt:

$$ze_0 E = 6\pi\eta r v \, .$$

Das Ion bewegt sich folglich mit der konstanten Transportgeschwindigkeit

$$v = \frac{ze_0}{6\pi\eta r} E \, . \tag{21.13}$$

Ein Vergleich dieses Ausdrucks mit Gleichung (21.11) zeigt, dass

$$u = \frac{ze_0}{6\pi\eta r} \tag{21.14}$$

sein muss. Die elektrische Beweglichkeit ist demnach umgekehrt proportional zur Zähigkeit des Mediums. Da η stark temperaturabhängig ist (vgl. Abschnitt 20.3), muss die Messtemperatur bei der Bestimmung von u berücksichtigt werden. Gemäß Gleichung (21.14) sollte die elektrische Beweglichkeit auch umso größer sein, je kleiner der Ionenradius ist. Schauen wir uns daraufhin die Reihen $Li^+ \rightarrow Rb^+$ und $NH_4^+ \rightarrow N(C_3H_7)_4^+$ in Tabelle 21.2 an, so wird deutlich, dass diese theoretische Vorhersage zwar für die großen Tetraalkylammonium-Ionen gilt, nicht aber für die kleinen Alkali-Ionen. Ziehen wir die aus den Gitterdimensionen der festen Salze bestimmten Ionenradien heran, so ist das K^+-Ion fast doppelt so groß wie das Li^+-Ion, zeigt aber gleichzeitig eine weitaus größere Beweglichkeit. Bisher haben wir jedoch nur die „nackten" Ionen betrachtet, aber noch nicht berücksichtigt, dass die Ionen von einer Solvat- bzw. im Falle des Lösemittels Wasser einer Hydrathülle umgeben sind, die sie „mitschleppen" müssen. Die Ionen „plustern" sich also quasi auf, und zwar umso stärker, je kleiner sie sind. Genauer gesagt: Kleine Ionen bilden ein weitaus stärkeres elektrisches Feld aus ($E \sim 1/r^2$) und lagern daher mehr Wasserdipole an, was zu abfallenden Radien des *hydratisierten Ions* in der Reihenfolge $Li^+ \rightarrow Rb^+$ führt. Berücksichtigen wir also in Gleichung (21.14) den Radius des hydratisierten Ions, so stimmt das Verhältnis der Beweglichkeiten mit den theoretischen Erwartungen überein. Bei den an sich schon großen Tetraalkylammonium-Ionen hingegen spielt die Hydratation keine ausschlaggebende Rolle mehr.

Sonderstellung von Wasserstoff- und Hydroxidionen. Überraschend ist jedoch die außerordentlich hohe Beweglichkeit des sehr kleinen Protons. Dies ist auf die besondere Struktur des Wassers zurückzuführen, das durch die Ausbildung von „*Wasserstoffbrücken-Bindungen*" auch im flüssigen Zustand eine relativ hohe Ordnung aufweist. Nackte Protonen sind aufgrund des von ihnen ausgehenden starken elektrischen Feldes in Wasser nicht beständig und lagern sich sofort an die negative Seite eines Wasserdipols unter Bildung eines H_3O^+-Ions an. Die positive Ladung ist jedoch anschließend nicht auf das ursprüngliche Proton fixiert, sondern symmetrisch auf die drei Protonen verteilt. Entsprechend kann eine Abspaltung eines Protons auch auf der gegenüberliegenden Seite des H_3O^+-Ions erfolgen, sodass sich die positive Ladung quasi über den Ionendurchmesser „bewegt" hat, ohne dass eine wirkliche Ionenwanderung, wie wir sie bisher besprochen haben, stattgefunden hat. Das abgespaltene Proton kann sich wieder an ein Wassermolekül anlagern usw. Letztendlich findet so ein effizienter „Protonentransport" entlang einer ganzen Kette von Wassermolekülen durch Umlagerung von Bindungen statt (GROTTHUß-Mechanismus). Unter der Wirkung eines angelegten elektrischen Feldes wird die zuvor regellose „Wanderung" der positiven Ladung in Richtung auf die negative Elektrode ausgerichtet (Abb. 21.4).

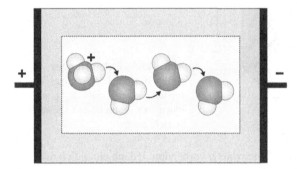

Abb. 21.4 Vereinfachte Darstellung des Ladungstransports durch Protonen in Wasser

Die hohe Beweglichkeit des Protons ist an den besonderen Transportmechanismus und damit an die Struktur der Wassermoleküle gebunden. In anderen Lösemitteln zeigen Protonen hingegen eine ähnliche Beweglichkeit wie andere Ionen. Der spezielle Transportmechanismus lässt sich jedoch auch auf die Wanderung von Hydroxid-Ionen in Wasser übertragen, da sie ebenfalls lösemitteleigen, d. h. Bestandteil des Wassermoleküls, sind. Daher rührt die vergleichsweise hohe Beweglichkeit auch dieser Ionen. Sichtbar gemacht werden kann die Wanderung der Protonen und Hydroxid-Ionen in einem durch eine Gleichspannungsquelle erzeugten elektrischen Feld durch Verfärbung der mit Säure-Base-Indikator versetzten Agar-Gel-Säule (Versuch 21.2).

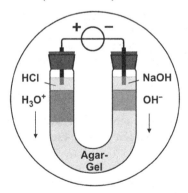

Versuch 21.2 *Ionenwanderung*: In einem U-Rohr befindet sich Agar-Gel, das mit Universalindikator und Kochsalz versetzt wurde. In den linken Schenkel wird Salzsäure, in den rechten Natronlauge gegossen. Anschließend taucht man in jede der Flüssigkeiten eine Elektrode und verbindet diese mit einer Gleichspannungsquelle, die Säureseite mit dem Pluspol, die Laugenseite mit dem Minuspol. Man beobachtet zwei Verfärbungszonen, die sich langsam ausbreiten. Aufgrund der unterschiedlichen Ionenbeweglichkeiten ist die durch die Wanderung der OH^--Ionen hervorgerufene Verfärbungszone nur etwa halb so groß wie die durch die Wanderung der H_3O^+-Ionen hervorgerufene.

21.4 Leitfähigkeit von Elektrolytlösungen

Elektrischer Strom. Wir wollen uns nun noch mit einem für die Anschauung und Berechnung besonders geeigneten Sonderfall eingehender auseinandersetzen, den Vorgängen in einem quaderförmigen elektrolytischen Trog mit dem Querschnitt A und der Länge l, an dessen Stirnseiten zwei Elektroden angebracht sind (Abb. 21.5). In dem Trog befinde sich eine Elektrolytlösung der Konzentration c. An die Elektroden sei eine Gleichspannung U angelegt.

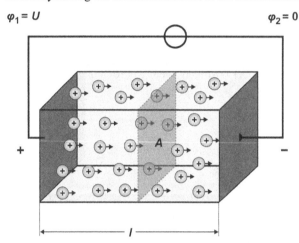

Abb. 21.5 Elektrolytischer Trog, gefüllt mit der Lösung eines Elektrolyten, in der nur die positiven Ionen als hinreichend beweglich gedacht sind.

Anfänglich ist kein Gefälle des chemischen Potenzials μ vorhanden, jedoch ein gleichmäßiges Gefälle des elektrischen Potenzials φ,

$$\frac{\mathrm{d}\mu}{\mathrm{d}x} = 0 , \qquad \frac{\mathrm{d}\varphi}{\mathrm{d}x} = \frac{-U}{l} . \tag{21.15}$$

Im konstanten elektrischen Feld beginnen die beweglichen Ionen senkrecht zu den Elektroden zu wandern und verursachen, wie besprochen, einen Ladungsfluss, einen *elektrischen Strom*. Gleichung (21.11) liefert uns unter diesen Bedingungen als Wanderungsgeschwindigkeit:

$$v = u \cdot \frac{U}{l} . \tag{21.16}$$

Um die durch die Querschnittsfläche A des Quaders durchgesetzte Ladung ΔQ zu berechnen, beschränken wir uns der Einfachheit halber zunächst auf die Anwesenheit einer einzigen beweglichen Ionenart. Das zugehörige Gegenion denken wir uns so unbeweglich, dass es zum Ladungstransport nicht nennenswert beiträgt. Der mit einem Ionendurchsatz Δn verbundene Ladungsdurchsatz beträgt offensichtlich

$$\Delta Q = z \mathcal{F} \cdot \Delta n . \tag{21.17}$$

Dividieren wir diese Gleichung durch die Zeitspanne Δt, die wir uns sehr kurz denken müssen, damit es zu keinen nennenswerten Konzentrationsverschiebungen an den Elektroden kommt, so erhalten wir den elektrischen Strom der Stärke I,

$$I = \frac{\Delta Q}{\Delta t} = z\mathcal{F}\frac{\Delta n}{\Delta t} = z\mathcal{F} \cdot J \, . \tag{21.18}$$

Zur Beschreibung eines Stoffflusses J hatten wir im letzten Kapitel bereits Gleichung (20.4),

$$J = c \cdot A \cdot v \, ,$$

kennengelernt. Berücksichtigen wir nun die obige Beziehung [Gl. (21.16)] für die Wanderungsgeschwindigkeit v, so erhalten wir:

$$J = c \cdot A \cdot u \cdot \frac{U}{l} \, . \tag{21.19}$$

Für die Stromstärke I ergibt sich damit:

$$I = z\mathcal{F} \cdot c \cdot A \cdot u \cdot \frac{U}{l} \, . \tag{21.20}$$

Im Allgemeinen sind mehrere bewegliche Ionenarten anwesend. Solange sich diese in ihrer Wanderung nicht stören, was nur in sehr dünnen Lösungen gut erfüllt ist, addieren sich einfach die Beiträge der einzelnen Ionenarten, seien es Kationen oder Anionen, zum elektrischen Strom I. Man erhält dann statt Gleichung (21.20) den folgenden Zusammenhang:

$$I = U \cdot \frac{A}{l} \cdot \sum_i z_i \mathcal{F} \cdot c_i \cdot u_i \, . \tag{21.21}$$

Elektrischer Widerstand und Leitwert. Für eine Elektrolytlösung vorgegebener Zusammensetzung ist also der Strom I proportional der Spannung U. Dies erinnert an das wohlbekannte OHMsche Gesetz für einen homogenen Leiter:

$$U = R \cdot I \qquad \text{bzw.} \qquad I = G \cdot U \, . \tag{21.22}$$

R ist der (OHMsche) Widerstand, G der *Leitwert*, wobei gilt:

$$G = \frac{1}{R} \, . \tag{21.23}$$

Der Widerstand wird üblicherweise in der Einheit Ohm (Ω), der Leitwert in der Einheit Siemens ($S = \Omega^{-1}$) angegeben. Die Gültigkeit des OHMschen Gesetzes auch im Falle von Elektrolytlösungen kann experimentell z. B. anhand der Elektrolyse einer Kupfersulfatlösung mit Kupferelektroden nachgewiesen werden (Versuch 21.3).

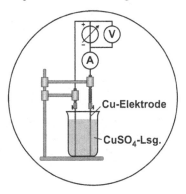

Versuch 21.3 *OHMsches Gesetz bei Elektrolyten*: Zwei Cu-Elektroden tauchen in eine CuSO$_4$-Lösung ein und sind mit einer Gleichspannungsquelle verbunden. Erhöht man nun die angelegte Spannung schrittweise (bis ca. 2 V), so steigt auch die Stromstärke proportional dazu an [V Voltmeter (Spannungsmessgerät), A Amperemeter (Strommessgerat)].

Vergleicht man Gleichung (21.22) mit Gleichung (21.21), so erkennt man, dass der Leitwert einer Elektrolytlösung von den in der Lösung vorhandenen Ionensorten (über z_i, u_i), ihren Konzentrationen (c_i), aber auch den Dimensionen des Ionenleiters (Querschnittsfläche A und Elektrodenabstand l) abhängt:

$$G = \frac{A}{l} \sum_i z_i \mathcal{F} \cdot c_i \cdot u_i \quad . \tag{21.24}$$

Leitfähigkeit einer Elektrolytlösung. Einen von der Geometrie der Messzelle unabhängigen, für eine Elektrolytlösung gegebener Zusammensetzung charakteristischen Wert stellt in Analogie zum spezifischen Widerstand ρ die (*spezifische*) *Leitfähigkeit* σ dar (Einheit $S\,m^{-1}$):

$$R = \rho \cdot \frac{l}{A} \quad \text{bzw.} \quad G = \sigma \cdot \frac{A}{l} . \tag{21.25}$$

Wenn man den letzten Ausdruck mit der Formel (21.24) vergleicht, erhält man eine wichtige, für beliebige Elektrolytlösungen (beispielsweise auch Meerwasser oder Magensaft) gültige Gleichung:

$$\sigma = \sum_i z_i \mathcal{F} \cdot c_i \cdot u_i \qquad \text{„Vierfaktorenformel“.} \tag{21.26}$$

Im Folgenden beschränken wir uns auf Lösungen eines einzigen Elektrolyten mit der Konzentration c. Wenn er vollständig dissoziiert, was wir hier annehmen wollen, sollen je Formeleinheit ν_i Ionen der Ladungszahl z_i entstehen ($c_i = \nu_i c$). Dann gilt:

$$\sigma = \sum_i z_i \mathcal{F} \cdot \nu_i c \cdot u_i = c \sum_i \nu_i z_i u_i \mathcal{F} . \tag{21.27}$$

Molare Leitfähigkeit. Grob gesehen wächst also die spezifische Leitfähigkeit σ mit der Konzentration c des gelösten Elektrolyten. Da aber auch die Beweglichkeit u merklich von c abhängt, überlagern sich hier zwei Einflüsse. Um den zweiten Einfluss getrennt leichter untersuchen zu können, betrachtet man die *molare Leitfähigkeit* Λ,

$$\Lambda = \frac{\sigma}{c} = \sum_i \nu_i z_i u_i \mathcal{F} . \tag{21.28}$$

Den auf eine Ionenart i entfallenden Anteil der molaren Leitfähigkeit nennt man (molare) *Ionenleitfähigkeit* Λ_i:

$$\Lambda_i = z_i u_i \mathcal{F} \quad . \tag{21.29}$$

Auf diese Weise lässt sich Gleichung (21.28) vereinfachen zu

$$\Lambda = \sum_i \nu_i \Lambda_i \quad . \tag{21.30}$$

Nach obigen Gleichungen sollte die molare Leitfähigkeit Λ von der Konzentration unabhängig sein. Dies trifft jedoch nur im Grenzfall unendlicher Verdünnung zu. Aus diesem Grund müssen wir, um die Gültigkeit der Gleichung zu gewährleisten, Λ durch Λ^0, die molare Leitfähigkeit bei verschwindend kleiner Konzentration (*Grenzleitfähigkeit*) ersetzen:

$$\Lambda^0 = \sum_i v_i \Lambda_i^0 \quad . \tag{21.31}$$

Denn nur in stark verdünnten Lösungen, in denen zwischen den Ionen keine spürbaren Wechselwirkungen bestehen, bewegen sich die einzelnen Ionen im elektrischen Feld unabhängig von der Art des Gegenions. Dieses *Gesetz der unabhängigen Ionenwanderung* wurde von dem deutschen Physiker Friedrich KOHLRAUSCH im 19. Jahrhundert gefunden.

Die in entgegengesetzte Richtungen wandernden Anionen und Kationen behindern sich gegenseitig, nicht anders als Menschenströme in einer Fußgängerzone, und zwar umso stärker, je größer das Gedränge ist. Dazu trägt die von den Ionen mitgeschleppte Hydrathülle, aber auch ihre Neigung bei, sich stets mit einer Wolke entgegengesetzt geladener Ionen zu umgeben, ein Effekt, auf den wir im nächsten Abschnitt noch einmal kurz zurückkommen.

Zum Schluss wollen wir den einfachen Fall eines nur aus zwei Ionenarten bestehenden Elektrolyten $K_{v_+}^{z_+} A_{v_-}^{z_-}$ heranziehen, der in v_+ Kationen der Ladungszahl z_+ und v_- Anionen der Ladungszahl z_- zerfällt. Die molare Leitfähigkeit Λ ergibt sich dann zu:

$$\Lambda = (v_+ z_+ u_+ + v_- z_- u_-)\mathcal{F} \quad . \tag{21.32}$$

Für die auf die Kationen und Anionen entfallenden Anteile der molaren Leitfähigkeit Λ_+ und Λ_- erhält man:

$$\Lambda_+ = z_+ u_+ \mathcal{F}; \quad \Lambda_- = z_- u_- \mathcal{F} \quad . \tag{21.33}$$

Für Gleichung (21.30) können wir schreiben:

$$\Lambda = v_+ \Lambda_+ + v_- \Lambda_- \quad . \tag{21.34}$$

Entsprechend ergibt sich die Grenzleitfähigkeit zu:

$$\Lambda^0 = v_+ \Lambda_+^0 + v_- \Lambda_-^0 \quad . \tag{21.35}$$

Abschließend soll noch darauf hingewiesen werden, dass in der Literatur leider kein einheitlicher Gebrauch des Begriffes der molaren Leitfähigkeit herrscht. So wird in Tabellen auch häufig der Wert der Ionenleitfähigkeit für den Bruchteil $1/|z_i|$ eines Ions der Ladungszahl z_i angegeben, also z. B. $\Lambda(\frac{1}{2} Ba^{2+})$, $\Lambda(\frac{1}{3} La^{3+})$ usw. Dies geschieht, um einen von der Ladungszahl unabhängigeren Ausdruck zu erhalten. Um Fehler zu vermeiden, sollte man daher stets darauf achten, für welche Teilchenart die tabellierten Werte gelten; die Berechnungen müssen entsprechend angepasst werden.

21.5 Konzentrationsabhängigkeit der Leitfähigkeit

Grundlagen. Bei konzentrierteren Lösungen bewirken die elektrostatischen Anziehungskräfte der Ionen, dass jedes Ion bevorzugt von Gegenionen umgeben ist (Abb. 21.6 a). Legt man ein äußeres elektrisches Feld an, so wandern diese Gegenionen in entgegengesetzter Richtung (Abb. 21.6 b), sodass mit wachsender Konzentration c – so kann man sich vereinfachend vorstellen – eine immer stärkere Abbremsung der Ionenbewegung erfolgt. [Genauer werden die verschiedenen Arten der Behinderungen der Ionen untereinander in der DEBYE-HÜCKEL-Theorie (vgl. Abschnitt 24.3) beschrieben.]

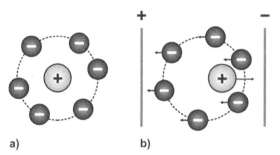

Abb. 21.6 Positives Ion mit Gegenionen a) ohne äußeres elektrisches Feld, b) im elektrischen Feld; das positive Ion wandert nach rechts, die Gegenionen nach links.

Daher sind die elektrische Beweglichkeit u und damit die molare Leitfähigkeit Λ geringer als bei unendlicher Verdünnung. Die Konzentrationsabhängigkeit von Λ kann man experimentell mittels eines dem Versuch 21.3 entsprechenden Versuchsaufbaus zeigen (Versuch 21.4).

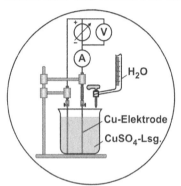

Versuch 21.4 *Konzentrationsabhängigkeit der molaren Leitfähigkeit*: Bei konstanter angelegter Spannung wird die Kupfersulfatlösung schrittweise verdünnt und jeweils die zugehörige Stromstärke I gemessen. Diese ist Λ proportional, unabhängig vom Volumen der Lösung. (Verdopplung der Wassermenge halbiert die Konzentration, aber verdoppelt den stromdurchflossenen Querschnitt, sodass sich beide Einflüsse kompensieren.) Man beobachtet eine Zunahme der Leitfähigkeit mit abnehmender Konzentration.

Die Wasserzugabe vergrößert den senkrechten Abstand zwischen den in verschiedenen waagerechten Ebenen wandernden Ladungsträgern (sodass sie sich weniger behindern), sie ändert aber nicht deren Anzahl, die sie treibenden Feldkräfte und die Länge der zurückzulegenden Wege.

Bei der Konzentrationsabhängigkeit von Λ kann man zwei Fälle unterscheiden (Abb. 21.7):

- *Starke Elektrolyte*, d. h. Elektrolyte, die unabhängig von ihrer Konzentration vollständig dissoziieren (z. B. Kaliumchlorid, KCl), zeigen einen nur geringen Abfall der molaren Leitfähigkeit mit zunehmender Konzentration.

- Bei s*chwachen Elektrolyten* hängt das Ausmaß der Dissoziation hingegen stark von der Ausgangskonzentration c ab. Im Falle eines einwertigen Elektrolyten (z. B. Essigsäure, CH_3COOH) entspricht der *Dissoziationsgrad* α dem Bruchteil

$$\alpha = \frac{c_{\text{diss}}}{c} \tag{21.36}$$

aller Moleküle, die dissoziiert vorliegen. Der Dissoziationsgrad nimmt nun mit steigender Konzentration c drastisch ab. Da die undissoziierten Moleküle nicht zur Leitfähigkeit beitragen, sondern nur die Ionen ($c_i = v_i \alpha c$), wird die Konzentrationsabhängigkeit der molaren Leitfähigkeit

$$\Lambda = \sum_i v_i \alpha \Lambda_i \tag{21.37}$$

vorwiegend durch den Verlauf des Dissoziationsgrades bestimmt. Daher sinkt auch Λ bereits bei geringen Konzentrationen auf relativ kleine Werte ab, wenn die Ausgangskonzentration c erhöht wird.

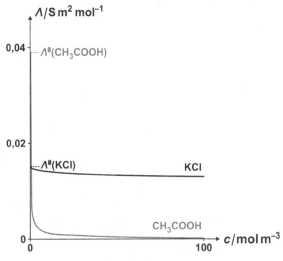

Abb. 21.7 Konzentrationsabhängigkeit der molaren Leitfähigkeit starker und schwacher Elektrolyte am Beispiel von KCl (schwarz) und CH_3COOH (grau) (bei 298 K)

Molare Leitfähigkeit starker Elektrolyte. Wenden wir uns zunächst den starken Elektrolyten zu. Für diese experimentell gut zugänglichen Elektrolyte fand KOHLRAUSCH um 1900 empirisch die folgende Beziehung zwischen der molaren Leitfähigkeit Λ und der Konzentration c, in die auch die Grenzleitfähigkeit Λ^0 eingeht:

$$\Lambda = \Lambda^0 - b\sqrt{c}\,. \tag{21.38}$$

Nach ihrem Entdecker wird die Beziehung auch *KOHLRAUSCHsches Quadratwurzelgesetz* genannt; theoretisch begründbar ist sie mit Hilfe der DEBYE-HÜCKEL-Theorie (siehe Abschnitt 24.3). Die Grenzleitfähigkeit Λ^0 ist einer direkten Messung nicht zugänglich, denn bei unendlicher Verdünnung kann natürlich keine individuelle Leitfähigkeit mehr gemessen werden. Trägt man jedoch Λ gegen $\sqrt{c}$ auf, so erhält man bei nicht zu hohen Konzentrationen einen linearen Zusammenhang (Abb. 21.8) und Λ^0 kann nach Extrapolation aus dem Achsenabschnitt der Gerade bestimmt werden.

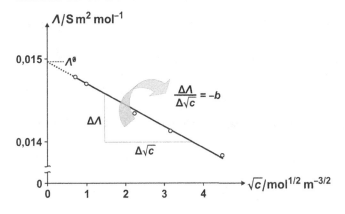

Abb. 21.8 Molare Leitfähigkeit wässriger KCl-Lösungen bei 298 K als Funktion von $\sqrt{c}$ [experimentelle Daten aus: Hamann H C, Vielstich W (1998) Elektrochemie. Wiley-VCH, Weinheim]

Die Konstante b nimmt mit steigenden Ladungszahlen der Ionen höhere Werte an – ersichtlich an den größeren Steigungen der zugehörigen Geraden [Abb. 21.9, H_2SO_4 und $CuSO_4$ (zur besseren Vergleichbarkeit wurden $\Lambda(\frac{1}{2} H_2SO_4)$ und $\Lambda(\frac{1}{2} CuSO_4)$ aufgetragen)], da bei mehrwertigen Elektrolyten stärkere Wechselwirkungen zwischen den Ionen auftreten.

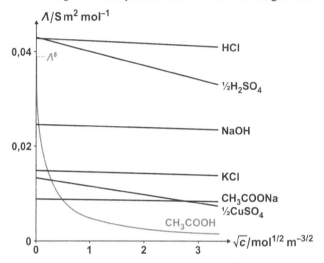

Abb. 21.9 Molare Leitfähigkeiten einiger Elektrolytlösungen bei 298 K in Abhängigkeit von $\sqrt{c}$

Molare Leitfähigkeit schwacher Elektrolyte. In Abb. 21.9 ist ebenfalls der Verlauf der molaren Leitfähigkeit von Essigsäure als Beispiel für das Verhalten von schwachen Elektrolyten eingezeichnet (Hauptvertreter: organische Säuren und Basen). Die starke hyperbelähnliche Abnahme der Leitfähigkeit ist dabei auf das Dissoziationsgleichgewicht zwischen Ionen und ungeladenen Molekülen zurückzuführen. Im Falle der Essigsäure können wir formulieren:

$$CH_3COOH|w \rightleftarrows H^+|w + CH_3COO^-|w$$

bzw. in Kurzform

$$HAc|w \rightleftarrows H^+|w + Ac^-|w \ .$$

Die Lage des Gleichgewichts wird durch die herkömmliche Gleichgewichtskonstante $\overset{\circ}{K}_c$ (vgl. Abschnitt 6.5) beschrieben:

$$\overset{\circ}{K}_c = \frac{c(H^+) \cdot c(Ac^-)}{c(HAc)} \ . \tag{21.39}$$

Ist c die Ausgangskonzentration der Essigsäure und c_{diss} [$= c(H^+) = c(Ac^-)$] die Gleichgewichtskonzentration der Ionen, so gilt unter Einbeziehung des Dissoziationsgrades α:

$$c(H^+) = c(Ac^-) = \alpha c \quad \text{und} \quad c(HAc) = (1-\alpha)c \ . \tag{21.40}$$

Durch Einsetzen in Gleichung (21.39) ergibt sich das sogenannte *OSTWALDsche Verdünnungsgesetz:*

$$\overset{\circ}{K}_c = \frac{\alpha^2}{1-\alpha} \cdot c \ . \tag{21.41}$$

Berechnet man den Dissoziationsgrad α für verschiedene Ausgangskonzentrationen c an Essigsäure [$\overset{\circ}{K}_c$ (Essigsäure) $= 1{,}74 \cdot 10^{-5}$ kmol m^{-3}], so ergibt eine entsprechende Auftragung Abbildung 21.10.

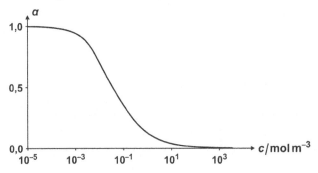

Abb. 21.10 Dissoziationsgrad α in Abhängigkeit von der jeweiligen Ausgangskonzentration an Essigsäure

Nur bei unendlicher Verdünnung ist auch ein schwacher Elektrolyt vollständig in Ionen dissoziiert ($\alpha \approx 1$). Mit wachsender Konzentration c nimmt α jedoch drastisch ab. Geht man davon aus, dass die starke Abnahme der molaren Leitfähigkeit mit steigender Konzentration vor allem auf die Abnahme des Dissoziationsgrades zurückzuführen ist, so sollten beide Größen proportional zueinander sein. Berücksichtigt man nun noch, dass bei unendlicher Verdünnung und damit einem Dissoziationsgrad α von 1 die Grenzleitfähigkeit Λ^0 erreicht wird, so muss gelten:

$$\frac{\Lambda}{\Lambda^0} = \alpha \, . \tag{21.42}$$

Setzt man nun diesen Ausdruck in Gleichung (21.41) ein, so gilt für kleine Dissoziationsgrade ($\alpha \ll 1$, d. h. $(1 - \alpha) \approx 1$):

$$\overset{\circ}{K}_c = \left(\frac{\Lambda}{\Lambda^0} \right)^2 \cdot c \qquad \text{bzw.} \qquad \Lambda = \Lambda^0 \sqrt{\overset{\circ}{K}_c} \cdot \frac{1}{\sqrt{c}} \, . \tag{21.43}$$

Dies entspricht bei einer Auftragung von Λ gegen $\sqrt{c}$ der Gleichung einer einfachen Hyperbel ($y = a/x$), wie wir es aus dem Kurvenverlauf (siehe Abb. 21.9) bereits erwarten.

Umgekehrt kann Gleichung (21.42) genutzt werden, um durch Messung der molaren Leitfähigkeit Λ den Dissoziationsgrad α eines schwachen Elektrolyten bei einer vorgegebenen Konzentration c zu bestimmen. Damit ist dann auch die Gleichgewichtskonstante des betreffenden Stoffes aus Gleichung (21.41) zugänglich. Allerdings benötigen wir für diese Berechnungen die Grenzleitfähigkeit Λ^0. Diese lässt sich jedoch experimentell nur schlecht ermitteln, da aufgrund des steilen Anstiegs der Λ-Werte bei geringen Konzentrationen eine Extrapolation auf unendliche Verdünnung sehr unsicher ist. Einen Ausweg bietet das Gesetz von der unabhängigen Ionenwanderung [Gl. (21.35)]. So setzt sich bei unendlicher Verdünnung die Grenzleitfähigkeit der Essigsäure additiv aus den Beiträgen von Kation und Anion zusammen:

$$\Lambda^0 (\text{HAc}) = \Lambda^0 (\text{H}^+) + \Lambda^0 (\text{Ac}^-) \, . \tag{21.44}$$

Durch geschickte Kombination,

$$\Lambda^0 (\text{HAc}) = \Lambda^0 (\text{H}^+) + \Lambda^0 (\text{Ac}^-) + \Lambda^0 (\text{Na}^+) - \Lambda^0 (\text{Na}^+) + \Lambda^0 (\text{Cl}^-) - \Lambda^0 (\text{Cl}^-) \, , \tag{21.45}$$

lässt sich der entsprechende Wert aus den Grenzleitfähigkeiten der starken Elektrolyte HCl, NaCl und Natriumacetat (NaAc) ermitteln, die über das KOHLRAUSCHsche Quadratwurzelgesetz durch Extrapolation experimentell leicht zugänglich sind:

$$\Lambda^0(\text{HAc}) = \Lambda^0(\text{HCl}) + \Lambda^0(\text{NaAc}) - \Lambda^0(\text{NaCl}) \,. \tag{21.46}$$

21.6 Überführungszahlen

Direkte Messung der Ionenwanderungsgeschwindigkeit. Bisher haben wir uns bereits ausführlich mit Ionenbeweglichkeiten und Ionenleitfähigkeiten auseinandergesetzt und auch die Nützlichkeit solcher für die einzelnen betrachteten Ionensorten charakteristischen Werte aufgezeigt [vgl. z. B. Gl. (21.44)]. Doch wie gelangt man eigentlich zu den experimentellen Daten? Leitfähigkeitsmessungen reichen offensichtlich nicht aus, da Elektrolytlösungen stets Kationen und Anionen enthalten.

Eine Möglichkeit stellt die direkte Messung der Wanderungsgeschwindigkeit v einer Ionenart dar. Dazu werden zwei Elektrolytlösungen unterschiedlicher Dichte, die je eine gemeinsame und eine unterschiedlich gefärbte Ionensorte enthalten, vorsichtig so übereinander geschichtet, dass eine möglichst scharfe Grenzfläche entsteht (Abb. 21.11). Auch sollte das indizierende farbige Ion in der unteren Lösung die geringere Beweglichkeit aufweisen. Eine geeignete Kombination wäre demnach z. B. farblose KNO_3-Lösung und violett gefärbte KMnO_4-Lösung. Legt man nun eine Gleichspannung an, so beginnen die Ionen unter dem Einfluss des elektrischen Feldes zu wandern und die Grenzfläche verschiebt sich („Methode der wandernden Grenzfläche"). Im rechten Schenkel des U-Rohres (Anodenschenkel) können die weniger beweglichen Permanganationen dabei die Nitrationen nie überholen. Andererseits können sie auch nicht hinter den Nitrationen zurückbleiben, da die Lösung elektrisch neutral bleiben muss. Es entsteht eine leicht verdünnte Zone mit einem etwas verstärkten Feld, das dafür sorgt, dass die Permanganationen den Anschluss an die abwandernden Nitrationen halten können.

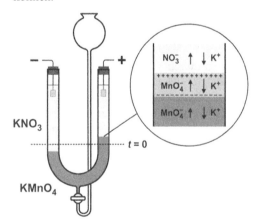

Abb. 21.11 Experimenteller Aufbau zur direkten Messung der Wanderungsgeschwindigkeit einer Ionenart. Nur die Grenzfläche im rechten Schenkel wird beobachtet, weil sie scharf bleibt, während die Grenzfläche im linken Schenkel unscharf wird.

Die Grenzfläche wandert folglich mit der Geschwindigkeit der Nitrationen. Diese kann aus dem in einer bestimmten Zeit t zurückgelegten Weg s leicht bestimmt werden:

$$v = \frac{s}{t}. \tag{21.47}$$

Bei Kenntnis der angelegten Spannung U und des Elektrodenabstandes l kann daraus dann die elektrische Beweglichkeit u durch Umformung von Gleichung (21.16) ermittelt werden,

$$u = v \cdot \frac{l}{U}, \tag{21.48}$$

bzw. die Ionenleitfähigkeit Λ aus

$$\Lambda = z \cdot u \cdot \mathcal{F}. \tag{21.49}$$

Das vorgestellte Verfahren ist jedoch nicht universell einsetzbar, da die meisten Ionen farblos sind.

Begriff der Überführungszahl. Wir wollen daher eine weitere experimentell zugängliche Größe einführen, die von den Ionenbeweglichkeiten bzw. Ionenleitfähigkeiten abhängt, die sogenannte *Überführungszahl* t. Entsprechend ihrer Beweglichkeit und Ladung beteiligen sich die einzelnen Ionenarten in verschiedenem Maße am Gesamtstrom I. Die Überführungszahl t gibt nun den Anteil des Gesamtstromes an, der durch die betreffende Ionenart transportiert wird. Für eine Lösung, in der nur ein Elektrolyt gelöst ist, ergibt sich die Überführungszahl t_+ der Kationen zu

$$t_+ = \frac{I_+}{I}, \tag{21.50}$$

wobei I_+ der durch die Wanderung der Kationen bewirkte Strom ist. Analog gilt für die Überführungszahl t_- der Anionen:

$$t_- = \frac{I_-}{I}. \tag{21.51}$$

Da der Gesamtstrom die Summe der von Kationen und Anionen transportierten Ströme ist, folgt unmittelbar

$$t_+ + t_- = 1. \tag{21.52}$$

Die Überführungszahl einer Ionart hängt also definitionsgemäß von der Art des Gegenions ab.

Durch Einsetzen von Gleichung (21.21) in (21.50) ergibt sich unter Beachtung der Elektroneutralitätsbedingung [Gl. (21.1)] mit $c_+ z_+ = -c_- z_-$

$$t_+ = \frac{I_+}{I_+ + I_-} = \frac{c_+ z_+ \mathcal{F} \cdot u_+}{c_+ z_+ \mathcal{F} \cdot u_+ + c_- z_- \mathcal{F} \cdot u_-} = \frac{c_+ z_+ \mathcal{F} \cdot u_+}{c_+ z_+ \mathcal{F}(u_+ - u_-)} = \frac{u_+}{u_+ - u_-}. \tag{21.53}$$

(Es sei hier daran erinnert, dass die elektrischen Beweglichkeiten u_- der Anionen ein negatives Vorzeichen aufweisen.) Aber auch ein Zusammenhang mit den Ionenleitfähigkeiten kann mittels der Beziehung $c_i = v_i c$ und Gleichung (21.33) leicht hergestellt werden:

$$t_+ = \frac{c \cdot v_+ z_+ \mathcal{F} \cdot u_+}{c \cdot v_+ z_+ \mathcal{F} \cdot u_+ + c \cdot v_- z_- \mathcal{F} \cdot u_-} = \frac{v_+ \Lambda_+}{v_+ \Lambda_+ + v_- \Lambda_-} = \frac{v_+ \Lambda_+}{\Lambda}. \tag{21.54}$$

Bei verschwindend kleiner Konzentration gilt entsprechend:

$$t_+^{\underline{0}} = \frac{v_+ \Lambda_+^{\underline{0}}}{\Lambda^{\underline{0}}}\,. \tag{21.55}$$

Analoge Beziehungen können auch für die Anionen aufgestellt werden. Sind nun die Überführungszahlen $t_+^{\underline{0}}$ bzw. $t_-^{\underline{0}}$ experimentell bestimmbar, so können mit Hilfe der Grenzleitfähigkeit des jeweiligen Elektrolyten, die für starke Elektrolyte über das KOHLRAUSCHsche Quadratwurzelgesetz zugänglich ist, die einzelnen Ionenbeweglichkeiten berechnet werden, was das angestrebte Ziel ist.

Bestimmung der Überführungszahlen. Doch wie kann man nun die Überführungszahlen messen? In einer Vorbetrachtung unterteilen wir den Elektrolysetrog aus Abbildung 21.5 gedanklich in zwei getrennte Bereiche, einen Kathodenraum (KR) und einen Anodenraum (AR). Lässt man nun einen Strom I für die Zeit t durch die Zelle fließen, so wird insgesamt die Ladung $Q = I \cdot t$ transportiert. Die Kationen übernehmen dabei den Anteil Q_+ am Transport, die Anionen den Anteil Q_-. In der Zeit t wandern damit $Q_+/(z_+ e_0)$ Kationen aus dem Anodenraum in den Kathodenraum. Gleichzeitig werden jedoch bei der Elektrolyse $Q/(z_+ e_0)$ Kationen an der Kathode entladen, „verschwinden" also quasi aus dem Kathodenraum. Die Gesamtänderung der Anzahl der Kationen im Kathodenraum (N_{KR}^+) ergibt sich damit zu:

$$\Delta N_{KR}^+ = \frac{Q_+}{z_+ e_0} - \frac{Q}{z_+ e_0} = -\frac{Q_-}{z_+ e_0}\,. \tag{21.56}$$

Entsprechend sinkt auch die Stoffmenge der Kationen im Kathodenraum:

$$\Delta n_{KR}^+ = \Delta N_{KR}^+ \cdot \tau = -\frac{Q_-}{z_+ \mathcal{F}} \tag{21.57}$$

(mit $n = N \cdot \tau$ [Gl. (1.2)] und $\mathcal{F} = e_0/\tau$). Diese Stoffmengenänderung kann durch quantitative Analyse z. B. mittels Titration vor und nach Stromdurchgang leicht experimentell bestimmt werden. Damit ist aber die transportierte Ladungsmenge Q_- und letztendlich die Überführungszahl t_- zugänglich. Die Stoffmengenänderung im Kathodenraum liefert uns also die Überführungszahl des Anions!

Eine entsprechende Bilanz kann für die Anionen im Anodenraum aufgestellt werden:

$$\Delta N_{AR}^- = -\frac{Q_-}{z_- e_0} + \frac{Q}{z_- e_0} = \frac{Q_+}{z_- e_0} \tag{21.58}$$

und damit

$$\Delta n_{AR}^- = \Delta N_{AR}^- \cdot \tau = \frac{Q_+}{z_- \mathcal{F}}\,. \tag{21.59}$$

Die Stoffmenge der Anionen im Anodenraum nimmt ebenfalls ab (da z_- negativ ist). Daraus ergibt sich schließlich die Überführungszahl des Kations.

Bisher hatten wir uns jedoch noch nicht mit dem Verhalten der jeweiligen Gegenionen in den beiden Räumen beschäftigt. So wandern in der Zeit t nicht nur Kationen in den Kathodenraum hinein, sondern auch

$$\Delta N_{\overline{KR}} = \frac{Q_-}{z_- e_0} \tag{21.60}$$

Anionen aus dem Kathodenraum heraus in den Anodenraum, was einer Stoffmengenänderung

$$\Delta n_{\overline{KR}} = \Delta N_{\overline{KR}} \cdot \tau = \frac{Q_-}{z_- \mathcal{F}} \tag{21.61}$$

entspricht. Analog können wir für die Änderung der Anzahl der Kationen im Anodenraum formulieren:

$$\Delta N_{AR}^+ = -\frac{Q_+}{z_+ e_0} \tag{21.62}$$

bzw.

$$\Delta n_{AR}^+ = \Delta N_{AR}^+ \cdot \tau = -\frac{Q_+}{z_+ \mathcal{F}}. \tag{21.63}$$

Ein Vergleich der Gleichungen (21.57) und (21.61) bzw. (21.59) und (21.63) zeigt, dass

$$\Delta n_{KR}^+ \cdot z_+ + \Delta n_{\overline{KR}} \cdot z_- = 0 \quad \text{und} \quad \Delta n_{\overline{AR}} \cdot z_- + \Delta n_{AR}^+ \cdot z_+ = 0 \tag{21.64}$$

sein muss. Damit ist sowohl im Kathoden- als auch im Anodenraum die Elektroneutralitäts-bedingung erfüllt.

Praktisches Beispiel. Wir wollen uns die Bestimmung der Überführungszahlen abschließend am Beispiel eines 1:1-Elektrolyten (Elektrolyt, dessen Ionen die Ladungszahl +1 bzw. −1 aufweisen) veranschaulichen. Hierzu wählen wir Salzsäure, die sich in dem erwähnten unter-teilten Elektrolysetrog befinden soll (Abb. 21.12 a). Weiterhin gehen wir davon aus, dass die Kationen eine viermal höhere Beweglichkeit als die Anionen besitzen (was bei H^+- und Cl^--Ionen auch annähernd der Fall ist). Beim Stromfluss sollen insgesamt 5 mol HCl zersetzt werden, d. h., an der Kathode werden 5 mol Kationen und an der Anode 5 mol Anionen entla-den. In der gleichen Zeit wandern 4 mol Kationen aus dem Anodenraum in den Kathoden-raum, während nur 1 mol Anionen in entgegengesetzter Richtung transportiert wird (Abb. 21.12 b). Insgesamt „verschwinden" damit 5 mol Elektrolyt in Form der Gase H_2 und Cl_2 aus dem Elektrolysetrog, wobei im Kathodenraum ein Defizit von nur 1 mol, im Anodenraum jedoch von 4 mol auftritt (Abb. 21.12 c).

Das Verhältnis der Stoffmengenänderungen Δn_{KR} und Δn_{AR} von 1:4 (bzw. das entsprechende Verhältnis der Konzentrationsänderungen, falls die Volumina von Kathoden- und Anoden-raum gleich sind) ist dem Verhältnis der Beweglichkeiten von Anionen und Kationen und auch dem Verhältnis der Überführungszahlen gleich:

$$\frac{\Delta n_{KR}}{\Delta n_{AR}} = \frac{-u_-}{u_+} = \frac{t_-}{t_+}. \tag{21.65}$$

Mit Gleichung (21.52) folgt:

$$\frac{\Delta n_{KR}}{\Delta n_{AR}} = \frac{t_-}{1-t_-} \tag{21.66}$$

bzw.

$$t_- = \frac{\Delta n_{KR}}{\Delta n_{KR} + \Delta n_{AR}}. \tag{21.67}$$

Analog gilt:

$$t_+ = \frac{\Delta n_{AR}}{\Delta n_{KR} + \Delta n_{AR}}. \tag{21.68}$$

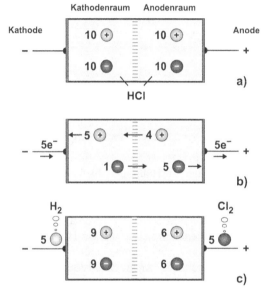

Abb. 21.12 Schema zur Veranschaulichung der Bestimmung von Überführungszahlen: Stoffmengenänderung im Kathoden- und Anodenraum bei der Elektrolyse von Salzsäure: a) Anfangszustand, b) Änderungen durch Ionenwanderung und Entladung, c) Endzustand

Den experimentellen Aufbau einer Überführungszelle zeigt Abbildung 21.13. Als Kathode bzw. Anode fungiert jeweils ein Platinblech. Nach der gewünschten Elektrolysedauer wird der Hahn geschlossen, die Lösung aus dem Kathoden- sowie aus dem Anodenraum abgelassen und anschließend titriert. Aus den Mengenänderungen in den beiden Elektrodenräumen können dann nach diesem von dem deutschen Physikochemiker Johann Wilhelm HITTORF eingeführten Verfahren die Überführungszahlen ermittelt werden.

Zum Abschluss müssen wir noch ein letztes Problem kurz diskutieren: Eigentlich interessieren uns ja die Überführungszahlen $t_+^{\emptyset}$ bzw. $t_-^{\emptyset}$ bei unendlicher Verdünnung, um daraus für die einzelnen Ionensorten charakteristische molare Leitfähigkeiten zu berechnen. Jedoch ist naturgemäß eine experimentelle Bestimmung nur in realen Lösungen mit endlicher Verdünnung möglich. Da mit steigender Konzentration sowohl die Ionenleitfähigkeiten als auch die molare Leitfähigkeit des Elektrolyten stets abnehmen, hebt sich die Konzentrationsabhängigkeit bei der Quotientenbildung weitgehend heraus. Bei nicht zu hohen Konzentrationen (unter $10\ \text{mol}\,\text{m}^{-3}$) kann daher näherungsweise $t_+ = t_+^{\emptyset}$ bzw. $t_- = t_-^{\emptyset}$ gesetzt werden.

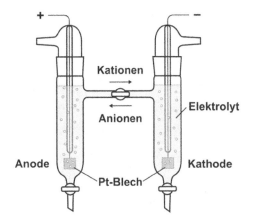

Abb. 21.13 Experimenteller Aufbau einer Überführungszelle

21.7 Leitfähigkeitsmessung und ihre Anwendung

Messprinzip. Wie in Abschnitt 21.4 dargelegt, steht die spezifische Leitfähigkeit σ einer Elektrolytlösung in engem Zusammenhang mit dem Leitwert G und damit dem elektrischen Widerstand R, der zwischen den beiden Elektroden an den Stirnseiten einer (quaderförmigen) Leitfähigkeitszelle (Querschnitt A, Abstand l) (siehe Abb. 21.5) bei Anlegen einer Spannung U gemessen wird:

$$\sigma = G \cdot \frac{l}{A} = \frac{1}{R} \cdot \frac{l}{A} . \tag{21.69}$$

Als inertes Elektrodenmaterial wird meist (platiniertes) Platin oder auch Graphit eingesetzt. Messtechnisch besteht jedoch das Problem, dass eine Elektrolyse, d. h. eine Zersetzung des Elektrolyten, und die damit verbundene Polarisation der Elektroden vermieden werden muss. Man arbeitet daher mit einer hochfrequenten Wechselspannung, da nur dann das vorausgesetzte OHMsche Verhalten [Gl. (21.22)] des Elektrolytwiderstandes gewährleistet ist. Zur eigentlichen Bestimmung des Widerstandes R der Messzelle kann prinzipiell die WHEATSTONEsche Brückenschaltung eingesetzt werden (Abb. 21.14).

Dabei wird ein variabler Widerstand R_v so lange verändert, bis das Messinstrument Stromlosigkeit anzeigt. Im stromlosen Zustand gilt nun:

$$\frac{R}{R_v} = \frac{R_1}{R_2} \quad \text{bzw.} \quad R = \frac{R_1 \cdot R_v}{R_2} .$$

R_1 und R_2 sind vorgegebene Widerstände. Die WHEATSTONEsche Brückenschaltung wird jedoch heute allenfalls noch für Präzisionsmessungen eingesetzt. Moderne Leitfähigkeitsmessgeräte nehmen den Abgleich mittels einer komplexen elektronischen Schaltung automatisch vor und zeigen den gesuchten Widerstand direkt an (bzw. bei entsprechender Eichung die spezifische Leitfähigkeit).

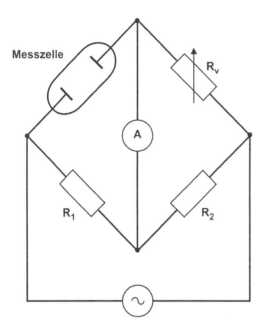

Abb. 21.14 Messanordnung (WHEATSTONE-sche Brückenschaltung) zur Bestimmung des elektrischen Widerstandes einer Elektrolytlösung

Praktische Durchführung. Die Fläche der Elektroden und ihre Anordnung in der Leitfähigkeitsmesszelle beeinflusst (im Idealfall eines quaderförmigen elektrolytischen Trogs) über den Quotienten l/A, die sogenannte *Zellkonstante Z*, den elektrischen Widerstand. Die vom geometrischen Aufbau der Messzelle abhängige Größe Z ist in der Praxis oft nicht so einfach zu ermitteln, insbesondere im Falle von platinierten Elektroden (siehe Abb. 21.15). Daher bestimmt man die Zellkonstante durch Vermessung einer Eichlösung bekannten σ-Wertes (meist einer Kaliumchloridlösung). Kommerzielle Leitfähigkeitsmessgeräte (auch Konduktometer genannt) werden heutzutage mit einer festgelegten und geprüften Zellkonstante ausgeliefert, sodass die spezifische Leitfähigkeit direkt abgelesen werden kann. Mit Hilfe einer Eichlösung kann dann die Genauigkeit des Gerätes überprüft und es gegebenenfalls auch kalibriert werden.

Wichtig ist jedoch hier und generell bei jeder Leitfähigkeitsmessung, dass die Temperatur genau eingestellt wird, da die Viskosität beispielsweise wässriger Lösungen mit steigender Temperatur deutlich abnimmt (vgl. Abschnitt 20.3). Entsprechend nimmt die Leitfähigkeit bei einer Temperaturänderung von 1 °C um ca. 2 % zu [wegen der Zusammenhänge (20.21) (21.14) und (21.26)]. Eine Thermostatisierung der Leitfähigkeitsmesszelle ist also unabdingbar (siehe ebenfalls Abb. 21.15).

Mittels Leitfähigkeitsmessungen kann man zum einen eine Reihe von stoffdynamischen Konstanten bestimmen wie z. B. molare Leitfähigkeiten bei unendlicher Verdünnung oder Dissoziationskonstanten schwacher Elektrolyte (vgl. Abschnitt 21.5). Die Bestimmung der Leitfähigkeit kann aber auch für kinetische Untersuchungen genutzt werden (siehe Versuch 16.9).

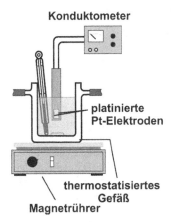

Konduktometer

platinierte Pt-Elektroden

thermostatisiertes Gefäß

Magnetrührer

Abb. 21.15 Experimenteller Aufbau zur Leitfähigkeitsmessung, bestehend aus einem doppelwandigen Glasgefäß mit Anschlüssen für den Thermostaten sowie einer sogenannten „Platin-Doppelelektrode" mit zwei platinierten Platinelektroden und zugehörigem Leitfähigkeitsmessgerät (Konduktometer)

Die spezifische Leitfähigkeit einer Elektrolytlösung wird durch die Konzentration aller vorhandenen Ionen bestimmt, aber auch durch deren Art (und damit Beweglichkeit). Da aus einer gemessenen Leitfähigkeit allein daher keine Rückschlüsse auf die Einzelionen gezogen werden können, sind mit Hilfe eines solchen Wertes nur generelle Aussagen über die Gesamtionenbelastung einer Probe möglich, was z. B. zur Reinheitskontrolle von Wasser genutzt werden kann.

Konduktometrische Titration. Zur Konzentrationsbestimmung in der analytischen Chemie wird die Leitfähigkeitsmessung mithin vorrangig als Methode zur Indizierung des Endpunktes einer Titration herangezogen (*konduktometrische Titration*). Eine Änderung der Leitfähigkeit im Verlauf der Titration kann auf eine Änderung der Anzahl der Ionen, aber auch ihrer Art zurückzuführen sein. Schauen wir uns dies am Beispiel der Neutralisation einer starken Säure (z. B. Salzsäure, HCl) mit einer starken Lauge (z. B. Natronlauge, NaOH) etwas näher an. Trägt man die spezifische Leitfähigkeit (oder eine dazu proportionale Größe wie den Leitwert) als Funktion der Menge an zugesetzter Lauge auf (Abb. 21.16), so beobachtet man aufgrund der Reaktion

$$(H^+|w + Cl^-|w) + (Na^+|w + OH^-|w) \rightarrow Na^+|w + Cl^-|w + H_2O|l \ .$$

zunächst ein Absinken des Messwertes, da sehr leicht bewegliche H^+-Ionen durch weitaus geringer bewegliche Na^+-Ionen ersetzt werden (vgl. Abschnitt 21.3); die Gesamtkonzentration an Ionen ändert sich aber bis zum Äquivalenzpunkt nicht! Nach Überschreiten des Äquivalenzpunktes steigt die Leitfähigkeit wieder an, da nun die ionale Gesamtkonzentration durch die weitere Zugabe an Na^+- und OH^--Ionen fortlaufend erhöht wird.

Aber auch Fällungstitrationen wie die Chloridbestimmung mittels einer Silbernitratmaßlösung,

$$(Na^+|w + Cl^-|w) + (Ag^+|w + NO_3^-|w) \rightarrow Na^+|w + NO_3^-|w + AgNO_3|s \ ,$$

können konduktometrisch indiziert werden.

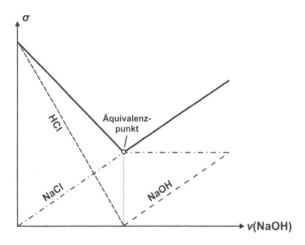

Abb. 21.16 Konduktometrische Titration einer starken Säure (z. B. Salzsäure, HCl) mit einer starken Lauge (z. B. Natronlauge, NaOH) (Die Beiträge der verschiedenen Elektrolyte zur Leitfähigkeit sind als gestrichelte Geraden dargestellt.)

22 Elektrodenreaktionen und Galvanispannungen

Einführend werden die Begriffe *Galvanipotenzial* (für das innere elektrische Potenzial einer Phase), *elektrochemisches Potenzial* und *Elektronenpotenzial* vorgestellt, die dazu dienen, Prozesse zu charakterisieren, an denen Ladungsträger beteiligt sind. Mittels der elektrochemischen Potenziale kann die Galvanispannung zwischen zwei Phasen im Gleichgewicht bestimmt werden, zunächst am besonders einfachen Fall zweier sich berührender Metalle. Die Ausbildung einer elektrischen Doppelschicht an der Grenzfläche beider Metalle wird ebenso wie die zugehörige Galvanispannung, die sogenannte *Kontaktspannung*, diskutiert. Für die praktische Anwendung wie z. B. in galvanischen Zellen bedeutsamer ist jedoch die Galvanispannung zwischen einer Metallelektrode und einer Elektrolytlösung. Die elektrochemischen Potenziale und deren Konzentrationsabhängigkeit werden eingesetzt, um die zugrunde liegende Übertragung von Ladung durch die Phasengrenzfläche zu beschreiben und die *NERNSTsche Gleichung* herzuleiten. Diese Ladungsübertragung kann von einem formalen Gesichtspunkt aus als Spezialfall einer sogenannten *Redoxreaktion* betrachtet werden. Die Redoxreaktionen, bei denen eine Übertragung von Elektronen von einem Reaktionspartner auf den anderen stattfindet, können begrifflich in gleicher Weise wie die Säure-Base-Reaktionen behandelt werden, bei denen eine Protonenübertragung vorliegt; sie sind wie diese von grundlegender Bedeutung für die Chemie. Anschließend werden verschiedene Arten von Halbzellen wie Redoxelektroden, Gaselektroden und Filmelektroden sowie die zugehörigen Galvanispannungen diskutiert. Die Galvanispannungen an Flüssigkeitsgrenzflächen und Membranen sind Gegenstand der letzten beiden Abschnitte. Solche Membranspannungen, die mittels der DONNAN-Gleichung beschrieben werden können, besitzen eine wichtige Funktion bei vielen biologischen Prozessen, z. B. bei der Informationsübertragung in den Nervenzellen.

22.1 Galvanispannung und elektrochemisches Potenzial

Im ersten Kapitel hatten wir bereits den Begriff der *Phase* für einen materiellen Bereich, der in sich gleichförmig ist, kennengelernt. Ist eine solche Phase elektrisch leitend, weil sie bewegliche Elektronen oder Ionen enthält, aber gegen die Umgebung isoliert, dann gleichen sich alle etwaigen Unterschiede des elektrischen Potenzials nach kurzer Zeit aus, sodass es im Innern der ganzen Phase – abgesehen von einer mikroskopisch dünnen Randschicht – einen einheitlichen Wert besitzt. Man kann dann von dem inneren elektrischen Potenzial der Phase schlechthin sprechen. Zwischen zwei aneinandergrenzenden, chemisch verschiedenen Phasen 1 und 2, etwa zwischen zwei Metallen oder zwischen Metall und Lösung, gleicht sich das elektrische Potenzial dagegen im Allgemeinen *nicht* aus. Vielmehr bildet sich in der Regel eine wohlbestimmte elektrische Potenzialdifferenz, also eine elektrische Spannung, aus. Man nennt diese an den Phasengrenzen entstehenden Spannungen *Galvanispannungen*. Auch hier gelten die in Abschnitt 21.2 besprochenen Vorzeichenregeln für Spannungen,

$$U_{1 \rightarrow 2} = \varphi(1) - \varphi(2) = -\Delta \varphi \, .$$

© Springer Fachmedien Wiesbaden GmbH, ein Teil von Springer Nature 2021
G. Job und R. Rüffler, *Physikalische Chemie*, Studienbücher Chemie,
https://doi.org/10.1007/978-3-658-32936-5_22

$\varphi(1)$ und $\varphi(2)$ sind die inneren elektrischen Potenziale (*Galvanipotenziale*) der beiden Phasen. (Die Ziffern werden hier und im Folgenden in Klammern gesetzt, um hervorzuheben, dass unterschiedliche Phasen betrachtet werden.)

Das Innere solcher Phasen ist elektrisch neutral, denn für irgendeinen Ausschnitt aus der Phase gilt die Elektroneutralitätsbedingung [vgl. auch Gl. (21.1)]:

$$Q = \sum_i z_i F n_i = 0 . \tag{22.1}$$

Die überschüssigen positiven oder negativen Ladungsträger sammeln sich in der Randschicht. Jedoch ist ihre Menge dort (größenordnungsmäßig 10^{-10} mol je cm^2 Grenzfläche), verglichen mit den Stoffmengen im Phaseninnern, im Allgemeinen so gering, dass man sie in der Bilanz (22.1) nicht zu berücksichtigen braucht. Die Ladungsträger in der Randschicht bestimmen zwar entscheidend das elektrische Potenzial, ändern aber nichts an der Zusammensetzung und nichts am chemischen Geschehen, solange es sich im Phaseninnern abspielt. Wir kommen im Weiteren noch darauf zurück.

Bringt man nun eine kleine Menge Δn_i eines ladungstragenden Stoffes i mit der Ladung $\Delta Q = z_i F \Delta n_i$ zum einen in eine Phase mit dem Galvanipotenzial $\varphi = 0$ ein und zum anderen in eine zweite, chemisch gleichartige Phase mit dem Potenzial $\varphi \neq 0$, so unterscheidet sich der Energieaufwand um $\varphi \cdot \Delta Q$. Der Unterschied rührt, wie man zu sagen pflegt, von der Energie

$$W_{\ddot{u}} = \varphi \cdot \Delta Q \tag{22.2}$$

her, die ein gedachter Experimentator bei der Übertragung der Ladung ΔQ zwischen Orten ungleichen elektrischen Potenzials, hier $0 \to \varphi$, gegen die elektrischen Feldkräfte aufzubringen hat bzw. die frei wird (je nach Vorzeichen von z_i und φ).

Was folgt daraus für das chemische Potenzial des Stoffes i? Denken wir noch einmal zurück an das früher erörterte hypothetische Messverfahren (Abschnitt 4.8). Wenn wir dem chemischen Potenzial in der Phase mit dem Galvanipotenzial $\varphi = 0$ den Wert μ_i zuordnen, dann muss diese Größe in der Phase mit $\varphi \neq 0$, nennen wir sie $\tilde{\mu}_i$, einen um die Energieänderung $\varphi \cdot \Delta Q$, bezogen auf die übertragene Stoffmenge Δn_i, größeren Wert $\varphi \cdot \Delta Q / \Delta n_i = \varphi \cdot z_i F$ erhalten:

$$\tilde{\mu}_i = \underbrace{\mu_i}_{\text{chemisches}} + \underbrace{z_i F \varphi}_{\text{elektrisches Glied}} . \tag{22.3}$$

Die Größe $\tilde{\mu}_i$ nennt man, um sie von μ_i zu unterscheiden, das *elektrochemische Potenzial* des Stoffes i. Da man den Ort frei wählen kann, an dem die Größe φ den Wert 0 haben soll, ist die in Gleichung (22.3) angegebene Aufteilung von $\tilde{\mu}_i$ in ein chemisches und ein elektrisches Glied in einem gewissen Maße willkürlich. Wenn wir im Folgenden $\tilde{\mu}_i$ und μ_i mit verschiedenen Namen bezeichnen, so hat dies pragmatische und nicht prinzipielle Gründe. Kommt es auf eine Differenzierung nicht an, sprechen wir von dem „Stoffpotenzial" oder dem „Potenzial eines Stoffes" schlechthin, eine Redeweise, die schon GIBBS benutzt hat. Gleichung (22.3) beschreibt die einfache φ-Abhängigkeit dieses Potenzials auf prägnante Weise. Für geladene Stoffe ($z \neq 0$) ist das elektrische Glied proportional φ, während es für ungeladene entfällt.

Wie wirkt sich das elektrische Glied $z_i F \varphi$ auf das chemische Verhalten der Stoffe aus? Mit geladenen Stoffen – verschiedenen Arten von Ionen etwa – hatten wir es schon oft zu tun, ohne dass wir uns bisher über deren Ladung besondere Gedanken machen mussten. Warum nicht? Die Antwort ist einfach. Solange bei dem betrachteten Vorgang keine Ladung zwischen Bereichen verschiedenen elektrischen Potenzials verschoben wird, heben sich die Beiträge der elektrischen Glieder bei der Antriebsberechnung heraus.

Betrachten wir als Beispiel einer homogenen Reaktion die Umsetzung von Eisen(II)- mit Permanganat-Ionen in saurer Lösung und als Beispiel einer heterogenen Reaktion die Auflösung von Calciumsulfat in Wasser. Der Übersichtlichkeit halber lassen wir die chemischen Glieder weg und setzen nur die elektrischen unter die zugehörigen Stoffe in der Umsatzformel:

$$5\ Fe^{2+}|w + MnO_4^-|w\ +\ 8\ H^+|w \rightarrow 5\ Fe^{3+}|w + Mn^{2+}|w + 4\ H_2O|l$$

$$\underbrace{5 \cdot 2 \mathcal{F}\varphi \qquad (-\mathcal{F}\varphi) \qquad 8 \cdot \mathcal{F}\varphi}_{17 \mathcal{F}\varphi} \qquad \underbrace{5 \cdot 3 \mathcal{F}\varphi \qquad 2\mathcal{F}\varphi \qquad 4 \cdot 0}_{17 \mathcal{F}\varphi}$$

bzw.

$$CaSO_4|s \rightarrow Ca^{2+}|w + SO_4^{2-}|w$$

$$0 \qquad \underbrace{2\mathcal{F}\varphi \qquad (-2\mathcal{F}\varphi)}_{0} \qquad .$$

Im ersten Fall – wie bei jeder anderen homogenen Reaktion unter Ionenbeteiligung auch – wechselt Ladung zwar von einem Stoff zum anderen, bleibt aber auf demselben Potenzialniveau φ. Im zweiten Fall wandern zwar Ca^{2+}- und SO_4^{2-}- Ionen aus dem Feststoff in die Lösung, aber die mitgeführten Ladungen kompensieren sich, sodass die von der festen in die flüssige Phase verschobene Ladung insgesamt null wird. Der Antrieb für den Lösevorgang und damit auch die Löslichkeit des Salzes wird durch etwaige Unterschiede im Galvanipotenzial φ zwischen den beiden Phasen nicht beeinflusst.

Anders liegt jedoch der Fall, wenn tatsächlich Ladung zwischen Bereichen unterschiedlichen elektrischen Potenzials verschoben wird. Dann sind anstelle der chemischen Potenziale μ_i der beteiligten ladungstragenden Stoffe die elektrochemischen Potenziale $\tilde{\mu}_i$ zu berücksichtigen; entsprechend laufen Reaktionen in Richtung abnehmenden elektrochemischen Potenzials (ganz so wie Umsetzungen zwischen elektrisch neutralen Stoffen stets in Richtung eines Gefälles des chemischen Potenzials erfolgen). Mit solchen Reaktionen wollen wir uns im Folgenden beschäftigen.

22.2 Elektronenpotenzial in Metallen und Kontaktspannung

Elektronenpotenzial in Metallen. Ein besonders einfacher Fall einer Galvanispannung ist die sogenannte *Kontaktspannung* (auch *Berührungsspannung* genannt) zwischen zwei Metallen. Den Elektronen e^- in einem Metall kann man, ähnlich wie auch den Ionen in einer Lösung, ein chemisches Potenzial, hier das *Elektronenpotenzial* μ_e, zuordnen. (Einen die Ladung kennzeichnenden Index wie $^+$, $^{2-}$ usw. wollen wir nur dann an Formeln und Namen der Stoffe anfügen, wenn es der Eindeutigkeit wegen notwendig oder zur Verdeutlichung nützlich ist. Ausdrücke wie e^- und e behandeln wir als gleichbedeutend.) μ_e ist von Metall zu Metall verschieden.

In Alkali- und Erdalkalimetallen ist das Elektronenpotenzial vergleichsweise hoch, das heißt die Neigung zur Elektronenabgabe groß. Erhitzt man ein solches Metall, dann verdampfen die Elektronen leicht daraus und können dann mit einer gegen das Metall positiv geladenen Elektrode abgezogen, mit geeigneten Hilfselektroden gebündelt und beschleunigt und dann für vielerlei Zwecke eingesetzt werden. Die Elektronen in diesen Metallen sind nur locker gebunden, wie man sagt. Die Bindungsstärke der Elektronen an ein Metall können wir auf die gleiche Weise ausdrücken wie die Stärke der Bindung von Ionen an das Lösungswasser, nämlich als Differenz des Elektronenpotenzials im Gaszustand und im Metall, $\Delta\mu_e = \mu_e(\text{Gas}) - \mu_e(\text{Metall})$. Tabelle 22.1 zeigt entsprechende Werte für einige typische Metalle sowie Graphit.

Stoff	Na	Zn	Cu	Fe	Ag	Pt	C|Graphit
$\dfrac{\Delta\mu_e}{\text{kG}}$	212	404	424	439	446	509	412

Tab. 22.1 Beispiele für die Differenz des Elektronenpotenzials im Gaszustand und im Metall (bei 298 K und 100 kPa)

Die Bindungsstärke ist von derselben Größenordnung wie die einwertiger Ionen an Wasser (vgl. Tab. 21.1). In Platin sind die Elektronen besonders fest gebunden. Sie können nur sehr schwer aus dem Metall in den Gasraum austreten, sich aber im Innern durchaus frei bewegen.

Kontaktspannung. Berühren sich zwei verschiedene Metalle, dann entzieht das Metall, das die Elektronen stärker bindet, dem anderen Elektronen, oder anders ausgedrückt, die Elektronen fließen, dem chemischen Potenzialgefälle folgend, aus demjenigen Metall mit höherem Elektronenpotenzial in das mit niedrigerem Potenzial hinüber. Dadurch lädt sich das eine Metall positiv, das andere negativ auf. Kupfer z. B. bindet die Elektronen etwas fester als Zink ($\Delta\mu_e = 424$ kG gegenüber 404 kG gemäß Tabelle 22.1). Bringt man Kupfer mit einem Stück Zink in Berührung, fließen daher Elektronen vom Zink zum Kupfer; das Kupfer lädt sich negativ und das Zink positiv auf.

Das zwischen den getrennten Ladungen entstehende elektrische Feld bewirkt, dass Verarmungs- wie Anreicherungszone in beiden Metallen auf eine schmale Randschicht beschränkt bleiben. Beide Randschichten zusammen werden als *elektrische Doppelschicht* bezeichnet, wobei die Abstände der entgegengesetzten Ladungen in der Größenordnung von 10^{-10} m liegen. Das von der geladenen Randschicht der einen Phase ausgehende elektrische Feld wird durch die entgegengesetzte Ladung der anderen Schicht *abgeschirmt*, sodass außerhalb der Doppelschicht kein Feld vorhanden ist. Als Folge der Aufladung entsteht zwischen den Metallen eine elektrische Potenzialdifferenz, also eine elektrische Spannung. Die Galvanispannung entspricht dabei dem Abfall des elektrischen Potenzials vom *Innern* (d. h. außerhalb der Randschicht) der Phase 1 zum *Innern* der Phase 2. Die Spannung $U_{1\rightarrow2}$ ist hier der elektrische Antrieb für die Verschiebung der negativen! Ladungsträger. Kehren wir noch einmal zu unserem Beispiel zurück, dem Kontakt von Kupfer und Zink. Das elektrische Potenzial des Kupfers nimmt ab, das des Zinks zu. Es entsteht also ein elektrischer Antrieb in die dem chemischen Antrieb entgegengesetzte Richtung.

Elektrochemisches Gleichgewicht. Der Transportvorgang läuft so lange, bis sich ein Gleichgewicht einstellt zwischen dem chemischen Antrieb infolge des chemischen Potenzialgefälles einerseits und dem rücktreibenden elektrischen Antrieb infolge des elektrischen Potenzialgefälles andererseits. Die beiden gegenläufigen Tendenzen werden im erwähnten elektrochemischen Potenzial zusammengefasst. *Elektrochemisches Gleichgewicht* heißt damit allgemein, dass die Differenz der elektrochemischen Potenziale der Ladungsträgerart i in zwei betrachteten Phasen 1 und 2, $\Delta\tilde{\mu}_i$, null wird. Es gilt also:

$$\Delta\tilde{\mu}_i = 0 \qquad \text{elektrochemisches Gleichgewicht.} \tag{22.4}$$

Dies ist gleichbedeutend damit, dass das elektrochemische Potenzial in den beiden Phasen 1 und 2 gleich ist:

$$\tilde{\mu}_i(1) = \tilde{\mu}_i(2) \,. \tag{22.5}$$

Setzt man Gleichung (22.3) in die Gleichgewichtsbedingung ein, so folgt:

$$\mu_i(1) + z_i F \varphi(1) = \mu_i(2) + z_i F \varphi(2) \quad \text{bzw.} \quad \mu_i(2) - \mu_i(1) = -z_i F[\varphi(2) - \varphi(1)]$$

oder auch

$$\Delta\varphi = \varphi(2) - \varphi(1) = -\frac{\mu_i(2) - \mu_i(1)}{z_i F} = -\frac{\Delta\mu_i}{z_i F} \,. \tag{22.6}$$

Wegen $\mathcal{A}_i = -\Delta\mu_i$ und $U = -\Delta\varphi$ erhält man für die Gleichgewichtsgalvanispannung U zwischen den Metallen

$$U = -\frac{\mathcal{A}_i}{z_i F} \,. \tag{22.7}$$

Es soll nochmals betont werden, dass das elektrochemische Gleichgewicht keineswegs identisch ist mit dem gleichzeitigen Bestehen eines chemischen *und* eines elektrischen Gleichgewichts. Vielmehr ist es so, dass sich die Wirkungen der chemischen „Spannung" $\mathcal{A}$ und der elektrischen Spannung U gerade die Waage halten. Weder $\mathcal{A}$ noch U müssen verschwinden, damit die Gleichgewichtsbedingung $\Delta\tilde{\mu}_i = 0$ erfüllt ist, wie wir Gleichung (22.7) entnehmen können.

Im betrachteten Beispiel zweier sich berührender Metalle handelt es sich bei den ausgetauschten Ladungsträgern um Elektronen. Für das chemische Potenzial ist das Elektronenpotenzial μ_e im jeweiligen Metall und für die Ladungszahl z_i der Wert $z_e = -1$ einzusetzen. Wir erhalten damit

$$\Delta\varphi = -\frac{\mu_e(2) - \mu_e(1)}{z_e F} = \frac{\Delta\mu_e}{F} \tag{22.8}$$

bzw. für die Kontaktspannung

$$U = -\frac{\mathcal{A}_e}{z_e F} = \frac{\mathcal{A}_e}{F} \,. \tag{22.9}$$

Abbildung 22.1 verdeutlicht den diskutierten Zusammenhang nochmals graphisch.

Kompensation der Kontaktspannungen. Die zwischen Kupfer und Zink entstehende Galvanispannung ist nicht sehr hoch – sie beträgt etwa 0,2 V –, ist aber doch so groß, dass sie sich mit einem gewöhnlichen Messgerät leicht messen lassen müsste. Tatsächlich merkt man jedoch von dieser Spannung nichts, wenn man an das Kupfer- und das Zinkstück die beiden Kabel eines Spannungsmessgerätes anklemmt. Der ganze Leiterkreis aus Kupfer, Zink, Kabel und Messgerät verhält sich so, als ob es die Kontaktspannung zwischen den Metallen gar nicht gäbe. Warum? Hier müssen wir beachten, dass nicht nur an einer Stelle eine Kontaktspannung entsteht, sondern an jeder Kontaktstelle zwischen zwei verschiedenen Metallen. Denken wir uns der Einfachheit halber die Kabel und alle Leitungen im Innern unseres Messgerätes aus Kupfer, dann gibt es neben der zu untersuchenden Kontaktstelle zwischen dem Kupfer- und dem Zinkstück noch eine zweite solche Stelle, nämlich dort, wo das Kabel an das Zinkstück angeklemmt ist. Hier bildet sich ebenfalls eine Galvanispannung aus, die dem Betrag nach ebenso groß ist wie die an der ersten Kontaktstelle. Beim Übergang vom Kupfer zum Zink steigt das elektrische Potenzial zwar um 0,2 V an, fällt aber wieder um denselben Betrag, wenn wir vom Zink auf der anderen Seite wieder auf die Kupferleitungen übergehen. Am Messgerät selbst ist daher von diesen Potenzialstufen nichts zu spüren. Selbst wenn man beliebig viele Elektronenleiter miteinander zu einem Leiterkreis verbindet, heben sich die Galvanispannungen stets heraus. Auf diese Weise lässt sich keine Spannungsquelle bauen. Das ändert sich, wenn man neben Elektronenleitern auch noch Ionenleiter in den Kreis einbezieht. Jetzt brauchen sich die Galvanispannungen nicht mehr zu kompensieren; es entsteht eine Spannungsquelle, die man galvanische Zelle nennt. Ausführlicher werden wir uns mit galvanischen Zellen allerdings erst im Kapitel 23 beschäftigen.

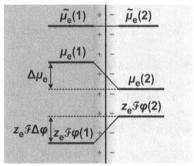

Abb. 22.1 Veranschaulichung von Kontaktspannung und elektrochemischem Gleichgewicht bei zwei sich berührenden Metallen 1 und 2

22.3 Galvanispannung zwischen Metall und Lösung

Grundlagen. An unseren Überlegungen ändert sich fast nichts, wenn wir statt der Elektronen als ladungstragende Teilchen Ionen J betrachten, Ionen etwa, die zwischen irgendwelchen Phasen ausgetauscht werden, z. B. zwischen einer Lösung und einem Feststoff, einem Austauscherharz etwa oder einem Metall. Ein Metall (abgekürzt: Me) kann man sich grundsätzlich aus frei beweglichen negativen Elektronen und positiven Metallionen auf den Gitterplätzen zusammengesetzt denken. Das chemische Potenzial der Metallionen zusammen mit dem der Elektronen ergibt gerade das Potenzial des Metalls als Ganzes:

$$\mu(J|m) + z_J\, \mu(e|m) = \mu(Me) \ . \tag{22.10}$$

Dabei ist z_J die Ladungszahl der Metallionen. Kennt man zwei dieser Potenziale, kann man folglich das dritte berechnen. Schauen wir uns den Sachverhalt am Beispiel des Kupfers an:

$$\mu(Cu^{2+}|m) + 2\mu(e|m) = \mu(Cu).$$

Die Abkürzung |m kennzeichnet dabei eine metallischen Phase, vornehmlich das Reinmetall, hier reines Kupfer, aber auch eine Legierung. Um die Übersichtlichkeit der Formeln zu erhöhen, schreiben wir jedoch im Folgenden:

$$\mu_J(Me) + z_J \mu_e(Me) = \mu(Me).$$

Ein Kupferblech (Phase 2), das in eine Kupfersalzlösung (Phase 1) eintaucht, kann Cu^{2+}-Ionen mit der Lösung [abgekürzt: d (lat. dissolutus); vgl. Abschnitt 1.6] austauschen:

$$Cu^{2+}|d \rightleftarrows Cu^{2+}|m.$$

Dabei tritt Ladung durch die Phasengrenzfläche; man spricht daher auch von einer sogenannten *Durchtrittsreaktion*. Da Wasser mit Abstand das am häufigsten eingesetzte Lösemittel darstellt, gehen wir im Folgenden stets von wässrigen Lösungen aus, abgekürzt |w. Ganz allgemein bezeichnen wir ein Stück eines Metalls, hier Kupfer, oder eines anderen Elektronenleiters, etwa Graphit, das den Zweck hat, den Übergang elektrischer Ladung zwischen den üblichen in einer Schaltung benutzten Leitungen und einem anderen Medium, z. B. einer Lösung, zu vermitteln, als *Elektrode* (vgl. Abschnitt 21.3).

Elektrische Doppelschicht. Da das chemische Potenzial der Ionen im Metall im betrachteten Beispiel Kupfer im Allgemeinen beträchtlich niedriger liegt als in der Lösung, wandern die Ionen aus der Lösung in das Metall, wodurch sich das Metall positiv gegen die Lösung auflädt (Abb. 22.2). Diese positive Oberflächenladung zieht nun aufgrund elektrostatischer Kräfte Anionen an, die sich daher in der Nähe der Phasengrenze anreichern. Es entsteht eine elektrische Doppelschicht. Diese baut sich aus einer *starren Doppelschicht* (*HELMHOLTZ-Doppelschicht*) und einer *diffusen Doppelschicht* (*GOUY-CHAPMAN-Doppelschicht*) auf (siehe auch Abschnitt 24.2).

Die hohe Feldstärke in der Nähe der metallischen Phase und die daraus resultierenden starken Wechselwirkungskräfte bewirken, dass sich die solvatisierten Ionen entlang der Oberfläche der Elektrode relativ starr „wie Perlen auf einer Schnur" aufreihen, soweit ihnen dies ihre Solvathüllen ermöglichen – so die Vorstellung. Die Ionen in der Lösung bilden dabei die äußere HELMHOLTZ-Schicht, die Ladungen an der Oberfläche der Elektrode die innere. Der Schichtabstand wird durch die durch die Rümpfe der solvatisierten Ionen verlaufende Ebene, die äußere HELMHOLTZ-Fläche, festgelegt. Zwischen den beiden Ladungsschichten ändert sich das elektrische Potenzial linear – wie man sich vorstellt.

Mit wachsender Entfernung von der Phasengrenze wird die Anordnung der Ionen durch die thermische Bewegung immer stärker gestört. In dieser diffusen Doppelschicht, die sich relativ weit in die Lösung hinein erstreckt, liegen die solvatisierten Ionen noch in höherer Konzentration vor als im Innern der Elektrolytlösung (abgekürzt: L). Doch sowohl die Konzentration als auch das elektrische Potenzial klingen annähernd exponentiell zu den Werten im Phaseninnern aus [$\varphi(L)$ im Falle des Potenzials].

Schon unwägbare Ionenmengen genügen, um das Metallblech so stark aufzuladen, dass die chemischen Kräfte nicht mehr ausreichen, um weitere Ionen gegen die elektrischen Feldkräfte in die Lösung zu drücken. Die entstehende Spannung können wir analog zur Kontaktspannung zwischen Metallen berechnen. Dazu brauchen wir in die Gleichungen (22.6) bzw. (22.7) nur $\Delta\varphi = \varphi(\text{Metall}) - \varphi(\text{Lösung})$ und $\Delta\mu_J = \mu(\text{Ion in Metall}) - \mu(\text{Ion in Lösung})$ sowie die Ladungszahl des Ions einzusetzen. Für eine Ionensorte J mit der Ladungszahl z_J lautet die Gleichung dann:

$$\varphi(\text{Me}) - \varphi(\text{L}) = -\frac{\mu_J(\text{Me}) - \mu_J(\text{L})}{z_J \mathcal{F}}, \quad \text{kurz} \quad \Delta\varphi = -\frac{\Delta\mu_J}{z_J \mathcal{F}} \tag{22.11}$$

oder, wenn wir die Potenzialdifferenzen (elektrische und chemische) durch die entsprechenden Antriebe ersetzen,

$$U = -\frac{\mathcal{A}_J}{z_J \mathcal{F}}. \tag{22.12}$$

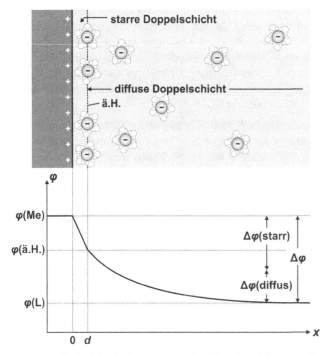

Abb. 22.2 Elektrische Doppelschicht an der Phasengrenze zwischen einem Metall (Me) und einer Elektrolytlösung (L) und zugehöriger Potenzialverlauf (ä.H.: äußere HELMHOLTZ-Fläche, d: Dicke der starren Schicht)

Für unser Beispiel, ein in eine wässrige Kupfersalzlösung eintauchendes Kupferblech, können wir entsprechend formulieren:

$$\Delta\varphi = -\frac{\mu_{\text{Cu}^{2+}}(\text{Me}) - \mu_{\text{Cu}^{2+}}(\text{L})}{2\mathcal{F}}.$$

Eine Ladungsverschiebung mit umgekehrtem Vorzeichen erhält man, wenn das chemische Potenzial der Ionen im Metall überwiegt. Dies ist z. B. im Allgemeinen bei einem Zinkstab, der in eine Zinksalzlösung eintaucht, der Fall. Die Zn^{2+}-Ionen wandern aus dem Metall in die Lösung, wodurch sich das Metall nun negativ gegenüber der Lösung auflädt.

NERNSTsche Gleichung. Das chemische Potenzial der Metallionen in der Lösungsphase L hängt nun aber von ihrer Konzentration ab. Zur Berechnung dieser Konzentrationsabhängigkeit ziehen wir die Massenwirkungsgleichung 1′ (siehe Abschnitt 6.2) heran:

$$\mu_J(L) = \overset{\circ}{\mu}_J(L) + RT \ln \frac{c_J(L)}{c^\ominus} = \overset{\circ}{\mu}_J(L) + RT \ln c_{r,J}(L) \,. \tag{22.13}$$

Dabei ist $\overset{\circ}{\mu}_J(L)$ der Grundwert des chemischen Potenzials der Metallionen in der Lösung bei der Normkonzentration $c^\ominus = 1 \, \text{kmol m}^{-3}$ und frei wählbarer Temperatur T sowie frei wählbarem Druck p, $c_{r,J}(L)$ [$= c_J(L)/c^\ominus$] ihre relative Konzentration.

Das chemische Potenzial der Metallionen im reinen Metall hingegen ist naturgemäß konzentrationsunabhängig und beträgt laut Gleichung (22.10) bei entsprechender Temperatur T und entsprechendem Druck p:

$$\mu_J(Me) = \mu(Me) - z_J \, \mu_e(Me) \,. \tag{22.14}$$

Einsetzen in Gleichung (22.11) ergibt dann

$$\Delta\varphi = -\frac{[\mu(Me) - z_J \, \mu_e(Me)] - [\overset{\circ}{\mu}_J(L) + RT \ln c_{r,J}(L)]}{z_J \mathcal{F}}$$

und schließlich

$$\Delta\varphi = \frac{\overset{\circ}{\mu}_J(L) - \mu(Me) + z_J \, \mu_e(Me)}{z_J \mathcal{F}} + \frac{RT}{z_J \mathcal{F}} \ln c_{r,J}(L) \,. \tag{22.15}$$

Uns interessiert in diesem Zusammenhang vornehmlich die Konzentrationsabhängigkeit von $\Delta\varphi = \varphi(Me) - \varphi(L)$. Der erste Term in Gleichung (22.15) hängt zwar noch von der Temperatur T und dem Druck p ab, nicht jedoch von der Konzentration der Metallionen in der Lösung. Wir kürzen ihn daher wie bei den entsprechenden chemischen Größen mit $\Delta \overset{\circ}{\varphi}$ ab:

$$\Delta\varphi = \Delta\overset{\circ}{\varphi} + \frac{RT}{z_J \mathcal{F}} \ln \frac{c_J(L)}{c^\ominus} \,. \tag{22.16}$$

Das Glied $\Delta \overset{\circ}{\varphi}$ nennen wir wieder Grundwert. Gemäß Gleichung (22.16) steigt die Potenzialdifferenz $\Delta\varphi$ mit der Konzentration der Metallionen an: Je konzentrierter die Lösung, desto höher das Potenzial $\varphi(Me)$ gegenüber $\varphi(L)$. Diese Gleichung, die die Konzentrationsabhängigkeit von $\Delta\varphi$ beschreibt, wird auch als *NERNSTsche Gleichung* bezeichnet (benannt nach dem Nobelpreisträger Walter NERNST, einem deutschen Physikochemiker). Die Galvanispannung U kann in ganz analoger Weise beschrieben werden.

Besteht die Elektrode nicht aus einem reinen Metall, sondern aus einer homogenen Legierung, beispielsweise einem Amalgam, so muss auch im Falle der metallischen Phase die Gehaltsabhängigkeit durch die entsprechende Massenwirkungsgleichung berücksichtigt werden und man erhält etwa anstelle von Gleichung (22.16) die Beziehung:

$$\Delta\varphi = \Delta\overset{\circ}{\varphi} + \frac{RT}{z_J \mathcal{F}} \ln \frac{c_J(L)}{c_J(Me)} \,. \tag{22.17}$$

Bei der folgenden Formulierung der Austauschreaktion,

$$Cu^{2+}|w + 2\,e^- \rightleftarrows Cu|s \; ,$$

wird deutlich, dass es sich bei einem Metall in Kontakt mit einer Lösung seiner Ionen um eine spezielle Art eines sogenannten *Redoxpaares* handelt. Daher wollen wir uns im nächsten Abschnitt ausführlich mit Redoxreaktionen beschäftigen.

22.4 Redoxreaktionen

Redoxpaare. Ein wesentliches Merkmal von *Redoxreaktionen* ist, dass die beteiligten Stoffe Elektronen e^- und damit auch elektrische Ladung austauschen. Wegen dieses Ladungsübergangs treten bei allen Umsetzungen dieser Art stets geladene Teilchen, also Ionen, als Reaktionspartner auf. Wir behandeln Gesamtheiten von Ionen einer Art wie Gesamtheiten neutraler Teilchen einer Art als *Stoffe*, auch wenn es nicht möglich ist, diese Stoffe in reiner Form zu isolieren (siehe auch Abschnitt 1.2). Hydrogencarbonat- (HCO_3^-) und Calcium(II)-Ionen (Ca^{2+}) gelten bei uns ebenso als Stoffe, gleichsam als „geladene Stoffe", wie die „neutralen" Substanzen Kohlensäure (H_2CO_3) und Calcium(II)-carbonat ($CaCO_3$). Bei den Redoxreaktionen handelt es sich wie bei den Säure-Base-Reaktionen (vgl. Kapitel 7) um Übertragungsreaktionen, nur dass anstelle eines Protonenaustausches ein Elektronenaustausch stattfindet. Sie können daher begrifflich in gleicher Weise behandelt werden.

Wenn ein Stoff B Elektronen abgibt, dann hinterlässt er einen neuen Stoff D. B wird als *Reduktionsmittel* (kurz: Rd) und D als *Oxidationsmittel* (kurz: Ox) bezeichnet. Die Kürzel Rd und Ox verwenden wir für eine beliebige Art von Teilchen, seien sie positiv, neutral oder negativ, frei beweglich in einer Lösung oder einem Gas oder nur als Baugruppe in einem Kristall vorhanden. In ihrer einfachsten Form lässt sich die Elektronenabgabe folgendermaßen darstellen:

$$\underbrace{Rd \rightarrow Ox}_{\text{Redoxpaar}} +\,e \; . \qquad (a)$$

Die Stoffe Rd und Ox bildet zusammen ein sogenanntes *Redoxpaar* oder *Redoxsystem* Rd/Ox (ganz entsprechend einem Säure-Base-Paar Ad/Bs). Ox ist das zu Rd *gehörige* (*korrespondierende, konjugierte*) Oxidationsmittel, Rd entsprechend das zu Ox *gehörige* Reduktionsmittel. Läuft der Vorgang von links nach rechts, dann sagt man, das *Reduktionsmittel* werde *oxidiert*, läuft der Vorgang umgekehrt, spricht man davon, dass das *Oxidationsmittel reduziert* wird. Oft ist es vorteilhaft, von der Oxidation beziehungsweise Reduktion des Redoxpaares als Ganzem zu sprechen. Eine *Oxidation* ist gleichbedeutend mit einer *Elektronenabgabe* aus dem Redoxsystem, eine *Reduktion* mit einer *Elektronenaufnahme*. Ein Beispiel ist die Oxidation von Fe^{2+}-Ionen in einer wässrigen Lösung zu Fe^{3+}-Ionen:

$$Fe^{2+}|w \rightarrow Fe^{3+}|w + e^- \; .$$

Da freie Elektronen äußerst reaktiv sind, können sie sich unter den üblichen Laborbedingungen nirgendwo in merklichen Mengen anreichern. Sie werden im Entstehen oder, genauer gesagt, unter Umgehung des freien Zustandes sofort weiterverbraucht. Das bedeutet, dass eine Oxidation stets mit einer Reduktion gekoppelt ist. Der Vorgang (a) tritt also nie allein auf, sondern stets gepaart mit einem zweiten gleichartigen Vorgang (a*):

$$Rd^* \to Ox^* + e. \quad (a^*)$$

Wenn der erste Vorgang (a) vorwärts läuft, wird der zweite (a*) rückwärts getrieben und umgekehrt. Dieses Reaktionspaar aus einem Oxidations- und einem Reduktionsvorgang wird kurz als *Redoxreaktion* bezeichnet, die Vorgänge (a) und (a*) als die zugehörigen *Halbreaktionen*.

Doch kehren wir zu dem einfachen Grundvorgang (a) zurück: Dieser kann verallgemeinert werden. Zum einen werden häufig gleich mehrere Elektronen ausgetauscht und zum anderen treten an Stelle der einfachen Stoffe Rd und Ox oft mehrere Stoffe auf. Bezeichnen wir mit v_e die Umsatzzahl der Elektronen und lassen wir zu, dass mit den Zeichen Rd und Ox auch eine Stoffkombination gemeint sein kann, dann lautet der verallgemeinerte Vorgang:

$$\overbrace{v_{Rd'}Rd' + v_{Rd''}Rd'' + ...}^{Rd} \to \overbrace{v_{Ox'}Ox' + v_{Ox''}Ox'' + ...}^{Ox} + v_e e.$$

Ein Beispiel stellt die folgende Halbreaktion dar, an der zusammengesetzte Reduktions- bzw. Oxidationsmittel beteiligt sind:

$$Mn^{2+}|w + 12\ H_2O|l \to MnO_4^-|w + 8\ H_3O^+|w + 5\ e^-.$$

Elektronenpotenzial eines Redoxpaares. Ein Redoxpaar verhält sich nun wie ein *Elektronenspeicher*. Ist dieser Speicher ganz geladen, liegt das Stoffpaar vollständig in seiner reduzierten Form Rd vor, ist er ganz entladen, dann ist nur die oxidierte Form Ox vorhanden. Die verschiedenen Redoxpaare bzw. Elektronenspeicher besitzen in unterschiedlichem Maß die Neigung, Elektronen abzugeben. Wir können diese Neigung durch folgendes chemisches Potenzial beschreiben, welches wir das *Elektronenpotenzial* des Redoxpaares Rd/Ox nennen:

$$\mu_e(Rd/Ox) := \frac{1}{v_e}\left[\mu_{Rd} - \mu_{Ox}\right]. \quad (22.18)$$

Diese Größe stellt gleichsam das Potenzial μ_e im Innern des Paares Rd/Ox dar. Die obige Gleichung weist große Ähnlichkeit mit der Definitionsgleichung für das Protonenpotenzial μ_p [Gl. (7.1)] auf. Auch sie ergibt sich aus der Gleichgewichtsbedingung, in diesem Fall für die Reaktion

$$Rd \rightleftarrows Ox + v_e e$$

gemäß

$$\mu_{Rd} = \mu_{Ox} + v_e\mu_e$$

durch Umformung. Wie das Protonenpotenzial beschreibt auch das Elektronenpotenzial die Stärke einer Übertragungstendenz, hier der Elektronen, auf andere Stoffe. Denn ist das chemische Potenzial μ_e der Elektronen in der Umgebung niedriger als $\mu_e(Rd/Ox)$ im Innern, d. h. gilt $\mu_e < \mu_e(Rd/Ox)$, so werden Elektronen an die Umgebung abgegeben, der Speicher entlädt sich. Ist μ_e dagegen außen höher, $\mu_e > \mu_e(Rd/Ox)$, dann nimmt das Redoxpaar Elektronen auf, der Speicher wird gleichsam gefüllt, geladen. Der Grenzwert $\mu_e(Rd/Ox)$ gibt also das chemische Potenzial der Elektronen an, bis zu dem eine Elektronenabgabe gerade noch möglich ist.

Anschaulich gesprochen misst das Elektronenpotenzial gleichsam den maximalen „Elektronendruck", den das Redoxpaar aufzubringen vermag. Da Elektronenaufnahme einer Reduktion entspricht, ist $\mu_e(Rd/Ox)$ zugleich ein Maß dafür, wie stark reduzierend ein Paar Rd/Ox wirkt, d. h. ein Maß für dessen *Reduktionsvermögen*.

Da das Elektronenpotenzial eines Redoxpaares für dieses Paar charakteristisch ist, ist die Angabe des Redoxpaares, auf das sich μ_e bezieht, unerlässlich. Falls Rd oder Ox für eine Stoffkombination steht, vereinbaren wir, um die einfache Definitionsgleichung beibehalten zu können:

$$\mu_{Rd} = \nu_{Rd'}\mu_{Rd'} + \nu_{Rd''}\mu_{Rd''} + ... \quad \text{und} \quad \mu_{Ox} = \nu_{Ox'}\mu_{Ox'} + \nu_{Ox''}\mu_{Ox''} + ... \; .$$

Tabelle 22.2 zeigt einige Zahlenbeispiele, in deren Reihe auch das Wasser als Reduktions- wie als Oxidationsmittel vertreten ist.

Reduktionsmittel	/ Oxidationsmittel	$\mu_e^\ominus$ / kG
K|s	/ K^+|w	+283
$\frac{1}{2}$ H_2|g + OH^-|w	/ H_2O|l	+80
Fe|s	/ Fe^{2+}|w	+39
$\frac{1}{2}$ H_2|g + H_2O|l	/ H_3O^+|w	0
Sn^{2+}|w	/ Sn^{4+}|w	−14
2 OH^-|w	/ $\frac{1}{2}$ O_2|g + H_2O|l	−39
I^-|w	/ $\frac{1}{2}$ I_2|s	−52
Fe^{2+}|w	/ Fe^{3+}|w	−74
3 H_2O|l	/ $\frac{1}{2}$ O_2|g + 2 H_3O^+|w	−119
Mn^{2+}|w + 12 H_2O|l	/ MnO_4^-|w + 8 H_3O^+|w	−146
HF|g + H_2O|l	/ $\frac{1}{2}$ F_2|g + H_3O^+|w	−275

Tab. 22.2 Normwerte des Elektronenpotenzials einiger Redoxsysteme (298 K, 100 kPa, 1 kmol m^{-3} in wässriger Lösung)

Ermöglicht man den Elektronenaustausch zwischen zwei Redoxpaaren, dann gibt das „stärkere" Paar, d. h. das mit dem höheren Potenzial, Elektronen an das „schwächere" Paar ab, das hierbei reduziert wird. Gibt man z. B. zu einer Fe^{3+}-Lösung eine Sn^{2+}-Lösung, so wird Fe^{3+} zu Fe^{2+} reduziert, Sn^{2+} hingegen zu Sn^{4+} oxidiert, da aufgrund der Lage der Elektronenpotenziale [$\mu_e^\ominus$ (Sn^{2+}/Sn^{4+}) = −14 kG; $\mu_e^\ominus$ (Fe^{2+}/Fe^{3+}) = −74 kG] das Redoxpaar Sn^{2+}/Sn^{4+} stärker reduzierend als das Redoxpaar Fe^{2+}/Fe^{3+} wirkt (Versuch 22.1).

Die Elektronenübertragung ist allerdings oft stark gehemmt und läuft längst nicht so prompt ab wie der Protonenaustausch. Daher ist es häufig möglich, Redoxpaare in wässrigen Lösungen zu handhaben, die nach Lage ihrer Elektronenpotenziale das Wasser oder dessen Bestandteile zu H_2 reduzieren bzw. zu O_2 oxidieren müssten. So liegt in saurer Lösung der $\mu_e^\ominus$-Wert des Mn^{2+}/MnO_4^--Systems mit −146 kG so niedrig, dass es dem Wasser (genauer dem H_2O/O_2-Paar) mit einem $\mu_e^\ominus$ von −119 kG Elektronen zu entziehen vermag. Dennoch sind Permanganat-Lösungen monatelang haltbar.

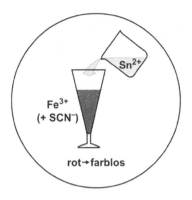

Versuch 22.1 *Reduktion von Fe^{3+}- durch Sn^{2+}-Ionen*: Eisen(III)-nitrat-Lösung wird mit Zinn(II)-chlorid-Lösung versetzt. Das Fortschreiten der Reaktion kann gut verfolgt werden, wenn man vorher einige Tropfen Thiocyanatlösung zur Eisen(III)-Salzlösung gibt. Die anfänglich kräftige Rotfärbung, verursacht durch Eisen(III)-thiocyanat-Komplexe, verschwindet nach Sn^{2+}-Zusatz nach wenigen Minuten.

22.5 Galvanispannung von Halbzellen

Redoxelektroden. Taucht man in eine Lösung eines Redoxpaares ein chemisch indifferentes Metall wie Platin, das praktisch keine Metallionen mit der Lösung austauscht, wohl aber Elektronen aufzunehmen (oder abzugeben) vermag, dann ergibt sich auch hier ein elektrochemischer Gleichgewichtszustand unter Aufladung des Metallblechs oder -stabs und Ausbildung einer elektrischen Doppelschicht. Zwischen der Lösung (Phase 1) und dem Metall (Phase 2) besteht somit eine definierte Potenzialdifferenz $\Delta\varphi$, genau wie z. B. zwischen zwei Metallen (Abb. 22.3).

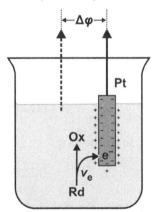

Abb. 22.3 Ausbildung einer elektrischen Potenzialdifferenz beim Vorliegen eines homogenen Redoxsystems (Phase 1) in Kontakt mit einer Edelmetallelektrode (Phase 2)

Die Potenzialdifferenz können wir entsprechend Gleichung (22.8) berechnen, indem wir den Wert des Elektronenpotenzials im Metall, hier am Beispiel des am häufigsten eingesetzten Platins (Pt), und des Redoxpaares Rd/Ox in der Lösung (L) einsetzen, $\Delta\mu_e = \mu_e(Pt) - \mu_e(L)$:

$$\Delta\varphi = \varphi(2) - \varphi(1) = -\frac{\mu_e(Pt) - \mu_e(L)}{z_e \mathcal{F}} = \frac{\Delta\mu_e}{\mathcal{F}}, \qquad (22.19)$$

wobei rechts die Ladungszahl der Elektronen $z_e = -1$ eingesetzt wurde.

Berücksichtigen wir in der Beziehung (22.19) die Konzentrationsabhängigkeit des chemischen Potenzials, so erhalten wir eine weitere Variante der NERNSTschen Gleichung. So gilt zunächst für das Elektronenpotenzial des Redoxpaares in der Lösung gemäß Gleichung (22.18):

$$\mu_e(L) = \mu_e(Rd/Ox) = \frac{1}{\nu_e}\left[\mu(Rd) - \mu(Ox)\right]$$

und damit

$$\mu_e(L) = \frac{1}{\nu_e}\left[\left(\overset{\circ}{\mu}(Rd) + RT \ln c_r(Rd)\right) - \left(\overset{\circ}{\mu}(Ox) + RT \ln c_r(Ox)\right)\right]$$

oder auch

$$\mu_e(L) = \frac{1}{\nu_e}\left[\left(\overset{\circ}{\mu}(Rd) + RT \ln \frac{c(Rd)}{c^{\ominus}}\right) - \left(\overset{\circ}{\mu}(Ox) + RT \ln \frac{c(Ox)}{c^{\ominus}}\right)\right].$$

Durch Umformen erhalten wir [Wir erinnern uns dazu an die Rechenregeln für Logarithmen: $\ln a - \ln b = \ln(a/b)$ (siehe auch Anhang A1.1).]:

$$\mu_e(L) = \frac{1}{\nu_e}\left[\left[\overset{\circ}{\mu}(Rd) - \overset{\circ}{\mu}(Ox)\right] + RT \ln \frac{c(Rd)}{c(Ox)}\right]. \tag{22.20}$$

Einsetzen in Gleichung (22.19) ergibt:

$$\Delta\varphi = \frac{\mu_e(Pt) - \dfrac{1}{\nu_e}\left[\left[\overset{\circ}{\mu}(Rd) - \overset{\circ}{\mu}(Ox)\right] + RT \ln \dfrac{c(Rd)}{c(Ox)}\right]}{\mathcal{F}}$$

oder auch

$$\Delta\varphi = \frac{\nu_e\mu_e(Pt) + \overset{\circ}{\mu}(Ox) - \overset{\circ}{\mu}(Rd)}{\nu_e\mathcal{F}} + \frac{RT}{\nu_e\mathcal{F}} \ln \frac{c(Ox)}{c(Rd)}. \tag{22.21}$$

Kürzen wir den ersten Term in Gleichung (22.21) wieder mit $\Delta\overset{\circ}{\varphi}$ ab, so erhalten wir:

$$\Delta\varphi = \Delta\overset{\circ}{\varphi} + \frac{RT}{\nu_e\mathcal{F}} \ln \frac{c(Ox)}{c(Rd)}. \tag{22.22}$$

Diese Variante der NERNSTschen Gleichung beschreibt die Abhängigkeit der elektrischen Potenzialdifferenz $\Delta\varphi = \varphi(Pt) - \varphi(L)$ von den Konzentrationen der oxidierten und reduzierten Form des vorliegenden Redoxpaares. $\varphi(Pt)$ liegt im Vergleich zu $\varphi(L)$ umso höher, je höher die Konzentration $c(Ox)$ des Oxidationsmittels und je niedriger die Konzentration $c(Rd)$ des zugehörigen Reduktionsmittels ist. Dies würde man auch erwarten: Ist nämlich die Konzentration $c(Ox)$ hoch, so ist der Elektronenspeicher, den das Redoxpaar darstellt, fast vollständig leer. Es besteht damit eine starke Tendenz, Elektronen vom Edelmetall abzuziehen, das sich dabei positiv gegenüber der Lösung auflädt. Ist hingegen die Konzentration $c(Ox)$ gering gegenüber $c(Rd)$, so ist der Elektronenspeicher nahezu vollständig gefüllt. Daher besteht jetzt die starke Neigung, Elektronen an das Edelmetall abzugeben, das dabei negativ aufgeladen wird. Das Elektronengas des Metalls wirkt also gewissermaßen als eine Art Speicher – allerdings verschwindend geringer Kapazität –, welcher Elektronen aufzunehmen oder abzugeben vermag.

Angewandt auf unser erstes Beispiel, das einfache Redoxpaar aus zwei- und dreiwertigen Eisen-Ionen, lautet Gleichung (22.22) dann:

$$\Delta\varphi = \Delta\overset{\circ}{\varphi}(Fe^{2+}/Fe^{3+}) + \frac{RT}{\mathcal{F}}\ln\frac{c(Fe^{3+})}{c(Fe^{2+})}.$$

Liegt ein zusammengesetztes Redoxsystem Rd $\rightarrow$ Ox + v_ee vor, in dem Rd für die Stoffkombination $v_{Rd'}$Rd' + $v_{Rd''}$Rd'' + ... und Ox für die Kombination $v_{Ox'}$Ox' + $v_{Ox''}$Ox'' + ... steht, so kann die verallgemeinerte Form der NERNSTschen Gleichung in ganz analoger Weise hergeleitet werden und man erhält (vorausgesetzt, dass alle Partner gelöst vorliegen):

$$\Delta\varphi = \frac{v_e\mu_e(Pt) + v_{Ox'}\overset{\circ}{\mu}(Ox') + v_{Ox''}\overset{\circ}{\mu}(Ox'') + ... - \left(v_{Rd'}\overset{\circ}{\mu}(Rd') + v_{Rd''}\overset{\circ}{\mu}(Rd'') + ...\right)}{v_e\mathcal{F}}$$

$$+ \frac{RT}{v_e\mathcal{F}}\left[v_{Ox'}\ln c_r(Ox') + v_{Ox''}\ln c_r(Ox'') + ... - \left(v_{Rd'}\ln c_r(Rd') + v_{Rd''}\ln c_r(Rd'') + ...\right)\right]$$

bzw.

$$\Delta\varphi = \Delta\overset{\circ}{\varphi} + \frac{RT}{v_e\mathcal{F}}\ln\frac{c_r(Ox')^{v_{Ox'}} \cdot c_r(Ox'')^{v_{Ox''}} \cdot ...}{c_r(Rd')^{v_{Rd'}} \cdot c_r(Rd'')^{v_{Rd''}} \cdot ...}$$

oder kürzer gefasst

$$\Delta\varphi = \Delta\overset{\circ}{\varphi} + \frac{RT}{v_e\mathcal{F}}\ln\frac{\prod\limits_{i=1}^{k}c_r(Ox_i)^{v_{Ox_i}}}{\prod\limits_{j=1}^{l}c_r(Rd_j)^{v_{Rd_j}}}. \tag{22.23}$$

Das Produktzeichen ($\prod$) ist ähnlich wie das Summenzeichen ($\sum$) definiert, nur das hier eine Multiplikation von Faktoren erfolgt.

Dies sieht auf den ersten Blick recht kompliziert aus, doch wird die Vorgehensweise anhand unseres zweiten Beispiels, der Oxidation von Mn^{2+}-Ionen, rasch deutlicher:

$$\Delta\varphi = \Delta\overset{\circ}{\varphi}(Mn^{2+}/MnO_4^-) + \frac{RT}{5\mathcal{F}}\ln\frac{c_r(Mn^{2+}) \cdot c_r(H_3O^+)^8}{c_r(MnO_4^-)}.$$

Für Wasser wird wegen seiner hohen Konzentration wieder der Potenzialwert des reinen Lösemittels, $\overset{\circ}{\mu}(H_2O)$, eingesetzt (vgl. Abschnitt 6.3) und in das konzentrationsunabhängige Glied $\Delta\overset{\circ}{\varphi}$ einbezogen.

Das Stück eines Metalls, hier Platin, das den Zweck hat, den Übergang elektrischer Ladung zwischen den üblichen in einer Schaltung benutzten Leitungen und einem anderen Medium,

z. B. einer Lösung, zu vermitteln, bezeichnet man, wie erwähnt, als *Elektrode*. Die Kombination aus einer Elektrode und einem Redoxpaar wollen wir eine (elektrochemische) *Halbzelle* (oder auch Elektrode im weiteren Sinne) nennen.

Mehrphasige Redoxpaare und Gaselektroden als Beispiel. Im Gegensatz zu den bisher besprochenen homogenen Redoxsystemen gibt es auch zahlreiche Systeme, bei denen die beteiligten Stoffe nicht in derselben Lösung vorliegen, sondern auf verschiedene Phasen verteilt sind, z. B. wenn einer der Partner als Gas oder als fester Stoff vorliegt. Wenn wir ein solches Redoxpaar mit einem Metall wie Platin kombinieren, haben wir nicht nur eine Phasengrenzfläche Metall/Lösung, sondern mehrere derartige Grenzflächen z. B. zusätzlich zwischen Platin und Gas oder zwischen Platin und Feststoff. Nun erhebt sich die Frage, an welcher dieser Grenzflächen sich die Galvanispannung ausbildet, die zu dem Elektronenübergang zwischen Redoxpaar und Platin gehört. Das kann nur die Phase sein, in der z. B. die positive Überschussladung nach der Abspaltung der Elektronen aus dem Redoxpaar zurückbleibt. Genau diese Phase lädt sich ja gegen das Metall auf. Wenn das Redoxpaar aus Stoffen in zwei oder mehr Phasen besteht, wollen wir die austauschfähigen Elektronen einer bestimmten dieser Phasen zuordnen, und zwar gerade derjenigen, in der die positive Ladung bei der Elektronenabgabe zurückbleibt. Wir wollen diese Phase den *zugehörigen* Elektrolyten nennen.

Schauen wir uns zum besseren Verständnis ein Beispiel an: Ein Platinblech taucht in eine Lösung ein, die Wasserstoffionen enthält und wird von Wasserstoffgas umspült (Abb. 22.4). Im Falle des Redoxpaares aus $H_2|g$ und $2\,H^+|w$ betrachten wir die Elektronen nicht als aus der Gasphase stammend – sie bleibt bei der Elektronenabgabe neutral –, sondern als aus der Lösung entnommen, denn hier sammeln sich die positiven H^+-Ionen an; in dieser Phase fehlen die abgegebenen Elektronen.

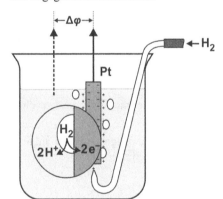

Abb. 22.4 Wasserstoff-Elektrode einfachster Bauart als Beispiel eines heterogenen Redoxsystems. Im vergrößerten Ausschnitt werden die Elektrodenvorgänge verdeutlicht.

Die Umsatzformel lautet:

$$H_2|g \rightarrow 2\,H^+|w + 2\,e^-\,.$$

Die elektrische Potenzialdifferenz im Gleichgewicht kann ganz analog zu der Vorgehensweise bei einem homogenen Redoxsystem berechnet werden, nur wird für das chemische Potenzial des Wasserstoffs die Gleichung

$$\mu(H_2) = \overset{\circ}{\mu}(H_2) + RT \ln \frac{p(H_2)}{p^{\ominus}} = \overset{\circ}{\mu}(H_2) + RT \ln p_r(H_2)$$

eingesetzt, da die Konzentration eines gelösten Gases seinem Druck in der Gasphase proportional ist (Massenwirkungsgleichung 2′; vgl. Abschnitt 6.6). Das Elektronenpotenzial des Redoxpaares H_2/H^+ ergibt sich damit zu

$$\mu_e(H_2/H^+) = \frac{1}{2}\left[\mu(H_2) - 2\mu(H^+)\right].$$

Wir erhalten schließlich für die Wasserstoff-Elektrode als Beispiel einer Gaselektrode

$$\Delta\varphi = \frac{2\mu_e(Pt) + 2\overset{\circ}{\mu}(H^+) - \overset{\circ}{\mu}(H_2)}{2\mathcal{F}} + \frac{RT}{2\mathcal{F}} \ln \frac{c_r(H^+)^2}{p_r(H_2)} \tag{22.24}$$

oder kürzer gefasst

$$\Delta\varphi = \Delta\overset{\circ}{\varphi}(H_2/H^+) + \frac{RT}{\mathcal{F}} \ln \frac{c_r(H^+)}{\sqrt{p_r(H_2)}}. \tag{22.25}$$

Metallionenelektroden. Bisher haben wir in diesem Abschnitt nur Halbzellen besprochen, die mit einer sogenannten unangreifbaren Elektrode ausgerüstet sind, die nur Elektronen, aber keine Ionen mit anderen Stoffen auszutauschen vermag. Als Material für die unangreifbare Elektrode dient vorzugsweise das Edelmetall Platin. Im Gegensatz dazu kann ein Metall aber auch selbst Bestandteil eines Redoxpaares sein. In diesem Fall werden Ionen zwischen der Lösung (Phase 1) und dem Metall (Phase 2) ausgetauscht, ein Sachverhalt, der bereits ausführlich im Abschnitt 22.3 besprochen wurde. Der Vollständigkeit halber wollen wir uns als Beispiel einer solchen Metallionenelektrode noch die Silberionenelektrode anschauen (Abb. 22.5). Sie besteht aus einem Stück Silber, das in eine Lösung von Ag^+-Ionen, z. B. eine Silbernitratlösung, eintaucht; Ag bildet dabei zusammen mit den Ag^+-Ionen in der Lösung ein Redoxpaar. Je nach der Ag^+-Konzentration in der Lösung spielt sich an der Metalloberfläche einer der beiden folgenden Vorgänge ab:

a) Anlagerung von Ag^+, wodurch sich das Metall positiv gegenüber der Lösung auflädt,

b) Auflösung von Ag zu Ag^+ unter Zurücklassung von Elektronen, was zu einer negativen Aufladung des Metalls führt.

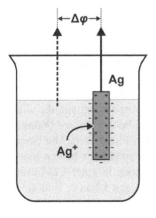

Abb. 22.5 Silberionenelektrode als Beispiel einer Metallionenelektrode Die Lösung zählt in diesem und ähnlichen Fällen in der Regel als Phase 1, das Metall als Phase 2.

Zwischen Metall und Lösung baut sich in beiden Fällen eine definierte Potenzialdifferenz $\Delta\varphi$ = $\varphi(\text{Me}) - \varphi(\text{L})$ auf, für die sich gemäß Gleichung (22.16)

$$\Delta\varphi = \varphi(\text{Me}) - \varphi(\text{L}) = \Delta\overset{\circ}{\varphi}(\text{Ag/Ag}^+) + \frac{RT}{\mathcal{F}}\ln c_r(\text{Ag}^+)$$

ergibt. Die Galvanispannung hängt also nur noch vom Gehalt der Lösung an Ag^+-Ionen ab, eine Tatsache, die sich auch für analytische Zwecke nutzen lässt (siehe Abschnitt 23.4).

Deckschichtelektroden. In speziellen Fällen kann eine Ionenelektrode aber auch auf andere als die zugehörigen Ionen ansprechen. So erhält man eine Elektrode, die auf Cl^--Ionen anspricht, wenn man Silber mit einer dünnen Schicht aus schwerlöslichem Silberchlorid überzieht (Abb. 22.6); man spricht auch von einer sogenannten *Deckschichtelektrode*. Das Silberchlorid ist, obwohl es kein Metall ist, merklich leitfähig, ähnlich gut oder schlecht wie Wasser. Es ist ein Festelektrolyt, in dem die Silberionen eine gewisse Beweglichkeit besitzen. Man kann sich den Leitungsvorgang so vorstellen, dass sich die Ag^+-Ionen durch die Lücken zwischen den erheblich größeren, kugeligen Cl^--Ionen hindurchzwängen können. Das ist möglich, weil die Ionen keine starren Kugeln sind, sondern elastische Gebilde und außerdem nicht ruhen, sondern bei Zimmertemperatur mit einer Geschwindigkeit gegeneinander schwingen und stoßen, die der von Gasmolekeln vergleichbar ist, das heißt einigen hundert m s^{-1} entspricht. Besonders längs der Korngrenzen, wo verschieden orientierte kristalline Bereiche aneinander stoßen und das Gitter stark gestört ist, können sich die Ag^+-Ionen leicht bewegen.

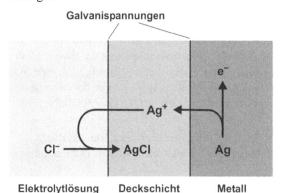

Abb. 22.6 Schnitt durch die Oberfläche einer Deckschichtelektrode, hier einer Silber-Silberchlorid-Elektrode

Denken wir uns das Stück Silber mit seiner AgCl-Deckschicht in eine Cl^--Lösung getaucht. Dann sind zwei Phasengrenzflächen vorhanden, zum einen zwischen Metall und Deckschicht, zum anderen zwischen Deckschicht und Lösung. Die Grenzfläche Metall/Deckschicht ist für Ag^+-Ionen durchlässig, nicht aber für Cl^--Ionen oder Elektronen: für Cl^--Ionen nicht, weil diese nicht in das Metallgitter eingebaut werden können, für Elektronen nicht, weil Silberchlorid keine Elektronen leitet. Daher stellt sich dort eine Galvanispannung ein, die allein durch den Unterschied des chemischen Potenzials der Ag^+-Ionen in beiden Phasen bestimmt wird. Da dies feste Werte sind, hat auch die Galvanispannung einen festen Wert. Die Grenzfläche Deckschicht/Lösung ist für Ag^+- und Cl^--Ionen durchlässig, sodass die beiden Ionenarten um die Einstellung der Galvanispannung wetteifern. Da jedoch in einer Cl^--Lösung freie Ag^+-Ionen nur in verschwindend kleiner Konzentration vorliegen können, sind sie in diesem Wettstreit den Cl⁻-Ionen hoffnungslos unterlegen. Deshalb bestimmen allein die Cl⁻-Ionen die Galvanispannung an dieser Grenzfläche.

Die Elektrodenreaktion lässt sich beschreiben durch

$$Ag|s + Cl^-|w \rightarrow AgCl|s + e^- \,.$$

In diesem Fall haben wir also das zusammengesetzte Redoxpaar $(Ag + Cl^-)/AgCl$ zu berücksichtigen. Für die zugehörige Potenzialdifferenz $\Delta\varphi$ der Silber-Silberchlorid-Elektrode erhält man durch Einsetzen in Gleichung (22.23):

$$\Delta\varphi = \Delta\overset{\circ}{\varphi}\big((Ag + Cl^-)/AgCl\big) + \frac{RT}{\mathcal{F}} \ln \frac{1}{c_r(Cl^-)}$$

bzw.

$$\Delta\varphi = \Delta\overset{\circ}{\varphi}\big((Ag + Cl^-)/AgCl\big) - \frac{RT}{\mathcal{F}} \ln \frac{c(Cl^-)}{c^\ominus} \,. \qquad (22.26)$$

Für die Feststoffe Ag und AgCl entfällt das Massenwirkungsglied (vgl. Abschnitt 6.6); die zugehörigen Grundwerte des chemischen Potenzials gehen jedoch in $\Delta\overset{\circ}{\varphi}$ ein. Entsprechende anionenempfindliche Elektroden lassen sich auch für Br^-, I^-, S^{2-}, SCN^-, ... herstellen, indem man Silber mit Deckschichten aus AgBr, AgI, Ag_2S, AgSCN, ... verwendet.

22.6 Galvanispannung an Flüssigkeitsgrenzflächen

Nicht nur an der Phasengrenze Elektrode/Elektrolytlösung, sondern auch an der Phasengrenze zwischen zwei Elektrolytlösungen stellt sich eine definierte Potenzialdifferenz ein. Um eine schnelle Vermischung der Lösungen zu vermeiden, ist die Phasengrenze meist durch eine feinporige Wand (aus gesintertem Glas oder Keramik), ein sogenanntes *Diaphragma*, stabilisiert.

Ursache für die Ausbildung dieser Galvanispannung sind die unterschiedlichen chemischen Potenziale der verschiedenen Ionensorten in den beiden benachbarten Phasen. Aufgrund des Potenzialgefälles setzt nämlich eine Diffusion der Ionen durch die Phasengrenze ein. Wegen ihrer unterschiedlichen Beweglichkeiten wandern sie jedoch mit ungleicher Geschwindigkeit, sodass es zu einer Ladungstrennung und damit einem Sprung des elektrischen Potenzials in der Grenzschicht kommt. Eine Berechnung dieser Galvanispannung, die als *Diffusions(galvani)spannung* U_{Diff} bezeichnet wird, ist im allgemeinen Fall sehr schwierig. Für den Sonderfall aber, dass nur zwei Arten von Ionen austauschfähig sind, lässt sich eine recht einfache Gleichung angeben. Dieser Sonderfall ist z. B. verwirklicht, wenn man zwei Lösungen mit verschiedenen Konzentrationen $c(1)$ und $c(2)$ desselben *binären* Elektrolyten aneinander grenzen lässt, z. B. zwei unterschiedlich stark konzentrierte Natriumchlorid-Lösungen.

Beide Ionensorten wandern, getrieben vom Gefälle ihres chemischen Potenzials, aus der konzentrierteren in die dünnere Lösung. Dabei eilt das beweglichere Ion – es sei das negative Ion, so wie es beispielsweise für Na^+ und Cl^- zutrifft – dem anderen ein wenig voraus, sodass sich die dünnere Lösung durch das Zurückbleiben der positiven Ionen negativ auflädt. Dadurch stellt sich in beiden Lösungen ein unterschiedliches elektrisches Potenzial ein. In der Grenzfläche zwischen beiden Lösungen besteht nun ein elektrisches Potenzialgefälle, sodass die Ionen dort nicht nur chemischen, sondern auch elektrischen Kräften ausgesetzt sind. Diese Kräfte wirken auf die vorauseilenden negativen Ionen verzögernd, auf die „nachhinkenden" positiven Ionen beschleunigend, und zwar so, dass beide Ionensorten am Ende mit gleicher Geschwindigkeit durch die Phasengrenze wandern. Die im stationären Zustand vorliegende Potenzialdifferenz $\Delta\varphi_{\text{Diff}}$ ergibt sich für einen 1-1-wertigen Elektrolyten zu

$$\Delta\varphi_{\text{Diff}} = \varphi(2) - \varphi(1) = -\frac{(t_+ - t_-)}{\mathcal{F}} RT \ln\frac{c(2)}{c(1)} = -U_{\text{Diff}} \quad , \tag{22.27}$$

wobei es sich bei t_+ bzw. t_- um die Überführungszahl der Kationen bzw. der Anionen handelt (vgl. Abschnitt 21.6).

> Die gleiche Wanderungsgeschwindigkeit der positiven und negativen Ionen dient uns als Ausgangspunkt unserer Rechnung. Als Ansatz für die Geschwindigkeit benutzen wir den Ausdruck, den wir bei der Erörterung der Ionenwanderung kennengelernt haben [Gl. (21.8)]. Wir kennzeichnen die sich auf die positiven Ionen beziehenden Größen mit dem Index +, die entsprechenden Größen für die negativen Ionen mit dem Index −. Für die Ortskoordinate senkrecht durch die Grenzfläche beider Elektrolyte sei der Buchstabe x gewählt. Statt von einer Grenzfläche sollten wir besser von einer Grenzschicht sprechen, da diese Schicht ja eine endliche Dicke hat, die sich zudem durch Diffusion ständig verbreitert. In dieser Grenzschicht fassen wir ein kleines Volumenelement ins Auge, dass die Menge n_+ an positiven Ionen und die ebenso große Menge n_- an negativen Ionen enthält. Auf diese Ionen wirken nun, bedingt durch das dort vorhandene Gefälle des chemischen und elektrischen Potenzials, zugleich chemische und elektrische Kräfte:
>
> $$v_+ = \omega_+ \cdot \frac{F_+}{n_+} = -\omega_+ \cdot \frac{d\mu_+}{dx} - \omega_+ z_+ \mathcal{F} \cdot \frac{d\varphi}{dx} ,$$
>
> $$v_- = \omega_- \cdot \frac{F_-}{n_-} = -\omega_- \cdot \frac{d\mu_-}{dx} - \omega_- z_- \mathcal{F} \cdot \frac{d\varphi}{dx} .$$
>
> Mit Hilfe der Massenwirkungsgleichung erhalten wir $d\mu/dx = RT/c \cdot dc/dx$ [Gl. (20.8)]. Da wegen der Ladungsneutralität stets $c_+(x) = c_-(x) = c(x)$ sein muss, gilt $d\mu_+/dx = d\mu_-/dx = d\mu_\pm/dx$. Wenn wir noch $z_+ = +1$ und $z_- = -1$ sowie $v_+ = v_-$ berücksichtigen, dann können wir schreiben:
>
> $$v_+ = -\omega_+ \cdot \frac{d\mu_\pm}{dx} - \omega_+ \mathcal{F} \cdot \frac{d\varphi}{dx} = v_- = -\omega_- \cdot \frac{d\mu_\pm}{dx} + \omega_- \mathcal{F} \cdot \frac{d\varphi}{dx} .$$
>
> Indem wir alle Glieder mit $d\mu_\pm/dx$ auf die rechte Seite bringen und die anderen auf die linke, erhalten wir
>
> $$-(\omega_+ + \omega_-) \cdot \mathcal{F} \cdot \frac{d\varphi}{dx} = (\omega_+ - \omega_-) \cdot \frac{d\mu_\pm}{dx} \quad \text{und damit}$$
>
> $$\frac{d\varphi}{dx} = -\frac{\omega_+ - \omega_-}{\omega_+ + \omega_-} \cdot \frac{1}{\mathcal{F}} \cdot \frac{d\mu_\pm}{dx} .$$
>
> Falls man den aus den Beweglichkeiten gebildeten Quotienten als konzentrationsunabhängig betrachten kann, was nur näherungsweise zutrifft, da die ω-Werte von der Zusammensetzung der Lösung beeinflusst werden, kann man die Differenziale durch endliche Differenzen ersetzen. Indem man Δx herauskürzt, erhält man

$$\Delta\varphi_{\text{Diff}} = -\frac{\omega_+ - \omega_-}{\omega_+ + \omega_-} \cdot \frac{\Delta\mu_\pm}{\mathcal{F}}.$$

Mit Hilfe der Massenwirkungsgleichungen ergibt sich [unter der Voraussetzung $c(1)$, $c(2) \ll c^\ominus$]

$$\Delta\mu = \mu(2) - \mu(1) = \overset{\circ}{\mu}(2) + RT\ln\left(\frac{c(2)}{c^\ominus}\right) - \overset{\circ}{\mu}(1) - RT\ln\left(\frac{c(1)}{c^\ominus}\right) = RT\ln\left(\frac{c(2)}{c(1)}\right),$$

da sich wegen der Gleichheit des Lösemittels die Grundwerte der Potenziale herausheben. Berücksichtigt man weiterhin, dass $\omega_+/(\omega_+ + \omega_-)$ gleich $u_+/(u_+ - u_-)$ (wegen $u = \omega z\mathcal{F}$) und damit gleich t_+ bzw. $\omega_-/(\omega_+ + \omega_-)$ gleich t_- gesetzt werden kann, so gelangt man zu Gleichung (22.27).

Der Betrag der Diffusionsspannung ist umso höher, je stärker sich die beiden Ionen in ihrer Beweglichkeit unterscheiden. Sie verschwindet umgekehrt, wenn Anion und Kation gleich beweglich sind, eine Tatsache, die man in der Praxis ausnutzen kann, wie wir im nächsten Kapitel (Abschnitt 23.1) sehen werden.

22.7 Galvanispannung an Membranen

Begriff der Membranspannung. Wir wollen nun die im vorigen Abschnitt beschriebene Anordnung modifizieren. Die beiden Elektrolytlösungen unterschiedlicher Konzentration [$c(1)$ bzw. $c(2)$] sollen durch eine nur für eine Ionenart J durchlässige Wand, eine ionenselektive *Membran*, voneinander getrennt sein. Als Beispiel wählen wir wieder zwei NaCl-Lösungen, separiert durch eine nur für die Kationen Na$^+$ permeable Membran.

Aufgrund der unterschiedlichen chemischen Potenziale auf beiden Seiten der Membran besteht eine natürliche Neigung zum Konzentrationsausgleich für alle Ionen. Da die Membran aber nur für Na$^+$-Ionen durchlässig ist, können auch nur diese von der Seite höherer Konzentration [z. B. $c_J(2)$] zur Seite niedrigerer Konzentration [$c_J(1)$] wandern (Abb. 22.7). Daraus resultiert ein Überschuss von positiven Ladungen auf der Seite der verdünnteren Lösung sowie von negativen auf der Seite der konzentrierteren Lösung; es entsteht somit eine elektrische Potenzialdifferenz $\Delta\varphi$ zwischen beiden Bereichen. Der Aufbau der Potenzialdifferenz ruft ein elektrisches Feld und dieses starke rücktreibende Kräfte hervor, die den Ionenfluss zum Erliegen bringen, noch ehe wägbare Mengen von Na$^+$ übergetreten sind. Im Gegensatz zur Diffusionsspannung, die aufgrund eines stetigen Stofftransports entsteht, handelt es sich bei der Ausbildung der *Membranspannung* also um einen Gleichgewichtseffekt. Für die Potenzialdifferenz $\Delta\varphi$ erhalten wir daher analog zu Gleichung (22.11):

$$\Delta\varphi = -\frac{\Delta\mu_J}{z_J\mathcal{F}}. \tag{22.28}$$

Mit Hilfe der Massenwirkungsgleichungen ergibt sich unter denselben Voraussetzungen wie im vorigen Abschnitt, d. h. dünne Lösungen [$c_J(1)$, $c_J(2) \ll c^\ominus$] und gleiches Lösemittel auf beiden Seiten der Membran [$\overset{\circ}{\mu}_J(1) = \overset{\circ}{\mu}_J(2)$]:

$$\Delta\mu_J = \mu_J(2) - \mu_J(1) = \overset{\circ}{\mu}_J(2) + RT\ln\left(\frac{c_J(2)}{c^\ominus}\right) - \overset{\circ}{\mu}_J(1) - RT\ln\left(\frac{c_J(1)}{c^\ominus}\right) = RT\ln\left(\frac{c_J(2)}{c_J(1)}\right).$$

Die Differenz des elektrischen Potenzials zwischen beiden Lösungen, die sogenannte Membranspannung, beträgt also im Gleichgewicht

$$\Delta\varphi_{\text{Mem}} = \varphi(2) - \varphi(1) = -\frac{RT}{z_J F} \ln\left(\frac{c_J(2)}{c_J(1)}\right) = -U_{\text{Mem}} \quad . \tag{22.29}$$

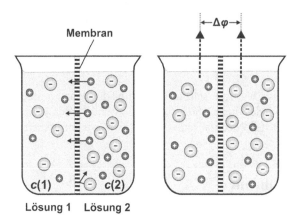

Abb. 22.7 Ausbildung der Membranspannung

Glaselektrode. Als Membran für Na^+- oder auch Li^+-Ionen eignen sich hauchdünne Schichten Na_2O- bzw. Li_2O-haltiger Gläser. Die Ionen sind in dem amorphen SiO_2-Gerüst ein wenig beweglich, gerade ausreichend, um mit sehr hochohmigen Spannungsmessgeräten die Einstellung einer Membranspannung erfassen zu können. Eine dünne LaF_3-Schicht eignet sich als Membran für F^--Ionen, in bestimmter Weise vorbehandeltes ZrO_2 bei höherer Temperatur als Membran für O^{2-}-Ionen. Eine bedeutende Rolle spielen Membranspannungen an biologischen Membranen, z. B. bei der Informationsübertragung in den Nervenzellen.

Hält man die Konzentration $c_J(1)$ des Ions auf der einen Seite konstant, dann wird die Membranspannung allein durch $c_J(2)$ bestimmt. Man kann sie also als ein Maß für die Ionenkonzentration c_J auffassen. Die bekannteste Anwendung dieser Art ist die Messung des Protonenpotenzials bzw. des pH-Wertes mittels einer *Glaselektrode*.

Taucht man ein natronreiches Glas (erstarrte SiO_2-CaO-Na_2O-Schmelze) in Wasser, dann bilden sich im Laufe der Zeit an der Oberfläche hauchdünne Quellschichten aus, in denen die im SiO_2-Netzwerk gebundenen Kationen (Na^+) weitgehend gegen (hydratisierte) Wasserstoffionen (H_3O^+) ausgetauscht sind. Ein solches Glas wirkt wie eine für Wasserstoff- (oder auch Hydroxid-)Ionen durchlässige Membran. Der Mechanismus der Ionenverschiebung ist in Abbildung 22.8 angedeutet. An der Glasmembran sollte sich daher eine Membranspannung ausbilden, die gemäß Gleichung (22.28) durch die Differenz der Protonenpotenziale auf beiden Membranseiten, $\Delta\mu_p = \mu_p(2) - \mu_p(1)$, bestimmt wird. Legt man nun auf der einen Seite eine Pufferlösung vor, die für einen konstanten $\mu_p(1)$-Wert sorgt, so bestimmt das Protonenpotenzial $\mu_p(2) = -\mu_d \cdot \text{pH}$ [Gl. (7.10)] allein die messbare Spannung. Das Dekapotenzial μ_d steht als Kürzel für den Wert $RT\ln10$ (≈ 6 kG bei Zimmertemperatur). Die Membranspannung ist unter diesen Bedingungen auch ein Maß für den pH-Wert der Lösung auf der anderen Seite der Membran. Wir haben damit eine Anordnung, die sich zur Messung von Protonenpotenzialen bzw. pH-Werten eignet.

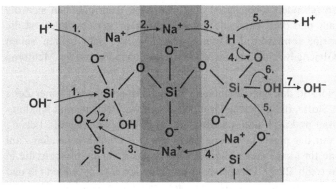

Abb. 22.8 Querschnitt durch die Membran einer Glaselektrode (oben „scheinbarer" Transport von H^+-Ionen über mehrere Schritte, unten von OH^--Ionen)

Lösung 1 Quellschicht 1 Glas Quellschicht 2 Lösung 2

Donnan-Gleichung. Ist eine Membran gleichzeitig für mehrere Ionen durchlässig, so bedeutet dies, dass Gleichung (22.29) für jede Ionensorte J, K, ... einzeln erfüllt sein muss:

$$\Delta\varphi = -\frac{RT}{z_J \mathcal{F}} \ln\left(\frac{c_J(2)}{c_J(1)}\right) = -\frac{RT}{z_K \mathcal{F}} \ln\left(\frac{c_K(2)}{c_K(1)}\right) = \dots. \tag{22.30}$$

Die Vorfaktoren $1/z$ können wir nach den Regeln der Logarithmenrechnung als Exponenten an das Argument der Logarithmusfunktion anfügen, $a \cdot \log b = \log b^a$ (vgl. Anhang A1.1):

$$-\frac{RT}{\mathcal{F}} \ln\left(\frac{c_J(2)}{c_J(1)}\right)^{\frac{1}{z_J}} = -\frac{RT}{\mathcal{F}} \ln\left(\frac{c_K(2)}{c_K(1)}\right)^{\frac{1}{z_K}} = \dots.$$

Multiplikation mit $-\mathcal{F}/RT$ und Exponenzieren führt uns zu der Gleichung

$$\left(\frac{c_J(2)}{c_J(1)}\right)^{\frac{1}{z_J}} = \left(\frac{c_K(2)}{c_K(1)}\right)^{\frac{1}{z_K}} = \dots . \tag{22.31}$$

Sie wird nach dem britischen Chemiker Frederick George DONNAN, der 1911 seine Theorie zur Erklärung von Membrangleichgewichten veröffentlichte, auch DONNAN-*Gleichung* genannt.

Bekannter ist die Sonderform von Gleichung (22.31) für $z_+ = 1$ und $z_- = -1$, also für zwei entgegengesetzt geladene einwertige Ionensorten:

$$\frac{c_+(2)}{c_+(1)} = \left(\frac{c_-(2)}{c_-(1)}\right)^{-1} = \frac{c_-(1)}{c_-(2)}$$

oder auch

$$c_+(1) \cdot c_-(1) = c_+(2) \cdot c_-(2) . \tag{22.32}$$

Man gelangt also zu dem überraschend einfachen Ergebnis, dass das Produkt der Konzentrationen von permeationsfähigen Kationen und Anionen in den beiden Elektrolytlösungen gleich groß sein muss, wenn Gleichgewicht herrschen soll.

Falls die Membran für alle anwesenden Ionensorten durchlässig ist, dann gleichen sich die Konzentrationen aller Ionen aus und die elektrische Potenzialdifferenz verschwindet. Ist die Membran dagegen für irgendeine Ionensorte J undurchlässig und ist c_J auf beiden Seiten ungleich, dann ist selbst im Gleichgewicht stets eine elektrische Spannung an der Membran vorhanden.

Zelle als Beispiel. Ein Beispiel soll den letztgenannten Fall veranschaulichen. In einer Zelle gibt es viele höhermolekulare Stoffe, die geladene Gruppen tragen wie Proteine und Nuklein-säuren, für die die Zellmembran praktisch undurchdringlich ist. Wir denken uns die Lösung eines solchen Stoffes $Prot^{z+}$ mit der positiven Ladungszahl z und der entsprechenden Zahl kleiner Gegenionen Cl^- in eine für kleine Ionen durchlässige Zellhaut eingeschlossen, die in einer Kochsalzlösung schwebt (Abb. 22.9). Die Cl^--Konzentration sei anfangs außen (1) und innen (2) gleich gewählt, $c_{Cl^-}(1) = c_{Cl^-}(2) = c_0$. Dann besteht ein steiles $\mu(Na^+)$-Gefälle von außen nach innen, da zu Beginn keine Na^+-Ionen im Innern vorhanden sein sollten. Na^+-Ionen beginnen einzuströmen und das Zellinnere (2) positiv aufzuladen, was seinerseits einen Einstrom der vom positiven Innern angezogenen Cl^--Ionen hervorruft, und zwar *entgegen* dem Gefälle der Konzentration c_{Cl^-}! Insgesamt gelangt auf diese Weise eine merkliche Menge Kochsalz in die Zelle. Der Antrieb für den Na^+-Einstrom nimmt laufend ab, weil der Na^+-Gehalt innen ständig wächst. Ebenso wird die Zufuhr von Cl^--Ionen mit wachsendem Cl^--Gehalt immer schwerer, bis der ganze Vorgang schließlich zum Stillstand kommt. Man kann die drei Unbekannten $\Delta\varphi$ sowie $c_{Na^+}(2)$ und $c_{Cl^-}(2)$ wegen $c_{Na^+}(1) = c_{Cl^-}(1) \approx c_0$ und $c_{Prot^{z+}}(2) = c_0/z$ aus folgenden Gleichungen berechnen:

$$c_{Na^+}(1) \cdot c_{Cl^-}(1) = c_{Na^+}(2) \cdot c_{Cl^-}(2)\,, \qquad \text{DONNAN-Gleichung}$$

$$z c_{Prot^{z+}}(2) + c_{Na^+}(2) = c_{Cl^-}(2)\,, \qquad \text{Elektroneutralitätsbedingung}$$

$$\Delta\varphi_{Mem} = -\frac{RT}{\mathcal{F}} \ln\left(\frac{c_{Na^+}(2)}{c_{Na^+}(1)}\right) = \frac{RT}{\mathcal{F}} \ln\left(\frac{c_{Cl^-}(2)}{c_{Cl^-}(1)}\right). \quad \text{Membranspannung (DONNAN-Sp.)}$$

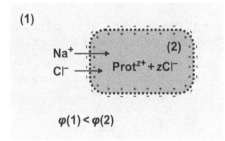

Abb. 22.9 Proteinlösung – das Protein hier als z-wertiges Kation mit Cl^- als Gegenion angenommen –, eingeschlossen durch eine nur für kleine Ionen durchlässige Membran, die von einer NaCl-Lösung umgeben ist

In lebenden Zellen stellen sich derartige Gleichgewichte jedoch kaum jemals ein, sondern es bleiben infolge von Pumpvorgängen und anderer Aktivitäten stets endliche Ionenflüsse erhalten.

23 Redoxpotenziale und galvanische Zellen

Im vorhergehenden Kapitel haben wir eine Menge über Galvanispannungen an unterschiedlichen Grenzflächen und deren Nutzen gelernt, aber wir haben nicht erfahren, wie sie gemessen werden können. Das Problem in diesem Zusammenhang ist, dass sich die Galvanispannung an einer einzelnen Grenzfläche in einer Halbzelle nicht direkt messen lässt, da der Anschluss der Elektrolytlösung an die Zuleitungen eines geeigneten elektrischen Messgerätes zwangsläufig eine zweite Elektrode erfordert, was eine neue Grenzfläche mit zusätzlicher Galvanispannung schafft. Der Ausweg aus diesem Dilemma stellt der Einsatz einer stets gleichen *Bezugshalbzelle*, der *Wasserstoff-Normalelektrode*, dar, sodass die gemessene Gesamtspannung nur durch die Messhalbzelle bestimmt wird. Auf diese Weise gelangt man zu den *Redoxpotenzialen*, die, genau wie die Elektronenpotenziale, ein Maß für die Stärke von Reduktions- bzw. Oxidationsmitteln darstellen. Die Redoxpaare werden häufig, geordnet nach ihren Redoxpotenzialen unter Normbedingungen, in einer sogenannten *Spannungsreihe* aufgelistet. Eine Kombination aus zwei beliebigen Halbzellen wird als *elektrochemische Zelle* bezeichnet. Die Urspannung einer solchen Zelle, d. h. die Zellspannung im Gleichgewichtszustand, wird durch die NERNSTsche Gleichung beschrieben und kann eingesetzt werden, um den Antrieb, die Gleichgewichtskonstante und andere thermodynamische Größen zur Beschreibung einer chemischen Reaktion zu bestimmen. Anschließend werden einige technisch wichtige galvanische Zellen besprochen, wobei zwischen Primärzellen (z. B. Alkali-Mangan-Batterien) und Sekundärzellen (z. B. Bleiakkumulatoren in Kraftfahrzeugen) sowie Brennstoffzellen (z. B. Knallgaszelle) unterschieden werden kann. Diese Zellen ermöglichen es, die bei freiwillig ablaufenden chemischen Reaktionen frei werdende Energie auf elektrischem Wege nutzbar zu machen. Zum Abschluss wird noch die Methode der *Potenziometrie* und der zugehörigen potenziometrischen Titration vorgestellt, die in der analytischen Chemie eine breite Anwendung findet. Diese elektroanalytische Methode nutzt die Konzentrationsabhängigkeit der Urspannung zur quantitativen Analyse von ionenhaltigen Lösungen.

23.1 Messung von Redoxpotenzialen

Wasserstoff-Normalelektrode. Leider lässt sich die Galvanispannung an einer einzelnen Grenzfläche nicht direkt messen, da der Anschluss der Elektrolytlösung an die Zuleitungen eines geeigneten elektrischen Messgerätes zwangsläufig eine zweite Elektrode erfordert, was eine neue Grenzfläche mit zusätzlicher Galvanispannung schafft. Das Messgerät, ein Voltmeter, zeigt also die Summe der zwei (oder mehr) Galvanispannungen an, die sich an den verschiedenen Phasengrenzflächen ausbilden. Die gesamte Anordnung, eine Kombination aus zwei Halbzellen, wird als *elektrochemische Zelle* bezeichnet. Hält man nun bis auf eine alle Spannungen konstant, wird die Gesamtspannung nur durch Änderungen dieser einen Galvanispannung beeinflusst. Von dieser Möglichkeit wird in der Messtechnik häufig Gebrauch gemacht. Die Galvanispannung an der einen Elektrode kann man dadurch konstant halten, dass man dort stets dieselben Bedingungen einhält, also stets die gleiche *Bezugshalbzelle* verwendet. Man ist übereingekommen, bei den üblichen Wertangaben als Bezugshalbzelle

© Springer Fachmedien Wiesbaden GmbH, ein Teil von Springer Nature 2021
G. Job und R. Rüffler, *Physikalische Chemie*, Studienbücher Chemie,
https://doi.org/10.1007/978-3-658-32936-5_23

eine sogenannte *Wasserstoff-Normalelektrode* (kurz NHE) zugrunde zu legen. Das Redoxpaar ist Wasserstoffgas beim Normdruck von 100 kPa einerseits und eine Wasserstoffionen-Lösung mit dem pH-Wert 0 andererseits.

Eine einfache Ausführung einer solchen Halbzelle hatten wir bereits im Kapitel 22 (Abb. 22.4) kennengelernt. Im Falle der Bezugshalbzelle besteht sie aus einer in eine Säurelösung getauchten, von Wasserstoffgas umspülten Platinblechelektrode, deren Oberfläche durch eine besondere Art der Platinierung mit einem sehr rauen Überzug versehen und dadurch stark vergrößert ist (bis zu 500-fach). Die große Oberfläche erleichtert den Ladungsaustausch zwischen Metall und Lösung.

pH = 0 heißt, dass nicht die Konzentration vorgeschrieben wird, sondern das Protonenpotenzial μ_p. Der $c(H^+)$-Wert kann je nach verwendeter Säure oder sonst noch vorhandenen Stoffen etwas größer oder kleiner als 1 kmol m^{-3} sein; dagegen muss μ_p genau dem Grundwert entsprechen!

Stromschlüssel. Die verschiedenen *Messhalbzellen* müssen nun leitend mit der Bezugshalbzelle verbunden werden. Der elektrische Kontakt zwischen den beiden Elektrolytlösungen könnte dabei über ein Diaphragma hergestellt werden; allerdings kann sich in diesem Fall zwischen ihnen eine merkliche, die Messung störende Diffusionsspannung (bis zu einigen 10 mV) ausbilden (vgl. Abschnitt 22.6). Um nun die Diffusionsspannung auf einen Wert nahe 0 zu drücken, wendet man einen Kunstgriff an. Man bringt die beiden Elektrolytlösungen nicht unmittelbar miteinander in Berührung, sondern schaltet eine dritte Elektrolytlösung hoher Konzentration dazwischen. Der Zwischenelektrolyt ist so gewählt, dass er nur zwei Sorten von Ionen enthält mit betragsmäßig gleicher Ladung und möglichst gleicher Beweglichkeit. Beispiele für solche Elektrolyte sind KCl und NH$_4$NO$_3$. Der Sinn dieser Maßnahme erklärt sich daraus, dass sich an der Grenzfläche einer solchen hochkonzentrierten Elektrolytlösung mit irgendeiner anderen, aber weniger konzentrierten Ionenlösung nur eine vergleichsweise geringe Diffusionsspannung ausbildet. Wenn nämlich die Ionen gleich beweglich sind, eilt keine Sorte der anderen voraus, sodass es zu keiner Aufladung und damit zu keiner elektrischen Potenzialdifferenz kommt. Liegen die beiden Ionen darüber hinaus im großen Überschuss vor, dann kommen die anderen Ionen gegen die „Übermacht" dieser beiden kaum zum Zuge, sodass sich eine Diffusionsspannung ergibt, die zwar nicht 0, aber doch viel kleiner ist, als sie ohne den Zwischenelektrolyten wäre. Man nennt eine auf diese Weise hergestellte, nahezu spannungslose Verbindung zwischen zwei Elektrolyten eine *Salzbrücke* oder auch einen *Stromschlüssel*. Die Restspannung liegt in der Größenordnung von 1 mV.

Ein Beispiel für eine praktische Ausführung zeigt Abbildung 23.1. Die beiden Schenkel des mit gesättigter KCl-Lösung gefüllten H-förmigen Gefäßes sind unten mit einem Diaphragma versehen (Wattebausch, Fritte, Kapillare oder ähnliches). Bei den Diaphragmen an den Kontaktstellen der verschiedenen Elektrolytlösungen bilden sich Diffusionsspannungen aus, die man im Allgemeinen vernachlässigen kann, weil sie klein sind und sich überdies mehr oder weniger wegheben, da sie bezüglich der von links nach rechts positiven Stromrichtung entgegengesetztes Vorzeichen haben.

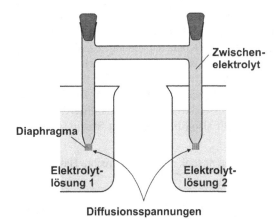

Abb. 23.1 Beispiel für einen Stromschlüssel zur Herstellung einer (nahezu) spannungsfreien Verbindung zwischen zwei Elektrolytlösungen

Die beschriebene Messanordnung mit fester Bezugshalbzelle und Stromschlüssel (Abb. 23.2) wird in der chemischen Messtechnik häufig verwendet. Um die eingestellten elektrochemischen Gleichgewichte nicht zu stören, ist darauf zu achten, dass die Messungen möglichst stromlos erfolgen. Dies kann im Prinzip durch Anlegen einer gleichgroßen Gegenspannung realisiert werden, die von einer äußeren Spannungsquelle (in Kombination mit einem regelbaren Widerstand) aufgebracht wird. Weitaus einfacher ist der heutzutage übliche Einsatz eines Voltmeters mit hohem Innenwiderstand.

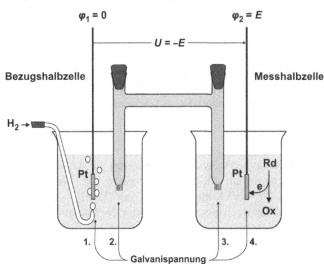

Abb. 23.2 Elektrochemische Zelle aus einer Bezugshalbzelle (Wasserstoff-Normalelektrode) und einer Messhalbzelle, die eine Lösung des Redoxpaares Rd/Ox enthält

Redoxpotenziale. Die Gesamtspannung U der Zelle wird im Wesentlichen durch die Galvanispannung der Elektrode in der Messhalbzelle bestimmt. U ist im vorliegenden Fall eigentlich die Summe von vier Galvanispannungen, wovon jedoch der Beitrag der beiden mittleren im Allgemeinen vernachlässigbar ist. Da die erste Galvanispannung (für T = const) bei allen derartigen Messungen konstant ist, wird U praktisch nur durch die vierte Spannung beeinflusst und ist gleichsam ein Maß dafür, wie hoch sich die Elektrode gegenüber dem Elektrolyten auflädt. Schließt man an die Platinelektroden die Kupferleitungen zum Messgerät an, dann kommen zwei weitere Galvanispannungen hinzu (Kontaktspannungen zwischen den Metallen), die sich aber genau kompensieren, sodass die zwischen den Kupferleitungen liegende, am Messgerät angezeigte Spannung mit U übereinstimmt. U kann daher für praktische Zwecke als Maß für die nicht direkt messbare vierte Galvanispannung gelten. Beachten wir bei der Addition der vier Galvanispannungen bzw. der elektrischen Potenzialdifferenzen die vereinbarte Zählrichtung von links nach rechts, so gilt also (die Abkürzung St.schl. steht für Stromschlüssel):

$$-U = \Delta\varphi(\text{linke Halbz.}) + \underbrace{\Delta\varphi(\text{St.schl. links}) + \Delta\varphi(\text{St.schl. rechts})}_{\approx 0} + \Delta\varphi(\text{rechte Halbz.}) ,$$

das heißt, wenn wir „li" und „re" abkürzend für links und rechts schreiben:

$$-U = [\varphi(\text{L})_{\text{li}} - \varphi(\text{Pt})_{\text{li}}] + [\varphi(\text{Pt})_{\text{re}} - \varphi(\text{L})_{\text{re}}] .$$

Bilden wir die Differenz $\Delta\varphi$ wieder so wie bisher (siehe Abschnitt 22.5), d.h. vom elektrischen Potenzial der metallischen Phase wird das der Lösung subtrahiert, so erhalten wir:

$$-U = -[\varphi(\text{Pt})_{\text{li}} - \varphi(\text{L})_{\text{li}}] + [\varphi(\text{Pt})_{\text{re}} - \varphi(\text{L})_{\text{re}}] = \Delta\varphi(\text{Mess}) - \Delta\varphi(\text{Bezug}) .$$

Dieses auf praktische Zwecke zugeschnittene Maß wird unter der Bezeichnung *Redoxpotenzial E* eines Redoxpaares Rd/Ox oder auch *Elektrodenpotenzial* bzw. *Halbzellenpotenzial* in der Chemie viel verwandt (Den Begriff Elektrodenpotenzial wollen wir aber wegen der Verwechslungsgefahr mit dem Elektronenpotenzial μ_{e} im Folgenden nicht verwenden.):

$$E = -U = \Delta\varphi(\text{Mess}) - \Delta\varphi(\text{Bezug}) . \tag{23.1}$$

Das Redoxpotenzial beschreibt also – bis auf einen konstanten Summanden – die Potenzialdifferenz, die sich zwischen indifferenter Elektrode und zugehörigem Elektrolyten in der Messhalbzelle ausbildet. Wenn wir nun eine Wasserstoff-Normalelektrode als Bezugselektrode verwenden, so erhalten wir

$$E = \Delta\varphi(\text{Mess}) - \overset{\circ}{\Delta\varphi}(\text{H}_2/\text{H}^+) , \tag{23.2}$$

da aufgrund der bei der Wasserstoffelektrode herrschenden Bedingungen nur der Grundwert berücksichtigt werden muss. Wählt man nun die Galvanispannung der Wasserstoff-Normalelektrode bei der Normtemperatur $T^{\ominus} = 298$ K als Nullpunkt, $\Delta\varphi^{\ominus}(\text{H}_2/\text{H}^+) = 0$, gilt die Definition $E = \Delta\varphi(\text{Mess})$, das heißt, dass das Redoxpotenzial dann mit der Galvanispannung an der Messelektrode übereinstimmt.

Das auf die Weise gemessene Redoxpotenzial hängt nicht vom Material der verwendeten indifferenten Elektroden ab. Wenn man das Platin ganz durch ein anderes Metall ersetzt, etwa Nickel oder Palladium, ändert sich an der am Messgerät angezeigten Spannung nichts, obwohl die Galvanispannungen zwischen Elektrode und Elektrolyt keineswegs gleich bleiben. Der Grund für dieses Verhalten wird deutlich, wenn man das Redoxpotenzial E durch die chemischen Potenziale der beteiligten Stoffe und damit die Elektronenpotenziale ausdrückt, indem man auf Gleichung (22.19) zurückgreift:

$$E(\text{Rd/Ox}) = \Delta\varphi(\text{Mess}) - \Delta\varphi(\text{Bezug}) = \frac{\mu_e(\text{Pt}) - \mu_e(\text{Rd/Ox})}{\mathcal{F}} - \frac{\mu_e(\text{Pt}) - \mu_e(\text{H}_2/\text{H}^+)}{\mathcal{F}}.$$

Das chemische Potenzial der Elektronen im Metall kürzt sich heraus, sodass E unabhängig davon ist, woraus die Elektroden bestehen:

$$E(\text{Rd/Ox}) = -\frac{\mu_e(\text{Rd/Ox}) - \mu_e(\text{H}_2/\text{H}^+)}{\mathcal{F}}. \tag{23.3}$$

Auch die mit dem Platin der Bezugselektrode leitend verbundenen Metallionenelektroden können wir formal als Redoxelektroden auffassen, indem wir uns die umgesetzten Elektronen letztlich aus dem Platin entnommen denken. So ergibt sich z. B. das Redoxpotenzial einer Kupferionenelektrode zu:

$$E(\text{Rd/Ox}) = \frac{\mu_e(\text{Pt}) - \mu_e(\text{Cu/Cu}^{2+})}{\mathcal{F}} - \frac{\mu_e(\text{Pt}) - \mu_e(\text{H}_2/\text{H}^+)}{\mathcal{F}}.$$

$$= -\frac{\mu_e(\text{Cu/Cu}^{2+}) - \mu_e(\text{H}_2/\text{H}^+)}{\mathcal{F}}$$

Das Redoxpotenzial gibt bis auf den Faktor $-\mathcal{F}$ an, wie hoch das Niveau des Elektronenpotenzials $\mu_e(\text{Rd/Ox})$ im Vergleich zum Niveau $\mu_e(\text{H}_2/\text{H}^+)$ eines festen Bezugsredoxpaares liegt (wobei das Minuszeichen vor $-\mathcal{F}$ von der Ladungszahl -1 der Elektronen herrührt). So gesehen, stellt E nur scheinbar eine elektrische Größe dar. E beschreibt eigentlich eine chemische Größe, eine chemische Potenzialdifferenz, genau wie der Niveauunterschied der Quecksilberspiegel in einem Quecksilbermanometer nicht eine geometrische Größe ausdrückt, sondern eine dynamische Größe, nämlich eine Druckdifferenz.

Das Redoxpaar

$$\text{H}_2 \rightarrow 2\,\text{H}^+ + 2\,\text{e}^-$$

hatten wir bereits als allgemeines Bezugssystem für das chemische Potenzial der Elektronen unter Normbedingungen kennengelernt (vgl. Abschnitt 4.4). Lässt man die Temperatur gleiten, so entsprechen die chemischen Potenziale der Stoffe den Grundwerten. Für das nur noch von der Temperatur abhängige Elektronenpotenzial dieses Bezugsredoxpaares finden wir mit Hilfe der $\mu_e(\text{Rd/Ox})$-Definitionsgleichung (22.18):

$$\mu_e(\text{H}_2/\text{H}^+) = \overset{\circ}{\mu}_e(\text{H}_2/\text{H}^+) = \tfrac{1}{2}[\overset{\circ}{\mu}(\text{H}_2;T) - 2\,\overset{\circ}{\mu}(\text{H}^+;T)]. \tag{23.4}$$

Für $T^{\ominus} = 298$ K ergibt sich insbesondere $\mu_e^{\ominus}(\text{H}_2/\text{H}^+) = 0$. Bei der Normtemperatur vereinfacht sich Gleichung (23.3) damit zu

$$E(\text{Rd/Ox}) = -\frac{\mu_e(\text{Rd/Ox})}{\mathcal{F}}. \tag{23.5}$$

NERNSTsche Gleichung. Abschließend wollen wir uns noch mit der Konzentrationsabhängigkeit des Redoxpotenzials beschäftigen. Für ein einfaches Redoxpaar Rd $\rightarrow$ Ox $+ \nu_e$e (wobei die Stoffe Rd und Ox beide in gelöster Form vorliegen) erhalten wir durch Einsetzen der $\mu_e(\text{Rd/Ox})$-Definitionsgleichung in Gleichung (23.3) den folgenden Zusammenhang:

$$E(\text{Rd/Ox}) = -\frac{\frac{1}{v_e}\left[\mu(\text{Rd}) - \mu(\text{Ox})\right] - \overset{\circ}{\mu}_e(H_2/H^+)}{\mathcal{F}} \ .$$

Die Berücksichtigung der Massenwirkungsgleichung 1′, $\mu_B = \overset{\circ}{\mu}_B + RT\ln(c_B/c^{\ominus})$, für $\mu(\text{Rd})$ und $\mu(\text{Ox})$ ergibt

$$E(\text{Rd/Ox}) = -\frac{\left[\overset{\circ}{\mu}(\text{Rd}) - \overset{\circ}{\mu}(\text{Ox})\right] - v_e\,\overset{\circ}{\mu}_e(H_2/H^+)}{v_e\mathcal{F}} + \frac{RT}{v_e\mathcal{F}}\cdot\ln\frac{c(\text{Ox})}{c(\text{Rd})} \ . \tag{23.6}$$

Mit der Abkürzung $\overset{\circ}{E}(\text{Rd/Ox})$ für das erste Glied, den *Grundwert* des Redoxpotenzials, erhält man die zugehörige NERNSTsche Gleichung:

$$E(\text{Rd/Ox}) = \overset{\circ}{E}(\text{Rd/Ox}) + \frac{RT}{v_e\mathcal{F}}\cdot\ln\frac{c(\text{Ox})}{c(\text{Rd})} \ . \tag{23.7}$$

Das Redoxpotenzial zeigt also die gleiche Konzentrationsabhängigkeit wie die Galvanispannung [Gl. (22.22)], wie aufgrund von Beziehung (23.2) auch zu erwarten ist. Außerdem weisen die verschiedenen Fassungen der NERNSTschen Gleichung generell eine große Ähnlichkeit mit der „Pegelgleichung" [Gl. (7.12)] auf, die die Abhängigkeit des Protonenpotenzials μ_p vom Verhältnis der Säure- zur Basenkonzentration, d. h. vom Quotienten $c(\text{Ad})/c(\text{Bs})$, beschreibt. Dies ist auf den direkten Zusammenhang der Galvanispannung einer Halbzelle bzw. des Redoxpotenzials mit dem Elektronenpotenzial μ_e zurückzuführen [Gl. (22.19) bzw. (23.3)], das formal eng mit dem Protonenpotenzial verwandt ist.

Die häufig benutzte „*dekadische*" Fassung von Gleichung (23.7) erhält man, wenn man im zweiten Glied, dem *Massenwirkungsglied* des Redoxpotenzials, vom natürlichen zum dekadischen Logarithmus übergeht:

$$E(\text{Rd/Ox}) = \overset{\circ}{E}(\text{Rd/Ox}) + \frac{E_N(T)}{v_e}\cdot\lg\frac{c(\text{Ox})}{c(\text{Rd})} \ . \tag{23.8}$$

Der Faktor

$$E_N(T) := \frac{RT\ln 10}{\mathcal{F}} \tag{23.9}$$

ist die sogenannte *Nernst-Spannung*. Bei der Normtemperatur $T^{\ominus} = 298$ K gilt:

$$E_N^{\ominus} = E_N(T^{\ominus}) = \frac{8{,}314\,\text{J K}^{-1}\,\text{mol}^{-1}\cdot 298\,\text{K}\cdot 2{,}303}{96485\,\text{C mol}^{-1}} = 0{,}059\,\text{V} \ .$$

Für das zusammengesetzte Redoxpaar Rd $\rightarrow$ Ox $+\, v_e$e, in dem Rd für die Stoffkombination $v_{\text{Rd}'}\text{Rd}' + v_{\text{Rd}''}\text{Rd}'' + \dots$ und Ox für die Kombination $v_{\text{Ox}'}\text{Ox}' + v_{\text{Ox}''}\text{Ox}'' + \dots$ steht, ist die NERNSTsche Gleichung entsprechend abzuändern [vgl. die Herleitung von Gl. (22.23)]:

$$E(\text{Rd/Ox}) = \overset{\circ}{E}(\text{Rd/Ox}) + \frac{E_N(T)}{v_e}\cdot\lg\frac{c_r(\text{Ox}')^{v_{\text{Ox}'}}\cdot c_r(\text{Ox}'')^{v_{\text{Ox}''}}\cdot\dots}{c_r(\text{Rd}')^{v_{\text{Rd}'}}\cdot c_r(\text{Rd}'')^{v_{\text{Rd}''}}\cdot\dots}$$

bzw. abgekürzt

$$E(\text{Rd/Ox}) = \overset{\circ}{E}(\text{Rd/Ox}) + \frac{E_\text{N}(T)}{v_\text{e}} \cdot \lg \frac{\prod\limits_{i=1}^{k} c_\text{r}(\text{Ox}_i)^{v_{\text{Ox}_i}}}{\prod\limits_{j=1}^{l} c_\text{r}(\text{Rd}_j)^{v_{\text{Rd}_j}}} .$$

Für das Redoxpotenzial des Paares aus zwei- und dreiwertigen Eisen-Ionen als einfaches Beispiel erhalten wir mit $v_\text{e} = 1$:

$$E(\text{Fe}^{2+}/\text{Fe}^{3+}) = \overset{\circ}{E}(\text{Fe}^{2+}/\text{Fe}^{3+}) + E_\text{N} \cdot \lg \frac{c(\text{Fe}^{3+})}{c(\text{Fe}^{2+})}$$

bzw. bei der Normtemperatur $T^{\ominus} = 298$ K

$$E(\text{Fe}^{2+}/\text{Fe}^{3+}) = E^{\ominus}(\text{Fe}^{2+}/\text{Fe}^{3+}) + 0{,}059 \text{ V} \cdot \lg \frac{c(\text{Fe}^{3+})}{c(\text{Fe}^{2+})} .$$

Eine Vergrößerung von $c(\text{Fe}^{3+})/c(\text{Fe}^{2+})$ um das 10fache führt zu einer Erhöhung von E um 59 mV. Die Konzentrationsabhängigkeit des Redoxpotenzials $E(\text{Fe}^{2+}/\text{Fe}^{3+})$ wird in Abbildung 23.3 dargestellt.

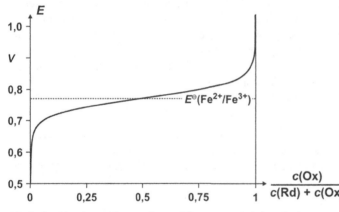

Abb. 23.3 Konzentrationsabhängigkeit des Redoxpotenzials E für das Paar $\text{Fe}^{2+}/\text{Fe}^{3+}$ bei 298 K [Als Abszisse wurde der Anteil der oxidierten Form, d.h. der Quotient $c(\text{Ox})/(c(\text{Rd}) + c(\text{Ox}))$] gewählt.]

Sind die Konzentrationen der oxidierten und der reduzierten Form des Redoxpaares gleich groß [$c(\text{Ox}) = c(\text{Rd})$ bzw. $c(\text{Ox})/(c(\text{Rd}) + c(\text{Ox})) = 0{,}5$], so entspricht gemäß Gleichung (23.7) das Redoxpotenzial dem Normwert $E^{\ominus}(\text{Rd/Ox})$ (da $\ln 1 = 0$). Ist nun die Konzentration des Oxidationsmittels größer als die des zugehörigen Reduktionsmittels, so wird das Redoxpotenzial zu höheren Werten hin verschoben, ist sie hingegen kleiner, so erfolgt eine Verschiebung des Potenzials zu niedrigeren Werten. Dies ist auch zu erwarten: Liegt eine hohe Konzentration $c(\text{Ox})$ vor, so besteht eine starke Neigung, der Messelektrode Elektronen zu „entreißen" und ihr damit ein positives Potenzial zu erteilen; ist hingegen $c(\text{Rd})$ groß, besteht die Tendenz, Elektronen an die Messelektrode abzugeben, deren Potenzial folglich absinkt [für $c(\text{Ox}) < c(\text{Rd})$ wird $\ln(c(\text{Ox})/c(\text{Rd}))$ negativ].

Das Redoxpotenzial der Wasserstoffelektrode ergibt sich hingegen zu

$$E(H_2/H^+) = \overset{\circ}{E}(H_2/H^+) + \frac{E_N}{2} \cdot \lg \frac{c_r(H^+)^2}{p_r(H_2)}$$

mit $\nu_e = 2$. Bei der Normtemperatur vereinfacht sich die Gleichung wegen $E^{\ominus}(H_2/H^+) = 0$ zu

$$E(H_2/H^+) = \frac{0,059\ \text{V}}{2} \cdot \lg \frac{c_r(H^+)^2}{p_r(H_2)}\ .$$

Spannungsreihe. Einige Redoxpotenziale unter Normbedingungen ($T^{\ominus} = 298$ K, $p^{\ominus} = 100$ kPa, $c^{\ominus} = 1\ \text{kmol m}^{-3}$ in wässriger Lösung) werden in der nachstehenden Tabelle (Tab. 23.1) zusammengefasst. Eine solche Anordnung von Normredoxpotenzialen wird auch als *Spannungsreihe* bezeichnet. Die Kennzeichnung der jeweiligen Halbzelle erfolgte dabei entsprechend der „Stockholmer Konvention" von 1953. So wird eine Phasengrenze durch eine einzelne vertikale Linie angegeben.

Der Normwert eines Redoxpotenzials $E^{\ominus}$ hängt zwar aufgrund von Gleichung (23.6) noch von der Art der Bezugselektrode ab, ist aber im Übrigen wegen der direkten Abhängigkeit vom Elektronenpotenzial eine für das jeweilige Redoxpaar charakteristische Größe. Er stellt damit ebenso wie das Elektronenpotenzial ein Maß für die Stärke von Reduktions- bzw. Oxidationsmittel dar. Ein stark negativer Wert des Redoxpotenzials bedeutet, dass das entsprechende Redoxpaar eine große Tendenz hat, der Messelektrode Elektronen „aufzudrücken", also einen hohen „Elektronendruck" aufzubringen vermag; es handelt sich also um ein stark reduzierendes Redoxpaar. Entsprechend kann ein stärker reduzierend wirkendes Redoxpaar mit einem niedrigeren Redoxpotenzial einem mit ihm in Berührung befindlichen „schwacheren" Paar die Elektronen aufzwingen. So erkennt man selbstverständlich auch anhand der Redoxpotenziale, dass das Redoxpaar Sn^{2+}/Sn^{4+} stärker reduzierend als das Redoxpaar Fe^{2+}/Fe^{3+} wirkt [($E^{\ominus}(Sn^{2+}/Sn^{4+}) = +0{,}151$ V; $E^{\ominus}(Fe^{2+}/Fe^{3+}) = +0{,}771$ V] (vgl. Abschnitt 22.4).

Bezugselektroden. Die Wasserstoff-Normalelektrode, auf die sich die angegebenen Redoxpotenziale beziehen, hat den Vorteil, dass sich ihre Gleichgewichtsgalvanispannung schnell und reproduzierbar einstellt. Sie ist jedoch recht umständlich in der Handhabung; so benötigt man unter anderem eine Flasche mit sauerstofffreiem Wasserstoffgas, für dessen Handhabung aufgrund seiner Explosivität besondere Vorkehrungen erforderlich sind.

Ebenfalls eine sehr gut reproduzierbare Galvanispannung besitzt die Silber-Silberchlorid-Deckschichtelektrode, die wir bereits in Abschnitt 22.5 kennengelernt haben. Sie ist jedoch weitaus einfacher zu handhaben als die Wasserstoff-Normalelektrode, weswegen sie als Bezugselektrode bevorzugt wird. Der Aufbau der Elektrode ist recht einfach: Das Silberchlorid wird durch elektrolytische Abscheidung unmittelbar als Deckschicht auf einen Silberdraht aufgebracht, der in eine hochkonzentrierte Chloridlösung – meist Kaliumchlorid (gesättigt oder $3\ \text{kmol m}^{-3}$) – eintaucht. Die Galvanispannung wird dabei durch die Konzentration der Cl^--Ionen bestimmt. In der Praxis (Abb. 23.4) wählt man die Elektrolytlösungen in der Bezugshalbzelle und im (integrierten) Stromschlüssel der Einfachheit halber gleich, sodass ein Diaphragma zwischen diesen beiden Räumen entfallen kann und nur noch ein Diaphragma zur Messzelle hin erforderlich ist. Da Kalium- und Chloridionen etwa gleich beweglich und hochkonzentriert sind, entsteht an dieser Berührungsstelle keine merkliche Diffusionsspannung.

Halbzelle	Elektrodenvorgang	$E^{\ominus}$/ Volt
$Li^+|Li$	$Li \rightleftarrows Li^+ + e^-$	$-3,0401$
$Cs^+|Cs$	$Cs \rightleftarrows Cs^+ + e^-$	$-3,026$
$Rb^+|Rb$	$Rb \rightleftarrows Rb^+ + e^-$	$-2,98$
$K^+|K$	$K \rightleftarrows K^+ + e^-$	$-2,931$
$Ca^{2+}|Ca$	$Ca \rightleftarrows Ca^{2+} + 2e^-$	$-2,868$
$Na^+|Na$	$Na \rightleftarrows Na^+ + e^-$	$-2,71$
$Mg^{2+}|Mg$	$Mg \rightleftarrows Mg^{2+} + 2e^-$	$-2,372$
$Al^{3+}|Al$	$Al \rightleftarrows Al^{3+} + 3e^-$	$-1,662$
$Zn^{2+}|Zn$	$Zn \rightleftarrows Zn^{2+} + 2e^-$	$-0,7618$
$Fe^{2+}|Fe$	$Fe \rightleftarrows Fe^{2+} + 2e^-$	$-0,447$
$Cd^{2+}|Cd$	$Cd \rightleftarrows Cd^{2+} + 2e^-$	$-0,4030$
$Ni^{2+}|Ni$	$Ni \rightleftarrows Ni^{2+} + 2e^-$	$-0,257$
$Pb^{2+}|Pb$	$Pb \rightleftarrows Pb^{2+} + 2e^-$	$-0,1262$
$Cu^{2+}|Cu$	$Cu \rightleftarrows Cu^{2+} + 2e^-$	$+0,3419$
$Hg_2^{2+}|2Hg$	$2Hg \rightleftarrows Hg_2^{2+} + 2e^-$	$+0,7973$
$Ag^+|Ag$	$Ag \rightleftarrows Ag^+ + e^-$	$+0,7996$
$Au^+|Au$	$Au \rightleftarrows Au^+ + e^-$	$+1,692$
$OH^-, H_2|Pt$	$H_2 + 2OH^- \rightleftarrows 2H_2O + 2e^-$	$-0,8277$
$Cr^{3+}, Cr^{2+}|Pt$	$Cr^{2+} \rightleftarrows Cr^{3+} + e^-$	$-0,407$
$H^+, H_2|Pt$	$H_2 \rightleftarrows 2H^+ + 2e^-$	$0,00000$
$Sn^{4+}, Sn^{2+}|Pt$	$Sn^{2+} \rightleftarrows Sn^{4+} + 2e^-$	$+0,151$
$Cu^{2+}, Cu^+|Pt$	$Cu^+ \rightleftarrows Cu^{2+} + e^-$	$+0,153$
$[Fe(CN)_6]^{3-}, [Fe(CN)_6]^{4-}|Pt$	$[Fe(CN)_6]^{4-} \rightleftarrows [Fe(CN)_6]^{3-} + e^-$	$+0,358$
$OH^-, O_2|Pt$	$4OH^- \rightleftarrows O_2 + 2H_2O + 4e^-$	$+0,401$
$I_2, I^-|Pt$	$2I^- \rightleftarrows I_2 + 2e^-$	$+0,5355$
$Fe^{3+}, Fe^{2+}|Pt$	$Fe^{2+} \rightleftarrows Fe^{3+} + e^-$	$+0,771$
$H^+, O_2|Pt$	$2H_2O \rightleftarrows O_2 + 4H^+ + 4e^-$	$+1,229$
$Cl_2, Cl^-|Pt$	$2Cl^- \rightleftarrows Cl_2 + 2e^-$	$+1,35827$
$F_2, F^-|Pt$	$2F^- \rightleftarrows F_2 + 2e^-$	$+2,866$
$SO_4^{2-}|PbSO_4|Pb$	$Pb + SO_4^{2-} \rightleftarrows PbSO_4 + 2e^-$	$-0,3588$
$I^-|AgI|Ag$	$Ag + I^- \rightleftarrows AgI + e^-$	$-0,15224$
$Cl^-|AgCl|Ag$	$Ag + Cl^- \rightleftarrows AgCl + e^-$	$+0,22233$
$Cl^-|Hg_2Cl_2|Hg$	$2Hg + 2Cl^- \rightleftarrows Hg_2Cl_2 + 2e^-$	$+0,26808$

Tab. 23.1 Redoxpotenziale unter Normbedingungen (298 K, 100 kPa, 1 kmol m^{-3} in wässriger Lösung), bezogen auf die Wasserstoff-Normalelektrode [aus: Lide D R (ed) (2008) CRC Handbook of Chemistry and Physics, 89th edn. CRC Press, Boca Raton]

Die *Silber-Silberchlorid-Bezugselektrode* bildet wegen der unveränderlichen Spannungen an den ladungsaustauschenden Grenzflächen eine Art „Steckverbindung" zwischen den metallischen Leitungen und der Außenlösung, sodass variable Spannungen im Stromkreis weitgehend ungestört erfasst werden können. Entsprechend kann die Galvanispannung einer Messhalbzelle gegen diesen neuen Bezugspunkt gemessen und dann auf die Wasserstoff-Normalelektrode (NHE) umgerechnet werden. Dazu muss jedoch die Spannung der Silber-Silberchlorid-Elektrode gegen NHE bekannt sein; sie beträgt bei 298 K und Verwendung von gesättigter KCl-Lösung als Elektrolyt +0,1976 V.

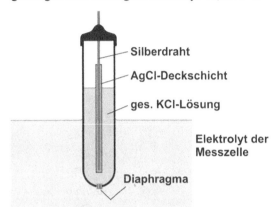

Abb. 23.4 Praktischer Aufbau einer Silber-Silberchlorid-Bezugselektrode

Bei der vom Prinzip her ähnlichen *Kalomelelektrode* wird Quecksilber (Hg) und schwerlösliches Quecksilber(I)-chlorid (Kalomel, Hg_2Cl_2) anstelle von Ag und AgCl verwendet. Die Flüssigkeit des Quecksilbers bedingt einen etwas anderen Aufbau, die Wirkungsweise ist jedoch die gleiche.

23.2 Zellspannung

Redoxreaktionen als Grundlage. Wir haben uns bisher vorwiegend mit Reaktionen des Typs Rd → Ox + v_ee beschäftigt. Da Elektronen unter den üblichen Laborbedingungen jedoch nicht frei auftreten, kommen Vorgänge dieser Art, wie erwähnt, nie allein vor, sondern stets gepaart. Eine vollständige *Redoxreaktion* besteht also aus zwei *Halbreaktionen*,

$$Rd \rightarrow Ox + v_e e \qquad und \qquad Rd^* \rightarrow Ox^* + v_e^*,$$

von denen die erste rückwärts und die zweite vorwärts läuft oder umgekehrt. Damit die Kopplung möglich ist, müssen die beiden Halbreaktionen so formuliert sein, dass die Umsatzzahl der Elektronen in beiden Umsatzformeln übereinstimmt, $v_e = v_e^*$. Gegebenenfalls erreicht man dies, indem man die Umsatzformeln mit passenden Zahlenfaktoren multipliziert. Als Gesamtreaktion ergibt sich dann:

$$Rd + Ox^* \rightarrow Ox + Rd^*.$$

Die Halbreaktionen der als Beispiel gewählten Umsetzung $2\,Fe^{3+}|w + Sn^{2+}|w \rightarrow 2\,Fe^{2+}|w + Sn^{4+}|w$ (vgl. Versuch 22.1) müssen entsprechend wie folgt formuliert werden:

$$Sn^{2+} \rightarrow Sn^{4+} + 2\,e^- \qquad \text{bzw.} \qquad 2\,Fe^{2+} \leftarrow 2\,Fe^{3+} + 2\,e^- \,.$$

Die Umsetzung kann nun, wie in diesem Beispiel, unter Bedingungen ablaufen, unter denen die Elektronen unmittelbar zwischen den Stoffen ausgetauscht werden.

***DANIELL*-Element.** Ein weiteres Beispiel stellt die Reaktion von Zinkspänen mit Kupfersulfatlösung dar (Versuch 23.1),

$$Zn|s + Cu^{2+}|w \rightarrow Zn^{2+}|w + Cu|s \,,$$

wobei die Halbreaktionen

$$Zn \rightarrow Zn^{2+} + 2\,e^- \qquad \text{und} \qquad Cu \leftarrow Cu^{2+} + 2\,e^-$$

in Betracht zu ziehen sind [zugehörige Redoxpotenziale (unter Normbedingungen): $E^{\ominus}(Zn/Zn^{2+}) = -0{,}7618\,V$, $E^{\ominus}(Cu/Cu^{2+}) = +0{,}3419\,V$].

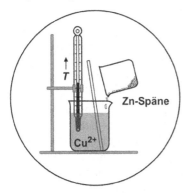

Versuch 23.1 *Reduktion von Cu^{2+}-Ionen durch Zink*: Schüttet man Zinkspäne in eine Kupferionen enthaltende Lösung, so werden sie in einem rasch sich verdichtenden Niederschlag sofort schwarz. Der Niederschlag färbt sich dann langsam kupferbraun, während die Lösung ihre Farbe von blau über grün und braun bis hin nach farblos ändert. Gleichzeitig wird ein starker Anstieg der Temperatur beobachtet.

Die für einen kleinen Umsatz $\Delta\xi$ der Gesamtreaktion aufzuwendende Energie W_ξ ergibt sich gemäß Gleichung (8.18) zu

$$W_\xi = -\mathcal{A} \cdot \Delta\xi = -[\mu(Zn) + \mu(Cu^{2+} - \mu(Cu) - \mu(Zn^{2+})] \cdot \Delta\xi \,. \tag{23.10}$$

Bei dem freiwillig ablaufenden Vorgang ($\mathcal{A} > 0$) wird Energie freigesetzt, $W_\xi < 0$. Die entbundene Energie wird unter Entropieerzeugung „verheizt", was sich in der Erwärmung des Reaktionsgemenges äußert (vgl. Abschnitt 8.7).

Die beiden Halbreaktionen können aber auch räumlich voneinander getrennt, d. h. verteilt auf zwei Halbzellen einer *galvanischen Zelle* vorliegen, die durch einen äußeren Leiterkreis miteinander verbunden sind. (Elektrochemische Zellen, die im Betrieb nutzbare elektrische Energie liefern, werden als galvanische Zellen bezeichnet.) So setzt sich das sogenannte *DANIELL*-Element (Abb. 23.5) aus einer Zn- und einer Cu-Elektrode zusammen, die jeweils in eine zugehörige Zn^{2+}- bzw. Cu^{2+}-Lösung tauchen, wobei beide Elektrolytlösungen über ein Diaphragma miteinander in Kontakt stehen. Um Diffusionsspannungen zu vermeiden, kann auch eine Salzbrücke eingesetzt werden.

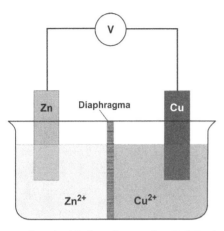

Abb. 23.5 Schematischer Aufbau des DANIELL-Elementes

Auch weiterhin besteht nun das Gefälle der chemischen Potenziale, das die Reaktion

$$Zn|s + Cu^{2+}|w \rightarrow Zn^{2+}|w + Cu|s$$

vorantreibt, doch können die Reaktanten nicht mehr so einfach zueinander gelangen, da sie durch eine nur für Ionen, nicht aber Elektronen durchlässige „Wand", nämlich die Elektrolytlösungen, voneinander getrennt sind. Die einzige Möglichkeit besteht darin, dass Ionen und Elektronen sozusagen „getrennte Wege" gehen. Während die Ionen in der Elektrolytlösung wandern können, müssen die Elektronen über den äußeren Leiterkreis gelenkt werden. An der Zinkelektrode gehen Zinkionen in Lösung, d. h., es findet eine Oxidation statt; es handelt sich daher um die Anode (Abb. 23.6). Der „Elektronenstau" durch die zurückbleibenden Elektronen führt dazu, dass sich diese Elektrode negativ auflädt. An der Kupferelektrode scheiden sich hingegen Kupferionen in Form von neutralem Kupfer ab, d. h., die Ionen werden reduziert (Kathode). Der durch den Elektronenverbrauch entstehende „Elektronensog" lässt diese Elektrode positiv werden. Zwischen den beiden Elektroden entsteht folglich eine elektrische Spannung. Doch stellt sich an den Elektroden bereits nach Übergang unwägbar kleiner Ionenmengen elektrochemisches Gleichgewicht ein (vgl. Abschnitt 22.3).

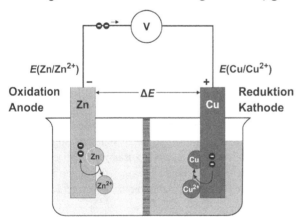

Abb. 23.6 Elektrodenvorgänge im DANIELL-Element und Nomenklatur

Doch wollen wir uns zunächst noch am Beispiel des DANIELL-Elements mit den Konventionen bei der Darstellung galvanischer Zellen beschäftigen. Im Zellschema bedeutet, wie erwähnt, ein senkrechter Strich eine Phasengrenze. Eine gestrichelte Linie steht für ein Diaphragma, über das die beiden Elektrolytlösungen der Halbzellen miteinander in Kontakt stehen. Wurde die Diffusionsspannung minimiert, z. B. durch den Einsatz eines Stromschlüssels, so dient eine gestrichelte Doppellinie zur Kennzeichnung. Die Kurzschreibweise des DANIELL-Elements lautet daher

$$Zn \mid Zn^{2+} \mid Cu^{2+} \mid Cu \qquad \text{bzw.} \qquad Zn \mid Zn^{2+} \parallel Cu^{2+} \mid Cu$$

je nach Aufbau. Legt man durch Hinschreiben der Umsatzformel einer Zellreaktion, z. B.

$$Zn + Cu^{2+} \rightarrow Zn^{2+} + Cu \,,$$

die Reaktionsrichtung zunächst willkürlich fest (ohne Vorhersage über einen eventuellen freiwilligen Ablauf), so wird in der einen Halbreaktion Zn oxidiert und in der anderen Halbreaktion Cu^{2+} reduziert:

Oxidation (Anode): $\quad Zn \rightarrow Zn^{2+} + 2\,e^-$. $\qquad$ (links im Zellschema),
Reduktion (Kathode): $Cu^{2+} + 2\,e^- \rightarrow Cu$ $\qquad$ (rechts im Zellschema).

Läuft die Reaktion in der angegebenen Richtung nun tatsächlich freiwillig ab, so wird positive Ladung von links nach rechts durch die Zelle transportiert (und daher von rechts nach links durch den äußeren Teil des Stromkreises). Die rechte Elektrode ist also der positive Pol. Messen wir die Spannung dieser Zelle stromlos, um das Gleichgewicht nicht zu stören, so entspricht sie der Differenz aus Kathoden- und Anodenpotenzial:

$$-U = \Delta E = E(\text{Kathode}) - E(\text{Anode}) = E(\text{Cu/Cu}^{2+}) - E(\text{Zn/Zn}^{2+}) \,. \qquad (23.11)$$

ΔE wird als *Urspannung* der Zelle oder *Gleichgewichtszellspannung*, aus historischen Gründen aber auch als *elektromotorische Kraft* (*EMK*) bezeichnet. Die letzte Bezeichnung ist nicht sehr zutreffend, da es sich im vorliegenden Fall um keine Kraft im physikalischen Sinn handelt, sondern um eine elektrische Spannung; daher soll sie im Folgenden nicht weiter verwendet werden. ΔE wird im vorgestellten Fall positiv gezählt. So ergibt sich unter Normbedingungen ein Wert von

$$\Delta E^{\ominus} = E^{\ominus}(\text{Cu/Cu}^{2+}) - E^{\ominus}(\text{Zn/Zn}^{2+}) = +0,3402\,\text{V} - (-0,7628\,\text{V}) = +1,103\,\text{V}$$

für das DANIELL-Element. Läuft die Reaktion in der angegebenen Richtung jedoch nicht freiwillig ab, z. B. im Falle von

$$Zn^{2+} + Cu \rightarrow Zn + Cu^{2+} \,,$$

so wechselt die konventionsgemäß definierte Zellspannung ihr Vorzeichen, ΔE wird also negativ.

Wir fassen zusammen: Bei freiwilligem Ablauf der Reaktion wird die Elektrode mit dem größeren Redoxpotenzial die Kathode und die mit dem kleineren Redoxpotenzial die Anode. Oder anders ausgedrückt: Die Halbreaktion (Redoxpaar) mit dem größeren Redoxpotenzial wirkt als Oxidationsmittel und wird selbst reduziert. Die Halbreaktion (Redoxpaar) mit dem kleineren Redoxpotenzial wirkt als Reduktionsmittel und wird selbst oxidiert.

Urspannung und Antrieb. Wir wissen (vgl. Abschnitt 4.7), dass ein enger Zusammenhang zwischen der Urspannung ΔE der Zelle und dem Antrieb $\mathcal{A}$ der zugrunde liegenden Gesamtreaktion besteht. Davon wollen wir uns zunächst an unserem Beispiel überzeugen. Hierzu wird Gleichung (23.10) „umsortiert":

$$-\mathcal{A} \cdot \Delta\xi = \left[\left(\mu(\text{Cu}) - \mu(\text{Cu}^{2+})\right) - \left(\mu(\text{Zn}) - \mu(\text{Zn}^{2+})\right)\right] \cdot \Delta\xi .$$
(23.12)

Gemäß der Definitionsgleichung des Redoxpotenzials ergibt sich für die beiden Redoxpaare

$$\mu(\text{Cu}) - \mu(\text{Cu}^{2+}) = -2 \cdot \mathcal{F} \cdot E(\text{Cu}/\text{Cu}^{2+}) \qquad \text{bzw.}$$

$$\mu(\text{Zn}) - \mu(\text{Zn}^{2+}) = -2 \cdot \mathcal{F} \cdot E(\text{Zn}/\text{Zn}^{2+}) .$$

Durch Einsetzen in Gleichung (23.12) und nach Division beider Seiten durch $\Delta\xi$ erhält man

$$-\mathcal{A} = -2 \cdot \mathcal{F} \cdot E(\text{Cu}/\text{Cu}^{2+}) + 2 \cdot \mathcal{F} \cdot E(\text{Zn}/\text{Zn}^{2+}) = -2 \cdot \mathcal{F} \cdot \Delta E$$
(23.13)

bzw. schließlich

$$\Delta E = -U = \frac{\mathcal{A}}{2\mathcal{F}} .$$
(23.14)

Einfacher gelangen wir zum selben Ergebnis, wenn wir die beim Reaktionsablauf freigesetzte Energie mit der auf elektrischem Wege abgegebenen gleichsetzen, $W_\xi = -\mathcal{A} \cdot \Delta\xi = U \cdot \nu_e \mathcal{F} \Delta\xi$:

$$\Delta E = -U = \frac{\mathcal{A}}{\nu_e \mathcal{F}} ,$$
(23.15)

wobei ν_e die Zahl der bei einem Formelumsatz ausgetauschten Elektronen bedeutet.

Die Messung von Zellspannungen im stromlosen Zustand kann also eingesetzt werden, um den Antrieb einer interessierenden Reaktion zu bestimmen. In der Praxis ermittelt und tabelliert man meist die Normwerte dieser Größen.

Konzentrationsabhängigkeit der Urspannung. Wie die Redoxpotenziale, ist aber auch die Urspannung einer Zelle konzentrationsabhängig. Wir wollen die allgemein formulierte Zellreaktion

$$\text{Rd} + \text{Ox*} \rightarrow \text{Rd*} + \text{Ox}$$

betrachten. Wenn wir nun für die Redoxpotenziale die NERNSTsche Gleichung ansetzen,

$$E(\text{Rd}/\text{Ox}) = \overset{\circ}{E}(\text{Rd}/\text{Ox}) + \frac{RT}{\nu_e \mathcal{F}} \cdot \ln \frac{c_r(\text{Ox})}{c_r(\text{Rd})} \qquad \text{bzw.}$$

$$E(\text{Rd*}/\text{Ox*}) = \overset{\circ}{E}(\text{Rd*}/\text{Ox*}) + \frac{RT}{\nu_e \mathcal{F}} \cdot \ln \frac{c_r(\text{Ox*})}{c_r(\text{Rd*})} ,$$

so erhalten wir die folgende Beziehung

$$\Delta E = E(\text{Rd*}/\text{Ox*}) - E(\text{Rd}/\text{Ox})$$

$$= \overset{\circ}{E}(\text{Rd*}/\text{Ox*}) + \frac{RT}{\nu_e \mathcal{F}} \cdot \ln \frac{c(\text{Ox*})}{c(\text{Rd*})} - \overset{\circ}{E}(\text{Rd}/\text{Ox}) - \frac{RT}{\nu_e \mathcal{F}} \cdot \ln \frac{c(\text{Ox})}{c(\text{Rd})}$$

und damit die NERNSTsche Gleichung für die Gesamtreaktion

$$\Delta E = \Delta \overset{\circ}{E} + \frac{RT}{v_e F} \cdot \ln \frac{c(\text{Ox*}) \cdot c(\text{Rd})}{c(\text{Rd*}) \cdot c(\text{Ox})} \tag{23.16}$$

mit $\Delta \overset{\circ}{E} = \overset{\circ}{E}(\text{Rd*/Ox*}) - \overset{\circ}{E}(\text{Rd/Ox})$ als Grundwert der Urspannung ΔE der Zelle. Für die Konzentrationsabhängigkeit von ΔE im Falle des DANIELL-Elementes erhalten wir z. B.

$$\Delta E = \Delta \overset{\circ}{E} + \frac{RT}{2F} \cdot \ln \frac{c_r(\text{Cu}^{2+})}{c_r(\text{Zn}^{2+})} \ .$$

Galvanische Zelle und Elektrolysezelle. Ersetzt man im obigen experimentellen Aufbau (Abb. 23.5) das Voltmeter durch einen Verbraucher mit endlichem Widerstand R, z. B. einen kleinen Motor (Versuch 23.2), so fließt ein elektrischer Strom I durch die Zelle und den äußeren Leiterkreis.

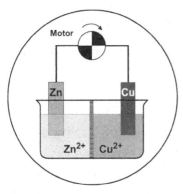

Versuch 23.2 *DANIELL-Element*: Mit Hilfe des DANIELL-Elementes kann ein kleiner Motor mit einer schwarz-weißen Drehscheibe (zur Verdeutlichung der Bewegung) angetrieben werden.

Die hier besprochene galvanische Zelle, das DANIELL-Element, ist nur eine von vielen möglichen Bauformen (weitere werden wir im nächsten Abschnitt kennenlernen). Gemeinsam ist allen galvanischen Zellen, dass eine (in zwei Halbreaktionen zerlegte) chemische Umsetzung dazu benutzt wird, einen Elektronenstrom zu treiben. Diese Zellen ermöglichen es, die bei freiwillig ablaufenden chemischen Reaktionen frei werdende Energie auf elektrischem Wege nutzbar zu machen. Im Idealfall ist die Zelle so eingerichtet, dass keine störenden Nebenreaktionen stattfinden, sodass chemische Veränderungen nur durch die eine Umsetzung und nur gleichzeitig mit einem Elektronenaustausch über die Elektroden möglich sind. Elektronenfluss und chemische Reaktion sind in solchen Zellen streng gekoppelt.

Beim Stromfluss über den Verbraucher sinkt jedoch die elektrische Spannung, das elektrochemische Gleichgewicht wird gestört. Elektrische und chemische Potenzialdifferenz halten sich nicht mehr genau die Waage: Erneut gehen an der Zinkelektrode weitere Zinkionen in Lösung, werden an der Kupferelektrode Kupferionen entladen.

Während galvanische Zellen aufgrund der im Innern freiwillig ablaufenden chemischen Reaktion nutzbare Energie zu liefern vermögen, muss die Umkehrung der Zellreaktion durch Energiezufuhr erzwungen werden. Diesen Prozess, der mit chemischen Veränderungen des Elektrolyten verbunden ist, bezeichnet man als *Elektrolyse*. Gegenüber der galvanischen Zelle kehrt sich das Ladungsvorzeichen der Elektroden in der Elektrolysezelle um, die positiv geladene Elektrode ist jetzt die Anode, die negativ geladene die Kathode. Aber auch hier erfolgt an der Anode die Oxidation, an der Kathode die Reduktion.

23.3 Technisch wichtige galvanische Elemente

Abschließend wollen wir noch einige technisch wichtige galvanische Elemente besprechen. Dabei unterscheidet man zwischen Primärelementen, Sekundärelementen und Brennstoffzellen.

Primärelemente. Bei den Primärelementen (auch *Primärzellen* oder *Primärbatterien)* laufen an den Elektroden irreversible Prozesse ab, d. h., diese Batterien sind nicht regenerierbar. Ein bekannter Vertreter ist die *Zink-Braunstein-Zelle*, umgangssprachlich auch als *Zink-Kohle-Trockenbatterie* bezeichnet, die eine Weiterentwicklung des 1866 von dem französischen Physikochemiker Georges LECLANCHÉ patentierten galvanischen Elementes darstellt. Sie besteht aus einem Zinkbecher als Anode und einem von einem Braunstein-Ruß-Gemisch umgebenen Kohlestab als Kathode (Abb. 23.7). Der zugesetzte Ruß erhöht die geringe elektrische Leitfähigkeit des Braunsteins. Als Elektrolyt dient eine Paste, die sich aus einer 20 %igen Lösung von Ammoniumchlorid, eingedickt mit Stärke oder auch Sägemehl, zusammensetzt. Daher wird diese Art von galvanischem Element auch als Trockenbatterie bezeichnet. An den Elektroden und im Elektrolyt spielen sich vereinfacht folgende Vorgänge ab:

Anode (–): $Zn|s \rightarrow Zn^{2+}|w + 2\ e^-$
Kathode (+): $2\ MnO_2|s + 2\ H_2O|l + 2\ e^- \rightarrow 2\ MnOOH|s + 2\ OH^-|w$
Elektrolyt: $Zn^{2+}|w + 2\ NH_4^+\ |w + 2\ Cl^-|w + 2\ OH^-|w\ \rightarrow Zn(NH_3)_2Cl_2|s + 2\ H_2O|l$

Gesamtreaktion: $Zn|s + 2\ MnO_2|s + 2\ NH_4Cl|w\ \rightarrow 2\ MnOOH|s + Zn(NH_3)_2Cl_2|s$

Bei Energieentnahme wird also das Mangandioxid zu MnOOH reduziert ($Mn^{4+} \rightarrow Mn^{3+}$), und die primär gebildeten Zink-Ionen reagieren mit dem Elektrolyten zu dem schwerlöslichen Komplex $Zn(NH_3)_2Cl_2$.

Das Redoxpotenzial der Zinkelektrode liegt unter Normbedingungen bei –0,76 V, dasjenige der Mangandioxidelektrode bei ca. +1,1 V; die Nennspannung im Normalbetrieb beträgt etwa 1,5 bis 1,6 V.

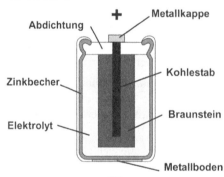

Abb. 23.7 Schematisches Schnittbild einer Zink-Kohle-Trockenbatterie

Eine grundlegende Verbesserung der Zink-Kohle-Batterie hinsichtlich Batterieeigenschaften wie Belastbarkeit und Lagerungsfähigkeit stellt die *Alkali-Mangan-Batterie* dar. Als Elektrolyt wird Kalilauge eingesetzt, als Anode fungiert Zinkpulver, das mit dem Elektrolyten und einem Verdickungsmittel zu einer Paste vermischt wird. Diese Paste befindet sich in einem Hohlzylinder aus einem Braunstein-Graphit-Gemisch, der an der Innenwand eines Stahlbechers anliegt und die Kathode bildet. Die Elektrodenanordnung ist damit gegenüber der Zink-Kohle-Batterie umgekehrt.

Die *Zink-Quecksilberoxid-Knopfzelle* (Abb. 23.8) besitzt als Kathode einen Pressling aus Quecksilberoxid, dem etwas Graphit zur Verbesserung der Leitfähigkeit zugefügt wird. Als Anode fungiert Zinkpulver (gepresst oder amalgamiert). Die Elektrolytlösung, konzentrierte und mit ZnO gesättigte Kalilauge, befindet sich auf einem Zellulosefilz. Beim Betrieb der Zelle laufen an den Elektroden vereinfachend folgende Vorgänge ab:

Anode (−): $Zn|s + 2\ OH^-|w \rightarrow Zn(OH)_2|s + 2\ e^-$
Kathode (+): $HgO|s + H_2O|l + 2\ e^- \rightarrow Hg|l + 2\ OH^-|w$

Gesamtreaktion: $Zn|s + HgO|s + H_2O|l \rightarrow Zn(OH)_2|s + Hg|l$

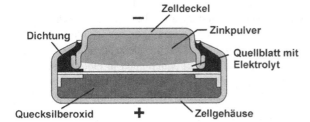

Abb. 23.8 Schnitt durch eine Zink-Quecksilberoxid-Knopfzelle

Die sehr gut lagerfähigen Knopfzellen mit einer äußerst konstanten Nennspannung von 1,35 V wurden vornehmlich in Kleingeräten mit geringem Energiebedarf wie Armbanduhren, Taschenrechnern, Hörgeräten und Herzschrittmachern eingesetzt. Aufgrund der Giftigkeit des Quecksilbers sind sie inzwischen jedoch durch die ähnlich aufgebauten Zink-Silberoxid-, Zink-Luft- oder auch Lithium-Mangandioxid-Knopfzellen ersetzt worden.

Sekundärelemente. Bei den Sekundärelementen (auch *Sekundärzellen*, *Akkumulatoren* oder *Sammler* genannt) laufen an den Elektroden (im Gegensatz zu den Primärelementen) weitgehend reversible Prozesse ab, d. h., die Elemente können wieder aufgeladen werden.

Einer der häufigsten Vertreter dieses Elementtyps ist der bereits im 19. Jahrhundert entwickelte *Bleiakkumulator* oder kurz Bleiakku. Er besteht im Prinzip im geladenen Zustand aus einer Bleianode und einer Bleidioxidkathode. Als Elektrolyt dient 25 bis 30 %ige Schwefelsäure, die mit Bleisulfat gesättigt ist. In vereinfachter Darstellung laufen beim Entlade- und Ladevorgang des Akkus folgende Reaktionen ab:

negative Elektrode: $Pb|s + SO_4^{2-}|w \underset{\text{Laden}}{\overset{\text{Entladen}}{\rightleftarrows}} PbSO_4|s + 2\ e^-$

positive Elektrode: $PbO_2|s + SO_4^{2-}|w + 4\ H_3O^+|w + 2\ e^- \underset{\text{Laden}}{\overset{\text{Entladen}}{\rightleftarrows}} PbSO_4|s + 6\ H_2O|l$

Gesamtreaktion: $Pb|s + PbO_2|s + 2\ H_2SO_4|w \underset{\text{Laden}}{\overset{\text{Entladen}}{\rightleftarrows}} 2\ PbSO_4|s + 2\ H_2O|l$

Bei dem Entladevorgang, d. h. der Energieentnahme, wird demgemäß metallisches Blei zu Bleisulfat oxidiert sowie Bleidioxid zu Bleisulfat reduziert; an beiden Elektroden entsteht also

Bleisulfat. Gleichzeitig wird Schwefelsäure verbraucht und Wasser gebildet, sodass die Dichte der Schwefelsäure mit fortschreitender Energieentnahme sinkt. Aus der Dichteänderung kann daher auf den Ladezustand des Akkus geschlossen werden.

Das Redoxpotenzial der Halbzelle $Pb|PbSO_4|SO_4^{2-}$ beträgt unter Normbedingungen $-0,36$ V, das der Halbzelle $PbO_2|PbSO_4|SO_4^{2-}$ $+1,69$ V; die Nennspannung der Zelle liegt bei etwa 2 V, sie kann jedoch je nach Ladezustand und Lade- bzw. Entladestrom zwischen 1,75 und 2,4 V schwanken.

Um den Akku wieder aufzuladen, d. h. die Reaktion in umgekehrter Richtung zu „erzwingen", muss Energie zugeführt werden. Dabei entsteht an den jeweiligen Elektroden aus Bleisulfat wieder Blei bzw. Bleidioxid.

Bei der technischen Ausführung des Bleiakkus muss allerdings darauf geachtet werden, dass beide Elektrodentypen über eine möglichst große Oberfläche verfügen, damit die elektrochemische Reaktion mit ausreichender Geschwindigkeit ablaufen kann. Dies erreicht man zum Beispiel, indem eine Paste aus Pb, PbO und $PbSO_4$ auf Gittergerüste aus Hartblei (Blei-Antimon-Legierung) gestrichen wird. Werden die Platten dann anschließend gegeneinander in Säure geladen, so bildet sich einerseits Bleischwamm, andererseits poröses Bleidioxid (Formationsprozess). Zur Vermeidung von Kurzschlüssen werden die Elektroden durch einen Separator aus mikroporösem Kunststoff getrennt. Bleiakkus können auch in einer verschlossenen Bauform (mit Überdruckventil) hergestellt werden, was Vorteile beim Transport und der Wartung hat. Der Elektrolyt ist in diesem Fall nicht mehr flüssig, sondern in einem Gel oder Vlies fixiert.

Am bekanntesten ist wohl der Einsatz des Bleiakkus im Alltag zum Anlassen von Verbrennungsmotoren in Kraftfahrzeugen. Sechs in Reihe geschaltete Zellen liefern eine Klemmenspannung von ca. 12 V; aufgeladen wird der Akku im laufenden Betrieb durch einen Generator im Fahrzeug.

In *Nickel-Cadmium-Akkumulatoren* besteht die negative Elektrode aus feinverteiltem Cadmium, die positive Elektrode aus Ni(III)-oxidhydroxid mit einem Leitfähigkeitszusatz (Graphit, Ni-Pulver); beide Elektroden werden von perforiertem Stahlblech ummantelt. Als Elektrolyt dient in der Regel 20 %ige Kaliumhydroxid-Lösung.

Beim Entlade- bzw. Ladevorgang des Akkus laufen an den Elektroden vereinfachend die folgenden Reaktionen ab:

negative Elektrode: $Cd|s + 2\,OH^-|w \xrightleftharpoons[Laden]{Entladen} Cd(OH)_2|s + 2\,e^-$

positive Elektrode: $2\,NiOOH|s + 2\,H_2O|l + 2\,e^- \xrightleftharpoons[Laden]{Entladen} 2\,Ni(OH)_2|s + 2\,OH^-|w$

Insgesamt wird also bei der Energieentnahme metallisches Cadmium durch Oxidation in den zweiwertigen Zustand überführt (festes Cadmium(II)-hydroxid) und dreiwertiges Nickel zu zweiwertigem Nickel (festes Nickel(II)-hydroxid) reduziert:

Gesamtreaktion: $Cd|s + 2\,NiOOH|s + 2\,H_2O|l \xrightleftharpoons[Laden]{Entladen} Cd(OH)_2|s + 2\,Ni(OH)_2|s$

Die Nennspannung des Nickel-Cadmium-Akkumulators beträgt 1,2 V.

Gasdichte Ausführungen werden häufig baugleich zu handelsüblichen Batterien bis hin zu Knopfzellen gestaltet, sodass sie die Primärzellen in tragbaren elektrischen und mikroelektronischen Geräten ersetzen können. Inzwischen ist aber der Gebrauch der Nickel-Cadmium-Akkumulatoren durch ein weitgehendes Verbot aufgrund des Gefährdungspotenzials des toxischen Cadmiums stark eingeschränkt.

Als umweltverträglicher Ersatz für den Ni-Cd-Akkumulator wurde der *Nickel-Metallhydrid-Akkumulator* (NiMH) entwickelt, in dem das Cadmium durch eine Metalllegierung ersetzt wurde, die in der Lage ist, reversibel Wasserstoff zu speichern. Im geladenen Zustand liegt eine Anode aus einem Metallhydrid vor, das durch Einlagerung von atomarem Wasserstoff in das Kristallgitter der Legierung (z. B. $La_{0,8}Nd_{0,2}Ni_{2,5}Co_{2,4}Si_{0,1}$) beim Ladeprozess entstanden ist. Bei der Entladung der Zelle wird der gespeicherte Wasserstoff an der Elektrodenoberfläche oxidiert:

$$\text{negative Elektrode:} \quad MH|s + OH^-|w \underset{\text{Laden}}{\overset{\text{Entladen}}{\rightleftarrows}} M|s + H_2O|l + e^-.$$

Kathode und Elektrolyt sind mit denen im NiCd-Akku identisch. Als Gesamtreaktion erhalten wir somit:

$$\text{Gesamtreaktion:} \quad MH|s + NiOOH|s \underset{\text{Laden}}{\overset{\text{Entladen}}{\rightleftarrows}} M|s + Ni(OH)_2|s.$$

Die Zellspannung beträgt wiederum ca. 1,2 V, die NiMH-Zelle ist somit spannungskompatibel zur NiCd-Zelle. Neben der Umweltverträglichkeit zeigt sie auch eine gesteigerte Kapazität und eine verlängerte Lebensdauer, jedoch ist die Strombelastbarkeit geringer.

Auf der Basis von Nickel-Metallhydrid-Zellen wurden auch spezielle Akkumulatoren für Hybrid(elektrokraft)fahrzeuge entwickelt, d. h. Kraftfahrzeuge, die von einem Elektromotor und einem weiteren Energiewandler (meist einem Verbrennungsmotor) angetrieben werden.

Eine weite Verbreitung haben inzwischen auch die *Lithium-Ionen-Akkumulatoren* gefunden. Es gibt eine Vielzahl von verschiedenen Typen wie z. B. die auf Lithium-Nickel-Mangan-Cobalt-Oxiden basierenden NMC-Akkumulatoren (die Abkürzung NMC steht dabei für die Namen der verwendeten Übergangsmetalle). Allen Lithium-Ionen-Akkumulatoren gemeinsam ist jedoch, dass kein metallisches Lithium auftritt; stattdessen werden Lithium-Ionen reversibel in Wirtsgitter ein- und ausgelagert (man spricht auch von Interkalation, da sich das Wirtsgitter dabei kaum verändert) (Abb. 23.9). Die negative Elektrode ist eine Kohlenstoff-Interkalationsverbindung mit der allgemeinen Formel Li_xC_n (wobei das Verhältnis von x zu n von der jeweiligen Kohlenstoffsorte abhängt), in der Lithium als Kation vorliegt. Als positive Elektrode werden Interkalationsverbindungen von Übergangsmetalloxiden, vornehmlich $LiCoO_2$, $LiNiO_2$ oder $LiMn_2O_4$ eingesetzt. Bei dem Elektrolyten handelt es sich um ein nichtwässriges Lösemittelgemisch aus zyklischen Carbonaten wie Propylencarbonat und offenkettigen Carbonaten wie Diethylcarbonat, das durch Zugabe eines Lithium-Ionen enthaltenden Leitsalzes (z. B. $LiPF_6$) eine ausreichende Leitfähigkeit besitzt (der Elektrolyt muss wasserfrei sein, da Lithium heftig mit Wasser reagiert). Beim Entladen gibt die Kohlenstoff-Interkalationsverbindung Elektronen ab, die über den externen Stromkreis zur positiven Elektrode fließen. Gleichzeitig wandern genauso viele positiv geladene Lithium-Ionen aus der Interkalationsverbindung durch den Elektrolyten ebenfalls zur positiven Elektrode. An der positiven Elektrode nehmen nicht die Lithium-Ionen die Elektronen des externen Stromkreises auf, sondern die Übergangsmetall-Ionen ändern ihre Ladung.

Als Beispiel seien die Reaktionen angeführt, die vereinfachend beim Entlade- bzw. Ladevorgang an den Elektroden eines Lithium-Mangan-Akkus ablaufen:

negative Elektrode: $\text{Li}_x\text{C}_n|\text{s} \underset{\text{Laden}}{\overset{\text{Entladen}}{\rightleftharpoons}} \text{C}_n|\text{s} + \text{Li}^+|\text{d} + x\,\text{e}^-$

positive Elektrode: $\text{Li}_{1-x}\,\text{Mn}_2\text{O}_4|\text{s} + \text{Li}^+|\text{d} + x\,\text{e}^- \underset{\text{Laden}}{\overset{\text{Entladen}}{\rightleftharpoons}} \text{LiMn}_2\text{O}_4|\text{s}$

Gesamtreaktion: $\text{Li}_x\text{C}_n|\text{s} + \text{Li}_{1-x}\,\text{Mn}_2\text{O}_4|\text{s} \underset{\text{Laden}}{\overset{\text{Entladen}}{\rightleftharpoons}} \text{C}_n|\text{s} + \text{LiMn}_2\text{O}_4|\text{s}$

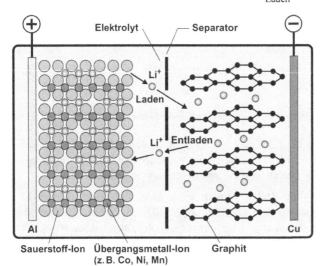

Abb. 23.9 Schematischer Aufbau eines Lithium-Ionen-Akkumulators

Konventionelle Lithium-Ionen-Akkus liefern eine Nennspannung von ca. 3,7 Volt, die damit rund dreimal so hoch wie die von NiMH-Akkus ist; auch ist ihre Energiedichte deutlich höher. Entsprechend werden sie häufig in tragbaren elektronischen Geräten mit hohem Energiebedarf wie z.B. in Mobiltelefonen, Laptops und Digitalkameras eingesetzt.

Brennstoffzellen. Im Gegensatz zu den bisher besprochenen galvanischen Elementen werden bei den Brennstoffzellen die an den Elektroden verbrauchten Stoffe kontinuierlich nachgeführt, d.h., es kann ihnen theoretisch beliebig lange Energie entnommen werden. Die Bezeichnung „Brennstoffzelle" rührt daher, dass hier Stoffe umgesetzt werden, die üblicherweise als Brennstoffe gelten und sonst zum Heizen oder auch zur Energiegewinnung verfeuert werden. Ein bekanntes Beispiel ist die sogenannte *Knallgaszelle* (Abb. 23.10), die unter anderem in der bemannten Raumfahrt eingesetzt wurde („Apollo-Zelle"). In dieser Zelle wird Wasserstoff als Brennstoff und Sauerstoff als Oxidationsmittel eingesetzt; als Elektrolyt fungiert eine konzentrierte wässrige Lösung von KOH bei erhöhter Temperatur und erhöhtem Druck [daher auch die Bezeichnung alkalische Brennstoffzelle, engl. Alkaline Fuel Cell (AFC)]. Die Gase werden durch poröse Plattenelektroden (z.B. aus Sinternickel oder gepresstem Aktivkohlepulver) geleitet (sogenannte Gasdiffusionselektroden). Um die der eigentlichen Reaktion vorgelagerte Spaltung der Wasserstoff- und Sauerstoffmoleküle zu begünstigen, sind die Platten mit geringen Mengen einer katalytisch wirksamen Substanz (z. B. Platin, Palladium) beschichtet.

An den Elektroden finden dann vereinfachend folgende Reaktionen statt:

Anode (−): $2\,H_2|g + 4\,OH^-|w \rightarrow 4\,H_2O|l + 4\,e^-$
Kathode (+): $O_2|g + 2\,H_2O|l + 4\,e^- \rightarrow 4\,OH^-|w$

Gesamtreaktion: $2\,H_2|g + O_2|g \rightarrow 2\,H_2O|l$

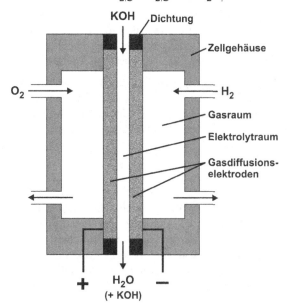

Abb. 23.10 Schematische Darstellung einer Knallgaszelle

An der Anode der Brennstoffzelle erfolgt also die Oxidation des Brennstoffs, an der Kathode die Reduktion von Sauerstoff. Insgesamt findet eine „kalte Verbrennung" des Wasserstoffs zu Wasser statt. Die Zellspannung (bei 200 °C und 4 MPa) beträgt etwa 1,2 V.

Als Brennstoff können neben Wasserstoff auch Kohlenmonoxid oder niedermolekulare organische Verbindungen wie Methan (CH_4) oder Methanol (CH_3OH) dienen, als Oxidationsmittel wird neben Sauerstoff ebenfalls Luft verwendet. Anstelle von KOH können auch feste Elektrolyte wie nur für Protonen durchlässige Polymermembranen [Polymermembran-Brennstoffzelle, engl. Polymer Electrolyte Membrane Fuel Cell (PEMFC)] oder Sauerstoffionen leitende Oxidkeramiken (klassisch: yttriumdotiertes Zirkoniumdioxid) [Festoxid-Brennstoffzelle, engl. Solid Oxide Fuel Cell (SOFC)] eingesetzt werden. Eine weitere Möglichkeit stellt die Verwendung geschmolzener Salze als Elektrolyt dar.

23.4 Zellspannungsmessung und ihre Anwendung

Wie bereits in Abschnitt 23.2 angedeutet, kann man eine elektrochemische Zelle nicht nur einsetzen, um die bei chemischen Reaktionen frei werdende Energie auf elektrischem Wege nutzbar zu machen, sondern auch als „Messgerät" für Differenzen von Redoxpotenzialen und damit Elektronenpotenzialen verschiedener Redoxpaare. Da jedoch die Elektronenpotenziale ihrerseits durch die chemischen Potenziale der Stoffe bestimmt werden, die die Redoxpaare bilden, kann man mit Hilfe galvanischer Zellen auch auf die μ-Werte dieser Stoffe bzw. den Antrieb $\mathcal{A}$ der zugrunde liegenden Gesamtreaktion schließen (vgl. auch Abschnitt 23.2). Stromlos gemessene Gleichgewichtszellspannungen können also verwendet werden, um diese stoffdynamischen Größen und davon abgeleitete wie Gleichgewichtskonstanten zu bestimmen.

Da die chemischen Potenziale aber auch von den Konzentrationen der Stoffe abhängen und diese Abhängigkeiten in vielen Fällen recht genau bekannt sind, eröffnet dieses Verfahren zugleich die Möglichkeit, aus gemessenen Spannungen auf die Ionenkonzentrationen, insbesondere Löslichkeiten und pH-Werte (siehe auch Abschnitt 22.7), zu schließen. Diese Methode, die man *Potenziometrie* nennt, findet in der analytischen Chemie eine breite Anwendung.

Betrachten wir als einfaches Beispiel die Aufgabe, den Gehalt an Ag⁺-Ionen in einer wässrigen Lösung festzustellen. Als Elektrode, die auf Ag⁺-Ionen anspricht, benutzen wir ein Stück Silber, das wir mit der zu analysierenden Lösung zu einer Halbzelle kombinieren. Ag bildet zusammen mit den Ag⁺-Ionen in der Lösung ein Redoxpaar, dem wir folgendes Elektronenpotenzial zuordnen können:

$$\mu_e(\text{Ag}/\text{Ag}^+) = \mu(\text{Ag}) - \mu(\text{Ag}^+) = \mu(\text{Ag}) - \overset{\circ}{\mu}(\text{Ag}^+) - RT \ln \frac{c(\text{Ag}^+)}{c^\ominus} \, .$$

Da $\mu(\text{Ag})$ und $\overset{\circ}{\mu}(\text{Ag}^+)$ bei vorgegebener Temperatur feste Werte haben, hängt das Elektronenpotenzial und damit die zugehörige Galvanispannung, die sich zwischen Metall und Lösung aufbaut, nur noch vom Gehalt der Lösung an Ag⁺-Ionen ab (siehe auch Abschnitt 22.5). Misst man nun die Galvanispannung im Vergleich zur Wasserstoff-Normalelektrode, dann kann man theoretisch aus dem so bestimmten Redoxpotenzial mittels der NERNSTschen Gleichung auf die Konzentration $c(\text{Ag}^+)$ in der Lösung schließen.

Die Messung chemischer Potenziale oder die Konzentrationsbestimmung mit Hilfe galvanischer Zellen hört sich zunächst also recht vielversprechend an. Die Galvanispannungen an vielen Elektroden stellen sich jedoch nur zögernd ein oder werden durch Sekundärreaktionen gestört, etwa die Ausbildung von Deckschichten oder dadurch, dass sich andere als die untersuchten Redoxpaare am Ladungsaustausch beteiligen. Auch treten bei Ionenkonzentrationen oberhalb $10 \, \text{mol m}^{-3}$ bereits beträchtliche Abweichungen von der Massenwirkungsgleichung (siehe auch Abschnitt 6.2) und damit der darauf basierenden NERNSTschen Gleichung auf, sodass sich Konzentrationen aus der gemessenen Zellspannung oft nur ungenau bestimmen lassen. Aus diesem Grund verbindet man das potenziometrische Verfahren mit einer Titration (*potenziometrische Titration*), da es dann auf die Genauigkeit des Absolutwertes nicht ankommt. Die Konzentration des potenzialbestimmenden Ions lässt sich z. B. durch eine *Fällungstitration* verändern. Dies wollen wir uns anhand der Bestimmung des Silbergehaltes einer Lösung durch Titration mit KCl-Maßlösung etwas näher anschauen:

$$\text{Ag}^+|\text{w} + \text{Cl}^-|\text{w} \rightarrow \text{AgCl}|\text{s} \, .$$

Hierbei wird das Redoxpotenzial der Ag/Ag⁺-Elektrode ($E = E^\ominus + (RT^\ominus/\mathcal{F}) \cdot \ln c(\text{Ag}^+) = 0,7996 + 0,059 \cdot \lg c(\text{Ag}^+)$ V NHE bei $T^\ominus = 298$ K) als Funktion der Titratorzugabe verfolgt (Abb. 23.11). Tropft man die KCl-Maßlösung zu der Ag⁺-haltigen Lösung, so fällt sofort

AgCl aus und die Konzentration der Ag^+-Ionen in der Vorlage nimmt entsprechend gleichmä-
ßig ab; pro Verminderung der Ag^+-Ionen-Konzentration um eine Dekade beobachtet man ein
Absinken des Potenzials um 59 mV. Am Äquivalenzpunkt erfolgt schließlich ein sprunghafter
Abfall der Konzentration der Ag^+-Ionen und damit auch des Potenzials, da hier ein Tropfen
KCl genügt, um die restlichen Ag^+-Ionen fast vollständig auszufällen. Die Konzentration der
Ag^+-Ionen wird folglich nur noch durch das Löslichkeitsgleichgewicht des Silberchlorids
bestimmt $[\overset{\circ}{\mathcal{K}}_{sd}\,(AgCl) = c_r(Ag^+) \cdot c_r(Cl^-) = 1{,}78 \cdot 10^{-10}$; vgl. auch Abschnitt 6.6] und ist dem-
entsprechend sehr gering. Ein weiterer Zusatz von KCl-Lösung verringert die Konzentration
der Ag^+-Ionen gemäß dem Löslichkeitsprodukt zwar weiter, aber wegen der gleichmäßigen
Zugabe an KCl sinkt auch Konzentration der Ag^+-Ionen jetzt wieder gleichmäßig ab.

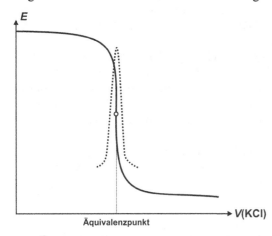

Abb. 23.11 Änderung des Redoxpotenzials
einer Ag/Ag^+-Elektrode bei der potenziometrischen Titration einer silberhaltigen
Lösung mit einer KCl-Maßlösung (durchgezogen) und erste Ableitung der Titrationskurve (gestrichelt)

Der Äquivalenzpunkt wird durch den Wendepunkt der Titrationskurve festgelegt. Zur genaueren Bestimmung dieses Punktes wird auch häufig die erste Ableitung der Titrationskurve herangezogen, da sich ein Maximum besser als ein Wendepunkt lokalisieren lässt.
In der Praxis trägt man dazu in einem Diagramm den Quotienten $\Delta E/\Delta V$ gegen das zugege-
bene Titratorvolumen V auf. (ΔE entspricht dabei der Differenz zweier aufeinanderfolgender
Messwerte.)

Potenziometrisch lässt sich bei Einsatz geeigneter Elektroden auch der Endpunkt von *Säure-
Base-*, *Komplexbildungs-* oder *Redoxtitrationen* indizieren. Das Verfahren bietet den Vorteil,
dass auch gefärbte oder trübe Lösungen titriert werden können und dass es leicht automati-
sierbar ist, da eine elektrische Messgröße anfällt.

24 Salzwirkung

Im Kapitel 13 sind wir bereits auf Abweichungen vom idealen Verhalten in Mischungen eingegangen, die auf Wechselwirkungen zwischen den beteiligten Teilchen zurückzuführen sind. Zur quantitativen Beschreibung von realen Lösungen wurde dort das Zusatzpotenzial $\overset{+}{\mu}$ eingeführt. Elektrolytlösungen nehmen nun eine gewisse Sonderstellung ein, da in ihnen Abweichungen vom idealen Verhalten bei weitaus geringeren Konzentrationen als bei Nichtelektrolyten auftreten, was auf die starken interionischen Wechselwirkungen zurückzuführen ist. Im vorliegenden Kapitel werden wir uns eingehend mit den durch diese Wechselwirkungen verursachten Erscheinungen wie Einsalzeffekt, „Salzfehler" und kinetischer Salzeffekt sowie ihrer Beschreibung durch das *ionische Zusatzpotenzial* $\overset{+}{\mu}_\iota$ befassen. Zur Vorbereitung wird zunächst das Phänomen der elektrischen Doppelschicht an ebenen Elektrodenoberflächen besprochen. Die so gewonnenen Einsichten bilden dann die Überleitung zur DEBYE-HÜCKEL-*Theorie* der interionischen Wechselwirkung in Elektrolytlösungen. Sie liefert einen Zusammenhang zwischen dem ionischen Zusatzpotenzial und der ionischen Konzentration c_ι (DEBYE-HÜCKELsches Grenzgesetz und DEBYE-HÜCKELsche Faustformel). Mit Hilfe dieser Beziehungen kann der Einfluss der interionischen Wechselwirkungen auf den Antrieb von Umsetzungen bestimmt werden; aber auch die dadurch bedingten Abweichungen vom Massenwirkungsgesetz oder der kinetische Salzeffekt werden einer Berechnung zugänglich.

24.1 Einführung

Experimenteller Befund. Der Zusatz eines inerten Fremdsalzes – d. h. eines Fremdsalzes, das keine Ionenart mit den untersuchten Stoffen gemeinsam hat und auch nicht mit ihnen reagiert – zu einer Lösung kann zu ganz unterschiedlichen Erscheinungen führen. So kann unter anderem die Löslichkeit eines anderen Salzes erhöht werden, was man als *Einsalzeffekt* bezeichnet. Beispielsweise löst sich der feine Niederschlag in einer wässrigen Suspension von Blei(II)-chlorid beim Zusatz von Natriumnitrat auf (Versuch 24.1).

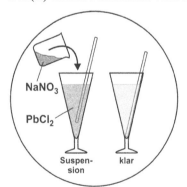

Versuch 24.1 *Auflösen von Blei(II)-chlorid durch Zugabe von Natriumnitrat*: In eine wässrige Suspension von Blei(II)-chlorid in einem Kelchglas wird eine ca. esslöffelgroße Menge an Natriumnitrat geschüttet und kräftig gerührt. Der feine weiße $PbCl_2$-Niederschlag löst sich auf.

Weiterhin kann man durch Zugabe eines inerten Fremdsalzes Pufferlösungen saurer oder basischer machen, Lösungen starker Säuren oder Laugen „abstumpfen", d. h. ihre saure bzw.

© Springer Fachmedien Wiesbaden GmbH, ein Teil von Springer Nature 2021
G. Job und R. Rüffler, *Physikalische Chemie*, Studienbücher Chemie,
https://doi.org/10.1007/978-3-658-32936-5_24

basische Reaktion vermindern, den Umschlagsbereich eines Indikators verschieben (Versuch 24.2) oder auch Elektrodenpotenziale modifizieren. Diese Phänomene können unter dem Begriff „*Salzfehler*" zusammengefasst werden.

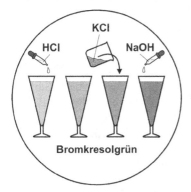

Bromkresolgrün

Versuch 24.2 *Verfärbung einer Bromkresolgrün-Indikatorlösung durch KCl-Zugabe*: Eine größere Menge an Wasser wird mit etwas Bromkresolgrün-Indikatorlösung versetzt. Die olivgrüne Lösung wird auf vier Kelchgläser verteilt. Zu der Lösung im ersten Kelchglas wird ein Tropfen verdünnte Salzsäure, zu der im vierten Kelchglas ein Tropfen verdünnte Natronlauge hinzugefügt. Bei HCl-Zugabe färbt sich die Lösung gelb, bei NaOH-Zugabe hingegen blau. Anschließend schüttet man festes KCl in das dritte Kelchglas und rührt kräftig um. Die Farbe der Lösung ändert sich von oliv- nach flaschengrün, verschiebt sich also nach blau.

Auch wird die Umsatzgeschwindigkeit von Reaktionen, an denen geladene Teilchen beteiligt sind, durch Fremdsalzzugabe verändert (*kinetischer Salzeffekt*). Beispielsweise verläuft die alkalische Hydrolyse von Triphenylmethanfarbstoffen wie Kristallviolett oder Phenolphthalein bei gleicher OH^--Konzentration in Lösungen mit hoher Salzkonzentration langsamer ab als in solchen mit niedriger Salzkonzentration (Versuch 24.3).

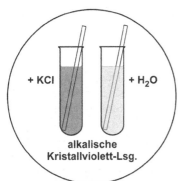

alkalische
Kristallviolett-Lsg.

Versuch 24.3 *Beeinflussung der Geschwindigkeit der Hydrolyse von Kristallviolett durch KCl-Zusatz*: In zwei Reagenzgläser füllt man jeweils die gleiche Menge an Natronlauge. Anschließend gibt man in das erste Reagenzglas KCl-Lösung, in das zweite jedoch eine entsprechende Menge an Wasser. Anschließend fügt man zu beiden Lösungen die jeweils gleiche Menge an Kristallviolett-Lösung hinzu und rührt kräftig um. Die Lösung, die das Fremdsalz enthält, entfärbt sich deutlich langsamer.

Den auf Ionen in ionenhaltiger Umgebung spürbaren Einfluss bezeichnet man als (*zwischen*- oder *inter*-) *ionische Wechselwirkung*, kurz „*Ionenwirkung*" oder auch „*Salzwirkung*".

Ionische Konzentration. Fremddionige Zusätze ändern die „Ionigkeit" des Umfeldes, ohne dass sich die Konzentrationen der untersuchten Stoffe ändern. Das erlaubt es, Massen- und Ionenwirkung getrennt zu untersuchen. Als natürliches Maß dafür, wie ionisch eine Lösung ist, bietet sich die ionale oder – schlichter ausgedrückt – *ionische Konzentration* c_ι an. [Um Größen zu kennzeichnen, die mit der interionischen Wechselwirkung zusammenhängen, wählen wir den Index ι (kleines Iota), der vom Index i sorgfältig zu unterscheiden ist.] c_ι stellt die mit dem Quadrat der Ladungszahlen z_J gewichtete Summe der Konzentrationen c_J aller vorhandenen Ionensorten J dar:

$$c_\iota = \sum z_J^2 c_J \quad . \tag{24.1}$$

Schauen wir uns ein Beispiel an: In Kalilauge mit einer Konzentration von $20 \, \text{mol m}^{-3}$ soll eine solche Menge an Kaliumsulfat gelöst worden sein, dass dessen Konzentration $5 \, \text{mol m}^{-3}$ beträgt. K_2SO_4 dissoziiert nun in zwei K^+-Ionen und ein SO_4^{2-}-Ion, die Konzentration an K^+-Ionen entspricht also demnach der doppelten Salzkonzentration. Wir erhalten entsprechend

$$c_\iota = [(+1)^2 \cdot (2 \cdot 5 + 20) + (-2)^2 \cdot 5 + (-1)^2 \cdot 20] \, \text{mol m}^{-3} = 70 \, \text{mol m}^{-3} \, .$$

Ionisches Zusatzpotenzial. Es war auch schon in den vorhergehenden Kapiteln des Öfteren darauf hingewiesen worden, dass sich bei höheren Konzentrationen $c, c', c'', \dots$ eines Stoffes und irgendwelcher Begleitstoffe neben der Massenwirkung noch andere Einflüsse auf das chemische Potenzial bemerkbar machen, die man durch konzentrationsabhängige Zusatzglieder, die Zusatzpotenziale $\overset{+}{\mu}(c, c', c'', \dots)$, beschreiben kann (siehe z. B. Abschnitt 13.3):

$$\mu = \mu_0 + RT \ln \frac{c}{c_0} + \overset{+}{\mu}(c, c', c'', \dots) \, , \quad \text{wobei gilt:} \quad \overset{+}{\mu} \to 0 \quad \text{für} \quad c, c', c'', \dots \to 0. \quad (24.2)$$

Bei geladenen Stoffen ist die interionische Wechselwirkung der mit Abstand wichtigste dieser Einflüsse. Hierdurch bedingte Zusatzpotenziale $\overset{+}{\mu}$ machen wir zusätzlich zum Überzeichen $+$ durch den Index ι kenntlich.

Bevor wir jedoch einen Ausdruck für ionische Zusatzpotenziale $\overset{+}{\mu}_\iota$ angeben können, müssen wir uns zunächst etwas ausführlicher mit Doppelschichten an Elektrodenoberflächen beschäftigen.

24.2 Doppelschichten an Elektrodenoberflächen

In Abschnitt 22.3 hatten wir schon kurz den Begriff der elektrischen Doppelschicht eingeführt. Ganz allgemein kommt es an der Grenzfläche zwischen zwei Phasen infolge ungleichen chemischen Potenzials oft zu Stoffverschiebungen. Ist nun ein solcher Stoff J geladen, weist als etwa die Ladungszahl $z_J > 0$ auf, dann lädt sich die eine Phase gegen die andere auf, die eine durch Abwanderung negativ, die andere durch Zuwanderung positiv. Das zwischen den getrennten Ladungen entstehende elektrische Feld bewirkt, dass Verarmungs- wie Anreicherungszone in beiden Phasen auf eine schmale Randschicht beschränkt bleiben. Beide Randschichten zusammen werden auch als *elektrische Doppelschicht* bezeichnet.

Die Randschicht, die sich an einer geladenen, aber stromlosen Grenzfläche in einer Elektrolytlösung ausbildet, hat zum Lösungsinnern hin keine feste Grenze, sondern sowohl die Konzentrationen $c_J(x)$ der verschiedenen Ionenarten als auch das elektrische Potenzial $\varphi(x)$ klingen allmählich zu den Werten $c_J(\infty)$ und $\varphi(\infty)$ im Lösungsinnern ab. x bezeichnet dabei den Abstand von der gedachten Grenzfläche (mit $x = 0$ für die Mittelpunkte der Ionen bei „Berührung" mit der Elektrode) (Abb. 24.1).

Diese Randschicht schirmt die Lösung elektrisch gegen die geladene Grenzfläche ab: Das von dort ausgehende Feld verebbt in der Randschicht, sodass das Lösungsinnere feldfrei wird. Die Dicke der Randschicht wird daher auch als *Abschirmlänge* λ_D bezeichnet.

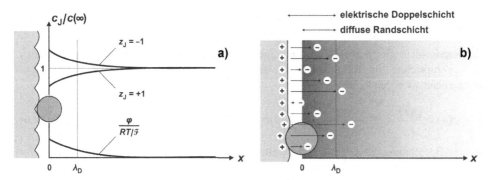

Abb. 24.1 a) Ionenkonzentration c_J und elektrisches Potenzial φ in der Randschicht einer positiv gegen die Lösung aufgeladenen Elektrode, b) Versiegen des in den positiven Ladungen der Elektrodenoberfläche entspringenden Feldes in den überschüssigen negativen Ladungen der Randschicht, sodass das Lösungsinnere feldfrei wird. Der Grauverlauf kennzeichnet die Ladungsdichte.

Im Folgenden soll nur der einfachste Fall einer aus der geladenen Grenzfläche und einer entgegengesetzt geladenen diffusen Randschicht bestehenden Doppelschicht betrachtet werden (GOUY-CHAPMAN-Modell). Wir nehmen an, dass alle Ionen unveränderliche Solvathüllen gleichen Durchmessers besitzen und nicht fest an der Grenzfläche adsorbiert werden. Um der potenziellen Energie eines Ions J mit der Ladungszahl z_J im elektrischen Feld Rechnung zu tragen, hat man, wie in Abschnitt 22.1 besprochen, das zugehörige chemische Potenzial um das elektrische Glied $z_J \mathcal{F} \varphi(x)$ zu ergänzen. Dann gilt aufgrund der Massenwirkungsgleichung, falls man $\varphi(\infty) = 0$ wählt:

$$\mu_J(x) = \mu_J(\infty) + z_J \mathcal{F} \varphi(x) + RT \ln \frac{c_J(x)}{c_J(\infty)} . \tag{24.3}$$

Solange von Ort zu Ort Unterschiede in den Potenzialen $\mu_J(x)$ bestehen, wandern die Ionen und ändern damit ihre Konzentrationen $c_J(x)$. Im Gleichgewicht hat jedes dieser Potenziale überall denselben Wert μ_J. In diesem Falle heben sich die beiden Glieder $\mu_J(x)$ und $\mu_J(\infty)$ weg, sodass man beim Auflösen der Gleichung nach $c_J(x)$ den Ausdruck

$$c_J(x) = c_J(\infty) \cdot \exp\left(-\frac{z_J \mathcal{F} \varphi(x)}{RT} \right) \tag{24.4}$$

erhält. Die Reihenentwicklung der Exponentialfunktion $\exp(-a)$,

$$\exp(-a) = 1 - a + \frac{a^2}{2} - \dots$$

kann man für kleine a-Werte nach dem linearen Glied abbrechen. Wir erhalten damit für $c_J(x)$:

$$c_J(x) \approx c_J(\infty) \cdot \left[1 - \frac{z_J \mathcal{F} \varphi(x)}{RT} \right] . \tag{24.5}$$

Diese Vereinfachung der Rechnung bedeutet, dass wir uns auf kleine Spannungen zwischen Grenzfläche und Lösung, $\varphi(0) - \varphi(\infty) \ll RT/F$ (≈ 25 mV bei 298 K), beschränken müssen.

In der Randschicht gleichen sich die Ladungen der Ionen auch im Gleichgewicht nicht aus, sondern verursachen eine Raumladung mit der Ladungsdichte $\rho(x)$, die analog zur Massendichte berechnet werden kann:

$$\rho(x) = \frac{Q(x)}{V} = \frac{\sum z_J F n_J(x)}{V} = F \sum z_J c_J(x), \tag{24.6}$$

wobei zur Berechnung der Ladung Q die FARADAYschen Gesetze [heutige Formulierung: $Q = zFn$; Gl. (21.9)] herangezogen wurden.

Die ortsabhängige Raumladungsdichte bewirkt wiederum den gekrümmten Verlauf des elektrischen Potenzials, der quantitativ durch die *POISSONsche Gleichung* der Elektrostatik beschrieben werden kann:

$$\frac{\partial}{\partial x}\left(\frac{\partial \varphi(x)}{\partial x}\right) = \frac{\partial^2 \varphi(x)}{\partial x^2} = -\frac{\rho(x)}{\varepsilon}. \tag{24.7}$$

Der Term auf der linken Seite stellt dabei die zweite partielle Ableitung der Funktion $\varphi(x)$ nach x dar, der Term in der Mitte eine verkürzte Schreibweise dieser Ableitung. ε ist die *Permittivität* eines Mediums und gibt seine Durchlässigkeit für elektrische Felder an. Sie wird als Vielfaches der Permittivität ε_0 des Vakuums angegeben:

$$\varepsilon = \varepsilon_r \varepsilon_0. \tag{24.8}$$

Bei ε_0, auch *elektrische Feldkonstante* genannt, handelt es sich um eine Naturkonstante ($\varepsilon_0 = 8{,}854 \cdot 10^{-12}$ A s V^{-1} m^{-1}); ε_r ist die stoffabhängige relative Permittivität. Da die Herleitung der POISSONschen Gleichung den Rahmen dieses Lehrbuchs sprengen würde, übernehmen wir sie aus Nachschlagewerken der Elektrodynamik.

Durch Einsetzen von Gleichung (24.5) in Gleichung (24.6) erhalten wir für die Ladungsdichte $\rho(x)$,

$$\rho(x) = F \sum z_J c_J(\infty) \cdot \left[1 - \frac{z_J F \varphi(x)}{RT}\right] = \underbrace{\sum z_J F c_J(\infty)}_{\rho(\infty) = 0} - \underbrace{\sum z_J^2 c_J(\infty)}_{c_t} \cdot \frac{F^2}{RT} \cdot \varphi(x). \tag{24.9}$$

$\rho(\infty)$ verschwindet, weil die Lösung im Innern elektroneutral ist; c_t ist die ionische Konzentration gemäß Gleichung (24.1). Setzen wir nun Gleichung (24.9) für die Ladungsdichte $\rho(x)$ in die POISSONsche Gleichung [Gl. (24.7)] ein, so erhalten wir:

$$\frac{\partial^2 \varphi(x)}{\partial x^2} = -\left(-\frac{c_t F^2}{\varepsilon RT} \cdot \varphi(x)\right). \tag{24.10}$$

Mit den Abkürzungen $\varphi''(x) = \partial^2 \varphi(x)/\partial x^2$ und $\lambda_D^{-2} = c_t F^2/\varepsilon RT$ lautet die obige Gleichung:

$$\varphi''(x) = \lambda_D^{-2} \cdot \varphi(x). \tag{24.11}$$

Für die Abschirmlänge λ_D (auch DEBYE-Länge genannt), die ein Maß für die Dicke der das Feld abschirmenden Randschicht darstellt, gilt demnach der folgende Zusammenhang,

$$\lambda_D = \sqrt{\varepsilon RT / c_1 \mathcal{F}^2} \,, \tag{24.12}$$

der auch als GOUY-CHAPMAN-Gleichung bezeichnet wird.

Die Differenzialgleichung (24.11) wird durch die Funktion

$$\varphi(x) = \varphi(0) \cdot \exp\left(-\frac{x}{\lambda_D}\right) \quad \text{für} \quad \varphi(0) \ll RT/\mathcal{F} \tag{24.13}$$

gelöst, wovon man sich durch zweimaliges Ableiten leicht überzeugen kann. Durch Einsetzen von $\varphi(x)$ in Gleichung (24.5) erhalten wir für $c_J(x)$:

$$c_J(x) = c_J(\infty) \cdot \left[1 - \frac{z_J \mathcal{F} \varphi(0)}{RT} \cdot \exp\left(-\frac{x}{\lambda_D}\right)\right]. \tag{24.14}$$

Wir sehen, dass die Abweichungen des elektrischen Potenzials $\Delta\varphi = \varphi(x) - \varphi(\infty)$ und der Ionenkonzentrationen $\Delta c_J = c_J(x) - c_J(\infty)$ von den Werten im Lösungsinnern in der Randschicht exponentiell mit dem Abstand von der geladenen Grenzfläche abklingen (siehe Darstellung in Abbildung 24.1 a).

24.3 Theorie der interionischen Wechselwirkung

Grundgedanke. Der niederländische Physiker und theoretische Chemiker Peter DEBYE und der deutsche Physikochemiker Erich HÜCKEL, die Begründer der gleichnamigen Theorie, nahmen an, dass sich in einer dünnen Elektrolytlösung auch um jedes Ion eine kugelsymmetrische Randschicht oder „Ionenwolke" ausbildet, die die Ladung des Zentralions abschirmt. Diese diffuse Randschicht wird innen durch eine Kugel mit dem Radius d begrenzt, wobei d dem mittleren Durchmesser der Kationen und Anionen entspricht; ihre Dicke hingegen lässt sich durch die Abschirmlänge λ_D kennzeichnen. Die Ionenkonzentrationen $c_J(r)$ und das elektrische Potenzial $\varphi(r)$ als Funktionen des Abstandes r vom Mittelpunkt des Zentralions lassen sich unter entsprechenden Voraussetzungen nach demselben Muster wie im letzten Abschnitt berechnen und zeigen wieder einen exponentiellen Verlauf. Wir übergehen hier die – außer einigen mathematischen Besonderheiten infolge der Kugelsymmetrie – nichts wesentlich Neues bringende Rechnung und untersuchen, etwas vereinfachend, die für die Chemie wichtigste Folge der Abschirmung.

Ohne die Abschirmung wäre das Zentralion, dessen Ladungszahl z und dessen Durchmesser d sein soll, von einem weitreichenden elektrischen Feld umgeben. Durch die Ausbildung einer Randschicht mit der Dicke λ_D, berechenbar nach der im letzten Abschnitt genannten Gleichung, verschwindet das Feld, grob gesagt, außerhalb eines Abstandes $r = d + \lambda_D$ (Abb. 24.2), während es innerhalb erhalten bleibt. Die Randschicht ist weder nach innen noch nach außen scharf begrenzt.

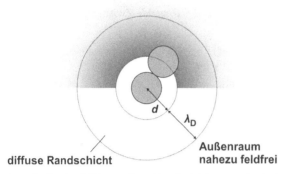

Abb. 24.2 Zentralion mit zugehöriger „Ionenwolke" (diffuse Randschicht). Der Grauverlauf kennzeichnet die mittlere Ladungsdichte der „vagabundierenden" Nachbarionen. Erst, wenn die Ionenkonzentration c_J in etwa der Normkonzentration $c^\ominus$ entspricht, wird für übliche Ionen in Wasser $\lambda_D \approx d$, wie in der Abbildung dargestellt, während λ_D in dünnen Lösungen weit größer ist.

diffuse Randschicht

Außenraum nahezu feldfrei

Durch die Ausbildung einer Randschicht verschwindet das Feld, wie gesagt, außerhalb eines Abstandes r und damit auch dessen Energieinhalt w weitgehend. Mit Hilfe der Formel für die Kapazität C einer leitenden Kugel mit dem Radius r,

$$C = 4\pi\varepsilon r ,\tag{24.15}$$

und der Gleichung für die Energie eines die Ladung Q tragenden Kondensators,

$$W = \frac{Q^2}{2C} ,\tag{24.16}$$

ergibt sich für ein Ion mit der Ladung $Q = ze_0$:

$$w = \frac{z^2 e_0^2}{8\pi\varepsilon(d + \lambda_D)} .\tag{24.17}$$

Auswirkung auf das chemische Potenzial. Diese Energieeinbuße äußert sich gemäß der Anregungsgleichung [siehe Gl. (10.37)] in einer Senkung des chemischen Potenzials μ der entsprechenden Ionenart um w/τ:

$$\mu = \mu_0 + RT\ln\frac{c}{c_0} - \underbrace{\frac{z^2 e_0 \mathcal{F}}{8\pi\varepsilon(d + \lambda_D)}}_{\overset{+}{\mu_1}} \qquad \textit{DEBYE-HÜCKELsche Gleichung} \tag{24.18}$$

mit $\mathcal{F} = e_0/\tau$. $\overset{+}{\mu_1}$ ist das *ionische Zusatzpotenzial*, das für ungeladene, nichtionische Stoffe verschwindet. Wir wollen nun für die Abschirmlänge λ_D die Gleichung aus dem letzten Abschnitt übernehmen [Gl. (24.12)],

$$\lambda_D = \lambda_{D,0} \cdot \sqrt{\frac{c_0}{c_1}} \quad \text{mit} \quad \lambda_{D,0} = \sqrt{\varepsilon RT / c_0 \mathcal{F}^2} .\tag{24.19}$$

DEBYE-HÜCKELsches Grenzgesetz. Beschränkt man sich auf so kleine ionische Konzentrationen, dass d gegen λ_D vernachlässigbar wird, – in wässrigen Lösungen der üblichen Ionen

[d (einschließlich Hydrathülle) $\approx 0{,}4$ nm] ist dies für $c_1 \lesssim 10$ mol m^{-3} ($\lambda_D \approx 4$ nm) einigermaßen erfüllt –, dann gilt:

$$\overset{+}{\mu}_1 = -\frac{z^2 e_0 F}{8\pi\varepsilon\lambda_D} = -\frac{e_0 F}{8\pi\varepsilon\lambda_{D,0}} \cdot z^2 \sqrt{\frac{c_1}{c_0}} \qquad \text{für} \quad d \ll \lambda_D. \tag{24.20}$$

Man spricht in diesem Fall auch vom *DEBYE-HÜCKELschen Grenzgesetz*. Das ionische Zusatzpotenzial $\overset{+}{\mu}_1$ ist stets negativ, und zwar sinkt das chemische Potenzial μ einer Ionenart umso tiefer, je ionenreicher das Umfeld ist. Genauer gesagt ist der durch die interionische Wechselwirkung bedingte Potenzialabfall proportional

– zum Quadrat der Ladungszahl z, unabhängig von allen sonstigen Merkmalen,
– zur Wurzel aus der ionischen Konzentration c_1 des Umfeldes (sofern $c_1 \ll c^{\ominus}$ gilt)

und sonst nur noch abhängig von Art und Zustand des Lösemittels.

Mit der Normkonzentration $c^{\ominus} = 1$ kmol m^{-3} als Bezugskonzentration c_0 gilt:

$$\overset{+}{\mu}_1 = -\underbrace{\frac{e_0 F}{8\pi\varepsilon\overset{\circ}{\lambda}_D}}_{\overset{\circ}{\mu}_I} \cdot z^2 \sqrt{c_{1,r}} \,. \tag{24.21}$$

Dabei bezeichnet $\overset{\circ}{\lambda}_D$ den Grundwert der Abschirmlänge und $c_{1,r} = c_1/c^{\ominus}$ die relative ionische Konzentration. Die Gleichung können wir noch etwas kompakter darstellen:

$$\overset{+}{\mu}_1 = z^2 \underbrace{\overset{\circ}{\mu}_I \sqrt{c_{1,r}}}_{\mu_I} \,. \tag{24.22}$$

μ_I ist das ionische Zusatzpotenzial einer einwertigen Ionensorte, $\overset{\circ}{\mu}_I$ der zugehörige Grundwert, d. h. der gedachte, nach dem Grenzgesetz auf $c_1 = c^{\ominus}$ hochgerechnete Wert.

Bei 298 K ist die relative Permittivität des Lösemittels Wasser 78,5. Dementsprechend erhalten wir für $\overset{\circ}{\lambda}_D$ aufgrund der Beziehung

$$\overset{\circ}{\lambda}_D = \sqrt{\frac{\varepsilon_r \varepsilon_0 RT}{c^{\ominus} F^2}}$$

den folgenden Wert:

$$\overset{\circ}{\lambda}_D = \sqrt{\frac{78{,}5 \cdot (8{,}854 \cdot 10^{-12} \text{ C V m}^{-2}) \cdot 8{,}314 \text{ J mol}^{-1} \text{K}^{-1} \cdot 298 \text{ K}}{1000 \text{ mol m}^{-3} \cdot (96485 \text{ C mol}^{-1})^2}} = 4{,}3 \cdot 10^{-10} \text{ m}$$

Der Grundwert $\overset{\circ}{\mu}_I$ ergibt sich dann wegen

$$\overset{\circ}{\mu}_I = -\frac{e_0 F}{8\pi\varepsilon_r \varepsilon_0 \overset{\circ}{\lambda}_D}$$

durch Einsetzen der entsprechenden Werte zu

$$\overset{\circ}{\overset{}{\mu}}_I = -\frac{(1,602\cdot10^{-19}\text{ C})\cdot96485\text{ C mol}^{-1}}{8\pi\cdot78,5\cdot(8,854\cdot10^{-12}\text{ A s V}^{-1}\text{ m}^{-1})\cdot(4,3\cdot10^{-10}\text{ m})}$$

$$\overset{\circ}{\overset{}{\mu}}_I = -2058\text{ J mol}^{-1} = -2,06\text{ kJ mol}^{-1} = -2,06\text{ kG}.$$

DEBYE-HÜCKELsche Faustformel. Vernachlässigt man nun d nicht länger gegenüber λ_D, sondern setzt in das DEBYE-HÜCKELsche Grenzgesetz [Gl.(24.21)] $d \approx \overset{\circ}{\lambda}_D$ ein, was in wässrigen Lösungen der üblichen Ionensorten zufällig zutrifft (sowie wieder $\lambda_D = \overset{\circ}{\lambda}_D \cdot \sqrt{1/c_{l,r}}$), dann erhält man die sogenannte *DEBYE-HÜCKELsche Faustformel* (auch erweitertes DEBYE-HÜCKELsches Grenzgesetz genannt):

$$\overset{+}{\mu}_l = -\frac{z^2 e_0 F}{8\pi\varepsilon(\overset{\circ}{\lambda}_D + \overset{\circ}{\lambda}_D \cdot \sqrt{1/c_{l,r}})} = -\frac{z^2 e_0 F}{8\pi\varepsilon\overset{\circ}{\lambda}_D\left(1+\frac{1}{\sqrt{c_{l,r}}}\right)} = -\frac{z^2 e_0 F}{8\pi\varepsilon\overset{\circ}{\lambda}_D\left(\frac{\sqrt{c_{l,r}}+1}{\sqrt{c_{l,r}}}\right)}$$

$$\overset{+}{\mu}_l = -\underbrace{\frac{e_0 F}{8\pi\varepsilon\overset{\circ}{\lambda}_D}}_{\overset{\circ}{\overset{}{\mu}}_I} z^2 \frac{\sqrt{c_{l,r}}}{1+\sqrt{c_{l,r}}}.\tag{24.23}$$

Die Faustformel gilt für den etwas größeren Konzentrationsbereich $c_l \lesssim 100\text{ mol m}^{-3}$. Auch sie kann noch etwas kompakter dargestellt werden:

$$\overset{+}{\mu}_l = z^2 \overset{\circ}{\overset{}{\mu}}_I \underbrace{\frac{\sqrt{c_{l,r}}}{1+\sqrt{c_{l,r}}}}_{\mu_I}.\tag{24.24}$$

Abbildung 24.4 fasst nun gemessene $\overset{+}{\mu}_l$-Werte für etwa hundert Elektrolyte zusammen. Der $\overset{+}{\mu}_l$-Wert für einen in die Ionen A^{z_A}, B^{z_B}, C^{z_C}, ... dissoziierenden Elektrolyten $A_\alpha B_\beta C_\gamma$ ... ergibt sich additiv aus den Beiträgen der einzelnen Ionen; daher gilt nach dem DEBYE-HÜCKELschen Grenzgesetz [Gl. (24.21)] für kleine ionische Konzentrationen c_l:

$$\overset{+}{\mu}_l = (v_A z_A^2 + v_B z_B^2 + v_C z_C^2 + ...)\cdot\overset{\circ}{\overset{}{\mu}}_I \sqrt{c_{l,r}}.\tag{24.25}$$

Die Summe der mit z_J^2 gewichteten Umsatzzahlen v_J aller beteiligten Ionen kann man als *ionische Umsatzzahl* v_l bezeichnen:

$$v_l = \sum z_J^2 v_J.\tag{24.26}$$

Eine Auftragung von $\overset{+}{\mu}_l/v_l$ gegen $\sqrt{c_{l,r}}$ für alle Elektrolyte sollte gemäß Gleichung (24.25) zu Beginn zusammenfallende Kurven mit der Anfangssteigung $\overset{\circ}{\overset{}{\mu}}_I$ liefern (Grenztangente in Abb. 24.3). Die ausgezogene Kurve hingegen wurde nach der DEBYE-HÜCKELschen Faustformel berechnet.

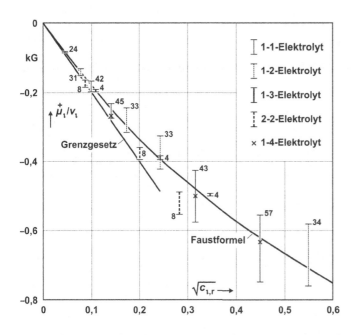

Abb. 24.3 Ionisches Zusatzpotenzial $\overset{+}{\mu}_\text{I}$ gelöster Elektrolyte in Abhängigkeit von der ionischen Konzentration c_I. Dargestellt sind jeweils die über alle Elektrolyte desselben Typs gemittelten Messwerte, wobei die Balkenlänge die Streuung kennzeichnet und die beigefügte Zahl die Anzahl der dabei erfassten Elektrolyte angibt.

24.4 Anwendung

Umsetzungen allgemein. Die Aufspaltung der chemischen Potenziale in Grundglied $\overset{\circ}{\mu}$, Massenwirkungsglied $\overset{\times}{\mu} = RT \ln c_\text{r}$ und Zusatzglied $\overset{+}{\mu}$,

$$\mu = \overset{\circ}{\mu} + \overset{\times}{\mu} + \overset{+}{\mu}\,, \qquad (24.27)$$

hat eine entsprechende Aufspaltung des Antriebs zur Folge,

$$\mathcal{A} = \overset{\circ}{\mathcal{A}} + \overset{\times}{\mathcal{A}} + \overset{+}{\mathcal{A}}\,. \qquad (24.28)$$

In dem Zusatzglied $\overset{+}{\mathcal{A}}$ sind alle zusätzlichen Einflüsse zusammengefasst. Im Fall einer Umsetzung unterschiedlicher Ionenarten,

$$|v_\text{B}|\,\text{B} + |v_{\text{B}'}|\,\text{B}' + \ldots \to v_\text{D}\text{D} + v_{\text{D}'}\text{D}' + \ldots\,,$$

gilt, falls alle beteiligten Ionenarten in derselben Lösung vorliegen und das DEBYE-HÜCKELsche Grenzgesetz oder die DEBYE-HÜCKELsche Faustformel anwendbar sind,

$$\overset{+}{\mathcal{A}}_\text{I} = -v_\text{I}\mu_\text{I}\,. \qquad (24.29)$$

Massenwirkungsgesetz. Man erhält das Gesetz auf demselben Wege wie bisher aus der Bedingung $\mathcal{A} = 0$ für das Vorliegen eines Gleichgewichts, wobei jedoch jetzt bei der Berechnung der Gleichgewichtszahl $\overset{\circ}{\mathcal{A}}$ durch $\overset{\circ}{\mathcal{A}} + \overset{+}{\mathcal{A}}_\text{I}$ zu ersetzen ist. Betrachten wir als Beispiel eine allgemeine Umsetzung

$$\text{B} + \text{B}' + \ldots \rightleftarrows \text{D} + \text{D}' + \ldots\,,$$

so erhalten wir

$$\mathcal{A} = (\overset{\circ}{\mathcal{A}} + \overset{+}{\mathcal{A}}_\iota) + RT \ln \frac{c_r(B) \cdot c_r(B') \cdot \ldots}{c_r(D) \cdot c_r(D') \cdot \ldots} = 0 \,. \tag{24.30}$$

Formen wir die Gleichung ganz analog zu der Vorgehensweise in Abschnitt 6.4 um, so ergibt sich

$$\left(\frac{c_r(D) \cdot c_r(D') \cdot \ldots}{c_r(B) \cdot c_r(B') \cdot \ldots} \right)_{Gl} = \exp \frac{(\overset{\circ}{\mathcal{A}} + \overset{+}{\mathcal{A}}_\iota)}{RT} \,. \tag{24.31}$$

Unter Anwendung der Regel exp(a+b) = exp(a) · exp(b) (siehe Anhang A1.1) können wir auch schreiben:

$$\left(\frac{c_r(D) \cdot c_r(D') \cdot \ldots}{c_r(B) \cdot c_r(B') \cdot \ldots} \right)_{Gl} = \underbrace{\exp \frac{\overset{\circ}{\mathcal{A}}}{RT}}_{\overset{\circ}{\mathcal{K}}} \cdot \underbrace{\exp \frac{\overset{+}{\mathcal{A}}_\iota}{RT}}_{\overset{+}{\mathcal{K}}} \tag{24.32}$$

Der *Zusatzfaktor* $\overset{+}{\mathcal{K}}$,

$$\overset{+}{\mathcal{K}} = \exp \frac{\overset{+}{\mathcal{A}}_\iota}{RT} = \exp \frac{(-\nu_\iota \mu_I)}{RT} \,, \tag{24.33}$$

schließt alle in $\overset{+}{\mathcal{A}}_\iota$ zusammengefassten Einflüsse ein. Falls einige der beteiligten Stoffe nicht gelöst sind, etwa nur als Lösemittel, Bodenkörper oder Gas an der Umsetzung mitwirken, sind die entsprechenden relativen Konzentrationen wie bisher durch 1 zu ersetzen (d. h. das zugehörige Massenwirkungsglied entfällt) bzw. im Falle eines Gases durch den relativen Druck (siehe Abschnitt 6.6).

Als Beispiel wollen wir uns die Fällung von Kalkstein aus Kalkwasser, einer wässrigen Calciumhydroxid-Lösung, durch Kohlendioxid (siehe Abbildung in Abschnitt 4.7),

$$Ca^{2+}|w + 2\,OH^-|w + CO_2|g \rightleftarrows CaCO_3|s + H_2O|l,$$

unter diesem neuen Gesichtspunkt näher anschauen. Das Massenwirkungsgesetz lautet:

$$\frac{1}{c_r(Ca^{2+}) \cdot c_r(OH^-)^2 \cdot p_r(CO_2)} = \overset{\circ}{\mathcal{K}} \cdot \overset{+}{\mathcal{K}} \,.$$

Die Gleichgewichtszahl $\mathcal{K}^\ominus$ bei 298 K kann mit Hilfe der in Tabelle A2.1 im Anhang aufgeführten chemischen Potenziale der beteiligten Stoffe berechnet werden (siehe Kapitel 6) und ergibt sich zu $1{,}4 \cdot 10^{18}$. Da die Sättigungskonzentration im Kalkwasser bei 298 K $c_{sd} = 22$ mol m^{-3} beträgt, erhalten wir für die ionische Konzentration c_ι gemäß Gleichung (24.1)

$$c_\iota = [(+2)^2 \cdot 22 + (-1)^2 \cdot 2 \cdot 22]\,\text{mol m}^{-3} = 132\,\text{mol m}^{-3}\,.$$

Die ionische Umsatzzahl ν_ι [Gl. (24.26)] ergibt sich zu

$$\nu_\iota = (+2)^2 \cdot (-1) + (-1)^2 \cdot (-2) = -6\,,$$

der Vorgang ist also ionenbindend (wegen $\nu_\iota < 0$). Da $c_\iota > 10$ mol m^{-3} gilt, wählen wir zur Berechnung von μ_I die DEBYE-HÜCKELsche Faustformel:

$$\mu_{\mathrm{I}} = \overset{\circ}{\mu}_{\mathrm{I}} \frac{\sqrt{c_{\mathrm{I,r}}}}{1 + \sqrt{c_{\mathrm{I,r}}}} \,.$$

$$\mu_{\mathrm{I}} = -(2,06 \cdot 10^3 \,\mathrm{J\,mol^{-1}}) \cdot \frac{\sqrt{132 \,\mathrm{mol\,m^{-3}}/1000 \,\mathrm{mol\,m^{-3}}}}{1 + \sqrt{132 \,\mathrm{mol\,m^{-3}}/1000 \,\mathrm{mol\,m^{-3}}}} = -550 \,\mathrm{G} = -0,55 \,\mathrm{kG} \,.$$

Für den Zusatzfaktor $\overset{+}{\mathcal{K}}$ ergibt sich somit bei der Normtemperatur von 298 K:

$$\overset{+}{\mathcal{K}} = \exp\frac{(-v_{\mathrm{I}}\mu_{\mathrm{I}})}{RT} = \exp\frac{-(-6)\cdot(-550\,\mathrm{G})}{8,314\,\mathrm{G\,K^{-1}}\cdot 298\,\mathrm{K}} = 0,26 \,.$$

Die Gleichgewichtszahl $\mathcal{K}^{\ominus}$ ist also um den Faktor 0,26 zu korrigieren; entsprechend wird das Gleichgewicht in Richtung auf die Ausgangsstoffe hin verschoben.

Löslichkeitserhöhung eines Salzes. Wir betrachten den Lösevorgang eines Salzes $A_\alpha B_\beta$ gemäß

$$A_\alpha B_\beta \rightleftarrows v_{\mathrm{A}} A^{z_{\mathrm{A}}} + v_{\mathrm{B}} B^{z_{\mathrm{B}}} \,.$$

Das Massenwirkungsgesetz für diesen Vorgang ohne Berücksichtigung der interionischen Wechselwirkungen lautet, solange ein Bodenkörper des Salzes vorhanden ist (siehe Abschnitt 6.6):

$$\overset{\circ}{\mathcal{K}}_{\mathrm{sd}} = c_{\mathrm{r}}(A^{z_{\mathrm{A}}})^{v_{\mathrm{A}}} \cdot c_{\mathrm{r}}(B^{z_{\mathrm{B}}})^{v_{\mathrm{B}}} \,. \tag{24.34}$$

$c_{\mathrm{sd},0}$ sei die Sättigungskonzentration des Salzes unter den vorliegenden Bedingungen. Dann erhalten wir

$$\overset{\circ}{\mathcal{K}}_{\mathrm{sd}} = (v_{\mathrm{A}} \cdot c_{\mathrm{sd,r},0})^{v_{\mathrm{A}}} \cdot (v_{\mathrm{B}} \cdot c_{\mathrm{sd,r},0})^{v_{\mathrm{B}}} = (c_{\mathrm{sd,r},0})^{v_{\mathrm{A}}+v_{\mathrm{B}}} \cdot v_{\mathrm{A}}{}^{v_{\mathrm{A}}} \cdot v_{\mathrm{B}}{}^{v_{\mathrm{B}}} \tag{24.35}$$

Berücksichtigt man jedoch die interionischen Wechselwirkungen, so ergibt sich

$$\overset{\circ}{\mathcal{K}}_{\mathrm{sd}} \cdot \overset{+}{\mathcal{K}} = (c_{\mathrm{sd,r}})^{v_{\mathrm{A}}+v_{\mathrm{B}}} \cdot v_{\mathrm{A}}{}^{v_{\mathrm{A}}} \cdot v_{\mathrm{B}}{}^{v_{\mathrm{B}}} \tag{24.36}$$

mit der veränderten Sättigungskonzentration c_{sd}. Auflösen nach c_{sd} resultiert in:

$$c_{\mathrm{sd}} = c^{\ominus} \cdot \sqrt[v_{\mathrm{A}}+v_{\mathrm{B}}]{\frac{\overset{\circ}{\mathcal{K}}_{\mathrm{sd}} \cdot \overset{+}{\mathcal{K}}}{v_{\mathrm{A}}{}^{v_{\mathrm{A}}} \cdot v_{\mathrm{B}}{}^{v_{\mathrm{B}}}}} = c^{\ominus} \cdot \underbrace{\sqrt[v_{\mathrm{A}}+v_{\mathrm{B}}]{\frac{\overset{\circ}{\mathcal{K}}_{\mathrm{sd}}}{v_{\mathrm{A}}{}^{v_{\mathrm{A}}} \cdot v_{\mathrm{B}}{}^{v_{\mathrm{B}}}}}}_{c_{\mathrm{sd},0}} \cdot \sqrt[v_{\mathrm{A}}+v_{\mathrm{B}}]{\overset{+}{\mathcal{K}}} \,. \tag{24.37}$$

Für den Zusatzfaktor $\overset{+}{\mathcal{K}}$ gilt

$$\overset{+}{\mathcal{K}} = \exp\frac{(-v_{\mathrm{I}}\mu_{\mathrm{I}})}{RT}$$

mit $v_{\mathrm{I}} = z_{\mathrm{A}}^2 v_{\mathrm{A}} + z_{\mathrm{B}}^2 v_{\mathrm{B}}$. Da man im vorliegenden Fall nur die Endprodukte zu berücksichtigen braucht und deren Umsatzzahlen stets positiv sind, ist auch die ionische Umsatzzahl stets positiv, der Lösevorgang ist ionenbildend. μ_{I} ist hingegen stets negativ, sodass für den Term im Argument der Exponentialfunktion gilt: $-v_{\mathrm{I}}\mu_{\mathrm{I}} > 0$. Das bedeutet aber, dass $\overset{+}{\mathcal{K}} > 1$ ist und damit auch dessen Wurzel. Als Folge der interionischen Wechselwirkungen liegt eine höhere Sättigungskonzentration vor, d. h., wie aufgrund des Schauversuchs 24.1 zu erwarten, ist die Löslichkeit des Salzes erhöht.

Verschiebung des Halbwertspotenzials eines Säure-Base-Paares. Wir wollen das Säure-Base-Paar Ad/Bs betrachten, für das gilt:

$$Ad \rightarrow Bs + p.$$

Auch in diesem Fall kann eine ionische Umsatzzahl $v_i{}^*$ definiert werden, jedoch mit der Besonderheit, dass Protonen p nicht zu berücksichtigen sind:

$$v_i{}^* = \sum_{J \neq p} z_J^2 v_J. \tag{24.38}$$

Schauen wir uns zur Erläuterung das folgende Beispiel an, die Dissoziation des Hydrogensulfat-Anions in wässriger Lösung:

$$HSO_4^-|w \rightarrow SO_4^{2-}|w + p.$$

Die ionische Umsatzzahl $v_i{}^*$ beträgt hier

$$v_i{}^* = (-1)^2 \cdot (-1) + (-2)^2 \cdot 1 = 3.$$

In einem ionenfreien Umfeld ($c_i = 0$) würde der Protonierungsgrad $\Theta = \frac{1}{2}$ bei $\overset{\circ}{\mu}_p$, dem Grundwert des Protonenpotenzials des Säure-Base-Paares Ad/Bs, erreicht werden (siehe Abschnitt 7.4); das „Halbwertspotenzial" $\mu_{p,1/2}$ betrüge also $\mu_{p,1/2} = \overset{\circ}{\mu}_p$ (Ad/Bs). In einem ionischen Umfeld erhalten wir jedoch

$$\mu_{p,1/2} = \overset{\circ}{\mu}_p + \overset{+}{\mu}_p.$$

Das Zusatzglied $\overset{+}{\mu}_p$ ergibt sich zu:

$$\overset{+}{\mu}_p = \overset{+}{\mu}(Ad) - \overset{+}{\mu}(Bs) = -v_i{}^* \cdot \mu_I.$$

Für das Halbwertspotenzial gilt in diesem Fall:

$$\mu_{p,1/2} = \overset{\circ}{\mu}_p (Ad/Bs) - v_i{}^* \cdot \mu_I. \tag{24.39}$$

Für die allgemeine Säure-Base-Reaktion

$$Ad \rightarrow Bs + v_p p$$

erhält man ganz entsprechend:

$$\mu_{p,1/2} = \overset{\circ}{\mu}_p (Ad/Bs) - \frac{v_i{}^*}{v_p} \cdot \mu_I \tag{24.40}$$

Bei Indikatoren handelt es sich um spezielle Säure-Base-Paare, bei denen sich die beiden Komponenten stark in der Farbe unterscheiden (siehe Abschnitt 7.7). Im Falle des Bromkresolgrüns findet ein Farbwechsel von gelb (HInd) nach blau (Ind$^-$) statt. Aufgrund des zugrundeliegenden Vorgangs

$$HInd \rightarrow Ind^- + p$$

ist die ionische Umsatzzahl $v_t{}^* = 1 > 0$. Da μ_I immer negativ ist, gilt somit $- v_t{}^* \mu_I > 0$, d. h. das Halbwertspotenzial ist zu höheren Werten hin verschoben und damit der Umschlagsbereich des Indikators ins Saure. Dies erklärt die im Schauversuch 24.2 beobachtete Verschiebung der Farbe der Lösung zum blauen hin nach der Zugabe eines Fremdsalzes.

Verschiebung des Halbwertspotenzials eines Redoxpaares. Bei den Redoxreaktionen handelt es sich wie bei den Säure-Base-Reaktionen um Übertragungsreaktionen, nur das anstelle eines Protonenaustauschs ein Elektronenaustausch stattfindet. Die Verschiebung des Halbwertspotenzials kann daher ganz analog wie im vorigen Unterabschnitt abgehandelt werden. Man geht von der Umsatzformel

$$Rd \rightarrow Ox + v_e e$$

aus (die große Ähnlichkeit mit derjenigen der Säure-Base-Reaktion aufweist). Im Falle der Redoxreaktionen werden bei der Bestimmung der ionischen Umsatzzahl $v_t{}^*$ die Elektronen nicht berücksichtigt:

$$v_t{}^* = \sum_{J \neq e} z_J^2 v_J \ . \tag{24.41}$$

Für das Halbwertspotenzial $\mu_{e,1/2}$ in einem ionischen Umfeld ergibt sich in Analogie zu Gleichung (24.40)

$$\mu_{e,1/2} = \overset{\circ}{\mu}_e (Rd/Ox) - \frac{v_t{}^*}{v_e} \cdot \mu_I \tag{24.42}$$

mit $\overset{\circ}{\mu}_e (Rd/Ox)$ als Grundwert des Elektronenpotenzials des Redoxpaares Rd/Ox.

Kinetischer Salzeffekt. Grundlage ist die Theorie des Übergangszustandes (siehe Abschnitt 18.3), die auch für Reaktionen in Lösungen gilt. Dabei wollen wir von dem folgenden Reaktionsschema ausgehen:

$$A + B \rightleftarrows \overset{\ddagger}{\overparen{AB}} \rightarrow P \ .$$

Die Geschwindigkeitsdichte r wird durch den zweiten Halbschritt, den (monomolekularen) Zerfall des Übergangsstoffes $\ddagger$ in die Produkte P, bestimmt:

$$r = \frac{dc_P}{dt} = k_{\ddagger} c_{\ddagger} \ . \tag{24.43}$$

Die Konzentration $c_{\ddagger}$ des Übergangsstoffes kann mit Hilfe des Massenwirkungsgesetzes ermittelt werden. Unter Berücksichtigung der interionischen Wechselwirkungen erhalten wir [vgl. Gl. (24.32)]:

$$\frac{c_{\ddagger}/c^{\ominus}}{(c_A/c^{\ominus}) \cdot (c_B/c^{\ominus})} = \overset{\circ}{\mathcal{K}}_{\ddagger} \cdot \overset{+}{\mathcal{K}} \ . \tag{24.44}$$

Auflösen nach $c_{\ddagger}$,

$$c_{\ddagger} = \overset{\circ}{\mathcal{K}}_{\ddagger} \cdot \overset{+}{\mathcal{K}} \cdot c^{\ominus} \cdot \frac{c_A}{c^{\ominus}} \cdot \frac{c_B}{c^{\ominus}} \ ,$$

und Einsetzen in Gleichung [24.41) resultiert in:

$$r = \underbrace{k_{\ddagger} \cdot \overset{\circ}{\mathcal{K}}_{\ddagger} \cdot \overset{+}{\mathcal{K}} \cdot (c^{\ominus})^{-1}}_{k} \cdot c_{A} \cdot c_{B} \,. \tag{24.45}$$

Bezeichnen wir mit k_0 den Geschwindigkeitskoeffizienten ohne Berücksichtigung der interionischen Wechselwirkungen [also $k_0 = k_{\ddagger} \cdot \overset{\circ}{\mathcal{K}}_{\ddagger} \cdot (c^{\ominus})^{-1}$], so erhalten wir:

$$k = k_0 \cdot \overset{+}{\mathcal{K}} \,. \tag{24.46}$$

Der Zusatzfaktor $\overset{+}{\mathcal{K}}$ kann unter Berücksichtigung der DEBYE-HÜCKELschen Beziehungen gemäß Gleichung (24.33) folgendermaßen ausgedrückt werden:

$$\overset{+}{\mathcal{K}} = \exp\frac{(-\nu_{\mathrm{l}}\mu_{\mathrm{I}})}{RT} \,. \tag{24.47}$$

Wenn es sich bei z_A um die Ladungszahl der Ionensorte A und bei z_B um die der Ionensorte B handelt, so beträgt die Ladungszahl des Übergangsstoffes $z_{\ddagger} = z_A + z_B$. Die ionische Umsatzzahl ν_{l} ergibt sich dann zu:

$$\nu_{\mathrm{l}} = \sum z_J^2 \nu_J = z_A^2 \cdot (-1) + z_B^2 \cdot (-1) + (z_A + z_B)^2 \cdot (+1) \tag{24.48}$$

$$= -z_A^2 - z_B^2 + z_A^2 + 2 z_A z_B + z_B^2 = 2 z_A z_B \,.$$

Für sehr geringe Ionenkonzentrationen kann näherungsweise das DEBYE-HÜCKELsche Grenzgesetz herangezogen werden und man erhält für den Zusatzfaktor $\overset{+}{\mathcal{K}}$:

$$\overset{+}{\mathcal{K}} = \exp\frac{(-2 z_A z_B \, \overset{\circ}{\mu}_{\mathrm{I}} \sqrt{c_{\mathrm{l,r}}})}{RT} \,. \tag{24.49}$$

Der Logarithmus des Verhältnisses der Geschwindigkeitskoeffizienten k und k_0 kann dann wie folgt ausgedrückt werden:

$$\ln\frac{k}{k_0} = -\frac{2\,\overset{\circ}{\mu}_{\mathrm{I}}}{RT} z_A z_B \sqrt{c_{\mathrm{l,r}}} \,. \tag{24.50}$$

Der Vorfaktor errechnet sich für die Normtemperatur von 298 K zu 1,661 (unter Berücksichtigung des Grundwertes $\overset{\circ}{\mu}_{\mathrm{I}} = -2058$ G), d. h., wir erhalten letztendlich:

$$\ln\frac{k}{k_0} = 1{,}661 \cdot z_A z_B \sqrt{c_{\mathrm{l,r}}} \,. \tag{24.51}$$

Gleichung (24.51) beschreibt die Abhängigkeit der Geschwindigkeit von Ionenreaktionen von der ionischen Konzentration c_{l} in der Lösung. Abbildung 24.4 zeigt die Auftragung von $\ln k/k_0$ gegen $\sqrt{c_{\mathrm{l,r}}}$ für verschiedene z_A und z_B. Wenn die reagierenden Ionen gleichnamige Ladungen tragen, dann ist die Steigung der Geraden positiv, die Reaktionsgeschwindigkeit nimmt mit steigender ionischer Konzentration zu. Umgekehrt werden Reaktionen zwischen Ionen mit ungleichnamigen Ladungen mit steigender ionischer Konzentration langsamer. Ist hingegen einer der Reaktionsteilnehmer ungeladen, dann ist die Reaktionsgeschwindigkeit unabhängig von der ionischen Konzentration.

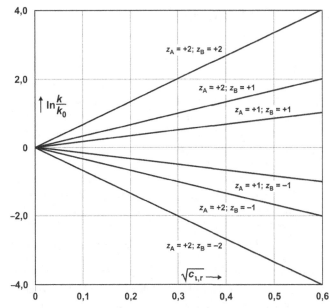

Abb. 24.4 Abhängigkeit der Reaktionsgeschwindigkeit von der ionischen Konzentration der Lösung für unterschiedlich geladene Reaktionspartner A und B (in Wasser als Lösemittel bei 298 K).

Kehren wir nun zu Schauversuch 24.3, der alkalischen Hydrolyse des Triphenylmethanfarbstoffs Kristallviolett, zurück. Kristallviolett [$(C_{25}H_{30}N_3)^+Cl^-$; abgekürzt KV^+Cl^-] wandelt sich in alkalischer Lösung in die zugehörige farblose „Carbinolbase" um. Da KV^+ und OH^- ungleichnamig geladen sind, erwarten wir eine Abnahme der Reaktionsgeschwindigkeit bei Fremdsalzzugabe. Dies konnte durch das Experiment 24.3 bestätigt werden.

25 Thermodynamische Funktionen

Neben den bisher behandelten Begriffen werden in der Thermodynamik eine Reihe anderer Größen und Funktionen verwandt, ohne die Lehrbücher, die dem herkömmlichen Konzept folgen, nicht auskommen. Da die Kenntnis dieser Größen jedoch für das Verständnis üblicher Lehrbücher und zugehöriger Datensammlungen bedeutsam ist, wollen wir die wichtigsten in diesem Kapitel kurz vorstellen und den Zusammenhang mit dem von uns im vorliegenden Buch gewählten Konzept herstellen. Die wichtigsten dieser zusätzlichen Begriffe sind die energetischen Größen innere Energie U, Enthalpie H, HELMHOLTZ-Energie A und GIBBS-Energie G. Dieselbe Größe kann je nach den Variablen, von denen sie als abhängig gedacht ist, verschiedenen Zwecken dienen. Die Funktion $U(S, V, …)$ charakterisiert das betrachtete System. Sie wird fast nie explizit angegeben (als Grund dafür kann die abstrakte Natur der Variablen S angesehen werden), aber ihr Differenzial bildet den zentralen Knotenpunkt für alle Herleitungen. Die Funktionen $U(T, V, …)$ und $H(T, p, …)$ dienen hauptsächlich dazu, die zwischen System und Umgebung ausgetauschten Wärmen zu beschreiben, die erstere bei konstantem Volumen, die letztere bei konstantem Druck. Eine entsprechende Rollenverteilung findet sich auch bei den Funktionen $A(T, V, …)$ und $G(T, p, …)$. Beide werden herangezogen, um die bei einem betrachteten Vorgang frei werdende Energie zu berechnen und damit zu entscheiden, ob er freiwillig ablaufen kann oder nicht. Im letzten Abschnitt gehen wir dann auf Größen ein wie Aktivität, Fugazität usw., die man benutzt, um die Abweichungen von dem als ideal betrachteten Verhalten von Gasen und gelösten Stoffen zu beschreiben.

25.1 Einführung

Die Wärmelehre oder Thermodynamik, wie sie auch genannt wird, gilt als Musterbeispiel einer axiomatischen Wissenschaft. Das bedeutet, dass sie sich auf einige wenige aus der Erfahrung erschlossene Grundannahmen stützt, aus denen sich eine Vielzahl weiterer Gesetze und Beziehungen herleiten lassen. Die *Hauptsätze* bilden auf diesem Wege einen wichtigen Zwischenschritt. Die Bescheidenheit der Voraussetzungen einerseits und die Fülle der erzielbaren Ergebnisse andererseits ist ein Merkmal, das an dieser Wissenschaft besonders bewundert wird. Wärmeeffekte begleiten fast alle Vorgänge, mit denen wir in Alltag und Technik zu tun haben, oft unauffällig und unerwünscht, sodass man sie leicht und gern übersieht, aber auch die Abläufe beherrschend, sodass es unumgänglich wird, sich mit ihnen zu befassen. Schon diese Allgegenwart der Wärmeeffekte weist auf die besondere Rolle hin, die der Wärme im Naturgeschehen zukommt. Es ist daher von großem Nutzen, diese Rolle zu kennen.

An der Wärmelehre, wie sie im Laufe der letzten hundertfünfzig Jahre entstanden ist, wird jedoch auch vor allem der Mangel an Anschaulichkeit beklagt, der nicht nur Anfängern, sondern manchmal auch Fachleuten zu schaffen macht. Dieser Mangel macht es schwer, ein gefundenes Ergebnis qualitativ zu beurteilen, etwa was Relevanz, Vorzeichen oder Größenordnung anbelangt. Viele Beziehungen lassen sich formal herleiten, aber man „versteht" sie nicht, nicht so, wie man es etwa von der Mechanik her kennt. Die Anschauung ist eher hinderlich, manchmal gar irreführend. Man muss die Ergebnisse hinnehmen, lernt die Argumente, die für zulässig gelten, und vergisst mit zunehmender Routine allmählich seine Bedenken.

© Springer Fachmedien Wiesbaden GmbH, ein Teil von Springer Nature 2021
G. Job und R. Rüffler, *Physikalische Chemie*, Studienbücher Chemie,
https://doi.org/10.1007/978-3-658-32936-5_25

Den Mangel an Anschaulichkeit versuchte man durch einen passend erweiterten Formalismus auszugleichen. Die auffälligsten Unterschiede zu der in diesem Buch gewählten Darstellung sind zusätzlich eingeführte Größen wie Enthalpie und freie Energie (in verschiedenen Varianten), ohne die Lehrbücher, die dem herkömmlichen Konzept folgen, nicht auskommen. Da die Kenntnis dieser Größen jedoch für das Verständnis üblicher Lehrbücher und zugehöriger Datensammlungen bedeutsam ist, wollen wir die wichtigsten im Folgenden kurz vorstellen.

25.2 Wärmefunktionen

Vorbemerkung. Die Thermodynamik gilt zwar nicht mathematisch, aber – wie gesagt – begrifflich als besonders schwierig. So schreibt z. B. Arnold MÜNSTER in seinem Lehrbuch „Chemische Thermodynamik" [Münster A (1969) Chemische Thermodynamik. Verlag Chemie, Weinheim, S 2]: „Im Gegensatz [zum mathematischen Apparat] ist die Begriffsbildung der Thermodynamik außerordentlich abstrakt, und in dieser abstrakten Begriffsbildung liegt die eigentliche Schwierigkeit des Gebietes." Als wesentliche Ursache hierfür kann man eine Ungeschicklichkeit bei der Zuordnung der Wärmegrößen ansehen. Auch in Anschauung und Umgangssprache sind – aufgrund der Alltagserfahrung – gewisse begriffliche Strukturen vorgebildet. Wegen ihrer Unschärfe besteht eine gewisse Freiheit bei der Zuordnung umgangssprachlicher und physikalischer Begriffe, aber unbedachte Willkür führt zu Schwierigkeiten.

Die Bezeichnung „Wärme" in der Umgangssprache umfasst verschiedene Bedeutungen, sodass es in der Thermodynamik wenigstens drei Größen gibt, auf die dieser Name passt:

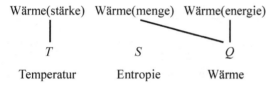

Der Name „Wärme(energie)" für Q ist zwar zugegebenermaßen zu allgemein, mag aber für den Augenblick hinreichen, um die zugrunde liegende Idee zu erfassen. Die Zuordnung der senkrecht übereinander stehenden Begriffe wäre zwanglos möglich gewesen. Man entschied sich aber um 1850 anders, wie oben durch die Striche angedeutet. Die Auswirkungen dieser Entscheidung kann man wie folgt zusammenfassen:

- Die Größe S lässt sich makroskopisch nicht deuten, sodass man dazu neigt, diese Größe zu meiden und in Endergebnissen durch energetische Begriffe zu ersetzen.

- Die Größe Q wird unwillkürlich mit Eigenschaften verknüpft, die Q nicht hat, was leicht Missverständnisse verursacht. Wir werden später darauf zurückkommen. Als Prozessgröße (vgl. Abschnitt 1.6) ist Q mathematisch unbequem, sodass es vorteilhaft scheint, auch Q zu umgehen und durch andere Größen zu umschreiben.

- Um die begrifflichen Schwierigkeiten zu mildern und entstehende Lücken zu überbrücken, wird eine Reihe neuer Größen eingeführt.

Die Frage, wie es historisch zu dieser Entscheidung gekommen ist und warum nachträgliche Änderungen schwierig, ja fast unmöglich sind, wäre Gegenstand eines eigenen Kapitels. So interessant und wichtig diese Frage auch sein mag, wir müssen sie ausklammern.

Im Folgenden wollen wir uns nun mit den wichtigsten der im konventionellen Konzept zusätzlich eingeführten Größen befassen. Im herkömmlichen Sprachgebrauch der Thermodynamik nennt man „*Wärme*" (Formelzeichen Q) die auf thermischem und „*Arbeit*" (Formelzeichen W) die auf mechanischem Wege zwischen System und Umgebung *ausgetauschte* Energie. Diese Namen werden im Folgenden öfter auftauchen, während wir sie bisher möglichst vermieden und in diesen und ähnlich gelagerten Fällen neutral von aufgewandter (oder abgegebener) Energie gesprochen haben. Daher ein paar Worte zur Erläuterung.

Arbeit W und Wärme Q. Die Arbeit W hatten wir bisher nur kurz im Abschnitt 2.1 erwähnt. Genauer gesagt hatten wir die *mechanische Arbeit* anhand der Beziehung „Arbeit = Kraft · Weg" als Eingangstor zu einer indirekten Einführung des Energiebegriffs vorgestellt. In der Mechanik bezeichnet nun *Arbeit* allgemein eine Größe, die als Produkt aus einer *Verschiebung* Δx (etwa längs der x-Achse) und einer *Kraft* F_x, die sie bewirkt, definiert ist:

$$W_{\to x} = F_x \cdot \Delta x \ . \tag{25.1}$$

Entsprechendes gilt für Verschiebungen in beliebigen anderen Richtungen. Schon in der Mechanik wird der Begriff verallgemeinert, indem man als „Verschiebung" auch eine Volumenzunahme um ΔV, eine Oberflächenvergrößerung um ΔA usw. einbezieht und als zugehörige „Kraft", die das verursacht, den Druck p in der Hydraulik (Abschnitt 2.5), die Oberflächenspannung σ (Abschnitt 15.2) usw. betrachtet:

$$W_{\to V} = p \cdot \Delta V \tag{25.2}$$

$$W_{\to A} = \sigma \cdot \Delta A \qquad \text{„Oberflächenarbeit" etc.} \tag{25.3}$$

In der Thermodynamik findet sich häufig der Begriff der „Volumenarbeit", der sich hier auf die Komprimierbarkeit eines elastischen Körpers bezieht (z. B. auch eines Gases). Da das Volumen in diesem Fall umso stärker abnimmt, je stärker man von allen Seiten presst, d. h. je mehr Arbeit verrichtet wird, taucht ein Minuszeichen in der Formel auf (Abschnitt 2.5):

$$W_{\to V} = -p \cdot \Delta V \ . \tag{25.4}$$

Auch die Wärme Q wurde bisher nur am Rande erwähnt wie z. B. in den Abschnitten 3.1, 3.11 und 8.7. Sie kennzeichnet die Energie, die zwischen System und Umgebung auf thermischem Wege aufgrund von Temperaturunterschieden übertragen wird. Dabei wird als Folge dieser Art der Energiezufuhr, so die traditionelle Sicht, eine Änderung der Entropie des betreffenden Systems bewirkt.

Prozessgrößen. Dass die Arbeit einen gewissen Aspekt eines *Prozesses* beschreibt, kommt bereits in der Redeweise zum Ausdruck, dass Arbeit verrichtet wird, wenn etwas gegen eine entgegenwirkende Kraft oder Hemmung verschoben wird. Einzusehen, dass Arbeit eine Prozessgröße darstellt oder einem Prozess zugeordnet ist, bereitet daher keine Schwierigkeiten.

Ganz anders bei der Wärme. Im allgemeinen Sprachgebrauch neigt man dazu, sich vorzustellen, dass die Wärme, die man einem Körper zuführt oder in ihm erzeugt, auch im Körper enthalten ist (und damit eine Zustandsgröße darstellt). Solange der Energieaustausch über andere als thermische Pfade vernachlässigbar klein ist, genügt diese einfache Vorstellung („Was als Wärme hineingelangt, kann nur als Wärme wieder heraus"), um vieles, was man im Umgang mit der Wärme im Alltag und auch in anderen Bereichen wie etwa im Bauwesen braucht, qualitativ und quantitativ zu verstehen. Sie versagt, wenn die betrachteten Körper auch auf anderen als nur auf thermischen Pfaden Energie untereinander austauschen können. Dann macht es wenig Sinn, von einem „Wärmeinhalt" zu reden. Was anfangs als nützliche Verständnishilfe erscheint, erweist sich im anderen Zusammenhang als ernstes Hindernis. In den meisten Lehrbüchern der Thermodynamik bezeichnet der Name „*Wärme*" für die Größe Q jedoch anderes, nämlich eine Art der Energieübertragung. Diese ist vom Weg abhängig, über den der Übertragungsprozess abläuft. Wärme ist nach dieser Auffassung wie Arbeit eine Prozessgröße.

Um Missverständnissen vorzubeugen, werden wir bei kleinen Änderungen der Prozessgrößen, der *ausgetauschten* Wärme Q_a und der *aufgewandten* Arbeit W_a, die früher erwähnte Schreibweise „δ" statt des einfachen „d" benutzen (vgl. Abschnitt 1.6).

Innere Energie U. Zur Gesamtenergie W_{ges} eines Körpers tragen auch seine kinetische und potenzielle Energie, W_{kin} und W_{pot}, bei, die er besitzt, wenn er sich als Ganzes bewegt oder gehoben bzw. gesenkt wird. Da diese Beiträge für die Chemie meist unwesentlich sind und sich überdies als additive Glieder, die nur von der Geschwindigkeit v wie W_{kin} oder der Höhenlage h wie W_{pot} abhängen, leicht abspalten lassen, wird in der Regel statt W_{ges} nur der Rest, die *innere Energie U*, betrachtet. Diese kann sich im Falle eines Körpers, der nur Energie als Wärme Q_a und Arbeit W_a über Zu- oder Abnahme seines Volumens V mit der Umgebung austauschen kann, wie folgt ändern:

$$dU = \delta Q_a + \delta W_a = T dS - p dV \qquad \text{(wobei hier } dS_e = 0 \text{ ist).} \qquad (25.5)$$

Die von einem Körper auf verschiedenen Wegen (mechanisch, thermisch, chemisch, elektrisch usw.) aufgenommene Energie wird im Innern *nicht* in diesen verschiedenen Formen gespeichert, sondern bildet einen gemeinsamen Energievorrat (Abb. 25.1).

Abb. 25.1 Die Vorstellung, ein Körper enthalte die ihm zugeführte Wärme Q auch als solche, ist nicht haltbar, sowenig wie man dem Wasser in einem Gartenteich ansehen kann, wie viel davon als Regen, Tau oder Grundwasser dort hineingelangt ist.

Es gibt also für einen erwärm- und dehnbaren Körper keine Größe, die das beschreibt, was man die Menge der in ihm enthaltenen Wärme nennen könnte oder kurz seinen „*Wärmeinhalt*" (Abb. 25.2). Die Wärme ist eine *Prozess*- und keine *Zustandsgröße*, wie man sagt. Wenn wir den Zustand des Körpers beispielsweise durch seine Temperatur T und sein Volumen V oder seinen Druck p beschreiben, dann heißt dies mathematisch, dass es keine Funktion $Q(T, V)$ oder $Q(T, p)$ gibt und man daher auch keine Ableitungen davon bilden kann – mit ärgerlichen Konsequenzen, wie wir gleich sehen werden.

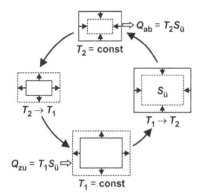

Abb. 25.2 Übertragung von Entropie $S_\ddot{u}$ in einem umkehrbaren Kreisprozess von einem kalten in einen warmen Speicher. Volumenänderungen durch Pfeile angedeutet (Ausgangszustand: Umriss ausgezogen, Endzustand: Umriss gestrichelt). Es fließt mit der Entropie $S_\ddot{u}$ mehr Wärme Q ab als zu, $Q_{ab} > Q_{zu}$, obwohl der Körper nach jedem Umlauf völlig in den Ausgangszustand zurückkehrt und sich keineswegs abkühlt. Das heißt, es wird Energie als Wärme abgegeben, die vorher nicht als solche vorhanden war, also entstanden ist, nur in welcher Phase des Prozesses geschieht das und auf welche Weise?

Wenn nur ein einziger Pfad zum Energieaustausch mit der Umgebung offen steht, wie bei den in Gedankenversuchen gern benutzten Wärmespeichern, kann die Energie nur auf diesem Pfad ausgetauscht werden. Was als Wärme Q hineingelangt ist, kann auch nur als Wärme wieder hinausgelangen. Ähnliches gilt für einen Körper, bei dem der Druck p, der auf ihm lastet, konstant ist oder nur von dessen Volumen V abhängt, $p = f(V)$ (Abb. 25.3). Ob er sich dabei ausdehnt oder nicht, ist belanglos. Zwar wird, falls er sich ausdehnt, ein Teil der Energie, die als Wärme zufließt, über den mechanischen Pfad nach außen verlagert, aber dieser Teil fließt unverändert wieder zurück, wenn Energie über den thermischen Pfad abgerufen wird.

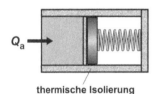

Abb. 25.3: Arbeitszylinder, dessen Kolben durch eine Feder auf ein darin eingeschlossenes Gas drückt.

Solche Beispiele verführen dazu, sich die Wärme als etwas in den Körpern Enthaltenes zu denken. Schon Begriffe wie „Wärmekapazität" oder „Wärmeleitung" suggerieren solche Vorstellungen. Sie sind Überbleibsel einer Zeit, rund ein Jahrhundert bevor man sich auf die Auffassung der Wärme als einer speziellen Art der Energieübertragung festgelegt hatte.

Einbeziehung irreversibler Vorgänge. Wenn Reibung mit im Spiele ist, wie in dem in Abbildung 25.4 gezeigten Beispiel, ändert sich Gleichung (25.5). Man beachte, dass die *ausgetauschte* Entropie S_a und die *erzeugte* S_e sowie der Außendruck p_a keine Zustandsgrößen des Gases sind, wohl aber die Entropie S und der Innendruck p:

$$\underbrace{dU = \delta Q_a + \delta W_a = T\delta S_a - p_a dV}_{T dS - p dV} . \tag{25.6}$$

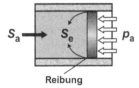

Abb. 25.4 Gas in einem Arbeitszylinder, dessen Kolben nicht reibungsfrei verschiebbar ist. Die am Kolben bei einer Volumenänderung $dV < 0$ vom Außendruck p_a ($> $ Innendruck p) verrichtete Arbeit $\delta W_a = -p_a dV$ ist wegen der Reibung größer, während die für dieselbe Zustandsänderung nötige Wärme $\delta Q_a = T dS_a$ entsprechend kleiner ist.

Wenn nicht mechanische Reibung, sondern eine gegen Hemmungen fortschreitende chemische Reaktion Ursache einer Entropieerzeugung ist (Abb. 25.5) – ein für die Chemie typischer Fall –, dann gilt für die Änderung der inneren Energie:

$$\mathrm{d}U = \underbrace{\delta Q_a + \delta W_a}_{T\mathrm{d}S - p\mathrm{d}V - \mathcal{A}\mathrm{d}\xi} = T\,\delta S_a - p\,\mathrm{d}V\;. \tag{25.7}$$

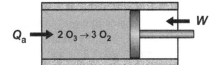

Abb. 25.5 Arbeitszylinder (mit reibungsfrei beweglichem Kolben), in dessen Innern eine chemische Reaktion abläuft, deren Stand und Antrieb durch ξ und $\mathcal{A}$ beschrieben werden

Die letzten beiden Formelzeilen, (25.6) und (25.7), spezifizieren einen Energiezuwachs $\mathrm{d}U$, der durch eine kleine Zustandsänderung verursacht wird. Im Ausdruck unter der geschweiften Klammer wird aufgeschlüsselt, welche Zustandsparameter in welchem Maße dafür verantwortlich sind, während die rechte Seite beschreibt, auf welchen Wegen dieser Mehrbedarf gedeckt wird. Wenn man $\mathrm{d}S = \delta S_a + \delta S_e$ (vgl. Abschnitt 8.7), d. h. $\delta S_a = \mathrm{d}S - \delta S_e$, dort einsetzt und nach $T\delta S_e$ auflöst, erhält man auf formale Weise Ausdrücke, die man auch leicht aus der Anschauung schließen kann:

$$\underbrace{T\delta S_e}_{\delta Q_e} = \underbrace{-(p_a - p)\cdot \mathrm{d}V}_{\delta W_v} \qquad \text{und} \qquad \underbrace{T\delta S_e}_{\delta Q_e} = \underbrace{\mathcal{A}\,\mathrm{d}\xi}_{\delta W_v}\;. \tag{25.8}$$

Wie im ersten Fall die Reibungsarbeit $-(p_a-p)\cdot\mathrm{d}V$ verheizt und zur Entropieerzeugung verbraucht wird, gilt Entsprechendes auch im Fall der „Arbeit" gegen Reaktionshemmungen.

Erzeugte Wärme. Durch Reibung wird Wärme erzeugt. Das war eine wichtige Erkenntnis, die schließlich Mitte des 19. Jahrhunderts zum Umbruch in der Wärmelehre geführt hat (vgl. Abschnitt 2.3). Die Wirkungen des Energiebeitrags $T\delta S_e$ auf die beteiligten Körper sind dieselben wie diejenigen, die man feststellt, wenn man ihnen Wärme zuführt. Daher liegt es nahe, einen Beitrag dieser Art auch als Wärme zu bezeichnen, und zwar genauer als *erzeugte Wärme* δQ_e. So gesehen, scheint es gerechtfertigt, in Formelzeile (25.8) den Ausdruck $T\delta S_e$ links – wie üblich – *Reibungswärme* und den entsprechenden rechts *erzeugte Reaktionswärme* zu nennen.

Dem stets positiven, nur im Grenzfall verschwindenden Beitrag δQ_e stünde die Größe δQ als *ausgetauschte Wärme* gegenüber, für die man dann der Deutlichkeit halber δQ_a schreiben könnte, was wir in diesem Kapitel bereits gemacht haben. δQ_a kann positiv wie negativ sein, da beim Wärmeaustausch Wärme sowohl zu- als auch abgeführt werden kann. Die Summe $\delta Q_a + \delta Q_e = \delta Q_{ges}$ würde dann die *gesamte* Wärmeaufnahme darstellen. Es scheint auch nichts dagegen zu sprechen, die infinitesimalen Beiträge über irgendeinen Weg von einem Zustand I zu einem anderen II zu summieren oder nach Division durch T entsprechende Entropien zu berechnen:

$$S_a = \int_I^{II} \frac{\delta Q_a}{T}\;, \qquad S_e = \int_I^{II} \frac{\delta Q_e}{T}\;, \qquad \Delta S = \int_I^{II} \frac{\delta Q_{ges}}{T}\;. \tag{25.9}$$

Ein Konflikt entsteht, wenn man die Entropieerzeugung bei der Wärmeleitung betrachtet. Wenn Wärme $Q_ü$ aus einem heißen Speicher (2) in einen kalten (1) mit den Temperaturen $T_2 > T_1$ übergeht, ergibt sich die entstehende Entropie aus der Summe der Entropieänderungen $\Delta S_1 = Q_ü/T_1$ und $\Delta S_2 = -Q_ü/T_2$ der beiden Speicher: $S_e = Q_ü/T_1 - Q_ü/T_2$. Da S_e im kalten Speicher erscheint, wäre $Q_e = T_1 S_e$ die erzeugte Wärme. Das Ergebnis wirkt absurd, da die Wärmeleitung gerade als ein Vorgang gilt, bei der die Wärmemenge erhalten bleibt.

Die Feststellung ist nicht ganz so abwegig, wie sie auf den ersten Blick scheint. Sie lässt sich rechtfertigen, wenn man Q_e als Kompensation für die Abnahme an „freier Energie" ansieht. Wird diese Energie in einem „Wärmemotor" genutzt, geht dies auf Kosten der überführten Wärme Q, sodass im kalten Speicher weniger Wärme ankommt. Bleibt diese Energie ungenutzt, wird sie verheizt und die erzeugte Wärme Q_e kompensiert die erwartete Abnahme, sodass im kalten Speicher wieder so viel Wärme anlangt, wie vom heißen abgegeben wurde.

Zwei Musterbeispiele. Im Blick auf die Chemie interessieren uns vorrangig Systeme, in denen wenigstens eine chemische Umsetzung stattfinden kann. Als konkretes Beispiel können wir uns den in Abbildung 25.5 dargestellten Fall denken, wobei wir uns statt des langsam fortschreitenden Ozon-Zerfalls auch irgendeine andere Gasreaktion vorstellen können. Wir wählen zwei Sonderfälle: die Bildungsreaktion des Wassers, deren Ablauf durch Zu- oder Abschalten eines Katalysators gesteuert werden kann, und die Dimerisierung des Stickstoffdioxids (Versuch 9.3), bei der die beteiligten Gase, das braune Stickstoffdioxid und sein farbloses Dimeres, ständig miteinander in einem stark temperaturabhängigen Gleichgewicht stehen:

$$2\,H_2|g + O_2|g \rightarrow 2\,H_2O|g, \qquad\qquad \text{gehemmt,}$$

$$2\,NO_2|g \rightleftarrows N_2O_4|g, \qquad\qquad \text{ungehemmt.}$$

Unser zweiter Fall erscheint auf den ersten Blick als seltene, kaum erwähnenswerte Ausnahme. Tatsächlich ist er außerordentlich häufig. Eine Gesamtheit von Molekülen in einem bestimmten Anregungs-, Assoziations- oder Konformationszustand kann als selbstständiger Stoff betrachtet werden. Ein Beispiel für gerade einen solchen Fall bietet Versuch 9.3. Umgekehrt kann man ein Stoffgemisch, bei dem sich die Gleichgewichte zwischen den einzelnen Komponenten sehr schnell einstellen, als einen einzigen Stoff behandeln und berechnen.

Um den Systemzustand in unseren einfachen Musterfällen zu kennzeichnen, benötigen wir drei Parameter, etwa neben der Entropie S und dem Volumen V noch den Stand ξ der Reaktion. Die Hauptgleichung für Systeme dieser Art, die wir aus Abschnitt 9.1 kennen, lautet, formuliert mit der Zustandsgröße U:

$$dU = TdS - pdV - \mathcal{A}d\xi \,. \tag{25.10}$$

Um die übliche Vorgehensweise zu verstehen, müssen wir diese Gleichung vorerst als unbekannt ansehen. Sie dient nur als Hintergrund, der uns erlaubt, die Entwicklung aus einem anderen Blickwinkel zu betrachten.

Anwendung des ersten und zweiten Hauptsatzes. Die Gleichung $dU = \delta Q_a + \delta W_a$ [Gl. (25.5)] dient gewöhnlich als Einstieg in den aufzubauenden thermodynamischen Kalkül. Sie gilt als Anwendung des ersten Hauptsatzes, indem mit Hilfe der beiden messbaren Prozessgrößen Q_a und W_a die neue Zustandsgröße U konstruiert wird. Dabei beschränkt man sich zunächst auf einfache, *geschlossene* Systeme, also Systeme ohne Stoffaustausch mit der Umgebung, in denen Druck und Temperatur überall gleich sind. Außer als Wärme soll Energie nur noch über Änderungen des Volumens reibungsfrei zu- oder abgeführt werden können, $\delta W_a = -p\,dV$, und damit

$$dU = \delta Q_a - p\,dV \;. \tag{25.11}$$

Im zweiten Schritt wird dann als Anwendung des zweiten Hauptsatzes die Prozessgröße δQ_a durch $T\,dS$ ersetzt, wobei S als eine zwar sehr abstrakte, aber wie U messbare oder aus Messdaten berechenbare Zustandsgröße gilt. Da nur solche Vorgänge ablaufen können, für die $\delta Q_a \le T\,dS$ ist, geht Gleichung (25.11) in folgende Bedingung über:

$$dU \le T\,dS - p\,dV \qquad\qquad \text{für freiwillig mögliche Vorgänge.} \tag{25.12}$$

In dieser Beziehung, die die Aussagen der beiden Hauptsätze prägnant zusammenfasst, kommen nur noch Zustandsgrößen vor, ein für die Handhabung wichtiges und hilfreiches Merkmal. Ausgehend von dieser Formel, wird ein spezifischer Formalismus entwickelt mit einer Reihe neuer Größen und Begriffe. Um die physikalische Chemie zu verstehen, braucht man sie nicht, aber doch, um die einschlägige Literatur lesen zu können.

Zunächst wollen uns mit Zustandsänderungen befassen, bei denen keine Entropie entsteht. In diesem Fall gilt statt der obigen Ungleichung die Gleichung:

$$dU = T\,dS - p\,dV \qquad\qquad \text{für umkehrbare Vorgänge.} \tag{25.13}$$

Nun wissen wir, dass der Zustand unserer Modellsysteme durch drei Parameter bestimmt ist, etwa S, V und ξ. So gesehen, ist die obige Gleichung unvollständig. Formal lässt sie sich leicht wie folgt ergänzen:

$$dU = T\,dS - p\,dV + ?\,d\xi \;. \tag{25.14}$$

Die mit einem Fragezeichen bezeichnete Größe ist in diesem Stadium des thermodynamischen Kalküls nach dem herkömmlichen Konzept noch unbekannt und es ist ein wichtiges Ziel, diese Lücke zu schließen. Mathematisch ist das unschwer möglich, da außer der gesuchten alle sonstigen Größen messbar sind und die fehlende einfach die Ableitung der inneren Energie nach dem Stand ξ bei konstantem S und V darstellt:

$$? = \left(\frac{\partial U}{\partial \xi}\right)_{S,V} \;.$$

Und trotzdem wird hier ein Problem gesehen, zu dessen Lösung ein eigens dafür geschaffener Formalismus notwendig ist. Warum?

Die Abstraktheit der Größe S kann als eigentliche Ursache gelten. Schon als Funktion von Größen wie T, p, V, ξ, ..., die einem mehr minder vertraut sind, kaum verständlich, wird es noch deutlich schwieriger, wenn S als Parameter auftritt, von dem andere Größen in noch unbekannter Weise abhängen. Der Kunstgriff, mit dem man diese Hürde überwindet, wird in Abschnitt 25.3 erläutert.

Gleichung (25.13) ist ein Sonderfall der Gleichung (25.14), wobei das Glied $?\,d\xi$ weggelassen wurde. Unter welcher Bedingung ist das zulässig? Im Vorgriff auf die noch folgende Herleitung setzten wir $?\,d\xi$ mit $-\mathcal{A}\,d\xi$ gleich. Die Antwort darauf ist dann für unsere beiden Musterfälle verschieden. Der Summand $-\mathcal{A}\,d\xi$ verschwindet im ersten Beispiel, weil ξ konstant ist, sodass $d\xi = 0$ wird, und im zweiten, weil das Gleichgewicht bei allen Änderungen gewahrt bleiben sollte, sodass immer $\mathcal{A} = 0$ ist.

„Wärmeinhalt". Dass es keine Größe dieser Art gibt, wurde schon eingangs erwähnt. Aber im herkömmlichen Konzept wurde ein Ersatz geschaffen. So kann die innere Energie U unter der Bedingung konstanten Volumens (*isochore* Prozesse) diese Rolle übernehmen. Das folgt aus der Gleichung $dU = \delta Q_a - p\,dV$, wenn wir darin $dV = 0$ setzen. Kurz und knapp lässt sich dies in die Formel kleiden:

$$(dU)_V = (\delta Q_a)_V \qquad \text{bzw.} \qquad (\Delta U)_V = \Delta_V U = Q_{a,V}\,. \tag{25.15}$$

Man kann diese Beziehung nutzen, um verschiedene andere *isochore* Wärmegrößen zu definieren, etwa integrale und differenzielle, molare und spezifische Reaktionswärmen und entsprechende Wärmekapazitäten. Die bekannteste dieser Größen ist die „(globale oder integrale) Wärmekapazität bei konstantem Volumen", kurz *isochore Wärmekapazität*, die wir bereits im Abschnitt 9.1 kurz kennengelernt haben:

$$C_V = \left(\frac{\partial U}{\partial T}\right)_V \qquad \text{oder genauer} \qquad C_V = \left(\frac{\partial U}{\partial T}\right)_{V,\,\text{rev}}\,. \tag{25.16}$$

Die Schreibweise rechts präzisiert, was links stillschweigend vorausgesetzt wird, nämlich dass nebenher keine Entropie erzeugt werden darf, weil dies die zuzuführende Wärmemenge mindert und damit verfälscht. Der Zusatz „rev" im Index wirkt sich im Fall unserer beiden Mustersysteme verschieden aus. Die Forderung der Reversibilität verlangt im Fall der Wasserbildung $\xi = \text{const}$, im Fall der NO_2-Dimerisierung, $\mathcal{A} = 0$:

$$\text{Fall 1:} \quad C_V = \left(\frac{\partial U}{\partial T}\right)_{V,\,\xi}\,, \qquad \text{Fall 2:} \quad C_V = \left(\frac{\partial U}{\partial T}\right)_{V,\,\mathcal{A}=0}\,.$$

Von einem anderen verbreiteten Blickwinkel aus betrachtet wird mit "Wärmekapazität" nur der linke Ausdruck in Zeile (25.16) bezeichnet, unabhängig davon, ob er in Wirklichkeit eine temperaturabhängige Größe beschreibt oder nicht. Wir werden auf diese Thematik im Unterabschnitt *„Wärmekapazitäten"* ausführlicher zurückkommen.

Enthalpie. Nur bei konstantem Volumen V kann die Größe U in der Rolle als „Wärmeinhalt" auftreten. Der wichtigste Fall in der Praxis ist jedoch die Zu- und Abfuhr von Wärme Q, wenn nicht V, sondern der Druck p konstant gehalten wird (*isobare* Prozesse), da man häufig in Gefäßen arbeitet, die zur Atmosphäre hin offen sind (was einen annähernd konstanten Druck gewährleistet). Eine eigens für diesen Zweck erdachte Zustandsgröße ist die *Enthalpie* H, was aus dem Griechischen übersetzt wörtlich „In-Wärme" oder ausführlicher „Wärmeinhalt" bedeutet. Definiert ist sie als Abkömmling der inneren Energie:

$$H := U + pV \qquad \text{mit dem Differenzial} \qquad dH = \underbrace{\delta Q_a + V\,dp}_{T\,dS + V\,dp - \mathcal{A}\,d\xi}\,. \tag{25.17}$$

Die Formel ist das Gegenstück zu Gleichung (25.7).

> Der Ausdruck rechts oben ergibt sich formal aus der Definitionsgleichung (25.17), wenn man zunächst die Summenregel für die Bildung von Differenzialen aus zwei (und mehr) Funktionen anwendet (siehe Anhang A2.1),
>
> $$dH = d(U + pV) = dU + d(pV)\,,$$

dann die Produktregel,

$$dH = dU + Vdp + pdV \, ,$$

und anschließend $dU = \delta Q_a - pdV$ [Gl. (25.11)] einsetzt,

$$dH = \delta Q_a - \cancel{pdV} + Vdp + \cancel{pdV} = \delta Q_a + Vdp \, .$$

Den Ausdruck unter der obigen (waagerechten) Klammer erhält man, wenn man statt dessen die Hauptgleichung $dU = TdS - pdV - \mathcal{A}d\xi$ [Gl. (25.10)] heranzieht:

$$dH = TdS - \cancel{pdV} - \mathcal{A}d\xi + Vdp + \cancel{pdV} = TdS + Vdp - \mathcal{A}d\xi \, .$$

Der Ausdruck über der Klammer beschreibt, was man in der Umgebung vom Geschehen im System spürt, der Ausdruck darunter, was sich im System selbst abspielt. Mathematisch gesehen, haben wir wie zuvor alles Nötige in der Hand, um die fehlende Größe (später als $\mathcal{A}$ identifiziert), hier wieder durch ein Fragezeichen repräsentiert, aus Messdaten berechnen zu können:

$$? = \left(\frac{\partial H}{\partial \xi} \right)_{S,p} .$$

Auch hier ist das Problem das gleiche wie bei der inneren Energie, die unverstandene Entropie als unabhängige Variable. Der Zweck der Größe H wird daher auch anders gesehen, nämlich in ihrer Eignung zur Berechnung *isobarer* Wärmeeffekte. Die Gleichung (25.17) vereinfacht sich bei konstantem Druck und damit $dp = 0$ zu:

$$(dH)_p = (\delta Q_a)_p \qquad \text{oder} \qquad (\Delta H)_p = \Delta_p H = Q_{a,p} \, . \qquad (25.18)$$

Man kann diese Beziehung wie oben im Falle der inneren Energie [Gl. (25.15)] nutzen, um verschiedene *isobare* Wärmegrößen zu definieren, etwa integrale und differenzielle, molare und spezifische Reaktions-, Umwandlungs-, Lösungs-, Mischungswärmen usw., die alle nach ähnlichem Muster bei konstantem p und T gebildet werden und für die je nach betrachtetem Vorgang verschiedenerlei Formelzeichen und Namen in Gebrauch sind. Wir wollen uns mit zwei Beispielen begnügen, einer integralen und einer differenziellen Größe:

$$(\Delta H)_{T,p} \equiv \Delta_{T,p} H \qquad \text{beliebige isotherm-isobare Enthalpieänderung,}$$

$$\left(\frac{\partial H}{\partial \xi} \right)_{T,p} \equiv \Delta_R H^{\bullet} \qquad \text{(differenzielle molare) Reaktionsenthalpie.} \qquad (25.19)$$

Der Wortbestandteil „Wärme" wird in den Namen der Größen fast immer unterdrückt. Ein Grund dafür ist, dass sich für freiwillige wie erzwungene Vorgänge Reaktionsenthalpien $\Delta_R H$ angeben lassen, aber diese Enthalpien nur bei freiwilligen Vorgängen als Wärme in Erscheinung treten. Es macht Sinn, beim Vorgang $2H_2 + O_2 \rightarrow 2H_2O$ von der „Bildungswärme des Wassers" zu reden, aber weniger Sinn beim umgekehrten $2H_2O \rightarrow 2H_2 + O_2$ von einer „Zersetzungswärme des Wassers" zu sprechen.

Wir wollen uns als Beispiel die molare Reaktionsenthalpie für einen freiwillig ablaufenden Vorgang näher ansehen, ausgehend von der Gleichung (25.17), wobei wir einerseits die Wirkung auf die Umgebung im Blick haben (obere Zeile) und andererseits das Geschehen im Innern des Systems (untere Zeile). Wir nutzen in beiden Fällen die Möglichkeit, eine Ablei-

tung auch als Differenzialquotienten schreiben und nach den Regeln der Bruchrechnung umformen zu können:

$$\Delta_R H = \left(\frac{\partial H}{\partial \xi}\right)_{T,p} = \left(\frac{dH}{d\xi}\right)_{T,p} = \left(\frac{\delta Q_a - \cancel{Vdp}}{d\xi}\right)_{T,p} = \left(\frac{\delta Q_a}{d\xi}\right)_{T,p}$$

$$= \overbrace{\left(\frac{TdS - \cancel{Vdp} - Ad\xi}{d\xi}\right)}_{T,p} = T\left(\frac{dS}{d\xi}\right)_{T,p} - A\left(\frac{\cancel{d\xi}}{\cancel{d\xi}}\right)_{T,p} = T \cdot \Delta_R S - A \,.$$

(Vdp verschwindet, weil p = const und damit dp = 0 ist und $d\xi$ kürzt sich heraus.) Das Ergebnis in der obere Zeile besagt, dass $\Delta_R H$ einen Effekt beschreibt, der sich als ausgetauschte
Wärme in der Umgebung bemerkbar macht, das in der unteren Zeile, dass der Effekt sich im
System aus zwei Beiträgen zusammensetzt, einer „latenten Wärme" und einer „freigesetzten
Energie", die beliebig genutzt, insbesondere auch verheizt werden kann. Näheres hierzu fin-
det sich in den Abschnitten 8.6 und 8.7. Wir übergehen diesen Punkt hier, weil er im traditio-
nellen Aufbau der Thermodynamik erst an späterer Stelle angesprochen werden kann (siehe
Abschnitt 25.4).

Wärmekapazitäten. Als Entropiekapazität $\mathcal{C}$ bezeichnen wir die zur Erwärmung eines Körpers um 1 K nötige Entropie, während die Wärmekapazität C die für denselben Vorgang nötige Wärme (Q_a) beschreibt. Voraussetzung ist dabei, dass keine Entropie (S_e) und damit auch
keine Wärme (Q_e) im Innern erzeugt wird. Wie viel Entropie oder Wärme der Körper dabei
aufnimmt, hängt noch davon ab, ob er sich ausdehnen kann oder nicht – je nachdem, ob der
Druck p oder das Volumen V konstant zu halten oder noch andere Bedingungen einzuhalten
sind. Mathematisch korrekter können wir beispielsweise schreiben:

$$\mathcal{C}_V = \left(\frac{dS}{dT}\right)_V = \left(\frac{\partial S}{\partial T}\right)_V, \qquad\qquad C_V = \left(\frac{\delta Q_a}{dT}\right)_V = \cancel{\left(\frac{\partial Q_a}{\partial T}\right)_V}.$$

Während sich der vorletzte Klammerausdruck als Quotient der *Differenzialform* $\delta Q_a = TdS$
und des Differenzials dT unter der Nebenbedingung V = const oder dV = 0 auffassen lässt,
setzt der letzte Ausdruck voraus, dass die abzuleitende Funktion $Q(T, V)$ wirklich existiert,
was nicht der Fall ist, wie wir uns oben überlegt hatten. Setzen wir andererseits $\delta Q_a = TdS$ in
den vorletzten Differenzialquotienten ein, dann erhalten wir:

$$C_V = \underbrace{\left(\frac{\delta Q_a}{dT}\right)_V = \left(\frac{TdS}{dT}\right)_V = T\left(\frac{dS}{dT}\right)_V}_{\text{kann entfallen}} = T\mathcal{C}_V \,.$$

Die Gleichung $C_V = T\mathcal{C}_V$ scheint so selbstverständlich, dass man sich die Zwischenschritte
oben sparen könnte. Man sieht darüber hinaus, dass Wärme- und Entropiekapazitäten nicht
nur bei konstantem Volumen V, sondern auch bei konstantem Druck p oder bei Konstanz
einer anderen Größe X sich nur um den Faktor T unterscheiden:

$$C_p = T\mathcal{C}_p, \qquad\qquad C_X = T\mathcal{C}_X \qquad\qquad \text{usw.}$$

Da die Entropie in den üblichen Darstellungen als abstrakte und besonders schwierige Größe
gilt, versucht man Rechnungen und Herleitungen möglichst über andere passend gewählte,
insbesondere energetische Größen abzuwickeln und auch Stoffdaten möglichst durch solche

Größen auszudrücken. Das gelingt im Falle von C_V leicht, da die innere Energie U bei konstantem Volumen ersatzweise als „Wärmeinhalt" einspringen kann [vgl. Gl. (25.15)]. Es gilt, wenn wir wie oben alle Zwischenschritte mitschreiben:

$$C_V = \underbrace{\left(\frac{\delta Q_a}{\mathrm{d}T}\right)_V = \frac{(\delta Q_a)_V}{\mathrm{d}T} = \frac{(\mathrm{d}U)_V}{\mathrm{d}T} = \left(\frac{\mathrm{d}U}{\mathrm{d}T}\right)_V}_{\text{kann entfallen}} = \left(\frac{\partial U}{\partial T}\right)_V,$$

kurz gefasst,

$$C_V = \left(\frac{\partial U}{\partial T}\right)_V \qquad \text{„(integrale) Wärmekapazität bei konstantem Volumen"}.$$

Bei konstantem Druck spielt die Enthalpie H die Rolle des „Wärmeinhalts" [vgl. Gl. (25.18)], sodass wir unter Verzicht auf die Zwischenschritte schreiben können:

$$C_p = \left(\frac{\partial H}{\partial T}\right)_p \qquad \text{„(integrale) Wärmekapazität bei konstantem Druck"}.$$

Tatsächlich geht man meist so vor, dass man die Wärmekapazitäten nicht über die ausgetauschte Wärme (Q_a) definiert, sondern direkt als Ableitungen von innerer Energie U und Enthalpie H mit dem Nachteil, dass man für jede Nebenbedingung (konstantes Volumen, konstanten Druck, konstantes X usw.) eine andere Größe in der Rolle des „Wärmeinhalts" benötigt.

Dass damit noch nicht alle Spielarten von Wärmekapazitäten angesprochen worden sind, wird am Ende des Unterabschnitts „Wärmeinhalt" erkennbar, wo auf eine gewisse Schwierigkeit anhand unserer beiden Mustersysteme aufmerksam gemacht wird. Neben den vorgestellten integralen Größen werden verschiedene davon abgeleitete spezifische (massenbezogene) und molare (stoffmengenbezogene) Größen gebraucht, die wir hier übergehen können, weil Definition und Anwendung bekannten Mustern folgt.

25.3 Freie Energie

Leitgedanke. Schon im 19. Jahrhundert ging man davon aus, dass die bei einer Stoffumbildung freigesetzte Energie W_f und die als Folge davon erzeugte Wärme Q_e ein Maß für die „Triebkraft" eines solchen Vorganges sind. Als *frei* betrachtet man dabei solche Energiebeiträge, die unter den gegebenen Umständen für beliebige andere Zwecke nutzbar sind, insbesondere zur Erzeugung von Entropie. Da W_f proportional zu dem Umsatz $\Delta\xi$ wächst, ist nicht W_f selbst das richtige Maß, sondern W_f, bezogen auf den Umsatz, also $W_f/\Delta\xi$ oder genauer $\delta W_f/\mathrm{d}\xi$.

Wenn die freisetzbare Energie W_f für den gedachten Vorgang berechenbar ist, dann lassen sich umgekehrt die „Triebkräfte" daraus ableiten und man kann somit voraussagen, ob der betrachtete Vorgang freiwillig ablaufen kann oder nicht. Aus der Änderung der Gesamtenergie allein ist W_f nicht bestimmbar. Welcher Anteil davon freigesetzt werden kann, hängt von den jeweiligen Umständen ab. Je nach den Rahmenbedingungen sind verschiedenartige positive wie negative Beiträge zu berücksichtigen (siehe Abb. 25.6 und Versuch 25.1).

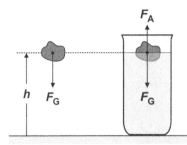

Abb. 25.6 Sinken eines Körpers in Luft (links) und in Wasser (rechts). Als freie und damit beliebig verfügbare Energie W_f zählt links die gesamte vorher beim Heben in Luft aufgewandte Energie $W_f = F_G \cdot h$, rechts nur ein Teil davon, $W_f = (F_G - F_A) \cdot h$, da Energie verbraucht wird, um den Körper gegen den Auftrieb abwärts zu drücken ($F_G =$ Gewichtskraft, F_A Auftriebskraft, h Höhe).

Im Versuch 25.1 wird die freie Energie W_f eines gehobenen Körpers, der einmal in Wasser (Fall 1) und einmal in Luft (Fall 2) nach unten sinkt, genutzt, um einen zweiten Gegenstand zu heben. Im zweiten Fall ist die Hubhöhe beträchtlich größer. Statt W_f wie hier zum Heben kann man diese Energie auch beliebig anders nutzen, insbesondere auch zur Erzeugung von Entropie.

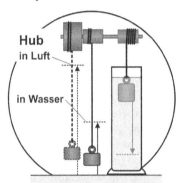

Versuch 25.1 Nutzung der freien Energie W_f eines gehobenen Körpers (rechts im Bild) zum Heben eines zweiten Gegenstandes (in Bildmitte) mit Hilfe von Seilen und Seiltrommeln. Gestrichelt gezeichnet ist die Lageänderung desselben Gegenstandes, falls man den ersten Körper in Luft sinken lassen würde. W_f ist hier größer, sodass sich die erreichbare Hubhöhe entsprechend vergrößert.

U als freie Energie. Um nicht die Bodenhaftung zu verlieren, stellen wir uns wieder ein konkretes System vor, etwa die Wasserbildung in unserem Mustersystem, deren Ablauf mit Hilfe eines Katalysators gesteuert werden kann. Volumen V und Entropie S sollen konstant gehalten werden. Im Falle des Volumens braucht man nur den Kolben zu blockieren. Bei der Entropie ist das Einhalten dieser Bedingung schwieriger, weil zwar die erzeugte Entropie das System verlassen, aber jeder andere Austausch von Entropie unterbunden werden soll. Dies gelingt mit dem Kunstgriff, die frei werdende Energie W_f nicht im System zu verheizen, sondern zunächst auf elektrischem Wege hinauszuschaffen und die Wärme $Q_e = W_f$ erst außerhalb zu erzeugen (Abb. 25.7).

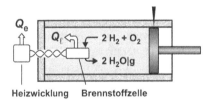

Abb. 25.7 Allseitig thermisch isolierter Arbeitszylinder mit eingebauter Brennstoffzelle. Sie dient hier dazu, die bei der Umsetzung von H_2 und O_2 zu $H_2O|g$ frei werdende Energie aus dem Zylinder zu befördern, während die bei der Wasserbildung entwickelte latente Wärme Q_ℓ den Zylinder nicht verlassen kann. Der Kolben wurde festgesetzt, um das Volumen konstant zu halten.

Für Systeme dieser Art tritt die innere Energie U bei konstantem S und V als Vorrat an freier Energie auf, was wir einfach durch die eine oder andere der folgenden Schreibweisen ausdrücken können:

$$W_\mathrm{f} = (\Delta U)_{S,V} = \Delta_{S,V} U \qquad \text{oder} \qquad \delta W_\mathrm{f} = (\mathrm{d}U)_{S,V} \, .$$

Wir haben uns oben bemüht, eine denkbare Realisierung eines solchen isentrop-isochoren Prozesses anzugeben. Aber darauf kommt es gar nicht an. Alle nötigen Größen sind messbar, sodass sich in unserem Fall das fehlende Maß für den Antrieb berechnen lässt:

$$\left(\frac{\delta W_\mathrm{f}}{\mathrm{d}\xi}\right)_{S,V} = \left(\frac{\mathrm{d}U}{\mathrm{d}\xi}\right)_{S,V} = \left(\frac{T\mathrm{d}S - p\mathrm{d}V - \mathcal{A}\,\mathrm{d}\xi}{\mathrm{d}\xi}\right)_{S,V} = \left(\frac{-\mathcal{A}\,\mathrm{d}\xi}{\mathrm{d}\xi}\right)_{S,V} = -\mathcal{A} \, . \tag{25.20}$$

(Weil S und V konstant sind, verschwinden $T\mathrm{d}S$ und $p\mathrm{d}V$, sodass $\mathrm{d}\xi$ sich herauskürzt.) Um sich in die herkömmliche Denkweise hineinzuversetzen, müssen wir die rechte Seite ignorieren. Ziel ist, aus dem Ausdruck links bzw. aus Ausdrücken ähnlicher Art, auf die wir noch zu sprechen kommen, ein „tieferes Verständnis" dafür zu entwickeln, was die eigentlichen Ursachen der Stoffumbildungen sind und durch welche Parameter sie beeinflusst werden können.

Bemerkenswert ist in diesem Zusammenhang, dass GIBBS diesen Weg über die Energie bei konstant gehaltener Entropie gewählt hat, um eine Vielzahl von Ergebnissen über das Verhalten homogener und heterogener stofflicher Systeme herzuleiten. Außer dem Pfad zur Abfuhr der erzeugten Entropie sollen alle anderen Energiepfade gesperrt sein. Der eigentliche Kunstgriff bei der GIBBSschen Methode ist, dass die erzeugte Entropie S_e aus dem System *ausgelagert* wird und mit ihr die dafür verbrauchte und verheizte Energie W_v. Weder S_e noch W_v wirken auf das Geschehen im System zurück, so als ob es sie gar nicht gäbe. Wenn ein Vorgang abläuft, der Entropie erzeugt, nimmt die innere Energie U unter diesen Bedingungen ab. Gleichgewicht wird erreicht, wenn U dort ein Minimum hat. Die Größe U spielt hier eine Rolle, wie man sie von der potenziellen Energie aus der Mechanik kennt. Das gilt auch, was die Stabilität oder Labilität von Gleichgewichten anbelangt.

Noch ein weiterer Punkt ist bemerkenswert. Die Temperatur im System muss weder zeitlich noch räumlich konstant sein. Die Überführung einer Entropiemenge $S_\mathrm{ü}$ von einem heißen in einen kalten Teilbereich mittels eines Hilfskörpers, der einen umkehrbaren Kreisprozess wiederholt durchläuft (siehe Abb. 25.2), liefert eine Nutzenergie, die im System gespeichert werden muss, da ja alle für eine Abfuhr in Frage kommenden Energiepfade gesperrt sein sollen. Die Energie U bleibt dabei konstant. Die Überführung derselben Entropiemenge $S_\mathrm{ü}$ durch Entropieleitung verursacht dagegen eine Abnahme von U, während vom heißen zum kalten Teilbereich dieselbe Entropiemenge $S_\mathrm{ü}$ übergeht wie zuvor. U nimmt ab, weil unter den von GIBBS gewählten Bedingungen gemeinsam mit der Entfernung der Entropie S_e vom Ort der Erzeugung auch Energie „herausfließt".

HELMHOLTZ-Energie. Wir denken uns nochmals ein System mit konstantem Volumen, aber jetzt konstanter Temperatur T statt konstanter Entropie S (Abb. 25.8). Konkret kann es wieder unser Mustersystem sein, die Wasserbildung im Arbeitszylinder mit blockiertem Kolben, aber jetzt im Wärmeaustausch mit einem Speicher außerhalb. Das Ausschleusen der bei einem gewissen Umsatz $\Delta\xi$ freigesetzten und verheizten Energie $W_\mathrm{f} = Q_\mathrm{e}$ bedarf – anders als im Fall davor – keiner besonderen Maßnahmen, es läuft von selbst. Die erzeugte Entropie $S_\mathrm{e} = W_\mathrm{f}/T$ geht in die Entropiebilanz ΔS unseres Systems nicht ein, da das, was innen entsteht, nach außen abfließt. In der Energiebilanz ΔU erscheint jetzt nicht nur $-W_f$, sondern zusätzlich der (hier negative) Beitrag $T\Delta S$, der von der Änderung der stofflichen Zusammensetzung unseres Systems herrührt:

$$\Delta U = T\Delta S - W_f \qquad \text{oder genauer} \qquad U_2 - U_1 = TS_2 - TS_1 - W_f \,. \qquad (25.21)$$

Die Gleichung, aufgelöst nach W_f, ergibt zunächst

$$W_f = -(U_2 - TS_2) + (U_1 - TS_1) \qquad \text{und schließlich} \qquad W_f = -\Delta(\underbrace{U - TS}_{A}) \,.$$

Hier spielt, wie gesagt, T die Rolle des konstanten Parameters.

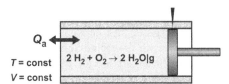

Abb. 25.8 Arbeitszylinder im Wärmeaustausch mit einem Speicher konstanter Temperatur T. Der Kolben ist festgesetzt, sodass das Volumen V konstant ist.

Die zusätzliche Zustandsgröße $A := U - TS$, die im traditionellen Konzept der Thermodynamik eingeführt wird, tritt unter den betrachteten Bedingungen (konstante Temperatur, konstantes Volumen, kein Stoffaustausch mit der Umgebung) tatsächlich in der Rolle eines Vorrats an freier Energie W_f auf. Wenn der Vorrat an A abnimmt, wird die Energie $W_f = -\Delta A$ für beliebige Zwecke verfügbar. Das setzt allerdings passende Gerätschaften voraus. Ohne diese, und das ist die Regel, wird W_f verheizt. Das ist hier nicht anders als bei der Nutzung der Energie aus anderen Quellen (Sonne, Wind, Wasser, Kohle). Dagegen ist der Beitrag $T\Delta S$ nicht frei nutzbar, sondern *zweckgebunden* – hier an die Verschiebung der Entropie zwischen System und Umgebung.

Es war früher üblich, die Größe A schlechthin *freie Energie* zu nennen. Da es andere Größen gibt, die unter anderen Bedingungen dieselbe Rolle spielen (etwa U für geschlossene Systeme bei konstantem S und V), ist der Name zu allgemein. Es wird daher von der IUPAC empfohlen, die Größe A genauer *HELMHOLTZsche freie Energie* oder kurz *HELMHOLTZ-Energie* zu nennen.

Dass und unter welchen Umständen A als „freie Energie" auftreten kann, lässt sich formal auf ähnliche Weise ausdrücken, wie wir es im Falle der Größe U getan haben:

$$W_f = (\Delta A)_{T,V} = \Delta_{T,V} A \qquad \text{oder} \qquad \delta W_f = (dA)_{T,V} \,.$$

Aus der Definitionsgleichung der Größe $A := U - TS$ und der Hauptgleichung $dU = TdS - pdV - \mathcal{A}\,d\xi$ unseres Mustersystems erhalten wir für das Differenzial dA den Ausdruck:

$$dA = d(U - TS) = dU - d(TS) = (T\mathrm{d}S - pdV - \mathcal{A}\,d\xi) - (S\,dT + T\mathrm{d}S) \quad \text{bzw.}$$

$$dA = -S\,dT - pdV \underbrace{- \mathcal{A}\,d\xi}_{(dA)_{T,V} = \delta W_f} \,. \qquad (25.22)$$

Der Leitgedanke, sich mit den „freien Energien" W_f zu befassen, war, dass man darin eine Möglichkeit sah, daraus ein Maß für die „Triebkraft" von Stoffumbildungen zu gewinnen, wobei nicht W_f selbst, sondern δW_f, bezogen auf den Umsatz $d\xi$, als das gesuchte Maß galt:

$$\left(\frac{\delta W_f}{d\xi}\right)_{T,V} = \left(\frac{dA}{d\xi}\right)_{T,V} = \left(\frac{-\cancel{SdT} - \cancel{pdV} - A\,d\xi}{d\xi}\right)_{T,V} = \left(\frac{-A\,\cancel{d\xi}}{\cancel{d\xi}}\right)_{T,V} = -A . \quad (25.23)$$

(Die Glieder $-SdT$ und $-pdV$ verschwinden, weil laut der erwähnten Bedingungen sowohl die Temperatur T als auch das Volumen V konstant sein sollen, d. h., es gilt $dT = 0$ und $dV = 0$. Anschließend kürzt sich $d\xi$ heraus.)

Wir sehen, dass die Größe, die als „Triebkraft" – hier der Bildungsreaktion des Wassers – gedacht war, sich in der Tat als Ableitung der Zustandsfunktion $A(T, V, \xi)$ schreiben lässt. Ein solches Ziel hatten wir schon früher in Gleichung (25.20) erreicht. Der wesentliche Unterschied ist, dass die Entropie S hier, anders als zuvor, *nicht* als unabhängige Veränderliche auftritt.

GIBBS-Energie. In der Praxis kommt der Fall, dass neben der Temperatur T nicht das Volumen V, sondern der Druck p konstant gehalten wird, weit häufiger vor. Die Einbeziehung solcher Fälle ist leicht möglich (Abb. 25.9). Als weiterer Pfad, über den Energie ausgetauscht werden kann, steht jetzt der mechanische über die Verschiebung des Kolbens offen. An der Entropiebilanz ändert sich dadurch nichts, wohl aber an der Energiebilanz. Sie lautet:

$$\Delta U = T\Delta S - p\Delta V - W_f \quad \text{oder} \quad \text{genauer} \quad U_2 - U_1 = TS_2 - TS_1 - pV_2 + pV_1 - W_f .$$
(25.24)

Die Gleichung, aufgelöst nach W_f, ergibt zunächst

$$W_f = -(U_2 - TS_2 + pV_2) + (U_1 - TS_1 + pV_1) \quad \text{und zuletzt} \quad W_f = -\Delta(\underbrace{\overbrace{U + pV}^{H} - TS}_{G}) .$$

Hier erscheinen sowohl T als auch p in der Rolle eines konstanten Parameters.

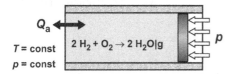

Q_a

$T = \text{const}$
$p = \text{const}$

$2\,H_2 + O_2 \rightarrow 2\,H_2O|g$

p

Abb. 25.9 Arbeitszylinder im Wärmeaustausch mit einem Speicher konstanter Temperatur T. Der unter konstantem Außendruck p stehende Kolben ist frei beweglich.

Wie zuvor A tritt hier nun die Zustandsgröße $G := U + pV - TS = H - TS$, eine weitere Größe, die in der traditionellen Thermodynamik eingeführt wird, in der Rolle eines Vorrats an freier Energie W_f auf, hier allerdings unter den geänderten Bedingungen p, $T = \text{const}$ (anstelle von V, $T = \text{const}$). Wenn G unter den genannten Bedingungen abnimmt, wird die Energie $W_f = -\Delta G$ für beliebige Zwecke verfügbar, insbesondere einfach verheizt.

Früher wurde die Größe $G = H - TS$ in Analogie zu $A = U - TS$, die „freie Energie" hieß, *freie Enthalpie* genannt; heute wird der Name *GIBBSsche freie Energie* oder kurz *GIBBS-Energie* von der IUPAC empfohlen. Wann und wie G in der Rolle als „freie Energie" auftreten kann, lässt sich formal ganz ähnlich ausdrücken wie bei U und A:

$$W_f = (\Delta G)_{T,V} = \Delta_{T,V} G \qquad \text{oder} \qquad \delta W_f = (dG)_{T,V} .$$

Unter Berücksichtigung der Definitionsgleichung $G := U + pV - TS$ und der Hauptgleichung $dU = TdS - pdV - Ad\xi$ ergibt sich für das Differenzial dG:

$$dG = d(U + pV - TS) = dU + d(pV) - d(TS)$$

$$dG = (T\mathrm{d}S - p\mathrm{d}V - \mathcal{A}\mathrm{d}\xi) + (V\mathrm{d}p + p\mathrm{d}V) - (S\mathrm{d}T + T\mathrm{d}S)$$

und damit

$$dG = -S\mathrm{d}T + V\mathrm{d}p \underbrace{- \mathcal{A}\mathrm{d}\xi}_{(\mathrm{d}G)_{T,p} = \delta W_{\mathrm{f}}}. \tag{25.25}$$

Die als „Triebkraft" einer Reaktion ins Auge gefasste Größe lässt sich auf vielerlei Weise als Ableitung einer Zustandsfunktion ausdrücken, hier als Ableitung der Funktion $G(T, p, \xi)$ [wobei wir ganz analog wie im Fall der Ableitung der Zustandsfunktion $A(T, V, \xi)$ vorgehen]:

$$\left(\frac{\delta W_{\mathrm{f}}}{\mathrm{d}\xi}\right)_{T,p} = \left(\frac{\mathrm{d}G}{\mathrm{d}\xi}\right)_{T,p} = \left(\frac{-S\mathrm{d}T + V\mathrm{d}p - \mathcal{A}\mathrm{d}\xi}{\mathrm{d}\xi}\right)_{T,p} = \left(\frac{-\mathcal{A}\mathrm{d}\xi}{\mathrm{d}\xi}\right) = -\mathcal{A}. \tag{25.26}$$

Von G als Stammgröße kann man wie bei der Enthalpie H eine ganze Reihe weiterer Größen ableiten. Hier seien nur zwei Beispiele genannt, eine integrale und eine differentielle Größe:

$$(\Delta G)_{T,p} \equiv \Delta_{T,p} G \qquad \text{beliebige isotherm-isobare Änderung der GIBBS-Energie,}$$

$$\left(\frac{\partial G}{\partial \xi}\right)_{T,p} \equiv \Delta_{\mathrm{R}} G \qquad \text{(differentielle molare) GIBBSsche Reaktionsenergie.} \tag{25.27}$$

Freiwilliger Ablauf. Am häufigsten werden in der Chemie Veränderungen bei konstanter Temperatur und konstantem Druck betrachtet, wie bereits öfters erwähnt. Daher ist das mathematische Rüstzeug auch auf diese Bedingungen zugeschnitten. Dementsprechend ist die Wärmefunktion, die uns am häufigsten begegnet, die Enthalpie $H(T, p, \xi, \ldots)$ und die meist gebrauchte Größe in der Rolle der freien Energie die GIBBS-Energie $G(T, p, \xi, \ldots)$. Wir haben bisher nur einen Parameter ξ zugelassen, aber es können auch zwei oder mehr Umbildungen oder auch andersartige Änderungen gleichzeitig betrachtet werden. Freiwillige Änderungen in geschlossenen Systemen bei konstantem T und p sind nur in der Richtung möglich, in der die freie Energie, hier also die GIBBS-Energie, abnimmt:

$$
\begin{array}{ll}
\mathrm{d}G < 0 & \text{freiwillig möglich in} \left\{ \begin{array}{l} \text{isotherm-isobaren,} \\ \text{isotherm-isochoren,} \\ \text{isentrop-isochoren} \end{array} \right\} \text{geschlossenen Systemen.} \\
\mathrm{d}A < 0 & \\
\mathrm{d}U < 0 &
\end{array}
$$

Wir haben noch zwei weitere Möglichkeiten dazugeschrieben. Je nach den einzuhaltenden Nebenbedingungen werden andere Zustandsfunktionen herangezogen. Für Stoffumbildungen aller Art, also Vorgänge, für die sich die Chemiker hauptsächlich interessieren, kann man diese Bedingungen für einen freiwillig ablaufenden Prozess zu einer einzigen trivialen zusammenfassen, die uns bereits wohlvertraut ist (vgl. z. B. Abschnitt 4.6): $\mathcal{A} > 0$ [vgl. Gln. (25.20), (25.23) und (25.26)].

Falls in einem Zustand bei kleinen Verschiebungen $(\mathrm{d}G)_{T,p} = 0$ ist, wird keine Richtung bevorzugt, es herrscht Gleichgewicht. Entsprechend gilt unter anderen Nebenbedingungen $(\mathrm{d}A)_{T,V} = 0$, $(\mathrm{d}U)_{S,V} = 0$ usw. oder bei Stoffumbildungen schlicht $\mathcal{A} = 0$.

Querbeziehungen. Eine Anwendung anderer Art erlauben die thermodynamischen Funktionen $G(T, p, \xi)$, $A(T, V, \xi)$, $U(S, V, \xi)$, ..., wenn man beachtet, dass die gemischten zweiten Ableitungen unabhängig von der Reihenfolge der Variablen sind, nach denen abgeleitet wird

(*SCHWARZscher Satz*). Hierbei wird angenommen, dass diese Ableitungen existieren und kontinuierlich sind.

Im Falle einer Zustandsfunktion $Z = f(x, y)$ besagt der SCHWARZsche Satz, dass gilt:

$$\frac{\partial}{\partial y}\left(\frac{\partial Z}{\partial x}\right)_y = \frac{\partial}{\partial x}\left(\frac{\partial Z}{\partial y}\right)_x \qquad \text{bzw. alternativ formuliert} \qquad \left(\frac{\partial^2 Z}{\partial x \partial y}\right) = \left(\frac{\partial^2 Z}{\partial y \partial x}\right).$$

Das lässt sich nutzen, um eine Reihe wichtiger Beziehungen zwischen verschiedenen Koeffizienten herzuleiten. Aus der Gleichung (25.25) folgt zunächst etwa:

$$S = -\left(\frac{\partial G}{\partial T}\right)_{p,\xi}, \qquad V = +\left(\frac{\partial G}{\partial p}\right)_{T,\xi}, \qquad \mathcal{A} = -\left(\frac{\partial G}{\partial \xi}\right)_{T,p}, \qquad (25.28)$$

woraus sich mit Hilfe des SCHWARZschen Satzes durch Vertauschung der Ableitungsfolge die nachstehenden Gleichungen ergeben:

$$\left(\frac{\partial S}{\partial p}\right)_{T,\xi} = -\left(\frac{\partial^2 G}{\partial p \partial T}\right)_\xi = -\left(\frac{\partial^2 G}{\partial T \partial p}\right)_\xi = -\left(\frac{\partial V}{\partial T}\right)_{p,\xi},$$

$$\left(\frac{\partial S}{\partial \xi}\right)_{T,p} = -\left(\frac{\partial^2 G}{\partial \xi \partial T}\right)_p = -\left(\frac{\partial^2 G}{\partial T \partial \xi}\right)_p = +\left(\frac{\partial \mathcal{A}}{\partial T}\right)_{p,\xi},$$

$$\left(\frac{\partial V}{\partial \xi}\right)_{T,p} = +\left(\frac{\partial^2 G}{\partial \xi \partial p}\right)_T = +\left(\frac{\partial^2 G}{\partial p \partial \xi}\right)_T = -\left(\frac{\partial \mathcal{A}}{\partial p}\right)_{T,\xi}.$$

Zum besseren Verständnis wollen wir uns die erste Reihe etwas näher anschauen. Der Parameter ξ soll durchgängig konstant gehalten werden, d. h., es genügt, wenn wir uns auf die Funktion $G = f(T, p) = -S\mathrm{d}T + V\mathrm{d}p$ konzentrieren. Wir bilden zum einen die partielle Ableitung von G nach T bei konstantem p und zum anderen die partielle Ableitung von G nach p bei konstantem T:

$$\left(\frac{\partial G}{\partial T}\right)_p = -S \qquad \text{und} \qquad \left(\frac{\partial G}{\partial p}\right)_T = V.$$

Anschließend leiten wir den Ausdruck auf der linken Seite bei konstanten T nach p ab, den auf der rechten hingegen bei konstantem p nach T:

$$\left(\frac{\partial^2 G}{\partial T \partial p}\right) = \left(\frac{\partial}{\partial p}\left(\frac{\partial G}{\partial T}\right)_p\right)_T = -\left(\frac{\partial S}{\partial p}\right)_T, \qquad \left(\frac{\partial^2 G}{\partial p \partial T}\right) = \left(\frac{\partial}{\partial T}\left(\frac{\partial G}{\partial p}\right)_T\right)_p = \left(\frac{\partial V}{\partial T}\right)_p.$$

Da die Ausdrücke auf der jeweils linken Seite in beiden Gleichungen gemäß dem SCHWARZschen Satz gleich sind, gilt das auch für die Ausdrücke auf der rechten Seite.

Nach demselben Muster lässt sich eine Vielzahl weiterer Beziehungen gewinnen. Wir kommen ohne dieses Verfahren aus, weil uns die Stürzregel ohne den Umweg über die zweiten Ableitungen einer passend zu wählenden thermodynamischen Funktion dieselben Ergebnisse liefert. So ist uns die Beziehung aus der ersten Reihe bereits aus Abschnitt 9.2 [Gl. (9.7)] wohlbekannt.

25.4 Partielle molare Größen

Molare Enthalpie. Nach demselben Muster, wie man zum Beispiel den Raumanspruch eines Stoffes quantifiziert und den Raumbedarf der Stoffe in Gemischen einzelnen Komponenten zuordnet (vgl. Abschnitt 8.2), pflegt man auch im Falle der Enthalpie vorzugehen. Da die Enthalpie bei festem p und T für einen reinen Stoff proportional mit der Stoffmenge n zunimmt, benutzt man als stoffliche Kenngröße die Enthalpie bezogen auf n:

$$H_m = \frac{H}{n} \qquad\qquad \textit{molare Enthalpie.} \qquad\qquad (25.29)$$

Für einen Stoff im Gemisch mit anderen Stoffen definiert man entsprechend [vgl. Gl. (8.2)]:

$$H_m = \left(\frac{\partial H}{\partial n}\right)_{p,T,n',n'',\dots} \qquad \textit{(partielle) molare Enthalpie.} \qquad (25.30)$$

Die Enthalpie des gesamten Gemisches setzt sich dann additiv aus den Beiträgen der einzelnen Komponenten A, B, C, … zusammen, so wie wir es bereits früher für das Volumen [vgl. Gl. (8.3)] und die Entropie [vgl. Gl. (8.12)] kennengelernt haben:

$$H = n_A H_A + n_B H_B + n_C H_C + \dots. \qquad\qquad (25.31)$$

Interessieren wir uns für die (differentielle) *molare Reaktionsenthalpie* $\Delta_R H(\xi)$ einer im betrachteten System ablaufenden Umsetzung, so gehen wir wieder wie in Kapitel 8 von der allgemeinen Umsatzformel für eine beliebige Reaktion zwischen reinen oder gelösten Stoffen aus:

$$|v_B| B + |v_{B'}| B' + \dots \rightarrow v_D D + v_{D'} D' + \dots.$$

Ganz analog zum molaren Reaktionsvolumen $\Delta_R V(\xi)$ und zur molaren Reaktionsentropie $\Delta_R S(\xi)$ erhalten wir für die molare Reaktionsenthalpie $\Delta_R H(\xi)$ im Falle kleiner $\Delta\xi$ (p, T, ξ', ξ'', … sind konstant):

$$\Delta_R H = \frac{\Delta H}{\Delta\xi} = v_B H_B + v_{B'} H_{B'} + \dots + v_D H_D + v_{D'} H_{D'} + \dots = \sum_i v_i H_i. \qquad (25.32)$$

Angewandt auf unsere Musterreaktion $2\,H_2|g + O_2|g \rightarrow 2\,H_2O|g$ lautet diese Gleichung,

$$\Delta_R H = -2H(H_2|g) - H(O_2|g) + 2H(H_2O|g).$$

Da die Umsatzzahlen für die Ausgangsstoffe negativ, für die Endstoffe jedoch positiv sind, kann man den Ausdruck auch als Differenz lesen, was das Δ in dem Formelzeichen der Größe $\Delta_R H$ erklärt.

$$\Delta_R H = \underbrace{2H(H_2O|g)}_{\text{Endstoffe}} - \underbrace{[2H(H_2|g) + H(O_2|g)]}_{\text{Ausgangsstoffe}}.$$

Die Berechnung von $\Delta_R H$ folgt also, wie man sieht, dem bekannten Schema: „Summe der molaren Kenngrößen der Endstoffe minus Summe der molaren Kenngrößen der Ausgangsstoffe".

Die Bedingung, dass $\Delta \xi$ in Gleichung (25.32) im Grenzübergang verschwindend klein sein soll, können wir formal wieder dadurch zum Ausdruck bringen, dass wir im Differenzenquotienten Δ durch ∂ ersetzen und die konstant zu haltenden Größen als Index anfügen:

$$\Delta_R H = \left(\frac{\partial H}{\partial \xi} \right)_{p,T,\xi',\xi'',\ldots} = \sum_i v_i H_i \quad . \tag{25.33}$$

Dies ist die bereits erwähnte (differentielle) molare Reaktionsenthalpie $\Delta_R H$ [siehe Gl. (25.19)].

Molare GIBBS-Energie. Ganz entsprechend verfährt man bei anderen mengenartigen thermodynamischen Größen. Sie werden bei einem reinen Stoff als Funktion von p, T, n bzw. bei einem Stoff in einem Gemisch mit anderen als Funktion von p, T, n, n', n'', ... betrachtet. In diesem Zusammenhang ist die GIBBS-Energie G interessant, weil sie in dem üblichen thermodynamischen Kalkül besonders eng mit dem chemischen Potenzial zusammenhängt. Da G im Falle eines reinen Stoffes bei festem p und T der Stoffmenge n proportional ist, dient nicht G selbst, sondern der Quotient G/n als stoffspezifisches Merkmal:

$$G_m = \frac{G}{n} \qquad \text{\textit{molare GIBBS-Energie.}} \tag{25.34}$$

Für einen Stoff im Gemisch mit anderen Stoffen verfährt man entsprechend:

$$G_m = \left(\frac{\partial G}{\partial n} \right)_{p,T,n',n'',\ldots} \qquad \text{\textit{(partielle) molare GIBBS-Energie.}} \tag{25.35}$$

Für das gesamte Gemisch gilt wie bei den Größen Volumen, Entropie, Enthalpie, dass sich der Wert dafür additiv aus den Beiträgen der einzelnen Komponenten A, B, C, ... zusammensetzt:

$$G = n_A G_A + n_B G_B + n_C G_C + \ldots . \tag{25.36}$$

Die (differentielle) *molare GIBBSsche Reaktionsenergie* $\Delta_R G$ einer Umsetzung lässt sich nach demselben Muster ausdrücken, wie wir es bei der Reaktionsenthalpie $\Delta_R H$ angewandt haben. Wir erhalten daher im Falle kleiner $\Delta \xi$ (p, T, ξ', ξ'', ... sind wieder konstant):

$$\Delta_R G = \frac{\Delta G}{\Delta \xi} = v_B G_B + v_{B'} G_{B'} + \ldots + v_D G_D + v_{D'} G_{D'} + \ldots = \sum_i v_i G_i \tag{25.37}$$

bzw. genauer für verschwindend kleine Umsätze $d\xi$:

$$\Delta_R G = \left(\frac{\partial G}{\partial \xi} \right)_{p,T,\xi',\xi'',\ldots} = \sum_i v_i G_i \quad . \tag{25.38}$$

Dies ist die bereits erwähnte (differentielle) molare GIBBSsche Reaktionsenergie $\Delta_R G$ [vgl. Gl. (25.27)].

Chemisches Potenzial. Aus der Definitionsgleichung der GIBBS-Energie $G := U + pV - TS$ und der Hauptgleichung eines Gemisches $dW = dU = TdS - pdV + \mu_A dn_A + \mu_B dn_B + \ldots$ [siehe Gl. (9.2)] erhalten wir für das Differenzial dG:

$$dG = -SdT + Vdp + \mu_A dn_A + \mu_B dn_B + \ldots \quad . \tag{25.39}$$

Da wir den betrachteten stofflichen Bereich als ruhend und schwerelos ansehen, können wir hier die Gesamtenergie W mit der inneren Energie U gleichsetzen.

> Schauen wir uns die Herleitung von Gleichung (25.39) etwas genauer an. Für das Differenzial dG erhalten wir aus der Definitionsgleichung von G:
>
> $$dG = dU + d(pV) - d(TS) = dU + Vdp + pdV - SdT - TdS .$$
>
> Einsetzen des Differenzials dU aus der Hauptgleichung ergibt dann
>
> $$dG = (\cancel{TdS} - \cancel{pdV} + \mu_A dn_A + \mu_B dn_B + ...) + (Vdp + \cancel{pdV} - SdT - \cancel{TdS})$$
>
> und damit
>
> $$dG = -SdT + Vdp + \mu_A dn_A + \mu_B dn_B + ...$$

Gemäß Gleichung (25.39) ergibt sich ganz formal für einen Stoff B als Bestandteil eines Gemisches mit anderen Stoffen A, C, …:

$$G_B = \left(\frac{\partial G}{\partial n_B} \right)_{p,T,n_A...} = \left(\frac{dG}{dn_B} \right)_{p,T,n_A...} = \left(\frac{\cancel{-SdT} + \cancel{Vdp} + \cancel{\mu_A dn_A} + \mu_B dn_B + ...}{dn_B} \right)_{p,T,n_A...} = \mu_B .$$

„Chemisches Potenzial" und „partielle molare GIBBS-Energie" eines Stoffes sind identisch! Damit lassen sich einige einfache Übersetzungsregeln zwischen den herkömmlichen Formalismen und dem von uns benutzten aufstellen:

$$G_B = \mu_B , \qquad\qquad H_B = \mu_B + TS_B ,$$

$$\Delta_R G = -\mathcal{A} , \qquad\qquad \Delta_R H = -\mathcal{A} + T\Delta_R S .$$

Setzen wir $G_B = \mu_B$ in Gleichung (25.38) ein, so erhalten wir

$$\Delta_R G = \nu_B \mu_B + \nu_{B'} \mu_{B'} + ... + \nu_D \mu_D + \nu_{D'} \mu_{D'} + ... = \sum_i \nu_i \mu_i .$$

Dies ist nichts anderes als $-\mathcal{A}$ (siehe Abschnitt 8.6). Zu dem Ausdruck für H_B gelangt man, indem man die Definitionsgleichung für $G := H - TS$ nutzt,

$$H_B = G_B + TS_B = \mu_B + TS_B ,$$

zu dem für $\Delta_R H$, indem man obige Gleichung in Gleichung (25.33) einsetzt:

$$\Delta_R H = \nu_B(\mu_B + TS_B) + \nu_{B'}(\mu_{B'} + TS_{B'}) + ... + \nu_D(\mu_D + TS_D) + \nu_{D'}(\mu_{D'} + TS_{D'}) + ...$$

und damit

$$\begin{aligned} \Delta_R H = &(\nu_B \mu_B + \nu_{B'} \mu_{B'} + ... \nu_D \mu_D + \nu_{D'} \mu_{D'}) \\ &+ T(\nu_B S_B + \nu_{B'} S_{B'} + ... + \nu_D S_D + \nu_{D'} S_{D'} + ...) \end{aligned}.$$

Der Ausdruck in der ersten Klammer entspricht wieder $-\mathcal{A}$, der in der zweiten Klammer gemäß Gleichung (8.13) $\Delta_R S$.

In Tabellenwerken findet man normalerweise die molaren GIBBSschen Standardbildungsenergien (oder freien Standardbildungsenthalpien) $\Delta_B G^\ominus$ aufgelistet, die sich auf die Bildung der entsprechenden Substanzen, seien sie rein oder gelöst, aus den Elementen im Normzustand beziehen. Da $\Delta_B G^\ominus$ lediglich ein Spezialfall von $\Delta_R G$ ist, entspricht $\Delta_B G^\ominus$ dem negativen Bildungsantrieb $(-\mathcal{A}^\ominus)$ und damit dem positiven Zerfallsantrieb $\mathcal{A}^\ominus$. In Abschnitt 4.6 haben wir jedoch gelernt, dass der Antrieb des Zerfalls einer Verbindung in die sie bildenden Elemente deren chemischem Potenzial μ entspricht. Die tabellierten $\Delta_B G^\ominus$-Werte sind also nichts anderes als die Normwerte $\mu^\ominus$ des chemischen Potenzials, so wie wir sie kennengelernt haben!

Da man „chemisches Potenzial μ" und „Antrieb (Affinität) $\mathcal{A}$" im konventionellen Konzept der Thermodynamik nicht als eigenständige Begriffe sieht, werden auch Temperatur- und Druckkoeffizienten, α und β bzw. α und β, dieser Größen nicht definiert, sondern stets durch andere Größen umschrieben:

$$\alpha_B = -S_B, \qquad \beta_B = V_B \qquad \text{[vgl. Gl. (9.11) und (9.16)],}$$
$$\alpha = \Delta_R S, \qquad \beta = -\Delta_R V, \qquad \text{[vgl. Gl. (9.13) und (9.18)].}$$

Interessiert man sich also z. B. für den Temperaturkoeffizienten des chemischen Potenzials eines bestimmten Stoffes, braucht man nur in einschlägigen Tabellenwerken die entsprechende molare Entropie herauszusuchen und das Vorzeichen zu ändern.

Wenn man die Gleichung $H_B = \mu_B + TS_B$ nach μ_B auflöst und beachtet, dass $H_B = U_B + pV_B$ ist, erhält man eine Beziehung, die sich auch anschaulich deuten lässt (Abb. 25.10):

$$\mu_B = H_B - TS_B = U_B + pV_B - TS_B .$$

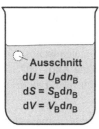

Abb. 25.10 Chemisches Potenzial μ_B veranschaulicht als frei gesetzte Energie beim Verschwinden einer kleinen Probemenge dn_B, hier dargestellt als kleiner Ausschnitt aus einem größeren Bereich eines reinen Stoffes B. Mit dem Verschwinden von B im Ausschnitt wird die Energie dU darin frei, kann man sich vorstellen. Das Volumen dV des Ausschnitts schrumpft zu einem Punkt, während die Entropie dS darin in die umgebende Materie abgeschoben werden muss. Ersteres verursacht einen Beitrag zur frei gesetzten Energie von $+p \cdot dV$, letzteres von $-T \cdot dS$.

25.5 Aktivitäten

Leitgedanke. Ein weiteres charakteristisches Merkmal des traditionellen Formalismus sind die Größen, mit denen Abweichungen von dem als ideal betrachteten Verhalten von Gasen und gelösten Stoffen beschrieben werden. Während wir es bevorzugen, die Abweichungen durch Zusatzglieder beim chemischen Potenzial zu berücksichtigen, weil diese Größen sich bruchlos in den thermodynamischen Apparat einfügen, ist es sonst üblich, die nötigen Korrekturen als Faktoren an die Gehaltsgrößen anzufügen und diese modifizierten Gehalte statt der tatsächlichen zu verwenden.

Der Leitgedanke ist einfach; es ist derselbe wie bei der Massenwirkung. Je höher die Konzentration c_B eines gelösten Stoffes B, desto stärker sein Einfluss auf die Bildung irgendwelcher Produkte, im einfachsten Fall etwa eines gelösten Stoffes D. Gemessen an dessen Gehalt, ist die Wirkung einfach der Konzentration c_B proportional. Das gilt, stellt man sich vor, solange c_B klein ist und damit die B-Teilchen weit genug voneinander entfernt sind. Bei höheren Konzentrationen beginnen die Teilchen sich gegenseitig zu beeinflussen. Das kann ihre Wirkung auf die Bildung der Produkte stärken oder schwächen, ganz so als ob die Konzentration von B zu- oder abgenommen hätte. Diese scheinbare Zu- oder Abnahme wird durch einen c_B beigefügten Faktor γ_B beschrieben, den sogenannten *Aktivitätskoeffizienten*. $\gamma_B c_B$ ist gleichsam die „chemisch wirksame" oder „chemisch aktive" Konzentration von B, die größer oder kleiner als die tatsächliche c_B sein kann. In den Massenwirkungsgleichungen tritt als Argument der Logarithmus-Funktion nicht die Konzentration c_B selbst auf, sondern die relative Konzentration $c_{r,B} = c_B/c^\ominus$ bzw. jetzt die *aktive relative Konzentration* $\gamma_B c_B/c^\ominus$, die man meist kurz, wenn auch ungenau die *Aktivität* von B nennt:

$$\mu_B = \overset{\circ}{\mu}_B + RT \ln \underbrace{\frac{\gamma_B c_B}{c^\ominus}}_{a_B} \qquad \text{mit } a_B \text{ als Aktivität von B (in der } c\text{-Skale).} \qquad (25.40)$$

Aktivitäten und Aktivitätskoeffizienten werden gern herangezogen, um einige vielverwandte Gleichungen in eine gefälligere Form umzuschreiben. Manche Zusammenhänge lassen sich auf diese Weise besonders knapp darstellen. Eine gewisse Schwierigkeit bereitet der Umstand, dass diese Größen in vielerlei Spielarten eingeführt und benutzt werden. Wir wählen als Einstieg die allgemeinste Form, die zwar weniger verbreitet, aber in ihrer Bedeutung am einfachsten zu erfassen ist.

Chemische Aktivität. Diese einem Stoff B zugeordnete Größe mit dem Formelzeichen λ_B wird durch eine einfache Skalentransformation aus dem chemischen Potenzial μ_B gebildet:

$$\mu_B = RT \ln \lambda_B \qquad \text{oder} \qquad \lambda_B = \exp\left(\frac{\mu_B}{RT}\right).$$

Die Größe λ_B nennen wir *chemische Aktivität* in Anlehnung an den Namen „chemisches Potenzial" der Größe μ_B, von der sie abstammt. Der empfohlene Name „absolute Aktivität" ist wenig passend, da je nach Wahl der Skalen-Nullpunkte für μ sich andere, um feste Faktoren unterscheidende und damit ebenfalls „relative" λ_B-Werte ergeben.

λ_B geht also aus μ_B durch Transformation in eine exponentielle Skale hervor. Umgekehrt erhält man die Potenziale zurück, wenn man die Aktivitäten in eine entsprechende logarithmische Skale überträgt. Daher ist es verständlich, dass man – von Grenzfällen abgesehen – alle Aussagen, die sich mit chemischen Potenzialen formulieren lassen, auch durch chemische Aktivitäten ausdrücken kann und umgekehrt. Qualitativ gesehen, sind die Aktivitäten ebenso Maße für das Umbildungsbestreben der Stoffe, wie es die Potenziale sind.

Ein solches Nebeneinander verschiedener Skalen ist in Wissenschaft und Technik nicht selten. Wenn sich eine Größe über viele Zehnerpotenzen ändert, geht man gern zu logarithmischen Skalen über, um den ganzen Wertebereich bequemer darstellen zu können. So ändert sich die Konzentration c_{H+} der Wasserstoffionen beim Übergang von stark sauren zu stark basischen Lösungen um 14 Zehnerpotenzen oder die Schallleistung einer Schallquelle beim Übergang von der Hör- bis zur Schmerzschwelle um 13 Zehnerpotenzen. Im ersten Falle bevorzugt man statt des c_{H+}-Wertes den pH-Wert, der ursprünglich als logarithmisches Maß für die Wasserstoffionen-Konzentration eingeführt worden war, pH $= -\lg(c_{H+}/c^\ominus)$ (vgl. Abschnitt 7.3), im zweiten Falle statt der *Schallleistung P* den *Schallleistungspegel* $\lg(P/P_0)$ mit dem Bezugswert $P_0 = 10^{-12}$ W. Wie μ- und λ-Skale zusammenhängen, ist in Abbildung 25.11 dargestellt.

μ/kG	−11,4	−5,7	0	5,7	11,4	17,1	22,8	28,5	34,2	40,0...
λ	10^{-2}	10^{-1}	10^0	10^1	10^2	10^3	10^4	10^5	10^6	10^7 ...

Abb. 25.11 Zusammenhang zwischen μ- und λ-Skale bei 298 K

Restaktivitäten. Für die Gehaltsabhängigkeit des chemischen Potenzials hatten wir in Kapitel 13 die ersten Stufen einer Art Reihenentwicklung kennengelernt, in der die Beschreibung durch wiederholte Aufspaltung in einen den jeweiligen Haupteffekt ausdrückenden *Grundwert* und einen die Nebeneffekte zusammenfassenden *Restwert* schrittweise verfeinert wird:

$$\text{Wert} = \text{Grundwert} + \underbrace{\text{Restwert}} \qquad\qquad\qquad (\text{Stufe 1})$$

$$\text{Wert*} = \text{Grundwert*} + \underbrace{\text{Restwert*}} \qquad\qquad (\text{Stufe 2})$$

$$\text{Wert**} = \text{Grundwert**} + \underbrace{\text{Restwert**}} \quad (\text{Stufe 3})$$

$$\text{Wert***} = \dots . \qquad (\text{"})$$

Die Größe μ wird dadurch in eine Summe aufgespalten $\mu = \mu^\circ + \mu^* + \mu^{**} + \mu^{***} + \dots$, die je nach geforderter Genauigkeit mehr oder weniger Glieder umfassen kann. Die Summe geht in ein Produkt über, wenn man die Potenziale in Aktivitäten transformiert:

$$\lambda = \lambda^\circ \cdot \lambda^* \cdot \lambda^{**} \cdot \lambda^{***} \cdot \dots .$$

Wir hatten in Kapitel 13 nur einen zweistufigen Ansatz benutzt [vgl. Gl. (13.2)], sodass $\mu(x)$ dort in die drei Summanden (gehaltsunabhängiges) Grundglied $\overset{\circ}{\mu}$ + Grundglied* $\overset{\times}{\mu}$ + Restglied* $\overset{+}{\mu}$ aufgespalten erscheint. In der Aktivitätenskale treten entsprechend drei Faktoren auf:

$$\underbrace{\text{Grundglied}}_{} \ \underbrace{\text{Restglied}}_{} \qquad\qquad \underbrace{\text{„Grundaktivität"}}_{} \ \underbrace{\text{„(Rest-)Aktivität"}}_{}$$

$$\mu(x) = \overset{\circ}{\mu} + \overset{*}{\mu}(x) \qquad\qquad \lambda(x) = \overset{\circ}{\lambda} \cdot \overset{*}{\lambda}(x)$$

$$\underbrace{\overset{\times}{\mu}(x) + \overset{+}{\mu}(x)}_{} \qquad\qquad\qquad \underbrace{x \ \cdot \ \overset{+}{\lambda}(x)}_{}$$

$$\underbrace{\text{Massenwirkungsglied}}_{} \ \underbrace{\text{Zusatzglied}}_{} \qquad \underbrace{\text{Gehaltsmaß}}_{} \ \underbrace{\text{Aktivitätskoeff.}}_{}$$

Die Namen „Grundglied" und „Restglied" wollen wir der Eindeutigkeit halber den Gliedern der ersten Stufe vorbehalten und greifen sonst auf passende andere Namen zurück, etwa „Massenwirkungsglied" (oder „Ballungsglied") für das Grundglied $\overset{\times}{\mu}(x)$ der Stufe 2 und „Zusatzglied" („Zusatzpotenzial") für das zugehörige Restglied $\overset{+}{\mu}(x)$. Für das Massenwirkungsglied hatten wir die Beziehung $\overset{\times}{\mu} = RT \ln x$ kennengelernt. Entsprechend ergibt sich der Wert $\overset{\times}{\lambda}(x)$ zu $\overset{\times}{\lambda} = \exp[(RT\ln x)/RT] = \exp[\ln x] = x$.

Der Übergang von den Potenzialwerten zu den im Vergleich dazu exponentiell wachsenden Aktivitätswerten liefert recht unhandliche Zahlen (siehe Abb. 25.12), die sich für numerische Rechnungen und zur Tabellierung von Stoffdaten wenig eignen. Daher werden die λ-Grundwerte kaum benutzt, sondern nur die λ-Restwerte $\overset{*}{\lambda}$. Man bezeichnet sie meist schlechthin als „*Aktivität*" und verwendet für sie ein eigenes Formelzeichen a ($\equiv \overset{*}{\lambda} = \overset{\times}{\lambda}(x) \cdot \overset{+}{\lambda}(x) = \overset{+}{\lambda}(x) \cdot x$ mit $\overset{+}{\lambda}(x)$ in der Rolle eines Aktivitätskoeffizienten).

Abb. 25.12 Potenzial μ und Aktivität λ für Rohrzucker in einem Glas türkischen Tees ($\vartheta = 50\,°C$, $c = 1000\ \text{mol m}^{-3}$), aufgeteilt in Grundwert $\overset{\circ}{\mu}$ und $\overset{\circ}{\lambda}$, Massenwirkungsbeitrag $\overset{\times}{\mu}$ und $\overset{\times}{\lambda}$ sowie Zusatzwert $\overset{+}{\mu}$ und $\overset{+}{\lambda}$:

$$\mu = \overset{\circ}{\mu}_c + \overset{\times}{\mu}_c + \overset{+}{\mu}_c \quad = (-1575{,}59 \ + 0{,}00 \ + 0{,}65)\,\text{kG},$$

$$\lambda = \overset{\circ}{\lambda}_c \cdot \overset{\times}{\lambda}_c \cdot \overset{+}{\lambda}_c \quad = 2{,}03 \cdot 10^{-245} \ \cdot 1{,}00 \ \cdot 1{,}27.$$

An der Geschmacksschwelle bei ganz grob $5\ \text{mol m}^{-3}$ lauten die Werte:

$$\mu = \overset{\circ}{\mu}_c + \overset{\times}{\mu}_c + \overset{+}{\mu}_c \quad = (-1575{,}59 \ - 14{,}23 \ + 0{,}003)\,\text{kG},$$

$$\lambda = \overset{\circ}{\lambda}_c \cdot \overset{\times}{\lambda}_c \cdot \overset{+}{\lambda}_c \quad = 2{,}03 \cdot 10^{-245} \ \cdot 5 \cdot 10^{-3} \ \cdot 1{,}001.$$

Die Aufteilung in Grund- und Restwert ist Vereinbarungssache und wird bei Gemischen und Lösungen (vgl. Abschnitt 1.5) verschieden gehandhabt. Während man bei Gemischen davon ausgeht, dass jeder der beteiligten Stoffe gleichartig behandelt werden kann, insbesondere auch in derselben flüssigen oder festen α-, β-, γ-, … Phase in reinem Zustand auftreten kann, stellt man in Lösungen die Hauptkomponente als *Lösemittel* A den anderen als *gelösten Stoffen* B, C, … gegenüber. Der gesüßte Tee in Abbildung 25.12 ist ein Beispiel einer solchen Lösung. Als Gemisch betrachtet, würde das bedeuten, dass der Zucker im gesamten Bereich von 0 bis 100 % als flüssige Komponente zu behandeln wäre. Während man beim Lösemittel und bei allen Komponenten von Gemischen als Grundwert für das Potenzial μ und die Aktivität λ jeweils den Wert $\overset{\bullet}{\mu}_\bullet$ ($\equiv \overset{\bullet}{\mu}$) bzw. $\overset{\bullet}{\lambda}_\bullet$ im reinen Zustand benutzt, wählt man bei gelösten Stoffen den auf den Normwert $c^\ominus$, $x^\ominus$ ($= 1$), $b^\ominus$, … von sehr kleinen Gehalten längs einer gedachten Idealkurve hochgerechneten Wert $\overset{\circ}{\mu}$ bzw. $\overset{\circ}{\lambda}$. In den Abschnitten 6.2 und 13.2 haben wir uns mit diesem Verfahren genauer befasst, wobei die Konzentration c bzw. der Mengenanteil x als Gehaltsmaß dienten. Ganz entsprechend verfährt man auch bei anderen Gehaltsmaßen, jedenfalls bei solchen, die sich für kleine Werte einander proportional ändern. Für einen in einem Lösemittel A gelösten Stoff B sind die Grundwerte des chemischen Potenzials $\overset{\circ}{\mu}_{\bullet,B}$, $\overset{\circ}{\mu}_{c,B|A}$, $\overset{\circ}{\mu}_{x,B|A}$, $\overset{\circ}{\mu}_{b,B|A}$, … und damit auch die entsprechenden λ-Werte $\overset{\circ}{\lambda}_{\bullet,B}$, $\overset{\circ}{\lambda}_{c,B|A}$, $\overset{\circ}{\lambda}_{x,B|A}$, $\overset{\circ}{\lambda}_{b,B|A}$, … allesamt verschieden. Wie man sie ineinander umrechnet, wollen wir hier nicht mehr erörtern.

Aktivitätskoeffizienten. Die (Rest-)Aktivitäten a_B werden ihrerseits in ein Produkt aus dem jeweiligen Gehaltsmaß und dem zugehörigen Aktivitätskoeffizienten zerlegt, etwa wie folgt:

$$a_{\bullet B} = x_B \gamma_{\bullet B} \qquad a_{c,B} = c_{r,B}\, \gamma_{c,B}\,, \qquad a_{x,B} = x_B\, \gamma_{x,B}\,, \qquad a_{b,B} = b_{r,B}\, \gamma_{b,B}\,, \qquad \dots .$$

Es bezeichnet $c_{r,B}$ wieder die relative Konzentration $c_B/c^\ominus$ und $b_{r,B}$ die relative Molalität $b_B/b^\ominus$. Je nach gewähltem Grundwert ergeben sich verschiedene Aktivitäten, die man bei Bedarf durch Indizes unterscheiden kann. Wenn aus dem Zusammenhang klar ist, welche der Varianten gemeint ist, verzichtet man auf diese zusätzliche Kennzeichnung.

Mit dem Kürzel „Sac" für Rohrzucker (Saccharose) gilt für unser Beispiel aus Abbildung 25.12 bei der Normkonzentration von 1000 mol m^{-3} für den Aktivitätskoeffizienten $\gamma_c(\text{Sac}) \equiv \overset{+}{\lambda}_c(\text{Sac}) = 1{,}27$. Der Wert bedeutet ganz anschaulich, dass der Zucker im Teeglas sich so verhält. als ob seine Konzentration um 27 % über dem tatsächlichen Wert läge. Entsprechend kann aus der Angabe von $\gamma_c(\text{Sac}) = 1{,}001$ an der Geschmacksschwelle geschlossen werden, dass bei einer Konzentration von nur 5 mol m^{-3} die Abweichungen vom Idealverhalten bereits unmessbar klein sind. Das gilt für neutrale Stoffe, während geladene, also ionische, auch bei Konzentrationen unter 10 mol m^{-3} noch spürbare Abweichungen zeigen.

Im Grenzfall „unendlicher" Verdünnung, wenn nicht nur der Gehalt von B in A, sondern auch die Gehalte aller anderen in A gelösten Stoffe C, D, … , falls solche vorhanden sind, gegen 0 streben, gilt für die Aktivitätskoeffizienten: $\gamma_{c,\emptyset} = \gamma_{x,\emptyset} = \gamma_{b,\emptyset} = \dots = 1$. Für das Lösemittel gilt entsprechend $\gamma_{\bullet\emptyset} = 1$. Wir wählen wieder wie in Abschnitt 13.3 die „gestrichene Null" als Index, um diesen Zustand zu kennzeichnen.

Die Vorstellung der (Rest-) Aktivitäten a als modifizierte Gehalte ist recht anschaulich, wobei der zugehörige Aktivitätskoeffizient einfach als passender Korrekturfaktor verstanden wird. Diese Vorstellung ist brauchbar unabhängig davon, welches der üblichen Gehaltsmaße man verwendet, ob Konzentration c oder c_r, Mengenanteil x, Molalität b oder b_r usw. Zudem ist sie einfacher als die Verwendung von Zusatzpotenzialen $\overset{+}{\mu}$, vor allem dann, wenn man die Stammgrößen μ selbst als „partielle molare GIBBS-Energien" zu verstehen versucht. Andererseits wird das Verständnis erschwert, wenn es darum geht, den Einfluss von Parametern wie Druck, Temperatur, Gehalt von Mischungspartnern usw. zu erfassen und zu berechnen.

Antriebe. Aktivitäten werden gewöhnlich eingeführt, um die Abweichungen der Funktionen $\mu(x)$ oder $\mu(c)$ usw. von den bei derselben Temperatur und demselben Druck als ideal geltenden Werten $\mu = \overset{\circ}{\mu}_{\bullet} + RT \ln x$ oder $\mu = \overset{\circ}{\mu}_c + RT \ln c_r$ bzw. $\mu = \overset{\circ}{\mu}_x + RT \ln x$ usw. zu beschreiben. Zur Korrektur wird, wie bereits ganz zu Anfang erwähnt, der tatsächliche Gehalt x bzw. c_r usw. durch einen – infolge der Wechselwirkung der Stoffe untereinander – veränderten, „aktiven" Gehalt $a_{\bullet}, a_c, a_x, a_b \ldots$ ersetzt. Man verwendet also einen gemischten Ansatz, in dem die Grundwerte in der Potenzial- und die Restwerte in der Aktivitätsskale benutzt werden. Man kann dies als einen Kompromiss betrachten, der es einerseits erlaubt, die sehr unhandlichen, oft extrem großen oder extrem kleinen λ-Grundwerte zu vermeiden, und es andererseits gestattet, die gewisse Anschaulichkeit der λ-Restwerte zu nutzen.

Betrachten wir hierzu ein konkretes Beispiel, etwa die schon früher bemühte Rohrzuckerspaltung in Glucose und Fructose: $Sac|w + H_2O|l \rightarrow Glc|w + Fru|w$ (vgl. Abschnitt 6.3), ein Vorgang, wie er in unserem Teeglas langsam abläuft, wenn man den Tee (etwa mit Zitronensaft) leicht ansäuert. Wir können den Antrieb $\mathcal{A}$ für diesen Vorgang nach dem in Abschnitt 6.3 besprochenen Muster hinschreiben, wobei wir die relativen Konzentrationen c_r der gelösten Stoffe durch die Aktivitäten a_c ersetzen. Anders als früher müssen wir beachten, dass das Potenzial des Lösemittels A – hier ist es Wasser – wegen der nun möglichen höheren Konzentrationen der gelösten Stoffe B, C, … ebenfalls merklich verändert sein kann. Formal erreichen wir dies, indem wir auch beim Lösemittel den Restwert $RT \ln a_{\bullet A}$ mitschreiben: :

$$\mathcal{A} = \overset{\circ}{\mathcal{A}} + \overset{*}{\mathcal{A}}$$

$$\underbrace{\overset{\circ}{\mu}(Sac|w) + \overset{\circ}{\mu}(H_2O|l) - \overset{\circ}{\mu}(Glc|w) - \overset{\circ}{\mu}(Fru|w)}_{} \qquad \underbrace{RT \ln \frac{a_c(Sac|w) \cdot a_{\bullet}(H_2O|l)}{a_c(Glc|w) \cdot a_c(Fru|w)}}_{} .$$

Man beachte, dass beim Lösemittel die Aktivität $a_{\bullet}$ und nicht die Aktivität a_c steht. Der Hinweis ist wichtig, weil die Indizes $\bullet$ und c usw. fast immer weggelassen werden, da aus dem Zusammenhang in der Regel klar ist, welche dieser Größen im Einzelfall gemeint ist. Bei Stoffen, die in reinem Zustand umgesetzt werden, entfällt wie bisher der Beitrag $\overset{*}{\mu}_{\bullet}$ bzw. $a_{\bullet}$. Man kann beide gern mitschreiben, weil aber für reine Stoffe $\overset{*}{\mu}_{\bullet} = 0$ bzw. $a_{\bullet} = 1$ ist, ändert $\overset{*}{\mu}_{\bullet}$ als Summand bzw. $a_{\bullet}$ als Faktor nichts am Ergebnis. Ein einfaches Beispiel für einen solchen Fall wäre die Auflösung von Rohrzucker in Wasser ($Sac|s \rightarrow Sac|w$):

$$\mathcal{A} = \overset{\circ}{\mathcal{A}} + \overset{*}{\mathcal{A}}$$

$$\underbrace{\overset{\circ}{\mu}_{\bullet}(Sac|s) - \overset{\circ}{\mu}_c(Sac|w)}_{} \qquad \underbrace{RT \ln \frac{a_{\bullet}(Sac|s)}{a_c(Sac|w)} = RT \ln \frac{1}{a_c(Sac|w)}}_{} .$$

Für die Aktivität des reinen Feststoffs Saccharose gilt, wie erwähnt, $a_{\bullet}(Sac|s) = 1$.

Das Gesagte können wir leicht auf andere stoffliche Umbildungen übertragen beispielsweise

$$B + B' + \ldots \rightarrow D + D' + \ldots \qquad \text{oder} \qquad 0 \rightarrow v_B B + v_{B'} B' + \ldots + v_D D + v_{D'} D' + \ldots .$$

Die für Ausgangsstoffe stets negativen und für Endstoffe stets positiven Umsatzzahlen v_B, $v_{B'}$, …, v_D, $v_{D'}$, … betragen im Beispiel links nur -1 bzw. $+1$, während sie im Beispiel rechts beliebig, auch gebrochen sein können. Übungshalber sollte man sich hier und vor allem weiter unten überzeugen, dass die allgemeinere Schreibweise rechts trotz ihres deutlich andersartigen Aussehens in die einfachere links übergeht, wenn man die Umsatzzahlen für die Ausgangsstoffe $+1$ und für die Endstoffe -1 einsetzt und die Größen passend umstellt.

Der negative Antrieb $-\mathcal{A}$ lässt sich als eine mit den Umsatzzahlen gewichtete Summe der Potenziale μ der beteiligten Stoffe schreiben [vgl. Gl. (4.3)]:

$$-\mathcal{A} = -\mu_B - \mu_{B'} - \ldots + \mu_D + \mu_{D'} + \ldots \qquad \text{oder allgemein}$$

$$-\mathcal{A} = v_B \mu_B + v_{B'} \mu_{B'} + \ldots + v_D \mu_D + v_{D'} \mu_{D'} + \ldots \; .$$

Wenn man die Potenziale in Grund- und Restglied aufspaltet, $\mu = \overset{\circ}{\mu} + RT \ln a$, erhält man:

$$-\mathcal{A} = -\overset{\circ}{\mathcal{A}} - \overset{*}{\mathcal{A}} = (-\overset{\circ}{\mu}_B - \overset{\circ}{\mu}_{B'} - \ldots + \overset{\circ}{\mu}_D + \overset{\circ}{\mu}_{D'} + \ldots) + RT \ln \frac{a_D \cdot a_{D'} \cdot \ldots}{a_B \cdot a_{B'} \cdot \ldots} \qquad (25.41)$$

bzw. allgemein

$$-\mathcal{A} = -\overset{\circ}{\mathcal{A}} - \overset{*}{\mathcal{A}} = (v_B \overset{\circ}{\mu}_B + \ldots + v_D \overset{\circ}{\mu}_D + \ldots) + RT \ln(a_B{}^{v_B} \cdot \ldots \cdot a_D{}^{v_D} \cdot \ldots) \; . \qquad (25.42)$$

„Reaktivitäten". Wie man chemische Potenziale μ in chemische Aktivitäten λ umschreiben kann, so lassen sich auf dieselbe Weise auch Summen von Potenzialen $\mu_B + \mu_C + \mu_D + \ldots$ in Produkte von Aktivitäten, $\lambda_B \cdot \lambda_C \cdot \lambda_D \cdot \ldots$ transformieren:

$$\exp \frac{\mu_B + \mu_C + \mu_D + \ldots}{RT} = \exp \frac{\mu_B}{RT} \cdot \exp \frac{\mu_C}{RT} \cdot \exp \frac{\mu_D}{RT} \cdot \ldots = \lambda_B \cdot \lambda_C \cdot \lambda_D \cdot \ldots .$$

Ähnlich kann man Vielfache von Potenzialen $v\mu$ in Potenzen von Aktivitäten λ^v umwandeln:

$$\exp \frac{v\mu}{RT} = \left(\exp \frac{\mu}{RT} \right)^v = \lambda^v \; .$$

Auch Antriebswerte $\mathcal{A}$ lassen sich als Ganzes oder zerlegt in verschiedene Beiträge, etwa in Grund- und Restwert, $\mathcal{A} = \overset{\circ}{\mathcal{A}} + \overset{*}{\mathcal{A}}$, oder auch in Grund-, Massenwirkungs- und Zusatzglied, $\mathcal{A} = \overset{\circ}{\mathcal{A}} + \overset{\times}{\mathcal{A}} + \overset{+}{\mathcal{A}}$, auf dieselbe Weise in Aktivitätswerte umschreiben:

$$\underbrace{\exp \frac{\mathcal{A}}{RT}}_{\mathcal{K}} = \underbrace{\exp \frac{\overset{\circ}{\mathcal{A}}}{RT}}_{\overset{\circ}{\mathcal{K}}} \cdot \underbrace{\exp \frac{\overset{*}{\mathcal{A}}}{RT}}_{\overset{*}{\mathcal{K}}} = \underbrace{\exp \frac{\overset{\circ}{\mathcal{A}}}{RT}}_{\overset{\circ}{\mathcal{K}}} \cdot \underbrace{\exp \frac{\overset{\times}{\mathcal{A}}}{RT}}_{\overset{\times}{\mathcal{K}}} \cdot \underbrace{\exp \frac{\overset{+}{\mathcal{A}}}{RT}}_{\overset{+}{\mathcal{K}}} \; . \qquad (25.43)$$

Die Größe $\mathcal{K}$ ist im Grunde ebenso ein Maß für den „Antrieb" oder die „Stärke" einer Reaktion, wie es die Größe $\mathcal{A}$ ist, von der sie abstammt, nur dass die Skalen verschieden und damit gewisse Bedingungen anders zu formulieren sind. Während $\mathcal{A} > 0$ bedeutet, dass der Vorgang vorwärts, $\mathcal{A} < 0$, dass er rückwärts strebt, und $\mathcal{A} = 0$, dass Gleichgewicht besteht, lauten die entsprechenden Bedingungen in der neuen, exponentiellen Skale $\mathcal{K} > 1$, $\mathcal{K} < 1$ und $\mathcal{K} = 1$. Man könnte $\mathcal{K}$, um die Verwandtschaft mit den Aktivitäten zu betonen, „Reaktivität" nennen, aber fast ebenso gut auch auf einen Namen verzichten.

Massenwirkungsgesetz. Während die Größe $\mathcal{K}$ selbst völlig ungebräuchlich ist, gilt dies nicht für die Faktoren $\overset{\circ}{\mathcal{K}} \cdot \overset{*}{\mathcal{K}}$ oder $\overset{\circ}{\mathcal{K}} \cdot \overset{\times}{\mathcal{K}} \cdot \overset{+}{\mathcal{K}}$, in die sie sich zerlegen lässt. Die Größe $\overset{\circ}{\mathcal{K}}$ ist uns bereits im Abschnitt 6.4 bei der Erörterung des Massenwirkungsgesetzes als „(numerische) Gleichgewichtskonstante" oder „Gleichgewichtszahl" begegnet [Gl. (6.18)]. Auch $\overset{\times}{\mathcal{K}}$ kennen wir bereits, zwar nicht $\overset{\times}{\mathcal{K}}$ selbst, sondern den Kehrwert $\overset{\times}{\mathcal{K}}{}^{-1}$, den wir aber bisher nicht als solchen bezeichnet haben. Im Massenwirkungsgesetz erscheint $\overset{\times}{\mathcal{K}}{}^{-1}$ gewöhnlich als Quotient, wobei im Zähler die Gehalte der Endstoffe und im Nenner entsprechend die der Ausgangsstoffe stehen.

Um das einzusehen, erinnern wir uns: Gleichgewicht herrscht, wenn der Antrieb verschwindet, $\mathcal{A} = 0$, und damit $\mathcal{K} = \overset{\circ}{\mathcal{K}} \cdot \overset{*}{\mathcal{K}} = 1$ oder $\overset{\circ}{\mathcal{K}} = \overset{*}{\mathcal{K}}{}^{-1}$ (bzw. $\overset{\circ}{\mathcal{K}} = \overset{\times}{\mathcal{K}}{}^{-1} \cdot \overset{+}{\mathcal{K}}{}^{-1}$) gilt. Wenn wir $\overset{*}{\mathcal{A}}$ aus Gleichung (25.41) bzw. (25.42) in den in Gleichung (25.43) genannten Ausdruck für $\mathcal{K}$ einsetzen, erhalten wir die Gleichgewichtsbedingungen in der folgenden Form:

$$\overset{\circ}{\mathcal{K}} = \left(\frac{a_D \cdot a_{D'} \cdot ...}{a_B \cdot a_{B'} \cdot ...} \right)_{Gl} \qquad \text{bzw.} \qquad \overset{\circ}{\mathcal{K}} = (a_B{}^{\nu_B} \cdot ... \cdot a_D{}^{\nu_D} \cdot ...)_{Gl} \,.$$

Wenn alle Stoffe B, B′, …, D, D′, … als gelöste Komponenten in einer dünnen Lösung vorliegen, kann man die Aktivitäten $a = \gamma_c \cdot c_r$ durch die relativen Konzentrationen c_r ersetzen, da im Falle starker Verdünnung $\gamma_c = 1$ ist. Dadurch gehen die obigen Bedingungen in die uns aus Abschnitt 6.4 bekannten Gleichungen über:

$$\overset{\circ}{\mathcal{K}} = \left(\frac{c_r(D) \cdot c_r(D') \cdot ...}{c_r(B) \cdot c_r(B') \cdot ...} \right)_{Gl} \qquad \text{bzw.} \qquad \overset{\circ}{\mathcal{K}} = \left(c_r(B)^{\nu_B} \cdot ... \cdot c_r(D)^{\nu_D} \cdot ... \right)_{Gl} \,.$$

Der eingeklammerte Ausdruck auf der rechten Seite der Gleichungen ist gerade $\overset{\times}{\mathcal{K}}{}^{-1}$. Für den Zusatzfaktor $\overset{+}{\mathcal{K}}$, in dem die Aktivitätskoeffizienten zusammengefasst werden, gilt in diesem Fall $\overset{+}{\mathcal{K}} = 1$, da die Aktivitätskoeffizienten, wie erwähnt, alle gleich 1 sein sollen. Im allgemeinen Fall gilt hingegen:

$$\overset{+}{\mathcal{K}}{}^{-1} = \frac{\gamma_c(D) \cdot \gamma_c(D') \cdot ...}{\gamma_c(B) \cdot \gamma_c(B') \cdot ...} \qquad \text{bzw.} \qquad \overset{+}{\mathcal{K}}{}^{-1} = \gamma_{c,B}{}^{\nu_B} \cdot ... \cdot \gamma_{c,D}{}^{\nu_D} \cdot ... \,.$$

Sonderfall Gase. Bei einem Gas B in einem Gasgemisch bevorzugt man in diesem Zusammenhang als Gehaltsangabe den Teildruck $p_B = x_B \cdot p$ beziehungsweise den relativen Teildruck $p_{r,B} = x_B \cdot p / p^\ominus$. „Chemisch aktiv" ist nicht p_B oder $p_{r,B}$ selbst, sondern – bedingt durch die Wechselwirkung der Teilchen, so die Vorstellung – ein veränderter Wert $a_{p,B} = \gamma_{p,B} \cdot p_{r,B}$. Wie die bisher besprochenen Aktivitätsgrößen $a_{c,B|A}$, $a_{x,B|A}$, $a_{b,B|A}$ ... und $\gamma_{c,B|A}$, $\gamma_{x,B|A}$, $\gamma_{b,B|A}$, ... werden auch die Größen $a_{p,B}$ und $\gamma_{p,B}$ durch dieselbe Skalentransformation aus den entsprechenden Potenzialgrößen gebildet: $a_{p,B} = \exp(\overset{\circ}{\mu}_{p,B}/RT)$ und $\gamma_{p,B} = \exp(\overset{+}{\mu}_{p,B}/RT)$.

Und doch gibt es hier einen wichtigen Unterschied. Die Rolle des Lösemittels A als Medium, in dem die Stoffe verteilt vorliegen, spielt hier das Vakuum. Während A auch bei endlichen Drücken existiert, wenn keine anderen Stoffe darin verteilt sind, gilt dies für das Vakuum nicht. Als Grundwert $\overset{\circ}{\mu}_{p,B}$ des chemischen Potenzials μ_B dient der aus einem Zustand sehr kleinen Gesamtdrucks p_0 von $p_B = x_B \cdot p_0$ auf den Druck $p_B = x_B \cdot p^\ominus$ bei konstanter Temperatur T hochgerechnete Wert, und zwar längs der als Idealverlauf betrachteten logarithmischen Kurve $\mu = \mu_0 + RT \ln(p/p_0)$. Anders als die Grundwerte $\overset{\circ}{\mu}_{c,B|A}$, $\overset{\circ}{\mu}_{x,B|A}$, $\overset{\circ}{\mu}_{b,B|A}$, ... des Potenzials μ_B eines Stoffes B in einer festen oder flüssigen Mischphase hängt $\overset{\circ}{\mu}_{p,B}$ nicht vom Druck ab – und natürlich auch von keinem Lösemittel, da es keines gibt.

Für den modifizierten Druck $\gamma_{p,B} \cdot p_B$ (nicht $\gamma_{p,B} \cdot p_{r,B}$!) ist der von dem US-amerikanischen Physikochemiker Gilbert Newton LEWIS 1901 vorgeschlagene Name *Fugazität*, was so viel wie „Flüchtigkeit" bedeutet, und ein eigenes Formelzeichen f_B gebräuchlich. Entsprechend heißt die Größe $\gamma_{p,B}$ auch *Fugazitätskoeffizient* (Formelzeichen ϕ_B). LEWIS beschrieb die Größe als „Übertritts-" oder „Entweichungsbestreben". Gemeint war damit die Neigung eines Stoffes von einer Phase in eine andere überzutreten, insbesondere sich als Gas zu verflüchtigen. Auch die Größe *Aktivität* stammt von LEWIS, der sie 1908 als modifizierte Konzentration einführte. Das ermöglichte es, auch Stoffe, die nicht merklich flüchtig, aber z. B. in Wasser gut löslich sind (Harnstoff, Glycerin, Rohrzucker usw.) nach demselben Muster zu behandeln wie flüchtige Stoffe.

Anhang

A1 Mathematische Grundlagen

A1.1 Lineare, logarithmische und exponentielle Funktionen

In der physikalischen Chemie beschreiben *Funktionen* in der Regel den Zusammenhang verschiedener uns interessierender Größen, im einfachsten Fall etwa, wie eine Größe y von einer anderen x abhängt: $y = f(x)$. Dabei stellt x die *unabhängige Variable* dar, die z. B. in einem Versuch vorgegeben und variiert wird, y die (von x) *abhängige Variable*, deren Veränderung gemessen wird. Von der Funktion kann man sich recht gut ein Bild machen, wenn man eine Auswahl der sich aus $y = f(x)$ ergebenden Wertepaare (x, y) als Punkte in ein (x, y)-Koordinatensystem einträgt.

Wir sagen nun, y hänge von x *linear* ab, wenn ein Zuwachs von x (der Ausgangswert x kann beliebig gewählt sein) um einen festen Beitrag a einen Zuwachs von y um einen festen Beitrag b bewirkt (Abb. A1.1).

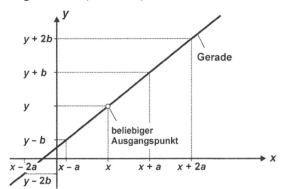

Abb. A1.1 Linearer Zusammenhang zwischen y und x

Wir wollen das Gesagte, um es leichter mit anderen Abhängigkeiten vergleichen zu können, stichwortartig in einer Zeile zusammenfassen:

$y = f(x)$ heißt *linear*, wenn gilt: $x \rightarrow x + a \;\Rightarrow\; y \rightarrow y + b$.

y heißt hingegen *logarithmisch* von x abhängig, wenn die Zunahme von x ($x > 0$, aber sonst beliebig) um einen festen Faktor α einen Zuwachs von y um einen festen Beitrag b bewirkt (Abb. A1.2), kurz:

$y = f(x)$ heißt *logarithmisch*, wenn gilt: $x \rightarrow x \cdot \alpha \;\Rightarrow\; y \rightarrow y + b$.

© Springer Fachmedien Wiesbaden GmbH, ein Teil von Springer Nature 2021
G. Job und R. Rüffler, *Physikalische Chemie*, Studienbücher Chemie,
https://doi.org/10.1007/978-3-658-32936-5

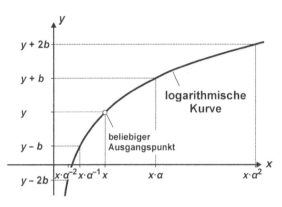

Abb. A1.2 Logarithmischer Zusammenhang zwischen y und x

Wir können diese Aussagen noch um eine weitere nützliche ergänzen. Man sagt, y hänge *exponentiell* von x ab, wenn die Zunahme von x um einen festen Beitrag a einen Zuwachs von y um einen festen Faktor β bewirkt (Abb. A1.3),

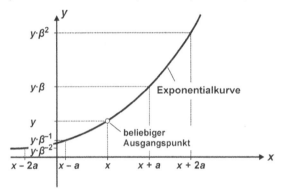

Abb. A1.3 Exponentieller Zusammenhang zwischen y und x

in Stichworten:

$$y = f(x) \quad \text{heißt } \textit{exponentiell}, \text{ wenn gilt: } \quad x \to x + a \Rightarrow y \to y \cdot \beta.$$

Während wir lineare „Kurven" (Geraden) meist ohne besondere Hilfsmittel gleichsam mit einem Blick von gekrümmten unterscheiden können, fällt uns die Zuordnung gekrümmter Kurven zu bestimmten Kategorien sehr viel schwerer. Hier können die oben genannten, leicht zu überprüfenden Merkmale weiterhelfen, die Art einer gezeichneten Kurve zu ermitteln. Zur schnellen Überprüfung, ob z.B. eine gegebene Kurve logarithmisch ist, wählt man am einfachsten $\alpha = 2$ und vergrößert oder verkleinert, ausgehend von einem beliebigen Ausgangspunkt, die Abszisse wiederholt um denselben Faktor (wie in Abbildung A1.2 geschehen). Umgekehrt kann das Merkmal aber auch zum raschen Entwurf der Kurve dienen.

Die mathematischen Ausdrücke für den linearen, logarithmischen und exponentiellen Zusammenhang lassen die Ähnlichkeit, die in den besprochenen Funktionalgleichungen auffällt, leider nicht erkennen. Man schreibt etwa

$$y = mx + n, \quad \text{wenn } y \text{ linear von } x \text{ abhängt,}$$

$$y = \log_m \frac{x}{n}, \quad \text{wenn } y \text{ logarithmisch von } x \text{ abhängt,}$$

$$y = m^x \cdot n, \quad \text{wenn } y \text{ exponentiell von } x \text{ abhängt.}$$

Im Falle der Geraden stellt m die *Steigung* und n den *y-Achsenabschnitt* (Ordinatenabschnitt) dar.

Beim logarithmischen und exponentiellen Zusammenhang hingegen repräsentiert m die *Basis*. Sehr häufig als Basis verwendet wird die irrationale *Eulersche Zahl* e = 2,7182... . Man spricht dann vom *natürlichen Logarithmus*, kurz ln, oder der (natürlichen) *Exponentialfunktion*, die wegen ihrer Beziehung zur Zahl e auch kurz e-Funktion genannt wird. Wir erhalten:

$$y = \ln x \quad \text{bzw.}$$

$$y = e^x \equiv \exp x.$$

Abschließend wollen wir noch einige Rechenregeln für logarithmische Ausdrücke wiederholen. Bei fester Basis m (der Einfachheit halber weggelassen) gilt:

$$\log(x \cdot y) = \log x + \log y, \tag{A1.1}$$

$$\log(x/y) = \log x - \log y, \tag{A1.2}$$

$$\log(x^a) = a \cdot \log x. \tag{A1.3}$$

Für einen Basiswechsel lautet die allgemeine Rechenregel (mit den Basen b und c)

$$\log_b x = \log_b c \cdot \log_c x. \tag{A1.4}$$

Daraus ergibt sich als Sonderfall für die Basen e (Eulersche Zahl) und 10

$$\log_e x = \log_e 10 \cdot \log_{10} x$$

oder in anderer Schreibweise

$$\ln x = \ln 10 \cdot \lg x, \tag{A1.5}$$

wobei die Abkürzung lg für den *dekadischen Logarithmus* (auch *Zehnerlogarithmus* genannt) steht.

A1.2 Umgang mit Differenzialen

Die meisten Funktionen, mit denen wir es in der physikalischen Chemie zu tun haben, sind – salopp ausgedrückt – „nutzerfreundlich". Ihre Graphen sind fast immer glatte Kurven ohne Sprünge, Knicke und Lücken, sodass wenige Punkte genügen, um sie zu einem vollständigen Bild ergänzen zu können (vgl. z. B. die Funktionsgraphen in Abschnitt A1.1). Interessante Punkte solcher Graphen sind oft Nullstellen, Maxima, Minima und Wendepunkte sowie Schnittpunkte mit anderen Kurven. Die Schulmathematik liefert die Hilfsmittel, um die Koordinaten solcher Punkte berechnen zu können – wenigstens in den einfacheren Fällen.

Ein wichtiger Zwischenschritt auf den Wegen dorthin, ist die Aufgabe, die Steigung m eines Graphen an einer bestimmten Stelle x zu berechnen (Abb. A1.4 a). Bei den „nutzerfreundlichen" Funktionen, mit denen wir es fast nur zu tun haben, verläuft der Graph, wenn wir ihn mit der Lupe betrachten, in einem kleinen Ausschnitt um die Stelle x herum praktisch gradlinig. Bei hinreichender Vergrößerung wäre von einer Krümmung nichts mehr zu erkennen (Abb. A1.4 b). In der Physik wählt man meist eine Darstellung, bei der Krümmungen noch sichtbar, aber zugleich so schwach sind, dass der Betrachter sich das Ergebnis leicht vorstellen kann, wenn sie ganz verschwinden würden.

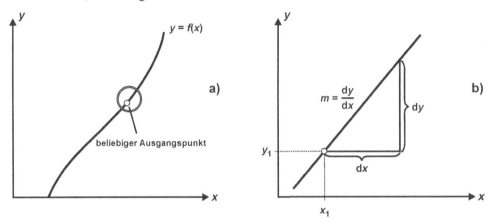

Abb. A1.4 a) Graphische Darstellung eines beliebigen funktionalen Zusammenhanges $y = f(x)$ im (x, y)-Koordinatensystem und b) stark vergrößerter Ausschnitt um die Stelle (x_1, y_1)

Dieser Kunstgriff erweist sich als äußerst nützlich. Wie wir die Steigung einer geraden Linie berechnen, wissen wir: $m = \Delta y / \Delta x$, wenn $\Delta y = y_2 - y_1$ den Zuwachs an „Höhe" bezeichnet, falls man von der Stelle x_1 um $\Delta x = x_2 - x_1$ voranschreitet. Um auszudrücken, dass im Fall einer Kurve der Zuwachs in x-Richtung klein oder gar sehr klein sein muss, ersetzt man das Zeichen Δ für die Differenz durch das Zeichen d für das Differenzial: $m = dy/dx$. Das war der ursprüngliche Gedanke, als der deutsche Philosoph und Mathematiker Gottfried Wilhelm LEIBNIZ diese suggestive Schreibweise wählte. Dass man in der Mathematik heute Differenziale etwas anders – über einen Grenzwert – einführt, braucht uns nicht zu stören. Uns soll genügen, dass wir uns durch die beschriebene Vorgehensweise einen raschen Zugang zu den benötigten ausgefeilten „Werkzeugen" der Mathematik verschaffen können.

Da zu jedem x-Wert eine bestimmte Steigung m gehört, stellt die Steigung selbst eine Funktion von x dar, eine andere als $f(x)$ natürlich. Um sie von dieser zu unterscheiden und zugleich anzuzeigen, woher sie stammt, indiziert man sie mit einem Strich ' und schreibt $y' = f'(x)$, indem man noch m durch $y' = dy/dx$ ersetzt. $f'(x)$ heißt *Ableitung* der Funktion $f(x)$. Die Mathematik liefert zahlreiche Regeln, wie man zu einer gegebenen Funktion $f(x)$ die zugehörige *Ableitungsfunktion* $f'(x)$ findet, aber auch umgekehrt nützliche Verfahren, um zu einer gegebenen Funktion $f'(x)$ die zugehörige *Stammfunktion* $f(x)$ zu ermitteln (vgl. Abschnitt A1.3).

Die wichtigsten Ableitungen und Ableitungsregeln wollen wir uns kurz ins Gedächtnis rufen. Der Grad einer Potenzfunktion wird beim Ableiten stets um Eins erniedrigt,

$$y = x^n \;\Rightarrow\; y' = nx^{n-1}, \tag{A1.6}$$

die Exponentialfunktion stimmt hingegen mit ihrer Ableitung überein,

$$y = \mathrm{e}^x \;\Rightarrow\; y' = \mathrm{e}^x \,, \tag{A1.7}$$

und im Falle der natürlichen Logarithmusfunktion erhalten wir

$$y = \ln x \;\Rightarrow\; y' = \frac{1}{x} \quad (x > 0)\,. \tag{A1.8}$$

Ein *konstanter Summand C* verschwindet beim Ableiten, ein *konstanter Faktor k* bleibt hingegen erhalten:

$$y = f(x) + C \;\Rightarrow\; y' = f'(x) \qquad \text{bzw.} \qquad y = k \cdot f(x) \;\Rightarrow\; y' = k \cdot f'(x)\,. \tag{A1.9}$$

Summen (oder auch Differenzen) aus zwei oder mehr Funktionen können gliedweise abgeleitet werden:

$$y = f(x) \pm g(x) \;\Rightarrow\; y' = f'(x) \pm g'(x)\,. \tag{A1.10}$$

Auf das Produkt zweier Funktionen wird die sogenannte *Produktregel* angewendet,

$$y = f(x) \cdot g(x) \;\Rightarrow\; y' = f'(x) \cdot g(x) + f(x) \cdot g'(x)\,, \tag{A1.11}$$

auf den Quotienten entsprechend die *Quotientenregel*,

$$y = \frac{f(x)}{g(x)} \;\Rightarrow\; y' = \frac{f'(x) \cdot g(x) - f(x) \cdot g'(x)}{[g(x)]^2}\,. \tag{A1.12}$$

Die *Kettenregel* hingegen beschreibt, wie verkettete, d. h. ineinander geschachtelte Funktionen abzuleiten sind. Die einfachste Verkettung besteht aus der einer *äußeren Funktion f(z)* mit einer *inneren Funktion z = g(x)*, was man als $y = f(g(x))$ schreiben kann. Hier gilt:

$$y = f(g(x)) \;\Rightarrow\; y' = f'(z) \cdot g'(x)\,. \tag{A1.13}$$

Vereinfacht kann man sich merken: Die Ableitung der Gesamtfunktion ist das Produkt aus der Ableitung der äußeren Funktion und der Ableitung der inneren Funktion. Die Kettenregel kann auch in der folgenden (LEIBNIZschen) Form

$$\frac{\mathrm{d}y}{\mathrm{d}x} = \frac{\mathrm{d}y}{\mathrm{d}z} \cdot \frac{\mathrm{d}z}{\mathrm{d}x}$$

geschrieben werden, die ihre Struktur noch etwas deutlicher hervorhebt.

In der physikalischen Chemie hängt nun eine ins Auge gefasste Größe y meist nicht nur von einer, sondern gleich von *mehreren* Größen ab, $y = f(x_1, x_2, \ldots)$, im einfachsten Fall von zweien: $y = f(u, v)$. Der Graph einer solchen Funktion, dargestellt etwa in einem dreiachsigen (u, v, y)-Koordinatensystem, ist dann keine Kurve mehr, sondern eine Fläche (Abb. A1.5 a). Wenn wir es mit „nutzerfreundlichen" Funktionen zu tun haben, und das trifft fast immer zu, dann ist die Fläche in dem uns interessierenden Bereich glatt, zwar gekrümmt, aber ohne Löcher, Falten, Sprünge. Eine solche Fläche kann in einem beliebigen Punkt P in einer Richtung – etwa parallel zur u-Achse – steil ansteigen, während sie zugleich in einer anderen Richtung, etwa senkrecht dazu, d. h. parallel zur v-Achse, nur flach ansteigt oder waagerecht verläuft oder gar abfällt. Mit der Lupe betrachtet, erscheint ein hinreichend kleiner Ausschnitt um den Punkt P herum *eben*, von einer Krümmung ist nichts zu merken (Abb. A1.5 b). Kennt man die Steigungen $m_{\to u}$ und $m_{\to v}$ in Richtung der u- und v-Achse (die Schreibweise mit dem

Pfeil im Index verdeutlicht, dass es sich um einen Zuwachs in einer bestimmten Richtung handelt), dann kann man den Zuwachs Δy berechnen, wenn man in u-Richtung um Δu und zugleich in v-Richtung um Δv voranschreitet, jedenfalls wenn beide Zuwächse so klein sind, dass die Fläche in diesem Bereich als eben gelten kann. Das kann man leicht aus Abbildung A1.5 b ersehen. Um auf die sehr geringe Größe der Zuwächse hinzuweisen, ersetzen wir wieder die Differenzen durch Differenziale:

$$\mathrm{d}y = m_{\to u} \cdot \mathrm{d}u + m_{\to v} \cdot \mathrm{d}v \, .$$

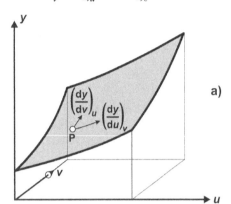
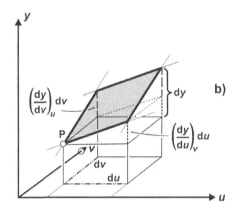

Abb. A1.5 a) Graphische Darstellung des funktionalen Zusammenhanges $y = f(u, v)$ als Fläche im (u, v, y)-Koordinatensystem und b) vergrößerter Ausschnitt um den Punkt P

Wenn wir uns für den Anstieg in u-Richtung interessieren, dann brauchen wir nur im obigen Ausdruck $\mathrm{d}v = 0$ zu setzen, und erhalten $\mathrm{d}y = m_{\to u} \cdot \mathrm{d}u$ oder umgestellt $m_{\to u} = \mathrm{d}y/\mathrm{d}u$. Man schreibt, um auszudrücken, dass das Ergebnis nur unter der Bedingung gilt, dass v konstant gehalten wird (der Klammerausdruck wird gelesen als „dy nach du bei konstantem v"):

$$m_{\to u} = \left(\frac{\mathrm{d}y}{\mathrm{d}u} \right)_v \quad \text{und entsprechend} \quad m_{\to v} = \left(\frac{\mathrm{d}y}{\mathrm{d}v} \right)_u \, .$$

Die Schreibweise mit den runden Klammern hat sich in der physikalischen Chemie eingebürgert. Man kann sie auch auf das Differenzial dy selbst anwenden und schreiben $(\mathrm{d}y)_v = m_{\to u} \cdot (\mathrm{d}u)_v$, um sich im Text den sonst nötigen Hinweis $\mathrm{d}v = 0$ zu ersparen. Da in unserem Beispiel u und v als unabhängige Veränderliche auftreten, gilt $(\mathrm{d}u)_v \equiv \mathrm{d}u$. Die beiden Ausdrücke mit und ohne Klammern sind hier gleichbedeutend.

Um die beiden Steigungen $m_{\to u}$ und $m_{\to v}$ zu berechnen, falls die Funktion $y = f(u, v)$ bekannt ist, kann man die üblichen Regeln für die Bildung der Ableitung heranziehen. Im Fall $m_{\to u}$ wird nur u als veränderlich betrachtet, während man v als konstanten Parameter behandelt, nicht anders als man es bei Funktionen einer Veränderlichen gewohnt ist, wenn in deren Berechnungsformeln feste Parameter vorkommen.

Was hier, geometrisch gedeutet, als Steigung eines Graphen erscheint, stellt in der physikalischen Chemie in der Regel eine Größe dar, die ein beobachtbares Merkmal quantifiziert und für die es bereits ein eigenes Formelzeichen gibt, sagen wir $\alpha \equiv m_{\to u}$ und $\beta \equiv m_{\to v}$. Die Größen α und β sind selbst wiederum Funktionen von u und v, wofür wir $\alpha = f_u'(u, v)$ und

$\beta = f_v'(u, v)$ schreiben könnten, um die Art der Abstammung von der Funktion $y = f(u, v)$ erkennbar zu machen.

Man nennt $f_u'(u, v)$ und $f_v'(u, v)$ *partielle Ableitungen* der Funktion $f(u, v)$. Hierfür sind noch eine Reihe ähnlicher, minder eindeutiger Schreibweisen in Gebrauch, daneben auch solche, die an die Berechnung der Steigungen als Quotienten zweier Differenziale anknüpfen und allesamt *partielle Differenzialquotienten* genannt werden:

$$\alpha = \frac{\partial f(u,v)}{\partial u} \;=\; \frac{\partial y(u,v)}{\partial u} \;=\; \left(\frac{\partial y}{\partial u}\right)_v \;=\; \frac{(dy)_v}{du}\,,$$

$$\beta = \frac{\partial f(u,v)}{\partial v} \;=\; \frac{\partial y(u,v)}{\partial v} \;=\; \left(\frac{\partial y}{\partial v}\right)_u \;=\; \frac{(dy)_u}{dv}\,.$$

$$\text{Mathematik} \qquad \text{Physik} \qquad \text{Chemie}$$

Das runde ∂ statt des geraden d soll daran erinnern, dass hier – im Zähler der Ausdrücke oben – nur der Zuwachs $(dy)_v$ gemeint ist, das heißt wenn u um du wächst, während die übrigen Variablen, hier nur v, ungeändert bleiben. Für die Ausdrücke unten gilt Entsprechendes. In der Mathematik wird die erste, in der Physik die zweite und in der (physikalischen) Chemie die dritte Schreibweise bevorzugt. In der letzteren können die runden ∂ auch durch die geraden d ersetzt werden, ohne dass sich etwas ändert. Diese vierte Form eignet sich besonders als Zwischenstufe bei der Umrechnung verschiedener Differenzialquotienten ineinander. Bei diesen Rechnungen geht man gewöhnlich von dem *vollständigen* Differenzial dy aus und berücksichtigt erst später die jeweiligen Nebenbedingungen:

$$dy = \left(\frac{dy}{du}\right)_v du + \left(\frac{dy}{dv}\right)_u dv\,. \tag{A1.14}$$

So viel an dieser Stelle. Wir werden noch oft genug Gelegenheit haben, das Verfahren an konkreten Beispielen im Lehrbuch genauer kennenzulernen. Einige wichtige Regeln zur Umrechnung von Differenzialquotienten sind in Abschnitt 9.4 zuammengestellt.

A1.3 Stammfunktion und Integration

Der Umgang mit Differenzialen spielt in der physikalischen Chemie eine wesentliche Rolle, da viele der auftretenden Größen über Differenzialausdrücke miteinander zusammenhängen. Folglich ist es wichtig, sich neben der Differenziation auch mit deren Umkehrung zu beschäftigen, d. h. zu einer gegebenen Funktion $f(x)$ die zugehörige *Stammfunktion $F(x)$* ermitteln zu können, deren Ableitung $f(x)$ ergibt,

$$\frac{dF(x)}{dx} = f(x)\,.$$

Erste Beispiele für Stammfunktionen erhalten wir, indem wir in den Ausdrücken (A1.6) bis (A1.8) die Richtungspfeile einfach umkehren; so ist $F(x) = \ln x$ eine Stammfunktion von $f(x) = 1/x$. Eine Stammfunktion kann jedoch stets nur bis auf einen konstanten Summanden C bestimmt werden, da dieser beim Ableiten wegfällt; neben $F(x)$ sind also auch alle Funktionen $F(x) + C$ eine Stammfunktion von $f(x)$.

Aus Gründen, die wir im Verlauf des Abschnitts noch kennenlernen werden, wird die Stammfunktion auch als *unbestimmtes Integral* bezeichnet, ihre Ermittlung, d. h. die Umkehrung der
Ableitung, als *unbestimmte Integration*. Der Summand C ist die sogenannte *Integrations-
konstante*.

Doch wenden wir uns zunächst einer Problemstellung zu, die auf den ersten Blick nichts mit
dem Aufsuchen einer Stammfunktion zu tun zu haben scheint, nämlich der Bestimmung der
„Fläche unter der Kurve" einer beliebigen Funktion $y = f(x)$. Darunter verstehen wir genauer
gesagt die Fläche, die zwischen zwei Grenzen x_1 und x_2 durch den Kurvenzug und die x-
Achse abgegrenzt wird (Abb. A1.6). Näherungswerte für den Flächeninhalt A erhält man,
indem man die Fläche in Streifen der Breite Δx unterteilt, die beim jeweiligen Funktionswert
durch eine waagerechte Linie begrenzt werden und anschließend die Flächen $f(x)\Delta x$ dieser
Streifen aufsummiert:

$$A \approx \sum f(x)\Delta x \,.$$

Als „Abkürzung" bzw. Symbol für eine Summe wird der griechische Buchstabe $\sum$ verwendet.

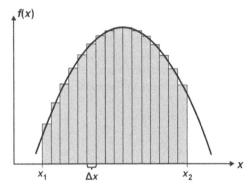

Abb. A1.6 Approximation des bestimmten
Integrals über $f(x)$ von x_1 bis x_2 als Fläche unter
der Kurve

Geht man nun zu sehr kleinen Intervallbreiten dx über, so erhält man schließlich einen genauen Wert für A:

$$A = \int_{x_1}^{x_2} f(x)dx \,.$$

Man spricht auch vom *bestimmten Integral* der Funktion zwischen den Grenzen x_1 und x_2
(kurz „Integral von x_1 bis x_2 über $f(x)dx$"). Das als Symbol verwendete langgestreckte S soll
auf die zugrunde liegende Summation hinweisen und geht auf LEIBNIZ zurück.

Kehren wir wieder zu einer „nutzerfreundlichen", d. h. differenzierbaren Funktion $y = F(x)$
zurück (Abb. A1.7 a). Die Funktionswerte im Abstand Δx wollen wir durch gerade Linien
verbinden und erhalten so ein angenähertes Bild der (grau gestrichelt gezeichneten) Funktion.
Die Steigung m einer solchen Verbindungslinie ergibt sich dann zu

$$m = \frac{\Delta y}{\Delta x} \,,$$

wobei Δy den Zuwachs an „Höhe" der Funktion im herausgegriffenen Intervall bezeichnet.

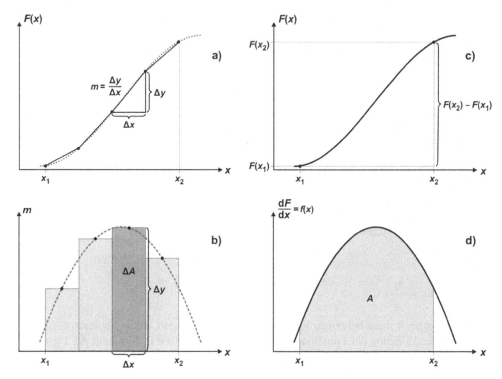

Abb. A1.7 Zusammenhang zwischen dem Zuwachs der Stammfunktion $F(x)$ und der Fläche (Integral) unter der Kurve $dF/dx = f(x)$; a, b) approximativ, c, d) nach Grenzübergang

Entsprechend Abbildung A1.7 b wird jetzt über jedem Intervall der Breite Δx eine Säule errichtet, deren Höhe der jeweiligen Steigung m aus dem Graphen A1.7 a entspricht. Für die Fläche des Rechtecks erhält man dann

$$\Delta A = m \cdot \Delta x \,,$$

d. h. sie entspricht gerade der Strecke Δy (die Begriffe „Fläche" und „Strecke" sind hier im übertragenen Sinne aufzufassen, denn die Variablen und damit die Funktionen sind ja normalerweise einheitenbehaftet). Fasst man nun alle Intervalle zwischen x_1 und x_2 zusammen, so ist die Gesamtfläche unter dem *Histogramm* (zum Begriff vgl. Abschnitt A1.4) gleich dem Zuwachs $F(x_2) - F(x_1)$ der Funktion $F(x)$.

Lässt man anschließend die Intervallbreite schrumpfen, so wird aus dem Polygonzug die korrekte Kurve $F(x)$, deren jeweilige Steigung der Ableitung $F'(x) = dF/dx$ entspricht (Abb. 1.7 c). Die Histogrammfläche geht über in die Fläche unter der Kurve $dF/dx = f(x)$, beschreibbar durch das bestimmte Integral (Abb. 1.7 d):

$$\int_{x_1}^{x_2} f(x)dx \,.$$

Auch weiterhin entspricht die Fläche dem Zuwachs der Funktion $F(x)$, d. h., es gilt: Das bestimmte Integral über $f(x)$ zwischen den Grenzen x_1 und x_2 entspricht der Differenz der Funktionswerte $F(x)$ an diesen Integrationsgrenzen:

$$\int_{x_1}^{x_2} f(x)\mathrm{d}x = F(x_2) - F(x_1),$$

wobei $f(x) = \mathrm{d}F(x)/\mathrm{d}x$ gilt. $F(x)$ ist also nichts anderes als die Stammfunktion zu der Funktion $f(x)$, welche integriert worden ist. Damit wurde der versprochene Zusammenhang zwischen den Begriffen Stammfunktion und (bestimmtes) Integral hergestellt.

Als nächstes wollen wir kurz die Stammfunktionen einiger elementarer Funktionen zusammenstellen.

Bei Integration einer Potenzfunktion erhalten wir

$$y = x^n \quad \Rightarrow \quad \int y\mathrm{d}x = \frac{1}{n+1}x^{n+1} + C \qquad (n \neq 1). \tag{A1.15}$$

So gilt z. B.

$$\int \frac{1}{x^2}\mathrm{d}x = -\frac{1}{x} + C.$$

Der Exponent $n = 1$ muss bei obiger Regel ausgeklammert werden, da die Funktion $f(x) = 1/x$ nicht etwa die Ableitung der Funktion $F(x) = x^0$, sondern, wie wir in Abschnitt A1.2 gesehen haben, die Ableitung der Funktion $F(x) = \ln x$ ist, d. h. genauer gesagt gilt

$$y = \frac{1}{x} \quad \Rightarrow \quad \int y\mathrm{d}x = \ln|x| + C, \tag{A1.16}$$

da diese Regel auch für negative x-Werte Gültigkeit besitzt. Für $x > 0$ lautet die Stammfunktion $F(x) = \ln x$, für $x < 0$ $F(x) = \ln(-x)$.

Für die Exponentialfunktion gilt

$$y = \mathrm{e}^x \quad \Rightarrow \quad \int y\mathrm{d}x = \mathrm{e}^x + C. \tag{A1.17}$$

Wie bei der Differenziation gelten auch bei der Integration allgemeine Regeln, von denen wir abschließend noch die wichtigsten besprechen wollen.

Ein *konstanter Faktor k* bleibt beim Integrieren erhalten:

$$y = k \cdot f(x) \quad \Rightarrow \quad \int y\mathrm{d}x = k \int f(x)\mathrm{d}x. \tag{A1.18}$$

Im Falle von *Summen* (oder auch Differenzen) aus zwei oder mehr Funktionen wird jedes Glied einzeln integriert:

$$y = f(x) \pm g(x) \quad \Rightarrow \quad \int y\mathrm{d}x = \int f(x)\mathrm{d}x \pm \int g(x)\mathrm{d}x. \tag{A1.19}$$

Bei der Integration von geschachtelten Funktionen ist es oft günstig, die eingeschachtelte Funktion als neue Variable zu wählen (*Substitutionsregel*). Wollen wir also das unbestimmte Integral der Funktion

$$y = f[g(x)] \qquad \text{ermitteln, so wird} \qquad g(x) = z$$

als Variable eingesetzt. Die zu $z = g(x)$ gehörige Umkehrfunktion lautet dann $x = g^{-1}(z) = \varphi(z)$. Auch muss das Differenzial dx durch ein Differenzial der neuen Variablen, also dz, ersetzt werden. Der erforderliche Zusammenhang ergibt sich durch Ableiten:

$$\varphi'(z) = \frac{\mathrm{d}x}{\mathrm{d}z} \qquad \text{und damit} \qquad \mathrm{d}x = \varphi'(z)\mathrm{d}z \,.$$

Wir erhalten schließlich:

$$\int y \mathrm{d}x = \int f(z) \cdot \varphi'(z) \mathrm{d}z \,. \tag{A1.20}$$

Die Substitutionsregel ist die Umkehrung der Kettenregel aus der Differenzialrechnung. Die Vorgehensweise sieht komplizierter aus, als sie wirklich ist. Schauen wir uns daher noch kurz ein Beispiel an: Gesucht sei eine Stammfunktion von

$$\int (3x+4)^2 \mathrm{d}x \,.$$

Wir setzen $z = 3x + 4$ und erhalten durch Differenziation dz/d$x = 3$ und damit dx/d$z = 1/3$ oder d$x = $ dz/3. Nach der Substitutionsregel ergibt sich:

$$\int (3x+4)^2 \mathrm{d}x = \int \tfrac{1}{3} z^2 \mathrm{d}z = \tfrac{1}{9} z^3 = \tfrac{1}{9}(3x+4)^3 \,.$$

Auch bei der Berechnung bestimmter Integrale sind die genannten allgemeinen Regeln anwendbar, jedoch müssen im Falle der Substitution die Integrationsgrenzen entsprechend angepasst werden.

A1.4 Kurzer Ausflug in die Statistik und Wahrscheinlichkeitsrechnung

Unter Statistik versteht man die Gesamtheit der Methoden, die zur Auswertung von großen Datenmengen eingesetzt werden. Ziel ist es, diese Datenmengen zu komprimieren, um zu Aussagen über den Daten zugrunde liegende Gesetzmäßigkeiten und Strukturen zu gelangen.

Wichtige Kenngrößen sind die *Mittelwerte*, die sich aus einer Reihe von Merkmalswerten x_i, etwa Messwerten einer Stichprobe, berechnen lasssen. Der am häufigsten benutzte Mittelwert, das *arithmetische Mittel* $\overline{x}_{\mathrm{arithm}}$, ist definiert als die Summe aller Merkmalswerte geteilt durch die Anzahl N der Merkmalswerte:

$$\overline{x}_{\mathrm{arithm}} = \frac{x_1 + x_2 + \dots + x_N}{N} \,.$$

Dieser Sachverhalt kann auch mit Hilfe des Summenzeichens ausgedrückt werden:

$$\overline{x}_{\mathrm{arithm}} = \frac{1}{N} \sum_{i=1}^{N} x_i \,. \tag{A1.21}$$

Wir wollen uns die Messwerte der Stichprobe noch etwas genauer anschauen. Aufgrund von statistischen Fehlern weisen sie eine gewisse Streuung auf. Doch liegen die meisten um den Mittelwert herum, nur einige wenige zeigen auch größere Abweichungen. Um eine bessere

Vorstellung von dieser Verteilung der Messwerte zu bekommen, teilt man den vorkommenden Datenbereich x_{min} bis x_{max} in gleich breite Abschnitte (*Klassen*) ein und ordnet anschließend jeden Wert der entsprechenden Klasse zu. Auf diese Weise gelangt man zur *Häufigkeitsverteilung* der Merkmalswerte, beschrieben durch die *absolute Häufigkeit* N_i der in die i-te Klasse gefallenen Ergebnisse bzw. deren relative Häufigkeit p_i,

$$p_i = \frac{N_i}{N} \; .$$

Die Form der Verteilung wird oft durch ein *Histogramm* (Abb. A1.8) veranschaulicht: Dazu wird über jeder Klasse eine „Säule" errichtet, deren Fläche proportional zur jeweiligen Häufigkeit ist.

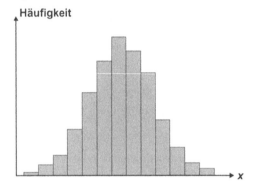

Abb. A1.8 Histogramm einer diskreten Häufigkeitsverteilung

Als nächstes wollen wir uns der Frage zuwenden, welche Art von Häufigkeitsverteilung sich theoretisch aufgrund von zufälligen (statistischen) Schwankungen ergibt. Um sie zu beantworten, benötigen wir einige Grundbegriffe aus der *Wahrscheinlichkeitsrechnung*, die sich mit zufallsverteilten Größen und Ereignissen befasst. Jedes Resultat einer Messung lässt sich als Ereignis auffassen. Um nun ein zufälliges Ergebnis oder Ereignis E – d. h. ein Ereignis, dessen Eintreten unter gegebenen Umständen ungewiß, also weder sicher noch unmöglich ist – quantitativ fassen zu können, wird ihm eine bestimmte Zahl, seine *Wahrscheinlichkeit* (probability) $p(E)$, zugeordnet. Sie gibt an, mit welcher relativen Häufigkeit ein Ereignis eintritt, falls man nur hinreichend viele (im Grenzfall unendlich viele, $N \to \infty$) Versuche durchführt (Gesetz der großen Zahl). $p(E)$ liegt dabei zwischen 0 (unmöglich) und 1 (oder auch 100 %) (sicher) einschließlich dieser Grenzen, $0 \leq p(E) \leq 1$. Die Summe der Wahrscheinlichkeiten aller möglichen Ereignisse muss gleich 1 sein.

Sind Messgrößen *kontinuierlich variabel*, was häufig der Fall ist, muss der Begriff der Häufigkeit entsprechend angepasst werden. Dazu wird der Bereich der Variablen x zunächst gedanklich in kleine Intervalle $[x, x + \Delta x]$ unterteilt. Die relative Häufigkeit ergibt sich dann zu

$$p(x) = \frac{1}{N} \frac{\Delta N(x)}{\Delta x} \; ,$$

wobei $\Delta N(x)$ die Anzahl der Ergebnisse im entsprechenden Intervall ist. Geht man von einer dimensionsbehafteten Messgröße aus, so hat $p(x)$ nun die Dimension von $1/x$. Man spricht daher besser von einer *Dichte* der relativen Häufigkeit. Anschließend lassen wir das Intervall

Δx sehr klein werden ($\Delta x \to 0$ im Grenzfall), was wir dadurch zum Ausdruck bringen, dass wir statt des Differenzenquotienten den Differenzialquotienten verwenden:

$$p(x) = \frac{1}{N} \frac{dN(x)}{dx}.$$

Die jetzt *kontinuierliche* Verteilung wird durch die Dichtefunktion $p(x)$ dargestellt.

Die Dichtefunktion der bekanntesten und am häufigsten verwendeten Verteilung, der *Normalverteilung*, ist gegeben durch

$$p(x) = \frac{1}{\sqrt{2\pi} \cdot \sigma} \exp\left(-\frac{(x - \mu)^2}{2\sigma^2} \right), \tag{A1.22}$$

wobei μ der Erwartungswert und σ die Standardabweichung ist. Sie geht auf Arbeiten des deutschen Mathematikers Carl Friedrich GAUẞ zurück und wird daher auch als GAUẞverteilung bezeichnet.

Der Graph der Dichtefunktion ist eine *Glockenkurve*, welche symmetrisch zum Wert von μ ist und deren Form durch den Parameter σ bestimmt wird (Abb. A1.9). Das Kurvenmaximum liegt an der Stelle μ und hat die durch den Vorfaktor bestimmte Höhe. An den Stellen $\mu - \sigma$ und $\mu + \sigma$ befinden sich die beiden Wendepunkte der Kurve. Da σ im Nenner des Vorfaktors steht, wird die Kurve mit zunehmendem σ zwar breiter, aber auch flacher. Die Fläche unter der Kurve ist konstant und gleich 1, weil sie der Summe der relativen Häufigkeiten aller überhaupt möglichen Ereignisse und damit der Wahrscheinlichkeit eines sicheren Ereignisses entspricht.

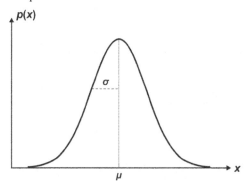

Abb. A1.9 Normalverteilung: Wahrscheinlichkeitsdichte für eine kontinuierlich variable Größe

Unter bestimmten, in der Praxis häufig wenigstens näherungsweise erfüllten Voraussetzungen können wir also *erwarten*, dass die Streuung von kontinuierlich variablen Messwerten x um einen zentralen Wert μ infolge zahlreicher unabhängiger Zufallsstöreinflüsse durch eine Normalverteilung beschrieben werden kann. Daher rührt die Bezeichnung „Erwartungswert" für das Zentrum der Verteilung. $x - \mu$ stellt die Abweichung des Messwertes vom Erwartungswert dar, deren Streubreite durch den Parameter σ bestimmt wird, der deswegen als „Standardabweichung" bezeichnet wird.

Die Normalverteilung gilt unter der Voraussetzung sehr vieler (theoretisch unendlich vieler) Messungen. In der Praxis liegt aber stets eine endliche Zahl N von Messwerten vor. Sie stellen eine zufällige Auswahl aus der die (unendlich) vielen möglichen Messwerte umfassenden

Grundgesamtheit dar; man spricht in diesem Zusammenhang in der Statistik auch von einer „Stichprobe". Das arithmetische Mittel einer Stichprobe, das zu Beginn des Abschnitts besprochen wurde, ist bei Annahme einer normalverteilten Grundgesamtheit, aus der die Stichprobe stammt, eine geeignete Schätzung für den Erwartungswert.

A2 Tabelle der chemischen Potenziale

Die nachstehende Tabelle enthält Werte der chemischen Potenziale μ und zugehörigen Temperaturkoeffizienten α für mehr als 400 anorganische und organische Stoffe, zusammengestellt aus den im anschließenden Literaturverzeichnis aufgezählten Quellen.

Die Skale ist definiert durch:

- $\mu = 0$ für die Elemente in ihrer stabilsten Modifikation (ausser Phosphor) im Normzustand, Kernentropie vernachlässigt;
- $\mu = 0$ für $H^+|w$ im Normzustand, Entropie von $H^+|w$ null gesetzt

Die Daten gelten

- unter Normbedingungen ($T^\ominus = 298{,}15$ K, $p^\ominus = 100$ kPa),
- bei einem gelösten Stoff für den Normwert der Konzentration ($c^\ominus = 1000$ mol m^{-3}),
- bei einem gasigen oder gelösten Stoff für den idealisierten Zustand ohne Wechselwirkung der räumlich verteilten Molekeln untereinander,
- bei allen Stoffen für die Elemente in ihrer natürlichen Isotopenzusammensetzung.

Benutzungshinweis: Die Elementsymbole sind in den Gehaltsformeln in folgender Reihenfolge angeordnet (mit fallendem Rang):

- elektropositive Elemente (Metalle, Edelgase),
- elektronegative Elemente (Nichtmetalle außer Edelgase, O, H),
- Sauerstoff,
- Wasserstoff.

Wasser findet sich also z. B. unter OH_2, Schwefelsäure unter SO_4H_2.

Referenzen:

[1] Landolt-Börnstein, New Series IV/19 (1999) Thermodynamical Properties of Inorganic Materials (Teil 1 bis 4). Springer, Berlin, Heidelberg

[2] Wagman DW, Evans WH, Parker VB, Schumm RH, Halow I, Bailey SM, Churney KL, Nuttal RL (1982) The NBS Tables of Chemical Thermodynamical Properties. Journal of Physical and Chemical Reference Data 11 (Supplement 2)

[3] Barin I (1995) Thermochemical Data of Pure Substances. Wiley-VCH, Weinheim

[4] Alberty RA (1998) Calculation of Standard Transformed Gibbs Energies and Standard Transformed Enthalpies of Biochemical Reactants. Arch Biochem Biophys 353:116–130 und zugehörige Referenzen

[5] Chase MW Jr, Davies CA, Downey JR Jr, Frurip DJ, McDonald RA, Syverud AN (1985) JANAF Thermochemical Tables (3rd edition). Journal of Physical and Chemical Reference Data 14 (Supplement 1)

[6] Landolt-Börnstein II/4 (1961) Kalorische Zustandsgrößen (6. Aufl.). Springer, Berlin, Göttingen, Heidelberg

[7] Aus unterschiedlichen Daten (Säurekonstanten, ...) berechnet

Stoff	Phase	μ/kG	$\alpha/\text{G\,K}^{-1}$	Ref.
Ag	g	246,01	−173,00	1
Ag	s	0,00	−42,55	1
Ag^+	w	77,11	−72,68	2
AgBr	s	−96,97	−107,11	1
AgCl	s	−109,82	−96,23	1
AgI	s	−66,35	−115,48	1
$AgNO_2$	s	19,13	−128,20	2
$AgNO_3$	s	−33,41	−140,92	2
Ag_2O	s	−11,25	−121,00	1
Ag_2S	s	−40,46	−142,89	1
Ag_2SO_4	s	−617,95	−200,41	1
Al	g	289,38	−164,55	1
Al	l	7,20	−39,55	5
Al	s	0,00	−28,30	1
Al^{3+}	w	−485,00	+321,70	2
$AlCl_3$	s	−630,01	−109,29	1
Al_2O_3	s, α, Korund	−1582,26	−50,94	1
Ar	g	0,00	−154,84	1
As	g	260,46	−174,21	3
As	s, α, grau	0,00	−35,69	1
Au	g	328,84	−180,51	1
Au	s	0,00	−47,49	1
Au_2O_3	s	77,86	−130,33	3
B	g	521,01	−153,44	1
B	s	0,00	−5,90	1
Ba	g	146,94	−170,25	5
Ba	s	0,00	−62,50	1
Ba^{2+}	w	−560,77	−9,60	2
$BaCO_3$	s	−1135,33	−112,10	1
$BaCl_2$	s	−806,94	−123,70	1
BaI_2	s	−602,00	−165,20	1
BaO	s	−520,25	−72,00	1
BaS	s	−456,00	−78,20	2
$BaSO_4$	s	−1347,86	−132,10	1

Stoff	Phase	μ/kG	α/GK^{-1}	Ref.
Be	g	286,20	−136,27	1
Be	s	0,00	−9,50	1
Bi	g	169,90	−187,01	1
Bi	s	0,00	−56,74	1
Br	g	82,38	−175,02	1
Br$^-$	w.	−104,00	−82,40	2
BrH	g	−53,40	−198,70	1
Br$_2$	g	3,11	−245,47	1
Br$_2$	l	0,00	−152,21	1
C	g	671,26	−158,10	1
C	s, Diamant	2,90	−2,36	1
C	s, Graphit	0,00	−5,74	1
CCl$_2$O	g, Kohlensäuredichlorid (Phosgen)	−204,6	−283,53	2
CCl$_4$	g, Tetrachlormethan	−58,15	−310,23	3
CCl$_4$	l, Tetrachlormethan	−62,54	−216,19	3
CF$_4$	g, Tetrafluormethan	−888,52	−261,45	1
CHCl$_3$	l, Trichlormethan (Chloroform)	−73,66	−201,70	2
CH$_2$Cl$_2$	l, Dichlormethan	−67,26	−177,80	2
CH$_2$O	g, Methanal (Formaldehyd)	−109,87	−218,77	3
CH$_2$O	g, Methansäure (Ameisensäure)	−350,97	−248,85	3
CH$_2$O	l, Methansäure (Ameisensäure)	−361,37	−128,95	3
CH$_3$	g, Methyl	148,63	−194,00	1
CH$_3$Cl	g, Monochlormethan	−58,34	−234,39	1
CH$_4$	g, Methan	−50,53	−186,37	1
CH$_4$N$_2$O	s, Kohlensäurediamid (Harnstoff)	−197,33	−104,60	2
CH$_4$O	g, Methanol	−162,30	−239,87	1
CH$_4$O	l, Methanol	−166,25	−126,70	1
CN$^-$	w	172,40	−94,10	2
CNH	g, Cyanwasserstoff	124,70	−201,78	2
CNH	l, Cyanwasserstoff	124,97	−112,84	2
CO	g	−137,17	−197,67	1
CO$_2$	g	−394,37	−213,78	1
CO$_2$	w	−385,98	−117,60	2
CO$_3{}^{2-}$	w	−527,81	+56,90	2
CO$_3$H$^-$	w	−586,77	−91,20	2
CO$_3$H$_2$	w	−623,08	−187,40	2

Stoff	Phase	μ/kG	$\alpha/\text{G K}^{-1}$	Ref.
CS_2	l	65,13	−151,36	1
C_2H_2	g, Ethin (Acetylen)	209,88	−200,93	1
$C_2H_2O_2$	s, Ethandisäure (Oxalsäure)	−697,97	−120,10	6
$C_2H_3O_2^-$	w, Acetatanion	−369,31	−86,60	2
C_2H_4	g, Ethen (Ethylen)	68,36	−219,32	1
C_2H_4O	g, Ethanal (Acetaldehyd)	−133,24	−264,33	3
C_2H_4O	l, Ethanal (Acetaldehyd)	−128,12	−160,20	2
$C_2H_4O_2$	l, Ethansäure (Essigsäure)	−389,23	−159,83	1
$C_2H_4O_2$	w, Ethansäure (Essigsäure)	−396,46	−178,70	2
C_2H_5Cl	g, Monochlorethan	−60,39	−276,00	2
$C_2H_5O_2N$	s, 2-Aminoethansäure (Glycin)	−368,44	−103,51	2
C_2H_6	g, Ethan	−32,01	−229,16	1
C_2H_6O	g, Dimethylether	−112,59	−266,38	2
C_2H_6O	g, Ethanol	−167,87	−281,62	1
C_2H_6O	l, Ethanol	−174,63	−160,71	1
$C_2H_6O_2$	l, Ethan-1,2-diol (Glykol)	−323,23	−166,94	1
C_3H_4	g, Propin	194,49	−248,22	3
$C_3H_5O_3^-$	w, Lactatanion	−516,72	−146,44	4
C_3H_6	g, Propen	62,82	−267,05	3
C_3H_6	g, Cyclopropan	104,28	−238,01	3
C_3H_6O	l, 2-Propanon (Aceton)	−155,26	−200,41	3
$C_3H_6O_3$	w, 2-Hydroxypropansäure (Milchsre)	−538,77	−221,75	4
C_3H_8	g, Propan	−23,37	−270,02	3
C_4H_8	g, 1-Buten	203,11	−290,90	3
$C_4H_8O_2$	l, Ethylethanoat (Essigsäureethylester)	−323,19	−259,00	6
C_4H_{10}	g, Butan	−16,99	−310,23	3
C_5H_{10}	l, Cyclopentan	−36,49	−204,10	6
C_5H_{12}	g, Pentan	−8,18	−349,06	3
C_5H_{12}	l, Pentan	−9,21	−262,70	6
C_6H_5Cl	l, Chlorbenzol	−93,65	−194,10	6
C_6H_6	g, Benzol	129,79	−269,31	1
C_6H_6	l, Benzol	125,05	−171,54	1
C_6H_6O	s, Hydroxybenzol (Phenol)	−50,22	−144,01	3
C_6H_6N	l, Phenylamin (Anilin)	147,58	−192,00	6
C_6H_{12}	l, Cyclohexan	26,89	−204,35	3
$C_6H_{12}O_6$	s, β-Fructose (Fruchtzucker)	−905,65	−212,74	4
$C_6H_{12}O_6$	w, Fructose (Fruchtzucker)	−915,51	−279,65	4
$C_6H_{12}O_6$	s, α-D-Glucose (Traubenzucker)	−910,56	−212,13	4
$C_6H_{12}O_6$	s, β-D-Glucose (Traubenzucker)	−908,89	−228,03	4

Stoff	Phase	μ/kG	$\alpha/\text{G K}^{-1}$	Ref.
$C_6H_{12}O_6$	w, α-D-Glucose (Traubenzucker)	−914,54	−264,01	4
$C_6H_{12}O_6$	w, β-D-Glucose (Traubenzucker)	−915,79	−264,01	4
$C_6H_{12}O_6$	w, α,β-D-Glucose (Traubenzucker)	−916,97	−269,45	4
C_6H_{14}	l, Hexan	−4,04	−296,02	3
$C_7H_6O_2$	s, Benzencarbonsäure (Benzoesäure)	−245,20	−167,60	6
C_7H_8	g, Methylbenzol (Toluol)	122,19	−320,77	3
C_7H_8	l, Methylbenzol (Toluol)	113,96	−220,96	3
C_8H_{18}	l, Oktan	6,71	−361,21	3
$C_{12}H_{22}O_{11}$	s, Saccharose (Rohrzucker)	−1557,60	−392,40	4
$C_{12}H_{22}O_{11}$	w, Saccharose (Rohrzucker)	−1564,70	−435,40	4
Ca	g	144,02	−154,89	1
Ca	s, α	0,00	−41,59	1
Ca^{2+}	w	−553,58	+53,10	2
$CaBr_2$	s	−664,78	−130,00	1
$CaCO_3$	s, Aragonit	−1127,85	−88,70	2
$CaCO_3$	s, Calcit	−1128,79	−92,70	2
CaC_2	s	−64,55	−70,29	1
$CaCl_2$	s	−748,79	−108,37	1
CaF_2	s	−1175,55	−68,45	1
CaO	s	−603,30	−38,10	1
$Ca(OH)_2$	s	−898,24	−83,40	1
$CaSO_4$	s	−1325,14	−106,69	1
Cd	g	77,23	−167,75	1
Cd	s	0,00	−51,80	1
Cd^{2+}	w	−77,61	+73,20	2
$CdCO_3$	s	−670,53	−92,47	1
CdO	s	−229,72	−54,81	1
Cl	g	105,31	−165,19	1
Cl^-	g	−240,17	−153,36	5
Cl^-	w	−131,23	−56,50	2
ClH	g	−95,30	−186,90	1
ClH	w	−97,00	−	7
ClO_2	g	122,83	−256,88	1
ClO_4^-	w	−8,52	−182,00	2
ClO_4H	w	48,56	−	7
Cl_2	g	0,00	−223,08	1

Stoff	Phase	μ/kG	$\alpha/\text{G K}^{-1}$	Ref.
Co	g	379,47	−179,52	1
Co	s, α, hexagonal	0,00	−30,04	1
Cr	g	352,20	−174,31	1
Cr	s	0,00	−23,54	1
CrO_4^{2-}	w	−727,75	−50,21	2
Cr_2O_3	s	−1058,99	−81,10	1
$Cr_2O_7^{2-}$	w	−1301,10	−261,90	2
Cs	g	49,56	−175,60	1
Cs	s	0,00	−85,23	1
Cs^+	w	−292,02	−133,05	2
Cu	g	298,31	−166,29	1
Cu	s	0,00	−33,15	1
Cu^+	w	49,98	−40,60	2
Cu^{2+}	w	65,49	99,60	2
$CuCl_2$	s	−173,73	−108,07	1
CuO	s	−128,08	−42,74	1
CuS	s	−53,47	−66,48	3
$CuSO_4$	s	−660,78	−109,25	1
$CuSO_4 \cdot H_2O$	s	−914,76	−145,10	1
$CuSO_4 \cdot 5H_2O$	s	−1876,83	−301,25	1
Cu_2O	s	−147,84	−92,55	1
D	g, Deuterium	206,55	−123,35	1
DH	g	−1,46	−143,80	1
DOH	g	−233,09	−199,51	1
D_2	g	0,00	−144,96	1
F	g	62,28	−158,75	1
F^-	g	−262,00	−145,58	5
F^-	w	−278,79	+13,80	2
FH	g	−275,40	−173,78	1
F_2	g	0,00	−202,79	1
Fe	g	368,32	−180,49	1
Fe	l	5,34	−35,55	5
Fe	s, α, kubisch	0,00	−27,28	1

Stoff	Phase	μ/kG	$\alpha/\text{G K}^{-1}$	Ref.
Fe^{2+}	w	−78,90	+137,70	2
Fe^{3+}	w	−4,70	+315,90	2
$Fe(OH)_2$	s	−496,98	−88,00	3
$Fe(OH)_3$	s	−708,98	−105,00	1
FeS	s	−101,97	−60,32	3
$FeSO_4$	s	−824,89	−120,96	1
FeS_2	s, Pyrit	−166,90	−52,93	2
Fe_2O_3	s, Hämatit	−741,04	−87,40	1
Fe_3O_4	s, Magnetit	−1017,48	−145,27	1
Ga	g	233,74	−169,04	1
Ga	s	0,00	−40,73	1
Ge	g	333,68	−167,90	3
Ge	s	0,00	−31,09	1
H	g	203,28	−114,72	1
H^+	w	0,00	0,00	2
H_2	g	0,00	−130,68	1
He	g	0,00	−126,15	1
Hg	g	32,46	−174,97	1
Hg	l	0,00	−75,90	1
Hg^{2+}	w	164,40	+32,2	2
$HgCl_2$	s	−183,44	−144,49	1
HgI_2	s, rot	−101,70	−180,00	2
HgI_2	s, gelb	−101,15	−186,29	7
HgO	s, rot	−58,54	−70,29	2
HgO	s, gelb	−58,41	−71,10	2
HgS	s, schwarz	−47,70	−88,30	2
HgS	s, rot	−50,60	−82,40	2
Hg_2^{2+}	w	153,52	−84,50	2
Hg_2Cl_2	s	−209,33	−192,54	1
Hf	g	579,62	−186,90	1
Hf	s	0,00	−43,56	1
I	g	70,17	−180,78	1

Stoff	Phase	μ/kG	$\alpha/\text{G K}^{-1}$	Ref.
I$^-$	w	−51,57	−111,30	2
IH	g	1,70	−206,59	1
I$_2$	g	19,32	−260,68	1
I$_2$	l	3,32	−150,36	5
I$_2$	s	0,00	−116,14	1
I$_2$	w	16,40	−137,20	2
In	g	206,08	−173,78	1
In	s	0,00	−57,65	1
Ir	g	622,87	−193,58	1
Ir	s	0,00	−35,51	1
K	g	60,48	−160,34	1
K	s	0,00	−64,68	1
K$^+$	w	−283,27	−102,50	2
KBr	s	−380,07	−95,92	1
KCl	s	−408,76	−82,56	1
KF	s	−538,93	−66,55	1
KI	s	−324,32	−106,05	1
KOH	s	−379,46	−81,25	1
K$_2$O	s	−321,17	−96,00	1
K$_2$SO$_4$	s	−1319,59	−175,54	1
Kr	g	0,00	−164,09	1
La	g	392,59	−182,38	1
La	s	0,00	−56,90	1
Li	g	126,66	−138,77	2
Li	s	0,00	−29,12	1
Li$^+$	w	−293,31	−13,40	2
LiH	g	116,47	−170,91	1
LiH	s	−68,63	−20,60	1
Mg	g	115,98	−148,65	1
Mg	s	0,00	−32,67	1
Mg^{2+}	w	−454,80	+138,10	2
MgCO$_3$	s	−1012,21	−65,09	1

Stoff	Phase	μ/kG	$\alpha/\mathrm{G\,K^{-1}}$	Ref.
MgCl$_2$	s	−594,77	−89,62	1
MgO	s	−569,31	−26,95	1
MgS	s	−343,70	−50,33	1
MgSO$_4$	s	−1174,48	−91,60	1
Mn	g	238,50	−173,70	2
Mn	s	0,00	−32,22	1
Mn^{2+}	w	−228,10	+73,60	2
MnO$_2$	s	−465,08	−53,05	1
MnO$_4^-$	w	−447,20	−191,20	2
Mo	g	611,88	−181,95	1
Mo	s	0,00	−28,56	1
N	g	455,55	−153,30	1
NH$_3$	g	−16,45	−192,45	2
NH$_3$	l	−10,16	−103,90	7
NH$_3$	w	−26,59	−111,30	2
NH$_4^+$	w	−79,31	−113,40	2
NH$_4$Cl	s	−203,09	−94,86	1
NO	g	87,59	−210,74	1
NOCl	g	67,11	−261,58	1
NO$_2$	g	52,31	−240,17	1
NO$_3^-$	w	−108,74	−146,40	2
NO$_3$H	g	−73,69	−266,88	1
NO$_3$H	l	−80,71	−155,60	2
N$_2$	g	0,00	−191,61	1
N$_2$H$_4$	l	149,34	−121,21	2
N$_2$H$_4$O$_3$	s, Ammoniumnitrat	−183,76	−150,81	1
N$_2$O	g	104,20	−219,85	2
N$_2$O$_4$	g	97,89	−304,29	2
N$_2$O$_4$	l	97,54	−209,20	2
N$_2$O$_5$	g	115,10	−355,70	2
N$_2$O$_5$	s	113,90	−178,20	2
N$_3$H	g	328,10	−238,97	2
N$_3$H	l	327,30	−140,60	2
Na	g	76,96	−153,72	1
Na	s	0,00	−51,30	1
Na$^+$	w	−261,91	−59,00	2

Stoff	Phase	μ/kG	$\alpha/\mathrm{G\,K^{-1}}$	Ref.
NaBr	s	−349,09	−86,93	1
NaCl	s	−384,07	−72,12	1
NaI	s	−286,41	−98,56	1
NaOH	s	−379,65	−64,43	1
NaSO$_4$H	s	−992,80	−113,00	2
Na$_2$O	s	−379,18	−75,04	1
Na$_2$SO$_4$	s	−1270,02	−149,58	1
Nb	g	678,42	−186,27	1
Nb	s	0,00	−36,27	1
Ne	g	0,00	−146,33	1
Ni	g	384,50	−182,19	2
Ni	s	0,00	−29,80	1
Ni^{2+}	w	−45,60	+128,90	2
NiCl$_2$	s	−258,65	−98,10	1
NiO	s	−211,59	−38,07	1
NiSO$_4$	s	−759,70	−92,00	2
O	g	231,74	−161,06	1
OD$_2$	g	−234,54	−198,34	3
OD$_2$	l	−243,40	−75,94	3
OD$_2$	s	−242,89	−50,59	7
OH$^-$	w	−157,24	+10,75	2
OH$_2$	g	−228,58	−188,83	1
OH$_2$	l	−237,14	−69,95	1
OH$_2$	s	−236,55	−44,81	7
OH$_3^+$	w	−237,14	−69,95	1
O$_2$	g	0,00	−205,15	1
O$_2$	w	16,40	−110,90	2
O$_2$H$_2$	g	−105,45	−233,00	1
O$_2$H$_2$	l	−120,42	−109,62	1
O$_2$H$_2$	w	−134,03	−143,90	2
O$_3$	g	163,29	−239,01	1
Os	g	740,31	−192,58	1
Os	s	0,00	−32,64	1

Stoff	Phase	μ/kG	$\alpha/\text{G K}^{-1}$	Ref.
P	g	280,09	−163,20	1
P	s, rot	−12,02	−22,85	1
P	s, weiß	0,00	−41,09	1
PCl_3	g	−269,61	−311,68	5
PCl_3	l	−274,04	−218,49	1
PCl_5	g	−305,00	−364,58	2
PH_3	g	13,55	−210,31	3
$PO_4{}^{3-}$	w	−1018,70	+222,00	2
PO_4H^{2-}	w	−1089,15	+33,50	2
$PO_4H_2{}^{-}$	w	−1130,28	−90,40	2
PO_4H_3	l	−1123,60	−150,78	5
PO_4H_3	w	−1018,70	+222,00	2
P_4O_{10}	g	−2671,28	−402,09	1
P_4O_{10}	s	−2724,15	−231,00	1
Pb	g	162,23	−175,37	1
Pb	l	2,22	−71,71	5
Pb	s	0,00	−64,80	1
Pb^{2+}	w	−24,43	−10,50	2
$PbCO_3$	s	−625,41	−130,96	1
PbI_2	s	−173,57	−174,84	1
PbO	s, gelb	−188,68	−68,70	1
PbO	s, rot	−188,92	−67,84	1
PbO_2	s	−215,39	−71,80	1
PbS	s	−97,77	−91,20	1
$PbSO_4$	s	−816,20	−148,49	1
Pd	g	338,03	−167,06	3
Pd	s	0,00	−37,82	1
Pt	g	520,05	−192,41	1
Pt	s	0,00	−41,63	1
Re	g	729,42	−118,93	1
Re	s	0,00	−36,48	1
Rh	g	509,01	−185,83	1
Rh	s	0,00	−31,56	1

Stoff	Phase	μ/kG	$\alpha/\mathrm{G\,K^{-1}}$	Ref.
Ru	g	604,92	−186,51	1
Ru	s	0,00	−28,61	1
S	g	236,70	−167,83	1
S	s, α, rhombisch	0,00	−32,07	1
S	s, β, monoklin	0,07	−33,03	5
S^{2-}	w	85,80	+14,60	2
SF_6	g	−1115,42	−291,67	1
SH^-	w	12,08	−62,80	2
SH_2	g	−33,44	−205,80	1
SH_2	w	−27,83	−121,00	2
SO_2	g	−300,12	−248,21	1
SO_3	g	−371,01	−256,77	1
SO_3^{2-}	w	−486,50	+29,00	2
SO_3H^-	w	−527,78	−139,70	2
SO_3H_2	w	−537,81	−232,20	2
SO_4^{2-}	w	−744,53	−20,10	2
SO_4H^-	w	−755,91	−131,80	2
SO_4H_2	l	−689,92	−156,90	1
SO_4H_2	w	−738,79	−	7
S_2Cl_2	g	−28,66	−327,22	1
Sb	g	227,00	−180,27	1
Sb	s	0,00	−45,52	1
Sc	g	335,92	−174,79	1
Sc	s	0,00	−34,64	1
Se	g	197,41	−176,73	1
Se	s	0,00	−42,00	1
Si	g	405,53	−168,00	1
Si	s	0,00	−18,81	1
$SiCl_4$	g	−622,39	−331,45	1
SiO_2	s, α, Cristobalit	−855,43	−42,68	2
SiO_2	s, α, Quarz	−856,29	−41,46	1
Sn	g	266,22	−168,49	1
Sn	s, β, weiß	0,00	−51,18	1

Stoff	Phase	μ/kG	$\alpha/\text{G K}^{-1}$	Ref.
Sn^{2+}	w	−27,20	+17,00	2
SnO	s	−251,91	−57,17	1
SnO_2	s	−515,82	−49,01	1
Sr	g	128,02	−164,64	1
Sr	s	0,00	−55,69	1
Te	g	169,65	−182,71	1
Te	s	0,00	−49,22	1
Ti	g	429,12	−180,30	1
Ti	s	0,00	−30,72	1
$TiCl_4$	l	−737,20	−252,34	2
TiO_2	s, Rutil	−888,77	−50,62	1
Tl	g	146,22	−181,00	1
Tl	s	0,00	−64,30	1
U	g	490,40	−199,79	1
U	s	0,00	−50,20	1
V	g	472,19	−182,30	1
V	s	0,00	−30,89	1
W	g	809,11	−174,00	1
W	s	0,00	−32,62	1
Xe	g	0,00	−169,58	1
Zn	g	94,81	−161,00	1
Zn	s	0,00	−41,63	1
Zn^{2+}	w	−147,06	+112,10	2
$ZnCO_3$	s	−731,45	−82,43	1
$ZnCl_2$	s	−370,32	−111,50	1
ZnI_2	s	−209,26	−161,50	3
ZnO	s	−320,37	−43,16	1
ZnS	s, Zinkblende	−198,52	−58,66	1
$ZnSO_4$	s	−871,45	−110,50	3

Stoff	Phase	μ/kG	$\alpha/\text{G K}^{-1}$	Ref.
Zr	g	556,91	−181,34	1
Zr	s	0,00	−39,18	1

Sachverzeichnis

A

Abgaskatalysator 422
Abkühlungskurve 331
Abschirmlänge 520, 523
absolute Entropie, Bestimmung 67
absolute Temperatur 62, 247
absoluter Nullpunkt 247
Adsorbens 355
Adsorption
- an Feststoffoberflächen 354 ff.
- an Flüssigkeitsoberflächen 352 ff.
Adsorptionschromatographie 360
Adsorptionsgleichgewicht 356
Adsorptionsisotherme 356 ff.
Adsorptiv 355
Aggregatzustand 17
Akkumulator s. Sekundärelement
aktivierter Komplex 401
Aktivierung 401
Aktivierungsenergie 396
Aktivierungsentropie 405
Aktivierungsschwelle 403
Aktivität 555 ff.
Aktivitätskoeffizient 555
Alkali-Mangan-Zelle 510
allgemeine Gaskonstante 136, 248
allgemeines Gasgesetz 248
Allotropie 280
amorpher Feststoff 19
amphoter 174
Anfangsgeschwindigkeitsdichte 417
Anion 450
Anode 450
Anregungsgleichung 258
Antrieb 99 ff.
-, Druckabhängigkeit 129 f.
-, Druckkoeffizient 129, 237
-, Grundwert 146
-, Konzentrationsabhängigkeit 145 f.

-, Normwert 101
-, Temperaturabhängigkeit 120 f.
-, Temperaturkoeffizient 120, 235
Antriebsbestimmung
-, allgemein 108
-, chemisch (MWG) 155
-, elektrochemisch 508
-, kalorimetrisch 221 f.
Äquivalenzpunkt 187
Arbeit 28, 536
ARRHENIUS-Diagramm 397
ARRHENIUS-Gleichung 396
ARRHENIUSsche Aktivierungsenergie 396
AUGUSTsche Dampfdruckformel 276
ausgetauschte Entropie 59, 73, 217 f.
Aussalzeffekt 238
Autokatalyse 410
AVOGADRO-Konstante 14
AVOGADROsches Prinzip 248
Azeotrop 340 f.

B

barometrische Höhenformel 264
Base 171
Batterie s. Primärelement.
Bedeckungsgrad 356
Benetzung 348 f.
Berührungsspannung 423 f.
Beweglichkeit 425 f.
-, elektrische 450
Bezugshalbzelle 495
- Kalomelelektrode 503
- Silber-Silberchlorid-Elektrode 503
- Wasserstoff-Normalelektrode 496
bimolekulare Reaktion 378
Binnendruck 268
Biokatalysator 414
Bleiakkumulator 511
Boden, theoretischer 339

© Springer Fachmedien Wiesbaden GmbH, ein Teil von Springer Nature 2021
G. Job und R. Rüffler, *Physikalische Chemie*, Studienbücher Chemie,
https://doi.org/10.1007/978-3-658-32936-5

BOLTZMANN-Konstante 251
BOLTZMANNscher Satz 265
BOYLE-MARIOTTESCHES Gesetz 246
Brennstoffzelle 514 f.
- Knallgaszelle 514
BROWNsche Bewegung 50

C
Carnot (Einheit) 64
Celsius-Temperatur 64
CHARLESsches Gesetz 247
chemisches Potenzial 86 ff., 553
--, Bezugsniveau 92 f.
--, Druckabhängigkeit 128 f.
--, Druckkoeffizient 129, 236
--, -, ideales Gas 135, 249
--, Grundmerkmale 88 f.
--, Grundwert 143
--, Konzentrationsabhängigkeit 141 f.
--, Konzentrationskoeffizient 141
--, mittleres (eines Gemenges) 313
--, mittleres (eines Gemisches) 311
--, Normwert 94, 143
--, Temperaturabhängigkeit 118 f.
--, Temperaturkoeffizient 120, 233
--, Voraussage von Stoffumbildungen 99
Chemisorption 355 f.
Chromatographie
-, Adsorptions- 360
-, Verteilungs- 165

D
DALTONsches Gesetz 156
Dampfdruck 160, 272
- kleiner Tropfen 350
Dampfdruckdiagramm 333 ff.
Dampfdruckerniedrigung 296 f.
Dampfdruckkurve 274 f.
DANIELL-Element 505 f.
DEBYE-HÜCKEL-Theorie 457, 523 ff.
DEBYE-HÜCKELsche Gleichung 524
DEBYE-HÜCKELsches Grenzgesetz 525
--, erweitertes 526

DEBYE-Länge 523
Deckschichtelektrode 488
Dekapotenzial 144
Desorption 356
Destillation 337 f.
Differenzialquotient 565 f.
-, partieller 569
-, Umrechnung 241
Diffusion 285 f., 427 f.
Diffusionskoeffizient 428
-, Temperaturabhängigkeit 429
diffusionskontrollierte Reaktion 424 f.,
    431 f.
Diffusionskraft 287
Diffusionsspannung 489 f.
Dipol 446
Dissoziation, elektrolytische 444 ff.
Dissoziationsgrad 458
DONNAN-Gleichung 493
Doppelschicht, elektrische 474, 477 f.,
    520 ff.
dritter Hauptsatz 57
Druck 37
-, kritischer 273
-, osmotischer 292
Durchsatz 427
dynamisches Gleichgewicht 151, 384

E
ebullioskopische Konstante 301
Einsalzeffekt 238, 518
EINSTEIN-SMOLUCHOWSKI-Gleichung
    429
elektrische Beweglichkeit 450
elektrische Doppelschicht 474, 477 f.,
    519 ff.
elektrische Elementarladung 14, 446
elektrische Feldkonstante 522
elektrische Feldstärke 448
elektrische Ladung 14
elektrische Leitfähigkeit 454 ff.
elektrische Spannung 449
elektrischer Strom 450, 454

elektrischer Widerstand 454
elektrisches Potenzial 448
elektrochemische Halbzelle 486
elektrochemische Zelle 495
elektrochemisches Gleichgewicht 475 f.
elektrochemisches Potenzial 472 f.
Elektrode 450, 486
- Deckschichtelektrode 488
- Gaselektrode 486
- Glaselektrode 492
- Metallionenelektrode 487
- Redoxelektrode 483 f.
- Silber-Silberchlorid-Elektrode 489, 502
- Wasserstoff-Elektrode 487
Elektrodenpotenzial s. Redoxpotenzial
Elektrodenreaktion 471 ff.
Elektrolyse 509
Elektrolyt 444
-, echter 444
-, potenzieller 444
-, schwacher 458
-, starker 458
elektrolytische Dissoziation 444 ff.
elektromotorische Kraft s. Urspannung
Elektronenpotenzial
- eines Redoxpaares 481
- in Metallen 473
Elektroneutralitätsbedingung 447
Elementarladung, elektrische 14, 446
Elementarreaktion 372
Elementarstoffmenge 14
ELEY-RIDEAL-Mechanismus 422
endotherm 217
endotrop 210, 217
Energie 28 ff.
-, kinetische 40
-, potenzielle 43
-, verheizte 72
Energieerhaltung 34
Energiesatz 35
Enthalpie 542
-, *molare* 552
Entropie 44 ff.

-, absolute 67
-, ausgetauschte 59, 73, 216 f.
-, -, konduktiv 59
-, -, konvektiv 59
-, erzeugte 59, 72, 216 f.
-, Grundmerkmale 45 f.
-, latente 77, 217
-, molare s. molare Entropie
Entropieanspruch s. molare Entropie
Entropieerzeugung 52, 82
Entropiekapazität 69
-, Differenz $\mathcal{C}_p - \mathcal{C}_V$ 243
-, -, ideales Gas 249
-, ideales Gas 255
-, molare 69
-, spezifische 70, 439
Entropieleitfähigkeit 438 f.
Entropieleitung 82, 437 ff.
Entropieübertragung 56
Enzym 414
enzymatische Katalyse 410, 414 f.
erster Hauptsatz 48
erzeugte Entropie 59, 72, 216 f.
Eutektikum 330 f.
exotherm 217
exotrop 210, 217
Extensitätsfaktor 42
extensive Größe 22
Extraktion 165

F
FARADAY-Konstante 450
FARADAYsches Gesetz 450
Feld, elektrisches 448
Feldkonstante, elektrische 522
Feldstärke, elektrische 448
Feststoff 17
-, amorpher 19
-, kristalliner 18
FICKsches Gesetz 428
Fluidität 441
Flussdichte 427
Flüssigkeit 17, 271

Folgereaktion 389 ff.
FOURIERsches Gesetz 438
Freiheitsgrad 254
Frequenzfaktor 396
Fugazität 562
Fugazitätskoeffizient 562

G
Galvanipotenzial 472
galvanische Zelle 505, 509
--, technische 510 ff.
Galvanispannung 471 ff.
Gas 17
-, ideales 248
Gaselektrode 486
Gasgesetz, allgemeines 248
Gaskonstante, allgemeine 136, 248
GAUß-Verteilung 261, 575
GAY-LUSSACsches Gesetz 247
Gefrierpunkt 68
Gefrierpunktserhöhung 135
Gefrierpunktserniedrigung 134, 298 f.
Gehalt 15
Gehaltsformel 4
Gehaltszahlen 4
Gemenge 15, 303 ff.
-, chemisches Potenzial 313
Gemisch 15, 303 ff.
-, chemisches Potenzial 311
Geschwindigkeit, mittlere quadratische
   254
geschwindigkeitsbestimmender Schritt
   392
Geschwindigkeitsdichte
   s. Umsatzgeschwindigkeitsdichte
Geschwindigkeitsgesetz (integriertes)
   372 ff.
Geschwindigkeitsgleichung 372
Geschwindigkeitskoeffizient 373
Geschwindigkeitskonstante
   s. Geschwindigkeitskoeffizient
Geschwindigkeitsverteilung, MAXWELL-
   sche, 263

Gibbs (Einheit) 92, 114
GIBBS-Energie 549
-, molare 553
GIBBS-HELMHOLTZ-Gleichung 221 f.
GIBBSsche Reaktionsenergie, molare 553
Glaselektrode 492
Gleichgewicht
-, chemisches 151
-, dynamisches 151, 384
-, elektrochemisches 475 f.
-, heterogenes 159 ff.
-, homogenes 151 ff., 158 f.
Gleichgewichtskonstante 152
Gleichgewichtsreaktion 383 ff.
Gleichgewichtszahl 152
-, Temperaturabhängigkeit 165
Gleichgewichtszusammensetzung 154
Gleichverteilungssatz 254
GOUY-CHAPMAN-Gleichung 523
Grenzfläche 344
Grenzflächenspannung 345 ff.
Grenzleitfähigkeit 456
Größe
-, extensive 22
-, intensive 22
-, kraftartige 42, 228.
-, lageartige 42, 228
-, mengenartige 22, 227
GROTTHUß-Mechanismus 453
Grundgleichung, stöchiometrische 25
Grundstoff 4 ff.
Grundwert
-, Antrieb 146
-, chemisches Potenzial 143
-, molare Entropie 208
-, molares Volumen 202
GRÜNEISENsche Regel 198

H
Halbwertszeit 377, 379
Halbzelle, elektrochemische 486
Hauptgleichung 226 f.
Hauptgröße 227 f.

Hauptmaß 228
Hauptsatz
-, dritter 57
-, erster 48
-, zweiter 48, 52
Hauptwirkung 228
Hebelgesetz 314
HELMHOLTZ-Energie 548
Hemmstoff 410
HENDERSON-HASSELBALCH-Gleichung 182
HENRYsches Gesetz 164
heterogen 3
heterogene Katalyse 409, 420 f.
Histogramm 574
HITTORF-Verfahren 466
homogen 3
homogene Katalyse 409
HOOKEsches Gesetz 36
Hydratation 446
Hydron 170

I
ideale Mischung 307, 316
ideales Gas 248
Impuls 40, 252
Indikator s. Säure-Base-Indikator
Induktionsperiode 391
Inhibierungsreaktion 394
Inhibitor 410
innere Energie 537
Integration 569 f.
Intensitätsfaktor 42
intensive Größe 22
Ion 6
Ionenleitfähigkeit 456
Ionenwanderung, unabhängige 457
Ionenwanderungsgeschwindigkeit 450
ionische Konzentration 519
ionische Umsatzzahl 526
ionisches Zusatzpotenzial 520, 524
irreversibler Vorgang 47, 52
Isobare 247

Isotherme 247
isotonische Lösung 294

J
Joule (Einheit) 29

K
Kalorimeter 60, 222
kapillaraktiver Stoff 352
Kapillardruck 348 f.
Kapillaritätsgesetz 348
Kapillarwirkung 351 f.
Katalysator 409
-, Wirkungsweise 411 f.
Katalysatorgift 411
Katalyse 409 ff.
-, enzymatische 409, 414 f.
-, heterogene 409, 420 f.
-, homogene 409
-, mikroheterogene 409
katalytische Effizienz 419
Kathode 450
Kation 450
Kelvin (Einheit) 63
KELVIN-Gleichung 350
Kettenreaktion 393 f.
kinetische Energie 40
kinetischer Salzeffekt 519, 531
Knallgaszelle 514
Knotenlinie 323
Kohäsionsdruck 268
KOHLRAUSCHsches Gesetz der unabhängigen Ionenwanderung 457
KOHLRAUSCHsches Quadratwurzelgesetz 459
kolligative Eigenschaften 290, 300
Kolloid 15
Kompressibilität 241
-, ideales Gas 249
Kondensation 270 f.
Konduktometrie 467
konduktometrische Titration 469
Konnode 323

Kontaktspannung 473 f.
Kontaktwinkel 348
Konzentration 16
-, ionische 519
-, osmotisch wirksame 294
Kopplung 230 ff.
-, chemisch-chemische (n-n) 237
-, chemisch-mechanische (V-n) 236
-, chemisch-thermische (S-n) 233
-, gegensinnige 230
-, gleichsinnige 230
-, mechanisch-thermische (V-S) 230 ff.
Kovolumen 268
kraftartige Größe 42, 228
Kreisprozess 231
kristalliner Feststoff 18
kritische Temperatur 272
kritischer Druck 273
kritischer Mischungspunkt 323
kritischer Punkt 273
kritisches Volumen 273
kryoskopische Konstante 301
Kühlschrank 58

L
Ladung, elektrische 14
Ladungszahl 14, 446
lageartige Größe 42, 228
LANGMUIR-HINSHELWOOD-Mechanismus 421
LANGMUIRsche Adsorptionsisotherme 356
latente Entropie 77, 217
LE CHATELIER-BRAUNsches Prinzip 238
Leitfähigkeit 454 ff.
-, Konzentrationsabhängigkeit 457 f.
-, Messung 467
-, molare 456
-, spezifische 456
Leitwert 455
LENNARD-JONES-Potenzial 267
LINEWEAVER-BURKE-Diagramm 419
Liquiduskurve 327

Lithium-Ionen-Akkumulator 513
Lösemittel 15
Löslichkeit
-, Gase 164
-, Feststoffe 160 f.
Löslichkeitsprodukt 161
Lösung 15
-, gesättigte 160

M
Masse, molare 14
--, Bestimmung 300
Massenanteil 16
Massenkonzentration 16
Massenwirkung 140 ff.
-, mittelbare 287 f.
Massenwirkungsgesetz 151 f.
-, Anwendungen 157 ff.
Massenwirkungsgleichung 142 ff.
MAXWELLsche Beziehung 230 f.
MAXWELLsche Gerade 272
MAXWELLsche Geschwindigkeitsverteilung 262
Membranspannung 491
mengenartige Größe 22, 227
Messung 8 ff.
Metallionenelektrode 487
Metrisierung 8 ff.
MICHAELIS-Konstante 416
MICHAELIS-MENTEN-Gleichung 416
MICHAELIS-MENTEN-Kinetik 415 f.
mikroheterogene Katalyse 409
Mischkristall 336
Mischphase 15
Mischung 15
-, ideale 307, 316
Mischungsantrieb 315
Mischungsdiagramm 323 ff.
Mischungsentropie 316
Mischungslücke 319
Mischungspunkt, kritischer 323
Mischungsvolumen 316
mittelbare Massenwirkung 287 f.

Mittelwert 573
mittlere quadratische Geschwindigkeit 254
Mizelle 353
Modifikation 19, 280
mol (Einheit) 13
Molalität 16
molare Entropie 66, 205
--, Grundwert 208
--, Normwert 66, 206, 208
--, partielle 207
molare Masse 14
--, Bestimmung 300 f.
molare Reaktionsentropie 209
--, ausgetauschte 217 f.
--, erzeugte 218
--, latente 218
molares Reaktionsvolumen 204
molares Volumen 198
--, Grundwert 202
--, Normwert 199, 202
--, partielles 202
Molarität 16
Molekularität 372
monomolekulare Reaktion 373 f.

N
Nebenmaß 230
Nebenwirkung 229
NERNSTsche Gleichung 479, 484, 500, 509
NERNSTscher Verteilungssatz 165
NEWTONsches Reibungsgesetz 434 f.
Nickel-Cadmium-Akkumulator 512
Nickel-Metallhydrid-Akkumulator 513
Normalverteilung 261, 575
Normbedingungen 66, 94, 96
Nullpunkt, absoluter 247
Nullpunktsentropie 57
Nutzenergie 73, 81

O
Oberfläche 344

Oberflächenenergie 345 f.
Oberflächenspannung 345 ff.
OHMsches Gesetz 441, 455
Ordnung der Reaktion
s. Reaktionsordnung
Osmolarität 294
Osmometrie 301
Osmose 293 ff.
osmotisch wirksame Konzentration 294
osmotischer Druck 292
OSTWALDSCHES Verdünnungsgesetz 460
Oxidationsmittel 480

P
Parallelreaktion 387 ff.
Partialdruck 156
partielle molare Entropie 207
partieller Differenzialquotient 569
partielles molares Volumen 202
Pascal (Einheit) 39
Pegelgleichung 182
Permittivität 522
Phase 15
Phasendiagramm 278
Phasengrenzlinie 278
Phasenumwandlungsdruck 131
Phasenumwandlungstemperatur 123
pH-Wert 180
Physisorption 355
PICTET-TROUTONsche Regel 210, 277
pK-Wert 179
POISSONsche Gleichung 522
Polymerisation 394
Polymorphie 280
Potenzial
-, chemisches s. chemisches Potenzial
-, elektrisches 448
-, elektrochemisches 472 f.
Potenzialdiagramm 107, 166 f.
potenzielle Energie 43
Potenziometrie 516
potenziometrische Titration 516
Primärelement 510 f.

- Alkali-Mangan-Zelle 510
- Zink-Braunstein-Zelle 510
- Zink-Quecksilberoxid-Knopfzelle 511
Prinzip des kleinsten Zwanges 238
Proton 170
Protonenakzeptor 171
Protonendonator 171
Protonenpotenzial 173 f.
protonenübertragende Reaktion 172
Protonierungsgleichung 182
Protonierungsgrad 181
Prozessgröße 20, 536
Pseudoordnung 382
Puffer 189 f.
Pufferkapazität 166, 190

Q
quadratischer Freiheitsgrad 254
Quantenzahl 14

R
Randwinkel 348
RAOULTsches Gesetz 297, 334
Raumanspruch s. molares Volumen
Raumladungsdichte 522
Reaktion
-, bimolekulare 378
-, diffusionskontrollierte 424, 431
- erster Ordnung 373 ff.
-, gegenläufige 383 ff.
-, monomolekulare 373
- nullter Ordnung 381 f.
- zweiter Ordnung 378 ff.
Reaktionsenthalpie, molare 543, 552
Reaktionsentropie, molare
  s. molare Reaktionsentropie
Reaktionsgeschwindigkeit
  s. Umsatzgeschwindigkeit
Reaktionsgleichung s. Umsatzformel
Reaktionskoordinate 408
Reaktionsmechanismus 364
Reaktionsordnung 373
Reaktionsstand 25

Reaktionstemperatur 126 f.
Reaktionsvolumen, molares 204
Reaktionswiderstand 361, 403, 409
Redoxelektrode 483 f.
Redoxpaar 480
Redoxpotenzial 497 f.
Redoxreaktion 480 ff.
Reduktionsmittel 480
Reibungsgesetz, NEWTONsches 434 f.
reversibler Vorgang 52
RICHARDSsche Regel 210

S
Salzbrücke 496
Salzeffekt, kinetischer 519, 531
Salzfehler 519
Sättigungskonzentration 160
Säure 171
Säure-Base-Disproportionierung (Wasser)
  178
Säure-Base-Indikator 197
Säure-Base-Paar 171
-, schwaches 177 f.
-, starkes 175 f.
Säure-Base-Reaktion 170 ff.
Säure-Base-Titration 186 ff.
Säureexponent 179
Säurekonstante 179
Schmelzdiagramm 326 ff.
Schmelzdruckkurve 278
Schmelzentropie 69, 280
Schmelzpunkt 68
Schmelztemperatur 68, 123, 279
Schmelzvolumen 280
SCHWARZscher Satz 551
Sekundärelement 511 f.
- Bleiakkumulator 511
- Lithium-Ionen-Akkumulator 513
- Nickel-Cadmium-Akkumulator 512
- Nickel-Metallhydrid-Akkumulator 513
Selektivität eines Katalysators 414
Siedediagramm 336 ff.
Siededruckkurve 274 f.

Siedekurve 335, 336
Siedepunkt 69
Siedepunktserhöhung 135, 299
Siedetemperatur 69, 124, 275
Silber-Silberchlorid-Elektrode 489, 502
Soliduskurve 327
Solvatation 446
Spannung, elektrische 449
Spannungskoeffizient 243
Spannungsreihe 502
Spezifität eines Katalysators 414
Stammfunktion 569
Stationaritätsprinzip 392 f.
sterischer Faktor 400
stöchiometrische Grundgleichung 25
stöchiometrische Zahl s. Umsatzzahl
Stoff 3 ff.
Stoffausbreitung 283 ff.
Stoffdurchsatz 427
Stofffluss 427
Stoffflussdichte 427
Stoffkapazität 166
Stoffkapazitätsdichte 166
Stoffkraftmaschine 212
Stoffmenge 12 f.
Stoffmengenanteil 15
Stoffmengenkonzentration 16
Stoffumbildung 23 ff.
STOKESsches Gesetz 436
Stoßhäufigkeit 398
Stoßtheorie 398 f.
Strom, elektrischer 450, 454
Stromschlüssel 496
Stromstärke 454
Stürzregel 232 f.
Sublimationsdruckkurve 278
Sublimationstemperatur 125
Substrat 414
System 17
-, abgeschlossenes 17

T
Taukurve 335, 336

Temperatur 62 f.
-, absolute 62, 247
Tensid 352
theoretischer Boden 339
thermische Analyse 331 f.
thermodynamische Temperatur 62
Titration
-, konduktometrische 469
-, potenziometrische 516
-, Säure-Base- 186 ff.
Transportgleichung 440 f.
Tripelpunkt 279

U
Überführungszahl 463 ff.
Übergangszustand 401 f.
Umgebung 17
umkehrbarer Vorgang 52
Umsatz 26
Umsatzdauer 363
Umsatzdichte 149
Umsatzformel 23
Umsatzgeschwindigkeit 364 ff.
Umsatzgeschwindigkeitsdichte 366 ff.
-, Messung 368 ff.
-, Temperaturabhängigkeit 395 ff.
Umsatzgrad 149
Umsatzstand 25
Umsatzzahl 24
-, ionische 526
Umwandlungsdruckkurve 280
unumkehrbarer Vorgang 47, 52
Urspannung 507

V
VAN DER WAALS-Gleichung 266 f.
VAN DER WAALS-Isothermen 269
VAN DER WAALS-Konstanten 269
VAN DER WAALS-Kräfte 266
VAN'T HOFFsche Gleichung 293
-, Korrekturfaktor 295
Verdampfungsentropie 69, 277
Verdrängungskoeffizient 238

Verdünnungsgesetz, OSTWALDSCHES 460
Verteilungschromatographie 165
Viskosität s. Zähigkeit
Volumen
-, kritisches 273
-, molares s. molares Volumen
Volumenausdehnungskoeffizient 230
-, ideales Gas 249

W
Wahrscheinlichkeitsrechnung 573 f.
Wanderungsgeschwindigkeit 425
-, Ionen 450
Wärme(energie) 45, 73, 215, 535, 537
Wärmeeffekte 214 ff.
Wärmekapazität 70, 542, 544
Wärmekraftmaschine s. Wärmemotor
Wärmeleitfähigkeit 438
Wärmeleitung s. Entropieleitung
Wärmemotor 78
Wärmepumpe 78
Wasserstoff-Elektrode 487
Wasserstoff-Normalelektrode 496
Wechselzahl, maximale 418
Widerstand
-, OHMscher 455
-, spezifischer 456
Wirkungsgrad 78

Y
YOUNGsche Gleichung 348

Z
Zähigkeit 432 f.
-, dynamische 434
-, kinematische 434
Zelle
-, elektrochemische 495
-, galvanische 505, 509
Zellkonstante 468
Zellspannung
-, Gleichgewichts- 507
-, -, Messung 515

Zersetzungsdruck 138, 159
Zersetzungstemperatur 126
Zink-Braunstein-Zelle 510
Zink-Quecksilberoxid-Knopfzelle 511
Zusatzpotenzial 310
-, ionisches 520, 524
Zustand 17 ff.
Zustandsdiagramm 278 f., 322 ff.
Zustandsgröße 19 f.
zweiter Hauptsatz 48, 52
Zwischenstoff 363

Die kursiv geschriebenen Begriffe finden in dem neuen Lehrkonzept nur ausnahmsweise Anwendung.

.

Springer

Willkommen zu den Springer Alerts

Unser Neuerscheinungs-Service für Sie:
aktuell | kostenlos | passgenau | flexibel

Mit dem Springer Alert-Service informieren wir Sie individuell und kostenlos über aktuelle Entwicklungen in Ihren Fachgebieten.

Jetzt anmelden!

Abonnieren Sie unseren Service und erhalten Sie per E-Mail frühzeitig Meldungen zu neuen Zeitschrifteninhalten, bevorstehenden Buchveröffentlichungen und speziellen Angeboten.

Sie können Ihr Springer Alerts-Profil individuell an Ihre Bedürfnisse anpassen. Wählen Sie aus über 500 Fachgebieten Ihre Interessensgebiete aus.

Bleiben Sie informiert mit den Springer Alerts.

Mehr Infos unter: springer.com/alert

Part of **SPRINGER NATURE**

Printed in the United States
By Bookmasters